科学技术史手册

 吴国盛 编

清华大学出版社

北京

图书在版编目（CIP）数据

科学技术史手册 / 吴国盛编.— 北京：清华大学出版社，2023.5
ISBN 978-7-302-62509-4

Ⅰ.①科…　Ⅱ.①吴…　Ⅲ.①自然科学史—世界—手册　Ⅳ.①N091-62

中国国家版本馆CIP数据核字（2023）第021742号

责任编辑：张　宇
封面设计：马术明
责任校对：王淑云
责任印制：曹婉颖

出版发行：清华大学出版社
　　　网　　　址：http://www.tup.com.cn, http://www.wqbook.com
　　　地　　　址：北京清华大学学研大厦A座　　　邮　　编：100084
　　　社　总　机：010-83470000　　　邮　　购：010-62786544
　　　投稿与读者服务：010-62776969, c-service@tup.tsinghua.edu.cn
　　　质量反馈：010-62772015, zhiliang@tup.tsinghua.edu.cn
印　装　者：三河市东方印刷有限公司
经　　　销：全国新华书店
开　　　本：170mm×240mm　　印　　张：78.5　　字　　数：1402千字
版　　　次：2023年5月第1版　　印　　次：2023年5月第1次印刷
定　　　价：298.00元

产品编号：091629-01

编者前言

1994 年，我在四川教育出版社主编出版了一本《科学思想史指南》，翻译引介了科学编史学和科学思想史学派的几篇重要文献，在当时引起了较好的反响。席泽宗先生认为该书的出版"对国内科学史的学科建设起到了积极推动作用，因为此前国内对西方科学编史学非常不了解，有些标榜'科学思想史'的书，实际上并不是科学思想史"。但是从今天的眼光看，这个指南存在结构上的缺陷：虽名曰"科学思想史指南"，但一半的内容是"科学编史学"；此外，科学思想史文献部分既不全面，也不纯粹。它实际上同时扮演了引介"科学编史学"和"科学思想史纲领"两个角色，但关于科学思想史编史纲领的文献并不充分。经过近三十年的发展，中国的西方科技史研究有了长足的进步。大量的西方科技史著作特别是科学思想史著作陆续被译成中文，中国学者也越来越熟悉西方同行的研究进展。在新的历史时期，我们需要重新编写一部"科学技术史手册"和一部"科技编史学经典文献"（包括但不限于科学思想史研究纲领）。

本手册涵盖科学史、技术史、医学史以及中国科技史四个方面，分学科概述、文献指南和学科建制三个部分。学科概述部分是不同历史时期有代表性的学科概述文章，展示学科发展和编史学的变迁。文献指南是本书的主体，由我的（清华大学科学史系）同事们和（北大与清华的）学生们根据国际同行的既有工作编写，补充了西方著作的中译本和中国学者的工作。我们希望这一部分可以为科技史的初学者提供一个入门的向导。学科建制部分对科技史家共同体的各个方面进行介绍，包括杂志、学会、会议、学位、奖项，最后是约 160 位著名科技史家的小传。

参与编译工作的人员情况如下：

1. 曹秋婷，清华大学科学史系博士生，编写第 36 章。

2. 陈多雨，清华大学科学史系博士生，编写第 37 章。

3. 程志翔，多伦多大学科技史科技哲学研究所博士生，北京大学科技哲学硕士，编写第 49 章。

4. 高洋，西北大学科学史高等研究院讲师，北京大学科技史博士，编写第 20 章、第 31 章。

5. 和涛，北京大学科技哲学硕士，编写第 50 章。

6. 胡翌霖，清华大学科学史系副教授，北京大学科技哲学博士，编写第 22 章、第 54 章第 3 部分。

7. 黄河云，清华大学科学史系博士生，编写第 35 章。

8. 黄宗贝，清华大学哲学系本科生，编写第 26 章。

9. 蒋澈，清华大学科学史系助理教授，北京大学科技史博士，编写第 19 章、第 32 章、第 42 章、第 46 章。

10. 焦崇伟，清华大学科学史系博士生，北京大学科技哲学硕士，编写第 27 章、第 43 章。

11. 晋世翔，北京科技大学科技史与文化遗产研究院副教授，北京大学科技哲学博士，编写第 17 章、第 18 章。

12. 李霖源，清华大学科学史系硕士生，编写第 21 章。

13. 刘年凯，清华大学科学史系助理教授，编写第 33 章。

14. 刘任翔，清华大学哲学系博士后，麦吉尔大学哲学博士，北京大学科技哲学硕士，编写第 54 章第 1 部分、第 2 部分（从 1955 年萨顿到 1965 年帕廷顿）。

15. 刘元慧，清华大学科学史系博士生，编写第 54 章第 2 部分（从 1966 年迈尔到 2020 年贝内特）。

16. 陆伊骊，清华大学科学史系副教授，编写第 38 章。

17. 骆昊天，清华大学科学史系博士生，编写第 23 章、第 30 章。

18. 吕天择，西北工业大学马克思主义学院副教授，北京大学科技史博士，编写第 28 章。

19. 马玺，湖南大学岳麓书院助理教授，清华大学科学史系博士后，编写第 25 章、第 29 章。

20. 王泽宇，清华大学科技史硕士，编写第 24 章。

21. 王哲然，清华大学科学史系助理教授，北京大学科技史博士，编写第 40 章。

22. 吴国盛，清华大学科学史系教授，翻译第 1 章、第 2 章，编写第 13 章、第 14 章。

23. 肖尧，清华大学科学史系博士后，编写第 41 章、第 45 章、第 54 章第 4 部分。

24. 邢鑫，温州大学马克思主义学院讲师，北京大学科技哲学博士，编写第34 章。

25. 徐军，清华大学科学史系博士生，编写第 39 章、第 48 章。

26. 杨啸，清华大学科学史系硕士生，编写第 15 章、第 16 章。

27. 于丹妮，清华大学科学史系硕士生，编写第 51 章、第 52 章、第 53 章。

28. 张卜天，清华大学科学史系教授，翻译第 3 章 ~ 第 8 章。

29. 张楠，中国科技大学科技史与科技考古系特任副研究员，清华大学科学史系博士后，编写第 44 章、第 47 章。

我制定了全书的架构和格式，修改审定了每一章的内容，但由于时间仓促，这个手册的编写工作远未达到成熟状态，在学科的涵盖周延性和研究的精准深度方面都有很大的完善空间。我希望学界同行不吝批评指正，帮助我们不断改进和优化，每五年推出更好的新版。

中国现代化的本质是社会转型，由封闭的农耕社会向开放的工业社会转型，在这个转型过程中，科学技术在器物和精神两个层面均发挥决定性的作用。科技史有助于澄清科技在社会转型中的意义和作用，因此是社会变革的积极力量。中国的科技史事业不仅要研究中国古代科技史，而且更要研究世界科技史、研究西学东渐史。希望这本《科学技术史手册》有助于更多的青年学者投身于西方科技史的研究之中，为中华民族的转型复兴做出贡献。

本书系国家社科基金重大项目"世界科学技术通史研究"（项目批准号14ZDB017）的阶段性成果，受国家社科基金资助。

吴国盛

2021 年 12 月 31 日于清华荷清苑

目 录

第一部分　学科概述

第二部分　文献指南

专题研究

中国科技史

第三部分　学科建制

第一部分　学科概述

第一章 科学史 ①

库恩

作为一个独立的专业学科，科学史依然是一个正从漫长而多变的史前期浮现出来的新领域。只是从 1950 年起，而且起初也只是在美国，该领域里大多数最年轻的专业人员才被培养成或被指定为从事该专门学术职业。他们的前辈大部分是因业余爱好进入该领域的历史学家，他们因此主要从其他领域引入他们的目标和价值，年轻的这一代从他们那里继承了一堆常常互不相容的东西。所导致的紧张状态虽然随着学科的日渐成熟而放松，但依然可以感到，特别是在各式各样的初级受众那里，因为科学史著作是持续写给他们看的。在这种条件下，对该学科的发展和现状的任何简短报告，与一个早已建立的专业相比，都不可避免地更带有个人的和预测的色彩。

1. 该领域的发展

直到最近，大多数撰写科学史的都是专门的科学家，而且常常是杰出的科学家，历史对于他们通常只是教学的副产品。除了固有的吸引力之外，他们从中看到的，是用来阐明本专业的概念、建立它的传统以及吸引学生的一种手段。仍出现在许许多多多专业文献和专著的开头部分的历史章节，是多少世纪以来科学史的原始形式和特有根源的当代例证。在古代的古典科学时期，科学史的传统类型包括专业文献的历史章节，以及古代科学中少数最发达学科如天文学和数学的单独的历史。这类著作以及日益增多的伟人传记，从文艺复兴到 18 世纪有一个连续的发展。在 18 世纪，他们的工作被启蒙运动科学观极大推动，这种科学观认为科学既是进步的源泉，也是进步的标志。这个时期的后 50 年出现了最早的历史研究，这些研究至今还常常被

---

① 原载 *International Encyclopedia of the Social Sciences*, Vol.14（New York: Crowell collier and Malmillan, 1968），pp.74-83，后收入库恩的文集《必要的张力》（Thomas Kuhn, *The Essential Tension, Selected Studies in Scientific Tradition and Change*（Chicago: The University of Chicago Press, 1979）.），吴国盛译。

引用，其中有拉格朗日（Lagrange）的专业著作（数学）中包含的历史叙述，还有蒙塔克拉（Montucla，数学和物理科学）、普利斯特列（Priestley，电学和光学）和德朗布雷（Delambre，天文学）给人深刻印象的独立论文。19世纪和20世纪初期，虽然别的研究方法已开始发展，但科学家继续不时写作传记，写作他们本专业的权威性历史，例如柯普（Kopp，化学）、波根道夫（Poggendorff，物理学）、萨克斯（Sachs，植物学）、齐特尔和盖基（Zittel & Geikie，地质学）以及克莱因（Klein，数学）。

第二个主要的编史传统——偶尔与第一个难以区分——就其目的而言更具明确的哲学性质。早在17世纪，弗朗西斯·培根（Francis Bacon）就指出，对那些想发现人类理性的本质和恰当用途的人来说，学术史是有用的。孔多塞（Condorcet）和孔德（Comte）是有哲学倾向的科学史作者中最著名的，他们遵循培根的教导，尝试把纯粹理性的标准描述建立在对西方科学思想的历史概述之上。19世纪之前，这个传统主要只是一个纲领，没有产生什么有意义的历史研究。但在此之后，特别是在休厄尔（Whewell）、马赫（Mach）和迪昂（Duhem）的著作中，哲学的考虑成了科学史中创造性活动的基本动机，并且从此一直保持其重要性。

这两种编史传统，特别在受到19世纪德国政治史的校勘方法支配的时期，也偶然产生了一些被当代史家冒险忽视的不朽之作。但它们同时强化了该领域中的一种观念，这个观念今日已很大程度上被后来的专业人员所舍弃。这些老一代科学史的目标是：通过展现当代科学方法或概念的演化来澄清和深入地理解它们。受命于这样的目标，历史学家的特征做法是选择某个发达学科或学科的分支——其作为正确完备知识的地位少有疑问——并描述在他的时代构成主题材料和推理方法的那些因素是何时、何地以及如何出现的。被当代科学当作错误或不相干的东西而撇置一边的观测、定律或理论极少被考虑，除非它们指明了一个方法论教训或者解释了一个明显无成就的漫长时期。类似的选择原则也支配了对科学外部因素的讨论。宗教作为障碍，技术作为仪器进步中偶然的先在要求，几乎是仅有的受到注意的因素。哲学家约瑟夫·阿加西（Joseph Agassi）最近极为精彩地模拟了这种方法的后果，使之显得十分可笑。

当然，直到19世纪早期，大多数历史著作都具有这些典型特征。遥远时代和地区的浪漫情感必须与符合《圣经》的经院批评标准相结合，甚至在一般的历史学家能够得以识别其他价值体系的志趣和完整性之前就是如此（例如19世纪是人们第一次发现中世纪也有历史的时期）。感受力的这种转化被当代大多数历史学家作为他们领域中基本的东西，然而并未立刻在科学史中反映出来。虽然浪漫派历史学家和科学家—历史学家毫无共识，但他们都把科学的发展看作智识的一个类似机械的进军，看作自然的奥秘向巧妙部署的正确方法接二连三地投降。只是在本世纪，科学史家才逐渐学会把他们的主题材料看成有别于在事后限定专业中累积正面成就的编年表。这种变化归因于几个因素。

最重要的也许是开始于 19 世纪后期的哲学史的影响。在哲学史领域中，只有党派偏见最厉害的人才会自信有能力把实证知识从谬误和迷信中分离出来。与已经丧失吸引力的思想打交道，历史学家几乎不能逃避一个律令的力量，这就是伯特兰·罗素（Bertrand Russell）后来以格言的方式所表述的："研究某一哲学家的正确态度既不是崇敬也不是轻蔑，而首先是某种假想的同意，直到有可能了解他的理论想让人们相信什么为止。"对待过去思想家的这种态度是从哲学史来到科学史中的。这部分是从朗格和卡西尔这些人那里学来的，他们在历史研究中涉及了对科学发展同样重要的人物或观念（在这方面，伯特（Burtt）的《现代物理科学的形而上学基础》和拉夫乔伊（Lovejoy）的《存在巨链》特别有影响）；部分是从新康德主义认识论者的一个小团体，特别是布伦希维奇和梅耶松那里学来的，他们关于过去科学观念中类似绝对思想范畴的概念的研究，对被科学史主流传统一直误解或忽视了的概念做了极为出色的发生学分析。

在当代科学史专业的产生过程中，另一个决定性的事件强化了这些训诫。差不多一个世纪之后，中世纪对一般历史学家变得重要起来，皮埃尔·迪昂，关于现代科学起源的研究，揭示了中世纪物理思想中的一个传统，与亚里士多德的物理学相反，这个传统在向 17 世纪产生的物理理论的转化中的重要作用不容否认。伽利略的物理学和方法中的许多因素也可在此找到。但是，把它同化到伽利略或牛顿的物理学中，使所谓科学革命的结构依旧不变只是在时间上大大扩展，这是不可能的。只有首先用中世纪自己的语言探索中世纪的科学并使之作为"新科学"由以产生的基础，才可能理解 17 世纪科学根本的新奇之处。正是这个挑战无与伦比地形成了科学史的现代编史学。自 1920 年以来，它所唤起的著作特别是戴克斯特豪斯（E. J. Dijksterhuis）、安纳利泽·迈尔（Anneliese Maier），尤其是亚里山大·柯瓦雷（Alexandre Koyre）的作品，是许多同时代科学史家刻意仿效的典范。此外，中世纪科学以及在文艺复兴中的作用的发现，揭开了这样一个领域：在那里，科学史能够而且必须与更传统类型的历史相结合。这个工作才刚刚开始，但是巴特菲尔德（Herbert Butterfield）的开拓性的综合以及潘诺夫斯基和弗朗西斯·耶茨的专门研究，标志了一条确实将被扩展和遵循的道路。

科学史的现代编史学形成中的第三个因素是一个被多次重复的信念：科学发展史的研究者使自己关注作为一个整体的实证知识，并且用科学通史代替专科史。作为一个纲领，它可以追溯到培根，特别是孔德，但一直对学术活动影响较少，直到本世纪才开始被普遍受人尊敬的保罗·丹纳里（Paul Tannery）极力强调，随后在乔治·萨顿（George Sarton）的不朽研究中付诸实践。后来的经验已经表明，科学事实上不是一块整钢，而且即使拥有科学通史所要求的过人学识，也很少能把科学史中交叉的演化编成一个连贯的叙述。但是这个尝试具有决定意义，因为它强烈地显示出把体现在今日各门科学知识中的分化归诸过去是不可能的。今天，当历史学家日益转向单个学科的具体研究时，他们研究的是在他们所关心的时期的确存在的领域，并且同时意识到当时其他科学的状况。

直到更近些时，另外一系列影响开始形成科学史的当代研究工作。其结果是与非思想的因素特别是体制和社会经济的因素在科学发展中的作用日益紧密关联，这部分来自通史，部分来自德国社会学和马克思主义编史学。但是，与以上讨论的诸因素不同，这些影响以及由此产生的作品，迄今还很少为正在出现的科学史学科所吸收。新编史学的全部新颖之处依然主要指向科学思想和工具（数学、观测和实验）的演化，通过这些工具，科学中的诸要素相互作用并作用于自然。它最好的实践者如柯瓦雷，常常把他们所考虑的历史发展中非精神性的文化方面的重要性减至最少，有些人的行为就像是表明，强行把经济和体制的考虑引入科学中就会否定科学本身的整体性。所以，看来同时存在两种不同的科学史。虽然偶尔出现在同一本书中，但极少有稳固和富有成效的接触。依然处支配地位的形式经常被称为"内部进路"，它关注作为知识的科学实体。其最新的对立面常被称为"外部进路"，它关注科学家作为一个社会群体在一个更大文化中的活动。把这两者结合在一起也许是该学科而今面临的最大挑战，而且也有起而响应的迹象。不过不幸的是，任何对该领域现状的综述都必定依然将此两者作为完全分离的事业对待。

2. 内部史

内史编史学的新准则是什么？在可能的范围内（绝不是完全如此，历史也不可能这样写出来），科学史家就应该将他所知道的科学撇置一边。他的科学必须从他所研究的时期的教科书和杂志中学得，而且在把握那些其发明或发现改变了科学进步之方向的变革之前，他应该熟悉掌握这些东西以及由它们所显示的固有传统。涉及科学变革者们，科学史家应尽量像他们那样去思考。意识到科学家们常常因他们未曾想到的结果而出名，科学史家就应追问他的对象本来研究什么问题以及这些问题是如何成为他的问题的。意识到一个历史发现很少就是后来的教科书归于其发现者的那一件（不同的教学目的不可避免会改变历史叙述），科学史家就应追问，他的对象认为自己已做出了什么发现以及他把这个发现置于什么基础之上。在这个重构过程中，科学史家应当特别留意他的对象的明显错误，不是因为错误本身而是因为这些错误揭示了更多的实际思想，而不只是给出科学家如何记录下现代科学依然保留的那些结论和论据。

至少30年了，由这些准则所展示的编史态度已日益支配了科学史中最好的解释性学术成就，本文主要涉及的也正是这类编史成就。（当然，也有其他类型的编史，虽然区别不很明显，而且科学史家许多最有价值的努力都贡献给了这些类型的编史活动。但是，这里不是考虑像李约瑟（Joseph Needham）、诺意格鲍尔（Otto Neugebauer）和桑戴克（Lynn Thorndike）等人的工作的地方，他们不可或缺的贡献在于确立了可供参考使用的文本以及某些文化传统，这些文本和传统从前只能通过神话来了解。[②]）然而，科学史的题材极其广阔，职业科学史家又极其稀少（1950年时，在美国不超过6个），而且他们的选题远不是随机的。因此，遗留了大量的连基本的发展线索都不清楚的领域。

也许是因为特殊声望的缘故，物理学、化学和天文学支配了科学史的文献。但即使是在这些领域中，力量分布也是不平衡的，特别是本世纪。19世纪的科学家—历史学家由于从过去寻找当代知识，因而汇编了常常是从古代到他们时代的学科概观。到20世纪，一些科学家如杜加斯（Dugas）、雅默（Jammer）、帕廷顿（Partington）、特鲁斯代尔（Truesdell）和惠塔克（Whittaker）等也以类似的观点写作科学史，他们的某些概述将专门领域的历史写到了接近当代。但很少有最发达学科的科学家再写科学史，而且新出现的科学史专业成员的选择更加系统、更加狭隘，引起了一些不幸的后果。深陷并被同化在他的编史工作所要求的原始资料之中，事实上，阻止了他们宽阔的视野，这种情形至少要到该领域中更多的部分受到深刻的考察为止。由于从一片空白开始（至少他们感觉自己是），这个群体自然首先尝试建立科学发展的早期阶段，很少有人超越这一点。此外，直到过去几年，新研究群体的成员几乎都没有足够充分地把握新科学（特别是数学，它常常是决定性的障碍），从而不能使自

[②]　李约瑟向西方人开启了中国文明的巨大宝藏；诺意格鲍尔基于对泥板文书的破译和研究，揭示了古代近东（埃及和巴比伦等）的科学（特别是数学和天文学）成就；桑戴克系统研究了魔法与科学的关系史。本文的参考文献中列出了他们的代表著作。——译者注

已设身处地地参与技术性最强的学科的前沿研究。

因此，虽然情况在飞快的变化，越来越多的素养更好的人员进入这个领域，但近期的科学史文献还是倾向于止于某一点上，越过这一点，技术性的原始材料对只受过大专水平的科学训练的人来说就变得难以理解。对直到莱布尼茨的数学（如Boyer、Michel 的著作），牛顿的天文学和数学（如 Clagett、Costabel、Dijksterhuis、Koyré 和 Maier 等的著作），库仑的电学（Cohen 的著作）以及直到道尔顿的化学（如Boas、Crosland、Daumas、Guerlac、Mertzger 等的著作）的研究是杰出的。但在新传统中，迄今几乎没有论 18 世纪的数学物理科学或论 19 世纪的物理科学的著作出版。

对生物学和地球科学来说，文献发展得更差，这部分是因为，与医学关系密切的这些分支学科如生理学直到 19 世纪末才获得学术地位。从前的科学家很少做过概述，而新兴专业的成员才刚刚开始发掘这个领域。在生物学中至少尚有迅速变好的希望，但到现在为止，只有 19 世纪的达尔文主义和 16、17 世纪的解剖学和生理学得到了较多的研究。对后一题目，成部头著作的研究中最好的（如 O'Malley 和Singer 的研究）也常常只涉及特定的问题和人，很少展示科学传统的发展。由于对曾向达尔文提供资料和问题的专业缺乏充分的技术性历史研究，关于进化的文献常常是在一般哲学水平上写出的，这使人极难看出他的《物种起源》如何能够是一项重大的成就，更不用说是自然科学中的一项成就。达普里（Dupree）对植物学家阿沙·格雷（Asa Gray）的典型研究是少数值得注意的例外之一。

新编史学迄今尚未触及社会科学。在这些领域中尚存的历史文献完全是由有关的科学专家撰写的。波林（Boring）的《实验心理学史》也许是最杰出的例子。像过去的物理科学史一样，这些文献常常是不可或缺的，但作为历史它们有局限性。（在较新的科学中情况比较典型：这些领域中的专家往往被希望了解他们专业的发展，因而必然要求一种半正式的历史，此后的事情就很像格莱欣定则[③] 应验了。）因此，这个领域既为科学史家更为一般思想史或社会史家提供了特别的机会，因为他们的背景常常尤其适合这些领域的要求。斯多金（Stocking）关于美洲人类学史的初步著作，为这种角度的研究提供了特别富于成果的示范，一般历史学家能够将此视角运用于一个其概念和词汇刚刚变得深奥的科学领域中。

---

③ 格莱欣定则（Gresham'law）即"劣币驱逐良币定则"，指当实际价值不同而名义价值相同的货币同时流通时，实际价值低的货币（劣币）必定最终取代实际价值高的货币（良币）。——译者注

3. 外部史

把科学放在文化背景中加以考察，将加深对其发展和影响的理解，这种尝试有三种特有方式，最古老的是研究科学机构。斯普拉特（Sprat）主教几乎在皇家学会接到第一张特许令之前就在准备他开创性的伦敦皇家学会史，此后出现了无数的单个科学团体的内部史。这些著作作为原始材料主要对历史学家有用，而且直到本世纪才有科学发展史的研究者们开始使用它们。与此同时，他们开始严肃地考察对科学进步可能起推进或阻碍作用的其他类型的体制，特别是教育体制。正如科学史的其他方面一样，有关体制的大多数文献都是关于 17 世纪的。文献中最好的部分散布在期刊中（遗憾的是，曾经当作标准的研究书籍已经过时），通过 *Isis* 杂志每年的"关键文献目录"（critical bibliograph）和巴黎国家科学研究中心的《动态通报》（*Bulletin Signaletique*）季刊，这些散布的文献可以与许多其他有关科学史的东西一起从期刊中找出。格尔拉克（Guerlac）关于法国化学专业化的经典研究，肖菲尔德（Schofield）的月光学社（lunar society）史，以及最近塔顿（Taton）关于法国科学教育的文集，是极少数关于 18 世纪科学体制著作的一部分。至于 19 世纪，只有卡德威尔（Cardwell）关于英国、达普里（Dupree）关于美国以及瓦西尼希关于俄国的研究，才开始取代散布在默茨（Merz）的《19 世纪欧洲思想史》（*History of European Thought in the Nineteenth Century*）中——常常在脚注中——零散但极富启发性的评论。

思想史家常常考虑到科学对西方思想许多方面的影响，特别是 17 和 18 世纪。但对于自 1700 年以来的时期而言，鉴于他们的目的不只是表明科学的威力而且要显示科学的影响，这些研究迄今为止就特别难以令人满意。培根、牛顿或达尔文的名字是一种强力的象征：除了记下真实的业绩外，还有许多理由去求助于它。对孤立概念间相似性的认识，例如使行星保持在轨道上的力与美国政治制度中相互制约和平衡的系统之间的相似性，更多地表现了解释上的别出心裁，而不是科学对人类生活其他领域的影响。毫无疑问，科学概念尤其是那些普遍的概念，的确有助于改变科学之外的概念。但是，分析它们在这类改变中的作用则要求沉浸在科学文献之中。从前的科学史编史学因其本性而没有提供所需要的一切，而新编史学过于年轻，其作品过于零散以致没有多大影响。虽然隔阂看起来不大，但没有什么鸿沟比思想史家与科学史家之间更需要沟通的了。所幸的是有一些作品指明了道路。最近的有尼柯尔森（Nicolson）对 17—18 世纪文献中的科学的开创性研究，韦斯特福尔（Westfall）对自然宗教的探讨，吉利斯皮（Gillispie）关于启蒙运动中的科学的章节，以及罗杰（Roger）对生命科学在 18 世纪法国思想中地位的不朽综述。

对体制和观念的关心自然结合成研究科学发展的第三种方式。这就是研究一个狭小地域的科学，该地域过小以致不允许集中于某一特定专业的演化，但在加深对科学的社会地位和社会背景的理解上足够有代表性。在外部史的所有类型中，这是最新和最有启发性的，因为它唤起了广泛的历史学与社会学的经验和技巧。迄今很少但在迅速增加的关于美国科学的文献（Dupree，Hindle，Syryock），是这种方式的一个杰出范例。此外可以指望，目前对法国革命中的科学的研究将产生类似的启发性。默茨（Merz）、李利（Lilley）和本－大卫（Ben-David）指出了 19 世纪的许多方面，对此必须花费许多类似的努力。然而，唤起最大热情和注意力的题目是 17 世纪英国的科学发展。由于它已成了既关乎现代科学的起源又关乎科学史的本质的热烈争论的中心，所以这部分文献最好是集中力量单独讨论。它代表了一种研究类型：它所表述的问题将对科学史的内部进路和外部进路之关系提供一个透视。

4. 默顿命题

关于 17 世纪科学的争论中最明显的结果是所谓默顿命题，它实际上是来源不同的两个命题的重叠。这两个命题的最终目的都是通过将 17 世纪科学的新目标和新价值——被概括在培根及其追随者的纲领之中——与当时社会的其他方面相联系，来解释 17 世纪科学为何特别多产。第一个——有些要归于马克思主义编史学——强调了培根主义者希望从实践技艺中学习并反过来使科学成为有用的这一方面。他们反复研究当时工匠（玻璃工、冶金匠、水手等）的技术，许多人还把他们的至少一部分注意力转向当时迫切的实际问题，例如航海、陆地排水和森林开发问题。默顿认为，由这些新的关注所导致的新问题、新材料和新方法，是 17 世纪许多学科经历实质性转换的主要原因。第二个命题注意到了这个时期同样的新东西，但把清教主义作为它们的基本动力。（这里不必有冲突。默顿研究过马克思·韦伯先驱性的见解，他认为清教主义有助于把对技术和有用技艺的关心合法化）定居的清教徒社区的价值观——例如，强调通过劳作为自己赎罪以及通过自然直接与上帝沟通——被认为培育了对科学的关心以及 17 世纪科学所特有的经验的、工具的和实用的色调。

此后，两个命题都已扩展而且受到猛烈的攻击，但未出现一致意见（一个重要的对立集中在霍尔（Hall）和桑提拉纳（de Santillana）的文章中，载于科学史学院（Institute for the History of Science）的专题论文集，克拉杰特（Clagett）编；齐赛尔（Zilselselsel）论威廉·吉尔伯特的开创性论文可以在维纳和诺兰（Wiener & Noland）编的文集中找到，该文集的文章均选自《观念史杂志》（*Journal of the History of*

Ideas)。其余的大部分文献都是大部头著作，可以在新近出版的克里斯多夫·希尔（Christopher Hill）对论战的综述文章的脚注中查到）。在这些文献中，最持久的批评指向默顿的定义以及对"清教徒"标签的应用，现在看来很清楚，含义这样狭隘而教条的词汇是不合用的，但是这类困难肯定可以被消除，因为培根主义者的观念既不限于科学家，也不是均匀散布在欧洲所有的阶层和区域。默顿的标签可能不恰当，但他所描述的现象毫无疑问是存在的。反对他的观点的更有意义的论据，是从科学史的新近转变中派生出来的。默顿的科学革命形象，虽然久已存在，但一经他写出就立即受到怀疑，特别是对它所赋予培根主义运动的那种地位提出怀疑。

旧编史传统的参与者的确常常宣称，他们所理解的科学中没有什么东西可归于经济价值或宗教教义。不过，默顿对手工劳动、实验和直接面对自然的重要性的强调，他们是熟悉且赞同的。但与此相反，新一代历史学家声称他们已经表明，整个16、17世纪天文学、数学、力学甚至光学的变革很少是起因于新仪器、新实验和新观察。他们认为，伽利略的基本方法是把传统经院科学的思想实验发展得更为完善。培根天真但雄心勃勃的纲领一开始就是一个无用的幻想，想使科学有用的打算一直没有成功；由新仪器提供的堆积如山的数据对既存科学理论的变革帮助极少。如果要求用新文化解释为何像伽利略、笛卡尔和牛顿这些人突然能够以一种新的方式看待众所周知的现象，那么这些新文化主要是思想上的，包括文艺复兴时期的新柏拉图主义、古代原子论的复兴以及阿基米德的发现。这些思想潮流和影响至少与在英国和荷兰的清教圈子一样。在欧洲，这些地方显示出技术的有意义的作为。如果默顿是对的，那么科学革命的新形象就明显错了。

这些论证经详尽而又仔细的阐述包括必要的限定，在一定范围内是完全令人信服的。在17世纪改变了科学理论的人们，常常像培根主义者那样说话，但事实已经表明，他们中的一些人所信奉的观念对他们的主要科学贡献有很大的影响，这些影响是实质的或方法论上的。这些贡献最好被理解成一簇领域内在进化的结果，在16、17世纪，人们是带着新生的活力在一个新的精神氛围中从事这些领域的研究的。这一点，可以与默顿命题的修正相适应，而不是抛弃它。被科学史家经常标之以"科学革命"的激荡，其一个方面是集中在英国和低地国家的激进纲领运动，虽然这一时期在意大利和法国也可看到。即使是默顿论题现在的形式也能更好地理解这个运动，它剧烈地改变了17世纪许多科学研究的要求、地点和性质，而且变化是持久的。非常类似，正如当代科学史家所力图证明的，这些新的特征没有一个在19世纪科学概念的转变中发挥过大的作用，但科学史家依然必须学会处理它们。也许如下的想法会有所帮助，它的更一般的意义将在下一节考虑。

除去生命科学外——因为它与医疗技术和体制紧密相关，因而表现了一种更为复杂的发展模式——在 16、17 世纪发生转变的主要科学是天文学、数学、力学和光学。正是它们的发展使得科学革命看起来是一场概念革命。不过有意义的是，这个学科族恰恰都是由古典科学组成的。它们在古代就已很发达，在中世纪大学的课程表上也占有一席之地，其中的一些还得到了有意义的发展。到了 17 世纪，有大学背景的人继续在这些学科中扮演重要的角色，因此，它们的演变可以很合理地描述为主要是古代和中世纪的传统在一个新的概念环境中的发展的扩充。只是在解释这些领域的转变时，才偶尔需要求助于培根的纲领运动。

然而，在 17 世纪，这些并不是仅有的科学活动极为活跃的领域，其他的领域——例如对电磁学的研究，对化学和热现象的研究——呈现了一个不同的模式。作为科学，作为为了日益深入理解自然而系统地考察自然的领域，它们都是科学革命中的新东西，它们的主要根子不在有学识的大学传统中，而常常在现有的工艺之中，它们都相当密切地既依赖新的实验纲领，又依赖常常由工匠们帮助引进的新仪器。除了偶尔在医学院中出现之外，19 世纪之前很少在大学里占有一席之地，当时，这些学科由一些业余爱好者从事，他们松散地聚集在新科学学会的周围，这些学会是科学革命在体制上的表现。很明显，这些领域与它们所呈现的新的实践模式一起，正是修正了的默顿命题能帮助我们加以理解的领域。与古典科学不同，在这些领域中的研究很少为 17 世纪的人们对自然界的理解增添什么，在评价默顿的观点时，正是这个事实使它们很容易被忽视。然而，除非充分考虑它们，否则 18 世纪后期和 19 世纪的科学成就是不可理解的。如果说培根的纲领一开始并没有思想成果的话，那么它却是一些重要的现代科学的肇始。

5. 内部史与外部史

对默顿命题的这些评论由于强调了科学进化的早期与晚期的不同，因而说明了科学发展的不同方面，库恩最近对此以更一般的方式讨论过。他认为，在一门学科的发展初期，社会需要和价值是决定该领域的研究者集中于哪些问题的主要因素。在这个时期，他们在解决问题中所使用的概念广泛地受制于当时的常识、流行的哲学传统和当时最权威的学科。17 世纪新出现的领域以及许多现代的社会科学为此提供了例证。不过库恩辩解说，一门专业学科后来的演化总是与古典科学在科学革命期间的发展所预示的方式大大不同，一个成熟学科的实践者是在由传统理论、仪器、数学和语言技能等组成的一个复杂总体中训练出来的。结果，他们组成了一个特定的亚文化群，其成员是相互作品的唯一读者和评判人。这些专家所研究的问题不再由外部社会给出，而是由不断提高现存理论与自然界间相一致的范围和精度的内在要求所提出。用来解决这些问题的概念一般与先前的专业训练所提供的概念密切相关。简而言之，与其他职业以及其他创造性工作相比，一门成熟科学的专业人员实际上是与他们专业外生活所处的文化环境相隔绝的。

这种虽不完全但相当特殊的隔绝，正是科学史的内史方法——把科学看作自主和自足的发展——何以看起来如此接近成功的可以想象的理由。一个单一的专业如发展到其他领域无可比拟的范围，那无须超越该专业和它一些邻近专业的文献就可以理解它。只是偶尔需要历史学家注意从领域外部进入的特定概念、问题或技术。然而，内史方法表面上的自主性从根本上误导了，常常消耗在自我辩护上的激情已经模糊了重要问题。库恩的分析所提出的一个成熟学科共同体的隔绝，首先是概念上的隔绝，其次是问题结构的隔绝，但科学进步还有其他的方面，诸如它在时间上的选择。这些东西确实相当关键地依赖于由科学发展的外部方法所强调的那些因素。尤其是当科学被看成一个相互作用的群体而不只是一个各专业的集合时，外部因素的累积效应可以具有决定意义。

举例说来，科学作为一种职业的吸引力以及不同领域的不同吸引力就受着科学之外的因素的有效制约。进一步，由于某一领域的进步常常依赖于另一领域此前的发展，不同的增长速度就会影响整个的演化格局。如前所述，类似的考虑在新科学创始以及初始形式中起主要作用。此外，一门新技术或某些其他社会条件的变化，可能有选择地改变某一专业对问题重要性的感受，甚至为它创造新的问题。由此，它们可能常常加速领域的某些发现，在这些领域中，已有理论应起作用但并未起作用，从而加速了它的被放弃和被新理论替代。偶尔，它们甚至可以通过保证新理论要予以反应的危机出现在一个问题领域而不是另一个，而形成这个新理论的实体。或者，通过体制改革这一关键中介，外部条件可以在先前相互隔绝的专业中创造交流通道，从而鼓励交叉繁衍，而这在别处就会不存在或长久地被延迟。

还有许多其他方式包括直接资助，使更大范围的文化影响科学发展，但前面的概述已充分显示了科学史今日必须如此的发展方向。虽然科学史的内部与外部方法有一些天然的自主性，但事实上，它们是互相补充的。直到它们的编史工作做到一个从另一个中引出，科学发展的重要方面才可得到理解。作为对默顿命题所提出的问题的回答，这种实践模式迄今也很难说开始了，但也许它所需要的分析范畴正在变得明确起来。

6. 科学史与其他领域的关联

对这个问题的判断必定最具有个人性，要对此做结论，人们可以追问从这个新专业的工作中可能得到的收获。首先而且最重要的是更多更好的科学史。像其他学科一样，该领域首先应对自己负责。不过，它对其他事业日益增多的选择影响的迹象，可以证明这个简短的分析是正确的。

在与科学史相关的领域中，最少有重要影响的看来就是科学研究本身。科学史的鼓吹者们常常把他们的学科描述成一个被遗忘了的思想和方法的丰富宝库，其中的一些可以很好地解决当代的科学难题。当一个新概念或新理论在科学中成功地被使用时，某些从前被忽视的先例常常在该领域的早期文献中被发现。很自然会问到，专注于历史能不能加速革新。但几乎可以肯定，答案是不能。供研究的材料数量有限，缺乏合适的分类索引以及在预期和实际革新之间不可捉摸但常常极为巨大的差异，所有这一切综合起来使人想到，再发明而非再发现依然是科学中新东西的最有效来源。

每个学科的科学编年史的效果就是直接提供对科学事业自身的不断理解。虽然更清楚地把握科学发展的本质不一定能解决研究中的特殊难题，但它可以激发对诸如科学教育、科学管理和科学政策等问题的再思考。不过，历史研究所能够产生的暗含的洞见也许首先需要其他学科的干预来使之明晰，其中有三个学科现在看来特别有效。

虽然干预依然是产生了更多的热而不是光，但科学哲学是今日科学史之影响最为明显的一个领域。费耶阿本德、汉森、赫丝和库恩最近都坚持认为，传统哲学家理想的科学形象是不恰当的，在寻求一个新的形象时，他们都着力从历史中汲取。遵循诺曼·坎贝尔和卡尔·波普尔（以及有时也受路德维希·维特根斯坦的重大影响）的经典陈述所指引的方向，他们至少提出了科学哲学再也不能忽视的问题。这些问题有待解决，也许是无限遥远的未来。迄今还没有发达和成熟的"新科学哲学"。但是，对旧的陈规——主要是实证主义——的质疑，已被证明对某些新学科的实践者是一种激励和解放，这些新学科的实践者为了证实他们学科的身份，一直极大地依赖科学方法的明晰原则。

科学史似乎影响日增的第二个领域是科学社会学。从根本上说，这个领域的所涉和技术都不是历史的。但在目前他们专业还不发达的情况下，科学社会学家们可以从历史那里很好地学到他们所研究的事业的状态。本－大卫、哈格斯特龙、默顿以及其他人最近的著作表明他们正是这样去做的。很有可能，科学史将通过科学社会学对科学政策和科学管理发挥其基本的影响。

　　与科学社会学紧密相关的（经过适当的解释两者也是同一的）是这样一个领域，虽然它迄今很少存在，但却被广泛地称作"科学的科学"。其目标，用它的倡导者德雷克·普赖斯的话说，不外是"对科学自身的结构和行为的理论分析"，它的技术是历史学家、社会学家和经济学家的技术的综合折中，没有人能预料这个目标将达到什么范围，但指向这个目标的任何进步都必定会立即增添对社会学家和持续存在的科学史家群体的影响。

参考文献

还有一些相关材料可以在柯瓦雷和萨顿的传记中找到。

Agassi, Joseph. 1963. *Towards an Historiography of Science.* History and Theory, Vol.2. The Hague: Mouton.

Ben-David, Joseph. 1960. "Scientific Productivity and Academic Organization in Nineteenth-century Medicine." *American Sociological Review* 25: 828-843.

Boas, Marie. 1958. *Robert Boyle and Seventeenth-Century Chemistry.* Cambridge: Cambridge University Press.

Boyer, Carl B. 1949. *The Concepts of the Calculus: A Critical and Historical Discussion of the Derivative and the Integral.* New York: Hafner.

　　A paperback edition was published in 1959 by Dover as *The History of the Calculus and Its Conceptual Development.*

Butterfield, Herbert. 1957. *The Origins of Modern Science, 1300-1800.* 2d. ed., rev. New York: Macmillan.

　　A paperback edition was published in 1962 by Collier.

Cardwell, Donald S. L. 1957. *The Organisation of Science in England: A Retrospect.* Melbourne and London: Heinemann.

Clagett, Marshall. 1959. *The Science of Mechanics in the Middle Ages.* Madison: University of Wisconsin Press.

Cohen, I. Bernard. 1956. *Franklin and Newton: An Inquiry into Speculative Newtonian Experimental Science and Franklin's Work in Electricity as an Example Thereof.* American Philosophical Society. Memoirs, Vol.43. Philadelphia: The Society.

Castabel, Pierre. 1960. Leibniz et la dynamique: Les textes de 1692. Paris: Hermann.

Crosland, Maurice. 1963. "The Development of Chemistry in the Eighteenth Century." Studies on Voltaire and the Eighteenth Century 24: 369-441.

Daumas, Maurice. 1955. Lavoisier: Théoricien et expérimentateur. Paris: Presses Universitaires de France.

Dijksterhuis, Edward J. 1961. The Mechanization of the World Picture. Oxford: Clarendon. First published in Dutch in 1950.

Dugas, René. 1955. *A History of Mechanics*. Neuchâtel: Editions du Griffon; New York: Central Book. First published in French in 1950.

Duhem, Pierre. 1906-1913. *Etudes sur Léonard de Vinci*. 3 vols. Paris: Hermann.

Dupree, A. Hunter. 1957. *Science in the Federal Government: A History of Policies and Activities* to 1940. Cambridge, Mass.: Belknap.

Dupree, A. Hunter. 1959. *Asa Gray*: *1810-1888*. Cambridge, Mass: Harvard University Press.

Feyerabend, P. K. 1962. "Explanation, Reduction. And Empiricism." In Herbert Feigl and Grover Maxwell, eds., *Scientific Explanation, Space, and Time*, pp.28-97. *Minnesota Studies in the Philosophy of Science*, Vol.3. Minneapolis: University of Minnesota Press.

Gillispie, Charles C. 1960. *The Edge of Objectivity: An Essay in the History of Scientific Ideas*. Princeton, N. J.: Princeton University Press.

Guerlac, Henry. 1959. "Some French Antecedents of the Chemical Revolution." *Chymia* 5: 7e-112.

——. 1961. *Lavoisier; the Crucial Year: The Background and Origin of His First Experiments on Combustion in* 1772. Ithaca, N. Y.: Cornell University Press.

Hagstrom, Warren O. 1965. *The Scientific Community*. New York: Basic Books.

Hanson, Norwood R. 1961. *Patterns of Discovery: An Inquiry into the Conceptual Foundations of Science*. Cambridge: Cambridge University Press.

Hesse, Mary B. 1963. *Models and Analogies in Science*. London: Sheed & Ward.

Hill, Christopher. 1965. "Debate: Puritandism, Capitalism and the Scientific Revolution." *Past and Present*, No.29: 68-97.

Articles relevant to the debate may also be found in numbers 28, 31, 32, and 33.

Hindle, Brooke. 1956. *The Pursuit of Science in Revolutionary America, 1735-1789*. Chapel Hill: University of North Carolina Press.

Institute for the History of Science, University of Wisconsin, 1957. 1959. *Critical Problems in the History of Science: Proceedings*. Edited by Marshall Clagett. Madison: University of Wisconsin Press.

Jammer, Max. 1961. *Concepts of Mass in Classical and Modern Physics*. Cambridge, Mass.: Harvard University Press.

Journal of the History of Ideas. 1957. *Roots of Scientific Thought: A Cultural Perspective*. Edited by Philip P. Wiener and Aaron Noland. New York: Basic Books.

Selections from the first 18 volumes of the Journal.

Koyre, Alexandre. 1939. *Etudes galiléenes*. 3 vols. Actualité scientifiques et industrielles, nos. 852, 853, and 854. Paris: Hermann.

Volume 1: *A l'aube de la science classique*. Volume 2: *La loi de la chute des corps: Descartes et Galilée*. Volume 3: *Galilée et la loi d'inertie*.

———. 1961. *La révolution astronomique: Copernic, Kepler, Borelli*. Paris: Hermann.

Kuhn, Thomas S. 1962. *The Structure of Scientific Revolutions*, Chicago: University of Chicago Press.

A paperback edition was published in 1964.

Lilley, S. 1949. "Social Aspects of the History of Science." *Archives internationales d'histoire des sciences* 2: 376-443.

Maier, Anneliese. 1949-58. *Studien zur Naturphilosophie der Spratscholastik*. 5 vols. Rome: Edizioni de "Storia e Letteratura".

Merton, Robert K. 1967. *Science, Technology and Society in Seventeenth-century England*. New York: Fertig.

———. 1957. "Priorities in Scientific Discovery: A Chapter in the Sociology of Science." *American Sociological Review* 22: 635-59.

Metzger, Hélène. 1930. *Newton, Stahl, Boerhaave et la dotrine chimique*. Paris: Alcan.

Meyerson, Emile. 1964. *Identity and Reality*. London;Allen & Unwin. First published in French in 1908.

Michel, Paul-Henri. 1950. *De Pythagore à Euclide*. Paris: Edition "Les Belles Lettres".

Needham, Joseph. 1954-1965. *Science and Civilisation in China*. 4 vols. Cambridge: Cambrideg University Press.

Neugegauer, Otto, 1957. *The Exact Sciences in Antiquity*. 2d ed. Providence, R. I.: Brown University Press. A paperback edition was published in 1962 by Harper.

Nicolson, Marjorie H. 1960. *The Breaking of the Circle: Studies in the Effect of the "New Science" upon Seventeeth-Century poetry*. Rev. ed. New York: Columbia University Press. A paperback edition was published in 1962.

O'Malley, Charles D. 1964. Andreas Vesalius of Brussels, 1514-1564. Berkeley and Los Angeles: University of California Press.

Parnofsky, Erwin. 1954. *Galileo as a Critic of the Arts*. The Hague: Nijhoff.

Partington, James R. 1962-. A History of Chemistry. New York: St. Martins. Volumes 2-4 were published from 1962 to 1964; Volume 1 is in preparation.

Price, Derek J. de Solla. 1966. "The Science of Scientists." *Medical Opinion and Review* 1: 81-97.

Roger, Jacques. 1963. *Les sciences de la vie dans la pensée francaise du XVIIIe siècle: La génération des animaux de Descartes à l'Encyclopédie*. Paris: Colin.

Sarton, George. 1927-1948. *Introduction to the History of Science*. 3 vols. Baltimore: Williams & Wilkins.

Schofield, Robert E. 1963. *The Lunar Society of Birmingham: A Social History of Provincial Science and Industry in Eighteenth-Century England.* Oxford: Clarendon.

Shryock, Richard H. 1947. *The Development of Mooden Medicine.* 2d ed. New York: Knopf.

Singer. Charles J. 1922. *The Discovery of the Circulation of the Blood.* London: Bell.

Stocking, George W. Jr. 1966. "Franz Boas and the Culture Concept in Historical Perspective." *American Anthropologist* New Series 68: 867-882.

Taton, René, ed. 1964. *Enseignement et diffusion des sciences en France au XVIIIe siècle.* Paris: Hermann.

Thorndike, Lynn. 1959-1964. *A History of Magic and Experimental Science.* 8 vols. New York: Columbia University Press.

Truesdel, Clifford A. 1960. *The Rational Mechanics of Flexble or Elastic Bodies 1638-1788*: *Introduction to Leonhardi Euleri.*

Opera omnia Vol.*X et XI seriei secundae.* Leonhardi Euleri. Opera omnia, Ser. 2, Vol.11, part 2. Turin: Fussli.

Vucinich, Alexander S. 1963. *Science in Russian Culture.* Volume 1: *A History to* 1860. Stanford University Press.

Westfall, Richard S. 1958. *Science and Religion in Seventeenth-Century England*, New Haven: Yale University Press.

Whittaker, Edmund, 1951-53. *A History of the Theories of Aether and Electricity.* 2 vols. London: Nelson.

Volume 1: *The Classical Theories.* Volume 2: *The Modern Theories*, 1900-1926.

Volume 1 is a revised edition of *A History of the Theories of Aether and Electricity from the Age of Descartes to the Close of the Nineteenth Century*, published in 1910. A paperback edition was published in 1960 by Harper.

Yates, Frances A. 1964. *Giordano Bruno and the Hermetic Tradition.* Chicago: University of Chicago Press.

第二章 科学史 [①]

萨克雷

导论

A. 对自然的使用

任一文化的成员为自然所设定的特征模式，都是一个世界图景的一部分。基于不同的图景，自然界可以不同的方式去研究。自然可以被看成有规律可认识的，或者被看作反复无常而使单枪匹马的理性奈何不得。其本体可能被设想为不朽的（现代物理学中各种各样的"守恒定律"可以为证）或者被设想为总在遭受损耗和变化，而它的形态可能被解释为物质或精神，或两者的某种混合，或不同种类间的中介力量（如在炼金术中）。自然可能可以接受人类的控制影响，但另一方面，它本身可能就在控制人类（如在许多占星术体系中）。关于这些问题的信念和解释方式的选择，也不过是某个文化中占主导地位的世界图景的一个方面，因此，科学史家的工作是更广泛的文化研究的一部分，并为之做出一份贡献。

信念和解释的选择还以一种微妙复杂的纽带与共同体更为直接的社会利益相联系。比如，已经有人提出，用来塑造自然的那些范畴可能是与日常的社会经验相对应的。再者，人与自然的关系可能反映了社会权力的特征和范围，象征着与一个社会相适应的权威、体面和意义的准绳。正是人类学家们提供了最引起兴趣的著作。Durkheim and Mauss（1901—1902）是经典著作，而 Geertz（1973）和 Douglas（1970，1975）是最近有影响的看法。提法是简单的，但对此的研究却争执不休：西方科学的特征，是如何被商业资本主义或工业化、都市化或自由民主的社会经济的转化所定型（以及反过来塑造它们）。

另一个相关的论题争执较少，但在含义上同样复杂。关于科学的发展途径的陈

---

① Arnold Thackray, "History of Science," in P. T. Durbin, ed., A *Guide to the Culture of Science, Technology, and Medicine* (New York: The Free Press, 1980), pp.3-69. 吴国盛译，孙永平校。

述以及关于推进或阻碍科学成长的条件的种种命题，本身已成为我们借以理解和解释自然的结构的一部分。在过去几十年中，关于科学的这类命题大大增加了其重要性。科学事业新的显见性、它人数众多的专业人员和它在数十个领域中的分化、它可能的技术应用领域——从无性系到星际通信——的庞大阵容，以及最后，人的自然图景所承担的不断增长着的道德和社会责任；这些要素分开来和总起来已加深了对许多群体进行调解的需要，这些群体在科学知识的社会构造中有着不同的利益。科学史为这些调解提供了一种方法。正是由于这个原因，还有其他原因，该学科在最近几年变得十分突出。

B. 旨趣、价值与科学的过去

现代科学是一项规模宏大而又极为复杂的事业。它包含了极为丰富但各有微妙差异的概念、理论、假说和定律。它使得某些连锁概念得到反复使用，而这些概念本身可能只得到部分的阐释（Holton，1973）。它包含了许多种方法（数学抽象、实验室里的实验、临场观察、系统的数据收集等）。它还常常依赖精密仪器和特殊技术的使用（例如，射电望远镜、粒子加速器、色谱法、碳年代测定、专题采访、控制组的使用）。它包容了数百万个事实。使逻辑学家感到颇为沮丧的是，它的理论形式并不完全由这些事实决定（Hesse，1974）。

现代科学还是一个成形的价值结构，镶嵌在支持它的体制以及这些体制依文化设定的社会组织之中（Merton，1973）。在这个意义上，科学固有地存在于学术团体、讨论会和学术会议中，存在于"无形学院"和非正式的联络之中，存在于教科书、测验、受训和博士生计划中，存在于技术助手、专业组织者和宣传者组成的协助骨干中，存在于杂志、奖金和基金机构中。现代科学可以从国际的方面加以考虑，也可能局限于特定的国家。它可以被看成一个"统一的科学"，或者被看成分布在几个大的部门中（行为科学、自然科学、物理科学、社会科学），或者被看成许多相互之间联系得不那么紧密的专业群，从实验心理学，到合成有机化学，再到 X 射线结晶学。

本文并不尝试或坚持单一的科学定义。作为一种活动、作为一类知识、作为一种方法论以及作为一组机构，科学是一个有着多重根源的复杂结构。因此，科学史也是一个多方面的学科。科学史在整理、确认自然中的人的特定象征并使之成为常识，以及在建立合法知识的规范时的作用，也具有同样的复杂多样性。

带着不同价值、日程、假定和兴趣的不同专业人员群体，在不同的时期被引向科学史的这个或那个侧面。这些专业群体的社会特征或思想纲领的变化，常常是由于那些与科学或历史的内在逻辑相去甚远的事件所致。直到最近，科学史才开始部分拥有一个一贯和持久的研究团体——科学史作为一门学科的参与者们组成的团体。与专业化相联系的强大的思想约束的姗姗来迟，对本文的目的而言是积极的。没有这些约束，解释的范式会更加灵活、更加受社会背景的影响。这些范式或许能同时直接告诉我们科学家和历史学家的价值观。

例如，维多利亚时代早期的作品《归纳科学史》（Whewell，1837），正是以与新的社会秩序相适应的方式重新划定知识边界的共同努力的一部分。一个世纪之后，世俗的乐观主义明显地贯穿于乔治·萨顿的建设性著作中，偶尔也会在诸如"科学史是人类统一的历史，是它崇高目标的历史，是它逐步救赎的历史"（Sarton，1927—1948，Ⅰ，p.32）这样的陈述中，得到坦白。另一个风格非常不同的乐观主义，曾把关于牛顿《原理》的一个大胆的创造性观点作为苏维埃共产主义如日方升的世界秩序的证据的一部分（Hessen，1931）。与此相反，已被广泛接受构成科学的精神气质的那些准则，部分来自对纳粹践踏科学的思想自主性的反击。"民主秩序中的科学和技术"融合了如下的看法：科学家们"意识到自己依赖于更大的共同体中的特定类型的社会结构"（Merton，1942，p.115）。最近提出的"科学史作为理性重构"的观点，是与保护大学使其免受学生造反之状况相联系的（Lakatos，1974，p.236），该观点也以极妙的清晰性出现在吉利斯皮的《客观性的边缘》（*Edge of Objectivity*）一书的开头部分。这些"科学思想史论文"熟练地囊括和令人信服地确定了一个时代的价值："当由西方人创造的强力机器完全进入并非西方人的手中时，艰难的考验就会开始……当中国人、埃及人使用原子弹的时候，世界将会怎样呢？曙光女神会照亮东方玫瑰色的黎明吗？亦或复仇女神给以报应？"（Gillispie，1960，p.9）

正如一般论述所指出的以及速描的图解所展示的，道德判断和社会意向充斥了该领域。对价值在科学史中的地位的处理是可以与对"科学中的价值"的明确讨论不同的。反之，它可能更有成效地直接检验历史研究。在关于自然的提问是如何被处理的，以及关于这些提问意味着什么等隐含的假定之上，这些检验已揭示出极大的多样性。不同的设定在历史研究中获得响应、赢得信任的时间也不同。这个响应必定总是在其社会背景中被理解的。

C. 本文的结构

以下文字并不是概述广为接受的对科学发展的理解。即使在四大卷的篇幅中提供这样一个概述，也要求极大地缩减而且有必要忽略许多东西（见 Taton，1963—

1966）。本文也不是百科全书式地处理过去和时下的文献。这些文献过于庞大、多样化、专业化。例如，最近一卷《*Isis* 的关键文献目录》（*Isis Critical Bibliography*）年刊单单列举科学史中的 2850 本新书和论文就花了 180 页，使用了 100 多个分类。本文所提供的是对科学史研究的一个简短的指南（Sarton，1952）。

本文首先将追溯本学科的发展道路。如果知道了这些道路，就有可能看到为什么价值发生了变化，或者主题和理解已经发展了的科学史中的某些领域，在特定的时间里受到更大的注意。这些领域中的一些将在本文的第二部分做较为详尽的考察。具备了这些知识，人们就可以鉴别历史文献的特征、深度和局限性。一个结论性的部分为专业的学科构建提供了进一步的路标。在文章的结尾附有被引用文献的目录。

正因为本文只是一个手册，所以它是部分和不全面的。某些古典的编史方法、标准著作和有影响的论文几乎肯定都忽略了。为简明起见，科学史研究和著述的许多重要领域不得已被忽略或只给予轻描淡写的注意。为了限制篇幅，不得已相对于单篇论文只有意关注著作。医学科学，"应用科学"以及科学、经济与公共政策的关系，只得到了比它们应得到的更少的注意，因为本书[②] 中有专门论及技术史，医学史（第三章）和科学政策（第九章）的章节。本文所提供的并不是某种对科学史全部领域的描绘，只是一个指南针和某种初步的指南。在它们的帮助下，读者可以得其所需，并在此过程中为自己所研究的历史定位。

1. 科学编史学

A. 前史

为论证一个新的东西是合理的，一个途径是把它表现成古老的。不合时宜的技艺的实践者为他们的工作寻找先例的愿望，深深扎根于西方文明之中。当科学研究在文艺复兴时期获得动力的时候，历史论证被动用来协助新奇的冒险。即便是后来，科学实践者思想的和社会的需要，也是决定历史解释模式的强大力量。

帕拉塞尔修斯（Paracelsus）学派和炼金术的化学文书的编辑者们通常都要讨论化学理解的伟大过去，并追寻其进步的线索（Debus, 1962）。举一个相当不同的例子，弗兰西斯·培根在 17 世纪初期致力的不仅是召唤一个"新工具"，而且极力强调重新追溯自然知识直到他那个时代为止的发展的重要性（Rossi, 1957）。还有第三个，

---

② 指该文所在的原书《科学、技术和医学的文化指南》，本章后面凡提到"本书"均指此书，不再一一注释。——译者注

关于体制的合理化论述，可见于托马斯·斯普拉特（Thomas Sprat）在《皇家学会史》（*History of the Royal Society*，1667）的形式下对一种不寻常的社会建制的辩护。

到了18世纪，自然知识作为一个独立的文化类别已被很好地确立。知识的追求越来越多地在正式的学会中进行，以伦敦和巴黎的皇家组织为典范。既是这种发展的结果也是对这种发展的协助，历史研究开展起来了。对故去院士的权威性颂词（eloges）在巴黎科学院宣读并出版，构成了一种类型的历史的最突出的榜样：伟人传记（Delorme，1961）。这种形式后来被用于不同的目的（Arago，1857）。今天（例如《国家科学院生平简报》以及《皇家学会会员生平简报》）它为近期科学的历史中许多未研究的情节提供了重要的叙述。

在特征上相当不同但在确定自然知识的风格和界限上有广泛影响的，是各种系统的论著。在英国，一个唯一神教派牧师写了电学和光学的经典历史（Prestley，1772，1767）。甚至在美国也产生了关于18世纪科学进步的论述（Miller，1803）。在法国，一位皇家小官员毕生致力于数学史研究（Montucla，1799—1802；Sarton，1936），而一个"物理学"（Physique）教授撰写了关于他的学科的两卷本哲学性历史（Libes，1810—1813）。在德国，事情进行得更有条理。哥廷根当时正兴盛的通史学派的学者们，在数学（Kastner，1796—1800）、物理学（Fischer，1801—1808）、化学（Gmelin，1797—1799）和技术（Beckmann，1784—1805）上下功夫，而艾尔福特（Erfurt）的另一位教授也把他的注意力放在化学上（Trommsdorff，1806）。他们的百科全书式的历史属于当时正在发展的一类历史研究，并将其推向了一个更加深入的新阶段，通过这种历史，献身于科学知识的人们把他们同时代人的工作，表现为在揭示关于自然唯一真理的过程中必然的和最近的阶段。

正如这些事例所暗含的，有关人与自然界之关系的材料的数量，在拿破仑战争时期即已相当可观。以后的工作很大程度都得益于这些作者们已经建立起来的事实、轶闻和范畴。但是，这些早期的活动更擅长编年史和资料搜集而不是历史的或哲学的分析。通过问题的连续性和实践者间的交流，共同标志一个社会上成熟的知识专业。在这后一种意义上，科学史如同历史自身一样，在19世纪的欧洲才找到它真正的发展。

B. 19 世纪的欧洲

工业社会的出现带来了新的认识方式、社会关系和教育结构。整个西方都感到了对新的知识布局的需要：变化的模式不仅可以在某些核心国家诸如英国、法国、低地国家和德国，而且可以在斯堪的纳维亚和美国，以及——在较小程度上——某些工业化的边缘地区如奥匈帝国、意大利、俄国和加拿大找到。在所有这些国家，科学的新的社会组织的发展、知识版图的新的认识秩序，以及赋予历史和自然的新奇的理性化功能，成了"现代"文化由以产生的过程的一部分（Shils，1972）。

这些不同国家的政治形式和体制类型的差别，意味着自然知识以不同的方式在诸如皇家研究院、官方管理的研究所、军事院校、博物馆、志愿团体、私立学院、国立大学、工业公司和其他注册机构、宗教界，以及在公开宣称的世俗团体中植根（关于19世纪科学中不同民族"风格"的经典讨论可参见 Merz，1896）。后果之一是，不可能在一本书中更不用说在一章中，概括19世纪科学史所采取的诸多形式及其所处理的诸多课题。因此，本文的讨论，作为一个权宜之计，将着重于英语世界的发展。该课题的其他方面（主要是在法国以及在较小的程度上在德国和俄国的各种发展），仅当它们事关这个更狭窄范围内的兴趣和人物时才有所涉及。

在工业革命之中，英伦诸岛的科学工作者更加意识到他们的地位和作用。成立于1831年的英国科学促进会（The British Association for the Advancement of Science）表达了他们的需要。协会率先在限制性的意义上使用"科学"（science）[3]一词来描述它仔细限定的活动，便是事态的一个标志。威廉·休厄尔在协会创建之时杜撰的新词"科学家"（scientist）也同样如此（Ross，1962）。历史也被召唤出来。协会发起人之一撰写了维多利亚式传记的一部经典，在其中，艾萨克·牛顿的心理学的、神学的、智力上的偏执被得体地掩饰，从而把他打扮成科学理性的榜样（Brewster，1831，1855）。其他成员做了进一步的研究工作，或使某特定的人物不致被遗忘（例如，Baily，1835，关于第一个皇家天文学家 Flamsteed），或是重新评价科学发展的总模式（Powell，1834；Whewell，1837）。英国科学促进会的一个早期但短命的部门曾致力于科学史研究。它不久便被一个仍是好景不长的"科学史协会"（Historical Society of Science）所取代，后者试图再版经典著作，并培养对科学所具有的新尊严和科学家之地位的正确态度（Hornberger，1949）。

这个时期其他值得一提的发展有，托马斯·摩勒尔（Thomas Morell）的《哲学史和科学史纲要》（*Elements of the history of Philosophy and Science*，London，1827）和《大英百科全书》（*Encyclopaedia Britannica*）的历史补编。这四大卷补编，由一组关于自然和人文科学的知识进步的颇具哲学意味并且审慎乐观的论文组成，是

---

[3]　英语 science 源于拉丁文 scienta（知识），原意亦指一般知识，但从19世纪以来通常只指自然科学，比之原意及法、德等语中的同源词（法 science，德 wissenschaft）的意义要窄。——校者注

由爱丁堡大学正负盛名的教授撰写的（Stewart et al.，1815—1835）。不仅如此，格拉斯哥（Glasgow）大学化学专业的创办教授还写了论《化学史》（*The History of Chemistry*）的第一部英文著作（Thomson，1830—1831）。在伦敦，查尔斯·赖尔（Charles Lyell）广泛地重写他自己学科的历史，作为《地质学原理》（*Principles of Geology*，1830）的一个策略性导论。

英国这些早期有学院倾向的科学绅士们组成的日益成长的共同体的合理性活动，并未导向关于科学史的任何系统探索。但是，在英国科学促进协会（BAAS）的《报告》（*Reports*）中，在皇家学会的年度讨论会中，在像阿拉贝拉·巴克莱（Arabella Buckley）夫人那种作家的通俗宣扬中，以及在连篇累牍的为纪念早期先驱和维多利亚时代科学伟人的生平而编纂的大量的宗教式英雄传记中，材料日益得到积累，用来解释和维护科学在国家生活中的地位。比起早期的研究来，这些材料有着更大的哲学深度和更丰富的事实及文献支持。

不过，新颖之处更多地不在于材料的特征，而在于它们的数量和多样性。英国所独有的特点，是作者、主题和读者的广泛多样性，这反映这个时期英国科学的分散、自发的性质。所做的工作包括，对自信日增的物理科学的内史中某些方面的详尽研究（Rigaud，1838），关于机构发展史料的庞大汇编（Weld，1848，关于皇家学会），科学通信集的典范性的编辑（Rigaud，1841；Edleston，1850）和对特定专业的学术发展的技术上精确的编史（Grant，1852，关于物理天文学）。该世纪后期，随着科学继续扩张和分化，出现了新的研究专业的功力深厚的历史（Schorlemmer，1879，关于有机化学），关于最近进展的通俗文章（Clerke，1885，关于天文学），以及最后，关于特定问题领域的技术性历史的专门论著（Freund，1904，关于化学组分；Whittaker，1910，关于以太）。

尽管有这些可观的英国人的工作，只有在德国，该领域的学术工作在 19 世纪才得到了最为热情的培养。德国大学中理科系科的广泛发展、专业的明确分化、研究所的创办——每一项都有助于促进对历史工作的兴趣，可望由此解释、澄清、维护和指导科学理解的发展。这些兴趣在雄心勃勃的、多作者多卷的《德国科学史》（*Geschichte der Wissenschaften in Deutschland*）中达到了顶点（Carus，1872；Kobell，1864；Sachs，1875）。《德国科学史》还从对民族特性的寻求和对学问的尊重中获益。另一个里程碑是德国医学和自然科学历史学会（Deutsche Gesellschaft fur Geschichte der Medizinund der Naturwissen schaften）于 1901 年在汉堡的成立。

德国学者对专科史所贡献的经典工作包括，Kopp，1843—1847（化学）；Kobell，

1864（矿物学）；Carus，1872（动物学）；Sachs，1875（植物学）；Cantor，1880—1908（数学）；Heller，1882—1884 和 Rosenberger，1882—1890（物理学）；以及 Zittel，1899（地质学）。关于科学家和科学发现百科全书式的开列——某种程度上应归于德国历史学的精神——也被做出（Poggendorff，1863；Darmstadter & DuBois-Reymond，1904）。最后，在该世纪的最后几年，就科学近期的发展（如力能学、电学和进化论）提出的新康德主义式的问题而出现了一个深奥的学派。两条论证线索引起了广泛的兴趣，并且对整个西方世界的科学及其编史学产生重要的影响。第一是一元论和形而上学的，在威廉·奥斯特瓦尔德（Wilhelm Ostwald）的文集中找到它的经典表述。奥斯特瓦尔德反对原子论和机械论。他寻求在能量概念基础之上自然科学、社会科学与人文学科（Humanities）的统一，而这将促进和平主义、国际主义和一种世界共同语的胜利。他的雄心激励了诸多才华横溢的科学、历史和哲学研究（Ostwald，1896；又见恩内斯特·海克尔众所周知的著作[4]）。论证的第二条线索是批判的和实证的，卓越地体现在恩斯特·马赫的著作中，尤其是他的《力学及其发展：历史的批判的概论》（*Die Mechanik in Ihrer Entwicklung: Historisch Dargestellt*，Leipzig，1883）。这部著作极有特点并且直言不讳地表明其兴趣在于，把历史放在服务于当代哲学兴趣的位置上，主张"它的目的是澄清观念，揭示物质的真正意义，清除形而上学的迷雾"（Mach，[1907]1883，p.ix）。

在维多利亚时代，一个增长而且充满自信的专家教授群的努力推动着英国的大多数和德国的绝大多数科学史工作。关于科学之统一性的哲学信念，经常让步于日益增多的机构和分科研究的压力。在法国，发展的道路相当不同。那里，科学史一开始的使命就不简单是一种"兴趣"的表达，而是一个世俗信仰的载体。这个信仰——实证主义——由奥古斯特·孔德（1798—1857）在当时法国传统的高级知识分子与罗马天主教会相互敌视的背景下加以阐述。实证主义把它的信心寄于科学具有的分析和实验的方法之上。人性朝向仁爱与和平的必然进步，将在关于人性自身的一个完备的科学中找到它充分的表达和实现者。于是，大多只是纲领式的抱负被加之于科学史。正如后来的马克思主义的情形一样，抱负仍然还只是抱负而已，未曾实现。

孔德的思想在英国功利主义传统中找到了同情的反响。他的某些著作被翻译过去，另一些思想则构成了需要研究科学知识之发展的理由（Lewes，1864）。在法

---

[4]　即《宇宙之谜》（*Die Weltrathsel*，1899），此书流传极广，中译本 1975 年由上海人民出版社出版。——译者注

国，孔德的影响即使较小但却更重要和更直接。它不仅导致了法兰西学院（College de France）于 1892 年设立第一个"科学通史"（histoire generale des sciences）教席（Sarton，1947；Paul，1976），而且导致对持续而重要的研究工作的支持。19 世纪即告结束时，在法国出现了一群致力于从广泛的、哲学的观点研究科学史的作者。这些作者受惠于孔德的思想和孔德的纲领，虽然他们经常与之相冲突。在这些作者中，有亨利·彭加勒（Henri Poincare）、路西安·彭加勒（Lucien Poincare）、阿瑟·阿内肯（Arthur Hannequin）、列昂·布伦西维奇（Leon Brunschvicg）、皮埃尔·迪昂（Pierre Duhem）和保罗·丹纳里（Paul Tannery）。他们工作中不朽的丰碑包括迪昂的 10 卷本（Duhem，1913—1959）和收集在丹纳里（Tannery，1912—1950）中令人望而生畏的大量历史和其他研究。组织方面的里程碑是在丹纳里领导下，1900 年于巴黎召开的第一次国际科学史家集会（Guerlac，1950）。

孔德的分析传统和法国的哲学酵素，深深地影响了年轻的比利时科学家和绅士学者乔治·萨顿（1884—1956）。满怀着对科学的世俗的和进步主义信念，萨顿 1913 年出版了 *Isis* 即"科学史评论"（*Revue consacree a I'histoire des sciences*）的第一期。法国学者诸如昂利·贝尔（Henri Berr）希望基于历史的理解达到一个哲学的综合，而正是在萨顿所选定的专业上，仿效并实施了这个雄心勃勃的综合性纲领。萨顿的计划找到了许多支持者，包括英国的查尔斯·辛格（Charles Singer）和进步的意大利科学家阿尔多·梅里（Aldo Mieli），后者曾在奥斯特瓦尔德门下学习物理化学。梅里后来编辑了意大利第一本科学史杂志（*Archivio di Storia della Scienza*，创办于 1919 年，1927 年更名为 *Archeion*），直到 1928 年他自愿背井离乡到巴黎。萨顿的编辑工作很快就被打断。第一次世界大战的爆发意味着孔德的理想在欧洲的终结。它还意外地为萨顿的计划得以转移到美国这个更多产的土地上提供了背景（Thackray & Merton，1972）。与此类似，第二次世界大战的阴云把梅里和他的杂志带到阿根廷，后来证明这不是一个那么适宜的环境。

C. 美国

工业化、城市化和自由民主的经验在美国找到了最充分的表现。北美同样为现代科学和对其历史的学术研究提供了适宜的环境。西方世界别的地方缓慢或不完全的社会发展——用两个世纪才达到成熟的形式，如法国的工业化，英国合适的民众高等教育体系——在美国进行得强有力而且完全。从建国百年博览会到第一次世界大战这段时期，美国文化经历了一个巨大的转变。在这个时期，研究生院出现、兴盛并走向初期的成熟，自然科学成为其组成部分。哲学博士（Ph.D）学位的设置、研究教授的位置、系科专业的组织计划，所有这一切，在新的工业化的美国作为社会存在的知识标志而被接受。

正是在这个背景之下，科学史开花发芽了。该学科被相信是使学生进入科学、综合日益分化的科学专业以及阐明科学在西方文明中的中心位置的有用工具。它还为正在出现的科学组织者阶层——基金会主席和大学校长、院长、系主任，天文台台长、实验室主任和博物馆馆长——以及圈子之外的出版商和政治家，提供一个共同的谈论方式。第一次世界大战前夕，该学科在美国的学院和大学里已被广泛引进（Brasch，1915）。美国的教授们为他们的学生听众写出了适当的教科书。这些教科书既有"科学通史"（Sedgwick & Tyler，1917；Libby，1917）又有分科史（Cajori，1899，关于物理；D. E. Smith，1906，关于数学；Moore，1918，关于化学）。科学家也参与了第一批创造性研究工作，渴望把历史研究用于澄清当代问题，激发对美国成就的自豪感以及确保忠实于欧洲的学术行为规范（Venable，1896；Smith，1914；Cajori，1919）。

在第一次世界大战的经验和随后自由知识分子对未来的关切的思潮共同构成的背景下，科学史学会（History of Science Society）于1924年成立。这个学会囊括了不同的兴趣和相互矛盾的纲领。富有和有影响的赞助人以及老一代的科学活动家喜欢一个有鉴赏力的书籍收藏。在这一点上，他们是与一群医生同样热心一致的：在同一时期，他们正热心于建立美国医学史协会。有些科学家仍然保持着在学生时代所接触的德国思想的强烈影响。他们特别热心的是马赫和奥斯特瓦尔德的历史哲学纲领。此外，罗宾逊（James Harvey Robinson）和他的同事们，把科学和技术的历史仅仅看作"新历史"的一个方面，这个新历史将为民主的大众文化提供恰当的主题（H. Barnes，1919）。在这个信念的鼓励下，罗宾逊的一些学生在关于科学学会、魔法和科学以及科学在思想史上的地位方面做了工作（Ornstein，1913；Thorndike，1923—1958；Preserved Smith，1930—1934）。罗宾逊的革命性纲领并未把科学作为它唯一的兴趣中心，也未能吸引多少历史界的同行。认同他们的主要兴趣的是另外一些人。"新历史学家"的分析，对于那些本是科学史学会（HSS）的核心同时又是大学科学史学科的主要赞助人的专业科学家和管理者来说，更可以接受。

这些赞助人可能同意罗宾逊和"新历史学家们"关于科学史之重要性的论述。即使这样，他们发现萨顿的更有雄心的实证主义纲领——科学作为历史的唯一主线——更有说服力，它的言外之意是，科学应当支配人文学科而不是与之相综合

（参见本书第三章关于萨顿与亨利·西格里斯特就科学史和医学史的相对地位的冲突）。强调遥远的时期、深奥的课题、评论性文献目录和伟人传记，也迎合赞助人的口味。萨顿于是有可能对逐渐被看作"他的"专业实施日益增长的影响。他所偏爱的百科全书式观点和好古倾向并不那么激动人心或吸引门徒，正如20世纪30年代的发展给予他的进步信念以沉重打击所显示的。尽管萨顿与哈佛大学松散的联系使他能起到一个科学史研究的组织者、鼓吹者和学术榜样的作用，但他不能为引导新人进入这个领域提供思想指导。相反，在人与自然之间，实际的和象征的关系打上了与大萧条及两次世界大战相联系的深深烙印之后，其他的思想纲领占据了舞台的中心。

D. 1930 年代的马克思主义者

奥古斯特·孔德关于科学在社会中的地位以及与之相应的科学史的重要性，拥有一个强有力的观点。与他差不多同时代的卡尔·马克思（1818—1883）也是如此。经恩格斯和列宁发展了的马克思的观点，后来在苏联和它的同情者那里，成了科学史中一个重要的制度化和国际化纲领的官方和教条的基础。更近期，这同一思想在中国也成了教条。在这篇文章中不可能追溯现代苏联和中国编史学的发展，虽然必须提到苏联和中国的科学院支持在科学技术史研究所中所进行的专门研究。按照一本苏联出版物的说法，"自 1953 年以来，研究所已经产生并且出版了 614 部专著，其中包括数学史 23 部，天文学史 3 部，……化学史 52 部……生物学史 57 部……以及 15 部参考文献工具和辞典"（Nauka，1977，p.7）。语言屏障限制了这些著作在苏联之外的影响。然而，苏联早期编史学的一篇论著注定要对西方产生重要的影响，并且成为有关"30 年代马克思主义者"著作的参照点。

在一极有戏剧性却又恰当的时刻，一个苏联代表团登机前往参加第二次国际科学史大会（International Congress of the History of Science）（伦敦，1931 年），报告俄国在科学上的进步和计划，并且将社会主义国家的光明未来与正受大萧条困扰的资本主义体系行将灭亡的命运相对比。人与自然的象征被巧妙地利用，尤其是在赫森（Hessen）对"牛顿《原理》的社会经济根源"典范式的分析中。要点是："物质资料的生产方式决定社会生活的社会、政治和知识诸过程。"因此，"牛顿创造性天才的来源，……他的活动的内容和方向"都可以单靠"应用辩证唯物主义方法和马克思创造的这个历史进程的观念"来解释。"无一例外，所有的观念"——甚至牛顿力学中起主导作用的抽象观念——的根源，都可以在"物质生产力的状况"中找到

（Hessen，1931，pp.151-152）。

赫森大胆的示范激励了英国剑桥一群才华不凡、个性鲜明的"左倾"科学家们。他们开始阐述各自学科的历史（Werskey，1979）。最多产的是 J. G. 克鲁瑟（Crowther），他发表在期刊上的论文在后来 40 年的西方舞台上是一个熟悉的角色（如 Crowther，1935，1936，1937，1970）。20 世纪 30 年代早期，克鲁瑟对苏联做过 7 次单独访问。1937 年他在哈佛长期的访问（由于他适合做乔治·萨顿的助手并与后者相互补而受到赞扬）有助于赫森的著作在北美的传播。博学多才的晶体学家 J.D. 贝尔纳也在从事科技政策和科学史问题的研究，尽管花的时间稍逊（Bernal，1939，1954）。更外围的，C. P. 斯诺（Snow）、J. B. S. 霍尔丹（Haldane）、P. M. S. 布拉凯特（Blackett）、赫胥黎（Julian Huxley）和赫格本（Lancelot Hogben）都将马克思的历史观应用于他们的通俗写作和他们对科学在近代文明中的位置的政策性工作中。甚至"普通"的历史学家也加入了关于科学和社会福利的讨论中（Clark，1937）。马克思主义思想根源最为深厚的影响，在李约瑟（Joseph Needham）大量和有学识的著作中趋向成熟。一个基督教社会主义者的眼光也对他研究中国科学的发展起了作用（Needham，1954；Teich & Young，1973；Nakayama & Sivin，1973）。正如李约瑟的著作所展示的，马克思主义的思想从没有在英语世界完全销声匿迹。同样的思想影响了广为流传的 S. F. 梅森（Mason）的《科学史》（*History of the Science*，1953）[⑤]，还可以在杂志 *Centaurus*（Lilley，1953）出版的研究论文集中找到。从荷兰移居来的数学家和科学史家斯特鲁伊克在麻省理工学院任教时，继续探索促进美国的马克思主义科学史研究（Struik，1948；Cohen et al.，1974）。

E. 观念论纲领（idealist program）

第一次世界大战之后一部分人意气风发情操的高涨，帮助促进了北美科学史的体制化。第二次世界大战以后英、美的一个类似的情绪浪潮，与对人在自然中位置的评价的改变相吻合。原子弹的爆炸像是预示了一个前所未有的令人忧虑的时代到来。这个时期特有的保守以致逃避现实的想法，与 20 世纪 30 年代马克思主义者们激进积极的倾向大相径庭。这些想法来自更早期的思想传统，从专业的哲学意义上带有唯心论（观念论）色彩。关于科学史的新立场的经典陈述，不是由左翼科学家而是由剑桥的历史学家提供的。赫伯特·巴特菲尔德（Herbert Butterfield）的《现代

---

⑤ 中译本名《自然科学史》，周煦良等译，上海人民出版社 1977 年初版，上海译文出版社 1986 年再版。——译者注

科学的起源》(*The Origins of Modern Science*),抓住了许多人的想象力,并且显示科学是如何可能被历史地理解成抽象的、富于想象力的思想。

观念论纲领根源于哲学史研究的前辈们,尤其是像伯特(E. A. Burtt)、斯诺(A. J. Snow)和拉夫乔伊(A. O. Lovejoy)这些美国哲学史家的著作,以及怀特海(A. N. Whitehead)在美国的工作,柯林武德(R. G. Collingwood)的观念⑥和卡西尔(Ernst Cassirer)著作合适的译本(Burtt,1925;Whitehead,1925;Snow,1926;Cassirer,1932;Lovejoy,1936)。但它的直接来源在别处。科学在法国哲学研究的历史传统中向来是一个重要因素,这个传统经由丹纳里和迪昂,于两次世界大战之间在梅耶松(Emile Meyerson)、布鲁内(Pierre Brunet)和梅茨格(Helene Metzger)的著作中走向新的繁荣(如 Meyerson,1930,1931;Brunet,1931,Metzger,1923,1938)。正像萨顿把法国思想的一个较早期版本带到了美洲大陆,另一位移民(emigre)——"白"俄罗斯人亚里山大·柯瓦雷(Alexandre Koyre)——使美国学者注意到另一传统。柯瓦雷本人早期的著作是法文的(Koyre,1939)。大量译本和英文新作则出现在 20 世纪 50 年代和 60 年代(Koyre,1957,1968)。他自己是普林斯顿高等研究院以及其他重要学术中心的常客。柯瓦雷的范式——科学"本质上是 theoria⑦,是对真理的探求",并且这种探求有着"内在和自主的"发展(Crombie,1963,p.856)——这个原则成了科学史中新观念论的体现。这种形式的观念被证明对于在核武器时代的阴影下畏缩不前的一代英美人颇有吸引力。如果当代事件表明科学已无法摆脱地卷入国家机密、政治、基金争夺和国家安全中,那么历史将赎回对自然的知识追求的纯洁性(Gillispie,1973;Toulmin,1977)。

第二次世界大战后的四分之一世纪中,可以看到美国学术界的成功成长以及政府和公众对自然科学资助的迅速扩大。雷达、近炸引信和原子弹仅仅是来自科学之强大威力的几个显著的例子。苏联出乎意料发射的空间卫星(sputnik),促使美国人更加明确地下定决心对现有的自然科学予以更充分的支持和更强有力的开展(Greenberg,1967)。在科学蓬勃成长、进一步分化和内部日益专业化的背景下,对

---

⑥ 在此作者一语双关,ideas(观念)既指柯林武德的思想,也指他的两部著作,即《历史的观念》和《自然的观念》,前者的中译本由中国社会科学出版社 1986 年版,何兆武等译,后者由商务印书馆纳入汉译名著于 2017 年版,吴国盛译。——译校者注

⑦ 拉丁文 theoria 源自希腊文 theoria,意为凝视、沉思,英语 theory(理论)一词源于此;与之相对的是 Praktikos(行动、实践),拉丁文为 practicus,英语 practice、praxis(实践)都源于此。——校者注

科学的历史进行学术研究的需要被广泛地接受。在引导学生进入科学、重新统一科学以及保持它的文化霸主位置这些旧的愿望之外，如今又添了新的希望。人们相信，科学史这个"桥梁"学科可以把科学和人文学科这"两种文化"统一起来。人们还公认，在一个学术的专业分割极其细致的世界中，这个领域有权成为一个独立的研究专业（Stimson et al.，1959；Crombie & Hoskin，1963）。

学科的主要支持者是学院里的自然科学家，第一代专职实践者主要来自初出茅庐的理科学生，柯瓦雷的范式为该专业的从事者提出了一个有用的纲领，以便组织他们的专业兴趣。分析科学概念要利用先前的科学训练，而这种分析的结果便能为科学赞助者和科学听众们所接受。纲领的国际特色——渊源于法国，但在英美开花结果——也被广泛接受。在像克拉基特（Marshall Clagett）、柯恩（I. B. Cohen）、吉里斯皮（Charles C. Gillispie）、格尔拉克（Henry Guerlac）、库恩（Thomas S. Kuhn）和霍尔（A. R. Hall）这些实践者的手中，概念分析方法提供了关于物理思想所具有的理智上的壮丽和所提出的严峻挑战的一个强有力的视角（如 Clagett，1959a，1964—1978；Cohen，1956，1971；Gillispie，1951，1971；Guerlac，1961，1977；Hall，1952；Hall & Hall，1962；Kuhn，1957）。这个方法传给了年轻的新手以及该领域刚刚拥有的第一批研究生们。他们又转而完善和扩充概念分析技术，得出了令人印象深刻的结果（Boas，1958；Greene，1959；Woolf，1959；Hesse，1961；Hoskin，1963；Coleman，1964；Mendelsohn，1964；Debus，1965），该技术的效用为一个实际的分工所确认。科学史的"内史论者"探究成功的观念（科学的"热门话题"）的继承关系和思想背景。而少数但不断增多的"外史论"社会学家——追随由默顿发展起来的一个相当独立的但彼此相容的范式——追寻极大扩展了的当代科学共同体的结构和功能（Hall，1963；Young，1973；Cole & Zuckerman，1975）。

这种明确的分工，仅当每一群实践者忙于确认自己的身份，并且科学与社会的关系未被干扰时，才可能持续下去。自越南战争以来，强制性地注意科学与社会之关系的政治和技术背景，已成了广为人知的经验的一部分。事实上，托马斯·库恩，这个由物理学家转变来的思想史家，早在1959年就曾漂亮地侵入社会学领域。库恩关于科学共同体的哲学和社会学特征的历史性论题，在以后的20世纪60年代和70年代产生了最重要的影响（Kuhn，1962；Hollinger，1973；Kuhn，1977；Merton，1977；Wade，1977；另可参见本书第四章和第七章的讨论）。

F. 新的折中

事情从来也不是像前面的框架所设定的那样泾渭分明。即使在柯瓦雷的范式如日中天之时，也不难找到英语国家的历史学家面对各种各样的读者与兴趣在追寻其他的路线。例如，谢莱阿克（Richard Shryock）是美国历史学家中（Arthur Schlesinger，Sr.，Merle Curti）开始对科学在美国社会中的地位做严肃历史探讨的领袖。在这个工作中，他和他的学生所使用的范畴既远离柯瓦雷，也远离马克思（Shryock，1936，1948；Bell，1955，1965；Hindle，1956；Reingold，1964）。在英国和美国，科学的经济、政治、管理和应用的方面继续拥有自己的听众——这些听众偶尔也可能对历史研究有兴趣。于是，德普里（Hunter Dupree）细致考虑了《联邦政府中的科学：至1940年为止的政策和活动史》（*A History of Policies and Activities to 1940*，1957），而卡德威尔（D. S. L. Cardwell）则提出了主题为19世纪的《英国科学组织》（*Organization of Science in England*，1957）的研究。每个国家的官方历史学家开始撰写当代的原子弹计划史的主要工作（Hewlett and Anderson，1962；Gowing，1964；Hiebert，1961）。勤奋的自然科学家出于博学或好古的兴趣，对他们自己专业的历史的劳作从来就没有停止过；帕廷顿（Partington，1961—1970）就是一个最典型的结果。伦敦大学学院的科学史和科学方法系（早在1923年由查理·辛格创建），为这种"科学的"历史研究提供了特别适宜的环境（Mckie & Heathcote，1935；Crosland，1962）。

观念论立场总是最为密切地与物理科学各部分的研究相联系。生物和医学史的学生们发现，他们所研究的学科和范畴与理性主义的柏拉图主义没什么共同之处。李约瑟和帕格尔（Walter Pagel）这两个从前的合作者（Needham & Pagel，1938），却持有两种不同的观点。帕格尔的大多数现在受到广泛赞赏和引用的工作，都是在20世纪50年代和60年代做出的（Debus，1972）。

尽管有以上种种修正，下面这点仍然是正确的：当专业实践者的学科兴趣经历第一次贯彻时，柯瓦雷的范式为科学史提供了一个参照点。这个范式从那时以来被抛弃了，但并未有任何新的被接受的综合代替它。之所以如此值得讨论，是因为它们说明了当代科学史的形态和用途。

第一个理由与学科专业的规模，特别是美国及其他英语国家以及整个西方的规模有关。近在1950年，科学史的研究生培养只在3个或4个美国院校进行，全世界该学科的教授还不到20个（Guerlac，1950，p.206）。到了20世纪60年代，按照一种估计（Price，1969），美国已有30多所大学招收了数百名研究生，雇用了约150

名专业科学史家。从那时以来，学科规模增长虽然速度有所减慢但还在持续扩大。该共同体还由英国、加拿大和澳大利亚这些同语国家的相当数量的专业骨干所充实。今日，英语国家有70多个研究生计划，仅仅英国的大学近年完成或正在完成的学位论文就逾400篇（Morrell，1978）。在美国，有数百名科学史家在学院工作，而日益增多的人员为博物馆、档案馆、编辑计划、联邦政府或州的各部门以及"研究和开发（R&D）承包商"工作。30多个英语杂志至少部分刊登有关科学史一个或多个方面的文章（Isis，1980）。方便的旅行和通信加强了这种效应，英美共同体与法国、德国和斯堪的纳维亚学者之间的屏障有所渗透。

　　公认的科学史家的人数增加，仅仅是学会内部专业阶层全面增长的一个小的方面。随着这一增长而来的是科学史家兴趣的多样化。新的专业、分支专业和研究领域围绕这些兴趣形成。举例来说，物理学史（在美国）拥有由物理学科支持的中心，有专业档案、杂志、专业会议和研究计划（Weiner，1972）。为了推进诸如从行为科学史到科学的社会研究这类形形色色学科而建立了各种学术团体，分别如"Cheiron"和"4S"⑧。单后一学会成员人数就同科学史学会（HSS）40年前的会员一样多。新的方法论——定量的、结构的、个人特征描述学的（prosopographical）以及解释学的——竞相引人注目（Forman et al.，1975；Hannaway，1975；Shapin & Thackray，1974）。扩充了的力量致力于勘定、保存、编目基本档案材料以资共用。《量子物理学史文献》（*Sources for the History of Quantum Physics*）是先驱性的《目录和报告》的目的（Kuhn et al.，1967）。今天在英国牛津的一个机构专门致力于为20世纪英国主要科学家的论文保证永久性收藏并且提供其目录；另一个机构在宾州费城，致力于收集生物化学和分子生物学的原始文献；第三个在加利福尼亚的伯克利，主要关注电子工业。每个机构都雇用自己的职员；前两个还出版不定期的通讯（*Symposium*7，"Problem of Source Materials"，in *Forbes*，1978）。对过去科学活动的规模和方向做部分统计解释的新努力正在进行（Price，1963；Menard，1971；Elkana et al.，1978）。与此同时，科学史家从更多样化的背景中补充新人：物理学、哲学、历史学、社会学。（French & Gross，1973，p.163），并且在风格和焦点相当不同的计划中受训（科学的自由研究、历史、科学史、科学和医学史、科学与技术的历史和哲学、科学史与科学社会学、科学学等）。

　　今天，科学史学科中包含了各种各样的实践者群体，其从事的专业之间或多或

---

⑧　即 Society for the Social Studies of Science（科学的社会研究学会）。——译者注

少有些关联。在这些群体中，有些人把本学科设想为一个研究系列，而每一研究都与其母学科有密切的联系；有些人追随萨顿，把本学科看作一个统一的和综合的专业，即使不是处于知识进步的核心也至少是自足的；有些人强调科学在历史研究中的位置并且相应地把注意力集中在特定的时期（古代、20 世纪）或特定的民族文化（美国科学、中国科学）；有些人强调与兄弟领域如哲学、社会学或经济史的关联，并相应地确定他们的问题域；有些人寻求与医学史或技术史的紧密联盟，它们近几年来才发展成自足的学科，经常被看作科学史的适当补充；最后——虽然未穷尽所有的可能性——还有些人关心科学政策以及现代科学知识的伦理含义。

为什么没有新的公认的观点统治本领域，原因已很明显了。同时，某些更宽泛的文化考虑看来对科学史有着持久的冲击。一个可以觉察到的公众从高等教育及其最惹人注目的产儿——现代科学的迷信中的清醒，已经助长了学术界的自卫和反省的心态（Daedalus，1974，1978）。历史研究中“引力中心”由中世纪和现代早期向 19 和 20 世纪的转移，可能与这种心态的转变有关。这个转移还可能与“大科学”的出现有某种关系，它是与工业研究、军事应用以及现代医疗事业伴随而来的（Price，1963；Ravetz，1971；Gowing，1974）。今天，不可避免的西方与东方、与“第三世界”文化的比较也可能影响该领域的议事日程（Nakayama & Sivin，1973；Preface to Sivin，1977）。科学与巫术之间逻辑的或历史的区分能够维持吗（Horton，1967；Elkana，1977）？科学能在任何非平凡的意义上与文化无关吗（Barnes，1974）？进步或真理真是组织历史工作的有用概念吗？如何把握和量度科学活动和科学创造中成长和衰落的模式（Thackray，1978）？科学本质上是一种意识形态或者权力的形式吗（Marcuse，1964；Habermas，1971）？

这些问题没有一个现在有公认意见。在自然本身能否被合理地理解些为科学知识的发展途径上设置明确和狭窄的界限问题，科学史家们颇感怀疑。对一个真正的“世界科学”——现代（西方）科学只是它的第一个预兆——的希望，比起一个基于（西方）议会模式建立世界政府的希望来现实不了多少。也许更现实的是，希望对不同的科学体系如何反映维系它们的不同文化，做一个首尾一贯的理解（Rudwick，1975）。这样一种科学人类学（anthropology of science）还很遥远（Barnes & Shapin，1979）。今天，人与自然的关系以何种方式被一个给定文化的伦理和社会现实所决定，还只是一个引喻、比方和思辨的话题。更可把握和更具体的是，科学史研究的中心领域是以什么样的方式迎合本学科的实践者、赞助人和听众的价值和兴趣而发展的。

2. 科学史的某些中心领域

某些时期、问题和人物在科学史中被作为中心加以研究和思考已经有很长时间了，争论的特征由于加入了新人的声音而改变，这些变化可以通过价值、利益和不同参与者的考虑得以解释，尽管不是预测。某些主题曾显得极为突出，随之又进入一个被遗忘的漫长时期或经历被漠视的状态。这里对中心问题的评论将是个人的、片面的和有偏向的。不过，它也许可以作为对当今的认识和昔日实践的一个向导。它还可能更详尽地表明价值和利益如何影响塑造对科学活动的考察。

一个显然的起点是科学的社会史以及与此相关的科学活动的社会根源问题。这个讨论指向科学史家目前关心的一个主要问题——"科学革命"的观念。关于科学革命的研究是与古代和中世纪科学的工作相联系的，不太直接地也与非西方文化中的科学等新近变得重要的问题相联系。国别科学史研究与"学科史"的考察是另外两个中心研究领域。关于科学与宗教之关系的研究也是重点，但在近来不那么突出。某些相关领域本身并不是主要的领域但也值得注意，它们是科学与医学、技术以及与科学哲学、科学心理学和科学社会学等的联系。最后，"伟人研究"部分融汇了其他各领域的诸方面，并将我们带回科学编史学。

A. 科学的社会根源和科学社会史

科学的社会根源是什么的问题可以在两种不同的方式中理解。一方面，科学可以被看成主要是一种知识体系，从而可以尝试找出这种知识出现的社会原因（而且最近，已在更广泛多样的历史背景中考察了知识出现的形式和内容）；另一方面，科学可以被看成某种程序（如实验、"科学方法"）和体制（如巴黎科学院、伦敦皇家学会）的出现。这些程序可以在诸如思想传统与工匠传统的结合中，或在资产阶级的发展中寻找解释。后面的方式实际上是前面方式的一部分。

在人与自然的关系未被迅速的技术变化扰乱，以及在科学还几乎完全是一个只有单独的个人所从事的小规模活动时，无论哪种形式的科学的社会根源问题都不曾被考虑。在 18 世纪或更早期的历史著作中，没有处理这一问题。但这并不是否定自培根以来的许多作者，一直在当时教会权威的衰落以及亚里士多德思想统治的终结等之中为对自然知识新的重视寻找理由。不过，所给出的解释远不是社会的解释，其论证所依据的也不是社会原因。在 19 世纪早期休厄尔和孔德的分析之中，这类特征的原因也没有更多，虽然两位作者以他们不同的方式均意识到他们生活于其中的社会与科学的转化。

科学的社会根源问题第一次以抽象的形式正式提出，是在卡尔·马克思和弗里德里希·恩格斯的著作中。马克思 1847 年的断言是有代表性的："社会关系和生产力密切相关，……手推磨产生的是封建主为首的社会，蒸汽磨产生的是工业资本家为首的社会。人们按照自己的物质生产的发展建立相应的社会关系，正是这些人又按照自己的社会关系创造了相应原理、观念和范畴。所以，这些观念、范畴也同它们所表现的关系一样，不是永恒的。它们是历史的暂时的产物。"（Marx，1847，p.109）⑨这个一般的态度在 1882 年恩格斯的《自然辩证法》出现之前，并未成为一种科学的社会根源理论的起点。恩格斯的著作包含了许多这样一种形式的论断："如果说，在中世纪的黑夜之后，科学以意想不到的力量一下子重新兴起，并且以神奇的速度发展起来，那么，我们要再次把这个奇迹归功于生产。"（Engles，1940[1882]，pp.214-215）⑩无论在马克思的著作还是恩格斯后期的著作中，这些洞见都未得以充分发展到足以表明，它们是被当作对科学知识的社会根源的解释，还是对科学方法和体制的社会起源的解释，亦或两者兼而有之。

恩格斯的著作是以工业化的英国为背景的，对科学的社会根源的一个类似的兴趣和另一种解释——但在思想观点上非常不同——可以在 19 世纪末 20 世纪初德国和美国的其他理论家那里见到（Weber，1904—1905；Veblen，1906）。正是将科学事业的大规模增长与 20 世纪 30 年代西方世界的大萧条中常识经验的结合，将零散的兴趣转化成了一个协调的研究纲领。嘹亮的号角声是波里斯·赫森吹出的。他的论文《牛顿〈原理〉的社会和经济根源》，非常明确地讨论了科学思想的决定因素。

对科学的社会根源同样的考虑激发了罗伯特·默顿的开创性研究《17 世纪英格兰的科学、技术与社会》，在这本书中，统计学的和人物研究的方法被用来支持韦伯首次提出而赫森等人使其更为突出的一些见解。默顿所侧重的主要是——尽管不完全是——科学工作的社会原因。兴趣专注于科学体制和方法而不是科学思想的内容，也激励了爱德加·齐塞尔在他的一生的北美时期最后发表的社会学史的一系列优秀论文（Zilsel，1942；Keller，1950）。对科学活动的社会根源的关注也是克拉克更为传统的历史专著的特色。在赫森辩论的刺激下，他对《牛顿时代科学与社会福利》做了一个透彻的考察。在概述这一时期的科学时，克拉克发现有六组不同的影响在起作用："来自经济生活的，来自战争的，来自医学的，来自艺术的，以及来自宗教

---

⑨　这段译文依据《马克思恩格斯选集》，人民出版社 1972 年版，第 108 至 109 页。——译者注
⑩　这段译文依据《自然辩证法》，人民出版社 1971 年版，第 163 页。——译者注

的……和来自对真理无私的爱的影响。"（Clark，1937，pp.87-89）

第二次世界大战后在一个不同的学术环境中，正是克拉克六种影响的最后一种获得了主要的关注。这种侧重点的变化可以在霍尔 1948 年的博士论文《论〈17 世纪的弹道学〉》（Hall，1952）中得到反映。按照赫森的观点，制枪的工人将有助于铸造诸如牛顿这样的人形成高深理论，霍尔对此做了断言拒斥，他试图确定，即使是弹道学理论本身也是独立于实践操作或实用价值的。论点还是很充分的，虽然霍尔可能并未充分意识到应用上的失败并不意味着理论动机与应用无关。关于思想因素比社会因素更重要的论据的发展，在霍尔 1954 年《论〈科学革命〉》（*The Scientific Revolution*）的教科书和他对"默顿命题"的批评中得以进一步阐述。与克拉克早期温和的观点不同，霍尔打算论证："对 17 世纪思想变化的解释必须在思想史中寻找；就此而言……科学史与哲学史完全类似。"（Hall，1963，p.11）

在这种观念论的哲学性历史占主导地位时，20 世纪 50 和 60 年代的大部分时期很自然将注意力远离任何对科学的社会根源的讨论。即使出现这种讨论，那也是发生在一个明确界定的领域，并由社会学家而非科学史家进行。这些讨论接受了观念论的观点："观念的更替被解释成由于发现了自然界模型中的逻辑缺陷，或者发现了模型不适用于它要解释的自然事件所致。"（Ben-David，1971，p.1）科学史家的工作被局限于澄清这些概念的逻辑和历史来源。许多有历史倾向的社会学家也接受了科学思想不能进行社会分析的观点。他们因而把自己限于考察"决定科学活动之不同水平的条件、不同时间不同国家中塑造科学家的角色和职业以及形成科学组织的条件"（Ben-David，1971，p.14）。

隐含在这些不同观点中的明确分工在 20 世纪 60 年代晚期开始打破（Kuhn，1968）。随后几年出现了一批声势浩大的致力于探索科学的社会根源的著作。受人类学传统和方法的影响，并且回到杜克海姆和韦伯以及马克思，这些著作不仅将科学的社会形式而且将科学的认识内容都纳入它们的处理范围。当科学知识以这种相对的方式看待时出现的理论问题在赫丝（Hesse，1974）和布罗（Bloor，1976）的文章中被考虑。实际的历史研究包括 Rattansi（1963）、Webster（1975）和 Jacob（1976）对 17 世纪英国科学这一熟悉的课题的研究，以及 Shapin（1975）和 Berman（1978）对 19 世纪爱丁堡和伦敦的科学之社会根源这一不那么熟悉的课题的研究（Rosenberg，1976；Forman，1971）。对于将这种方法应用于特定学科（如地质学）的社会形式和认识内容，可见 Porter（1977）。

更广泛地说，实际上在所有形式的科学史中，过去 10 年中正是社会史抓住了学者们的想象力。这种自下而上的研究运动和意识形态的更广泛的历史关注，是与60年代晚期公众对高等教育及其最显著的产物——科学——的幻灭相吻合的。这种幻灭产生了一种新的和更富批判性的分析（Ravetz，1971）。与此同时，科学史的学习和研究迅速地扩大。新一代的研究生正在出现，他们中的许多人有一些历史素养但缺乏系统的科学思想知识或外语（古典的或现代的语言）知识。关于科学与社会的大学讲演和公开讨论变得非常流行（由此产生了对教师、教本和"专家"的需要），对科学思想的社会解释的问题依旧保持着思想上的诱惑力。西方国家与第三世界之间变化着的对话，以及传教士在尝试将"现代科学"注入传统文化时所遭遇的困难，强化了人们如下的意识：科学既是一种知识现象，也是一种社会和文化现象。历史学家迅速认识到，应使用文献技术和社会学技术来对科学的正规体制——学会、实验室，大学里的系、奖励、期刊、基金机构等——进行社会分析。托马斯·库恩的具有广泛影响的著作，有说服力地证明"科学知识如同语言一样，就其本质而言是一个群体的共同财产，而不是别的"（Kuhn，1970，p.210）。正是由于这些以及其他一些原因，科学社会史在过去几年里得以飞快地发展了。

包括在这个类型之中的有，科学的社会根源的研究和许多国别科学史研究以及学科史研究。这样，下面 E 和 F 部分所引的不少著作也属于这个标题之下，诸如 Miller（1970）、Rossiter（1975）、Allen（1976）、Kevles（1978）、Geison（1978）等等。机构内部史的丰富传统使人们注意到科学机构连续地走向丰厚而富有成效（Weld，1848 或 Lyons，1944，作为一个旧的例证，它们是关于伦敦皇家学会史的；最近的著作如 Burns，1977，关于电化学学会；Schrock，1977，论麻省理工学院的地质学系）。由职业历史学家稳步增长的著作之洪流加入了这个传统（Crosland，1967，论 Arcueil 学会；Hahn，1971，论巴黎科学院；Kohbtedt，1977，论美国科学促进协会；Russell et al.，1977，论皇家化学研究所；以及 Oleson & Brown，1976 和 Oleson，1978，论美国的学术团体）。此外还有，论诺贝桂冠的（Zuckerman，1977）、论杂志的（Kronick，1976）以及论技术教育的（Artz，1966，关于法国；Sanderson，1972，关于英国）。另外，关于科学在大众文化中的位置的研究，关于"边缘"科学（颅相学、占星术、催眠术等）的社会意义和智力特征的研究，关于科学活动中长远统计趋势的研究，以及关于科学政策的研究，时下仅仅存在于博士论文和杂志论文的形式中。在《科学的社会研究学会通讯》（"4S" *Newsletter*）、《密涅瓦》（*Minerva*）和《科学的社会研究》（*Social Studies of Science*）这三个期刊中可以找到这方面的文章。

对社会史新的兴趣已使科学史家与经济史家、当代史家和政策制定者之间相互靠拢。彼德·马西亚斯——一个经济史家——已经编辑了一系列论《科学与社会，1600—1900》(Science and Society, 1600—1900, Cambridge, 1973)的文章。麦克列奥德已经写出了许多优秀的论文论及维多利亚时代英国的科学政策和科研管理(Macleod, 1971)。两位科学史家参与主编了一本使用科学指标的书(Elkana et al., 1978)。像《科学时代的法国》(Gilpin, 1968)和《科学阶层》(Don Price, 1965)这些著作，从科学家的政治方面，为当代史做出了实质的贡献。在那些从事情报机构及政策事务的科学家的传记中，Kistiakowsky(1976)和Jones(1978)是重要的，而Clark(1965)提供了亨利·蒂查德爵士的一份传记，后者影响了英国战争。York(1975)、Smith(1965)和Stern(1969)分别涉及了武器研究、科学家对原子弹的反对和奥本海默事件。正规的历史学家也贡献了许多——例如Gowing(1964, 1974)、Hewlett & Anderson(1962)、Hewlett & Duncan(1969)，以及对太空计划的研究(Hall, 1977)和对战争期间科学研究和发展办公室的研究(Baxter, 1946)。社会史与其他领域的相互关系在本《指南》⑪的第二章以及麦克列奥德在Spiegel-Rosing and Price中的论文里有进一步的考究。

B. 科学革命

对"科学革命"的历史研究从概念上讲与上述科学的社会根源的讨论是不一样的，但实际上紧密相连，科学革命已经成了科学史争论的经典论题。其理由不难看出：这个"革命"为观念论者的概念分析技术提供了合适而又深刻的概念。它为研究培根、伽利略或笛卡尔，或者牛顿和洛克的科学史家和科学哲学家提供了共同的基础。它遍布科学伟人，而对这些伟人中每位的研究都值得学者花费一生功夫。它将那些过去占绝对统治地位的"硬的"数理科学放在了最显著的地位。它为历史社会学家的研究提供了足够少的人物，只需个人的努力就可把握，它能够与英国和美国殖民历史的中心课题建立起有用的联系。

因此，回想起如下情况是有益的："科学革命"的概念对前面论及的18世纪的作者是陌生的，休厄尔、孔德和马克思(Cohen, 1976)也不知道这一概念。的确，该概念作为一个构成原则，在像乔治·萨顿或他的英国同伴查尔斯·辛格这样当代重要的科学史家的著作中都见不到，这是很惹人注目的。它的首次使用大概是21世纪初美国的一些文章，在这些文章中，罗宾逊以他的"新史学"来庆祝民主社会的到来。

⑪ 指原文所在的《科学、技术和医学的文化指南》。——译者注

罗宾逊的学生玛·阿伦斯坦认为17世纪前半期伴随的是"通过少数人物的工作而发生的一场对既有思维和研究习惯的革命，与之相比，历史上有记录的大多数革命都显得无足轻重"（Ornstein，1913，p.21），这种观点被 P. 史密斯完整表述，他把《现代文化史》（*History of Modern Culture*，1930—1934）主要归诸于"科学革命"，并将此作为关键一章的标题。

与克拉克和默顿的著作一样，赫森的论文帮助加深了对这一革命的重视。第二次世界大战之后，许多杰出的学者把他们的注意力集中在天文学和力学的卓越科学家之上，从哥白尼和开普勒到笛卡尔和牛顿。运用柯瓦雷曾最为熟练使用的概念分析工具，他们懂得在某些"理性"观念如物质、运动以及数学的胜利中发现现代科学的起源。于是就产生了一幅由"机械论哲学的建立"（Boas，1952）、《从封闭世界到无限宇宙》（Koyre，1957）的运动以及《世界图景的机械化》（Dijksterhuis，1961）所组成的图景。赫伯特·巴特菲尔德思路清晰的教科书《现代科学的起源》（*The Origins of Modern Science*，London，1949）使科学革命成为英语世界一个熟悉的概念。巴特菲尔德甚至敢于做如此非同寻常的断言，说这个革命"使基督教兴起以来的任何事情都相形见绌，而且把文艺复兴和宗教改革降低到不过是一支插曲，不过是中世纪基督教世界体系的内部更换"（Butterfield，1949，p.8）。Cohen（1960）、Gillispie（1960）、Hall（1954）和 Kuhn（1957）得到广泛传播的研究，都强调了新的思想开端以及客观性和科学方法的发展，构成了科学革命的一个或另一个方面。

虽然这种革命的概念在20世纪50和60年代看来已牢固地树立了，但概念本身并不是没有困难。霍尔的教科书《科学革命》（*The Scientific Revolution*）冠以副题"1500—1800"就表明了这类困难。如果人们把库恩对"哥白尼革命"的研究与巴特菲尔德关于"化学中延迟的科学革命"两个多世纪后才发生的信念并列地看，同样的困难就会出现。如果这些日期被严肃地对待，那么科学中的革命就变成了一个很随便的事情！一个可能的解决方法是将革命的时间往更早的时期移动（Crombie，1953），另一个方法是将概念推广使革命不是一次而是多次（Kuhn，1962），第三个是将科学革命的特定方面作为题目做进一步持久的研究。

沃特·帕格尔通过对帕拉塞尔苏斯和威廉·哈维等人物的详尽研究，强调了科学革命的医学和新柏拉图主义的方面（Pagel，1958，1967）。弗朗西斯·耶茨极大地强调了赫尔墨斯主义和"非理性"的影响（Yates，1964，1972），而且不断为其他学者所认同。（Bonelli & Shea，1975；Debus，1977）。亚里士多德主义及其他"传统"的影响的持续作用也被强调（Schmitt，1971）。"不成功"的科学尚未完成的改革愿望的重要性也成了出色研究的课题（Webster，1975）。随着一年年地过去，人们再难以相信一个单一的"科学革命"的存在，即使是这样，"17世纪的科学革命"依然是本领域的一个富有启发性的提法和无数教科书、大学教程的主题。

C. 古代和中世纪科学

对古代科学的研究本身就非常古老，反映了直到今天的西方传统中古典文化的核心地位。早期在古代科学方面所做的学术性细致工作，可以在拜里的《古代天文学史》（*Histoire de l'Astronomie Ancienne*，Paris，1775）或达朗布里同一题目的著作后来的两卷中看出。19世纪其他著名的研究包括楞次（Lenz，1856，关于动物学）、贝特罗（Berthelot，1888，关于炼金术）和措依腾（Zeuthen，1896，关于数学）。

这类著作属于传统的"学科史"。但19世纪晚期，丹纳里和其他人持续不断地努力写作古代世界诸门科学或科学的综合史（Tannery，1887；Gunther & Windelband，1888）。这后一抱负在乔治·萨顿写作《科学史导论》（1927—1948）的英雄般的未完成努力中也存在。最近，有人尝试转向把古代科学放在更宽阔的古典学术背景中考察，如Farrington（1944）或劳埃德（Geoffrey Lloyd）的两卷本论《早期希腊科学：泰勒士到亚里士多德》（Lloyd，1970）和《亚里士多德之后的希腊科学》（1973），还可参见Edelstein（1952）和Stahl（1962，论罗马科学）。

相比之下，中世纪科学很长时间没有研究和提及。当知识分子不得不与稳固的教会权威相抗衡时，"中世纪"被看作心灵的荒芜之地。从15世纪的人文主义者到19世纪的实证主义者，对此的评判都是一致否定性的。这个评判看来被欧洲1000多年历史上毫无科学成就这一证据完全确证。中世纪文化某些方面的捍卫者总可以在僧侣、传统主义或浪漫主义者那里找到，但颂扬中世纪的科学这件似乎怪异的任务一直要等到本世纪初。也许它就需要一个非常矛盾的斗士：皮埃尔·迪昂是一位虔诚的天主教徒，同时又是现代主义派和德雷福斯派的朋友、反托马斯主义者，而他的科学哲学又是相当地道的帕斯卡主义。迪昂有作为一个科学家的经验，又善于运用历史—哲学的论辩方法。他最初发现，现代静力学的早期形式在14世纪的遗产中就有了，而且他最终搞清楚了现象主义哲学的连续发展线索和这一发展的实际先驱。

随后的研究确实给出了许多中世纪在数理科学上的扎实工作（Maier，1949—1958；Clagett，1964，1976，1978）。企图把后来工作的方法论根源置于中世纪的努力被表明不那么经得起时间的考验。中世纪比欧洲任何时代就科学在文化中的本性和功能，提出了更多的人类学问题（Southern，1963）。在桑戴克百科全书式的集子中关于魔法和实验科学的论文，有一个真正的理论依据（Thorndike，1923—1958）。把这两个看来是陌路的东西结合在一起，有助于提醒我们自己的眼光中有偏见。

过去几年中急剧增多的学生和出版物对中世纪科学的研究也有效果。Grant（1974）是一个榜样型的原著选读，对特定文献或人物或科学问题以一丝不苟的精确性所做的专题研究已经出现（Grant，1971；North，1976；Lindberg，1976）。随着更自信的自主学者群体出现，人们也开始摆脱"寻找先驱的狂热"。相反，中世纪科学史家们开始提出，他们的工作应放在中世纪文化的更宽广的背景下考察（Murdoch & Sylla，1975）。这个抱负很不容易，它使得连一个对《中世纪科学》的一般概述的书现在也需要 16 位学者的通力合作（Linderg，1978）。

不管他们的个人兴趣是什么，古代和中世纪科学的研究者们都同意，在西方传统的范围内把科学史的研究重点向后追溯是有益的。另一些学者——近几十年出现了相当可观的人数——可能在研究重点外移以及有时（但不是必需的）后溯中看到了有益之处。

D. 非西方文化中的科学

古代科学经常被理解成希腊科学。巴比伦人对西方科学结构的出现所做的贡献的重要性一直被公认。19 世纪那些博学的东方学家肯定对乔治·萨顿有影响，他对科学知识之积累特征的强调、他的人文主义，以及他对百科全书式历史的向往，都使他意识到并同情地对待伊斯兰、巴比伦和东方的贡献（Sarton，1927—1948）。19世纪亚述学的发展也使许多学者对巴比伦科学有一个全新的认识。

天文观测特别地依赖很长历史时段中的反复测量，对过去观察的兴趣传统一直体现在天文学中。这个传统对于促进对古代天文学的研究特别有好处。巴比伦人、埃及人和希腊人的贡献已被欧洲的威利·哈特纳、奥利夫·皮德森以及奥托·诺意格鲍尔和他在布朗大学参与协作研究的学者们所细致地发掘出来（Pedersen & Pihl，1974；Neugebauer，1952，1975；Maeyama & Saltzer，1977）。最近，与中东石油富国日益增长的民族自豪感和经济实力相联系，中世纪伊斯兰科学已成为复活的关注焦点；新创办的《阿拉伯科学史通讯》（*Journal of the History of Arabic Science*，1977）以及叙利亚阿勒颇创办此杂志的研究所表示，有希望在未来出现重要的学术成就。如今，欧洲的学者们若想对伊斯兰科学做一个综合的讨论，还得基于阿多·米里的开创性研究《阿拉伯研究》（*La Science Arabe*）（Leiden，1938），也许再补以 Nasr

（1968）。

如果说中世纪、伊斯兰和巴比伦科学是 19 世纪的发现，那么中国科学和日本科学努力进入西方历史学家的意识还只是近几十年的事情，而非洲科学几乎不被看作一个严肃对待的课题。这些领域的兴起主要应归于自第二次世界大战以来普遍的"后殖民主义"的形势。正是李约瑟战时在中国的逗留，加上他早期的对科学与社会的基督教——马克思主义的兴趣，导致他决定从事他里程碑式的研究《中国的科学与文明》（*Science and Civilization in China*，Needham，1954— ；见第 1 卷关于远东科学史的编史学讨论）。其他学者（Sivin，1968，1977）也加入了这一事业之中，而且现在还有一个名为《中国科学》的美国杂志。日本科学也成了在西方语言中被日益加以详尽研究的课题（Nakayama et al.，1974）。当然，数十年来，中国和日本都已很好地建立了科学史家队伍。"非洲科学"问题更为复杂（Horton，1967）。的确，任何对非洲人自然信念的持久研究都会产生这样的问题：究竟有没有科学与非科学之间的"划界标准"以及这些标准的本质是什么。西方哲学家在此类原则的存在问题上自信心的衰亡，可以与西方人类学家正在增长的如下见识相比较：他们本人关于自然的信念决非不言自明地正确（Horton & Finnegan，1973；Elkana，1977）。

E. 国别研究

对非西方科学的研究只是研究民族文化中的科学的一个变种。本杰明·马丁很早以前就宣称牛顿主义是"英国式的哲学"。撇开这些感情的成分不论，启蒙运动的精神其实偏好于强调文化工作对学界共同财富的贡献的世界主义特征。只是随着 19世纪民族主义的复兴，研究者们才习惯性地把其目光投向各民族。对科学而言，这一发展被查尔斯·巴比奇（Charles Babbage）的一本有关社会分析、历史和政治动乱的闲散的著作所预言，书名叫作《对英格兰科学衰落的反思》（London，1830）。民族自豪感在普法战争的前夜在法国达到高潮，并伴随诸如此类的声明："化学是法兰西的科学。它是由不朽的拉瓦锡所创立的。"（Wurtz，1869，p.1；Duhem，1906；Paul，1972）

科学家建立广泛的协作和通信网络的愿望，使这种粗暴的感情得以控制。此外，民族科学队伍规模的日益壮大，使将某些注意力转向国别史更为必要。马克思主义为此研究提供了一种可能的基础（英国，Crowther，1935；美国，Struik，1948）。纳粹主义极大地强调了另一方面（Lenard，1929；Beyerchen，1977）。第二次世界大战以后，更为折中的工作逐渐变得引人注目。科学事业的增长、历史研究团体的扩大、科学在当代社会中地位的变化——这一切共同构成了对研究特定民族环境中的科学的偏好。

像科学史的其他领域一样，大部分这方面的工作是由美国的科学史家做的。毫不令人惊奇，近几年来美国科学得到了很好的研究。在 20 世纪 50 年代，殖民地时期吸引了绝大部分注意力（Hindle，1976）。即使在联邦政府对科学研究的投资飞速增长的时期，也能看到关于"美国不重视基础研究"的历史课题广为流行（Shryock，1948）。这个论题已经不再为人乐道（Reingold，1972a），因为关注于 19 世纪的科学史家们已经转向原始文献，并且对关键人物（Dupree，1959，关于 Asa Gray；Lurie，1960，关于 Louis Agassiz）；对开发西部时的科学（Goetzmann，1966）；对研究资金（Miller，1970）；对科学观念的社会利用（Rosenberg，1976）；对特定的科学机构和专业（Beardsley，1964，关于化学；Kohlstedt，1976，关于 A. A. A. S.；Sinclair，1974，关于富兰克林研究所）；对农业化学（Rossiter，1975）；以及对传统解释的批判性评论（Daniels，1972）上产生了越来越多的专著。到了 1966 年，一个科学史界的知情观察者会报告说："美国科学史——一个长大了的领域。"（Dupree，1966）这一断言被接下来的发展以及近期精致化的体制研究，如 Oleson & Brown（1976）和 Oleson（1978）证实，在创造这一套理解时，"兴趣"的作用、共同体传统的作用以及取得有关史料的便利的作用，被如下的事实所生动地突出出来：最后一个写书论美国科学史的英国学者是克鲁瑟（Crowther，1937），而从来没有一个法国人从事过这一工作。

也许是因为他们最为强烈的故土意识和更多样化的历史遗产，美国的学者毫不犹豫地研究其他民族的科学史。亚里山大·瓦西尼奇对《俄罗斯文化中的科学》（Vucinich，1963—1970）做了一个概述，洛伦·格拉汉对《苏联的科学与哲学》（Graham，1972）这一中心论题做了澄清，而更多的单项研究既有对《李森科事件》（Joravsky，1970）的考察，又有对《牛顿与俄罗斯》（Boss，1972）和《苏联的原子能》（Kramish，1959）的研究。法国科学也受到了美国学者更好的对待。他们偏好在广泛的课题中运用传记的方式，如 Guerlac（1961）论拉瓦锡与化学，Hankins（1970）论达朗贝尔与力学，Gillmor（1971）论库仑、物理学与工程，以及 Baker（1975）论孔多塞与社会科学。催眠术也吸引了人们的注意力（Darnton，1968）。法国和英国的学者也做出了积极的贡献（Crosland，1967，论阿奎尔学会；Roger，1963，论生命科学；Taton，1964，论科学教育；Fox，1973，论赞助）。最近的一篇评论性文章（Crosland，1973）提供了一个有用的文献入门。

德国科学在第二次世界大战后的岁月里几乎没有得到研究，尽管其历史重要性是明显的。对此的兴趣最近已经复苏，Ben-David（1971）、Forman（1971）、Gasman（1971）、Gregorg（1977）和 Beyerehen（1977）对 19 和 20 世纪的体制和意识形态提供了一个最好的入门；18 世纪可以参见 Hufbauer（1971）。与其大陆邻邦比起来（当然除了美国），英国总是被很好地对待。美国的学者已经发现英国科学是一个特别合适的研究题目。早期的研究诸如 Merton（1938），随之而来的是特定的机构研究（Schofield，1963，论月光学社）、个人传记研究（Williams，1965，论法拉第；Manuel，1968，论牛顿；Wilson，1972，论莫塞莱）、科学观念和争论的研究（Kangon，1966，论 17 世纪原子论；Burchfield，1975，论地球年龄），以及对科学的更广泛文化背景的研究（Thackray，1974；Kargon，1977；Cannon，1978）。英国对英国科学的研究与日俱增。在前面提到的工作中，Cardwell（1957）、Gowing（1964）、Wedster（1975）和 Porter（1977）特别重要。Allen（1976）是关于《英国自然主义者》的精彩研究。与德国和美国科学史一样，英国科学史也缺乏利用历史理解方面的进展所进行的综合性阐述。

加拿大、南非和澳大利亚国民认同感的加强，导致了对这些国家科学发展先驱的回顾：Levere & Jarrall（1974）、Brown（1977）和 Moyal（1975），而一个南美国家科学的某一方面，终于在 Stepan（1976）中得到了适当的研究。

F. 学科史

学科史是直接服务于科学家们技术需要、智识兴趣和心理学关怀的科学史形式。这种学科史相对来讲是一种古代类型。诸如天文学、化学或生物学等学科所一直享有的尊重，在学科史的发展过程中也一直得到了反映。以化学为例，以 Robert Vallensis 的《论化学技艺的真理和古老》（*De Veritate et Antiquitate Artis Chemicae*，Paris，1561）为大致的开端，其线索是从 Oluf Borch 的《插图本化学著作概览》（*Conspectus Scriptorum Chemicorum Illustriorum*，Copenhagen，1696）开始的，通过 Gmelin（1797—1799）、Trommsdorff（1806）、Thomson（1830—1831）、Kopp（1843—1847）以及后来的其他工作，到里程碑式的编撰如 Partington（1961—1970）。甚至还出现了化学编史学著作——例如 Strube（1974）和 Weyer（1974）。科学中新学科和分支学科的成熟常常由相应的历史研究来标志，如 Hoppe（1884）和 Benjamin（1895）对于电学、Ostwald（1896）对于电化学、Stubbe（1963）对于遗传学以及 Fruton（1972）对于生物化学。

由科学家为科学家所写的学科史常常基于一种个人主义的认识论，把科学家的形象描绘成在奇异的思想海洋上只身航行的人。科学中同样存在个人的产权关系，它使得对不同主张的裁决变得重要。一个后果是对优先权问题的历史兴趣——谁第一个揭示"错误"而建立"正确"的答案，或者谁成功地发展了仪器和技术。在体现促使这类工作的心态方面，有代表性的帕丁顿不加掩饰地宣称："有关一般的政治和经济史、学会史等题外话，以及其他所谓的'背景材料'和那些易于在所有公共图书馆收藏的著作和百科全书中找到的东西，都应该被删除。"（Partington，1961—1970，II，p.vi）

把注意重点放在个人对正确事实和理论的建立上，作为历史而言有其局限性，尽管它对于日益庞大的科学管理者群体来说是有用的。这类学科史也常常因为它在真理、事实和科学方法等哲学方面的幼稚性而受到批评（Agassi，1963）。这类批评关系到这样一个冲突：一方面是科学史家焦急地要建立其学科的自主性；另一方面科学家却关心保卫"他们的"历史。科学家为科学家而写的学科史并没有消失的迹象，也看不出因注意到对它的批评而受到重要影响。相反，科学家们专注于在那些他们强烈认同的学科中他们亲自经历过的发展（Keilin，1966，论细胞的呼吸；Ainsworth，1976，论真菌学；Tylecote，1976，论冶金学；以及关于寻找遗传密码之线索的人们杰出的个人史，Watson，1968）。近来，生物化学家和计算机科学家召开了历史会议，回顾他们学科的起源。结果是出现了一份由美国信息加工学会联合会（American Federation of Information Processing Societies）主办的季刊《计算机史会刊》。

职业科学史家依照柯瓦雷的概念分析方法，以完全不同的方式对待学科史。在过去的 20 年间，天文学、物理学和化学中的概念和理论特别成了深入广泛研究的对象。（参见第一部分中引证过的文献，以及 McMullin，1963，1977；Sabra，1967；Klein，1970；Fox，1971；Elkana，1974a；Brush，1976 和极有学问的著作 Kuhn，1978；Heilbron，1979）在更小的程度上，数学（Mahoney，1973）和生物学以及人类科学（Coleman，1964；Mendelsohn，1964；Provine，1971；Holmes，1974；Olby，1974；Winsor，1976）也是如此。重要的法国科学史家的工作有 Caguilhem（1955，1968）和 Limoges（1970）。对概念史——反映在文献、文件、实验和回忆中的思想，不论"对"或"错"——的重视，已经缓慢但深刻地侵害了从前的哲学假定。再也无法回避"科学"观念随时间的极度可变性、概念与实验证据之间联系的不确定性、隐含在科学真理、科学进步和科学方法观念中的历史困难所带来的后果。

在学科史上，科学家与科学史家的工作的分界线并不是泾渭分明的，如下的概念研究就可以作为见证：Rudwick（1972），Holton（1973，1978），Farley（1977），

Gould（1977）。当职业科学史家开始在文化背景中研究某学科的复杂社会史时，此分界就变得明显了。在这种历史中，科学观念和研究纲领不仅被看作由自然（或上帝）所"给定"，而且被看成对智识、体制、财政资助、社会以及职业压力和机遇等的渐进回应。这一重要新类型的早期榜样有 Edge & Mulkay（1976）论英国的射电天文学、Porter（1977）论英国的地质学、Kevles（1978）论美国物理学以及更细的工作 Geison（1978）论维多利亚时期后期的英国生理学。Lemaine（1976）提供了当前研究的一个概览，Kohler（1975）给出了关于生物化学的一个示范性的概观，Morrell（1972）通过考察两个化学学派给出了一个比较性视角，而 Pyenson（1978）则在两个周边团体中考察物理学。

学科史为传统的科学观念史、新的对科学家作为社会群体的兴趣、不断增长的对当代时期和当代问题的兴趣，以及对社会和文化因素之重要性的新意识，提供了一个重要的交会点。Forman（1971）的精致工作是这一领域中已获得学术洞见的一个特别有益的典范。物理科学和自然科学学科的历史，给出了科学史中一个一直深具活力、力量集中的领域：确实，天文学史有它活跃的专业刊物《天文学史通讯》（*Journal of the History of Astonomy*），生物学史有《生物学史通讯》（*Journal of the History of Biology*）和《生物学史研究》（*Studies in History of Biology*），化学有《安比克斯》（*Ambix*），数学有《数学史》（*Historia Mathematica*），自然志有《大英博物馆公报：自然志：历史系列》（*Bulletin of the British Museum: Natural History: Historical Series*）和《自然志文献学会通讯》（*Journal of the Society for the Bibliography of Natural History*）以及精确科学包括物理学有《物理科学的历史研究》（*Historical Studies in the Physical Sciences*）和《精确科学史档案》（*Archive for History of Exact Sciences*）。

社会科学和行为科学的学科史提供了一个鲜明的对照。经济思想史一直是"科学家为科学家所写的学科史"中水平最高的。（英国）《经济思想史通信》（*History of Economic Thought Newsletter*）用于协调这类研究活动。在其他方面，偶尔也有比较精致和杰出的工作，如 Rieff（1S59）论弗洛伊德、Bramson（1961）论社会学、Haskell（1977）论社会科学在 19 世纪后期的美国作为专业的出现，以及 Hughes（1958）论 1890—1930 年欧洲的社会思想。不过，太多的研究限于研究者所属群体的兴趣，只关心将历史材料用于当代人类学、心理学或社会学所进行的论战。对这些工作的长处与短处的分析见于"行为科学的成就与历史"（Young，1966）。《行为科学史通讯》（*Journal of the History of the Behavioral Sciences*）上越来越精致的文章展示了好的迹象，正像《社会学史通讯》（*Journal of the History of Sociology*）的创刊一样。Stocking（1968）给出了第一门学科（人类学）的观念史的典范性论文集；Young（1970）给出了第二门学科（心理学）的一个先驱性的概念分析，而 Ross（1972）给出了一个长的传记；Clark（1973）给出了第三门学科（社会学）在其发展的关键阶段之社会背景的一个重要历史透视；Decker（1977）和 Sulloway（1979）则开始从事将弗洛伊德理论做一个彻底的历史评价这一复杂的工作。

G. 科学与宗教

科学与宗教的相互依赖、各自的自主性或相互敌对——取决于作者的观点——提供了一个清晰的例证，表明兴趣和价值是如何形成和铸造科学史著作的。对科学自主性的强烈主张对早期皇家学会是关键的，尽管神学问题和宗教需要有力地形成了以后的牛顿自然哲学纲领（Webster，1975；Jacob，1976）。在维多利亚时代早期的英国，威廉·休厄尔与其他教会领袖寻求创造这样的历史、哲学和通俗看法，在其中，科学和宗教有区别但相互加强（Whewell，1837；Powell，I834；Cannon，1978）。与此形成尖锐对比的是奥古斯特·孔德和卡尔·马克思所制定的道德观点，在他们看来，摆脱了宗教教条的科学将为人的世俗解放提供钥匙（Budd，1977）。在19世纪后期的美国，约翰·威廉·德拉帕鼓吹一种"科学的宗教"（Draper，1875），而安德烈·迪克逊·怀特写了一部卷帙浩繁的《基督教世界科学与神学的战争史》（1896）。在众多的反对者中有詹姆斯·威尔士的《教皇与科学》（1908）。一个全然不同的类型是 J. T. 默茨的《宗教与科学：哲学论集》（1915）。

与达尔文科学微妙交织的维多利亚时代的宗教信仰危机，不可能在这里谈及。更有意义的是20世纪初在变化了的科学理解（特别是对物质、能量、空间和时间的理解）与宗教信仰之间促成和睦关系的尝试。这些尝试早已为德语作家如海克尔、马赫和奥斯特瓦尔德所预示。第一次世界大战后，英语著作中有一股新的潮流，这些文献，风格上是历史和哲学的，都再次强调形而上学作为科学和宗教的共同基础的重要性（Whitehead，1925；Burtt，1925；Needham，1925；Eddington，1929；Barnes，1933）。更近些时候，有一些既是学术的又是论战性的尝试，想证明基督教（新教）在形成现代科学时的重要性（Raven，1942；Hooykaas，1972），而且持续地研究科学与宗教之间特定的冲突（Fleming，1950；Westfall，1958；Turner，1974）。在科学社会学的历史上有一个将清教主义与科学相联系的传统（Merton，1938；Webster，1975）。Russell（1973）给出了现有历史著作的一个读本。

H. 科学、医学与技术

医学史和技术史是两个同源学科，它们与科学史一前一后同步发展但又在某种程度上来自它。依赖于不同的定义，科学史的内容许多属于医学史，反之亦然。医生和医学机构在文艺复兴以及现代早期自然哲学的成长中起着重要作用。反之，科学观念和科学方法在过去一百年里为医学的建设也贡献不少。进而言之，一大批医学史家（Henry Singerist、Richard Shryock、Walter Pabel、Owsei Temkin 和 Erwin Ackerknecht）经常更有分量地——尽管是间接的——影响科学史学科。通过他们的著作，德国的文化史传统进入了科学史。科学与医学的共生现象在于，只是为了便利性才分别处理它们的历史，这既反映了科学、医学共同体今日各自的兴趣和价值，也反映了各自的历史发展模式（Debus，1972，关于 Pagel，Stevenson & Multhauf，1968，关于 Temkin；也可见本书第三章[12]）。

科学与技术的分离在过去很长的历史上更为明显。19 世纪下半叶以科学为基础的技术（染料、电灯和电能）的出现标志着事情呈现了新面目。今天，两个领域的区别非常困难而且常常有争议（Derek Price，1965）。作为对这一新情况的反映，就现代早期科学在多大程度上受惠于工艺技术（Hall，1959；Webster，1975），以及英国工业革命有没有或者在多大程度上依赖于科学知识（Clow & Clow，1952；Bernal，1953；Schofield，1963；Musson & Robinson，1969；Mathias，1973），一直存在着历史纷争。科学和技术在形成美国资本主义时的相互作用问题也引起了注意（Noble，1977）。像 Multhauf 的《海神的礼物：公共盐业史》（1978）这样的学术著作是属于科学史还是属于技术史，这取决于个人的趣味。毋庸置疑的是，技术史作为一个有组织的学术研究领域是非常新的、发展很快的、高度多样化的而且充满活力（进一步的讨论可参见 Kranzberg，1962 以及本书第二章[13]，那里充分谈到了工业实验室这个重要题目）。

I. 科学哲学、科学心理学与科学社会学

我们的自然知识很显然是哲学研究的一个对象。就这些研究在传统上基于历史论断和历史分析或向其开放而言，科学哲学和科学史将不可避免地混合在一起。我们已经指出孔德主义和新康德主义哲学纲领如何促成了像 Mach（1907，1883）和

---

[12]　即《科学技术史手册》的第七章"医学史"。——本书编者注

[13]　即《科学技术史手册》的第五章"技术史"。——本书编者注

Tannery（1912—1950）这些工作的出现。更近些时，体现在梅耶松和柯瓦雷著作中的观念论思潮已经极大地影响了英语世界的专业科学史工作。科学史和科学哲学系或研究中心已在下列地方建立：澳大利亚的墨尔本，美国印第安纳州的布罗明顿（参见 Giere & Westfall，1973，20 周年系庆文集）、新泽西州的普林斯顿以及英国的利兹和剑桥。在一系列著作中，观念史确实展现了它在哲学论辩中的用处（如，Hanson，1958；Hesse，1966；Toulmin，1972；Kuhn，1977）。

科学史与科学哲学作为一个混成学科的纲领性论证，起初目的在于削弱英美哲学中非历史的形式分析所占的支配地位。在这方面，它们取得了显著的胜利（Stuewer，1970；Elkana，1974b）。今天，谈论"科学史与科学哲学"的人们发现，他们正在与身后的"非理性的"和"神秘的"观念作战，这些观念有时从他们阵营内部的费耶阿本德（Feyerabend，1975）以及走向社会史的运动（如 Hesse，1973；Lakatos，1974）中成长起来。科学史家与科学哲学家之间恰当的关系问题继续在产生着自身特有的文献，Burian（1977）是最近的一种。

在某种意义上，科学史与科学社会学的关系是科学史与科学哲学关系的反映。20 世纪 30 年代对科学的社会根源的共同兴趣，为英国和美国的科学史与科学社会学富有成效的联盟提供了背景（Zilsel，1942）。观念论纲领的威力使"科学史与科学社会学"的结合停滞，而作为新社会史与复苏了的历史社会学联姻的一个后果，这一停滞现在终结了。Barnes（1974）、Edge & Mulkay（1976）、Zuckerman（1977）以及 Mendelsohn（1977）是这个联盟的第一批成果（本书第七章反思了早期的分裂，而且将默顿更作为一个经验的科学社会学的实践者而不是作为一个历史社会学家）。

科学心理学是一个远不那么发达的研究领域。不过在 de Candolle（1873）和 Galton（1874）开创的对伟人的社会心理环境的研究传统中，它拥有重要的历史来源，而且为历史学家提供了重要的材料。保护上流社会的文化价值不受城市无产者的威胁，是早期工作的强有力动机。最近的心理研究更关心当代而不是历史研究，研究课题包括，激励聪明的学生投身科学的可能途径（Roe，1953）、对青年科学家与非科学家之间个性差异的理解（Hudson，1966）以及工作中的"痴迷科学家"（Mitroff，1974）。这些研究对科学史家的用处不那么明显，更有价值的是爱利克·爱利克逊（Erik Erikson）的工作，他对创造性天才的心理研究有助于开辟整个心理史领域。在科学史学科中，这一方面的代表是出色的"艾萨克·牛顿之肖像"（Manuel，1968）。

J. "伟人"研究

牛顿的心理传记可以被看成是科学史中"伟人"研究这一悠久线索的最新进展（并非故意的大男子主义，但事实上很少有人为女性科学家作传[14]）。从一开始，科学就用它的英雄们命名：开普勒定律、胡克模数、林耐系统、欧姆、普朗克常数——诸如此类的事例还很多。把某些人物神化的需要有着科学理论的思想品格和社会学构成方面的复杂根源。与此同时，科学英雄的塑造对民族自豪感有巨大的重要性。对这些大师著作的思考，为学生和新手提供了有用的教学功能。它为成熟的实践者提供智力上的挑战、灵感和消遣。它也为只受过普通教育的大众提供一个身临其境的参与高智力活动的机会。一旦伟人有非同寻常的兴趣范围，他为众多出版物所描画或留下了极为丰富的遗稿，其可能性实际上是不可穷尽的。

藏书家、科学家和谨慎的学者共同开展了几项值得一提的关于伟人的文献研究工作，如 Fulton（1961）论罗伯特·波义尔，以及 Duveen & Klickstein（1954，1965）论安东·拉瓦锡。伟人的出生、去世或重要著作的出版周年纪念总可以吸引注意力，并重新燃起兴趣（Westman，1976，纪念哥白尼诞辰五百周年）。在纪念性的著作全集的编辑工作中更可看到直接的民族自豪感，如伽利略·伽利莱（Favaro，1890—1909）或克里斯蒂安·惠更斯（22 卷，1888—1950），以及现正在进行的更朴实一些的关于约瑟夫·亨利（Joseph Henry）的编辑工作（Reingold，1972— ）。在牛顿的情形中，这同一种自豪感也混在大量的其他动机之中。大卫·布鲁斯特（David Brewster）1831 年和 1855 年所写传记对于塑造维多利亚式虚构的重要性前已提到。牛顿对他的母校剑桥大学来说一直是一个象征性角色，吸引了像约瑟夫·埃德尔斯通和约翰·梅纳德·凯恩斯这些人的注意力（Edleston，1850；Keynes，1946），他对其他民族传统的物理学家的重要性也是明显的，例如 Rosenberger（1895）。神学家们和历史学家们把牛顿看成他们自己人（Lachlan，1950；Manuel，1963），而英美科学史家在 20 世纪 50 和 60 年代所做的早期工作，都集中注意于他的著作（Cohen，1956 论《富兰克林与牛顿》；Cohen，1958 论《牛顿的信札和论文》；Turnbull et al.，1959—1978 多卷本的牛顿书信集；Hall & Hall，1962 论《未公开的牛顿》；Palter，1970 关于三百年来的《奇闻年编》；对《原理》较深学术性的导论，Cohen，1971；Whiteside，1967—1980 是权威的多卷本的牛顿《数学手稿》；以及对牛顿之影响的讨论——Thackray，1970a 关于化学的；Steffens，1977 关于光学的；

---

[14] "伟人"原文是 Great man，此处为 man（男人）一词的用法辩解。——译者注

Westfall，1971 关于其物理学的；Dobbs，1975 关于其炼金术的。）牛顿研究达到了这样一个阶段，这里，即使是他的藏书也被细致地考察了（Harrison，1978），而评论性文章（Westfall，1976）以及成册的文献目录（Wallis & Wallis，1977）难以跟上最新的学术进展。

牛顿研究是科学伟人所产生魅力的一个最发达的但不是唯一的事例。随着历史研究的重心向 19 世纪甚至 20 世纪转移，像达尔文、弗洛伊德和爱因斯坦这样的人物越来越引人注目，达尔文的多卷本通信集正在编辑。"伟人"研究要求加强对文献证据的注意以及培养日益精致的分析能力。其结果是展示了科学英雄们许多出人意料的方面。人们开始意识到他们观念的微妙和难以把握，以及他们思维模式的持续性和复杂性。这种意识已挑战把科学看成非个人的、价值中立的研究的成见。像所有知识界的新鲜事物一样，挑战将困扰着科学界的学生和稳健的实践者们。

3. 科学史编史学再回顾

现在很清楚了，科学史是一个源流众多、历史悠久、有值得骄傲的传统的大学科。对该学科这一或那一方面的评论、概括、历史分析和编史学辩护，本身是多元化的、多方面的，而且都有其历史渊源。这个结语部分将限于最近的看法。

乔治·萨顿毕生努力将科学史建成一个完整的学术性专业，而且成为人类文化史自主的核心，这一思想在他纲领性的和编史学的论证中反复阐述过。这些论证可以通过收集在 Stimson（1962）中的论文方便地了解。萨顿对积累性、实证性知识的强调，与 Koyre（1955）和 Butterfield（1959）所表述的科学史作为思想史一部分的看法，形成尖锐的对比。思想史方法在职业科学史家中日渐占据支配地位，可以从 Guerlac（1950）和 Guerlac（1963）强调重点的变化中看出，也可以从 Agassi（1963）强有力的论辩中看出。亚里山大·柯瓦雷的纪念文集（Koyre，1964）很好地反映了这一传统中最好的工作，而 Gillispie（1973）精彩地刻画了柯瓦雷作为 20 世纪 50 和 60 年代思想楷模的地位。此外，"观念论范式"的出现还可以追溯到三次会议文集，它们的讨论形成了这一科学史风格（Shryock，1955；Clagett，1959b；Crombie，1963）。同样重要的是（美国）国家科学基金会的决定，自从上述第一次会议之后，它冷落了科学社会学而设立了一个只结合科学史与科学哲学的研究计划。

观念论之势衰落的最早标志，可以在托马斯·库恩 1968 年为《国际社会科学百科全书》而写的编史学文章[15]中看出。在那里以及 Kuhn（1971）中，库恩有力地论证了"内史"与"外史"再结合的必要性。从那时以来，其他作者也勾画了新的方法（Ravetz，1974），有力地批判了科学史对于科学哲学的依赖性，指出了沉湎于"历史性科学"的危险（Gowing，1975），提示了时髦和联邦资助倒向的危险（Hahn，1975），从一个全新的角度总览了这一领域（Young，1973），并以渊博的学识考察了"科学史的诸方面"（Cohen，1977）。

该领域拥有多个方面是一个信号，表明它作为历史的一部分开始成熟了。科学史或许不再像萨顿曾经想象的那样获得霸主地位。不过，在学术性深度、兴趣的普遍性、方法的多样性和结论的重要性等方面，它为科学在现代文明中的地位以及人与自然连续性关系的复杂性，提供了丰富的见证。

致谢

本章的最终完稿得益于约翰·克莱夫（John Clive）、伯纳德·科恩（I. Bernard Cohen）、施梅尔·艾森斯塔特（Shmuel Eisenstadt）、耶胡达·艾尔卡纳（Yehuda Elkana）、杰拉尔德·盖森（Gerald L.Geison）、玛格丽特·高英（Margaret Gowing）、鲁珀特·霍尔（A. Rupert Hall）、玛丽·赫西（Mary Hesse）、托马斯·库恩（Thomas S. Kuhn）、大卫·林德伯格（David C. Lindberg）、罗伯特·墨顿（Robert K. Merton）、内森·莱因戈尔德（Nathan Reingold）、多萝西·罗斯（Dorothy Ross）、马丁·鲁德威克（Martin Rudwick）、史蒂文·沙宾（Steven Shapin）以及查尔斯·韦伯斯特（Charles Webster）。宾州大学科学史与科学社会学系的同事们提出了许多有益的建议。戴维·米勒（David Miller）和杰弗里·斯塔基奥（Jeffrey L. Sturchio）提供了有价值的帮助。

文献导论

A. 档案

与科学史有密切关系的手稿太多，太多样化且过于零散，以致难以编目甚至很难为人所知。档案集可以在研究院、学院和大学，国家、地区和地方图书馆，以及科学档案馆和专业档案馆找到。法国国家图书馆、大英博物馆和美国国会图书馆收藏甚丰。国家档案馆（华盛顿特区）和美国哲学学会（旧金山）也很多。美国物理学会的物理学史中心（纽约）提供了一个模范的收藏处。*Isis* 53（1962），no.171 报导了一次"科学手稿会议"。也可参见 *Forbes*（1978）（文献导论中这种形式的引文

---

[15] 即收入《科学技术史手册》的第一章"科学史"。——本书编者注

都请参见本文最后的总参考文献，下同）中的第七篇论文"原始材料问题"。

B. 文献目录

科学史配备了很好的文献目录帮助。由于其基础地位，*Isis* 定期刊登评论性的科学史文献目录。1913—1965 年的被汇总并被编排分为人物、体制和主题三部分，名为 "The *Isis* Cumulative Bibliography"（4 vols., London：Mansell，1971—1980）。这提供了文献研究的一个起点，而且被 *Isis* 自 1965 年以来每年出版的文献目录补充。《动态公报》（*Bulletin Signaletique*，Paris）定期出版这一领域的文献。萨顿的 *Horus: A Guide to the History of Science*（1952）提供了最方便的一卷指南；Russo（1969）和 Thornton & Tully（1972）是一个补充。技术史与医学史的文献为科学史提供了更宽的覆盖面；或参见本书第二章 [16] 和第三章 [17]。

C. 辞典和百科全书

对所有时期、所有国家已故科学家工作的权威性解释，见于 16 卷本的《科学家传记辞典》（Gillispie，1970—1980）。对一千多名杰出科学家和工程师的严谨研究见于 *A Biographical Dictionary of Scientists*（Williams，1969）。*World Who's Who in Science*（Debus，1968）提供了 30 000 名科学家的简介，其中大多数健在。Poggendorff（1863—现在）提供了某些领域许多第一流和第二流科学家的文献传记。关于科学史中单个学科的有用综述可以在下列刊物中找到：*Dictionary of the History of Ideas*（1973）；*Encyclopedia of Philosophy*（1967）；*Encyclopedia of the Social Sciences*（1930—1934），还可以大致参看更新的 *International Encyclopedia of Social Sciences*（1968）。

D. 刊物

本领域发行量最大、持续时间最长的是萨顿的 *Isis*（1924 年后成为科学史学会的机关刊物），梅里的 *Archivio* 现在成了 *Archives Internationales d'Histoire des Sciences*（参见正文的 I. B 部分）。*Annals of Science*（创办于 1936 年）和 *History of Science*（创办于 1962 年）是有广泛读者的刊物。Minerva（创办于 1962 年）为体制和政策的相关研究提供了一个极好的论坛。绝大多数欧洲国家和一些亚洲国家拥有它们自己的国家级刊物：*British Journal for the History of Science*（创办于 1962 年），*Centaurus*（丹麦，

---

[16] 《科学技术史手册》第五章。——本书编者注
[17] 《科学技术史手册》第七章。——本书编者注

创办于 1950 年）, *Gesnerus*（瑞士，创办于 1943 年）, *Indian Journal of the Histiry of Science*（创办于 1966 年）, *Japanese Studies in the History of Science*（创办于 1962 年）, *Lychnos*（瑞典，创办于 1936 年）, *Physis*（意大利，创办于 1959 年）以及 *Revue d'Histoire des Science*（法国，创办于 1947 年）。此外，还有不断增加的关于单个学科的期刊，如 *Ambix*（化学，创办于 1937 年）或 *Archive for History of Exact Sciences*（创办于 1961 年）。还有专为某学会史而办的杂志（如 *Notes and Records of the Royal Society of London*，1938），为某一类作者而办的杂志（如 *Synthesis*，1972，专为大学生和研究生而办），研究特定主题的杂志（如 *Zygon: Journal of Religion and Science*，1966）。关于杂志的指南已经出版（见 *Isis*，1980 年中的文献目录）。

E. 博物馆

可参见本书第二章[18]的讨论。

F. 原始文献

重印经典文本的全部或部分，一向是科学史研究的附属工作。威廉·奥斯特瓦尔德 256 卷的 *Klassiker der Exacten Wissenschaft* 构成了一个著名的样板。*Alembic Club Reprints* 重印重要的化学论文，而 *Harvard Sourcebooks* 则提供对古代科学、中世纪科学、化学和物理等原始文献的摘录。Westfall & Thoren（1968）给出了一个单卷本的选集，Knight（1972）概述了《1600—1900 年间英国的自然科学著作》，缩微印刷品阅读公司（Readex Microprint Corporation）已经制造了含 3000 份经典的科学文本的选集。巴黎哈谢缩微编辑部（Microeditions Hachette of Paris）提供了缩微胶片集。Johnson 重印的 Sources of Science Series 包含了有科学史意义的科学著作。Arno 出版社已经出版了另一系列：科学史、科学哲学和科学社会学中的经典、原始材料和先驱（*Classics, Staples, and Precursors in the History, Philosophy and Sociology of Science*）。

科学史著作选集包括有 Wiener & Noland（1957，文章选自 *Journal of the History of Ideas*）；Barber & Hirch（1962，虽然名为《科学社会学》，其重印的论文主要是历史的）；Basalla（1968）；Olson（1971）；以及 Barnes（1972，主要是历史论文但又名之为《科学社会学》）。此外，Hindle（1976）、Reingold（1976）和 Sivin（1977）都是重印 *Isis* 上的文章。

---

[18] 《科学技术史手册》第五章——本书编者注

G. 入门教科书

作为本领域在大学教研活动中社会建构的一部分，第二次世界大战后出版了相当数量的单卷本科学史教科书。最有生命力的包括 Butterfield（1949）、Mason（1953）、Hall（1954）、Cohen（1960）、Gillispie（1960）和 Price（1961）。最近几年，注意力被导向那些只研究有限的时期或只细抠一个问题的著作，如库恩的《哥白尼革命》（Kuhn, 1957）、威廉斯的《场论的起源》（Willianms, 1966）、韦斯特福尔的《机械论与力学》（Westfall, 1971）、拉德威克的《化石的含义》（Rudwick, 1972）以及艾伦的《20 世纪的生命科学》（Allen, 1975）。这些著作都未自信地超出科学观念史的范畴。科学史作为一个教学领域广为流传，在最近的两次会议（Kauffman, 1971；Brush & King, 1972）和科学史学会执委会的报告（Sharlin, 1975）上得到了反映。

H. 经典著作

某些著作由于其涉及问题的中心地位，其视角的新奇和重要性，或其表述的巧妙和力量，已经获得了经典的地位。任何列举都必然是危险和招人反感的，但 Burtt（1925）、Lovejoy（1936）、Clark（1937）、Merton（1938a）和 Koyre（1939）属于那些达到了某种高度的作品。一个入门者通过研读它们会了解许多这一领域的发展。如果允许列出一本经典的教科书的话，那无疑就是 Butterfield（1949）了。

I. 带有丰富原始材料的参考书

作为对上述著作的补充，还有一些带有丰富原始材料的书，由于它们材料确凿、百科全书式的涵盖面以及解释的权威性，而具有永久的价值。这类书与那些更狭窄、用途更专门的著作之间的界线确实是显而易见的，但大多数科学史家都同意下列作品是"必不可少的"：Merz（1896）、Sarton（1927—1948）、Thorndike（1923—1958）、Wolf（1935 and 1939）、Needham（1954—　）、Daumas（1957）以及 Taton（1957—1964）。

某些会议文集和纪念著名学者的文集也属于这个范畴。它们不仅包含了重要的论文，而且由此可领略该研究领域中活跃成分的变动。可以参见 Montagu（1944），乔治·萨顿纪念文集；Underwood（1953），查理·辛格的纪念文集；Clagett（1959b），"关键问题"会议文集；Crombie（1963），"科学变迁"会议文集；Debus（1972），沃尔特·帕格尔纪念文集；Young（1973），李约瑟纪念文集；以及 Forbes（1978），爱丁堡国际会议文集。

参考文献

Agassi, Joseph. *Towards an Historiography of Science*. Monograph no 2, *History and Theory* (1963).

Ainsworth, Geoffrey G. *Introduction to the History of Mycology*. Cambridge: Cambridge University Press, 1976.

Allen, David E. *The Naturalist in Britain: A Social History*. London: Allen Lane, 1976.

Allen, Garland. *Life Science in the Twentieth Century*. New York: John Wiley, 1975.

Arago, Francois. *Biographies of Distinguished Scientific Men*. Tr. by Admiral W. H. Smyth et al., London, 1857.

Artz, Frederick B. *The Development of Technical Education in France, 1500-1850*. Cambridge, Mass.: M. I. T. Press, 1966.

Bailly, Jean S. *Histoire de l'astronomie ancienne depuis son origine*, Paris, 1775; 2d ed., 1781.

Baily, Francis. *An Account of the Life of the Rev. John Flamsteed: The First Astronomer Royal*. London, 1835; reprint ed., New York: Arno Press, 1975.

Baker, Keith M. *Condorcet: From Natural Philosophy to Social Mathematics*. Chicago: University of Chicago Press, 1975.

Barber, Bernard, and Hirsch, W. , eds. *The Sociology of Science*. New York: Free Press, 1962.

Barnes, Barry. *Scientific Knowledge and Sociological Theory*. London: Routledge, 1974.

——, ed. *Sociology of Science: Selected Readings*. Baltimore: Penguin, 1972.

Barnes, Barry, and Shapin, S., eds. *Natural Order: Historical Studies of Scientific Culture*. London: Sage, 1979.

Barnes, Ernest W. *Scientific Theory and Religion*. Cambridge: Cambridge University Press, 1933.

Barnes, Harry E. "The Historian and the History of Science." *Scientific Monthly* 11 (1919): 112-126.

Basalla, George, ed. *The Rise of Modem Science: Internal or External Factors?* Lexington, Mass.: Heath, 1968.

Baxter, James P. *Scientists against Time*. Boston: Little, Brown, 1946.

Beardsley, Edward H. *The Rise of the American Chemistry Profession, 1850-1900*. Gainesville: Florida University Press, 1964.

Beckmann, Johann. *Geschichte der Erfindungen*. 4 vols. Gottingen. 1784-1805.

Bell, Whitfield J. *Early American Science Needs and Opportunities for study*. Chapel Hill: North Carolina University Press, 1955.

——. *John Morgan, Continental Doctor*. Philadelphia: University of Pennsylvania Press, 1965.

Ben-David, Joseph. *The Scientist's Role in Society: A Comparative Study*. Englewood Cliffs, N. J.: Prentice-Hall, 1971.

Benjamin, Park. *A History of Electricity (The Intellectual Rise in Electricity)*, New York, 1895; reprint ed., New York, Arno Press, 1975.

Berman, Morris. *Social Change and Scientific Organization: The Royal Institution, 1799-1844*.

Ithaca, N. Y.: Cornell University Press, 1978.

Bernal, John D. *The Social Function of Science*. London: Routledge, 1939.

——. *Science and Industry in the Nineteenth Century*. London: Routledge, 1953.

——. *Science in History*. London: Watts, 1954.

Berthelot, Marcellin. *Collection des anciens alchimistes grecs*. 3 vols. Paris, 1888.

Beyerchen, Alan. *Scientists under Hitler: Politics and the Physics Community in the Third Reich*. New Haven: Yale University Press, 1977.

Bloor, David. *Knowledge and Social Imagery*. London: Routledge, 1976.

Boas, Marie. "The Establishment of the Mechanical Philosophy." *Osiris* 10 (1952): 412-541.

——. *Robert Boyle and Seventeenth-Century Chemistry*. Cambridge: Cambridge University Press, 1958.

Bonelli, M. L. Righini, and Shea, W. R., eds. *Reason, Experiments and Mysticism in the Scientific Revolution*. New York: Science History Publications, 1975.

Boss, Valentin. *Newton and Russia: The Early Influence, 1698-1796*. Cambridge, Mass.: Harvard University Press, 1972.

Bramson, Leon. *The Political Context of Sociology*. Princeton: Princeton University Press, 1961.

Brasch, Frederick E. "The Teaching of the History of Science". *Science* 42 (1915): 746-760.

Brewster, Sir David. *The Life of Sir Isaac Newton*. London, 1831.

——. *Memoirs of the Life, Writings and Discoveries of Sir Isaac Newton,* 2 vols. London, 1855.

Brown, A. C., ed. *A History of Scientific Endeavour in South Africa*. Rondebosch: Royal Society of South Africa, 1977.

Brunet, Pierre. *L'Introduction des théories de Newton en France au XVIIe siècle*. Paris: Blanchard, 1931.

Brunschvicg, Leon. *Les É tapes de la philosophie mathématique*. Paris: Alcan, 1912; 3d ed., 1929.

Brush, Stephen G. "Should the History of Science Be Rated X?" *Science* 183 (1974): 1164-1172.

——. *The Kind of Motion We call Heat*. 2 vols. New York: North-Holand, 1976.

Brush, Stephen G., and King, A. L. *History in the Teaching of Physics,* Hanover, N. H.: New England University Press, 1972.

Buckley, Arabella. *A short History of Natural Science*: *For the Use of Schools and Young Persons*. London, 1875; 5th ed., 1894.

Budd, Susan. *Varieties of Unbelief*: *Atheists and Agnostics in English Society, 1850-1960*. London: Heinemann, 1977.

Burchfield, Joe D. *Lord Kelvin and the Age of the Earth*. New York: Science History Publications, 1975.

Burian, Richard M. "More than a Marriage of Convenience: On the Inextricability of History and Philosophy of Science". *Philosophy of Science* 44 (1977): 1-42.

Burns, Robert M. *A History of the Electrochemical Society, 1902-1976*. Princeton, N. J.: The

Electrochemical Society, 1977.

Burtt, Edwin A. *The Metaphysical Foundations of Modem Physical Science: A Historical and Critical Essay*. New York: Harcourt Brace, 1925; variously reprinted.

Butterfield, Herbert. *The Origins of Modern Science, 1300-1800*. Londo.: G. Bell and Sons, 1949; new ed., 1957; variously reprinted.

——. "The History of Science and the Study of History". *Harvard Library Bulletin* 13 (1959): 329-347.

Cajori, Florian. *A History of Physics, Including the Evolution of Physical Laboratories*. New York: Macmillan, 1899; reprint ed., 1924.

——. *A History of the Conceptions of Limits and Fluxions in Great Britain*. Chicago: Open Court, 1919.

Candolle. Alphonse de. *Histoire des sciences et des savants depuis deux siècles*. Geneva, 1873.

Canguilhem, Georges. *La Formation du concepl de réflexe aux XVIIe et XVIIIe siècles*. Paris: Presses Universitaires de France, 1955.

——. *Etudesd'histoire et de philosophie des sciences*. Paris: J. Vrin, 1968.

Cannon, Susan F. *Science in Culturel The Early Victorian Period*. New York: Science History Publications, 1978.

Cantor, Moritz B. *Vorlesungen über Geschichte der Mathematik*. 4 vols. Leipzig, 1880-1908.

Cardwell, Donald S. L. *The Organization of Science in England*. London: Heinemann, 1957; rev. ed., 1972.

Carus, Julius V. *Geschichte des Zoologie*. Vol.12 of *Geschichte der Wissenschaften in Deutschland*, Munich, 1872.

Cassirer, Ernst. *Die Philosophic des Aufklärung*. Tübingen: Mohr, 1932; English tr. Princeton, N. J.: Princeton University Press, 1951; variously, reprinted.

Clagett, Marshall. *The Science of Mechanics in the Middle Ages*. Madison: University of Wisconsin Press, 1959a.

——. *Archimedes in the Middle Ages*. Vol.1: *The Arabo-Latin Tradition*, Madison: University of Wisconsin Press, 1964.

——. *Archimedes in the Middle Ages*. Vol.2: *The Translation from the Greek by William Moerbeke*. Memoirs of the American Philosophical Scoiety. No.117. Philadelphia: American Philosophical Society, 1976.

——. *Archimedes in the Middle Ages*. Vol.3: *The Fate of the Medieval Archimedes, 1300-1565*. Memoirs of the American Philosophical Society, No.125, 1978.

——, ed. *Critical Problems in the History of Science*. Madison: University of Wisconsin Press, 1959b.

Clark, George N. *Science and Social Welfare in the Age of Newton*. Oxford: Clarendon Press, 1937.

Clark, Ronald W. *Tizard*. Cambridge, Mass.: M. I. T. Press, 1965.

Clark, Terry N. *Prophets and Patrons: The French University and the Emergence of the Social*

Sciences. Cambridge, Mass.: Harvard University Press, 1973.

Clerke, Agnes M. *A Popular History of Astronomy during the Nineteenth century*. Edinburgh, 1885.

Clow, Archibald, and Clow, Nan. *The Chemical Revolution: A Contribution to Social Technology*. London: Batch worth Press, 1952.

Cohen, I. Bernard. *Franklin and Newton: An Inquiry into Speculative Newtonian Experimental Science*. Memoirs of the American Philosophical Society, No.43. Philadelphia: American Philosophical Society, 1956.

——. *The Birth of a New Physics*. Garden City, N. Y.: Doubleday, 1960.

——. *Introduction to Newton's "Principia"*. Cambridge: Cambridge University Press, 1971.

——. "The Eighteenth-Century Origins of the Concept of Scientific Revolution". *Journal of the History of Ideas* 27 (1976): 257-288.

——. "The Many Faces of the History of Science". In *The Future of History*, pp.65-110. Edited by Charles F. Deltzell. Nashville, Tenn.: Vanderbilt University Press, 1977.

——, ed. *Isaac Newton's Papers and Letters on Natural Philosophy. Cambridge:* Cambridge University Press, 1958.

Cohen, Robert S.; Stachel, J. J.; and Wartofsky, M. W., eds. *For Dirk Struik: Scientific, Historical, and Political Essays in Honor of Dirk J. Struik*. Boston Studies in the Philosophy of Science, Vol.15. Dordrecht, Holland: Reidel, 1974.

Cole, Jonathan R., and Zuckerman, H. "The Emergence of a Scientific Specialty: The Self-Exemplifying Case of the Sociology of Science". In *The Idea of Social Structures: Papers in Honor of Robert K. Merton*, pp.139-174. Edited by Lewis A. Coser. New York: Harcourt Brace Jovanovich, 1975.

Coleman, William, *Georges Cuvier. Zoologist: A Study in the History of Evolution Theory*. Cambridge, Mass.: Harvard University Press, 1964.

Crombie, Alistair G. *Robert Grosseteste and the Origins of Experimental Science*. Oxford: Clarendon Press, 1953.

——, ed. *Scientific Change*. London: Heinemann, 1963.

Crombie, Alistair C., and Hoskin, M. "A Note on History of Science as an Academic Discipline". In *Scientific Change*, pp.757-764. Edited by Alistair C. Crombie. London: Heine mann,1963.

Crosland, Maurice P. *Historical Studies in the Language of Chemistry*. London: Heinemann, 1962.

——. *The Society of Arcueilx: A View of French Science at the Time of Napoleon I*. London: Heinemann, 1967.

——. "The History of French Science: Recent Publications and Perspectives". *French Historical Studies* 8 (1973): 157-171.

Crowther, James G. *British Scientists of the Nineteenth Century*. London: Paul, Trench, Trubner, 1935.

——. *Soviet Science*. New York: Dutton, 1936.

——. *Famous American Men of Science*. New York: Norton, 1937.

——. *Fifty Years with Science*. London: Barrie and Jenkins, 1970.

Daedalus, Vol.103, No.3 (1974). "Science and its Public: The Changing Relationship".

Daedalus, Vol.107, No.2 (1978): "Limits of Scientific Inquiry".

Daniels, George H., ed. *Nineteenth Century American Science: A Reappraisal*. Evanston, Ill.: Northwestern University Press, 1972.

Darmstadter, Ludwig, and DuBois-Reymond, R. *4000 Jahre Pioneer-Arbeit in der exacten Wissenschaften*. Berlin, 1904; 2d ed., as *Handbuch zur Geschichte der Naturwissenschaften und der Technik,* Berlin, 1908.

Darnton, Robert. *Mesmerism and the End of the Enlightenment in France*. Cambridge, Mass.: Harvard University Press, 1968.

Daumas, Maurice. *Histoire de la Science.* Paris: Gallimard, 1957.

Debus, Allen G. "An Elizabethan History of Medical Chemistry". *Annals of Science18* (1962): 1-29.

——. *The English Paracelsians*. London: Oldbourne, 1965.

——. *The Chemical Philosophy*. 2 vols. New York: Science History Publications, 1977.

——, ed. *World Who's Who in Science*. Chicago: Marquis, 1968.

——, ed. *Science, Medicine, and Society in the Renaissance Essays to Honor Walter Pagel*. 2 vols. London: Heinemann, 1972.

Decker, Hannah S. *Freud in Germany: Revolution and Reaction in Science, 1893-1907*. New York: International Universities Press, 1977.

Delambre, Jean B. J. *Histoire de l'astronomie ancienne*. 2 vols. Paris, 1817.

Delorme, Suzanne; Adam, A.; Couder, A.; Rosband, J ; and Robinet, A. *Fontenelle*: *Sa vie et son oeuvre*. Paris: Albin Michel, 1961.

Dijksterhuis, E. J. *The Mechanization of the World Picture*, Original Dutch ed., 1950; Oxford: Clarendon Press, 1961.

Dobbs, Betty J. T. *Foundations of Newton's Alchemy*, Cambridge: Cambridge University Press, 1975.

Douglas, Mary. *Natural Symbols*. London: Barrie and Jenkins, 1970.

——. *Implicit Meanings*. London: Routledge, 1975.

Draper, John W. *History of the Conflict between Religion and Science*. NewYork, 1875.

Duhem, Pierre. La *Théorie physique: Son objet et sa structure*. Paris: Chevalier et Riviere. 1906; English tr. by P. P. Wiener. *The Aim and Structure of Physical Theory*. Princeton: Princeton University Press, 1954.

——. *Le Système du mond.: Histoire des doctrines cosmologiques de Platon à Copernic*. 10 vols. Paris, 1913-1959.

Dupree, A. Hunter. *Science and the Federal Government*: *A History of Policies and Activities to 1940*. Cambridge, Mass.: Harvard University Press, 1957.

——. *Asa Gray, 1810-1888*. Cambridge, Mass.: Harvard University Press, 1959.

——. "The History of American Science: A Field Finds Itself". *American Historical Review* 71 (1966):

863-874.

Durkheim, Emile, and Mauss, M. "De Quelques formes primitives de classification: Contribution à Pétude des représentations collectives". *Année Sociologique* 6 (1901-1902); 1-72. English tr. *Primitive Classification*. London: Cohen and West, 1963.

Duveen, Denis I., and Klickstein, H. S. *A Bibliography of the Works of Antoine Laurent Lavoisier (1743-1794)*. London: Dawson, 1954.

——. *Supplement to a Bibliography*. London: Dawson, 1965.

Eddington, Arthur S. *The Nature of the Physical Worlds*. Cambridge: Cambridge University Press, 1929.

Edelstein, Ludwig. "Recent Trends in the Interpretation of Ancient Science". *Journal of the History of Ideas* 13, (1952): 573-604. Reprinted in *Roots of Scientific Thought*, pp.90-121. Edited by P. Wiener and A. Noland. New York: Basic Books, 1957.

Edge, David O, and Mulkay, M. J. *Astronomy Transformed*: *The Emergence of Radio Astronomy in Britain*. New York: John Wiley, 1976.

Edleston, J. *Correspondence of Sir Isaac Newton and Professor Cotes Including Letters of Other Eminent Men*. London, 1850.

Elkana, Yehuda. *The Discovery of the Conservation of Energy*. London: Hutchinson, 1974a.

——. "The Distinctiveness and Universality of Science: Reflections on the Work of Professor Robin Horton". *Minerva* 15 (1977): 155-173.

——, ed. *The Interaction between Science and Philosophy*. Atlantic High-lands, N. J.: Humanities Press, 1974b.

Elkana, Yehuda; Lederberg, J; Merton, R. K.; Thackray, A.; and Zuckerman, H., eds. *Toward a Metric of Science*: *The Advent of Science Indicators*. New York: John Wiley, 1978.

Engels, Friedrich. *Dialectics of Nature*. Berlin, 1927 (written 1872-1873; first published 1882); reprint ed. New York: International Publishers, 1940.

Farley, John. *The Spontaneous Generation Controversy from Descartes to Oparin*. Baltimore: Johns Hopkins University Press, 1977.

Farrington, Benjamin. *Greek Science*: *Its Meaning for Us*. Harmondsworth, Middlesex, England: Penguin Books, 1944; rev. ed., 1949; reprinted., 1969.

Favaro, Antonio. *Le Opere de Galileo Galilei*. 20 vols. Florence, Italy, 1890-1909.

Feyerabend, Paul. *Against Method*. London: N. L. B., 1975.

Fischer, Johann K. *Geschichte der Physik*, 8 vols. Gottingen, 1801-1808.

Fleming, Donald. *John William Draper and the Religion of Science*. Original ed, 1950; reprint ed., New York: Octagon Books, 1972.

Forbes, Eric G. *Human Implications of Scientific Advance*. Proceedings of the XVth International Congress of the History of Science. Edinburgh: University of Edinburgh Press, 1978.

Forman, Paul. "Weimar Culture, Causality, and Quantum Theory". *Historical Studies in the Physical*

Sciences 3 (1971): 1-116.

Forman, Paul: Heilbron, J. L.: and Weart, S. "Physics *circa* 1900: Personnel, Funding, and Productivity of the Academic Establishments". *Historical Studies in the Physical Sciences* 5 (1975).

Fox, Robert. *The Caloric Theory of Gases from Lavoisier to Regnault*. Oxford: Clarendon Press, 1971.

——. "Scientific Enterprise and the Patronage of Research in France, 1800-1870". *Minerva* 11 (1973): 442-473.

French, Richard, and Gross, M. "A Survey of North American Graduate Students in the History of Science, 1970-1971". *Science Studies* 3 (1973): 161-171.

Freund, Ida. *The Study of Chemical Composition: An Account of Its Method and Historical Development*. Cambridge: Cambridge University Press, 1904.

Fruton, Joseph S. *Molecules and Life: Historical Essays on the Interplay of Chemistry and Biology*. New York: Wiley-Interscience, 1972.

Fulton, John F. *A Bibliography of the Honourable Robert Boyle*. Original ed., 1932-1933: 2d ed., Oxford: Clarendon Press, 1961.

Galton, Francis. *English Men of Science: Their Nature and Nurture*. London: Macmillan, 1874.

Gasman, Daniel. *The Scientific Origins of National Socialism*. London: Macdonald, 1971.

Geertz, Clifford. *The Interpretation of Cultures*. New York: Basic Books, 1973.

Geison, Gerald L. *Michael Foster and the Cambridge School of Physiology: The Scientific Enterprise in Late Victorian Society*. Princeton: Princeton University Press, 1978.

Giere, Ronald, and Westfall, R. S., eds. *Foundations of Scientific Method*: *The Nineteenth Century*. Bloomington: Indiana University Press, 1973.

Gillispie, Charles G. Genesis and Geology: *A Study in the Relations of Scientific Thought, Natural Theology, and Social Opinion in Great Britain, 1790-1850*. Cambridge, Mass.: Harvard University Press, 1951.

——. "Science in the French Revolution". In *The Sociology of Science*, pp.89-87. Edited by Bernard Barber and W. Hirsch. Glencoe, Ill.: Free Press, 1962; reprinted from *Behavioral Science* 4 (1959): 67-101.

——. *The Edge of Objectivity, An Essay in the History of Scientific Ideas*. Princeton: Princeton University Press, 1960.

——. *Lazare Carnot, Savant*. Princeton: Princeton University Press, 1971.

——. "Alexandre Koyre". In *Dictionary of Scientific Biography* Vol.7, pp.482-490. Edited by Charles G. Gillispie. New York: Charles Scribner's Sons, 1973.

——, ed. *Dictionary of Scientific Biogaphy*, 16 vols. New York: Charles Scribner's Sons, 1970-1980.

Gillmor, G. Stewart. *Coulomb and the Evolution of Physics and Engineering in Eighteenth-Century France*. Princeton: Princeton University Press, 1971.

Gilpin, Robert. *France in the Age of the Scientific State*. Princeton: Princeton University Press, 1968.

Gmelin, Johann F. *Geschichte der Chemie*. 3 vols. Gottingen, 1797-1799.

Goetzmann, William H. *Exploration and Empire: The Explorer and the Scientist in the Winning of the American West*. New York: Alfred A. Knopf, 1966; Vintage Books ed., 1972.

Gould, Stephen J. *Ontogeny and Phytogeny*. Cambridge, Mass.: Harvard University Press, 1977.

Gowing, Margaret. *Britain and Atomic Energy, 1939-1945*. London: Macmillan, 1964.

——. *Independence and Deterrence: Britain and Atomic Ener*gy, *1945-1952*. 2 vols. London: Macmillan, 1974.

——. "What's Science to History, or History to Science?" *Inaugural Lecture*. Oxford: Clarendon Press, 1975.

Graham, Loren R. *Science and Philosophy in the Soviet Union*. New York: Alfred A. Knopf, 1972.

Grant, Edward, ed. *Nicholas Oresme and the Kinematics of Circular Motion*: *Tractatus de Commensurabilitate vel Incommensurabilitate Motuum Celi*. Madison: University of Wisconsin Press, 1971.

——. *Sourcebook in Medieval Science*. Cambridge, Mass.: Harvard University Press, 1974.

Grant, Robert. *History of Physical Astronomy from the Earliest Ages to the Middle of the Nineteenth Gentury*. London, 1852; reprint ed., New York: Johnson, 1966.

Greene, John G. *The Death of Adam. Evolution and its Impact on Western Thought*. Ames: Iowa State University Press, 1959.

Greenberg, Daniel. *The Politics of Pure Science*. New York: New American Library, 1967.

Gregory, Frederick. *Scientific Materialism in Nineteenth-Century Germany*. Dordrecht, Holland: Reidel, 1977.

Guerlac, Henry. "The History of Science". In *Rapports du IX congres international des science historiques*, pp.182-211. Paris, 1950.

——. *Lavoisieri: The Crucial Year*. Ithaca, N. Y.: Cornell University Press, 1961.

——. "Some Historical Assumptions of the History of Science". In *Scientific Change*, pp.797-812. Edited by Alistair C. Crombie. London: Heinemann, 1963; revised reprint in Guerlac, ed., *Essays and Papers in the History of Modern Science*, pp.27-39(1977, see next entry).

——, ed. *Essays and Papers in the History of Modern Science*. Baltimore: Johns Hopkins University Press, 1977.

Gunther, Siegmund, and Windelband, W. *Geschichte der Antiken Naturwissenschaft und Philosophie*. Nordlingen, 1888.

Habermas, Jurgen. *Knowledge and Human Interests*. Original German ed., 1968; Boston: Beacon Press, 1971.

Hahn, Roger. *The Anatomy of a Scientific Institution: The Paris Academy of Sciences, 1666-1803*. Berkeley: University of California Press, 1971.

——. "New Directions in the Social History of Science". *Physis* 17 (1975): 205-217.

Hall, A. Rupert. *Ballistics in the Seventeenth Century*. Cambridge: Cambridge University Press, 1952.

——. *The Scientific Revolution, 1500-1800*. London: Longmans Green, 1954.

——. "The Scholar and the Craftsman in the Scientific Revolution". In *Critical Problems in the History of Science*, pp.3-23. Edited by Marshall Clagett. Madison: University of Wisconsin Press, 1959b.

——. "Merton Revisited". *History of Science 2* (1963): 1-16.

Hall, A. Rupert, and Hall, M. B. *Unpublished Scientific Papers of Isaac Newton*. Cambridge: Cambridge University Press, 1962.

Hall, Cargill. *Lunar Impact: A History of Project Ranger*. Washington, D.C.: N.A. S. A., 1977.

Hankins, Thomas L. *Jean d'Alembert: Science and the Enlightenment*. Oxford: Clarendon Press, 1970.

Hannaway, Owen. *The Chemists and the Work: The Didactic Origins of Chemistry*. Baltimore: Johns Hopkins University Press, 1975.

Hannequin, Arthur. *Essai critique sur l'hypothese des atomes dans la science contemporaine*. Paris, 1895.

Hanson, Norwood R. *Patterns of Discovery: An Inquiry into the Conceptual Foundations of Science*. Cambridge: Cambridge University Press, 1958; variously reprinted.

Harrison, J. *The Library of Isaac Newton*. Cambridge: Cambridge University Press, 1978.

Haskell, Thomas L. *The Emergence of Professional Social Science, The American Social Science Association and the Nineteenth-Century Crisis of Authority*. Urbana: University of Illinois Press, 1977.

Heilbron, John L. H. G. J. *Moseley: The Life and Letters of an English Physicist, 1887-1915*. Berkeley: University of California Press, 1974.

——. *Electricity in the 17th and 18th Centuries*. Berkeley: University of California Press, 1979.

Heller, Agost. *Geschichte der Pkysik*. 2 vols. Stuttgart, 1882-1884.

Hesse, Mary B. *Forces and Fields: The Concept of Action at a Distance in the History of Physics*. London: Nelson, 1961.

——. *Models and Analogies in Science*. Notre Dame, Ind.: University of Notre Dame Press, 1966.

——. "Reason and Evaluation in the History of Science". In *Changing Perspectives in the History of Science: Essays in Honour of Joseph Needham*, pp.127-147. Edited by Mikulas Teich and Robert Young. London: Hejnemann, 1973.

——. *The Structure of Scientific Inference*. London: Macmillan, 1974.

Hessen, Boris. "The Social and Economic Roots of Newton's Principia". In *Science at the Crossroads*, pp.147-212. Reprint edited by P. G. Wersky. London: Cass, 1971. Original, 1931.

Hewlett, Richard G.; and Anderson, O. E. The *New World, 1939-1946*. Vol.1 of A *History of the United States Atomic Energy Commission*. University Park: Pennsylvania State University Press, 1962.

Hewlett, Richard G., and Duncan, Francis. *Atomic Shield, 1947-1952*, Vol.2 of *A History of U. S. A. E. C.* University Park: Pennsylvania State University Press, 1969.

Hiebert, Erwin N. *The Impact of Atomic Energy: A History of Responses of Governments, Scientists, and Religious Groups.* Newton, Kansas: Faith and Life Press, 1961.

Hindle, Brooke. *The Pursuit of Science in Revolutionary America, 1735-1789.* Chapel Hill: University of North Carolina Press, 1956.

——, ed. *Early American Science* (*Selections from Isis*). New York. Science History Publications, 1976.

Hollinger, David A. "T. S. Kuhn's Theory of Science and Its Implications for History". *American Historical Review* 78 (1973): 370-393.

Holmes, Frederic. *Claude Bernard and Animal Chemistry.* Cambridge, Mass.: Harvard University Press, 1974.

Holton, Gerald. *Thematic Origins of Scientific Thought*: *Kepler to Einstein.* Cambridge, Mass.: Harvard University Press, 1973.

——. *The Scientific Imagination* , *Case Studies.* Cambridge: Cambridge University Press, 1978.

Hooykaas, R. *Religion and the Rise of Modern Science.* Edinburgh: Scottish Academic Press, 1972.

Hoppe, E. *Geschichte der Elektrizität.* Leipzig, 1884.

Hornberger, Theodore. "Halliwell-Phillips and the History of Science". *Huntington Library Quarterly* 12 (1949): 391-399.

Horton, Robin. "African Traditional Thought and Western Science". *Africa* 37 (1967): 50-71; 155-187.

——. "Levy-Bruhl, Dürkheim, and the Scientific Revolution". In Horton and Finnegan, eds. *Modes of Thought*, pp.249-305 (1973; see next entry).

Horton, Robin, and Finnegan, R., eds. *Modes of Thought*, *Essays on Thinking In Western and Non-Western Societies.* London: Faber and Faber, 1973.

Hoskin, Michael. *William Herschel and the Construction of the Heavens.* London: Oldbourne, 1963.

Hudson, Liam. *Contrary Imaginations: A Psychological Study of the Young Student.* New York: Schocken Books, 1966.

Hufbauer, Karl. "Social Support for Chemistry in Germany in the Eighteenth Century: How and Why Did It Change?" *Historical Studies in the Physical Sciences* 3 (1971): 205-232.

Hughes, H. Stuart. *Consciousness and Society: The Reorientation of European Social Thought*, 1890-1930. New York: Alfred A. Knopf, 1958.

Isis. Directory of Members and Guide to Graduate Study. Philadelphia: History of Science Society, 1980: Privately published.

Jacob, J. R. *Robert Boyle and the English Revolution: A study in Social and Intellectual Change.* New York: Burt Franklin, 1977.

Jacob, Margaret G. *The Newtonians and the English Revolution, 1689-1720.* Ithaca, N. Y.: Cornell

University Press, 1976.

Jones, Reginald. *The Wizard War: British Scientific Intelligence, 1939-1945*. New York: Coward, McCann and Geoghegan, 1978.

Joravsky, David. *The Lysenko Affair*. Cambridge, Mass.: Harvard University Press, 1970.

Kargon, Robert H. *Atomism in England from Hariot to Newton*. Oxford: Clarendon Press, 1966.

———. *Science in Victorian Manchester: Enterprise and Expertise*. Manchester: Manchester University Press, 1977.

Kästner, Abraham G. *Geschichte der Mathematik*. 4 vols. Gottingen, 1796-1800.

Kauffman, George B. *Teaching the History of Chemistry: A Symposium*. Budapest: Akademiai Kiado, 1971.

Keilin, David. *The History of Cell Respiration and Cytochromes*. Cambridge: Cambridge University Press, 1966.

Keller, Alex. "Zilsel, the Artisans, and the Idea of Progress in the Renaissance". *Journal of the History of Ideas* 11 (1950): 235-240. Reprinted in *Roots of Scientific Thought*, pp.281-286. Edited by P. Wiener and A. Noland. New York: Basic Books, 1957.

Kevles, Daniel J. *The Physicists*: *The History of a Scientific Community in Modem America*. New York: Alfred A. Konpf, 1978.

Keynes, John M. "Newton, the Man". In *Newton Tercentenary Celebrations*, pp.27-34. Cambridge: Cambridge University Press, 1946.

Kistiakowsky, George B. *A Scientist at the White House: The Private Diary of President Eisenhower's Special Assistant for Science and Technology*. Cambridge, Mass.: Harvard University Press, 1976.

Klein, Martin J. *Paul Ehrenfest*. Vol.1: *The Making of a Theoretical Physicist*. New York: Elsevier, 1970.

Knight, David M. *Natural Science Books in English, 1600-1900*. London: Batsford, 1972.

Kobell, Franz R. von. *Geschichte der Mineralogie von 1650 bis 1860*. Vol.2 of *Geschichte der Wissenschaften in Deutschland*. Munich, 1864.

Kohler, Robert. "The History of Biochemistry: A Survey". *Journal of the History of Biology* 8 (1975): 275-318.

Kohlstedt, Sally G. *The Formation of the American Scientific Community*. Urbana: University of Illinois Press, 1976.

Kopp, Hermann. *Geschichte der Chemie*. 4 vols. Braunschweig, 1843-1847.

Koyre, Alexandre. *Etudes galileennes*. 3 Parts. Paris. Hermann, 1939. English tr. Atlantic Highlands, N. J.: Humanities Press, 1978.

———. "Influence of Philosophic Trends on the Formulation of Scientific Theories". *Scientific Monthly* 80 (1955): 107-111.

———. *From the Closed World to the Infinite Universe*. Baltimore: Johns Hopkins University Press,

1957: variously reprinted.

——. *L'Aventure de l'esprit*: *Melanges Alexandre Koyre* 2 vols. Paris: Hermann, 1964.

——. *Metaphysics and Measurement*: *Essays in Scientific Revolution*. London: Chapman and Hall, 1968.

Kramish, Arnold. *Atomic Energy in the Soviet Union*. Stanford, Calif.: Stanford University Press, 1959.

Kranzberg, Melvin. "The Newest History: Science and Technology". *Science* 136 (1962): 463-469.

Kronick, David A. *A History of Scientific and Technical Periodicals, 1655-1790*. New York: Scarecrow Press, 1962: 2d ed., 1976.

Kuhn, Thomas S. *The Copernican Revolution: Planetary Astronomy in the Development of Western Thought*. Cambridge, Mass.: Harvard University Press, 1957.

——. *The Structure of Scientific Revolutions*. Chicago: University of Chicago Press, 1962; rev.ed., 1970.

——. "The History of Science". In *International Encyclopedia of the Social Sciences*. Edited by David L. Sills. New York: Macmillan, 1968; reprinted in Kuhn ,*The Essential Tension*, pp.105-126 (1977: see below) .

——. "The Relations between History and the History of Science". *Daedalus* 100 (1971): 271-304.

——. *The Essential Tension: Selected Studies in Scientific Tradition and Change*. Chicago: University of Chicago Press, 1977.

——. *Black-Body Theory and the Quantum Discontinuity, 1894-1912*. Oxford: Clarendon Press, 1978.

Kuhn, Thomas S; Forman, P.; Heilbron, J.; and Allen, L. *Sources for the History of Quantum Physics: An Inventory and Report*. Memoirs of the American Philosophical Society, No.68. Philadelphia: American Philosophical Society, 1967.

Lakatos, Imre. "History of Science and Its Rational Reconstructions". In *The Interaction between Science and Philosophy*. pp.195-241. Edited by Yehuda Elkana. Atlantic Highlands, N.J.: Humanities Press, 1974.

Lasswitz, K. *Geschichte der Atomistik von Mittelalter bis Newton*. 2 vols. Hamburg, 1890.

Lemaine, Gerard; MacLeod, R.; Mulkay, M.; and Weingart, P., eds. *Perspectives on the Emergence of Scientific Disciplines*. The Hague: Mouton, 1976.

Lenard, Philipp. *Grosse Naturforscher: Eine Geschichte der Naturforschung in Lehensbeschreifungen*. Munich: J. F. Lehm anns, 1929.

Lenz, Harold G. *Zoologie der Alten Griechen und Römer*. Gotha, 1856.

Levere, Trevor H., and Jarrall, R. A., eds. *A Curious Field-Book*: *Science and Society in Canadian History*. New York: Oxford University Press, 1974.

Lewes, G. H. *Aristotle: A Chapter from the History of Science*. London, 1864.

Libby, Walter. *An Introduction to the History of Science*. Boston: Houghton Mifflin, 1917.

Libes, Antoine. *Histoire philosophique des progrès de la physique*. 2 vols. Paris, 1810-1813.

Lilley, Samuel, ed. " Essays on the Social History of Science". *Centaurus* 3, nos. 1 and 2 (1953).

Limoges, Camille. *La Sélection naturelle: Etude sur la première constitution d'un concept* (1837-1859). Paris: P. U. F, 1970.

Lindberg, David. *Theories of Vision from al-Kindi to Kepler.* Chicago: University of Chicago Press, 1976.

———, ed. *Science in the Middle Ages.* Chicago: University of Chicago Press, 1978.

Lloyd, Geoffrey. *Early Greek Science. Thales to Aristotle.* London: Chatto and Windus, 1970.

———.*Greek Science after Aristotle.* London: Chatto and Windus, 1973.

Lovejoy, Arthur O. *The Great Chain of Being: A Study of the History of an Idea.* Cambridge, Mass.: Harvard University Press, 1936; variously reprinted.

Lukes, Steven. *Emile Durkheim, His Life and Work, A Historical and Critical Study.* New York: Harper & Row, 1972.

Lurie, Edward. *Louis Agassiz, A Life in Science.* Chicago: University of Chicago Press, 1960.

Lyons, Henry. *The Royal Society 1660-1940: A History of Its Administration under Its Charters.* Cambridge: Cambridge University Press, 1944.

Mach, Ernst. *The Science of Mechanics: A Critical and Historical Account of Its Development.* Original German ed., Leipzig, 1883; 3d American from 4th German ed., Chicago: Open Court, 1907.

McKie, Douglas, and Heathcote, N. J. de V. *The Discovery of Specific and Latent Heats.* London: Arnold, 1935; reprint ed., New York: Arno, 1975.

McLachlan, Herbert, ed. *Newton's Theological Manuscripts.* Liverpool: Liverpool University Press, 1950.

MacLeod, Roy M. "The Support of Victorian Science: The Endowment of Research Movement in Great Britain, 1868-1900". *Minerva* 4 (1971): 197-230.

———."Changing Perspectives in the Social History of Science". In *Science, Technology, and Society*: *A Cross-Disciplinary Perspective*, pp.149-195. Edited by Ina Spiegel-Rosing and Derek Price. London: Sage, 1977.

McMullin, Ernan, ed. *The Concept of Matter.* Notre Dame, Ind.: University of Notre Dame Press, 1963.

———. *The Concept of Matter in Modern Philosophy.* Notre Dame, Ind.: University of Notre Dame Press, 1977.

Maeyama, Y., and Saltzer, W.C., eds. *Prismata: Naturwissenschaftsgesckichtliche Studien, Festschrift fur Willy Mariner.* Wiesbaden: Steiner, 1977.

Mahoney, Michael S.*The Mathematical Career of Pierre de fermat* (1601-1665) .Princeton: Princeton University Press, 1973.

Maier, Anneliese. *Studien zur Naturpkilosophie der Spat sc kola-stik.* 5 vols. Rome: Edizioni di storia e letteratura, 1949-1958.

Manuel, Frank. *Isaac Newton. Historian.* Cambridge, Mass.: Harvard University Press, 1963.

——. *A Portrait of Isaac Newton.* Cambridge, Mass: Harvard University Press, 1968.

Marcuse, Herbert. *One-Dimensional Man: Studies In the Ideology of Advanced Industrial Society.* Boston: Beacon Press, 1964.

Marx, Karl. *The Poverty of Philosophy.* Written 1847; reprint ed. Moscow: Foreign Languages Publishing House, n. d.

Mason, Stephen F. *A History of the Sciences: Main Currents of Scientific Thought.* London: Routledge, 1953; some subsequent and American editions under different titles.

Mathias, Peter. "Who Unbound Prometheus?" In *Science and Society, 1600-1900*, pp.54-80. Edited by Peter Mathias. Cambridge: Cambridge University Press, 1973.

Menard, Henry W. *Science: Growth and Change.* Cambridge, Mass.: Harvard University Press, 1971.

Mendelsohn, Everett. *Heat and Life: The Development of the Theory of Animal Heat.* Cambridge, Mass.: Harvard University Press, 1964.

Mendelsohn, Everett; Weingart, P.; and Whitley, R., eds. *The Social Production of Scientific Knowledge.* Dordrecht: Reidel, 1977.

Merton, Robert K. *Science, Technololgy, and Society in Seventeenth-Century England, Osiris* 4 (1938a): 360-632: reprinted with new introduction, New York: Howard Fertig, 1970; Humanities Press, 1978.

——. "Science and the Social Order". *Philosophy of Science* 5 (1938b): 321-337; reprinted in Merton, 1973, below.

——. "Science and Technology in a Democratic Order". *Journal of Legal and Political Sociology* 1 (1942): 115-126; reprinted in Merton, 1973, below.

——. "Paradigm for the Sociology of Knowledge". In *Twentieth* Century *Sociology*, pp.336-405. Edited by George Gurvitch and Wilbert E. Moore. New York: Philosophical Library, 1945; reprinted in Merton, 1973, below.

——. *The Sociology of Science: Theoretical and Empirical Investigations.* Edited by Norman Storer. Chicago: University of Chicago Press, 1973.

——. "The Sociology of Science, An Episodic Memoir". In *The Sociology of Science in Europe*, pp.3-141. Edited by R. Merton and J. Gaston. Carbondale: Southern Illinois University Press, 1977.

Merz, John T. *A History of European Thought in the Nineteenth Century, Part 1: Scientific Thought.* 2 vols. London: Balcksvood, 1896; reprinted, New York: Dover Publications, 1965.

Metzger, Hélène. *Les Doctrines chimiques en France.* Paris: P.U.F, 1923.

——. *Attraction universelle et religion naturelle chez quelques commentateurs anglais de Newton*, 3 parts. Paris: Hermann, 1938.

Meyerson, Emile. *Identity and Reality.* Original French ed. 1908; London: Allen and Unwin, 1930; variously reprinted.

——. *Du Cheminement de la pensée.* 3 vols. Paris: Alcan, 1931.

Mieli, Aldo. *La Science arabe et son rôle-dans Révolution seientifique mondiale.* Leiden, Brill, 1938.

Miller, Howard S. *Dollars for Research: Science and Its Patrons in Nineteenth-Century America.* Seattle: University of Washington Press, 1970.

Miller, Samuel. *A Brief Retrospect of the Eighteenth Century: Containing a Sketch of the Revolutions and Improvements in Science.* 2 vols. New York: 1803.

Mitroff, Ian 1. *The Subjective Side of Science.* New York: Elsevier, 1974.

Montagu, M. F. Ashley. *Studies and Essays in the History of Science and Learning, Offered in Homage to George Sarton.* New York: Abelard-Schuman, 1994.

Montucla, Jean E. *Histoire des mathématiques: Jusqu'à nos jours.* 4 vols. Original ed. of vols. 1 and 2, Paris, 1758; Paris, 1799-1802.

Moore, Forris J. *A History of Chemistry.* New York: McGraw Hill, 1918: 3d. ed., 1939.

Morell, Thomas. *Elements of the History of Philosophy and Science from the Earliest Authentic Records to the Commencement of the Eighteenth Century.* London, 1827.

Morrell, Jack B. "The Chemist Breeders: The Research Schools of Liebig and Thomas Thomson". *Ambix* 19 (1972): 1-46.

——. *A List of Theses in History of Science in British Universities in Progress or Recently Completed.* British Society for the History of Science, 1978; (privately published) .

Mottelay, Paul F. *Bibliographical History of Electricity and Magnetism.* London: Griffin, 1922; reprint ed., New York: Arno Press, 1975.

Moyal, Ann Mozley, ed. *Scientists in Nineteenth-Century Australia: A Documentary History.* Melbourne: Cassell Australia, 1975.

Multhauf, Robert P. *Neptune's Gift: A History of Common Salt.* Baltimore: Johns Hopkins University Press, 1978.

Murdoch, John E., and Sylla, E. D., eds. *The Cultural Context of Medieval Learning.* Boston Studies in the Philosophy of Science, Vol.26. Dordrecht: Reidel, 1975.

Musson, A. E., and Robinson, E. *Science and Technology in the Industrial Revolution.* Manchester: Manchester University Press, 1969.

Nakayama, Shigeru; Swain, D. L. and Eri, Y. , eds. *Science and Society in Modern Japan: Selected Historical Sources.* Cambridge, Mass.: M. I. T. Press, 1974.

Nakayama, Shigeru, and Sivin, Nathan, eds. *Chinese Sciencez: Explorations of an Ancient Tradition.* Cambridge, Mass.: M. I. T. Press, 1973.

Nasr, Seyyed H. *Science and Civilization in Islam.* Cambridge, Mass.: Harvard University Press, 1968.

Nauka. *Institute of the History of Sciences and Technology: U, S, S, R, Academy of Science.* Moscow: Central Department of Oriental Literature, Nauka Publishing House, 1977.

Needham, Joseph. *Science and Civilization in China.* 7 vols. Cambridge: Cambridge University Press, 1954-.

——. *The Shorter Science and Civilization in China*. Abridgement by Colin A. Ronan. Cambridge: Cambridge University Press, 1978-.

——, ed. *Science, Religion, and Reality*. London: Sheldon Press, 1925.

Needham, Joseph, and Pagel, W., eds. *Background to Modern Science*. Cambridge: Cambridge University Press, 1938.

Neugebauer, Otto. *The Exact Sciences in Antiquity*. Princeton: Princeton University Press, 1952; 2d ed., augmented, Providence, R. I.: Brown University Press, 1957.

——. *A History of Ancient Mathematical Astronomy*. 3 vols. New York: Springer, 1975.

Noble, David F. *America by Design: Science, Technology, and the Rise of Corporate Capitalism*. New York: Alfred A. Knopf, 1977.

North, John D. *Richard of Wallingford*. 3 vols. Oxford: Clarendon Press, 1976.

Olby, Robert. *The Path to the Double Helix*. Seattle: University of Washington Press, 1974.

Oleson, Alexandra. *Knowledge in American Society, 1860-1920*. Baltimore: Johns Hopkins University Press, 1978.

Oleson, Alexandra, and Brown, Sanborn C., eds. *The Pursuit of Knowledge in the Early American Republic: American Scientific and Learned Societies*. Baltimore: Johns Hopkins University Press, 1976.

Olson, Richard. *Science As Metaphor, Belmont*. Calif.: Wadsworth, 1971.

Ornstein, Martha. *The Role of Scientific Societies in the Seventeenth Century*. Chicago: University of Chicago Press, 1913; 2d ed., 1928; reprinted, New York: Arno Press, 1975.

Ostwald, F. Wilhelm. *Elektrochemie, Ihre Geschichte und Lehre*. Leipzig, 1896.

Pagel, Walter. *Paracelsus: An Introduction to Philosophical Medicine in the Era of the Renaissance*. Basel, Switzerland: Karger, 1958.

——. *William Harvey's Biological Ideas*. Basel, Switzerland: Karger, 1967.

Palter, Robert M. *The Annus Mirabilis of Sir Isaac Newton, 1666-1966*. Cambridge, Mass.: M. I. T. Press, 1970.

Partington, James *R. A History of Chemistry*. 4 vols. London: Macmillan, 1961-1970.

Paul, Harry W. *The Sorcerer's Apprentice: The French Scientist's Image of German Science, 1840-1919*. Gainesville: University of Florida Press, 1972.

——. "Scholarship versus Ideology: The Chair of the General History of Science at the Collège de France". *Isis* 67 (1976): 376-397.

Pedersen, Olaf, and Pihl, M. *Early Physics and Astronomy: A Historical Introduction*. New York: Elsevier, 1974.

Poggendorff, Johann C. *Biographisch-Literarisches Handworterbuch zur Geschichte der Exacten Wissenschaften*. 2 vols. Leipzig, 1863, and later continuations; ongoing.

Poincaré, Henri. *La Science et l'hypothèse*. Paris: Flammarion, 1906.

Poincaré, Lucien. *La Physique moderne, son évolution*. Paris: Flammarion, 1920.

Porter, Roy. *The Making of Geology: Earth Science in Britain 1660-1815.* Cambridg.: Cambridge Univiersity Press, 1977.

Powell, Baden. *An Historical View of the Progress of the Physical and Mathematical Sciences from the Earliest Ages to the Present Times.* London, 1834; new ed., Cabinet Cyclopedia, 1837.

Price, Derek J.de Solla. *Science since Babylon.* New Haven: Yale University Press, 1961; 2d ed., 1975.

——. *Little Science, Big Science.* New York: Columbia University Press, 1963.

——. "Is Technology Historically Independent of Science A Study in Statistical Historiography". *Technology and Culture 4* (1965): 553-568.

——. "A Guide to Graduate Study and Research in the History of Science and Medicine." *Isis* 58 (1967): 385-395.

——. "Who's Who in the History of Science: A Survey of a Profession". *Technology and Society* 5 (1969): 52-55.

Price, Don K. *The Scientific Estate.* Cambridge, Mass.: Harvard University Press, 1965.

Priestley, Joseph. *The History and Present State of Electricity with Original Experiments.* London, 1767.

——. *The History and Present State of Discoveries Relating to Vision, Light, and Colours.* London, 1772.

Provine, William B. *Origins of Theoretical Population Genetics.* Chicago: University of Chicago Press, 1971.

Pyenson, Lewis. "The Incomplete Transmission of a European Image: Physics at Greater Buenos Aires and Montreal, 1890-1920", *Proceedings of the American Philosophical Society* 122 (1978): 92-114.

Rattansi, Piyo. "Paracelsus and the Puritan Tradition". *Arnbix* 11 (1963): 24-32.

——. "Some Evaluations of Reason in Sixteenth -and Seventeenth-Century Natural Philosophy". In *Changing Perspectives in the History of Science*, pp.148-166. Edited by Mikulas Teich and Robert Young. London: Heinemann, 1973.

Raven, Charles E. *John Ray, Naturalist.* Cambridge: Cambridge University Press, 1942.

Ravetz, Jerome R. *Scientific Knowledge and Its Social Problems.* Oxford: Clarendon Press, 1971.

——. "Science, History of". In *Encyclopaedia Britannica*, 15th ed., 1974.

Reingold, Nathan. "American Indifference to Basic Research: A Reappraisal". In *Nineteenth-Century American Science: A Reappraisal*, pp.38-62. Edited by George M. Daniels. Evanston, Ill.: Northwestern University Press, 1972.

——. *Science in America Since 1820 (Selections from Isis).* New York, Science History Publications, 1976.

——, ed. *Science in Nineteenth-Century America: A Documentary History.* New York: Hill and Wang, 1964.

——, ed. *The Papers of Joseph Henry.* 15 vols. Washington, D. C.: Smith sonian Institution Press, 1972.

Rieff, Phillip. *Freu.: The Mind of the Mora list.* New York: Viking, 1959.

Rigaud, Stephen P. *Historical Essay on the First Publication of Sir Isaac Newton's "Principia".* Oxford, 1838.

——. *Correspondence of Scientific Men of the Seventeenth Century.* 2 vols. Oxford, 1841.

Roe, Anne. *The Making of a Scientist.* New York: Dodd, Mead, 1953.

Roger, Jacques. *Les Sciences de la vie dans la pensée française du XV H 'siècle.* Paris: Colin, 1963.

Rosenberg, Charles E. *No Other Gods: Science and Amercan Social Thought.* Baltimore: Johns Hopkins University Press, 1976.

Rosenberger, Ferdinand. *Die Geschichte der Physik.* 3 vols. Braunschweig, 1882-1890.

——. *Isaac Newton und Seine Physicalischen Prinzipien.* Leipzig, 1895.

Ross, Dorothy. *G. Stanley Hall: The Psychologist as Prophet.* Chicago: University of Chicago Press, 1972.

Ross, Sydney. "Scientist: The Story of a Word". *Annals of Science* 18 (1962): 65-85.

Rossi, Paolo, *Francis Bacon: From Magic to Science.* Bari, Italy, 1957; English tr., Chicago: University of Chicago Press, 1967.

Rossiter, Margaret. *The Emergence of Agricultural Science: Justus Liebig and the Americans, 1840-1880.* New Haven: Yale University Press, 1975.

Rudwick, Martin J. S. *The Meaning of Fossils: Episodes in the History of Palaeontology.* London: Macdonald, 1972.

——. "The History of the Natural Sciences as Cultural History". Inaugural lecture. Amsterdam: The Free University, 1975.

Russell, Colin, ed. *Science and Religious Belief: A Selection of Recent Historical Studies.* London: Open University Press, 1973.

Russell, Colin: Coley N.G., and Roberts, G. K. *Chemists by Profession: The Origins and Rise of the Royal Institute of Chemistry.* London: Open University Press, 1977.

Russo, Francois. *Elements de bibliographic de Vhistoire des sciences et techniques.* Paris. Hermann, 1954: 2d ed., 1969.

Sabra, A. I. *Theories of Light from Descartes to Newton.* London: Oldbourne, 1967.

Sachs, Julius von. *Geschichte der Botanik von 16 Jahrhundert bis 1860.* Vol.15 of *Geschichte der Wissenschaften in Deutschland.* Munich, 1875; English tr Oxford Clarendon Press, 1890; reprint, ed., 1906.

Sanderson, Michael. *The Universities and British Industry, 1850-1970.* London: Routledge, 1972.

Sarton, George. *An Introduction to the History of Science.* 3 vols. in 5 parts. Baltimore: Williams and Wilkins, 1927-1948.

——. "Montucla (1725-1799): His Life and Works". *Osiris* 1 (1936): 519-567.

——. "Paul, Jules, and Marie Tannery". *Isis* 38 (1947): 33-50.

——. *Horus: A Guide to the History of Science*. Waltham, Mass.: Chronica Botanica, 1952.

Schmitt, Charles. *Critical Survey and Bibliography of Studies on Renaissance Aristotelianism, 1958-1969*. Padua: Antenore, 1971.

Schofield, Robert E. *The Lunar Society of Birmingham: A Social History of Provincial Science and Industry in Eighteenth-Century England*. Oxford: Clarendon Press, 1963.

Schorlemmer, Carl. *The Rise and Development of Organic Chemistry*. Manchester, 1879; French ed., 1885; Ger man ed., 1889; 2d English ed., London, 1894.

Schrock, Robert R. *Geology at M. I. T., 1865-1965*. Vol.1: *The faculty and Supporting Staff*. Cambridge, Mass.: M. I. T. Press, 1977.

Schuster, Arthur. *The Progress of Physics during Thirty-Three Years*. Cambridge: Cambridge University Press, 1911.

Sedgwick, William T., and Tyler, H. *A Short History of Science*. New York: Macmillan, 1917; 2d ed., 1939.

Shapin, Steven. " Phrenological Knowledge and the Social Structuré of Early Nineteenth-Century Edinburgh". *Annals of Science* 32 (1975): 219-243.

Shapin, Steven, and Thackray, A. "Prosopography as a Research Tool in the History of Science". *History of Science* 12 (1974): 1-28.

Sharlin, Harold I. ed. *Report on Undergraduate Education in the History of Science*. History of Science Society, 1975: privately published.

Shils, Edward, *The Intellectuals and the Powers and Other Essays*. Chicago: University of Chicago Press, 1972.

Shryock, Richard. The *Development of Modern Medicine: An Interpretation of the Social and Scientific Factors Involved*. Philadelphia: Uinversity of Pennsylvania Press, 1936.

——. "American Indifference to Basic Research in the Nineteenth Century". In *The Sociology of Science*, pp.98-110. Edited by Bernard Barber and W. Hirsch. New York: Free Press, 1962; reprinted from *Archives Internationales d'Histoire des Sciences*, 28 (1948-1949): 3-18.

——. "Conference on the History, Philosophy, and Sociology of Science". *Proceedings of the American Philosophical Society* 99 (1955): 327-354.

Sinclair, Bruce. *Philadelphia's Philosopher Mechanics: A History of the Franklin Institutey 1824-1865*. Baltimore: Johns Hopkins University Press, 1974.

Sivin, Nathan. *Chinese Alchemy: preliminary Studies*. Cambridge, Mass.: Harvard University Press, 1968.

Sivin, Nathan, ed. *Science and Technology in East Asia (Selections from Isis)*. New York, Science History Publications, 1977.

Smith, Alice K. *A Peril and a Hope: The Scientists, Movement in America* 1945-1947. Chicago: University of Chicago Press, 1965; rev. ed., Cambridge, Mass.: M. I. T. Press, 1970.

Smith, David E. *History of Modem Mathematics*. New York: John Wiley, 1906.

Smith, Edgar F. *Chemistry in America: Chapters from the History of the Sciences in the United States*. New York: Appleton, 1914.

Smith, Preserved. *A History of Modem Culture*. 2 vols. New York: Holt, 1930-1934.

Snow, A. J. *Matter and Gravity in Newton's Physical Philosophy*. London, Oxford University Press, 1926.

Southern, R. W. "Science and Technology in the Middle Ages: Commentary". In *Scientific Change*, pp.301-306. Edited by Alistair C. Crombie. London: Heinemann, 1963.

Spiegel-Rösing, Ina, and Price, Derek de Solla, eds. *Science, Technology, and Society: A Cross-Disciplinary Perspective*. London: Sage, 1977.

Sprat, Thomas. *The History of the Royal Society of London for the Improving of Natural Knowledge*. Original ed., 1667: reprint ed., London: Routledge, 1958.

Stahl, William H. *Roman Sciencet Origins*, *Developments and Influence in the Later Middle Ages*. Madison: University of Wisconsin Press, 1962.

Steffens, Henry. *The Development of Newtonian Optics in England*. New York: Science History Publications, 1977.

Stepan, Nancy. *Beginnings of Brazilian Science, Oswaldo Cruz, Medical Research, and Policy, 1890-1920*. New York: Science History Publications, 1976.

Stern, Phillip M. *The Oppenheimer Case: Security on Trial*. New York: Harper & Row, 1969.

Stevenson, Lloyd G., and Multhauf, R. P., eds. *Medicine, Science, and Culture: Historical Essays in Honor of Owsei Temkin*. Baltimore: Johns Hopkins University Press, 1968.

Stewart, Dugald; Mackintosh, J.; Playfair, J.; and Leslie, J. *Dissertations on the History of Metaphysical and Ethical, and of Mathematical and Physical Science*. Edinburgh, 1835. These essays were originally published over the years 1815-1835; they were reprinted in 1842 as a volume of "preliminary discourses" that served as introduction to the 7th edition of the *Encyclopaedia Britannica*.

Stimson, Dorothy, ed. *Sarton on the History of Science*. Cambridge, Mass.: Harvard University Press, 1962.

Stimson, Dorothy; Guerlac, H.; Boas, M.; Cohen, I. B.; and Roller, D. H. Papers and commentaries on teaching the history of science. In *Critical Problems in the History of Science*, pp.223-253. Edited by Marshall Clagett. Madison: University of Wisconsin Press, 1959.

Stoching, George. *Race, Culture, and Evolution*: *Essays in the History of Anthropology*. New York: Free Press, 1968.

Strube; Wilhelm. *Die Chemte und Ihre Geschichte: Forschungen zur Wirt-schaftsgeschickte*. Vol.5. Edited by Jurgen Kuczynski and Hans Mottek. Berlin: Akademie Verlag, 1974.

Struik, Dirk J. *Yankee Science in the Making*. Boston: Little Brown, 1948; new ed., New York: Collier, 1962.

Stubbe, Hans. *Kurze Geschichte der Gen etid.* Jena: Fischer, 1963; revoed., 1965; English tr., Cambridge, Mass.: M. I.T. Press, 1972.

Stuewer, Roger H., ed. *Historical and Philosophical perspectives of Science.* Minnesota Studies in the Philosophy of Science, Vol.5 Minneapolis: University of Minnesota Press, 1970.

Sulloway, Frank J. *Freud, Biologist of the Min.: Beyond the Psychoanalytic Legend.* New York: Basic Books, 1979.

Tannery, Paul. *Pour l'Histoire de la science héllêne.* Paris, 1887.

——. *Mémoires scientifiques.* 17 vols. Paris: Gauthier-Villars, 1921-1950.

Taton, René, ed. *A General History of the Sciences.* 4 vols. Original French ed., Paris: P. U. f. , 1957-1964; London: Thames and Hudson, 1963-1966.

——, ed. *Enseignement et diffusion des sciences en France au XVIIIe siècle.* Paris: Hermann, 1964.

Teich, Mikulas, and Young, Robert, eds. *Changing Perspectives in the History of Science: Essays in Honour of Joseph Needham.* London: Heimemann, 1973.

Thackray, Arnold. *Atoms arid Powers: An Essay on Newtonian Matter Theory and the Development of Chemistry.* Cambridge, Mass.: Harvard University Press, 1970a.

——. "Science: Has Its Present Past a Future?" In *Historical and Philosophical Perspectives of Science*, pp.112-127. Edited by Roger Stuewer. Minneapolis: University of Minnesota Press, 1970b.

——. *John Dalton: Critical Assessments of His Life and Science.* Cambridge, Mass.: Harvard University Press, 1972.

——. "Natural Knowledge in Cultural Context: The Manchester Model". *American Historical Review* 79(1974): 672 -709.

——. "Measurement in the Historiography of Science". In *Toward a Metric of Science*, pp.11-30. Edited by Yehuda Elkana et al. New York: John Wiley, 1978.

Thackray, Arnold, and Merton, Robert K. "On Discipline Building: The Paradoxes of George Sarton". *Isis* 63 (1972): 473-495.

Thomson, Thomas. *The History of Chemistry.* 2 vols. London, 1830-1831.

Thorndike, Lynn. *A History of Magic and Experimental Science.* 8 vols. New York: Columbia University Press, 1923-1958.

Thornton, J. L., and Tully, R. I. J. *Scientific Books, Libraries, and Collectors.* London: Library Association, 1954; 3d rev. ed., 1972.

Toulmin, Stephen. "From Form to Function: Philosophy and History of Science in the 1950s and Now". *Daedalus* 106 (1977): 143-162.

——. *Human understanding.* Vol.1: *General Introducition and Part 1.* Oxford: Clarendon Press, 1972.

Trommsdorff, Johann B. *Versuch einer allgemeinen Geschichte der Chemie.* 3 parts. Erfurt, 1806.

Turnbull, H. W.; Scott, J. F.; Hall, A. R.; and Tilling, L., eds. *The Correspondence of Isaac Newton.* 7

vols. Cambridge: Cambridge University Press, 1959-1978.

Turner, Frank M. *Between Science and Religion: The Reaction to Scientific Naturalism in Late Victorian England*. New Haven: Yale University Press, 1974.

Tylecote, Richard F. *A History of Metallurgy*. London: The Metals Society, 1976.

Underwood, E. Ashworth. *Science, medicine and History: Essays in Honour of Charles Singer*. 2 vols. London: Oxford University Press, 1953; reprint ed. New York: Arno Press, 1975.

Veblen, Thorsein. "The Place of Science in Modern Civilization". *American Journal of Sociology* 11 (1906): 585-609; reprinted in *The Place of Science in Modem Civilization and Other Essays*, pp.1-31, New York: Huebsch, 1919; variouely reprinted.

Venable, F. P. *The Development of the Periodic Law*. Easton, Pa., 1896.

Vucinich, Alexander. *Science in Russian Culture*. 2. vols. Stanford, Calif.: Stanford University Press, 1963-1970.

Wade, Nicholas. "Thomas S. Kuhn: Revolutionary Theorist of Science". *Science* 179 (1977): 143-145.

Wallis, Peter, and Wallis R. *Newton and Newtonia, 1672-1975: A Bibliography*. Folkestone: Dawson, 1977.

Watson, James D. *The Double Helix, A Personal Account of the Discovery of the Structure of DNA*. New York: Athenaeum 1968; 2d ed., 1979.

Weber, Max. "Die Protesantische Ethik und der Geist des Kapitlismus". *Archiv fur Sozialwissenschaft und Sozialpolitik*, 20 (1904-5): 1-54; 21 (1905): 1-110. Tr. by T. Parsons. New York, Scribners, 1930.

Webster, Charles. *The Great Instauration, Science, Medicine, and Reform, 1626-1660*. London: Duckworch, 1975.

Weiner, Charles. "Resource Centers and Programs for the History of Physics". In *History in the Teaching of physics*, pp.47-54. Edited by Stephen G. Brush and A. L. King. Hanover, N. H.: New England University Press, 1972.

Weld, Charles R. *A History of the Royal Society: Compiled from Authentic Documents*. 2 vols. London, 1848; reprint ed. New York: Arno Press, 1975.

Werskey, Paul G. *The Visible College: The Collective Biography of British Scientific Socialists of the 1930s*. New York: Holt Rinehart, and Winston, 1979.

Westfall, Richavd S. *Science and Religion in Seventeehth-Century England*. New Haven: Yale University Press, 1958; reprint ed., Gerden City, N. Y.: Doubleday Anchor, 1970.

——. *Force in Newton's Physics: The Science of Dynamics in the* Seventeeth Century. London: MacDonald, 1971.

——. *The Construtioii of Modern Science: Mechanisms and Me*chanics. New York: John Wiley, 1971.

——. "The Changing World of the Newtonian Industry". *Journal of the History of Ideas* 37 (1976): 175-184.

Westfall, Richard S., and Theoren, V. E. *Steps in the Scientific Tradition*. New York: John Wiley, 1969.

Westman, Robert S., ed. *The Copernican Achievement*. Berkeley: University of California Press, 1976.

Weyer, Jost. *Chemiegeschichtsschreibung von Wiegleb (1790) bis Partington (1970): Eine Untersuchung über ihre Methoden , Prinzipien und Ziele*. Arbor Scientiarum: Beitrage zur Wissenschaftsgeschichte, Reihe A: Abhandlungen, Bd, Ⅲ. Hildesheim: Verlag Gerstenberg, 1974.

Whewell, William. *History of the Inductive Sciences: From the Earliest to the Present Time*. 3 vols. London, 1837; reprint ed., London: Cass, 1967.

White, Andrew Dickson. *A History of the Warfare of Science with Theology in Christendom*. 2 vols. New York, 1896; reprint ed., New York: Dover, 1960.

Whitehead, Alfred North. *Science and the Modern World*. New York: Macmillan, 1925; variously reprinted.

Whiteside, Derek T., ed. *The Mathematical Papers of Isaac Newton*. 7 vols. Cambridge: Cambridge University Press, 1967-1980.

Whittaker, Edmund T. *A History of the Theories of Aether and Electricity: From the Age of Descartes to the Close of the Ninteeenth Century*. London: Nelson, 1910; rev. and enl. ed., New York: Harper and Brothers, 1951.

Wiener, Philip P., and Noland, Aaron, eds. *Roots of Scientific Thought: A Cultural Perspective*. New York: Basic Books, 1957.

Williams, L. Pearce. *Michael Faraday: A Biography*. New York: Basic Books, 1965.

——. *The Origins of Field Theory*. New York: Random House, 1966.

Williams, Trevor I. *A Biographical Dictionary of Scientists*. New York: Wiley-Interscience, 1969.

Wilson, Leonard G. *Charles Lyell, the years to 1841: The Revolution in Geology*. New Haven: Yale University Press, 1972.

Winsor, Mary P. *Starfish, Jellyfish, and the Order of Life: Issues in Nineteenth-Century Science*. New Haven: Yale University Press, 1976.

Wohlwill, Emil. *Galilei und Sein Kampf für die Copernicanische Lehre*. 2 vols. Hamburg and Leipzig: Voss, 1909.

Wolf, Abraham. *A History of Science Technology, and Philosophy in the Sixteenth and Seventeenth Centuries*. New York: Macmillan, 1935.

——. *A History of Science, Technology, and Philosophy in the Eighteenth Century*. New York: Macmillan, 1939.

Woolf, Harry. *The Teansits of Venus: A Study of Eighteenth-Century Science*. Pinceton: Princeton University Press, 1959.

Wurtz, Charles A. *Histoire des doctrines chimiques depuis Lavoisier jusqu'à nos jours*. Paris:

Hachette, 1869; English tr., London: Macmillan, 1869.

Yates, Frances A. *Giordano Bruno and the Hermetic Tradition*. Chicago: University of Chicago Press, 1964.

——. *The Rosicrucian Enlightenment*. Boston: Routledge, 1972.

York, Herbert. *The Advisors: Oppenheimer, Teller, and the Superbomb*. San Francisco, Calif.: Freeman, 1975.

Young, Robert M. "Scholarship and the History of the Behavioral Sciences". *History of Science* 5 (1966): 1-51.

——. *Mind, Brain and Adaptation in the Nineteenth Century*. Oxford: Clarendon Press, 1970.

——. "The Historiographic and Ideological Contects". In *Changing Perspectives in the History of Science*, pp.344-438. Edited by Mikulas Teich and Robert Young. London: Heinemann, 1973.

Zeuthen, Hieronymus G. *Geschichte der Mathematik in Altertum und Mittelalter*. Danish ed., 1893; Copenhagen, 1896.

Zilsel, Edgar. "The Sociological Roots of Science". *American Journal of Sociolgy* 47 (1942): 544-562.

Zittel, Karl A.von. *Geschichte der Geologie und Palaeontologie bis Ende des 19. Jahrhunderts:* Munich, 1899.

Zuckerman, Harriet. *Scientific Elite: Nobel Laureates in the United States*. New York: Free Press, 1977.

第三章　科学编史学的发展 [①]

克里斯蒂

一、导言

编史学是对书写历史的研究，因此，科学编史学的研究主题就是如何以各种方式书写科学的过去。作为一个学科，科学史是一个相对晚近的专业，但其历史可以向前追溯几个世纪。科学编史学的历史有其内在的魅力，也有更广的价值。通过考察科学史写作的演变、发展与繁荣，我们可以了解科学史作为一个学术研究领域的传承与形成过程。在此过程中，我们也可以看到那些典型的理解、交流和表达是如何产生的，其发展对于塑造科学史这个学科在今天的做法至关重要。因此，接下来我们要初步追溯这本《现代科学史指南》所包含的诸多基本主题、话题和诠释最早是如何出现的。

二、历史起点

科学编史学开始于何时呢？要给科学编史学指定明确可查的起源，这是一个真切的问题。这是因为在实际的科学工作中，任何科学家都已经形成了对待过去的倾向。他所受的教育将其引入特定的思想传统和科学实践，他的工作不可避免地会涉及对这些传统和实践的拓展甚至颠覆。这些努力往往会涉及对其学科历史的某些方面的公开探讨，因此毫不夸张地说，科学史本身经常出现在科学研究与教学的工作中。18 世纪化学科学的两个例子可以支持这一点。拉瓦锡（Antoine Lavoisier，1743—1794）在发表他关于气体的一些早期研究时，为其补充了该领域新近的研究史。[②] 同样，颇具影响的荷兰医生布尔哈夫（Herman Boerhaave，1668—1738）在一

---

① John R. R. Christie, "The Development of the Historiography of Science,". in *Companion to the History of Modern Science* (London; New York: Routledge, 1990), pp.5-22. 张卜天译。

② A. Lavoisier, *Opuscules physiques et chimiques* (Paris, 1774).

定程度上是通过给出这门科学的简要历史而引导学生从事化学研究的，后来的化学家在教学中常常也会这样做。③

所有学科往往都会以这些方式来产生和造就其自身不太正规的历史，它们提供了一个方便的起点、一系列可以定位的科学编史学起源。但如果只停留在这些起点上，我们就只会有一系列非常零散和不完整的关于各门科学学科及其研究纲领的早期历史。我们也许可以找到其他一些视角，对于科学编史学的起源有更为深广的意义。这种视角所要寻求的不应只是拉瓦锡和布尔哈夫等人的科学教学和研究中包含的那些对历史的不完整的、个别的认识，尽管他们都是一些重要而有启发的例子。但我们到哪里去寻找更有意义的起源，这些起源又包括什么呢？

首先要包括这样一种认识，即科学不仅是一系列分离的学科活动，每一门学科有一种独立的历史存在性，而且也是（这是更重要的）一种对整个人类历史进程具有一般意义的活动。承认科学具有整体意义，在世界历史上至关重要，这是为科学辩护的一部分。这种辩护在 17 世纪科学革命期间得到推进，尤其是被哲学家、科学家弗朗西斯·培根（Francis Bacon，1561—1626）。根据培根的说法，科学的目标乃是发现"关于原因的知识以及事物的隐秘运动；扩大人类帝国的疆域，使一切事物成为可能"。④ 这是关于科学本性和目标的一种简洁、自信、雄心勃勃的声明，它将科学知识、力量和进步的观念汇集到一起。在培根及其 17 世纪的追随者们看来，这种态度的含义指向了人类历史的未来，科学基于它如今承诺的对自然的控制力，提供了一个进步的未来。因此，培根和同时代的其他科学革命者们更关注的不是详细阐述科学的过去，而是促进这样一种科学形象：将人类历史从其过去中摆脱出来，把它带入一个新时代。于是，要想识别出科学编史学的全球起源，我们不仅要指明这种培根式科学观在何时成了西方历史意识感兴趣和探究的对象，还要试图理解和解释其历史存在的这种突出特征。

三、启蒙运动时期的发展

可以认为，对科学的全球意义和时代意义的历史关注兴起于 18 世纪中叶。这

---

③ H. Boerhaave, *New method of chemistry* (trans. P. Shaw & E. Chambers, London, 1727).

④ F. Bacon, "New Atlantis" (1626), in J. Spelling, R. Ellis and D. Heath (eds.), *The works of Francis Bacon* (14 vols., London 1872-1874), Vol. Ⅲ, p.156.

与主导那个时代的一场思想运动即历史学家所谓的"启蒙运动"有关。⑤ 启蒙运动本质上是哲学家和科学家提出的一份改革纲领，旨在改变人类迄今为止不得不身处的思想、政治和社会状况。他们特别致力于寻求更大程度的个人政治自由和社会平等。为此，关键在于思想解放，正是启蒙运动的这个预设使科学对于其抱负至关重要，因为启蒙思想家们将科学树立为不受束缚的人类理智所能达到的榜样。伽利略、笛卡尔、培根和牛顿的工作被塑造为典范，因为它们产生了真正的自然知识。这种真正的知识不仅将人的心灵从宗教迷信和过时的形而上学的桎梏中解放出来，而且可以被用作生产材料以促进繁荣，从而确保政治和社会的进步。这些说法与最初培根的许多说法相呼应，它们并不仅仅是对培根最初所做承诺的重复，而是在说，自培根和伽利略时代以来，这种承诺已经部分实现了，从而证明启蒙运动的进步乐观主义是正当的。因此，启蒙思想家们需要对科学史有前所未有的细致关注。因此，是启蒙运动第一次为整个世界建构和推出了一种历史观，表明科学对于人类思想、政治和社会的意义。在此期间，它规定了关于科学及其历史存在的一系列假设，这些假设极具影响力，以至于所有西方科学史家都是在它们的框架中产生的。无论历史学家们是否相信启蒙运动的承诺，或者是否尝试修改或推翻它们，情况都是如此。

四、科学革命

可以看到，这些假设在 18 世纪的五六十年代特别清楚地产生出来。正是在那时，某些基本的叙事、主题和结构被发展出来，其形态奠定了科学编史学的基础。启蒙运动以叙事的方式书写了现已称为标准说法的"科学革命"的历史。例如，我们可以在达朗贝尔（Jean d'Alembert，1717—1783）的《狄德罗百科全书初论》（*Preliminary Discourse to the Encyclopedia of Diderot*，1751）中读到它的一些单薄内容。达朗贝尔在书中复述了这样一个故事，它从伽利略受宗教裁判所审讯开始，经由培根、笛卡尔、开普勒和惠更斯，一直到牛顿和洛克（Locke），"这几个伟大人物……从远处积聚着光明，不知不觉地渐渐照亮了世界"。⑥ 这是思想从政治、精神的压迫力量中解放出来的历史。在达朗贝尔及其读者看来，故事的主人公们堪称英雄和榜样："这些

---

⑤　对启蒙运动和科学的一般讨论参见 T. L. Hankins, *Science and the Enlightenment* (Cambridge, 1985)。

⑥　J. d'Alembert, *Preliminary discourse to the Encyclopedia of Diderot* (1751), ed. R. Schwab (New York, 1963), p.74.

人是最重要的天才，人类应当视他们为大师。"[7] 达朗贝尔的叙事虽然不长，但仍然体现了一些特征，它们将在西方对这一历史现象的叙述中持续出现：首先，它将自己置于 17 世纪这个有限的历史时期之内；其次，它认为所考察的事件是相互联系和发展的，形成了一个融贯的叙事单元；第三，较之以前，它对这些事件的呈现明显是进步性的；第四，这些发展有一种根本的革命性；第五，它们是构成了叙事关键角色的个别天才的心智产物；第六，它们既包含科学发展，也包含哲学发展；最后，它们具有思想上的权威性。

作为对科学革命的叙述，这其中的许多特征也许已经不再显著。这恰恰证明了启蒙运动发明"科学革命"的成功：对于我们现在理解的现代科学起源来说，它所选择并加以连贯记述的那些要素是如此自然，以致很难设想任何叙事如果缺少这些要素会行之有效。因此我们也要记得，达朗贝尔的叙事是为了特定的目的而人为选择和建构的诠释，原则上和任何其他诠释一样可以更改。

写作时间与达朗贝尔的《狄德罗百科全书初论》基本相同的亚当·斯密（Adam Smith，1723—1790）的《天文学史》（*History of Astronomy*）阐明了另一种相当不同的西方科学编史学的基本倾向。这种倾向体现在斯密著作的完整标题中——《天文学史所阐明的哲学研究的指导原则》（*The Principles which Lead and Direct Philosophical Enquiries; Illustrated by the History of Astronomy*，1795）。斯密的著作绝非直截了当的天文学学科史。虽然该书讨论了牛顿以前天文学思想的发展，但这种发展从属于他的主要兴趣，即人类心灵所由以理解和解释自然界的普遍原理。斯密认为人的心灵总在尝试对自然进行简单、统一、连贯的描述。激发他做这种尝试的乃是察觉到有些异常的自然现象不符合习惯性的期待。面对这些现象，心灵会产生一组新的观念和科学理论，以对令人困扰的现象做出满意的解释。虽然斯密的一些细节看法与关于科学及其演变的更现代的哲学论述有些相似，但它们在另一些方面更为重要。在亚当·斯密那里，我们看到科学史与哲学关切非常复杂地交织在一起，在此过程中表达了一种关于科学本性的发展观或进步观。斯密联系更广的哲学关切为科学史创造了一个特定的角色，这种哲学关切就是，尝试理解有哪些一般原则（如果有的话）构成了科学发展进程的基础。

在此过程中，亚当·斯密在科学史与科学哲学之间建立了联系，事实证明，这

---

⑦　J. d'Alembert, *Preliminary discourse to the Encyclopedia of Diderot* (1751), ed. R. Schwab (New York, 1963), p.85.

种联系具有持久的重要性。这可见于对 19、20 世纪的科学编史学产生了重大影响的著作，比如休厄尔（William Whewell，1794—1866）和库恩（Thomas Kuhn，1922—1996）的著作。[⑧] 换句话说，科学编史学从一开始就往往伴随理解科学本性这样一种哲学探索，而这个特征又往往会反过来影响编史学，为其提供一种哲学词汇和动机。在这方面，科学编史学也是启蒙运动的产物，启蒙运动不仅试图使科学成为最突出的理智活动，而且也试图在人类的思想和历史中发现科学推理的原则和科学的进步。

五、普里斯特利的贡献

如果不讨论普里斯特利（Joseph Priestley，1733—1804）的历史工作，对启蒙运动时期科学编史学的初步考察就是不完整的。普里斯特利是 18 世纪下半叶英格兰最著名的科学人物。在他写的诸多历史著作中，有一部名为《电学的历史与现状》（*The History and Present State of Electricity*，1767）。尽管不像达朗贝尔的编史学那样有争议，不如斯密的编史学有哲学性，但普里斯特利的编史学仍然富有启发。虽然其历史焦点主要局限在 18 世纪电学的发展上，但他明确宣称他希望阐明达朗贝尔和斯密以不同方式阐述过的主题，即人类思想的进步："正是在这里，我们看到人类的理解力以最大的优势……提升自己的能力……引导他们实现自己的看法；人类的安全和幸福由此得以逐渐增长。"[⑨] 因此，科学编史学比政治史和战争史更加可取，更有教益，也更令人愉快。普里斯特利在这里直接赋予了编史学一种德育教育角色，但更有趣的是，他构想其主题的方式，正是在这里，科学编史学第一次将科学明确描述成一种积极的、高度工具化的，尤其是实验的活动。这与达朗贝尔和斯密所描述的科学版本有显著不同，达朗贝尔和斯密的科学史是思想史、观念史。普里斯特利本人就是一个仪器制造者和著名的实验家，他对科学及其进步的理解没有那么高贵。科学史是通过实验做出的一系列实际发现，并辅以制造恰当的仪器。对普里斯特利来说，发现具有革新性，不过是由一系列小的步骤和逐渐改进所组成的。

六、科学编史学的负面

至此我们可以看到，启蒙运动确立了现代科学起源的编史学特征，并把自由、进步和个人主义创造性等观念置于其中。此外，它还在科学编史学与哲学之间建立

---

⑧　T. S. Kuhn, *The structure of scientific revolutions* (Chicago, 1962).

⑨　J. Priestley, *The history and present state of electricity* (London, 1767) (Vol.1), p. iv.

了一种结构性关联，并且开创了对革新性实验发现的编史学关注。这些都是科学编史学发展的重要意义的特征，但如果不注意启蒙运动对科学的历史理解所产生的另一个特征，那将是错误的。迄今为止，启蒙运动编史学的所有方面都对科学做出了一种非常正面的评价，但启蒙运动也产生了对于科学在历史中角色的负面评价。哲学家卢梭（Jean-Jacques Rousseau，1712—1788）在他的《论艺术与科学的道德影响》（*Discourse on the Moral Effects of the Arts and Sciences*，1750）中认为科学不是在促进自由，而是本质上在否定自由。

政府与法律为人民集体提供了安全与福祉；而科学、文学和艺术，由于它们不那么专制因而也许更有力量，就把花冠点缀在束缚着人们的枷锁之上，它们窒息了人们那种天生的自由情操——看来人们本来就是为了自由而生的——使他们喜爱自己被奴役的状态，并且使他们成了人们所谓的文明民族。

需要奠定了宝座，而科学与艺术则使得它们巩固起来……[10]

这里，就其历史后果而言，启蒙运动的进步所认同的对知识与文化的文明追求变得更加险恶了。它使人们不再追求真正的自由，既掩盖了对压迫的察觉，又维持了压迫的动因和工具。这里可以补充卢梭的例子。它表明，关于科学的历史意义，启蒙运动的科学编史学最终并没有产生一种统一的单值形象。毋宁说，它产生了一种分裂的观念，带有似乎无法调和的正面和负面。在这一点上，我们当代的编史学同样是启蒙运动的真正后代。

七、科学社团与学科史

从 18 世纪 80 年代到 19 世纪 30 年代，主要的编史学发展可以说与当时科学本身的发展形式有关。那时，科学已经在大学和学术社团中有了建制，比如巴黎的皇家科学院和伦敦的皇家学会。18 世纪末和 19 世纪初见证了以学科为基础的科学社团的发展，其成员致力于研究某一门特殊的科学学科，例如地质学或天文学，而不是研究一般的自然哲学。因此，科学本身经历了一个分工的过程，产生了越来越专门的学科定位。科学编史学本身对科学生活中的这些发展特征做出了回应，产生了若

---

[10]　J. J. Rousseau, "Discourse on the moral effects of the arts and sciences", in G. D. H. Cole (ed.), *The Social Contract and Discourses* (rev. ed. London, 1973), pp.4-5.

干学科史。它们认识到连贯的学科形成过程，尝试创立截然分开的、各自统一的科学学科史，并且配齐了奠基性人物、基本创新等。但它们之所以值得注意，并不仅仅因为这些。我们已经看到，到了这个时候，某一门学科早已倾向于在研究与教学的特殊环境中产生其自身的非正式历史。更值得注意的是，学科史的建构本身可以呈现和开始界定历史理解的一些基本问题，这些问题以某种形式仍然属于并且继续占据着学科史家的头脑。一门专业学科是何时以及如何连贯地汇集到一起的？这个过程标志着已有要素的积累性发展，还是标志着与过去的明确断裂？

八、化学编史学

也许在化学编史学中，这些问题能找到最为持久的位置，因为化学史家不得不结合业已存在的炼金术实践来考虑科学的历史线索问题。这是一个关键问题，因为炼金术可以被视为一种令人尴尬的"前科学"活动，一种具有不可思议之目标的充满行话的秘密实践。而炼金术士在很大程度上也是实验者，发展出了化学"元素"理论，这些特征意味着，不能从历史上将化学与过去的炼金术截然分开。考虑到其有疑问的过去，这门真正的科学学科如何浮现出来是一个历史问题，汤姆森（Thomas Thomson）的《化学史》（*History of Chemistry*，1830—1831）等著作处理了这个问题。同样的情况也可见于近年来关于地质学的历史写作，其中需要对赖尔（Charles Lyell，1797—1875）重建地质学方法论和概念基础的努力之起源做出历史定位和论述。[11] 特定科学专业的出现往往伴随对"真正"起源的这种历史反思。正是这个过程构成了对学科身份的系统表述，以及对主题、方法、技巧和理论的具体说明。虽然自 19 世纪初以来，学科性的科学编史学已经与这些直接的身份表述有了一段职业距离，但最初身份问题的本质和形式必定会一直浮现在其努力周围。

九、"历史主义"

思想史家往往认为，整个编史学在 19 世纪有了现代形式，也出现了许多经典历史著作。这本身可以被看成 19 世纪的人致力于所谓"历史主义"的成果。"历史主义"是关于人、自然和社会的这样一种观点，坚称所有这些东西都是经由时间发展过程，而不是通过理性或正义等抽象永恒的静态原则而形成的。19 世纪历史主义的两个杰

---

[11]　R. M. Porter, "Charles Lyell and the principles of the history of geology", *British journal for the history of science*, 9 (1976), 91-103.

出典范是黑格尔（1770—1831）和马克思（1818—1883），他们都把人的存在看成本质上是历史演变的产物。不过，关于历史发展的动力内核，他们有着截然不同的看法。对黑格尔来说，发展本质上是精神性的，人类精神和人类社会朝着完全理性的自我意识发展，这种立场被称为"唯心主义"。而对马克思来说，历史发展的基本形式乃是物质经济生产。人在生产基本物质要素的同时，也衍生地造就了他们的社会政治关系、意识、学问和文化，这种立场被称为"历史唯物主义"。

十、休厄尔的工作

这两种形式的编史学进路深刻地影响了一般编史学特别是科学编史学的某些方面，我们还会对这些方面做更详细的考察。目前我们的问题是历史主义对19世纪科学编史学的影响。它是否在自己的领域产生了一个相当于黑格尔或马克思的人？最可能有此头衔的是剑桥的科学家、哲学家和历史学家威廉·休厄尔，他写了一部博学巨著《归纳科学的历史》（*History of the Inductive Sciences*，1837）。该书包含的两个特征对科学编史学具有奠基性作用。首先，它是关于诸科学（sciences）的历史，将科学的历史世界划分成天文学、物理学、地质学等各门学科的发展。事实上，休厄尔对这种划分和细分的策略做了前所未有的贯彻，乃至发明了"地质动力学（geological dynamics）""热学（thermotics）""蒸汽学（atmology）"等一些新词。这种划分和细分的过程使科学发展呈现为不断分化的无尽系列，随着历史的演进而激增。其次，休厄尔的历史也特别与《归纳科学的哲学》（*The Philosophy of the Inductive Sciences*，1840）这项明确的哲学计划联系在一起。历史充当了对前进的科学推理原则进行分析的基本背景和基础。动员历史服务于哲学，其彻底性从未被超越，这本身也标志着休厄尔的历史主义倾向。

休厄尔关于科学史的整体发展图景可以说是启蒙运动的拓展。它认为科学起源于思辨性的希腊哲学著作，缺点在于缺少事实内容；中世纪是"停滞时期"，因思想上的教条和占星术、炼金术等神秘知识大行其道而缺乏进步要素。到了16、17世纪，真正的科学发展才随着哥白尼天文学和牛顿物理学而得以继续。从那时候起，陆续有科学专业出现并发展成熟。

然而，除了其著作中包含的大量细节外，休厄尔还给这幅基本图景增加了很多内容。休厄尔的著作在方法论和叙事上的复杂性远超前人。在方法论上，他坚称科学要想真正发展，需要一些前提条件：这里指事实与理论共同存在，二者互为必要。在一些结合历史与科学哲学的研究中，他还例证了一种此后成为标准专业方法的"理性重构"法。此方法对某项发现或理论的产生并非做一种严格事实性的年代叙述，而是尝试重建其理性发展关系的过程，并认为这一过程与此项发现或理论的产生紧密相关。休厄尔对该技巧的开创性运用可见于他对牛顿发现万有引力定律的论述。[12]他将此项发现分解成五个在逻辑和概念上迥然不同的组成命题，他的历史分别描述了每一个命题的出现，其出现的顺序和关联与任何深入连贯的年代分析毫无关系。

除了这些方法论上的创新外，休厄尔叙事的复杂性也高于以往。他认为科学史是按"时期"（epoch）发展的，一段密集的进步时期通常以一个人（如牛顿）的工作来确认。但这个人的工作并不只是他个人的创造性心智无助地面对和解释着自然。毋宁说，这个人已经存在于业已形成的历史环境中，之前的科学家做出了相关发现，成为该"时期"的"序幕"。于是，像牛顿那样的人的划时代意义就在于把一系列已有发现纳入一个统一的一般性框架，并把可能互不相关的各种发现重新整理成一个科学命题或定律的推论。这种论述将基本的科学变化呈现为非革命性的。在表面上，革命性的变化背后是一系列积累性的变化，其发展到顶点则消除了任何表面上的不一致。科学前进时，科学价值毫无损失。之前的发现被保留下来，纳入这个最终的统一发展。

凡做过的事情都有用或有必要，虽然它不再引人注目，也不再是最重要的。

因此，每一门科学的最终形式都包括之前每一次改变的实质内容；而之前任何时期所发现和确立的全部内容都服务于其固有知识分支的最终发展。之前的这些学说也许还需要更为精确和明确，删去多余和武断的部分，用新的语言来表述，通过各种过程来纳入科学主体；但它们并不会因此而不再是正确的学说，不再成为我们知识的一部分。[13]

休厄尔对此叙事原则的历史阐释保留了对科学来说至关重要的进步观念，抛弃了认为进步本质上不连续或革命性的想法。它所描绘的也是一种保护主义的、可慰藉的变化图像，因为没有任何意义曾经失去。但它毕竟在态度上是历史主义的，因为科学发展的每一个当下都包含着它在过去的真理和价值，因此最终是由其历史所形成和造就的。

---

[12] W. Whewell, *History* (Vol.2), pp.160-187.

[13] W. Whewell, *History* (Vol.1), pp.10-11.

十一、科学传记

19 世纪是历史主义的世纪，也是传记写作的伟大时代，科学编史学对 19 世纪文化的这个大趋势做出了积极响应。传记是极其流行的写作形式，可以将科学编史学的各个方面传递给比科学公众更广泛的大众。苏格兰物理学家布儒斯特（David Brewster，1781—1868）写过伽利略、第谷（Tycho Brahe）和开普勒的流行传记，[14] 还写了一部里程碑式的牛顿传记，这部范围和细节相当客观的著作直到最近才被超越。[15] 布儒斯特的科学家传记仍然有编史学意义，因为它们常常聚焦于一个对科学史家有专业意义或一般意义的问题。这个问题最清楚地表现在布儒斯特对牛顿炼金术兴趣的讨论中。对布儒斯特来说，这之所以是问题，是因为它表明牛顿参与了思想上可鄙、道德上应受谴责的炼金术活动。关于牛顿的炼金术，布儒斯特本人最终给不出任何融贯的解释。牛顿作为科学理性的楷模，如何也会看重炼金术的神秘实践，他所面对的这个问题在牛顿学术界从未消失。虽然现在对这个问题的处理的复杂程度已经远远超过了布儒斯特所能驾驭的程度，但如何将牛顿著作中这些看似相反的方面整合起来，仍然是一个问题。[16]

自 19 世纪中叶以来，传记对科学史家已成传统，一直是研究和写作的重点。它趋向于强调科学编史学中的个人主义要素，也就是把个人心智对科学问题的努力解决看成科学发展的唯一动因。但传记还补充了一个人性化要素，此要素在特定理论或学科的历史中往往是缺乏的。由于传记把人的生活当作其叙事单元，任何成功的传记都需要澄清主人公的生活和事业对他个人的意义，所以传记必须集中于科学家的工作对他个人的意义，以及如何从心理和社会上表达这位科学家的人格。虽然传记的个人主义方面可能导致对个人天才的过分强调，而牺牲更彻底的历史解释，虽然弗洛伊德之后的传记有时会让位于还原式的、不太可信的心理分析解释，但如果处理得当而且敏感，那么对科学家工作的传记性聚焦仍然可以提供一系列重要洞见，而这是其他类型的编史学无法提供的。再者传记有更广泛的读者群，更受欢迎，科

---

[14] D. Brewster, *Martyrs of science: lives of Galileo, Tycho Brahe and Kepler* (Edinburgh, 1841).

[15] D. Brewster, *Memoirs of the life, writings and discoveries of Sir Isaac Newton* (2 vols., Edinburgh, 1855).

[16] 对此议题的讨论，例如 R. S. Westfall in *Never at rest: a biography of Isaac Newton* (Cambridge, 1980)。

学传记必定会持续存在。[17]

十二、20 世纪的科学编史学

到了 20 世纪，科学编史学有了全新的局面。在 20 世纪之前，科学编史学主要出自科学家自己和哲学家。进入 20 世纪，科学编史学成为一门越来越职业化的学科，撰写科学编史学的人都在大学和学院中把科学史当作一种专门的学术职业来从事。从一开始我们就要意识到，这个过程并非全部。时至今日，科学史家仍然不是沿着一个笔直的职业阶梯——先是科学史的本科学位，然后是从事教学研究的学术职业——来直接招募的。在转到科学史之前，科学史家往往已有科学、哲学、社会学或历史学等其他专业的教育背景。其从业者常常包括博物馆的工作人员，其协会成员则包括职业与科学史教研几乎无关的个人。这意味着科学史的职业结构特别开放，这也许部分解释了它的思想史为何在 20 世纪如此多样化和反响热烈。

虽然有这些限制，但科学史仍然产生了各种学术形式、出版物和网络以及专业学会，这些通常是学术职业的典型特征。它还有各种学术团体、许多专业期刊，在大学也有相关的院系，虽然与其他大多数学科相比，它数量较少，规模也较小。

这些院系、期刊和学会在第二次世界大战之后发展最显著，但整个过程在 20 世纪上半叶就已经准备就绪。1892—1913 年，巴黎的法兰西学院曾有一个科学史教授职位，虽然这个职位存在时间不长，后被撤销，但从 19 世纪末开始，巴黎就一直是科学史的一个重要中心，其代表有：化学家贝特洛（Marcelin Berthelot，1827—1907），历史学家、哲学家丹纳里（Paul Tannery，1843—1904），20 世纪 20 年代到 40 年代有历史学家梅茨格（Hélène Metzger，1881—1944）和柯瓦雷（Alexandre Koyré，1892—1964），后者既写过学术专著，也在《档案》（*Archeion*）和《知识》（*Scientia*）等期刊上发表过文章。[18]

1912 年，比利时历史学家萨顿（George Sarton，1884—1956）启动计划创办了《爱西斯》（*Isis*），它成为科学史的顶级期刊。这类期刊的重要性很容易被低估，但它们并不只是为发表学术成果提供一个平台。期刊也提供了一个专业交流的网络，从而帮

---

[17] 近年来优秀的科学传记，例如见 E. Fox Keller, *A feeling for the organism: the life and work of Barbara McLintock* (New York, 1983) 以及 P. Pauly, *Controlling life: Jacques Loeb and the engineering ideal in biology* (New York, Oxford, 1987)。

[18] 关于法兰西大学的教授职位，见 H. W. Paul, "Scholarship versus ideology: the Chair of the General History of Science at the Collège de France, 1892-1913", *Isis*, 62 (1976), 376-387。

助建立和巩固学界的联系，否则学者们仍然是孤立的个体或小群体。因此，对于一门仍在挣扎的新兴学科来说，比如两次世界大战之间的科学史，期刊有着相当大的意义。

萨顿的事业以及推进事业的洞见颇具启发。在他看来，科学史是唯一能明确展示人类进步的人类活动舞台。科学是这位世俗的进步人文主义者的宗教。他在其《科学史导论》（*Introduction to the History of Science*，1927—1948）中宣称，"科学史是人类统一性的历史，是人类崇高目标的历史，是人类逐渐得到救赎的历史"[19]。虽然萨顿的承诺充满激情，并且成功地将《爱西斯》作为一个可行的项目维持下来，但其职业生涯从未在体制上得以巩固。第一次世界大战后他来到哈佛，并且在接下来的三十年里承担了一些本科教学工作，但他未能成功说服哈佛建立一个科学史系。也有迹象表明，一些科学家与德意志帝国（German Reich）在 20 世纪三四十年代的牵连动摇了他之前关于科学史记录人类逐渐得到救赎的信念。尽管如此，萨顿试图为科学史提供文献资源，致力于为其学科和《爱西斯》制定基本的和专业的方法论标准，所有这些都是对其领域的持久贡献。

在思想上比萨顿更有影响的是另一位欧洲移民——俄国人亚历山大·柯瓦雷。柯瓦雷是科学史家，他对 17 世纪科学的研究，特别是《伽利略研究》（*Etudes Galiléennes*，1939），渐渐成为许多年轻历史学家的思想典范。萨顿追求一种广泛的、介绍性的概览，而柯瓦雷学术的典型特征则是对重要的科学文本进行细致的文本解释，认真追寻其概念结构，澄清伽利略或牛顿科学进展背后的基本观念。因此，柯瓦雷的编史学有一种强烈的观念论倾向。对他来说，科学是一种接近于哲学的纯思想，柯瓦雷本人也作为哲学家来处理科学文本，其哲学理念源自西方哲学传统中最重要的观念论思想家：柏拉图和黑格尔。

第二次世界大战之前，柯瓦雷在法国工作，战时则在纽约。1945—1964 年，他往返于巴黎和哈佛、耶鲁、普林斯顿等美国大学。正是在美国的环境下，他的工作变得特别有影响。他深刻地影响了在 20 世纪 50—70 年代发表重要著作的一些学者，但这并非其影响的全部意义。其意义还体现在，正是在这个时期，科学史专业在美国等地的高等教育中有了显著扩张，致力于科学史的学术项目和院系越来越多。正是在专业扩张和明确的编史学进路合流的背景下，柯瓦雷的工作对这个学科有了核心的重要意义，也使他对现代科学编史学产生了结构性影响。其影响可见于库恩（Thomas Kuhn）、吉利斯皮（Charles Gillispie）、韦斯特福尔（Richard Westfall）等重

---

[19]　G. Sarton, *Introduction* (Vol.1), p.132.

要的美国研究者和教师的工作，这一代学者都以不同方式承认了柯瓦雷思想的深刻影响。

　　如果说，美国的专业编史学在形成阶段有着柯瓦雷观念论的决定性烙印，那么要描述近年来和当代的编史学发展就绝不止于此了。唯物主义进路最终可以追溯到马克思的著作，在 20 世纪也有很大进展。运用于科学编史学的历史唯物主义，认为科学是由社会经济关系所产生和决定的。在历史唯物主义看来，科学并不是一种纯思想活动，遵循自身的内在概念动力而发展，毋宁说，科学是一种思想产物，与特定历史时期和文化的经济重心、阶级利益和意识形态价值有关。

　　苏联历史学家赫森（Boris Hessen）关于牛顿《原理》的论述是此类工作一个非常基本的形式，它将牛顿著作中的科学内容与当时社会的经济方面系统地联系在一起。[20] 自赫森的工作以来，唯物主义科学编史学已经发展得更为复杂，产生了重要的学术工作。李约瑟（Joseph Needham）的巨著《中国的科学与文明》（*Science and Civilization in China*，1954—1984）不仅尝试将科学看成文化的塑造物，还为学术界开启了西方学者所不熟悉的一个广阔领域。科学编史学往往会采取欧洲中心主义视角，李约瑟的工作正是对大多数西方学者倡导的科学历史观的一次宝贵修正。

十三、科学史的职业化

　　从历史唯物主义以及社会学等其他思想资源那里发展出了一种被称为"科学社会史"的编史学，它在这门学科中影响越来越大。科学社会史的诸方面及其利用的资源在本《指南》接下来的几篇文章中会有更详细的论述。总体上，科学社会史包含了若干不同种类的研究。它既可以满足于为特定时间、地点的科学机构发展提供详细历史，表明特定的科学家共同体是如何形成的[21]；也可以将体制发展与一个文化或国家更广的社会政治特征联系起来，由此表明特定的科学领域如何因为社会政治变迁的特征而形成，或者对其做出回应[22]；也可以指明特定科学理论的内容如何产生于和包含着当

---

[20]　H. Hessen, "The social and economic roots of Newton's *Principia*", in N. I. Bukharin et al., *Science at the crossroads* (1931, 2nd ed. London, 1971), pp.147-212.

[21]　如 R. Hahn, *The anatomy of a scientific institution: the Paris Academy of Sciences, 1666-1803* (Berkeley, Los Angeles, London, 1971)。

[22]　如 R. Hahn, *The anatomy of a scientific institution: the Paris Academy of Sciences, 1666-1803* (Berkeley, Los Angeles, London, 1971) 以及 J. Christie, "The origins and development of the Scottish scientific communiy", *History of science*, 12 (1974), 122-141。

时社会的典型意识形态㉓；还可以指出科学本身如何影响了更大的社会、经济和政治领域㉔。在过去三十多年里，历史学家、社会学家和科学哲学家在理论和实践上为这些主题投入了大量精力。这种工作并非没有争议。虽然就像了解科学对社会的影响一样，几乎没有人会否认了解科学的社会发展史是有用和可取的，但科学社会史可以质疑一些最初由启蒙运动所造就、后来进一步发展的历史图像。毕竟，科学在历史上是否可以用"进步"来代表？由于科学产生的技术被用于军事目的和从事破坏生态的生产过程，人们不禁对是否可以用"进步"这样的术语来理解科学的历史表示怀疑。如果可以认为科学受到了社会、经济、政治、文化力量和价值的制约，那么在什么意义上仍然可以坚持说，科学产生了中立客观的真正知识？如果科学家通常在集体的制度化环境下工作，我们还能继续认为个体科学家是科学发展的唯一动因吗？简而言之，科学社会史总体上往往会质疑被启蒙运动编史学及其19、20世纪的后继者视为核心的进步、权威和个人主义的自由观念的确定性。因此，科学编史学近年来对其旧有基本假设的质疑也许已经在其自身的历史理解方面发起了一场革命。

　　科学史不断的职业化也有助于对旧编史学假设的抛弃。有两个假设特别值得一提：第一是认为中世纪缺乏科学兴趣，第二是认为从历史上看，科学是典型的世俗活动，与现代科学兴起之前的宗教信仰体系相对立。科学家、哲学家迪昂（Pierre Duhem，1861—1916）是最早质疑认为中世纪没有任何重要科学发展的人之一。他特别表明，中世纪物理思想的历史转变预示了通常归功于伽利略时期的那些转变。自那以后，克隆比（Crombie）、克拉盖特（Claggett）等学者进一步揭示了中世纪科学的丰富性和复杂性。㉕历史学家也渐渐认识到，不可能脱离宗教信仰和神学原理来刻画科学的历史。牛顿、开普勒、波义耳等17、18、19世纪科学家的著作和手稿得到了充分而详尽的重视，人们越来越明显地看到，其科学工作无法与他们的宗教信仰和神学论证简单分开。若要对其科学做同情式的思考，就必须意识到它在宗教文化样式中的整合，而不是将其作为宗教的替代。㉖

㉓　例如 R. M. Young, "Malthus and the evolutionists: the common context of biological and social theory", *Past and present*, 43 (1969), 109-145。

㉔　例如 B. Latour, *The Pasteurization of France* (Cambridge, Mass.)。

㉕　P. Duhem, *Le système du monde: histoire des doctrines cosmologiques de Platon à Copernic*; A. Cromie, *Robert Grosseteste and the origins of experimental science* (Oxford, 1953); M. Claggett, *The science of mechanics in the Middle Ages* (Madison, 1959).

㉖　例如，C. Webster, *The Great Instauration: science, medicine and reform in England, 1626-1660* (London, 1975) 在讨论17世纪的英格兰科学时清晰地展示了其宗教环境。

除了让西方科学的整个历史进程和本性的编史学诠释发生了结构性转变，科学史的职业化也意味着，最近 40 年比之前的两个世纪有更多的科学历史被发现和书写。这个过程无法概述，因其研究范围太广，但大致说来就是成果越来越专门化。对休厄尔或萨顿来说，撰写科学通史仍然是可能的，而现在的科学史家往往更加专业地看待自己：生物史家、化学史家或社会科学史家；研究美国科学或德国科学的史学家；研究中世纪科学、现代早期科学或 20 世纪科学的史学家。别的不说，专业期刊的激增已经体现了这个过程。相比于前职业化时期或职业化早期，这种专门化使人可以对科学发展做出深入细致得多的研究。

那么难道说，现在的科学编史学就像其他学科一样，被分成狭窄的专业，不再有更大的议题和视角吗？绝非如此，这有两个理由。第一，专门化特别针对的是研究，而不是教学。由于科学史家是在很小的系里任教，而这些系往往要开设一般的导论课程，因此作为教师或导师，他们必须对整个领域保持一种时时更新的总体认识，无论是中世纪的光学还是制造原子弹的曼哈顿计划，对于如此大相径庭的主题都要有专业性的了解。这个专业特征使更大的科学发展议题得到了适当关注。

第二，科学史有一个开放的专业结构，涉及哲学、社会学和历史学等其他学科的从事者，所以科学史对其他学科提供的各种信息、理论视角和实践技巧特别敏感。哲学家不断提出关于科学发展的新的不同版本的统一理论，社会学家为研究科学提供了一系列社会学进路，历史学家开拓了历史研究的新技巧。许多人都以自己的工作方式或快或慢地发展着科学史编史学的知识、技巧和诠释。因此，现在这个领域既有成果丰硕的专门化，也鼓励一般性视角以及理论和方法论上的创新，由此遵守着如下承诺：把握科学在西方历史中的根本意义和全球意义。

延伸阅读

J. Christie, "Narrative and rhetoric in Hélène Metzger's historiography of eighteenth-century chemistry", *History of science*, 25 (1987), pp.99-109. 另见同一期中 J. V. Golinski 和 B. Vincent-Bensaude 论 Metzger 的两篇文章。

——, "Sir David Brewster as an historian of science", in A. Morrison-Low & J. Christie (eds.), *Martyr of science: Sir David Brewster 1781-1868* (Edinburgh, 1984).

M. Finocchiaro, *The history of science as explanation* (Detroit, 1973).

H. Kragh, *An introduction to the historiography of science* (Cambridge, 1987).

A. Thackray, "Science: has its present past a future?", in R. Stuewer (ed.), *Historical and philosophical perspectives of science* (Minneapolis, 1970), pp.112-127.

——, and R. Merton, "On discipline building: the paradoxes of George Sarton", *Isis*, 63 (1972), 473-495.

——, "History of science", in P. Durbin (ed.), *A guide to the culture of science, technology and medicine* (New York, 1980), pp.3-69.

M. Teich and R. M. Young (eds.), *Changing perspectives in the history of science* (London, 1973).

History of science (1962, 26 vols.). 这份期刊发表了大量关于编史学分析的文章和评论。

第四章　科学史的编史学 [①]

奈哈特

在过去 35 年左右的时间里，与科学史相关的主题、人物、地点和过程都有了很大发展。说得稍为夸张一些，旧时占主导地位的科学史可以用这样的形象来描述：一棵扎根于西方文化基础的科学思想之树（也许向下延伸到更早的古埃及和巴比伦）；科学史家的任务就是追踪这棵树的生长过程和分出枝杈。今天，一个更恰当的形象是：科学史是关于人与物的一个覆盖全球的极为复杂的储存库，遍布于社会、文化、经济和宗教生活。现在，历史学家的任务就是在这一大堆活动中，梳理出某些形式的知识和实践是如何渐渐被理解为"科学"的；是什么从社会、文化和物质上维持了科学；以及在科学的形成过程中，谁受益、谁受损。过去发生的事情并没有改变，我们期望职业科学史家知道和关心的事情改变了。

本卷的四个部分——角色、地点和空间、交流、科学工具——反映了对于今天的科学史至关重要的几个宽泛的分析范畴。它们跨越了历史时期、地理位置和科学，提供了共同的词汇，有助于将我们遥远的历史联系在一起。在本文中，我不打算再现这些范畴，而是概述一些编史学趋势，使我们有可能——甚至是常识性的——用它们来主题化用英语撰写的当代科学史学术成果。

我首先关注的是 20 世纪 70 年代末和 80 年代初的社会建构论转向，及其对我们如何思考科学知识的本质以及谁参与了科学知识的形成的影响。接着，我会讨论随后（重新）制定的方法，以回答我们这个领域的两个基本问题。一个问题集中于科学知识的创造，它追问："科学知识是如何在特定的背景下被建构起来的？"自 20 世纪 90 年代初以来，历史学家对这个问题的回答越来越关注科学实践、背景和物质文化。第二个问题集中于科学知识的移动。正如詹姆斯·西科德（James Secord）（2004，655）所说："科学知识如何以及为什么会流传？它是如何不再是单个人或群体的专属

---

① Lynn K. Nyhart, "Historiography of the History of Science," in Bemard Lightman, ed., *A Companion to the History of Science*. (New York: John Wiley&Sons Ltd, 2016), pp.7-22. 张卜天译。

财产，而成为更广泛人群的理所当然的理解的一部分呢？"研究这个问题的学者们强调了交流和流传的比喻，他们的确经常质疑"制造"与"移动"的区分。

近年来，科学史家与其他学科的学者在社会科学和人文科学之间的互动，深刻地影响了科学史的发展。在这些交流中，科学史家既有给予，也有接受，但他们往往回避直接的理论陈述，而是倾向于一种将分析性的见解整合到叙事结构中的更加经验主义的风格。在本文的广泛主题中，我强调了那些阐述或例证了可能适用于不同地点和时期的分析方法和概念工具的作品。虽然这些作品常常来自单个作者，但我对专题性期刊专号和最受非议的体裁，即多位作者编辑的书的重要性印象最为深刻。众所周知，专题卷很难出版，但却能将一种方法或主题的能见度提升到远远高于单篇文章甚至书籍的水平，并且让人感受到我们这个群体参与的重要对话。这些对话的活力显见于本文所引述的大量集体著作——当然也显见于本书，它作为一个整体证明了我们制造的历史的群体性质。

一、从社会角度构建科学知识

自 20 世纪 70 年代末以来，科学史家们逐渐接受了一种社会建构论占主导地位的观点，认为科学知识的发展严重依赖于当地特殊的背景、大众、认识型（epistemes）和政治，而且不一定会越来越接近单一真理。尽管科学史家长期以来一直对恢复早期的知识体系及其随时间转变的方式感兴趣（如 Kuhn，2012），但社会建构论为这样做提供了新的工具。"爱丁堡学派"和"巴斯学派"的社会学家们在 20 世纪 70 年代和 80 年代初发展了许多这样的工具；尽管进路不同，但他们大体上阐述了所谓科学知识社会建构的"强纲领"（Golinski，2005；Shapin & Schaffer，2011；Kim，2014；Soler et al.，2014）。

新的科学知识社会学家参与了一种更广泛的后现代主义，否认我们可以无中介地接触实在，这往往与对科学真理价值的其他批判联系在一起。米歇尔·福柯（特别是 Foucault 1970 和 1973）向历史学家提出了挑战，要求他们理解知识、话语和制度的结构是如何例示权力形式的（整个这一捆东西被称为"认识型"），而这些权力形式对于生活在其政权内部的人来说几乎是不可见的。由于他没有提供任何线索来说明一种认识型是如何转变为另一种认识型的，也很少为他的煽动性主张提供具体的经验证据，福柯的工作在很大程度上（如果重要的话）仍然是启发性的。从另一个方向来看，女性主义科学家很快就会扩大对科学的社会建构论批评的范围（Bleier，1984；Fausto-Sterling，1992）。然而，桑德拉·哈丁（Sandra Harding，1986）和唐娜·哈拉维（Donna Haraway，1988）对激进的社会建构论的含意和标准的客观性主张所代表的"全视"（all-seeing）立场感到不安，分别提出了立场认识论和"情境知识"（situated knowledges）的重要思想。哈拉维（Haraway，1988，590）特别提倡"局部视角"，它将代理权授予以前没有地位的个人，并要求通过共同的努力来达成共享的可靠知识。

这些观点共同向既有的科学史观提出了根本挑战。首先，它们表明科学知识是由人构建的，而不是在自然中发现的。其次，这一过程不是个人心灵的产物，而是不可避免具有社会性。这对历史的影响是深远的。

如果自然知识是制造出来的，而不是得到的，那么我们就不应期望科学会朝着一个预先存在的普遍真理发展。一个重要的暗示是，一个过去主张的真理价值不能用我们现在认为是真的东西来评价——对一个科学主张成败的论述必须相对于那个结果保持中立。对成功的评价必须基于其他基础——社会的、政治的、修辞的——成功和失败都必须同等对待。20世纪80年代，前沿科学史家们采用了这些"中立"和"对称"的原则（Bloor，1976），致力于将科学争论的结果视为不是由赢得真理来决定，而是由社会互动来决定。

这种社会学历史路径的典型例子是史蒂文·夏平和西蒙·谢弗的《利维坦与空气泵》（*Leviathan and the Air-Pump*，1985）。他们将罗伯特·波义耳与托马斯·霍布斯之间的争论解释为不仅仅是关于真空的存在和本性及其实验证明的争论，而是关于什么样的知识才算科学的（或者更恰当地说——"自然哲学的"），以及什么样的知识被判定为非科学的争论。"科学"与"非科学"之间的划分岌岌可危，获胜者不仅赢得了具体的争论，而且还赢得了主张什么样的知识会构成权威知识（实验知识），谁会被视为未来的自然哲学家（罗伯特·波义耳）、谁不会被视为自然哲学家（托马斯·霍布斯）的权利。

发展对争论结果的中立性承诺，使马丁·鲁德威克（Martin Rudwick）采取了不同的策略。他的《泥盆纪大论战》（*Great Devonian Controversy*，1985）尝试了一种关于争论、说服和权力的彻底反目的论的叙事，直到故事的结尾，都坚决不让读者知道这个地质学故事是如何发生的。由此，它要人们关注预期结果的历史惯例，鼓励读者将历史叙事的结构本身问题化，并且认识到科学发展的偶然性。

这两本书还有力地表明了科学知识的构建在多大程度上是社会性的，即在多人参与的意义上的社会性（关于对能量守恒的集体"发现"，另见 Smith，1998）。随着时间的推移，包含在这种社会计算中的各色人等只会不断扩大。如果说迈克尔·鲁斯（Michael Ruse）在他 1979 年的《达尔文革命》（*Darwinian Revolution: Science Red in Tooth and Caw*）一书中创造性地将十几位英国男性自然哲学家列为帮助促成达尔文革命的相关群体，那么在今天看来，它的范围很狭窄，因为我们认为，这场革命在许多方面都要早于达尔文（Desmond，1992；Secord，2000），并且一直延伸到 19 世纪的英国和欧洲文化（Beer，1983；Glick & Engels，2008）——乃至全世界的文化中（Pusey，1983；Elshakry，2013）。

于是，社会建构论的第二个关键主张是，科学的发展涉及许多人，做许多不同种类的事情。正如微观社会学的实验室研究所表明的，博士后、研究生和技术人员对于制造知识来说是核心（Latour & Woolgar，1979），历史学家想知道，谁是过去的"隐形技术人员"（Shapin et al.，1989；Hentschel，2007）？知识生产的社会关系是如何管理的，这些关系又是如何随时间而变化的？

女性主义学者认为，欧洲女性事实上参与了有关自然知识制造的许多方面，尽管只有在例外情况下才有机会以我们容易认可的方式"做科学"（Schiebinger，1989；Findlen，1993；Terrall，1995）。早在科学领域的"职业"可为女性普遍获得之前，女性就以赞助人和沙龙女主人、插画家、儿童教师、通俗作家（Shteir，1996），以及与科学家丈夫一起工作的伙伴（Pycior，Slack，& AbirAm，1996）的身份参与科学事业。当历史学家把目光投向欧洲实验室以及围绕和支撑它们的社会结构之外时，他们发现不仅有女性，还有男性，以各种方式帮助制造该领域的科学——作为仆人、收集者和标本制作者；译者、当地知识的提供者和其他类型的中间人；以及作为实验受试者（参见本书第一部分"角色"）[②]。大众作为科学贡献者的角色也相应增长了。

随着科学参与者的种类变得多样，特别是随着科学角色（scientific personae）概念的发展（Daston & Sibum，2003），"科学家"这个概念本身也经历了新的审视。这个概念同时提供了一种理论化的方式来区分不同种类的科学家，描述科学行为的某些集体模式，并且提供一个介于个人和机构之间的中间的分析层次。"作为专家的科学家"也催生出一种独特的专业文献（Lucier，2008；Broman，2012；Klein，2012）。可以肯定的是，更传统的传记几乎不可能从科学史中消失——事实上，2003—2013 年，科学史学会（History of Science Society）颁发的辉瑞奖（Pfizer Prize）最佳学术著作奖的 11 部获奖著作中，有 4 本是传记（Terrall，2002；Browne，2003；Antognazza，2009；Schäfer，2011）。历史学家也受到启发，重新审视科学传记本身

---

② 指本文所在的原书。——编者注

是如何构建的——被科学家（Otis，2007）、被崇拜者（Rupke，2005）和被历史学家（Söderqvist，2007）构建的。

二、用科学的东西做科学的东西：实践性和物质性

今天的科学史家并不是只写科学家以及其他造就和支持科学的人。他们还写科学的东西：玻璃器皿、计算机、果蝇、海洋、书籍、图表、地图、模型和粒子加速器。他们也写理论——但其目标往往不是阐明科学家是如何得到他们的理论的，而是呈现一个更广泛的科学文化活动的历史网络，而这些活动又转而牢固地嵌入了物理世界。这幅丰富的物质挂毯是由不同的支线编织而成的：受社会建构论启发而转向实验活动、以前独特的科学仪器传统、对自然志收藏和田野工作的关注以及对物质文化的跨学科研究。[③]

核心特征是转向实践（Soler et al.，2014），它从 20 世纪 80 年代的社会建构论中获得了重要性。这一时期的文学后现代主义者也许会仿效德里达，宣称一切思想都是话语，因此一切思想产物都是各种形式的文本，都可以解构。科学的分析家们则不然。例如，夏平和谢弗（Shapin & Schaffer，1985，25）就极力把书面论证称为"文学技术"，它与物质技术和社会技术一起在科学革命中确立了科学上合法的"事实"。对他们来说，把科学看成被建构的，就意味着要把注意力集中在这种建构的物理、物质手段上。自 20 世纪 80 年代以来，更广泛的趋势有助于让历史学家关注科学的物质性。学术界和社会世界的数字化和虚拟化使人们重新认识到物理事物，与此同时，越来越多地意识到我们对迅速退化的自然的依赖，使这种认识变得更加紧迫。我们不能再把注意力主要放在理论上了。

对物质性的关注在科学史上并不新鲜。较早的马克思主义传统坚持物质经济需求在塑造科学方面的核心作用（Bernal，1971）。此外，研究历史上的科学仪器的传统由来已久；由于它对与艺术史和博物馆工作有关的物品鉴赏的评价，这通常被视为该领域的副业。然后在 20 世纪 90 年代中期，物质文化的学者（大多在博物馆工作）提出了新的主张，认为它们对科学技术史研究具有重要意义（Lubar & Kingery，1993；Kingery，1996）。结合科学史对实践的新关注，这有助于使仪器和其他材料成为该领域的中心（van Helden & Hankins，1994）。

---

③　在女性主义和性别研究中，对身体的新关注和医学史形成了一个平行的话题，可惜这超出了本文的范围。

对科学实践的物质性的分析，由于介入了不同的历史分科而显得不同。例如，在现代早期研究中，这种分析推进了"学者—工匠"联盟的主题（Zilsel et al.，2000；Roberts，Schaffer，2007；Long 2011）；对抽象知识与手工艺知识之间关系的类似关注激励了最近关于古代和非西方自然理解的研究（Robson，2008；Schäfer，2011）。在现代物理学史中，对实验活动的研究挑战了理论物理学的编史学主导地位。正如彼得·伽里森（Peter Galison，1997）所指出的，理论物理学和实验物理学的发展并不是结合在一起的；追溯实验物理学的历史，它的仪器和物质实践，产生了新的历史叙事，改变了我们的"物理学"图像——甚至挑战了它作为一门科学的统一性。

在 20 世纪的实验生命科学史中，对实践和物质文化的关注引出了对研究生命过程的独特工具的新的思考方式（Clarke & Fujimura，1992）。罗伯特·科勒（Robert Kohler）的代表作《蝇王》（*Lords of the Fly*，1994）分析了摩尔根学派的果蝇遗传学家，展示了有机体本身如何开始驱动研究系统（事实上是该学派的整个"道德经济"），并且分析了科学家们如何反应。随后的学术研究进一步完善了对涉及人、模式生物和有机材料的知识制造系统以及生命科学中实验机构的分析（Rheinberger，1997；Creager，2002；Landecker，2007）。

因此，对实验活动的历史研究都关注仪器的使用和实验系统，它们扩展了我们的感官，操纵自然以探究其过程、背后的结构，并最终揭示其规律。自然志专家则关注物质实践的不同方面，不仅包括"田野"科学家的生活以及寻找自然物和材料时的工作（Kuklick & Kohler，1996；Vetter，2011），而且包括收集和保存活动，以及将标本组织成有序的收藏（Heesen & Spary，2002；Endersby，2008；Johnson，2012）。这里，科学史与博物馆史和收藏史，以及博物馆所公布的更广泛的物质文化视角交织在一起（Nyhart，2009；Alberti，2011；Poliquin，2012）。

这些进路引起了人们对科学实践的空间维度的关注——这是科学实践的物质性与社会组织密切相关的另一个方面（Finnegan，2008）。现代科学活动通常发生在得到认可的各种地点：天文台、实验室、博物馆和"田野"可能是四个最突出的类别（见本书第二部分"地点和空间"）④。其中每一个都随时间而演变，并且发展出社会组织和实践的特有形式，尽管历史学家一再指出这些地点是多么易受影响和多变（例如Gooday，2008）。可以认为，这种关注是最近可见于人文社会科学领域的更广泛的跨学科"空间转向"的一部分（例如 Warf & Arias，2008）。地理学家已经提供了科学

---

④　指原书。——编者注

空间和地点的分类法，并且做了有用的区分〔例如区分了世界上的特定地点（如巴西）和各类地点（如"热带"）〕，并提请人们注意对科学进行空间分析的尺度上的重要差异（特别参见 Livingstone & Withers，2011）。空间语言和地理语言——指的是实际的地点、地点的种类以及地点和地图的隐喻——现在为科学史家提供了显著的词汇和分析方式。

三、知识的移动：交流与流传

长期以来，社会建构论科学史的一个公认原则是，科学知识是从局部开始的。如果是这样，那么它是如何传播的呢？在过去 30 年里，历史学家们从多个方向研究这个基本问题，对人、思想和人工制品为促进科学流传而进行的传播和交流的方式进行了分析，得出了一套特别丰富的思想工具。

科学内部和周围的交流活动是科学传播的核心，而写作则是历史学家研究时间最长也最为深入的活动。几十年来，如果不是几个世纪以来，科学史家一直在分析文本。20 世纪 80 年代，修辞学家加入了他们的行列，重新考察科学家的说服策略和科学出版物特别是科学论文的形式（Bazerman，1988；Dear，1991；Gross，Harmon & Reidy，2002）。未发表的（如果并不总是私人的）形式也得到了认真考察，特别是当它们反映了它们嵌入其中的更广泛的社会结构（例如通信网络或档案）时（Hunter，1998；van Miert，2013）。

除了修辞层面外，对科学传播的历史研究也因"大众科学"（经常与"科学普及"混为一谈）的急剧扩张和日益复杂的编史学而发生了改变。旧的传播论模型往往把大众科学视为"真正"科学的用水冲淡的版本，将普及者视为缺乏研究能力的小人物，将读者视为被动的受众。这已经让位于另一种观点，即面向大众的作家和大众本身都被视为积极的文化解释者和值得研究的知识制造者（Cooter & Pumfrey，1994）。詹姆斯·西科德（2000）以其经典研究《维多利亚时代的感觉》（*Victorian Sensation*）表明了这种进路可以走多远，他将罗伯特·钱伯斯（Robert Chambers）1844 年的《创世的自然史遗迹》（*Vestiges of the Natural History of Creation*）当作一个非常流畅的文本来处理：他显示了它的许多版本是如何在与批评者的对话中发展的，同时也阐明了本地化的阅读风格和文化。最近，托珀姆（Topham，2009）建议把科普更严肃地当作一个行为者的范畴，而多姆（Daum，2009）则提出了一种更广泛的编史学转变，将大众科学视为更大的公共知识概念的一部分。

多姆正确地批评了现有的大众科学编史学对 19 世纪英国的狭隘关注——维多

利亚文化的许多文学学者加强了这一趋势，他们与大众科学史家进行了接触，特别是（虽然不是仅仅）通过对普通期刊这一体裁的共同兴趣（如 Cantor et al.，1994；Cantor & Shuttleworth，2004；Lightman，2007）。因此，令人耳目一新的是，对大众科学的一些新颖分析正在新的语境下发展起来，比如 20 世纪的苏联和中国，在那里，公共科学、国家和身份形式之间的关系既含有那些英国式的西方假设，又不同于它们（Andrews，2003；Schmalzer，2008；Fan，2012a）。

传播也有物质史，人们通过印刷文化对它进行了大力探索。科学史家们已经渐渐把地图、百科全书、期刊和通俗杂志视为不仅仅是科学信息的载体，而且也是这样一些实物，其物理属性为作者、艺术家、雕刻家、印刷商、出版商和那些为制作科学印刷品做出贡献（从而进一步扩大了参与生产科学的人物阵容）的赞助人提供了重要的历史线索。物质对象还为哪些类型的读者可能有机会接触到它、在哪里接触它、可能如何阅读它，以及该作品实际所属的更广泛的阅读文化提供了线索。随着印刷、出版技术和经济的变化，相关的印刷文化也发生了改变（Johns，1998；Secord，2000；Apple，Downey & Vaughan，2012）。

对科学传播的历史分析超越了写作研究的范围。"科学中的非语言传播"（Mazzolini，1993）的历史已经变得越来越广泛和多样，其分析现在经常与其他形式的科学传播相结合，在科学的视觉、印刷和物质文化等重叠的跨学科领域内进行分析（Fyfe & Lightman，2007；Hopwood Schaffer & Secord，2010；Jardine & Fay，2013；Messbarger，2013；Hopwood，2015；cf. Topper & Holloway，1980）。正如达斯顿和伽里森的《客观性》（*Objectivity*，2007）所显示的那样，这些非语言方面甚至已经完全整合到了曾经专属于哲学的话题中。正如本书所表明的，对科学交流实践的研究还包括亲身传播形式，如讲座和演示、远程媒体（如广播和电视），以及一系列视觉和物质形式，这些形式往往模糊了技术、说教和大众之间已经很不清晰的界限。

虽然"制造"知识与"移动"知识之间的区分不无价值，但大量文献表明，这种区分是肤浅的。历史学家和人类学家早就认识到，科学知识在从一个地方移到另一个地方的过程中会发生变化，而移动知识至少意味着以某种方式重新制造它。这个过程的较早术语包括知识转移、接受和（遵循较早的社会学传统）传播（Dolby，1977）。所有这些早期术语都将主要动因置于一个被理解为科学的来源上，然后被接受者文化以不同的方式所采用。现在人们意识到这种观点是多么不恰当：在"接受"的一端总有更多的知识制造在进行。

对语言翻译的分析是理解文化翻译和转移问题的一个明显途径，它可以追踪当思想被引入新的文化环境时，哪些内容基本保持不变，哪些内容发生了转变。这种分析对一个由来已久的假设提出了挑战，即科学知识只是在语言翻译中发生了转换，而根本没有发生转变（Elshakry，2008）。从翻译的实际情况可以看出一些文化挑战。对于达尔文的鸽子品种、它们不可能的名字，以及达尔文想当然地认为这些将有助于赢得他的听众对进化论的支持，欧洲最高的古生物学权威、德国教授兼翻译家波隆（H. G. Bronn）是如何看待的呢（Gliboff，2008）？在将希腊文本翻译成阿拉伯文（并对其进行评注）的数个世纪的项目中，除语言之外，还有多少东西发生了转变？这些项目产生了新的文献，这些文献本身就是后来在中世纪欧洲和地中海地区被译成拉丁文的资料来源。虽然后来被认为是"重新发现了"一种只是通过古代近东传播的古代古典遗产，但学者们已经表明，这个故事是多么具有误导性——它忽视了我们所谓"科学"的力量、自主性，西亚和近东的许多文化对它的创造性贡献，以及与翻译相伴随的许多转变（Montgomery，2000；Iqbal，2012）。当书写系统、视觉文化和文本生产技术不同时，文本翻译变得更加复杂了（Fu，2012）。

　　科学知识的移动和制造之间的复杂关系超出了传播过程中发生的变化。科学分析家以不同方式论证了知识本身的移动是使知识成为科学的关键。一种特别集中于实验室知识的观点大致是这样的：要使某一事物为真，它必须在不止一个地方为真；因此，复制结果的重要性不言而喻。根据这一逻辑，历史学家和社会学家考察了科学家们如何在不同的地方重新造就"相同的"条件和技术，以使实验室成为一个"没有位置的位置"（placeless place），在这里科学家们可以成功地复制结果，从而创造出有经验基础的共识（Gieryn，2002；Kohler，2002 和其中引用的资料）。在这里，通过将科学的技术和环境加以同质化和传播，科学同时被制造和移动。

　　另一种观点关注的是某些种类的物品和信息——用社会学家布鲁诺·拉图尔（1987）的术语来说，是"不可变且可聚合的动体"（immutable and combinablemobiles）——是如何从"其他地方"提取出来，并且在特定的"计算中心"中聚集在一起的。在这些中心——通常是西方的、大都市的、比物品来自的分散位置更强大的地方——科学家的工作将会产生所谓的"科学"知识。随着对自然 - 历史科学的关注，更广泛地说，随着对达斯顿所谓"档案科学"的关注（见 http://www.mpiwg-berlin.mpg.de/en/research/projects/DeptII_DastonSciencesOfTheArchives），历史界越来越关注通过集中积累、组织、分析和分类这些物品和信息来制造科学知识。

　　第三种日益显著的进路加入到了研究人、事物和思想的全球运动的更广泛的编史学趋势之中。这项工作大多是在（西方）科学和（欧洲）帝国的总体框架下进行的。它强调了西方科学家（特别是自然志家）、商业利益、基督教布道团和扩张主义国家之间的相互适应，以及对本土材料和知识的吸纳（例如 Schiebinger，2004；Schiebinger & Swann，2004；Delbourgo & Dew，2007；Bleichmar et al.，2009；Mitman & Erickson，2010）。

其中最雄心勃勃的论述之一，哈罗德·库克（Harold Cook，2007）指出，科学革命本身应当定位于现代早期荷兰商业帝国所鼓励的价值体系，这个商业帝国重视对既服务于荷兰商人所从事的全球贸易，也服务于科学的细节和"事实"的兴趣。在库克的图像中，被认为科学的知识产生于人、生物和事物的全球互动，这些互动通过迂回曲折且往往偶然的网络传回欧洲。按照这种观点，"科学"不是在一个地方制造出来，然后传播到另一个地方，也主要不在于领先的知识生产者在活动中心将零碎的信息组织成复杂的系统，而是许多人的历史产物，他们为一种文化做出了贡献（并不总是自愿的），这种文化注重的是事物、对事物的描述以及围绕事物创造科学意义。

这种论述常常与"流传"一词联系在一起（例如 Raj，2007；Terrall & Raj，2010；Lightman，McOuat & Stewart，2013）。这个术语一直被用来强调那些以前仅仅被视为传播科学知识的被动工具（要么作为接受者，要么作为其地方知识被吸纳的人）的作用，为承认他们的兴趣和创造性的知识产生工作开辟了分析空间。这些分析突出了历史行动者彼此之间的互动，有时涉及"中间人"（Schaffer et al.，2009），往往是在存在"交易区"（Galison，1997）或混合知识文化的地方（Kohler，2002；Gómez，2013）。

结合全球视角，"流传"隐喻起了重要作用：它取代了以西欧和美国为中心的旧的中心－边缘模型的单向性，拉平了这些模式所暗示的地位差异，提升了西方知识的非西方贡献者的地位，然后也提升了非西方文化和知识体系本身的地位。它还提供了一个新的大框架，将众多地方性研究统一起来。由于科学长期以来一直被视为西方的专属产品，这是一项有益的发展。

然而，这种全球知识"流传"和"流动"的词汇招致了沃里克·安德森（Warwick Anderson）等学者的批评，他有些讽刺地称之为"液压转向"（hydraulic turn）（2014，375）。范发迪（Fan，2012b，252）曾经阐述过这种担忧："流传的形象往往把太多的统一性、齐一性和方向性强加给原本复杂、多向、凌乱的事物。……[它也]并不鼓励对（比如说）科学中的权力关系进行批判性的分析。"范发迪、安德森等人更愿意关注特定的抵抗地点和冲突故事，以提醒我们，在特定的历史情境中，这些"流动"

可能会遇到值得我们关注的重大"障碍"。

四、科学史的规模

科学史家研究的世界比以前更大，人口更密集，也更复杂。我们应如何管理这个多层次的知识领域呢？我们如何才能避免迷失在其茂盛的植被中？正如我们所看到的，当前可见度很高的学术研究试图通过运动比喻将地方与全球联系在一起，绕过在中间层面运作的国家和公民机构等陈旧的社会类别。跟随人和物在全球范围游走，历史学家可以将低层次和高层次的解决方案压缩成单一的故事，这很有吸引力。但我们不应忘记中间分析层次的广大范围（Kohler & Olesko，2012）。关注分析的规模也许有助于我们协调上述全球流传的张力：高度关注广泛模式往往会掩盖非霸权的声音，而较低层次的特异性则会使它们显示出来（技术史中的类似分析参见 Misa，2009）。此外，中间层次对于解决本文并未提出的其他主要问题至关重要，例如比较划界史，它追问："从历史上看，科学是如何从其他活动中分离出来，进入自己的文化领域的？""这种划界是如何在社会和经济上得到支持的？"以及"面对争议，它是如何得到（或得不到）维持的？"

作为历史学家，我们也必须关注时间尺度。地方化的故事往往发生在一个人的生命尺度或更短的时间内，而关于周期化的问题仍然是中期范围的时间分析的一个主要内容。目前，科学和历史方面的学术研究利用了考古学、人类学和环境史，将分析的时间尺度扩展到越来越大的范围（Robin & Steffen，2007；Robson，2008；Safier，2010）。科学史家是否愿意接受这种尺度挑战？如果愿意，如何接受？

科学史的面貌是我们同时占据和培养的：随着科学和我们更广泛的文化关切的不断变化，科学史也将随之改变。但 20 世纪 70 年代末以来发生的根本转变似乎是永久性的。科学史家们现在把科学看成某种在历史上偶然产生的东西，而不是通过不断认识真理而达成的东西。事实上，科学是通过培养特定的价值而产生的，这些价值在不同的时间、地点沿不同的方向维持着对我们周围物质世界的研究。从事所谓"科学"活动的人，通过推进、利用新的制度和交流形式，为自己创造了文化空间；而这些制度和交流形式又通过许多本身不是"科学家"的人的信守和职业而得到维持。

事实上，我们所描述的科学深深地嵌入了它周围的文化（即使科学家和科学的代言人有其他观点），但这种文化本身通常并不封闭，而是与其他文化不断进行交流，为科学创新、力量和冲突提供源泉。

所有这些都使科学史成为一个热闹的、充满活力的行动领域。无论我们是从近距离考察它、深入到混乱内部，还是从中间范围考察它，使某些行动者和结构消退，而使另一些行动者和结构模糊不清，还是从更远的距离考察它，聚焦于大尺度模式，我们的思想挑战都是在这一领域探索各种叙事和解释路径。我们的实际挑战是利用我们现有的所有工具——学术专著和论文、展览、活生生的历史重建和表演、电影、播客，以及新媒体提供的各种可能性——来阐明这些路径，并邀请其他人（并不一定是科学史家）和我们一起前行。

参考文献

Alberti, Samuel J. M. M. 2011. *The Afterlives of Animals: A Museum Menagerie*. Charlottesville: University of Virginia Press.

Anderson, Warwick. 2014. "Making global health history: The postcolonial worldliness of biomedicine." *Social History of Medicine*, 27, No.2: 372-384.

Andrews, James T. 2003. *Science for the Masses: The Bolshevik State, Public Science, and the Popular Imagination in Soviet Russia*, 1917-1934. College Station, TX: Texas A&M University Press.

Antognazza, Maria Rosa. 2009. *Leibniz: An Intellectual Biography*. Cambridge: Cambridge University Press.

Apple, Rima D., Gregory John Downey, and Stephen Vaughn. 2012. *Science in Print: Essays on the History of Science and the Culture of Print*. Madison, WI: University of Wisconsin Press.

Bazerman, Charles. 1988. *Shaping Written Knowledge: The Genre and Activity of the Experimental Article in Science*. Madison, WI: University of Wisconsin Press.

Beer, Gillian. 1983. *Darwin's Plots: Evolutionary Narrative in Darwin, George Eliot, and Nineteenth-Century Fiction*. London: Routledge & Kegan Paul.

Bernal, J. D. 1971. *Science in History*. 4 vols. Cambridge, MA: MIT Press.

Bleichmar, Daniela, Paula De Vos, Kristin Huffine, and Kevin Sheehan (eds.) 2009. *Science in the Spanish and Portuguese Empires*, 1500-1800. Stanford, CA: Stanford University Press.

Bleier, Ruth. 1984. *Science and Gender: A Critique of Biology and Its Theories on Women*. New York: Pergamon.

Bloor, David. 1976. *Knowledge and Social Imagery*. London: Routledge & Kegan Paul.

Broman, Thomas. 2012. "The semblance of transparency: Expertise as a social good and an ideology in enlightened societies." *Osiris*, 2nd series, 27: 188-208.

Browne, Janet. 2003. *Charles Darwin: The Power of Place*. Princeton, NJ: Princeton University Press.

Cantor, Geoffrey N., Gowan Dawson, Graeme J. N. Gooday, Richard Noakes, Sally Shuttle-worth, and Jonathan R. Topham. 2004. *Science in the Nineteenth-Century Periodical: Reading the Magazine of Nature*. Cambridge: Cambridge University Press.

Cantor, Geoffrey N., and Sally Shuttleworth. 2004. *Science Serialized: Representation of the Sciences in Nineteenth-Century Periodicals*. Cambridge, MA: MIT Press.

Clarke, Adele, and Joan Fujimura (eds.) 1992. *The Right Tools for the Job: At Work in Twentieth-Century Life Sciences*. Princeton, NJ: Princeton University Press.

Cook, Harold John. 2007. *Matters of Exchange: Commerce, Medicine, and Science in the Dutch Golden Age*. New Haven, CT: Yale University Press.

Cooter, Roger, and Stephen Pumfrey. 1994. "Separate spheres and public places: Reflections on the history of science popularization and science in popular culture." *History of Science*, 32: 237–267.

Creager, Angela N. H. 2002. *The Life of a Virus: Tobacco Mosaic Virus as an Experimental Model, 1930-1965*. Chicago: University of Chicago Press.

Daston, Lorraine, and Peter Galison. 2007. *Objectivity*. New York: Zone Books.

Daston, Lorraine, and Heinz Otto Sibum (eds.) 2003. "Scientific Personae." Special Issue, *Science in Context*, 16, No.1-2.

Daum, Andreas W. 2009. "Varieties of popular science and the transformations of public knowledge: Some historical reflections." *Isis*, 100: 319-332.

Dear, Peter Robert (ed.) 1991. *The Literary Structure of Scientific Argument: Historical Studies*. Philadelphia: University of Pennsylvania Press.

Delbourgo, James, and Nicholas Dew (eds.) 2007. *Science and Empire in the Atlantic World*. London: Routledge.

Desmond, Adrian. 1992. *The Politics of Evolution: Morphology, Medicine, and Reform in Radical London*. Chicago: University of Chicago Press.

Dolby, R. G. A. 1977. "The transmission of science." *History of Science*, 15: 1-43.

Elshakry, Marwa. 2008. "Knowledge in motion: The cultural politics of modern science translations in Arabic." *Isis*, 99: 701-730.

Elshakry, Marwa. 2013. *Reading Darwin in Arabic, 1860-1950*. Chicago: University of Chicago Press.

Endersby, Jim. 2008. *Imperial Nature: Joseph Hooker and the Practices of Victorian Science*. Chicago: University of Chicago Press.

Fan, Fa-ti. 2012a. "Science, state, and citizens: Notes from another shore." *Osiris*, 2nd series, 27: 227-249.

Fan, Fa-ti. 2012b. "The global turn in the history of science." *East Asian Science, Technology and Society*, 6, No.2: 249-258.

Fausto-Sterling, Anne. 1992. *Myths of Gender: Biological Theories about Women and Men*. Revised edition. New York: Basic Books.

Findlen, Paula. 1993. "Science as a career in Enlightenment Italy: The strategies of Laura Bassi." *Isis*, 84: 440-469.

Finnegan, Diarmid A. 2008. "The spatial turn: Geographical approaches in the history of science." *Journal of the History of Biology*, 41: 369-388.

Foucault, Michel. 1971. *The Order of Things: An Archaeology of the Human Sciences*. New York: Pantheon Books.

Foucault, Michel. 1973. *The Birth of the Clinic: An Archaeology of Medical Perception*. London: Tavistock.

Fu, Liangyu. 2012. "Indigenizing visualized knowledge: Translating Western science illustrations in China, 1870-1910." *Translation Studies*, 6, No.1: 78-102.

Fyfe, Aileen, and Bernard V. Lightman (eds.) 2007. *Science in the Marketplace: Nineteenth-Century Sites and Experiences*. Chicago: University of Chicago Press.

Galison, Peter. 1997. *Image and Logic: A Material Culture of Microphysics*. Chicago: University of Chicago Press.

Gieryn, Tom F. 2002. "Three truth-spots." *Journal of the History of the Behavioral Sciences*, 38, No.2: 113-132.

Gliboff, Sander. 2008. *H. G. Bronn, Ernst Haeckel, and the Origins of German Darwinism: A Study in Translation and Transformation*. Cambridge, MA: MIT Press.

Glick, Thomas F., and Eve-Marie Engels (eds.) 2009. *The Reception of Charles Darwin in Europe*. London: Bloomsbury Academic.

Golinski, Jan. 2005. *Making Natural Knowledge: Constructivism and the History of Science*. Chicago: University of Chicago Press.

Gómez, Pablo F. 2013. "The circulation of bodily knowledge in the seventeenth-century Black Spanish Caribbean." *Social History of Medicine*, 26, No.3: 383-402.

Gooday, Graeme. 2008. "Placing or replacing the laboratory in the history of science?" *Isis*, 99: 783-795.

Gross, Alan G., Joseph E. Harmon, and Michael Reidy. 2002. *Communicating Science: The Scientific Article from the 17th Century to the Present*. New York: Oxford University Press.

Haraway, Donna. 1988. "Situated knowledges: The science question in feminism and the privilege of partial perspective." *Feminist Studies*, 14, No.3: 575-599.

Harding, Sandra. 1986. *The Science Question in Feminism*. Ithaca, NY: Cornell University Press.

Heesen, Ankete, and E. C. Spary (eds.) 2002. *Sammeln als Wissen: das Sammeln und seine wissenschaftsgeschichtliche Bedeutung*. Gottingen: Wallstein.

Hentschel, Klaus. 2007. *Unsichtbare Hande: Zur Rolle von Laborassistenten, Mechanikern, Zeichnern u. a. Amanuenses in der physikalischen Forschungs-und Entwicklungsarbeit*. Diepholz: GNT-Verlag.

Hopwood, Nick. 2015. *Haeckel's Embryos: Images, Evolution, and Fraud*. Chicago: University of

Chicago Press.

Hopwood, Nick, Simon Schaffer, and James A. Secord (eds.) 2010. "Seriality and scientific objects in the nineteenth century." *History of Science*, 48, No.3-4: 251-285.

Hunter, Michael (ed.) 1998. *Archives of the Scientific Revolution: The Formation and Exchange of Ideas in Seventeenth-Century Europe*. Woodbridge: Boydell Press.

Iqbal, Muzaffar (ed.) 2012. *Studies in the Making of Islamic Science: Knowledge in Motion*. Aldershot: Ashgate.

Jardine, Nicholas, and Isla Fay (eds.) 2013. *Observing the World through Images: Diagrams and Figures in the Early-Modern Arts and Sciences*. Leiden: Brill.

Johns, Adrian. 1998. *The Nature of the Book: Print and Knowledge in the Making*. Chicago: University of Chicago Press.

Johnson, Kristin. 2012. *Ordering Life: Karl Jordan and the Naturalist Tradition*. Baltimore: Johns Hopkins University Press.

Kim, Mi Gyung. 2014. "Archeology, genealogy, and geography of experimental philosophy." *Social Studies of Science*, 44, No.1: 150-162.

Kingery, W. David (ed.) 1996. *Learning from Things: Method and Theory of Material Culture Studies*. Washington, DC: Smithsonian Institution.

Klein, Ursula (ed.) 2012. "Artisanal-scientific experts in eighteenth-century France and Germany." *Annals of Science*, 69, No.3: 303-433.

Kohler, Robert E. 1994. *Lords of the Fly: Drosophila Genetics and the Experimental Life*. Chicago: University of Chicago Press.

Kohler, Robert E. 2002. "Labscapes: Naturalizing the lab." *History of Science*, 40, No.4: 473-501.

Kohler, Robert E., and Kathryn M. Olesko. 2012. "Introduction: Clio meets science." *Osiris*, 2nd series, 27: 1-16.

Kuhn, Thomas S. 2012. *The Structure of Scientific Revolutions: 50th Anniversary Edition*. Chicago: University of Chicago Press.

Kuklick, Henrika, and Robert E. Kohler (eds.) 1996. "Science in the field." *Osiris*, 2nd series, 11: 1-265.

Landecker, Hannah. 2007. *Culturing Life: How Cells Became Technologies*. Cambridge, MA: Harvard University Press.

Latour, Bruno, and Steve Woolgar. 1979. *Laboratory Life: The Social Construction of Scientific Facts*. Beverly Hills, CA: Sage Publications.

Latour, Bruno. 1987. *Science in Action: How to Follow Scientists and Engineers through Society*. Cambridge, MA: Harvard University Press.

Lightman, Bernard V. 2007. *Victorian Popularizers of Science: Designing Nature for New Audiences*. Chicago: University of Chicago Press.

Lightman, Bernard V., Gordon McOuat, and Larry Stewart (eds.) 2013. *The Circulation of Knowledge between Britain, India and China*. Leiden: Brill.

Livingstone, David N., and Charles W. J. Withers (eds.) 2011. *Geographies of Nineteenth-Century Science*. Chicago: University of Chicago Press.

Long, Pamela O. 2011. *Artisan/Practitioners and the Rise of the New Sciences, 1400-1600.*Corvallis, OR: Oregon State University Press.

Lubar, Steven, and W. David Kingery (eds.) 1993. *History from Things: Essays on Material Culture*. Washington: Smithsonian Institution Press.

Lucier, Paul. 2008. *Scientists and Swindlers: Consulting on Coal and Oil in America, 1820-1890*. Baltimore: Johns Hopkins University Press.

Mazzolini, Renato G. (ed.) 1993. *Non-Verbal Communication in Science prior to 1900*. Firenze: L.S. Olschki.

Messbarger, Rebecca. 2013. "The rebirth of Venus in Florence's Royal Museum of Physics and Natural History." *Journal of the History of Collections*, 25: 195-215.

Misa, Thomas J. 2009. "Findings following framings: Navigating the empirical turn." *Synthese*, 168: 357-375.

Mitman, Gregg, and Paul Erickson. 2010. "Latex and blood: Science, markets, and American empire." *Radical History Review*, 107: 45-73.

Montgomery, Scott L. 2002. *Science in Translation: Movements of Knowledge through Cultures and Time*. Chicago: University of Chicago Press.

Nyhart, Lynn K. 2009. *Modern Nature: The Rise of the Biological Perspective in Germany*. Chicago: University of Chicago Press.

Otis, Laura. 2007. *Muller's Lab*. Oxford: Oxford University Press.

Poliquin, Rachel. 2012. *The Breathless Zoo: Taxidermy and the Cultures of Longing*. University Park, PA: Pennsylvania State University Press.

Pusey, James Reeve. 1983. *China and Charles Darwin*. Cambridge, MA: Harvard University Asia Center.

Pycior, Helena M., Nancy G. Slack, and Pnina G. Abir-Am (eds.) 1996. *Creative Couples in the Sciences*. New Brunswick, NJ: Rutgers University Press.

Raj, Kapil. 2007. *Relocating Modern Science: Circulation and the Construction of Scientific Knowledge in South Asia and Europe, 1650-1900*. Basingstoke: Palgrave Macmillan.

Rheinberger, Hans-Jörg.1997. *Toward a History of Epistemic Things: Synthesizing Proteins in the Test Tube*. Stanford, CA: Stanford University Press.

Roberts, Lissa, Simon Schaffer, and Peter Dear (eds.) 2007. *The Mindful Hand: Inquiry and Invention from the Late Renaissance to Early Industrialisation*. Amsterdam: Koninkliijke Nederlandse Akademie van Wetenschappen.

Robin, Libby, and Will Steffen. 2007. "History for the Anthropocene." *History Compass*, 5, No.5: 1694-1719. doi:10.1111/j.1478-0542.2007.00459.x.

Robson, Eleanor. 2008. *Mathematics in Ancient Iraq: A Social History*. Princeton, NJ: Prince-ton University Press.

Rudwick, Martin John Spencer. 1985. *The Great Devonian Controversy: The Shaping of Scientific Knowledge among Gentlemanly Specialists*. Chicago: University of Chicago Press.

Rupke, Nicolaas A. 2005. *Alexander von Humboldt: A Metabiography*. New York: Peter Lang.

Ruse, Michael. 1979. *The Darwinian Revolution: Science Red in Tooth and Claw*. Chicago: University of Chicago Press.

Safier, Neil. 2010. "Global Knowledge on the Move: Itineraries, Amerindian Narratives, and Deep Histories of Science." *Isis*, 101: 133-145.

Schäfer, Dagmar. 2011. *The Crafting of the 10 000 Things: Knowledge and Technology in Seventeenth-Century China*. Chicago: University of Chicago Press.

Schaffer, Simon, Lissa Roberts, Kapil Raj, and James Delbourgo (eds.) 2009. *The Brokered World: Go-Betweens and Global Intelligence, 1770-1820*. Sagamore Beach, MA: Science History Publications.

Schiebinger, Londa. 1989. *The Mind Has No Sex? Women in the Origins of Modern Science*. Cambridge, MA: Harvard University Press.

Schiebinger, Londa. 2004. *Plants and Empire: Colonial Bioprospecting in the Atlantic World*. Cambridge, MA: Harvard University Press.

Schiebinger, Londa, and Claudia Swan (eds.) 2004. *Colonial Botany: Science, Commerce, and Politics in the Early Modern World*. Philadelphia: University of Pennsylvania Press.

Schmalzer, Sigrid. 2008. *The People's Peking Man: Popular Science and Human Identity in Twentieth-Century China*. Chicago: University of Chicago Press.

Secord, James A. 2000. *Victorian Sensation: The Extraordinary Publication, Reception and Secret Authorship of Vestiges of the Natural History of Creation*. Chicago: University of Chicago Press.

Secord, James A. 2004. "Knowledge in transit." *Isis*, 95, No.4: 654-672.

Shapin, Steven. 1989. "The invisible technician." *American Scientist*, 77: 554-563.

Shapin, Steven, and Simon Schaffer. 1985. *Leviathan and the Air-Pump: Hobbes, Boyle, and the Experimental Life*. Princeton, NJ: Princeton University Press.

Shapin, Steven, and Simon Schaffer. 2011. *Leviathan and the Air-Pump: Hobbes, Boyle, and the Experimental Life*. *With a New Introduction by the Authors*. Princeton, NJ: Princeton University Press.

Shteir, Ann B. 1996. *Cultivating Women, Cultivating Science: Flora's Daughters and Botany in England, 1760-1860*. Baltimore: Johns Hopkins University Press.

Smith, Crosbie. 1998. *The Science of Energy: A Cultural History of Energy Physics in Victorian Britain*. Chicago: University of Chicago Press.

Söderqvist, Thomas. 2007. *The History and Poetics of Scientific Biography*. Aldershot: Ashgate.

Soler, Lena, Sjoerd Zwart, Michael Lynch, and Vincent Israel-Jost (eds.) 2014. *Science after the Practice Turn in the Philosophy, History, and Social Studies of Science*. London: Routledge.

Terrall, Mary. 1995. "Émilie du Chatelet^ and the gendering of science." *History of Science*, 33:283-310.

Terrall, Mary. 2002. *The Man Who Flattened the Earth: Maupertuis and the Sciences in the Enlightenment*. Chicago: University of Chicago Press.

Terrall, Mary, and Kapil Raj (eds.) 2010. "Circulation and Locality in Early Modern Science." Special Issue, *British Journal for the History of Science*, 43, No.4.

Topham, Jonathan R. 2009. "Introduction [to Focus Section: Historicizing popular science]." *Isis*, 100: 310-318.

Topper, David R., and John H. Holloway. 1980. "Interrelationships between the visual arts, science and technology: A bibliography." *Leonardo*, 13, No.1: 29-33.

van Helden, Albert, and Thomas L Hankins (eds.) 1994. "Instruments." *Osiris*, 2nd series, 9: 1-250.

van Miert, Dirk (ed.) 2013. *Communicating Observations in Early Modern Letters (1500-1675): Epistolography and Epistemology in the Age of the Scientific Revolution*. London: Warburg Institute.

Vetter, Jeremy (ed.) 2011. *Knowing Global Environments: New Historical Perspectives on the Field Sciences*. New Brunswick, NJ: Rutgers University Press.

Warf, Barney, and Santa Arias (eds.) 2008. *The Spatial Turn: Interdisciplinary Perspectives*. London: Routledge.

Zilsel, Edgar, Diederick Raven, Wolfgang Krohn, and R. S. Cohen. 2000. *The Social Origins of Modern Science*. Dordrecht: Kluwer Academic Publishers.

技术史

第五章　技术史①

小珀塞尔

引言

（一）技术史：起源与发展

当今的技术史起源于并且仍然包含着数种不同类型的研究。工程师、科学史家、经济史家、一般社会史家以及从事美国研究的学者们，都能从各自的目标和特定视角出发来钻研技术问题。在最理想的情况下，这些研究不仅对这些领域的学者共同体有价值，也对一个更新领域的专家——技术史家——有价值。

对于发明性的事业，历史是很自然的。美国所倡导的现代专利法特别强调发明的优先权（当然，与科学中的过程类似）。对任何设计而言，只有首位发明者才能被授予专利，因此，通过积累历史案例研究而确立优先权对于有希望的发明者非常关键。优先权争议和常常导致的诉讼乃是历史论点，这些论点本身连同附带的陈述、证词和其他证据为职业技术史家提供了丰富的资料。除了这种必要的演练，关于发明之记述的魅力和功用也是技术领域的复杂系统中的关键点。阐述重要发明和大发明家的剧本虽然缺乏分析能力，却是该领域激动人心甚至富有助益的肇端。与这些努力相关的是，实践者们虔诚地尝试（一切领域都是如此）用历史来使其职业正当化，庆祝一个迅速消逝的黄金时代，或者将参与者和幸存者们的口头传统写下来。例如，工程师们的这种虔诚不仅丰富了技术的原史时期（protohistory），也为将来的工程思想研究提供了大量资料。

科学史家的来源虽然有时与上述史学家类似（亦可参看本书第一章"科学史"的 I.A 节），②但他们转向技术并非出于虔诚或希望获得什么，而是因为需要处理一个

---

① Carroll W. Pursell, Jr., "History of Technology," in P.T. Durbin, ed., *A Guide to the Culture of Science, Technology, and Medicine* (New York: The Free Press, 1980), pp.70-120. 张卜天译。

② 即《科学技术史手册》第二章 1.A 节。——编者注

重要的（尽管离题的）学术分支。现代常见的那种对科学与技术的混淆以及认为技术仅仅是应用科学的论点，使技术史有理由被纳入科学史这面更大的旗帜下。沃尔夫（Wolf，1938）、福布斯和戴克斯特豪斯（Forbes & Dijksterhuis，1963）等人的经典研究将"科学与技术"纳入其标题，斯特鲁伊克（Struik）的一部早期标准著作虽然没有在标题中提到技术，但在正文中对技术做了大量讨论。本科前沿课程的标题和大纲中经常包含"科学"和"技术"这两个词。这些著作成为该领域研究的一个重要开端。虽然技术对其主要关注而言仍然是次要的，而且"技术"常常仅指与科学紧密相关的那部分技术，但这种基础工作本身通常都很可靠，往往才华横溢（参看本书第一章"科学史"的Ⅱ.H节）。[3]

最关注技术史的学者莫过于经济史家。技术（或技术知识）显然是一种生产要素，在全面的研究中应与资本、劳动力、原材料受到同等重视。对英国工业革命的巨大兴趣——也许始于汤因比（Arnold Toynbee）那部颇具影响的著作《英国工业革命讲义》（*Lectures on the Industrial Revolution in England*，1884）——使技术有了显著地位。厄舍尔（Usher）的《机械发明史》（*History of Mechanical Inventions*，1929）和亨特尔（Hunter）的《西方河流上的蒸汽船》（*Steamboats on the Western Rivers*，1949）等出色的著作都意识到，虽然改变工程学的也许不只是经济学，但技术对经济学产生了深远影响。马克思主义史学家正是沿着同一思路开始研究机器。经济学仍然是"底线"，但在它之上书写的很多内容都是技术。

近年来，对技术史做出重要贡献的另一个群体是老派社会史家（以区别于较新的人口统计史家和计量史家）。施莱辛格（Arthur Schlesinger）论述美国生活史的系列著作考察了那些没有致力于政治、战争或外交的美国人的历史。技术与服装、住房、食品、娱乐一起，找到了一个重要而适宜的场所。当代一些科学史家将其思想遗产追溯到这种风格的（往往是无名者的）社会史。辛克莱（Sinclair）关于富兰克林学院的研究（1974）以及珀塞尔关于美国固定式蒸汽机的研究（Pursell，1969）就沿袭了这一传统。

最后，美国研究本身虽然是一个相对年轻的学科，但对现在技术史领域的文献贡献甚大。跨学科的美国研究试图将美国生活的方方面面整合到一种国民性研究当中。技术显然是美国生活的一个重要方面，将技术纳入这种综合乃是不可避免的。利奥·马克斯（Leo Marx）关于田园图景与技术的研究（1964）、卡森（Kasson）近

---

[3] 即《科学技术史手册》第二章2.H节。——编者注

来关于技术与共和制美德的研究（1976）等里程碑式的著作大大丰富了我们对美国技术及其文化环境的理解。

这些重要的职业团体对撰写技术史感兴趣。应当指出的是，技术史和一切种类的历史一样，负有深刻的、往往含蓄的政治和思想责任。往昔的古今之争系人们削弱古典文明所谓的优越性、证明现代进步性的尝试。时至今日，这场争论的参与者们一直在求助于技术记录。人们可以用现代发明家对抗古代哲学家，用现代机器和设备对抗古代技艺，用当代普遍的物质财富和许多人的满意来对抗古代少数人显著的财富、闲暇和修养。没有什么比技术更能忠实有效地翻译进步的观念。现代文明进步性的鼓吹者们已经造就了一种文献和态度来支持技术史的专业研究。

虽然偶尔有几本堪称技术史的书追溯到了工业革命本身，但在 20 世纪之前，这一领域并不成熟，甚至很难被界定为技术史。1909 年，马特肖斯（Conrad Matschoss）创立了年刊《技术与工业史》（*Beiträge zur Geschichte der Technik und Industrie*），第 21 卷问世之后改为季刊《技术史：技术与工业史》（*Technikgeschichte— Beiträge zur Geschichte der Technik und Industrie*）。几年后，英国也在某协会的支持下做了类似的事情。

1919 年，詹金斯（Rhys Jenkins）、狄克森（H. W. Dickinson）等一批英国学者（其中几位与伦敦的科学博物馆有关联）聚在一起成立了工程与技术史研究纽可门协会。该协会在其著名的《会报》（*Transactions*）第一卷（1920—1921）中界定了该群体的旨趣：不列颠群岛的工业和运输技术。在狄克森（从 1920 年到 1952 年去世一直任《会报》主编）的领导下，该群体使其兴趣变成了一个专门的研究分支，几乎可以说是一个新学科，并且制定了呈现这门学科的传统方式。在担任协会主席的第一次讲演中，工程师提特利（Arthur Titley）回顾了截至 1919 年在伯明翰举行的瓦特一百周年纪念会业已积累的技术史势力。他声称，协会希望吸引那些对工业史感兴趣的人，并且激发对其他领域的类似兴趣。根据提特利的说法，协会的目标是全新的，无先例可循。

在美国，这一领域有组织的发展可以追溯到美国工程教育协会的人文社会研究计划（humanistic-social research project，1953—1955），该计划致力于考察美国工程教育课程的人文社会科学方面。它在 1956 年发布的报告指出，技术史研究"对于工程教育具有特殊的利益和重要性"，并建议以某种方式鼓励这一研究。时任美国工程教育协会人文社会分部主席的克朗茨伯格（Melvin Kranzberg）组建了一个技术与社会咨询委员会，并于 1958 年的第二次会议上决定成立一个技术史协会（SHOT）。这个新的协会及其季刊《技术与文化》（*Technology and Culture*，两者均由克朗茨伯格组建）与一代人之前的纽可门协会相比已有重要改变。其成员来源大致相同（学者、工程师、政府雇员、商人和业余爱好者），但技术史协会主要基于学术界，并且更强调所谓的"技术与社会"（即技术的社会原因和影响），包括但绝不限于工业史。和纽可门协会的《会报》一样，技术史协会的《技术与文化》一直忠实地反映着其支持者们研究技术史的特殊进路。

并不奇怪，由于组织 SHOT 的动力源自对课程改革的关注，所以没过多久，技术史课程就得到了鼓励。作为 SHOT 和《技术与文化》的大本营，凯斯理工学院推出了该领域第一个正式的研究生项目，研究其他地方尤其是工程学院和技术机构中涌现出来的各种课程。康奈尔大学的海托维特（Ezra Heitowit）在 1977 年编写的一份报告中透露，尽管有近 400 家不同的机构提供了 2300 多种可以归于讨论"科学、技术与社会"的课程，但只有极少数课程称得上是技术史。20 世纪 70 年代初，私人基金会和国家人文科学基金会（National Endowment for the Humanities）为各个学校的"技术研究"项目提供了相当可观的经济资助，但技术史在其中扮演的角色仍然很小。到了 20 世纪 70 年代中期，人们可以感觉到，在各个密切相关的领域（通史、美国研究、工程学、科学史等）中接受训练的学者对该学科的教学越来越感兴趣，但尚不存在统计上的证据。

虽然协会和期刊最先出现在美国之外，但本科生的技术史教学似乎有所滞后。在英国，曼彻斯特和巴斯都有活跃的中心，开放大学更是表现出对这一领域的兴趣。在斯堪的纳维亚，只有瑞典开设常规课程。

在某些国家，私人的学术努力被官方的政府项目补充。苏联在科学院框架下建立的科学技术史研究所也许是第一个这样的项目。在英、美两国，对历史遗迹的确认和保存最近已经涵盖了工程技术遗址。英国公共建筑和工程部（British Ministry of Public Buildings and Works）于 1963 年开展了一项工业遗迹调查，促进了一年后《工业考古学报》（*Journal of Industrial Archeology*）的创办。在美国，内政部下属的部门"美国历史工程记录"（historic american engineering record）为技术遗址和建筑的编目与考察做了示范。此外人们开始强调，在进行重大的拆建项目工程之前，应当先做历史和环境影响的报告，这为评估和保护国家最好的工程记录提供了新的机会。不过，这个过程仍处于起步阶段。

关注技术史的重要国际组织是国际技术史委员会（ICOHTEC），隶属于 1965 年组建的科学史与科学哲学国际联盟。ICOHTEC 会在成员国之间发起各种主题的研讨会和会议，并参与三年一次的国际科学史与科学哲学大会。自我定位为"国际季刊"的《技术与文化》则通过更为持续地聘任顾问编辑，广泛覆盖各种主题，频频发表美国以外作者的文章，以覆盖整个国际学术共同体。

（二）主要写作传统

技术史的写作方式迥然有别，导致该领域有时会因其多样性而边界模糊。其中主要的写作方式有：内在进路，关注技术硬件的详细发展；商业或经济进路，关注对经济活动的支持和战略；社会进路，讨论与技术发生相互影响的一些社会系统；人工制品进路，关注工具、机器、遗址等。大部分技术史写作都是上述某种进路的变种，或是若干进路的组合。

技术内史是最容易辨别的。法国历史学家多马斯（Maurice Daumas）引用费弗尔（Lucien Febvre）的格言说：技术史的首要目标是"建立一门专业的技艺史"（Daumas，1976，p.90）。他认为，技术史研究往往会因为作者缺乏专业的技术知识或宣示其祖国优先性的爱国情感而有所失真。而关于蒸汽机、风车、计算机、汽车等设备的可靠历史则明显更为可取，往往也很稀缺。通常，特定设备的研究者（如 Singer，（1955—1958）和 Klemm，1964 的著作）不仅会关注特定的设备和技艺，甚至会借用这些机器和工序的组织形式。甚至像厄舍尔（Usher，1929）这样的经济史著作也把水车与风车、水钟与机械钟、机床与批量生产等当作章节标题，并尝试为"专业的技艺史"提供一种真实的描述。

这些研究中的佼佼者远不只是单纯的机器发展编年史。在关于机器中反馈概念的历史中，迈尔（Mayr，1970）不仅清晰地描述了这一概念在某些设备连续几代中的渗透，更是提供了一种复杂概念的思想史。

也许最常见的技术史强调的是商业策略和经济变迁。大多数聚焦于从发明到创新之转变的研究都属于这一类型，它们关注新观念如何在既有产品中得到实现。这类研究的经典包括斯特拉斯曼（Strassmann，1959），它关注企业在创新中的风险计算；帕瑟（Passer，1953）研究了电子产业中的创业精神及其与竞争和经济增长之间的关系。施莫克勒（Schmookler，1962）极富独创性地详细考察了技术变迁与市场条件之间的关系，他坚信市场激励能够带来技术发明。

新技术的出现依赖于私企（或与政府合作的私企）的资助，至少在美国是这样，因此毫不奇怪，对某些公司人员与企业的研究能在很大程度上揭示出技术变迁的起源和命运。詹金斯（Jenkins，1975）的摄影发展史将进程中每一个重大的技术变革与业界新公司的崛起和主导地位、与随后市场结构的变化很好地联系在一起。在这种情况下，他对伊斯曼（George Eastman）工作的关注既不可避免，也富有启发性。和往常一样，每种类型中最好的著作都超越了这种形式本身。休斯（Hughes，1971）关于工程师、发明家、企业家斯佩里（Elmer Sperry）的传记考察了一位企业家的创新，这位企业家不仅从事商业活动，而且成功掌控着政治与经济之间动荡不定的混局，后者标志着政府、军事和商业活动之间的交织。

数十年前，施莱辛格（Arthur Schlesinger）的"美国生活"丛书系统包含了科学和技术以及社会史的其他方面。技术史的一种纯美国传统（也许就是美国传统）遵循了这一进路。这些研究大都预设技术是社会的重要组成部分，技术既作用于更大的社会背景，也受到其反作用。

技术社会史的第一种类型或许可被称为"建制史"。辛克莱（Sinclair，1974）关于富兰克林研究所的历史是这类研究的杰出范例，它表明了创建和塑造一种技术建制的城市动力。比尔（Birr，1957）关于通用电气实验室的历史也是同样的进路。巴克斯特（Baxter，1946）关于第二次世界大战中科学研究与发展署的研究因其"科学家对抗时代"的丰富叙事而荣获普利策奖。力学研究所、实验室和政府机构对社会的塑造并不亚于教堂、慈善基金会和兄弟会，因此同样是技术社会史研究的合理对象。

第二种类型可被称为"思想史"，称之为社会史也许不太恰当。"技术统治""理性控制""反馈"都是可以运用思想史技巧的观念，在这个意义上，它们类似于"存在的巨链""民主"和"自由主义"。这些观念的历史可以在广泛的社会背景下加以追溯。雷顿（Layton，1971a，1976）出色地概述了美国工程意识形态的信条，尤其关注业界的社会责任概念。卡雷和括尔克（Carey & Quirk，1970）在探讨"电力革命的神话"时，剖析了"后工业"假说的意识形态，并与此前认为技术导致了历史断裂的观点的政治用途做了对比。马克斯（Leo Marx，1964）对19世纪美国文学中田园理想的讨论已经为技术思想史创建了一个经典模型。最后，芒福德（Mumford，1934，1967，1970）通过描绘技术的物质与社会表现，几乎已经使技术本身成为一个可以做历史追溯的观念。

伴随一般的美国社会史，技术社会史也造就了一种新的研究类型，它更关注社会结构而不是建制或观念。尽管这个领域最初很有希望，但迄今并没有一部著作具有足够的统计学和人口学分量，而后者正是"新社会史"的典型特征。然而，对结构日益增长的兴趣必定能够显著拓展我们对研究主题的理解。卡尔弗特（Calvert，

1967）在讨论机械工程业的兴起时提出了所谓"商店"文化与"学校"文化之间的冲突，成为这一进路激动人心的开端。最近，史密斯（Merritt Roe Smith）的获奖之作（Smith，1977）考察了哈泊斯费里的联邦兵工厂，通过一个紧密联系的共同体中各个社会群体的正增强和负增强而认真分析了技术变迁（以及对技术变迁的阻碍，这更重要）。诺贝尔（Noble，1977）对美国现代工业公司兴起中科学技术的研究，则在更大范围内描绘出一幅类似的图像：工程师、企业首脑、教育者、资金管理者共同形成了一种"人—机"联合体，专利、研究、教学、工作环境都在这个联合体中致力于实现一个共同目标。

最后，我们不应忘记，传记依然在技术史中扮演着重要角色。斯迈尔斯（Smiles，1862）对伟大技术专家的维多利亚式描绘，极大地推广了将发明家视为文化英雄的辉格观念，此后学者们继续对伟人生平进行研究，收获颇丰。亨特（Hunt，1912）对理查兹（Ellen Swallow Richards）这位麻省理工学院的首位女性毕业生的生平做了考察，他不仅深入了这位杰出人物的生活，而且揭示了女性在一个由男性主导的领域中面临的一般困难。哈姆林（Hamlin，1955）关于英裔美籍工程师拉特罗布（Benjamin Henry Latrobe）生平的里程碑式研究至今仍是一座学术丰碑，其意义将会随着耶鲁大学出版社出版的拉特罗布文稿而逐渐彰显。最近，布鲁斯（Bruce，1973）出版了无疑将是关于贝尔（Alexander Graham Bell）生平的权威著作，例如他清晰地表明，发明家贝尔的行事方式与斯佩里（Hughes，1971）、伊斯曼（Jenkins，1975）非常不同，与爱迪生（Josephson，1959）更是大相径庭。令人惊讶的是，极少有杰出的技术专家会被现代学术传记作家关注。也许部分原因在于，这是对业余工程史的圣徒传记的自然反抗，随着技术史逐渐成为一个专业领域，这种反抗将会渐渐消退。

技术社会史的最后一个类别可称为"人工物史"，也就是说，它包括那些讨论工具、机器或重要场所等特定人工物的研究。工业考古学在20世纪60年代的兴起为此前往往源于业余爱好者或博物馆人员的文献增加了一个新的维度。比如，康普（Comp，1975）对图勒铜铅冶炼厂的研究重点借鉴了美国工程历史记录（historic american engineering record）所遵循的那种场所阐释。康迪特（Condit，1963）将物理遗迹用作档案，表明了辛辛那提的英格尔斯大厦如何将问题和解决方案同时包含在内，从而提升了混凝土摩天大楼领域的建造技术。这些研究决定性地表明，从特殊案例中可以提取出一般知识，对技术的物质体现为技术史研究提供了另一个富有成果的维度。

（三）技术史的划分

就像该领域的许多其他方面一样，对技术史综述的划分并没有一致认可的体系。除了需要对主题做一些年代上的限定，论题始终是开放的。不过，即便在年代方面，我们也仍然不清楚对政治史或经济史的常规划分是否适用于技术。例如，古代、中世纪、文艺复兴、现代早期、现代这一传统划分是整体适用，还是某些适用、某些不适用？马尔特霍夫（Multhauf，1974）甚至谴责用工业革命来组织技术史领域，认为工业革命不仅启发和拓展了我们对当时及之后技术变迁的理解，而且也模糊和限制了这些理解。芒福德（Mumford，1934）将技术史（其实是世界史）分成始生代技术（eotechnic）、古生代技术（paleotechnic）、新生代技术（neotechnic），就是明确拒绝将技术强行纳入政治、经济或艺术模型。

此外，珀塞尔在他的美国技术史读本（Pursell，1969）中有意选择了殖民地时期、内战、西部开发等常见范畴，以强调技术与美国生活文化的其他方面紧密联系在一起，应该像其他方面一样在这些范畴下得到研究。辛克莱在他包含加拿大技术在内的类似文集（Sinclair，1974）中也按照传统的加拿大史研究来组织自己的著作：发现、定居、扩张、战争、萧条等。林恩·怀特终生致力于中世纪技术的研究，其他技术则常常被称为文艺复兴时期的、维多利亚时代的、古代的等。

珀塞尔和辛克莱的文集暗示了另一种可能的划分方式：国家范畴。已经有人指责对这个主题的一般考察太过国家主义——辛格（Singer，1955—1958）太过关注英国的实践和创新，克朗茨伯格和珀塞尔（Kranzberg & Pursell，1967）则太过关注美国发展。技术是否反映了国家风格是有争议的，但不可否认，特定技术的命运在不同国家是不同的。当然，和科学一样，技术在某种程度上是国际性的或至少属于某个国际共同体。但同样真实的是，就像任何其他形式的人类行为一样，技术在不同国家往往呈现出显著差异。热力学也许在任何地方都是一样的，但蒸汽机并不见于所有地方，而在它出现之处，其设计和使用也可能迥然相异。甚至在比国家更小的层面上，也可能呈现出类似的技术断裂。例如，随着美国工程历史记录的清单越来越多，也许人们最终会发现美国技术在各个海岸并不是同质的。尽管在发明优先权等问题上很容易引发爱国主义热情，但技术国别史似乎显然是一个合理的进路。

第三种可能的范畴体系是依据功能。如果技术是人们完成任务的方式，似乎有理由通过所要承担的任务来组织对技术的讨论。例如，辛格关于工业革命的著作（Singer, 1958）分为六个部分，分别是"初级生产""能量形式""制造""静态工程""通信"和"技术的科学基础"。除了最后一部分外，这些部分又被进一步细分：初级生产分为"农业：农具""农业：耕作技术""水产储藏""金属与煤炭开采""金属冶炼：钢铁""金属冶炼：有色金属"。当然，这一框架以及所有此类主题化历史进路都在一定意义上违背了基本编年史，这多少会模糊学生对特定历史时期的看法。

另一种划分技术史的体系是依据设备。诸如布莱恩特（Bryant，1976）关于柴油机的研究、埃利斯（Ellis，1975）关于机枪的研究，都选择了特定设备加以特殊考虑。同样逻辑下的考察产生了诸如厄舍尔的《机械发明史》（Usher，1929）这样的经典著作，其中有关于水车与风车、水与机械钟以及机床的单独章节。不过，厄舍尔并没有完全依赖这样的分类，这也许是明智的；这种进路稍有不慎就会沦为一种纯粹的用具目录。相反，除设备章节（时钟）以外还有其他章节，比如讨论功能的（印刷与纺织制造）、讨论时代的（公元前的古代及其机械装置）、讨论传记的（工程师和发明家达·芬奇）以及讨论一般话题的，比如"技术在经济史中的地位""创新在思想和行动中的诞生"。厄舍尔的先驱工作清楚地表明，划分技术史有不同方式，每一种方式都有自身的优缺点。

一、一些特殊的问题域

（一）科学与技术的关系

在整个技术编史学中，技术与科学的关系是最常见、最困难或许也是最具政治争议的议题。一种常见的模型认为，科学与技术曾因属于不同的阶层而在数个世纪里相互分离，后于 17 世纪的科学革命之初首次融合到一起。这种融合在 19 世纪变得富有成效，科学数据不断积累，专业科学家对这些数据的控制不断增强，技术问题变得愈发不容忽视，这些因素使科学成为新技术应用的一个富有创造力的、或许必不可少的来源。在 20 世纪，至少是自第二次世界大战以来，科学已经成为新技术的主要来源，以至于技术常被视为应用科学。无论这多么符合想用有用性来吸引赞助的科学家以及想要荫蔽在科学保护伞之下的技术专家的利益，技术史家已经日益对这种模型感到不满。

有一类研究似乎认为，科学与技术的关系就是工业研究过程中的关系。比尔（Kendall Birr，1957）是对这一主题进行学术研究的先驱，他考察了美国最早、最成功的工业研究机构之一——通用电气实验室。虽然比尔确认了"科学与技术联姻"的三个前提条件（科学的成熟、科学被商业所接受、工业为科学提供适当的制度创新），但他的主要兴趣在于制度史，而不是科学与技术的关系本身。他对美国工业研究活动兴起的考察（1966）也是如此。费根对贝尔电话公司的工程与科学的详细研究（Fagen，1975）更是轶事和制度性的，尽管不可避免会包含有启发性的事件和关系。更有针对性的研究是艾特肯的《共振与火花》（*Syntony and Spark*，Hugh Aitken，1976），它集中考察了早期无线电工业中科学、技术、经济三个亚文化之间的知识转化。莱克（Reich，1977）最近考察了工业研究和专利对技术项目的终结而非促进。

不过，很少有人声称科学与技术在第一个工业研究实验室建立之前毫无关系，一些学者已经做了有益的案例研究，从中可以期待科学与技术彼此影响。休斯（Hughes，1976）的高压输电研究，马尔特霍夫关于地质学、化学与食盐生产的研究（Multhauf，1976）和布莱恩特（Bryant，1973）关于热力学与热机演化的研究都是这方面的优秀案例。例如，布莱恩特准确地表明，虽然蒸汽机要先于对热力学的现代理解，但热机的重要改进却出现在这之后。不过历史有自己出乎意料的奇妙方式，奥托（Otto）在研发汽油机时没有利用这种知识，而狄塞尔（Diesel）却有意利用了。

为使技术摆脱对科学的从属地位，同时又不否认技术与科学之间存在着一种密切的互动关系，人们至少做过三次重要努力。布坎南（Buchanan，1976）选择援引他所谓的"普罗米修斯革命"，认为现代科学与现代技术都表现了西方对物质进步的一种统一的信仰。在中世纪晚期，思辨思想与实践行动的融合解放了普罗米修斯，产生了一直延续到 19 世纪的"思维之手"，此时职业化的兴起造就了科学与技术之间的区分，当代学者与官员都在与这种区分进行抗争。卡德维尔在《西方技术的转折点》（*Turning Points in Western Technology*，Cardwell，1972）中声称技术有其自身的自主性，认为技术并非科学或社会的跟随者。在他看来，技术和科学一样遵循着自身的内在逻辑，无论是技术史还是科学史本质上都是一种观念史。

雷顿的科学和技术"镜像双生"（mirror-image twins）概念也许是科学与技术关系论述中最著名的版本。在这一框架（1971）下，科学与技术都在 19 世纪变得专业化，都依赖于科学方法，但分别发展出了不同的文化，各自具有相应的语言、文献、风格、关切和从业者，互为对方的镜像双生子。因此，技术既非附属于科学，也不依赖于科学，技术与科学彼此相联系，尽管它们被只能偶尔艰难跨越的文化壁垒分隔。

我们不妨对科学与技术关系编史学中的两个现成标准做一番比较：《技术与文化》的 1961 年秋季号主题为"科学与工程"，1976 年 10 月号主题为"工业时代科学与技术的互动"。这两期相隔 15 年出版，明显区别之一是工程为一种大到甚至包括草原管理生态学在内的技术概念所取代。更重要的是，虽然这两期的论文都试图将技术从应用科学的流行观念中解放出来，但更为晚近的学者几乎已经认为，对这个问题的提出本身就阻碍了该领域的进步。

（二）工程的专业化

直到最近，大多数关于专业化结构的文献都是由职业社会学家撰写的。不过，现在有三个美国工程专业拥有自己的历史，这些历史已经开始为发现时代变化提供基础。卡尔霍恩（Calhoun，1960）关注 19 世纪上半叶美国的土木工程师，强调这一领域的官僚性质，以及那些受到专业责任、公共政策和私利纠缠的工程师们所感到的冲突。卡尔弗特关于机械工程师的研究（Calvert，1967）也强调冲突，这次是商店文化与学校文化的支持者之间的冲突，两派都试图统领这个新兴的专业领域。斯彭斯（Spence，1970）对美国西部采矿工程师做了出色的论述。

我们尚未发现有专业历史学家对重要的工程学会进行研究，不过珀塞尔（Pursell，1976）追溯了旧金山一个地方学会在世纪之交的兴衰。雷（Rae，1975）已经开始用统计学方法来描绘专业，他早前 1954 年就提出了此专业与商业之间模棱两可的关系。这方面最有启发性的著作出自雷顿（Layton，1971），他不仅深入探究了工程师视角下的社会责任，还探讨了工程师们有时令人不安地同时致力于科学和商业，以及帮助弥合这一裂隙的意识形态。梅里特（Merritt，1969）包含了关于 1850 年到 1875 年美国的许多有用洞见和建议，其中关于城市工程师兴起的一章尤为出色。诺贝尔（Noble，1977）对服务于 20 世纪初兴起的工业公司的工程师的角色做了丰富细致的描述，强调了科学技术在工业研究、工程教育、科学管理和新的管理领域中的应用。普雷斯科特（Prescott，1954）关于麻省理工学院历史的考察提醒我们，我们对专业技术院校的历史仍然知之甚少。

（三）中世纪技术

在过去几十年里，没有哪个领域的变迁比中世纪技术研究更戏剧化。怀特（Lynn White，1975）在回忆他漫长的职业生涯时强调，我们对中世纪技术的理解比对中世纪科学的理解落后了一代，1933 年以前他从未涉足中世纪技术方面的任何讨论。正是因为读了人类学家克罗伯（Alfred Kroeber）的著作，他才决定"将文化人类学的方法用于中世纪"，直至成为这一领域的顶尖学者。

长期以来，人们一直认为中世纪在技术上（文化和思想上也是一样）是停滞的，芒福德的《技术与文明》（1934）第一次完全打破了这种看法。在这部伟大的著作中，芒福德认为"现代工业时代的关键机器"是"钟表而不是蒸汽机"，中世纪修道院是追求"秩序与权力"的新欲望之所在，正是这种新的欲望构成了钟表技术的基础。

中世纪史的各个分支都只有少数几位活跃的学者，技术史也不例外。谢尔比（L.

R. Shelby）关于中世纪石匠工具的研究（1961，1965）是新近典型的细致而有益的研究。然而，无疑是怀特主导着这一领域，并且重新定义了问题。怀特的基础工作《中世纪技术与社会变迁》（*Medieval Technology and Social Change*，1962）集中于马镫、犁、三圃制耕种、磨坊等基本技术，并且意义深远地描述了这些技术所带来的社会变迁（突击战、封建制、增加食物供给、更加城市化等）。他在谴责对技术力量持一种过分乐观的信念（Lynn White，1974）时还举了这样一些例子：比如谁能料想，我们对儿童的狂热献身竟然源自针织的发明，阶级敌意竟然源自烟囱的发明。他那篇影响广泛的文章《我们生态危机的历史根源》（Lynn White，1967）将统治自然的观念追溯到犹太 – 基督教传统的开端处，但集中于劳动与虔敬的中世纪关联及其对权力的幻想。很大程度上正是通过这种细致入微但意义深远的工作，中世纪才渐渐被视为现代技术的温床。

（四）美国制造体系

美国技术最有名的方面就是美国制造体系："标准化产品量化制造的原理和实践，其典型特征是可互换的零件，使用更多的机床、专用夹具和固定装置，用简化和尽可能机械化的操作来取代手工技艺。"（Sawyer，1954，p.369）标准叙事将这一发展追溯到惠特尼（Eli Whitney，1798）的原始火枪订单，随后经由体系的扩展，先进入小型军工业，然后外扩到钟表、缝纫机、自行车和其他由标准化小金属部件组成的商品。格林（Green，1956）一书中包含了关于美国体系崛起的传统案例和惠特尼在其中起的作用。惠特尼的故事遭到了伍德伯里（Woodbury，1960）的有力攻击，他强调惠特尼在制造轧棉机这种简单设备时一直失败，而且也未能在其政府合同的约定期限内提交火枪；一个事实是现存的惠特尼火枪不可互换，而且完全缺乏证据表明惠特尼工厂中有实际的技术设备和实践。

索耶（Sawyer）在《美国制造体系的社会基础》（1954）一文中研究了发展出"美国制造体系"的社会环境和高度容许齐一性的社会。追随同时代欧洲评论者的引领，索耶强调"种类和工艺不再有僵化与束缚，从任务的既有定义或硬性完成方式中解放出来，高度关注个人发展和对更高物质福利的追求，美国人的移动性、灵活性、适应性以及对进步的无限渴望"（p.376）。正如费舍尔（Fisher，1967）所表明的，这些特质并不仅是对美国经验的反映，而且在一定程度上也是欧洲人强加于美国经验的关切，他们渴望在美国发现一种马克斯（Leo Marx，1964）曾在文学语境下考察的田园理想。最近，卡森（Kasson，1976）将技术视为社会控制，探讨了共和党价值观与机器之间的张力及其消解。英国对成熟美国制造体系最有用的评论是惠特沃斯（Whitworth）和沃利斯（Wallis）1855年的报告，罗森伯格再版时（Rosenberg，1969）增加了一篇极好的评论和许多注释。这些报告的一个重要结果是将美国制造体系的各个方面引入了英国工业。弗利斯（Fries，1975）认真研究了英国小型武器的关键案例，认为尽管私人武器制造几乎没有什么变化，但军火制造"几乎一夜之间就发生了翻天覆地的变化"（p.377）。

如果美国制造体系并非完全来自惠特尼（这一论断即便传统观点也很小心地不予强调），那么什么是它的来源？尤塞尔丁（Uselding，1974）使我们更多地了解了柯尔特兵工厂领班和主管鲁特（Elisha K. Root）的贡献，尤其是他之前的轴模锻造工作。史密斯（Smith，1977）更根本地一举挑战了数个观念：美国工人欢迎美国制造体系，美国制造体系降低了成本，美国制造体系必然包含可互换性。史密斯对哈珀渡口军械库的研究表明，不仅工匠抵制新体系，工匠的产品在经济方面也更具竞争力。可互换性太昂贵，只有根据军方订单制造的武器才会满足可互换性标准。同时，史密斯使我们更多地了解了布兰查德（Thomas Blanchard）和霍尔（John Hall）的贡献，他还提醒我们注意教堂、学校、国家、企业组织等机构对技术步伐和方向的社会控制程度。

罗（Roe，1916）的标准研究中包括了作为美国制造体系的一部分而开发和配置的实际机器。伍德伯里近期关于齿轮切割机（Woodbury，1958）、磨床（Woodbury，1959）、铣床（Woodbury，1960）、车床（Woodbury，1961）的细致研究也极大地增进了我们的知识。

（五）技术与现代统合性国家（Corporate State）的兴起

工业企业是美国现代生活中最普遍也最不为人知的部分。经济学家的观点——盲目的市场力量支配着企业的理性行为——和一种对"阴谋论"的思想厌恶，已经共同遮蔽了对现代生活最强大影响的工业企业的起源和运作。更具体地说，经济史家和商业史家往往以为，技术就像市场一样是用来解释行为的一个给定概念，而技术本身无须得到解释，除非是以最简单和最机械论的方式。钱德勒（Alfred Chandler，1977）已经深刻揭示出审慎的管理（他所谓"可见的手"）是如何取代了盲目的市场力量而引导着我们的现代经济。然而在钱德勒的框架中，技术依然是一个独立变量。

但是，美国技术与新兴企业之间的关联已经吸引了越来越多的注意。通过把注意力投向大型能源企业、服务于企业的科学家和工程师以及政府监管者之间的合作，海斯（Samuel Hays，1959）从根本上修正了保护自然资源运动的观念。改革家、作家海托华（Jim Hightower，1972）追溯了现代农产品行业发展中的学院派科学、企业战略与政府补贴之间的交织。考恩（Ruth Cowan，1976）已经开始研究企业规划、广告、发明和意识形态对于定义美国家庭的本质以及妇女在其中地位的作用。赖克（Leonard Reich，1977）考察了AT&T（美国电话电报公司）运用研究和专利去主导早期广播业的努力，这部分是为了维护该公司在电话业的既得利益。

迄今最全面的研究是诺布尔（David Noble）的《设计美国》（*America by Design*，1977）。通过对工程师角色的特别关注，他追溯了大企业合理安排机器和人员的成功尝试。工业研究、科学管理、专利控制、工程教育补助，所有这些联合起来造就了一个商业环境，企业管理人员能在其中提前计划增长和加强管理。雷顿（Edwin Layton，1971）解释了这一进路在工程师群体中造就的张力。如他所说，服务于利润的首要地位不仅内嵌于专业协会和教育的机构中，而且内嵌于工程的意识形态中。正如这些研究清楚表明的，这一行为的结果正是芒福德（Lewis Mumford，1964）所谓从"民主"技术到"专制"技术的重大转变，也就是说，在很大程度上受到一个政治上不负责任的小团体的控制，其特征是庞大、简单、相互关联、强大但不稳定。

库索尔（Kuisel，1967）借由法国技术专家治国论者梅西耶（Ernest Mercier）的生平、迈尔（Charles Maier，1970）通过研究科学管理和技术专家治国对于欧洲20世纪20年代（尤其是右派的）意识形态和政治演变的影响，分别研究了这种统合性关联在欧洲的影响。这两项研究都显示出一种惊人的法西斯主义倾向，以及现代科学技术对生产资料拥有者的用处。

（六）技术与意识形态

"意识形态"一词既指对观念（或观念科学）的研究，又指作为组织或机构的"官方"观念而被提出的那些断言。这类技术研究的一个良好开端是雷顿对美国一般科学技术的研究（Layton，1976）和对工程师群体的研究（Layton，1971）。哈伯（Haber，1964）是有关20世纪初效率狂热的思想史，工程师为这一狂热赋予了方向和内容。迈尔（Maier，1970）出色地叙述了欧洲在两次世界大战之间对这种特定意识形态的使用，路德维希（Ludwig，1974）追溯了德国工程师和技术与第三帝国之间的相容性。贝勒斯（Bailes，1974）表明，斯大林在苏联将工程意识形态视为反革命势力的面具，并于20世纪30年代对其进行压制。诺贝尔（Noble，1977）详细记载了美国工程师对企业自由主义的顺从，揭示了发展中的工程专业与工业企业之间的意识形态关联。卡雷和括尔克（Carey & Quirk，1970）描述了 20 世纪电子革命观念背后的意识形态信息，并且富有启发地将其与 19 世纪失败的"机械崇高"联系在一起。虽然托比（Tobey，1971）主要研究那些自称科学家的人，但他还研究了那些将科学置于美国文化核心的尝试，这项研究对技术史家也是有用的。

（七）技术变迁的发展阶段

近年来，一些曾经关注"发明"的学者转向了技术变迁的发展阶段。休斯在《技术与文化》（1976 年 7 月号）关于这一主题的专刊导言中指出，技术史家对发明家、科学家、工程师或企业家所给出的从发明到发展再到创新的这一简单线性进步线索愈发感到不满。休斯试探性地将发展定义为"从与发明相关的简洁但抽象的概念走向建构和检验模型"，从而使设计变化能够"响应环境的要求"，即它在实际世界中的应用，他指出，工程师对这一过程感到满意。休斯关于斯佩里的全面研究（Hughes，1971）详细追溯了这一过程。朱克斯等人的研究（Jewkes et al.，1961）尽管属于推崇发明的老派传统，但也考察了所研究的五十个案例的发展阶段。

基于一种尤其与第三世界相关的国际经济发展（因而是技术发展）的关切，雷顿（Layton，1976）从经济增长退回到技术变迁再退回到技术发展。他将这一过程定义为"并非……一种简单的线性序列，而是……一股包含了社会事件和技术事件的流，不同种类的事件之间存在着大量互动"（p.205）。尽管雷顿断言"跨学科研究实验室对于现代技术发展来说一直是最重要的机构"（p.211），但他也警告，"现代工业的主要部分与科学 – 技术复合体基本上没有关系"（p.215），而这最后一个部分在发展过程创新（相对于生产创新）方面已经比实验室更加成功。虽然当代学者指责技术变迁的简单线性模型，但他们更多是对其进行修正，而不是直接拒绝。他们批评的真正价值在于关注观念在技术世界中变成现实的丰富而复杂的过程。

（八）技术转移

多年以来，技术转移，即技术从一个国家转移到另一个国家、从一个产业或应用转移到另一个产业或应用的观念一直是政府决策者的关切。为刺激经济增长而将西方技术转移到发展中国家，或者将新技术从一个产业转移到另一个产业（例如从航空航天业的副产品转移到其他产业），对这些努力之成效的政策研究已经为技术史家的传统关切带来了新视野。史密斯关于哈珀渡口军械库的研究（Merritt Roe Smith，1977）叙述了单一产业内部转移的变化和对它的抵制。丹霍夫（Danhof，1969）认真考察了农业创新在美国 19 世纪中叶农村社区的扩散方式。罗森伯格对机床产业创新的研究（Rosenberg，1963）将注意力转移到技术变迁的一项关键来源，它能辐射影响许多不同的产业。

国际转移当然不是什么新生事物。柯蒂和伯尔（Curti & Birr，1954）考察了美国在 19 世纪和 20 世纪初将技术输出到发展中国家的努力。珀塞尔（Pursell，1969）对 18 世纪末蒸汽机技术转移到美国做了研究，他对迪格斯（Thomas Digges）在 18 世纪 90 年代向美国传入纺织机械的描述，为一种迁移赋予了一种特殊性，阻止这种迁移曾是英国国家政策的重要组成部分（Jeremy，1977）。在罗森伯格关于美国技术的经济研究（Rosenberg，1972）中，组织原则是将美国的崛起视为一个技术输出国，而不仅仅是技术的借用者。弗利斯（Fries，1975）就美国制造体系转移到英国小型军工业给出了一个案例研究。

更晚近以来，苏顿（Sutton）用三卷本（1968，1971，1973）详细考察了 1917 年到 1965 年西方技术向苏联的转移。这些工作有力地表明，尽管技术可能有不同的国家风格，但依然存在着一个技术的国际共同体，技术的确并且总在跨越大陆、国家、工业、企业之间的边界。马镫从东方传入中世纪欧洲（White，1962），19 世纪美国在沙俄建设铁路，第二次世界大战后将德国火箭技术引入美国的"回形针计划"（Lasby，1971），都是这种持续跨越边界的实例。

（九）技术评估

自从 1967 年引入立法以在国会内部建立某种技术评估能力之后（最终在 1972 年成立了技术评估办公室），技术评估的思想已经获得了越来越多的关注。虽然技术评估通常被用于确认未来技术、评估它们可能的社会和经济影响，但政府也曾尝试激励所谓的"回顾式"技术评估。也就是说，试图确定当过去的技术被初次引进时，当时可以得到哪些信息，以及这些信息如何被用来预测了后来变得显著的结果。想要确切地评价这种努力还为时过早，但技术评估概念有助于引导历史学家关注过去那些预示新技术效应的努力。

最好的出发点是克朗茨伯格（Kranzberg，1970），他聚焦于预示新技术后果的那些努力的历史。井上和萨斯金德（Inouye & Susskind，1977）研究了一项著名的努力成果，即 1937 年联邦政府的"技术趋势"报告。珀塞尔（Pursell，1974a）概述了 1972 年立法成立 OTA（技术评估办公室）的背景。在（Pursell，1974b）中，关于建议科研暂停（1927—1937）的争论被视为人文主义者和科学家、技术专家针对新技术的社会控制所展开的政治斗争。在怀特（White，1974）担任美国历史学会主席的就职演讲中，他做出了一个必要的警告：历史学家不能准确地评估新技术，但他们能揭示这一过程是多么复杂和困难。塔尔和麦克迈克尔（Tarr & McMichael，1977）的精彩研究似乎表明，"回顾式"的技术评估也可以是好的历史，他们叙述了美国城市污水处理技术的发展。

（十）女性与技术

考恩（Ruth Cowan，1976）指出，女性以四种不同于男性的方式与技术发生互动：①作为生物意义上的女性；②作为市场中的劳动者；③作为家庭中的劳动者；④作为在意识形态上不能完全参与现代科学技术的人。第一个方面的研究很少，肯尼迪（Kennedy，1970）关于避孕技术史的研究是一个开端。沃茨和沃茨（Wertz & Wertz，1977）追溯了在美国分娩的历史，虽然分娩显然是一种"自然"行为，但它也变得日益机械化（Arms，1975），其后果直到现在才得到研究。关于市场经济中的女性劳动者，贝克（Baker，1964）依然是经典著作。拉韦茨（Ravetz，1965）提出对家务劳动进行研究。考恩（1976）出色地推进了这一研究，她对 20 世纪 20 年代家庭电气化后果的考察必将成为经典之作。

考恩关注的是 20 世纪 20 年代的家庭工业化，而安德鲁斯和安德鲁斯（Andrews & Andrews，1974）则关注 19 世纪。斯克拉（Sklar，1973）撰写了一部关于家庭技术提升运动的美国先驱者比彻（Catherine E. Beecher）的精彩传记。鲍德温（Baldwin，1949）是一本关于家庭经济运动发展的薄而官方的编年手册。这些研究大多关注中产阶级家庭主妇，而克莱因伯格（Kleinberg，1976）则描述了 19 世纪末匹兹堡的政治（最终是经济）政策，这些政策决定了工人阶级的妻子们能在多大程度上受益于新的城市技术，如下水道、铺设的道路等。和在其他许多领域一样，在这方面，吉迪翁（Giedion，1948）也是思想和出色案例的来源。

技术世界创造过程中的女性参与肯定是有限的：比如在美国，只有不到百分之一的工程师是女性。亨特（Hunt，1912）记录了第一位从麻省理工学院毕业的女性理查兹（Ellen H. Richards）的生平，她是一个著名的例外。吉尔布雷斯（Gilbreth，1970）对美国最著名的女性工程师吉尔布雷斯（Gilbreth，1970）做了非正式的叙述。安德森（Anderson，1931）以一种混合了新闻报道和社会猜想的奇特方式指出，女性不仅被排除出机器效应，而且对机器效应是免疫的，女性处于技术社会之外，于是女性能将男性从他们自我阉割的后果中拯救出来。这种反应非常值得研究，无论其背后可能有什么样的现实。

（十一）技术与文学

关于技术与美国文学研究的经典开端是马克斯（Leo Marx，1964）。马克斯（1964）涵盖了从莎士比亚到菲茨杰拉德的作家，追溯了他所谓"花园中的机器"，即面对日益工业化时的田园理想。英国文学方面，苏斯曼（Sussman，1968）在"维多利亚时代的人与机器"的标题之下讨论了从卡莱尔（Thomas Carlyle）到吉卜林（Rudyard Kipling）的作家。韦斯特（West，1967）是对20世纪美国作家的一项不太成功的研究。史密斯（1964）是对马克·吐温《误闯亚瑟王宫》（*Connecticut Yankee in King Arthurs Court*）的一项富有启发性的研究。摩根（Hank Morgan）是19世纪美国在代议制政府和工业技术领域中获得成功的典型代表，他能与万千民众一起摧毁整个文化，却无法代之以任何更好的东西。正如史密斯所表明的，马克·吐温写这本小说的经历是如此幻灭，以致他再也没能写出一流的长篇作品。

作为对19世纪美国技术与共和思想研究的一部分，卡森（Kasson，1976）给出了关于19世纪美国作家最杰出的乌托邦与敌托邦思想的重要讨论。卡森像马克斯和史密斯一样属于美国研究传统，他确立了技术在共和国早期美国领导人的思想和规划中扮演的关键角色。最终卡森表明，这些领导人未能塑造一个"符合共和国理想"的技术社会。在关于布鲁克林大桥在美国思想中独特地位的研究中，特拉亨伯格（Trachtenberg，1965）将艺术、商业实践和技术巧妙地融合在文学评论中。菲尔姆斯（Philmus，1970）和埃米斯（Kingsley Amis，1960）考察了科幻亚文化，前者的研究涵盖了从戈德温（Francis Godwin）到韦尔斯（H. G. Wells）在内的作家。伯杰（Berger，1972）研究了最成功、最具影响力的科幻杂志之一《惊异科幻》（*Astounding Science Fiction*）的资深编辑坎贝尔（John W. Campbell）。

（十二）技术与环境

技术对自然环境的影响太过明显，事实上几乎正是对这一影响的预期定义了技术观念。然而直到最近，它才成为一个重要的独立研究领域，尤其是关于负面影响。怀特的著名论点（White，1967）——我们目前生态危机的根源来自犹太－基督教传统——为这一主题提供了一个激发兴趣的论点。罗森伯格（Rosenberg，1971）为这个问题提供了经济背景，他主要关注外部成本问题。关于城市污染有一些富有启发性的研究：布雷克（Te Brake，1975）追溯了1250年到1650年伦敦的人口增长、燃料危机和空气污染之间的互动；凯恩（Cain，1974）讨论了芝加哥试图将污水与供水系统分离的努力；塔尔和麦克迈克尔（Tarr & McMichael，1977）则追溯了 19、20 世纪美国污水处理系统中新技术与后续新问题之间的精彩互动。

托比（Tobey，1976）将 19 世纪 80 年代美国草原生态业的兴起与中西部农民的需求联系起来。历史学家普遍最关注的是在美国进步主义时期达到高潮的资源保护运动。海斯（Hays，1959）修正了对那场改革运动的传统观点，将其深植于对工业生产诸因素进行合理化和高效化的广泛技术努力中。康芒纳（Commoner，1971）把第二次世界大战以来的环境危机主要归咎于技术变迁，而不是人口过剩。格雷厄姆（Graham，1970）记载了利己主义的技术共同体对卡森（Rachel Carson）《寂静的春天》（*Silent Spring*）一书反 DDT 立场的反应。

二、技术史与其他领域的关系

不可能也不应该试图将技术史与其他相关学科孤立开来。跨越学科界限的话题和涉足不同研究领域的研究者总是存在；即便是那些不涉足不同研究领域的研究者，研究一个领域所获得的洞见和方法也会通过类比来丰富其他领域。本书所涉领域之间的差异主要源自所研究的现象，而这些差异又造就了关于同行、同事、期刊、资助、学术组织、受众等的不同支持系统。尽管这些社会壁垒常常难以打破，但各个领域的思想关切不应显示这种领土状态。

（一）科学史

科学史不仅是技术史的源点之一，而且一直是思想、方法、同事和一般灵感的源泉。像工业研究实验室的历史这样的话题能够同时引起科学史家和技术史家的兴趣，人们会期待他们携手合作共同研究这一重要机构。而像美国国家工程院这样的组织则最终会吸引技术史家进行研究，而这一研究将会得益于关于美国国家科学院历史的研究。如果相似的结果有相似的原因，那么雷顿所谓的科学技术的"镜像双生"就可以提供无数案例，表明科学史家和技术史家需要密切了解彼此的工作。同时不应忽视的是，界定（以及类似的限制手段）会产生严重的政治影响。由于科学史家和技术史家会有意无意地内化和宣示诸如科学共同体和工程共同体的意识形态，他们往往会介入领地争端，其激烈程度不亚于针对其研究主题的争论。赢得战争、登月或者可以为当下的享乐（或危险）负责的是科学还是工程？这些并不是小问题。若能远离这些争端一步，科学史家和技术史家就更有能力超越它们，甚至能够通过学术来缓和争端。

同时也要强调，科学和技术是不同的事业。尽管科学史是技术史的根源之一，但技术史在过去若干年里已经发展出自己独特的兴趣和概念。虽然有所重叠，但这两个领域的文献非常不同，期望此领域的专家通晓彼领域是不切实际的。虽然一些学者仍然试图同时跟上这两个领域，但它们日益独立的发展已经使这变得越来越困难。

（二）科学社会学

上述技术史家与科学史家之间的关系也同样适用于技术史家与科学社会学家之间。此时新出现的是完全不同的方法，这既带来了一个潜在障碍，也带来了一个好处。历史学家常常充当业余社会学家，一如社会学家常常会尝试做历史一样。如果这些尝试是有意识的并且基于相互尊重和了解，结果会变得更好。科学与技术的互动往往发生在社会学家最活跃的那些领域：知识的应用、制度建设、团队协作等。常会遇到的障碍是历史学家既不了解也没有受过训练的方法与新词汇，为了丰富历史研究而去克服这些障碍通常是值得的。

（三）医学史

对技术史家来说，医学不论在历史方面还是社会学方面都是个特殊问题。除非两者都涉及科学史，技术史家与医学史家的进路在过去很少相交。研究医学和研究技术的人代表了不同的传统和机构、不同的受众和兴趣，往往各行其是。然而可以证明，技术与医学在现实生活中的关系要比技术与科学更紧密。无论医生还是技术专家都不享有纯粹思考的奢侈，他们都要为自己活动的实用效果所衡量（如其所期待的）。两者都用工具来获得想要的自然结果。两者都在一定程度上利用科学（现在比以往更甚），但也都比单纯的应用科学更加实践。和基因工程越来越大的可能性一样，医疗设施的日益精良大大增强了技术史与医学史、医学社会学之间的自然结合。尽管存在强大的体制壁垒，有理由认为这两个领域将来会有越来越多的互动。

（四）流行的对技术的社会批判

不论是科学研究还是医学研究，历史和社会学学科都可以在其中彼此区分地发展起来，但对技术研究来说却并非如此。并没有一个学者群体自命为技术社会学家，曾被奥格本（Ogbum）和吉尔菲兰（Gilfillan）等名家照亮的进路目前已经少有人问津。然而，他们卓越的工作和该领域的明显功用必然会使之复兴。这里我们已经看到了一种延续，或可称之为对技术的社会批判或一种关于技术的流行社会学。广为人知的机械文明研究，如蔡斯（Stuart Chase）和比尔德（Charles Beard）在 20 世纪 20 年代末的研究，今天已由伊里奇（Ivan Illich）和罗萨克（Theodore Roszak）的工作所延续。这些研究极力提醒公众警惕技术与社会的问题，为学院派社会学家提供富有成效的假说，为对文化风格感兴趣的技术史家提供有益的东西。

（五）科学政策研究

最后，技术史家和新兴的科学政策研究学者之间存在着越来越广的共识。正如莱顿（Layton，1977）所说，国家所奉行和考量的科学政策事实上常与技术相关：核能、能源自主、技术转移、共同防卫、技术创新激励、技术专家的数量和分布等。认为科学（或技术）是某种有着国家政策的东西，这本身是一个有启发性的观念，能为英国在 18 世纪尝试阻止技术专家外派（一种人才外流）或美国在 19 世纪官方鼓励新兴国家发展工业（一种技术转移）提供新的视角。当然，每一位优秀的历史学家都会抵制那种用现今旨趣阅读过去的诱惑。不过，每一位优秀的技术史家也都会从新兴的科技政策研究中汲取新的洞见。

（六）一般史

技术史与一般史之间的关系目前还不尽如人意。理论上，技术史与宗教史、思想史、外交史、农业史等其他专门史相列。事实上，它对一般综合史写作和教学的影响要小于上述任何一种。历史学和其他任何学科一样是流行一时的，各领域你方唱罢我登场，领一时风尚然后逐渐式微，有时作为活着的传统几乎消失。部分原因在于整个社会的风尚和意识水平。例如，在国际合作与竞争激烈的时期，我们预期对外交事务的普遍兴趣会促使外交史重新流行起来（以及新书和新的教学岗位）。有证据表明，美国目前对技术的兴趣已经使学生和学术管理者开始对技术史感兴趣。还有证据表明，该领域的文章目前在一般史期刊中比过去更受欢迎，有一部技术史著作（Smith，1977）还获得了 1976 年美国历史学会的弗雷德里克·杰克逊·特纳奖。

同时，必须承认技术史尚未被整合到一般史之中。在转到"更重要的"政治与外交史之前，教科书和概述可能会为几个英雄发明家或美国制造体系做一个肤浅而虚伪的注释。但即使在这里也仍然有理由乐观。在 1974 年就任美国历史学会主席的致辞中，海厄姆（John Higham）提出，19 世纪中叶美国社群的定义方式已经从原始交往变成了意识形态的、技术的。不论这一假说是否能被普遍接受，更关键的在于它所带来的希望：技术也许能够从脚注和个别历史章节中脱离，（至少对于美国）成为理解我们整个国家经历的必要组成部分。

技术史与欧洲一般史的整合也会同样深刻。怀特关于中世纪（White，1960）、齐波拉关于探险时代（Cipolla，1965）和工业革命的若干传统论述，近期著作如迈尔（Maier，1970）关于 20 世纪二三十年代技术专家治国论和欧洲意识形态的研究，都表明技术发展对于规定欧洲历史进程的核心地位。我们也许有理由预见，技术发展对人类社会的深远影响迟早会被整合到所有国家和文化的历史中。

三、美国以外的学术发展

斯迈尔斯关于工程师和实业家的传记等著作帮助维多利亚时代的英国发展出一种技术前史，但直到 1919 年纽科门工程与技术史学会诞生，一个有组织的领域才开始发展起来。直到今天，以纽科门学会为代表的技术史与制造史的特殊混合仍然是英国技术史领域的一个主要特征。近年来，英国公共建筑与工程部在 1963 年的成立以及一年后《工业考古学杂志》的创办强化了这一进路。当前，英国毫无疑问在工业考古学和以此为信息来源的特定技术史方面居于领先地位。

最近还有几位英国学者尝试为技术史开拓一个新的思想领域，它不同于科学史长期占据的那个领域但又与之相似。卡德维尔在他的《西方技术的转折点》（1972）、佩西（Pacey）在他的《技术迷宫》（*The Maze of Ingenuity*，1975）中都坚持认为，技术史是一股洪流，不受制于任何更高的力量，由其自身观念的内在动力所驱动。

对技术自主性更严肃的看法见于霍尔（A. Rupert Hall）的著作，他的《技术史》年刊（第一卷于 1976 年问世）表达了观念史家和技术史家的看法。工业革命和经典科学史的幽灵低悬在该领域上空。也许最重要的近期发展是研究中心的扩展，尤其在红砖大学中。伯明翰的巴斯大学、曼彻斯特理工大学，现在还有伦敦大学，都在该领域发展出或多或少的竞争力，而开放大学已经使技术成为某种具有特殊意义的东西。

德国正式的技术史研究可以追溯到 1909 年。那一年建立了首个技术史教职（由柏林高等技术学校的马乔斯（Carl Matschoss）创立），诞生了两个重要期刊：柏林的《技术史与工业史》（*Beitrage zur Geschichte der Technik und Industrie*）和莱比锡的《自然科学史与技术史档案》（*Archiv fur die Geschichte der Naturwissenschaften und der Technik*）。后者很快便聚焦于科学史，而由德国工程师协会（VDI）资助的前者则标志着该群体成为德国在技术史领域的领导地位背后的首要力量。

迈出的第二步是 1925 年德意志博物馆在慕尼黑的开放。这座筹划于 1903 年的伟大博物馆立即成为学界兴趣的焦点，1963 年成为新科技史研究所的所在地。多年来出现了一些重要小组。最典型的例子是 1931 年马乔斯在德国工程师协会中创建的技术史专业部。1962 年，德国历史学家在其 25 周年年会上同意建立"技术与历史"分部。

政府对技术史领域的认可来得比较慢。1957 年，德意志民主共和国建立了一个"生产力史"研究小组作为科学院的一部分，但事实证明这是一个错误的开端。在德意志联邦共和国，尽管有克莱姆（Friedrich Klemm）等学者的英勇努力，但政府支持几乎没有超出 1962 年教育部常务委员会的一份敦促学校更重视技术史的备忘录。

鲁鲁普（Rurup，1974）在对德国技术史领域各项成就的出色回顾中讨论了新近的技术史著作（以及最出色的技术史文献）。

技术史在原苏联一直是一项重要研究，这在很大程度上是因为马列主义哲学史非常强调社会生产制度。1921 年，苏联政府成立了一个科学、哲学与技术史委员会。没过多久，它就化身为列宁格勒科学院的科技史研究所。1929 年，培养"新无产阶级专家"的任务促使苏共中央委员会将"马克思主义技术史"作为这一群体的必修课（Joravsky，1961，p.5）。在 20 世纪 30 年代末的衰落和第二次世界大战之后，科学院在 1945 年有了一个新的研究所。此后，技术史领域的学术工作一直持续而高产（Joravsky，1961）。

正如一位重要的从业者所表述的，苏联的观点是："自然科学只为技术问题指出了一些可能的解决方案，但自然科学本身既不能引领技术，也不能决定技术发展的范围或速度。从长远来看，完全是特定社会体系的经济规律决定了人们的行为，引领着技术进步的方向和速度"，可以把技术进步定义为"人的思想在与自然力量的斗争中取得的胜利"（Zvorikine，1961，pp.2-4）。兹沃里基涅（Zvorikine，1960）的研究中包含着对苏联工作的最完整表述，莫吉列夫（Mogilev，1973）则关注了近期的工作。

法国在 18 世纪建立了对技术史研究兴趣的一个早期传统，该传统可见于狄德罗《百科全书》（*Encyclopedic*）的出版和 1794 年法国国立工艺学院在巴黎的成立。然而，技术史作为一个严肃的学科则发展缓慢，直到 20 世纪五六十年代，多马斯（Maurice Daumas）和吉尔（Bertrand Gille）才开始在法国对技术史进行组织。《经济与社会史年鉴》的"技术、历史与生活"特刊（*Annales d'histoire économique et sociale*，No. 36，November 30，1935）表达了其编者费弗尔（Lucien Febvre）和布洛赫（Marc

Bloch）的信念：技术史首先必须是技艺（techniques）的历史。这种优先性贯穿于多马斯的关键著作（Daumas，1976），清楚地体现在他的多卷本《技术通史》（两卷已有英译本，1962）中。

在许多方面，加拿大的情况都与其他国家类似。1964年，辛克莱在撰写他的加拿大技术史文集导言时感慨道，"非常奇怪，这一主题几乎无人研究"（Sinclair，1974，p.3）。不过，艾布拉姆斯（John W. Abrams）创建的科技史与科技哲学研究所近年来一直在多伦多大学开设课程并培养研究生，越来越多的学生更关注技术而非科学。

最近，东西方大多数国家都对作为学术研究领域的技术史表现出新的兴趣。在日本、意大利、波兰、捷克斯洛伐克、印度等国家，大学课程、研究小组、官方机构、历史或工程组织的分部、新旧期刊，以及最重要的学者个人的不懈努力，都在使技术史成为具有真正重要性和学术兴趣的领域。

1978年3月，布鲁塞尔工程师协会主办的新期刊《布鲁塞尔技术》（*Technologia Bruxellensis*）问世，文章兼用荷兰语和法语，既探讨技术史也探讨工业考古学。在叙利亚，阿勒颇大学成立了一个阿拉伯科学史研究所。1977年5月，《阿拉伯科学史杂志》（*Journal for the History of Arabic Science*）第一期出版，其中也包含技术史材料。日本主办了第十四届国际科学史与科学哲学大会。最近，克朗茨伯格和珀塞尔（Kranzberg & Pursell，1967）第二卷的日译本出版，并且得到了广泛评论。

四、价值观与技术史

技术是人类行为的一种形式，因此伦理价值含义的问题至关重要。当然，这种看法与那种认为技术是"中性的"因而超越了伦理的常见看法相冲突。问题不仅有单纯的学术意义。流行口号"枪不杀人，人杀人"提醒我们，公共政策也可以与对技术这一社会力量的某种看法密切相关。

认为技术是中性的论点建立在以下明确的信念之上：伦理和价值仅与行动相关，冷冰冰的机器无法行动。有意的行动仅限于人，因此只有人才能为那种行动的结果负责。作为那种行动的动因，技术不可能承担责任。一些常见的现象可以强化这种信念，例如使用枪既可以为了攻击（坏）也可以为了防御（好），既可以是莽撞的（坏）也可以是为了提供食物（好）。

对技术中性论的反对源自亚里士多德的一个基本信念，即形式、质料和目的（功能）在人所创造的世界中必然相互联系。于是，一把椅子和一架战略轰炸机都有特定的目的，目的已被内置于它们的形式中，并对它们由以制造的材料施加影响。事实上，如果我们知道一件工具的形式和材料，就能敏锐地猜测它的目的，而如果了解它的目的，我们就能说出它的可能形式和构造。因此，根据这一论证，社会的目的（伦理与价值）已被植入技术的特定形式与构造之中，技术并不存在于脱离该目的的某个中性领域中。

这些论证被不断阐释，相互纠缠，并且与方向和控制问题混在一起，还对技术史的研究和教学方式产生了影响。如果技术是中性的，甚或技术是必然进步的和有益的，那么人们就可能满足于对机器的细节、组件和用途做出内部描述，技术史将会大体呈现为对未来的自我陶醉和乐观主义；此外，如果技术体现着创造它的社会的价值，甚或技术有其自身的内在固有价值，那么技术史就应该不仅包含设备细节，更应包含价值及其对所在社会的影响。

前一种进路的优点在于给技术史赋予了自己的领域，它反对这样一种观点：关注最大、最重要问题的历史学家可以将技术仅仅视为症状而不加考虑，以便直接讨论人本身。后一种进路的优点在于证明，虽然人是历史的固有研究对象，但通过人的行为才能最好地理解人类，而人的行为的一个基本表现就是技术。

在这一点上，技术史同样与科学史紧密联系在一起。已故的古德曼（Paul Goodman）曾经指出，技术并不只是地位较低的科学，而是道德哲学的一个重要分支。他提出，技术作为一种行为方式在伦理上应该审慎，技术专家（凭借联想）自称拥有社会正开始赋予科学家的那种道德豁免权，纯粹是出于与科学的历史混淆。正确理解的技术应被视为人性的一部分，正如怀特（Lynn White，1974）所提醒我们的：量不过是质的一部分。

仅靠历史学家不大可能解决现代世界的伦理困境，但技术史家至少能够而且应该去清晰地表明：并非一切可能的技术都存在，没有哪两个机器能够完全互换，因此技术史是对所做选择的记录——这些选择显然源自价值，在价值语境之外的选择是毫无意义的。

文献导读

注：文献导读中所列书目在主书目中不再重复。

（一）物理遗址

我们无法列出技术史上重要的物理遗址。美国有位于罗得岛的波塔基特的老斯莱特磨坊（Old Slater Mill），这是美国第一家使用阿克赖特纺纱机的棉纺厂所在地；由美国国家公园局维护重建的一座 19 世纪铁炉，位于宾夕法尼亚州中东部的霍普韦尔村（Hopewell Village）；位于加利福尼亚州索诺马县的老贝尔磨坊（19 世纪 40 年代的一家磨粉厂）；还有在马萨诸塞州的索格斯重建的 17 世纪铁制品，都是户外博物馆的杰出范例，必须体验才能欣赏。在英国，位于什罗普郡泰尔福特的铁桥峡博物馆信托基金（Ironbridge Gorge Museum Trust），在保护和修复与工业革命中铁的角色变化有关的英国最重要遗址方面做了出色的工作。

对这些遗址最好的指南也许是不断增长的工业考古学文献。Neil Cossons（1975）中有一份长达 7 页的"工业博物馆"指南（pp.451-457），提供了关于英国遗址的有用信息。也可参考以下著作：

Buchanan, R. A. *Industrial Archeology in Britain*. Harmondsworth, Middlesex: Penguin, 1972.

Hudson, Kenneth. *A Guide to the Industrial Archeology of Europe*. Cranbury, N.J.: Fairleigh Dickinson University Press, 1971.

Rees, D. Morgan. *Mines, Mills, and Furnaces: Industrial Archaeology in Wales*. London: Her Majesty's Stationers Office, 1969.

Sande, Theodore Anton. *Industrial Archeology—A New Look at the American Heritage*. Brattleboro: Stephen Greene Press, 1976.

应当指出，美国国家公园局的分支机构"美国历史工程记录"（historic american engineering record）正在致力于清查和记录美国所有重要的工程遗址和建筑物。迄今为止，已出版了密歇根州下半岛、下梅里马克河谷、长岛、北卡罗莱纳、特拉华、新英格兰和其他一些地点的详细目录。

（二）博物馆

科学、技术和工业博物馆是研究技术史的重要辅助。与历史研究的其他分支相比，通过对物件和书面文献的深入研究，对物质事物的理解得到了更为显著的推进。技术史上杰出的博物馆包括伦敦的科学博物馆、慕尼黑的德意志博物馆、巴黎的法国国立工艺学院、佛罗伦萨的科学史研究所与科学史博物馆，以及斯德哥尔摩的瑞典国家科学技术博物馆。在美国，史密森学会的历史与技术博物馆的参观人数在世界的同类博物馆里排名最高，其次是芝加哥的科学工业博物馆。其他优秀的美国博物馆包括费城的富兰克林研究所、密歇根州迪尔伯恩的亨利·福特博物馆和格林菲尔德村、纽约的康宁玻璃博物馆、马萨诸塞州北安多佛的梅里马克河谷纺织博物馆，以及特拉华州威尔明顿附近的哈格利博物馆。

对技术博物馆的最佳介绍是 *Technology and Culture* 6（Winter，1965）的特殊主题专号，特别是以下论文：

Bedini, Silvio A. "The Evolution of Science Museums," pp.1-29.（包括一张 "19 世纪的早期科学收藏和博物馆" 的表格）

Brown, John j, "Museum Census: A Survey of Technology in Canadian Museums," pp.83-98.

Ferguson, Eugene S. "Technical Museums and International Exhibitions," pp.30-46.

Finn, Bernard S. "The Science Museum Today," pp.74-82.（包括一张 "某些现代科学博物馆" 的表格）

（三）档案和特殊收藏

技术史的手稿资源既可以说处处不在，又可以说无处不在。说它处处不在，是因为还没有一个机构宣称自己专门储藏这类材料，并采取强有力的政策来获取这些材料；说它无处不在，是因为与其他任何人类活动一样，技术留下了它的笔迹，并与其他人类活动的笔迹混合在一起。因此，手稿资源可以在历史学家通常访问的许多甚至是大多数大大小小的档案馆中找到。有两个特殊地点需要特别注意。除了出版的详细目录，"美国历史工程记录" 还收集了 50 多年前建造的建筑物的大量图纸和照片。了解这些材料的一种办法是查阅 *Historic American Engineering Record Catalog*，（1976）。另一个资源是史密森学会保存的美国工程师传记档案，存放在历史与技术博物馆，其中收藏了活跃于 19 世纪的数百位工程师的文件。

联邦政府一直对技术问题特别感兴趣，所以位于华盛顿特区的国家档案馆是手稿材料的一个主要来源。Nathan Reingold（1960）：描述了对技术问题有很大兴趣的两个关键部门；Meyer Fishbein（1976）讨论了科学研究与发展局等部门。关于技术史的资料可以在比如国务院（国外服务人员派遣）和农业部的各种记录组中找到。

国会图书馆收藏了许多有趣的藏品，其中包括战时科学研究与发展局局长万尼瓦尔·布什（Vannevar Bush）和指挥美国巴拿马运河工程的戈索尔斯（Goethals）将军的藏品。像麻省理工学院这样的学校，以及像通用电气公司这样的许多工业公司都有历史档案（这里是历史收藏）。费城的富兰克林学院有一个精美的档案馆，由于它在 19 世纪上半叶的机械师学会运动中居于领导地位，所以特别重要。特拉华州哈格利博物馆附近的 Eleutherian Mills 历史图书馆不仅拥有一个研究图书馆和丰富的照片收藏，而且拥有一流的工业、技术和商业文稿档案。最后，旧贸易目录的特殊收藏保存在若干地点，最重要的是东海岸的史密森学会和西海岸的加利福尼亚大学圣巴巴拉分校。

（四）书目、目录、索引

American Society of Civil Engineers. *A Biographical Dictionary of American Civil Engineers*. New York: American Society of Civil Engineers, 1972.

　　包含南北战争前出生的 170 个人物传记条目，以及在未来卷出现的名单。

Bell, Samuel Peter, comp. *A Biographical Index of British Engineers in the 19th Century*. New York: Garland Publishers, 1975.

Ezell, Edward C. "Science and Technology in the Nineteenth Century," In *A Guide to the Sources of United States Military History*, pp.185-215. Edited by Robin Higham. Hamden, Conn.: Archon Books, 1975.

Ferguson, Eugene S. *Bibliography of the History of Technology*. Cambridge, Mass.: Society for the History of Technology and M.I.T. Press, 1968.

——, comp. *Cassiers's Magazine, Engineering Monthly, 1891-1913*. Iowa State University Bulletin 63, No.10. Ames: College of Engineering, Iowa State University, 1964.

Goodwin, Jack. "Current Bibliography in the History of Technology," *Technology and Culture*. 每年的四月号出现。

Hacker, Barton C., ed. *An Annotated Index to Volumes 1 through 10 of "Technology and Culture," 1959-1969*. Chicago: University of Chicago Press, 1976.

Higgins, Thomas James. "A Biographical Bibliography of Electrical Engineers and Electrophysicists," Parts 1 and 2. *Technology and Culture* 2 (Winter 1961): 28-32; 2 (Spring 1961): 146-156.

Hounshell, David A. "A Guide to Manuscripts in Electrical History", *Technology and Culture* 15 (October 1974): 626-627.

Hindle, Brooke. *Technology in Early America: Needs and Opportunities for Study*. Chapel Hill: University of North Carolina Press, 1966.

History of Science Society. "Critical Bibliography of the History of Science and Its Cultural Influences," *Isis*.

　　每年出现，第 100 期出现在 Vol.66, Part 5, 1975. 包含技术史分支。

Miles, Wyndham D., ed. *American Chemists and Chemical Engineers*. Washington, D.C.: American Chemical Society, 1976. 517 位已逝个人的传记。

Pursell, Carroll W., Jr. "Science and Technology in the Twentieth Century," In *A Guide to the Sources of United States Military History*, pp.269-291. Edited by Robin Higham. Hamden, Conn.: Archon Books, 1975.

（五）期刊

关于技术史的文章可见于许多不同的普通和专业历史期刊。例如，*Agricultural History* 上偶尔会刊登有关农业技术的文章；美国研究协会的期刊 *American Quarterly* 对技术史有着长期的兴趣；国家和地方历史期刊上经常刊登有关当地发明家或创新的文章。然而，下面列出的期刊在提供这类文章方面最为一贯。

Dejiny ved a techniky (1968-) [Czech].

History of Technology (1976-) [British].

IA: The Journal of the Society for Industrial Archeology (1975-) [U.S.].

Isis (1913-) [U.S.].

Journal of Industrial Archeology (1964-) [British].

Le Machine: Bollettino dell' Instituto Italiano per la Storia della Technica (1967-) [Italian].

Technikgeschichte (1909-) [German].

Newcomen Society for the Study of the History of Engineering and Technology, *Transactions* (1920-) [British]. *Technology and Culture* (1959-) [U.S.].

（六）编史学讨论

Buchanan, Angus. "Technology and History," *Social Studies of Science* 5 (November 1975): 489-499.

Burke, John G. "The Complex Nature of Explanations in the Historiography of Technology," *Technology and Culture* 11 (January 1970): 22-26.

Daniels, George H. "The Big Questions in the History of American Technology," *Technology and Culture* 11 (January 1970): 1-21.

Daumas, Maurice. "'L'Histoire Generale des Techniques," *Technology and Culture* 1 (Fall 1960): 415-418.

——. "The History of Technology: Its Aims, Its Limits, Its Methods," In *History of Technology*，1st annual vol., 1976, pp.85-112. London: Mansell, 1976.

Dupree, A. Hunter. "The Role of Technology in Society and the Need for Historical Perspective," *Technology and Culture* 10 (October 1969): 528-534.

Ferguson, Eugene S. "Toward a Discipline of the History of Technology," *Technology and Culture* 15 (January 1974): 13-30.

Heilbroner, Robert L. "Do Machines Make History?" *Technology and Culture* 8 (July 1967): 335-345.

Jones, Howard Mumford. "Ideas, History, Technology," *Technology and Culture* 1 (Winter 1959): 20-27.

Joravsky, David. "The History of Technology in Soviet Russia and Marxist Doctrine," *Technology and Culture* 2 (Winter 1961): 5-10.

Layton, Edwin T., Jr. "The Interaction of Technology and Society," *Technology and Culture* 11 (January 1970): 27-31.

——. "Technology as Knowledge," *Technology and Culture* 15 (January 1974): 31-41.

——. "Conditions of Technological Development," In *Science, Technology, and Society: A Cross-Disciplinary Perspective*, pp.197-222. Edited by Ina Spiegel-Rosing and Derek de Solla Price. Beverly Hills: Sage Publications, 1977.

Lenzi, Giulio. "Storia della Technica dal Medioevo al Rinascimiento, by Umberto Forti," *Technology and Culture* 1 (Fall 1960): 419-420.

Mayr, Otto. "The Science-Technology Relationship as a Historiographic Problem," *Technology and Culture* 17 (October 1976): 663-672.

Multhauf, Robert P. "Some Observations on the State of the History of Technology," *Technology and Culture* 15 (January 1974): 1-12.

Price, Derek de Solla. "On the Historiographic Revolution in the History of Technology," *Technology and Culture* 15 (January 1974): 42-48.

Rurup, Reinhard. "Reflections on the Development and Current Problems of the History of Technology," *Technology and Culture* 15 (April 1974): 161-193.

Schlesinger, Arthur M., Sr. "An American Historian Looks at Science and Technology," *Isis* 36 (October 1946): 162-166.

——. "The Society for the History of Technology," Organizational Notes, in *Technology and Culture* 1 (Winter 1959): 106-108. Written by Melvin Kranzberg.

Woodbury, Robert S. "The Scholarly Future of the History of Technology," *Technology and Culture* 1 (Fall 1960): 345-348.

Zvorikine, A. "The Soviet History of Technology," *Technology and Culture* 1 (Fall 1960): 421-425.

——. "The History of Technology as a Science and a Branch of Learning: A Soviet View," *Technology and Culture* 2 (Winter 1961): 1-4.

（七）概述

Burlingame, Roger. *Engines of Democracy: Inventions and Society in Mature America*. New York: Charles Scribner's Sons, 1940.

——. *March of the Iron Men: A Social History of Union through Invention*. New York: Charles Scribner's Sons, 1943.

——. *Backgrounds of Power: The Human Story of Mass Production*. New York: Charles Scribner's Sons, 1949.

Daumas, Maurice, ed. *A History of Technology and Invention: Progress Through the Ages*. 2 vols. New York: Crown Publishers, 1962.

Derry, T. K., and Williams, Trevor I. *A Short History of Technology from the Earliest Times to A.D. 1900*. New York: Oxford University Press, 1961.

Finch, James Kip. *The Story of Engineering*. Garden City, N.Y.: Doubleday, 1960.

Forbes, R. J. Man the Maker: *A History of Technology and Engineering*. New York: Henry Schuman, 1950.

——. *Studies in Ancient Technology*. 9 vols. Leiden: E. J. Brill, 1955-1964; New York: William S. Heinman, 1964-1972.

Forbes, R. J., and Dijksterhuis, E. J. *A History of Science and Technology*. 2 vols. Baltimore: Pelican Books, 1963.

Giedion, Siegfried. *Mechanization Takes Command: A Contribution to Anonymous History*. New York: Oxford University Press, 1948.

Klemm, Friedrich. *A History of Western Technology*. Cambridge, Mass.: M.I.T. Press, 1964.

Kranzberg, Melvin, and Pursell, Carroll W., Jr. *Technology in Western Civilization*. 2 vols. New York: Oxford University Press, 1967.

Landes, David S. *The Unbound Prometheus: Technological Change and Industrial Development in Western Europe from 1750 to the Present*. New York: Cambridge University Press, 1969.

Mumford, Lewis. *Technics and Civilization*. New York: Harcourt, Brace & World, 1934; reprint ed., New York: Harcourt Brace Jovanovich, 1963.

——. *The Myth of the Machine: Technics and Human Development*. New York: Harcourt, Brace & World, 1967.

——. *The Myth of the Machine: The Pentagon of Power*. New York: Harcourt Brace Jovanovich, 1970.

Needham, Joseph. *Science and Civilisation in China*. New York: Cambridge University Press, 1954-. A multi-volume work in progress.

Singer, Charles; Holmyard, E. J.; Hall, A. R.; and Williams, Trevor I., eds. *A History of Technology*. 5 vols. Oxford: Oxford University Press, 1955-1958.

Struik, Dirk J. *Yankee Science in the Making*. Boston: Little, Brown, 1948.

Toynbee, Arnold. *Lectures on the Industrial Revolution in England*. London, 1884.

Usher, Abbott Payson. *A History of Mechanical Inventions*. Cambridge, Mass.: Harvard University Press, 1929.

Wolf, A. *A History of Science, Technology, and Philosophy in the 18th Century*. New York: Macmillan, 1938; reprint ed., Gloucester, Mass.: Peter Smith, n.d.

——. *A History of Science, Technology, and Philosophy in the 16th and 17th Centuries*. New York: Macmillan, 1935; 2nd ed., 1950; reprint ed., Gloucester, Mass.: Peter Smith, n.d.

（八）文集

Hughes, Thomas Parke. *Changing Attitudes Toward American Technology*. New York: Harper & Row, 1975.

Kranzberg, Melvin, and Davenport, William H. *Technology and Culture: An Anthology*. New York:

Shocken Books, 1972.

Layton, Edwin T., Jr. *Technology and Social Change in America*. New York: Harper & Row, 1973.

Pursell, Carroll W., Jr. *Readings in Technology and American Life*. New York: Oxford University Press, 1969.

Saul, S. B. *Technological Change: The United States and Britain in the 19th Century*. London: Methuen, 1970.

Sinclair, Bruce; Ball, Norman R.; and Peterson, James O., eds. *Let Us Be Honest and Modest: Technology and Society in Canadian History*. Toronto: Oxford University Press, 1974.

Smith, Cyril Stanley. *Sources for the History of the Science of Steel, 1532-1786*. Cambridge, Mass.: Society for the History of Technology and M.I.T. Press, 1968.

文献目录

Aitken, Hugh G. J. *Syntony and Spark: The Origins of Radio*. New York: John Wiley, 1976.

Alford, L. P. *Henry Laurence Gantt: Leader in Industry*. New York: Harper & Bros., 1934.

Amis, Kingsley. *New Maps of Hell: A Survey of Science Fiction*. New York: Harcourt, Brace, 1960.

Andrews, William D., and Andrews, Deborah C. "Technology and the Housewife in Nineteenth Century America," *Women Studies Abstracts* 2 (Summer 1974): 309-328.

Arms, Suzanne. *Immaculate Deception: A New Look at Women and Childbirth in America*. Boston: Houghton Mifflin, 1975.

Art, Robert J. *The TFX Decision: McNamara and the Military*. Boston: Little, Brown, 1968.

Artz, Frederick B. *The Development of Technical Education in France, 1500-1850*. Cambridge, Mass.: Society for the History of Technology and M.I.T. Press, 1966.

Bailes, Kendall E. "The Politics of Technology: Stalin and Technocratic Thinking among Soviet Engineers," *American Historical Review* 79 (April 1974): 445-469.

——. *Technology and Society binder Lenin and Stalin: Origins of the Soviet Technical Intelligentsia, 1917-1941*. Princeton: Princeton University Press, 1978.

Baker, Elizabeth Faulkner. *Technology and Woman's Work*. New York: Columbia University Press, 1964.

Baldwin, Keturah E. *The AHEA Saga: A Brief History of the Origin and Development of the American Home Economics Association and a Glimpse, at the Grass Roots from Which It Grew*. Washington, D.C.: American Home Economics Association, 1949.

Bateman, Fred. "Improvement in American Dairy Farming, 1850-1910: A Quantitative Analysis," *Journal of Economic History* 28 (June 1968): 255-273.

Baxter, James Phinney Ⅲ. *Scientists Against Time*. Boston: Little, Brown, 1946; reprint ed., Cambridge, Mass.: M.I.T. Press, 1968.

Beard, Charles A., ed. *Whither Mankind: A Panorama of Modern Civilization*. New York: Longmans, Green, 1928.

Bedini, Silvio A. *Thinkers and Tinkers: Early American Men of Science*. New York: Charles Scribner's Sons, 1975.

Beer, John Joseph. *The Emergence of the German Dye Industry*. Illinois Studies in the Social Sciences, Vol.44. Urbana: University of Illinois Press, 1959.

Bell, Daniel. *Work and Its Discontents: The Cult of Efficiency in America*. New York: League for Industrial Democracy, 1970.

Berger, Albert I. "The Magic That Works: John W. Campbell and the American Response to Technology," *Journal of Popular Culture 5* (Spring 1972): 867-943.

Birr, Kendall. *Pioneering in Industrial Research: The Story of the General Electric Research Laboratory*. Washington, D.C.: Public Affairs Press, 1957.

——. "Science in American Industry," In *Science and Society in the United States*, pp.35-80. Edited by David D. Van Tassel and Michael G. Hall. Homewood, 111.: Dorsey Press, 1966.

Blake, Nelson Manfred. *Water for the Cities: A History of the Urban Water Supply Problem in the United States*. Syracuse: Syracuse University Press, 1956.

Boorstiri, Daniel J. *The Americans: The Democratic Experience*. New York: Random House，1973.

Bridenbaugh, Carl. *The Colonial Craftsman*. New York: New York University Press, 1950.

Brilliant, Ashleigh E. "Some Aspects of Mass Motorization in Southern California, 1919-1929," *Historical Society of Southern California Quarterly* 47 (June 1965): 191-208.

Brownell, Blaine A. "A Symbol of Modernity: Attitudes Toward the Automobile in Southern Cities in the 1920s," *American Quarterly* 24 (March 1972): 20-44.

Bruce, Robert V. *Lincoln and the Tools of War*. Indianapolis: Bobbs-Merrill, 1956.

——. *Bell: Alexander Graham Bell and the Conquest of Solitude*. Boston: Little, Brown, 1973.

Bryant, Lynwood. "Rudolf Diesel and His Rational Engine," *Scientific American* 221 (August 1969): 108-118.

——. "The Role of Thermodynamics in the Evolution of Heat Engines," *Technology and Culture* 14 (April 1973): 152-165.

——. "The Development of the Diesel Engine," *Technology and Culture* 17 (July 1976): 432-446.

Buchanan, R. A. *The Industrial Archeology of Bath*. Bath: Bath University Press, 1969.

——. "The Promethean Revolution: Science, Technology, and History," In *History of Technology*, 1st annual vol., pp.73-83. Edited by A. Rupert Hall and Norman Smith. London: Mansell, 1976.

Buchanan, R. A., and Cossons, Neil. *The Industrial Archaeology of the Bristol Region*. New York: Augustus M. Kelley, 1969.

Burke, John G. "Bursting Boilers and the Federal Power." *Technology and Culture* 7 (Winter 1966): 1-23.

Bums, Alfred. "Ancient Greek Water Supply and City Planning: A Study of Syracuse and Acragas,"

Technology and Culture 15 (July 1974): 389-412.

Butti, Ken, and Perlin, John. "Solar Water Heaters in California, 1891-1930." *The CoEvolution Quarterly* 15 (Fall 1977): 1-13.

Cain, Louis P. "Unfouling the Public's Nest: Chicago's Sanitary Diversion of Lake Michigan Water," *Technology and Culture* 15 (October 1974): 594-613.

Calhoun, Daniel Hovey. *The American Civil Engineer: Origins and Conflict.* Cambridge, Mass.: The Technology Press, M.I.T., 1960.

Calvert, Monte A. *The Mechanical Engineer in America, 1830-1910.* Baltimore: Johns Hopkins University Press, 1967.

Cardwell, Donald S. L. *From Watt to Clausius: The Rise of Thermodynamics in the Early Industrial Age.* Ithaca: Cornell University Press, 1971.

——. *Turning Points in Western Technology: A Study of Technology, Science, and History.* New York: Science History Publications, 1972.

Carey, James W., and Quirk, John J. "The Mythos of the Electronic Revolution," *American Scholar* 39 (Spring 1970): 219-241, and 39 (Summer 1970): 395-424.

Carlson, Robert E. "British Railroads and Engineers and the Beginnings of American Railroad Development," *Business History Review* 34 (Summer 1960): 137-149.

Cavert, William L. "The Technological Revolution in Agriculture, 1910-1955," *Agricultural History* 30 (January 1956): 18-27.

Chandler, Alfred D., Jr. "Anthracite Coal and the Beginnings of the Industrial Revolution in the United States," *Business History Review* 46 (Summer 1972): 141-181.

——. *The Visible Hand: The Managerial Revolution in American Business.* Cambridge, Mass.: Harvard University Press, 1977.

Chase, Stuart. *Men and Machines.* New York: Macmillan, 1929.

Christie, Jean. "The Mississippi Valley Committee: Conservation and Planning in the Early New Deal." *The Historian* 32 (May 1970): 449-469.

Cipolla, Carlo M. *Guns, Sails and Empires: Technological Innovation and the Early Phases of European Expansion, 1400-1700.* New York: Pantheon,1965.

Clow, Archibald, and Clow, Nan. *The Chemical Revolution: A Contribution to Social Technology.* London: Batchworth Press, 1952.

Colman, Gould P. "Innovation and Diffusion in Agriculture," *Agricultural History* 42 (July 1968): 173-187.

Commoner, Barry. *The Closing Circle: Nature, Man & Technology.* New York: Alfred A. Knopf, 1971.

Comp, T. Allan. "The Toole Copper and Lead Smelter," *I A: The Journal of the Society for Industrial Archeology* I (Summer 1975): 29-46.

Condit, Carl W. *American Building Art: The Nineteenth Century.* New York: Oxford University Press,

1960.

——. *American Building Art: The Twentieth Century.* New York: Oxford University Press, 1961.

——. "The First Reinforced-Concrete Skyscraper: The Ingalls Building in Cincinnati and Its Place in Structural History," *Technology and Culture 9* (January 1963): 1-33.

Cooper, Grace Rogers. *The Invention of the Sewing Machine.* Museum of History and Technology Bulletin 245. Washington, D.C.: Smithsonian Institution, 1968.

Copley, Frank Barkley. Frederick W. *Taylor: Father of Scientific Management.* 2 vols. New York: Harper & Bros., 1923; reprint ed., Clifton N.J.: Augusta Kelley, n.d.

Cowan, Ruth Schwartz. "The 'Industrial Revolution' in the Home: Household Technology and Social Change in the 20th Century," *Technology and Culture 17* (January 1976): 1-23.

Curti, Merle, and Birr, Kendall. *Prelude to Point Four: American Technical Missions Overseas, 1838-1938.* Madison: University of Wisconsin Press, 1954.

Danhof, Clarence H. "Gathering the Grass," *Agricultural History* 30 (October 1956): 169-173.

——. *Change in Agriculture: The Northern United States, 1820-1870.* Cambridge, Mass.: Harvard University Press, 1969.

Davis, Robert B. "'Peacefully Working to Conquer the World': The Singer Manufacturing Company in Foreign Markets, 1854-1889," *Business History Review* 43 (Autumn 1969): 299-325.

Dickinson, H. W. *James Watt: Craftsman & Engineer.* Cambridge: Cambridge University Press, 1935; reprint ed., North Pomfret, Vt.: David and Charles, n.d.

——. *Matthew Boulton.* Cambridge: Cambridge University Press, 1936.

Durand, William Frederick. *Robert Henry Thurston: A Biography. The Record of a Life of Achievement as Engineery Educator, and Author.* New York: American Society of Mechanical Engineers, 1929.

Ellis, John. *The Social History of the Machine Gun.* New York: Pantheon, 1975.

Eisner, Henry, Jr. *The Technocrats: Prophets of Automation.* Syracuse: Syracuse University Press, 1967.

Enos, John Lawrence. *Petroleum Progress and Profits: A History of Process Innovation.* Cambridge, Mass.: M.I.T. Press, 1962.

Esper, Thomas. "The Replacement of the Longbow by Firearms in the English Army," *Technology and Culture* 6 (Spring 1965): 382-393.

Etzioni, Amitai. *The Moon-Doggie: Domestic and International Implications of the Space Race.* Garden City, N.Y.: Doubleday, 1964.

Fagen, M. D., ed. *A History of Engineering and Science in the Bell System: The Early Years (1875-1925).* Murray Hill, N.J.: Bell Telephone Laboratories, 1975.

Feller, Irwin. "The Diffusion and Location of Technological Change in the American Cotton-Textile Industry, 1890-1970," *Technology and Culture* 15 (October 1974): 569-593.

Ferguson, Eugene S., ed. *Early Engineering Reminiscences (1815-1840) of George Escol Sellers.* Museum of History and Technology Bulletin, No.238. Washington, D.C.: Smithsonian

Institution, 1965.

——. "The Mind's Eye: Nonverbal Thought in Technology," *Science* 197 (26 August 1977): 827-836.

Fisher, Bernice M. "Public Education and 'Special Interest，: An Example from the History of Mechanical Engineering," *History of Education Quarterly* 6 (Spring 1966): 31-40.

Fisher, Marvin. Workshops in the Wilderriess: The European Response to American Industrialization, 1830-1860. New York: Oxford University Press, 1967.

Fitch, James Marston. American Building: The Historical Forces That Shaped It. 2d ed. Boston: Houghton Mifflin, 1966.

Flink, James J. America Adopts the Automobile, 1895-1910. Cambridge, Mass.: M.I.T. Press, 1970.

——. "Three Stages of Automobile Consciousness," American Quarterly 24 (October 1972): 451-473.

——. The Car Culture. Cambridge, Mass.: M.I.T. Press, 1975.

Fox, Frank W. "The Genesis of American Technology, 1790-1860: An Essay in Long-Range Perspective," *American Studies* 15 (Fall 1976): 29-48.

Fries, Russell I. "British Response to the American System: The Case of the Small Arms Industry after 1850," *Technology and Culture* 16 (July 1975): 377-403.

Fuller, Wayne E. "The Ohio Road Experiment, 1913-1916." *Ohio History* 74 (Winter 1965): 13-28.

Gilbreth, Frank B., Jr. *Time Out for Happiness*. New York: Thomas Y. Crowell, 1970.

Gilfillan, S. C. "An Attempt to Measure the Rise of American Inventing and the Decline of Patenting," *Technology and Culture* 1 (Summer 1960): 201-214.

Gorman, Mel. "Charles F. Brush and the First Public Electric Street Lighting System in America," *Ohio Historical Quarterly* 70 (April 1961): 128-144.

Graham, Frank, Jr. *Since Silent Spring*. Boston: Houghton Mifflin, 1970.

Green, Constance McL. *Eli Whitney and the Birth of American Technology*. Boston: Little, Brown, 1956.

Habakkuk, H. J. *American and British Technology in the Nineteenth Century: The Search for Labor-Saving Inventions*. Cambridge: Cambridge University Press, 1962.

Haber, Samuel. *Efficiency and Uplift: Scientific Management in the Progressive Era, 1890-1920*. Chicago: University of Chicago Press, 1964.

Hacker, Barton C. "Greek Catapults and Catapult Technology: Science, Technology, and War in the Ancient World," *Technology and Culture* 9 (January 1968): 34-50.

Hamlin, Talbot. *Benjamin Henry Latrobe*. New York: Oxford University Press, 1955.

Hays, Samuel P. *Conservation and the Gospel of Efficiency: The Progressive Conservation Movement, 1890-1920*. Cambridge, Mass.: Harvard University Press, 1959.

Hewlett, Richard G. "Beginnings of the Development in Nuclear Technology," *Technology and Culture* 17 (July 1976): 465-478.

Hewlett, Richard G., and Anderson, Oscar E., Jr. *The New World, 1939-1946*. Vol.1 of *A History of the United States Atomic Energy Commission*. University Park: Pennsylvania State University

Press, 1962.

Hewlett, Richard G., and Duncan, Francis. *Nuclear Navy, 1946-1962*. Chicago: University of Chicago Press, 1974.

Hightower, Jim. "Hard Tomatoes, Hard Times: Failure of the Land Grant College Complex," *Society* 10 (November-December 1972): 10-11, 14, 16-22.

Hill, Forest G. *Roads, Rails, and Waterways: The Army Engineers and Early Transportation*. Norman: University of Oklahoma Press, 1957.

Hills, R. L., and Pacey, A. J. "The Measurement of Power in Early Steam-Driven Textile Mills," *Technology and Culture* 13 (January 1972): 25-23.

Hindle, Brooke, ed. *America's Wooden Age: Aspects of Its Early Technology*. Tarry town, N.Y.: Sleepy Hollow Restorations, 1975.

Hughes, Thomas Parke. *Elmer Sperry: Inventor and Engineer*. Baltimore: Johns Hopkins University Press, 1971.

——. "The Science-Technology Interaction: The Case of High-Voltage Power Transmission Systems," *Technology and Culture* 17 (October 1976): 646-662.

Hunsaker, J. C. "Forty Years of Aeronautical Research," In *Annual Report of the Board of Regents of the Smithsonian Institution. Publication 4232. Showing the Operations, Expenditures, and Condition of the Institution for the Year Ended June 30, 1955*, pp.241-271. Washington, D.C.: Government Printing Office, 1956.

Hunt, Caroline L. *The Life of Ellen H. Richards*. Boston: n.p., 1912.

Hunter, Louis L. *Steamboats on the Western Rivers: An Economic and Technological History*. Cambridge, Mass.: Harvard University Press, 1949.

Illich, Ivan. *Tools for Conviviality*. New York: Harper & Row, 1973.

Inouye, Arlene, and Susskind, Charles. "'Technological Trends and Na-tional Policy,' 1937: The First Modern Technology Assessment," *Technology and Culture* 18 (October 1977): 593-621.

Jardin, Anne. *The First Henry Ford: A Study in Personality and Business Leadership*. Cambridge, Mass.: M.I.T. Press, 1970.

Jenkins; Reese V. *Images and Enterprise: Technology and the American Photographic Industry, 1839-1925*. Baltimore: Johns Hopkins University Press, 1975.

——. "Technology and the Market: George Eastman and the Origins of Mass Amateur Photography," *Technology and Culture* 16 (January 1975): 1-19.

Jeremy, David J. "Innovation in American Textile Technology during the Early 19th Century." *Technology and Culture* 14 (January 1973): 40-76.

——. "British Textile Technology Transmission to the United States: The Philadelphia Region Experience, 1770-1820," *Business History Review* 47 (Spring 1973): 24-52.

——. "Damming the Flood: British Government Efforts to Check the Outflow of Technicians and Machinery, 1780-1843," M *Business History Review* 51 (Spring 1977): 1-34.

Jervis, John B. *The Reminiscences of John B. Jervis: Engineer of the Old Croton*. Edited by Neal FitzSimons. Syracuse: Syracuse University Press, 1971.

Jewkes, John; Sawers, David; and Stillerman, Richard. *The Sources of Invention*. London: Macmillan, 1961.

Josephson, Matthew. *Edison: A Biography*. New York: McGraw-Hill, 1959.

Kakar, Sudhir. *Frederick Taylor: A Study in Personality*. Cambridge, Mass.: M.I.T. Press, 1970.

Kasson, John F. *Civilizing the Machine: Technology and Republican Values in America, 1776-1900*. New York: Grossman, 1976.

Kelley, Robert L. "Forgotten Giant: The Hydraulic Gold Mining Industry in California," *Pacific Historical Review* 23 (November 1954): 343-356.

Kendall, Edward C. "John Deere's Steel Plow," *U.S. National Museum Bulletin* 218 (1959): 15-25. Washington, D.C.: Smithsonian Institution, 1959.

Kennedy, David M. *Birth Control in America: The Career of Margaret Sanger*. New Haven: Yale University Press, 1970.

Kennett, Lee, and Anderson, James La Verne. *The Gun in America: The Origins of a National Dilemma*. Westport, Conn.: Greenwood Press, 1975.

Kevles, Daniel J. "Federal Legislation for Engineering Experiment Stations: The Episode of World War I," *Technology and Culture* 12 (April 1971): 182-189.

Kleinberg, Susan J. "Technology and Women's Work: The Lives of Working Class Women in Pittsburgh, 1870-1900," *Labor History* 17 (Winter 1976): 58-72.

Kouwenhoven, John A. *Made in America*. New York: Doubleday, 1948; reprint ed., in paperback, new title. *The Arts in Modern American Civilization*. New York: W. W. Norton, 1967.

Kranzberg, Melvin. "Historical Aspects of Technology Assessment," In *Technology Assessment*, pp.380-388. Hearings before the Subcommittee on Science, Research, and Development of the Committee on Science and Astronautics, 91st Cong., 1st sess., November 18-December 12, 1969，House of Representatives. Washington，D.C.: Government Printing Office, 1970.

Kuisel, Richard F. *Ernest Mercier: French Technocrat*. Berkeley: University of California Press, 1967.

——. "Technocrats and Public Economic Policy: From the Third to the Fourth Republic," *Journal of European Economic History* 2 (Spring 1973): 53-99.

Kujovich, Mary Yeager. "The Refrigerator Car and the Growth of the American Dressed Beef Industry," *Business History Review* 44 (Winter 1970): 460-482.

Lasby, Clarence G. *Project Paperclip: German Scientists and the Cold War*. New York: Atheneum, 1971.

Layton, Edwin T., Jr. *The Revolt of the Engineers: Social Responsibility and the American Engineering Profession*. Cleveland: Press of Case Western Reserve University, 1971.

——. "Mirror-Image Twins: The Communities of Science and Technology," *Technology and Culture* 12 (October 1971): 562-580.

——. "The Diffusion of Scientific Management and Mass Production from the U.S. in the Twentieth Century," *Proceedings No.4*, *14th International Congress of the History of Science*, pp.377-386. Tokyo: n.p., 1974.

——. "American Ideologies of Science and Engineering," *Technology and Culture* 17 (OctoberY976): 688-701.

Ludwig, Karl-Heinz. *Technik und Ingenieure im Dritten Reich*. Düsseldorf: Droste Verlag, 1974.

Lytle, Richard H. "The Introduction of Diesel Power in the United States, 1897-1912," *Business History Review* 42 (Summer 1968): 115-148.

McCullough, David. *The Great Bridge*. New York: Simon & Schuster, 1972.

Machon, John K. "Anglo-American Methods of Indian Warfare, 1676-1794," *Mississippi Valley Historical Review* 45 (September 1958): 254-275.

Maclaren, Malcolm. *The Rise of the Electrical Industry During the Nineteenth Century*. Princeton: Princeton University Press, 1943; reprint ed., Clifton, N.J.: Augusta Kelley, n.d.

Maier, Charles S. "Between Taylorism and Technocracy: European Ideologies and the Vision of Industrial Productivity in the 1920's," *Contemporary History* 5 (1970): 27-61.

Malone, Patrick M. "Changing Military Technology among the Indians of Southern New England, 1600-1677," *American Quarterly* 25 (March 1973): 48-63.

Man, Science and Technology: A Marxist Analysis of the Scientific-Technological Revolution. Moscow and Prague: Academia Prague, 1973.

Marx, Leo. *The Machine in the Garden: Technology and the Pastoral Ideal in America*. New York: Oxford University Press, 1964.

Mayr, Otto. *The Origins of Feedback Control*. Cambridge, Mass.: M.I.T. Press, 1970.

——. "Adam Smith and the Concept of the Feedback System: Economic Thought and Technology in 18th-Century Britain," *Technology and Culture* 12 (January 1971) : 1-22.

——. "Yankee Practice and Engineering Theory: Charles T. Porter and the Dynamics of the High-Speed Steam Engine," *Technology and Culture* 16 (October 1975): 570-602.

Mazlish, Bruce, ed. *The Railroad and the Space Program: An Exploration in Historical Analogy*. Cambridge, Mass.: M.I.T. Press, 1965.

Merritt, Raymond H. *Engineer in American Society, 1850-1875*. Lexington: University Press of Kentucky, 1969.

Morison, Elting E. *Men, Machines, and Modern Times*. Cambridge, Mass.: M.I.T. Press, 1966.

——. *From Know-How to Nowhere: The Development of American Technology*. New York: Basic Books, 1974.

Multhauf, Robert P. "Geology, Chemistry, and the Production of Common Salt," *Technology and Culture* 17 (October 1976): 634-645.

Mumford, Lewis. "Tools and the Man," *Technology and Culture* 1 (Fall 1960): 320-334.

——. "Authoritarian and Democratic Technics," *Technology and Culture* 5 (Winter 1964): 1-8.

Musson, A. E. "The Manchester School, and the Exportation of Machinery." *Business History* 14 (January 1972): 17-50.

Nelson, Daniel. "Scientific Management, Systematic Management, and Labor, 1880-1915," *Business History Review* 48 (Winter 1974): 479-500.

Noble, David F. *America by Design: Science, Technology, and the Rise of Corporate Capitalism.* New York: Alfred A. Knopf, 1977.

Pacey, Arnold. *The Maze of Ingenuity: Ideas and Idealism in the Development of Technology.* New York: Holmes & Meier, 1975.

Parsons, William Barclay. *Engineers and Engineering of the Renaissance.* Introduction by Robert S. Woodbury. Reprint ed., Cambridge, Mass.: M.I.T. Press, 1968.

Passer, Harold C. *The Electrical Manujacturers, 1875-1900: A Study in Competition, Entrepreneurship, Technical Change, and Economic Growth.* Cambridge, Mass.: Harvard University Press, 1953.

Paul, Rodman Wilson. "Colorado as a Pioneer of Science in the Mining West," *Mississippi Valley Historical Review* 47 (June 1960): 34-50.

Philmus, Robert M. *Into the Unknown: The Evolution of Science Fiction from Francis Godwin to H. G. Wells.* Berkeley: University of California Press, 1970.

Pickett, Calder M. "Technology and the New York Press in the 19th Century," *Journalism Quarterly* 37 (Summer 1960): 398-407.

Plummer, Kathleen Church. "The Streamlined Moderne," *Art in America* 62 (January-February 1974): 46-54.

Post, Robert C. *Physics, Patents, and Politics: A Biography of Charles Grafton Page.* New York: Science History Publications, 1976.

Prescott, Samuel C. *When M.I.T. Was "Boston Tech": 1861-1916.* Cambridge: M.I.T. Press, 1954.

Price, Derek J. dc Solla. "Automata and the Origins of Mechanism and Mechanistic Philosophy," *Technology and Culture* 5 (Winter 1964): 9-23.

——. "Is Technology Historically Independent of Science? A Study in Statistical Historiography," *Technology and Culture* 6 (Fall 1965): 553-568.

——. "The Relations between Science and Technology and Their Implications for Policy Formation," In *Science and Technology Policies*, pp.149-172. Edited by G. Strasser and E. Simons. Cambridge, Mass.: Ballinger, 1973.

Pursell, Carroll W., Jr. "Thomas Digges and William Pearce: An Example of the Transit of Technology," *William and Mary Quarterly* 21 (October 1964): 551-560.

——. *Early Stationary Steam Engines in America: A Study in the Migration of a Technology.* Washington, D.C.: Smithsonian Institution Press, 1969.

——. "Belling the Cat: A Critique of Technology Assessment," *Lex et Scientia* 10 (October-Deccmber 1974a): 130-145.

——. "'A Savage Struck by Lightning,: The Idea of a Research Moratorium, 1927-1937," *Lex et*

Scientia 10 (October-December 1974b): 146-161.

——. "The Technical Society of the Pacific Coast, 1884-1914," *Technology and Culture* 17 (October 1976): 702-717.

Rae, John B. "The Engineer as Business Man in American Industry," *Explorations in Entrepreneurial History* 7 (December 1954): 94-104.

——. "The 'Know-How' Tradition in American History," *Technology and Culture* 1 (Spring 1960): 139-150.

——. *The American Automobile: A Brief History*. Chicago: University of Chicago Press, 1965.

——. *Climb to Greatness: The American Aircraft Industry, 1920-1960*. Cambridge, Mass.: M.J.T. Press, 1968.

——. *The Road and the Car in American Life*. Cambridge, Mass.: M.I.T. Press, 1971.

——. "Engineers Are People," *Technology and Culture* 16 (July 1975): 404-418.

Raistrick，Arthur. *Industrial Archcology: An Historical Survey*. London: Eyre Methuen, Eyre 8c Spottiswoode, 1972.

Rasmussen, Wayne D. "Advances in American Agriculture: The Methanical Tomato Harvester as a Case Study," *Technology and Culture* 9 (October 1968): 531-543.

Ravetz, Alison. "Modern Technology and an Ancient Occupation: Housework in Present-Day Society," *Technology and Culture* 6 (Spring 1965): 256-260.

Reich, Leonard S. "Research, Patents, and the Struggle to Control Radio: A Study of Big Business and the Uses of Industrial Research," *Business History Review* 51 (Summer 1977)：208-235.

Reingold, Nathan. "Alexander Dallas Bache: Science and Technology in the American Idiom," *Technology and Culture* 11 (April 1970): 163-177.

Reti, Ladislao. "Leonardo and Ramelli," *Technology and Culture* 13 (October 1972): 577-605.

Robinson, Eric. "James Watt and the Law of Patents," *Technology and Culture* 13 (April 1972): 115-139.

Robinson, Eric, and Musson, A. E. *James Watt and the Steam Revolution: A Documentary History*. New York: Augustus M. Kelley, 1969.

Roe, Joseph Wickham. *English and American Tool Builders*. New Haven: Yale University Press, 1916.

——. *James Hartness: A Representative of the Machine Age at Its Best*. New York: American Society of Mechanical Engineers, 1937.

Rogin, Leo. *The Introduction of Farm Machinery in Its Relation to the Productivity of Labor in the Agriculture of the United States During the Nineteenth Century*. University of California Publications in Economics, No.9. Berkeley: University of California Press, 1931.

Rolt，L. T. C. *Isambard Kingdom Brunei: A Biography*. New York: St. Martin's Press, 1959.

——. *The Railway Revolution: George and Robert Stephenson*. New York: St. Martin's Press, 1962.

——. *A Short History of Machine Tools*. Cambridge, Mass.: M.I.T. Press, 1965.

Rosenberg. Nathan. "Technological Change in the Machine Tool Industry, 1840-1910," *Journal of Economic History* 23 (December 1963): 414-443.

——. "Economic Development and the Transfer of Technology: Some Historical Perspectives," *Technology and Culture* 11 (October 1970): 550-575.

——. "Technology and the Environment: An Economic Exploration," *Technology and Culture* 12 (October 1971): 543-561.

——. *Technology and American Economic Growth*. New York: Harper & Row, 1972.

——.*Perspectives on Technology*. Cambridge: Cambridge University Press, 1976.

——.ed. *The American System of Manufactures*. Edinburgh: University of Edinburgh Press, 1969.
Rosenbloom, Richard S. "Men and Machines: Some 19th-Century Analyses of Mechanization," *Technology and Culture* 5 (Fall 1964): 489-511.

Ross, Earle D. "Retardation in Farm Technology Before the Power Age," *Agricultural History* 30 (January 1956): 11-18.

Rossiter, Margaret W. *The Emergence of Agricultural Science: Justus Liebig and the Americans, 1840-1880*. New Haven: Yale University Press, 1975.

Roszak, Theodore. *Where the Wasteland Ends: Politics and Transcendence in Postindustrial Society*. Garden City, N.Y.: Doubleday, 1972.

Rothschild, Emma. *Paradise Lost: The Decline of the Auto-Indnstrial Age*. New York: Random House, 1973.

Sawyer, John E. "The Social Basis of the American System of Manufacturing," *Journal of Economic History* 14 (Fall 1954): 361-379.

Scherer, F. M. "Invention and Innovation in the Watt-Boulton Steam-Engine Venture," *Technology and Culture* 6 (Spring 1965): 165-187.

SchifF, Eric. *Industrialization Without National Patents: The Netherlands, 1869-1912, Switzerland 1850-1907*. Princeton: Princeton University Press, 1971.

Schmitz, Andrew, and Seckler, David. "Mechanized Agriculture and Social Welfare: The Case of the Tomato Harvester," *A merican Journal of Agricultural Economics* 52 (November 1970): 569-577.

Schmookler, Jacob. "Economic Sources of Inventive Activity," *Journal of Economic History* 22 (March 1962): 1-20.

——. *Invention and Economic Growth*. Cambridge, Mass.: Harvard University Press, 1966.

Scott, Lloyd N. *Naval Consulting Board of the United States*. Washington, D.C.: Government Printing Office, 1920.

Sharlin, Harold I. *The Making of the Electrical Age: From the Telegraph to Automation*. London: Abelard-Schuman, 1963.

Shelby, L. R. "Medieval Masons' Tools: The Level and Plumb Rule," *Technology and Culture* 2 (Spring 1961): 127-130.

——. "Medieval Masons' Tools: Compass and Square," *Technology and Culture* 6 (Spring 1965): 236-248.

——. *John Rogers, Tudor Military Engineer*. New York: Oxford University Press, 1967.

——. "Mariano Taccola and His Books on Engines and Machines," *Technology and Culture* 16 (July 1975): 466-475.

Sinclair, Bruce. "At the Turn of a Screw: William Sellers, the Franklin Institute, and a Standard American Thread," *Technology and Culture* 10 (January 1969): 20-34.

——. "The Promise of the Future: Technical Education," In *Nineteenth Century American Science: A Reappraisal*, pp.249-272. Edited by George H. Daniels. Evanston, Ill.: Northwestern University Press, 1972.

——. *Philadelphia's Philosopher Mechanics: A History of the Franklin Institute, 1824-1865*. Baltimore: Johns Hopkins University Press, 1974.

Sklar, Kathryn Kish. *Catherine Beecher: A Study in American Domesticity*. New Haven: Yale University Press, 1973.

Sloane, Eric. *A Reverence for Wood*. New York: Funk & Wagnalls and Thomas Y. Crowell, 1965; reprint ed., Westminster, Md.: Ballantine Books, 1973.

Smiles, Samuel. *Selections from Lives of the Engineers*. Edited by Thomas P. Hughes. Cambridge, Mass.: M.I.T. Press, 1966.

Smith, Cyril Stanley. "Art, Technology, and Science: Notes on Their Historical Interaction," *Technology and Culture* 11 (October 1970): 493-549.

Smith, Henry Nash. *Mark Twain's Fable of Progress: Political and Economic Ideas in "A Connecticut Yankee,"* New Brunswick, N.J.: Rutgers University Press, 1964.

Smith, Merritt Roe. "John H. Hall, Simeon North, and the Milling Machine: The Nature of Innovation among Antebellum Arms Makers," *Technology and Culture* 14 (October 1973): 573-591.

——. *Harper's Ferry Armory and the New Technology: The Challenge of Change*. Ithaca, N.Y.: Cornell University Press, 1977.

Smith, Thomas M. "Project Whirlwind: An Unorthodox Development Project," *Technology and Culture* 17 (July 1976): 447-464.

Spence, Clark C. *God Speed the Plow: The Coming of Steam Cultivation to Great Britain*. Urbana: University of Illinois Press, 1960.

——. *Mining Engineers and the American West: The Lace-Boot Brigade, 1849-1933*. New Haven: Yale University Press, 1970.

Strassmann, W. Paul. *Risk and Technological Innovation: American Manufacturing Methods during the Nineteenth Century*. Ithaca, N.Y.: Cornell University Press, 1959.

Sussman, Herbert L. *Victorians and the Machine: The Literary Response to Technology*. Cambridge, Mass.: Harvard University Press, 1968.

Sutton, Anthony C. *Western Technology and Soviet Economic Development, 1917-1930*. Stanford,

Calif.: Hoover Institute Press, 1968.

——.*Western Technology and Soviet Economic Development, 1930-1945*. Stanford, Calif.: Hoover Institute Press, 1971.

——. *Western Technology and Soviet Economic Development, 1945-1965*. Stanford, Calif.: Hoover Institute Press, 1973.

Tarr, Joel A., and McMichael, Francis Clay. "Decisions about Wastewater Technology: 1850-1932," *Journal of the Water-Resources Planning and Management Division of the A merican Society of Civil Engineers* 103 (May 1977): 46-61.

Te Brake, William H. "Air Pollution and Fuel Crisis in Pre-Industrial London, 1250-1650," *Technology and Culture* 16 (July 1975): 337-359.

Temin, Peter. *Iron and Steel in Nineteenth-Century America: An Economic Inquiry*. Cambridge, Mass.: M.I.T. Press, 1964.

Terborgh, George. *The Automation Hysteria*. New York: W. W. Norton, 1966.

Thomas, Daniel H. "Pre-Whitney Cotton Gins in French Louisiana," *Journal of Southern History* 31 (May 1965): 135-148.

Thomis, Malcolm I. *The Luddites: Machine-Breaking in Regency England. Hamden*, Conn.: Shoe String Press, 1970.

Thompson, Robert Luther. *Wiring a Continent: The History of the Telegraph Industry in the United States, 1832-1866*. Princeton: Princeton University Press, 1947.

Tobey, Ronald C. *The American Ideology of National Science, 1919-1930*. Pittsburgh, Pa.: University of Pittsburgh Press, 1971.

——. "Theoretical Science and Technology in American Ecology," *Technology and Culture* 17 (October 1976): 718-728.

Trachtenberg, Alan. *Brooklyn Bridge: Fact and Symbol*. New York: Oxford University Press, 1965.

Trombley, Kenneth E. *The Life and Times of a Happy Liberal: A Biography of Morris Llewellyn Cooke*. New York: Harper & Bros., 1954.

Turnbull, Archibald Douglas. *John Stevens: An American Record*. New York: Century, 1928; reprint ed., Plainview, N.Y.: Books for Libraries, 1972.

Uselding, Paul. "Elisha K. Root, Forging, and the 'American System'," *Technology and Culture* 15 (October 1974): 543-568.

Ward, John W. "The Meaning of Lindbergh's Flight," *American Quarterly* 10 (Spring 1958): 3-16.

Watkins, George. *The Stationary Steam Engine*. Devon, England: Newton Abbot; and North Pomfret, Vt.: David & Charles, 1968.

Weber, Gustavus A. *The Patent Office: Its History, Activities, and Organization*. Baltimore: Johns Hopkins University Press, 1924; reprint ed., New York: AMS Press, n.d.

Wertz, Richard W., and Dorothy C. Wertz. *Lying-In: A History of Childbirth in America*. New York: Free Press, 1977.

West, Thomas Reed. *Flesh of Steel: Literature and the Machine in American Culture.* Nashville, Tenn.: Vanderbilt University Press, 1967.

White, John H., Jr. *American Locomotives: An Engineering History, 1830-1880.* Baltimore: Johns Hopkins University Press, 1968.

White, Lynn, Jr. *Medieval Technology and Social Change.* Oxford: Oxford University Press, 1962.

——. "The Historical Roots of Our Ecological Crisis," *Science* 155 (10 March 1907): 1203-1207.

——. *Machina ex Deo.* Cambridge, Mass.: M.I.T. Press, 1968.

——. "Technology Assessment from the Stance of a Medieval Historian," *American Historical Review* 79 (February 1974): 1-13.

——. "Medieval Engineering and the Sociology of Knowledge," *Pacific Historical Review* 4.4 (February 1975): 1-21.

——. "The Study of Medieval Technology, 1924-1974: Personal Reflections," *Technology and Culture* 16 (October 1975): 519-530.

Wik, Reynold M. "Steam Power on the American Farm, 1830-1880," *Agricultural History* 25 (October 1951): 181-186.

——. *Steam Power on the American Farm.* Philadelphia: University of Pennsylvania Press, 1953.

——. "Henry Ford's Tractors and American Agriculture," *Agricultural History* 38 (April 1964): 79-86.

——. *Henry Ford and Grass-Roots America.* Ann Arbor: University of Michigan Press, 1972.

Woodbury, Robert S. *History of the Gear-Cutting Machine: A Historical Study in Geometry and Machines.* Cambridge, Mass.: The Technology Press, M.I.T., 1958.

——. *History of the Grinding Machine: A Historical Study in Tools and Precision Production.* Cambridge, Mass.: The Technology Press, M.I.T., 1959.

——. *History of the Milling Machine: A Study in Technical Development.* Cambridge, Mass.: The Technology Press, M.I.T., 1960.

——. "The Legend of Eli Whitney and Interchangeable Parts," *Technology and Culture* 1 (Summer 1960): 235-253.

——. *History of the Lathe to 1850: A Study in the Growth of a Technical Element of an Industrial Economy.* Cleveland: Society for the History of Technology, 1961.

第六章　技术史 [①]

布坎南

引言

技术史即关于制作事物（making and doing things）的系统性技艺（systematic techniques）随时间的发展过程。"技术"（technology）一词是希腊词"technē"（技艺、手艺）与"logos"（语词、言语）的结合，在希腊意指关于纯粹技艺（fine arts）和实用技艺（applied arts）的谈论。它 17 世纪第一次出现在英语中时，仅指对实用技艺的讨论，这些"技艺"本身渐渐成为被指称的对象。到了 20 世纪初，除了工具和机器外，这个词包含了越来越多的手段、过程和思想。到了 20 世纪中叶，技术有了诸如"人类试图改变或操纵其环境所凭借的手段或活动"这样的定义。即使是如此宽泛的定义也受到了一些观察家的批评，他们指出，科学研究与技术活动越来越难以区分。

像这样一篇高度概括的对技术史的论述要想公正对待这个主题，而不致产生严重歪曲，就必须采取一种严格的方法论模式。本文采取的方案主要是按照时间顺序，通过在时间上彼此相继的各个阶段来追溯技术的发展。显然，各个阶段之间的划分在很大程度上是任意的。一个权衡因素是近几个世纪以来西方技术的飞速发展；在本文中，东方技术主要是就它与现代技术发展的关系来考虑的。

在每一个时间段，我们都会用一种标准方法来考察技术经验和创新。我们首先会简要回顾这一时期的一般社会条件，然后考虑该时期的主要材料和动力来源，以及它们在食品生产、制造业、建筑、交通运输、军事技术和医疗技术中的应用。最后，我们会考察这一时期技术变革的社会文化后果。此框架会根据每一个时期的特定要求加以调整——例如当新的金属被引入时，关于新材料的讨论在关于早期阶段的论述中占据着重要位置，但在描述后来的一些阶段时，相对而言则不那么重要——

[①]　Robert Angus Buchanan, "technology, history of," in *Encyclopædia Britannica*, 2021. 张卜天译。

但总体模式会始终保持不变。不易纳入这种模式的一个关键因素是工具的发展。将这些东西与材料研究而不是任何特殊应用联系起来似乎最方便，但在这种讨论中不可能完全一致。

一、总体考虑

从本质上讲，技术是创造新工具和工具产品的方法，而制造这种人工物的能力乃是似人物种（humanlike species）的决定性特征。其他物种也会制造东西，比如蜜蜂精心建造蜂巢以储存蜂蜜，鸟儿会筑巢，海狸会筑堤，但这些属性都是本能行为模式的结果，不能发生改变以适应迅速变化的情况。与其他物种相比，人并不拥有高度发展的本能反应，但的确能对技术做系统的、创造性的思考。因此，与其他物种不同，人可以创新并且有意识地改变其环境。猿有时会用一根棍子把香蕉从树上打下来，人则可以将这根棍子加工成刀具，削去一整束香蕉。在这两者的过渡中出现了人科动物，或者第一个似人物种。因此，凭着作为工具制造者的本性，人从一开始就是技术家，技术史包含了人类的整个演化过程。

在运用理性能力设计技艺和改变环境时，除了今天通常与"技术"一词相联系的生存和制造财富问题，人类还处理了其他问题。例如，语言技艺涉及以一种有意义的方式来操控声音和符号，同样，艺术和仪式的创造性技艺也表现出技术激励的其他方面。本文并不讨论这些文化和宗教技艺，但从一开始就确立它们的关系是有价值的，因为技术史揭示了技术创新的动力和机会与它们所处人群的社会文化条件之间的深刻互动。

（一）技术进步中的社会参与

在考察技术历经各个文明的发展时，意识到这种互动是重要的。为了尽可能简化这种关系，社会必定在三个方面参与技术创新：社会需求、社会资源和一种包容的社会风气。如果缺少这些因素中的任何一个，技术创新就不大可能被广泛采用或取得成功。

社会需求必定被强烈地感受到，否则人们将不愿把资源投入技术创新。所需的东西可能是更高效的切割工具、更强大的升降装置、省力的机器，或者使用新燃料或新能源的方式。或者，由于军事需求总是在为技术创新提供激励，它可能表现为要求更好的武器。在现代社会，需求由广告产生出来。无论社会需求来自哪里，重要的是有足够多的人意识到它，从而为一种能够满足需要的人工物或商品提供市场。

社会资源同样是成功创新的一个必要前提。许多发明之所以失败，都是因为得不到对其实现至关重要的社会资源——资本、材料和技术人员。达·芬奇的笔记本中充满了对直升机、潜艇和飞机的创意，但由于缺乏某种资源，很少能够达到哪怕雏形阶段。资本资源涉及存在着过剩的生产力以及有组织能把可资利用的财富导向发明者可以使用的渠道。材料资源涉及有适当的冶金、陶瓷、塑料或纺织材料能够执行新发明所要求的任何功能。技术人员的资源则意味着有技工能够制造新的人工物，设计新的过程。简而言之，一个社会必须有适当的资源来维持技术创新。

包容的社会风气意味着有一个能接受新思想的环境，占主导地位的社会群体愿意在其中认真考虑创新。这种接受能力也许局限于特定的创新领域，比如武器或导航技术的改进，也可能表现为一种更普遍的研究态度，比如18世纪英国的中产阶级就愿意培养新思想，支持发明者们培育这些想法。无论发明天才有什么样的心理基础，毫无疑问的是，有重要的社会群体愿意鼓励发明者运用他们的想法，一直是技术史上的关键因素。

因此，社会条件对于发展新的技术至关重要。然而，这里值得做另一则解释性注释，这涉及技术的合理性。我们已经看到，技术涉理性在技术中的应用，在20世纪，人们渐渐公理般地认为，技术是一种源于现代科学传统的理性活动。但应当指出，在这里使用的意义上，技术远比科学古老，而且在数个世纪的实践中，技术往往趋于僵化，或者变成像炼金术那样超乎理性的活动。一些技术变得极为复杂，常常依赖于即使在被广泛实践时也不被理解的化学变化过程，技术有时会变成一种"秘密"或狂热崇拜，学徒的入门要像神职人员获得圣职一样，在其中复制一个古代方案要比创新更重要。不能把现代的进步哲学带入技术史，因为在大部分时间里，技术基本上是停滞的、神秘的甚至是非理性的。在现代世界看到这一强大技术传统的一些存留片段并不奇怪。在高度技术化社会的当代困境中存在着诸多非理性要素（想想看，它甚至可能使用其先进技术来毁灭自己）。因此，不要把技术过于轻易地等同于当代文明中的"进步"力量。

此外，不可否认技术中存在着进步要素，因为通过最基本的考察就可以知道，技术的获得是累积性的，每一代人都有所继承。在漫长的时间里，技术史不可避免会突出创新要素，将这种累积性显示成从相对原始的技术到更为先进的技术的某种社会前进。然而，尽管这一发展已经发生并且仍在继续，但这样一个积累过程的发生并非技术的内在本质，也肯定不是必然的发展。事实上，许多社会即使在相当发达的技术进化阶段也有很长一段时间停滞不前，还有一些社会其实已经退步，失去了继承下来的积累的技术，这显示了技术模糊不清的本性及其与其他社会因素之间关系的重要意义。

（二）技术传播的方式

技术的累积性还有一个方面需要进一步研究，那就是技术创新的传播方式。这是一个难以捉摸的问题，如果没有足够的证据表明思想沿某一方向传播，那就需要承认同时发明或平行发明。近几个世纪以来，印刷机和其他传播方式，以及旅行者用以访问创新来源并把思想带回自己家里的越来越多的设备，已经使技术的传播机制得到了极大改进。然而传统上，主要的传播方式一直是人工物和工匠的移动。贸易确保了人工物的广泛分布，并且鼓励了模仿。更重要的是，工匠的迁移流动——无论是早期文明中的流动金工，还是第二次世界大战后的德国火箭工程师（苏联和美国得到了他们的专业知识）——促进了新技术的传播。

这些技术传播过程的证据提醒我们，技术史研究的材料有各种来源。和任何历史考察一样，它在很大程度上依赖于文献记录，尽管对于早期文明而言比较罕见（因为抄写者和编年史家一般对技术缺乏兴趣）。因此，对于这些社会，以及对于有缓慢但实质性的技术进展却没有记录的数千年历史来说，必须在很大程度上依赖于考古证据。即使是最近，对快速工业化进程的历史理解，也可以通过"工业考古学"研究而变得更加深刻和生动。这种有价值的材料有许多都收藏在博物馆中，还有更多保存在实地，等待田野工作者去发现。技术史家必须准备好利用所有这些资料，并且适时地利用考古学家、工程师、建筑师和其他专家的技能。

二、古代世界的技术

（一）开端——石器时代的技术（至公元前 3000 年）

把技术史等同于似人类物种的历史无助于为它的起源固定一个精确的点，因为研究人类物种出现的史前史家和人类学家所做的估计大相径庭。动物偶尔会使用棍棒或石头等天然工具，数十万年来，那种变成人的生物在迈出制造工具的巨大一步之前无疑也做了同样的事情。即使如此，这距离他们正规地制造工具还有漫长的时间，距离他们将自己简单的石斧和捣具标准化并且制造出来（也就是提供场所并指定专业的人来工作）还需要更长的时间。尼安德特人（公元前 70 000 年）在制造工具方面达到了一定程度的专业化，克鲁马农人（也许在公元前 35 000 年）则制造出了头与柄组合的更先进的工具，而制造陶器的新石器时代的人（公元前 6000 年）和金属时代的人（约公元前 3000 年）则开始运用机械原理。

1. 最早的社群

除了过去的大约一万年时间里，人类几乎完全生活在小的游牧社群中，依靠采集食物、狩猎和捕鱼以及躲避捕食者的技能为生。可以合理地假定，这些社群大都发展于热带地区，特别是在非洲，气候条件最有利于像人这样没有什么身体保护的生物。还可以合理地假定，人类部落从那里移居到亚热带地区，最终进入欧亚大陆。不过，他们对这一区域的殖民必定会受到连续几个冰川期的严重限制，这使它的大部分地区变得荒凉甚至无法居住，尽管人在适应这些不利条件方面已经表现出多种显著的才能。

2. 新石器革命

大约 15 000 年到 20 000 年前，在上一个冰河时代末期，一些最受地理和气候青睐的人类社群开始从漫长的旧石器时代过渡到以畜牧业和农业为主的更安定的生活方式。这一过渡时期，即新石器时代，最终导致人口显著上升、社群规模增长以及城市生活开始。它有时被称为新石器时代的革命，因为技术创新的速度大大提高，人类群体的社会政治组织的复杂性也有了相应增加。因此，要想了解技术的开端，就必须考察从旧石器时代经由新石器时代，一直到公元前 3000 年左右城市文明第一次出现的发展过程。

（1）石头

为史前史的这些时期赋予名称和技术统一性的材料是石头。虽然可以假定原始人在掌握石头和其他骨制工具的用法之前也使用木头、骨头、毛皮、树叶和草等其他材料，但所有这些东西都没有留存下来。而留存下来的早期人类的石制工具却惊人的丰富，在数千年的史前史中，石头的使用有过重要的技术进展。只有为了特定的目的被塑造时，石头才会变成工具，而为了有效地这样做，必须找到适当硬度和颗粒精细的石头，设计出塑造它们的手段，特别是使之开刃。为此目的，燧石成了一种非常流行的石头，虽然细砂岩和某些火山岩也曾被广泛使用。旧石器时代的许多证据表明，人们很擅长把石头切成片并进行抛光，以制造刮擦和切割工具。这些早期工具被抓在手里，但人们逐渐设计出保护手不被石头锋利的边缘划伤的方法，起初是用毛皮或草将一端包起来，或者安装一个木柄。后来，由于有了将石头固定在柄上的技巧，这些手执工具成了更加多用的工具和武器。

随着新石器时代对物质世界的驾驭不断增强，其他物质原料也开始为人服务，比如黏土被用来制陶和制砖；随着处理纺织原料能力的增强，最早的织物被制造出来，以取代兽皮。与此同时，对金属氧化物遇火时的表现的好奇也促进了古往今来最重要的技术创新之一，标志着从石器时代到金属时代的过渡。

（2）动力

火的使用是在旧石器时代某个未知时期掌握的另一项基本技术。发现火可以被驯服和控制，以及进一步发现两个干燥的木质表面之间持续摩擦可以生火是至关重要的。火是史前时代对动力技术做出的最重要的贡献，尽管除了作为对野兽的防御，没有什么力量能够直接从火中获得。大多数史前社群仍然完全依赖于人力，然而，在向新石器时代一种更稳定的生活模式过渡的过程中，人们开始从驯养的动物那里得到某种动力。到了史前时代末期，帆似乎也成了一种控制小船和利用风的手段，由此开始了海洋运输的一长串发展。

（3）工具和武器

史前人类的基本工具由可供他们自由支配的材料决定。然而，一旦获得了加工石头的技术，他们就机智地设计出带有尖钩的工具和武器。于是，石尖长矛、鱼叉和箭逐渐得到广泛使用。矛由一根产生投掷效果的有凹口的杆赋予动力。弓和箭是更加有效的组合，技术史上最早的"文献"证据清楚地显示了它的使用——法国南部和西班牙北部的洞穴绘画描绘了用弓箭来狩猎。这些猎人的聪明才智还体现在吊索、投掷棒（澳大利亚土著民族的回力棒是一个显著的幸存例子）、吹箭、鸟网、渔网和动物陷阱上。这些工具并不是统一发展的，因为每个社群只开发出那些最适合自己专门用途的工具。但是到了石器时代末期，所有工具都已投入使用。此外，新石器时代革命还贡献了一些主要与狩猎无关但重要的新工具。陶工轮、弓钻（用以取火或钻孔）、杆车床和轮子是对旋转运动最早的机械运用。我们无法确定这些重要的装置是什么时候发明的，但它们在早期城市文明中的存在表明，它们与新石器时代晚期有某种连续性。陶工轮由操作者脚踢驱动，早期车轮也是朝一个方向做连续的旋转运动；而钻头和车床则从弓衍生而来，可以先朝一个方向旋转，再朝另一个方向旋转。

粮食生产的发展使工具得到进一步改良。旧石器时代的食物生产过程很简单，包括采集、狩猎和捕鱼。如果这些方法最终不足以维持一个社群，社群就会转移到更好的狩猎场，不然就会灭亡。随着新石器时代革命的开始，人们发明了新的食品生产技术来满足农业和畜牧业的需要。在公元前 3000 年之前的几千年里，尖棍（或尖骨）和第一批粗制的犁、石镰刀、通过石头摩擦来磨碎谷物的手磨，以及最为复杂的灌溉技术，在埃及和美索不达米亚的大亚热带河谷中得到了很好的发展。

（4）建筑技术

史前建筑技术在新石器时代的革命中也取得了重大进展。关于旧石器时代人们的建筑能力，除了从一些石屋碎片中推断出的线索以外，我们一无所知。但是在新石器时代，人们建造出了一些令人印象深刻的建筑，主要是墓穴、墓冢和其他宗教建筑，以及在这个时期末期出现的最早使用晒干砖的住宅。在北欧，新石器时代的变革比东地中海地区开始得晚，持续时间也更长，巨型石碑（英国的巨石阵就是一个突出的例子）至今仍然强有力地证明着石器时代晚期社会的技术水平、想象力和数学能力。

（5）制造业

制造业起源于新石器时代，包括对碾磨玉米、烘制陶土及纺织技术的应用，可能还包括染色、发酵和蒸馏技术。以上这些工序的证据都可以从考古发现中得到，其中一些至少在最早的城市文明出现时就已经发展成专门的工艺。以同样的方式，早期的金属工人开始掌握炼制和加工软金属（如金、银、铜和锡）的技术，从而使其继任者形成了一个有门槛的工匠阶层。此外，这些早期的专业化领域意味着不同社群和地区之间贸易的发展，而且有惊人的考古证据表明制造的产品在石器时代晚期发生了转移。例如，一些特殊种类的燧石箭头广泛分布于欧洲各地，每一种这样的箭头都很可能来自一个共同的制造地。

这种转移意味着运输和交通设施的改进。旧石器时代的人可能完全依靠步行，这始终是整个石器时代的正常交通方式。牛、驴和骆驼的驯化无疑有所帮助，然而马的难以驯养，长期以来耽搁了人们对马的驾驭。独木舟和桦皮舟显示了水运的潜力，而且有证据表明，在新石器时代末期，帆船已经出现了。

值得注意的是，迄今为止人类史前史所描述的发展是在一个很长的时期里发生的，而有记录的历史只有 5000 年。这些发展最早出现在面积很小的区域，按照现代标准来衡量，涉及的人口也极少。新石器时代的革命最先发生的那些地方都兼具若干种特性：温暖的气候，鼓励农作物快速生长，以及周年的洪水使土地肥力自然地再生。在欧亚、非洲大陆上，这些条件只出现在埃及、美索不达米亚、印度北部和中国的一些大河谷。正是这些地方的条件激励了新石器时代的人发展和应用农业、畜牧业、灌溉和制造业的新技术，也正是在这些地方，生产力得以提高，而这又刺激了人口的增长，并且引发了一系列社会政治变革，使定居的新石器时代社群转变为第一批文明。而其他地方是缺乏对技术创新的激励的，或者得不到任何回报，因此这些地方必须等待那些更有利于技术的地方传播技能。世界各大文明之间的分离便根植于此，当埃及文明和美索不达米亚文明通过地中海和欧洲向西传播其影响时，印度和中国的文明却受到地理障碍的限制，尽管腹地辽阔，却在很大程度上与西方技术进步的主流相隔绝。

（二）城市革命（约公元前 3000—前 500 年）

迄今为止描述的技术变迁在很长一段时间里发生得非常缓慢，只是为了满足寻找食物和住所这两种基本的社会需求，除此之外，几乎没有社会资源可以用于任何活动。然而，大约 5000 年前，一个重大的文化转变开始发生在一些更有利于技术孕育的地理环境。它产生了新的需求和资源，并且伴随技术创新的显著增加。这便是城市开始兴起。

1. 工匠和科学家

新石器时代积累的农业技术使人口增长成为可能，而人口的增长又转而造成了对各种商品中专业工匠生产的产品的需求。这些工匠包括一些金属工人，首先是处理那些容易以金属形式获得的金属，特别是可以通过锤打成型的软金属，比如金和铜。随后，人们又发现可以用矿石炼制某些金属。可能最早使用的这种材料是名为孔雀石的铜碳酸盐，当时已经被作为化妆品使用，很容易用烈火还原成铜。我们已经不可能准确知道这一发现的时间和地点了，但其影响极其深远。它促使人们寻找其他金属矿石，发展冶金，鼓励了贸易以保有特定的金属，并且进一步发展了专业技能。它极大地促进了高度依赖贸易和制造业的城市社会的出现，进而促进了最早文明的兴起。石器时代让位于早期的金属时代，人类故事的新纪元开始了。

人们普遍认为，文明由一个具有共同的文化、定居的社群和复杂的建制的大型社会所组成，所有这些都以掌握基本的识字能力和算术能力为前提。在早期文明中，掌握文明开化的技艺是少数人的追求，这些技艺往往由一个祭司阶层精心守护和拥有。然而，即使在少数人手中，这些技能的存在也很重要，因为它们使人能够记录和传递信息，从而大大拓宽了创新与思辨的范围。

迄今为止，技术的存在没有依靠科学的帮助，但是到了第一批苏美尔天文学家出现的时候，他们极为精确地描绘了天体的运动，并且根据观测结果对历法和灌溉系统进行推算和改进，科学与技术之间第一次有可能达成一种创造性的关系。这种关系的最早成果是大大提高了测地、称重和计时的能力，这些是对任何复杂社会都必不可少的实用技术，如果没有识字能力和科学观察的开端，这些都是不可想象的。随着这些技术在公元前 3000 年的出现，第一批文明出现在尼罗河和底格里斯－幼发拉底河流域。

2. 铜和青铜

早期文明的时代与"铜器时代"和"青铜时代"这一技术划分相吻合，这是理解这些社会的技术基础的一条线索。铜、金和银的柔软性使之不可避免地成为首先被加工的金属，但考古学家们现在似乎一致认为，也许除了埃及文明之初的一段短暂时期，并不存在真正的"铜器时代"，因为这种金属的柔软性让它除了装饰或铸币以外毫无用处。因此，人们很早就开始关注使铜变硬的方法，以制造心仪的工具和武器。对混合金属矿石的还原也许导致了合金的发现，由此铜与其他金属熔合而成为青铜。一些青铜器被制造出来，包括一些含有铅、锑和砷的青铜器，但是到目前为止，最流行和最普遍的早期合金是铜与锡之比约为 10∶1 的青铜。这是一种坚硬的黄色金属，可以熔化并铸造成所需的形状。青铜匠从铜匠和金匠那里继承了这样一种技术：在坩埚中用烈火加热金属，然后将其倒入简单的黏土或石制模具，制成斧头、矛头或其他实心器具。为了制作中空的器皿或雕塑，他们设计了失蜡浇铸法，在这种技术中，要模制的形状用蜡制成并且在陶土中凝固，然后将蜡熔化并排出，留下一个空腔，再将熔融的金属倒入其中。

青铜成为早期文明最重要的材料，人们精心安排以确保其持续供应。在文明发达的冲积河谷中，金属很稀缺，因此不得不进口。这种需求导致了复杂的贸易关系和远离本土的采矿作业。锡的供应是一个特别严重的问题，因为它在整个中东地区供不应求。青铜时代的文明被迫远赴境外寻找这种金属的来源，在此过程中，文明技艺的知识逐渐沿着正在发展的地中海贸易路线向西传播。

除金属利用以外的大多数技术从新石器时代向早期文明的过渡是非常渐进的，尽管随着对专门技能的界定越来越明确，技术能力普遍提高，在建筑技术方面，规模也有了巨大增长。动力技术并没有大的革新，但熔炉和窑炉的建造有了重大改进，以满足金工、陶工、玻璃工等新兴工匠的需求。此外，帆船也有了明确的形状，从船首挂着小帆、只适合在尼罗河顺风航行的船只，发展到后来埃及各个王朝的大型远洋船，船身中央装有一张巨大的矩形帆。埃及人和腓尼基人的这种船可以顺风航行，也可以在风中穿行，但要想正面迎风而行，就必须依靠人力。尽管如此，他们还是完成了非凡的航海壮举，横跨了整个地中海，甚至经过赫拉克利斯之柱（Pillars of Hercules）进入了大西洋。

3. 灌溉

粮食生产技术也比新石器时代的方法有许多改进，包括一项杰出的创新——系统灌溉。埃及和美索不达米亚的文明在很大程度上依赖于尼罗河和底格里斯－幼发拉底河这两大水系，这两大水系都通过每年泛滥洪水浇灌大地，并以它们丰富的冲积物使土地恢复生机。尼罗河每年夏天都会泛滥，在其河谷建立起来的文明很早就掌握了流域灌溉技术，在河水退去后尽可能长时间地将蓄回洪水倒灌，使肥沃的土壤能在下一季洪水来临之前带来丰收。在底格里斯－幼发拉底河流域，灌溉问题更为复杂，因为洪水更难预测、更为凶猛，而且比向北流动的尼罗河来得更早。它们还携带有更多的冲积物，这往往会堵塞灌溉渠道。苏美尔灌溉工程师的任务是在夏季从河流中引流、蓄水，并将其分送到农田。苏美尔灌溉系统最终崩溃了，因为它导致了土壤中盐分的积累和随之而来的肥力丧失。然而，这两大系统都依赖于高度的社会控制，需要测量和标示土地的技术和精细的法律法规，以确保水资源分配中的公正。此外，这两个系统都依赖于复杂的工程来建造堤坝、水渠和输水管道（在地下延伸很长的距离，以防止蒸发造成的损失），以及对汲水吊杆（shadoof，一端带有配重、另一端带有水桶的平衡梁）等汲水装置的使用。

4. 城市制造业

早期文明的制造业主要集中在陶器、葡萄酒、油和化妆品等产品上，这些产品在引入金属之前就已经开始沿着早期的贸易路线流通，并且被用于交易金属。在陶器中，陶工轮被广泛用于将黏土转塑成所需的形状，但用手工将黏土卷制成陶器的旧技术仍会偶尔使用。在生产葡萄酒和油的过程中，各式各样的压榨机被发明出来，而烹饪、酿造和防腐剂的发展证实了化学科学起源于厨房的说法，化妆品也是烹饪技术的衍生品。

驮畜仍然是陆地运输的主要手段，轮式车辆也缓慢发展，以满足农业、贸易和战争的不同需要。在后一类别中，战车是作为一种武器出现的，尽管它的使用依旧受到驾驭马匹这一难题的限制。军事技术也使被用于铠甲的金属板发明出来。

5. 建筑

在建筑技术方面，主要的发展涉及作业规模，而不是任何特定的创新。石器时代晚期的美索不达米亚社群已经广泛使用晒干的砖块进行建筑。其后继者继续使用这一技术，但扩大了规模，建造了巨大的方形神塔，名为"塔庙"（ziggurat）。这些建筑的核心和墙面都由砖块砌成，饰面略微向内倾斜，且被砖墙中规则的壁柱断开，整个建筑分两三个阶段上升到塔顶上的一座神庙。苏美尔人也是最早用本地的黏土砖建造纪念柱的人，这也为文士提供了刻写的材料。

在埃及，黏土是稀缺的，但良好的建筑石材却很丰富，建筑者们用它们建造出了至今仍是埃及文明杰出丰碑的金字塔和神庙。石头在滚轮上被拉动，并通过斜坡和由汲水吊杆改造而来的平衡杠杆提升到结构高处。这些石头由熟练的石匠塑造成型，在祭司、建筑师的精心监督下摆放到位。这些建筑师显然是极富才能的数学家和天文学家，这一点可以从建筑设计上精确的天文直线排列中看出。似乎可以肯定，繁重的建筑劳动落在了大群奴隶身上，这有助于解释早期文明的成就和局限。奴隶通常是军事征服的战果，其前提是有一段成功的领土扩张期，尽管他们受奴役的状态可能无限期地延续。奴隶们为重大建筑工程提供了价廉物美的劳动力。此外，奴隶劳动的存在也阻碍了技术创新，这个社会事实有助于解释机械发明在古代世界为什么会相对停滞。

6. 传播知识

在古代世界，技术知识是由外出寻找锡等商品的商人以及制作金属、石头、皮革等材料的工匠传播的，他们传承技术是通过直接指导或提供模型让其他工匠来复制。在公元前第二个千年期间，古代文明与它们北方和西方的邻居之间通过中间联系进行了技术知识的传播。在随后的一千年里，传播速度加快了，克里特岛和迈锡尼、特洛伊和迦太基出现了独特的新文明。最后，铁器加工技术的引入深刻改变了人类社会的生存能力和资源储备，迎来了希腊、罗马的古典文明。

（三）希腊、罗马的技术成就（公元前 500—500 年）

希腊、罗马在哲学和宗教、政治和法律制度、诗歌和戏剧以及科学研究领域的贡献，与它们在技术领域相对有限的贡献形成了鲜明对比。它们在机械方面的创新并不突出，甚至在军事和建筑工程领域也表现出极大的才能和审美意趣，其工作与其说是一种激动人心的创新，不如说是对之前方法的发展和完善。古代世界古典时期这种明显的悖论需要解释，而技术史可以为问题的解决提供线索。

1. 对铁的掌握

希腊 – 罗马世界最突出的技术要素是炼铁，这项技术源自某些不知名的冶金学家，大概在公元前 1000 年左右的小亚细亚，其传播范围远远超出了罗马帝国的边界。到了公元前 500 年左右的古典时期之初，铁的使用在希腊和爱琴海诸岛得到普及，此后似乎迅速向西传播。长期以来，铁矿石一直是人们所熟知的材料，但由于在熔炉中发生化学变化所需的大量热量（约 1535 ℃，而还原铜矿石所需的温度仅为 1083 ℃），铁矿石难以还原成金属形式。为了达到这个温度，必须改进炉子的结构，并且设计出连续数个小时保持热量的方法。在整个古典时期，这些条件只得到了小规模的实现，也就是在烧木炭并且用脚踏风箱来加热的炉子里来实现，即使在这些炉子里，热量也不足以将矿石完全变成熔融金属。取而代之的是，在熔炉底部产生了一个被称为"钢坯"（bloom）的海绵状小铁球。这需要打开炉子将其取出，然后锤打成为熟铁条，进一步加热和锤打后根据需要成型。铁不仅储藏丰富，而且比之前的金属更为坚硬和坚固，尽管它无法像青铜那样易于在模具中进行铸造。早期的时候，一些铁匠发明了一种渗碳工艺，在木炭层之间重新加热铁条，使铁的表面渗碳，从而产生一个钢层。这种表面硬化的铁可以进一步加热、锤打和回火，制成高品质的刀剑。罗马时代最好的钢材是从印度运到西方世界的绢云母钢，在那里用坩埚工艺生产出直径几英寸的块状钢材，通过在封闭的容器中熔化原料，以达到化学成分的纯度和一致。

2. 机械发明

希腊、罗马时代的机械成就虽然不大，但并非没有意义。阿基米德是世界上最伟大的机械天才之一，他发明了非凡的武器，以保护他的家乡叙拉古抵御罗马入侵，并用他强大的头脑来研究螺旋、滑轮和杠杆等基本的机械装置。克特西比乌斯（Ctesibius）和希罗等亚历山大里亚的工程师发明了大量精巧的机械装置，包括泵、风琴和水风琴、空气压缩机和螺旋切削机。他们还设计了一些玩具和自动机，如汽转球（aeolipile），它可以被视为首个成功的蒸汽轮机。这些发明几乎没有什么实际用途，但亚历山大学派标志着一个重要转变，即从非常简单的机械装置转向了更复杂的、理应被视为"机器"的装置。在某种意义上，它为现代机械实践提供了一个起点。

罗马人通过应用和发展现有的机器，引发了一项重要的技术变革，即旋转运动的广泛引入。这体现在用踏车为起重机和其他重型起重作业提供动力，为灌溉工程引入旋转式提水装置（由踏车提供动力的斗轮），以及把水车作为原动机。公元前1世纪的罗马工程师维特鲁威（Vitruvius）论述了水磨，到了罗马时代末期，许多水磨已经投入使用。

3. 农业

铁器时代的技术主要以铁（或铁尖）犁铧的形式被用于农业，这使土壤深耕和耕作比希腊、罗马时期更坚硬的土壤成为可能。在这几个世纪里，犁的结构改进得很慢，翻土用的犁板直到公元11世纪才出现，因此翻土能力更多地取决于犁夫的手腕，而不是牲畜之力，这不利于处理坚硬的土地。因此，直到罗马时期之后，重犁的潜力才在欧洲温带地区得到充分开发。而在其他地方，在气候干燥的北非和西班牙，罗马人建造了广泛的灌溉系统，用阿基米德螺旋取水器和戽斗水车（noria，一种畜力或水力的斗轮）来提水。

4. 建筑

虽然希腊人的许多建筑都以文明纪念碑的形式留存下来，但作为技术遗迹，它们的意义并不大。希腊人采用了一种柱和楣的建筑形式，这种形式源于木材建筑经验，已经在埃及使用了数个世纪。希腊建筑并没有在很大意义上构成技术创新。罗马人在大多数仪式用途上照搬希腊风格，但在其他方面，他们带来了建筑技术的重要创新。他们广泛使用烧制的砖瓦和石头，研制出一种能够置于水下的坚固水泥，还探索了拱门、拱顶和穹顶的建筑可能性。然后他们将这些技术用于圆形剧场、高架水渠、隧道、桥梁、墙壁、灯塔和道路。综上所述，这些建筑工事可被视为罗马人的主要技术成就。

5. 其他技术领域

（1）制造

在制造、运输和军事技术方面，希腊、罗马时期的成就并不显著。陶器和玻璃的制造、编织、皮革加工、金属精加工等主要的制造工艺虽然在风格上有重要发展，但却沿袭了以前社会的做法。例如，装饰精美的雅典陶器广泛分布在地中海地区的贸易线路上，罗马人通过制造和交易在意大利和高卢等地大量生产的名为"印土"（terra sigillata）的标准化红色陶器，使整个帝国都能得到优质的陶器。

（2）运输

运输同样遵循着早期的先例，帆船是作为一种海船出现的，它有一个平镶的船体外壳以及一个带有船首柱和船尾柱的完全展开的龙骨。希腊帆船装备有一张方形或矩形的帆来获得顺风，以及一排或多排桨手在逆风时推动船只。希腊人开始发展一种专门的战舰，舰首配备一只撞角（ram），而不需要桨手、完全依靠风力的货船到了古典希腊早期也已经很成熟。罗马人继承了船的这两种形式，但没有重大创新。他们对内陆运输的重视远远超过了对海运的重视，他们在整个帝国建立了一个由精心排布的长距离铺设道路组成的卓越网络。沿着这些战略要道，罗马军团可以迅速行进到需要他们的任何危机地点。这些道路也用于发展贸易，但其主要功能始终是作为一种军事手段，使整个庞大帝国保持被征服的状态。

（3）军事技术

罗马的军事技术有时很有创造性，比如依靠扭力和张力两种力量的大型攻城投石车。但军团士兵的标准装备简单而保守，由铁头盔、胸甲、短剑和铁尖矛组成。由于其对手大多也装备了铁制武器，有时甚至还有凯尔特战车等高级装备，所以罗马的军事成就更多地依赖于组织和纪律，而非技术优势。

希腊、罗马时代因一些伟大哲学家的科学活动而闻名。然而，与希腊的思辨思想相一致，这往往是高度概念性的，因此，主要科学成就集中在数学和其他抽象研究领域。其中有些具有一定的实际意义，比如关于建筑结构中透视效应的研究。亚里士多德在许多方面表达了一种探究性的经验论，它促使科学家对其物理环境进行解释。至少在医学及其相关学科这一个领域，希腊的研究具有高度的实用性，希波克拉底和盖伦奠定了现代医学的基础。但这其实是例外，希腊人的一般态度是在观念领域进行科学探究，而并不太考虑可能的技术后果。

三、从中世纪到 1750 年

（一）中世纪的进展（500—1500 年）

从公元 5 世纪西罗马帝国崩溃到 15 世纪末西欧开始殖民扩张之间的一千年，传统上被称为"中世纪"，这一时期的前半部分包括黑暗时代的 5 个世纪。现在我们知道，这一时期的社会并不像标题所描述的那样停滞不前。首先，西罗马帝国的许多机构在崩溃后得以幸存，并且深刻地影响了西欧新文明的形成，基督教会是这类机构中最突出的，罗马的法律和行政观念也在军团离开西部各省之后的很长时间里继续发挥着影响。其次，更重要的是，迁入西欧大部分地区的条顿部落并非空手而来，他们的技术在某些方面超过了罗马人。有人已经指出，他们是铁器时代的人，虽然关于重犁的起源仍有许多模糊不清之处，但这些部落似乎是第一批拥有足够坚固铁犁的人，可以在北欧和西欧的森林低地系统地定居，那里难耕的土地曾经阻碍了其前辈发展农业技术。

因此，入侵者是作为殖民者而来。罗马化的西欧居民视日耳曼人为"蛮族"，自然憎恨这样的入侵行为，贸易、工业和城镇生活也势必遭到破坏。但新来的人也提供了创新和活力的要素。公元 1000 年左右，这一地区的各个王国成功地同化或阻挡了来自东方的最后一批入侵者，从而保证了重建充满活力的商业和城市生活所必需的相对稳定的政治条件。在此后的 500 年里，新的文明实力不断增强，并且开始在人类活动的所有方面进行试验。这一进程很多时候涉及古代世界知识和成就的恢复，因此中世纪技术史在很大程度上是保存、恢复和完善之前的成就，但到了中世纪晚期，西方文明已经开始产生一些显著的技术创新，它们具有极其重要的意义。

1. 创新

"创新"一词引出了技术史上一个非常重要的问题。严格来说，创新是某种全新的东西，但事实上，前所未有的技术创新并不存在，因为发明家不可能独立于环境工作，无论他的发明多么巧妙，都必须出自他自己以前的经验。直到今天，区分发明中的新颖要素仍然是专利法中的一个难题，但由于很多国家都拥有关于以前发明的完整记录，这个问题变得相对容易。然而，对于中世纪的 1000 年来说，这样的记录很少，而且常常难以解释特定的创新是如何引入西欧的。这个问题尤其令人困惑，因为众所周知，这一时期的许多发明在其他文明中都是独立发展起来的，有时甚至很难知道某项发明是自发的创新，还是沿着某种尚未发现的路径从其他社会的发明者那里传来的。

这个问题之所以重要，是因为它产生了关于技术传播的解释冲突。一方面是传播论，根据它的说法，所有创新都是从古代世界历史悠久的文明向西移动的，埃及和美索不达米亚是这一进程最终来源的两个最受欢迎的选项。另一方面是自发创新理论，根据这一理论，技术创新的主要决定因素是社会需求。就中世纪的技术进步而言，学术界还无法解决这个问题，因为许多信息都缺失了。但似乎的确有可能，这一时期至少有一些关键发明（如风车和火药）就是自发发展起来的。但可以肯定的是，丝绸加工等其他一些发明是传到西方的，而且无论西方文明对技术创新的贡献有多大，至少在早期的几个世纪里，西方文明无疑向东方寻求了思想和灵感。

（1）拜占庭

中世纪欧洲新文明东邻拜占庭，它是以君士坦丁堡（伊斯坦布尔）为基础的罗马帝国幸存的堡垒。西罗马帝国崩溃后，它又延续了 1000 年。在那里，希腊文明的作品和传统得以延续，来自威尼斯等地的商人使之引起了西方人越来越多的好奇和贪婪。虽然圣索菲亚大教堂的巨大圆顶结构等拜占庭杰作影响了西方的建筑风格，但拜占庭本身的技术贡献可能并不重要，而它在西方和伊斯兰世界、印度、中国等其他文明之间起到了中介作用。

（2）伊斯兰世界

伊斯兰世界在公元 7 世纪已经成为一个具有巨大扩张能量的文明，统一了西南亚和北非大部分地区的宗教和文化。从技术传播的角度看，伊斯兰世界的重要性在于阿拉伯人吸收了希腊文明的科技成果，并且做了大量补充。通过西班牙的摩尔人、西西里和圣地的阿拉伯人以及与黎凡特和北非的商业接触，西方人接触到了所有这些科技成果。

（3）印度

伊斯兰世界还为东亚和南亚、特别是印度和中国的一些技术提供了一条传送带。印度次大陆古老的印度教文化和佛教文化与西边的阿拉伯世界有着悠久的贸易联系，

16世纪被莫卧儿征服后，这些文化本身也受到了穆斯林的强烈影响。印度工匠很早就掌握了铁制品制造的专业技能，并因其金属制品和纺织技术而享有广泛声誉，但几乎没有证据表明，在16世纪欧洲贸易中心建立起来之前，技术创新在印度历史上占有显著地位。

（4）中国

从公元前2000年左右历史上第一个王朝出现起，中华文明就持续繁荣。从一开始，这个文明就重视水利工程方面的技术，因为它的生存取决于能否控制黄河的洪水。其他技术也出现得很早，包括铁的铸造、瓷器生产以及铜和纸的制造。一个个朝代绵延不绝，中华文明处于官僚精英的统治之下，他们给中国人的生活带来了连续和稳定，但也对创新产生了消极影响，抵制新技术的引进，除非这些技术能给官僚制度带来明显的好处。1088年，在苏颂的监督下制造出了一个巧妙精致的水力机械钟。它由一个规则运动的水轮所驱动，随着水轮边缘的每个水桶依次装满水，水轮就会完成转动的一部分。

近代以前，中国和西方的联系仍然脆弱，但偶尔的相遇，如1271—1295年马可·波罗（Marco Polo）的旅行，使西方人意识到中国技术的优越性，并且激励了技术西传。西方的丝织品、磁罗盘、造纸术和瓷器知识都来自中国。欧洲人很羡慕从中国进口的精美瓷器，直到几个世纪以后才能生产出类似质量的东西。然而，社会相对稳定之后，中国的官僚几乎没有鼓励创新或与外部世界的任何贸易联系。在他们的影响下，中国并没有出现与西方盛行的商人阶层相当的社会群体，也没有致力于促进贸易和工业发展，结果导致中国在技术上落后于西方，直到20世纪的政治革命和社会动荡才使中国人觉醒，认识到这些技术对经济繁荣的重要性，并决意获得它们。

尽管从东方获得了许多技术，但500—1500年的西方世界不得不主动解决自己的大部分问题。在此过程中，它把一个以自给自足的经济为基础的农业社会转变为一个充满活力的社会，提高了生产力，使贸易、工业和城镇生活稳步提升。这主要是一项技术成就，而且是相当大的成就。

2. 动力来源

这一成就的突出特征是引发了动力来源的革命。由于没有大量奴隶可以利用，欧洲出现了劳动力短缺，这激励人们寻找替代性的动力来源，引进节省劳动力的机械。这场动力革命的第一个工具就是马。随着马蹄铁、有衬垫的硬质项圈和马镫等发明在黑暗时代首次出现，马从只对轻载有用的辅助性驮畜变成了一种在和平时期和战争中极为通用的动力来源。马一旦可以通过项圈驾驭重犁，就成了比牛更有效的驮畜。马镫的引入使骑士在中世纪的战争中所向披靡，并且在接近温饱线的社会中引发了复杂的社会变革，以维持骑士、盔甲和战马的巨大开支。

更重要的是中世纪技术成功地利用了水力和风力。帝国时期的罗马人率先使用了水力，他们的一些技术也许幸存下来。然而，最先在北欧盛行的水磨似乎是古斯堪的纳维亚磨机，它用一个水平安装的水轮直接驱动一对磨盘，而无须齿轮装置介入。这种简单的磨机在今天的斯堪的纳维亚半岛和设得兰群岛尚存，在南欧也出现过，在那里被称为"希腊磨机"。1086 年英格兰颁布的《末日审判书》（*Domesday Book of England*）记录的 5624 个磨坊中，可能有一部分是这种类型，尽管到那个时候，垂直安装的下射水轮可能已经更适合英格兰的温和景致。古斯堪的纳维亚磨机需要一个较好的水位差，才能在没有上磨石齿轮的情况下以足够的研磨速度转动磨机（在固定的床石上方旋转上磨石的做法早已普遍使用）。《末日审判书》中记录的水磨大都是用来碾磨谷物的，但在随后的几个世纪里，填充布料（毡合、毡缩羊毛织物）、锯木头和压碎植物种子榨油等其他重要用途也被设计出来。在有足够水位差的地方也引入了上射式水轮，中世纪磨粉厂的设计师们在建造磨坊和土方工程以及越来越精细的齿轮传动系统方面的能力也有了相应提高。

自从文明之初，风帆就被用来利用风能，但直到 12 世纪末，风车在西方还不为人所知。目前的证据表明，风车是在西方自发发展起来的；虽然在波斯和中国有先例，但这个问题仍悬而未决。可以肯定的是，风车已在中世纪的欧洲广泛使用。风力一般不如水力可靠，但在水力不足的地方，风力是一个颇有吸引力的选择。这种情况出现在干旱或地表水短缺的地区，也出现在河流提供不了什么能量的低洼地区。因此，风车一方面在西班牙或英格兰低地，另一方面在荷兰的沼泽地和圩田蓬勃发展。柱式风车是最早被广泛采用的风车，其整个机身以一根柱子为枢轴，可以使风帆面向风转动。然而到了 15 世纪，许多人采用了塔式磨坊的结构，磨坊的主体保持静止，只有顶部能够活动使帆面向风。与水磨一样，风车的发展不仅带来了更大的机械动力，也带来了更多的机械发明知识，这些知识被用于制造钟表等设备。

3. 农业和手艺

有了新的动力来源，中世纪的欧洲能够大大提高生产力。这一点在农业中非常明显，牛被步伐更快的马所取代，新的作物被引入，使食物的数量和种类有了明显改进，从而改善了人口的饮食和能量。这也显见于这一时期发展的工业，特别是毛布工业中引入了纺轮，使这一重要工序部分地机械化，而用水力来驱动揉皮器（用凸轮在传动轴上升起多个木槌）的做法对中世纪后期把工业设置在英格兰产生了深远的影响。同样的原理适用于中世纪晚期的造纸工业，也使用类似于揉皮器的锤子捶打用于造纸的碎布。

与此同时，传统手艺在不断扩张的城镇中蓬勃发展，在这些城镇中，绳索工、桶匠、制革匠和金银匠的产品市场不断扩大。皂工等行当的新手艺在城镇中发展起来。制作肥皂的技术似乎是黑暗时代条顿人的创新，在古代文明中不为人知。这种工艺在于用强碱煮沸动植物的脂肪，使之分解。早在肥皂被广泛用于个人清洁之前，它就已经是一种用于洗涤织物的很有价值的工业产品。肥皂的制造是最早广泛使用煤炭作为燃料的工业过程之一，北欧煤炭工业的发展是中世纪的另一项重要创新，以前的文明都没有系统尝试开采煤炭。只要能在地表附近获得煤炭，采矿技术就不会太复杂，但随着找矿导致矿井深度越来越大，该行业复制了北欧和中欧金属采矿业已经发展出来的方法。格奥尔格·阿格里科拉（Georgius Agricola）在 1556 年出版的《矿冶全书》（De re metallica）中出色地总结了这种演变的内容。这本插图丰富的大书展示了轴系、泵送（通过踏车、畜力和水力）以及用马车运输从矿山开采的矿石的技术，后者预示着铁路的发展。我们还无法确定这些重要技术是什么时候出现的，但在阿格里科拉进行论述时，它们已经牢固确立，这表明了它们悠久的世系。

4. 建筑

黑暗时代遗留下来的建筑相对较少，但中世纪后期的几个世纪是伟大的建筑时代。罗马式和哥特式建筑是中世纪的美学杰作，体现了重大的技术创新。通过对古典建筑技术进行清晰研究，建筑师、工程师倾向于脱离它们的模式，从而设计出一种专属于自己的风格。如何在建造非常高的砖石建筑的同时保留尽可能多的自然光，对于这个问题，他们的解决方案是穹窿横肋、飞扶壁和巨大的中墙板，这使安装绚丽彩色玻璃的玻璃工有机会使用新的手艺。

5. 军事技术

在同一时期，堡垒的发展经历了从盎格鲁–撒克逊人的木制城寨城堡（一座被木墙和土墙包围的木塔）到巨大的、发展成熟的砖石城堡的演变，由于火炮的发展，木式结构到了中世纪末已被视为过时的东西。这一创新的内在原因是火药的发明以及铸造金属特别是铸铁技术的发展。火药出现在 13 世纪中叶的西欧，不过其配方在东亚早已为人所知。它由碳、硫黄和硝石组成，其中碳和硫黄可以从木炭和欧洲的火山硫沉积物中获得，而硝石则必须通过煮沸稳定的和正在腐烂的垃圾这样一个有毒过程结晶出来。到了中世纪末期，将这些成分合并成炸药已经成为一个既定的危险行业。

第一门有效的大炮似乎是由锻铁条捆扎在一起制成的，虽然人们出于某些目的继续以这种方式制造炮管，但用青铜铸造大炮变得很普遍。青铜铸造技术已经有数千年的历史，但大炮的铸造存在着尺寸和可靠性的问题。青铜匠有可能借鉴了钟的铸造经验（把它当作中世纪教堂建筑的重要辅助品），因为铸造一口大钟也会带来将大量熔融金属倒入合适模具的类似问题。然而，青铜是一种无法批量生产的昂贵金属，因此大炮在战争中的广泛使用必须依赖于铸铁技术的改进。

铸铁制造是中世纪伟大的冶金革新。必须记住，从铁器时代的开端到中世纪晚期，在熔炉中冶炼的铁矿石还没有完全转化为液体形态。然而，在 15 世纪，高炉的发展使这种熔合成为可能，熔融的金属得以直接倒入模具。高炉的出现是试图增加传统容器尺寸的结果，尺寸增大，就必须提供持续的鼓风，通常来自水车所驱动的风箱，这种组合提高了熔炉的内部温度，使铁熔化。起初，留在炉底的固态铁盘被炼铁者视为不想要的废物，它的结晶性和易碎性完全不同于更常见的熟铁，因此在铁的传统锻造中没有用处。但人们很快发现，这种新的铁可以铸造并且变废为宝，尤其是在制造大炮方面。

6. 运输

尽管在桥梁和运河建设方面进行了一些试验，但中世纪的技术对内陆运输的贡献依然微乎其微。闸门早在 1180 年就被研制出来，当时在布鲁日（现比利时）和大海之间的运河上使用。道路状况没有什么改善，车辆依然笨拙。像乔叟（Chaucer）笔下的朝圣者那样的骑马旅行，在未来几个世纪里仍然是最好的内陆交通方式。

海运则与此不同，中世纪取得了一项决定性的技术成就，即创造了一种可靠的远洋船，完全依靠风力，而不依靠风力与人力的结合。这一演变的关键步骤是：第一，将传统的方帆（从埃及时代到罗马帝国再到维京长船，几乎没有什么改变）与大三角帆（在阿拉伯单桅帆船中发展出来，在地中海地区得到采用）结合起来，使北方航海者称之为"拉丁帆船"（lateen，与"Latin"发音接近），这种组合使船能够顶风航行；第二，船尾舵的采用大大增强了船的机动性，使船能够充分利用改进的帆力逆风前进；第三，磁罗盘的引入提供了一种在任何天气下为公海航行导航的手段。中世纪后期船只的这些改进连同结构和设备上的其他改进——比如更好的运水桶，更可靠的绳索、帆和锚，航海图（1270 年首次记载在船上使用）和星盘（用于测量太阳或恒星在地平线之上的角度）——给富有冒险精神的航海者带来了信心，从而直接导致了标志着中世纪结束和近代欧洲开始扩张的航海大发现。

7. 通信

在运输技术朝着这些革命性的发展演进的同时，记录和通信技术也取得了同样重大的进步。机械钟的发展充分表明了中世纪的人对机械装置的兴趣，其中最古老的机械钟由砝码驱动，并由一个与齿轮啮合的摆动臂控制，制作年代为 1386 年，现存于英国索尔兹伯里大教堂。由弹簧驱动的时钟在 15 世纪中叶出现，这使得制造更为小巧的机械装置成为可能，并且为制造便携式时钟铺平了道路。弹簧退绕时动力减弱的问题，是通过均力圆锥轮（fusee，轴上的一个锥形滚筒，使弹簧在动力下降时可以施加不断增加的力矩或趋势来增加运动）简单的补偿机制而得到解决的。有人认为，中世纪对时钟的迷恋反映了人们越来越意识到计时在商业等领域的重要性，但同样可以认为，它代表了对机械装置的可能性和实际用途的新的探究意识。

比机械钟的发明更重要的是 15 世纪发明的金属活字印刷术。这项划时代发明的细节是模糊不清的，但一般认为，第一个大型印刷工场是约翰内斯·古腾堡（Johannes Gutenberg）在美因茨建立的，该工场生产了大量精确的活字，并于 1455 年印制了一部拉丁通行本《圣经》（*Vulgate Bible*）。但这项发明显然在很大程度上借鉴了以往木版印刷的经验（用一块木板印刷一个图案或图片）以及铸字和制墨的发展。它还对造纸提出了很高要求，造纸业从 12 世纪开始在欧洲建立，但一直发展缓慢，直到印刷术发明和随后印刷字的流行才得到改善。印刷机对于确保在整页上均匀牢固地印刷至关重要，它本身是对在葡萄榨汁机等应用中已经很常见的螺旋压力机的一种改进。印刷商发现对他们的产品有巨大需求，因此印刷技术迅速传播，印刷字成为政治、社会、宗教和科学交流的重要媒介，以及传播新闻和信息的便捷手段。到了 1500 年，欧洲 14 个国家已经出版了近 4 万册有记录的书籍，其中德国和意大利占 2/3。很少有一项发明能够产生如此深远的影响。

尽管与世隔绝、知识匮乏，但 500—1500 年在西欧形成的新文明在技术创新方面取得了一些惊人的成就。理智的好奇心不仅在 12 世纪催生了第一批大学，致力于恢复任何可以得到的古代学问，而且也是鼓励引进风车、改进和更广泛地使用水力、发展新的工业技术、发明机械钟和火药、改进帆船和发明大规模印刷术的技术智慧的主要动力。这些成就不可能出现在一个静态的社会中。技术创新既是动态发展的原因，又是动态发展的结果。这些成就出现在欧洲社会的背景下绝非巧合，因为欧洲社会正在不断增长人口和生产力，激励工业和商业活动，并且表现为新城镇的生活和引人注目的文化活动。中世纪的技术反映了一种充满活力的新文明的渴望。

（二）西方技术的出现（1500—1750 年）

中世纪的技术史是一部缓慢但有实质性发展的历史。在随后的一个时期，变化的节奏明显加快，并与西欧深刻的社会、政治、宗教和思想剧变联系在一起。

民族国家的出现、新教改革对基督教会的分裂、文艺复兴及其伴随的科学革命、欧洲国家的海外扩张，都与技术的发展有相互影响。航海技术的发展为西方航海家开辟了远洋航线之后，这种扩张成为可能。新的火力使航海大发现有可能变成帝国主义和殖民化。机动性强的轻型船只与铁炮的火力相结合，使欧洲冒险家获得了决定性的优势，并且得到其他有用的技术技能的加强。

宗教改革本身并不是对技术史具有重大意义的因素，但却与之产生了互动；新式印刷机传播各种观点的能力促进了宗教动荡，而宗教改革所引发的思想发酵则使人们严厉断言工作具有天职性，从而鼓励了工商业活动和技术创新。这种鼓励的性质可见于一个事实：这一时期的许多发明家和科学家都是加尔文主义者和清教徒，在英格兰则为不从国教者。

1. 文艺复兴

文艺复兴时期的技术内容明显多于宗教改革时期。"文艺复兴"这个概念是难以捉摸的。由于中世纪学者已经完全恢复了古代世界的文学遗产，作为知识的"重生"，毋宁说文艺复兴标志着一个临界点，在它之后，对古人的敬畏姿态开始为一种自觉的、动态的进步态度所取代。文艺复兴时期的人在回顾古典模式时也在寻找其改进方式，这种态度在天才的达·芬奇那里得到了突出表现。作为一位具有原创性理解的艺术家，他得到了其同时代人的认可，但他的一些最新颖的工作记录在其笔记本中，在那个时代几乎无人知晓。这包括潜艇、飞机和直升机的巧妙设计，以及精心设计的齿轮组和液体流动模式的图纸。16 世纪初还没有为这些新奇事物做好准备：它们没有遇到特定的社会需求，也没有得到发展所需的资源。

文艺复兴的一个经常被忽视的方面是与之伴随的科学革命。和"文艺复兴"一样，"科学革命"这个概念也很复杂，它与从古代世界中解放思想有关。几个世纪以来，亚里士多德在动力学上的权威、托勒密在天文学上的权威、盖伦在医学上的权威都被视为理所当然。从 16 世纪开始，他们的权威被质疑和推翻，科学家们开始通过观察和实验为自然世界建立新的解释模型。这些模型的一个显著特征是，它们是试探性的，从未获得长期以来被赋予古代大师的权威和威望。自从侧重点发生这种根本转变以来，科学一直致力于一种进步的、前瞻性的态度，并且越来越寻求科学研究的实际应用。

在这场革命中，技术为科学服务，为科学提供了大大增强其能力的仪器。伽利略用望远镜观测木星的卫星就是技术服务的一个激动人心的例子，但望远镜只是在导航、绘制地图和实验室实验中被证明有价值的诸多工具和仪器之一。更重要的是新科学为技术的服务，其中最重要的是为蒸汽机的发明做好理论准备。

2. 蒸汽机

许多科学家的研究，特别是英格兰的罗伯特·波义耳（Robert Boyle）的大气压研究、德国的奥托·冯·盖里克（Otto von Guericke）的真空研究和法国胡格诺派的德尼·巴本（Denis Papin）的压力容器研究，帮助实用技术家掌握了蒸汽动力的理论基础。令人遗憾的是，人们对托马斯·萨弗里（Thomas Savery）和托马斯·纽可门（Thomas Newcomen）等先驱者吸收这些知识的方式知之甚少，但无法想象他们会对这些知识一无所知。萨弗里于 1698 年申请了一项"通过火的推动力使水上升并使各种磨坊工作产生运动的新发明"的专利（第 356 号）。他的设备依赖于蒸汽在容器中的凝结，形成部分真空，在大气压的作用下，水被迫进入其中。

然而，第一台商业上成功的蒸汽机必须归功于纽可门，他于 1712 年在斯塔福德郡的达德利城堡附近安装了他的第一台机器。其工作原理是通过大气压作用于汽缸中的活塞顶面，蒸汽在汽缸下部凝结，形成部分真空。活塞连接到一根摇杆的一端，摇杆的另一端承载矿井中的抽水杆。纽可门是德文郡达特茅斯的一个商人，他的发动机坚固但并不复杂。在煤价昂贵的地方使用这些大量消耗燃料的蒸汽机是不经济的，但在英国的煤田，这些蒸汽机发挥了重要作用，能将深矿井中的水排出，从而被广泛采用。就这样，早期的蒸汽机满足了 18 世纪英国工业最迫切的需求之一。虽然水力和风力仍然是工业的基本动力来源，但蒸汽机这个新的动力源已经出现，而且随着新的应用，蒸汽机还会有进一步发展的巨大潜力。

3. 冶金与采矿

英国煤炭需求上升的一个原因是林地和木炭供应的枯竭，这让制造商急于寻找新的燃料来源。特别重要的是，钢铁工业用煤代替木炭冶炼铁矿石和将铸铁加工成熟铁和钢的试验。这些尝试的第一项成功出现在 1709 年，当时什罗普郡的一位贵格会教徒、钢铁创始人亚伯拉罕·达比（Abraham Darby）用焦炭在其经过扩大和改进的高炉中还原铁矿石。玻璃制造、制砖和制陶等其他工艺已经把煤作为主要燃料。所有这些工艺都有了很大的技术改进。例如在陶瓷方面，欧洲制造商长期努力模仿中国瓷器坚硬和半透明的特性，最终在 18 世纪初的迈森瓷器（Meissen）中达到顶峰；随后，这一工艺在 18 世纪中叶的英国被独立发现。17 世纪，由于荷兰代尔夫特陶器上成功使用了不透明的白锡釉，要求比瓷器有更低烧成温度的炻器取得了鲜明的装饰特色，这一工艺也被广泛模仿。

1500—1750 年，除煤和铁以外的矿产开采稳步扩大。萨克森和波希米亚的金银矿为上文提到的阿格里科拉的《矿冶全书》提供了灵感，该书浓缩了几个世纪以来采矿和金属加工方面的累积经验，在一些精彩的木版画和印刷术的帮助下，成为一本世界性的采矿实践手册。英国女王伊丽莎白一世为了开发本国矿产资源，将德国矿工引进英国，结果之一就是建立了黄铜制造。黄铜是一种铜锌合金，在古代世界和东方文明中已为人知，但直到 17 世纪才在西欧得到商业发展。金属锌尚未分离出来，但黄铜是用木炭和炉甘石（在英格兰门迪普山等地开采的一种锌氧化物）加热铜制成的，通过锤打、退火（一种用来软化材料的加热过程）和拉丝加工成各种家用和工业商品。锡和铅等其他有色金属在这一时期被更加积极地寻找和开采，但由于它们的矿石通常出现在离煤源较远的地方，例如康沃尔锡矿，所以用纽可门机来辅助排水很不经济，这种情况限制了采矿作业的范围。

4. 新商品

欧洲国家向印度洋地区和新世界急剧扩张之后，这些地区的商品越来越多地回到欧洲。这些商品造就了新的社会习惯和时尚，呼唤着新的制造技术。茶叶成为重要的贸易商品，但很快就被糖、烟草、棉花和可可等专门设计的种植园的产品在数量和重要性上超过了。依靠从甘蔗中提取的糖浆／糖蜜结晶来提炼糖成了一个重要的产业。用于陶管（主要在代尔夫特等地大量生产）或作为鼻烟吸食的烟草加工也是如此。棉花以前作为一种东方植物而闻名，但它被成功地移植到美洲大陆，产量大大增加，激励了重要的新纺织业的诞生。

英国的毛布工业为新的棉花工业提供了一个可资借鉴的模式和先例。早在中世纪，随着缩绒机的引入和纺轮的使用，布匹的生产过程已经部分实现了机械化。然而在18世纪，这一行业仍然几乎完全是家庭手工业，加工大都在工人家中进行，使用的工具也比较简单，可以用手或脚操作。最复杂的设备是织布机，但通常可由一个织工来操作，尽管较宽的布需要一个助手。一般的做法是将织布机安装在楼上的房间里，屋内有一扇长窗，可以提供最大的自然光。织布被认为是男人的工作，而纺纱则被分配给家庭中的妇女（因此"纺纱者"（spinster）常被用来指代"未婚女子"）。织工可以使用多达十几个纺织机提供的纱线，而平衡的劳动分工是由织工负责监督织物的其他工序，如缩绒。到了18世纪上半叶，提高各种操作生产率的压力已经产生了一些技术创新。然而，最初设计纺纱机的尝试并不成功，而没有纺纱机，约翰·凯（John Kay）在技术上取得成功的飞梭（一种将梭从织机的一边打到另一边的装置，省去了用手将梭穿过织机的需要）就不能满足明显的需要。直到棉布工业迅速兴起，平衡的旧工业体系才被严重打破，一种基于工厂生产组织起来的新的机械化体系才开始出现。

5. 农业

在18世纪开始显示出深刻变化迹象的另一个主要领域是农业。商业活动的增加，渴望提高生活水平的人口不断增长导致对食品的需求上升，以及英国贵族对于改善庄园以提供富足的装饰性乡村住宅的品位，都促使英国的传统农业体系发生了转变。需要注意的是，这是英国的一项发展，因为它表明即使在工业革命之前，那里的工业化压力也在不断增加，除荷兰（英国的一些农业创新就得自那里）以外的其他欧洲国家基本上没有促进农业生产。这种转变很复杂，直到19世纪才真正完成。它在部分程度上是土地所有权的合法重新分配，即圈地运动，目的在于使农场更加小巧和经济。它在部分程度上也是源于对农业改良的投资增加了，土地所有者感觉受到了鼓励，要将资金投于他们的地产，而不是仅仅从中收取租金。此外，它还在于用这笔钱进行技术改进，表现为机械——比如杰斯罗·图尔（Jethro Tull）的机械播种机——更好的排水系统，采用科学育种方法以提高牲畜的质量，以及试验新的作物和轮作制。这个过程常被称为一场农业革命，但不妨把它看成工业革命的一个重要序幕和一部分。

6. 建造

1500—1750 年，建造技术并未发生任何重大变化。虽然木材仍然是屋顶和地面的重要建筑材料，但用石头和砖头建造房屋的做法已经司空见惯，而且在石头供应不足的地区，半木结构的建筑一直流行到 17 世纪。然而此后，砖瓦建筑的普及提供了一种廉价且容易获得的替代品，不过在 18 世纪，它因美学原因而黯然失色，当时古典主义风格大行其道，砖瓦被认为不适合覆盖此类建筑。然而，当时制砖已成为普通家庭建筑的重要产业，事实上，随着荷兰和瑞典的船只将砖块作为压舱物定期运往美洲，砖也成了出口贸易的一部分，为早期的美国定居点提供了宝贵的建筑材料。铸铁开始被用于建筑，但只是用于装饰目的。玻璃也开始成为各类建筑的重要特征，从而促进了玻璃工业的发展。玻璃工业仍然在很大程度上依赖于熔沙制造玻璃的古代技术，并将其吹制、塑形和切割成所需的形状。

（1）土地复垦

在土地排水和军事防御方面需要更多的建造技术，但它们的重要性同样表现在其规模和复杂性上，而不是表现于任何新的特征。与大海搏斗了数个世纪的荷兰人设计了广阔的堤坝，英国地主在 17 世纪借用了他们的技术，试图开垦大片沼泽地。

（2）军事防御工事

在军事防御工事方面，17 世纪末由塞巴斯蒂安·德·沃邦（Sébastien de Vauban）设计的法国要塞显示了战争如何按照新的武器特别是重型火炮而发生变化。这些星形堡垒用泥土堤防来保护其突出部分，对于当时的攻击性武器来说几乎坚不可摧。火器仍然笨重，发射装置笨拙，装填弹药缓慢。武器的质量随着枪炮工技能的提高而有所提高。

7. 运输和通信

与建造技术一样，交通运输也取得了实质性的进步，但没有任何重大的技术创新。法国的道路建设得到了极大改善，1692 年地中海与比斯开湾之间的米迪运河竣工后，大型土木工程取得了显著成功。这条运河长 241 千米，有一百个船闸、一条隧道、三条主要渡槽、许多涵洞和一个大型的峰顶水库。

海洋仍然是最大的商业通路，由此激励了帆船的创新。伊丽莎白时代的大帆船有着强大的机动性和火力，荷兰的鲱鱼巴士（herring busses，一种荷兰双桅渔船）和长笛船（fluits chips）有着宽敞的船体和较浅的吃水，荷兰和英国东印度公司的多功能大商船以及18世纪为英法海军生产的强大战舰都表明了一些主要的发展方向。

对准确导航的需求催生了对更好仪器的需求。四分仪通过转换为八分仪而得到改进，用镜子将恒星的图像与地平线对准，并且更准确地测量其角度：随着进一步的改进，近代六分仪得到了发展。更重要的是科学家和仪器制造商们心灵手巧地制造了一种能在海上准确计时的时钟：通过显示船上正午时分的格林尼治时间，这样一个时钟可以显示出船只位于格林尼治以东（或以西）多远（经度）。1714年，英国经度委员会为解决经度难题悬赏2万英镑奖金，但直到1763年，约翰·哈里森（John Harrison）的所谓"四号天文钟"才满足了委员会的所有要求，从而获得奖金。

8. 化学

我们已经提到罗伯特·波义耳对蒸汽动力理论的贡献，但更常见的说法是，他是"化学之父"。在化学领域，波义耳的贡献在于把元素看成一种不能分解为其他物质的材料。然而，直到18世纪末、19世纪初，安托万·拉瓦锡（Antoine Lavoisier）和约翰·道尔顿（John Dalton）的工作才使现代化学有了坚实的理论基础。当时的化学仍在努力摆脱炼金术传统。炼金术也并非没有实际应用，它促进了对材料的实验，发展了被用于制造染料、化妆品和某些药品的专门的实验室设备。在很大程度上，药学仍然依赖基于草药等天然产物的配方，但对这些配方的系统化制备最终使人发现了有用的新药物。

1500—1750年，这一时期见证了西方技术的出现，因为西方文明的优越技术使欧洲各国能够扩大对整个已知世界的影响。然而，除了蒸汽机以外，这一时期并无显著的技术创新。比任何特定的创新更重要的也许是发展出了一种创新能力，或者说"对'发明'的发明"（the invention of invention），无论这种能力多么犹疑、多么偏颇、多么局限于英国。创造一种有利于发明的政治社会环境，建立巨大的商业资源来支持可能产生盈利结果的发明，为工业目的而开发矿产、农业和其他原材料资源，尤其是认识到对于发明的特殊需要，以及不愿被困难击倒，共同造就了这样一个社会，以技术创新为基础的工业革命的时机已经成熟。因此，要对1500—1750年的技术成就进行评判，必须考虑它们对于下一时期的精彩创新有何实质性的贡献。

四、工业革命（1750—1900 年）

"工业革命"一词与类似的历史概念一样，与其说精确，不如说是方便。之所以方便，是因为为了理解和教学，需要把历史分成不同的时期，而且因为在 18、19 世纪之交有足够的创新，因此有理由把它作为其中一个时期。然而，这个术语并不精确，因为工业革命的开端或结束并无明确界线。此外，如果它带有从"前工业"社会一劳永逸地转向"后工业"社会的含义，那就会引起误解，因为正如我们所看到的，从大约公元 1000 年起，传统的工业革命事件就在不断加快的工业、商业和技术活动中得到了准备，并且导致工业化进程持续加速，直到我们这个时代仍在继续。因此，对"工业革命"一词的使用必须谨慎。下面我们用这个词来描述增长和变化速度的异常加快，特别是描述这一时期的前 150 年，因为我们之后再单独探讨 20 世纪的技术发展会更加方便。

在这个意义上，工业革命是一个世界性的现象，至少它发生于受到西方文明影响的世界所有地区，鲜有例外。毫无疑问，它最早发生在英国，其影响只是逐渐扩展到欧洲大陆和北美。同样明显的是，最终改变西方世界这些地区的工业革命在规模上超过了英国的成就，这一进程进一步从根本上改变了亚洲、非洲、拉丁美洲和大洋洲的社会经济生活。这一系列事件的原因很复杂，但在我们前面论述的朝着快速工业化的发展中已经蕴含了这些原因。部分是由于幸运，部分是由于自觉的努力，英国到了 18 世纪初渐渐使社会需求与社会资源相结合，从而为商业上成功的创新提供了必要的先决条件，同时也拥有了一种社会制度，快速的技术变革过程一旦开始，就能得以维持并制度化。因此，本节将首先关注英国发生的事件，不过在讨论这一时期的后来阶段时，有必要追溯英国的技术成就是如何在西方世界的其他地区传播和被取代的。

（一）动力技术

工业革命的一个突出特点是动力技术的进展。在这一时期开始时，工业和任何其他潜在消费者可用的主要动力来源是风和水，唯一重要的例外是主要安装于煤矿的用来抽水的大气蒸汽机。需要强调的是，对蒸汽动力的这种使用非常特别，直到 19 世纪，对于大多数工业用途来说仍是如此。蒸汽并不能直接取代其他动力来源，而是改变了它们。使蒸汽机得以发展的科学研究也被用于传统的动力技术来源，水车和风车因此在设计和效率上都得到了改进。许多工程师都为水车结构的改进做出了贡献，到了 19 世纪中叶，新的设计使水车的转速得以提高，从而为水轮机的出现铺平了道路。水轮机至今仍然是一种极为有效的能量转换装置。

1. 风车

与此同时，英国的风车结构也因风帆的改进和扇尾的自校正装置（使帆始终指向风中）而得到很大改进。弹簧帆用相当于现代百叶窗的东西取代了风车上传统的帆装，其百叶可以打开或关闭，以让风通过或者提供一个可以施加压力的表面。1807 年的"开放式"风帆进一步改善了帆的设计。在装有这些风帆的磨坊中，所有风帆上的百叶都由磨机内的一个杠杆同时控制，杠杆通过风轴与控制杆相连，控制杆在每次扫动时带动百叶的移动。通过在磨机的杠杆上悬挂砝码来确定最大风压，超过最大风压，百叶就会打开让风通过，从而使控制更加自动化。反过来，也可以在杠杆上挂上砝码，使百叶保持在打开的位置。通过诸如此类的改进，英国的风车适应了对动力技术日益增长的需求。然而，随着蒸汽的传播和能源利用规模的日益扩大，风力的使用在 19 世纪急剧下降。曾为小规模工业过程提供令人满意的动力的风车，无法与大规模蒸汽动力工厂的磨坊相竞争。

2. 蒸汽机

虽然旧动力源的资质是无可争议的，但蒸汽成了英国工业革命典型的无处不在的动力源。直到 1769 年詹姆斯·瓦特（James Watt）为独立冷凝器申请了专利，纽可门大气蒸汽机才有了很大发展，从那时起，蒸汽机几乎经历了一个多世纪的持续不断的改进。瓦特的独立冷凝器是他以格拉斯哥大学实验室使用的纽可门机为模型所取得的研究成果。瓦特的灵感是将热蒸汽加热汽缸与冷却汽缸这两个动作分开，以便在发动机的每一个冲程中冷凝蒸汽。通过持续保持汽缸的高温和冷凝器的低温，可以极大地节约能量。这个绝妙的简单想法无法立即用于大型机器，因为在当时，这些机器的工程设计还很粗糙和有缺陷。伯明翰实业家马修·博尔顿（Matthew Boulton）凭借其雄厚的资金和技术实力，将这一想法转化为商业上的成功。1775 年至 1800 年，瓦特的专利权被延长，博尔顿和瓦特的合作公司生产了大约 500 台机器，虽然比纽可门机成本更高，但康沃尔的锡矿主和其他动力用户迫切需要一种更为经济可靠的能量来源，他们都急着抢购这些机器。

在 25 年的时间里，博尔顿和瓦特几乎垄断了改良版蒸汽机的制造，并且引入了多项重要改进。他们将发动机从单动式（即只对活塞的向下冲程提供动力）大气泵机从根本上转变为多用途的双动式原动机，后者可用于旋转运动，比如驱动工业齿轮。旋转式发动机很快被英国纺织业商人理查德·阿克赖特爵士（Sir Richard Arkwright）用于一家棉纺厂。这座位于伦敦黑衣修士桥（Blackfriars Bridge）南端的阿尔比恩（Albion）棉纺厂命运多舛，在 1791 年被烧毁，当时旋转式发动机只使用了 5 年，且仍然很不完备，但它证明可以将蒸汽动力应用于大规模的谷物碾磨。其他许多行业也在探索蒸汽动力的可能性，它很快就得到了广泛应用。

瓦特的专利暂时限制了高压蒸汽的发展，而高压蒸汽是机车等主要动力应用所必需的。这些专利在 1800 年失效后，这种发展很快就出现了。康沃尔郡的工程师理查德·特里维西克（Richard Trevithick）引入了更高的蒸汽压力。1802 年，他在煤溪谷（Coalbrookdale）用一台安全高效地工作的实验发动机实现了每平方厘米 10 千克的空前高压。与此同时，多才多艺的美国工程师奥利弗·埃文斯（Oliver Evans）制造了美国第一台高压蒸汽机，和特里维西克一样，他使用了一个带有内部防火板和烟道的圆柱形锅炉。高压蒸汽机在美国迅速流行起来，一方面是由于埃文斯的积极推动，另一方面是由于很少有瓦特型低压发动机能够跨越大西洋。特里维西克很快将他的发动机用于交通工具，1804 年为南威尔士的潘尼达伦（Penydarren）矿车轨道制造了第一辆成功的蒸汽机车。然而，这种成功是技术上的，而不是商业上的，因为机车使矿车轨道的铁轨发生了断裂：铁路时代必须等待永存性铁路和机车的进一步发展。

与此同时，固定式蒸汽机也在稳步发展，以满足日益扩大的工业需求。高压蒸汽带来了具有一系列复杂阀作用的大梁式泵发动机的发展。这种发动机被普遍称为"康沃尔机"，其显著特征是在冲程完成之前切断蒸汽喷射，以使蒸汽通过膨胀做功。这些发动机被用于世界各地的强泵浦工作，经常由康沃尔工程师运送和安装。特里维西克本人花了很多年时间在拉丁美洲改造泵机。然而，康沃尔机可能是康沃尔郡最常见的发动机，在那里被大量用于开采锡矿和铜矿。

高压蒸汽的另一项成果是复合式发动，即在蒸汽最终凝结或耗尽之前，在下降的压力下利用蒸汽两次或两次以上。这项技术最早由康沃尔郡的采矿工程师阿瑟·伍尔夫（Arthur Woolf）所应用，他到 1811 年已经生产出一种非常令人满意的、高效的梁式复合发动机，高压汽缸与低压汽缸并排放置，两根活塞杆连接在同一个水平运动的轴销上，在活塞和横梁之间构成了一个平行四边形，瓦特 1784 年申请获得了专利。1845 年，约翰·麦克诺特（John McNaught）提出了另一种梁式复合发动机，即高压汽缸位于梁的另一端，与低压汽缸相对，并以较短的冲程工作。这种设计变得非常流行。复合蒸汽机的其他设计方法也被采用，而且越来越普遍；19 世纪下半叶，三倍或四倍膨胀的发动机被用于工业和船舶推进。此时，纽可门改进的、瓦特保留的传统梁式－立式发动机开始被卧式汽缸设计取代。在 20 世纪往复式蒸汽机消失之前，梁式发动机一直被用于某些目的，其他类型的立式发动机也仍然流行，但对于完成大型和小型任务，带有卧式汽缸的发动机设计成为最常见的。

19 世纪 80 年代，对发电的需求激发了人们对蒸汽机的新思考，思考的问题在于如何达到足够高的转速，使发电机高效运转。这种速度超出了正常往复式发动机（即活塞在汽缸中前后移动）的范围。设计师们开始研究是否可能对往复式发动机进行彻底改造以达到所需的速度，或者设计一类工作原理完全不同的蒸汽机。在第一种情况下，一种解决方案是把发动机的工作部件封闭起来，并且在压力下润滑部件。例如，威兰斯机（the Willans engine）的设计就是这种类型，他的设计在早期的英国发电站中被广泛采用。往复式设计中的另一项重要改进是单流式发动机，它通过从汽缸中心的端口排出蒸汽来提高效率，而不是让蒸汽随着活塞的移动而改变汽缸中的流向。然而，实现高速蒸汽机的完全成功取决于蒸汽轮机，这种新颖的设计构成了一项重大的技术创新。它是 1884 年由查尔斯·帕森斯爵士（Sir Charles Parsons）发明的。让蒸汽通过一系列尺寸逐渐增大的转子叶片（从而使蒸汽膨胀），蒸汽能量被转化为非常快速的圆周运动，这是理想的发电方式。自那以后，蒸汽轮机的结构又有许多改进，尺寸也大大增加，但基本原理保持不变，除了那些拥有山地地形、可以用水轮机进行更经济的水力发电的地区，这种方法仍然是主要的电力来源。就连最现代的核电站也使用蒸汽轮机，因为技术尚未解决将核能直接转化为电能的问题。而在船舶推进方面，尽管有内燃机的竞争，蒸汽轮机仍然是重要的动力来源。

3. 电力

电作为一种能源的发展早于 19 世纪末蒸汽动力的发展。这项开创性的工作是由宾夕法尼亚州的本杰明·富兰克林、意大利帕维亚大学的亚历山德罗·伏打和英国的迈克尔·法拉第等国际科学家共同完成的。1831 年，法拉第显示了电与磁之间难以捉摸的关系的本质，他的实验为机械产生电流（以前只能通过伏打电堆或电池组内的化学反应来产生）和在电动机中利用这种电流提供了出发点。机械发电机和电动机都依赖于强磁铁两极之间连续的导电线圈的转动：线圈的转动会在其中产生电流，而电流流经线圈会使线圈转动。发电机和电动机在 19 世纪中叶都经历了实质性的发展。尤其是法国、德国、比利时和瑞士的工程师研制出了最令人满意的电枢（线圈）形式，并且生产出发电机，从而使大规模发电在商业上变得可行。

下一个问题是寻找市场。在英国，由于蒸汽动力、煤炭和煤气的传统已经根深蒂固，电力市场不太乐观。然而在欧洲大陆和北美有更多的实验空间。在美国，托马斯·爱迪生运用他的发明天才寻找电的新用途，而他对碳丝灯的研制也表明了这种形式的能源如何能与用于家用照明的煤气相匹敌。问题在于，电力已被成功地用于灯塔等大型设施，其中电弧灯由房屋建筑的发电机供电，但还无法将电灯细分成小单元提供照明。这类白炽灯的原理是，只要将薄导体密封在真空中以防止其烧坏，就可以通过电流使其发光。爱迪生和英国化学家约瑟夫·斯万爵士（Sir Joseph Swan）用各种材料的灯丝做实验，两人都选择了碳。结果制成了一种非常成功的小灯，可以根据任何类型的要求调整尺寸。但碳纤维白炽灯的成功并不意味着能够立即取代煤气照明。1792 年，威廉·默多克（William Murdock）在他的康沃尔郡雷德鲁斯（Redruth）家中首次使用煤气照明，当时他是博尔顿和瓦特公司（Boulton and Watt Company）的代理商。1798 年，他搬到伯明翰索霍（Soho）的公司总部，马修·博尔顿授权他尝试用煤气为那里的建筑照明。19 世纪上半叶，英国各地的公司和城镇都采用了煤气照明。照明通常由燃烧的鱼尾状煤气射流所提供，但是在电力照明竞争的刺激下，煤气灯罩的发明大大提高了煤气照明的质量。这样改进之后，直到 20 世纪中叶，煤气照明在某些街道仍然很常见。

只靠照明并不能提供一个电力的经济市场，因为电力的使用往往仅限于夜晚的几小时。商业发电的成功有赖于其他电力用途的发展，特别是电力牵引。因此，在 19 世纪 80 年代末和 90 年代，随着城市电车的普及和地铁系统（如伦敦地铁）采用了电力牵引，发电设备也得到了广泛应用。这种能源形式随后的普及是 20 世纪最显著的技术成功案例之一，事实上，到了 19 世纪末，关于发电、分配和利用的大多数基本技术已经成熟。

4. 内燃机

电力无法构成原动力，无论它作为一种能量形式有多重要，它都必须从由水、蒸汽或内燃机驱动的机械发电机中获得。内燃机是一种原动机，它出现于 19 世纪，是对热力学原理有了更深入理解的工程师在某些情况下寻找蒸汽动力替代品的结果。在内燃机中，燃料在发动机中燃烧。大炮提供了一种单冲程发动机的早期模型，有几个人曾试验用火药来驱动汽缸中的活塞。主要问题在于找到一种合适的燃料，而次要问题则是在封闭的空间中点燃燃料，以产生一种容易迅速重复的运动。第一个问题是在 19 世纪中叶通过引入城镇燃气供应解决的，第二个问题则更为棘手，因为很难保持燃烧均匀。1859 年，巴黎的埃蒂安·勒努瓦（Étienne Lenoir）制造了第一台成功的燃气发动机。其外形仿照卧式蒸汽机，当活塞处于冲程中间位置时，两侧的电火花依次点燃了燃气和空气的爆炸混合物。虽然在技术上令人满意，但这种发动机运行成本高昂，直到 1878 年德国发明家尼古拉·奥托（Nikolaus Otto）改良了技术，这种燃气发动机才获得了商业上的成功。奥托采用了四冲程循环（吸气—压缩—燃烧—排气），此后一直被称为"奥托循环"。燃气发动机被广泛用于小型工业设施，这样就可以省去任何蒸汽发电厂所需的锅炉维护费，不论有多小。

5. 石油

内燃机的经济潜力在于人们需要轻型的机车发动机。依靠城市燃气管道供应的燃气机无法提供这一点，蒸汽机当然也不行，因为需要一个笨重的锅炉；但是，通过使用从石油中提取的替代燃料，可以使内燃机运转起来，并且产生重大影响。自古以来，在亚洲西南部就有沥青矿藏，并且被用作建筑材料、照明材料和医药产品。美国定居点向西扩展，许多农庄都在城市煤气供应的范围之外，这些都促进了对容易得到的原油资源的开发，用于制造煤油（石蜡）。1859 年，埃德温·德雷克（Edwin L. Drake）在宾夕法尼亚州成功钻穿 21 米深的岩石，开采出石油，从而开启了探索和开发世界深层石油资源的序幕，石油工业有了新的意义。虽然世界石油供应急剧增加，但主要需求首先是煤油，即从原材料中蒸馏出来的中间馏分，用作油灯的燃料。石油中最易挥发的部分——汽油，仍然是一种令人尴尬的废品，直到人们发现汽油可以在轻型内燃机中燃烧，结果是能够制成一种理想的车辆原动机。这一发展是由燃油发动机成功燃烧原油馏分所奠定的。19 世纪 70 年代出现了以现有煤气发动机为模型改造的煤油发动机，到了 19 世纪 80 年代末，在压缩空气的喷射中使用重油蒸汽且进行奥托循环的发动机成为一种很有吸引力的设计，因为这比较适合那些太过偏远以致无法使用城市燃气的地方。

重油发动机的最大改进与德国人鲁道夫·狄塞尔（Rudolf Diesel）的工作有关，他在 1892 年获得了第一批专利。他从热力学原理出发设计了一种发动机，使热量损失达到最小。在这种发动机中，汽缸中空气的高度压缩保证了燃油以精确的量喷射时的自燃。这确保了很高的热效率，但由于内部的高压以及低速运转时效能较差，它也需要一个笨重的结构。因此，它当时并不适合直接给机车使用。但狄塞尔继续改进他的发动机，最终在 20 世纪使其成为一种重要的车辆推进形式。

与此同时，轻型高速汽油发动机占据了主导地位。这种新型发动机首次应用于机车是在 1885 年的德国，戈特利布·戴姆勒（Gottlieb Daimler）和卡尔·本茨（Carl Benz）分别为第一辆摩托车和第一辆汽车配备了他们自己设计的发动机。本茨的"无马马车"（horseless carriage）成了现代汽车的原型，它的发展和影响可以与交通革命联系起来考虑。

到了 19 世纪末，内燃机在许多工业和运输应用中对蒸汽机发起了挑战。值得注意的是，蒸汽机的先驱几乎都是英国人，而内燃机的创新者则大多在欧洲和美洲大陆。事实上，这种转变反映了工业革命中国际领导地位的总体改变，英国在工业化和技术创新方面的优势地位正逐渐被取代。对热机的理论认识也发生了类似的转变：引出新热力学的是法国人萨迪·卡诺（Sadi Carnot）和其他科学研究者的工作，而不是对热力学所基于的热机有着最实际经验的英国工程师的工作。

然而，不应认为英国在原动机方面的创新仅限于蒸汽机，也不应认为蒸汽和内燃机是工业革命期间该领域唯一重要的发展。毋宁说，这些机器的成功激发了人们对替代能源的思考，至少在一个案例中取得了成功（其完整后果并未得到完全发展）。这就是苏格兰人罗伯特·斯特林（Robert Stirling）1816 年申请专利的热气发动机（hot-air engine）。热气发动机的动力来自外部燃料的持续燃烧所加热的汽缸内空气的膨胀和置换。甚至在热力学定律被揭示之前，斯特林就已经设计出一种巧妙而经济的热循环。各种各样的结构问题把热空气发动机的尺寸限制于非常小的单元，因此，尽管在电动机出现之前，热气发动机被广泛用于驱动风扇和类似的轻型负载，但并不具有重大的技术意义。然而，热空气发动机的经济性和相对清洁使之在 20 世纪 70 年代初再次成为深入研究的对象。

工业革命中动力技术的转变对整个工业和社会都产生了影响。首先，对燃料的需求刺激了到 18 世纪初已经快速发展的煤炭工业不断扩张和创新。蒸汽机极大地增加了对煤的需求，通过提供更高效的矿泵以及最终得到改进的通风设备，为煤炭开采做出了重大贡献。矿工安全灯等其他发明有助于改善工作条件，尽管 1816 年引入安全灯的直接后果是促使矿主开采以前被认为无法进入的危险煤层。这种灯的原理是，油灯灯芯的火焰被封闭在一个金属丝网圆筒内，通过这个圆筒降低热量以免点燃外面的爆炸性气体（沼气）。后来它得到了改进，在电瓶灯出现之前，它一直是煤矿的重要光源。随着这些改进以及交通系统的同步革命，英国的煤炭产量在整个 19 世纪稳步增长。新型原动机的另一种重要燃料是石油，其产量的迅速增长我们已经提到。在约翰·洛克菲勒（John D. Rockefeller）和他的标准石油公司（Standard Oil Organization）的控制下，石油开采在内战结束后的美国发展成一项庞大的事业，直到 20 世纪，其他地方的石油开采业才得到较好的组织。

（二）工业的发展

1. 冶金业

与动力革命密切相关的另一个行业是冶金业和金属贸易。钢铁加工技术的发展是英国工业革命的杰出成就之一。这一成就的基本特点是，将钢铁工业的燃料由木炭改为煤炭，极大地提高了金属的产量。它还为煤炭生产提供了另一种动力，以及建造蒸汽机和其他各种精密机器所需的材料。从 1709 年的焦炭冶炼工艺开始的转型，在1740 年前后坩埚钢的发展与 1784 年熟铁的搅拌熔炼和轧制工艺中得到了进一步发展。第一种工艺是将原料（熟铁和木炭，按照认真测量后的比例）在密封的陶瓷坩埚中熔合，并且在燃煤炉中加热，以获得高质量的铸钢。第二项工艺应用了反射炉的原理，即高温气体水平通过（而非垂直穿过）被加热的金属表面，从而大大降低了钢铁被煤燃料中的杂质污染的风险，并发现通过搅拌熔化的金属，并且将其从熔炉中趁热取出进行锤击和轧制，可以大大加固金属，使铸铁完全有效地转化为熟铁。

（1）钢铁

这一系列创新的结果是，英国钢铁工业摆脱了对森林作为木炭来源的依赖，并向主要煤田发展。大量廉价的铁成为英国工业革命早期的一个突出特点。铸铁可用于桥梁建设、防火工厂的框架以及其他土木工程，比如托马斯·特尔福德（Thomas Telford）的新型铸铁渡槽。熟铁可被用于需要强度和精度的各种机械装置。直到 19世纪下半叶，钢仍然是一种相对稀缺的金属，当时亨利·贝塞麦（Henry Bessemer）和威廉·西门子（William Siemens）采用的批量产钢工艺改变了这种局面。贝塞麦于 1856 年获得了转炉的专利。转炉由一个装有铁水的大容器组成，冷空气吹入通过铁水。铁中的杂质与空气中的氧相结合，产生了异乎寻常的反应，当这种反应结束时，就把低碳钢留在了转炉中。贝塞麦实际上是一位职业发明家，对钢铁工业知之甚少；他的工艺过程与美国钢铁制造商威廉·凯利（William Kelly）的过程非常相似，威廉·凯利因破产而无法利用他的发明。与此同时，西门子马丁平炉工艺于 1864 年被引进，利用廉价燃料的热废气加热交流蓄热炉，初始的热传递给在大型炉膛内循环的气体，可以小心地控制炉膛内熔融金属中的反应，从而生产出所需质量的钢。平炉炼钢法逐渐得到改进，到了 19 世纪末，钢产量已经超过贝塞麦炼钢法。这两种工艺使得钢材可以批量供应，而不是小规模地铸造坩埚钢锭，从此以后，钢材逐渐取代熟铁，成为钢铁工业的主要商品。

（2）低品位矿石

向廉价钢的转变并非没有技术问题，其中最困难的技术问题之一是，世界上容易获得的低品位铁矿石大都含有一定比例的磷。事实证明，磷很难消除，却很容易毁掉用磷生产的任何钢。英国科学家托马斯（S. G. Thomas）和珀西·吉尔克里斯特（Percy Gilchrist）解决了这个问题，他们发明了基本熔渣法，即在熔炉或转炉里衬上一种碱性材料，磷可以与之结合为磷酸盐熔渣，而这又成为新生的人工肥料产业的重要原料。这项创新最重要的结果是使洛林等地的大量磷矿得以开发。因此，它也对德国鲁尔地区重钢铁工业的兴起做出了重大贡献。19 世纪末，英国钢铁生产有了其他改进，特别是发展出了有专门用途的合金，但这些改进对钢铁质量的贡献大于对数量的贡献，无法使这一行业的主导地位从英国转移到欧洲大陆和北美。英国的钢铁产量继续增加，然而，到 1900 年已被美国和德国超过。

2. 机械工程

与钢铁工业密切相关的是机械工程的兴起，它产生于对蒸汽机和其他大型机器的需求，在伯明翰的博尔顿和瓦特的索霍工场首次形成。在那里，精密工程师在制造科学仪器和小型武器过程中发展出来的技能，第一次被应用于大型工业机械的建造。19 世纪成熟起来的工程车间在工业和运输的日益机械化过程中起了至关重要的作用。它们不仅生产了数量稳定增长的织布机、机车和其他硬件，而且还改进了制造这些机器的车床。车床成了一种全金属、动力驱动的机器，它有一个完全刚性的底座和一个固定刀具的滑动架，能比之前手动或用脚操作的木制框架车床更持久、更精确地工作。钻孔机和开槽机、铣床和刨床，以及詹姆斯·内史密斯（James Nasmyth）发明的蒸汽锤（活塞杆下端带有锤子的倒置立式蒸汽机），都是新机械工程行业从早期木工模型设计或改进而来的机器。19 世纪中叶以后，机械行业的专业化变得更加明显，因为一些制造商专注于汽车生产，另一些制造商则致力于满足煤炭开采、造纸和制糖等行业的特殊需求。在德国等其他工业国家，电气工程和其他新技术飞速进步，而在美国，劳动力的短缺促进了标准化和批量生产技术（如农业机械、小型武器、打字机和缝纫机等领域的技术）的发展。因此，在自行车、汽车和飞机出现之前，现代工程产业的模式就已清晰确立。英国机械工程师约瑟夫·惠特沃思爵士（Sir Joseph Whitworth）1856 年设计的测量精度为 0.000 001 英寸的机器（尽管在日常工场实践中并不需要这种精度）代表了工程精度的显著提高，工程业生产能力的相应提高持续推动了进一步的机械创新。

3. 纺织业

棉纺织业可能是英国工业革命中最具特色的产业。在传统理解中，英国工业革命是棉花生产过程从分散在南奔宁山脉城镇和村庄的小规模家庭工业，转变为大规模的、集中的、动力驱动的、机械化的、工厂组织的、城市工业的时期。这一转变对于同时代人和后人来说都是戏剧性的，在英国工业化的总体模式中无疑具有巨大意义。但它在技术史上的重要性不应被夸大。当然，至少在转变之初有许多有趣的机械改进。纺纱轮发展成珍妮纺纱机，分别使用辊子和移动手推车使走锭纺纱机更加机械化，更是大幅提高了这一产业的生产率。但这些都是次要的创新，因为在前一代人的实验中已有先例。无论如何，英国第一家纺织厂是 1719 年建造的德比丝绸厂。对棉花制造业影响最为深远的创新是引进蒸汽动力来驱动梳棉机、纺纱机、动力织机和印刷机。然而，这可能夸大了事实：不应剥夺棉花创新者的功劳，他们的进取心和聪明才智改变了英国的棉花产业，使之成为后来工业化实践的典范。它不仅被英国的毛织品业缓慢地复制，而且其他国家只要试图实现工业化，都会尽力获得英国的棉花机器以及英国棉花工业家和工匠的专门知识。

英国棉花产业迅速兴起的一个重要后果是它有力地刺激了其他工艺和产业。例如，对原棉不断增长的需求促进了美国南部的种植业经济和轧棉机的引进。轧棉机是一种重要的机械设备，能将棉花纤维从植物的种子、外壳和茎中分离出来。

4. 化学制品

在英国，纺织业的发展使人们对化学工业的兴趣骤然增加，因为纺织品生产中的一个巨大"瓶颈"是，依靠阳光、雨水、酸牛奶和尿液的自然漂白技术需要很长时间。现代化学工业之所以产生，实际上是为了给英国棉纺工业发展出更快速的漂白技术。它在 18 世纪中叶第一次取得了成功，当时约翰·罗巴克（John Roebuck）发明了在铅室中大量生产硫酸的方法。这种酸直接用于漂白，但也用于生产更有效的氯漂白剂和漂白粉，1799 年查尔斯·坦南特（Charles Tennant）在格拉斯哥的圣罗洛克斯工厂完善了这一工艺。该产品有效地满足了棉纺织业的要求，此后化学工业将注意力转向了其他行业的需求，特别是肥皂、玻璃等一系列制造工艺日益增加的对碱的需求。结果是，尼古拉·勒布朗（Nicolas Leblanc）1791 年在法国成功发明了用于批量生产碳酸钠（苏打）的勒布朗制碱法，尽管比利时的索尔维（Solvay）制碱法更经济，但直到 19 世纪末，勒布朗制碱法仍是英国使用的主要制碱工艺。

19 世纪中叶，化学工业的创新从重化工过程转向了有机化学。这里的刺激因素与其说是特定的工业需求，不如说是一些德国科学家在煤及其衍生物性质方面所做的开创性工作。在他们的工作之后，伦敦皇家化学学院的珀金爵士（W. H. Perkin）在 1856 年用苯胺生产出了第一种人造染料。在同一时期，即 19 世纪 30 年代至 60 年代，对纤维素材料质量的研究使硝化棉、硝化甘油和达纳炸药等烈性炸药发展起来，而纤维素液体的固化和挤压实验则产生了赛璐珞等第一批塑料，以及第一批人造纤维，即所谓的人造丝。到了 19 世纪末，所有这些工艺都已成为大型化学工业的基础。

随着医学知识的增加，以及药物开始在治疗中发挥建设性作用，化学工业不断扩展的一个重要副产品是制造出应用范围越来越广的医药材料。工业革命时期见证了自古代文明以来医疗服务的第一次真正进步。解剖学和生理学的巨大进步对医学临床实践的影响微乎其微。在 18 世纪的英国，医院供给的数量增加了，但质量几乎没有什么改变。同时在接种天花疫苗方面有了一个重要开端，其顶点是 1796 年爱德华·詹纳（Edward Jenner）的疫苗接种过程，即通过接种一剂毒性小得多的牛痘来保护人们免受天花的伤害。不过，经过数十年的使用和天花的进一步流行，这种疫苗才被广泛采用，从而有效地控制了这种疾病。此时，路易·巴斯德（Louis Pasteur）等人已经确定了许多常见疾病的细菌学起源，从而有助于促进更好的公共卫生运动，并对伤寒和白喉等许多致命疾病进行免疫接种。麻醉剂（从 1799 年汉弗莱·戴维爵士（Sir Humphry Davy）发现一氧化二氮或"笑气"开始）和消毒剂的改进使精细的外科手术成为可能，到了 19 世纪末，X 射线和放射学成为强大的医疗技术新工具，而巴比妥类和阿司匹林（乙酰水杨酸）等合成药物也已经开始使用。

5. 农业

18 世纪的农业改良是由这样一些人推动的，工业和商业利益使他们愿意试验新的机器和工艺，以提高其庄园的生产力。在同样的刺激下，农业改良一直持续到 19 世纪，并且在英国等地扩展到食品加工领域。蒸汽机并不容易适应农业用途，但人们还是找到了将蒸汽机用于脱粒机的方法，甚至通过强大的牵引机之间的缆绳将犁拉过田地。美国的农业机械化起步比英国晚，但由于劳动力相对短缺，反而发展得更快、更彻底。麦考密克收割机（McCormick reaper）和联合收割机都是在美国发展起来的，带刺铁丝网、食品包装和罐头行业也是如此，芝加哥成为这些工艺的中心。19世纪下半叶，冷藏技术的引入使澳大利亚和阿根廷的肉类得以运往欧洲市场。这些市场也促进了奶牛养殖和商品菜园的发展，使得远在新西兰的生产商能用冷藏船将黄油送到世界上任何可以出售的地方。

6. 土木工程

就大型土木工程而言，在整个这段时期，移土的繁重工作仍然依赖于建筑承包商组织的人力。但是到了19世纪末，火药、炸药和蒸汽挖掘机的使用有助于减少这种依赖，压缩空气和液压工具的引入也有助于减轻劳动。后两种发明在其他方面也很重要，比如在采矿工程中以及在升降机、闸门和起重机的操作中。移民法国的工程师马克·布鲁内尔（Marc Brunel）在伦敦泰晤士河底下修建第一条隧道（1825—1822年）时，率先采用隧道盾构法，使隧道能够穿过松软或不稳定的岩层，这种技术在其他地方也得到了采用。英国工程师托马斯·特尔福德（Thomas Telford）和伊桑巴德·布鲁内尔（Isambard Kingdom Brunel）以及德裔美籍工程师约翰·罗布林（John Roebling）完善了悬索桥，发展了桁架桥（先是木制的，然后是铁制的），铁钟或沉箱也被用来在水位以下为桥体和其他结构建基，桥梁建设取得巨大进展。熟铁逐渐取代铸铁成为桥梁建筑材料，不过也有几座著名的铸铁桥梁幸存下来，例如1777年至1779年在什罗普郡的铁桥上修建的桥梁，它被形象地称为"工业革命的巨石阵"。它是在附近煤溪谷的熔炉中铸造的，通过榫眼和楔子在木材结构模型上组装而成，没有使用螺栓或铆钉。这种设计很快就被其他铸铁桥梁取代，但这座桥仍然是铸铁在大型结构上的第一次重要应用。铸铁在大型建筑的设计中变得非常重要，1851年优雅的水晶宫（Crystal Palace）就是一个突出的例子。这是园丁出身的天才建筑师约瑟夫·帕克斯顿爵士（Sir Joseph Paxton）以他在德文郡公爵查茨沃斯庄园（Chatsworth estate）建造的温室为模型设计的。其铸铁梁由三家不同的公司制造，并且在现场进行了尺寸和强度测试。然而到了19世纪末，钢开始取代铸铁和熟铁，钢筋混凝土也开始被使用。在供水和污水处理方面，土木工程取得了一些巨大成功，特别是在这一时期有很大改进的大坝设计方面，以及在长距离管道系统和抽水方面。

7. 运输和通信

运输和通信为工业革命中的革命提供了一个例子，1750—1900年，它的各种模式都发生了彻底转变。18世纪下半叶，英国最早的改进出现在公路和运河上。尽管这些技术在经济上很重要，但在技术史上却没有太大意义，因为在英国采用之前，良好的道路和运河在欧洲大陆已经存在了至少一个世纪。17世纪和18世纪初，法国修建了硬面道路的公路网，德国也进行效仿。18世纪末，法国的皮埃尔·特雷萨盖（Pierre Trésaguet）将坚硬的石头磨损面与碎石基层分离，提供充足的排水系统，从而改善了道路建设。不过，到了19世纪初，英国工程师开始在道路和运河建造技术上进行创新，麦克亚当（J. L. McAdam）用压实的石块建造了价格低廉且耐磨的路面，托马斯·特尔福德（Thomas Telford）精心设计了运河。然而，运输业的突出创新是蒸汽动力的应用，它以三种形式出现。

（1）蒸汽机车

首先是铁路的发展：蒸汽机车和永存性金属轨道的结合。19世纪的前25年，这种结合试验最终产生了1825年开通的斯托克顿和达林顿铁路（Stockton & Darlington Railway），接下来使用蒸汽机车的5年经验则产生了利物浦和曼彻斯特铁路（Liverpool and Manchester Railway），它在1830年开通时，已经形成了第一个完全定时的铁路服务，时间排定的货运和客运完全靠蒸汽机车牵引。这条铁路是乔治·史蒂芬孙（George Stephenson）设计的，机车则是史蒂芬孙和他的儿子罗伯特制造的，第一辆机车就是著名的"火箭号"。1829年，它在利物浦郊外的雷恩希尔（Rainhill）铁路经营者举办的比赛中获胜。利物浦和曼彻斯特铁路的开通可以说是一直持续到第一次世界大战的铁路时代的开始。在此期间，世界各国和各大洲都修建了铁路，为工业社会的市场打开了广阔的领域。机车的尺寸和功率迅速增加，但基本原理与19世纪30年代初斯蒂芬孙父子确立的原理相同：卧式汽缸安装在多管锅炉下面，尾部有一个燃烧室，还有一个运送水和燃料的煤水车。这是从"火箭号"发展出来的形式，"火箭号"的汽缸是斜置的，这本身就是从立式汽缸过渡来的，常常被置于锅炉之中，这是最早机车的典型特征（有一个立式汽缸的特里维西克的潘尼达伦发动机除外）。与此同时，在之前矿车轨道的基础上，永存性铁路的建设也经历了相应的改进：熟铁轨，最终是钢轨，取代了在蒸汽机车重压下很容易开裂的铸铁轨。轨道排列整齐、坡度较小且有土建工程的实质支撑，成了世界铁路铺设的寻常现象。

（2）公路机车

蒸汽动力用于运输的第二种形式是公路机车。它在技术上没有任何理由不获得与铁路机车同等的成功，但由于不适用大多数道路以及其他道路使用者的排挤，它的发展受到了极大限制，以至于只能在重型牵引工作和轧路等任务中得到普遍应用。但很容易从公路运输改做农用的蒸汽牵引机车仍然是 19 世纪蒸汽技术的著名产物。

（3）汽船和轮船

第三项应用更为重要，因为它改变了海洋运输。1775 年，法国塞纳河上首次尝试用蒸汽机为船提供动力，19 世纪初，英国的威廉·赛明顿（William Symington）建造了几艘实验性蒸汽船。然而，在船的蒸汽推进方面，美国人罗伯特·富尔顿（Robert Fulton）第一次在商业上取得了成功，他的桨式蒸汽船"北河蒸汽船"（north river steamboat）在 1807 年往返于纽约和奥尔巴尼之间，因其第一个过夜停留的港口而被称为"克莱蒙号"，配备有博尔顿和瓦特的改良型横梁－侧杆式发动机，两个梁沿发动机底座放置，以降低重心。在格拉斯哥建造的"彗星号"上也安装了类似的发动机，1812 年它在克莱德河上投入使用，是欧洲第一艘成功的蒸汽船。所有早期的蒸汽船都是用桨驱动的，而且都是小船，只适合做渡轮和班轮，因为长期以来人们认为蒸汽船的燃料需求量太大，无法进行长途货运。蒸汽船的进一步发展就这样被推迟到了 19 世纪 30 年代，当时布鲁内尔开始用他独创性的思想来解决蒸汽船的建造问题。他的三艘大蒸汽船分别标志着技术上的飞跃。"大西部号"（1837 年下水）是第一艘专门为北大西洋的海洋服务而建造的，它证明了燃料所需的空间与船的总体积成反比。"大不列颠号"（1843 年下水）是世界上第一艘大型铁船，也是第一艘采用螺旋桨推进的铁船。经历了漫长的服役和风吹雨打之后，它于 1970 年返回布里斯托尔港，显著证明了其坚固性。"大东方号"（1858 年下水）总排水量 18 918 吨，是 19 世纪建造的最大的船舶。这艘利维坦巨兽采用双铁船体，两套发动机同时驱动螺旋桨和桨叶，虽然在经济上并不成功，但却令人钦佩地展示了大型铁制蒸汽船的技术可能性。到了 19 世纪末，蒸汽船在世界所有的主要贸易路线上已经完全取代了帆船。

（4）印刷与摄影

通信在 19 世纪也同样发生了变化。蒸汽机帮助实现了机械化，从而加快了造纸和印刷的进程。就印刷而言，加速是通过引入高速旋转印刷机和莱诺铸排机来铸造字体并将其排成合理的线（即均匀的右侧边距）而实现的。事实上，印刷业不得不经历一场与 15 世纪发明的活字印刷术相媲美的技术革命，才能满足印刷市场日益增长的需求。摄影是对现代印刷业做出重要贡献的另一项重要工艺，它是在 19 世纪发现和发展起来的。第一张照片是法国物理学家尼普斯（J.N. Niepce）在 1826 年或 1827 年拍摄的，他使用了一块涂有沥青的白蜡板，这种沥青在曝光后会变硬。他的搭档达盖尔（L.J.M. Daguerre）和英国人福克斯·塔尔博特（W.H. Fox Talbot）采用银化合物来实现感光，这项技术在 19 世纪中叶迅速发展。到了 19 世纪 90 年代，美国的乔治·伊士曼（George Eastman）为大众市场制造相机和赛璐珞胶片，最早的电影实验开始引起注意。

（5）电报和电话

然而，通信技术的伟大创新源自电力。首先是电报，两位英国发明家——威廉·库克爵士（Sir William Cooke）和查尔斯·惠斯通爵士（Sir Charles Wheatstone）发明了它，或至少是建议把它实际用于发展中的英国铁路系统。他们通力合作，1837 年获得了一项联合专利。几乎在同一时间，美国发明家塞缪尔·摩尔斯（Samuel F.B.Morse）发明了后来被全世界采用的信号代码。在接下来的 25 年里，世界各大洲通过跨洋电缆被电报连接起来，主要的政治经济中心被纳入即时通信。通过为维护法律和秩序提供迅速援助，电报系统也在美国西部的开发中发挥了重要作用。电报之后是亚历山大·格雷厄姆·贝尔（Alexander Graham Bell）1876 年发明的电话，它被迅速用于美国城市中短距离的口头通信，而在欧洲城市，电话的发展速度要慢一些。大约在同一时间，关于光和其他辐射的电磁特性的理论工作开始产生惊人的实验结果，无线电报的可能性开始被探索。到了 19 世纪末，古列尔莫·马可尼（Guglielmo Marconi）已经在英国将信息传送到许多英里之外，并于 1901 年 12 月 12 日实现了第一次跨大西洋无线电通信。就这样，即时通信的传播使世界无可避免地变成了一个更加紧密的共同体。

8. 军事技术

到了 19 世纪末，有一个技术领域并没有受到蒸汽或电力应用的显著影响，那就是军事技术。虽然军队规模在 1750 年到 1900 年有所增加，但在技术上几乎没有什么重大创新，除了在海上，海军极不情愿地接受了铁蒸汽船的出现，并且致力于将不断增加的火力与船体装甲板相匹配。19 世纪中叶出现的新型烈性炸药提高了火炮和火器的质量，但即使是法国陆军工程师尼古拉·屈尼奥（Nicolas Cugnot）在 1769 年发明的三轮铁炮车（被视为第一辆蒸汽动力的公路车辆）实验，也没有使人们相信蒸汽可被有益地用于战争。铁路和电报都被有效地用于军事，但总体上可以说，

19 世纪在战争设备上投入的重要创新技术少得可怜。

在 1750—1900 年的动态发展过程中，技术本身发生了重要变化。首先，它变得自觉起来。这种变化有时被称为从基于手艺的技术变成了基于科学的技术，但这种说法过于简单化。事实上，人们越来越认识到技术是一种具有重要社会意义的功能。从 16 世纪开始，有关技术主题的论著数量不断增加，保护技术创新者利益的专利立法也迅速发展。从技术教育的发展中也看得很清楚，起初它是不均衡的，局限于法国的理工学院，再从那里传播到德国和北美，到了 19 世纪末甚至传到英国，而英国最反对把技术教育看成正式教育结构的一部分。此外，从工程师和其他专门技术人员群体的专业协会的发展也可以看得很清楚。

其次，通过变得自觉，技术以前所未有的方式引起了人们的注意，各种派别成长起来，有的称赞技术是社会进步和民主发展的主力军，有的则批评它是现代人的祸害，对"魔鬼的血汗工厂"的严苛管教、机器的暴政和城市生活的肮脏负有责任。到了 19 世纪末，技术已经成为工业社会的一个重要特征，而且可能变得更加重要。无论将来会发生什么，技术已经成熟，必须认真地视之为文明持续发展中最重要的形成因素。

五、20 世纪和 21 世纪

（一）1900—1945 年的技术

最近的历史是最难书写的，因为材料太多，而且难以在几乎"当代"的经验中区分重要和不重要的事件。不过，就最近的技术史而言，有一个事实非常突出：尽管到 1900 年技术已经取得了巨大成就，但在随后的几十年里，它在广泛的人类活动中取得的进步比有据可查的整个历史还要多。飞机、火箭和星际探测器、电子设备、原子能、抗生素、杀虫剂和各种新材料的发明和发展，都创造了一种空前的社会局面，充满了各种可能性和危险，这在 20 世纪之前几乎是不可想象的。

在尝试解释 20 世纪的事件时，最好是把 1945 年之前与之后分开。1900—1945 年由两次世界大战所主导，而 1945 年以后则主要是为了避免另一次世界大战。其分界点具有突出的社会意义和技术意义：1945 年 7 月，第一颗原子弹在新墨西哥州的阿拉莫戈多（Alamogordo）爆炸。

20 世纪在技术能力和领导力方面发生了深刻的政治变化。将 20 世纪视为"美国世纪"或许有些夸张，但美国作为超级大国的崛起速度之快、戏剧性之强足以成为这种说法的理由。它的崛起基于对巨大的自然资源的利用，通过广泛的工业化来确保生产力的提高，美国在实现这一目标方面的成功在两次世界大战中得到了检验和证明。在战争中，技术的领导权从英国和其他欧洲国家转移到了美国。这并不是说创新的源泉在欧洲枯竭了。20 世纪的许多重要发明都源于欧洲。但是，当其他国家缺乏某种重要的社会资源时，美国有能力吸收创新并充分利用这些资源，如果没有这些资源，卓越的发明就无法转化为商业上的成功。与工业革命时期的英国一样，美国在 20 世纪的技术活力与其说表现在任何特定的创新上，倒不如说表现在它有能力接受来自任何来源的新思想。

两次世界大战本身就是 20 世纪技术和政治变革最重要的工具。飞机的快速发展是这一进程的显著例证，而坦克在第一次世界大战中的出现以及原子弹在第二次世界大战中的出现显示了对紧急军事刺激的相同反应。据说第一次世界大战是化学家的战争，因为烈性炸药和毒气极其重要。在其他方面，这两次世界大战扩展了用来激励国家和私营工业创新的体制工具，从而加速了技术的发展。这一进程在某些国家要比在另一些国家走得更远，但任何主要的交战国都需要支持和协调其科技努力。于是，战争加速了从"小科学"（研究仍然主要限于少数孤立科学家的小规模努力）到"大科学"（强调由政府和公司赞助的大型研究团队，共同致力于新技术的发展和应用）的转变。虽然这种转变的程度不能过分夸大（最近的研究往往强调，至少在激励创新方面，仍然需要独立的发明者），但科技企业规模的变化无疑产生了深远的影响。这是 20 世纪最重大的变革之一，因为它改变了工业和社会组织的品质。在这一过程中，它使得技术在其漫长的发展历程中第一次获得了重要的地位，也在社会上获得了尊崇。

1. 燃料和动力

在 1945 年之前，燃料和动力方面并无根本创新，但源于 19 世纪的技术却有一些重大发展。这类技术的一个突出进展是内燃机，它不断得到改进，以满足公路车辆和飞机的需要。鲁道夫·狄塞尔（Rudolf Diesel）在 19 世纪 90 年代发明的燃烧重油燃料的高压缩发动机，在第一次世界大战期间被开发成为潜艇动力装置，随后又被用于重型公路货运和农用拖拉机。此外，将往复式蒸汽机转变为蒸汽轮机的那种发展也出现在内燃机上，燃气轮机取代了往复式内燃机，被用于航空发动机等特殊目的，较高的功率与质量之比在这些领域非常重要。尽管第一架喷气式飞机在战争结束时已经投入使用，但是到了 1945 年，这种调整还没有走得很远。不过燃气轮机理论至少从 20 世纪 20 年代起就已得到理解，1929 年，弗兰克·惠特尔爵士（Sir Frank Whittle）在皇家空军参加飞行教员课程时，将其与发动机喷气推进原理结合，并于次年获得了专利。但由于缺乏资源，尤其是由于需要开发能够承受发动机产生的高温的新型金属合金，令人满意的燃气轮机发动机推迟了十年才诞生。这个问题通过研制镍铬合金而得到解决，随着其他问题的逐步解决，德国和英国都开始将喷气发动机应用于作战飞机，以抢占军事优势。

（1）燃气轮机

燃气轮机的原理是将空气和燃料在燃烧室中压缩和燃烧，并且利用这一过程中产生的废气喷射来提供推动发动机前进的反作用力。在第二次世界大战后才发展起来的涡轮螺旋桨结构中，废气驱动着携带一个普通螺旋桨的转轴。燃气轮机通过涡轮转子吸入空气以实现压缩。在旨在高速运转的冲压式喷气发动机中，发动机的动量实现了足够的压缩。燃气轮机一直是公路、铁路和海上运输的试验对象，但除航空运输以外，它的优点尚不足以使它与传统的往复式发动机相匹敌。

（2）石油

就燃料而言，燃气轮机主要燃烧的是成品油的中间馏分（煤油），但其广泛应用的总趋势是进一步增加工业化国家对原油生产商的依赖，原油成为具有巨大经济价值和国际政治意义的原材料。这种材料的精炼本身经历了重要的技术发展。直到 20 世纪，它还包括一个相当简单的分批处理过程，即油被加热到汽化，然后分别蒸馏各种馏分。除了改进蒸馏器的设计和引入连续流动生产，第一项重大进展是 1913 年引入了热裂解技术。这一技术将蒸馏后挥发性较低的馏分在压力下加热，从而将重分子裂解成较轻的分子，进而提高最有价值的燃料——汽油的产量。发现能使原油产品适应市场，标志着石化工业的真正开始。1936 年，随着催化裂化技术的引入，它得到了进一步的发展。通过使用各种催化剂，人们设计了进一步操纵碳氢化合物原料分子的方法。现代塑料的发展紧随其后（见下文"塑料"一节）。利用过程变得如此高效，以至于第二次世界大战结束时，石化工业几乎已经消除了所有废料。

（3）电力

在 19 世纪，所有发电原理都已经研究出来，然而到了 19 世纪末，这些原理才刚刚开始应用于大规模发电。20 世纪见证了发电和输电的巨大扩张。总的模式是使用燃煤或燃油锅炉的蒸汽来进行更大规模的生产。大规模经济与更高的蒸汽温度和压力所带来的更高的物理效率都加强了这一趋势。美国的经验表明了这一趋势：在 20 世纪的前十年，一个发电量为 25 000 千瓦、压力为 200~300 磅 / 平方英寸、工作温度为 400~500 °F（200~265 ℃）的机组被认为是大型机组，但是到了 1930 年，最大的发电机组为 208 000 千瓦，压力为 1200 磅 / 平方英寸，工作温度为 725 °F，每平方英寸的燃料消耗量和耗电量却急剧下降。随着电力市场的增长，输电距离也随之增加，更高的输电效率要求越来越高的电压。早期城市电力系统中的小型直流发电机被抛弃，取而代之的是更适应高电压的交流电系统。1908 年在加利福尼亚州建设了一条 250 千米的输电线路，电压为 110 000 伏。胡佛大坝在 20 世纪 30 年代使用了一条 480 千米的输电线路，电压为 287 000 伏。后一例子提醒我们，利用水的落差来驱动水轮机的水力发电，就是为了在气候和地形使生产与便于传输到市场相结合的地方发电。现代发电厂的效率已经达到惊人的水平。工业化国家不断扩大的电力消费带来的一个重要后果是，地方系统被连接起来以提供巨大的电网，在电网之内，电力可以很容易地转移，以满足各地不断变化的电力需求。

（4）原子能

在 1945 年之前，电力和内燃机是 20 世纪工业和运输的主要动力来源，尽管在工业化世界的某些地方，蒸汽机甚至更老的原动机仍然很重要。早期的核物理研究几乎没有激起人们的普遍兴趣，它更多是科学而非技术。事实上，从欧内斯特·卢瑟福（Ernest Rutherford）、阿尔伯特·爱因斯坦等人的工作，到 1938 年在德国首次成功进行的分裂重原子的实验，都没有特别考虑工程潜力。战争导致曼哈顿计划制造出在新墨西哥州的阿拉莫戈多首次爆炸的原子弹。直到最后阶段，这个计划才变成了技术问题，当时必须解决建造大型反应堆和处理放射性材料的问题。这时它也成了一个经济和政治问题，因为这涉及非常大的资本开销。因此，在 20 世纪中叶的这一关键事件中，科学、技术、经济和政治最终发生了融合。

2. 工业与创新

在 20 世纪，工业生产的许多方面都出现了具有重大意义的技术创新。值得注意的是，首先，工业组织的基本问题变成了自觉创新，各个组织都着手通过改进技术来提高生产率。19 世纪末，美国率先系统考察了工作研究方法，20 世纪上半叶，这些方法在美国和欧洲的工业组织中得到了广泛应用，并且迅速发展为科学管理以及关于工业管理、组织和方法以及特殊管理技术的现代研究。这些工作的目的是提高工业效率，从而提高生产率和利润，毫无疑问，这些工作取得了显著成功（尽管不像某些倡导者所主张的那样成功）。如果没有这种更好的工业组织，就不可能把19世纪相对较小的工场转变为20世纪拥有批量生产和流水线技术的巨型工程设施。因此可以合理地认为，20世纪工业所特有的生产的合理化源于1900年以来技术史上对新技术的应用。

（1）钢铁的改进

20世纪工业创新的另一个领域是新材料的生产。就消费数量而言，人类仍然生活在铁器时代，铁的利用率超过了其他任何材料。但铁的这种优势已经以三种方式发生了改变：冶金学家将铁与其他金属相熔合，玻璃、混凝土等材料在建筑中得到普及，全新的材料特别是塑料出现和广泛使用。在19世纪，合金在钢铁工业中已经开始变得重要（钢本身也是铁与碳的合金）。1868年首次生产出自硬钨钢，1887年生产出具有韧性而非坚硬的锰钢。另外锰钢是无磁性的，这表明这种钢在电力工业中有巨大的应用潜力。在20世纪，钢合金成倍增加。硅钢被发现很有用，因为与锰钢相反，它具有强磁性。1913年，英国用铬化钢制造出第一批不锈钢，1914年，德国克虏伯工厂生产出含18%铬和8%镍的不锈钢。镍铬合金在20世纪30年代燃气轮机发展中的重要性已经被人们注意。其他许多合金也被广泛用于各种专门目的。

（2）建筑材料

更大规模地生产玻璃和混凝土等传统材料的方法也提供了铁的替代品，特别是在建筑方面；它们以钢筋混凝土的形式补充了结构钢。大多数全新的材料都是非金属的，然而有一种新的金属——铝，在20世纪达到了大规模工业化的程度。这种金属的矿石在地壳中非常丰富，但是在廉价的电力供应使工业规模的电解工艺变得可行之前，开采这种金属需要巨大的开销。与钢相比，铝的强度使它成为飞机制造中的一种宝贵材料，也使人们发现了它的其他许多工业和家庭用途。1900年，世界的铝产量是3000吨，其中大约一半是用尼亚加拉瀑布的廉价电力制造的。自那以后，世界的铝产量迅速上升。

电解工艺已被用于其他金属的制备。19世纪初，汉弗莱·戴维爵士（Sir Humphry Davy）率先采用这一工艺分离出了钾、钠、钡、钙和锶，但没有对这些物质用于商业。

到了 20 世纪初，人们在高温下用电解制备出大量的镁，电炉使氧化钙（石灰）和碳（焦炭）反应生产碳化钙成为可能。在另一种电炉工艺中，碳化钙与氮反应生成氰氨化钙，由此可制成一种有用的合成树脂。

（3）塑料

在冶金和陶瓷工艺中，可塑性起着非常重要的作用。然而，"塑料"一词作为集合名词，与其说是指这些工艺中使用的传统材料，倒不如说是指通过化学反应产生的新物质，再经过模制或压制而形成永久的刚性形状。最早制造出来的这种材料是英国发明家亚历山大·帕克斯（Alexander Parkes）研制的"帕克辛"（parkesine）。"帕克辛"由氯仿与蓖麻油的混合物制成，是"一种硬如牛角但柔韧如皮革的物质，可以铸造、印压、绘画、染色或雕刻"。这句话出自 1862 年伦敦国际展览会的导览手册，在这次展览会上，"帕克辛"为其发明者赢得了一枚铜牌。不久以后，其他塑料也相继问世，但——除了赛璐珞，一种以樟脑为溶剂的硝酸纤维素成分，以固体形式（用于仿制台球）和片状形式（用于男士硬领和照相胶片）生产——这些塑料在 20 世纪以前并未取得商业上的成功。

早期的塑料依赖于纤维素中的大分子，其来源通常是木浆。比利时裔美国发明家利奥·贝克兰（Leo H. Baekeland）在 1909 年申请了酚醛塑料的专利，从而引入了一类新的大分子材料。酚醛塑料是由甲醛和酚类材料在高温下反应制成的，它坚硬、难熔、耐化学腐蚀（即所谓的热固性塑料）。作为电绝缘体，它对各种电器都特别有用。酚醛塑料的成功大大推动了塑料工业、煤焦油衍生物和其他碳氢化合物的研究以及对复杂分子结构的理论认识。这促使新的染料和洗涤剂的出现，但也使分子得以被成功操纵，以生产具有硬度或弹性等特殊性质的材料。人们发明了一些技术（通常需要催化剂和复杂的设备）来合成这些聚合物（即由较为简单的结构聚合而成的复杂分子）。线性聚合物可以产生强韧的纤维，成膜聚合物在涂料中很有用，而本体聚合物则形成了固体塑料。

（4）合成纤维

创造人造纤维的可能性是 19 世纪的另一项重大发现，直到 20 世纪，当这种纤维同与之密切相关的固体塑料一起发展时，它才具有商业意义。最早的人造纺织品是用人造丝制成的，人造丝是将硝化纤维素在醋酸中的溶液挤压到酒精的凝固浴中生产出来的一种类似丝绸的材料，其他各种纤维素材料也是用这种方法制成的。但后来的研究利用了固体塑料中的聚合技术，在第二次世界大战爆发之前生产出了尼龙。尼龙由碳基分子的长链所组成，这使纤维具有前所未有的强度和柔韧性。它是由各个组分材料熔化后挤压而成的，纤维在冷的时候拉伸，强度会大大增加。尼龙在开发时针对的是女式丝袜市场，但战争使它有机会显示出其多用性以及作为降落伞材料和拖缆的可靠性。诸如此类的合成纤维直到战后才能为普通人获得。

（5）合成橡胶

20 世纪的化学工业为社会提供了各种各样的新材料。它还成功地取代了一些材料的天然来源。一个重要的例子是制造出人造橡胶，以满足远远超过现有橡胶种植园所能满足的世界需求。这项技术在第一次世界大战期间在德国首创。在这一发明中，如同在烈性炸药和染料等材料的发展中一样，德国对科技教育的一贯投资产生了回报，因为所有这些化学制造领域的进展都是通过在实验室的认真研究而取得的。

（6）制药和医疗技术

化学知识增长的一个更引人注目的结果是制药业的发展。药学从传统的经验论草药学中缓慢出现，但是到了 19 世纪末，在分析现有药物和制备新药方面取得了一些扎实的成果。1856 年第一种苯胺染料的发现源于徒劳地尝试由煤焦油衍生物合成奎宁。在随后的几十年里，随着生产出第一批合成的退烧药和止痛化合物，更大的成功出现了，其顶点是 1899 年水杨酸被转变成乙酰水杨酸（阿司匹林），后者至今仍然是使用最广泛的药物。与磺胺类催眠药和巴比妥类药物同时取得进展，20 世纪初，德国的保罗·埃利希（Paul Ehrlich）成功研制出一种能够有效对抗梅毒的含砷的有机化合物——"606"，这个名字是为了表明他做了多少次试验，但它更广为人知的名字是"砷凡纳明"（salvarsan）。1910 年的这一发现的意义在于，"606"是设计出来的第一种在不伤害宿主的情况下制服入侵微生物的药物。1935 年，由德国合成染料工业研制的红色染料"百浪多息"（prontosil）是一种能够有效对抗链球菌感染（导致血液中毒）的药物，这一发现引入了重要的磺胺类药物。亚历山大·弗莱明（Alexander Fleming）在 1928 年发现了青霉素，但没有立即跟进，因为事实证明很难从形成青霉素的霉菌中分离出稳定形式的药物。但是，第二次世界大战的刺激给这一领域的研究带来了新的紧迫感，1941 年开始商业化生产青霉素，这是抗生素中的第一种。这些药物通过防止病原生物的生长而起作用。所有这些制药方面的进展都显示了与化学技术的密切关系。

医学技术的其他分支也取得了重大进展。麻醉剂和抗菌剂（消毒剂）在 19 世纪被研制出来，它们为复杂的外科手术开辟了新的可能性。输血技术、X 射线检查技术（1895 年被发现）、放射治疗技术（在 1893 年证明紫外线的治疗效果、1898 年发现镭之后）以及骨科疾病的矫形外科技术都迅速发展。随着伤寒等疾病的有效疫苗被研制出来，免疫学技术也有类似的进展。

3. 食品与农业

人们对药物和微生物的化学认识不断加深，并且在食品研究中取得了巨大成功。通过分析某些类型的食物与人体机能之间的关系，1911 年人们发现了维生素，并且在 1919 年将其分成三类，随后又进行了补充和细分。人们意识到这些物质的存在是健康饮食的必要条件，饮食习惯和公共卫生计划也随之调整。从 1895 年开始，人们认识到甲状腺炎是由缺碘引起的，遂开始发现和研究人体内微量元素的重要性。

在 20 世纪，除了质量的提高，粮食产量也因现代技术的密集使用而迅速增加。城市生活规模的扩大和复杂程度的提高造成了粮食增产和品种增多的压力，为了实现这些目标，需要利用内燃机、电力和化学技术等资源。拖拉机使用内燃机，在工业化国家几乎成为农业上最普遍的移动动力。同样的发动机也为其他机器提供动力。20 世纪初，联合收割机在美国很常见，不过在劳动密集型的欧洲农场，尤其在第二次世界大战前，联合收割机的使用还不太普遍。合成肥料是化学工业的一种重要产品，在大多数类型的农业中很受欢迎，而其他化学品（杀虫剂和除草剂）在这一时期的末期出现，几乎引发了一场农业革命。第二次世界大战再次有力地推动了技术发展。虽然后来出现了污染问题，但 1944 年作为一种高效杀虫剂而出现的滴滴涕是化学技术的一项特别重大的成就。食品加工和包装也取得了进步，20 世纪 30 年代引入了真空 – 接触干燥等脱水技术，但 19 世纪发明的罐头和冷藏技术仍然是主要的保鲜手段。

4. 土木工程

20 世纪上半叶，土木工程有了重要发展，尽管没有什么惊人的创新。大规模建筑技术的进步令世界各地（特别是在美国）竖起了许多壮观的摩天大楼、桥梁和水坝。纽约市的天际线很有特色——建立在钢架和钢筋混凝土的基础上。传统的砖石建筑方法在 19 世纪已经达到了可行性的极限，办公大楼最高可达 16 层，而未来的趋势将是 19 世纪 80 年代在芝加哥开创的钢筋骨架或骨架结构。新的高层建筑或摩天大楼的关键要素是大量廉价的钢材——用于柱、梁和桁架——以及高效的客梯。这些东西的研制以及芝加哥和纽约这两个繁华都市对越来越多办公空间的需求，使摩天大楼建设持续繁荣，一直到 1931 年。当时帝国大厦的总高度为 381 米，共 102 层，达到了在接下来 40 年里从未被超越的极限。它在 1945 年 7 月承受了一架 B–25 轰炸机的撞击，只受到了轻微的损坏，从而证明了其结构的强度。大萧条使摩天大楼的建造从 1932 年停止到第二次世界大战结束。

混凝土，特别是钢筋混凝土（围绕着钢筋骨架或钢筋网的混凝土），在后来的摩天大楼建造中发挥了重要作用，这种材料也使建筑中更多富有想象力的结构形式得以引入，使预制技术得以发展。巨型混凝土构件在桥梁等结构中的使用得益于预应力技术：通过将混凝土浇筑在拉伸的钢丝周围，使其凝固，然后放松钢丝的张力，就可以在混凝土中引起压应力，以抵消外部荷载施加的拉伸应力，这种方式可以使构件变得更轻、更强。这项技术在桥梁建设中尤其适用。然而，大跨度桥梁的建设遇到了挫折。1940 年，美国塔科马海峡悬索桥（华盛顿）建成 4 个月后就发生了戏剧性的坍塌。这使人们开始重新评估风对大型悬索桥荷载的影响，并且在随后的设计中做了重大改进。大体积混凝土的使用产生了壮观的高拱坝，其中水的重量通过混凝土墙的曲线部分传递到桥墩上，这种大坝不需要像传统的重力坝或堤坝那样纯粹依靠大体积的不透水材料挡水。

5. 交通运输

20 世纪的运输史有一些杰出的成就。在大多数领域，从 19 世纪占主导地位的蒸汽动力转向了内燃机和电力。然而，蒸汽在海上运输中仍然保持着优势：蒸汽轮机为新一代的大型远洋轮船提供了动力，从 1906 年的"毛里塔尼亚号"开始，蒸汽轮机的功率达到 7 万马力，航速达到 27 节（27 海里或 50 千米 / 小时），经过持续发展，1938 年下水的"伊丽莎白女王号"最终达到 20 万马力，航速达到 28.5 节。然而，来自大型柴油动力机动船的竞争也越来越激烈。较小的船只大都采用了这种推进形式，甚至连蒸汽船也使用了方便的燃油锅炉，以取代带有大型燃料箱的笨重的煤粉燃烧器。

在陆地上，蒸汽机进行了长期的无望挣扎，但汽车的大量普及剥夺了铁路的大部分客运量，迫使其改用柴油机或电力牵引以寻求经济效益，不过这些发展在第二次世界大战爆发时尚未在欧洲广泛传播。与此同时，汽车刺激了惊人的生产业绩。亨利·福特带头采用了流水线的大批量生产，他的 T 型车"Tin Lizzie"1913 年首次以这种方式生产，取得了惊人的成功。到了1923年，产量已经上升到每年近200万辆。虽然在其他国家也取得了类似的成功，但20世纪上半叶并不是汽车技术巨大革新的时期，汽车仍然保留了19世纪最后十年的主要设计特征。虽然汽车有了各种改进（如自动启动器）和更多种类，但这一时期汽车的主要特点是数量庞大。

与汽车不同，飞机完全是20世纪的产物，它的发展与汽车密切相关。这并不是说飞行器实验以前没有做过。在整个19世纪，英国的乔治·凯莱爵士（Sir George Cayley）等发明家对空气动力学效应进行了研究，促使奥托·利连塔尔（Otto Lilienthal）等人的滑翔机飞行取得成功。1903年12月17日，威尔伯·莱特（Wilbur Wright）和奥维尔·莱特（Orville Wright）在北卡罗来纳州的"斩魔山"（Kill Devil Hills）驾驶"飞行器一号"（Flyer I）实现了持续可控的动力飞行，这是技术史上一个伟大的"第一次"。"飞行器一号"是在莱特兄弟前些年建造并学习驾驶的双翼滑翔机的基础上，用螺旋桨驱动改装而成的。他们设计了一套通过升降舵、方向舵和机翼扭曲技术进行控制的系统，直到副翼问世。1908年，兄弟俩满怀信心地进行了横跨大西洋的飞行演示，这令欧洲的飞行先驱们大吃一惊。不过，在这次演示之后短短几个月，欧洲设计师们就迅速消化吸收了他们的想法和经验，把飞机制造原理推向前进。第一次世界大战大大推动了这一技术发展，使小规模的零散飞机制造变成了所有主要交战国的重要产业，也使飞机本身从木头和胶水的脆弱结构变成了能够进行惊人特技飞行的坚固机器。

战争的结束给这一新兴产业带来了挫折，但飞机的发展已经充分显示出它作为民用运输方式的潜力。在两次世界大战之间，跨洲航线的建立为舒适安全的大型飞机提供了市场。第二次世界大战爆发时，金属结构和蒙皮飞机已经普及，悬臂式单翼机已经在大部分用途上取代了双翼机。战争再次给飞机设计者提供了强大刺激，发动机的性能尤其得到改进，燃气轮机得到了首次实际应用。这些年的新发明还包括直升机（从旋翼中获得升力）、德国的V-1飞弹、无人机等。

战争还促使军队用滑翔机运输部队、用降落伞从飞机上逃生、用伞兵袭击，以及用充气气球防空阻击。19世纪，气球曾被用于开拓性的航空实验，但由于无法控制气球的运动，其实际用途受到了阻碍。1915年，费迪南德·冯·齐柏林（Ferdinand Von Zeppelin）将内燃机应用于使用刚性架构的气球飞船上，使之暂时成为一种战争武器，但经验很快表明，它无法与飞机竞争。两次世界大战之间，飞艇在民用运输方面似乎很有前景，但却为一系列灾难所终结，其中最惨重的一次是1937年"兴登堡号"在新泽西州被摧毁。此后，飞机在航空运输领域的地位就变得无可挑战了。

6. 通信

20 世纪壮观的运输革命伴随一场同样引人注目的通信革命，尽管二者有着不同的技术根源。像印刷术这种成熟的传播媒介在一定程度上参与了这场革命，尽管打字机、铅字机和高速动力旋转印刷机等重要变革大都是 19 世纪的成就。摄影在 19 世纪末也是一种熟悉可靠的技术，但电影摄影是一种新事物，直到第一次世界大战后才得到普遍应用并大受欢迎。

20 世纪通信领域的真正创新在电子技术方面。对光波与电磁波之间关系的科学研究已经揭示了在相距甚远的地点之间传送电磁信号的可能性。1901 年 12 月 12 日，古列尔莫·马可尼成功传送了第一条跨越大西洋的无线信息。早期设备很粗糙，但没过几年，发送和接收编码信息的手段就得到了显著改进。特别重要的是热离子管的发展。这是一种整流电磁波的装置（即把高频振荡信号转变成能够识别为声音的单向电流）。这实质上是由碳丝电灯泡发展而来的。1883 年，爱迪生发现，在这些灯泡中，如果屏极的电势相对于灯丝为正，那么灯丝与附近的测试电极（称为"屏极"）之间就会有电流流动。这种电流被称为爱迪生效应，后来被确认为热灯丝辐射出的电子流。1904 年，英国的约翰·安布罗斯·弗莱明爵士（Sir John Ambrose Fleming）发现，在灯泡的灯丝周围放置一个金属圆筒，并把圆筒（屏极）连接到第三个终端，电流就可以被整流，从而可以被电话接收器检测到。弗莱明的装置被称为二极管。在两年后的 1906 年，美国的李·德·弗雷斯特（Lee De Forest）进行了重大改进，在灯丝与屏极之间引入了第三个电极（栅极），被称为三极管。这一改进的突出特点是它能放大信号。到了 20 世纪 20 年代，它的应用使欧洲和美国广泛采用现场语音广播成为可能，随之而来的是无线电接收器等设备生产的繁荣。

然而，这只是应用热离子管所取得的成果之一。利用电子流的想法被用于电子显微镜、雷达（一种探测装置，取决于某些无线电波被固体物体反射的能力）、电子计算机和电视机的阴极射线管。最初的图片传输实验受到了嘲笑。20 世纪 20 年代，在英国独自进行研究的约翰·罗吉·贝尔德（John Logie Baird）展示了一种机械扫描仪，能将图像转换成一系列电子脉冲，然后可以在视屏上将其重新组合成光影图案。然而，贝尔德的系统没有被接受，取而代之的是菲洛·法恩斯沃思（Philo Farnsworth）和弗拉基米尔·兹沃里金（Vladimir Zworykin）在美国无线电公司的大力支持下研制的电子扫描技术。他们的设备运行速度更快，图像效果更理想。第二次世界大战爆发时，几个国家开始提供电视服务，尽管战争使电视服务的进一步推广暂停了十年。因此，电视作为一种普遍的大众传播媒介的出现是战后现象。但是到了 1945 年，电影和广播已经显示出它们在传播新闻、宣传、商业广告和娱乐方面的力量。

7. 军事技术

有必要反复提及两次世界大战对促进各种创新的影响。还应指出，技术革新改变了战争本身的性质。第二次世界大战期间开发的一种武器值得特别提及。火箭推进原理早已为人所知，苏联人康斯坦丁·齐奥尔科夫斯基（Konstantin Tsiolkovsky）和美国人罗伯特·戈达德（Robert H. Goddard）等先驱者已经指出，可以通过火箭推进来实现足以摆脱地球引力的速度。戈达德在 1926 年建造了实验性的液体燃料火箭。与此同时，德国和罗马尼亚的一些先驱者也在沿着同样的思路工作，正是这个团队在 20 世纪 30 年代为德国的战争努力所接管，并且获得了研制一种能将弹头运到数百英里以外的火箭所需的资源。在波罗的海乌泽多姆岛（Usedom）的佩内明德（Peenemünde）基地，韦恩赫尔·冯·布劳恩（Wernher Von Braun）和他的团队研制了 V–2 火箭。充满燃料的它重达 14 吨，有 12 米长，通过燃烧酒精和液氧的混合物来推进。V–2 的飞行高度超过了 160 千米，标志着太空时代的开始。其设计团队的成员在战后苏联和美国的太空计划中都发挥了重要作用。

1900—1945 年，技术产生了巨大的社会影响。例如，汽车和电力从根本上改变了 20 世纪生活的规模和质量，促进了快速的城市化进程，并通过批量生产家用电器促进了生活的革命。飞机、电影、收音机的迅速发展使世界突然变小和更可接近。在 1945 年以后的几年里，现代技术的建设和创造机会得以利用，尽管这一过程并非没有问题。

（二）太空时代的技术

第二次世界大战结束后的岁月是在核武器的阴影下度过的，不过自那以后，核武器就再没有在战争中使用过。这些武器经历了重大发展：1945 年的原子弹在 1950 年为威力更大的氢弹所取代，1960 年以前，火箭已能在数千英里内运载这些武器。这项新的军事技术对国际关系产生了不可估量的影响，因为它促进了国际势力集团的极化，同时也使国际事务的处理变得更加谨慎守纪，这在 20 世纪初是没有的。

核能绝非 1945 年以后唯一的技术创新。工程、化学和医疗技术、运输和通信方面的进展的确非常惊人，以至于一些评论家在描述这些年的变化时有些误导地谈到了"第二次工业革命"。电子工程的飞速发展造就了一个计算机技术、远程控制、小型化和即时通信的新世界。更能体现这一时期特点的是跨越了地外探索的门槛。最初用于武器的火箭技术得到发展，为卫星、月球和行星探测器提供了运载工具，最终在 1969 年将第一批宇航员送上月球并再次安全返回。这项惊人的成就在一定程度上受到了上述国际意识形态竞争的激励，因为只有苏联和美国既有资源又有意愿支持所需的庞大开支。不过，这证明有理由将这一时期称为"太空时代的技术"。

1. 动力

这一时期伟大的动力创新是对核能的利用。最早的原子弹只代表一种相对粗糙的核裂变形式，立即爆炸释放出放射性物质的能量。但人们很快就意识到，在临界原子堆内释放的能量，即大量石墨吸收了插入其中的放射性物质所释放的中子，可以产生热量，而热量又可以产生蒸汽来驱动轮机，从而将核能转化为可用的电力。在发达的工业国家，原子能发电站就是根据这一原理建立起来的。这一系统仍然在不断完善，不过到目前为止，原子能并未实现人们对它作为一种经济的电力来源所寄予的厚望，而且还存在着可怕的废物处理和维护问题。然而，致力于更直接地控制核裂变的实验似乎有可能最终在动力工程领域取得成果。

与此同时，核物理学正在探索利用核聚变力量的可能性，即创造条件使简单的氢原子结合起来，释放大量能量，形成更重的原子。这是恒星中发生的过程，但到目前为止，只能通过用原子裂变爆炸瞬间产生的高温人为地引发核聚变反应。这就是氢弹的机制。迄今为止，科学家们还没有设计出任何方法来利用这一过程，以便从中获得连续的受控能量。不过，等离子体物理学的研究（即在被禁锢在强磁场中的电子流内部产生一个高温点）使人们希望在不远的将来能够发现这样的手段。

（1）化石燃料的替代品

从核聚变中提取可用能量的手段很可能会成为当务之急。按照目前的消费速度，世界上的矿物燃料资源和目前核电站使用的放射性材料将在几十年内耗尽。因此，最有吸引力的替代性能源就是从可控核聚变反应中产生的能量，它将利用海水中的氢，因而储量几乎是无限的，而且不会导致严重的废物处理问题。其他可以替代矿物燃料的能源包括各种形式的太阳能电池，通过化学或物理反应（如光合作用）从太阳中获取能量。这类太阳能电池已经广泛用于卫星和太空探测器，它可以利用从太阳发出的能量（太阳风），而不受大气或地球自转的干扰。

（2）燃气轮机

自第二次世界大战结束时首次成功投入使用以来，燃气轮机经历了实质性的发展。这种发动机的高功率 – 重量比使之成为飞机推进的理想选择，因此到了 20 世纪 60 年代，无论是纯喷气式还是涡轮螺旋桨式，所有大型飞机（包括军用和民用）都普遍采用了这种发动机。采用喷气推进的直接影响是飞机的速度显著提高，第一架在水平飞行中超过音速的飞机是 1947 年美国的贝尔 X–1，到了 20 世纪 60 年代末，超音速飞行对于民航用户来说已经成为一个可行的尽管不无争议的命题。为了满足航空公司和军事战略的要求，人们设计了体积和功率越来越大的燃气轮机，并且越来越重视对这种发动机的改进，以降低噪声、提高效率。同时，燃气轮机作为动力装置被安装在船舶、火车和汽车上，但还仅限于实验阶段。

2. 材料

太空时代产生了重要的新材料，也发现了旧材料的新用途。例如，人们发现塑料的应用范围很广，这些塑料以许多不同的形式制造出来，特性千差万别。玻璃纤维已被模压成刚性形状，用在汽车车身和小型船舶的船体上。碳纤维也显示出引人注目的特性，成为金属高温涡轮叶片的替代品。对陶瓷的研究已经生产出了适合于航天器隔热罩的耐高温材料。对铁及其合金和非铁金属的需求量一直居高不下。现代世界为非铁金属找到了广泛的新用途：铜用于电导体，锡用于保护性镀层，铅作为核电装置的屏蔽，银用于摄影。在大多数情况下，这种发展始于 20 世纪之前，但对这些金属的需求持续增加，影响了它们在世界商品市场上的价格。

3. 自动化与计算机

新旧材料在工程业中的应用越来越多，第二次世界大战结束后，控制工程、自动化和计算机技术使工程业发生了转变。其中至关重要的设备是计算机，尤其是电子数字计算机。它是 20 世纪的发明，英国数学家和发明家查尔斯·巴贝奇（Charles Babbage）在 19 世纪 30 年代阐述了它的理论。这种机器的实质是用电子装置记录以非常简单的二进制进行编码（只用 0 和 1 两个符号）的电脉冲，但打孔卡和磁带等存储和输入信息的其他装置一直是重要的辅助。由于这类设备的运行速度非常快，即使是最复杂的计算也能在很短的时间内完成。

1944 年，Mark Ⅰ数字计算机在哈佛大学投入使用，战后人们很快就意识到将其用于广泛的工业、行政和科学领域的可能性。然而，早期的计算机都是庞大而昂贵的机器，其普遍应用要等到晶体管发明使计算机技术发生革命性变化之后。晶体管是太空时代的另一项重要发明，是对固体物理学、特别是锗和硅等半导体材料的物理学进行研究的产物。1947 年，约翰·巴丁（John Bardeen）、沃尔特·布拉顿（Walter H. Brattain）和威廉·肖克利（William B. Shockley）在美国的贝尔电话实验室发明了晶体管。人们发现，在某些条件下具有导电能力、在另一些条件下没有导电能力的半导体晶体可以用来执行热离子管的功能，但尺寸要小得多，也更为可靠和多用。结果在各种电子设备中，小而强大的晶体管取代了笨重、易碎和发热的真空管。最特别的是，这种转变使建造更强大的计算机成为可能，同时使之更加小巧和便宜。事实上，有效的晶体管可以小到使微型化和超小型化的新技术成为可能，从而可以在微小的硅或其他半导体材料上创建复杂的电子电路，并且大量集成到计算机中。从20 世纪 50 年代末到 70 年代中期，计算机从一种奇特的配件发展为大多数商业企业不可或缺的组成部分，家用计算机也于 20 世纪 80 年代开始普及。

计算机的适应和利用潜力巨大，许多评论家甚至将其比作人脑，毫无疑问，与人类比对其发展具有重要意义。在日本，自 20 世纪 50 年代以来，计算机和其他电子技术取得了巨大进展，到了 20 世纪 70 年代中期，完全自动化与计算机化的工厂已经开始运作，其中一些工厂甚至完全采用机器人劳动力来制造其他机器人。在美国，化学工业提供了一些全自动的、计算器控制制造的最突出的例子。与多数工程机构的批量生产不同，连续生产非常适合由中央计算机进行自动控制，监控反馈给它的信息并做相应调整。许多为制造业生产燃料和原料的大型石化工厂现在都是以这种方式运作的，剩下人的责任就是维护机器和提供初始指令。甚至在古老的化学工艺中也可以看到同样的影响，尽管程度不同：在陶瓷工业中，连续烧制取代了传统的间歇式窑；在造纸工业中，对纸张和纸板的需求不断增加，激励了对更大、更快机器的安装需求；在玻璃工业中，在熔融锡表面上制造大块玻璃的浮法玻璃工艺也需要精确的机械控制。

在医学和生命科学领域，计算机提供了一种强大的研究和监测工具。现在可以监测复杂的手术和治疗。外科手术在太空时代取得了巨大的进步，移植技术引起了全世界的关注和兴趣。但更具有长远意义的也许是生物学研究——借助于现代技术和仪器，通过存在于所有生命物质中的 DNA 分子的自我复制特性，开始揭开细胞形成和繁殖的奥秘，从而探索生命自身的本质。

4. 食品生产

食品生产一直受到技术革新的影响，例如加速冷冻干燥和辐照等保鲜方法的发明，以及全世界农业机械化程度的提高。新型杀虫剂和除草剂的广泛使用（在某些情况下达到了滥用的程度）引起了全世界的关注。尽管存在这些问题，但为了满足对更多粮食的需求，农业还是发生了转变，科学养殖、精心育种、控制饲养和机械化操作成为普遍现象。人们研究水产养殖和溶液栽培等新的食品生产技术，以及在无土情况下创造自足的食品生产循环，要么是为了增加世界粮食供给，要么是为了设计出维持封闭社区的方法，使得有朝一日可以从地球出发，进行星际探索冒险。

5. 土木工程

有一个行业没有受到新的控制工程技术的深刻影响，那就是建筑业。在这个行业中，由于任务的性质，无论是建造摩天大楼、新的公路还是隧道，对大量劳动力的依赖仍然是必不可少的。然而，自1945年以来出现了一些重要的新技术，特别是推土机和塔式起重机等重型土方机械和挖掘机械的使用。按照预先确定的建筑系统使用预制构件的做法变得很普遍。在住房单元的建设中，往往在大型公寓楼的建设中，这样的系统特别重要，因为它们使管道、暖气和厨房设施变得更加经济也更加标准化。在第二次世界大战前开始的家用设备革命此后继续迅速发展，家用电器开始大量涌现。

6. 运输和通信

这其中的许多变化都是由运输和通信的改善所促成的。交通运输的发展在很大程度上延续了20世纪初已经确立的发展方向。尽管汽车的基本设计没有变，但汽车的普及率惊人地增长，彻底改变了许多生活模式。飞机得益于喷气式推进和一些较小的技术进步，在损害远洋轮船和铁路利益的情况下，获得了惊人的收益。但航空运输的日益普及也带来了空域拥挤、噪声和机场选址等问题。

第二次世界大战帮助实现了向航空运输的转变，战后立即开始了横跨大西洋的直航客运。第一代穿越大西洋的客机由战场经验发展而来，源自采用全金属结构与应力蒙皮、机翼襟翼和翼缝、伸缩式起落架等先进技术的20世纪30年代的道格拉斯DC-3等先锋型飞机。大型喷气式民用客机在20世纪50年代的出现跟上了航空服务需求不断上升的步伐，但却加剧了航空运输的社会问题。这些问题的解决方法可能部分来自发展垂直起落技术，英国军用鹞式飞机成功促进了这个概念的早期发展。但应记住，迄今为止我们提到的所有机器，包括汽车、飞机等，都使用石油燃料，这些燃料的耗尽可能使人越来越关注替代性的动力来源，特别是电力牵引（电力铁路和汽车），这一领域已经有了很有前景的发展，如线性感应电动机。近 30 年来，超音速飞行一直是军用飞机和研究飞机的专属能力，1975 年随着苏联 Tu–144 货机的问世，超音速飞行成为商业上的现实；1976 年年初，英法两国政府联合建造的协和式超音速运输机（SST）启动了常规客运服务。

在通信方面，主要的发展路线仍然是 20 世纪 40 年代确立的路线。特别是，电视服务的迅速发展及其作为大众传播媒介的巨大影响建立在 20 世纪二三十年代确立的基础上，而雷达被普遍用于船舶和飞机，则是在发明了一种空袭预警装置之后。但在某些方面，航天时代的通信发展产生了重要创新。第一，对计算机和控制工程来说意义重大的晶体管为通信技术做出了巨大贡献。第二，航天卫星的建立在 20 世纪 40 年代还被认为是一种遥远的理论可能性，到了 20 世纪 60 年代则成了公认技术事件的一部分，这些卫星在电话、电视通信以及传送气象图片和数据方面发挥了巨大作用。第三，磁带作为记录声音和视觉的手段提供了一种极为灵活和有用的通信方式。第四，新的印刷技术得以发展。在照相排版中，照相图像取代了传统的金属活字。在静电复印（干印）过程中，用静电将墨粉吸到待复制的图像上，然后加热熔化。第五，变焦镜头等新的光学设备提高了照相机的性能，大大提高了电影和电视的胶片质量。第六，激光（通过受激辐射使光放大）等新物理技术使远距离通信成为一种极其强大的手段，尽管仍处于实验阶段。作为外科技术的重要补充和太空武器的工具，激光也获得了重要意义。第七，通信创新是借助射电望远镜及其衍生的 X 射线望远镜，用可见光以外的电磁波来探索宇宙结构。这项技术是第二次世界大战后开创的，此后成为卫星控制和太空研究的重要工具。射电望远镜还被用来指向太阳在太空中的邻近星系，以期探测到来自宇宙中其他智慧物种的电磁信号。

7. 军事技术

太空时代的军事技术涉及核武器和洲际弹道导弹运载工具的发明所引起的彻底战略调整。除了这些主要特征和旨在防御导弹攻击而精心设计的电子预警系统，军事重组还强调直升机运输和各种装甲车辆的高度机动性。这些武力被部署在朝鲜和越南的战场中，后者还广泛使用凝固汽油弹和化学落叶剂来清除密林掩护。第二次世界大战标志着重装甲战列舰主导地位的终结。虽然美国在 20 世纪 80 年代重新启用了几艘战列舰，但航空母舰成了世界各国海军的主力舰。现在的重点是电子侦察和支援装备有核弹头导弹的核动力潜艇。1945 年以来，除了产生大规模电能，核动力的唯一用途就是舰船推进，特别是能在水下长时间巡航的导弹潜艇。

8. 太空探索

第二次世界大战结束以来，在军事技术革命中起到至关重要作用的火箭，在美苏两国的航天计划中获得了更有建设性的意义。第一个引人注目的步骤是苏联1957年10月4日发射的人造地球卫星Sputnik 1，这是一个载有83千克重的仪器包的球体，它是第一颗人造卫星。这一壮举催生了所谓的太空竞赛，在这场竞赛中，各种成就接踵而至。这些成就可以按照时间顺序分为四个有所重叠的阶段。

第一阶段的重点是增加能将卫星送入轨道的火箭推力，并且探索卫星在通信、气象观测、军事情报监测、地形地质勘测等方面的用途。

第二阶段是载人航天计划。这始于1961年4月12日苏联宇航员尤里·加加林（Yury Gagarin）乘坐"东方1号"成功进行绕地飞行。这次飞行显示了人类对失重和安全重返地球大气层等问题的掌握。随后，苏联和美国进行了一系列太空飞行，并且掌握了空间交会对接技术，飞行时间长达两周，宇航员也在飞船外的太空中完成了"行走"。

太空探索的第三阶段是登月计划，从接近月球开始，到月球表面的自动勘测，再到载人登陆。同样，第一个成就属于苏联：1959年1月2日发射的"月球1号"成为第一个逃离地球引力场、飞过月球、作为人造行星进入绕太阳轨道的人造物体。1959年9月13日，"月球2号"在月球上坠毁；随后，1959年10月4日发射的"月球3号"进行了绕月飞行，并且发回了第一张月球背向地球一侧的照片。"月球9号"于1966年2月3日首次软着陆，它所携带的照相机传送了在月球表面拍摄的第一批照片。此时，美国"徘徊者"7号、8号和9号已经获得了极好的近距离照片，它们分别于1964年下半年和1965年上半年坠入月球；1966—1967年，5架月球轨道飞行器从低轨道拍摄了几乎整个月球表面，以寻找合适的着陆地点。1966年6月2日，美国太空船"勘测者1号"在月球实现软着陆，这一次和随后的一系列"勘测者"探测器获得了关于月球表面的许多有用信息。与此同时，发射火箭的规模和功率稳步攀升，到了20世纪60年代末，巨大的"土星5号"火箭高达108米，起飞时重达2725吨，它使美国的"阿波罗计划"成为可能。1969年7月20日，当尼尔·阿姆斯特朗（Neil Armstrong）和埃德温·奥尔德林（Edwin Aldrin）爬出"阿波罗11号"飞船的登月舱来到月球表面时，"阿波罗计划"达到高潮。由此开始的载人月球探测继续进行，在1972年计划被削减之前又进行了五次登月，完成了范围更广的实验，取得了更多成果。

太空探索的第四阶段是在地球和月球以外寻找行星探索的可能性。美国太空探测器"水手2号"于1962年8月27日发射升空，并于次年12月经过金星，传回了有关金星的信息。数据表明，金星比预期的更热、更不宜居。这些发现得到了1966年3月1日坠入金星的苏联的"金星3号"和1967年10月18日首次软着陆的"金星4号"的证实。后来的"金星号"系列探测器收集了更多关于金星大气和地表的数据。1978年，美国探测器"先驱者金星1号"围绕金星运转了8个月；同年12月，4个着陆探测器对金星大气层做了定量和定性的分析。金星表面大约900 ℉的高温使这些探测器的功能寿命锐减为1小时左右。

火星研究主要是通过美国"水手号"和"海盗号"系列探测器进行的。20世纪60年代后期，"水手号"轨道器拍摄的照片表明，火星表面与月球表面在视觉上非常相似。1976年7月和8月，"海盗1号"和"海盗2号"分别成功登陆火星。旨在探测火星表面是否存在有机物质的实验遇到了机械困难，但结果一般被解释为否定的。美国探测器"旅行者1号"和"旅行者2号"在20世纪80年代初拍摄的照片，使人们对木星和土星的大气层和卫星进行了前所未有的研究，揭示出木星周围存在着以前不为人所知的类似于土星拥有的环状结构。

20世纪80年代中期，美国航天计划的注意力主要集中在可重复使用的往返行驶的航天飞机在广泛的轨道研究方面的潜力。美国"哥伦比亚号"航天飞机于1981年4月完成首次飞行任务，并且连续飞行多次。随后，"挑战者号"于1983年4月首次执行任务。这两个飞行器都被用来做无数个科学实验，并将多颗卫星送入轨道。1986年，"挑战者号"航天飞机开始执行任务时，升空仅仅73秒时即发生爆炸，7名机组人员全部丧生，太空计划遭遇了巨大挫折。20世纪90年代初，美国宇航局的结果好坏参半。耗资15亿美元的哈勃太空望远镜启动后，科学家发现主镜出现了问题，这着实让人失望。而令专业和业余天文爱好者感到高兴的是，星际探测器传来了关于其他行星的包含丰富信息的美丽图像。

在太空时代之初，人们只能模糊地感知它的范围和可能性。但值得注意的是，技术史已经把世界带到这样一个时刻：拥有空前自我毁灭能力的人类正处于地外探索的门槛上。

六、对技术的理解

（一）科学与技术

对技术史进行回顾有助于看出科学与技术的区别。技术史长于科学史，也有别于科学史。技术是对制作事物的技艺的系统研究，科学则是理解和解释世界的系统尝试。技术关注的是人工制品的制造和使用，而科学则致力于更具概念性地理解环境，依赖于相对复杂的识字能力和算术能力。这些技能只有在世界各大文明出现之后才能产生，因此可以说科学大约在公元前 3000 年始于各大文明，而技术则与人类的生命一样古老。科学和技术作为不同的、独立的活动发展起来，科学几千年来是贵族哲学家阶层所从事的相当深奥的思辨领域，而技术则始终是各种类型的工匠实际关心的事情。科学与技术之间当然有一些交叉，比如建筑和灌溉中使用的数学概念。但在大多数情况下，科学家和技术家的职能在古代文化中始终不同。

这种情况在西方中世纪时期（500—1500 年）开始发生变化，那时技术创新和科学理解与商业扩张和繁荣的城市文化相互作用。几个世纪以来技术的强劲发展必然会吸引受过教育的人的兴趣。早在 17 世纪，自然哲学家弗朗西斯·培根（Francis Bacon）就把磁罗盘、印刷机和火药这三大技术创新视为现代人的显著成就，并主张用实验科学来扩大人对自然的统治。通过强调科学的实际作用，培根暗示了科学与技术可以达成和谐。他明确敦促科学家研究工匠的方法，也敦促工匠学习更多科学。培根与笛卡尔等同时代人一起，第一次认为人成了自然的主人，要想实现这种主宰，需要把传统的科学事业与技术事业融合起来。

然而培根提出的科学与技术的联姻并没有很快实现。在接下来的 200 年里，木匠和机械师没怎么参考科学原理就建造了铁桥、蒸汽机和纺织机械，而科学家（仍然是业余爱好者）则漫无计划地进行着研究。然而到了 1660 年，一些受培根原则启发的人成立了伦敦皇家学会，力图将科学研究引向实用目的，他们先是改进了导航和制图，最后激励了工业创新和寻找矿物资源。其他欧洲国家也出现了类似的学者团体。到了 19 世纪，科学家朝着专业化的方向发展，许多目标显然与技术家的目标相同。例如，德国的尤斯图斯·冯·李比希（Justus Von Liebig，有机化学的奠基者之一，矿物肥料的第一位倡导者）为合成染料、烈性炸药、人造纤维和塑料的发展提供了科学动力，而法拉第（电磁学领域杰出的英国实验科学家）则为爱迪生等人的发明做好了准备。

爱迪生在深化科学与技术的关系方面尤为重要，因为他在 1879 年为电灯泡选择碳丝时使用令人惊叹的试错法，在新泽西州的门洛帕克（Menlo Park）建立了世界上第一个真正的工业研究实验室。从这项成就开始，科学原理在技术上的应用迅速发展起来，它很容易导向被弗雷德里克·泰勒（Frederick W. Taylor）用于批量生产中的工人组织的工程理性主义，以及 20 世纪初弗兰克·吉尔布雷思（Frank Gilbreth）

和莉莲·吉尔布雷思（Lillian Gilbreth）的"时间与动作研究"（time-and-motion studies）。它所提供的模型被亨利·福特严格用于他的汽车装配厂，并且被所有现代批量生产过程所效仿。它为工业过程中的系统工程学、运筹学、模拟研究、数学建模和技术评估的发展指明了方向。这不仅是科学对技术的单向影响，因为技术创造了新的工具和机器，科学家凭借它们越来越能够洞悉自然世界。总体来说，这些发展使技术达到了现代高效的性能水平。

（二）对技术的批判

如果完全根据其传统评价标准（即根据效率）来判断，现代技术的成就是令人钦佩的。然而，随着技术成为社会的主导力量，来自其他领域的声音开始基于其他评价方式提出令人困扰的问题。19 世纪中叶，非技术家几乎都着迷于自己周围新产生的人造环境奇景。1851 年的伦敦世界博览会似乎实现了培根关于人日益主宰自然的预言，在这次博览会上，各种机械被安置在真正具有创新意义的水晶宫中。新技术似乎正好符合当时盛行的自由放任经济，并且确保功利主义哲学家关于"最大多数人的最大利益"的理想被迅速实现。甚至连政治取向截然不同的马克思和恩格斯也对技术进步表示欢迎，因为在他们看来，技术进步产生了对社会主义所有权和工业控制权的迫切需求。同样，儒勒·凡尔纳（Jules Verne）和威尔斯（H.G. Wells）等早期科幻小说家热情探讨了现代技术所带来的乐观想象的未来可能性，美国空想主义者爱德华·贝拉米（Edward Bellamy）在其小说《回顾》（*Looking Backward*，1888）中设想了 2000 年的一个有计划的社会，技术将在其中发挥明显有益的作用。甚至连丁尼生勋爵（Lord Tennyson）和鲁德亚德·吉卜林（Rudyard Kipling）这样的维多利亚晚期文学家，也在他们的一些作品中承认了技术的魅力。

然而，即使在维多利亚时代的这种乐观情绪中，也可以听到一些异议之声，例如拉尔夫·爱默生（Ralph Waldo Emerson）的不祥警告："人为物役。"（"Things are in the saddle and ride mankind."）人们第一次开始觉得，人在征服自然的运动中制造的"物"有可能失去控制并主宰人。塞缪尔·巴特勒（Samuel Butler）在其讽刺小说《埃瑞璜》（*Erewhon*，1872）中得出了一个激进的结论：所有机器都应扔进废物堆。威廉·莫里斯（William Morris）和亨利·詹姆斯（Henry James）等人则开始对由技术主导的进步所取得的显著成就进行深刻的道德批判，莫里斯希望回到一个没有现代技术的手艺社会，而詹姆斯则对现代机械的存在感到不知所措。虽然威尔斯的早期小说中有许多精巧的、预言性的技术物件，但他对西方文明的进步性也渐渐大失所望：他的最后一本书名为《走投无路的心灵》(*Mind at the End of Its Tether*，1945)。另一位小说家奥尔德斯·赫胥黎(Aldous Huxley)在《美丽新世界》(*Brave New World*，1932)中强有力地表达了对技术的清醒认识。赫胥黎描绘了一个技术占据王位的未来社会，人类能够无欲无求地保持身体舒适，虽然没有痛苦，但也没有自由、美和创造力，事事都被剥夺独特的个体存在。同样的观点在电影《摩登时代》(*Modern Times*，1936)中得到了痛切的艺术表达，查理·卓别林(Charlie Chaplin)在影片中描绘了批量生产流水线的非人性化影响。20世纪30年代的国际政治经济形势赋予了这些形象以特殊效力，时值西方世界陷入大萧条，似乎丧失了重塑被第一次世界大战破坏的世界秩序的机会。在这样的情况下，技术蒙受了不可避免的进步观念的不良影响。

悖谬的是，尽管摆脱了十年经济萧条，并且在第二次世界大战中成功地捍卫了西方民主，但这一切并没有使人们恢复对技术进步的信念和信心。1945年，核战争的可怕潜能暴露出来，世界分裂成敌对的势力集团，使任何这样的幸福愉快感都不再可能，并且激起了人们对更彻底的技术野心的批判。在新墨西哥州的洛斯阿拉莫斯负责设计和组装原子弹的罗伯特·奥本海默(J.Robert Oppenheimer)后来反对建造热核弹(氢弹)的决定，并且预言性地描述了技术变革的加速步伐：

有一件事是新的，那就是"新"是无处不在的，变化本身的规模和范围也在不断变化，当我们行走在这个世界上时，世界也在发生变化。因此，人生岁月所衡量的并不是他童年所学的某种小的成长、适应或调整，而是一场剧变。

波尔多大学的雅克·埃吕尔(Jacques Ellul)在其《技术社会》(*The Technological Society*，1964，1954年首版时标题为《技术》(*La Technique*))中表达了技术对个人和传统生活模式的暴政这一主题。埃吕尔断言，技术已经变得无处不在，人现在生活在技术环境而不是自然环境中。他把这种新的环境称为人造的、自主的、自我决定的、虚无主义的(也就是说，虽然出于因果，但并非指向目的)，事实上是手段高于目的。埃吕尔认为，技术已经变得如此强大和无处不在，以至于政治和经济等其他社会现象已经身处其中，而不是受其影响。简而言之，个体已经适应了技术环境，而不是反过来。

虽然像埃吕尔这样的观点自第二次世界大战以来颇为流行，并且催生了以各种方式拒绝参与技术社会的嬉皮士等引人注目的亚文化群体，但这里不妨对此提出两点看法。第一，在某种意义上，这些观点是得益于具有现代技术的先进社会才会享有的奢侈品。在发展中国家，几乎听不到批判技术的声音，这些国家渴望享有更高的生产力和更高的生活水平，而这些好处被认为源于更为幸运的发达国家的技术进步。事实上，在世界的这些地方，反技术运动完全无法得到理解，因此很难避免得出这样的结论，即只有当全世界都享受到技术的好处时，我们才能指望人们认识到技术的更隐秘的危险，当然到了那时，对这些危险采取任何行动都可能为时已晚。

关于发达国家技术悲观主义泛滥的第二点看法是，它未能减缓、反而加快了技术进步的步伐。从第一次动力飞行到人类首次登上月球，时隔仅 66 年；从铀裂变的披露到第一颗原子弹的爆炸，时隔仅 6 年半。以电子计算机为基础的信息革命推进得极为迅速，以至于虽然有年长的著名专家否认了这种可能性，但不应把复制人类高级心理功能甚至人类个性的复杂计算机的阴郁幽灵过于匆忙地归于科学幻想。生物技术创新仍处于起步阶段，如果按照最近的发展速度推算，许多看似不可能的目标都可能在 21 世纪实现。并不是说这会对悲观主义者有什么安慰，因为这只能说明迄今为止减缓技术进步的努力是无效的。

（三）技术困境

无论对现代技术做何反应，它无疑给当代社会带来了一些表现为传统的两害相权形式的紧迫问题，因此不妨认为这些问题构成了一种"技术困境"（technological dilemma）。这是个两难困境：一方面，发达工业国家的生活对技术过分依赖；另一方面，技术又可能摧毁现代社会的生活质量，甚至危及社会本身。因此，技术迫使西方文明做出决断，即如何建设性而非毁灭性地利用社会所拥有的巨大力量。由于需要控制技术的发展，并通过用技术来实现创造性的社会目标，从而解决这一困境，因此在技术快速增长所引发的问题仍然可以解决的情况下，更有必要界定这些目标。

这些问题以及与之相关的社会目标可以在三个大标题下来考虑。首先是控制核技术的应用。其次是人口问题，它有两个方面：似乎有必要找到控制人口数量急剧增长的方式，同时又为地球上现有的人提供食物和照顾。最后是生态问题，技术过程中产生的产品和废物污染了环境，并且扰乱了再生的自然力的平衡。考察了这些基本问题之后，最终将有可能考虑技术对城乡生活的影响，并确定技术史研究会导向关于技术和社会的何种判断。

1. 核技术

对第一个问题即控制核技术的解决方案主要是政治上的。其根源是国家自治的无政府状态,因为只要世界仍然分裂为多个民族国家甚至是权力集团,每一个国家都致力于捍卫自身的主权和为所欲为,那么核武器就只是取代了这些民族国家过去用来维持其独立性的旧式武器。核军备的存在凸显了以主权民族国家为基础的世界政治体系的弱点。和其他地方一样,技术在这里是一种可以创造性或破坏性使用的工具。但其使用方式完全取决于人的决定,在核自控问题上,政府的决定才是关键。核技术问题还有其他方面,比如放射性废物的处理和利用核聚变所释放的能量,不过这些问题本身虽然很重要,但都从属于在战争中使用核武器的问题。

2. 人口爆炸

假设可以避免使用核武器,要使 21 世纪地球上的生活可以忍受,世界文明就必须在今后几十年里解决人口问题。这个问题可以通过两种方式来解决,两者都利用了现代技术资源。

首先,可以努力限制人口增长的速度。医学技术通过新的药物和其他技术为人口增长提供了强大的推动力,也提供了通过避孕装置和无痛绝育程序来控制人口增长的手段。同样,技术也是一种工具,它在关于自身使用的道德问题上是中性的,但无可否认的是,人工控制人口数量受制于强大的道德约束和禁忌。然而,要想令人满意地使世界人口保持稳定,就不可避免地要对这些冲突进行某种调和。占世界人口四分之一的中国的经验在这里也许很有启发意义:为了防止人口增长超出国家维持现有生活水平的能力,政府在 20 世纪 70 年代实施了"独生子女家庭"政策,并通过严厉的社会控制加以维持。

其次,即使是最乐观的人口控制方案也只能希望实现增长率的略微下降,因此必须同时采取替代办法,即努力增加世界粮食产量。在这一点上,技术可以做出很大贡献,既可以改进农业技术和更好的粮食及牲畜种类来提高现有粮食供应来源的生产力,也可以使沙漠变得肥沃和有计划地养殖海洋生物来创造新的粮食来源。这些工作足以让工程师和粮食技术专家忙活好几代了。

3. 生态平衡

现代技术社会的第三个主要问题是保持健康的环境平衡。几个世纪以来,人类过度砍伐树木和过度集中耕作破坏了环境。虽然几十年前采取了一些保护措施,比如建立国家森林和野生动物保护区,但人口的飞速增长和工业化程度的急剧提高正在酿成一场世界性的生态危机。这包括破坏热带雨林所引发的危险、借助露天采矿技术肆意开采矿物、放射性废物对海洋的污染以及燃烧产物对大气的污染，其中包括产生酸雨的硫和氮的氧化物，以及可能通过温室效应影响世界气候的二氧化碳。第二次世界大战后，滥用杀虫剂（如 DDT）的危险第一次让西方发达国家对世界生态系统的脆弱本质产生了警觉。美国科普作家蕾切尔·卡森（Rachel Carson）在《寂静的春天》（*Silent Spring*，1962）这部犀利的论战性著作中对此做了描述，随后是突如其来的一大批关于其他生态灾难可能性的警告。公众对先进国家污染的极大关注早就该有，也应受到鼓励。但必须再次强调，这种制造废物的技术滥用的过错在于人自己，而不是人们使用的工具。人类虽然聪明无比，但聚到一起时就缺乏对环境的尊重，这不仅短视，而且害人害己。

（四）技术社会

19 世纪对技术进步的乐观情绪基本已经散去，人们越来越认识到世界所面临的技术困境。在这种情况下，我们有可能对技术在塑造当今社会中的作用做出一种现实评估。

1. 社会与技术的互动

第一，可以清楚地认识到，技术与社会的关系很复杂。任何技术激励都可能引发各种各样的社会反应，这取决于人的个性差异等不可预测的变量；同样，也不能依靠特定的社会情境来产生可以确定的技术反应。因此，任何"关于发明的理论"都只可能是极其试验性的，任何关于技术史的"哲学"概念都必须允许做多种可能的解释。事实上，技术史的一个主要教益就是它没有精确的预测价值。回顾过去，常常可以看到某种人工制品或工艺不知何时已经过时了，而另一种却被视为非常成功的创新，但在当时尚无这种历史的后见之明，事情的方向是无法确定的。简而言之，复杂的人类社会绝不可能简单归结为历史发展朝一个方向而不是另一个方向驱动的原因和结果，任何把技术看成这一进程的动因的尝试都是不可接受的。

2. 推定的技术自主性

第二，把技术定义成对制作东西的技艺的系统研究，就是把技术确立为一种社会现象，因此技术不可能完全自主，而是必将受到所在社会的影响。之所以有必要做出看起来如此自明的声明，是因为技术已经被赋予太多自主性，而像埃吕尔所做解释中的那种绝望因素源于一种对技术力量的夸张看法，即技术能够不依赖于任何形式的社会控制而决定自己的进程。当然必须承认，某种技术发展（比如从帆船过渡到蒸汽动力船，或者把电用于家庭照明）一旦牢固确立，在这个进程完成之前就很难被终止。资源的集合和期望的唤起都造就了某种技术动力，这往往会防止该进程被阻止或偏离方向。但不可否认，关于是继续进行还是放弃一个项目的决定是人做出的，把技术称为威胁人类生存的怪物或摧毁一切的强大力量是错误的。技术本身是中立的、被动的，用小林恩·怀特（Lynn White, Jr.）的话来说："技术打开了大门，但并不强迫人进来。"或者用传统的谚语来说，糟糕的工匠才会责怪工具。因此，正如19世纪的乐观主义者设想技术会给地球带来天堂是幼稚的，今天的悲观主义者把技术本身当作人类缺陷的替罪羊似乎也同样简单化了。

3. 技术与教育

对技术史的回顾中出现的第三个主题是，教育的重要性与日俱增。在人类存在的早期，技艺是以一种漫长而艰苦的方式而被获得的，即一位师父在神秘的技能秘仪中逐步培训入门者。与这种言传身教的教学密切相关的往往是宗教仪式，而不是应用理性的科学原则。例如，制陶或制剑的工匠在确保这项技能能够延续的同时，也保护了它。在西方文明中，技艺培训以学徒制的形式被制度化，学徒制作为技能教育的一个框架而幸存下来。然而，新技术的传授越来越要求一般的理论知识和实践经验，这些知识和经验因为新颖而无法通过传统的学徒制获得。因此，要求有相当比例的学术指导已经成为现代技术大多数领域的一个重要特征。这加速了科学与技术在19、20世纪的融合，并且造就了一个从中学简单教育到大学高级研究的复杂的教育水平奖励体系。法国和德国的院校在提供这类理论教育方面处于领先地位，而英国则因为在工程和相关技能方面拥有悠久且极为成功的学徒制传统而在19世纪有所落后。但是到了20世纪，所有发达的工业国家，包括像日本这样的新兴国家，都已认识到理论技术教育在实现商业和工业竞争力方面起着关键作用。

然而在西方文明中，人们对技术教育重要性的认识从未完全，其他传统的持续共存造成了吸纳和调整的问题。英国作家斯诺（C. P. Snow）在其富有见地的著作《两种文化》（*The Two Culture*，1959）中提请人们注意其中一个最为持久的问题，他认为科学家和技术家与人文学者和艺术家之间的对立，就像那些理解热力学第二定律的人和不理解它的人之间的对立，这导致理解与同情严重脱节。阿瑟·凯斯特勒（Arthur Koestler）用另一种方式提出了同样的观点。他指出，受过传统人文教育的西方人不愿承认无法理解一件艺术品，但会欣然承认自己不理解收音机或供暖系统的工作原理。凯斯特勒称这样的现代人为"城市野蛮人"，他们虽然身处一种技术环境，却完全不理解它。"黑箱"技术的日益普及使人越来越难以避免成为这样一个野蛮人，只有极为罕见的专家才能理解电子设备内部正在进行的极为复杂的操作。最有帮助的发展似乎与其说是在我们日益专业化的社会中试图掌握其他人的专业知识，不如说是鼓励那些在两种文化之间架起桥梁的学科，在这方面，技术史能起到宝贵的作用。

4. 生活质量

第四个主题涉及生活质量，这可以在技术与社会的关系中得到确认。毫无疑问，技术使发达国家的人民有更高的生活水平，也使发展中国家迅速增长的人口得以继续生存。正是生活水平不断提高的前景，使获得技术能力对这些国家如此具有吸引力。但无论拥有足够舒适的物质财富和休闲娱乐的可能性是多么可取，任何人类社会完满的生活质量都有其他更重要的先决条件，例如在守法的社会中拥有自由以及在法律面前人人平等。这些都是民主社会的传统品质，我们要问的是，在获得这些品质的过程中，技术究竟是有益的东西还是不利的东西？当然，高度不自由的政权曾利用技术手段来压制个人自由，以确保对国家的服从：乔治·奥威尔（George Orwell）的《1984》中噩梦般的景象，通过其电视屏幕和复杂酷刑，为这种现实提供了文学上的佐证（如果需要的话）。但正如已经表明的那样，高技术能力要求社会中相当一部分人具有较高的教育水平，这使人们希望一个受过良好教育的社会不会长期忍受对个人自由和自主性的肆意限制。换句话说，技术成功与教育水平之间的高度关联暗示了关于现代技术的一种根本的民主偏向。它也许需要时间才能变得有效，但如果有足够的时间，在不出现重大政治或社会混乱，并且不会因此导致民族自信和人的自私重新出现的情况下，我们有充分的理由希望技术将把世界人民带入一个更加紧密和更具创造力的社会。

至少，任何从长远角度来看待技术史的人都必定怀有这样的希望，他们把技术史看成人类从旧石器时代的古代洞穴居民到太空时代黎明的发展过程中最具形成性和持续创造性的主题之一。与所有其他对技术的理解相比，人类所处的太空探索的门槛为人类的潜力提供了最具活力和希望的预兆。虽然技术自我毁灭的威胁仍然萦绕不去，人口控制和生态失衡的问题亟待解决，但人类已经找到了自己未来的线索，即在无限迷人的宇宙深处进行探索和殖民。迄今为止，只有少数有远见的人意识到了这种丰富的可能性，他们的设想很容易被认为仅仅是富于想象的科幻小说。但从长远来看，我们这个掌握技术但又任性的物种要想有长足的发展，未来就必定取决于能否获得这样一种宇宙观，因此现在就要认识到这一点，并据此开始艰苦的心理和生理准备。在这方面，当代最敏锐的预言家之一阿瑟·克拉克（Arthur C. Clarke）在其《未来的轮廓》（*Profiles of the Future*，1962）中的话值得回味。他展望了技术史上总结的人类卓越成就所能产生的无数个世代，推测从卑微的起点上演化而来的那些全知生命也许仍然会怀着渴望看待我们这个时代。"但尽管如此，他们可能羡慕我们沐浴在创世的明亮余晖中，因为我们在宇宙还年轻的时候就认识了它。"

补充阅读

最好的通史著作仍然是 Charles Singer et al. (eds.)，*A History of Technology*，5 Vol.(1954-1958，reprinted 1957-1965)，extended by Trevor I. Williams (ed.)，其中有两卷（1978）涉及 20 世纪。

单卷本研究：T.K. Derry and Trevor I. Williams，*A Short History of Technology from the Earliest Times to A.D. 1900* (1960，reissued 1970) 和 Trevor I. Williams，*A Short History of Twentieth-Century Technology c. 1900-c. 1950* (1982) 都是很有价值的概论。

与之相当的法语作品是 Maurice Daumas (ed.)，*Histoiregénéral des techniques*，5 Vol.(1962-1979)，前三卷有英译本 *A History of Technology and Invention: Progress Through the Ages*(1969-1979)。

与这些英法著作对应的美国著作是 Melvin Kranzberg and Carroll W. Pursell，Jr. (eds.)，*Technology in Western Civilization*，2 Vol.(1967)，它对技术的社会关系的讨论要好得多。所有这些通史著作都集中于西方技术。

Joseph Needham，*Science and Civilisation in China* (1954-)，展示了一个不同的重要视角。优秀的专门研究著作包括 Gordon Childe，*What Happened in History*，rev. ed. (1954，reissued 1982)，这是关于人类控制最早文明之前的环境的经典研究；Henry Hodges，*Technology in the Ancient World* (1970，reprinted 1977)；Lynn White，*Jr.*，*Medieval Technology and Social Change* (1962，reissued 1980)；Abbott Payson Usher，*A History of Mechanical Inventions*，rev. ed. (1954，reprinted 1962)；以及 John Jewkes，David Sawers，and Richard Stillerman，*The Sources of Invention*，2nd ed. (1969)。Friedrich Klemm，*A History of Western Technology* (1959，reissued 1964; originally published in German，1954) 是一部优秀的资料选集。

关于技术发展对经济和社会的影响，参见 W.H.G. Armytage，*A Social History of Engineering*，4th ed. (1976)，David S. Landes，*The Unbound Prometheus: Technological Change and Industrial Development in Western Europe from 1750 to the Present* (1969)，S. Lilley，*Men，Machines and History: A Short History of Tools and Machines in Relation to Social Progress*，rev. ed. (1965)。Lewis Mumford，*Technics and Civilization* (1934，reissued 1963) 仍然是一部重要著作。

R.J. Forbes，*Man，the Maker: A History of Technology and Engineering* (1950，reissued 1958) 和 D.S.L. Cardwell，*Technology，Science and History: A Short Study of the Major Developments in the History of Western Mechanical Technology and Their Relationships with Science and Other Forms of Knowledge* (1972) 对技术史做了出色的概述。R.A. Buchanan，*Technology and Social Progress* (1965) 也许可以作为一部导论教材。

其他相关专著包括 Charles Susskind，*Understanding Technology* (1973，reprinted 1975)，A. Pacey，*The Maze of Ingenuity: Ideas and Idealism in the Development of Technology* (1974，reissued 1976)，Bertrand Gille，*The Renaissance Engineers* (1967; originally published in French，1964)，Jean Gimpel，*The Medieval Machine: The Industrial Revolution of the Middle Ages* (1976，reissued 1979; originally published in French，1975)，Brooke Hindle，*Emulation and Invention* (1981，reissued 1983)，Nathan Rosenberg (ed.)，*The Economics of Technological Change: Selected Readings* (1971)。Eugene S. Ferguson，*Bibliography of the History of Technology* (1968) 是一部全面而彻底的研究。对现代技术更具试验性的认识是 Jacques Ellul，*The Technological Society* (1964，reissued 1973; originally published in French，1954) 和 Arthur C. Clarke，*Profiles of the Future* (1962，reissued 1985)。

期刊文献的主要来源是 *Technology and Culture*（季刊），这是技术史学会的期刊，包含优秀的年度书评书目；还有 *Newcomen Society for the Study of the History of Engineering and Technology*，*Transactions*（年刊）。

第七章　医学史 [①]

布里格

引言

对于任何学者群体来说，自我评估都是一项重要活动。这似乎尤其适合于医学史家，因为他们有着不同的背景和旨趣。出于同样的原因，这项任务变得更为艰巨。也许正因如此，直到最近，该领域的状况仍然主要通过实用和教学来评估，而很少通过编史学来评估（例如 Rosen，1948；Galdstone，1957）。

本文旨在界定医学史的领域，描述其广阔范围，刻画它与其他领域的关系。医学史最初的基础范围比较狭窄，往往只限于讨论伟人及其伟大思想，近来则越来越转向在社会、经济和文化背景下来研究健康和疾病。如今，医学史研究者越来越多地采用了其他历史学家有时使用的技巧。医学史与其兄弟领域——科学史的关系既重要又密切。许多专门历史领域的兴趣（比如家庭史和妇女史）都与医学史的兴趣相重合。社会学家、人类学家、地理学家和艺术家为医学史提供了重要的方法和概念框架。最后，本文将简要概括该领域的教学和训练，并提出医学史家资格的问题。

参考书目尤其适用于那些希望利用医学史文献进行研究或者需要基本的阅读和教学指南的人。关键要记住，本文并非百科全书，也不打算成为对所有文献的回顾，我们的目标在于引导和指出正确的方向，使人注意到医学史的各个方面，并且指出它的某些前景。

为了界定医学史的范围，我们必须先来界定医学本身。近几十年来，我们日益回到了 19 世纪上半叶及之前盛行的对医学的社会定义。整体医学（holistic medicine）和社群医学（community medicine）绝非新概念。从希波克拉底（Hippocrates）时代到参与 1848 年欧洲革命的医生的时代，医学一直被视为一门社会科学。地理、经济、

---

① Gert H. Brieger, "History of Medicine," in P. T. Durbin, ed., A Guide to the Culture of Science, Technology, and Medicine (New York: The Free Press, 1980), pp.121-194, 张卜天译。

政治和文化模式都被认为与健康和疾病的问题与定义密不可分。

从传统上讲，医学的注意力集中在促进健康、预防和治疗疾病，以及疾病和伤痛的康复上。解剖学、生理学、治疗学和卫生学一直是历史研究的核心。少数主题一直主要是医学史家的领域，诊断、治疗和教育等主题都与医生较为专业的角色有关。所谓的医学内史——医学理论、对疾病的认识、专业设备和仪器的发展，所有外科治疗的历史——有许多都属于这个领域。

近几十年来，特别是随着生物学史变得日益复杂，医学史与科学史有了很大重叠。例如，研究哈维的学者可能来自这两个领域中的任何一个，事实也的确如此。健康和疾病的社会含义体现了社会史与医学史的明显重叠，后面要讨论的查尔斯·罗森伯格（Charles Rosenberg）和乔治·罗森（George Rosen）的著作很好地阐明了这一点。

我们这个时代的医学史元老西格里斯特（Henry Sigerist）强调，医学史绝不仅仅是关于伟大医生及其著作的历史。《医学史》（*A History of Medicine*，1951）第一卷的导言中极好地体现了他的论点：

> 在回顾医学的过去时，我们的兴趣不仅在于健康和疾病的历史、医生的活动和思想，而且也在于病人、医生以及两者关系的社会史。病人在各种社会中的地位是怎样的？疾病对个人意味着什么？它如何影响人的生活？……病人在哪里接受治疗？在街上、家里、庙宇还是医院？城市和乡村中获得医疗服务的难易程度如何？医疗的费用怎样？是否只有富人才请得起医生？如果是这样，穷人能够得到什么样的医疗？（pp.15-16）

西格里斯特的学生，长期以来身为约翰·霍普金斯大学医学史杰出教授的特姆金（Temkin），以一句格言概括了这种立场：历史中的医学和医学中的历史都要考虑（Temkin，1968）。

关于医学史领域现状的文章很罕见，其中一些值得考察。除了埃德温·克拉克（Edwin Clarke）编的文集《医学史的现代方法》（*Modern Methods in the History of Medicine*，1971），内容最为广泛和有用的可能是罗森最初担任美国医学史学会主席的就职演讲《人民、疾病和情感：医学史研究中的一些新问题》（*People, Disease, and Emotion: Some Newer Problems for Research in Medical History*，1967）。其中罗森将医学的社会性当作出发点。和之前的西格里斯特一样，罗森也强调，必须作一种视角转换，将医学史看作人类社会及其努力应对健康和疾病问题的历史。这样一来，与医生相比，病人是更为显著的研究焦点。

一、医学史的历史

正如西格里斯特所指出的，医学史在诸多历史学科中相对年轻。听诊器是现代诊所医学的一大象征，其发明者雷恩·雷奈克（René Laennec）撰写的博士论文讨论的是希波克拉底派发热学说的用处。1939 年，埃米尔·里特雷（Emile Littré）在其希波克拉底派著作十卷法译本的序言中宣称，他希望它们能作为医学书籍，让学生研究其中有用的医学内容。在 12 年后的 1851 年，另一位法国医生和历史学家查尔斯·达朗贝格（Charles Daremberg）告诉读者，他的《希腊医学著作集》（*Corpus Medicorum Graecorum*）主要面向历史学家和语文学家。于是变化出现了：医学史在 19 世纪中叶以前主要是医学，此后医学材料开始因其历史价值而被研究。

在较早的时期，学者和医生研读古典医学著作不仅是出于对这门专业历史的兴趣，也是为了用这些古书来教授医学。医学教师和学生们认为，执业医生所需的医学知识可以从历史进路中获得。

随着 19 世纪下半叶医生的训练越来越强调科学性，医学史越来越被看作死去而无用的过去，陈列的是错误、过时的传统和迷信。医学变得更加科学，历史学也是如此。医学史、艺术史和科学史成为历史学的重要子学科，需要专门的技术知识和训练。从事医学史研究的人不仅需要专门的历史学家，也需要医生和语文学家。

这并不是说 19 世纪以前就没有医学史著作。自古以来，医生的著作就包含着历史部分。到了 17 世纪下半叶，他们撰写的医学史旨在描述和解释医学思想和实践的发展。

（一）早期著作

到了 18 世纪初，在一种特别反迷信的主流意识形态下，以进步和实用主义观念为导向的医学史开始出现。法国医生丹尼尔·勒克莱克（Daniel LeClerc）的《医学史》（*Histoire de la médecine*，1696）是这类现代史中的第一部，其副标题"从中可以看到这种技艺的起源和进步"包含了进步观念。勒克莱克试图超越简单的编年史，并且希望阐释医学思想和活动的背景和重要性。遗憾的是，他所涵盖的历史只限于古代。

英国医生约翰·弗兰德（John Freind）曾因被控叛国而短暂关押于伦敦塔，在此期间，他计划写一部医学史来继续走勒克莱尔的未竟之路。1725 年和 1726 年，弗兰德出版了他的《医学史：从盖伦到 16 世纪初》(*History of Physick from the Time of Galen to the Beginning of the Sixteenth Century*)，这是第一部用英语写成的对医学史进行全面考察的重要著作。

到了 18 世纪末，随着库尔特·施普兰格（Kurt Sprengel）的《医学实用史研究》(*Versuch einer pragmatische Geschichte der Arzneykunde*，1792—1803）的出版，用医学史来教育医生的实用理想达到了顶峰。施普兰格既是一位卓有成就的医学史家，也是植物学家和医生，其作品为他在 19 世纪的诸多追随者奠定了基础。

在 19 世纪，海因里希·海泽尔（Heinrich Haeser）、海克尔（J.F.K. Hecker）、奥古斯特·希尔施（August Hirsch）等德国医生、学者继续进行着医学史研究，他们都有关于流行病史的著作。在英格兰，迈克尔·福斯特（Michael Foster）、达西·鲍威尔（Darcy Power）等人为 1900 年前后出版的医学大师系列丛书撰写了传记。

曾有一些学者阐述过医学史的历史。西格里斯特（Siegrist）在其《医学史》第一卷中作过概述。伊迪丝·海施克尔（Edith Heischkel）用德文在沃尔特·阿泰尔特（Walter Artelt）的《医学史导论》(*Einführung in die Medizinhistorik*)中作了认真评论。附有带注释的参考书目的英文综述可见于《医学史会刊》(*Bulletin of the History of Medicine* 26（May-June 1952）：277～287）的"医学编史学史一览"（An Exhibit on the History of Medical Historiography）。诺埃尔·波因特（Noel Poynter）的伽里森讲座（Garrison Lecture）《医学与历史学家》(Medicine and the Historian)也给出了一个综述。

正式的医学史教研机构创始于德国。1898 年，尤利乌斯·帕格尔（Julius Pagel）作为医学史家开始执教于柏林大学。他于 1898 年出版的《医学史导论》(*Einführung in die Gechichte der Medizin*)成为 20 世纪最初几十年最重要的教科书（Walter Pagel，1951）。1905 年，卡尔·祖德霍夫（Karl Sudhoff）放弃了行医，开始领导莱比锡大学新成立的医学史研究所。没过多久，马克斯·诺伊布格（Max Neuburger）也开始在维也纳领导一个医学史研究所。到了 20 世纪中叶，联邦德国的每一个医学院都有医学史系，一些系至少拥有两位学者。瑞士和法国的一些大学也充当了医学史的教育研究中心。在英语世界，这种进步尚需时日。

在美国，医生们从殖民时代就已经开始撰写自己的职业历史。撒切尔（詹姆斯·James Thacher）、斯蒂芬·威廉姆斯（Stephen Williams）、塞缪尔·格罗斯（Samuel D. Gross）等人编纂了关于医生的传记词典。本杰明·拉什（Benjamin Rush）、约瑟夫·盖洛普（Joseph Gallup）、丹尼尔·德雷克（Daniel Drake）和从利沙·巴雷特（Elisha

Barlett）撰写了关于流行病的报告。自美国内战以来，美国军队一直是医学史著作的重要来源，为厘清医学史演进过程作出贡献甚大的学者也大多来自这里。约瑟夫·伍德沃德（Joseph J. Woodward）、约翰·肖·比林斯（John Shaw Billings）、菲尔丁·伽里森（Fielding H. Garrison）是其中三位代表人物。比林斯于 19 世纪 70 年代末在约翰·霍普金斯大学讲授了一门早期的医学史课程。

内战后，华盛顿特区的医生约瑟夫·托纳（Joseph M. Toner）搜集了关于美国医学史诸多方面的宝贵资料。1876 年，为了庆祝美国建国百年，费城《美国医学杂志》（*American Journal of the Medical Sciences*）的编者以"美国医学百年"（A Century of American Medicine）为题刊行了由美国一些顶尖医生撰写的为期一年的四部分系列报道，讨论外科、内科、文献和妇产科的文章包含了很多曾经讲授或撰写过医学内容的医生。19 世纪末这类作品的庆祝风格渐渐成为美国医学史的典型。（按照一些批评者的说法，我们尚需摆脱这一传统。）

（二）约翰·霍普金斯医学史机构

西格里斯特生于瑞士，在莱比锡的医学史研究所时曾是祖德霍夫的学生，并于 1925 年接替祖德霍夫。直到 1932 年西格里斯特开始主持约翰·霍普金斯大学新建的医学史研究所之后，医学史才在美国学术界拥有了一席之地。关于西格里斯特，他的学生们已多有著述（Temkin，1957，1958；Rosen，1958；Falk，1958）。西格里斯特本人的大量著作，包括一部自传（Sigerist，1958），为我们了解他的思想和社会生活提供了很多细节。他不仅以学者身份帮助开创了医学史的新时代，指导了一系列至今仍有影响的学者，而且他还有出色的组织才能。

西格里斯特赴美之前，威廉·韦尔奇（William H. Welch）为给霍普金斯医学图书馆搜集历史书籍而游历欧洲，他还拥有医学史的教席。从一开始，韦尔奇、威廉·奥斯勒（William Osler）、霍华德·凯利（Howard Kelly）及其在霍普金斯的同事们就曾讲授医学的各个历史方面，但他们的历史通常被纳入医学教学。他们还发表了一些优秀的历史论文，其中许多刊登于草创时期的《约翰·霍普金斯医院学报》（*Bulletin of the Johns Hopkins Hospital*）。医院向患者开放之后，新建的院系于 1890 年成立了一个医学史俱乐部，他们的很多论文都发端于此。

西格里斯特和他的学生特姆金（Temkin）来到巴尔的摩后，不仅继承了这一丰富的传统，还接手了医学院的一个资金足以吸引学者的研究所。在他们入主一年内，西格里斯特、特姆金等人创办了《医学史研究所学报》（*Bulletin of the Institute of the*

History of Medicine），它最初以《约翰·霍普金斯医院学报》增刊的形式刊行。1933年和1934年的最初两卷仍然依附于母刊，不过到了1935年，《医学史研究所学报》宣布独立成刊。1938年，美国医学史学会决定在《医学史研究所学报》上发表自己的论文和事务。1939年，这份期刊径直成为研究所和学会的官方刊物——《医学史会刊》（*Bulletin of the History of Medicine*）。《医学史会刊》的主编通常是约翰·霍普金斯大学的医学史教授韦尔奇，他还有权决定是否发表提交给学会年会的论文。

于是，西格里斯特的组织才能最初被用来编辑一份重要的美国医学史杂志，以及管理美国唯一一个全职的医学史系。他后来致力于改革美国的医学史学会。该学会是一群医生——学者于1925在费城创建的，它每年聚会一到两次，几乎总是与美国医师学会在亚特兰大城的会议联合举行，通常的日程是半天的历史论文宣讲和一次晚宴。在西格里斯特的影响下，医学史学会的会议得到拓展和独立。从20世纪40年代末开始，该群体每年在美国的不同城市举行会议，通常在4月或5月。

西格里斯特是一位杰出的教师。1932—1947年就读于约翰·霍普金斯医学院的许多学生都有关于其课程的美好回忆。对于优秀的老师而言，教学并不局限于教室。西格里斯特对教学和人的热情以及对医学史的广泛兴趣和广博知识被广为传颂。他对特姆金、古典学家路德维希·艾德斯坦（Ludwig Edelstein）和欧文·阿克科奈希特（Erwin Ackerknecht）等同事和年轻伙伴产生了很大影响。在霍普金斯期间，西格里斯特几乎没有什么研究生，只有伊尔扎·韦特（Ilza Veith）在其指导下取得了博士学位，另一位伙伴吉纳维芙·米勒（Genevieve Miller）是他的研究助理，后赴康奈尔大学攻读博士学位。不过，一些对社会医学（social medicine）感兴趣的年轻医生都受到了他的指导和影响。最突出的例子是罗森，另外两位是米尔顿·罗默（Milton Roemer）和莱斯利·法尔克（Leslie Falk）。所有这些人的社会医学事业都有明显的历史维度（G. Miller，1958，1979）。

这里无法对西格里斯特的全部工作进行回顾，但其重要著作《医学史》（第一卷，1951）特别值得提及。西格里斯特既从科学技术角度，也从社会经济角度来考察医学史。他希望从忙碌的教学和管理岗位退下来，写一部包罗万象的八卷本医学史。他生前只完成了第一卷和第二卷的大部分。当第一卷《原始和古代医学》（*Primitive and Archaic Medicine*）出版时，罗森将其誉为"新医学史"。以前的医学史主要是编目式的或哲学的。在20世纪初，一些历史学家（尤其是巴斯（J. H. Baas）、帕格尔和诺伊布格）关注过社会和文化因素，但这些因素在他们对医学史的阐释中几乎没起什么作用。西格里斯特的书在社会文化因素（人们如何生活、穿着、饮食和工作）上着墨甚多，是一部真正的医学社会史。不幸的是，西格里斯特没能在生前完成自己的目标。他的第一卷被完全纳入文明史，为医学史提供了样板。它还可以充当较早医学史文献的有用参考书。

西格里斯特的早期著作读起来亦有裨益。例如，很多人仍然认为，《伟大的医生们》（*The Great Doctors*）是可以向对医学史领域感兴趣的人推荐的最佳单卷本医学通史著作。此书最初于 1931 年出版德文版，随后很快就有了英译本，尽管翻译得过于生硬和矫揉造作，现在已经有了各种平装版。西格里斯特在《伟大的医生们》中竭力普及医学史，该书由一系列简短的传记组成，讲述了从伊姆霍特普（Imhotep）到奥斯勒等伟大医生的工作和思想。然而从本质上说，它远不只是一系列简短传记。对于每一位医生，西格里斯特都将医术状况融入器物史和文化史。事实上，一些没有任何历史背景的读者在阅读《伟大的医生们》时，起初认识不到西格里斯特在分析上的深度。

1947 年，西格里斯特回到瑞士以撰写计划中的八卷本著作，但 1957 年去世时并未完成。

1949 年，曾在杜克大学和宾夕法尼亚大学任教的美国历史学家里查德·施赖奥克（Richard H. Shryock）成为约翰·霍普金斯大学医学史研究所的第二任威廉·韦尔奇教授。施赖奥克早期曾转向研究医学社会史。他从 1923 年到其后五十年的异常高产可见于《医学史杂志》施赖奥克专号（1968 年 1 月）中展示的著作目录。他以研究美国医学最为出名，关于从 17 世纪到 20 世纪的国际研究情况，他的《现代医学的发展》（*Development of Modern Medicine*）仍然是一部有用的单卷本著作。

施赖奥克关于早期医学研究（1947）、美国医学（1960）和行医许可（1967）的研究，以及讨论美国医学的人物、事件和一些重要的编史学问题的文集，现在都是权威资料。施赖奥克的许多追随者往往会在施赖奥克的某本书或某篇论文中看到，自己的一个新的好想法已经有了清晰论述。

1958 年，特姆金成为约翰·霍普金斯大学的第三任威廉·韦尔奇教授，十年后由他的学生劳埃德·斯蒂文森（Lloyd G. Stevenson）继任。

二、常见的历史进路

各种学术在 20 世纪都有了根本转变。虽然科学史的变化也许影响更为深远，但与第二次世界大战前相比，医学史同样变得成熟了。在以下部分中，常见历史进路的优点和缺点将在我们对其特点的讨论中变得清晰。

对于医学史来说，还没有出现与约翰·海厄姆（John Higham）的《历史》（1965）同类的著作。该书讨论了历史职业、历史理论和重要著作。如其标题所示，克拉克的《医学史的现代方法》（1971）几乎完全在讨论各种方法。

（一）传记与医学史

近几十年来，自文艺复兴以来便盛行于医学史的书目传统被更为传统的历史分析所取代。即便有了这种发展，我们也需特别注意现有的医学传记、回忆录和自传。尽管一些历史学家的确将传记和自传看作文学而非历史，但这些作品在过去一直为医学史提供着丰富的材料（Stevenson，1955b）。

自古以来便有关于医生的内容丰富的著名传记。具有讽刺意味的是，希波克拉底虽然可能是历史上最著名的医生，但关于他的记载却少得可怜。我们只知道他身材矮小，教课要收费，生前就很有名。我们不知道他确切的生卒日期，因此，每当看到"公元前470年至公元前390年"之类的年份，我们就知道这只是猜测。我们的确知道他的盛年在公元前400年左右，是苏格拉底和柏拉图的同时代人。我们不知道70卷左右的《希波克拉底文集》（*Corpus Hippocraticum*）中有多少是出自他手，如果真有的话（Sigerist，1934）。

对于后面书目列出的医学传记和传记词典，限于篇幅这里只能提几个有代表性的例子。对于医学史来说，它们可以作为阅读的一个起点。除了传记医学词典以外，还有数千本标准传记。很多传记只是在树碑立传，但也有一些传记为医学职业、医学教育和医学思想的发展提出了独特的洞见。其中许多著作是医生写的。

著名的神经外科医生哈维·库欣（Harvey Cushing）是一位杰出的医生传记作家。他不仅撰写了他以外科医生身份经历一战的回忆录，还编写了关于文艺复兴时期著名解剖学家安德烈亚斯·维萨留斯（Andreas Vesalius）的出色书目。他结合维萨留斯著作的诸多版本，详细追溯了维萨留斯作为解剖学家和医生的职业生涯的发展。其最好的历史著作是两卷本的研究《奥斯勒爵士传》（*The Life of Sir William Osler*，1925）。库欣的传记不仅研究了奥斯勒担任临床医生的生涯，还研究了19世纪末以来医学教育在加拿大、美国和英格兰的发展。虽然库欣的著作是独特的，但并非唯一。许多医生创作的传记都有同等的重要性和价值。西蒙·弗莱克斯纳（Simon Flexner）的《韦尔奇与美国医学的英雄时代》（*William Henry Welch and the Heroic Age of American Medicine*）、约翰·富尔顿（John F. Fulton）的《库欣》（*Harvey Cushing*）、林德博姆（G. A. Lindeboom）关于布尔哈夫的传记、杰弗里·凯恩斯

（Geoffrey Keynes）的《哈维》（*Willam Harvey*），都是医生充当历史学家的例子。尝试撰写医学传记的不仅有医生。查尔斯·奥马利（Charles O'Malley）的《维萨留斯》（*Andreas Vesalius*，1964）是一部杰出的著作，它不仅是一本传记，还综合了历史和文化，因而违背了一些历史学家所坚持的观点——传记是文学而非历史。

（二）观念史

观念史既是科学史的重要组成部分，也是医学史的重要组成部分，研究疾病、正常和反常的身体机能以及治疗学的概念进路一直都很重要（如 W. Riese, *The Conception of Disease*）。

特姆金在最近一篇关于医学观念史编史学的文章中指出，随着越来越多医生之外的人对医学史产生了极大兴趣，医学史家已经从一种"医生中心主义"（iatrocentric）进路转到更加关注产生这些医学观念的背景。

特姆金本人写了一篇《感染概念的历史分析》（"An Historical Analysis of the Concept of Infection"）。这篇文章初见于纪念观念史先驱——约翰·霍普金斯大学的亚瑟·拉夫乔伊（Arthur O. Lovejoy）的文集中（Temkin，1953，重印于 *The Double Face of Janus*，1977）。特姆金在文中讨论了关于感染原因和本质的流俗和医学观念。特姆金的文集《双面雅努斯》（*The Double Face of Janus*）中还有这种进路的另外两个例子。特姆金为《观念史词典》（*Dictionary of the History of Ideas*）写了一篇出色的文章《健康与疾病》（"Health and Disease"），涵盖了整个医学史，并在该书中重新收录。《医学的科学进路：特定实体和个体疾病》（"The Scientific Approach to Disease: Specific Entity and Individual Sickness"）则考察了一场长期争论：一方信奉疾病研究的本体论进路，认为疾病是一种独立的实体；另一方则秉持一种非本体论信念，认为疾病是一种失调的生理状态。19 世纪末的病理学家很关心这个问题。"没有疾病，只有病人"，这句过于简单的话是这场长期争论的特征（另见 Temkin，*The Falling Sickness*，1945，1971）。

这种对医学的历史理解的进路的另一位著名实践者是莱斯特·金（Lester King），他是芝加哥的病理学家，在芝加哥大学讲授医学史，并且在《美国医学学会杂志》（*Journal of the A. M. A*）任编辑多年。他的著作《18 世纪的医学世界》（*The Medical World of the Eighteenth Century*，1958）清晰地描述了当时医生所面临的问题。在《医学思想的发展》（*Growth of Medical Thought*，1963）中，他考察了医学科学的发展，以及从希波克拉底时代到 19 世纪病理学之间医学学说的不同模式（另见 King，

1970，1978）。

在生物学史中，托马斯·霍尔（Thomas Hall）的两卷本《生命和物质的观念》（*Ideas of Life and Matter*，1969）同样为医学史家提供了丰富的资料，后来这本书以《普通生理学史》（*A History of General Physiology*，1975）为名重印了平装本。霍尔的著作详细讨论了关于生命物质性质的各种观点、围绕活力论学说所展开的持久而复杂的争论以及过敏概念的演变。虽然霍尔能够清楚而简单地聚焦复杂的哲学和生物学问题，但他的作品是这类著作的典型；有时读者会弄不清时间或地点。

在一个略为不同的传统中，外科医生齐默尔曼（Zimmerman）和医学史家伊拉·韦特（Ilra Veith）在其《外科史中的伟大观念》（*Great Ideas in the History of Surgery*）中不仅收录了导论性和阐释性的历史文化材料，而且有从史密斯纸草（*Edwin Smith Papyrus*）到弗雷迪南·绍尔布鲁赫（Ferdinand Sauerbruch）以及 20 世纪初胸外科出现时外科作者的著作摘录。实际上，不仅对于手术史，对于整个医学史来说，齐默尔曼和韦特的这本书也可充当一部优秀的导论教材。

最近，病理学家吉多·马伊诺（Guido Majno）在其《治愈之手》（*The Healing Hand*，1975）中广泛探讨了发炎概念，以及古代东西方关于伤口愈合过程的观念。

哲学家斯科特·布坎南（Scott Buchnan）的著作《征象学说》（*The Doctrine of Signatures*）是这一传统的早期著作，但并未得到普遍重视。这部著作在治疗学史中很重要，它也有力地表明，如何可以用征象学说（认为某些植物或动物能否入药可通过其特有的标志或颜色来确认）来讨论一种处理医学的更为宽阔的哲学进路。

具体的医学专业为那些有意考察医学观念发展的人提示了各种研究主题。例如，生理学得到了广泛研究，尤其是与消化、呼吸、生长和新陈代谢等功能有关的方面，或者像内稳态和过敏这样的概念。病理学和治疗学也为观念史家提供了有趣的研究概念，比如细胞理论、发炎、伤口愈合、自然的治愈能力和癌症的起因（Rather，1978）等。

人们用观念史方法研究了医学史上的一些伟大人物，特别是讨论血液循环的哈维（见 Pagel，1965），揭示感染概念的巴斯德等人（Dubos，1950，1976），讨论内稳态理论的克劳德·贝尔纳（Claude Bernard）（见 Olmsted，1952；Virtanen，1960；Holmes，1974）。

1978 年是哈维 400 周年诞辰和《心血运动论》出版 350 周年，当时出现了很多讨论其医学史地位的文章。哈维的著作不仅证明了血液循环，而且可以被视为应用于医学的科学方法史中的里程碑。

最近，格温尼斯·惠特里奇（Gweneth Whitteridge）完成了哈维《心血运动论》的新译本，她和她的英国同行沃尔特·帕格尔（Walter Pagel）、凯恩斯爵士（Sir Geoffrey Keynes）是当今首屈一指的哈维研究者。约翰·霍普金斯大学更年轻的美国医学史家杰罗姆·贝勒比尔（Jerome Bylebyl）也是杰出的哈维研究者，他为《科学传记词典》（*Dictionary of Scientific Biography*）撰文讨论了哈维的方方面面。贝勒比尔在其文章中不仅综述了最近的学术成果，还出色地描述了哈维的思想来源（另见 Stevenson 的书评，1976）。英国历史杂志《过去与现在》（*Past and Present*）上发表的一系列文章，就 17 世纪中叶的英国动乱中哈维作为保皇党人而非议会党人这一事实是否影响了他的工作展开了讨论。查尔斯·韦伯斯特（Charles Webster）将这些文章和其他关于清教与科学的文章汇编为一本实用文集（Charles Webster，1974）。另见韦伯斯特里程碑式的著作《大复兴：科学、医学和改革（1626—1660）》（*Great Instauration: Science, Medine, and Reform 1626—1660*，1975），研究这一时期的任何认真的学者都无法忽视这本书。

约翰·梅尔茨（John Theodore Merz）四卷本的《19 世纪欧洲思想史》（*A History of European Thought in the Nineteenth Century*）于 1904—1912 年首版，1965 年再版，前两卷广泛讨论了科学，特别是活力论和细胞理论以及其他一些生理学概念。对于研究生理学史和病理学史中关键概念演变的学者来说，梅尔茨仍然可以作为一个方便的起点。

（三）社会史（职业、医院、精神病学、公共卫生、江湖医术和宗派主义）

吉恩·赫克特（J. Jean Hecht）在《社会科学百科全书》（*Encyclopedia of the Social Sciences*，1968）中对社会史给出了一个定义：它"研究过去的社会文化背景下人类活动和互动的结构和过程"。这个定义非常呆板，但其背后却有一个丰富的历史学统。社会史家一般利用的资源几乎是无限的，医学社会史家也是如此。但正如前面提到的，只是近几十年来医学史家才开始效仿该领域的一些先驱，比如阿克科奈希特的疟疾研究，以及施赖奥克关于美国医学史各方面的众多著作。

今天很多人都对医学社会史感兴趣。新近一期的《社会史杂志》（*Journal of Social History*，July 1977）中的论文完全讨论的是医学史，话题包括：1890 年前后法国的医学实践、19 世纪美国的医院和病人、18 世纪丹麦和挪威的医院、妇女与卫生改革、1892—1893 年俄国的霍乱传染病、19 世纪法国的江湖医生等。这些主题连同疾病对社会的影响、医学的职业体系、各种医学组织的演进、医疗护理的合法化等问题，体现了年轻医学史家的兴趣。

在展望美国医学社会史的前景时，杰拉尔德·格罗布（Gerald Grob，1977）强调了更精确地描述医学事件所处社会背景的重要性。格罗布的兴趣并不新鲜。宾夕法尼亚大学的罗森伯格有着类似的关切。在最近的一本文集《没有别的神》（*No Other Gods*）中，他考察了科学、社会思想和科学组织结构的交汇处。他探讨了医学形象和观念的形成方式，交流了关于社会现实的习惯性理解在意识形态上的功能，以及医学和科学是如何成为权威的。医学社会学家，尤其是艾略特·弗赖森（Eliot Freidson）在《职业支配》（*Professional Dominance*）中从另一个角度探讨了类似的主题。

在英国，最近成立的医学社会史学会（Society for the Social History of Medicine）成为大部分此类工作的中心。在新近出版的研讨会文集的长篇导言中，伍德沃德和大卫·理查兹（David Richards）回顾了领域现状，并且指出了进一步研究的许多可能性。托马斯·麦基翁（Thomas McKeown）是伯明翰的社会医学教授（也是重要的历史人口统计学家，他的工作下面会叙述），他在该学会发表了题为"医学史的社会学进路"（A Sociological Approach to the History of Medicine）的就职演讲。麦基翁用来定义自己的医学史观的措辞与大约 40 年前的西格里斯特类似。西格里斯特强调医学史家应当是关心医学和社会问题的医生，而麦基翁则用当前的议题来界定问题。西格里斯特虽然对社会学感兴趣，但本质上是历史学家。麦基翁虽然关心历史，但本质上是社会医学教授。

虽然麦基翁因为把历史用于他的著作而得到赞扬，但下面这段话却使他遭到批评：

> 医学社会史不只是社会史和医学史的混合，也不只是当时社会背景下的医学发展；它本质上是一种操作方式，其职权范围来自当今医学所面临的困难。由于当时的经验，很多医学史都缺少这种洞见，因此在外行人看来显得如此贫乏。（p.342）

有一位英国历史学家哈钦森（J. F. Hutchinson）随即批评道，麦基翁的根本目的并不是理解过去，"而要为改造当今的恶提供必要的信息"（见 Hutchinson，1973；另见 Stocking，1965）。

麦基翁（这里只是为了方便而把他挑出来做例子）没有认识到，外行所能接受的恰恰是这种非常质朴的历史进路。只有像哈钦森这样的专业人士才会说这种努力的目的是非历史的。此外，麦基翁在其讲座中还说医生的传统任务是诊断、认识疾病、预防、治愈、预断和缓和，并强调在 19 世纪末之前只有最后一项任务基本得到了实现。麦基翁的观点不幸代表了当今医生对医学效力的典型态度，这些人仅仅是根据治疗能力来衡量医学。撇开这一评价，也许可以说在医务接触中极为重要的医患关系在社会和心理学意义上是不变的，尽管会有时间和地点上的变化。

医学社会史中的一些重要工作是定量的。接下来会简要讨论相关的进展，它们源于法国年鉴学派的人口研究。但也有很多工作不是定量的，例如历史学家罗伯茨（R. S. Roberts）和社会学家霍洛韦（S. W. F. Holloway）这两位英国学者做出了重要贡献。

罗伯茨回顾了都铎王朝和斯图亚特王朝时期英格兰的医学及其从业者，认真分析了外省和伦敦医学活动的社会背景。为了查明各种从医者的教育和分布模式，他搜寻的资料在内容上不仅限于医学，比如郡县和学校的登记名册。当然，这些材料与这些医生后来的工作和教育准备都密切相关。

在 1966 年撰写的关于《1815 年药剂师法案》（*Apothecaries Act of 1815*）中，霍洛韦同样强调，为了查明医学活动和思想的各种背景，理解医学教育的性质很重要（另见 Holloway，1964）。

英国社会学家伊凡·沃丁顿（Ivan Waddington，1977）和朱森（N. D. Jewson，1976）做了类似的研究，他们聚焦于医学职业特点的变化及其对病人地位的影响。在描述"医学宇宙论中病人的消失（1770—1870）"时，朱森特别强调医学思想或知识的生产模式与医疗服务的社会结构之间的关系。他断言，医院和实验室医学所导致的床边医学（bedside medicine）的衰落，体现了从以人为导向的宇宙论朝着以物或以病为导向的宇宙论的转变。这个分析虽然有较大争议，但几乎没有谈及更大的医生群体、普通的从医者，它所关注的是那些讲授医学的人。

职业和职业化进程是医学社会史家特别感兴趣的领域。卡洛·齐波拉（Carlo Cipolla）在一篇有争议的文章《职业：长远视角》（"The Professions: The Long View"，1973）中表明，专业人士是中世纪和文艺复兴时期欧洲城市新兴中产阶级中最具影响力的要素。然而，为了正确认识医学职业，我们必须考虑其他职业——经济体中的所谓服务行业，比如公证人。齐波拉将中世纪晚期服务行业的发展归于三个主要因素：生活标准的改善、转向城镇以及社会的日益世俗化。虽然这些结论既不新鲜，也不惊人，但重要之处在于，这些并非医学史家一般会涉及的历史方面。同样有趣的是，一些（非医学的）社会史家在讨论 19 世纪末 20 世纪初美国中产阶级的兴起时，现已开始分析医学职业在以职业为基础的更大阶层结构的发展中所起的作用（比如 Wiebe，1967；Bledstein，1976）。

随着如何为美国人民提供足够的医疗护理，同时费用支付不会使他们破产的问题逐渐成为公共讨论和争论的议题，医学社会史家们开始分析医疗护理机构的演变及其对病人的影响。从某种意义上来说，这是一个新的进展。在过去，考察这些机构仅仅是因为它们在训练和教育医生方面的作用。尽管有一些关于单个医院的优秀历史，但关于美国医院的全面的分析性社会史还是付诸阙如。欧洲历史学家在这方面做得更好（英国方面见 Abel-Smith，1964；欧洲大陆方面见 Jetter，1966—1972）。

尤其是莫里斯·沃格尔（Morris Vogel）和罗森伯格的文章（Vogel，1976；Rosenberg，1977）在美国医学史家中激起了波澜。罗森伯格指出，医院和医院护理之所以在 20 世纪日益凸显，是因为社会变化、生态变化、复杂的实验室设备和放射学仪器的变化。正如罗森伯格等人强调的，技术（如制冷、罐藏、清洁剂）的发展也对疾病的模式产生了影响。因此，医学社会史家要面对很多挑战和复杂情况，这个领域正变得越来越复杂。与此同时，它的吸引力也相应扩大，因为对疾病的社会反应一直就很吸引人。

这并不是说这样的研究只见于最近的文献。早在 1945 年，阿克科奈希特就揭示了影响密西西比河上游河谷疟疾的丰富而复杂的因素。他的专著一直充当着典范，但令人遗憾的是，这个典范很少得到效仿。自 20 世纪 30 年代中期以来，罗森在医学社会史上面也著述甚多。对其工作的回顾和评价见《医学史杂志》（*Journal of the History of Medicine*，33，July 1978）的罗森纪念专刊以及文献（Rosenberg，1979）。

一直以来，社会史家也对精神病学史和精神病护理史感兴趣。自 20 世纪初以来，精神病学通史层出不穷。埃米尔·克雷佩林（Emil Kraepelin）的《精神病学百年》（*One Hundred Years of Psychiatry*，1962）有英译本，他是该领域的先驱之一。美国精神病学家格雷戈里·齐尔伯格（Gregory Zilboorg）则提供了完整得多的综述，他特别描述了 16—18 世纪心理医学从魔鬼学中解放出来的这段时间。齐尔伯格的《医学心理学史》（*A History of Medical Psychology*，1941）明显带有弗洛伊德的风格。

齐尔伯格并未忽视古希腊罗马时期，后来罗森在《疯狂与社会》（*Madness and Society*，1968）中也没有忽视。英国古典学者多兹（E. R. Dodds）的萨瑟系列讲座（Sather Lecture）以《希腊人和非理性》（*The Greeks and the Irrational*，1951）为题出版，它是这一时期的重要材料，与其说它是社会史，不如说是观念史。

要对整个领域做一番可靠的速览，阿克科奈希特的《精神病学简史》（*Short History of Psychiatry*）一直是标准著作，莫拉和布兰德（Mora，1965；Mora，1970）

描述了精神病学的编史学，他们的分析涵盖了美国之外的很多早期著作。

目前，美国进行的一些最有趣的工作涉及精神病护理。用于准许治疗的诊断范畴有哪些？病人的命运是怎样的？他们是如何得到治疗的？关于精神功能和精神疾病原因的背后理论有哪些？为了回答其中的一些问题，哈佛大学的罗森克朗茨（Barbara Rosenkrantz）目前正借助计算机，利用19世纪新英格兰州几个公立和私立救济院的档案进行研究。

达因（Dain，1964）详细讨论了美国内战前的"疯狂"概念。虽然他描述了精神病病因学观点的变化，但其重点在于道德疗法的兴起。卡尔森（Eric Carlson）及其同事们也发表了这方面的论文。柏克文（J. S. Bockven）的小书《美国精神病学的道德疗法》（*Moral Treatment in American Psychiatry*，1963）是医生撰写医学史最成功的例子之一。柏克文在州立医院做医生的经历丰富了他的阅历，他追溯了19世纪美国精神病学中道德疗法的兴衰，并且仔细研究了厄尔（Pliny Earle）的工作，后者导致了多伊奇（Albert Deutsch）在《精神病护理》（*Care of the Mentally Ill*）中所谓的可治愈神话的衰落。柏克文对20世纪中叶状况的讨论出色地描述了精神病院文化和环境的复杂性。要想搞清楚19世纪中叶大量出现的大型救济院的情况，我们就必须了解护理人员等的重要角色和地位。

历史学家已经撰写了一些关于精神病院的著作，其中最好的莫过于格罗布（Gerald Grob）关于伍斯特州立医院（Worcester State Hospital）历史的著作（1966）。格罗布进而研究了全美范围内的精神病院。这项研究的第一卷以《美国的精神病院：至1875年的社会政策》（*Mental Institutions in America: Social Policy to 1875*）为题出版（另见 Rothman，1971；1973）。

此类著作远远不止这些例子。比如，弗洛伊德产业庞大而欣欣向荣。弗洛伊德的大部分著作现在都有使用方便的平装本问世。对于研究精神病学史的学生来说，艾伦伯格（Henri Ellenberger）的《发现无意识：动力精神病学的历史与演变》（*The Discovery of the Unconscious: The History and Evolution of Dynamic Psychiatry*）极具价值。在这部九百多页的著作中，艾伦伯格描述了从原始治疗师到20世纪的心智理论和各种治疗手段，回顾了弗洛伊德之后荣格等人的工作以及精神分析之前重要心理学家的工作。韦特的《歇斯底里：一种疾病的历史》（*Hysteria: History of A Disease*，1965）涵盖了很多医学史和整个精神病学领域。最后，有两部描述18、19世纪精神病学状况的著作值得特别注意。在《乔治三世与疯狂之事》（*George the Third and the Mad Business*）中，麦卡尔平（Ida Macalphine）和亨特（Richard Hunter）试图证明，受哀悼的已经去世的国王得的是卟啉症（porphyria）所引起的一种代谢性的精神失常。是否接受这个诊断的论据并不重要，该书的后半部分清晰地描述了 18 世纪末 19 世纪初英格兰的"疯狂之事"。第二本书是罗森伯格的《审判刺客吉托：镀金时代的精神病学和法律》（*The Trial of the Assassin Guiteau: Psychiatry and Law in the Gilded Age*），该书描述了关于精神病病因学的复杂争论，清楚地阐明了 1881 年加菲尔德（Garfield）总统遇刺时精神病学的思想和实践。

一百多年来，公共卫生史一直是社会医学史学者感兴趣的另一个领域。由于英国人率先取得了工业革命的成果，他们也是西方国家中最早发现需要一个有组织的卫生体系的一批人。作为卫生改革运动的一位领袖，西蒙爵士（Sir John Simon）撰写了这个领域的历史——《英国卫生体制》（*English Sanitary Institutions*，1890）〔兰伯特（Royston Lambert）的《西蒙爵士》（*Sir John Simon*，1963）是近年来最好的医学传记之一〕。

1842 年问世的查德威克（Edwin Chadwick）的《劳工状况报告》（*Report on the Condition of the Labouring Population*）是公共卫生史的经典。它为马萨诸塞州和纽约的卫生调查和两年后恩格尔（Friedrich Engel）对劳工生活状况的揭示提供了样板。查德威克的报告于 1965 年再版，英国历史学家弗林（M. W. Flinn）添加了一个富有洞见的有益导言。（另见查德威克的早期传记，Lewis，1952；Finer，1952。）

沙特克（Lemuel Shattuck）关于《马萨诸塞州卫生委员会》（*Sanitary Commission of Massachusetts*，1850）的报告描述了在该州建立卫生部的必要性。比起沙特克的同时代人，现在的历史学家更熟悉这部著作。州内立法者、医生和公民反对沙特克建议的理由现在还存在（关于殖民时期马萨诸塞州的卫生状况，见 Blake，1959；关于 1842—1939，见 Rosenkrantz，1972）。

一份 1865 年关于纽约卫生状况的《公民协会报告》成功地促进建立了卫生部（就像 20 多年前的伦敦一样）。像霍乱这种可怕疾病的再次暴发的危险也有促进作用。1866 年通过的《都市健康法案》（*Metropolitan health Bill*）所建立的部门成为这种部门的典范（Brieger，1966；John Duffy，1968，1974）阿诺出版社（arno press）在罗森克朗茨的主编下再版了 44 本关于美国公共卫生的著作。

公共卫生史家可以利用出版的论文集和传记，其中三个例子是伽里森关于比林斯的回忆录（1915）、温斯洛（C. E. A. Winslow）关于纽约比格斯（Herman Biggs）的传记（1929），以及卡西迪（James Cassedy）关于罗德岛的查宾（Charles V. Chapin）的研究（1962）。格兰特（John B. Grant，1963）和芒廷（Joseph Mountain，

1956）的论文，以及戈德伯格（Josepf Goldberger）关于糙皮病的研究（1964）是这种有用的历史材料的另外三个例子。

阿克科奈希特的长篇论文《法国的卫生》（"Hygiene in France"，1948）、费舍尔（Alfons Fischer）关于德国公共卫生发展的两卷杰出著作（1933）、莱斯基（Erna Lesky）关于奥地利的论文（1959）及其最近对弗兰克（Johann Peter Frank）重要著作的选译都是英美学界外的优秀研究例子。

罗森的《公共卫生史》（*A History of Public Health*，1958）作为这一领域最有用的单卷本通史地位一直未被撼动。另见其最新的著作《美国的预防医学：1990—1975》（*Preventive Medicine in the United States 1900-1975*，1975）。

另一个重要领域——流行病学史的文献主要集中于流行病史。英国流行病学家格林伍德（Major Greenwood）在其著作《从格朗特到法尔的医学统计学》（*Medical Statistics from Graunt to Farr*）和《社会医学的若干英国先驱》（*Some British Pioneers of Social Medicine*）中总结了英国的一些重要统计学著作。对于美国学界来说，托普（Franklin H. Top，1952）编辑的一系列论文描述了从殖民时代到 20 世纪中叶的主要死亡原因和流行病学状况。从参考的角度看，勒纳（Monroe Lerner）和安德森（Odin Anderson）的《美国卫生的进步》（*Health Progress in the United States*，1963）能就 1900—1960 年疾病和预期寿命的模式变迁提供最有用的信息。

罗森伯格的《霍乱岁月》（*The Cholera Years*，1962）讨论的是 1832 年、1849 年和 1866 年美国社会对霍乱流行的反应。比如，他对纽约市卫生改革运动的讨论很广泛。其他社会史家虽然没有完全关注疾病的社会反应，但并未忽视健康、饮食和医疗。事实上，近几十年来，公共卫生在各方面都已经融入一般历史学家的工作当中。参考书目中列出了关注医学领域的一般历史学家的多部著作。

医学社会史家还研究了其他主题。在美国学界，医学宗派主义和江湖医术的历史值得讨论，但这里只能提一下。讨论 19 世纪医学话题的一些学者将顺势疗法、大众健康和卫生、汤姆森主义（Thomsonianism）以及所谓"常规"医学边缘领域的其他方面纳入其中（Kett，1968；Rothstein，1972）。考夫曼（Martin Koffman，1971）和库尔特（Coulter，1973）撰写了关于美国顺势疗法的研究。戴维斯（John Davies）称颅相学为 19 世纪理解人类行为的潮流和严肃尝试。贝尔曼（Alex Berman）的诸多论文一直是被称为汤姆森主义者的植物学派的标准资料来源（1951，1956）。多伊奇（Donald Deutsch）在《坚果中的浆果》（*Berries in the Nuts*，1961，1977）中讨论了食物跟风和食物骗术。埃默里大学的杨（James Harvey Young）的两部著作极为详尽地讨论了美国的江湖医术。《毒菌百万富翁》（*Toadstool Millionaires*，1961）涉及了1906 年《食品与药品法》之前的故事，《医学救世主》（*Medical Messiahs*，1967）讨论了后续事件，包括 1938 年、1962 年为修订法律而施加的压力。

三、医学史的新手段

虽然上节讨论的进路仍有新的进展，但本节标题中的"新手段"乃是指近年来医学史领域中一些相对新颖或异军突起的新进路，其中包括用口述史为历史学家提供材料，人口研究利用人口统计学、古生物病理学、当代史的方法，以及所谓的心理史。除了最后一个，其他进路我们都会分别讨论。医学史家一直对心理学维度感兴趣，但一般来说，他们并未参与讨论将心理分析应用于历史研究是否有效。现在有一份期刊——《心理史杂志》（*Journal of Psychohistory*）致力于这一主题，埃里克森（Erik Erikson）等人则有值得注意的研究。感兴趣的读者可以将马兹利什（Bruce Mazlish）编的文集（1971）的导言当作不错的起点。

（一）口述史

口述史是一代代人传授历史学问最为古老的方法之一，最近它成了医学史家的工具。在《历史的门径》（*The Gateway to History*，1938）中，哥伦比亚大学的内文斯（Allan Nevins）敦促历史学同行们不仅要保存丰富的书面文字材料，还要保存口述回忆录。第二次世界大战后，便携的录音机变得唾手可得，哥伦比亚大学设立了口述史办公室（Oral History Office）。如今，很多图书馆、档案馆和历史系都有类似的规划（Benison，1971）。

尽管口述史事业蓬勃发展，但是关于这种手段还存在很多误解。实际上，口述史家与传统历史学家的工作方式很相似。首先，他会就某个人的生平搜集一手和二手材料，然后会用这些材料来激起受访者的回忆。采访后，录音会形成文字稿并加以编辑。因此，它会大致体现采访者的意图，所以口述史回忆录其实只是另一种历史文献。它是受访者的回忆和试图理解受访者所参与事件的历史学家的共同产物。历史学家基于他先前的研究而提出相关的历史问题，成为受访者的聆听者，最后编辑录音稿，从而参与形成最终的文献。口述史文献是对在特定时间内从回忆中过滤出来的一手和二手材料的解释。它也许包含此前从未记录的信息，但它本质上是一种解释性的文献，我们必须这样来读它。如果采访者做了大量研究，形成了相关的问题，相关的文献可以帮助受访者重新整理记忆，那么口述史就有很大的优点。如果采访者没有准备这种背景，那么形成的文献往往只是些轶事甚至是自私的充满溢美之词的传记。

最近，医学史领域最有意思的口述史回忆录之一是贝尼森（Saul Benison）的《里弗斯医学和科学回忆录》（*Tom Rivers: Reflections on a Life in Medicine and Science*）。这一口述史追溯了一位病毒学先驱的生涯，它不仅包含里弗斯的病毒学研究，而且还包含他与约翰·霍普金斯医学院、洛克菲勒医学研究基金会以及美国国家基金会的联系。里弗斯关于美国国家基金会的回忆录不仅是对美国的一个重要医学基金会的内史贡献，而且为索尔克（Salk）和沙宾（Sabin）的脊髓灰质炎疫苗的发展提供了翔实的说明。贝尼森的回忆录常常得到征引，美国医学史学会授予了他极富声望的荣誉——韦尔奇奖章（William H. Welch Medal），这表明了对医学史中这一有用的新手段的某种承认。

（二）人口统计学

在历史研究的新热点中，数量的运用引起了最为激烈的讨论。有人指责量化常常取代了真正的理解。指责与反指责这里可以搁置一边，因为量化的主要兴趣之一（历史人口研究）与医学史有重要重合，因而不可忽视。人口统计学家关注各个社会的出生率、死亡率、生育率、婚姻模式和食物供给。所有这些主题同样是医学史的核心。

大约十年前，所谓的"人口转变"得到广泛讨论。这一从高死亡率到低死亡率和更低生育率的转变主要发生在西欧、北美和日本，关于它的原因，经济史和人口统计学以及最近的医学史文献都有讨论。十多年前，哈佛大学的经济史家兰德斯（David Landes）在《代达罗斯》（*Daedalus*）杂志中写道，人口转变是现代史的一个核心现象，是现代化进程自身的一个核心方面。但历史人口统计学远比人口转变现象本身复杂。比如17世纪末英格兰的格朗特（John Graunt）和佩第（William Petty）等早期人口统计学家会记录死亡原因。人口统计学要在分析死亡率及其原因方面帮到医学史家，还需要更多的数据（比如人口调查表）。

近二十年来，前面在医学史社会学进路方面提及的麦基翁一直致力于讨论死亡率下降和人口增长的问题。他的工作在主要讨论英国的《现代人口增长》（*Modern Rise of Population*，1976）一书中得到了很好的总结。麦基翁在布朗（R. G. Brown）的协助下发表了一篇具有争议的论文《18世纪英国人口变化的医学证据》（"Medical Evidence Related to English Population Changes in the Eighteenth Century"，1955），认为死亡率的下降几乎未受医学手段的影响。在分析了医生的作用、医院和诊所的作用、用于对抗疾病的各种疗法之后，麦基翁和布朗得出结论说，与之前人口统计学家的预测相反，疾病死亡率的下降更应归因于生活条件的改善和更好的营养。虽然他们承认一些传染病毒性的下降可能降低了死亡率，但他们还是坚持认为，具体的医学手段并未降低死亡率。

麦基翁在 1962 年的一篇论文中继续分析了 19 世纪英格兰和威尔士的死亡率下降，并且仍然认为医学手段几乎没有直接影响。十年后，麦基翁与同事布朗和雷科德（R. G. Record）在一篇长文中总结了自己的工作，结论是，卫生手段大约在 1870年以前并未影响人口增长。将英国的数据与瑞典、法国、爱尔兰的数据进行比较可以得出类似的结论：饮食的改善和更好的食品生产是欧洲人口增长的主要原因。

拉齐尔（P. E. Razzell）批评了麦基翁的说法，主张更好的食物供应不足以解释人口的增长，天花和普通肠胃感染的减少却可以解释（另见 D. V. Glass & E. A. Wrigley 在 *Daedalus* Spring 1968 中的文章；巴尔赞（J. Barzun）对量化的批评，Langer，1963；*Clio and the Doctors*，1975）。

自经济史家和人口统计学家将现代人口变化问题变成热点之后，麦基翁声称医学史家无法再忽视这一点。至少有一位医学史家正视了这一点，那就是国家医学图书馆（National Library of Medicine）的卡西迪（James Cassedy）。1969 年，他出版了关于美国人口统计学多卷本研究的第一部分，涵盖了殖民和后革命时期。卡西迪处理的更多的是统计学问题，而不是麦基翁研究的人口趋势。尽管如此，对于美国的故事来说，这是重要的第一步。

利用了斯堪的纳维亚地区资料的两位欧洲医学史家英霍夫（Arthur Imhof）和拉尔森（Oivind Larsen）最近写道：

事实证明，受过经济史和人口史方面训练的历史学家与预防医学、社会医学和医学史方面的医学研究人员之间的讨论以及随后对诸观点的调和，在地理和历史流行病学方面成果显著。

格罗布（Grob，1978）著有贾维斯（Edward Jarvis）的传记，传主是 19 世纪中叶马萨诸塞州的一位研究精神病护理和联邦人口调查问题的医生。19 世纪英国最重要的医生法尔（William Farr）参与改进了重要统计数据的搜集和使用方法，明尼苏达大学的艾勒（John Eyler）对之进行了研究，成果包括一本法尔的翔实传记（1979）（另见 Greenwood，1948）。

经济史家和人口统计学家齐波拉最近的两本书充分展示了等待历史学家发掘的人口学宝藏。齐波拉是颇受欢迎的《世界人口经济史》（*Economic History of World Population*，1962）的作者，他为 17 世纪的卫生数据发掘了丰富的意大利档案。他先是在《克里斯托法诺和瘟疫》（*Cristofano and the Plague*，1973）一书，后又在《文艺复兴时期的公共卫生和医学行业》（*Public Health and the Medical Profession in the Renaissance*，1976）一书中展示了隐藏在档案中的关于日常疾病和传染病暴发的地区反应。在《克里斯托法诺和瘟疫》中，齐波拉专注于一个地区——托斯卡纳的普拉托，以及当地公共卫生官员尝试记录 1630 年瘟疫暴发情况的工作。在后一本著作中，齐波拉描述了意大利北部多地卫生委员会的建立和职能；在此基础上，他概述了 17 世纪初托斯卡纳医务人员的性质和分布情况。他所使用的米兰死亡率报表始于 1492 年，1503 年后持续发表。著名的 17 世纪伦敦死亡率报表就源于这些早期的意大利报表。并没有格朗特那样的人研究这些之前几乎不为人知的意大利报表，并普及它们的用处（Graunt，1662，1939）。

（三）古生物病理学

严格说来，古生物病理学是关于史前疾病的研究，但它也是考古学、病理学、免疫学、化学、放射学和历史学等学科交汇的地方（Kerley & Bass，1967）。19 世纪的德国病理学家和人类学家菲尔绍（Rudolf Virchow）是该领域的早期开拓者。在 20 世纪，近东和美国的一些发掘工作激励道森（Warren Dawson）、鲁菲尔（Marc Ruffer）、赫尔德利卡（Arles Hrdlicka）和穆迪（Roy Moodie）做了大量工作（Sigerist，*A History of Medicine*，1951；Jarcho，1966；Wells，1964；Kerley in Clarke，1971）。最近的研究趋势是将考古发现的单独描述扩展为对整个人口疾病图景的思考。

通过运用科学的历史探测手段，包括复杂的免疫化学试验、X 射线显微照相分析、蛋白电泳、细致的显微分析，古病理学家开始为历史学家提供有趣的信息。比如，了解史前人类的疾病分布有助于认识遗传关系、人口迁移和环境条件。

之前历史和医学文献经常讨论的一个话题是梅毒的起源。它是哥伦布的水手从新大陆带回欧洲的吗？抑或早在 1492 年之前就以另一种形式实际存在于欧洲？这里涉及复杂的历史和生物学问题。现已发现新大陆史前遗骸中有受梅毒感染的骨头，而在旧世界尚未发现。梅毒仅是密螺旋体疾病中的一种，这使得整个叙事和研究更为复杂。威廉姆斯（Williams，1932）曾对这个主题的文献做了回顾。最近关于古生物病理学的著作，特别是布罗斯韦尔和桑迪森（Brothwell and Sandison，1967）的著作，也讨论了这个主题。克罗斯比在《哥伦布交换》（*Columbian Exchange*，1972）中进行了广泛的讨论，对于任何对梅毒起源感兴趣的人来说，这都是一个不错的起点（Sigerist，*Civilization and Disease*，1943，1962；Rosebury，*Microbes and Morals*，1971；Guerra，1978）。

古生物病理学家并不只对疾病感兴趣。特别是像头骨环钻这样的外科治疗也得到了广泛的研究。虽然许多环钻都起源于仪式，但它也被当作医疗手段。带有愈合良好的环钻点的头骨表明，一些古代病人术后至少可以存活到让头骨出现愈合的迹象。现代神经手术依然经常用到的环钻术是通过各种手段并且基于各种宗教和医学理由来进行的。*Ciba Symposia*（1939）第 1 卷的一期解释和图示了所有这一切。这些专题论文集一般是医学史资料的丰富来源。研究这种早期外科手段对我们理解外科手段、仪器、伤口愈合和病人遴选等相关问题有很大帮助（G. Majno，*The healing Hand*，1975）。

古生物病理学家和考古学家的发现有时会促使我们重新评价远古医生的作用和疗效。发现骨折愈合良好的史前人类遗骸使我们猜想，远古的外科医生或正骨师水平其实非常高。然而，舒尔茨（Adolph Schultz）关于 118 只野生长臂猿的研究（1939）表明，36% 或 42% 的长臂猿的骨折都愈合良好，其中许多都既能保持长度又有很好的愈合。舒尔茨等人推断，自然本身存在良好的自愈能力。

由于广义的疾病史一直是医学史家关注的中心，史前疾病研究显然应是医学史的一部分。它可以运用古生物病理学家、考古学家或病理学家的手段，但历史学家也应对研究成果感兴趣。

（四）当代史

20 世纪意大利历史哲学家克罗齐（Benedetto Croce）写道："一切真正的历史都是当代史。"这句格言对于今天正在日新月异、高度技术化的医学具有丰富的意涵。许多当代史都只是宣传或仅仅是对科学文献的简单回顾，但我们不应因此而畏缩不前。如果当代史对于医学史家来说是一个富有成果的进路，那么就必须把发现或进展置于历史语境中，即使是并未导向丰硕成果或处于进步道路上的事件也应包括进来并予以评价。

英国历史学家巴勒克拉夫（Geoffrey Barraclough）指出，当代史对不同的人有不同的含义。抗生素引入后出生的年轻人所谓的历史，在部分程度上是他们上一代人的"当代"史。要想理解 20 世纪 70 年代围绕医学出现的问题（特别是从一种照料和提供帮助的事业转变为一种高度科学化、没有人情味的职业），需要仔细刻画社会中复杂的技术和社会层面。如果我们接受巴勒克拉夫的定义，即"当代史始于当今世界的实际问题初现之时"，那么我们对历史语境的描述是否有可能提供更好的理解？如果当代史进路是有用的，它至少可以帮助我们提出更好的问题。

医学史不同于科学文献回顾的一点在于，前者意识到了科学工作的语境，并且对之进行了分析。医学史的丰富不仅在于仍然有用的科学理论和成功的实验结果，还有医学思想的错误转向和死胡同。历史学家必须考察医生的教育、做研究的机构、研究人员的个性及其与其他科学家、科学机构和政府的关系。

直到最近，关于美国医学史的专著几乎全都集中于美国独立后的一百年。近年来有人尝试纠正这种不足，开始讨论即美国科学医学成熟起来即近 50 至 70 年的复杂发展（如 Duffy，1976；Bordley & Harvey，1976）。

四、医学史及其与其他领域的关系

没有任何思想努力可以完全独立于其他领域；就此而言，医学史与其他领域一样。

（一）科学史

医学史和科学史之间显然有一种密切关系。这两个学科曾走过类似的道路，然后有过交集，之后又分开。在学术上，美国的科学史远比医学史发展得好。

曾经只属于医学史领域的问题现已成为科学史家的工作。例如，两个领域中都有人在做关于文艺复兴时期解剖学或 17 世纪生理学的工作。不过，仍然有一些领域似乎专属于医学史家：治疗史、医学机构和医学实践史以及一般的 20 世纪医学史（见 G. Clarke，1966；M. Boas in Clarke，1971）。

在 20 世纪 30 年代，这两个学科的领袖有过激烈的争论。萨顿（George Sarton）在 1935 年写道："一个显著的事实是，相比于其他科学领域的历史，医学史得到了更为系统的研究，学者数量也更多。"但萨顿又说，这并不意味着医学史足以解释一般的科学发展，就像一些医生所认为的那样，而且医学史也不是科学史中最好的部分。在他看来，著作的数量并不能自动保证质量——近年来历史学家大都认同这一观点。萨顿警告说，许多医学史"标准并不高"。他还抱怨医学史和科学史都没有得到支持。虽然医学可以被公允地称为一切科学之母，但大多数科学发现都没有应用于医学，而是自身就值得研究。因此，自认为是科学史家的医学史家们处于一种极大的幻觉中。在这篇牢骚满篇的社评结尾处，萨顿说，这就像没有哈姆雷特的哈姆雷特戏剧（Sarton，1935）。

这一来自重要科学史家的攻击得到了回应。《医学史会刊》主编西格里斯特在1936年年初（当时萨顿主编的《爱西斯》（Isis）已经出版了23卷，而《医学史会刊》则刚开始出版第4卷）以他自己和医学史同仁的名义写了一封致萨顿的公开信。西格里斯特同意萨顿的某些指责。比如，他承认医学史的很多工作都是医生和外行在业余时间进行的历史研究。虽然其中许多工作是业余的，但还是有医生写出了高质量的历史著作。在其他方面，西格里斯特指出，业余爱好者的作用很重要。新的主题大都是业余爱好者开拓出来的，而且标准正在逐渐提高（McDaniel，1939；Wilson，1978）。

西格里斯特还不同意萨顿关于医学史既受欢迎又资金充实的说法。他指出，医学史的流行只是退休医生的爱好，而不是一个严格的历史学科或医学学科。西格里斯特又说："把一个医学史机构变成一个有用的医学系只需要很少的钱，但你无法想象找到这点儿钱有多困难。"（p.4）

在西格里斯特看来，医学史是医学固有的一部分。他认为医学史的作者应该是熟悉现代医学问题的历史学家和医生。这里，西格里斯特认同克罗齐的格言"一切历史都是当代史"，医学自身的发展可以解释对医学史逐渐增长的兴趣（事实上，西格里斯特的医学观很宽泛：他还说："医学史在很大程度上是经济史"（1948））。

科学史在很多地方与医学史有密切关系。具有讽刺意味的是，萨顿对这两个领域都有贡献，其多卷本的《科学史导论》（*Introduction to the History of Science*，1927—1948）的参考书目包含了从古代到14世纪的医生的大量材料。他后来的两卷本著作《科学史》（*A History of Science*，1952—1959）则包含了很多关于希波克拉底派著作和希腊化医学的大量材料。

同样，桑代克（Lynn Thorndike）的八卷本著作《魔法与实验科学史》（*A History of Magic and Experimental Science*，1923—1958）讨论了中世纪医生的工作和思想。这对于炼金术史和占星学史及其与医学的关系来说是特别丰富的资料。

最近，狄博斯（Allen G. Debus）的工作（现已集结为两卷《化学论哲学》（*The Chemical Philosophy*，1977））已经清楚地表明，化学史与医学史之间有着密切的关系。狄博斯表明，不能认为帕拉塞尔苏斯（Paracelsus）、赫尔蒙特（Van Helmont）和17世纪"医疗化学家"（iatrochemist）的工作专属于两组学者中的某一组（另见

Hannaway，1975）。

技术史中也有很多与医学史家相关的内容。多马（Maurice Daumas）在其 17、18 世纪科学仪器史（1972）中涉及了温度计和显微镜。布拉德伯里（Bradbury）在《显微镜的演进》（*The Evolution of the Microscope*，1967）中追溯了显微镜的历史，直至它在 17 世纪之前的起源；接着，他又详细描述了 19 世纪初到 20 世纪电子显微镜的发展。出色的插图和光学图表使该书成为一本使用方便的参考书。

英国医生和历史学家辛格（Charles Singer）在医学史和科学技术史方面著述颇丰。辛格关于希腊至哈维的解剖学和生理学史一直是标准著作（1925，1957），他的《医学简史》（*A Short History of Medicine*，第二版与安德伍德（E. A. Underwood）合著，1962）可能是迄今最令人满意的单卷本著作。献给辛格的两卷本纪念文集《科学、医学和历史》（*Science，Medicine and History*）声称这三个领域具有统一性（见 Underwood，1953）。

（二）一般历史

一般历史学家已经变得越来越关注疾病史，特别是疾病的社会后果或生物学后果。此外，研究科学机构、专业化、社会改革和贫困问题的历史学家也为我们理解过去的健康和福利做出了贡献。

一般历史中关于医学史的篇幅几乎都很少。虽然某些特定的主题（比如 17 世纪科学革命）会受到关注，但其他同样重要的领域则受到忽视。例如，19 世纪与 20 世纪之交的阿克顿勋爵策划的《剑桥现代史》（*Cambridge Modern History*，1903—1912）第五卷“路易十四时代”便有一章专门讨论科学，包括人体解剖学和生理学，哈维作为血液循环发现者的名字出现在了索引中。但此书并没有广泛讨论诸如疾病、医学思想与实践或健康等话题。《新剑桥现代史》（*New Cambridge Modern history*，1957—1970）同样如此。

在一般的大型百科全书中，医学史的处境好一些。外科史往往会单列一条。例如，《不列颠百科全书》（*Encyclopaedia Britannica*，1910）第 11 版有一个内容广泛的条目，该条目追溯了医学的演进；大幅修订的最新一版也是如此。《美国历史词典》（*The Dictionary of American History*，1940，1976）有很多条目涉及医学思想和实践的历史，包括一些对美国医学史的一般考察。特姆金为《观念史词典》（*Dictionary of the History of Ideas*，1973，1977）撰写的“健康和疾病”条目对医学史做了令人印象深刻的全面考察。

在过去 20 年里，某些一般历史学家开始在医学史中占据地位。这样一来，他们帮助一些医学史家脱离了对伟大医生以及与之相关的各种机构（比如医学院、医院和职业协会）的讨论，而转向更广的社会层面。传统医学史的关注范围往往很窄，忽视了一些特定医学主题与社会需求和规范之间的互动。

今天，我们领域中的人对很多历史期刊的文章都有兴趣。比如之前提到，1977 年夏季的整个《社会史杂志》专号讨论的都是医学主题。《跨学科历史杂志》（*Journal of Interdisciplinary History*）和《社会与历史的比较研究》（*Comparative Studies in Society and History*）经常刊登关于医学的文章。《美国史杂志》（*Journal of American History*）附有最近文章的目录，其中一类是"科学、医学和技术"。

法国年鉴学派的历史学家早已运用了这种跨学科的历史研究进路。由费弗尔（Lucien Febvre）和布洛赫（Marc Bloch）于 1929 年创办的《经济与社会史年鉴》（*Annales d'Histoire Economique et Sociale*）致力于将社会科学方法运用到历史研究中去。后来，这当中的很多人都转向了人口统计学研究，编者们也一直对生物学和医学问题感兴趣。布罗代尔在《资本主义与物质文明：1400—1800》（*Capitalism and Material Life, 1400—1800*，1973）中广泛讨论了住房、衣物、饮食和人口压力；《历史中的人类生物学》（*Biology of Man in History*，R. Forster & O. Ranum，1975）是从《年鉴》中翻译的八篇文章的文集，其中包括帕特拉根（Evelyne Patlagen）的"早期拜占庭帝国的节育"（"Birth Control in the Early Byzantine Empire"）、拉迪里（E. LeRoy Laudurie）的"饥荒闭经"（"Famine Amenorrhea"）、波尔多（Michele Bordeaux）的"通过地理血液学手段为习惯法历史开路"（"Blazing a Trail to a History of Customary Law by Means of Geographic Hematology"）等。

海克尔、海泽尔和希尔施等 19 世纪的学者阐述了疾病的历史和地理，所产生的研究几乎是无所不包的。在 20 世纪，特别在"疾病单元"概念与细菌的发现产生新关联之后，医学史家们往往将自己的大多数工作局限于疾病的医学方面。罗森早已指出这种进路的局限。我们也必须在社会背景下来审视疾病；事实上，正是通过这种视角，疾病才变得不仅仅是一种医学现象。

对于关注历史中的疾病的历史学家来说，瘟疫和霍乱传染病一直是成果显著的主题。例如，威尔逊（F. P. Wilson）的《莎士比亚时代伦敦的瘟疫》（*The Plague in Shakespeare's London*，1927）考察了反复出现的流行病如何扰乱了时代和伦敦生活。

一般历史学家和医学史家都一直着迷于所谓的 1347—1348 年黑死病。新的历史研究工具和迄今尚未利用的档案开始对瘟疫史产生影响，中世纪学家、文艺复兴史家和医学史家一道使瘟疫史成为重要的新研究对象。《黑死病：一个历史转折点？》（*The Black Death, A Turning Point in History?*，1971）是最好的例证。在这本书中，博斯基（William M. Bowsky）为大学历史课程提供了一系列解释性文章和任何医学史家都可以利用的一份书目。读者会看到，对数据和长期趋势有共识的历史学家也会得出非常不同的结论。在所有通俗的大学研究系列丛书中，只有这本书致力于讨论医学史。

最近有两本书丰富了我们对瘟疫影响的专业认识：比拉邦（Jean-Noël Biraben）的《法国和欧洲－地中海世界的人与瘟疫》（*Les Hommes et la peste en France et dans les pays européens et mediterranées*，1977）和多尔斯（Michael Dols）的《中世纪的黑死病》（*The Black Death in Middle Ages*，1977）。诺利斯追溯了黑死病传入欧洲的地理起源和瘟疫传播路线（John Norris，1977）。齐格勒（Philip Ziegler）的《黑死病》（*The Black Death*，1969）是通俗瘟疫研究中较好的一本，它同样强调伴随着的社会病理学。

霍乱同样是历史学家们的关注点，比如罗森伯格的《霍乱岁月》。罗森伯格在分析 1832 年、1849 年和 1866 年疾病暴发对美国社会的影响时，将最好的医学史与最好的社会史结合了起来。医学方面、公共卫生和政府方面对疾病传播的反应都进行了分析。社会反应部分是宗教性的，部分是理性的。罗森伯格提供了一幅关于 19 世纪中叶美国城市社会的出色图像。该书的再版平装本很容易获得，并且在课堂上广为使用。

其他疾病也得到了研究。温斯洛（C. E. A. Winslow）的《征服流行疾病》（*The Conquest of Epidemic Disease*，1943）是一个专业的流行病学家所写的著作，它追溯了疟疾、黄热病、天花和其他疾病的来龙去脉。一般历史学家麦克尼尔（William H. McNeil）的《瘟疫和民族》（*Plagues and Peoples*，1975）是最近的一本书，这部重要著作试图考察疾病对历史进程的影响。麦克尼尔的工作虽然恳请历史学家更多地关注历史中的生物学因素，但并没有完全成功。对各种疾病进行细致的专题研究势在必行。一个专题研究是克罗斯比的《哥伦布交换》（1972）。他回顾了探索新大陆所产生的生物学后果，广泛讨论了梅毒的起源（现在认为也与雅司病和品他病相关）和其他密螺旋体疾病。

在美国史中，除了罗森伯格还可以引用几个例子，比如杜菲（John Duffy）的《殖民时期美国的流行病》（*Epidemics in Colonial America*，1953）和《瘟疫之剑》（*The*

Sword of Pestilence，1972）。埃瑟里奇（Elizabeth Etheridge）的《蝴蝶阶层》（*The Butterfly Caste*，1972）认真考察了糙皮病对 20 世纪初美国南部贫困农村的影响，书中很好地描述了戈德伯格（Joseph Goldberger）在创立糙皮病的饮食不足理论时遇到的困难，以及同行、社会和经济方面对其观念的抵制。最后一个例子：杜克大学的美国殖民史家伍德（Peter Wood）的《黑色的大多数》（*The Black Majority*，1974）讨论了殖民时期南卡罗来纳州的奴隶制，其中一章细致描述了镰状红细胞性状和对疟疾的抵抗力。一些讨论奴隶制的著作明确讨论了卫生问题和医疗（如 K. Stampp，*the Peculiar Institution*，1956；Willie Lee Rose，*Rehearsal For Reconstruction*，1964；R. Fogle and S. Engerman，*Time on the Cross*，1974；Todd Savitt，*Medicine and Slavery*，1978）。

（三）专门领域（家庭史、童年和子女抚养、妇女史、教育史和医学教育）

有几个历史的专门领域涉及卫生和疾病问题。例如，最近人们对家庭史和子女抚养活动史有了新的兴趣，从而促进了与医学史有关的研究。有三部文集（Rabb & Rotberg，1973；Rosenberg，1975；*Daedalus*，Spring 1977）讨论了青年、子女抚养、青春期和性成熟年龄等话题。斯通（Lawrence Stone）的不朽著作《英格兰的家庭、性和婚姻：1500—1800》（*The Family，Sex and Marriage in England 1500—1800*，1977）也与此相关。此前，阿利埃斯（Philippe Ariès）的开创性著作《童年的诸世纪》（*Centuries of Childhood*，1962）已经讨论了自中世纪以来童年概念的发展，涉及穿着、学校教育、规训和家庭中的角色。

社会史家，包括与休伊特（Margaret Hewitt）合著《英国社会中的儿童》（*Children in English Society*，1969—1973）的平奇贝克（Ivy Pinchbeck），经常讨论婴儿死亡率、弃儿医院和儿科疾病。平奇贝克和休伊特的书研究了社会关切的演进，从都铎时期到 19 世纪英国社会中国家和家庭为儿童提供关怀和福利的方式之演进。这本书还提出了城市化和工业化所导致的问题（关于美国的儿童史，见布雷姆纳（Robert Bremner）的五卷本著作，1970—1974）。在其他地方，平奇贝克还考察了工业革命对妇女的经济和社会地位的影响。她的《工业革命中的妇女工人：1750—1850》（*Women Workers in the Industrial Revolution, 1750—1850*，1969）描述了这一时期英国工人阶级的家庭生活。

新的《心理历史杂志》（*Journal of Psychohistory*），之前是《儿童史季刊》（*The History of Childhood Quarterly*），发表了很多关于儿童和家庭的文章。其第一任主编德莫斯（Lloyd deMause）收集了十篇有益的文章，比较了不同时期、不同民族文化中子女抚养的各个方面，见《儿童史》（1974）。

在过去十年里，对妇女研究的新兴趣催生了大量关于妇女医疗和疾病的文献。维尔布鲁格（Martha H. Verbrugge）回顾了截至 1975 年的此类文献（1976）。除了最近的文献，她还引用了旧有文献，比如格雷厄姆（Harvey Graham）的产科和妇科史（1951）、海姆斯（Norman Himes）的避孕研究（1936）、施赖奥克（1950）和布莱克（John Blake，1965）的美国医学中的妇女研究等（A. Davis，1974）。

虽然新近的研究往往有更广的视角，但其中一些仍然受制于一种基于历史阴谋论的女性主义意识形态。这种观点的典型是伍德（Ann Douglas Wood，1973）和巴克－本菲尔德（G. Barker-Benfield，1976）。根据他们的说法，妇女保健始终反映了一个由男性支配的世界。维多利亚时期的医生们将妇女局限在家庭和母亲角色中，这被认为维持了现状。摩兰茨（Regina Morantz，1974）回应了伍德的文章（和其他类似的文章）。两篇文章都载于哈特曼（Hartman）和班纳（Banner）编的《克莱奥的意识觉醒》（*Clio's Consciousness Raised*，1974）中，该书是研究妇女医疗很好的起点。

帕森斯（Gail Parsons，1977）反对聚焦于女性和她们的性而将男性的失调排除在外的观点。在 19 世纪，男性也抱怨受到了忽视。帕森斯还反对认为男性医生在医学上共谋反对女性病人，她指出，如此站不住脚的理由很难解释整个行业的行为。

肯尼迪（David M. Kennedy，1970）充分利用了桑格（Margaret Sanger）的论文，记述了她的职业生涯和美国的节育运动。在一项更彻底的避孕社会史研究中，里德（James Reed）既讨论了桑格、迪金森（Robert Dickinson）、甘布尔（Clarence Gamble）为获准节育改革所做的长久努力，又讨论了节育技术的发展（评论文章见 John C. Burnham，"American Historians and the Subject of Sex"，1972）。

妇女作为专业人员、医生、护士和助产士的角色得到越来越多的认真研究。前面已经提到施赖奥克（1950）和布莱克（1965）的文章。除此之外，有几本书探讨了男性的职业主导性以及妇女在争取合理地位和恰当尊重时遭遇的困难。阿什利（JoAnn Ashley）的《医院、家长作风和护士的角色》（*Hospitals*，*Paternalism and the Role of the Nurse*，1976）、多尼森（Jean Donnison）的《助产士和医学男性》（*Midwives and Medical Men*，1977）、沃尔什（Mary Roth Walsh）的《需要医生：女性无需申请》（*Doctors Wanted: No Women Need Apply*，1977）都探讨了这一主题（关于护理，见 M. A. Nutting and Lavinia Dock，*A History of Nursing*，4 vols.，1907—1912；C. Woodham-Smith，*Florence Nightingale*，1820—1910，1951；R. Kalisch and B. J. Kalisch，*The*

Advance of American Nursing，1978）。

关于医学教育史，医生们的早期著作往往都是医学理论通史，因为其讲授对象是医生。一个更好的关注焦点可见于纽曼（Charles Newman）关于 19 世纪英国的著作（1957）。最近彼得森（Jeanne Peterson，1978）对维多利亚时期伦敦的职业化问题的考察拓宽了这一点。其他重要工作包括阿克科奈希特对 19 世纪初巴黎医院医学的概述（1967），以及博纳（Thomas N. Bonner）的《美国医生和德国大学》（*American Doctors and German Universities*，1963）。几部编辑成的著作是关于具体时期或国家背景下医学教育的丰富材料，比如关于英国（Poynter，1966）；比如更广泛的考察（O'Malley，1970）。

美国医学教育史家一直将诺伍德（W. F. Norwood）关于内战前的故事的著作看作标准材料。谢弗（Shafer，1936）、施赖奥克（Shryock，1960）、贝尔（Whitfield Bell，1975）、凯特（Joseph Kett，1968）、罗斯坦（William Rothstein，1972）在研究美国医学职业时从不同方面讨论了医学教育。个别学校和医院也经常成为研究主题，其中最好的有切斯尼（Chesney）关于霍普金斯医院和医学院的三卷著作（1943—1963），以及特纳（Turner，1974）和康纳（George Corner）的《医学两百年》（*Two Centuries of Medicine*，1965），后者描述了在宾夕法尼亚大学建立的美国殖民地第一所医学院的情况（另见 Kaufman，1976）。

医学史家一般并未遵循一般历史学家的套路，因此有很多机会进行更进一步的研究。比如，还没有人在美国高等教育的背景下对医学教育进行恰当评价。尽管《弗莱克斯纳报告》（*Flexner Report*）的修订工作进展良好（Hudson，1972；Berliner，1975，1977），但还有很多问题需要解决。历史学家会重印和过分强调在当时影响不大的文献，从而人为地造就历史产物，摩根（John Morgan）在 1765 年费城医学院的启用典礼上有趣的两天演讲（对于理解摩根及其时代无疑很重要）就是一个例子。

尚待回答的医学教育研究问题可能包括：医科学生的特征是什么？研究医学需要什么必要资质？当老师有什么条件？讲授的内容有哪些？教学方式是怎样的？它如何随时间、地点变化？医学院校与社区、医学社团、大学之间是什么关系？教学、实践和执业许可有哪些法律、社会和伦理条件？医学教育如何筹资？谁为此埋单？费用是多少？

贝林（Bernard Bailyn）在其富有争议的小书《塑造美国社会的教育》（*Education in the Forming of American Society*，1960）中提出了很多有待教育史家解决的问题。他列出的问题同样适用于医学教育史。

（四）社会学

很少有人论述社会学观点对医学史的重要性。克拉克编的优秀指南《医学史的现代方法》（1971）并无专门章节讨论社会科学和医学史。然而在"医学职业、医学实践和医学史"一章中，罗森伯格指出了医生的社会功能与其医学思想之间的复杂关系。他在这一章中强调，"最好的医学史在某种程度上总是关于医学知识的历史社会学"（Clarke，p.29）。

若干年前，在《社会学与历史：方法》（*Sociology and History: Methods*）一书中，美国历史学家霍夫施塔特（Richard Hofstadter）与社会学家李普塞特（Seymour Martin Lipset）共同讨论了历史学家应用社会学方法的成果。在考察完两个领域并且讨论了方法论问题之后，在该书中他们用大部分篇幅提出，可以用一种综合进路来研究慈善、人口普查、宗教和阶层结构、政治测验和投资经济学。

近十年前，社会学家米尔斯（C. Wright Mills）在《社会学的想象力》（*Sociological Imagination*，1959）中专辟一章讨论了历史的运用。米尔斯坚信社会科学是历史学科："一切真正的社会学都是历史社会学"（p.146），"从我们的研究中排除这些材料（关于人的一切行为和成就的记录）就像假装研究出生过程却忽视了母亲的角色"（p.147）。

如巴伯（Barber，1968）所言，虽然医学社会学和医学史有重叠的地方，但两者并不一致。

一些社会学家广泛运用了历史进路。最好的例子之一就是以色列社会学家本－戴维（Joseph Ben-David）的工作。《科学家在社会中的角色》（*The Scientist's Role in Society*，1971）一书是近十几年发表文章的结集，本－戴维研究了欧美高等教育的发展、科学生产力和职业角色。医学史家特别感兴趣的是他对医生在社会中的角色的关注。

一些医学史家将社会学进路带入了自己的历史研究中。罗森和西格里斯特是最著名的，而其他人，特别是关注社会医学发展的人，也把注意力集中于社会学潮流中的历史要素。比利时医生桑德（René Sand）在《社会医学进展》（*The Advance to Social Medicine*，1952）中同时用历史和社会学来阐明预防医学、社会卫生、工业医学和公共援助的兴起以及社会医学在世界各国的出现。

1957年，西格里斯特去世后不久，罗默收集了西格里斯特关于医学社会学的论文（1960），其中包括社会化医学的研究、医院发展史的一份概述，以及关于医疗组织和筹资的各种文章。一篇特别重要的论文是西格里斯特关于19世纪80年代俾斯麦担任首相期间德国健康保险立法的讨论。

　　医学社会学先驱伯纳德·斯特恩（Bernard Stern）致力于研究抑制医学创新的社会因素。他关心的例子有：对哈维发现血液循环理论的反对意见，对奥恩布鲁格叩诊、预防天花的疫苗等手段的抵制（Stern，1959；Barber，1961）。罗森写的是社会学博士论文，考察了导致医学专业化的技术和体制因素，并以眼科为具体例子（1944）。

（五）人类学

　　人类学与医学的关系要追溯到 19 世纪，当时像德国的菲尔绍和法国的布罗伽（Paul Proca）这样的医生和研究者同时也是著名的体质人类学家。体质人类学家常常还会讲授解剖学。

　　民族志学者时常关注医学主题，比如关于健康和疾病的信念体系、民间偏方等。由莱斯利（Charles Leslie）编辑出版的《亚洲医学体系》（*Asian Medical Systems*，1976）直接显示了面向医学史家的可能性和领域宽度。汉德（Wayland Hand）的《美国医学民俗》（*American Medical Folklore*，1976）收集了一些代表性文章。

　　西格里斯特在《医学史》第 1 卷（1957）中简要提及了原始医学，阿克科奈希特则对此做了广泛研究。西格里斯特的相关章节依赖于阿克科奈希特在 20 世纪 40 年代的工作，后者以一系列论文的形式发表，主要发表在《医学史会刊》。其中许多文章后来被收录单卷的《医学与民族学》（*Medicine and Ethnology*，1971），阿克科奈希特本人为其撰写了一篇新的导言。

　　医学史家同人类学家一样对萨满教著作感兴趣（见 Mircea Eliade 的经典 *Shamanism*，1964；I. M. Lewis 的 *Ecstatic Religion*，1971；希望对不洁的含义有更广理解的历史学家可见 Mary Douglas 的 *Purity and Danger: An Analysis of Concepts of Pollution and Taboo*，1966）。

　　布洛赫的《御触：英格兰和法国的神圣君主制和淋巴结核》（*The Royal Touch: Sacred Monarchy and Scrofula in England and France*，1973）是广泛利用人类学方法及其历史文献的历史学家工作的一个早期例子。这本书最初于 50 年前以法文出版，讨论了皇家的治愈能力，特别是国王触摸淋巴结核病人的中世纪仪式，淋巴结核是颈部淋巴结的结核感染。通过研究这种流传广泛的疾病，布洛赫考察了中世纪和文艺复兴时期的医学信念体系，以及英法皇家权力的一般基础。英国历史学家托马斯（Keith Thomas）则在其著作《宗教与魔法的衰落》（*Religion and the Decline of Magic*，1971）中广泛研究了 16、17 世纪英格兰的信念体系。巫术、魔法治疗和占星术信仰都影响了关于疾病及其治愈的信念以及卫生实践（MacFarlane，1970）。

对一个旧问题的相对新颖的进路是所谓的生物历史（biohistory）。生态体系与文化历史因素之间关系的复杂性往往未被理解。在《游戏守护者》（*Keepers of the Games*，1978）这本书中，拉特格斯大学的青年历史学家马丁（Calvin Martin）揭示了疾病对东部北美印第安部落传统宗教信仰的毁灭性影响。马丁指出，印第安人将流行病的出现归因于游戏内部的恶灵。认为流行病的灾难源于动物而非白人，这一错误假定导致印第安人对狩猎的合理态度转变为宽恕该游戏的鲁莽杀戮。印第安人参与了白人皮毛交易的经济获利活动，希望消灭据说会带来新疾病的恶灵，同时摧毁了这一游戏和这些印第安人原有的宗教信仰习俗。

（六）公共政策

第二次世界大战以前，历史学家很少关心政府与科学的关系。1945 年之后，随着逐渐意识到政府在科学研究发展中的作用，相关研究开始出现。施赖奥克的《美国医学研究：过去与现在》（*American Medical Research Past and Present*，1947）描述了私人和政府资助模式的变化以及医学的研究趋势。米勒（Howard Miller）的《用于研究的金钱：19 世纪美国的科学和赞助者》（*Dollars for Research: Science and Its Patrons in Nineteenth-Century America*，1970）的研究范围更广。米勒将研究资助问题与高等教育支持问题结合在一起。杜普里（Hunter Dupree）的《联邦政府中的科学》（*Science in the Federal Government*，1957）一直是研究美国科学与政府之间关系的标准资料。这份全面考察中有一章出色地讨论了医学和公共卫生，叙述一般截至 1940 年。

对于医学行业及其组织管理模式的变化来说，史蒂文斯（Rosemary Stevens）的《美国医学和公共利益》（*American Medicine and the Public Interest*，1971）是一份宝贵资料。史蒂文斯集中关注医学专业化的发展，追溯了它对医学教育和医疗的影响，讨论了它对卫生服务拨款专业化的影响。

第二次世界大战后还出现了很多关于美国军医部队的医学史，其中很多书都细致描述了所有医学专业的技术发展和服务组织。

施赖奥克和他的一些学生一直在讨论美国漠视基础研究的问题。最终，施赖奥克的一位学生莱因戈尔德（Nathan Reingold）在一篇论证充分的重评文章（1972）中解决了这个问题。莱因戈尔德对文献的广泛回顾是美国科学政策的丰富来源。他认为，从编史学的角度来看，关于美国漠视基础研究这一论题的广泛讨论是没有结果的，因为没有足够证据可以反驳它或确证它（Comroe and Dripps，1976）。康纳关于洛克菲勒基金会的全面历史（1964）论述了 20 世纪上半叶美国医学科学和研究的发展。（Swain，1962；Shannon，1967；Turner，1967）。

一些历史学家提供了关于英国社保演变的详细历史（见 B. Gilbert，1966）。关于政府医疗服务的起源，见霍奇金森（Ruth Hodgkinson）的重要著作《国家医疗服务的起源》（*Origins of the National Service*，1967），该书考察了 19 世纪国家医疗服务的发展。霍奇金森讨论了《新贫困法》（*New Poor Law*，1831—1871）以及贫困法医疗官员与为病人提供护理的各个机构（从济贫院到志愿医院和公立诊所）之间的关系。

布兰德（Jeanne Brand）在《医生与国家》（*Doctors and the State*，1965）中考察了 1870—1912 年英格兰地方政府委员会（local government board）的医疗官员在批准卫生立法和扩大国家政府对公民健康的责任方面的作用。她对 1911 年《国家医保法案》的讨论很重要：该法案是第二次世界大战后随即出现的英国国家卫生服务体系的序幕。

现在很多国家都推出了国家医保，从 20 世纪初开始，美国便对国家医保争论不休。关于美国医保的历史，可见安德森（Odin Anderson）的《令人担忧的平衡》（*The Uneasy Equilibrium*，1968）和南博斯（Ronald Numbers）的《功亏一篑》（*Almost Persuaded*，1978）。讨论社保情况的著作有卢博夫（Roy Lubove）的《为社保而斗争：1900—1955》（*The Struggle for Social Security, 1900—1955*，1968）和威特（Edwin E. Witte）的《社保法案的发展》（*The Development of the Social Security Act*，1963）。

还有三部涉及卫生立法的政治过程的著作值得提及。其中文献最翔实的是斯特里克兰（Stephen Strickland）的《政治、科学与可怕疾病：美国医学研究政策简史》（*Politics, Science, and Dread Disease: A Short History of United States Medical Research Policy*，1972），它主要分析了癌症研究和国家癌症研究所的发展，也讨论了华盛顿卫生游说人员的工作。

另外两部著作学术性不那么强，但同样重要。在第一本书中，哈里斯（Richard Harris）讨论了 20 世纪 60 年代初的医疗立法，内容最初连载于《纽约客》（*The New Yorker*）杂志。1969 年出版的《神圣的信任》（*The Sacred Trust*）是其扩充。哈里斯先是简述了为批准国家医保立法所作的努力，然后集中讨论了 20 世纪 60 年代初通过各种法案所需的政治手腕，最后讨论了 1965 年关于老年卫生保健的医疗立法。哈里斯的论述在文献引证方面做得不是很好，但对立法过程中政治交易的讨论无疑很吸引人。

雷德曼（Eric Redman）的《立法之舞》（*The Dance of Legislation*，1973）也属

于这类著作。雷德曼作为年轻的哈佛研究生曾在 1969—1970 年担任参议员马格努森（Warren Magnuson）的幕僚助理。他记录了创建国民卫生服务队（National Health Service Corps）法案的起草、引介和通过立法程序的复杂过程。

一些历史学家批评哈里斯和雷德曼的著作不过是记录报道。它们是记录报道（最好情况）还是当代史并不重要，关键在于，这些书是对一些重要议题的出色介绍，这些议题有助于我们理解政府与当代医学思想实践之间的关系。

（七）卫生与人的价值（包括生物伦理学）

照顾病人用到的技术越来越复杂，这使医生与病人之间的相遇越来越不人性化，遂出现了医学伦理和医生的人道行为的问题。无论如何定义，必须结合历史语境来看待对医学伦理问题和医疗之人道性的重燃的兴趣。只有置于背景中，我们才能成功地讨论这些问题：纳粹以临床研究为名犯下的医学暴行、环境保护与生态学运动、20 世纪 60 年代末的民权和反战运动、日益高涨的消费者权利运动。

除了少数例外，广阔的生物伦理学领域的学者一般都没有从历史角度探讨其主题。艾德史坦（Ludwig Edelstein）对希腊医学的研究是这种例外的主要例证。1943 年，他从历史角度考察了希波克拉底誓言，并将其各种规定和戒律与毕达哥拉斯学派的信仰联系起来。接着他在一篇范围更广的论文《希腊医生的职业伦理》（"Professional Ethics of the Greek Physician"，1956）中详细阐述了他对该誓言的讨论。《古代医学》（Ancient Medicine，1967）收录了希波克拉底誓言、艾德史坦关于伦理的论文和其他论文。

利克、伯恩斯（Chester Burns，1977）和孔诺德（Donald Konold，1962）等历史学家讨论了 19 世纪的医学伦理学，正如利克（Chauncey Leake）所强调的，这种医学伦理学往往只是医学礼仪。波兰特（Jeffrey Berlant）在《职业和垄断》（Profession and Monoply，1975）中描述了英美背景下伦理守则的职业、法律和社会学意涵。《医学与哲学杂志》（Journal of Medicine and Philosophy）上有一些历史文章，虽然数量非常少。多卷本的《生物伦理学百科全书》（Encyclopedia of Bioethics，1978）中的一些历史词条涉及了伦理守则和人体试验的历史。

虽然对这个主题的兴趣持续了至少一百年，但关于人体试验的全面历史研究尚未出现。有几部关于人体试验的原始资料集包含了重要的历史材料（Ladimer & Newman，1963；Freund，1970；Katz，1972）。弗兰奇（Richard French，1975）清楚展现了 19 世纪末英国反活体解剖运动的重要性及其对实验医学特别是生理学研究发展的影响（Stevenson，1955）。

类似地，虽然关于知情同意已经有了社会学、法律和哲学方面的讨论，但很少有人尝试从历史进路来探讨这一主题。比如这样一个问题：病人授予外科医生的术前同意的演变过程和原因是怎样的？学生出于学习的目的利用病人的做法已有漫长的历史，这尚未得到详细阐释。罗马作家马提雅尔（Martial）对此问题有过评论："我病倒在床，但是你，欣马库斯，带着上百个学生来到我身边。被北风冻僵的一百只手触碰到我。见到欣马库斯前我还没有发烧，现在我发烧了。"（Drabkin，1944，p.336）

医学教育模式的转变（从学徒制到大型圆形剧场的教学，再到现代医学中心的临床工作）显然带来了临床学习的伦理维度的变化。这需要做进一步的历史研究。

随着收录大部分旧有文献的文集出现（如 Reiser，Dyck & Curran，1977；Burns，1977），也许越来越多的历史学家会注意到这个目前时髦的领域所蕴藏的机会。

（八）地理学

希波克拉底的著作《论气、水和位置》（*Airs, Waters, and Places*）通常被认为是最早讨论气候、地域对疾病影响的医学著作。格莱肯（Clarence Glacken）的《罗德岛海滩上的踪迹》（*Traces on the Rhodian Shore*，1967）考察了从希波克拉底时代到18世纪末西方思想的自然观念史。

19世纪的医学史家广泛研究了疾病的地理学，其中至少有希尔施（Hirsch，1883）和克雷顿（Charles Creighton，1891—1894）两个人撰写了经典的多卷本著作。阿克科奈希特在一部简短的专论（1965）中简要概述了这个传统。

医学史家们仍然认为地理学文献是有益的。例如，加州大学戴维斯分校的地理学教授汤普森（Kenneth Thompson）发表了很多论文:《树木作为医学地理学和公共卫生的主题》（"Trees as a Theme in Medical Geography and Public Health"，1978）、《19世纪的荒野和健康》（"Wilderness and Health in the Nineteenth Century"，1976）、《灌溉对加州卫生的威胁：一个19世纪的观点》（"Irrigation as a Menace to Health in California: A Nineteenth-Century View"，1969）、《早期加州和疯狂的原因》（"Early California and the Causes of Insanity"，1976）。汤普森的兴趣并非独一无二。

第二次世界大战后，美国地理学会在梅（Jacques May）的指导下建立了医学地理学分会，一些关于人类疾病生态学（1958，1961）和营养不良生态学的著作得以问世。这体现了将地理学、社会科学和医学联系在一起的努力，其目的是解释变形虫病、麻风病、结核病和霍乱等疾病的生态学。

（九）艺术史

西格里斯特在《文明与疾病》（*Civilization and Disease*，1943）的一章中探讨了医学史与艺术史的关系。14 年前，在《哈维在欧洲思想史上的地位》（"William Harvey's Position in the History of European Thought"）这篇富有争议的文章中，西格里斯特认为在哈维之前的时代，观看自然的新方式已经开始出现在 16 世纪的巴洛克艺术中。运动便是新视角之一，在西格里斯特看来，医生哈维仅仅是将运动概念引入了他对人的心脏的研究。

医学与艺术以各种方式相关联。最明显的方式是用绘画为医学著作做插图。随着活字印刷术的出现，不仅书籍可以轻易获取，而且解剖绘图也可以更精确地得到复制。赫林格（Robert Herrlinger）的《医学插图史：从古代到公元 1600 年》（*History of Medical Illustration from Antiquity to A.D. 1600*，1970）做了出色的收集。此前，伽里森著讨论过《维萨留斯之前的解剖插图原则》（*Principles of Anatomic Illustration before Vesalius*，1926），描述了中世纪五联画（five-pictures series）的重要性。奥尼尔（Ynez O'Neill）也讨论了这个话题（1969，1977）。20 世纪 50 年代初，医学史家奥马利和解剖学家和历史学家桑德斯（John B. deC. M. Saunders）合作重印了维萨留斯（1950）和莱昂纳多（Leonardo，1952）著作的重要插图，同时翻译了他们的著作，并附上了简要的生平介绍。

艺术也用来为医学史做插图。贝特曼（Otto Bettman）的《图说医学史》（*A Pictorial History of Medicine*，1956）是著名的例子，它利用了丰富的纽约贝特曼档案馆资料。之前类似的著作有杜梅尼尔（René Dumesnil，1935）、哈恩和迪麦特（André Hahn & Paul Dumaître，1962）。

艺术史家也涉及了医学主题。在 20 世纪初，霍兰德（Eugen Hollander）出版了四部大书，书名便告知了其中的内容：《古典绘画中的医学》（*Die Medizin in der klassichen Mallerei*，1903）第二版，1913年出版，侧重文艺复兴时期的艺术家对医生、医学机构和疾病的描绘；《医学中的漫画和讽刺作品》（*Die Karikature und Satire in der Medizin*，1905，1921，从古代到 20 世纪的医学漫画、《雕塑与医学》（*Plastik und Medizin*，1912），医学与雕塑；《15 至 18 世纪德国传单中的奇事、奇事出生和奇事形态》（*Wunder Wundergeburt und Wundergestalt aus deutschen Flügblattern des fünfzehnten bis achtzehnten Jahrhunderts*，1921），半人半兽者、各种出生缺陷以及与疾病和治疗相关的魔法信念）。

值得注意的最近著作有：麦斯（Millard Meiss）的《黑死病之后佛罗伦萨和锡耶纳的绘画》（*Painting in Florence and Siena after the Black Death*，1951，1973），蒙多（Henri Mondor）的再版文集《杜米埃著作中的医生和医学》（*Doctors and Medicine in the Works of Daumier*，1960），赫克舍（William Heckscher）的《伦勃朗的杜普博士的解剖学课》（*Rembrandt's Anatomy of Dr*，1958），卡里班斯基（Raymond Klibansky）、帕诺夫斯基（Erwin Panofsky）和萨克斯尔（Fritz Saxl）关于丢勒《忧郁》（*Melancholy*）的详细研究。后两部著作的读者会得益于赫克舍对文艺复兴解剖学以及卡里班斯基、帕诺夫斯基和萨克斯尔对 16 世纪医学理论的出色讨论，尤其是关于体液的讨论。

有一些著作涉及医术的收藏，其中齐格罗瑟（Carl Zigrosser，1955）出色地描述了费城博物馆的印刷品和绘画收藏。

五、研究问题

现在，研究问题显然有很多。以下 9 个是问题的一部分：

（1）任何时代、地域普通城市居民的卫生实践（包括吃、穿、住和公共卫生），卫生和城市应是进一步研究的重点领域。农村居民也应得到研究。

（2）接受和抵制医学观念和实践的理由。

（3）技术对医学的影响以及医学仪器的发展。

（4）各个时代、地域在文化、社会、经济和哲学层面上的健康观和疾病的含义。

（5）健康与经济的关系，特别是贫困对健康和医疗的影响。

（6）医疗模式在资金、组织和专业化方面的变化。

（7）医学与生物学的关系，尤其在 20 世纪。

（8）医学招生和医学教育模式的变化。

（9）从历史角度看医生与其他卫生从业人员的关系。

一个关于医学史家研究进路的最后告诫：1949 年，罗森撰写了《医学编史学的集成度》（"Levels of Integration in Medical Historiography"）一文，这是针对当时新出版的几部医学通史写的评论文章。罗森强调，无论理论观点如何，所有历史学家都应该用一些原则来安排和整合材料。他敏锐地指出，医学史家明显是从一种"医生中心主义"的观点进行写作的，尤其是当他们碰巧是医生的话。

医学的理论、文献和实践占据了焦点；较少注意到医学职业的历史，更少注意到

社区卫生的历史；社会因素和条件的重要性虽然得到了承认，但被归于整个画面非常边缘的位置。（p.465）

罗森告诫说，病人在医学史中显然应该有一个更加突出的位置。

在 1967 年的短文《为医学史书写中的行为主义进路一辩》（"A Plea for a Behaviorist Approach in Writing the History of Medicine"）中，阿克科奈希特提出了类似的告诫。他说，医学史往往过分依赖于精英医生的思想和行为，写文章和著作、向学生讲话的是他们。但治疗一般病人的一般医生的思想和行为同样重要。阿克科奈希特写道："我们必须承认，我们往往不知道对于即使过去不久的医学实践及其社会方面的最基本事实。"（p.212）阿克科奈希特称这种模型为"行为主义"进路，并呼吁医学史家考察医生的实际活动，而不仅仅是他们的著作。这一纲领有着一般历史学家所谓"自上而下"（from the bottom up）看待历史的一些要素，即从特定时代或地域的人的实际活动的观点来看。对医学史家而言，刻画这样的人也许更难，但我们不能因此而不做尝试。

六、医学史的教学和训练

巴尔的摩医生科德尔（Eugene Cordell）在 1904 年最早考察了美国在医学史教学方面所做的努力。西格里斯特在 1939 年对这个领域重新进行考察时发现教学活跃性有所下降。米勒（Genevieve Miller，1969）做了关于教学和图书馆设施的最新研究，涵盖 1967 年和 1968 年。米勒的研究表明，在考察的 95 所医学院中，只有 14 所（15%）有医学史的必修课。约翰·霍普金斯大学的课时从数小时到 50 小时不等，后来还遭到了削减。加拿大的三所医学院报道说，它们在医学课程中有必修课。

只有很少一部分北美医科学生有必修课，虽然另外 26 所医学院都有医学史的选修课。从 1904 年、1939 年（35 所）、1952 年（26 所）、1968 年（14 所）的数据来看，数量在稳步下降。考虑到医学院的数量从 1939 年的 77 所增长到 1968 年的上百所，接受正式医学史教育的美国医科学生数量是急遽减少的。

虽然准确的数据尚不可得，但是自米勒的报告之后，一些医学院增设了相关课程。除此以外，美国很多大学和学院现在都开设了与医学和社会相关的课程，其中一些课程由历史学家讲授，比如辛辛那提大学的贝尼森、宾夕法尼亚大学的罗森伯格、马里兰大学的达菲、哈佛大学的罗森克朗茨、俄亥俄州立大学的伯纳姆和埃默里大学的杨，他们都是美国最杰出的医学史家，虽然他们所在的主要院系不在医学院。他们和其他一些在类似环境中教学的学者对于未来的影响可能很重要。

还有一些医学院成员开设了多年的课程，或至少是读书会或讨论会，但他们并不自视为医学史家。

根据米勒的考察，九所北美医学院提供医学史的研究生学位。她同时写道，另外十所有全职教授。十年后，另有一些学院也拥有了全职教席。

大约三分之一的北美医学院会花时间与学生讨论该职业的历史方面，不能说这个统计数据是可喜的，尤其与欧洲医学院相比。很难判断学生在其中有何体会，但接触一些医学史肯定聊胜于无。

越来越多的本科生对健康科学产生了兴趣；在一些新生班级里，这个数量会升至50%。在这种情况下，医学史的重要性可能越来越大。在任何时候，用历史来引导进入广阔的医学领域都会大有裨益。

米勒发现了医学教育者对待医学史的矛盾态度。她认为，很少有医学院的学生对医学史抱有积极态度。虽然，泥古和平庸的教学总是阻碍医学史的进步，但还是存在一些希望。正如本章其余部分所表明的，近年来出现了一种更为复杂和有竞争力的编史方法。这在本领域的出版物中得到了明显体现。教学方面有相应的改进吗？这更难估计。从课程大纲上判断，现在的课程水平确实很高，关于医学史在医学教育中的地位也有讨论（Rosen，1948；Galdston，1957；Blake，1966；King，Risse，Burns & Hudson，1975）。

近40年来医学史家的资质问题困扰着很多人。这个问题在于，医学史家自己是否必须是医生，或者至少对医学或医学研究有直接的了解。如果仅限于第二种情况，了解程度需要多深？

关于这个问题有很多误解。我们不妨想想，最受尊敬的医学史学者之一艾德史坦（西格里斯特将他带到约翰·霍普金斯大学）是一位古典学家，而不是医生（Ancient Medicine，1967）。

此外，许多出色的美国医学史都是由非医生完成的，比如施赖奥克、谢弗、达菲和罗森伯格。另外，后来的很多工作止于1870年前后也许不是偶然。随着医学科学变得越来越复杂和精致，对专业知识的需要也相应地越来越显著。

没有必要就适当的资质做出规定，也没有必要保护"领地"。这个领域是如此广阔，需要做的还有很多，多样性对每个人都有好处。当然，医学史的某些方面（比如涉及病人护理的方面）也许可以从医学工作的直接经验中获益。但很难判定需要多少医学经验。也许特姆金在1968年给出了最好的总结："最后的标准在于人胜任任务的能力。

这无法预先判断，我们没有足够的经验去给出统计结果。"（p.56）从参考书目和本章的考察可以明显看到，近 20 年来，来自历史领域的医学史家做出的贡献并不亚于来自医学领域的同行的贡献。自 1955 年以来，在美国医学史学会伽里森讲座主讲人和韦尔奇奖章获得者的名单中，未受医学训练的医学史家的人数超出了拥有医学博士学位的医学史家（*Bulletin of the History of Medicine* 50，1976）。

最后一点：美国医学史学会的很多成员似乎都强烈感受到，非专业的医学史家（不以历史为主要谋生手段的人）是这个组织必要和重要的一部分。应当尽量鼓励医生在业余时间阅读和书写其职业的历史。在科学史中，业余爱好者基本上已经被取代了。虽然一些医学史家乐见医学史领域出现一种类似的趋势，但到时我们可能不会再像现在这样能够回应医生和医科学生的需要。结果，这个领域会变得更加无力和狭窄。

参考文献导论

人们常常提到，最近科学的典型特征是"信息过剩"，科学交流多到让单个科学家很难跟上脚步。医学史文献还没有膨胀到如此不可掌控的地步。已经不可掌控的医学科学有国家医学图书馆的 MEDLINE 电子书目的协助。现在又有了 HISTLINE，为医学史提供了快速的大规模文献搜索。这会成为研究者的标准起点。

这份参考书目先是列出五个部分：期刊、重要书目、书目集和词典、阅读材料汇编和一般历史中的某些代表性著作。之后是主要参考书目，其中以字母顺序列出了前文引用或讨论的所有著作。一些版本过多的旧有经典在这里不再重复。其中还包含了医学及相关主题的代表性传记和通史。

1. 医学史及相关领域的主要期刊

Bulletin of the History of Dentistry. Batavia, New York: 1958—.

Bulletin of the History of Medicine. Baltimore: 1933— .

Bulletin of the Society for the Social History of Medicine. Nottingham, England: 1970—.

Centaurus. Copenhagen: 1950—.

Ciba Symposia: Summit, N.J.: 1939—1951.

Clio Medica. Oxford: 1965—.

Gesnerus. Aaran, Switzerland: 1943— .

History of Science. New York: 1962—.

Isis. New York: 1913— .

Janus. Amsterdam: 1896—.

Journal of Medicine and Philosophy. Chicago: 1976—.

Journal of the History of Behavioral Sciences. Brandon, Vermont: 1965—.

Journal of the History of Biology. Cambridge, Mass.: 1968—.

Journal of the History of Medicine and Allied Sciences. New Haven: 1946—.

Kyklos. Leipzig: 1928—1932.

Medical History. London: 1957— .

Medical Life. New York: 1920—1938.

Medizinhistorisches Journal. Hildesheim: 1966—.

Mitteilungen zur Geschichte der Medizin und der Naturwissenschaften. Hamburg and Leipzig: 1902—
    1942.

Pharmacy in History. Madison, Wis.: American Institute of the History of Pharmacy, 1959—.

Studies in History of Biology. Baltimore: 1977—.

2. 主要参考书目

Austin, Robert B. *Early American Medical Imprints: A Guide to Works Printed in the United States
    1668—1820.* Washington: Department of H.E.W., 1961.

Bloomfield, Arthur L. *A Bibliography of Internal Medicine: Communicable Disease.* Chicago:
    University of Chicago Press, 1958.

Bloomfield, Arthur L. *A Bibliography of Internal Medicine: Selected Diseases.* Chicago: University
    of Chicago Press, 1960.

Blake, John B. and Roos, Charles. *Medical Reference Works 1679—1966: A Selected Bibliography.*
    Chicago: Medical Library Association, 1967.

Callisen, Adolph C. P. *Medizinisches Schriftsteller-Lexicon der jetzt leben-den Arzte, Wundarzte,
    Geburtshelfer, Apotheker, und Naturforschex aller gebildeten Volker.* 33 vols. Copenhagen,
    1830-1845.

Choulant, Ludwig. *History and Bibliography of Anatomic Illustration.* Tr. by M. Frank. Rev. ed., New
    York: Henry Schuman, 1945.

Current Work in the History of Medicine: An International Bibliography. London: The Wellcome
    Institute for the History of Medicine, 1954—.

Ebert, Myrl. "The Rise and Development of the American Medical Periodical, 1797-1850." *Bulletin
    of the Medical Library Association* 40 (July 1952): 243-276.

Garrison, Fielding H. "The Medical and Scientific Periodicals of the 17th and 18th Centuries."
    Bulletin of the History of Medicine. 2 (July 1934): 285-343. Addenda by D. A. Kronick 32
    (September-October 1958): 456-474.

Garrison, Fielding H. "Revised Students' Check-List of Texts Illustrating the History of Medicine with References for Collateral Reading." *Bulletin of the History of Medicine.* 1 (November 1933): 333-434.

Gilbert, Judson B. *Diseases and Destiny: A Bibliography of Medical References to the Famous.* London: Dawson, 1962.

Guerra, Francisco, comp. *American Medical Bibliography 1639-1783.* New York: Lathrop C. Harper, 1962.

Haller, Albrecht von. *Bibliotheca Medicinae Practicae.* 4 vols. Basel: J. Schweighauser, 1776-1788.

Index Catalog of the Library of the Surgeon General's Office. 4 series. Washington: U.S. Government Printing Office, 1880-1961.

Index Medicus. 21 vols. New York, 1879-1899.

Isis. Cumulative Bibliography. 3 vols. London: Mansell, 1971-1976.

Kelly, Emerson C. *Encyclopedia of Medical Sources.* Baltimore: Williams and Wilkins, 1948.

Miller, Genevieve, ed. *Bibliography of the History of Medicine of the United States and Canada, 1939-1960.* Baltimore: Johns Hopkins University Press, 1964.

Morton, Leslie T. *A Medical Bibliography* (Garrison and Morton). 3d ed. London: Andre Deutsch, 1970.

National Library of Medicine. Bibliography of the History of Medicine. Washington: 1964—.

Osler, Sir William. *Bibliotheca Osleriana.* Oxford: Clarendon Press, 1929.

Smit, Peter. *History of tine Life Sciences: An Annotated Bibliography.* New York: Hafner, 1974.

Thornton, John L. *Medical Books, Libraries, and Collectors: A Study of Bibliography and the Book Trade in Relation to the Medical Sciences.* 2d ed. London: Andre Deutsch, 1966.

Trautmann, Joanne, and Pollard, Carol, comp. *Literature and Medicine: Topics, Titles, and Notes.* Philadelphia: Society for Health and Human Values, 1975.

3. 传记汇编与辞典

Bayle, A. L. J., and Thillaye, A. J. *Biographie Medicale.* 2 vols. Paris: A. Delahaye, 1855.

Debus, Allen G., ed. *World Who's Who in Science: A Biographical Dictionary of Notable Scientists from Antiquity to the Present.* Chicago: Marquis Who's Who, 1968.

Fischer, Isidor. *Biographisches Lexikon der heruorragenden Arzte der letzten funfzig Jahre.* 2 vols. Berlin: Urban and Schwarzenberg, 1932—1933.

Gillispie, Charles, ed. *Dictionary of Scientific Biography.* 14 vols. New York: Charles Scribner's Sons, 1970—1976.

Gross, Samuel D. *Lives of Eminent Physicians and Surgeons of the Nineteenth Century.* Philadelphia: Lindsay and Blakiston, 1861.

Hirsch, August. *Biographisches Lexikon der heruorragenden Arzte aller Zeiten und Volker.* 6 vols. Vienna: Urban and Schwarzenberg, 1884-1888.

Hutchinson, Benjamin. *Biographica Medica; or, Historical and Critical Memoirs of the Lives and*

Writings of the Most Eminent Medical Characters that Have Existed from the Earliest Account of Time to the Present Period; with a Catalog of their Literary Productions. 2 vols. London: J. Johnson, 1799.

Kelly, Howard A., and Burrage, Walter L., eds. *Dictionary of American Medical Biography.* New York: Appleton, 1928.

MacMichael, William. *The Gold-Headed Cane.* London: J. Murray, 1827; new ed Springfield, 111.: Charles C. Thomas, 1953.

Munk, William. *Roll of the Royal College of Physicians of London.* 5 vols. London: The College, 1878-1968.

Pagel, Julius. *Biographisches Lexikon herrovorragenden Arzte des neunzehnten Jahrhnnderts.* 5 vols. Berlin: Urban and Schwarzenberg, 1901.

Plarr, Victor G. *Plarrs Lives of the Fellows of the Royal College of Surgeons of England.* Revised by Sir D'Arcy Power. 2 vols. Bristol: John Wright and Sons, 1930.

Sourkes, Theodore L., and Stevenson, "Lloyd G. *Nobel Prize Winners in Medicine and Psychology 1901-1965.* Rev. ed., New York: Abelard-Schuman, 1966.

Talbott, John H. *A Biographical History of Medicine.* New York: Grune and Stratton, 4970.

Thacher, James. *American Medical Biography.* 2 vols. Boston: Richardson, 1828.

Wickersheimer, Ernest. *Dictionnaire biographique des medecins en France au moyen age.* 2 vols. Paris: E. Droz, 1936.

4. 读本汇编

Brieger, Gert H., ed. *Medical America in the Nineteenth Century: Readings from the Literature.* Baltimore: Johns Hopkins University Press, 1972.

——. *Theory and Practice in American Medicine.* New York: Science History Publications, 1976.

Brock, A. J. *Greek Medicine: Being Extracts Illustrative of Medical Writing from Hippocrates to Galen.* Translated and annotated. New York: E. P. Dutton, 1929.

Burns, Chester R., ed. *Legacies in Ethics and Medicine.* New York: Science History Publications, 1977.

——. *Legacies in Law and Medicine.* New York: Science History Publications, 1977.

Camac, Charles, N. B. *Epoch-Making Contributions to Medicine, Surgery, and the Allied Sciences.* Philadelphia: W. B. Saunders, 1909.

Clendening, Logan, comp. *Source Book of Medical History.* New York: Dover, 1960.

Doyle, Paul A., ed. *Readings in Pharmacy.* New York: John Wiley, 1962.

Earle, A. Scott, ed. *Surgery in America: From the Colonial Era to the Twentieth Century: Selected Writings.* Philadelphia: W. B. Saunders, 1965.

Fulton, John F., and Wilson, Leonard G., eds. *Selected Readings in the History of Philosophy.* 2d ed. Springfield, 111.: Charles C. Thomas, 1966.

Haymaker, Webb, and Schiller, Francis. *The Founders of Neurology.* 2d ed. Springfield, 111.: Charles C. Thomas, 1970.

Holmstedt, B., and Liljestrand, G., eds. *Readings in Pharmacology.* New York: Macmillan, 1963.

Hunter, Richard, and Macalpine, Ida, eds. *Three Hundred Years of Psychiatry, 1535-1860.* London: Oxford University Press, 1963.

Hurwitz, Alfred, and Degenshein, George A., eds. *Milestones in Modern Surgery.* New York: Hoeber-Harper, 1958.

Kelly, Emerson C., comp. *Medical Classics.* Baltimore: Williams and Wilkins, 1936-1941.

King, Lester S., ed. *A History of Medicine: Selected Readings.* Baltimore: Penguin Books, 1971.

Leavitt, Judith W., and Numbers, Ronald L., eds. *Sickness and Health in America: Readings in the History of Medicine and Public Health.* Madison: University of Wisconsin Press, 1978.

Lechevalier, Hubert A., and Soltorovsky, Morris, eds. *Three Centuries of Microbiology.* New York: McGraw-Hill, 1965.

Long, Esmond R., ed. *Selected Readings in Pathology.* 2d ed. Springfield, 111.: Charles C. Thomas, 1961.

Major, Ralph H., ed. *Classic Descriptions of Disease.* 3d ed. Springfield, 111.: Charles C. Thomas, 1945.

Willius, Frederick, A. and Keys, Thomas E., eds. *Classics, of Cardiology.* 2 vols. Rev. ed New York: Dover, 1961.

Zimmerman, Leo M., and Veith, Ilza. *Great Ideas in the History of Surgery.* 2d ed. New York: Dover, 1967.

5. 带有医学史或公共卫生史章节的代表性通史著作

Blumenthal, Henry. *American and French Culture, 1800-1900: Interchanges in Art, Science, Literature, and Society.* Baton Rouge: Louisiana State University Press, 1975.

Boorstin, Daniel J. *The Americans.* 3 vols. New York: Random House, 1958-1973.

Bridenbaugh, Carl. *Cities in the Wilderness: The First Century of Urban Life in America, 1625-1742.* New York: Ronald Press, 1938.

——. *Cities in Revolt: Urban Life in America, 1743-1776.* New York: Alfred A. Knopf, 1955.

Braudel, Fernand. *Capitalism and Material Life 1400-1800.* Translated by M. Kochan. New York: Harper & Row, 1973.

Buer, M. C. *Health，Wealth, and Population in the Early Days of the Industrial Revolution.* London: George Routledge and Sons, 1926.

Davis, Natalie Zemon. *Society and Culture in Early Modern France.* Stanford, Calif: Stanford University Press, 1975.

Dick, Everett N. *The Sodhouse Frontier, 1854-1890: A Social History of the Northern Plains,* Lincoln: Johnson, 1954.

Eggleston, Edward. *The Transit of Civilization From England to America in the Seventeenth Century.* New York: Appleton, 1900; reprint ed. Boston: Beacon Press, 1959.

Fogel, Robert William and Engerman, Stanley L. *Time on the Cross: The Economics of A merican Slavery.* 2 vols. Boston: Little, Brown, 1974.

Gay, Peter. *The Enlightenment: An Interpretation.* 2 vols. New York: Random House, 1966-1969.

Hale, J. R. *Renaissance Europe: Individual and Society, 1480-1520.* London: William Collins, 1971.

Laslett, Peter. *The World We Have Lost: England Before the Industrial Age.* 2d ed. New York: Charles Scribner's Sons, 1971.

Lubove, Roy. *The Progressives and the Slums: Tenement House Reform in New York City, 1890-1917.* Pittsburgh: University of Pittsburgh Press, 1962.

Miller, Perry. *The New England Mind: From Colony to Province.* Cambridge, Mass.: Harvard University Press, 1953.

Rose, Willie Lee. *Rehearsal for Reconstruction: The Port Royal Expert merit.* Indianapolis: Bobbs-Merrill, 1964.

Stampp, Kenneth M. *The Peculiar Institution: Slavery in the Ante-Bellum South.* New York: Alfred A. Knopf, 1965.

Thomas, Keith. *Religion and the Decline of Magic.* New York: Charles Scribner's Sons, 1971.

Thompson, E. P. *The Making of the English Working Class.* New York: Random House, 1963.

Warner, Sam Bass, Jr. *The Urban Wildrrness: A History of the American City.* New York: Harper & Row, 1972.

Wiebe, Robert H. *The Search for Order 1877-1920.* New York: Hill and Wang, 1967.

Wood, Peter H. *Black Majority: Negroes in Colonial South Carolina from 1670 through the Stono Rebellion.* New York: Alfred A. Knopf, 1974.

Zeldin, Theodore. *France, 1848-1945.* 2 vols. Oxford: Clarendon Press, 1973-1977.

参考文献

Abel-Smith, Brian. *The Hospitals, 1800-1948.* London: Heinemann, 1964.

Ackerknecht, Erwin H. *Malaria in the Upper Mississippi River Valley 1760-1900. Bulletin of the History of Medicine,* supplement No.4. Baltimore: Johns Hopkins University Press, 1945.

——. "Hygiene in France." *Bulletin of the History of Medicine* 22 (March-April 1948): 117-155.

——. *Rudolf Virchow: Doctor, Stateman, Anthropologist.* Madison: University of Wisconsin Press, 1953.

——. "Paleopathology." In *Anthropology Today: An Encyclopedic Inventory,* pp.120-126. Edited by A. L. Kroeber. Chicago: University of Chicago Press, 1953.

——. "Recollections of a Former Leipzig Student." *Journal of the History of Medicine* 13 (April

1958): 147-150.

——. "A Plea for a Behaviorist Approach in Writing the History of Medi-cine." *Journal of the History of Medicine* 22 (July 1967): 211-214.

——. *Medicine at the Paris Hospital, 1794-1848.* Baltimore: Johns Hopkins University Press, 1967.

——. *A Short History of Psychiatry.* 2d ed. Tr. by Sula Wolff. New York: Hafner, 1968.

——. *Medicine and Ethnology.* Edited by H. H. Walser and H. M. Koeb-ling. Baltimore: Johns Hopkins University Press, 1971.

——. *Therapeutics From the Primitives to the 20th Century.* New York: Hafner, 1973.

Adelman, Howard B. *Marcello Malpighi and the Evolution of Embryology.* 5 vols. Ithaca: Cornell University Press, 1966.

Allen, Garland E. *Life Science in the Twentieth Century.* New York: John Wiley, 1975.

Anderson, Odin W. *The Uneasy Equilibrium: Private and Public Financing of Health Services in the United States, 1875-1965.* New Haven: College and University Press, 1968.

Aries, Philippe. *Centuries of Childhood: A Social History of Family Life.* New York: Alfred A. Knopf, 1962.

Artelt, Walter. *Einfiihrung in die Medizin-historik.* Stuttgart: Ferdinand Enke Verlag, 1949.

Ashley, JoAnn. *Hospitals, Paternalism, and the Role of the Nurse.* New York: Teachers College Press, 1976.

Baas, Johann H. *Outlines of the History of Medicine and the Medical Profession.* Translated by H. E. Handerson. New York: J. H. Vaul, 1889.

Bailyn, Bernard. *Education in the Forming of American Society: Needs and Opportunities for Study.* Chapel Hill: University of North Carolina Press, 1960.

Barber, Bernard. "Resistance by Scientists to Scientific Discovery." *Science* 134 (September 1, 1961): 596-602; also in *The Sociology of Science*, pp.539-556. Edited by Bernard Barber and Walter Hirsch. Glencoe, 111.: Free Press, 1962.

——. "Science: The Sociology of Science." In *International Encyclopedia of the Social Sciences*, Vol.14, pp.92-100. New York: Free Press, 1968.

Barker-Benfield, G. J. *The Horrors of the Half-Known Life: Male Attitudes Toward Women and Sexuality in Nineteenth-Century America.* New York: Harper & Row, 1976.

Barraclough, Geoffrey. *An Introduction to Contemporary History.* New York: Basic Books, 1964.

Barzun, Jacques. *Clio and the Doctors: Psycho-History, Quanto-History and History.* Chicago: University of Chicago Press, 1974.

Bell, Whitfield J. Jr. *John Morgan, Continental Doctor.* Philadelphia: University of Pennsylvania Press, 1965.

——. "Joseph M. Toner (1825-1896) as a Medical Historian." *Bulletin of the History of Medicine* 47 (January-February 1973): 1-24.

——. *The Colonial Physician and Other Essays.* New York: Science History Publications, 1975.

Ben-David, Joseph. *The Scientist's Role in Society: A Comparative Study.* Englewood Cliffs, N.J.: Prentice-Hall, 1971.

Benison, Saul. "Oral History: A Personal View." In *Modern Methods in the History of Medicine,* pp.286-305. Edited by Edwin Clarke. London: Athlone Press, 1971.

——, ed. *Tom Rivers: Reflection on a Life in Medicine and Science: An Oral History Memoir.* Cambridge, Mass.: M.I.T. Press, 1967.

Berlant, Jeffrey L. *Profession and Monopoly: A Study of Medicine in the United States and Great Britain.* Berkeley: University of California Press, 1975.

Berliner, Howard S. "A Larger Perspective on the Flexner Report." *International Journal of Health Services* 15 (Fall 1975): 573-592.

——. "New Light on the Flexner Report: Notes on the A.M.A.-Carnegie Foundation Background." *Bulletin of the History of Medicine* 51 (Winter 1977): 601-609.

Berman, Alex. "The Thomsonian Movement and Its Relation to American Pharmacy and Medicine." *Bulletin of the History of Medicine* 25 (September-October 1951): 405-428; (November-December 1951): 503-518.

——. "NeoThomsonianism in the United States." *Journal of the History of Medicine* 11 (April 1956): 133-155. Also in *Theory and Practice in American Medicine,* pp.149-172. Edited by G. H. Brieger. New York: Science History Publications, 1976.

Bettmann, Otto L. *A Pictorial History of Medicine.* Springfield, Ill.: Cftarles C. Thomas, 1956.

Biraben, Jean-Noel. *Les Hommes et la peste en France et dans les pays europeens et mediterranees.* Paris: Mouton, 1975.

Blake, John B. *Public Health in the Town of Boston, 1630-1822.* Cambridge, Mass.: Harvard University Press, 1959.

——. "Women and Medicine in Ante-Bellum America." *Bulletin of the History of Medicine* 39 (March-April 1965): 99-123.

——, ed. *Education in the History of Medicine: Report of a Macy Conference.* New York: Hafner, 1968.

Bledstein, Burton J. *The Culture of Professionalism: The Middle Class and the Development of Higher Education in America.* New York: W. W. Norton, 1976.

Bloch, Marc. *The Royal Touch: Sacred Monarchy and Scrofula in England and France.* Tr. by J. E. Anderson. Montreal: McGill University Press, 1973.

Boas, Marie. *The Scientific Renaissance 1450-1630.* New York: Harper & Row, 1962.

Bockoven, J. Sanboume. *Moral Treatment in American Pychiatry.* New York: Springer, 1963.

Bonner, Thomas N. *American Doctors and German Universities: A Chapter in International Intellectual Relations 1870-1914.* Lincoln: University of Nebraska Press, 1963.

Bordley, James and Harvey, A. McGehee. *Two Centuries of American Medicine 1776-1976.* Philadelphia: W. B. Saunders, 1976.

Bowsky, William M., ed. *The Black Death: A Turning Point in History?*. New York: Holt, Rinehart, and Winston, 1971.

Brand, Jeanne L. *Doctors and the State: The British Medical Profession and Government Action in Public Health, 1870-1912.* Baltimore: Johns Hopkins University Press, 1965.

Braudel, Fernand, *Capitalism and Material Life 1400-1800.* Translated by Miriam Kochan. New York: Harper & Row, 1973.

Bremner, Robert H., ed. *Children and Youth in America: A Documentary. History.* 5 vols. Cambridge, Mass.: Harvard University Press, 1970-1974.

Brieger, Gert H. "Sanitary Reform in New York City: Stephen Smith and the Passage of the Metropolitan Health Bill." *Bulletin of the History of Medicine* 40 (September-October 1966): 407-429.

Brooks, Chandler McC. and Cranefield, Paul F., eds. *The Historical Development of Physiological Thought.* New York: Hafner, 1959.

Brothwell, Don, and Sandison, A. T., eds. *Diseases in Antiquity: A Survey of the Diseasesy Injuries, and Surgery of Early Populations.* Springfield, 111.: Charles C. Thomas, 1967.

Browne, E. G. *Arabian Medicine.* Cambridge: Cambridge University Press, 1921.

Buchanan, Scott. *The Doctrine of Signatures: A Defence of Theory in Medicine.* London: Kegan Paul, Trench, and Trubner, 1938.

Bulloch, William. *The History of Bacteriology.* London: Oxford University Press, 1938.

Bullough, Vern L. *The Development of Medicine as a Profession: The Contribution of the Medieval University to Modern Medicine.* New York: S. Karger, 1966.

Burnham, John C. *Psychoanalysis and American Medicine, 1894-1918: Medicine, Science, and Culture.* Monograph No.20, *Psychological Issues* (1967).

——. "American Historians and the Subject of Sex." *Societas 2* (Autumn 1972): 307-316.

Burns, Chester R., ed. *Legacies in Ethics and Medicine.* New York: Science History Publications, 1977.

Burrow, James G. *Organized Medicine in the Progressive Era: The Move Toward Monopoly.* Baltimore: Johns Hopkins University Press, 1977.

Butterfield, Herbert. *The Origins of Modern Science 1300-1800.* London: G. Bell and Sons, 1957.

Caldwell, Charles. *Autobiography of Charles Caldwell, M.D.* Philadelphia, 1855; reprint ed., New York: DeCapo Press, 1968.

Cartwright, Frederick F. *The Development of Modern Surgery.* New York: Thomas Y. Crowell, 1967.

Cassedy, James H. *Charles V. Chapin and the Public Health Movement.* Cambridge, Mass.: Harvard University Press, 1962.

——. *Demography in Early America: Beginnings of the Statistical Mind,1600-1800.* Cambridge, Mass.: Harvard University Press, 1969.

Castiglioni, Arturo. *A History of Medicine.* 2d ed. Tr. by E. B. Krumbhaar. New York: Alfred A.

Knopf, 1947.

Chesney, Alan M. *The Johns Hopkins Hospital and the Johns Hopkins University School of Medicine: A Chronicle.* 3 vols. Baltimore: Johns Hopkins University Press, 1943-1963.

Churchill, Edward D., ed. *To Work in the Vineyard of Surgery: The Reminiscences of J. Collins Warren (1842-1927).* Cambridge, Mass.: Harvard University Press, 1958.

Cipolla, Carlo M. *The Economic History of World Population.* Baltimore: Penguin Books, 1962.

——."The Professions: The Long View." *Journal of European Economic History* 2 (Spring 1973): 37-52.

——. *Cristofano and the Plague: A Study in the History of Public Health in the Age of Galileo.* Berkeley: University of California Press, 1973. *Public Health and the Medical Profession in the Renaissance.* Cambridge: Cambridge University Press, 1976.

Clark, Sir George. "The History of the Medical Profession: Aims and Methods." *Medical History* 10 (July 1966): 213-220.

Clarke, Edwin. *Modern Methods in the History of Medicine.* London: Athlone Press, University of London, 1971.

Coleman, William. *Biology in the Nineteenth Century: Problems of Form, Function, and Transformation.* New York: John Wiley, 1971.

Coulter, Harris. *Divided Legacy. A History of the Schism in Medical Thought.* 3 Vol.Washington, D.C.: Wehawken, 1973-1977.

Corner, George W. *A History of the Rockefeller Institute, 1901-1953: Origins and Growth.* New York: Rockefeller University Press, 1964.

——. Two *Centuries of Medicine: A History of the School of Medicine, University of Pennsylvania.* Philadelphia: Lippincott, 1965.

Comroe, Julius H., Jr., and Dripps, Robert D. "Scientific Basis for the Support of Biomedical Science." *Science* 192 (April 9, 1976): 105-111.

Cordell, Eugene F. "The Importance of the Study of the History of Medicine", *Medical Library and Historical Journal* 2 (October 1904): 268-282.

Creighton, Charles. *A History of Epidemics in Britain.* 2 vols. Cambridge: The University Press, 1891-1894. Reprinted with additional material. New York: Barnes and Noble, 1965.

Crosby, Alfred W., Jr. *The Columbian Exchange: Biological and Cultural Consequences of 1492.* Westport, Conn.: Greenwood Press, 1972.

Cushing, Harvey. *The Life of Sir William Osler.* 2 vols. New York: Oxford University Press, 1925.

Daedalus. Vol.106, no.2 (1977). "The Family."

Dain, Norman. *Concepts of Insanity in the United States, 1789-1865.* New Brunswick: Rutgers University Press, 1964.

Davies, John D. *Phrenology: Fad and Science; A 19th Century American Crusade.* New Haven: Yale University Press, 1955.

Debus, Allen G. *The Chemical Philosophy: Paracelsian Science and Medicine in the Sixteenth and Seventeenth Centuries.* 2 vols. New York: Science History Publications, 1977.

——, ed. *Medicine in Seventeenth-Century England.* Berkeley: University of California Press, 1974.

De Mause, Lloyd, ed. *The History of Childhood.* New York: Harper Torch-books, 1975.

Deutsch, Albert. *The Mentally Ill in America: A History of their Care and Treatment from Colonial Times.* 2d ed. New York: Columbia University Press, 1949.

Deutsch, Ronald M. *The Nuts Among the Berries.* New York: Ballantine Books, 1961; 2d ed. *The New Nuts Among the Berries.* Palo Alto: Bull,1977.

Dewhurst, Kenneth. *Dr. Thomas Sydenham (1624-1689): His Life and Original Writings.* Berkeley: University of California Press, 1966.

Diepgen, Paul. *Geschichte der Medizin: Die historische Entwicklung der Heilkunde und des drztlichen Lebens.* 2 vols. Berlin: W. de Gruyter, 1949-1955.

Dodds, E. R. *The Greeks and the Irrational.* Berkeley: University of California Press, 1951.

Dols, Michael. *The Black Death in the Middle East.* Princeton: Princeton University Press, 1977.

Donnison, Jean. *Midwives and Medical Men: A History of Inter-Professional Rivalries and Women's Rights.* New York: Schocken Books, 1977.

Douglas, Mary. *Purity and Danger: An Analysis of Concepts of Pollution and Taboo.* London: Routledge and Kegan Paul, 1966.

Drabkin, I. E. "On Medical Education in Greece and Rome." *Bulletin of the History of Medicine* 15 (April 1944): 333-351.

Dubos, René. *Louis Pasteur: Free Lance of Science.* Boston: Little, Brown, 1950; 2d ed., 1976.

Duffy, John. *Epidemics in Colonial America.* Baton Rouge: Louisiana State University Press, 1953.

——. *Sword of Pestilence: The New Orleans Yellow Fever Epidemic of 1853.* Baton Rouge: Louisiana State Press, 1966.

——. *A History of Public Health in New York City.* 2 vols. New York: Russell Sage Foundation, 1968-1974.

——. The *Healers: The Rise of the Medical Establishment.* New York: McGraw-Hill, 1976; Urbana: University of Illinois Press, 1979.

Dumesnil, René. *Histoire illustree de la medecine.* Paris: Libraire Plon, 1935.

Dupree, A. Hunter. *Science in the Federal Government: A History of Policies and Activities to 1940.* Cambridge, Mass.: Harvard University Press, 1957.

Edelstein, Ludwig. *The Hippocratic Oath: Text, Translation, and Interpretation. Bulletin of the History of Medicine*, supplement No.1. Baltimore: Johns Hopkins University Press, 1943.

——. "The Professional Ethics of the Greek Physician." *Bulletin of the History of Medicine* 30 (September-October 1956): 391-419.

——. *Ancient Medicine.* Edited by Owsei Temkin and C. Lilian Temkin. Baltimore: Johns Hopkins University Press, 1967.

Eliade, Mircea. *Shamanism: Archaic Techniques of Ecstasy.* Princeton: Princeton University Press, 1964.

Ellenberger, Henri F. *The Discovery of the Unconscious: The History and Evolution of Dynamic Psychiatry.* New York: Basic Books, 1970.

Erikson, Erik. *Young Man Luther: A Study in Psychoanalysis and History.* New York: W. W. Norton, 1958.

Etheridge, Elizabeth W. *The Butterfly Caste: A Social History of Pellagra in the South.* Westport, Conn.: Greenwood Press, 1972.

Eyler, John M. "Mortality Statistics and Victorian Health Policy: Program and Criticism.M *Bulletin of the History of Medicine* 50 (Fall 1976): 335-355.

——. *Victorian Social Medicine: The Ideas and Methods of William Farr.* Baltimore: Johns Hopkins University Press, 1979.

Faber, Knud. *Nosography in Modern Internal Medicine.* New York: Paul Hoeber, 1923.

Falk, Leslie A. "Medical Sociology: The Contributions of Dr. Henry E. Sigerist." *Journal of the History of Medicine* 13 (April 1958): 214-228.

Figlio, Karl. "The Historiography of Scientific Medicine: An Invitation to the Human Sciences." *Comparative Studies in Society and History* 19 (July 1977): 262-286.

Finer, Samuel E. *The Life and Times of Sir Edwin Chadwick.* London: Methuen, 1952.

Fischer, Alfons. *Geschichte des deutschen Gesundheitswesens.* 2 vols. Berlin: F. A. Herbig, 1933.

Flexner, Simon, and Flexner, James T. *William Henry Welch and the Heroic Age of American Medicine.* New York: Viking, 1941.

Flinn, Michael W., ed. *Report on the Sanitary Condition of the Labouring Population of Great Britain by Edwin Chadwick.* Edinburgh, Edinburgh University Press, 1965.

Fogel, Robert W., and Engerman, Stanley L. *Time on the Cross: The Economics of American Negro Slavery.* 2 vols. Boston: Little, Brown, 1974.

Forssmann, Werner. *Experiments on Myself: Memoirs of a Surgeon in Germany.* Tr. by Hilary Davis. New York: St. Martin's Press, 1974.

Forster, Robert, and Ranum, Orest, eds. *Biology of Man in History: Selections from the Annales Economies, Societes, Civilisations.* Baltimore: Johns Hopkins University Press, 1975.

Foster, Sir Michael. *Lectures on the History of Physiology during the Sixteenth, Seventeenth, and Eighteenth Centuries.* Cambridge: Cambridge University Press, 1906; reprint ed., New York: Dover, 1970.

Foster, W. D. *A Short History of Clinical Pathology.* Edinburgh: E. and S. Livingstone, 1961.

Foucault, Michel. *Madness and Civilization: A History of Insanity in the Age of Reason.* Tr. by R. Howard. New York: Random House, 1965.

Frank, Johann Peter. *A System of Complete Medical Police.* Edited by Erna Lesky. Tr. by E. Vilim. Baltimore: Johns Hopkins University Press, 1976.

Freidson, Eliot. *Professional Dominance: The Social Structure of Medical Care.* New York: Atherton Press, 1970.

French, Richard D. *Antivivisection and Medical Science in Victorian Society.* Princeton: Princeton University Press, 1975.

Freund, Paul, ed. *Experimentation with Human Subjects.* New York: George Braziller, 1970.

Fulton, John F. *Harvey Cushing: A Biography.* Springfield, Ill.: Charles C. Thomas, 1946.

Galdston, Iago, ed. *On the Utility of Medicine.* New York: International Universities Press, 1957.

Garrison, Fielding H. *John Shaw Billings: A Memoir.* New York: G. P. Putnam's Sons, 1915.

——. The *Principles of Anatomic Illustration before Vesalius.* New York: Paul Hoeber, 1926.

——. *An Introduction to the History of Medicine.* 4th ed. Philadelphia: W. B. Saunders, 1929.

Geison, Gerald L. *Michael Foster and the Cambridge School of Physiology: The Scientific Enterprise in Late Victorian Society.* Princeton: Princeton University Press, 1978.

Gilbert, Bently B. *The Evolution of National Insurance in Great Britain: The Origins of the Welfare State.* London: Joseph, 1966.

Glacken, Clarence J. *Traces on the Rhodian Shore: Nature and Culture in Western Thought from Ancient Times to the End of the Eighteenth Century.* Berkeley: University of California Press, 1967.

Glass, D. V. "Notes on the Demography of London at the End of the Seventeenth Century." *Daedalus* 97 (Spring 1968): 581-592.

Gnudi, Martha T., and Webster, Jerome P. *The Life and Times of Gaspare Tagliacozzi, Surgeon of Bologna 1545-1599.* New York: Herbert Reich-ner, 1950.

Godlee, Sir Rickman J. *Lord Lister.* London: Macmillan, 1917.

Goodfield, G. June. *The Growth of Scientific Physiology.* London: Hutchinson, 1960.

Graham, Harvey [Flack, Isaac H.]. *Eternal Eve: The History of Gynecology and Obstetrics.* Garden City, N.Y.: Doubleday, 1951.

Graunt, John. *Natural and Political Observations Mentioned in a following Index, and made upon the Bills of Mortality.* London: Thomas Roy-croft, 1662; reprint ed., Baltimore: Johns Hopkins University Press, 1939.

Greenwood, Major. *Some British Pioneers of Social Medicine.* London: Oxford University Press, 1948.

——. *Medical Statistics from Graunl to Farr.* Cambridge: Cambridge University Press, 1948.

Grob, Gerald N. *The State and the Mentally Ⅲ: A History of Worcester State Hospital in Massachusetts, 1830-1920.* Chapel Hill: University of North Carolina Press, 1966.

——. *Mental Institutions in America: Social Policy to 1875.* New York: Free Press, 1973.

——. "The Social History of Medicine and Disease in America: Problems and Possibilities." *Journal of Social History* 10 (Summer 1977): 391-409.

——. *Edward Jarvis and the Medical World of Nineteenth-Century America.* Knoxville: University of

Tennessee Press, 1978.

Gross, Samuel D. *Autobiography: With Sketches of His Contemporaries.* 2 vols. Philadelphia: George Barrie, 1887.

Guerra, Francisco. "The Dispute over Syphilis: Europe versus America." *Clio Medica* 13 (June 1978): 39-61.

Haeser, Heinrich. *Lehrbuch der Geschichte der Medizin und der epi-demischen Krankheiten.* 3d ed. 3 vols. Jena: F. Manke, 1875-1882.

Hahn, Andre, and Dumaitre, Paul. *Histoire de la medecine et dn livre medical a la lumisre des collections de la Bibliotheque de la Faculte de Medecine de Paris.* Paris: Olivier Perrin, 1962.

Hall, A. Rupert. *The Scientific Revolution 1500-1800: The Formation of the Modern Scientific Attitude.* London: Longmans, Green, 1954.

Hall, Marie Boas. "History of Science and History of Medicine." In *Modern Methods in the History of Medicine,* pp.157-172. Edited by Edwin Clarke. London: Athlone Press, 1971.

Hall, Thomas S. *Ideas of Life and Matter: Studies in the History of General Physiology 600 B.C. to 1900 A.D.* 2 vols. Chicago: University of Chicago Press, 1969.

Hand, Wayland D., ed. *American Folk Medicine: A Symposium.* Berkeley: University of California Press, 1976.

Hannaway, Owen. *The Chemists and the Word: The Didactic Origins of Chemistry.* Baltimore: Johns Hopkins University Press, 1975.

Harris, Richard. *A Sacred Trust.* Baltimore: Penguin Books, 1969.

Hartman, Mary, and Banner, Lois W., eds. *Clio's Consciousness Raised: New Perspectives on the History of Women.* New York: Harper Torch-books, 1974.

Hecht, J. Jean. "History: Social History." In *International Encyclopedia of the Social Sciences,* Vol.6, pp.455-462. New York: Free Press, 1968.

Hecker, Justus F. K. *The Epidemics of the Middle Ages.* London: The Sydenham Society, 1844.

Heckscher, William S. *Rembrandt's Anatomy of Dr. Nicolaas Tulp. An Iconological Study.* New York: New York University Press, 1958.

Heischkel, Edith. "Die Geschichte der Medizingeschichtschreibung." In *Einfurhrung in die Medizinhistorik*, pp.203-237. Edited by Walter Artelt. Stuttgart: Ferdinand Enke Verlag, 1949.

Herrlinger, Robert. *History of Medical Illustration from Antiquity to A.D. 1600.* Tr. by G. Fulton-Smith. London: Pitman Medical, 1970.

Higham, John; Krieger, Leonard; and Gilbert, Felix. *History.* Englewood Cliffs, N.J.: Prentice-Hall, 1965.

Himes, Norman E. *Medical History of Contraception.* Baltimore: Williams and Wilkins, 1936.

Hirsch, August. *Handbook of Geographical and Historical Pathology.* 3 vols. Tr. by Charles Creighton. London: The New Sydenham Society, 1883-1886.

Hodgkinson, Ruth G. *The Origins of the National Health Service: The Medical Services of the New*

Poor Law, 1834-1871. Berkeley: University of California Press, 1967.

Hollander, Eugen. *Plastik und Medizin.* Stuttgart: F. Enke, 1912.

——. Die *Karikature und Satire in der Medizin.* 2d ed. Stuttgart: F. Enke, 1921.

——. *Wunder, Wundergeburt, und Wnndergestalt: In Einblattdrucken des funfzehnten bis achtzeknten Jahrhunderts.* Stuttgart: F. Enke, 1921.

——. *Die Medizin in der klassichen Mallerei.* Stuttgart: F. Enke, 1923.

Holloway, S. W. F. "Medical Education in England, 1830-1858: A Sociological Analysis." *History* 49 (October 1964): 299-324.

——. "The Apothecaries Act, 1815: A Reinterpretation." *Medical History* 10 (April 1966): 107-129; (July): 221-236.

Holmes, Frederic L. *Claude Bernard and Animal Chemistry: The Emergence of a Scientist.* Cambridge, Mass.: Harvard University Press, 1974.

Hudson, Robert P. Abraham Flexner in Perspective: American Medical Education 1865-1910." *Bulletin of the History of Medicine* 46 (November-December 1972): 545-561.

Hughes, Arthur. *A History of Cytology.* New York: Abelard-Schuman, 1959.

Hughes, Sally Smith. *The Virus: A History of the Concept.* New York: Science History Publications, 1977.

Hurd-Mead, Kate Campbell. *A History of Women in Medicine from the Earliest Times to the Beginning of the Nineteenth Century.* Haddam, Conn.: Haddam Press, 1938.

Hutchinson, J. F. "Historical Method and the Social History of Medicine." *Medical History* 17 (October 1973): 423-428.

Imhof, Arthur E., and Larson, Oivind. "Social and Medical History: Methodological Problems in Interdisciplinary Quantitative Research." *Journal of Interdisciplinary History* 7 (Winter 1977): 493-498.

Jarcho, Saul, ed. *Human Palaeopathology.* New Haven: Yale University Press, 1966.

Jetter, Dieter. *Geschichte des Hospitals.* 3 vols. Wiesbaden: Franz Steiner Verlag, 1966-1972.

Jewson, N. D. "The Disappearance of the Sick Man from Medical Cosmology, 1770-1870." *Sociology* 10 (May 1976): 225-244.

Jones, Ernest. *The Life and Work of Sigmund Freud.* 3 vols. New York: Basic Books, 1953.

Kalisch, Phillip A., and Kalisch, Beatrice J. *The Advance of American Nursing.* Boston: Little, Brown, 1978.

Katz, Jay M., comp. *Experimentation with Human Beings.* New York: Russell Sage, 1972.

Kaufman, Martin. *Homeopathy in America, The Rise and Fall of a Medical Heresy.* Baltimore: Johns Hopkins University Press, 1971.

——. *American Medical Education: The Formative Years, 1765-1910.* Westport, Conn.: Greenwood Press, 1976.

Kearney, Hugh. *Science and Change 1500-1700.* New York: McGraw-Hill, 1971.

Keele, Kenneth D. *The Evolution of Clinical Methods in Medicine.* Springfield, 111.: Charles C. Thomas, 1963.

Kennedy, David M. *Birth Control in America: The Career of Margaret Sanger.* New Haven: Yale University Press, 1970.

Kerley, Ellis R. "Recent Advances in Paleopathology." In *Modern Methods in the History of Medicine,* pp.135-156. Edited by Edwin Clarke. London: Athlone Press, 1971.

Kerley, Ellis R., and Bass, William M. "Paleopathology: Meeting Ground for Many Disciplines." *Science* 157 (August 11, 1967): 638-644.

Kett, Joseph F. *The Formation of the American Medical Profession: The Role of Institutions, 1780-1860.* New Haven: Yale University Press, 1968.

Keynes, Sir Geoffrey. *The Life of William Harvey.* Oxford: Clarendon Press, 1966.

King, Lester S. *The Medical World of the Eighteenth Century.* Chicago: University of Chicago Press, 1958.

——. *The Growth of Medical Thought.* Chicago: University of Chicago Press, 1963.

——. The *Road to Medical Enlightenment 1650-1695.* New York: American Elsevier, 1970.

——. *The Philosophy of Medicine: The Early Eighteenth Century,* Cambridge, Mass.: Harvard University Press, 1978.

King, Lester S.; Risse, Guenter B.; Bums, Chester R.; and Hudson, Robert P. "Viewpoints in the Teaching of Medical History." *Clio Medica* 10 (June 1975): 129-160.

Klibansky, Raymond; Panofsky, Erwin; and Saxl, Fritz. *Saturn and Melancholy: Studies in the History of Natural Philosophy, Religion, and Art.* New York: Basic Books, 1964.

Kobler, John. *The Reluctant Surgeon: A Biography of John Hunter.* Garden City, N.Y.: Doubleday, 1960.

Konold, Donald E. *A History of American Medical Ethics, 1847-1912.* Madison: The State Historical Society of Wisconsin, 1962.

Kraepelin, Emil. *One Hundred Years of Psychiatry.* New York: Citadel Press, 1962.

Kremers, Edward and Urdang, George. *History of Pharmacy.* 4th ed. Revised by Glenn Sonnedecker. Philadelphia: Lippincott, 1976.

Kuhn, Thomas S. "Science: The History of Science." In *International Encyclopedia of the Social Sciences,* Vol.14，pp.74-83. New York: Free Press, 1968.

Ladimer, Irving, and Newman, Roger W.，eds. *Clinical Investigation in Medicine: Legal, Ethical, and Moral Aspects.* Boston: Law-Medicine Research Institute, Boston University, 1963.

Lambert, Royston. *Sir John Simon, 1816-1904, and English Social Administration.* London: Macgibbon and Kee, 1963.

Landes, David. "The Treatment of Population in History Textbooks." *Daedalus* 97 (Spring 1968): 363-384.

Langer, William L. "Europe's Initial Population Explosion." *American Historical Review* 69 (October

1963): 1-17.

Leake, Chauncey D., ed. *Perciva Vs Medical Ethics*. Baltimore: Williams and Wilkins, 1927.

Lerner, Monroe, and Anderson, Odin W. *Health Progress in the United States 1900-1960*. Chicago: University of Chicago Press, 1963.

Lesky, Erna. *Osterreichisches Gesundheitswesen im Zeitalter des aufgek-larten Absolutismus*. Vienna: Rudolf M. Rohrer, 1959.

——. The *Vienna Medical School of the 19th Century*. Tr. by L. Williams and I. S. Levij. Baltimore: Johns Hopkins University Press, 1976.

Leslie, Charles, ed. *Asian Medical Systems: A Comparative Study*. Berkeley: University of California Press, 1976.

Lewis, I. M. *Ecstatic Religion: An Anthropological Study of Spirit Possession and Shamanism*. Baltimore: Penguin Books, 1971.

Lindeboom, G. A. *Herman Boerhaave: The Man and His Work*. London: Methuen, 1968.

Lewis, Richard A. *Edwin Chadwick and the Public Health Movement 1832-1854*. London: Longmans, Green, 1952.

Lipset, Seymour M., and Hofstadter, Richard, eds. *Sociology and History: Methods*. New York: Basic Books, 1968.

Long, Esmond R. *A History of Pathology*. 2d ed. New York: Dover, 1965.

Lubove, Roy. *The Struggle for Social Security 1900-1935*. Cambridge, Mass.: Harvard University Press, 1968.

Macalpine, Ida, and Hunter, Richard. *George III and the Mad-Business*. New York: Random House, 1969.

McCollum, Elmer V. *A History of Nutrition*. Boston: Houghton Mifflin, 1957.

McDaniel, W. B. "The Place of the Amateur in the Writing of Medical History." *Bulletin of the History of Medicine* 7 (July 1939): 687-695.

Macfarlane, A. *Witchcraft in Tudor and Stuart England*. New York: Harper & Row, 1970.

McKeown, Thomas. "A Sociological Approach to the History of Medicine." *Medical History* 14 (October 1970): 342-351.

——. *The Modern Rise of Population*. New York: Academic Press, 1976.

McKeown, Thomas, and Brown, R. G. "Medical Evidence Related to English Population Changes in the Eighteenth Century." *Population Studies* 9 (July 1955): 119-141.

McKeown, Thomas, and Record, R. G. "Reasons for the Decline of Mortality in England and Wales during the Nineteenth Century." *Population Studies* 16 (March 1962): 94-122.

McKeown, Thomas; Brown, R. G.; and Record, R. G. "An Interpretation of the Modem Rise of Population in Europe." *Population Studies* 26 (November 1972): 345-382.

MacKinney, Loren C. *Early Medieval Medicine: With Special Reference to France and Chartres*. Baltimore: Johns Hopkins University Press, 1937.

McNeill, William H. *Plagues and Peoples.* Garden City, N.Y.: Doubleday Anchor, 1976.

Majno, Guido. *The Healing Hand: Man and Wound in the Ancient World.* Cambridge, Mass.: Harvard University Press, 1975.

Major, Ralph H. *A History of Medicine.* 2 vols. Springfield: Charles C. Thomas, 1954.

Malgaigne, J. F. *Surgery and Ambroise Pare.* Translated and edited by W. B. Hamby. Norman: University of Oklahoma Press, 1965.

Marshall, Helen E. *Mary Adelaide Nutting: Pioneer of Modern Nursing.* Baltimore: Johns Hopkins University Press, 1972.

Martin, Calvin. *Keepers of the Game: Indian-Animal Relationships and the Fur Trade.* Berkeley: University of California Press, 1978.

May, Jacques M. *The Ecology of Human Disease.* New York: M.D. Publications, 1958.

——. *Studies in Disease Ecology.* New York: Hafner, 1961.

Mazlish, Bruce, ed. *Psychoanalysis and History.* Englewood Cliffs: Prentice-Hall, 1963; 2d ed., 1971.

Meade, Richard H. *An Introduction to the History of General Surgery.* Philadelphia: W. B. Saunders, 1968.

Meiss, Millard. *Painting in Florence and Siena after the Black Death: The Arts, Religion, and Society in the Mid-Fourteenth Century.* Princeton: Princeton University Press, 1951.

Merz, John Theodore. *A History of European Thought in the Nineteenth Century.* 4 vols. London: Blackwood 1904-1912; reprint ed., New York: Dover, 1965.

Mettler, Cecilia C. *History of Medicine: A Correlative Text Arranged According to Subjects.* Edited by F. A. Mettler. Philadelphia: Blakis-ton, 1947.

Miller, Genevieve. "Backgrounds of Current Activities in the History of Science and Medicine." *Journal of the History of Medicine* 13 (April 1958): 160-178.

——. "The Teaching of Medical History in the United States and Canada." *Bulletin of the History of Medicine* 43 (1969): 259-267; 344-375; 444-472; 553-586.

——. "The Teaching of Medical History in the United States and Canada: Historical Resources in Medical School Libraries." *Bulletin of the History of Medicine* 44 (May-June 1970): 251-278.

——. "The Teaching of Medical History in American Medical Schools". In *The Education of American Physicians.* Edited by Ronald Numbers. Berkeley: University of California Press, 1980.

Miller, Howard S. *Dollars for Research: Science and Its' Patrons in Nineteenth-Century America.* Seattle: University of Washington Press, 1970.

Mills, C. Wright. *The Sociological Imagination.* New York: Oxford University Press, 1959.

Mondor, Henri. *Doctors and Medicine in the Works of Daumier,* Tr. by C. de Chabanne. Boston: Boston Book and Art Shop, 1960.

Mora, George. "The Historiography of Psychiatry and Its Development: A Re-Evaluation." *Journal of the History of the Behavioral Sciences* 1 (January 1965): 43-52.

Mora, George, and Brand, Jeanne L., eds. *Psychiatry and Its History: Methodological Problems in Research.* Springfield, 111.: Charles C. Thomas, 1970.

Morantz, Regina. "The Lady and Her Physician." In *Clio's Consciousness Raised: New Perspectives on the History of Women,* pp.38-53. Edited by Mary Hartman and Lois W. Banner. New York: Harper Torch-books, 1974.

Mountain, Joseph W. *Selected Papers of Joseph W. Mountain, M.D.* Joseph W. Mountain Memorial Committee, n. p.1956.

Neuburger, Max. *History of Medicine.* 2 vols. Tr. by Ernest Playfair. London: H. Frowde, 1910-1925.

——. Die *Lehre von der Heilkraft der Natur im Wandel der Zeiten,* Stuttgart: F. Sula, 1926. Tr. by Linn S. Boyd as *The Doctrine of the Healing Power of Nature Throughout the Course of Time,* New York, 1933.

Nevins, Allan. *The Gateway to History.* Rev. ed., Garden City, N.Y.: Doubleday Anchor, 1962.

Newman, Charles. *The Evolution of Medical Education in the Nineteenth Century.* London: Oxford University Press, 1957.

Nordenskiold, Eric. *The History of Biology.* New York: Alfred A. Knopf, 1928.

Norwood, William F. *Medical Education in the United States before the Civil War.* Philadelphia: University of Pennsylvania Press, 1944. Reprint ed., New York: Arno Press, 1971.

Numbers, Ronald L. *Almost Persuaded: American Physicians and Compulsory Health Insurance, 1912-1920.* Baltimore: Johns Hopkins University Press, 1978.

Nutting, M. A., and Dock, Lavinia. *A History of Nursing.* 4 vols. New York: G. P. Putnam's Sons, 1907-1912.

Olmsted, J. M. D. *Francois Magendie: Pioneer in Experimental Physiology and Scientific Medicine in XIX Century France.* New York: Henry Schuman, 1944.

Olmsted, James M. D., and Olmsted，E. Harris. *Claude-Bernard and the Experimental Method in Medicine.* New York: Henry Schuman, 1952.

O'Malley, Charles D. *Andreas Vesalius of Brussels 1514-1564.* Berkeley: University of California Press, 1965.

——, ed. *The History of Medical Education.* Berkeley: University of California Press, 1970.

O'Malley, Charles D., and Saunders, J. B. deC. M. eds. *Leonardo da Vinci on the Human Body.* New York: Henry Schuman, 1952.

O'Neill, Ynez V. "The Fiinfbilderserie Reconsidered." *Bulletin of the History of Medicine* 43 (May-June 1969): 236-245.

——. "The Fiinfbilderserie: A Bridge to the Unknown." *Bulletin of the History of Medicine* 51 (Winter 1977): 538-549.

Pagel, Julius. *Einfiihrung in die Geschichte der Medizin.* Berlin: S. Karger, 1898.

Pagel, Walter. "Julius Pagel and the Significance o Medical History for Medicine." *Bulletin of the History of Medicine* 25 (May-June 1951): 207-225.

——. *Paracelsus: An Introduction to Philosophical Medicine in the Era of the Renaissance.* Basel: S. Karger, 1958.

——. *William Harvey's Biological Ideas: Selected Aspects and Historical Background.* New York: S. Karger, 1967.

Parsons, Gail Pat. "Equal Treatment for All: American Medical Remedies for Male Sexual Problems: 1850-1900." *Journal of the History of Medicine* 32 (January 1977): 55-71.

Penfield, Wilder. *The Difficult Art of Giving: The Epic of Alan Gregg.* Boston: Little, Brown, 1967.

Peterson, M. Jeanne. *The Medical Profession in Mid Victorian London.* Berkeley: University of California Press, 1978.

Pinchbeck, Ivy. *Women Workers and the Industrial Revolution, 1750-1850.* London: Routledge 8c Sons, 1930; reprint ed., New York: A. M. Kelley, 1969.

Pinchbeck, Ivy, and Hewitt, Margaret. *Children in English Society.* 2 vols. London: Routledge and Kegan, Paul, 1969-1973.

Poynter, F. N. L. "Medicine and the Historian." *Bulletin of the History of Medicine* 30 (September-October 1956): 420-435.

——, ed. *The Evolution of Medical Education in Britain.* Baltimore: Williams and Wilkins, 1966.

——. *Medicine and Science in the 1860s.* London: Wellcome Institute, 1963.

Puschmann, Theodor. *A History of Medical Education from the Most Remote to the Most Recent Times.* Tr. by E. H. Hare. London: H. K. Lewis, 1896; reprint ed., New York: Hafner, 1966.

Puschmann, Theodor; Neuburger, Max; and Pagel, Julius. *Handbuch der Geschichte der Medizin.* 3 vols. Jena: Gustav Fischer, 1902-1905.

Rabb, Theodore K., and Rotberg, Robert I., eds. *The Family in History: Interdisciplinary Essays.* New York: Harper & Row, 1973.

Rather, L. J. *The Genesis of Cancer: A Study in the History of Ideas.* Baltimore: Johns Hopkins University Press, 1978.

Razzell, P. E. "An Interpretation of the Modern Rise of Population in Europe: A Critique." *Population Studies* 28 (March 1974): 5-18.

Redman, Eric. *The Dance of Legislation.* New York: Simon and Schuster, 1973.

Reed, James. *From Private Vice to Public Virtue: The Birth Control Movement and American Society since 1830.* New York: Basic Books, 1978.

Reingold, Nathan. "American Indifference to Basic Research: A Reappraisal." In *Nineteenth-Century American Science: A Reappraisal;* pp.38-62. Edited by George Daniels. Evanston: Northwestern University Press, 1972.

Reiser, Stanley J. *Medicine and the Reign of Technology.* Cambridge: Cambridge University Press, 1978.

Reiser, Stanley J.; Dyck, Arthur J.; and Curran, William J., eds. *Ethics in Medicine: Historical Perspectives and Contemporary Concerns.* Cambridge, Mass.: MIT Press, 1977.

Richardson, Robert G. *Surgery: Old and New Frontiers.* New York: Charles Scribner's Sons, 1968.

Riese, Walther. *The Conception of Disease: Its History, Its Versions and Its Nature.* New York: Philosophical Library, 1953.

Roberts, R. S. "The Personnel and Practice of Medicine in Tudor and Stuart England. Part I. The Provinces." *Medical History* 6 (October 1962): 363-382; "Pan Ⅱ. London." 8 (July 1964): 217-234.

Rose, Willie Lee. *Rehearsal for Reconstruction: The Port Royal Experiment.* Indianapolis: Bobbs-Merrill, 1964.

Rosebury, Theodore. *Microbes and Morals: The Strange Story of Venereal Disease.* New York: Viking, 1971.

Rosen, George. "A Theory of Medical Historiography." *Bulletin of the History of Medicine* 8 (May 1940): 655-665.

——. "The Place of History in Medical Education." *Bulletin of the History of Medicine* 22 (September-October 1948): 594-627. Also in Rosen, *From, Medical Police to Social Medicine,* pp.3-36. New York: Science History Publications, 1974.

——. "Levels of Integration in Medical Historiography: A Review." *Journal of the History of Medicine* 4 (Autumn 1949): 460-467.

——. "The New History of Medicine: A Review." *Journal of the History of Medicine* 6 (Autumn 1951): 516-522.

——. "Toward a Historical Sociology of Medicine: The Endeavor of Henry E. Sigerist." *Bulletin of the History of Medicine* 32 (November-December 1958): 500-516.

——. *A History of Public Health.* New York: M.D. Publications, 1958.

——. "People, Disease, and Emotions: Some Newer Problems for Research in Medical History." *Bulletin of the History of Medicine* 41 (January-February 1967): 5-23.

——. *Madness in Society: Chapters in the Historical Sociology of Mental Illness.* Chicago: University of Chicago Press, 1968.

——. *Preventive Medicine in the United States 1900-1975: Trends and Interpretations.* New York: Science History Publications, 1975.

——. "Social Science and Health in the United States in the Twentieth Century." *Clio Medica* 11 (December 1976): 245-268.

Rosenberg, Charles E. *The Cholera Years: The United States in 1832, 1849, and 1866.* Chicago: University of Chicago Press, 1962.

——. The *Trial of the Assassin. Guiteau: Psychiatry and Law in the Gilded Age.* Chicago: University of Chicago Press, 1968.

——. "The Medical Profession, Medical Practice, and the History of Medicine." In *Modern Methods in the History of Medicine,* pp.22-35. Edited by Edwin Clarke. London: Athlone Press, 1971.

——. *No Other Gods: On Science and American Social Thought,* Baltimore: Johns Hopkins

University Press, 1976.

——. "And Heal the Sick: The Hospital and the Patient in the 19th Century America." *Journal of Social History* 10 (Summer 1977): 428-447.

——. "The Therapeutic Revolution: Medicine, Meaning, and Social Change in Nineteenth-Century America." *Perspectives in Biology and Mcdicine* 20 (Summer 1977): 485-506.

——, ed. *The Family in History.* Philadelphia: Univerity of Pennsylvania Press, 1975.

——. *Healing and History: Essays for George Rosen.* New York: Science History Publications, 1979.

Rosenkrantz, Barbara G. *Public Health and the State: Changing Views in Massachusetts, 1842-1936.* Cambridge, Mass.: Harvard University Press, 1972.

Rothman, David J. *The Discovery of the Asylum: Social Order and Disorder in the New Republic.* Boston: Little, Brown, 1971.

Rothstein, William G. *American Physicians in the Nineteenth Century: From Sects to Science.* Baltimore: Johns Hopkins University Press, 1972.

Rothschuh, Karl E. *History of Physiology.* Original German ed., 1953; edited and tr. by G. B. Risse. Huntington, N.Y.: Robert E. Krieger, 1973.

Sand, Rene. *The Advance to Social Medicine.* London: Staples Press, 1952.

Sarton, George. *Introduction to the History of Science.* 3 vols. in 5 parts. Baltimore: Williams and Wilkins, 1927-1948.

——. "The History of Science Versus the History of Medicine." *Isis* 23 (September 1935): 313-320.

——. *A History of Science.* 2 vols. Cambridge, Mass.: Harvard University Press, 1952-1959.

Saunders, J. B. deC. M. *The Transitions from Ancient Egyptian to Greek Medicine.* Lawrence: University of Kansas Press, 1963.

Saunders, J. B. deC. M., and O'Malley, Charles D., eds. *The Illustrations from the Works of Andreas Vesalius of Brussells.* Cleveland: World, 1950.

Savitt, Todd L. *Medicine and Slavery: The Diseases and Health Care of Blacks in Antebellum Virginia.* Urbana: University of Illinois Press, 1978.

Schouten, J. *The Rod and Serpent of Asklepios: Symbol of Medicine.* New York: Elsevier, 1967.

Schullian, Dorothy M., and Schoen, Max, eds. *Music and Medicine.* New York: Henry Schuman, 1948.

Schultz, Adolph H. "Notes on Diseases and Healed Fractures of Wild Apes and Their Bearing on the Antiquity of Pathological Conditions in Man." *Bulletin of the History of Medicine* 7 (June 1939): 571-582.

Shafer, Henry B. *The American Medical Profession, 1783-1850.* New York: Columbia University Press, 1936.

Shannon, James A. "The Advancement of Medical Research: Twenty-Year View of the Role of the National Institutes of Health." *Journal of Medical Education* 42 (February 1967): 97-108.

Shattuck, Lemuel. *Report of a General Plan for the Promotion of Public and Personal Health.*

Boston: Dutton and Wentworth, 1850.

Shryock, Richard H. *The Development of Modern Medicine.* 2d ed. New York: Alfred A. Knopf, 1947.

——. *American Medical Research Past and Present.* New York: The Commonwealth Fund, 1947.

——. "Women in American Medicine." *Journal of the American Medical Women's Association* 5 (September 1950): 371-379. Also in Shryock, *Medicine in America: Historical Essays,* pp.177-199. Baltimore: Johns Hopkins University Press, 1966.

——. *Medicine and Society in America 1660-1860.* New York: New York University Press, 1960.

——. *Medicine in America: Historical Essays.* Baltimore: Johns Hopkins University Press, 1966.

Sigerist, Henry E. *The Great Doctors: A Biographical History of Medicine.* Tr. by E. & C. Paul. New York: W. W. Norton, 1933.

——. "On Hippocrates." *Bulletin of the History of Medicine* 2 (May 1934): 190-214. Also in *Henry E. Sigerist on the History of Medicine,* pp.97-119. Edited by F. Marti-Ibanez. New York: M.D. Publications, 1960.

——. "The History of Medicine And the History of Science." *Bulletin of the History of Medicine* 4 (January 1936): 1-13.

——. *Civilization and Disease.* Ithaca: Cornell University Press, 1943; reprint ed., University of Chicago Press, Phoenix, 1962.

——. "Medical History in the United States: Past-Present-Future." *Bulletin of the History of Medicine* 22 (January-February 1948): 47-64. Also in *Henry E. Sigerist on the History of Medicine,* pp.233-250. Edited by F. Marti-Ibanez. New York: M.D. Publications, 1960.

——. *A History of Medicine.* 2 vols. New York: Oxford University Press, 1951-1961.

——. "William Harvey's Position in the History of European Thought." In *Henry E. Sigerist on the History of Medicine,* pp.184-192. Edited by F. Marti-Ibanez. New York: M.D. Publications, 1960.

——. *Henry E. Sigerist on the Sociology of Medicine.* Edited by Milton I. Roemer. New York: M.D. Publications, 1960.

——. *Henry E. Sigerist: Autobiographical Writings.* Comp, by Nora Sigerist Beeson. Montreal: McGill University Press, 1966.

Simon, Sir John. *English Sanitary Institutions: Reviewed in Their Course of Development and in Some of their Political and Social Relations.* London: Cassell, 1890.

Sims, J. Marion. *The Story of My Life.* New York: Appleton, 1884; reprint ed., New York: DeCapo Press, 1968.

Singer, Charles, and Underwood, E. Ashworth. *A Short History of Medicine.* 2d ed. New York: Oxford University Press, 1962.

Stampp, Kenneth M. *The Peculiar Institution: Slavery in the Ante-Bellum South.* New York: Alfred A. Knopf, 1956.

Stem, Bernhard J. *Historical Sociology.* New York: Citadel Press, 1959.

Stevens, Rosemary. *Medical Practice in Modern England: The Impact of Specialization and State Medicine,* New Haven: Yale University Press, 1966.

——. *American Medicine and the Public Interest.* New Haven: Yale University Press, 1971.

Stevenson, Lloyd G. "Science down the Drain." *Bulletin of the History of Medicine* 29 (January-February, 1955a): 1-26.

——. "Biography versus History: With Special Reference to the History of Medicine." College of Physicians of Philadelphia Transactions 23 (August 1955b): 83-93.

——. "William Harvey and the Facts of the Case." *Journal of the History of Medicine* 31 (January 1976): 90-97.

Stocking George W. "On the Limits of 'Presentism' and 'Historicism' in the Historiography of the Behavioral Sciences." *Journal of the History of the Behavioral Sciences* 1 (July 1965): 211-217.

Stone, Lawrence. *The Family, Sex, and Marriage in England 1500-1800.* New York: Harper & Row, 1977.

Strauss, Maurice B., ed. *Familiar Medical Quotations.* Boston: Little, Brown, 1968.

Strickland, Stephen P. *Politics, Science, and Dread Disease: A Short History of United States Medical Research Policy.* Cambridge, Mass.: Harvard University Press, 1972.

Swain, Donald C. "The Rise of a Research Empire: NIH, 1930-1950." *Science* 138 (14 December 1962): 1233-1237.

Talbot, Charles H. *Medicine in Medieval England.* New York: American Elsevier, 1967.

Temkin, Owsei. "An Historical Analysis of the Concept of Infection.M In *Studies in Intellectual History,* pp.123-147. Baltimore: Johns Hopkins University History of Ideas Club, 1953. Also in *The Double Face of Janus,* pp.456-471. Baltimore: Johns Hopkins University Press, 1977.

——. "In Memory of Henry E. Sigerist." *Bulletin of the History of Medicine* 31 (July-August 1957): 295-299.

——. "Henry E. Sigerist and Aspects of Medical Historiography." *Bulletin of the History of Medicine* 32 (November-December 1958): 485-499.

——. "Who Should Teach the History of Medicine." In *Education in the History of Medicine,* pp.53-60. Edited by John B. Blake. New York: Hafner, 1968.

——. "The Historiography of Ideas in Medicine." In *Modern Methods in the History of Medicine,* pp.1-21. Edited by Edwin Clarke. London: Athlone Press, 1971.

——. *Galenism: Rise and Decline of a Medical Philosophy.* Ithaca: Cornell University Press, 1973.

——. "Health and Disease." *Dictionary of the History of Ideas,* Vol.2, pp.395-407. New York: Charles Scribner's Sons, 1973. Also in *The Double Face of Janus,* pp.4,19-40 (1977; See next entry).

——. The *Double Face of Janus and Other Essays in the History of Medicine.* Baltimore: Johns Hopkins University Press, 1977.

Terris, Milton, ed. *Goldberger on Pellagra.* Baton Rouge: Louisiana State University Press, 1964.

Thomas, Keith. *Religion and the Decline of Magic.* New York: Charles Scribner's Sons, 1971.

Thompson, Kenneth. "Irrigation as a Menace to Health in California, A Nineteenth Century View.M *The Geographical Review* 59 (1969): 195-214.

——. "Early California and the Causes of Insanity." *Southern California Quarterly* 58 (Spring 1976): 45-62.

——. "Wilderness and Health in the Nineteenth Century." *Journal of Historical Geography* 2 (1976): 145-161.

——. "Trees as a Theme in Medical Geography and Public Health." *Bulletin of the New York Academy of Medicine* 54 (May 1978): 517-531.

Thorndike, Lynn. *A History of Magic and Experimental Science.* 8 vols. New York: Macmillan, 1923-1958.

Top, Franklin H., ed. *The History of American Epidemiology.* St. Louis: C. V. Mosby, 1952.

Turner, Thomas B. "The Medical Schools Twenty Years Afterwards: Im-. pact of the Extramural Research Support Programs of the National Institutes of Health." *Journal of Medical Education* 42 (February 1967): 109-118.

——. *Heritage of Excellence: The Johns Hopkins Medical Institutions,1914-1947.* Baltimore: Johns Hopkins University Press, 1974.

Underwood, E. Ashworth, ed. *Science, Medicine, and History: Essays on the Evolution of Scientific Thought and Medical Practice Written in Honor of Charles Singer.* 2 vols. London: Oxford University Press,1953.

Vallery-Radot, Rend. *The Life of Pasteur.* Tr. by R. L. Devonshire. 2 vols. New York: Doubleday, 1901; reprint ed., New York: Dover, 1960.

Veith, Ilza. *Hysteria: The History of a Disease.* Chicago: University of Chicago Press, 1965.

Verbrugge, Martha H. "Women and Medicine in Nineteenth-Century America." *Signs: Journal of Women in Culture and Society* 1 (Summer 1976): 957-972.

Virtanen, Reino. *Claude Bernard and His Place in the History of Ideas.* Lincoln: University of Nebraska Press, 1960.

Vogel, Morris J. "Patrons, Practitioners, and Patients: The Voluntary Hospital in Mid-Victorian Boston." In *Victorian America,* pp.121-138. Edited by D. W. Howe. Philadelphia: University of Pennsylvania Press, 1976.

Waddington, Ivan. "General Practitioners and Consultants in Early Nineteenth-Century England: The Sociology of Intra-Professional Con-ftict." In *Health Care and Popular Medicine in Nineteenth-Century England,* pp.164-88. Edited by John Woodward and David Richards. New York: Holmes and Meier, 1977.

Walsh, Mary Roth. *Doctors Wanted: No Women Need Apply; Sexual Barriers in the Medical Profession, 1835-1975.* New Haven: Yale University Press, 1977.

Wangensteen, Owen H., and Wangensteen, Sarah D. *The Rise of Surgery: From Empiric Craft to Scientific Discipline.* Minneapolis: University of Minnesota Press, 1978.

Webster, Charles, ed. *The Intellectual Revolution of the Seventeenth Century.* London: Routledge and Kegan Paul, 1974.

——. The *Great Instauration: Science，Medicine, and Reform 1626-1660.* London: Duckworth, 1975.

Wells, Calvin. *Bones, Bodies, and Disease: Evidence of Disease and Abnormality in Early Man.* New York: Praeger, 1964.

WHitteridge, Gweneth. *William Harvey and the Circulation of the Blood.* New York: American Elsevier, 1971.

Wiebe, Robert H. *The Search for Order 1877-1920.* New York: Hill and Wang, 1967.

Williams, H. U. "The Origin and Antiquity of Syphilis: The Evidence from Diseased Bone: A Review with Some New Material from America." *Archives of Pathology* 13 (May 1932): 779-814; (June 1932): 931-983.

Wilson, F. P. *The Plague in Shakespeare's London.* Oxford University Press, 1927.

Wilson, Leonard G. "Editorial: History Versus the Historians." *Journal of the History of Medicine* 33 (April 1978): 127-128.

Winslow, Charles E. A. *The Life of Hermann M. Biggs,* M.D., *D.Sc., LL.D. Physician and Statesman of Public Health.* Philadelphia: Lea and Febiger, 1929.

——. The *Conquest of Epidemic Disease: A Chapter in the History of Ideas.* Princeton: Princeton University Press, 1943.

Withington, Edward T. *Medical History from the Earliest Times.* London: Scientific Press, 1894.

Witte, Edwin E. *The Development of the Social Security Act.* Madison: University of Wisconsin Press, 1963.

Wood, Ann Douglas. "The Fashionable Diseases: Women's Complaints and their Treatment in Nineteenth-Century America." *Journal of Interdisciplinary History* 4 (Summer 1973): 25-52. Also in *Clio's Consciousness Raised: New Perspectives on the History of Women,* pp.1-22. Edited by Mary Hartman and Lois W. Banner. New York: Harper Torchbooks, 1974.

Wood, Peter H. *Black Majority: Negroes in Colonial South Carolina From 1670 through the Stono Rebellion.* New York: Alfred A. Knopf, 1974.

Woodham-Smith, *Cecil. Florence Nightingale, 1820-1910.* New York: McGraw-Hill, 1951.

Woodward, John, and Richards, David, eds. *Health Care and Popular Medicine in Nineteenth-Century England: Essays in the Social History of Medicine.* New York: Holmes and Meier, 1977.

Wrigley, E. A. "Mortality in Pre-Industrial England: The Example of Colyton, Devon, over Three Centuries." *Daedalus* 97 (Spring 1968): 546-580.

Wrigley, Edward A.; Eversley, D. E. C.; and Laslett, Peter. *An Introduction to English Historical Demography from the Sixteenth to the Nineteenth Century,* New York: Basic Books, 1966.

Young, James Harvey. *The Toadstool Millionaires: A Social History of Patent Medicine in America before Federal Regulation.* Princeton: Princeton University Press, 1961.

——. The *Medical Messiahs; A Social History of Health Quackery in Twentieth-Century America*. Princeton: Princeton University Press, 1967.

Ziegler, Philip. *The Black Death*. London: Collins, 1969.

Zigrosser, Carl, comp. *Ars Medica: A Collection of Medical Prints Presented to the Philadelphia Museum of Art by Smith Kline and French Laboratories*. Philadelphia: Philadelphia Museum of Art, 1955.

Zilboorg, Gregory. *A History of Medical Psychology*. New York: W. W. Norton, 1941.

Zimmer, Henry R. *Hindu Medicine*. Baltimore: Johns Hopkins University Press, 1948.

Zimmerman, Leo M., and Veith, Ilza. *Great Ideas in the History of Surgery*. 2d ed. New York: Dover, 1967.

第八章　医学史 [①]

豪斯曼　沃纳

医学史家往往愿意坚称，过去为当下提供了重要视角——理解过去对疾病的经验和管理，能在患者、医生、政策制定者、公共卫生官员、伦理学家和选民做出困难选择时有所帮助。一些医学史家坚信，追溯以前社会如何应对传染病，或者如何区分正常与病态，有助于为今天的个人、业界和国家做出更为有效和公正的解释与干预提供指导。一些撰写医学史的人相信，展示丰富的专业遗产能给日常压力巨大的医生带来思想上的满足与慰藉。还有一些人将历史看作一种工具，可以帮助医学学生理解他们所要进入的职业文化，在面临社会化压力时意识到自己的能动性。即便是那些不愿向过去学习的医学史家，往往也会很快认识到历史视角的潜力——它能帮助女人面对分娩，帮助青春期少年认识自己的身体，帮助我们每个人理解文化如何塑造疾病与健康情况下的自我认识。

因此令人惊讶的是，这样一个如此专注于过去对当下影响的共同体，竟然普遍轻视其自身手艺的过去。在过去几十年里，人们提起"传统"医学史时，总是把它当作一个太过简单的粗糙品，引用它就是为了驳倒它。不愿阅读该领域早期著作的作者们往往会抨击早期工作，以提升自己贡献的重要性和新颖性。几乎在所有历史学领域，这种编史学姿态都是内置的修辞策略。尽管如此，医学史家在塑造和重塑我们的历史实践时对自己事业的过去如此缺乏反思，这终归是种讽刺。

我们这里的目标并不是捍卫或复原医学史的早期进路，但我们的确想对现在对"传统"医学史的一般叙述提出质疑。在 20 世纪 70 年代成形的新医学社会史中，对旧有工作的扁平漫画式处理有助于界定新的纲领，澄清历史学家试图巩固自己独立身份的使命感。事实上，那场运动之所以能够获得势头，部分是通过与其他东西相对照——医生写给其他医生的业已确立的医学史，是对伟大医生及其成就进行英雄

[①] Frank Huisman and John Harley Warner eds., *Locating Medical History: the Story and Their Meaning* (Baltimore: John Hopkins University Press, 2004), pp.1-30, 张卜天译。

式的庆祝，是辉格的、胜利主义的，是毫无反思的内在主义的和幼稚的实证主义的。到了 20 世纪 80 年代初，这幅关于传统历史的图像已经从富有启发地呼吁编史学革命堕落为一种自以为是、未经考察的对过去的错误描述。

在 20 世纪八九十年代，对这种模式化形象的援引往往已经实际取代了新的理论思考与分析。在著作引言、期刊论文和基金申请中，展现旧医学史以便驳斥它，成为强调自身工作重要性的一种不费脑筋的现成方式。这就是为何那么多见识短浅、缺乏理论反思的作品都能够大行其道的原因之一。也许我们能为这个领域所做的一件好事就是揭露那些将"传统"医学史当作简单陪衬的伎俩，长期以来，这种伎俩往往被误认为是理论和编史学上的创新。

不仅如此，对过去的污名化也常常是对当代医学史其他流派的隐秘贬黜。正因为往往隐秘而非开放，这些贬黜回避了任何认真对话的机会。贬黜异己进路虽然可以免于阐明自己的编史学目标和信念，但也预先排除了使领域保持活力的争论机会。个体作者也许不必做这种自我反省，但如果一直回避明确的编史学想法，我们的领域和学生将成为受害者。

作为一个明显多样的、兼收并蓄的领域，医学史正面临关于未来的深刻选择。用来理解健康文化与医疗的"新社会史"纲领已经过时整整一代，昔日流行一时的文化史冲动现已不再能激发出意义可与前者媲美的共同议程和使命，形势变得更加紧迫。无论文化转向之后的医学史是重获生机还是偏离正轨，我们都不再能够看到 20 世纪七八十年代那种活跃的争论，正是这些争论激活并最终转变了医学史领域。

我们要使人不再能把传统医学史刻画成有着统一的方法或目标。同时，我们试图对当前的医学史做法进行客观真实的考察，认识到历史学家在背景、进路、旨趣和受众等方面的多样性。关于谁有资格从事医学史的争论现已成为过去。然而，关于什么样的故事值得讲述、在课堂或法庭上讲述的故事能做什么和应该做什么、什么构成了有意义的医学史，现在的分歧前所未有。我们无意突出某个答案，但我们坚持认为，一种健康的多元主义能最好地服务于这个领域，应当先对既有的各种选择方案进行批判性的讨论，再对哪种医学史值得做做出不同判断，活力取决于这种持续争论。社会如何组织医疗、个人或国家与疾病是什么关系、如何理解我们作为患者或治疗者的身份和能动性——这些医学史中的关键问题对于医学史实践来说太过重要，必须不断加以积极反思和重新审视。

一、传统医学史的困难

传统的发明早已成为历史研究的主要内容[2]。历史学家一般已经认识到，国家、社会团体和行业在何种程度上创造了传统，以稳固、捍卫和激发认同感。在此过程中，历史学家敏锐地意识到，"传统"是一个负载严重的术语，它意指在特定历史时期被造就的做法和价值，以服务于特定的目标，意指被视为文化内在要素而非偶然创造的、逐渐具有永恒意义的主要建构。

相反，传统——真实的或被发明的——也被用来与过去相决裂，避开连续性，开创一种具有不同价值和特殊实践的全新传统。尤其在发起变革纲领的时代，被称为"传统"的历史参与者与其说是一个描述性范畴，不如说是一种有助于对变革进行界定、推动和批准的论战性建构。

当我们读到或听到作为一种已知、统一、永恒的东西的"传统医学史"时，应当警惕。但数十年来，我们的专业文献中恰恰充斥着这种对"传统医学史"的描述。这里我们所关心的并不是公平对待过去的医学史研究者。真正的问题是，虽然这种论战性的手段的确推动过新的医学史，但它早已成为使该领域止步不前的障碍。同样，通过延续对过去的误解，它还促进了对当下的误解。如果从一个更长过去的视角来看，那种认为医学史似乎危机四伏的普遍感觉就会完全不同，这表明，今天所面临的许多张力、学说裂隙和体制上的不稳定并不像大多数人以为的那么新。

从19世纪初医学史开始成为具有学科愿景的学术领域起，就没有单一的医学史，而是有许多医学史。我们与其说要把医学史呈现为一个身份自明、界限清晰的学科，不如说更愿意将它作为一个领域加以概念化。这个空间隐喻使我们能够公平对待不同历史努力的家族相似的学科。我们不仅可以从关于"医学史"应当研究什么的争论，而且可以从这个范畴本身的不稳定性来看待今天在更宽广的领域内共存和竞争的多种医学史。早在20世纪70年代，一些历史学家就把"医学史"视为一个过分狭窄和时代误置的标签，提出是否最好将这个不断变化的领域称为医疗史。类似地，在20世纪六七十年代的编史学革命之前，并没有超越时间的单一的"医学史"，而只有在特定时间、地点和群体中争论的多种不同的医学史。

这里我们不想对这种早期医学史做某种线性的叙述，而想通过有选择地、框架

---

[2] 这方面的经典著作依然是 *The Invention of Tradition*, Eric Hobsbawm and Terence Ranger, eds. (Cambridge: Cambridge University Press, 1983) 和 *Les lieux de mémoire*, Pierre Nora, ed., 7 vols. (Paris: Gallimard, 1984-1992)。

性地考察从 18 世纪末到第二次世界大战期间传入北美的德国医学史来例证我们对多
样性的看法。我们并非意在表明这种带有狭窄地理关切的叙述能够把握过去医学史
的多样性。恰恰相反，通过聚焦于英美和北欧历史学家在想象"传统医学史"时最
熟悉的一个职业谱系叙事，我们试图揭示，在许多人认为静态和同质的地方在多大
程度上能够发现变化和多样性。这并不是对医学史进路的考察，更不是对医学史所
有努力的考察，而是一些作为例证，表明教学研究纲领的多样和变化，每一个纲领
都有自己独特的叙事、受众、动机、方法和偏见。[3]

　　1800 年以前，博学的西方医生们早已到历史中寻求后来的医生从科学中推出的

---

[3]　关于医学史编史学的历史，参见 Gert Brieger, "The Historiography of Medicine," in *Companion Encyclopedia of the History of Medicine*, W. F. Bynum and Roy Porter, eds., 2 vols. (London: Routledge, 1993), Vol.1:24-44; *Eine Wissenschaft Emanzipiert Sich. Die Medizinhistoriographie von der Aufklärung bis zur Postmoderne*, Ralf Bröer, ed. (Pfaffenweiler: Centaurus-Verlagsgesellschaft, 1999); John C. Burnham, *How the Idea of Profession Changed the Writing of Medical History (Medical History* supp. No.18; London: The Wellcome Institute for the History of Medicine, 1998); Harold J. Cook, "The New Philosophy and Medicine in Seventeenth-Century England," in *Reappraisals of the Scientific Revolution*, David C. Lindberg and Robert S. Westman, eds. (Cambridge: Cambridge University Press, 1990), 397-436, 401-405; *Making Medical History: The Life and Times of Henry E. Sigerist*, Elizabeth Fee and Theodore M. Brown, eds. (Baltimore: Johns Hopkins University Press, 1997); *Die Institutionalisierung der Medizinhistoriographie. Entwicklungslinien vom 19. ins 20. Jahrhundert*, Andreas Frewer and Volker Roelcke, eds. (Stuttgart: Franz Steiner Verlag 2001); *Médecins érudits, de Coray à Sigerist*, Danielle Gourevitch, ed. (Paris: De Boccard, 1995); Johann Gromer, *Julius Leopold Pagel (1851-1912). Medizinhistoriker und Arzt* (Cologne: Forschungsstelle Robert-Koch-Strasse, 1985); Edith Heischkel, "Die Geschichte der Medizingeschichtsschreibung," in *Einführung in die Medizinhistorik*, Walter Artelt, ed. (Stuttgart: Ferdinand Enke Verlag, 1949), 202-237; Susan Reverby and David Rosner, "Beyond 'the Great Doctors,'" in *Health Care in America: Essays in Social History*, Reverby and Rosner, eds. (Philadelphia: Temple University Press, 1979), 3-16; Dirk Rodekirchen and Heike Fleddermann, *Karl Sudhoff (1853-1938). Zwei Arbeiten zur Geschichte der Medizin und der Zahnheilkunde* (Feuchtwangen: Margrit Tenner, 1991); Volker Roelcke, "Die Entwicklung der Medizingeschichte Seit 1945," *Zeitschrift für Geschichte der Naturwissenschaften, Technik und Medizin* 2 (1994): 193-216; Henry Sigerist, "The History of Medical History," in *Milestones in Medicine* (New York: Appleton-Century Company, 1938), 165-184; John Harley Warner, "The History of Science and the Sciences of Medicine," *Osiris* 10 (1995): 164-193; Charles Webster, "The Historiography of Medicine," in *Information Sources in the History of Science and Medicine*, Pietro Corsi and Paul Weindling, eds. (London: Butterworth Scientific, 1983), 29-43。

专业定义和权威性。历史知识曾是医生的必备要素，学生们需要精通希腊文、拉丁文、语文学、逻辑学和修辞学，以便能够阅读前辈们的著作和理解前辈们的工作，这些前辈某种意义上也是他们的同事。进入 19 世纪，历史在传播和捍卫医学地位方面发挥了显著作用，医生通过权衡早期医学地位的利弊来阐述自己的进路。可以根据当代需求从古典遗产中有选择地引出、改造和重新整理理论。人们会说，最好的医生不仅是哲学家（比如盖伦），而且也是历史学家。

　　然而在 18 世纪末，作为德国历史意识更大转变的一部分，历史医学与当代医学之间的基本统一性开始受到质疑。这种新兴的历史感促进了医学知识的变化和进步 ④。通常被视为现代医学史之父的哈勒医生和植物学教授施普伦格尔（Kurt Sprengel, 1766—1833）正是这种新的历史意识的体现和代言人 ⑤。哈勒、哥廷根尤其是柏林的普鲁士大学的改革运动，乃是施普伦格尔纲领更广的政治语境。这一新的学术理想诞生于军队遭到拿破仑重创的遍地废墟的普鲁士，这绝非偶然。人们普遍希望通过精神和思想的复兴来弥补物质损失，把新统一的国家当作理性的体现。洪堡（Wilhelm von Humboldt）的"新大学"以培养律师、牧师、医生等专业人才为实际目标，同时也成为追求知识和真理的避难所。洪堡所设想的德意志民族的拯救将来自教学与研究的结合。正如历史学家最近提出的，即使洪堡式的大学只是一种理想或神话，它也仍然会激励人们思考大学在社会中扮演的更大角色。⑥

　　在医学史上，施普伦格尔和他对该领域的"实用主义"观点体现了向这一新的学术理想的过渡。德国实用主义历史的特点是主张人可以向过去学习，历史包含着

④　关于医学中的这一变化，参见 Owsei Temkin, *Galenism: Rise and Decline of a Medical Philosophy* (Ithaca: Cornell University Press, 1973) 和 Wesley D. Smith, *The Hippocratic Tradition* (Ithaca: Cornell University Press, 1979)。关于历史写作中的这一变化，参见 Georg G. Iggers, *The German Conception of History: The National Tradition of Historical Thought from Herder to the Present* (Middletown: Wesleyan University Press, 1968)。

⑤　关于施普伦格尔，参见 Thomas Broman, *The Transformation of German Academic Medicine, 1750-1820* (Cambridge: Cambridge University Press 1996)（尤其是 139-142 页）和 Hans-Uwe Lammel, *Klio und Hippokrates. Eine Liason Litteraire des 18. Jarhunderts und die Flogen für die Wissenschaftskultur bis 1850 in Deutschland* (Stuttgart: Franz Steiner, in press)。

⑥　*Mythos Humboldt. Vergangenheit und Zukunft der deutschen Universitäten,* Mitchell G. Ash, ed. (Vienna: Böhlau, 1999); Sylvia Paletschek, "Verbreitete sich ein 'Humboldt'sches Modell' an den deutschen Universitäten im 19. Jahrhundert?", in *Humboldt International. Der Export des Deutschen Universitätsmodells im 19. und 20. Jahrhundert,* Rainer Christoph Schwinges, ed. (Basel: Schwabe, 2000), 75-104.

今天的教训，能够服务于实际目标。在施普伦格尔五卷本的《实用主义医学史文集》（*Versuch einer Pragmatischen Geschichte der Arzneikunde*，1792—1803）中，他用医学史显示了人类心灵的逐步发展，也促进了对当代医学知识的更好理解。[7] 历史能够帮助医学学生成长为具备公民责任感的医生。施普伦格尔推论说，由于医学史可以教学生在初看起来奇特的理论中找到某种价值，所以历史能够培养学生谦虚和宽容的品质。施普伦格尔公然摒弃记录医学家观点的方法，不再通过有待模仿的伟大医生的传记来展示过去，历史不再意味着通过与去世同行论辩来加强自己的医学判断。取而代之的是，施普伦格尔将自己的叙事组成为一个思想学派接替另一个思想学派的演进过程，并且预先假定了医学、哲学和一般文化之间的关联。他正处于一种教育手册传统的开端，该传统将教化当作最重要的目标，以医学史为工具使学生适应医学。后人推崇施普伦格尔的实用主义医学史观，将其誉为医学史在医学院获得合法建制的最重要的参考点。

在浪漫主义时代，撰写医学史概要或手册的达梅罗（Heinrich Damerow，1798—1866）和伊森泽（Emil Isensee，1807—1845）进而依赖于哲学，尤其依赖谢林和黑格尔。[8] 浪漫主义编史学持有一种观念论的形而上学，认为观念是实在背后的自主驱动力。这类医学史家不太关注生命的无限多样性（个体、事件、行为等），而是寻求每一个时代的奠基性观念或时代精神。伊森泽声称在寻找"普遍真理的迷人女神"，推崇周期化。他以一种浪漫主义修辞坚称，"时代尚未构建出来，但却真实"，"医学女神在欧洲之旅的各个时代驿站改变她那金色永动战车的精神飞马"。[9] 他说，不了解医学史的人就如同站在自家门口的陌生人。没有历史视角，他们只能重新发现一切，在此过程中犯许多毫无必要的错误。与施普伦格尔相呼应，伊森泽也认为历史会扩展他们的心灵视域，培养自我批判和谦虚的品质。

创造新的医学知识，而不是教学，是从事医学史的另一种动机。这种研究纲领并没有被建制化为医学史，而是体现于一些个体身上，比如常被称为历史病理学创

---

[7] Kurt Sprengel, *Versuch einer Pragmatischen Geschichte der Arzneikunde* (Halle: J. J. Ge-bauer, 1792-1803).

[8] 参见 Guenter B. Risse, "Historicism in Medical History: Heinrich Damerow's 'Philosophical' Historiography in Romantic Germany," *Bulletin of the History of Medicine* 43 (1969): 201-211 和 Dietrich von Engelhardt, "Medizinhistoriographie im Zeitalter der Romantik," in Bröer, *Eine Wissenschaft Emanzipiert Sich*, 31-47。

[9] Emil Isensee, *Die Geschichte der Medicin und ihrer Hülfswissenschaften*, 6 vols. (Berlin: Liebmann, 1840-1844), Vol.1: Ältere und Mittlere Geschichte, xlvii, 9.

始人的柏林教授海克尔（Justus Hecker，1795—1850）。[10] 对海克尔来说，医学史是一种认识论工具和研究策略，能够促进对传染病的病因学这个医学问题的理解。这个研究纲领植根于 18 世纪的新希波克拉底主义。[11] 虽然新希波克拉底主义已就环境、气象、发病率和死亡率收集了大量数据，但海克尔等 19 世纪的历史病理学家觉得有责任通过比较和引入历史维度来做期待已久的综合。海克尔指出，历史病理学能够通过参与塑造时代思考而服务于一般历史，对病理学有所贡献，帮助社会预防和应对大规模疾病，通过研究中世纪以来的传染病学模式来深化关于个别疾病比如鼠疫的认识。[12]1822 年，也就是海克尔出版其《医学史》（*Geschichte der Heilkunde*）的那一年，他被任命为编外教授（1834 年晋升教授），站在了所谓医学史柏林研究传统的起点。[13] 历史病理学似乎正在发展为一门完全成熟的医学分支学科。

　　然而从 19 世纪 40 年代起，年青一代的医生决意将实验方法引入医学，试图去除所有自然哲学遗存。批评者们抨击历史病理学，直指这门据说高度经验化的学科的思辨基础。[14]1850 年海克尔去世后，柏林教席空缺了 13 年，直到 1863 年，但泽医生、卫生学家希尔施（August Hirsch，1817—1894）才获得任命。[15]1860 年希尔施出版他的手册时，海克尔的历史病理学纲领几乎已经消失。[16] 为了避开思辨自然哲学的"幽灵"，希尔施强调他的书完全基于菲尔绍（Rudolf Virchow）的现代病理学观念，

---

[10]　Johanna Bleker, "Die Historische Pathologie, Nosologie und Epidemiologie im 19. Jahrhundert," *Medizinhistorisches Journal* 19 (1984): 33-52; Richard Hildebrand, "Bildnis des Medizinhistorikers Justus Hecker," *Medizinhistorisches Journal* 25 (1990): 164-170.

[11]　Lammel, Klio und Hippokrates. 也参见 James C. Riley, *The Eighteenth-Century Campaign to Avoid Disease* (Basingstoke: Macmillan, 1987)。

[12]　例如 Justus Hecker, *Der Schwarze Tod im 14. Jahrhundert* (Berlin: Herbig, 1832)。

[13]　Justus Hecker, *Geschichte der Heilkunde*, 2 vols. (Berlin: Theodor Enslin, 1822-1829). 海克尔、瑙曼（Moritz Naumann）、舍恩莱茵（Johann Lukas Schönlein）、黑泽（Heinrich Haeser）、富克斯（Konrad Heinrich Fuchs）和罗森鲍姆（Julius Rosenbaum）等人都期待在医学史中找到病理学模式。

[14]　Bleker, "Die Historische Pathologie," 44-46. 关于作为黑格尔主义者、"哥特式"传染病学家的海克尔，参见 Faye Marie Getz, "Black Death and the Silver Lining: Meaning, Continuity, and Revolutionary Change in Histories of Medieval Plague," *Journal of the History of Biology* 24 (1991): 265-289。

[15]　也参见 Eugen Beck, "Die Historisch-Geographische Pathologie von August Hirsch," *Gesnerus* 18 (1961): 33-44。

[16]　August Hirsch, *Handbuch der Historisch-Geographischen Pathologie*, 2 vols. (Erlangen: Ferdinand Enke, 1860-1864).

菲尔绍认可这本书。[17] 菲尔绍本人在 19 世纪 40 年代的公共卫生活动就部分基于海克尔的历史传染病学，由此提出"社会传染病学"，并强烈呼吁用民主、教育、自由和繁荣来解决 1848 年上西里西亚的斑疹伤寒传染病。[18] 然而，一旦历史病理学从一门临床学科变成一个医学史分支，大学就开始对它丧失兴趣。历史病理学研究成果从临床杂志中消失，在短命的医学史期刊《亚努斯》（Janus，创立于 1846 年）中重新立足。

19 世纪中期人们对医学史的抵触更显著地表现在对下面这件事情的态度，即医学史对于在道德和智识上培养未来医生有何价值。医学史教学非但不能为当前提供实际教益，反而日益被斥为一种只具有古文物收藏价值的过于纵容的训练。随着人们越来越相信通过实验科学所取得的成功，许多医生越发把医学视为一门应用科学。医生们试图按照实验科学来改造医学，实验室则取代图书馆成为医学知识的核心机构。

这一认识论断裂使医学史教学有丧失相关性和合法性的危险。既然过去与现在的共生关系受到质疑，历史训练对医学实践还能有什么用？事实上，这种与过去的有意决裂乃是创建和形成一种现代职业身份的一部分。随着医学学生和医生对医学史的态度从不相关发展到彻底无视，各个大学开始质疑是否有必要任命医学史教授。正如海克尔 1850 年去世后柏林教席空缺多年，当哈勒、波恩、布雷斯劳的继任者于 1851 年、1853 年、1856 年相继去世时，情况也一样。[19]

职业化使医学与医学史疏远的一个早期实例是，临床温度测量法的创始人之一温德利希（Carl Wunderlich，1815—1877）曾抨击历史对于医学学生的用处。温德利希也研究医学史，但他唯一能接受的医学史就是那种对现代科学医学进行正名的医学史，即记录它的兴起，歌颂它的成就，增强它的自信。在他看来，应当通过过去

---

[17] Ibid., Vol.1: vii–viii. 关于菲尔绍的医学史态度，参见 Erwin Ackerknecht, *Rudolf Virchow: Doctor, Statesman, Anthropologist* (Madison: University of Wisconsin Press, 1953), 146–155。希尔施和菲尔绍还共同编辑了 *Jahresbericht über die Leistungen und Fortschritte der gesammten Medicin*。

[18] Ackerknecht, *Virchow*, 125.

[19] Peter Schneck, "'Über die Ursachen der Gegenwärtigen Vernachlässigung der Historisch-Medicinischen Studien in Deutschland': Eine Denkschrift Heinrich Haesers an das Preussische Kultusministerium aus dem Jahre 1859," in *Frewer and Roelcke*, Die Institutionalisierung, 39-56, 48-50.

与现在的完全断裂来展示科学进步。[20]1842 年，温德利希对耶拿教授黑泽（Heinrich Haeser，1811—1885）及其包含历史板块的医学期刊《综合医学档案》（*Archiv für die Gesammte Medicin*）发起猛烈攻击。温德利希将其历史文章斥为 "史料堆砌"，指责这种 "好古癖" 只会让执业医生远离历史研究。相反，只有考察当代医学主导观念的起源，历史才能指引当下。[21]

黑泽对温德利希的回应是，"你的评判对我来说完全无所谓，因为我只能认为你对你那门科学的历史一无所知"。[22]但作为发言人，温德利希比黑泽更好，这既是因为温德利希的专业，也是因为他代表着大多数医生对医学史的态度。这明显体现于《亚努斯》的命运。创办于 1846 年的《亚努斯》是第一份完全致力于医学史的期刊，但 1853 年便停刊了。主编亨舍尔（August Henschel）是布雷斯劳的临床医学教授，副主编包括黑泽、海克尔、舒朗（Ludwig Choulant，1791—1861）、罗森鲍姆（Julius Rosenbaum，1807—1874）等杰出的德国医学史家。他们视医学史为一门自主的研究性学科，《亚努斯》中的文章非常强调档案研究和语文学研究，兼容并包，没有明显的说教或实用目标。然而，在崇拜实验方法的进步德国医生看来，这个期刊不仅任性而且反动。

少数医生用医学史来反抗医学的科学转向，这个转向似乎使历史变得多余。例如，曾在 1845 年出版《医学史与传染病教程》（*Lehrbuch der Geschichte der Medicin und der Volkskrankheiten*）的黑泽于 1859 年致信普鲁士文化部长，警告 "唯物论" 和怀疑论已经污染了 "新" 科学医学，并呼吁用医学史教学来抵制这一运动。[23]他强烈

---

[20]　Carl Wunderlich, *Geschichte der Medicin* (Stuttgart: Ebner & Seubert, 1859). 也参见 Owsei Temkin, "Wunderlich, Schelling and the History of Medicine," in *The Double Face of Janus and Other Essays in the History of Medicine* (Baltimore: Johns Hopkins University Press, 1977), 246-251 和 Richard Toellner, "Der Funktionswandel der Wissenschaftshistoriographie am Beispiel der Medizingeschichte des 19. und 20. Jahrhunderts," in *Bröer, Eine Wissenschaft Emanzipiert Sich*, 175-187。

[21]　Owsei Temkin and C. Lilian Temkin, "Wunderlich versus Haeser: A Controversy over Medical History"，再版于 Owsei Temkin, *On Second Thought and Other Essays in the History of Medicine and Science* (Baltimore: Johns Hopkins University Press, 2002), 241-249, 243 and 244。也参见 Toellner, "Der Funktionswandel"。

[22]　转引自 Temkin and Temkin, "Wunderlich versus Haeser," 247。

[23]　Schneck, "Über die Ursachen". 舍恩莱茵（Johann Lukas Schönlein，1793—1864）医生在 1850 年也发出了类似的倡议（ibid., 39）。也参见 Ludwig Edelstein, "Medical Historiography in 1847," *Bulletin of the History of Medicine* 21 (1947): 495-511, 507-511。

谴责哲学被化学和显微镜所取代。黑泽指出，医学史在普鲁士大学中的可怕处境尤其引人注目，因为即便是最小的法学院和神学院也珍视和讲授它们学科的历史。他的信清晰地阐述了医学史的固有功能和医学史家的使命：理解现在从何而来，培养不仅是技师的医生。在这个意义上，他代表了施普伦格尔的实用主义教学传统。黑泽钦佩施普伦格尔，但批评他太强调当下。[24] 黑泽宣称，"我们已经变得更加谦卑和公正。对我们来说，历史不再是列举人类心灵的'偏差'，从而增强我们的虚荣心。毋宁说，历史映照出我们的弱点；它已成为明亮的火炬，指引我们认识上帝之手——人类行动的永恒法则"。[25] 他希望对材料进行详尽考察，不带成见地撰写历史，正如这一进路的典范兰克（Leopold von Ranke，1795—1886）所说，"探究特殊并将探究特殊本身作为乐趣"。[26]

正当黑泽与亨舍尔的医学史被抨击为与医学无关时，一股新的语文学冲动使古代医学研究更加远离了用医学史来培养医学学生和帮助医学专业的轨道。[27] 在19世纪中叶以前，编辑和翻译希腊罗马医学文本主要是对医学学术的语文学贡献，部分是在创建道义理想的过程中有选择地利用过去。然而，由主要致力于语文学而非医学的学者在德国引领的新进路是一种历史主义的努力，要基于新翻译和阐释的古典文本来重构过去。[28] 德国对古希腊世界的着迷发展为一种古典学，以柏林为中心，主要人物包括莫姆森（Theodor Mommsen，1817—1903）、维拉莫维茨–默伦多夫

---

[24] 例如，施普伦格尔对希波克拉底主义者和活力论的欣赏导致了他对方法学派（methodists）和物理医学派（iatrophysicists）的轻视。

[25] Heinrich Haeser, *Lehrbuch der Geschichte der Medicin und der epidemischen Krankheiten*, 2 vols. (Jena: Friedrich Mauke, 1853-1862), Vol.1: xviii-xix.

[26] 转引自 Leopold von Ranke, "On the Relations of History and Philosophy," in *The Theory and Practice of History*, Leopold von Ranke, ed., with an introduction by Georg G. Iggers and Konrad von Moltke (New York: Bobbs-Merrill, 1973), 29-32, 30。

[27] Owsei Temkin, "The Usefulness of Medical History for Medicine," in *Double Face of Janus*, 68-100, 91-92; Anthony Grafton, "Polyhistor into Philolog: Notes on the Transformation of German Classical Scholarship, 1790-1850," *History of Universities* 3 (1983): 159-192.

[28] 尽管关于古代医学的德国式研究是独特的，但其他国家也有类似的语文学转变。对法国实证主义医生、语文学家利特雷（Émile Littré，1801—1881）来说，古典医学知识对当代医学有直接意义。他编的里程碑式的《希波克拉底文集》将希波克拉底展现为执业医生的专业与道德楷模（参见 Smith, *Hippocratic Tradition*, 31-36）。他的学生、医学史家以及语文学家达朗贝格（Charles Daremberg，1817—1872）也不再寻求历史对当代医生的指导，而是在欧洲图书馆和档案馆中从事医学考古学，以检索、编辑、出版文本本身为目标（Temkin, "Usefulness of Medical History," 78）。

（Ulrich von Wilamowitz-Moellendorff，1848—1931）、第尔斯（Hermann Diels，1848—1922）等。古代医学研究在他们手中日益成为古典语文学领域，而不是医学史领域。20 世纪初，这场运动以古代医学文本的汇编《希腊医学著作集》（*Corpus Medicorum Graecorum*）为顶峰。㉙

　　于是，从 1850 年到 1890 年，这一时期可被视为一段插曲，此间新医学的理想主张，为学生们进入医学界做准备基本上与医学史无关。然而，在 19 世纪的最后十年和 20 世纪初，医学史无疑有过一次复兴。还原论纲领在塑造医学知识和医学文化方面大获成功，许多一流的医生不由得担心，将医学转变为一门科学以及新科学在认识论和技术上的成功可能付出了太高的代价。1889 年，维也纳医学史教授普施曼（Theodor Puschmann，1844—1899）在德国自然志家与医师协会（Gesellschaft Deutscher Naturforscher und Ärzte）年会上呼吁，在科学主义理想的时代，需要对医生进行再教化。普施曼抱怨一流医生大都对历史毫无兴趣，这种忽视近乎蔑视。作为文明史的一部分，医学史能在医学教育中发挥重要作用。医学史能拓宽未来医生的眼界，使其品格高尚，防止其滑入"肤浅的唯物主义"，并为专业知识打下坚实基础。他对医学史的申辩非常类似于施普伦格尔的实用主义教化理念，但有一个重要差异：普施曼认识到，医学经过 19 世纪已经发生了转变，在某种意义上产生了实验室和临床两种文化。在他看来，医学内部的这种文化分歧使历史的统一作用越发必要。可以在不忽视医术需求的情况下维护医学的慷慨馈赠。㉚

　　普施曼的演讲仿佛一颗种子落入肥沃的土壤。它迎合了德国资产阶级的文化转向运动，该运动旨在抗击科学唯物主义的过度扩张。㉛这个演讲还呼应了一种日渐增

㉙　例如 Stefan Rebenich, *Theodor Mommsen und Adolf Harnack: Wissenschaft und Politik im Berlin des Ausgehenden 19. Jahrhunderts* (Berlin: De Gruyter, 1997) 和 Jutta Kollesch, "Das Corpus Medicorum Graecorum. Konzeption und Durchführung," *Medizin-historisches* Journal 3 (1968): 68-73。

㉚　Th. Puschmann, "Die Bedeutung der Geschichte für die Medicin und die Naturwissenschaften," *Deutsche Medicinische Wochenschrift* 15 (1889): 817-820. 关于普施曼呼吁医学史成为学术学科，可参见 Schneck, "Über die Ursachen" 和 Gabriela Schmidt, "Theodor Puschmann und Seine Verdienste um die Einrichtung des Faches Medizingeschichte an der Wiener Medizinischen Fakultät," in *Frewer and Roelcke, Die Institutionalisierung*, 91-101。

㉛　关于资产阶级教育与这次德国医学史复兴及建制化的关系，参见 Volcker Roelcke and Andres Frewer, "Konzepte und Kontexte bei der Institutionalisierung der Medizinhistoriographie um die Wende vom 19. zum 20. Jahrhundert," in Frewer and Roelcke, *Die Institutionalisierung*, 9-25 和 Ugo d'Orazio, "Ernst Schwalbe (1871-1920). Ein Kapitel aus der Geschichte 'Nicht Professioneller' Medizingeschichte," in Bröer, *Eine Wissenschaft Emanzipiert Sich*, 235-247。

长的感觉，即大学的研究命令导致了分支学科的某种专业化和数量激增，这背离了真正的学术。[32] 为了与还原论的傲慢抗衡，洪堡式的新人文主义理想（包含了科学的统一性）在世纪之交迎来了一场巨大复兴。[33]

1905 年是欧洲医学史领域的转折点。做了 30 年执业医师的祖德霍夫（Karl Sudhoff，1853—1938）被指定担任莱比锡的新教席，他将在这里领导首个医学史研究所。也是在那十年间，德国、匈牙利、法国、意大利、瑞士、奥地利、荷兰和英国纷纷创建了医学史教席和协会。祖德霍夫的研究所不仅推崇研究，而且推崇语文学考察和一种历史主义方法，这有点儿讽刺，因为它与普施曼的实用主义理想尤其是对医学史教学的强调相冲突。

围绕着这个研究所的创建，各种争论生动地展示了 20 世纪初关于医学史应当是什么、应当服务于什么目的的某种纷争。莱比锡研究所的资助来自普施曼 – 法利根（Marie Puschmann-Fälligen，1845—1901）留下的款项。[34] 她的丈夫特奥多尔·普施曼 1879 年在维亚纳任教授之前就已经是莱比锡的医学史编外讲师。这对夫妻没有子女，遂决定用遗产来资助莱比锡 "医学史学术研究的进步"，莱比锡是他们深切怀念的地方。1899 年，普施曼在去世前不久更改了他的遗嘱，将遗产受益人变更为维也纳大学。[35] 然而，1897 年刚与他离婚的普施曼 – 法利根却没有改变自己的遗嘱，因此当她 1901 年去世时，莱比锡大学得到了大约 50 万马克的遗赠。

但问题依然是：如何界定 "医学史"？哪些人能从这笔钱中获益？遗嘱规定的受益人是大学，而不是某个特定学院，于是医学和语文学都称这笔钱是自己的。1904 年，刚刚与反对遗嘱的普施曼 – 法利根亲戚们的法律纠纷得到了结，一场关于医

---

[32] 参见 Björn Wittrock, "The Modern University: The Three Transformations, " in *The European and American University since 1800: Historical and Sociological Essays*, Sheldon Rothblatt and Björn Wittrock, eds. (Cambridge: Cambridge University Press, 1993), 303-362。

[33] 例如 Friedrich Paulsen, *Die Deutschen Universitäten und das Universitäts-studium* (Berlin: Asher, 1902), 1-11, 63-65。

[34] Andreas Frewer, "Biographie und Begründung der Akademischen Medizingeschichte: Karl Sudhoff und die Kernphase der Institutionalisierung 1896-1906," in Frewer and Roelcke, *Die Institutionalisierung*, 103-126; Ortrun Riha, "Die Puschmann-Stiftung und die Diskussion zur Errichtung eines Ordinariats für Ge-schichte der Medizin an der Universität Leipzig," in Frewer and Roelcke, *Die Institutionalisierung*, 127-141.

[35] 关于维也纳研究所及其与莱比锡研究所、柏林研究所之间的竞争，参见 Bernhard vom Brocke, "Die Institutionalisierung der Medizinhistoriographie im Kontext der Universitätsund Wissenschaftsgeschichte," in Frewer and Roelcke, *Die Institutionalisierung*, 187-212, 194-200。

学史之定义、意义和未来的争论即在《慕尼黑医学周刊》(*Münchener Medizinische Wochenschrift*)上爆发。

资深医学史家巴斯(Johann Baas，1838—1909)发动了这场关于普施曼遗产如何花费的战役。他认为应该创建一个研究所，致力于语文学导向的医学文化史，这是使一个长期被业余爱好者和不得不通过行医来贴补家用的认真学者所占据的领域变得专业化的最好方法。他称医学史是德国医学科学的"灰姑娘"，认为医学史应当摆脱附属地位，成为一个成熟的独立学科。㊱莱比锡儿科编外讲师塞弗特(Max Seiffert，1865—1916)在反击中嘲讽道，好古的语文学家的医学史对教育未来的医生和医学的专业化都毫无帮助，语文学家的工作无非是翻捡历史"垃圾堆"。通过比较莱比锡文化史家兰普雷希特(Karl Lamprecht，1856—1915)和临床医生和史学家温德利希在这一领域的研究方法，塞弗特嘲笑医学史"行会"仅仅搜集了些毫无价值的人名和日期，而温德利希则已经用历史去展现当代科学医学的兴起。关于比沙(Bichat)、缪勒(Mueller)、菲尔绍、亥姆霍兹、巴斯德等当代人物的故事远比古代或中世纪那些遥远人物的故事更有意义。他的结论是，医学史教师应当是执业医生，这样才能不脱离与医学的接触。㊲

祖德霍夫的反应及时、猛烈且有人身攻击色彩。作为新近成立的德国医学史和自然科学协会主席，他自视为该专业领域的代言人。㊳他将塞弗特斥为排不上号的业余爱好者。此外，普施曼的遗产旨在推动"学术研究的进步"，祖德霍夫认为这主要意味着研究，而不是教学。塞弗特认为只有过去几百年的历史有教育价值，尽管祖德霍夫反对这一点，但两人都承认医学史是医学的分支学科。然而祖德霍夫坚称，和医学的其他分支一样，医学史领域要想成为一门成熟的学术学科，需要基础设施来支持基础研究。利用从图书馆和档案馆的细致研究中搜集到的事实，能将医学史

㊱　N. N. [Johann Hermann Baas], "Die Puschmann-Stiftung für Geschichte der Medizin," *Münchener Medizinische Wochenschrift* 51 (1904): 884-885. 关于巴斯，参见 Burnham, *Idea of Profession*, 27-29。

㊲　M. Seiffert, "Aufgabe und Stellung der Geschichte im Medizinischen Unterricht," *Münchener Medizinische Wochenschrift* 51 (1904): 1159-1161.

㊳　Karl Sudhoff, "Zur Förderung Wissenschaftlicher Arbeiten auf dem Gebiete der Geschichte der Medizin," *Münchener Medizinische Wochenschrift* 51 (1904): 1350-1353. 诺伊布格(Max Neuburger)、帕格尔(Julius Pagel)、马格努斯(Hugo Magnus)等人支持祖德霍夫对医学史的辩护，参见 "Protokoll der Dritten Ordentlichen Hauptversammlung," *Mitteilungen zur Geschichte der Medizin und der Naturwissenschaften* 3 (1904): 465-472, 468-471。

从仍然占据它的早期思辨综合中解放出来。虽然祖德霍夫并没有指出哪些人代表了他所设想的医学史，但他显然非常推崇历史主义医学史家黑泽以及法国医学手稿收集者、语文学家达朗贝格（Charles Daremberg，1817—1872）。[39] 于是，祖德霍夫与塞弗特的争论是大约 60 年前黑泽与温德利希之间冲突的回响。

莱比锡学术评议会选择了巴斯和祖德霍夫的立场，用普施曼基金建立了一个完善的研究所，它不隶属于任何院系，而是由大学直管。祖德霍夫在就职演说中宣称医学史是一门独立学科，并且毕生坚持这一观念。[40] 莱比锡研究所将为医学史领域提供基础设施（1907 年他创办了自己的期刊《医学史档案》，作为原创性研究的平台，1929 年之后它被称为《祖德霍夫档案》），并且公布文献材料（对他来说这主要是指将早期文本加以定位、编辑和出版）。[41] 祖德霍夫断言，只有形成严格的专业标准，才能终止困扰医学史的业余身份问题。1925 年接任他的西格里斯特（Henry Sigerist）也持这个观点。[42] 教学虽然重要，但并非莱比锡研究所的核心事业。

与实用主义医学史家截然不同，祖德霍夫并不想通过记录医学进步和歌颂医学英雄来建立过去与当下之间的明确关系。他有志成为医学史界的兰克，像这位著名历史主义者一样试图弄清历史的本来面目。[43] 1929 年，祖德霍夫在回顾自己的一生时，自豪地忆起自己曾拒绝写综述。他编辑过帕格尔的历史概论，在 1898 年该书的原始版本中有一章是对实用主义历史观的扩充介绍，但这一章在祖德霍夫编的 1922 年版本中彻底消失了。[44] 作为历史主义者，他希望消除思辨理论，让材料自己说话。

世纪之交至少还有一个发生在德国专业医学史家之间的重要分裂，一边是祖德霍夫的语文学流派，另一边是帕格尔（Julius Pagel，1851—1912）和诺伊布格（Max

---

[39] 参见祖德霍夫的自传体文章："Aus Meiner Arbeit. Eine Rückschau," *Sudhoffs Archiv* 21 (1929): 333-387, 339 and 364-368。

[40] Karl Sudhoff, "Theodor Puschmann und die Aufgaben der Geschichte der Medizin," *Münchener Medizinische Wochenschrift* 53 (1906): 1669-1673.

[41] Karl Sudhoff, "Richtungen und Strebungen in der Medizinischen Historik," *Archiv für Geschichte der Medizin* 1 (1907): 1-11. 他还在 1907 年开创了系列专著 *Studien zur Geschichte der Medizin Herausgegeben von der Puschmann-Stiftung an der Universität Leipzig*。

[42] Henry Sigerist, "Forschungsinstitute für Geschichte der Medizin und der Naturwissenschaften," *Forschungsinstitute. Ihre Geschichte, Organisation und Ziele*, Ludolph Brauer, Albrecht Mendelssohn Bartholdy, and Adolf Meyer, eds. (Hamburg: Paul Hartung Verlag 1930), 391-405, 393.

[43] Sudhoff, "Rückschau," 364, 366-368. 也参见 Iggers, *German Conception of History*。

[44] Julius Pagel, *Einführung in die Geschichte der Medicin* (Berlin: Karger 1898), 1-22; Karl Sudhoff, *Kurzes Handbuch der Geschichte der Medizin* (Berlin: Karger, 1922).

Neuburger，1868—1955）的哲学流派。以柏林和维也纳为基础的帕格尔和诺伊布格都认同诺伊布格的老师普施曼曾经持有的实用主义医学史观，但他们进而宣传一种独特的文化进路，认为这一进路能够弥合科学与人文之间的裂隙。在1904年的一篇纲领性文章中，帕格尔倡导他所谓的"医学文化史"（medizinische Kulturgeschichte）。他将医学视为文化图中的一个圆，与必须一同研究的代表科学、哲学、宗教、艺术、神学、法律、技术、工业、商业、语言等一切人生面向的其他圆相交叠。他的结论和信条是，"真正的医学史家是一个文化史家"。[45]

在德国，文化史纲领及其教育医学学生的实用主义目标并没有赢得太多追随者。[46] 相反，主要是祖德霍夫模式塑造了德国医学史的专业化和建制化，也导致了医学史与医学的疏离。[47] 不过，"文化史"的确成了一个统称，祖德霍夫在1904年为医学史所做的申辩中使用了"我们医学文化史家"这一说法来使队伍靠拢，把他自己、帕格尔、诺伊布格和巴斯等专业人士与赛费特那样的业余爱好者区分开来。[48] 很久以后，到了1943年，赛费特在诺伊博格75岁生日时回忆说，"要在祖德霍夫时代的德语大学中获得医学史的领军职位并不容易。独断而好斗的他只能容忍信徒，而不能容忍竞争者"。[49]

在19世纪末的美国，也有一股关于新的科学医学使医生不再重视治疗技艺的不

---

[45] Julius Pagel, "Medizinische Kulturgeschichte," *Janus* 9 (1904): 285-295, 287. 他在 *Grundriss Eines Systems der Medizinischen Kulturgeschichte* (Berlin: Karger, 1905) 一书中阐述了自己的理念。另见 Max Neuburger, "Die Geschichte der Medizin als Akademischer Lehrgegenstand," *Wiener Klinische Wochenschrift* 17 (1904): 1214-1219 和 "Introduction," in *Handbuch der Geschichte der Medizin*, Max Neuburger and Julius Pagel, eds., 3 vols. (Jena: Verlag Gustav Fischer, 1902-1905), Vol.2:3-154。

[46] Michael Hubenstorf, "Eine 'Wiener Schule' der Medizingeschichte?—Max Neuburger und die Vergessene Deutschsprachige Medizingeschichte," in *Medizingeschichte und Gesellschaftskritik,* Hubenstorf et al., eds. (Husum: Matthiesen Verlag, 1997), 246-289.

[47] 关于祖德霍夫及其研究所对当代医学史家的意义，参见 *90 Jahre Karl-Sudhoff-Institut an der Universität Leipzig*, Ortrun Riha and Achim Thom, eds. (Freilassing: Muttenthaler, 1996) 和 Thomas Rütten, "Karl Sudhoff 'Patriarch' der Deutschen Medizingeschichte," in Gourevitch, *Médecins érudits*, 155-171。

[48] Sudhoff, "Zur Förderung," 1351.

[49] Henry Sigerist, "A Tribute to Max Neuburger on the Occasion of His 75th Birthday," *Bulletin of the History of Medicine* 14 (1943): 417-421, 420。也参见 Leopold Schönbauer and Marlene Jantsch, "Verbindungen Zwischen den Medizingeschichtlichen Instituten in Leipzig und Wien," *Wissenschaftliche Zeitschrift der Universität Leipzig* 5 (1955/1956): 27-31。

安情绪，尽管科学医学赋予医生前所未有的专业技能。正如普施曼曾经呼吁对医学进行再教化，比林斯（John Shaw Billings，1838—1913）和奥斯勒（William Osler，1849—1919）医生（两人都是 1890 年成立的约翰·霍普金斯医院历史俱乐部的活跃成员）也在呼吁几乎同样的事情。他们都把医学史看作对抗医学中过度的还原论、专业化、商业化和文化分裂的部分解药，培养了一种精通古典自由技艺的"绅士医生"的理想。作为卫生局局长、图书馆的馆长，比林斯对约翰·霍普金斯医院和医学院的规划具有重要发言权。早在 1877 年他就呼吁，尽管多数美国医学院培养的"普通"医生可以不受正规的医学史教育，但约翰·霍普金斯医学院的毕业生乃是未来引领业界的新科学医学的教师骨干和研究精英，对他们来说，医学史课程作为"一种文化手段"是不可或缺的。[50] 自从奥斯勒 1889 年开始在约翰·霍普金斯医院工作，他就把医学史主题和问题纳入了临床教学。"奥斯勒方法"把过去医生的例子当作激励学生的工具。[51]

关于医学史教学有助于教化和培养绅士医生，德国和美国的说法无疑很类似，但有一个重要区别：德国医学史牢牢地植根于大学体制。19 世纪 90 年代，一批美国医学院开始设置医学史讲座课程。然而，无论一流的医学教育家有多么确信医学史课程的价值，学生们往往都觉得讲座太枯燥。[52] 尽管奥斯勒方法很流行，人们却越来越觉得它业余，认为应当把德国学术标准引入美国的医学史。[53] 20 世纪 30 年代欧洲

---

[50] 他的演讲重印于 Alan M. Chesney, "Two Papers by John Shaw Billings on Medical Education, with a Foreword," *Bulletin of the Institute of the History of Medicine* 6 (1938): 285-359, 343。1893 年约翰·霍普金斯医学院开学时，比林斯被指定为医学史和医学文献的讲师，不过他每年只做几次讲座，参见 Genevieve Miller, "Medical History," in *The Education of American Physicians: Historical Essays*, Ronald L. Numbers, ed. (Berkeley: University of California Press, 1980), 290-308, 296 和 Sanford V. Larkey, "John Shaw Billings and the History of Medicine," *Bulletin of the Institute of the History of Medicine* 6 (1938): 360-376。有一个例子特别清楚地表明医学史与 20 世纪早期美国医学中的其他文化力量相冲突，参见 Lewis S. Pilcher, "An Antitoxin for Medical Commercialism," *Physician and Surgeon* 34 (1912): 145-158。

[51] Michael Bliss, *William Osler: A Life in Medicine* (Oxford: Oxford University Press, 1999), 295-296, 350-353. 关于美国早期医学史活动，参见 Genevieve Miller, "In Praise of Amateurs: Medical History in America before Garrison," *Bulletin of the History of Medicine* 47 (1973): 586-615。

[52] Miller, "Medical History," 296-297.

[53] 弗莱克斯纳（Abraham Flexner）致力于在高等教育中实现德国模式，他承诺要将美国医学转变为新科学的要塞，约翰·霍普金斯医学史研究所的建立让他非常高兴。他喜欢"研究所"这个名字，因为这暗示"与祖德霍夫教授在莱比锡建立的伟大研究所有同样的目标"（*Universities: American, English, German*, New York: Oxford University Press, 1930）。

社会政治状况的恶化及其引发的知识分子移民使西格里斯特（Henry Sigerist，1891—1957）、特姆金（Owsei Temkin，1902—2002）、埃德尔施泰因（Ludwig Edelstein，1902—1965）等人从德国来到北美，将医学史领域的重心转移到大西洋彼岸。

在医生当中，伽里森（Fielding H. Garrison，1870—1935）为德国医学史进路在美国扎根做了最积极的准备。1891 年，伽里森从约翰·霍普金斯大学获得学士学位之后加入卫生局局长图书馆，成了比林斯的员工，在那里度过了大部分职业生涯。1913 年，他出版了《医学史导论》（*An Introduction to the History of Medicine*），该书多次再版，米勒（Genevieve Miller）由此称赞他是"在医学通史领域写出重要原创性著作的首位美国医学史家"。[54] 伽里森虽然欣赏比林斯、奥斯勒和美国其他当代学者的史学工作，但他急于将医学史领域专业化，并把祖德霍夫视为楷模。在 1923 年祖德霍夫 70 岁生日之际所写的致辞中，伽里森宣称祖德霍夫是唯一称得上"天才"的医学史家。此时一战已结束 5 年，伽里森的这篇致辞试图从总体上复兴德国文化，尤其是恢复祖德霍夫奖学金。伽里森将普鲁士政权和真正的德国文化做了截然区分，认为威廉时代只是一段蒙昧的非典型插曲。他还说，祖德霍夫体现了最好的德国文化，"无疑是最伟大、最有成就的医学史家"，祖德霍夫的方法代表全新的起点，莱比锡研究所无愧为医学史研究的中心。[55] 伽里森敦促美国同事将祖德霍夫奉为典范，并以"大师万岁！"作结。[56] 从 1930 年开始，伽里森担任约翰·霍普金斯医学图书馆馆员，在生命的最后几年里将在这里成为西格里斯特的同事。

1926 年，约翰·霍普金斯的病理学家、医学"德国典范"的弟子韦尔奇（William H. Welch，1850—1934）接受了捐赠的约翰·霍普金斯医学史教席，这是美国首个医学史教席，但韦尔奇接受得很勉强，因为他并不认为自己是这一职位的合适人选。

---

[54]　Miller, "In Praise of Amateurs," 586. 关于伽里森和他的导论，参见 Erwin H. Ackerknecht, "Zum hundertsten Geburtstag von Fielding H. Garrison," *Gesnerus* 27 (1970): 229-230; Gert H. Brieger, "Fielding H. Garrison: The Man and His Book," *Transactions and Studies of the College of Physicians of Philadelphia* ser. 5, 3 (1981): 1-21; Burnham, *Idea of Profession*, 35; Henry R. Viets, "Fielding H. Garrison and His Influence on American Medicine," *Bulletin of the Institute of the History of Medicine* 5 (1937): 347-352。

[55]　Fielding H. Garrison, "Professor Karl Sudhoff and the Institute of Medical History at Leipzig," *Bulletin of the Society of Medical History of Chicago* 3 (1923): 1-32, 2. 另见伽里森在他编的 Karl Sudhoff, *Essays in the History of Medicine* (New York: Medical Life Press, 1926) 中撰写的"前言"和"人物小传"。

[56]　Garrison, "Professor Karl Sudhoff," 32.

他认为，应该像应用于其他医学分支那样将德国标准应用于医学史。为了学科的专业化，他希望创建一个类似于莱比锡研究所的机构。祖德霍夫的瑞士学生、继任者西格里斯特来到巴尔的摩做访问学者之后，获得了约翰·霍普金斯医学史研究所所长的职位邀约，韦尔奇很高兴西格里斯特在 1932 年接受了这一职位。西格里斯特是一个与社会主义有联系的社会民主党人，支持魏玛共和国，非常想离开德国。西格里斯特与特姆金（与西格里斯特一道而来）和埃德尔施泰因（1934 年来到美国）一同将作为教育资源的医学史理想引入了美国。作为北美的医学史重镇，约翰·霍普金斯研究所既是一个坚守专业研究标准的中心，也要培养能在地方机构讲授医学史的医生。⑤⑦

虽然西格里斯特从未完全理解奥斯勒的走红，但两人都用医学史来为医生提供一种超越性目标。20 世纪 20 年代，年轻的西格里斯特参与了祖德霍夫的语文学构想，但几年后，他与祖德霍夫的德国中世纪精神分道扬镳。祖德霍夫想建立史料库，而西格里斯特却想回答哲学和伦理学问题。⑤⑧ 在西格里斯特 1928 年创建于莱比锡的期刊《循环》（*Kyklos*）第一卷中，他向医学史提出了挑战："它是否愿意以纯粹实证主义的方式增加事实，能否为了更好的未来去阐释、激活和表现过去。"⑤⑨ 当他取代祖德霍夫执掌莱比锡研究所时，他已经开始从一种社会学视角来研究医学史了。⑥⓪

---

⑤⑦ 关于反对业余化、支持专业化医学史研究中心的呼吁，可参见 Henry Sigerist, "The History of Medicine and the History of Science," *Bulletin of the Institute of the History of Medicine* 4 (1936): 1-13。也可参见西格里斯特对美国医学史状况的调查："Medical History in the Medical Schools of the United States," *Bulletin of the History of Medicine* 7 (1939): 627-662。祖德霍夫在 1929 年给医学史系的巴尔的摩致辞中宣称，"大西洋两岸都倾向于把医学史留给业余人士，但这是错误的"。他认为"如果没有历史意识，医生就会沦为技工"。祖德霍夫总结道，医学史"过去被冷落和拒斥，但一直在努力完善，现在终于可以显示出自己的特点"。(*Address of Professor Sudhoff at the Dedication of the Department of History of Medicine, Johns Hopkins University,* October 18, 1929, abstracted by Fielding H. Garrison, [n.p., n.d.], 3) 对特姆金道路的动人描述可参见 Gert H. Brieger, "Temkin's Times and Our Own: An Appreciation of Owsei Temkin," *Bulletin of the History of Medicine* 77 (2003): 1-11 和 Charles D. Rosenberg, "What Is Disease? In Memory of Owsei Temkin," *Bulletin of the History of Medicine* 77 (2003): 491-505。

⑤⑧ 为了强调他试图在莱比锡研究所引领的这个新方向，西格里斯特 1928 年创办了一个新期刊：*Kyklos. Jahrbuch des Instituts für Geschichte der Medizin an der Universität Leipzig*。

⑤⑨ 转引自 Owsei Temkin, "The Double Face of Janus," in *Double Face of Janus*, 3-37, 9。

⑥⓪ Ingrid Kästner, "The Leipzig Period, 1925-1931," in Fee and Brown, *Making Medical History*, 42-62, 53。

不仅如此，西格里斯特还认为自己有义务培养医生的公民责任感，他的座右铭是克罗齐（Benedetto Croce）的名言："一切真历史都是当代史。"在 1931 年的《医学导论》（*Einführung in die Medizin*）（英译本 1933 年出版，名为《人与医学：医学知识导论》）中，西格里斯特放弃了 19 世纪手册所特有的严格编年史方式，代之以"病因""医疗救助""医生""病人"等主题章节。[61] 在这部作品中，我们也能看到教学目标从培养有责任感的医生扩展到塑造有反思性和责任感的公民，这一目标将在未来半个世纪的美国医学史中不断深化。

二、医学史何去何从

普施曼的遗赠迫使人们回答：医学史应当是什么？它应服务于什么目标？在创建祖德霍夫的莱比锡研究所时，有一种回答最终胜出，但我们会说，对于一个领域，多数情况下单一回答既非必要也不可取。在随后一个世纪，出现了越来越多的回答。但各种出版物和研讨会仍然在以非此即彼的形式给出不同回答。在从业者和顾客林林总总的医学史领域，有多种进路、风格和目标共存不仅是固有的，而且是人们所期待的。

广义的医学史已经与更大的历史学领域前所未有地整合在一起。如今，讨论健康、身体、生命周期等议题的学者从未想到要自称医学史家。医学史作为一个独特的领域似乎有消失的危险，而一种关于健康文化的后医学史则日益兴盛。不仅如此，医学史工作越是融入历史主流，医学史从业者就越不需要仰赖于独立机构来讨论想法、发表研究成果或确保工作。和在许多领域一样，成功的整合往往会使分离显得过时和不可取。一位学者最近提出，为了远离学科自我强加的"边缘地位"，应当促进该领域的"去建制化"。类似的想法在医学史专业会议的过道上也能听到。[62]

---

[61] Henry E. Sigerist, *Man and Medicine: An Introduction to Medical Knowledge* (New York: W. W. Norton, 1932). 韦尔奇（William H. Welch）在英译本前言中说，"西格里斯特教授不仅阐述了历史研究的兴趣与文化价值……而且说明了这一研究对准确理解与解释医学知识和实践之现状前景是绝对必要的"。(vii) 也参见 Henry Sigerist, "Probleme der Medizinischen Historiographie," *Sudhoffs Archiv* 24 (1931): 1-18, 16。

[62] Robert D. Johnston, "Beyond 'the West': Regionalism, Liberalism, and the Evasion of Politics in the New Western History," *Reconsiderations* 2 (1998): 239-277, 241. 关于"去建制化"的讨论来自这篇论文的早期版本：Jeffrey Ostler and Robert Johnston, "The Politics and Antipolitics of Western History," *American Studies Faculty Colloquium*, Yale University, New Haven, spring 1996。

　　医学史去建制化的"幽灵"已经使回答医学史领域的身份与目标的问题变得更加急迫。关于私人基金会、国家或大学撤销资助的流言加剧了学科危机。在德国，1997年卫生部颁布通告要将医学史从医学课程中移除，这则通告如果实施，几乎所有医学史研究机构都会关闭。这给整个领域带来了强烈冲击。两年后，英国的威康信托基金会考虑将资金从医学史转到其他领域，也引发了类似的焦虑。北美也是一样，人们一直在抱怨医学史消融于生物医学伦理等其他某个学术领域，抱怨联邦资助或基金资助的削减。[63] 不管怎样，如果不是当初医学史家自己公开疾呼领域边缘化的问题，这种忧惧也许会少一些。

　　关于"医学史应当是什么"这个问题的尖锐回答往往被视为其统一身份脆弱的迹象。如果这些回答的形式排他且不合法，那么就有理由关注这些回答的危害。然而，活生生的病患经验和管理，以及寻求健康与避免疾病的现实，都赋予这一学科以普遍的亲近性和直接性。如果通过改变标签（和心声）——不仅在课堂和出版物上，而且在博物馆和网站上——我们能既影响专业历史学家，也能影响临床医生、医疗卫生专业的学生、政策制定者、伦理学家、经济学家和更广的公众，这难道不值得庆祝吗？从各种进路、受众以及过去医学史的目标这一背景来看，面临不同的进路并不必然意味着我们有一个困境必须解决，毋宁说，我们有了一个出发点来激起一场必须以建设性方式来展开的争论。做历史就是认真地看待人，这不仅包括历史的参与者，也包括历史学家。如果医学史中存在某种危机，那么可以说，这既不是粗糙的实在论或后现代相对主义的错，也不是任何其他这种两极化对立观点的错，而是源于一种缺乏宽容与认真交流的多元论。

---

[63] Elizabeth Fee and Theodore M. Brown, "Introduction," in Fee and Brown, *Making Medical History*, 1-11, 5.

第九章　中国科学院自然科学史研究所 40 年[①]

席泽宗

1997 年是中国科学院自然科学史研究所成立 40 周年。作为筹备时期到所的一个研究人员，不禁浮想联翩，愿就自己记忆所及，写点回忆，供对这个所的成长过程有兴趣的同行们参考。

一、建所的背景

1956 年是中国科学院发展史上极其重要的一年。是年 1 月，中共中央召开了知识分子问题会议，周恩来在会上做了意义深远的《知识分子问题的报告》，提出了制定 12 年（1956—1967 年）科学发展远景规划的任务，吹响了向科学进军的号角。中国科学院副院长、党组书记张稼夫在会上汇报科学院工作时说：

中国科学院慎重地考虑了今后科学工作的任务和急需发展的学科，可以归纳为 4 个方面：一是对当前世界上最新的、发展最快的学科必须迎头赶上；二是调查研究中国的自然条件和资源情况；三是研究社会主义建设所需要解决的重大科技问题；四是总结祖国科学遗产，总结群众和生产革新者的先进经验，丰富世界科学宝库。[②]

根据第四条，中国自然科学史的研究就被纳入了 12 年远景规划的议程之内。

2 月 28 日，竺可桢副院长在西苑饭店召开有关专家座谈会，讨论如何制订科学史规划问题。刘仙洲、袁翰青等人一致主张，要把科学史建设成为一门学科，要设立专门机构，要有专职人员来搞。会上大家委托叶企孙、谭其骧和我来搜集资料和做起草工作，由叶企孙任召集人。正在我们酝酿起草文件的时候，又传来了一个好消息，中共中央宣传部部长陆定一 5 月 26 日向首都科学界和文艺界发表了题为《百

---

① 原载《自然科学史研究》第 16 卷（1997 年）第 2 期。

② 钱临照、谷雨主编：《中国科学院》（上），当代中国出版社 1994 年版，第 76 页。

花齐放，百家争鸣》的重要讲话。他说："我们有很多的农学、医学、哲学等方面的遗产，应该认真学习，批判地加以接受，这方面的工作不是做得太多，而是做得太少，不够认真，轻视民族遗产的思想还存在，在有些部门还是很严重。"[③] 我们又借用这次东风，提出由中国科学院召开一次中国自然科学史讨论会，主要是进行学术交流，也讨论 12 年远景规划。

中国自然科学史讨论会于 7 月 9 日至 12 日在北京顺利召开，出席会议者近百人。在开幕式上，竺可桢副院长做了《百家争鸣和发掘我国古代科学遗产》的报告，会议长达 80 分钟。会议闭幕后第三天（7 月 15 日），《人民日报》即发表了全文。当时的卫生部部长李德全自始至终参加了会议。郭沫若院长出席闭幕式，并做了重要讲话，提出要研究少数民族在科学上的贡献。这次会议建议科学院派代表团参加 9 月在意大利召开的第八届国际科学史大会，尽快成立中国自然科学史研究室。

由竺可桢、李俨、刘仙洲、田德望和尤芳湖组成的中国科学史代表团，于 8 月 20 日出发前往意大利，并途经莫斯科向苏联科学院吸取办科学技术史研究所的经验。代表团一行到达佛罗伦萨后，大会秘书长隆希立即邀请竺老在 9 月 3 日的开幕式上发言，并于 9 月 9 日通过中国为会员国。其后因两个中国问题退出，1985 年又重新参加。

在竺老等离开北京期间，传出 8 月 24 日毛主席同音乐工作者谈话时曾说，在自然科学方面，我们也要用近代外国的科学知识和科学方法来整理中国的科学遗产，直到形成中国自己的学派。所以，在代表团由意大利回国后，就更加紧张地进行了科学史的学科建设工作：10 月 26 日决定创办《科学史集刊》，由钱宝琮任主编；11 月 6 日第 28 次院务常务会议正式通过成立中国自然科学史研究室，为所一级的院部直属机构，报请中央任命学部委员（院士）李俨为室主任。至此筹备工作即算完成。

二、初步发展（1957—1966 年）

1957 年元旦，中国自然科学史研究室在北京九爷府挂牌亮相，但正式工作人员只有 8 人：李俨、钱宝琮、严敦杰、曹婉如、苟萃华、黄国安、楼韻午和我。除楼韻午为图书管理人员外，其余 7 人均为研究人员，行政由历史所代管。同年 4 月，副主任章一之（原河北师范学院副院长）来后，才开始建立行政班子（人事兼秘书：李家毅，会计：谭冰哲，总务：褚泽臣）。这年来室的还有研究生杜石然和张瑛，以及

---

③　陆定一：《百花齐放，百家争鸣》，《人民日报》1956 年 6 月 13 日。

大学毕业分配来的薄树人、唐锡仁和梅荣照。人员虽然不多，但很精干。难得的是，在本室成立之前，科学院于 1954 年成立了一个中国自然科学史研究委员会，这个委员会的 17 名成员 [④] 都是在国内外享有盛誉的一流学者，他们对这个室的初期工作给予了热情的支持和指导，起了学术委员会的作用。在建室初期，从经费预算、房屋设施到人事调配，竺老无不一一过问。叶企孙先生勤勤恳恳，风雨无阻，每星期要乘公共汽车从北京大学到东城来上两天班，一直坚持到"文化大革命"开始。今天，我们在建所 40 周年的时候，对于为科学史事业做出贡献的这些老一辈科学家深表敬意，对于其中还健在的几位，祝他们健康长寿，做出更多的贡献。

1958 年"大跃进"，使这个刚刚建立的研究室提出了盲目的冒进计划，即所谓"1""2""6""7""18"。这五个项目，经过几年的折腾，最后完成的只有"6"（六门专史）中的《中国数学史》（钱宝琮主编，1964 年出版）、《中国化学史稿（古代之部）》（张子高主编，1964 年出版）和《中国古代地理学简史》（侯仁之主编，1962 年出版）。《中国天文学史》则直到"文化大革命"以后，才由中国天文学史整理研究小组改编，并于 1981 年出版。

"大跃进"期间，中国自然科学史研究室由院部下放到编译出版委员会就近领导。当时归编译出版委员会领导的还有情报所、图书馆、科学出版社等。

为了克服 1958—1960 年严重的经济困难，党中央决定自 1961 年起实行"调整、巩固、充实、提高"的八字方针。在贯彻八字方针的过程中，科学院将编译出版委员会撤销，将情报所移交国家科委；拟将我室并入历史所，不料遭到全体人员的反对。后来决定仍保留独立建制，划归哲学社会科学部领导。

这一时期出版的重要著作还有《中国古代科学家》（1959 年）、《宋元数学史论文集》（1966 年）和钱宝琮校点的《算经十书》。另有一本《中国古历通解》，作者王应伟先生当时已年过八旬，他一不要工资报酬，二不要课题经费，作为我所的特约研究员，每日来工作半天，奋战四年（1959—1962 年），完成了这部 40 多万字的著作。此书当年未能出版，现已由陈美东和薄树人校订一过，今年即可问世。

《科学史集刊》从 1958 年 4 月创刊至 1966 年，共出版 9 期，发表论文 79 篇，是当时科学史界对外的唯一窗口，起到了很好的国际交流作用。美国 Isis（国际科学史界权威刊物）对其中许多文章作了摘要。1981 年我去日本访问，薮内清先生向

---

④ 他们是竺可桢（主任）、叶企孙（常务副主任）、侯外庐（副主任）、向达、李俨、钱宝琮、丁西林、袁翰青、侯仁之、陈桢、李涛、刘庆云、张含英、梁思成、刘敦桢、王振铎和刘仙洲。

我表达的第一个意愿就是希望这个刊物复刊。同年 8 月在罗马尼亚和韩国同行相遇，他们也表达了同样的意愿。这个刊物于 1981 年由《自然科学史研究》代替，改为每年 4 期的定期刊物，这标志着我国科学史事业进入了一个新阶段，是非常值得庆贺的。

三、繁荣发展（1977—1997 年）

粉碎"四人帮"，迎来了科学的春天，1977 年 5 月，中国社会科学院成立。和数理化学部、生物地学部、技术科学部一样，哲学社会科学部原来是中国科学院下属的四大学部之一，属于跨学科性质的自然科学史归哲学社会科学部领导还可以，尽管一直到 1966 年 3 月哲学社会科学部副主任刘导生还说："你们的归属未定，最好还是归自然科学部门，由竺可桢先生直接管。"现在中国社会科学院和中国科学院彻底分了家，自然科学史脱离了它的研究对象，就更难办，问题更突出。1977 年 8 月 31 日在社会科学院负责人召集的一次座谈会上，段伯宇和我建议将自然科学史研究所划回中国科学院，这一倡议得到了会议主持人刘仰娇和考古所所长夏鼐等人的立即支持。此后我所迅速行动，向科学院联系，最后由两院联合向中央写了报告，于 12 月得到批复，自 1978 年 1 月 1 日起归中国科学院领导，人员和设备全部移交。

1978 年是具有伟大历史意义的一年。3 月 18 日召开了全国科学大会。12 月 18 日召开党的十一届三中全会，这次会议做出了把工作重点转移到社会主义现代化建设上来的战略决策，提出了解放思想、开动脑筋、实事求是、团结一致向前看的指导方针。和全国各行各业一样，从此科学史所也出现了一个前所未有的大好局面。

（1）1978 年我所的原有研究力量集结为古代科学史研究室，另建近现代科学史研究室，并拟建科学史综合研究室，后因人事变动等原因，第三室未能建立。至 1984 年，又将古代科学史研究室分建为数学史天文学史研究室、物理学史化学史研究室、生物学史地学史研究室、技术史研究室和中国科技通史研究室，这就是现在的 6 个研究室。

（2）成立编辑部。1980 年创刊《科学史译丛》，到 1989 年停刊为止，共出版 33 期，翻译了许多国外优秀科学史文章。1981 年创刊《自然科学史研究》，每年 4 期。1988 年接办由中国科学技术协会创刊的《中国科技史料》，也是每年 4 期。这两个刊物各有侧重，是国内外研究中国科学史者的必读刊物，前者于 1992 年、1995 年分别获中国科学院优秀期刊三等奖，后者于 1992 年被国家科委、中共中央宣传部、新闻出版署评为全国优秀科技期刊三等奖。

（3）1980 年发起组建中国科技史学会。自成立以来，这个学会一直挂靠在我所，历届秘书长皆由我所人员担任。在历届常务理事名单中，我所人员都在 1/3 以上，用首届理事长钱临照先生的话来说："自然科学史研究所是一面旗帜，是这个学会的依靠力量。"

（4）1978 年重新回到中国科学院以后，接受的第一个重点任务是要为广大干部写出简明中国科学技术史和 20 世纪科学技术史，这就是 1982 年出版的《中国科学技术史稿》和 1985 年出版的《20 世纪科学技术简史》。这两本书得到了广大读者的欢迎。前者初版、再版，后者也即将增订再版。前者获 1982 年全国优秀科技图书二等奖，在其基础上编写得更为通俗的《简明中国科学技术史话》又获 1996 年国家级科学技术进步奖三等奖。后者获 1989 年中国科学院自然科学奖二等奖。

（5）除《20 世纪科学技术简史》外，获中国科学院自然科学奖二等奖的工作还有：《彝族天文学史》（1989 年获奖，下同）、《中国古代地理学史》（1991）、《中国力学史》（1991）、《中国古代地图集，战国—元》（1992）、《中国古代重大自然灾害和异常年表总集》（1994）和中国近现代物理学家论文的收集与研究（1995）。另有《中国古代建筑技术史》于 1988 年获中国科学院科技进步奖二等奖。获中国科学院自然科学奖三等奖的工作有五项：《中国古代科技史论文索引》（1989）、《徐霞客及其游记研究》（1990）、《明代朱载堉科学和艺术成就研究》（1990）、《中国古代历法系列研究》（1992）和《热力学史》（1991）。

（6）除中国科学院外，我所研究工作获其他部委一、二等奖的有：河南淅川编钟的研究与复制获第一机械工业部 1980 年重大科技成果二等奖；湖北曾侯乙编钟的研究与复制获文化部 1984 年重大科技成果一等奖。

（7）实事求是地说，上述这些获奖项目并不足以全面反映科学史 1978 年以来的优秀研究成果。理由是：第一，科学院的评奖有指标的限制，我们这样兼有自然科学和社会科学二重性的工作很难评上；第二，有些多卷本的科研成果，尚未全部出版，还没有参加评选；第三，有些同志出于这样那样的考虑，对自己的研究成果并没有报请评奖。总的来说，40 年来，我所同人出版专著 300 多种，发表论文近 5000 篇，对于仅有 100 多人的一个小所来说，人均产量是很高的。

（8）我所不但发表了许多高质量的论文和专著，还一贯重视科普工作。1978 年 3 月 18 日全国科学大会开幕之日，我所主编的《中国古代科技成就》一书，在北京王府井新华书店发行，购买者排成长龙，蔚为壮观。此书其后被译成英文（1981）、德文（1989），并由台北明文出版公司翻印成繁体字（1983），在海外、在港台，流传很广。1995 年又被中宣部、国家教委、文化部、新闻出版署和团中央联合推荐为

"百种爱国主义教育图书"之一，至今简体字本印数已超过 13 万册，社会效益极为显著。

（9）对于一个研究所来说，不但要出成果，还要出人才，特别是在我国，大学内没有科学史系，我所需要的研究人员，基本上都得自己来培养。大学毕业生（多为理工科）来后，一种是边干边学，在工作中成长；另一种是读研究生，先进行系统学习，而后工作。实践证明，这两种办法都是行之有效的。自 1978 年以来，我所已培养出博士 7 人，硕士 70 多人。他们无论分配在所内还是所外，大多数人工作都很出色，现任两位副所长就是 1978 年考来的研究生。我所高级研究人员占的比例，是全院最高之一。

（10）这个所在国际同行中地位如何，也是大家关心的。1929 年成立的国际科学史研究院，是国际科学史界的最高荣誉机构，现在院士名额控制在 120 人以内，通讯院士控制在 180 人以内。每 2 年补选一次。在有名额的情况下，得票超过半数方能当选；若最后一名空缺有几个人票数相等，都不当选。我所现有该组织的院士 1 人，通讯院士 2 人。我国自 1985 年重新参加国际科学史和科学哲学联合会科学史分部以来，连续三届有一人被选为理事，这三人中有二人来自我所。现任国际东亚科学、技术和医学史学会副主席的孙小淳是我所 1993 年毕业的博士生，年仅 32 岁。自改革开放以来，我所研究人员应邀出国访问、讲学、开会、合作研究的足迹，已遍历欧、亚、澳、美四大洲；到我所来访问的学者，每年也络绎不绝。由我所主办的 4 次有关中国科学史的国际会议（1984 年北京，1990 年北京，1992 年杭州，1996 年深圳）也很成功，现在正在准备申办 2001 年的第 21 届世界科学史大会。

四、几点反思

对于一个研究机构来说，40 年的历史虽不算长，但也不太短。如上所述，我们已经取得了很大的成绩；但作为国家队，这些成绩又显得很不够，科学院有许多人现在还不知道有这个研究所。毛泽东同志在《组织起来》一文中说："我们决不能一见成绩就自满自足起来。我们应该抑制自满，时时批评自己的缺点。"以我自己坐井观天之见，觉得在欢庆 40 周年的时候，有以下几点值得反思。

（1）40 年来，我们国家经历的政治风云，给这个研究所成长过程打上了深刻的烙印，95% 以上的成果都产生在"文化大革命"以后的近 20 年以内就是一个明证。党的十一届三中全会以来的正确的政治路线和思想路线给我们提供了一个与先前完全不同的工作环境，使大家可以专心致志地从事研究工作。我们应该珍惜这个得来不易的条件，脚踏实地做好工作。

（2）这个所的隶属关系，到1985年以前，在科学院内部一直变化不定，也妨碍了它的发展。1985年4月16日中国科学院发文各学部：

经院领导研究决定，自然科学史研究所的有关业务、方向等问题，由数理学部考虑，并负责组织研究所和重大成果的评议工作；有关研究员的晋升和学科史评价等，根据专业情况，由有关学部协同组织办理。

当时的学部职能，和今天专管院士的学部不一样，主要是分管科学院各所的业务工作，后来演变为数理化局，一直到今天的基础科学局。把自然科学史列为自然科学中的基础科学，就像文学史是文学的一部分一样，是名正言顺的，是合情合理的。现在有人想把自然科学史归入哲学中，是没有道理的。

（3）目前在经济体制转型的过程中，经费不足是许多科研单位的共同困难，而科学史所尤其困难。加之社会分配不公，研究人员（特别是中青年）的待遇偏低，人们的心理得不到平衡，这在一定程度上影响了研究生的来源和在职人员钻研业务的积极性。为了解决这个矛盾，除了呼吁国家增加投入和积极开辟其他财源外，我觉得"安贫乐道"的精神还是应该提倡的。"一箪食，一瓢饮，在陋巷，人不堪其忧，回也不改其乐"，孔子的得意门生颜回的这种艰苦学习精神是不会因为时代的变迁而失色的。法国小说家莫泊桑说："一个人以学术许身，便再没有权利同普通人一样生活法。"

（4）科学史研究具有个体脑力劳动的特点，研究人员自选题目或接受出版社来的一些写作任务，都是顺理成章的事，无可非议；但作为国家办的一个科研机构，又不能完全放任自流，各自为政，还要发挥综合性、多学科相互配合的集体优势，接受上级交下来的一些任务或组织一些重大的科研项目，这样才能说明单位存在的必要性。一个乒乓球队，队员个个都是单打冠军，但团体赛不能上场，这算什么球队？这些年来，我所也组织了许多重大项目，但完成得不理想。我觉得关键问题有两个：一是如何处理个人项目和集体项目的关系；二是如何改善集体项目的组织管理工作。关于前者，我认为，承担重大项目的主要负责人不宜同时承担另外的项目，要集中精力做完一件事后再做另一件。关于后者，我觉得，从所的科研管理工作角度考虑，要坚持计划的严肃性，加强定期检查，并在干部业务考核中把完成重点项目的情况列为考核的主要内容，甚至和工资、奖金等挂钩。

（5）中国自然科学史研究室成立时，其研究对象仅限于中国，而且是中国古代。1975 年虽改建为所，但人员构成和研究对象并没有发生变化。1978 年重新回到科学院以后，研究近现代科学史和方法论的呼声很高，乃有近现代科学史研究室的建立。方法论（包括科学史研究的理论和方法）研究室则胎死腹中，未能诞生，这方面的研究目前所外力量远大于所内。近现代史研究室虽然成立了，但发展得很慢，随着老的研究人员的离退休，目前呈现萎缩之势。如何在发挥中国古代科学史研究优势的基础上，开辟新的研究领域，路甬祥副院长来所的几次谈话，有许多很好的设想，颇有启发意义，我们应该认真研究、落实。只有抓住机遇，迎接挑战，为国家做出更大的贡献，才能继续存在下去。

"多少事，从来急；天地转，光阴迫。一万年太久，只争朝夕。"衷心祝愿自然科学史研究所在未来跨世纪的 10 年中，能有一个大的战略转变，旧貌换新颜，人才辈出，成果更辉煌！

第十章　中国科学技术史学会 20 年 [1]

席泽宗

一、成立大会

1980 年 10 月 6—11 日，国庆节后的北京，秋高气爽，晴空万里，来自全国科研机构、高等院校、文博、图书出版、新闻等 151 个单位的 274 名专职的和非专职的科学史工作者，聚集在王府井北口中国人民解放军总参谋部第四招待所内酝酿成立中国科学技术史学会。大家自愿申请，每人填表一张，交入会费 1 元，经会议主席团审批通过，成为第一批会员。主席团则是由中国科协选聘的 27 名专家组成的。10 月 11 日，由 233 名会员以无记名投票方式，选出 49 名理事，另外为中国台湾地区保留两名理事，宣告了中国科学技术史学会的成立。接着，第一次理事会选举了 15 名常务理事。常务理事会又选出钱临照为理事长，仓孝和、严敦杰为副理事长，李佩珊为秘书长，黄炜为副秘书长，而今前三位已经去世，我们对他们表示哀悼，特别是钱临照先生，他生前一直关心着我们学会的工作，过去五次大会都是在他参与领导下召开的 [2]。第一届其余 10 名常务理事为：丘亮辉、许良英、李少白、杨根、杨直民、陈传康、范岱年、张驭寰、席泽宗、程之范。

成立大会是在中国科协和中国科学院的关怀和支持下召开的。筹备期间，中国科协副主席兼党组书记裴丽生多次接见筹备人员，周密布置。会议期间，国家科委副主任兼中国社会科学院副院长于光远、中国科学院副院长李昌、钱三强、中国科协副主席茅以升，均先后到会讲话，强调研究科技史的重要性，号召科技史工作者要解放思想，认真总结国内外科技发展的历史经验，为我国的四化建设提供借鉴。学会成立之日，中国史学会执行主席周谷城发来了贺信，中国考古学会理事长夏鼐、北京史学会会长白寿彝等许多嘉宾亲临祝贺，盛况极为热烈，大家深受鼓舞。

---

[1] 本文是 2000 年 8 月 22 日在中国科学技术史学会第六届代表大会暨庆祝学会成立 20 周年大会上的报告，原载《中国科技史料》第 21 卷（2000 年）第 4 期。

[2] 席泽宗：《钱临照先生对中国科学史事业的贡献》，载《中国科技史料》2000 年第 2 期。

这次大会分 10 个小组，交流学术论文 226 篇，在金属史、化学史和天文学史等方面都有一些新的较重大的发现，并开始注意近代科技史、少数民族科技史、主要发达国家科技史、科学思想史和科学史的理论研究，呈一派欣欣向荣的局面。与此相较，1956 年 7 月 9—12 日中国科学院在北京召开的中国自然科学史讨论会只有论文 23 篇，内容仅限于中国古代，而且只有农医天算四门。经过 24 年的努力，科技史这门学科在中国大有发展，学会的成立是水到渠成。1956 年中国科学院中国自然科学史研究室和一些产业部门研究室的成立，把科技史职业化是第一个里程碑。而学会的成立是我国科技史事业发展的第二个里程碑。

二、参加国际组织：IUHPS/DHS

在学会第一届常务理事会第一次会议上，讨论的一个主题，就是如何参加第二年（1981 年）在罗马尼亚首都布加勒斯特召开的第十六届国际科学史大会。

第一届国际科学史大会是 1929 年在巴黎召开的，其后除第二次世界大战期间中断了 10 年（1937 年第四届，1947 年第五届）外，每三年举行一次，自第十五届（1977 年）起，改为每四年一次。1956 年由竺可桢、李俨、刘仙洲、田德望和尤芳湖组成的中国代表团到意大利佛罗伦萨参加了第八届大会，当年 9 月 9 日正式接纳我国为会员国。后来因为这个组织（国际科学史与科学哲学联合会科学史分部 IUHPS/DHS）与联合国有关系，而中国台湾当时还以中华民国的名义占据着联合国的席位，我们又主动退出了这个机构。时间过了 25 年，中国台湾也没有参加，可是 1981 年 8 月我和华觉明、查汝强等一行 8 人去参加会时，却发生了问题。科学史分部的负责人说：

你们来参加大会，当然欢迎；但是要成为这个国际组织的成员，还得等一段时间。你们来了人，没有写书面申请。台湾写了书面申请，没有来人。就是写了书面申请，也不能马上解决。现在不是我们一个学会的问题，国际科联（ICSU）将要就这个问题进行讨论，想出一个统一的解决办法。

这次罗马尼亚之行，虽然没有完成入会任务，但也颇有收获：带去的 17 篇论文，受到与会者普遍好评。我被选为东亚科学史组组长，与美国的席文一道主持了一天的会议。最有深远意义的是，在这次大会上，我们和韩国、印度等亚洲国家的同行，初次见面，一见如故，今天在座的苏巴拉亚巴（B.V.Subbarayappa）和金永植都是那时认识的。20 年来，我们相互支持，做了不少的事情。

从罗马尼亚回来以后，特别是 1983 年第二届理事长柯俊主持工作以后，狠抓这件工作，又是向中国科协不断请示汇报，又是信函往返，还请该组织的主席和秘书长先后来访，由查汝强、李佩珊和他们谈判，在中国科协主持下签了协议，最后终于 1985 年 8 月在美国伯克利举行的第十七届大会上解决了问题。

1985 年 8 月 2 日下午召开会员国代表会议，讨论吸收新的会员国问题，按字母顺序排列，需要讨论表决的有：巴西、智利、中华人民共和国、哥伦比亚和拉丁美洲地区。会议执行主席、秘书长夏（W.Shea）首先提出："先讨论中国入会问题，这个问题经过几年酝酿，比较成熟。"在柯俊就我们学会情况作过简单介绍以后，有几个国家发言表示赞成，最后表决，全体一致通过。8 月 6 日下午开第二次全体会员国代表会议，选举新的领导机构，李佩珊被选为理事，这在该组织历史上有两项打破纪录，一是当年入会并当选，二是妇女当选[③]。

从 1985 年以后，我们和这个国际组织一直保持着良好的关系。继李佩珊之后，柯俊和陈美东又连续担任过两届理事。1997 年 7 月在比利时列日举行的第二十届大会上，我们申办第二十一届大会虽没有成功，但是得到了许多国家的同情，明年去墨西哥申办 2005 年的第二十二届大会是很有希望的，这正是我们新的一届理事会需要努力去做的事。

三、恢复国际中国科学史会议

1982 年在比利时开始的国际中国科学史会议，本来与我们学会没有多大关系，1984 年在北京举行第三次，也是以中国科学院的名义召开的。但是 1990 年在英国剑桥开过第六次后，1993 年在日本京都开第七次时，未与中国学者充分协商，就把会议改名为国际东亚科学史会议，对此许多中国学者有意见。1994 年 8 月，学会第五次代表大会召开时，8 月 22 日下午钱临照先生在主席团会议上明确提出："不管国际东亚科学史会议如何，国际中国科学史会议还应继续开下去。"此一倡议，得到许多代表的热烈响应，但是如何开法，则拿不定主意。一种意见认为要继续开第七次、第八次……另一种意见则认为不要争那个序列了，我们只叫国际会议，在哪个地方开，再加个地名和时间就可以了，例如"国际中国科学史会议·1996·北京"。

---

③　柯俊、席泽宗、李佩珊：《参加第 17 届国际科学史大会的情况》，载《自然辩证法通讯》1985 年第 6 期。

1995 年 3 月 11 日是一个转折点，第五届常务理事会第三次会议正在开会之时，接到深圳市南山区人民政府发来的一份电传，愿意拿出 20 万元支持第七届国际中国科学史会议，路甬祥理事长当即发表重要讲话：

深圳市南山区愿意拿出 20 万元支持第七届国际中国科学史会议，这表明，随着社会经济的发展，社会已开始更加关注科学的发展。这个系列国际会议要每隔三四年一届一届地连续开下去，我们要坚持高举这面旗帜。根据我们现在的情况，会议地点和经费都不会成问题，科学院和国家自然科学基金委员会也应给予一定的支持。当然，我们也要积极参与和支持国际东亚科学史会议，只要向他们打个招呼，说清楚就行了。

路甬祥讲完话后，与会人员一致同意使用"第七届国际中国科学史会议"名义，并命我立即着手筹备工作。令人兴奋的是，第一个回信表示愿意担任国际顾问和参加会议的是诺贝尔物理学奖获得者杨振宁，3 月 16 日发函，3 月 28 日即得到回复。经过紧张的筹备和激烈的斗争，第七届国际中国科学史会议终于 1996 年 1 月 16—20 日在深圳胜利召开，有来自 11 个国家和地区的 120 余人参加了会议，论文集世已出版④。接着，德国柏林工业大学于 1998 年 8 月又成功地举办了第八届。第九届目前正在酝酿中。

事实证明，我们继续开国际中国科学史会议，并不影响参加国际东亚科学史会议的活动。1996 年在汉城和 1999 年在新加坡召开的第八、九届国际东亚科学史会议都有许多中国学者参加，上海交通大学科学史与科学哲学系已经决定承办第十届东亚科学史会议，第一轮通知即将发出。两个会议并存，有困难，也有好处，好处是互相补充，同行之间也多一次聚会的机会。

四、与中国台湾同行的沟通

1980 年学会成立时，为中国台湾同行保留了两个理事名额，这一点非常重要。10 年后，1990 年 2 月 24 日我到台北"中央研究院"讲《中国科技史研究的回顾与前瞻》⑤，

---

④ 王渝生、赵慧芝主编：《第七届国际中国科学史会议文集》，大象出版社 1999 年版。
⑤ 席泽宗：《中国科技史研究的回顾与前瞻》，载《科学史通讯》1990 年第 9 期。席泽宗：《科学史八讲》，台北：联经出版事业公司 1994 年版。

谈到这件事时，听众都很赞赏，当时有人就说，"我们可以出两个人担任"，并且提出了具体人选。1994年刘钝到中国台湾，终于达成了共识，他们出三名理事，其中一人担任常务理事，这就是第五届代表大会上选举的结果，第六届仍将保持这个局面。能有这么友好的局面，是两岸关系不断改善的结果，也是我们不断努力的结果。

《中国科技史料》1982年第1期发表了拙文《台湾省的我国科技史研究》，第一次向台湾同行招手，文末明确表示：

我们欢迎中国台湾的科学史工作者到大陆来参观访问和进行学术交流，并进行研究课题合作，为提高我国的科学史研究水平而共同努力。[6]

此文产生了深远的影响，1984年即有中国台湾旅美学者郭正昭（原任台北"中央研究院"近代史研究所研究员）来北京参加第三届国际中国科学史会议，临别用英文写了三句感言：

Pride in our past, faith in our future, efforts in our modernization.

把这三句话译成中文就是："为我们的过去而自豪，为我们的未来而自信，为我们的现代化而奋斗。"郭正昭离开北京后，即取道香港到中国台湾，向彼岸的同行介绍了我们的情况，而这件事远远发生在《自立晚报》的两名记者来北京之前。从1985年起，两岸同行即在美国、澳大利亚等地的国际会议上频频会面，1991年新竹清华大学历史研究所主编的《中国科学史通讯》出版以来，更把工作融合在一起了，自然科学史研究所发生的事情，有时我看了这个刊物才知道。

五、组织学术活动

召开学术会议是学会的主要工作，我会自成立之日起，即狠抓学术交流工作，虽然经费困难，但每年开学术会议也有七八次之多。据不完全统计，20年来共召开学术会议150余次，交流论文9000多篇。除了各专业委员会召开的学科史（如天文学史、数学史……）讨论会外，有些会议颇具特色。

（1）国际中国少数民族科技史会议已开过四次：第一次，1992年，昆明；第二次，

---

[6]　席泽宗：《台湾省的我国科技史研究》，载《中国科技史料》1982年第3期。

1994 年，延边；第三次，1996 年，昆明；第四次，1998 年，南宁。今年 11 月将要在四川西昌开第五次。我国是一个多民族的国家，对少数民族科技史的研究是改革开放以来的一个特色。

（2）地方科技史志会议，已开过十四次，下月将在山西太原开第十五次。编纂地方志是我国史学的优良传统，这一系列会议的召开对各地科技志的编写起了很好的组织、推动和保证质量的作用。到目前为止，全国已出版省级科技志 28 部，占 31 个省市自治区的 90%，看来任务已接近完成。但今年 3 月，科技部又下发了《关于开展"地方科技志"的续修与志书开发利用工作的通知》。1998 年 2 月中国地方志指导小组颁发的《关于地方志编纂工作的规定》也要求这项工作"应延续不断，每 20 年左右续修一次"，所以地方科技志的工作也是可持续发展，会也要一年一年地开下去。

（3）对重要人物、重大事件和重要著作的纪念活动连续不断。1980 年 10 月在学会成立大会上，即有人提出要在第二年（1981 年）纪念郭守敬诞生 750 周年和《授时历》颁行 700 周年，第二年这个学术活动进行得轰轰烈烈，有声有色。1987 年 8 月 31 日至 9 月 2 日，本会和中国物理学会等联合主办的纪念牛顿《自然哲学数学原理》出版 300 周年学术讨论会影响很大，严济慈、周培源、钱学森、于光远、王大珩等均到会做了报告。1988 年 11 月 19—24 日，本会与福建省人民政府等联合召开的纪念苏颂创造水运仪象台 900 周年学术讨论会，争取了许多海外华侨参加，与当地签订了数十个经贸合同，对当地经济的发展起了推动作用。1999 年 12 月 23 日，本会与美国贝尔实验室、中国电子学会等联合举办的纪念晶体管（transistor）发明 50 周年学术报告会，《科技日报》曾以整版篇幅予以报道。

（4）对科学思想史、科学技术与社会、科学史理论问题和科学史教育问题等，也都不止一次地召开过专门学术会议进行讨论。

总而言之，会议内容丰富，形式多样，对我国的科学史事业起了不可取代的推动作用。

六、编辑出版学术刊物

学会现有两个学术刊物——《自然科学史研究》和《中国科技史料》，均系与中国科学院自然科学史研究所合办。两刊各有所侧重，但均为每年 4 期，到今年第 2 期为止，《自然科学史研究》出版了 74 期，发表论文 786 篇；《中国科技史料》出版了 87 期，发表文章近 1000 篇。《中国科技史料》创刊在学会成立之前，1988 年才由学会接办⑦，现在两个刊物同由一个编辑部负责编辑出版。这个编辑部设在自然科学史研究所，只有 4 个人，他们的工作是很辛苦的，而最大的困难则是经费不足，自然科学史研究所每年补贴数万元，仍然无法按照国家出版局 1999 年 4 月颁发的《出版文字作品报酬规定》支付作者稿费，至今仍维持在每千字 20 元的标准。但科技史工作者仍然踊跃投稿，刊物质量并不下降。特别是去年和今年两个刊物的编委会先后改组以后，设立常务编委制，实行集体审稿，严格把关，使刊物更有起色。

《中国科技史料》于 1992 年被中共中央宣传部、国家科委和出版总署评为全国优秀科技期刊。1986 年 9 月 16 日一位台湾学者在给我的来信中，称赞"《自然科学史研究》是大陆少见的扎实的学术期刊"，该刊曾两次获中国科学院优秀期刊三等奖，今年已进入自然科学综合类核心期刊。

七、大搞科普，荣获"先进学会"称号

今年 5 月 29 日，《科学时报》公布了"科学家推介的 20 年来 100 部科普佳作"，其中属于我国学者自己创作的有 63 种。在这 63 种中，中国科技史学会会员写的占 1/4，共 16 种，而排在前六名的全是本会会员写的：

（1）李佩珊、许良英主编《20 世纪科学技术简史》（1999 年，再版）；

（2）刘兵主编《保护环境随手可做的 100 件小事》（2000 年）；

（3）阎康年著《贝尔实验室》（2000 年）；

（4）戈革著《玻尔和原子》（1999 年）；

（5）申振钰主编《超常之谜》（2000 年）；

（6）刘兵著《超导史话》（1999 年）。

这 6 本书都是在最近一年半之内出版的。若往前推，1999 年 12 月 20 日《科学时报》公布的"科学家推介的 20 世纪科普佳作"，属于科学史的两种，也都是我会会员写的：一是吴国盛著《科学的历程》（1995 年）；一是卢嘉锡、席泽宗等主编《彩色插图中国科学技术史》（1997 年）。尤其是吴国盛的书，影响极大，曾获"五个一"工程等多种奖励。

我会不但科普著作多，而且是中国科协举办各种科普展览的得力助手。1999 年 10 月中国科协在杭州召开首届学术年会，举办"20 世纪重大科技成就回顾与展望"

---

⑦ 林文照：《回顾与展望——纪念〈中国科技史料〉创刊 20 周年》，载《中国科技史料》2000 年第 2 期。

的大型科普展览，我会负责撰稿和收集图片，顺利完成任务。在主会场展出时，受到领导和代表的好评，后经修改和补充，又于 1999 年 12 月在全国科普大会上展出。这套展品即将出版。

"20 世纪重大科技成就回顾与展望"的展览尚未结束，又接受了中央精神文明建设指导委员会和中国科协的新任务，筹办"崇尚科学，破除迷信"的大型展览，这个展览轰动北京，党和国家领导人都来观看。现在又在为中国科协第二次年会准备"诺贝尔奖 100 年"的科普展览。

由于这些突出成绩，经中国科协先进学会工作领导小组聘任的专家评选委员会评选，报组织工作委员会审定，中国科协五届常务委员会第 15 次会议通过，于 2000 年 1 月 11 日授予中国科技史学会"先进学会"光荣称号。接着，今年 5 月，我会秘书长王渝生亦被调任中国科技馆馆长。

八、为已故科学家修墓立碑

20 年来学会做的事情很多，无法一一列举，这里只再说一件不起眼的小事。近代科学家徐寿（1818—1884 年）的墓地长期泡在水中，杂草丛生，臭气熏天，惨不忍睹。我会技术史专业委员会协助徐氏后裔向江苏省无锡市有关单位呼吁，并找到全国政协副主席钱伟长帮忙，才促成了徐墓的迁移。1999 年 9 月 24 日举行了徐寿新墓落成仪式。新墓在无锡市西郊梅园公墓附近，该处地势开阔，山明景秀，无锡市准备把它建成一个爱国主义教育基地。这件事，无锡各界反映良好，认为这是缅怀先贤，尊重科学、尊重人才的义举德政。

我会创始人、物理学家钱临照生前在八宝山人民公墓买了一块墓地，希望死后能和他的妻子合葬在一起。为了办成这件事，会员鲁大龙多次奔走，终于今年 7 月 23 日在那里举行了一个小型的落成仪式，到会 20 余人，会上呼吁中国科技大学出版社出版他的文集，在诞生 100 周年的时候再举行一次纪念活动，烈日炎炎下家属很受感动。

九、三点建议

1999 年上海交通大学成立了科学史与科学哲学系，中国科技大学成立了科技史与科技考古系，自然科学史研究所在中国科学院通过了定位评估，中国科技史学会在中国科协获"先进学会"称号，四喜临门，喜气洋洋。与此同时，科学界的领导也对科学史做了充分的肯定。中国科协主席周光召说：

　　科学史在帮助公众理解科学方面，可以起到重要的作用。通过科学史，非专业人员可以对科学理论及其演变过程有一个大概的了解，特别是，它能提供一般教科书所不能提供的科学家做出科学发现的具体过程，从而体会到探索自然奥秘的幸福和艰辛；它还能宏观地揭示科学作为一种社会活动的发展规律，具体地展现科学技术作为推动历史的杠杆的巨大作用。不仅对于公众，对于科技工作者和管理工作者，学习科技史也是十分有益的。[8]

　　中国科学院院长路甬祥于1999年6月11日在自然科学史研究所定位评估会上说：

　　科学史这门学科不仅在自然科学和高新技术研究的科学院是一个重要的、不可替代的、不可缺少的科学领域，同时，科学史学科的建设与发展，对于我们国家进一步强调弘扬科学精神、普及科学知识、提倡科学方法的社会主义文化建设也是非常有意义的。

　　但是，中国科协和中国科学院的领导对科学史定位这样高，并不等于我们科学史工作者写出来的东西就是弘扬科学精神、普及科学知识和提倡科学方法，就是有益于人民大众，有益于科技工作者和管理工作者。20年来，会员写出来的东西绝大多数是高质量的，但也有粗制滥造，甚至是玄谈海侃的。王化君的一篇文章《科学技术史研究应以科学精神为指导》[9]，其中批评到的一些现象就值得注意。我们应该谦虚谨慎、兢兢业业地做好工作。《自然科学史研究》和《中国科技史料》应该加强书评和学术讨论，有些不同意见也可用读者来信形式发表。此其一。

　　第二，有了钱不一定能把事情办好，但没有钱很难办事。学会经费全靠中国科协拨款，每年只有19 000元，自1995年起自然科学史研究所每年支持15 000元，为开这次会议，又专拨20 000元。按会章，个人会员、团体会员、外籍会员都要收会费。事实上，我们只收过个人会员的会费，按上次理事会的决定，是归专业委员会所有，实际上为数很少，也很难收上来。我们是否可以仿照兄弟学会（例如中国

---

⑧　周光召：《序》，载吴国盛：《科学的历程》，湖南科学技术出版社1995年版。
⑨　王化君：《科学技术史研究应以科学精神为指导》，载冯玉钦、张家治主编：《中国科学技术史学术讨论会论文集·1991·太原》，科学技术文献出版社1993年版。

天文学会）的办法，收团体会员会费，不仅科学史所，中国科大、上海交大、内蒙古师大等都作为团体会员，每年交一定数量的会费，这些钱对这些单位来说数量很少，但"集腋成裘，聚沙成塔"，集聚到学会来就能办点事。另外，还鼓励大家"化缘"，如有企业单位或个人，愿意给以赞助的，可按会章给以一定荣誉。

第三，中青年科学史讨论会于 1992 年开过第四次以后再没有开过，还应继续下去。现任理事年龄偏老，第五届理事会 69 名理事，除去 6 年来去世的 8 人，61 人中，55 岁以下的只有 8 人，这 8 人中港台的又占了 3 人，也就是说大陆的 57 名理事中只有 5 人在 55 岁以下，仅占 1/12，这与会章要求的不少于 1/3，相差很远，在这次选举中，我们必须注意多选年轻人。钱临照在第一次大会的闭幕式上说"要寄希望于青年"，这句话还是应该贯彻的。

第十一章　中国科学技术史研究 70 年[①]

张柏春　李明洋

一、科技史学科的建制化与研究工作的展开（1949—1977 年）

（一）科技史机构的创建

科技史学科在中国的形成与 20 世纪 50 年代初的社会发展息息相关。1951 年元旦，《人民日报》发表社论《在伟大的爱国主义旗帜下巩固我们的伟大祖国》，强调要 "继续发展抗美援朝的思想教育，铲除帝国主义首先是美帝国主义在中国长期侵略所遗留的政治影响，并将这种思想斗争引导成为热爱祖国的高潮"。社论还引用毛泽东主席等人合著的《中国革命与中国共产党》一书中关于中国古代科学技术的论述，用指南针、造纸法、印刷术和火药的发明和应用来证明 "中国是世界文明发达最早的国家之一"[②]。此后，《人民日报》相继约请钱伟长、华罗庚、梁思成、竺可桢等科技界名人撰写关于中国古代科技成就的文章。这一系列文章在当时营造了爱国主义教育的社会氛围，使得中国古代科技遗产和科技史成为社会关注的话题，也体现了社会对于科技史知识的需求。

中国科学院（简称 "中科院"）作为国家最高科学研究机构，对于科技史学科的创建起到了至关重要的引领作用。建院之初，中科院就将 "中国科学史的资料搜集和编纂" 与 "近代科学论著的翻译与刊行" 作为编辑出版方面的两项重要工作。郭沫若院长指出，为了纪念过往、策进将来，我们要 "整理几千年来的我们中国科学活动的丰富的遗产"，同时也不能忽视 "三四十年来科学家们研究近代科学的成绩"[③]。根据中科院领导的分工，这两项工作都由竺可桢副院长负责。竺可桢早年在哈佛大学读书时就曾听过科学史家萨顿（George Sarton）的课，还撰写过中国古代科学史的

---

① 原载《中国科学院院刊》2019 年第 9 期。

② 人民日报社论 . 在伟大的爱国主义旗帜下巩固我们的伟大祖国 . 人民日报，1951–01–01(1).

③ 郭沫若 . 中国近代科学论著丛刊序 // 中国近代科学论著丛刊气象学编审委员会 . 气象学（1919—1949）. 北京：科学出版社，1955.

论文，并且与李约瑟（Joseph Needham）也有交往。1951 年 1 月 13 日，竺可桢与李四光谈到李约瑟寄来《中国科学技术史》（*Science and Civilisation in China*）的目录，谈到应该有一个中国科学史委员会，以关注李约瑟的工作和解决《人民日报》约稿等问题[④]。1951 年 2 月 12 日，召集中国科学史座谈会[⑤]，1951 年 5 月着手组织编印中国近代科学论著。

1954 年 7 月 26 日，竺可桢拿到了李约瑟《中国科学技术史》第一卷。8 月 1 日，他为《人民日报》撰写了文章《为什么要研究我国古代科学史》，文中提到了李约瑟的工作，并强调了研究中国古代科技史的必要性：

> 英国李约瑟博士近来写了一部七大本的《中国科学技术史》（第一本已出版），其中讲到从汉到明 1500 年当中，我国有二十几种技术上的发明，如铸铁、钻深井和造航海神舟等技术传到欧洲。这种技术的发明、传播和它们对西方各国经济的影响是应该加以研究和讨论的。[⑥]

1954 年 8 月 5 日，中科院召开第 30 次院务常务会议，其议程之一便是讨论中国自然科学史研究委员会委员名单。这次会议确定了委员名单，并决定由竺可桢任主任委员，叶企孙和侯外庐任副主任委员。会上，竺可桢介绍，当时北京医学院、南京农学院、清华大学分别在进行医学史、农史、工程史的研究。因此，他提出各单位分工进行科技史研究的设想：理科史由中科院来做，工、农、医的学科史由大学来做[⑦]。

其实，理、工、农、医各学科史的研究，在 20 世纪 50 年代时已有一定的基础，医学史、农学史和技术史等取得了一定的成果，相继建立学科史研究机构或组织。医学史研究者早在 1935 年就成立了中华医学会医史学会，并于 1947 年创办了《医史杂志》。1950 年，中央卫生研究院成立，并根据 1950 年第一届全国卫生工作会议的决定创办中国医药研究所，下设有医史研究室。1955 年 12 月，卫生部成立中医研究院，医史研究室并入，其主要任务是研究医学发展规律，同时成立的编审室则负

---

④ 竺可桢.竺可桢全集（第 12 卷）.上海：上海科技教育出版社，2007 年版.
⑤ 同上。
⑥ 竺可桢.为什么要研究我国古代科学史.人民日报，1954–08–02（3）.
⑦ 郭金海.李约瑟《中国科学技术史》与中国自然科学史研究室的成立.自然科学史研究，2007，26（3）：276–277.

责整理研究中医药文献、编写教材以及中医杂志等刊物的编辑。此外，北京中医学院、上海中医学院等高校也有学者从事中医医史文献的研究。

从 1924 年起，万国鼎在金陵大学任教并担任农业图书研究部主任，开始从事农业史料的搜集和农史研究工作。到抗战爆发前，金陵大学搜集的农史资料已有 3700 余万字，收藏的地方志文献达 2000 余种。1952 年高等学校院系调整，在原中央大学和金陵大学农学院的基础上成立南京农学院。1955 年 4 月，农业部中国农业科学院筹备小组在北京召开"整理祖国农业遗产座谈会"，与会代表提出要成立研究机构、开展农史研究。同年 7 月，在中共中央农村工作部、国务院农业办公室、农业部等部门的支持下，组建了中国农业遗产研究室，由中国农业科学院和南京农学院双重领导，万国鼎任主任[8]。同一时期，西北农学院[9]、华南农学院[10]、浙江农业大学[11]等农业院校也相继成立农史研究机构，开始进行农业古籍的搜集、整理和编纂工作。

20 世纪 20 年代起，清华大学的张子高、张荫麟、梁思成、刘仙洲等就已经开始从事中国古代工程技术史的研究。1952 年 9 月，刘仙洲建议建立"中国各种工程发明史编纂委员会"，10 月，该委员会获得高教部批准，更名为"中国工程发明史编辑委员会"，办公室设在清华大学图书馆，由刘仙洲直接领导。1956 年清华大学与中科院合作，在清华大学建筑系成立建筑历史与理论研究室，梁思成担任主任。1958 年，该研究室因"反右"运动撤销，相关人员并入建工部建筑科学研究院，同时组建了由清华大学、南京工学院及建工部等单位的研究人员共同参与的全国性研究机构——建筑科学研究院建筑理论与历史研究室，仍由梁思成任主任。20 世纪 50—60 年代，刘仙洲、梁思成分别开始在清华招收机械史和建筑史专业的研究生。[12]

20 世纪 50 年代中期，科技史学科在中国的建立取得了决定性的进展。在竺可桢的推动下，科技史学科发展在 1956 年被纳入《1956—1967 年科学技术发展远景规划》，中科院中国自然科学史研究室于 1957 年元旦在北京正式成立，室主任为学部委员（院士）李俨。钱宝琮、严敦杰、席泽宗等 8 位学者成为研究室的首批专职

---

⑧　王思明，陈明，万国鼎：中国农史事业的开创者.自然科学史研究，2017，36（2）：181–182.
⑨　1952 年辛树帜、石声汉等在西北农学院发起古农学研究小组，1956 年成立古农学研究室。
⑩　1955 年梁家勉等在华南农学院图书馆建立中国古代农业文献特藏室。
⑪　新中国成立后游修龄等在浙江大学农学院从事农史研究。1952 年高等学校院系调整，浙江大学农学院独立成为浙江农学院。1960 年浙江农学院与浙江省农业改进所合并，更名为浙江农业大学；1961 年该校成立农业遗产研究室。1964 年浙江农业大学与浙江省农科院分开建制，农业遗产研究室划归浙江农业大学。
⑫　冯立昇.清华大学的技术史研究与学科建设.中国科技史杂志，2007，28（4）：348–349.

人员。该研究室在 1957 年开始招收科学史专业研究生，1958 年创办国内第一种科技史期刊——《科学史集刊》（钱宝琮主编），1975 年升格为自然科学史研究所。中国自然科学史研究室的创建，标志着科技史学科在中国的建制化及研究队伍的职业化[13]。科技史研究者从此开始在国家的支持下开展科研活动。

（二）整理古代科技文献

整理和研究中国古代科技文献是科技史学科建设初期的主要工作。中国有着悠久的史学传统，留下了许多珍贵的历史资料，其中关于天文、地质、气象、水利等方面的记录十分丰富。这些资料不仅有史学研究的价值，还具有非常重要的现实意义。竺可桢在《为什么要研究我国古代科学史》一文中，列举了我国古代地震史料对于经济建设的重要性以及我国历史上的新星纪录对于当代天文学研究的重要参考价值，认为"历史上的科学资料不但可以为经济建设服务，而且还可以帮助基本学科的理论研究"。

1953 年，中科院成立地震工作委员会，下设历史组，范文澜任组长。根据委员会主任委员李四光的提议，利用中国历史材料制定拟设厂矿地址的地震烈度，在历史组范文澜、金毓黻主持下，来自中科院历史研究所第三所、地球物理研究所及其他相关单位的历史学家和地震专家，通过查阅数千种地方志、正史、档案，于 1956 年汇编成两册《中国地震资料年表》。与此同时，中科院地球物理研究所的研究人员根据年表中搜集的材料，编制了《全国震中分布图》和《中国历史上地震烈度分布图》。这些资料对于工业基地的选址提供了重要参考[14]。

1955 年，制定黄河流域综合规划时，北京水利水电研究院水利史研究所朱更翎提议采集并整理故宫藏清代水利档案。同年，水利部下发通知，要求立即开展整编故宫水利资料的工作。1955—1958 年，20 多位水利史研究人员先后进入故宫，从 110 多万件上亿字的原始档案中摘录了涉及降水、洪涝旱灾、河流演变、水利工程、水务管理等方面的资料，并陆续出版。同时，水利史研究所还长年搜集古代典籍、民国时期的水利期刊、水利地图、地方志等相关资料[15]。

---

[13]　张柏春.把握时代脉搏，开拓学术新境：中国科学院自然科学史研究所 60 年.自然科学史研究，2017，36（2）：143-151.

[14]　竺可桢.中国地震资料年表序 // 竺可桢全集（第 3 卷）.上海：上海科技教育出版社，2004：323-324.

[15]　谭徐明.水利史研究室 70 年历程回顾 // 中国水利水电科学研究院水利史研究室.历史的探索与研究——水利史研究文集.郑州：黄河水利出版社，2006：4.

20 世纪 70 年代，中科院、教育部、国家文物事业管理局等中央机关指定 10 家单位 ⑯ 派员组成天象资料组，由北京天文台负责，对全国的地方志、史书及其他古籍中的天文资料进行普查。2 年多时间内，100 多家单位、300 余名工作人员查阅了 15 万余卷地方志、史书和其他古籍，编成《中国天文史料汇编》和《中国古代天象记录总表》共 120 余万字，对于天文学史和现代天文学的研究均有参考意义 ⑰。

除了大规模资料汇编项目外，不同领域的科技史学者也进行了古代史料的收集、整理和研究。20 世纪 50 年代，席泽宗先后发表《从中国历史文献的记录来讨论超新星的爆发与射电源的关系》《我国历史上的新星记录与射电源的关系》等论文。他在 1955 年整理出《古新星新表》，考订中国古代 90 次新星和超新星的记录，并被苏联、美国学者迅速翻译、引用。1965 年，席泽宗、薄树人合作发表《中朝日三国古代的新星纪录及其在射电天文学中的意义》，在《古新星新表》的基础上，提出筛选新星和超新星的判据，并最终确定出 12 个超新星的记录；该研究对天文学界关于超新星爆发频率的认识也作了修正，并且也很快被国际天文学界广泛引用 ⑱。发轫于农业历史文献整理的农史学科，在新中国成立初期继续进行农史资料的搜集。万国鼎领导的中国农业遗产研究室，于 20 世纪 50 年代搜集了 4000 余部古籍，编录成一套 157 册的《中国农史资料续编》；1959 年后又从全国各地搜集到 8000 多部地方志，辑录为总数达 680 册的《方志物产》《方志分类资料》《方志综合资料》等方志农史资料。万国鼎、石声汉、夏纬英、王毓瑚等农史学者整理校注多部中国古代农学典籍。清华大学"中国工程发明史编辑委员会"主要致力于搜集机械工程、水利工程、化学工程、建筑工程方面的技术史资料，后来分成一般机械、机械制造工艺、农业机械、纺织机械、天文仪器、交通工具、兵工、化工、手工艺、河防水利、建筑、地质矿产及杂项共 13 类。到 1971 年，共查阅古籍 21 100 余种。

基于史料整理的学科史和专题史研究是这一时期科技史学科建设与发展的主要特点。钱宝琮《中国数学史》、陈遵妫《中国古代天文学简史》、张子高《中国化学史稿》、侯仁之主编《中国古代地理学简史》、刘仙洲《中国机械工程发明史》（第一

---

⑯　10 家单位分别为：中科院北京天文台、云南天文台、贵阳地球化学研究所、地质研究所、地球物理所、海洋研究所，以及中国科学院图书馆、国家海洋局情报所、七机部 505 所、北京大学地理系。

⑰　陈遵妫 . 中国天文学史（第 3 册）. 上海：上海人民出版社，1984：842–844.

⑱　江晓原 .《古新星新表》问世始末及其意义 . 中国科学院上海天文台年刊，1994，15：252–255.

编）、中国农业遗产研究室《中国农学史》、梁思成《中国建筑史》等重要的学科史著作，是对古代科技文献整理和研究工作的总结，代表了当时的科技史家对于中国古代科学技术发展的认识。这一时期的工作主要是按照现代科学的门类对中国古代的知识进行分科研究。以中科院自然科学史研究所为代表的中国科技史界形成了以学科史研究为主，追求新史料、新观点和新方法，认真考证史实与阐释成就的学术传统[⑲]。

二、科技史学科建制化的继续推进（1978—1998 年）

"文化大革命"期间，科学技术史的研究工作受到严重的干扰。自然科学史研究室的上级组织——中科院哲学社会科学部的工作完全中断。1975 年，中科院哲学社会科学部恢复工作，自然科学史研究室更名为自然科学史研究所。1978 年 1 月，经国务院批准，该所由中国社会科学院划归中科院，隶属数学物理学部。全国科学大会之后，特别是党的十一届三中全会召开以后，中科院及各高校的科技史研究和招生陆续全面恢复。

（一）学位授权与学科设置

不断地培养人才，并在国家学位体系中拥有一席之地，是使学科得以持续发展的重要举措。经历"文化大革命"之后，中国科技史研究急需培养青年研究人员，以充实本就规模不大的研究队伍。1977 年 10 月，国务院批转教育部《关于高等学校招收研究生的意见》，研究生教育得以恢复。1978 年，中科院自然科学史研究所和内蒙古师范大学开始招收数学史专业的硕士研究生，华东师范大学、杭州大学、中医研究院、北京中医学院等单位开始招收物理学史或医学史专业的硕士研究生。随后，各科技史学者或研究机构也陆续开始招生。

很快，1978 年入学的第一批研究生即将面临毕业和获得学位的问题。1980 年 2 月，全国人大常委会通过了《中华人民共和国学位条例》，据此条例国务院成立学位委员会。1981 年 3 月，各单位开始申报博士、硕士学位授予单位。1981 年 10 月，国务院学位委员会召开学科评议组第三次会议，通过中国首批博士、硕士学位授予单位及其学科、专业名单。中科院自然科学史研究所获得自然科学史（数学史）博士学位授予权，中国科学技术大学获得自然科学史（物理学史）博士学位授予权；此

---

⑲　张柏春 . 机遇、挑战与发展——1997—2007 年自然科学史研究所的学科建设与课题 . 中国科技史杂志，2007，28（4）：305–319.

外，还有中科院北京天文台、华东师范大学、北京师范大学、内蒙古师范大学、辽宁师范学院、杭州大学等单位获得自然科学史硕士学位授予权。1984 年第二批新增中科院自然科学史研究所的天文学史博士学位授权点，南京农学院、华南农学院、北京医学院、哈尔滨医科大学等自然科学史硕士学位授权单位；1986 年第三批增加南京农业大学农业史博士学位授权点，中科院紫金山天文台、北京师范学院、华东石油学院、北京大学、西北农业大学、北京农业大学、西北大学等自然科学史硕士学位授权单位。1990 年第四批增加西北大学数学史博士学位授权点，北京钢铁学院等自然科学史硕士学位授权单位。1996 年第六批增加北京科技大学冶金史博士学位授权点，天津师范大学、中国地质大学等自然科学史硕士学位授权单位。经过近 20 年 6 次学位授权，科技史学科在理、工、农、医四大学科门类下均获得相应的学位授权点：理学门类下有自然科学史（分学科）一级学科，工学门类下有技术科学史（分学科）一级学科，农学门类农学一级学科下有农业史二级学科，医学门类基础医学一级学科下有医学史二级学科，获得授权资格的单位达到 24 家。此外，建筑学一级学科下有建筑历史与建筑理论[20]二级学科，中医学一级学科下有中医学史、中医文献、各家学说、医古文等二级学科[21]，中西医结合一级学科下的二级学科中西医结合临床还曾短暂地设立过清宫医案硕士专业[22]（见表 1）。

表 1　1997 年以前科学技术史相关学科设置

学位	一级学科	二级学科（专业）
理学	自然科学史	数学史、物理学史、化学史、天文学史、地学史、生物学史等
工学	技术科学史	造船史、冶金史等（仅有硕士）
	建筑学	建筑历史与现代建筑理论
农学	农学	农业史
医学	基础医学	医学史
	中医学	中医学史、中医文献、各家学说、医古文等
	中西医结合	中西医结合临床（清宫医案）

注：参考资料包括国务院学位委员会办公室编《全国授予博士和硕士学位的高等学校及科研机构名册》（1987 年）、《中国学位授予单位名册（1994 年版）》、《中国授予博士、硕士学位和培养研究生的学科、专业总览》（1996 年）。

---

[20]　后来调整为建筑历史与理论。

[21]　1997 年调整后的学科、专业目录中将中医学史、中医文献、各家学说、医古文等二级学科撤销，设立中医医史文献二级学科。

[22]　仅有的一次是 1981 年在中医研究院设立清宫医案硕士学位授权点。

　　20 世纪 90 年代，科技史学科的定位与学科体系结构进一步明确。1995 年，国务院学位委员会委托华东师范大学召集中科院基础局（由中科院自然科学史研究所代表）、中国科学技术大学、北京大学、西北大学等单位开会调研，会上成立"全国自然科学史研究小组"，就自然科学史学科归属问题进行讨论。11 月 23 日，全国自然科学史研究小组制定了自然科学史博士研究生培养方案，并向国务院学位委员会提交《关于规范自然科学史博士生培养方案的意见》。1996 年 7 月 15 日，国务院学位委员会下发《关于对〈授予博士、硕士学位的培养研究生的学科、专业目录〉及新旧专业目录对照表（征求意见稿）》（以下简称《征求意见稿》），其中对科技史相关学科进行调整：农业史调至科学技术哲学下；自然科学史和技术科学史一级学科撤销，其二级学科并入相应学科；医学史调至科学技术史下。经过中科院自然科学史研究所和多位院士的极力争取，国务院学位委员会最终采纳科学史界的建议，将科学技术史作为理学门类下独立的一级学科设置，可授理、工、农、医学位。在《征求意见稿》中被撤销或调整的部分学科，包括自然科学史、技术科学史、医学史和农学史等，均被纳入新设立的科学技术史一级学科[23]（见表 2）。1998 年 1 月，全国各主要科学史研究生培养单位在南京农业大学召开"科学技术史一级学科简介和学科（专业）目录编写会议"。会议认为，国务院学位委员会和国家教育委员会关于《授予博士、硕士学位和培养研究生的学科、专业目录（1997 年颁布）》中将原目录中"自然科学史""技术科学史""农学史""医学史"等相关一级或二级学科合并为"科学技术史"一级学科，置于理学门类下，分学科，可授理学、工学、农学、医学学位，但不分设二级学科（学科、专业），在目前是适当的。但随着科学技术史学科向综合性方向发展的趋势，有必要在将来适当的时候设立科学技术史综合性和通史学科或专业。同时，科学技术史作为一门独立的学科，设立该一级学科评议组，也是必要的[24]。科学技术史作为一个交叉学科，在中国的学位学历体系中被确立为一级学科，是当时的科技史界同仁以及关心支持科技史研究的科学家共同努力的结果，说明本学科的重要性和独特性得到了国务院学位委员会的认可，也为科学技术史学科的进一步建制化奠定了良好的基础。

---

[23]　翟淑婷. 我国科学技术史一级学科的确立过程. 中国科技史杂志，2011，32（1）：28-33.

[24]　晓峰. 科学技术史一级学科简介和学科（专业）目录编写会议在南京举行. 自然科学史研究，1998，17（2）：187.

表2　1997 年调整后科学技术史相关学科设置

学位	一级学科	二级学科（专业）
理学	科学技术史	不再分设
工学	建筑学	建筑历史与理论
医学	中医学	中医医史文献

注：参考国务院学位委员会办公室编《中国学位授予单位名册（2001 年版）》。

（二）学术团体、学术会议和期刊

学术团体的成立是学术共同体形成与学科发展的一个重要标志，是广大科技史同道们的迫切要求。1980 年 10 月，在中国科协和中科院的支持下，第一次全国科学技术史大会在北京召开，会上宣布成立中国科学技术史学会，并选举产生 51 名理事[25]，钱临照当选为理事长，中科院自然科学史研究所所长仓孝和、副所长严敦杰为副理事长，李佩珊为秘书长。时任国家科委副主任兼中国社科院副院长于光远、中科院副院长李昌和钱三强、中国科协副主席茅以升等均到会讲话，这体现了中国科学界对于科技史研究的支持。

中国科学技术史学会成立之后，学者们又相继发起成立二级学术团体，这推动了学科史的交流和研究。到 1983 年中国科技史学会第二次代表大会召开时，已经成立数学史、天文学史、物理学史、化学史、生物学史、地学史、近代技术史、金属史、建筑技术史 9 个专业委员会。有的二级团体是在中国科技史学会下成立的专业委员会，有的是其他学会下成立的二级学会，也有的二者兼具。例如，数学史学会成立于 1981 年，既是中国数学会的二级学会，又是中国科技史学会的专业委员会。农史学会在 1987 年成立于北京，隶属于中国农学会，1993 年升格为一级学会。1980 年，医史学会的代表参加全国科学技术史大会，同年医史学会恢复《中华医史杂志》。1983 年，值李时珍逝世 390 年之际，在全国首届药史学术会议上成立药史学会。1984 年，中国造船工程学会批准组建船史研究学术委员会，杨槱为名誉主任委员、袁随善任主任委员，同时组建《船史研究》（年刊）编委会。1990 年，中国机械工程学会机械史分会在北京成立，并召开第一届年会。1993 年在北京召开中国建筑学会建筑史学分会成立暨第一次年会，其前身是 1983 年停止活动的建筑历史与理论学术委员会。此外，陕西、安徽、上海等省市相继成立地方科学技术史学会。各级学会

---

[25]　其中为台湾地区保留了 2 名理事。

组织了许多学术会议，包括代表大会、学科史讨论会、专题研讨会、青年学者讨论会、纪念性会议等，有力地促进了学术交流和学科建设。

科研院所、大学和学会组织学者参加国际学术会议并与国际学术组织对接。早在 1956 年，竺可桢、李俨和刘仙洲就受邀参加在意大利佛罗伦萨举办的第八届国际科学史大会（International Congress of History of Science），中国也被国际科学史与科学哲学联盟科学史分部（IUHPS/DHS）接纳为国家会员。"文化大革命"期间，国际交流陷入停滞，并且由于台湾当局一度以"中华民国"的名义占据联合国席位，中国主动退出该组织。直到 1980 年，中国科技史学会第一届常务理事会的第一次会议才开始讨论如何再次参加国际科学史大会的问题。1981 年，席泽宗、华觉明等 8 名代表前往罗马尼亚首都布加勒斯特参加第 16 届国际科学史大会。1985 年在美国伯克利举行的第 17 届大会上，中华人民共和国再度作为国家会员被国际科学史与科学哲学联盟科学史分部接纳，时任中科院自然科学史研究所副所长李佩珊被选为理事。

20 世纪 80 年代，中国本土的科技史研究迅速恢复，而西方学者对中国科技史的浓厚兴趣已经使这一领域成为学术热点。1982 年，第一届国际中国科学史会议（International Conference on the History of Science in China）在比利时鲁汶大学召开，中国学者白尚恕、薄树人、李迪、李文林、沈康身等出席会议。1983 年第二届会议在香港大学举行，有 16 位中国学者参加，占与会总人数近一半，考古学家夏鼐在开幕式上作主题演讲。1984 年，中科院在北京主持召开第三届国际中国科学史会议，这也是中国大陆地区首次举办以中国科学史为主题的国际会议。此后又相继在澳大利亚悉尼（1986 年）、美国圣迭戈（1988 年）、英国剑桥（1990 年）、中国深圳（1996 年）、德国柏林（1998 年）、中国香港（2002 年）、中国哈尔滨（2004 年）等地召开国际中国科学史会议。

学术期刊是交流研究成果和促进学科发展的重要平台，也是学科形成和发展的标志之一。1981 年中科院自然科学史研究所主办的《科学史集刊》杂志复刊，第二年更名为《自然科学史研究》，每年出版 4 期。1980 年中科院自然科学史研究所还创办《科学史译丛》季刊，发表国外科学史论文的中文译文。该杂志于 1989 年停办，共出版 33 期。1980 年，中国科协与科普出版社合作创办《中国科技史料》杂志，主要征集、整理和刊登中国近现代科技史料；1985 年，该杂志改由中国科技史学会主办，1988 年起由中国科技史学会和自然科学史研究所共同主办。此外，由中国科学院大学主办的《自然辩证法通讯》作为"自然科学的哲学、历史和社会学的综合性、理论性杂志"，在发表科技史论文方面与《自然科学史研究》《中国科技史料》等期刊逐渐形成"心照不宣的分工"㉖。1980 年，华南农学院农业历史遗产研究室创办《农史研究》辑刊；1981 年，中国农业遗产研究室创办《中国农史》杂志，江西省中国农业考古研究中心创办《农业考古》杂志；1987 年中国农业博物馆创办《古今农业》杂志。这 4 种期刊成为当时农史学界最重要的学术杂志。

（三）研究成果产出与研究领域拓展

在"文化大革命"及以前的研究基础上，中国科技史学者开始考虑撰写系列的学科史和通史，如《中国古代建筑技术史》《中国历史地图集》和《中国科学技术史稿》等。1990 年，席泽宗对中国学者的古代科技史研究作了如下评述："我们在某一学科、某一方面的研究上，很可能远远超过李约瑟；但在总体上，我们还没有赶上李约瑟。㉗"

撰写本国的科学技术史丛是中国学者们的一个重要的阶段研究目标。在 20 世纪 50—60 年代，中国自然科学史研究室就提出撰写丛书的构想，这在某种程度上也是受到李约瑟工作的刺激。但由于当时的研究基础不足，加之后来受到政治运动的干扰，此项工作一直未能开展。1991 年，该计划被中科院批准为"八五"重点项目，卢嘉锡院长担任总主编及编委会主任。这套丛书由中科院自然科学史研究所牵头组织撰写，百余位学者参与编研工作，共出版 26 卷，包含综合类 3 卷（通史、科学思想、人物）、专史类 19 卷（数学、物理学、化学、天文学、地学、生物学、农学、医学、水利、机械、建筑、桥梁、矿冶、纺织、陶瓷、造纸与印刷、交通、军事技术、度量衡），以及工具书类 4 卷（辞典、图录、年表、论著索引），反映了中外学者的研究成果，在文献和考古资料的运用上超越了李约瑟的著作，改变了中国学者长期依靠李约瑟理解和阐述中国古代科技传统的局面。

除了 26 卷的《中国科学技术史》，学者们还组织撰写了几部系列的中国古代学科史专著，包括《中国天文学史大系》《中国数学史大系》《中国物理学史大系》和《中国工程技术史大系》。此外，内蒙古师范大学还组织撰写了"中国少数民族科学技术史"丛书。这些论著充分反映了几十年学科史和专题史的成果。

中国学者还努力尝试开拓新的学术领域，实现由古代到近现代、由中国到世界的拓展。在 20 世纪 50—60 年代，科技史学者较少涉足中国近现代科技史。一方面

㉖　徐炎章.建造科学文化和人文文化的桥梁——《自然辩证法通讯》30 年科学技术史研究回眸.自然辩证法通讯，2008，30（4）：103.

㉗　席泽宗.中国科技史研究的回顾与前瞻 // 席泽宗.科学史八讲.台北：联经出版事业公司，1994：19–43.

是因为部分学者认为近现代中国科技落后，以当时"成就描述"型的研究模式来看不值得研究；另一方面则是对近现代历史的研究涉及对重要人物和事件的评价，在当时的政治环境下存在一定的风险。"文化大革命"结束后，中科院自然科学史研究所面向国家现代化建设的需求，成立近现代科学史研究室，组织编写《二十世纪科学技术简史》。20 世纪 90 年代，董光璧出版了专著《中国近现代科学技术史论纲》，并组织团队编写《中国近现代科学技术史》。中科院于 1990 年成立"院史文物资料征集委员会"，并在中科院科技政策与管理科学研究所设立樊洪业主持的院史研究室，1991 年开始编辑出版内部刊物《院史资料与研究》。类似的机构史编撰和资料整理为中国近现代科技史研究奠定了基础。

　　自然辩证法和科学社会学等学科的学者更加关注科学技术的社会史和思想史，并且翻译部分西方科技史论著。1982 年，《自然辩证法通讯》杂志社在成都举办"中国近代科学技术落后原因"学术讨论会，这是中国大陆第一次讨论中国近代科学技术落后原因的全国性会议，对于促进科学社会史的研究起到了推动作用[28]。从 1984 年起，"走向未来"丛书开始出版，其中有不少与科技史、科技哲学或科学社会学相关的著作，如《让科学的光芒照亮自己》《第三次数学危机》《十七世纪英国的科学、技术与社会》《上帝怎样掷骰子》《对科学的傲慢与偏见》《科学家在社会中的角色》等。这些工作引入了不同的研究视角和方法，对于传统的中国科技史研究是一个补充。

　　传统工艺的调查、研究和保护是技术史学者关注的一个重要领域。随着中国逐步实现工业化和经济社会转型，许多传统工艺被现代技术取代，甚至濒于失传。1987 年，华觉明等专家前瞻性地提出《中国传统工艺保护开发实施方案》，但未引起相关部门的足够重视。他们在 1995 年提出编撰《中国传统工艺全集》的设想，1996年在大象出版社的支持下，启动《漆艺》和《陶瓷》卷的编撰[29]。1999 年，《中国传统工艺全集》和《中国古代工程技术史大系》被列为中科院"九五"重大科研项目，编研工作全面展开。到 2016 年，《中国传统工艺全集》共出版 20 卷，堪称《天工开物》的当代续编，为国家保护非物质文化遗产提供了学术依据，推动了技术史与科技考古、工艺美术、民俗学、文化人类学等学科的交叉融合。

㉘　范岱年.《自然辩证法通讯》（1980—1994 年）与科学技术史.科学新闻，2017，（11）：31.
㉙　华觉明.中国传统工艺的现代价值与学科建设——《中国传统工艺全集》编撰述要.中国科学院院刊，2018，33（12）：1320-1324.

三、学科调整：机遇与挑战（1999 年至今）

自 20 世纪 90 年代末以来，中国科技史学科根据国家和社会的需求进行调整，给学科发展带来新的机遇和挑战。一方面，研究方向和领域不断拓展，国际化有新进展，产出了一些重要的研究成果。另一方面，伴随着学科点的强化或调整，高校的科技史学科也在稳步发展。

（一）新研究领域的发展

自 20 世纪 90 年代末以来，中国的科技史研究在学科发展内在驱动与社会需求的双重影响下，不断开拓研究领域，在研究方向、学术问题、研究方法与理论、科研活动形式、国际合作与交流等方面经历了一个转型期[30]。中科院自然科学史研究所甚至开展了"应用科技史研究"，关注新的学术问题。1999 年，该所根据中科院的要求调整定位，尝试科技发展宏观战略研究，以历史视野和具体案例为科学思想库建设提供借鉴，曾参与起草《创新 2050》《未来 10 年中国学科发展战略》等研究报告。在中科院开展创新文化建设的氛围中，该所在 2001 年将科学文化列为新的研究方向，2004 年创办《科学文化评论》杂志，以促进科学与人文的整合。

中科院自然科学史研究所在保持其在中国古代科技史研究上的积累和优势同时，不断在新的研究领域投入力量，并依靠重大项目带动国内各学科点的领域拓展。2000 年，该所启动中科院"知识创新工程"项目"中国近现代科学技术发展综合研究"，组织 30 多家高校和科研院所的 110 多位学者，于 2004—2009 年出版"中国近现代科学技术史研究丛书" 35 种共 47 册，其中有专题论著 26 种、研究资料与工具书 9 种。这套丛书开创了中国近现代科技史研究的新局面，参与项目的许多中青年学者后来逐渐成长为相关领域的带头人和研究骨干。近些年来，现当代科技史料的采集和保存愈加受到重视。中科院科技政策与管理科学研究所樊洪业较早开展整理科学家文集和口述史的工作，出版了《竺可桢全集》和"20 世纪中国科学口述史"丛书。2009 年，中国科协启动"老科学家学术成长资料采集工程"，为现当代科技史研究搜集重要资料。

近 10 多年来，中科院自然科学史研究所率先尝试新的研究视角、方法和范式，先后筹划和实施"科技知识的创造和传播""科技革命与国家现代化""新中国科技

㉚ 张柏春. 我国科技史研究的拓展与适应——以自然科学史研究所的转变为例. 自然辩证法通讯，2012，34（2）：103.

史纲"等重大规划项目，同时开展传统工艺研究、科技典籍整理、科学传播等方面的工作，旨在突破过去的"成就阐释"模式，培养和锻炼新一代学者，为重构中国古代科技史和书写翔实的近现代科技史等工作做新探索。与高等院校的科技史机构接受教育部"双一流"评估不同，中科院自然科学史研究所须接受中科院组织的国际评估，2013 年以优势研究方向和成果获得好评。

中国科技史界的国际化在近 20 年又有新突破，国际影响力明显提升。实践证明，国际合作有助于提升学术研究水平，也有利于合作解决跨文化、跨国的复杂学术问题。2005 年，中科院自然科学史研究所和中国科技史学会成功承办第 22 届国际科学史大会；2009 年，刘钝当选国际科学史与科学哲学联盟科学史分部的主席；2017 年，中科院自然科学史研究所与科学出版社创办英文科技史期刊——*Chinese Annals of the History of Science and Technology*，以期扩大中国科技史研究的国际影响力。

（二）学科点的增减与调整

新中国成立之初，中科院创建国家级科技史专业研究机构，为学科发展提供了极佳的初始环境。经过 40 多年的发展，在条件成熟的情况下，中科院自然科学史研究所与高校合作共建科学史系，推动科技史学科的建制化，这对各个学科点起到了正向激励的作用。从 20 世纪 90 年代末开始，拥有科技史硕、博士学位点的各单位，逐渐将原有的教研室或研究室，升级为研究所或研究院、系或学院，不仅规模上有所扩大，也获得了更多的自主权。

科技史学科建系或学院是这一学科在大学进一步建制化的重要突破。1999 年，在中科院自然科学史研究所的帮助下，上海交通大学成立中国的第一个科学史与科学哲学系，首任系主任江晓原就是中科院自然科学史研究所培养的天文学史博士。同年，中国科学技术大学在原有的自然科学史研究室和科技考古研究室的基础上，与中科院自然科学史研究所和中国社科院考古研究所联合成立科技史与科技考古系，校长朱清时兼任系主任，席泽宗兼任名誉系主任。2015 年，有 20 多位学者从中科院自然科学史研究所调到中国科学院大学人文学院，组建了国内高等院校中规模最大的科技史机构。

进入 21 世纪以来，特别是近 10 年来，我国科技史博士点稳中有增，硕士点则是有起有伏。1998 年第七批学位授权时，将之前获得过科学技术史博士学位授予权的机构统一调整为科学技术史一级学科博士学位授权单位，共有中科院自然科学史研究所、中国科学技术大学、北京大学、北京科技大学、南京农业大学、西北大学 6

家。2003 年增加山西大学，2006 年增加内蒙古师范大学，2017 年增加南京信息工程大学和景德镇陶瓷大学，2018 年增加清华大学。此外，部分高校虽然尚未获得科学技术史一级学科博士学位授权点，但长年通过其他途径招收和培养科技史专业的博士研究生。例如：上海交通大学在物理学博士点下自设物理学史二级学科博士点（后来交大自主决定设科学技术史博士点）、东华大学在纺织科学与工程一级学科下培养纺织科技史和服装科技史方向的博士研究生、国防科技大学曾在科学技术哲学博士点下培养军事技术史方向的博士研究生等。硕士学位授权单位的变动比较大，2006年增加天津师范大学等 11 个硕士点，2010 年增加北京理工大学等 5 个硕士点，2016年撤销北京理工大学等 8 个硕士点，2017 年增加河北大学等 5 个硕士点，2018 年撤销辽宁师范大学等 3 个硕士点。特别是在 2016 年第四轮学科评估之后，共有 11 个硕士点被撤销，其中既有北京理工大学、东北大学、哈尔滨工业大学等设立时间在10 年左右的"新"硕士点，也有武汉大学、浙江大学、华东师范大学等有一定历史的"老"硕士点。此外，还有一些硕士点虽然未被撤销，但在动态调整中被合并入其他学科或院系。

学位点的变化，一方面是学科自身发展以及人才流动、代际更迭的自然结果；另一方面也体现了教育部"双一流"计划对于学科建设的导向作用。尽管有相当数量的科技史硕士点被取消或合并，但也有部分高校逐渐意识到发展科学技术史学科的重要性。2017 年清华大学成立科学史系，2019 年北京大学成立科学技术与医学史系，均是在原有的研究基础上进行的资源整合。还有一些高校虽然尚未获得科技史的学位授予权，但已经有一定的研究规模或正在筹备相关的研究方向。例如：南开大学在 2008 年成立中国生态环境史研究中心，中山大学在 2018 年将科技史作为历史学系（珠海）的重点发展方向之一。

但总体而言，科学技术史在当代中国仍然是一个小众的学科，其学术共同体的体量与中国几千年的科技传统与现代科技发展阶段很不相称，也与中国经济社会发展水平及教育规模不相称。除了中科院自然科学史研究所得到中科院的有力支持之外，高校的科技史学者远未得到足够的重视。在高校发展科技史学科尚有较多的困难，如校方的支持力度通常比较小、教学和培养任务重，以及在理学学科中论文发表情况不具有竞争力等[31]。

㉛　郭世荣. 科技史研究在高校的机遇与挑战——以内蒙古师范大学为例. 中国科技史杂志，
　　2007，28（4）：330–335.

四、结语

经过 70 年的不懈努力，科学技术史学科在中国实现了建制化，并被国家列为理学一级学科，形成了一支数百人的职业化学者队伍，培养了众多科技史专业的研究生，取得了大量的研究成果，为国家的科学事业和文化事业的发展做出了独特的贡献，在国际学术界也赢得了重要的学术地位。

中科院自然科学史研究所作为世界上三大科技史专业研究机构之一[32]，充分发挥多学科的综合研究和建制化的优势，不断探索新方向和组织实施重大科研项目。《中国科学技术史》《中国传统工艺全集》和"中国近现代科学技术史研究丛书"等多卷本论著均由该所牵头，团结国内外同道完成，发挥了学术引领和"办大事"的作用。

高等院校和博物馆等机构的科技史研究单元（系、院、所）往往以一个或数个学科史或研究领域为特色，在教学、科研和遗产保护等方面发挥了重要作用。科研院所、高等院校和博物馆等单位充分发挥各自的专长和资源优势，在科技史学科及相关领域形成学术上的分工和互补。

前瞻未来，中国学界将扩大在中国科技史研究方向的优势，加强迄今仍薄弱的世界科技史研究，并进一步推进学术研究和成果发表的国际化。我国科技史界须加速推进国际化进程，让世界更加了解中国，也使中国更加了解世界。

---

[32]　另外两个机构分别是德国马克斯·普朗克学会科学史研究所和俄罗斯科学院瓦维洛夫自然科学与技术史研究所。

第十二章　中国的科技史研究 [①]

孙小淳

中国科学技术史学会 1980 年 10 月成立，至今已经是 40 年。《中国科技史杂志》拟出版一期学会成立 40 周年纪念专刊，决定由我担任本期执行主编。我首先感谢王扬宗主编的邀请，同时感谢为本期贡献论文的各位同事。由于新冠疫情的影响，我约稿时给撰稿人留下的写作时间实际上是非常短的，但是诸位撰稿人还是克服了困难，及时完成了论文。现在呈现给读者的就是这一期纪念专刊。

学会进入不惑之年，总有些话要说。不仅仅是为了纪念，更是为了思考和讨论中国科技史的现状与未来。

科学史这一门学科是随着科学的兴盛而产生的。"科学史之父"萨顿认为：科学是人类对于自然的真理性的认识，是全人类共有的且具有进步性的事业，科学史把科学与人文结合起来，可望创造一种全新的人文主义精神 [②]。为把科学史建设成为一门学科，萨顿穷其毕生精力，进行了辛勤的耕耘，取得了卓越的成就，为后世科学史工作者树立了典范。

科学史在中国起步较晚，中国科学院在 1957 年成立的"中国自然科学史研究室"是科学史在中国建立的第一个里程碑 [③]。按照当时的规划，强调自然科学史，先从中国古代科学史入手，然后扩展研究领域到近现代西方和中国科学史。自然科学史研究室于 1975 年扩展为自然科学史研究所，随后提出一个包含 29 部书的《中国科学技术史》（简称"大书"）编撰计划，"文革"前出有 3 卷，计划因"文革"中断，后于 1988 年重启，由当时的中国科学院院长卢嘉锡任"大书"主编，自然科学史研究所所长陈美东任常务编委会主任。直至 2008 年，"大书"的撰写和出版项目才告结题，出版 26 卷，包含综合类 3 卷（通史、科学思想、人物），专史类 19 卷（数学、物理学、

---

① 原载《中国科技史杂志》2020 年第 3 期。

② 乔治·萨顿：《科学的生命》，刘珺珺译，载上海交通大学出版社，2007.

③ 袁江洋：《科学史制度化进程的反思：写于 ISIS 创刊 100 周年之际》，载《科学文化评论》2013 年第 5 期。

化学、天文学、地学、生物学、农学、医学、水利、机械、建筑、桥梁、矿冶、纺织、陶瓷、造纸与印刷、交通、军事技术、度量衡），以及工具书类 4 卷（辞典、图录、年表、论著索引）[④]。从"大书"的构成来看，中国的科学史实际上是包括了技术史和医学史的，简称"科技史"。"大书"虽然是受李约瑟《中国科学技术史》（*Science and Civilization in China*）的启发，但却是中国学者独立编研的中国科技史，在学科专史、文献和考古资料的运用上都超越了李约瑟的著作，是一个时代的中国科技史研究的结晶。在此计划的推动下，自然科学史研究所还组织撰写出版了《中国科学技术史稿》，并集全国的力量，组织撰写和出版了《中国天文学史大系》《中国数学史大系》《中国物理学史大系》《中国工程技术史大系》，以及《中国科学技术典籍通汇》，后者由任继愈主编，共计 11 大卷 4000 多万字。这些工作具有开创性和奠基性，在国内外的影响巨大。

与此同时，自然科学史研究所在近现代科技史、技术史等方面也有大的发展。20 世纪 80 年代，出版了《二十世纪科学技术简史》；90 年代，董光璧出版了《中国近现代科学技术史论纲》，组织编写了《中国近现代科学技术史》；华觉民等组织编写《中国传统工艺全集》，到 2016 年出版了 20 集之多；2000 年，研究所启动中国科学院"知识创新工程"项目"中国近现代科学技术史发展综合研究"，张柏春、王扬宗担任首席研究员，至 2009 年，共出版"中国近现代科学技术史研究丛书"35 种。这些工作，体现了自然科学史研究所作为"国家队"为我国科学技术史事业所做的引领性和布局性的贡献。

1980 年中国科学技术史学会的建立，是科技史在中国建制化的第二个里程碑，科技史学科学术共同体形成的标志。学会借着 1978 年以来"科学的春天"的暖流而建成，得到了中国科学技术协会领导乃至国家领导人的关心与支持。学会的建立，使得全国的科技史工作者有了交流的平台，把全国的科技史研究力量组织了起来，进行研究项目的协作。在上述多部著作和项目的撰写和实施过程中，学会起了很重要的作用。

学会的生命力在于学术交流。学会在成立之时，就开创了学术交流的良好传统，当时有来自全国的 270 多位科学工作者参加了会议，分 10 个分会场报告了 226 篇论文，在天文学史、化学史、金属史等方面有新的重要的发现，并在近代科技史、少数民族科技史、国别科技史、科学思想史、科学史理论研究等方面都有开拓性的研究，

---

④ 张柏春、李明洋：《中国科学技术史研究 70 年》，载《中国科学院院刊》2019 年第 9 期。

中国科技史因学会的成立而呈现出一派欣欣向荣的景象⑤。从此以后，学会在科技史的会议组织方面发挥了主要作用。

首先是国际中国科学史会议系列的组织。国际中国科学史系列会议第 1 次会议于 1982 年在比利时鲁汶大学召开，此后分别在中国香港、中国北京、澳大利亚悉尼、美国圣迭戈（圣地亚哥）、英国剑桥等地召开了 5 次会议。该会议 1990 年在英国剑桥开过第 6 次后，1993 年在日本京都召开第 7 次时，改名为"国际东亚科学史会议"，并成立了国际东亚科学史学会。对此，中国科学技史学会在 1994 年 8 月召开第五次代表大会时，提议把国际中国科学史会议系列继续开下去，与国际东亚科学史会议系列并列⑥。1996 年，维持国际中国科学史会议系列的第 7 次会议在深圳召开，此后 1998 年在柏林召开了第 8 次会议，直到 2016 年在南京信息工程大学召开了第 14 次会议。第 15 次会议原计划 2020 年在亚美尼亚首都埃里温召开，因新冠疫情而延期。学会主办的国际中国科技史系列会议，为促进中国科技史学者的交流、维护中国科技史的学科地位发挥了重要的作用。与此同时，中国科技史学者继续积极参加国际东亚科学史会议，与国际同行积极交流，彰显了中国科技史研究的开放和包容态度。

其次是国际科学史大会的参与和组织。学会成立后的第一届常务理事会第 1 次会议上，决定在 1981 年派代表参加在罗马尼亚首都布加勒斯特召开的第 16 届国际科学史大会，代表团中有席泽宗、华觉明、查汝强等人，报告 17 篇论文。1985 年 8 月在美国伯克利举行的第 17 届国际科学史大会上，中国正式成为"国际科学史学会"（现在的全称是"国际科技史与科技哲学联盟 / 科学技术史分会（IUHPST/DHST）"）会员国，李佩珊当选为执委⑦。从此以后，每届大会都派代表参加，参加人数越来越多。继李佩珊之后，又有柯俊、陈美东、刘钝、孙小淳等担任过执委。2005 年，刘钝作为地方组织委员会主席组织承办国际科学史学会的第 22 届国际科学史大会，盛况空前，大大提升了中国学者在国际科学史界的影响力。2009 年，在匈牙利首都布达佩斯召开的国际科学史学会第 23 届代表大会上，刘钝当选该会的主席，这是首例中国学者当选为国际重要学术组织主席。2019 年，国际科学史学院为表彰刘钝对国际科技史事业所做出的贡献，把具有崇高学术声望的年度柯瓦雷奖授予刘钝，这也是中国学者首次获此殊荣，标志着中国科技史研究为世界科技史事业做出了重要的贡献。2005 年之后，中国科技史学者参与国际科学史大会的积极性大大提高，中国

---

⑤ 席泽宗：《中国科学技术史学会 20 年》，载《中国科技史料》2000 年第 4 期。

⑥ 同上。

⑦ 同上。

代表团成为该大会的人数最多的代表团之一，除了做大会报告、分会报告等各个级别的报告之外，还在大会中组织了大量的专题研讨会，主题涉及中外科技史的许多方面，反映了中国科技史学术繁荣的盛况。例如，在 2017 年巴西里约热内卢召开的第 25 届国际科学史大会上，中国有近百名学者参加会议，报告论文 70 多篇，主题涉及天文学史、数学史、冶金史、计量学史、20 世纪中国科技史、中西交流、科技史文献等[8]。

另外是组织学会学术年会。学会自成立以来，由学会、下属各专业委员会以及学会与各学术单位共同组织的学术会议可以说是数不胜数。2017 年，学会决定建立学术年会制度，每年主办学术年会，由国内的科技史研究单位承办。第一届学术年会 2017 年 10 月在中国科学院大学举办，就有来自国内外的 200 多位学者参加，有 10 个专业委员会组织了分会场。第二届学术年会 2018 年 10 月在清华大学举办，到会学者接近 500 人，有 15 个专业委员会组织了分会场。2019 年正值学会换届之年，10 月在中国科技大学召开第三届学术年会，更是盛况空前，到会学者 540 多人，有 19 个专业委员会组织了分会场。学会的各专业委员会组织分会场的学术报告活动成为学会学术年会的特色，表明学会各专业委员会的学术研究和交流活动十分活跃。学会目前有 28 个专业委员会和工作委员会，中国科技史界的学术研究的领域不断扩大。由于学术年会的影响，学会正式注册会员人数逐年增加，目前已经达到 1200 多名，还有新的专业委员会正在筹建之中。这表明，学会的学术年会制度大大促进了学术研究，有学者赞叹：中国科学技术史学科的春天正在到来！中国科学技术史学科的春天已经到来！！[9]

科学技术史在高等教育学科体系中被确立为"一级学科"，以及部分高校建立以"科学技术史"冠名的系级教研机构，是科技史在中国建制化的第三个里程碑。科学史具有科学教育的功能，在高校开展科技史研究和教学，对于科技史学科的发展意义重大。自 20 世纪 80 年代以来，在高校中较早正式开展科技史研究并授予相应学位的有中国科学技术大学、内蒙古师范大学、西北大学等高校。1997 年 6 月，国务院学会委员会召开会议，讨论《授予博士、硕士学位的培养研究生的学科、专业目录》。在中国科学院自然科学史研究所、中国科学技术史学会和全国科技史学界的前辈及

⑧ 罗兴波：《第 25 届国际科学史大会在里约热内卢召开暨中巴两国科学技术史学会签署研究合作备忘录》，载《中国科技史杂志》2017 年第 3 期。

⑨ 万辅彬：《中国科学技术史学科的春天——在中国科学技术史学会 2019 年度学术年会上的致辞》，载《广西民族大学学报（自然科学版）》2019 年第 4 期。

同人，特别是科学史所副所长王渝生的共同努力下，国务院学位委员会接受了广大科技史工作者的意见，决定将"科学技术史"确立为一级学科，归入理学类，可授理、工、农、医学位[⑩]。这样，科学技术史在中国高等教育中的制度化建设中迈出了关键的一步。几乎与此同时，上海交通大学与自然科学研究所酝酿成立科学史系。1999年3月9日，由江晓原领衔的中国第一个"科学史与科学哲学系"在上海交通大学宣告成立。

上海交大科学史系的成立，为中国的科技史事业造就了一个在高校大发展的新趋势。此前，中国科学院自然科学史研究所作为中国科技史研究的"国家队"，是国内唯一的多学科和综合性的科技史专门研究机构，在组织和实施科技史重大项目、完成国家任务等方面发挥了重要的作用。上海交大科学史系成立之后，中国科学技术大学紧接着成立了"科学史与科技考古系"，其他高校也相继把原有的科技史研究和教学"正规化"，建立相应的科学史系或学院。到2020年为止，全国高校中已经设立27个科学技术史一级学科学位授予点，其中包括11个博士学位授予点。更为可喜的是，中国科学院大学于2015年8月通过中国科学院的"科教融合"，整合自然科学史研究所与国科大人文学院的力量，建立了科学技术史系，由王扬宗任系主任，致力于"科教融合"的科技史事业；清华大学于2017年5月16日成立科学史系，由吴国盛任系主任，把西方科技史与中国近现代科技史作为发展方向；北京大学于2018年12月，整合原有科学技术史与医学史资源，成立科学、技术与医学史系，由韩启德任系主任，继承和发展北京大学悠久的科学技术史与医学史研究传统，致力于建成国际上重要的科学技术史与医学史研究中心。也是在最近的几年中，南京中医药大学、上海中医药大学等学校相继成立了科技史系。科学技术史在中国高校的大发展，体现了当年萨顿提倡的科学史"为通识教育而生"的初心和本位[⑪]。科学史教育、通过科学史教育来发展通识教育，为科学技术史注入新的生命力。

就在近20年科技史从"国家队"中心向高校辐射、转移、共建带动发展的过程中，也为科技史的研究注入了新的动力。除了教学之外，各高校都开展了具有各自特色的科技史研究项目，在国家自然科学基金、国家社科基金以及国家省部委获得项目支持，许多是重大项目和重点项目，展示了科学技术史学作为一门沟通科学与人文的交叉学科的强大综合力和学术创新能力。中国科学院大学王扬宗主持"中

---

⑩　翟淑婷：《我国科学技术史一级学科的确立过程》，载《中国科技史杂志》2011年第1期。

⑪　吴国盛（万辅彬问，吴国盛答）：《走向西方学史，走向科学通史——北京大学吴国盛教授访谈录》，载《广西民族大学学报（自然科学版）》2009年第2期。

国科学院院史"项目，张藜主持"中国当代老科学家成长资料采集工程"，由项目产生的"中国科学院院史丛书""两弹一星"纪念馆、"老科学家成长资料采集工程丛书"、"科技梦、中国梦——中国现代科学家主题展"等，在学术界和社会都产生了很大的影响。各高校在"科学编史学""科学通史""地图学史""中国计量学史""汉唐时期沿丝路传播的天文学研究""中日韩古天文图整理与研究""晚清物理学文献整理与研究"、科技考古、冶金史、文物保护等方面，组织了国家社科基金和部委重大或重点研究项目，科技史呈现出在高校遍地开花的局面。此外，科学技术史一级学科还于2015年成立了国务院学位委员会学科评议组，规范研究生培养方案，组织学科核心课程教材编写，使科学技术一级学科建设更加规范有序。另外，科技史界除原有的学术刊物之外，又创办了《科学文化评论》《科学与社会》《科学文化》（ *Cultures of Science* ）、《中国科技史年报》（ *Chinese Annals of the History of Science and Technology* ）等刊物，进一步繁荣了学术，增强了国际影响力。

中国科技史在学科建制化过程中所取得的成就，以上只是一个简略的回顾，挂一漏万，在所难免。然而，在中国科学技术界的不惑之年，回顾走过来的路，更应该思考未来的道路。中国科技史事业究竟应该如何发展？这里我谈几点个人看法。

第一，应该趁着科技史在中国建制化走向成熟、高校大发展的大好时机，开展全方位的科技史研究。在此之前，中国科技史的主要功能还是为科学辩护，特别是为中国古代科学辩护。如今科技史已成为一级学科，在中国高校体制内获得稳固的立足之地。现在应该超越过去的自我设定，使科技史成为传播科学精神、沟通科学与人文、促进教育改革的力量。这就要求科学史不但要强化学科史的研究，还要扩大科技史的研究范围，与社会史、政治史、经济史、文化史、艺术史等结合起来进行研究。科技史不仅仅是分门别类的学科史，更是要研究科学技术各学科分支之间的相互联系和相互影响，以描绘科技发展的历史。科学技术的这种统一性与整体性，要求我们把科技史作为"文化整体"来对待，然后从不同角度对其加以考察。[12]

第二，科学技术史在中国的学科布局，宜以中国古代科技史、中国近现代科技史和世界（西方）科技史三个方向为主。

（1）中国古代科技史是中国最早系统地开展科技史学科的方向，完成了上述"大书""大系""通汇""传统工艺全集"等大部头的著作，取得了奠基性的研究成果。然而，这些工作在本质上还是沿着李约瑟的"范式"进行的研究，基本是用现代科技

---

[12] 席文（Sivin）：《文化整体：古代科学研究之新路》，载《中国科技史杂志》2005年第2期。

标准，对中国古代文明传统进行科学的"大滴定"，从中找出我们可以称之为"科学"的东西。这样的研究往往脱离古代的文化语境，"辉格史"的味道太浓，甚至难免失去对历史真实的把握。中国古代科技史要超越李约瑟的工作，或者说要真正贯彻李约瑟"科学与文明"研究的设想，从文明史的角度研究中国古代科技，展示中国古代文明中的知识创造和运用。概而言之，以中国文明自身的知识构架，理解古代科技流变与发展；从文明间比较的角度，分析和评价中国古代科技；把中国古代科技史做成"让世界了解中国，让中国走向世界"的文化事业 [13]。科技考古，以往常常依托于科学研究的范式进行，但如需置于科技史的学科框架之下发展，也应成为中国古代科技史的一个方面，适应科学技术史的学科规范和标准，与中国古代科技史做深入的沟通与有效的连接。近 20 多年来，中国考古学特别兴旺，考古发掘不断有新的惊喜，不断更新人们对中国早期文明的认识。中国古代科技史研究，完全应该与中国古代文明的探源研究结合起来，中国文明溯源能有多远，中国古代科技史研究的想象就应多远。

（2）关于中国近现代科学史，21 世纪最初的 20 年是中国近现代科技史研究的大发展时期，无论从研究课题还是从研究者人数来看都是如此。上面提到的"中国近现代科学技术发展综合研究"项目、"院史"项目、"采集工程"，对中国近现代科技史的发展进行了大量的实证研究和第一手资料积累工作，大大促进了中国近现代史的研究。现在已经具备条件，对现代科技在中国的建立和发展过程进行更加深入、更加宏观的研究。近代科学在中国社会的移植、重建与发展历程，是世界科技史在近现代发展的重要篇章，也是中国社会现代化进程中值得深入研究的重要方面，更是一切后发国家完成现代转型须借重的宝贵经验。可以从科学与社会、科技政策与管理、科学与现代文明建设、科学与国民经济发展等多个维度开展研究，使近现代科技史的研究能够面临中国当前的形势和问题，为国家的科学治理与科学决策提供战略咨询。一言以蔽之，中国科学一百年，是全球科技史值得大书特书的辉煌篇章。

（3）关于世界（西方）科技史研究，目前大家已经认识到，要把科技史从中国古代科技史的优势领域扩展到世界科技史特别是西方科技史领域。但是目前从事西方科技史研究的学者相对来说还是比较少，这是因为西方科技史的研究，对研究者的要求门槛比较高——既要懂得西方科学，又有外语的要求，对原始资料的掌握比较困难。20 世纪西方科技史研究受语言和资料的制约还比较严重，现在由于大

---

⑬ 刘钝：《李约瑟的世界与世界的李约瑟》，载刘钝，王扬宗主编《中国科学与科学革命——李约瑟难题及其相关问题研究论著选》，辽宁教育出版社，2002。

量西方文献的电子化，已经不成问题，因此开展西方科技史研究的良好时机已经到来。中国学者早期开展的西方科技史研究，大概还是以重要人物的传记为主，如牛顿研究、爱因斯坦研究，现在完全有条件开展更加深入的专题研究。我们一方面要认真了解和学习西方学者已有的研究；另一方面也不能陷入西方视角，要敢于提出中国文明的视角，敢于站在人类科学思想与成就传播、汇聚和创新的顶峰上独立地思考问题。现在科学技术史学科已在中国大学体制内获得发展良机，学科"再建制化"进程已全面开启，利用大学中开展科学通史教育的需求，开展全面的西方科技史，是不可错失的契机。可以结合科学通史教材的编写，开展全方位的西方科技史研究[14]。

　　第三，关于中国科技史学科发展的总体现状和我们这一代学人所怀有的期望。中国科技史在学会成立以来的 40 年中，虽然取得了很多令人欣喜的成就，但是总的来说，我们这个学科目前还是小学科，学科的影响力还非常有限。要改变这种局面，我觉得我们的科技史研究还要做好以下几件事情：一是要有高远的定位和立意。我们不能满足于一些枝梢末节的考据、趣闻轶事的堆砌，而是要从长时段、大文明的角度看问题，要切合人类文明的进程和人类社会的现实需要来捕捉新的研究问题，描绘"大图景"[15]。从文明的高度来看科技史，探讨科技在人类文明的进步中发挥的作用，探讨科技作为连接文明的力量在文明交流中发挥的作用，也就是说，把科技史的研究与"人类命运共同体"的构筑相结合。二是要打破中国与西方的分野，把中西方文明打通了来做科技史。我们不能"只懂得希腊，不懂得中国"，对中国自己的文明的面目"漆黑一团"[16]；也不能只看到中国，看不到西方和其他文明，闭门造车，自说自话。只有从中西文明比较的角度来做科技史，才能展现科学在文明中的各种表象，真正把握科学对于人类文明的意义。三是要学科交叉。科学的所有方面是相互联系的，要解释其中一个方面的发展就必然涉及科学的方方面面。而在具体研究中，又要运用人文科学与社会科学的多种理论、多种方法，包括人类学的理论和方法。在详细

---

[14]　吴国盛（万辅彬问，吴国盛答）:《走向西方科学史，走向科学通史——北京大学吴国盛教授访谈录》，载《广西民族大学学报（自然科学版）》2009 年第 2 期。

[15]　C. Andrew Perry Williams, "De-Centring the 'Big Picture': The Origins of Modern Science and the Modern Origins of Science" in *The British Journal for the History of Science* (1993). p.407-432.

[16]　毛泽东:《改造我们的学习》，载《毛泽东选集第三卷（第 2 版）》，人民出版社，1991，第795-803 页。

地占有材料的基础上，对问题加以科学的分析和综合的研究。只有这样，才能形成新的综合。总之，我们还是要改造我们的研究，改革我们的方法，拓宽我们的视野。科技史研究应以科学精神为指导，做思想解放的先驱，认真总结国内外科技发展的历史经验，为中华文明的复兴提供借鉴。唯有如此，中国科技史才能变得生动而有价值，才能有更加广阔的前景。

第二部分　文献指南

第十三章　工具书

吴国盛

本章分成如下四个部分：

（1）指南（Guide，Companion）。对科技史学科的历史由来和发展历程进行概述，并且提供带评论性的文献指南。本书也属于这类工具书。

（2）辞典（Dictionary）与百科全书（Encyclopedia）。以词条或条目的方式（按照字母顺序排列），更详细地描述科学技术以及科技史学科中重要的人物、事件、研究主题、研究方法等。

（3）传记辞典（Dictionary of Biography）。以词条的方式，汇集历史上著名科学家、发明家的传记。

（4）文献目录（Bibliography）。单纯分门别类的文献汇集。

工具书具有比较明显的时效性，一般来说，出版年代越晚近的越能反映最新的研究进展。本章按照出版的年代顺序列举重要的工具书。

除了书籍之外，网络资源也扮演越来越重要的工具角色。通过搜索引擎可以方便地查到需要的资源，本章不再单列。

一、指南

萨顿《科学史指南》（1952）

Sarton, George. *A guide to the history of science: a first guide for the study of the history of science, with introductory essays on science and tradition*. New York: The Ronald Press Company, 1952.

32 开，316 页。作者乔治·萨顿（George Sarton，1884—1956）是科学史学科的创始人。这个指南分成两个部分，第一部分是萨顿 1948 年在伦敦大学学院的讲演，主题为"科学与传统"，实际上是关于科学史教学和研究的一个辩护性的导论；第二部分才是该书的主体，分历史、科学、科学史、科学史教研组织四大部分。科学史部分，主要是带评论的文献目录，分为关于科学史的主要参考书、关于科学史的专著和手册、科学仪器、国别史、文化群中的科学史（包括断代史和非西方文化中的科学史）、专科史、杂志和丛书共 7 个章节。在科学史教研组织部分，又分为 7 个部分：国家级学会、国际科学史组织、科学史教学、分国家的机构、博物馆和图书馆、国际大会、奖励。萨顿这本书的主体部分与本书第二部分"文献指南"和第三部分"学科建制"有类似的目标和功能。书中的许多信息已经过时，但作为本学科历史上第一部指南，仍有历史价值。

德尔宾《科学、技术与医学的文化指南》（1980）

Durbin, Paul. *A guide to the culture of science, technology, and medicine*. New York: Free Press, 1980.

16 开，723 页。主编保罗·德尔宾（Paul T. Durbin，1933—2019）生前是美国特拉华大学哲学系教授，著名技术哲学家和学术活动家，主编有多本科史哲领域的指南和辞典。这本指南分成历史、哲学、社会学和政策研究 4 个部分，计有科学史、技术史、医学史，科学哲学、技术哲学、医学哲学，科学技术社会学、医学社会学和医学中的科学技术、科学政策研究共 9 章，是"科学技术与社会"领域较早、较全面的指南。每章都带有丰富的参考文献。其中科学史、技术史和医学史三章，在该书中被翻译出来。

布拉什《第二次科学革命（1800—1950）指南》（1988）

Brush, Stephen. *The History of Science: A Guide to the Second Scientific Revolution, 1800-1950*. Ames: Iowa State University Press, 1988.（北大有藏）

大 32 开，544 页。作者布拉什（Stephen Brush，1935— ）是美国著名物理学史家，马里兰大学历史系和物理科技研究所教授，1990—1991 年任科学史学会主席。该书是关于 1800—1950 年断代科学史的文献指南著作。除导论外，分 12 章，谈及进化，种族和文化的进化，性别与遗传学，弗洛伊德与心理分析，行为与智能，原子、能量与统计学，电磁学与相对论，原子结构，物理学的爆炸，哲学与社会学视角，19 世纪的天文学，20 世纪的天文学。每一个主题下又分出若干子题。在对子题做必要的解释之后，介绍关于这个子题的科学史文献和研究情况。这种写法与该书的"文献指南"部分类似。

奥尔比等《现代科学史指南》(1990)

Olby, R.C., et al. (eds). *Companion to the History of Modern Science*, London and New York: Routledge, 1990.

大 32 开，1081 页。该书四位主编奥尔比（Robert Olby，1933— ）、康托（Geoffrey N. Cantor，1943— ）、克里斯蒂（John Christie，1946— ）和霍奇（Jonathon S. Hodge，1940— ）都是英国利兹大学科学史教授，奥尔比（后任美国匹兹堡大学科学哲学与科学史系教授）的专业方向是 19 世纪和 20 世纪的生命科学史，康托专攻物理学史，克里斯蒂主攻化学史，霍奇是达尔文专家。该书是关于现代科学之历史研究的一部主题研究指南。全书分两大部分：科学史研究、科学史著作选录。第一部分又分三部分：A 部分是科学史与相邻学科的关系，讨论了科学编史学、科学史与科学家、科学史与社会史、科学史与科学哲学、科学知识社会学等；B 部分是一些独特的研究视角，比如马克思主义与科学史、科学共同体的社会学、女性主义与科学史、语言修辞与科学等；C 部分是相关哲学问题，比如欧陆哲学与科学史、发现问题、理性科学与历史、实在论等。第二部分占据了过半篇幅，相当于我们这本书的姊妹篇《科技编史学经典读本》，不过我们的《科技编史学经典读本》将按照编史纲领来组织经典文献，而它是根据研究主题。它把主题组成三类：第一类是若干转折点，包括哥白尼革命、科学革命、牛顿、化学革命、拉普拉斯物理学、1670—1802 年的自然志、1780—1840 年的地质学史、能量、19 世纪的电磁理论、细胞理论与发育、达尔文前后的起源与物种、冯特与实验心理学的出现、行为主义、弗洛伊德与心理分析、相对论、量子论、经典经济学与凯恩斯革命、从生理学到生物化学、生物学中的分子革命、遗传学的出现、控制论与信息技术；第二类是若干专题，包括亚里士多德科学、从维萨留斯到哈维的心脏和血液、16—17 世纪的魔法和科学、原子论与机械论哲学、牛顿主义、物理光学、牛顿到爱因斯坦的宇宙学、几何学与空间、粒子科学、数学基础、概率与决定论、心身问题、人类学史中的范例传统、生理学与实验医学、地理学等；第三类是若干主题，包括科学与宗教、科学与文学、科学与哲学、1600—1900 年间科学哲学的发展、1900 年之后科学哲学的发展、科学分类、边缘科学、科学异化与压迫、正统批判与另类、国家主义与国际主义、科学与帝国主义、科学与战争、科学教育、科学组织及其在现代早期欧洲的追求、职业化、科学与公众、科学与政治意识形态（1790—1848）、自然科学与社会理论等。

吴国盛《科学思想史指南》（1994）

四川教育出版社 1994 年出版。1997 年重印。

这是国内出版的第一部旨在介绍西方科学编史学特别是科学思想史纲领的指南。它包含两部分。第一部分"科学史概论"，收录了库恩的"科学史"和萨克雷的"科学史"两篇编史学文章。第二部分"思想史的编史纲领"，收录柯瓦雷、巴特菲尔德、霍尔、布拉什的 7 篇文章。随着时间的推移以及国内近 20 年来对西方科学史著作的译介，这部指南已经过时。本书是它的更新换代版。

赫森布鲁克《科学史读本指南》（2000）

Hessenbruch, Arne, ed. *Reader's Guide to The History of Science,* London & Chicago: Fizroy Dearborn Publisher, 2000.

大 16 开，930 页，约 500 个条目，完全按照字母排序，但另外提供主题列表。该书条目作者达 280 人，许多是当今著名的科学史家。主编赫森布鲁克（Arne Hessenbruch）当时是麻省理工学院迪布纳科技史研究所的研究员（后任该校材料科学与工程系的讲师）。他称该书是科技史学科在 21 世纪开端的一张快照。该书包括数学、物理、化学、天文、地学、生命科学、医学、工程技术、社会科学等分科条目，也包括替代科学、人物、科学文献、科学仪器、社团学会等专题条目。条目内容主要是对相关关键文献进行述评，是一部学科文献指南。本书的"文献指南"与之有相同的目标和功能。

特纳《科学史指南》（2002）

Turner, ed. *Guide to the history of science*, 9th edition, A Publication of the History of Science Society, 2002.

32 开，390 页。由美国科学史家创立的"科学史学会"（History of Science Society，HSS）既没有挂名"美国"，也没有标榜"国际"，但它的确是一个国际性的科学史学会。该书是 HSS 发布的指南第 9 版，第 8 版出版于 1992 年。这个指南并不是关于科学史研究内容和方法的，而是关于世界范围内的科学史研究的制度指南。正文包括研究生计划（相当于中国的学位点）、研究中心、图书馆、博物馆、学会与组织、期刊和通信、停刊杂志。本书的"学科建制"与之有相同的目标和功能。

2002 年之后的内容更新可以在 HSS 的网站上查到。

海尔布龙《牛津现代科学史指南》（2003）

Heilbron, J.L., ed. *The Oxford Companion to the History of Modern Science*, Oxford University Press, 2003.

大 16 开，941 页，188 位科学史家参与编写。总主编海尔布龙（John Lewis Heilbron，1934— ）是美国加州大学伯克利分校的科学史教授，是著名的物理学史家和天文学史家。该书以词条的方式，对现代科学的各个方面做了一个百科全书式的介绍，包括科学编史学、科学的组织与传统、科学知识的主体、科学仪器与设备、科学的运用、人物传记六大类型。从这个条目分类来看，它既有理论科学，又有应用科学；既有一阶历史，又有二阶历史；既关注科学知识，也关注科学的社会运行和科学的技术基础（仪器设备），代表了新世纪国际科技史界的新眼界。

莱特曼《布莱克威尔科学史指南》（2016）

Bernard Lightman, ed. *A Companion to the History of Science*, John Wiley & Sons Ltd, 2016.

32 开，601 页，43 位科学史家参与编写。主编莱特曼（Bernard Lightman，1950— ）是加拿大约克大学科学史教授，专业方向是英国维多利亚时期科学史，曾担任《爱西斯》（*ISIS*）主编（2004—2014）。这是新世纪一部别开生面的科学史指南，按照新一代科学史家透视科学的几个特定维度进行编排，展示了近三十多年来国际科学史界的新思维。除导论和编史学部分外，全书共分四大部分。第一部分"角色"，包括历史上以各种身份参与科学实践的人物，如旅行者、翻译家、炼金术士、自然哲学家、自然志家、工匠、仪器制造者、插图师以及男人和女人。第二部分"处所和空间"，包括历史上科学实践发生的各种地点，如大学、天文台、宫廷、学会、博物馆、植物园、实验室等。第三部分"交流"，包括科学家相互交流的各种方式，如手稿、印刷品、通信、翻译、期刊、电影电视等。第四部分"科学的工具"，包括科学家用来研究自然的各种手段和工具，如计时器、测重仪、计算器、标本和收藏、记录仪、显微镜、望远镜、三棱镜、图表、三维模型等。

二、辞典与百科全书

维纳《观念史辞典》（1973）

Wiener, Philip, ed. *Dictionary of the History of Ideas: Studies of Selected Pivotal Ideas*. 4 vols., New York: Scribner's, 1973.

4 卷，16 开，共 2587 页，选取了西方思想史上 300 多个有影响的观念，对它们进行跨文化的详尽解析。作者多是当年的权威学者，编委会成员包括以赛亚·伯林、贡布里希这样的思想史大家。主编菲里普·维纳（Philip Wiener，1905—1992）是美国哲学家和科学思想史家，曾任纽约城市学院和天普大学哲学教授，创办《思想史杂志》（*Journal of the History of Ideas*）。全部词条分成七个部分：与物理科学和生命科学研究的自然外部秩序相关的观念；与人类学、心理学、宗教、哲学以及文学和常识中的人性相关的观念；与文学、艺术以及审美理论和文艺批评相关的观念；与历史、编史学和史学批评相关的观念；经济、法律、政治观念；宗教和哲学观念；形式数学、逻辑学、语言学和方法论观念。其中第一部分和第七部分的观念史属于科学思想史的范围，词条包括：炼金术、占星术、原子论、古代的生物学概念、生物同源性与类似性、生物模型、自然资源保护、宇宙形象、宇宙航行、宇宙学、熵、环境、环境与文化、进化论、中世纪的实验科学与力学、遗传连续性、健康与疾病、物理学中的非决定论、获得性遗传、泛生论遗传、寿命、物质观念、自然、牛顿与分析方法、光学与影像、有机论、重演、相对论、空间、自然发生、技术、时间与测量、均变说与灾变说等。

拜纳姆等《科学史词典》（1981）

Bynum, W.F., E.J. Browne and Roy Porter (eds). *Dictionary of the History of Science*, London: Macmillan, and Princeton, New Jersey: Princeton University Press, 1981.

中译本：宋子良等译，《科学史词典》，湖北科技出版社 1988 年版。中译本 32 开，828 页。

32 开，528 页。主编拜纳姆（William F. Bynum，1943— ）和波特（Roy Porter，1946—2002）都是英国医学史家，伦敦大学学院维康（Wellcome）医史研究中心的医学史教授。布朗（Janet Browne，1950— ）是生物学史家，曾任教于伦敦大学学院，现任哈佛大学科学史系教授。这部 20 世纪 80 年代初出版的科学史词典，包括 700 个词条，以分科史和专题方式对天文学、生物学、化学、地球科学、科学编史学和社会学、人类科学、数学、医学、混杂科学、科学哲学、物理学中的基本概念做简单的历史概述，反映了当时国际科学界的认知水平和编史方法。在科学史指南越编越厚重的今天，这部单卷本简明词典仍然有它的方便之处。

伊东俊太郎等《科学技术史词典》（1983）

伊东俊太郎、坂本贤三、山田庆儿、村上阳一郎编《科学技术史词典》，1983 年日文版出版。

中译本：樊洪业、乐秀成、刁培德、姜振寰、张利华、朱新民、阮芳赋、王勋编译，光明日报出版社 1986 年版。

中译本小 32 开，1058 页，2545 条目，约 100 万字。中译本对原书部分条目做了压缩和删节，又补充了中国科技史的新条目。全部条目按拼音顺序排列，条目释文简明扼要，是 20 世纪 80 年代难得的科技史词典。

麦克内尔《技术史百科全书》（1990）

McNeil, Ian. *An Encyclopaedia of the history of technology*, London: Routledge, 1990.

大 32 开，1062 页。全书不像通常的百科全书按照条目字母顺序排列，而是按照技术分类主题编排，因此更像是一部技术史通论著作。在主编麦克内尔（Ian McNeil，1920—1997）44 页的导论之后，依次是材料、动力和工程、交通运输、通信与计算、技术与社会五大部分。主编麦克内尔是英国技术史家，出身铁匠世家，曾任纽可门学会秘书长，后任巴斯大学技术史研究员，专攻风箱史。

塞林《非西方文化的科学技术与医学的历史百科》（1997）

Selin, Helaine, ed. *Encyclopaedia of the History of Science, Technology, and Medicine in Non-Western Cultures*, New York: Springer-Verlag, 1997, 2008.

大 16 开，2416 页，按照字母顺序编排。主编塞林（Helaine Selin，1946—　）是美国新罕布什尔学院的图书馆科学馆员，曾在非洲做志愿者教英语。该书编委会成员包括刘钝（时任中国科学院自然科学史所所长），顾问委员会包括古克礼（剑桥大学李约瑟研究所）。该书由 400 多名科学史家参与编写。

三、传记辞典

吉利斯皮《科学传记辞典》（1970—1980）

Gillispie, Charles Coulston. *Dictionary of Scientific Biography*, 16 vols, New York: Charles Scribner's Son, 1970-1980.

共 16 卷，1970 出版第 1 卷，1980 年完成第 16 卷，其中第 15 卷是附录，补充了非西方科学传统中的科学家传记，第 16 卷是索引。1990 年由弗雷德里克·福尔摩斯（Frederic L. Holmes）主编出版了 17—18 卷，再次补充了更多的科学家。

1981 年原出版社出版了该书的单卷缩写本《简明科学传记辞典》（*Concise Dictionary of Scientific Biography* ），2001 年出版了第二版，包括了 1990 年新增两卷的内容。

2007 年原出版社出版了由诺雷塔·科尔奇（Noretta Koertge）主编的《新科学传记辞典》（*New Dictionary of Scientific Biography* ）包括 775 个条目，其中 500 个是 1980 年之后去世的科学家（原辞典只收已故的科学家），75 个是继续补充原先遗漏的科学家，另外 250 个条目对原有条目的内容更新。新辞典把覆盖面扩展到心理学、人类学、社会学和经济学。同年，原出版社把新旧辞典合并，出版了电子版《完全科学传记辞典》（*Complete Dictionary of Scientific Biography* ）。

这是国际科学史界最权威的一部科学家传记辞典，主编吉利思皮（Charles Coulston Gillispie，1918—2015）是美国著名科学史家，普林斯顿大学科学史教授，1984 年萨顿奖获得者。每个传记词条都有 1～5 页的篇幅，由专业科学史家撰写，并且附有相关参考文献。

阿西莫夫《阿西莫夫科技传记百科》（1982）

Asimov, Isaac. *Asimov's Biographical Encyclopedia of Science and Technology*, 2d rev. ed. New York: Doubleday, 1982.

中译本：阿西莫夫《古今科技名人辞典》，科学出版社 1988 年版。16 开，467 页。

由美国著名科学作家阿西莫夫（Isaac Asimov，1920—1992）独自撰写，首版于 1964 年出版，1982 年出第二版。作者生前是波士顿大学生物化学教授，写作和主编了超过 500 本著作。这个单卷本的科学家传记辞典简明扼要，文字生动，可读性强，带有阿西莫夫的风格，可惜断版多年。

米拉等《剑桥科学家辞典》（1996，2002）

Millar, David; Millar, Ian; Millar, John; Millar, Margaret, eds. *The Cambridge Dictionary of Scientists*, Cambridge University Press, 1996; 2nd ed., 2002.

大 16 开，428 页，以字母顺序编排词条。附有科学史编年表、诺贝尔奖科学奖得主表、菲尔兹奖得主表。该书作者全是米拉家庭的成员。这是一个科学之家，其中戴维（David）是冰川学家，伊恩（Ian）是有机化学家，约翰（John）是地球物理学家，玛格丽特（Margaret）是卡文迪许实验室的 X 射线晶体成像科学家。全书收录了来自 40 个国家的近 1500 位科学家。在传记辞典中还适时地插进了一些专题解释，比如在宇航员阿姆斯特朗词条后面插进了"太空探索"，在化学家贝托莱词条之后插入"拿破仑与科学"。他们 1989 年曾经在剑桥大学出版社出版过一本《简明科学家辞典》（*Concise Dictionary of Scientists*），该书是升级版。

戴、麦克内尔《技术史传记辞典》（1996）

Day, Lance; McNeil, Ian, eds. *Biographical Dictionary of the History of Technology*, London and New York: Routledge, 1996.

该书 32 开，1426 页，收纳 1300 位技术工匠和发明家，是第一部技术史传记辞典。辞典按照字母顺序排列。每个词条包含三个部分：第一部分是传主生卒年月、国籍、专业领域等基本信息，第二部分是对其成就和历史意义的阐发，第三部分是带注解的参考文献目录。主编戴（Lance Day）是伦敦科学博物馆的图书馆馆长，麦克内尔（Ian McNeil，1920—1997）是英国技术史家。该书是麦克内尔主编的《技术史百科全书》（1990)的后续著作和补充。百科讲的是技术史事件，而传记辞典讲的是人。重要人物传记后面都有参考文献。

波特等《科学家传记辞典》（2000）

Porter, Roy & Ogilvie, Marilyn, eds. *The Biographical Dictionary of Scientists*. 2 vols. Oxford University Press, 2000.

分两卷，共 1214 页，2000 年由牛津大学出版社出版的是第三版。第一版分 6 卷出版。第二版 1994 年改由牛津大学出版社出版，波特（Roy Porter，1946—2002）主编。波特是英国著名科学史家，伦敦大学学院维康医学史研究所所长，也是活跃的学术组织家，主编出版了许多大部头科学史著作和工具书。本辞典收纳了 1260 位（前一版 1178 位)科学家小传词条，每个词条 500 ~ 1200 个单词，由 43 位科学史家撰写。每个词条长度由 7 行（如 al-Sufi）到 4 页（如牛顿）不等，有 150 多张图（老版没有插图)。

该书与《科学传记辞典》的重大不同在于，收录了许多在世的诺贝尔奖和菲尔兹奖得主传记，还收录了许多著名的科普作家比如道金斯（Richard Dawkins）、古尔德（Stephen Jay Gould）、霍金（Stephen Hawking）等。

如下中国学者主编的传记辞典，更多考虑了中国科技人物和中国学者的研究成果，值得参考。

张奠宙等编：《科学家大辞典》，上海科技教育出版社 2000 年版。大 16 开，
1111 页。

姜振寰主编：《世界科技人名辞典》，广东教育出版社 2001 年版。大 32 开，
1387 页。

杨建邺主编：《20 世纪诺贝尔获奖者辞典》，武汉出版社 2001 年版。大 32 开，
1064 页。

四、文献目录

《爱西斯》文献汇编（1913—）

《爱西斯》作为科学史学会的机会刊物，从创刊开始就每年发布文献目录，从
1913 年开始到 2020 年从未中断。这些年度文献目录不断被汇集成书如下：

Isis Cumulative Bibliography, 1913-1965. 6 vols Edited by Magda Withrow. London:
Mansell, 1971-1984.

Isis Cumulative Bibliography, 1966-1975. 2 vols Edited by John Neu. London:
Mansell, 1980，1985.

Isis Cumulative Bibliography, 1976-1985. 2 vols Edited by John Neu. Boston: G. K.
Hall, 1989.

Isis Cumulative Bibliography, 1986-1995. 4 vols Edited by John Neu. Massachusetts:
Science History Publication, 1997.

在科学史学会（HSS）的网站上，可以查到年度文献目录（*Isis Current
Bibliography*）以及新书出版目录（*Isis Books Received*）。

弗格森《技术史文献目录》（1968）

Ferguson, E.S. *Bibliography of the History of Technology*, MIT Press, 1968.

技术史学会（Society for the History of Technology）机关刊物《技术与文化》
（*Technology and Culture*）每年所刊文献目录的汇集。主编弗格森（Eugene Ferguson）
曾任斯密森学会机械和民用工程分部策展人、艾奥华州立大学机械工程系教授、特
拉华大学历史教授，1977 年达芬奇奖得主。

米勒《科学史文献目录》（1992）

Miller, Gordon L. *The History of Science, An Annotated Bibliography*, Salem Press, 1992.

32开，193页。这是一本带注解的文献目录，分成如下几个部分：工具书（包括辞典、百科全书、指南；传记材料、杂志、文献目录）、通史（总论、古代科学、中世纪和文艺复兴、现代科学）、物理科学（总论、天文学、化学、地质地理学、数学、物理学）、生命科学（总论、植物学、生态学、动物学）、医学科学（总论、专题、精神病学）、人类科学（总论、人类学、心理学、社会学）、专题（进化、边缘科学、科学哲学、科学与宗教、科学建制、科学仪器、科学社会学、科学中的妇女和少数派）。作者米勒（Gordon L. Miller）是美国西雅图大学历史系和环境研究中心教授。

第十四章　通史通论

吴国盛

本章只介绍科学通史著作，医学通史和技术通史请分别参见第二十七章和第二十八章。本章分多卷本通史、单卷本通史、科学编史学、科学史家研究四部分。

一、多卷本通史

多卷本科学通史著作有如下两套比较重要，分别代表了 20 世纪 60 年代和 21 世纪前 10 年的国际水平。

塔顿《科学通史》（1957—1964）

Rene Taton, ed., *Historir generale des science*, Presses Universitaries de France, Paris, 1957-1964.

Rene Taton, ed., *A General History of the Sciences*, 4 vols, London: Thames and Hudson, 1963-1966.

该书原文是法文，共分 3 卷（19 世纪和 20 世纪合并为第 3 卷），出版于 1957—1964 年。英译本分 4 卷出版，由出生于德国的犹太裔英国翻译家阿诺德·朱里斯（Arnold Julius，1920—2005）翻译。没有中译本。

第 1 卷《古代和中世纪科学》（*Ancient and medieval science from prehistory to A.D. 1450*），1963 年出版，共 552 页，23 章，21 位作者。

第 2 卷《现代科学的开端，从 1450 年至 1800 年》（*The beginnings of modern science，from 1450 to 1800*），1964 年出版，共 667 页，37 章，25 位作者。

第 3 卷《19 世纪的科学》（*Science in the nineteenth century*），1965 年出版，共 623 页，35 章，28 位作者。

第 4 卷《20 世纪的科学》（*Science in the twentieth century*），1966 年出版，共 635 页，44 章，56 位作者（第 49 位是法国作者）。

塔顿（Rene Taton，1915—2004）是著名法国科学史家，法国《科学史杂志》

（*Revue d'histoire des sciences*）主编，1975 年萨顿奖获得者。该书的作者多数是法国科学史家。20 世纪 60 年代科学史的职业化刚刚起步，并不是在所有的科学史领域都被职业科学史家所覆盖，也不是所有的科学史领域都得到了很好的专业研究。例如该书第四卷多数作者是科学家而非科学史家。全书常常有萨顿式的编年史叙事风格。

林德伯格、南博斯《剑桥科学史》（2002—2020）

Lindberg, David, Numbers, Ronald, eds., *Cambridge History of Science*, 8 vols, Cambridge University Press, 2002-2020.

该书原文是英文，共分 8 卷，出版于 2002—2020 年。中译本正在由大象出版社陆续翻译出版。

第 1 卷《古代科学》（*Ancient Science*），亚历山大·琼斯（Alexander Jones）和莉巴·陶布（Liba Taub）主编，2018 年出版。中译本由吴国盛主译，正在翻译之中，预计 2023 年出版。

第 2 卷《中世纪科学》（*Medieval Science*），大卫·林德伯格（David Lindberg）和迈克尔·尚克（Michael Shank）主编，2013 年出版。中译本由张卜天主译，将于 2023 年出版。

第 3 卷《现代早期科学》（*Early Modern Science*），凯瑟琳·帕克（Katharine Park）和达斯顿（Lorraine Daston）主编，2006 年出版。中译本由吴国盛主译，2020 年出版。16 开本，752 页。

第 4 卷《18 世纪科学》（*Eighteenth-Century Science*），罗伊·伯特（Roy Porter）主编，2003 年出版。中译本由方在庆主译，2010 年出版。16 开本，820 页。

第 5 卷《现代物理科学和数学科学》（*The Modern Physical and Mathematical Sciences*），玛丽·乔·奈（Mary Jo Nye）主编，2002 年出版。中译本由刘兵、江晓原、杨舰主译，2014 年出版。16 开本，607 页。

第 6 卷《现代生命科学与地球科学》（*The Modern Biological and Earth Sciences*），彼特·鲍勒（Peter Bowler）和约翰·皮克斯通（John Pickstone）主编，2009 年出版。中译本由陈蓉霞主译，将于 2022 年底出版。

第 7 卷《现代社会科学》（*The Modern Social Sciences*），西奥多拉·波特（Theodore Porter）和多萝西·罗西（Dorothy Rossy）主编，2003 年出版。中译本集体翻译，2007 年出版。16 开本，696 页。

第 8 卷《国家、跨国和全球与境下的现代科学》（*Modern Science in National,*

Transnational, and Global Context），休·斯洛滕（Hugh Slotten）和戴维·利文斯通
（David Livingstone）主编，2020 年出版。

总主编林德伯格（David Lindberg，1935—2015）和南博斯（Ronald Numbers，
1942—　）均为美国著名科学史家、萨顿奖获得者，威斯康星大学科学史系教授。该
书全部由职业科学史家撰写，科学与社会的关系是贯穿始终的叙事主线，反辉格史
是基本底色。全书并不是专科史的编年汇编，而是尽量淡化学科界限，着眼于回到
历史情境之中，追问是哪些人在哪些地方创造了哪种自然知识。

二、单卷本通史

单卷本科学通史往往风格各异，满足不同读者的不同需求。不用说，下面开列
的书目主要针对学院派学生和学者，通俗版不在其列。

20 世纪八九十年代，我国学界流传最广的西方科学史著作始终是丹皮尔的《科
学史及其与哲学和宗教的关系》（李珩译，商务印书馆 1975 年出版。William Cecil
Dampier *A History of Science, and its Relations with Philosophy and Religion*，1929）和
梅森的《自然科学史》（周煦良等译，上海人民出版社 1977 年出版，1980 年由上海
译文出版社出新版。Stephen Mason，*A History of the Sciences*，1953）。但是，这两该
书的作者都不是职业科学史家——丹皮尔（William Cecil Dampier，1867—1952）是
位农学家，梅森（Stephen Mason，1923—2007）是位化学家——而且出版时间较早，
没有能够吸收职业科学史家的研究成果。

21 世纪的 20 年来，有更多职业科学史家的科学通史著作译成中文，如下 5 种值
得关注。

罗南《剑桥插图世界科学史》（1983）

Colin Ronan. *Cambridge Illustrated History of the World's Science*. Cambridge
University Press, 1983.

中译本由周家斌、王耀杨等译，山东画报出版社 2009 年出版。罗南（Colin
Ronan，1920—1995）是英国天文学家、科学作家，担任过英国天文协会（非皇家天
文学会）会长（1989—1991），曾经与李约瑟合作著有《中国的科学与文明缩写本》（中
译本《中华科学文明史》，江晓原等译，上海人民出版社 2002 年出版）。该书的丰富
插图是一大特色。最后的参考书目很有价值。

阿里奥托《西方科学史》（1993）

Anthony Alioto. *A History of Western Science*, 2nd edition. New York: Prentice Hall, 1993.

中译本由鲁旭东等译，商务印书馆 2011 年出版。

阿里奥托（Anthony M. Alioto，1950— ）是美国密苏里州哥伦比亚学院（Columbia College）的伦理学、哲学和宗教研究讲席教授。该书是一部为本科生准备的科学史教材，作者受柯瓦雷影响，比较偏科学思想史。

麦克莱伦第三等《世界科学技术通史》（1999）

James McClellan Ⅲ & Harold Dorn. *Science and Technology in World History: An Introduction*. Johns Hopkins University Press, 1st ed., 1999; 2nd ed., 2006; 3rd ed., 2015.

中译本由王鸣阳译，上海世纪出版集团 2003 年出版，书名《世界史上的科学与技术》；第三版改名为《世界科学技术通史》，王鸣阳，陈多雨译，上海科技教育出版社 2020 年出版。

麦克莱伦第三（James McClellan Ⅲ，1946— ）和多恩（Harold Dorn，1928—2011）均为美国史蒂文斯理工学院（Stevens Institute of Technology）科学史教授。该书是为本科生编写的科学技术史教材，既有世界视野，兼顾西方与非西方，又兼顾科学史与技术史，是较好的单卷本科技史。

鲍勒等《现代科学史》（2005）

Peter Bowler and Iwan Morus. Making Modern Science: A Historical Survey. The University of Chicago, 2005.

中译本由朱玉、曹月译，中国画报出版社 2020 年出版。

该书是为科学史专业本科生编写的教材，比面向普通本科生的教材更为专业。由于只叙述 16 世纪之后的现代科学史，所以并不是严格意义的通史。全书主体分"科学发展历程"和"科学史研究主题"两部分，前者包括科学革命、化学革命、能量守恒、地球历史、达尔文革命、新生物学、遗传学、生态学、大陆漂移、20 世纪物理学、宇宙学革命、人文科学的兴起等历史主题，后者包括科学组织、科学与宗教、通俗科学、科学与技术、生物学与意识形态、科学与医学、科学与战争、科学与性别等横断主题。

作者彼得·鲍勒（Peter Bowler，1944— ）是著名的进化生物学史家、英国女王大学（Queen's University Belfast）的科学史教授，曾任英国科学史学会主席（2004—2006），著有《进化思想史》（*Evolution, The History of An Idea*，1984）、《达尔文主义的日食》（*The Eclipse of Darwinism*，1983）等。伊万·莫鲁斯（Iwom Morus，1964— ）是阿伯大学（Aberystwyth University）历史系教授，专攻维多利亚时代科学史，著作有《牛津插图科学史》（2017）等。

法拉《四千年科学史》（2009）

Patricia Fara. *Science, A Four Thousand Year History*. Oxford University Press, 2009.

中译本由黄欣荣译，中央编译出版社 2011 年出版。

法拉（Patricia Fara，1948— ）是英国科学史家，剑桥大学科学史与科学哲学系教学主管，曾任英国科学史学会主席（2016—2018），是多本科学史通俗读物的作者。该书和麦克莱伦三世那本书一样，拥有世界视野并且打通科学史和技术史，写得更为生动可读，而且融入了许多新的编史眼光，比如女性主义、实验主义，曾获得英国科学史学会的 2011 年丁格尔奖（Dingle Prize）。

三、科学编史学

狄博斯《科学与历史》（1984）

Debus, Allen. *Science and History, A Chemist's Appraisal*. Coimbra, 1984.

中译本由任定成译，1999 年台北桂冠图书股书有限公司首版，2011 年北京大学出版社以《科学革命新史观讲演录》为书名再版。

作者狄博斯（Allen Debus，1926—2009）是美国著名化学史家，1994 年萨顿奖得主。该书由作者在葡萄牙科英布拉大学的四次演讲汇集而成，介绍了他对科学革命的新观点，即把炼金术、自然魔法作为科学革命中的主要思潮看待。

克奥《科学史学导论》（1987）

Kraph, Helge. *An Introduction to the Historiography of Science*. Cambridge University Press, 1987.

中译本由任定成译，北京大学出版社 2005 年首版，2020 年修订版。

这是第一部以 Historiography of Science 为标题的专著。作者克奥（Helge Kraph，1944— ）是丹麦科学史家，专攻 19 世纪中叶以来的物理学史、化学史和天文学史，先后任奥斯陆大学和阿胡斯大学教授，2015 年退休。曾任欧洲科学史学会主席

（2008—2010）。

高罗格鲁等《科学编史学趋势》（1993）

Gavroglu, Kostas, Christianidis, Jean, Nicolaidis, Efthymios, eds. *Trends in the Historiography of Science*, Kluwer Academic Publishers, 1993.

刘兵《克丽奥眼中的科学——科学编史学初论》（1996）

山东教育出版社 1996 年初版，上海科技教育出版社 2009 年第二版，商务印书馆 2020 年第三版，每版均有增订。

索德奎斯特《当代科技编史学》（1997）

Soderqvist, ed. *The Historiography of Contemporary Science and Technology*. Harwood Academic Publishers, 1997.

刘兵等《科学编史学研究》（2015）

上海交通大学出版社 2015 年出版，311 页。刘兵及其学生们的科学编史学文章结集。

章梅芳《女性主义科学编史学研究》（2015）

科学出版社 2015 年出版，325 页。

四、科学史家研究

1. 萨顿（1884—1956）

萨克雷、默顿"论学科建设：乔治·萨顿的悖论"（1972）

Arnold Thackray and Robert Merton. "On Discipline-Building: the Paradoxes of George Sarton." *Isis* 63(1972), 673-695.

魏屹东《爱西斯与科学史》（1997）

中国科学技术出版社 1997 年出版，268 页。通过对国际科学史界旗舰刊物《爱西斯》杂志的研究，了解杂志创刊人萨顿及科学史学科的发展历程。

刘兵《新人文主义的桥梁》（2002）

山东人民出版社 2002 年出版，177 页，是对萨顿《科学的生命》一书的解读。

2. 柯瓦雷（1892—1964）

库恩"亚历山大·柯瓦雷与科学史"（1970）

T.S. Kuhn. "Alexander Koyre and the History of Science." in *Encounter*, 34(1970), 67-69.

刘胜利"科学思想史的魅力——评柯瓦雷研究科学革命的三本著作"（2008）

《中国科技史杂志》2008 年第 3 期。

范莉《亚历山大·柯瓦雷的科学编史学思想研究》（2017）

科学出版社 2017 年出版，184 页。

皮萨诺等编《科学史与科学哲学中的假说与视角：致敬柯瓦雷》（2018）

RaRaffaele Pisano, Joseph Agassi and Daria Drozdova eds. *Hypotheses and Perspectives in the History and Philosophy of Science: Homage to Alexandre Koyré 1892—1964.* Publisher: Springer, 2018.

3. 伯特（1892—1989）

弗勒麦尔《伯特：历史家和哲学家》（2002）

Villemaire, Diane Davis, *E.A. Burtt: Historian and Philosopher, A Study of the author of The Metaphysical Foundations of Modern Physical Science*, Springer, 2002.

4. 库恩（1922—1996）

伯德《库恩》（2000）

Alexander Bird. *Thomas Kuhn.* Princeton University Press, 2000.

富勒《库恩：我们时代的哲学历史》（2000）

Steve Fuller. *Thomas Kuhn: A Philosophical History for Our Times.* University of Chicago Press, 2000.

尼柯尔斯《托马斯·库恩》(2003)

Thomas Nickles, ed. *Thomas Kuhn*. Cambridge University Press, 2003.

中译本由魏洪钟译，复旦大学出版社 2013 年出版。

吴以义《科学革命的历史分析：库恩与他的理论》(2013)

复旦大学出版社 2013 年出版。

第十五章　美索不达米亚

杨啸

本章分工具网站、通史和分科史三个部分。

一、工具网站

以下网站按照名称拼音顺序排列。

古代近东电子工具和档案馆（Electronic Tools and Ancient Near East Archives）

http://www.etana.org/

简称 ETANA，始于 2000 年 8 月，目前仍在更新。ETANA 是一个多机构合作项目，主要参与方有美国东方学会（American Oriental Society）、美国东方研究学院（American Schools of Oriental Research）、范德比尔特大学（Vanderbilt University）等。内有 ABZU、CoreTexts 和 eTACT 三个主功能，其中 ABZU 提供古代近东研究文献的数据库检索，CoreTexts 提供版权过期或者经版权者授权的古代近东语料库，eTACT 提供古代近东原始文献出版物的检索。

美索不达米亚天文学与占星术文献目录（Bibliography of Mesopotamian Astronomy and Astrology）

https://webspace.science.uu.nl/~gent0113/babylon/babybibl.htm

由乌特勒支大学数学系（Mathematical Institute at Utrecht University）教授罗伯特·哈里·范·甘特（Robert Harry van Gent）创建，最新更新于 2004 年。编目收录了此前巴比伦天文学 / 占星学史的大部分研究成果。网站按主题分类，分为通论、原始文献、占星学、历法、日月行星运动、恒星表、天象表等。另外网站还收录有 20 世纪之前的巴比伦天文学研究和该领域已逝的重要学者的工作表。此外，作者还收录了相关网络资源的链接。

美索不达米亚星体科学文献目录（Bibliography of Mesopotamian Astral Science）

http://bibmas.topoi.org/

简称 BibMAS，由柏林自由大学古代知识史研究所（Freie Universität Berlin, Institut für Wissensgeschichte des Altertums）高级研究员马修·奥森德里维（Mathieu Ossendrijver）创建，最近更新于 2018 年。该数据库由沃克尔（Christopher BF Walker）编写、2013 年私下发行的《巴比伦和亚述天文学书目》（*Bibliography of Babylonian and Assyrian astronomy*）和前面提到的罗伯特·范·根特于 2004 年制作的《美索不达米亚天文学和占星学》网站扩充而来。数据库按照作者、编者、标题等标签编号。

楔形文字评注项目（Cuneiform Commentaries Project）

https://ccp.yale.edu/about-project

由耶鲁大学主持，目前仍在更新。数据库旨在搜集世界上所有的楔形文字原始文献出版物，按照主题分类查找。其中 Catalog of Commentaries 为楔形文字译注数据库，下设多个分支，Divination 部分收录巴比伦星占学，Medical 收录医学方面的原始文献题录。

二、通史

诺伊格鲍尔《古代精密科学》（1951）

Neugebauer, Otto E., *The Exact Sciences in Antiquity*. Providence: Brown University Press, 1951. -2nd ed. 1957.

诺伊格鲍尔（Otto Neugebauer，1899—1990）是奥地利裔美国数学家和古代科学史专家，曾任布朗大学数学系教授，1975 年和 1985 年两次获得辉瑞奖。该书基于 1949 年秋季在康奈尔大学的一系列讲座修订而来。第一章是导论。第二章讨论巴比伦数学。第三章是对巴比伦楔形数学文本的解读和评价。第四章讨论埃及数学和天文学，作者认为埃及天文学的主要贡献在于观测，而除了希腊化时期，埃及的天文预测几乎一片空白。第五章讨论巴比伦天文学。最后一章讨论巴比伦和埃及的数学与天文学对希腊化科学的影响。

三、分科史

1. 数学

诺伊格鲍尔等《楔形文字数学文本》（1945）

Neugebauer & Götze, *Mathematical Cuneiform Texts*. American Oriental Series,

Vol.29. New Haven, Conn.: American Oriental Society and the American Schools of Oriental Research, 1945.

该书是英文世界首次整理出版完整的楔形文字数学文本，此前完整出版的只有德语版本。全书分为五章。第一章为简介，涉及文本的两个主要类别，即"表格文本"和"问题文本"，以及它们的年代和出处。第二章专门讨论"表格文本"。第三章涉及"问题文本"，占到总页数的一半以上。文本以转写和翻译的形式给出，随后是注释，注释通常包含数学和语言（术语）部分。第四章由阿尔布雷希特·哥兹（Albrecht Götze）撰写，讨论了文本所表现出的方言和正字法的差异。第五章末尾给出了索引以及词汇表。

罗布森《公元前 2100—1600 年美索不达米亚的数学》（1999）

Robson, Leanor. *Mesopotamian Mathematics 2100-1600 BC: Technical Constants in Bureaucracy and Education*. Oxford Editions of Cuneiform Texts. Oxford, New York: Oxford University Press, 1999.

该书主要讨论公元前第二个千年的早期数学中发现的 200 个技术性常数（或"系数"）。许多系数的起源都可以追溯到公元前第三个千年末期的会计和数字测量实践。这些系数可以用于考察美索不达米亚早期数学教育的某些方面。

弗里伯格《巴比伦数学文本的杰出收藏》（2007）

Friberg, Jöran. *A Remarkable Collection of Babylonian Mathematical Texts: Manuscripts in the Schøyen Collection: Cuneiform Texts I*. Sources and Studies in the History of Mathematics and Physical Sciences. New York: Springer-Verlag, 2007.

约兰·弗里伯格是瑞典哥德堡（Göteborg）的查尔姆斯理工大学（Chalmers University of Technology）荣休教授，专长古代数学史。该书分析了马丁·绍恩（Martin Schoyen）私人收藏中的数学泥板。它包括以前从未研究过的泥板分析。书中泥板根据数学内容和用途进行分类，为巴比伦对复杂数学对象的理解提供了新的见解。

弗里伯格等《新数学楔形文本》（2016）

Friberg, Jöran and Al-Rawi, Farouk N. H. *New Mathematical Cuneiform Texts*. New York: Springer, 2016.

法鲁克·阿尔·拉维（Farouk N. H. Al-Rawi）是伦敦大学亚非学院（SOAS，

University of London）的阿卡德研究者。该书详尽地介绍了楔形文字中大量未出版的和先前出版的巴比伦数学文本。这是弗里伯格撰写的《巴比伦数学文本的杰出收藏》的延续。该书探索了来自巴比伦、乌鲁克和西帕尔（Sippar）地区的巴比伦晚期算术和计量数学表文本、来自四个巴比伦旧遗迹的数学练习集，以及萨尔贡乌玛早期（Early Sargonic Umma）的新文本，这是已知的最古老的数学练习集。书中还讨论了公元前三千年末的倒数表与新苏美尔和旧巴比伦时期有据可查但较晚的倒数表，以及一种新迷宫（labyrinth）的类型。该材料以照片、手抄本、转写和翻译的形式呈现，并附有详尽的解释。

米德克－康林《抄写员的制造：拉尔萨古巴比伦王国的误差、错误和四舍五入》（2020）

Middeke-Conlin, Robert. *The Making of a Scribe: Errors, Mistakes and Rounding Numbers in the Old Babylonian Kingdom of Larsa*. Springer International Publishing, 2020.

该书提供了一种研究经济文本的新方法。作者通过关注误差、错误和四舍五入来研究这些著作中的差异。作者着眼于拉尔萨（Larsa，公元前 2000 年苏美尔城邦，在今伊拉克南部）的古代社会中实用数学的教学、使用和发展，提供了一种探索、理解和利用统计数据的方法。作者还展示了数学作为古代相关从业者应对复杂经济过程的工具的重要性。

2. 天文学与占星术

诺伊格鲍尔《楔形文字天文学文本》（1955）

Neugebauer, Otto E. *Astronomical Cuneiform Texts: Babylonian Ephemerides of the Seleucid Period for the Motion of the Sun, the Moon, and the Planets* (London: Lund Humphries, 1955), 3 vols.

该书简称 ACT，搜集了巴比伦天文学的经典文献。全书共有 300 多张表格，材料部分来自乌鲁克（Uruk），部分来自巴比伦，写于公元前 3 世纪晚期。全书分三卷，第一卷处理月亮运动，第二卷处理行星运动，第三卷给出 216 张附图的转写。

萨克斯、绍伯格尔《晚期巴比伦天文学及相关文本》（1955）

Sachs, Abraham Joseph and Schaumberger, Johann Baptist Clemens. *Late Babylonian Astronomical and Related Texts Copied by T. G. Pinches and J.N. Strassmaier*. Providence:

Brown University Press, 1955.

亚伯拉罕·约瑟夫·萨克斯（Abraham Joseph Sachs，1914—1983）是美国数学家和亚述学家。约翰·巴普蒂斯特·克莱门斯·绍伯格尔（Johann Baptist Clemens Schaumberger，1885—1955）是德国古代东方学家和科学史家。该书简称 LBART，收录了 1600 多份巴比伦楔形文字史料的复印件，其中 1520 份关于天文学，涉及数理天文学、天文历法、星历、行星观测表和星象。此外还有少部分数学文本。

莱纳、平格里《巴比伦行星征兆》（1975—2005）

Reiner, Erica and Pingree, David E. *Babylonian Planetary Omens. Part Ⅰ: Enuma Anu Enlil Tablet 63: The Venus Tablet of Ammiṣaduqa*. Undena Publications, 1975；*Part Ⅱ: Enuma Anu Enlil, Tablet 50-51*. Malibu, Calif, 1981；*Part Ⅲ*. Brill, 1998；*Part Ⅳ*. Cuneiform Monographs. Malibu, Calif: Brill Academic Pub, 2005.

埃丽卡·莱纳（Erica Reiner，1924—2005）是古代语言的权威和著名的亚述学家。大卫·平格里（David E. Pingree，1933—2005）是布朗大学古代精密科学史专家。全书共四卷，其中第一卷和第二卷处理《征兆结集》（*Enuma Anu Enlil*），一个巴比伦占星术的大系列，约 68 或 70 片。结集中大部分作品是预兆，数量在 6500 ~ 7000 条之间，这些预兆解释了各种各样与王国气运相关的天象和大气现象。第三卷关于金星，第四卷关于木星。

萨克斯、亨格《巴比伦的天文记录和相关文本》（1988— ）

Sachs, Abraham Joseph and Hunger, Hermann. *Astronomical Diaries and Related Texts from Babylonia*, 7 vols, 1988, 1989, 1996, 2001, 2006, 2014.

七卷本（第四卷尚未出版）汇集了大量连续的天文观测资料，这些资料可能是由马尔杜克神庙伊萨格尔（Esagil）雇用的祭司学者编写的。保存最早的观测资料可追溯到公元前 7 世纪中叶，而这些观测资料的搜集一直持续到公元前 1 世纪。

科恩《古代近东的祭祀日历》（1993）

Cohen, Mark E. *The Cultic Calendars of the Ancient Near East*. Bethesda: Creative Destruction Lab Press (CDL), 1993.

该书依照最近发现的材料，调查整个古代近东，从乌加特到美索不达米亚到伊朗，在公元前 2500 到公元前 100 年期间的多种祭祀日历，讨论了每个日历的结构、月份名称和年度节日。

斯维尔德洛《巴比伦行星理论》(1998)

Swerdlow, Noel Mark. *The Babylonian Theory of the Planets*. Princeton: Princeton University Press, 1998; reprint edition, 2016.

诺埃尔·马克·斯维尔德洛（Noel Mark Swerdlow，1941—2021）是芝加哥大学天体物理学教授，著名天文学史家。该书研究巴比伦人对不祥天象的搜集和观察、如何使用十二宫的时间间隔，以及利用周期回归现象来减少他们所需的数学计算。

罗赫伯格《巴比伦星宫》(1998)

Rochberg, Francesca. *Babylonian Horoscopes*. Philadelphia: American Philosophical Society, 1998.

弗朗西斯卡·罗赫伯格（Francesca Rochberg，1952— ）是美国加州大学伯克利分校中东研究中心（Center for Middle Eastern Studies）研究员，专长科学史，研究重点是巴比伦天文学史和占星术史。该书介绍了巴比伦星占学的各种要素，包括星体名字、日月年纪时、日月食、观测、预测等。

亨格、平格里《美索不达米亚的星体科学》(1999)

Hunger, Hermann and Pingree, David Edwin. *Astral Sciences in Mesopotamia*. Leiden: E.J. Brill, 1999.

该书是对古代近东星体科学的全面描述。正文之前预先介绍数理天文学涉及的苏美尔语和阿卡德语文本。书中主要讨论古巴比伦人的天文学文本以及解释它们的科学含义。全书在材料组织上兼顾时间顺序和主题。

布朗《美索不达米亚行星天文学 – 占星学》(2000)

Brown, David. *Mesopotamian Planetary Astronomy-Astrology*. Brill, 2000.

该书认为，最早可以准确预测天象的尝试出现在巴比伦和尼尼微的公元前 8 世纪至 7 世纪的泥板中。作者仔细地将天文学置于美索不达米亚的文化语境中，处理了相关时期内所有可用的资料，还分析了早期的占星资料以及后来的著名星历和相关文本。

罗赫伯格《天堂的书写：美索不达米亚文化中的占星、星象和天文学》（2004）

Rochberg, Francesca, *The Heavenly Writing: Divination, Horoscope, and Astronomy in Mesopotamian Culture*. Cambridge: Cambridge University Press, 2004.

该书讨论古巴比伦人设想和理解天堂的各种方式、天体占卜的传统以及占星术如何发展天文方法。该书一开始介绍了传统科学史家将巴比伦天学视为原始科学或伪科学（第一章），然后讨论天体占卜（第二至三章）、占星术（第四章）和数理天文学（第五章），这些活动的专职从业者（第六章），以及如何动员新的哲学来推翻旧的偏见（第七章）。

斯蒂尔《中东天文学简史》（2008）

Steele, John M. *A Brief Introduction to Astronomy in the Middle East*. First edition. London: Saqi Books, 2008.

关增建、关瑜桢译，上海交通大学出版社 2018 年出版。

斯蒂尔（John M. Steele）是布朗大学古代精密科学史家，专攻天文学史，特别关注巴比伦天文学。该书为读者介绍了历史上中东地区高度发达的天文学及其对科学发展的深远影响，书中为读者提供了大量插图、术语解释、名词对译及参考书目。书中第二章讨论中东天文学的诞生，第三章讨论后期巴比伦天文学，其后数章讨论古代美索不达米亚对其后的希腊罗马科学和本土伊斯兰科学的影响。

3. 医学

芬克尔、盖勒《巴比伦地区的疾病》（2006）

Finkel, Irving L. and Geller, Markham J. eds. *Disease in Babylonia*. Brill, 2006.

欧文·芬克尔（Irving L. Finkel，1951—）是英国语言学家和亚述学家，目前是大英博物馆中东部古代美索不达米亚文字、语言和文化的助理保管员，专门研究古代美索不达米亚泥板上的楔形文字。马克姆·盖勒（Markham J. Geller，1949—）是柏林自由大学教授，研究古代近东的医学和魔法。该文集是根据医学历史文献对巴比伦特定疾病主题开展研究的第一批论文，包含未出版的材料以及有关巴比伦特定疾病（如发烧）的综合信息。

斯库洛克、安德森《亚述和巴比伦医学中的诊断：古代资料、翻译和现代医学分析》（2010）

Scurlock, JoAnn & Andersen, Burton R. *Diagnoses in Assyrian and Babylonian Medicine: Ancient Sources, Translations, and Modern Medical Analyses*. Champaign: University of Illinois Press, 2010.

楔形文字学家乔安·斯库洛克（JoAnn Scurlock）与医学专家伯顿·R.安德森（Burton R. Andersen）合作出版的这本书，是对亚述和巴比伦医学诊断的所有可用文本的第一次系统研究，表明公元1世纪这些地区的政府能够开发测试、制备药物，并鼓励促进公共卫生。

伯克《治愈女神古拉：走向对古代巴比伦医学的理解》（2013）

Böck, Barbara, *The Healing Goddess Gula: Towards an Understanding of Ancient Babylonian Medicine*. Brill, 2013.

伯克是马德里西班牙国家研究委员会（Central del Consejo Superior de Investi-gaciones Cientificas，CSIC）研究员，她发表了大量关于巴比伦占卜、魔法和医学的著作，以及编辑巴比伦面相的专著以及医学咒语的楔形文字集。该书全面考察了古代巴比伦人归因于其治愈女神的特征和权威，参考了广泛的苏美尔 – 阿卡德楔形文字来源，包括神名表、文学作品、词汇表、预言文本、咒语和处方，分析了与女神相关的隐喻用法，为疾病的解释以及特定治疗的动机提供了新的视角，该书首次汇集了使用简单药物的大量证据，详细阐述了具体的植物概况。该书挑战了关于楔形文字专业医学文献长期存在的假设，并重新审视了古代巴比伦医疗的本质。

斯库洛克《古代美索不达米亚医学原始资料》（2014）

Scurlock, JoAnn, *Sourcebook for Ancient Mesopotamian Medicine*. Atlanta, Georgia: SBL Press, 2014.

古代近东和医学史学者和学生的入门指南，书中汇编并翻译了为古代医生和药剂师提供指导的医学文本。作者解释了描述体征和症状以及治疗中使用的程序和植物的技术词汇。

盖勒《巴比伦医学占星术：古代近东的医学、魔法和占星》（2014）

Geller, Markham Judah, *Melothesia in Babylonia: Medicine, Magic, and Astrology in the Ancient Near East*. 1st edition. De Gruyter, 2014.

该书探讨了巴比伦的医学占星术。这是一种研究黄道十二宫对人体影响的科学，通过将占星术与医学技术相结合，改变了早期巴比伦人的占卜术。书中特别关注了公元前 5 世纪末期的乌鲁克的文本，该文本被认为是这种新的治疗方法的重要代表，以前只在希腊和中世纪占星术中发现了这种方法。

盖勒《古巴比伦医学：理论和实践》(2015)

Geller, Markham Judah, *Ancient Babylonian Medicine: Theory and Practice*. 1st edition. Chichester, West Sussex: Wiley-Blackwell, 2015.

该书利用了许多以前未知的楔形文字碎片，研究了公元前 2 世纪和公元前 1 世纪巴比伦不同的医学实践方式。第一章概述楔形文书来源，其中包括法院文书、医学食谱和古代学者撰写的评论档案。书中试图调和医学和魔术之间的联系，为以前被视为匿名的各种医学文献指定作者身份，并表示应谨防将现代诊断方法应用于古代疾病。

斯坦纳特编《亚述和巴比伦学术文本目录：医学、魔法和占卜》(2018)

Steinert, Ulrike ed. *Band 9 Assyrian and Babylonian Scholarly Text Catalogues: Medicine, Magic and Divination*. De Gruyter, 2018.

作者是柏林自由大学巴比伦医学史专家。该书提供了《阿苏尔（ Assur ）医学目录》的第一个完整版本（公元前 8 世纪或 7 世纪的治疗文本清单），详细分析了相关预兆系列和仪式目录。该书彻底改变了当前对美索不达米亚医学文本和"魔术师"和"医师"治疗学科的理解。

第十六章　埃及

杨啸

本章分通史、分科史两个部分。各部分文献按出版年份升序排列。

一、通史

克拉吉特《古代埃及科学：原始文献汇编》（1989—1999）

Clagett, Marshall. *Ancient Egyptian Science: A Source Book*, 3 vols. Philadelphia: American Philosophical Society.

作者马歇尔·克拉吉特（*Marshall Clagett*，1916—2005）是美国科学史家，专长是中世纪科学、数学史和机械史，曾获 1980 年萨顿奖章、1981 年柯瓦雷奖章等。克拉吉特晚年转向古代埃及科学史，计划撰写四卷本的《古代埃及科学》，但不幸于撰写第四卷时逝世，该书最终只出版了三卷。

第一卷《知识与秩序》（*Knowledge and Order*，1989）介绍埃及科学的主要方面，包括象形文字书写的起源和发展、抄写员职业以及准学问机构等。

第二卷《历法、计时器与天文学》（*Calendars，Clocks，and Astronomy*，2004）研究古埃及的历法、计时器和天文学成就。

第三卷《古代埃及数学》（*Ancient Egyptian Mathematics*，1995）关注数学史。对埃及法老时期的主要数学文本——六份祭司体纸草文献（Rhind，Moscow，and Kahun mathematical papyri，Papyrus Berlin 6619，a leather role in the British Museum (BM 10250)，and sections G-1 in Papyrus Reisner I）全文收录，并做了翻译、转写、注释、索引。

二、分科史

1. 数学史

古根布尔《古埃及数学文献目录》（1965）

Guggenbuhl, Laura. "Mathematics in Ancient Egypt: A Checklist (1930-1965)." *The Mathematics Teacher* 58, No.7 (1965): 630–634.

吉林斯《法老时期的数学》（1972）

Gillings, Richard J. *Mathematics in the Time of the Pharaohs*. First Edition. The MIT Press, 1972. Revised Edition. New York: Dover Publications, 1982.

理查德·J. 吉林斯（Richard J. Gillings）是澳大利亚新南威尔士大学（University of New South Wales）教授。该书是英语世界第一部全面而综合的埃及数学专著。作者主要立足于数学纸草介绍埃及的数学成就。该书并没有对埃及数学进行系统说明，而是按顺序处理具体问题及其解决方案，这些问题是从现存的数学文本中提取出来的。

罗宾斯、舒特《莱因德数学纸草：一份古埃及文本》（1998）

Robins, Gay and Shute, Charles. *The Rhind Mathematical Papyrus: An Ancient Egyptian Text*. London: British Museum Publications, 1998.

莱因德数学纸草（Rhind Mathematical Papyrus，RMP）是 1858 年由古物商人莱因德收购得来，最终落藏于大英博物馆（编号 10057 和 10058），是现存最长最完整的数学纸草。该书是 1927 年出版（A. B. Chace，H. P. Manning and L. Bull，Mathematical Association of America）之后以英语再次出版，包含原文、转写、翻译、注释和评论。

罗西《古埃及的建筑和数学》（2004）

Rossi, Corinna. *Architecture and Mathematics in Ancient Egypt*. Cambridge: Cambridge University Press, 2004.

科琳娜·罗西（Corinna Rossi）现任意大利米兰理工大学（Politecnico di Milano）埃及学副教授，该书是她在剑桥的埃及学博士学位论文的修订版。全书分为三个部分。第一部分"古埃及建筑的比例"，指出了旧有研究中文章随意添加辅助线以满足比例关系的做法。第二部分"古埃及原始材料：建造和空间的重现"带入考古学 / 埃及学的视角，以呈现更正确的"历史数学观"。作者认为埃及人建造金字塔的过程中大量运用的，最有可能的是带有速记性质的助记笔记，而非按比例绘制的建筑设计。在第三部分"金字塔的几何学"中，作者试图调和"建筑学"和"埃及学"的观点，并试图说明埃及人会以一种有据可查且直截了当的埃及人自己的方式，来表达和管理各种金字塔的斜坡斜率。总之，该书试图澄清或扫除自 19 世纪以来对埃及建筑不切实际的数字比例想象，以及各种牵强附会的解读。

杰巴尔、吉尔德斯《非洲历史文化中的数学：带评注的书目》（2007）

Djebbar, Ahmed and Gerdes, Paulus. *Mathematics in African History and Cultures: An Annotated Bibliography*. 2nd edition. Cape Town, South Africa: Lulu.com, 2007.

书目按照作者姓氏排序，包含从早期埃及一直到托勒密埃及时期的埃及数学书目。

卡兹《东方数学选粹：埃及、美索不达米亚、中国、印度与伊斯兰》（2007）

Katz, Victor J. ed. *The Mathematics of Egypt, Mesopotamia, China, India, and Islam: A Sourcebook*. Princeton: Princeton University Press, 2007.

中译本：纪志刚等译，《东方数学选粹：埃及、美索不达米亚、中国、印度与伊斯兰》，上海交通大学出版社 2017 年版。

卡兹（Victor Joseph Katz，1942—　）是美国数学家、数学史家，主要以数学史和数学史教学闻名。他的数学史经典教材 *A History of Mathematics: A Introduction* 数次在国内出版（第二版译名《数学史通论》，高等教育出版社 2008 年出版；原书第三版影印版书名《数学史》，机械工业出版社 2012 年出版；第三版译名《简明数学史》，机械工业出版社 2017 年出版，全四卷）。

该书是作者联合 5 位各自领域的专家——安妮特·伊穆豪森（Annette Imhausen，埃及学专家）、埃莉诺·罗伯森（Eleanor Robson，美索不达米亚研究专家）、道本周（Joseph W. Dauben，汉学家）、金·普洛芙可（Kim Plofker，印度学专家）和 J. 伦纳特·博格伦（J. Lennart Berggren，伊斯兰专家）——分工合作而成。每位作者都选取了有代表性的关键文本，从各种来源中精心选取翻译或者自己亲自翻译，并附有大段的章节介绍，概述该文明的数学文化和历史语境。

埃及部分由伊穆豪森负责，时间跨度从古王国时期（约公元前 3000 年）到希腊罗马时期（到公元 395 年为止），本章节包含有简单的埃及语导读、原始文本的转写，多数为伊姆豪森亲自操刀的翻译（除了世俗体文本借鉴帕克 1972 年的著作）以及对当时所处历史语境的介绍。

伊穆豪森《古埃及的数学：语境化的历史》（2016）

Imhausen, Annette, *Mathematics in Ancient Egypt: A Contextual History*. Princeton, N. J: Princeton University Press, 2016.

安妮特·伊穆豪森（Annette Imhausen，又名 Annette Warner，1970—　）是德国法兰克福歌德大学（Goethe University，Frankfurt）的科学史教授，专攻埃及数学史，著有《埃及算数：对埃及中部数学问题文本的调查》（*Ägyptische Algorithmen. Eine Untersuchung zu den mittelägyptischen mathematischen Aufgabentexte*，2002）。

该书旨在概述从公元前 4000 年末到古罗马时期埃及数学的发展。作者使用了考古资源、行政文本、自传和各种文学文本。全书严格按照编年顺序展现历史学家重构的历史主题（如数字的发明）和文献中试图解决的主题（如度量衡的变化），强调埃及数学的社会背景。该书善于利用旁证性的文本，对古埃及数学做全时段描述（旧有研究多集中于中王国和希腊罗马化时期），反映了民族志科学史的最新写作动向。

2. 天文历法史

诺伊格鲍尔、帕克《埃及天文学文本》（1960—1969）

Neugebauer. Otto E. and Parker. Richard A. *Egyptian Astronomical Texts. Vol.1. The Early Decans*. London: Brown University Press; Lund Humphries, 1960. *Vol.2. The Ramesside Star Clocks*. London: Brown University Press; Lund Humphries, 1964. *Vol.3. Decans, Planets, Constellations and Zodiacs (Tome 1. Text, Tome 2. Plates)*. London: Brown University Press; Lund Humphries, 1969.

诺伊格鲍尔（Otto Eduard Neugebauer，1899—1990）是著名的奥地利裔美籍数学家、科学史家，他创办的《数学文摘》（*Zentralblatt MATH*）和《数学评论》（*Mathematical Reviews*）刊物自 20 世纪 30 年代以来有力地推动了现代数学的研究。他精通古代数学史，代表作有《古代的精密科学》（1951）和《古代数理天文学史》（1975）。

该书虽然是埃及天文学的文献整理，但主题围绕"旬星"（decan）这个重要概念——这是埃及人在赤道上选取的 36 组恒星（或者星座）。埃及人测量旬星在夜晚升起、过中天和降落的时间，从而形成星钟（star-clock）。全书分为三卷。第一卷讨论早期埃及的旬星史料。第二卷讨论第二十王朝（新王国时期）的拉姆西斯六世、七世和九世的坟墓的天顶画的星钟。第三卷涉及埃及晚期的各种材料，时间跨度从第十一王朝到基督教早期，卷末还讨论了旬星概念在希腊化时期融入后世占星术的过程。该书目的主要是对史料的整理，很少有推测，也没有尝试识别恒星（除了天狼星）。

贝尔蒙特、沙尔托特《寻找宇宙秩序：埃及考古天文学论文选》（2009）

Belmonte, Juan Antonio and Shaltout Mosalam eds. *In Search of Cosmic Order: Selected Essays on Egyptian Archaeoastronomy*. American University in Cairo Press Series. Cairo: Supreme Council of Antiquities Press, 2009.

胡安·安东尼奥·贝尔蒙特（Juan Antonio Belmonte）是西班牙特内里费岛加那利群岛天文研究所（Instituto de Astrofisica de Canarias, Tenerife, Spain）的项目研究员。墨撒拉姆·沙尔托特（Mosalam Shaltout）是埃及赫尔万国家天文学和地球物理学研究所（National Research Institute of Astronomy and Geophysics (NRIAG)，Helwan，Egypt）的太阳物理学教授。该书是埃及天文考古学的新近成果选集，主题包括星座、历法、地标及其象征意义，尤其是它们与神庙和皇家陵墓的方位之间的关系。

马利《古埃及的建筑、天文和神圣地标》（2013）

Magli, Giulio. *Architecture, Astronomy and Sacred Landscape in Ancient Egypt*. New York: Cambridge University Press, 2013.

朱利奥·马利（Giulio Magli，1964—）是意大利罗马人，早先从事天体物理学，后转向天文考古学，著有《天文考古之谜团与发现》（Mysteries and Discoveries of Archaeoastronomy, Springer Verlag，2009）、《天文考古学导论：星星和石头的科学》（Archaeoastronomy: Introduction to the Science of Stars and Stones, Springer Verlag，2016）。该书旨在探寻对应于天空中神圣元素而建造的埃及建筑和地标中的元素。作者提出了很多惊人的观点，如认为吉萨的诸金字塔应视为一个单一建筑整体的有机组成部分。书中还预测了古王国时期的一些失踪的金字塔的位置。

斯帕林格《宴与戎：古埃及的时间论集》（2018）

Spalinger, Anthony. *Feasts and Fights: Essays on Time in Ancient Egypt*. New Haven, Connecticut: Yale Egyptological Institute, 2018.

安东尼·斯帕林格（Anthony Spalinger, 1947— ）是新西兰奥克兰大学埃及学专家，长于古埃及军事和天文历法。该书是作者 2012 年 1 月 23 日至 27 日在耶鲁大学近东语言与文明系所做报告的修订版。前三章讨论埃及历法，作者回顾埃及历法的学术史，涵盖了理查德·帕克从 1950 年开始的开创性研究的进展，而后讨论埃及民事日历（civil calendar）。后两章转向新王国时期的战争军事方面，包括卡迭石（Kadesh）战役的数学因素，以及塞提一世（Seti Ⅰ）的后勤安排问题。

3. 技术史

卢卡斯《古代埃及材料和工艺》（1926）

Lucas, Alfred. *Ancient Egyptian Materials*. First Edition. London: Edward Arnold, 1926. Second Edition, Revised. London: Edward Arnold, 1934. Third Edition, Revised and Reset. London: Edward Arnold, 1948. 4th Edition, Revised and Enlarged by J. R. Harris. London: Edward Arnold, 1962.

卢卡斯（Alfred Lucas, 1867—1945）是英国分析化学家和考古学家，文物保存和法医科学领域的先驱。他曾参与发掘图坦卡蒙的坟墓。该书 1926 年年初版名《古代埃及材料》，1934 年第二版增补扩充时改名为《古代埃及材料和工艺》，作者在 1945 年写完第三版的序言时去世，其后由埃及学家约翰·理查德·哈里斯（John Richard Harris）增补扩充，于 1962 年出版第四版。主题包括埃及日常生活中丰富的材料和工艺：动物制品、建筑材料、化妆品、香水和熏香、纤维、玻璃制品及其制造、金属和合金、涂料、陶艺、木工、宝石和半宝石、酒精饮料的蒸馏、木乃伊化过程中使用的材料等。第四版补充了技术术语的埃及语和科普特语对照索引，以及一系列插图。书中的结论大多来自作者自己以及合作者的实验鉴定结果。作者强调正确使用技术术语的重要性，反对不加分辨地将古代语言、现代语言和实物三者之间做简单对应。

尼科尔森、肖《古代埃及材料和技术》（2000）

Nicholson, Paul T. and Shaw Ian eds. *Ancient Egyptian Materials and Technology*. First Edition. Cambridge: Cambridge University Press, 2000.

尼科尔森（Paul T. Nicholson）是英国卡迪夫大学（Cardiff University）的埃及学教授，和伊恩·肖（Ian Shaw）合编有《大英博物馆古埃及辞典》（*British Museum Dictionary Of Ancient Egypt*, 1995）。该书主要面对埃及学家和考古学家，涵盖了古埃及手工艺的各个方面，从金字塔的建造、雕像的雕刻到木乃伊的制作、造船、珠宝制作、酿造、木工、发型设计、剪裁和篮子编织等。该书借鉴了考古学、实验学、人种学和实验室研究的知识，介绍了时下对法老时代埃及实际生活基础的研究成果。

肖《古代埃及技术和创新：法老物质文化的变革》（2012）

Shaw, Ian. *Ancient Egyptian Technology and Innovation: Transformations in Pharaonic Material Culture*. BCP Egyptology. London: Bristol Classical Press, 2012.

伊恩·肖（Ian Shaw）是英国埃及学者，编有《牛津古代埃及史》（*The Oxford History of Ancient Egypt*，2000）。该书探讨了古埃及技术变化与演变的不同方面，包括更广泛的认知和社会环境的讨论，如埃及的精神创造力和创新倾向，以及与非洲、地中海和近东国家的比较。该书不仅借鉴了传统的考古和文字资料，还借鉴了对古代材料的科学分析结果以及实验和民族考古信息。案例研究分析了埃及工艺的某些方面，如石材加工、医学、木乃伊和纪念性建筑的技术。该书还详细讨论了埃及技术的实践和发展如何与青铜时代晚期的整个城市社会相关联，并以阿马尔纳的城市为案例进行研究。

4. 医学史

努恩《古代埃及医学》（1996）

Nunn, John Francis. *Ancient Egyptian Medicine*. Norman: University of Oklahoma Press, 1996.

约翰·弗朗西斯·努恩（John Francis Nunn，1925— ）是英国医生，曾担任英国皇家麻醉师学院院长（1979—1982），退休后研究埃及学。他在埃及学方面有趣的贡献在于出版过彼得兔的埃及圣书体文字版（*The Tale of Peter Rabbit: Hieroglyph Edition*，2005）。该书广泛介绍古埃及医学的各个方面，包括与食品和医学有关的古埃及历史地理、医学原始文献（医学纸草书、世俗体医学文献和医学陶片）的由来、埃及的解剖生理学和病理学的概念、埃及的疾病、魔术和宗教在医学中的作用、医疗人员、药物治疗方法（药物的搜集、制备和剂量、给药方式）、矿物动植物药物、外科治疗方法（创面损伤、烧伤、蛇虫咬）等。在结语中，作者详细介绍了古埃及医学对后来文化的影响。全书基本按照现代医学的门类整理历史，兼顾埃及研究的特点。

斯特劳哈尔、瓦哈拉、维马扎洛娃《古代埃及的医学》(2010—2021)

Strouhal, Eugen, Vachala, Bretislav and Vymazalová, Hana. *The Medicine of the Ancient Egyptians. Vol.1. Surgery, Gynecology, Obstetrics and Pediatrics.* Translated by Kateřina (Katerina) Millerová (Millerova) and Sean Mark Miller. Cairo; New York: The American University in Cairo Press, 2014. *Vol.2. Internal Medicine.* 1st edition. Cairo: The American University in Cairo Press, 2021.

欧根·斯特劳哈尔（Evžen Strouhal，1931—2016）是捷克医生、人类学家和考古学家，古病理学领域的创始人之一。从 1961 年起，他与埃及的一些考古探险队合作，研究古埃及医学史。著有 16 本书和 350 多篇文章。瓦哈拉（Břetislav Vachala，1952—2020）是布拉格查尔斯大学的埃及学家和考古学家，自 1979 年以来，参加了捷克埃及学研究所对埃及的考古考察。哈娜·维马扎洛娃（Hana Vymazalová，1978—）毕业于布拉格查尔斯大学艺术学院埃及学和逻辑学专业，她是捷克埃及学研究所的成员，自 2006 年以来一直参加埃及的考古考察。

该书计划出版三卷。第一卷《外科、妇科、产科与儿科》于 2010 年出版捷克文版，2014 年译为英文，包括四个章节：第一章对古埃及医学和埃及医学文献做了简要而一般的介绍；第二章给出单卷的医学纸草书的注释列表和相关出版物；第三章专门介绍基于纸草书的外科学；第四章讨论妇科和儿科问题。

第二卷《内科》于 2021 年出版英文版，探讨了古代埃及人遭受的各种内科疾病问题以及他们的各种治疗方法。这些疾病包括呼吸系统、消化系统和循环系统的疾病，主要是各种类型的心脏病、咳嗽、胃痛、便秘、腹泻、体内寄生虫等。

深川慎吾《古埃及药理学的动力学研究》(2011)

Fukagawa, Shingo. *Investigation into Dynamics of Ancient Egyptian Pharmacology: A Statistical Analysis of Papyrus Ebers and Cross-Cultural Medical Thinking.* BAR International Series 2272. Oxford: British Archaeological Reports, 2011.

深川慎吾（Shingo Fukagawa）是开罗美国大学埃及学学士、利物浦大学埃及学硕士、麦考瑞大学古代史博士，主要研究方向是古埃及医学纸草和数学纸草。该书分析研究了埃伯斯纸草（Papyrus Ebers）里药材配比的有效性等问题，介绍了古埃及的医学背景、当时埃及学医学的研究状况，讨论了应用统计学分析埃及处方药的可能性和有效性。

朗《托勒密埃及的医学与社会》（2012）

Lang, Philippa. *Medicine and Society in Ptolemaic Egypt*. Boston: Brill, 2012.

菲利帕·朗（Philippa Lang）是英国剑桥古典学家，该书改编自她攻读剑桥博士期间（1998—2001）的学位论文，书中以希腊 – 罗马视角，考察了托勒密埃及在特定的社会经济和环境限制内的各种医疗方法，探讨了在医学领域的语言表达，文化和种族之间的联系和互动。书中讨论了希腊人和埃及人的交流沟通、埃及医学与神灵的关系、托勒密时期的医学理论观点、埃及人对疾病的态度、埃及医生的社会地位身份，最后以亚历山大城的医学为案例集中研究。

韦斯滕多夫《古埃及医学手册》（2016）

Westendorf, Wolfhart. *Handbuch der altägyptischen Medizin (2 vols.)*. Handbook of Oriental Studies, Part 1: The Near and Middle East 36. Leiden: Brill, 2016.

20 世纪德国出版了关于古埃及医学的大部头著作（*Grundriß der Medizinder Alten Ägypter*，Berlin: Akademie-Verlag，1954—1973），该书作者是上述著作的三位作者之一，该书亦是这部大书的精编本。书的主体分为七部分：第一部分处理现有第一、二手文献；第二部分考察医学文本的种类；第三部分分析医学文本中的各种小病；第四部分讨论埃及社会中医生的地位，以及医治和服药手段；第五部分考察基督教时期埃及医学以及对希腊的影响；第六部分是最重要的两份埃及医学纸草埃伯斯纸草（Papyrus Ebers）和埃德温·史密斯纸草（Papyrus Edwin Smith）的全文翻译；第七部分是文献书目缩写表索引。

第十七章　希腊

晋世翔

本章的研究领域包括古典希腊、希腊化和罗马科学，分如下五个部分：

1. 工具书。包括评论性指南、人物百科全书以及原始科学文献的汇编英译。

2. 通史。包括综述类著作，以及围绕特定问题展开的较长时段的纵向探讨。

3. 分科史。以现代科学的分科视角回溯希腊科学成就的研究著作。

4. 专题研究。就科学史上重要的主题、争论展开的探究。

5. 人物研究。围绕具体科学人物开展的专门研究。

一、工具书

科恩、德拉布金《希腊科学原典汇编》（1948）

Cohen, Morris R. and Drabkin, Israel E. ed. *A Source Book in Greek Science*, New; Toronto; London: McGRAW-HILL Book Company, 1948.

610 页。主编科恩（Morris R. Cohen，1880—1947）是美国著名的逻辑实证主义哲学家与法学家。德拉布金（Israel E. Drabkin，1905—1965）是纽约城市大学教授，致力于力学史研究。该书汇编、翻译了希腊科学传统中包括数学、天文学、物理学、化学等领域在内的多个学科的科学文献，是领略实证主义科学史编史纲领的重要文本。该书是科学史原著汇编类图书的经典，自 1948 年问世以来多次再版，并被翻译为不同文字。

艾尔比、凯泽《希腊化时期希腊科学原典汇编》（2002）

Irby, Georgia L. and Keyser, Paul T. ed. *Greek Science of the Hellenistic Era: A Source Book*, London and New York: Routledge, 2002.

392 页。主编艾尔比（Georgia L. Irby，1965— ）是美国威廉玛丽学院古典研究系副教授，曾主编多部与古代科学相关的工具书。凯泽（Paul T. Keyser，1957— ）为美国独立学者，毕业于科罗拉多大学博尔德分校，具有物理学与古典学教育背景。

该书是对科恩、德拉布金版《希腊科学原典汇编》入选史料的拓展与更新。

凯泽、艾尔比《古代自然科学家百科全书》(2008)

Keyser, Paul T. and Irby, Georgia L. ed. *The Encyclopedia of Ancient Natural Scientists: The Greek Tradition and its Many Heirs*. London and New York: Routledge, 2008.

1062 页。凯泽、艾尔比参与主编了多部古代科技史工具书，该书是规模较大的一部。该书以字母索引的方式收录并介绍了约 1000 位古代科学家，参与撰稿的学者达 119 位。全书以希腊及其知识遗产的继承者为线索，收录介绍了自公元前 750 年荷马时代至公元 650 年拜占庭帝国早期，1000 多年间内从事自然认识的欧洲、近东地区的学者。书后的几个附录也很有特色，其中围绕学者与诞生地域关系开展的一项统计研究，是量化史学方法运用的一个具体案例。

艾尔比《古希腊罗马的科学、技术与医学指南》(2016)

Irby, Georgia L. eds. *A Companion to Science, Technology, and Medicine in Ancient Greece and Rome*. Wiley Blackwell, 2016.

2 卷，1067 页。该书属于布莱克威尔古代世界指南丛书，参与撰稿的作者实力不俗，有多位各自研究领域的代表人物。全书包括上部的"物理学与宇宙起源""数学""地学""生命科学""治疗与人体"，下部的"食品科学""技术与人类生活""旅行""言说时间""综合与反馈" 10 个主题共 60 篇文章，全方位地展示了古希腊罗马时代欧洲人的知识积累、发展与流转。编者在为全书撰写的导言中，简要回顾了自 19 世纪以来围绕古希腊、罗马科学知识进行历史研究的轨迹，对初入科技史的研究者熟悉学科发展较有帮助。

凯泽、斯卡伯勒《牛津古典世界科学与医学手册》(2018)

Keyser, Paul T. and Scarborough, John. ed. *The Oxford Handbook of Science and Medicine in the Classical World*. Oxford: Oxford University Press, 2018.

1064 页。斯卡伯勒（1940— ）是威斯康星大学麦迪逊分校药学院与历史系荣休教授，专注于医学史研究。全书分为五部分，除第一部分讨论古代两河流域、埃及、印度、中国的科学与医学外，剩余四部分，约 900 页篇幅都贡献给了从早期希腊开始，历经希腊化、罗马科学，直至古代希腊晚期与拜占庭早期的科学、医学知识。该书尽可能汇集了古代科学知识的不同主题，是目前为止最为综合的一部指南类图书。

陶布《剑桥古希腊罗马科学指南》（2020）

Taub, Liba. eds. *The Cambridge Companion to Ancient Greek and Roman Science*, Cambridge: Cambridge University Press, 2020.

356 页。主编陶布（Liba Taub，1954— ）是英国剑桥大学科学史与科学哲学系教授，剑桥惠普尔博物馆馆长。各章节撰稿者也分别为各自领域内的知名专家。指南以人物、研究对象等主题为线索，围绕古希腊、罗马时代包括科学、医学、数学、技术在内的多个领域做了提纲挈领式的引介。指南编写思路新颖，充分吸收了近年科学史编史领域内的新成果。入选文章分两组：第一组围绕前苏格拉底、柏拉图、亚里士多德的哲学文本展开，同时兼顾医学文本以及文化语境，努力从历史当事者的视角出发，澄清当事人的意图与问题；第二组聚焦于古代科学探究的具体领域，还原学者针对不同现象做出的解释，内容涉及植物、气象、天文、数学、机械学与和音学等。

二、通史

萨顿《希腊黄金时代的古代科学》（1952）

Sarton, George. *A History of Science: Ancient Science through the Golden Age of Greece*, Cambridge: Harvard University Press, 1952.

中译本：鲁旭东译，《希腊黄金时代的古代科学》，大象出版社 2010 年版。

646 页。萨顿（George Sarton，1884—1956）是科学史学科的缔造者之一，该书是其重要代表作之一，规模宏大，内容翔实，共分三篇。第一篇从埃及、两河流域文明开始，介绍了希腊文化的黎明、东方文明对希腊文明的影响以及公元前 6 世纪爱奥尼亚科学的繁荣；第二篇从公元前 5 世纪雅典的繁荣辉煌开始，展现了希腊科学文化的卓越成就；第三篇集中讨论公元前 4 世纪出现的希腊思想家，主要关注他们在数学、天文学、物理学、自然科学领域的成就。

萨顿《希腊化时代的科学与文化》（1959）

Sarton, George. *A History of Science: Hellenistic Science and Culture in the Last Three Centuries B.C.*, Cambridge: Harvard University Press, 1959.

中译本：鲁旭东译，《希腊化时代的科学与文化》，大象出版社 2012 年版。

580 页。萨顿关于古代科学史写作的第二卷，分为两篇。第一篇讨论公元前 3 世纪托勒密、欧几里得、阿里斯塔克等思想家的成就，梳理希腊化时代的地质学、年代学、物理学、技术、医学等领域中的科学发展；第二篇聚焦公元前最后两个世纪的情况。作者从希腊世界的社会背景入手，讨论了当时人们在物理学、自然志、地理学、哲学等领域取得的进步。

施塔尔《罗马科学》（1962）

Stahl, William. *Roman Science: Origins, Development and Influence to the Later Middle Ages*, Madison: University of Wisconsin Press, 1962.

308 页。作者施塔尔（William Stahl，1908—1969）是美国科学史家。该书是为数不多的关于罗马科学的综合性研究著作。全书分三部分：第一部分上溯罗马科学的希腊源头；第二部分是全书重心，涉及罗马共和晚期到公元 5 世纪的知识发展，包括老加图、西塞罗、卢克莱修、维特鲁维、塞内卡、老普林尼等在内的重要思想家都有详述；第三部分内容简述罗马科学知识的影响，涉及从波埃修到 12 世纪的沙特尔学校约 800 年科学思想的变迁。

劳埃德《早期希腊科学：从泰勒斯到亚里士多德》（1970）

Lloyd, Geoffrey. *Early Greek Science: Thales to Aristotle*, London: Chatto & Windus, 1970.

中译本：张卜天译，《希腊科学》，商务印书馆 2021 年版。该译本为《早期希腊科学》《亚里士多德之后的希腊科学》合编本。

156 页。劳埃德爵士（Sir Geoffrey Lloyd，1933— ）长期从事古希腊科学思想史研究，更是研究亚里士多德的专家。该书短小精悍，线索清晰，"自然的发现"的提法富有启发，是了解早期希腊科学思想不可多得的入门书籍。

劳埃德《亚里士多德之后的希腊科学》（1973）

Lloyd, Geoffrey. *Greek Science after Aristotle*, London: Chatto & Windus, 1973.

中译本：张卜天译，《希腊科学》，商务印书馆 2021 年版。该译本为《早期希腊科学》《亚里士多德之后的希腊科学》合编本。

189 页。该书是《早期希腊科学》的续篇。作者借鉴丰富的文献与考古证据，围绕公元 323 年之后希腊化时期科学的重要贡献展开。全书包括两部分内容：第一部分着重考察亚里士多德辞世后 200 年内，数学、天文学、生物学等领域中的科学发展；第二部分则集中介绍托勒密与盖伦的思想，还一并讨论了古代科学衰落原因等问题。

林德伯格《西方科学的起源》(1992，2007)

Lindberg, David. *The Beginnings of Western Science: the European Scientific Tradition in Philosophical, Religious, and Institutional Context*, Prehistory to A.D. 1450, Chicago: University of Chicago Press, 2007.

中译本：张卜天译，《西方科学的起源》(第二版)，商务印书馆 2019 年版。

488 页。该书是美国著名科学史家林德伯格（David Lindberg，1935—2015）教授多年教学实践的结晶，在英语世界流行多年，从希腊科学的起源一直写到 1450 年。1992 年首版，2007 年的第二版有较大修订。作者在现代早期科学发展上持有连续论立场，在着重勾勒数学运用于探究自然现象的历史脉络的同时，还能兼顾具体哲学、宗教、制度背景。该书内容难易适中，非常适合作为入门教材使用。

琼斯、陶布《剑桥科学史：古代科学卷》(2018)

Jones, Alexander and Taub, Liba. ed. *The Cambridge History of Science: Ancient Science*, Cambridge University Press, 2018.

660 页。主编琼斯与陶布均为古代科学史领域权威学者。琼斯（Alexander Jones，1960— ）是纽约大学古代精确科学史教授，长期致力于古代、中世纪数理科学史研究。陶布（Liba Taub，1954— ）是剑桥大学科学史系教授、系主任，并兼任剑桥惠普尔科学史博物馆馆长。该书是古代科学史研究导论性质文章的集合，内容涵盖两河流域、古埃及、古印度与中国等古代文明。第三部分的 15 篇论文主要讨论古希腊、罗马科学的各个方面。作者均为古代科学史领域著名专家，这保障了文章质量。该书是了解古代科学史研究最新进展的重要参考。

三、分科史

1. 数学

希斯《希腊数学史》(1921，2013)

Heath, Thomas L. *A History of Greek Mathematics*, Cambridge: Cambridge University Press, 2013.

2 卷，1072 页，1921 年第一版。希斯爵士（Sir Thomas L. Heath，1816—1940）于 20 世纪 20 年代完成的《希腊数学史》是关于古希腊数学思想系统性整理、研究的典范著作。全书始自泰勒斯，结束于丢番图，纵论古希腊数学近千年的发展史，恢宏盛大。作者严格基于原始文本，综合考虑当时各主要研究性文献，至今依然具有重要的参考价值，是帮助研究者顺利进入古代数学家文本的引导性著作。需要一提的是，书中运用"几何代数"概念重构希腊数学思想的做法近年来受到越来越多的质疑，读者需要留意这一争论。

克莱因《希腊数学思想与代数的起源》（1934—1936，1968）

Klein, Jacob. *Greek Mathematical Thought and the Origin of Algebra*, Eva Braun trans., Cambridge, Mass.: MIT Press, 1968.

304 页。该书初版诞生于 20 世纪 30 年代，用德文发表。克莱因（Jacob Klein，1899—1978）是德裔美籍哲学家、思想家，曾任美国圣约翰学院院长。该书为克莱因早期著作，集中阐释了古希腊"数"概念的独特含义及其哲学根源。该书紧扣柏拉图、柏拉图主义关于"数的学问"的细致区分及其在古代评注传统中的变化，为读者清晰地梳理出一条现代科学创建时所使用数学工具的"概念发生史"。该书理论性很强，哲学背景浓厚，与其他数学史著作有显著不同，适合想深层次了解西方古代数学与哲学思想的读者研读。

范德瓦尔登《古代文明中的几何与代数》（1983）

Van der Waerden, Bartel L. *Geometry and Algebra in Ancient Civilizations*, Berlin; Heidelberg; New York; Tokyo: Springer-Verlag, 1983.

223 页。范德瓦尔登（Bartel L.Van der Waerden，1903—1996）为荷兰著名数学家、数学史家。作者不仅在代数、代数几何等领域的科学研究方面有重要贡献，在数学史领域的研究影响也很大。该书从文明比较的视角出发，对希腊数学问题与应用做了现代数学的重构解释。

诺尔《古代中世纪几何文本研究》（1989）

Knorr, Wilbur R. *Textual Studies in Ancient and Medieval Geometry*, Boston: Birkhäuser, 1989.

409 页。诺尔（Wilbur R. Knorr，1945—1997）是著名的古希腊数学史学者，为

斯坦福大学哲学与古典学系教授。不同于传统数学史研究重视运用当下数学工具对古代数学进行重构，诺尔有意识地强调语境式地研究希腊数学文本及其评注传统，试图在希腊文化背景中思考古希腊数学难题（倍立方、三等分角、化圆为方）的思想脉络。该书与作者另一本专著《几何问题的古老传统》（*The Ancient Tradition of Geometric Problems*，1986）是古代数学史研究不同进路的重要代表。

科莫《古代数学》（2001）

Cuomo, Serafina. *Ancient Mathematics*, London: Routledge, 2001.

290 页。科莫（Serafina Cuomo，1966—　）是意大利学者，目前为英国杜伦大学古代史教授。本书是关于古希腊、罗马时期（公元前 600—公元 600 年）数学思想研究的代表，内容包括希腊数学、希腊化时期的数学、"希腊－罗马"的数学，以及古代晚期的数学四部分。每一部分又划分为"证明"与"问题"两章。该书特点鲜明，在较为广阔的历史语境下，突出强调了数学实践（土地测量、记账等）的历史发展。

克里斯蒂安尼迪斯《希腊数学史经典》（2004）

Christianidis, Jean. eds. *Classics in the History of Greek Mathematics*, Dordrecht; Boston: Kluwer Academic Publishers, 2004.

474 页。主编克里斯蒂安尼迪斯（Jean Christianidis）是希腊雅典大学科学史与科学哲学系教授。本论文集是 20 世纪西方学界有关希腊数学思想研究代表性成果的集结，有重要的参考价值。文集收录了包括奥斯卡·贝克（Oskar Becker）、托马斯·希斯（Thomas Heath）、阿帕德（Árpád Szabó）、大卫·福勒（David Fowler）以及萨贝泰·温古鲁（Sabetai Unguru）等著名学者在内的作者从 20 世纪 30 年代至 21 世纪初的 19 篇重要论文。收录论文按照主题被划分为"希腊数学的开端""希腊几何学研究""比例论与不可共度性研究""希腊代数研究""希腊人具有分数概念么？他们如何使用它？"以及"希腊数学编史学的方法论问题"六个部分，每部分都配有导论性介绍。论文所使用语言以英文为主，也包括少数几篇德文和法文文献。

2. 天文学与宇宙论

诺伊格鲍尔《古代数理天文学史》（1975）

Neugebauer, Otto. *A History of Ancient Mathematical Astronomy*, 3 vols. Berlin: Springer, 1975.

　　3 卷 6 章，1456 页。诺伊格鲍尔（Otto Neugebauer，1899—1990）为奥地利裔美籍数学家、科学史家，是古代天文学史、精确科学史领域的权威。该书规模宏大、分析精深，梳理讨论了古巴比伦、埃及、希腊的数理天文学发展史。第一章"《至大论》与其直接先驱"、第四章"早期希腊的天文学"、第五章"罗马帝国时期与古代晚期的天文学"，集中讲述了希腊数理天文学的起源、发展及其影响。借助当代天文学术语，诺伊格鲍尔不仅为读者勾勒了西方天文学探索的一幅瑰丽的整体画卷，同时注重重构、还原了众多古代天文学技术细节，为想了解西方天文学发展的读者提供了可靠依据。

埃文斯《古代天文学的历史与实践》（1998）

Evans, James. *The History and Practice of Ancient Astronomy*, Oxford; New York: Oxford University Press, 1998.

　　496 页。埃文斯（James Evans）是美国皮吉声大学物理学教授。该书是英语学界关于古代天文学研究兼顾理论与实践的一次综合。全书分为七个部分，每个部分都围绕一个重要的天文学主题展开。第一部分对"天文学的诞生"进行概述后，其余部分主题分别为"天球理论""天球的若干应用""历法与计时""太阳理论""恒星理论"以及篇幅最大的"行星理论"。该书适宜修习天文学史专业的读者使用。

库普里《古希腊宇宙论中的天与地》（2011）

Couprie, Dirk. *Heaven and Earth in Ancient Greek Cosmology: From Thales to Heraclides Ponticus*, Springer, 2011.

　　296 页。库普里（Dirk L. Couprie，1940—　）是荷兰学者，目前是捷克西波西米亚大学研究员，主要从事前苏格拉底哲学、古代宇宙论思想研究。该书讨论了公元前 7 世纪中叶至公元前 4 世纪古希腊宇宙论的早期形成，是了解亚里士多德自然哲学之前宇宙论发展的不错参考。

3. 光学

伦奇《光的本性》（1939，1970）

Ronchi, Vasco. *The Nature of Light: An Historical Survey*, V. Barocas trans., Cambridge, Mass.: Harvard University Press, 1970.

　　288 页。作者伦奇（Vasco Ronchi，1897—1988）为意大利物理学家，意大利原文完成于 1939 年。在译作英文的过程中，作者又补充了若干新材料。全书从现代光学的理论视角出发，梳理了人类对光的基本性质的理解。第一章涉及希腊、罗马时代的光学成就。

林德伯格《从金迪到开普勒的视觉理论》(1976)

Lindberg, David. *Theories of vision from al-Kindi to Kepler*, Chicago: University of Chicago Press, 1976.

324 页。林德伯格（David Lindberg，1935—2015）为著名中世纪科学史专家，以光学史研究著称，该书是他的代表作之一。全书第一章涉及希腊、希腊化时期的光学、视觉理论。作者文字清晰凝练、线索清晰，对伦奇的编史思路多有反思，是了解古代光学理论的必读书。

史密斯《从视觉到光》(2015)

Smith, Mark A. *From Sight to Light: The Passage from Ancient to Modern Optics*, Chicago; London: The University of Chicago Press, 2015.

470 页。史密斯（Mark A. Smith，1942— ）是美国中世纪科学史学者，密苏里大学教授。史密斯充分借鉴前人研究成果，在更加全面的思想背景中考察了古代光学、视觉理论的历史发展，是该领域晚近研究的重要代表。全书前四章约 200 页内容与希腊、罗马时代光学、视觉理论相关。

4. 音乐理论

李普曼《古希腊音乐思想》(1964)

Lippman, Edward A. *Musical Thought in Ancient Greece*, New York: Columbia University Press, 1964.

215 页。作者李普曼（Edward A. Lippman，1920—2010）是美国哥伦比亚大学音乐系教授，该书是其代表作之一。李普曼以古希腊不同哲学流派的音乐理论为基础，围绕毕达哥拉斯、柏拉图关于宇宙、灵魂、身体和谐在听觉活动中的表现为线索，深入浅出，娓娓道来。全书篇幅不长，适合作为导读性著作，帮助读者了解古代希腊音乐与科学理论之间的关系。

韦斯特《古希腊音乐》（1992）

West, Martin L. *Ancient Greek Music*, Oxford: Clarendon Press, 1992.

440 页。韦斯特（Martin L. West，1937—2015）是英国著名古典学家，牛津大学教授。该书是有关希腊音乐知识与技艺的完整介绍。

哈格尔《古希腊音乐》（2009）

Hagel, Stefan. *Ancient Greek Music: A New Technical History*, Cambridge: New York University Press, 2009.

505 页。哈格尔（Stefan Hagel，1968— ）为奥地利科学院高级研究员。该书在综合考虑古希腊音乐文本与实践的基础上，充分利用考古资料，对希腊音乐中的乐理知识、技术实践，以及演奏文化进行了全面的考察。

5. 机械学

戴克斯特霍伊斯《世界图景的机械化》（1950，1961）

Dijksterhuis, Eduard J. *The Mechanization of the World Picture*, C. Dikshoorn trans., London: Oxford University Press, 1961.

中文版：张卜天译，《世界图景的机械化》，商务印书馆 2018 年版。

537 页。该书最初出版于 1950 年，用荷兰语完成。作者戴克斯特霍伊斯（Eduard J. Dijksterhuis，1892—1965）为荷兰皇家科学院院士，曾任乌得勒支大学和莱顿大学精密科学史教授。该书是西方科学史经典著作之一。作者从现代科学的问题意识出发，通过将"世界图景的机械化"解读为"运动科学的数学化"，为西方现代科学的诞生和发展勾勒出一条清晰的线索。全书前 1/3 讨论古代科学中的"机械学"和"数学"成分，对理解和把握古代科学图景很有帮助。

兰德斯《古典世界的工程》（1978）

Landels, John G. *Engineering in the Ancient World*, London: Chatto and Windus, 1978.

238 页。作者兰德斯（John G. Landels，1926—2006）为英国雷丁大学教授。该书短小精悍，是有关希腊罗马时代技术活动的优秀著作，曾再版多次，被翻译为多种语言。最后两章涉及希腊、罗马时代机械学相关的理论性知识。

贝里曼《古希腊自然哲学中的机械假设》(2009)

Berryman, Sylvia. *The Mechanical Hypothesis in Ancient Greek Natural Philosophy*, Cambridge; New York: Cambridge University Press, 2009.

298 页。贝里曼（Sylvia Berryman，1962— ）是英属哥伦比亚大学哲学系教授。学界长期以来认为希腊人未在理论层面严肃对待机械问题。贝里曼教授选取杠杆、提水机、天球模型制造等具体机械工作，通过细致梳理亚里士多德、阿基米德、希罗等人的相关论述，挑战了上述传统。

6. 医学

格尔梅克《古希腊世界的疾病》(1983，1989)

Grmek, Mirko. *Diseases in the Ancient Greek World*, trans. by Mireille M. and Leonard M., Baltimore and London: The Johns Hopkins University Press, 1989.

472 页。格尔梅克（Mirko Grmek，1924—2000）是著名医学史专家，法国高等研究院教授。该书法文版于 1983 年问世，1989 年被翻译为英文。作者采用了一种非常综合的医学史研究方法。该方法强调在医学史研究中，应重视语言学、古病理学、古人口学、免疫学、流行病学以及临床医学等多个领域之间的深度交叉。

栗山茂久《身体的语言》(1999)

Kuriyama, Shigehisa. *The Expressiveness of the Body and the Divergence of Greek and Chinese Medicine*, New York: Zone Books, 1999.

中文版：陈信宏、张轩辞译，《身体的语言：古希腊医学和中医之比较》，上海书店出版社 2009 年版。

340 页。栗山茂久（Shigehisa Kuriyama，1954— ）目前为哈佛大学东亚语言与文明系教授。该书是其成名作，获美国医学史学会 2001 年度韦尔奇奖章。作者在古代希腊、中国医学比较的视角下，全方位地展示了两种不同思维传统对于身体及其构成与周遭环境的关系的不同理解。全书概括精要、讲述形象，是了解古代希腊医学与中国早期医学传统的不错选择。

纳顿《古代医学》(2004)

Nutton, Vivian. *Ancient Medicine,* London; York: Routledge, 2012.

504 页。该书最初出版于 2004 年，2012 年修订第二版出版。纳顿（Vivian

Nutton，1943— ）是英国伦敦大学荣休教授，长期致力于古代医学史研究。该书详细梳理了从公元前 500 年左右的希波克拉底时代到罗马帝国晚期长达千年的西方医学知识与实践的发展。全书以人物为中心，详略得当，已成为该领域重要的入门参考书。

茹阿纳《从希波克拉底到盖伦的希腊医学》(2012)

Jouanna, Jacques. *Greek Medicine from Hippocrates to Galen: Selected Papers*, Neil Allies trans., Brill, 2012.

404 页。茹阿纳（Jacques Jouanna，1935— ）是法国著名的古代医学专家，为巴黎索邦大学教授。这本论文集包括茹阿纳 20 世纪 80 年代至 21 世纪初围绕希腊医学撰写的重要论文。16 篇论文被组织到如下三个部分中："希腊医学的历史文化语境""希波克拉底医学的若干特征""希波克拉底医学的接受史"。该论文集是了解非英文学术传统之外，欧洲大陆医学史研究方法与进展的一个窗口。

7. 自然志

弗伦奇《古代自然志》(1994)

French, Roger. *Ancient Natural History: Histories of Nature*, London; New York: Routledge, 1994.

384 页。弗伦奇（Roger French，1938—2002）是剑桥大学科学史与科学哲学系教授。该书以亚里士多德的动物学、特奥弗拉斯特的植物学、斯特拉波的地理学以及老普林尼的《自然志》为主要关注点，细致地梳理了古代自然志的丰富内容，以及当时的社会文化背景，是本领域内非常出色的导论性著作。

托特琳、哈迪《古代植物学》(2016)

Totelin, Laurence and Hardy, Gavin. *Ancient Botany*, Routledge, 2016.

256 页。作者为爱丁堡大学与卡迪夫大学的青年学者，该书短小精悍，是了解古代希腊、罗马植物学知识的出色入门读物。

8. 地理学

班伯里《古代地理学史》(1879)

Bunbury, Edward H. *A History of Ancient Geography: Among the Greeks and Romans from the Earliest Times till the Fall of the Roman Empire.* 2 vols, London: John Murray, 1879.

2 卷，1400 页。班伯里爵士（Edward Bunbury，1811—1895）的这部书是首部以英文写作的古代地理学著作。该书非常详尽地介绍了始自荷马时代，经由斯特拉波、埃拉托色尼等人发展的古希腊、罗马的地理学知识。虽然成书较早，但依然具有参考价值。

汤姆森《古代地理学史》（1948）

Thomson, Oliver J. *History of Ancient Geography*. Cambridge: Cambridge University Press, 1948.

444 页。汤姆森（Oliver J. Thomson）为伯明翰大学教授。他将古代地理学知识放置在文明兴衰的框架中给予理解的尝试影响深远。全书研究性较强，需要读者具有一定知识背景。

迪尔克《希腊罗马地图》（1985）

Dilke, Oswald A. W. *Greek and Roman Map*, Ithaca, NY: Cornell University Press, 1985.

242 页。作者迪尔克（Oswald A. W. Dilke，1915—1993）为英国利兹大学荣休教授。该书是关于希腊罗马世界地理知识、地图绘制和使用的优秀研究著作。

9. 气象学

陶布《古代气象学》（2003）

Taub, Liba. *Ancient Meteorology*, London: Routledge, 2003.

288 页。陶布教授长期致力于古代气象学、天文学研究。该书是有关古希腊罗马气象知识非常凝练、清晰的导论性文字，适合初学者阅读。

巴克《伊壁鸠鲁的气象学》（2016）

Bakker, Frederik A. *Epicurean Meteorology: Sources, Method, Scope and Organization*, Leiden; Boston: Brill, 2016.

304 页。作者巴克（Frederik A. Bakker）是荷兰奈梅亨大学助理教授。该书专业性较强，主要讨论以伊壁鸠鲁、卢克莱修为代表的原子论者与漫步学派之间，关于月下天内自然现象解释上的重要差异，具体涉及气象学研究范围、地界现象以及大地形状等问题。

四、专题研究

1. 自然概念

柯林武德《自然的观念》（1945）

Collingwood, George R. *The Idea of Nature*, Oxford University Press, 1945.

中文版：吴国盛译，《自然的观念》，商务印书馆 2017 年版。

192 页。作者柯林武德（George R. Collingwood，1889—1943）是英国著名历史学家。全书以古希腊、现代早期的自然观念为核心，清晰地展示了西方世界中自然概念所发生的历史性变化。该书文字深入浅出、意蕴深远，是了解西方自然观念演变的必读书目之一。

托兰斯《自然的概念》（1993）

Torrance, John. eds. *The Concept of Nature*, Oxford University Press, 1993.

198 页。该书由牛津大学"斯宾塞讲座"中的不同学者围绕"自然概念"主题所做的 6 篇演讲汇编而成。第一篇为劳埃德爵士关于希腊自然观念的论述，将早年有关"自然的发现"的提法推进为"自然的发明"。全文言简意赅，清晰透彻，同其他部分比较研读会受益良多。

阿多《伊西斯的面纱：自然的观念史随笔》（2002）

Hadot, Pierre. *The Veil of Isis: An Essay on the History of the Idea of Nature*, Michael Chase trans., Cambridge: Harvard University Press, 2002.

中译版：张卜天译，《伊西斯的面纱：自然的观念史随笔》，华东师范大学出版社 2019 年版。

432 页。作者阿多（Pierre Hadot，1922—2010）是法国著名哲学家，法兰西学院荣誉教授。此书是他 40 年哲学思索的记录。全书围绕西方历史上思想家们就"赫拉克利特箴言"的不同理解和阐释展开。全书文笔流畅、清晰，思想深厚，是了解西方自然观念演变不可多得的力作。

纳达夫《希腊的自然概念》（2005）

Naddaf, Gerard. *The Greek Concept of Nature*, New York: State University of New York Press, 2005.

265 页。纳达夫（Gerard Naddaf，1950—　）是加拿大约克大学哲学系教授，致力于前苏格拉底哲学研究。该书主要聚焦于前苏格拉底时期的希腊自然概念，试图摆脱亚里士多德对早期希腊自然概念的解说范式，有一定的参考价值。

2. 拯救现象

迪昂《拯救现象》（1908）

Duhem, Pierre. *To Save the Phenomena: An Essay on the Idea of Physical Theory from Plato to Galileo*, Edmund Doland, et al. trans., Chicago: University of Chicago Press, 1969.

120 页。该书法文版首次出版于 1908 年，作者是中世纪科学史研究的开创者，法国物理学家、科学哲学与科学史家迪昂（Pierre Duhem，1861—1916）。该书是其代表作之一，"拯救现象"论题贯穿始终。

劳埃德"拯救现象"（1978）

Lloyd, Geoffrey. "Saving the Appearances." *Classical Quarterly*, Vol.28, No. 1 (1978), pp.202-222.

20 页。劳埃德对迪昂观点的经典回应。

史密斯"拯救现象的现象：古代几何光学的基础"（1981）

Smith, Mark. "Saving the Appearances of the Appearances: The Foundations of Classical Geometrical Optics." *Archive for History of Exact Sciences*, Vol.24, No. 2 (1981), pp.73-99.

26 页。作者将"拯救现象"命题推广到古代光学、视觉理论中，是该论题讨论的推阔。

3. 亚里士多德运动学说

考斯曼"亚里士多德的运动定义"（1969）

Kosman, Louis Aryeh. "Aristotle's Definition of Motion." *Phronesis*, Vol.14, No.1 (1969), pp.40-69.

29 页。考斯曼（Aryeh Louis Kosman，1935—2021）是美国哈弗福德学院（Haverford College）古希腊哲学教授。这是呼吁重新理解亚里士多德运动定义的经典论文，是随后英美学界展开运动定义大讨论的引火石。

萨克斯"亚里士多德的运动定义"（1976）

Sachs, Joe. "Aristotle's Definition of Motion." *St. John's Review*，Vol.27, No.4，Annapolis, 1976, pp.12-19.

7 页。萨克斯（Joe Sachs）是美国圣约翰学院教授。本文是关于亚里士多德运动定义深入浅出的阐释性文章。

魏斯海普"亚里士多德物理学的阐释与运动科学"（1988）

Weisheipl, James. "The Interpretation of Aristotle's Physics and the Science of Motion." in *The Cambridge History of Later Medieval Philosophy*, Norman Kretzmann，etc., ed., Cambridge University Press, 1988, pp.521-536.

15 页。魏斯海普（James Weisheipl，1923—1985）是著名中世纪科学史家。本文是关于亚里士多德物理学中运动理论及其中世纪解释的导论性文字。

4. 原子论

冯·梅尔森《从"阿特莫斯"到原子》（1949）

Van Melsen, Andrew G. *From Atomos to Atom: The History and Concept of the Atom*, Henry J. Koren Trans., Mineola, N.Y.: Dover Publications, 2004.

240 页。原书以荷兰文写于 1949 年，1952 年英译版问世。该书第一部分的第一章专论古代原子论，以概念发展为线索，清晰地介绍了希腊罗马时代主要原子论者的思想内容。

弗利《希腊宇宙论者》（1987）

Furley, David J. *The Greek Cosmologists: The Formation of the Atomic Theory and its Earliest Critics*. Vol.1, Cambridge: Cambridge University Press, 1987.

232 页。作者弗利（David J. Furley，1922—2010）为普林斯顿大学古典学教授。该书由作者多年来围绕这一论题撰写的论文汇编而成。作者从"封闭世界"与"无限宇宙"这一柯瓦雷式区分展开论述，勾勒了古代原子论思想的早期形成和发展过程。

5. 科学方法

克隆比《欧洲传统中的科学思维方式》(1994)

Crombie, Alistair C. *Styles of Scientific Thinking in the European Tradition: The History of Argument and Explanation Especially in the Mathematical and Biomedical Sciences and Arts,* London: Gerald Duckworth & Company, 1994.

2456 页。该书作者克隆比（Alistair C. Crombie，1915—1996）早期从事动物学研究，后逐渐转入科学史研究，担任牛津大学科学史教授，取得了丰硕成果。该书规模宏大，立意高远，鞭辟入里，引人深思。作者区分了欧洲科学思想中的六种思维风格与方法，并一一做了阐释。全书共分 3 卷，其中第一卷第二、三部分涉及希腊、中世纪领域，值得参详。

劳埃德《希腊科学中的方法与问题》(1991)

Lloyd, Geoffrey. *Methods and Problems in Greek Scienc*e: *Selected Papers*, Cambridge; New York: Cambridge University Press, 1991.

该书由劳埃德（Geoffrey Lloyd，1933— ）教授近 30 年间完成的 18 篇论文组成，对希腊重要思想家及其工作方法和问题意识做了深入讨论，是深入研究这一论域的重要参考书。

五、人物研究

1. 毕达哥拉斯与毕达哥拉斯主义

布尔克特《古代毕达哥拉斯主义中的学问与科学》(1962，1972)

Burkert, Walter. *Lore and Science in Ancient Pythagoreanism*, trans. by Edwin Minar, Cambridge: Harvard University Press, 1972.

544 页。德文版于 1962 年出版，1972 年出版英译本。作者布尔克特（Walter Burkert，1931—2015）是德国著名古典学家，瑞士苏黎世大学荣休教授。他注重考古实物与文本史料的充分结合，相关研究对学界有重要影响。

德·沃格尔《毕达哥拉斯与早期毕德哥拉斯主义》(1966)

De Vogel, Cornelia J. *Pythagoras and Early Pythagoreanism: An Interpretation of Neglected Evidence on the Philosopher Pythagoras*, Assen; The Netherlands: Van Gorcum

Press, 1966.

323 页。德·沃格尔（Cornelia J. De Vogel，1905—1986）为荷兰历史学家、神学家，乌得勒支大学教授。她在历史与考古证据的帮助下，以毕达哥拉斯数秘宇宙论为线索，对其思想与活动进行了全面解读。

奥米拉《复活毕达哥拉斯：古代晚期的数学与哲学》（1989）

O'Meara, Dominic J. *Pythagoras Revived: Mathematics and Philosophy in Late Antiquity*, Oxford University Press, 1989.

264 页。该书侧重研究毕达哥拉斯对古代晚期以扬布里科为代表的新柏拉图主义数学、哲学思想的影响。

2. 希波克拉底

史密斯《希波克拉底传统》（1979）

Smith, Wesley D. *The Hippocratic Tradition*, Ithaca: Cornell University Press, 1979.

264 页。该书 1979 年首次出版，2002 年修订。史密斯（Wesley D. Smith，1930—2018）是宾夕法尼亚大学古典学荣休教授。该书试图走出早先对希波克拉底个人形象还原的尝试，强调希波克拉底形象的历史构造性与丰富性。

茹阿纳《希波克拉底》（1992）

Jouanna, Jacques. *Hippocrates*, trans. by M. DeBevoise, Baltimore: Johns Hopkins University Press, 1998.

536 页。法文版于 1992 年出版，1998 年出版英译本。作者茹阿纳是法国医学史研究权威。该书是希波克拉底研究领域的重要参考书。

3. 柏拉图

康福德《柏拉图的宇宙论》（1937）

Cornford, Francis M. *Plato's Cosmology: The Timaeus of Plato*, London: Routledge & Kegan Paul, 1937.

398 页。作者康福德（Francis M. Cornford，1874—1943）是英国古典学家，以古代哲学研究闻名。该书是柏拉图《蒂迈欧篇》的英文翻译和研究性评注，是英语世界关于柏拉图宇宙论思想研究的早期重要作品，目前依然具有较高的参考价值。

沃拉斯托斯《柏拉图的宇宙》(1975)

Vlastos, Gregory. *Plato's Universe*, Clarendon Press: Oxford University, 1975.

130 页。作者沃拉斯托斯（Gregory Vlastos，1907—1991）生于奥斯曼帝国首都君士坦丁堡（今伊斯坦布尔），在哈佛大学取得博士学位（1931 年），先后在美国多所大家任教，是著名的柏拉图研究专家。该书虽然篇幅不长，但语言清晰、分析深入，主要观点和阐释方法对英美学界中柏拉图整全形象的形成有重要影响，是该领域的基本参考文献之一。

约翰森《柏拉图的自然哲学》(2004)

Johansen, Thomas K. *Plato's Natural Philosophy: A Study of Timaeus-Critias*, Cambridge University Press, 2004.

228 页。约翰森目前是奥斯陆大学哲学系古代哲学教授。作者试图在柏拉图思想中勾勒出日后被亚里士多德充分发展了的自然目的论形态。这一解释立场既是本研究的创新之处，也是较受争议的地方。

4. 亚里士多德

劳埃德《亚里士多德》(1968)

Lloyd, Geoffrey. *Aristotle: The Growth and Structure of his Thought*, Cambridge: Cambridge University Press, 1968.

340 页。劳埃德教授继承了德国学者耶格尔的研究思路，强调亚里士多德思想的历史发展过程。该书对亚里士多德思想的方方面面都给予了阐释，语言通俗易懂，是非常优秀的导论性读物。

李尔《亚里士多德与逻辑理论》(1980)

Lear, Jonathon. *Aristotle and Logical Theory*, Cambridge: Cambridge University Press, 1980.

136 页。李尔（Jonathon Lear，1948— ）是美国哲学家，芝加哥大学社会思想委员会教授。不同于卢卡西维茨等人的早期研究，该书并没有运用现代公理化体系来重建亚里士多德逻辑学，而是强调三段论逻辑在亚里士多德科学探究语境中的具体作用。该书篇幅不长，但是阐释思路合理，讲解清晰，是该领域内出色的研究性文献。

别勒格林《亚里士多德的动物分类》（1982，1986）

Pellegrin, Pierre. *Aristotle's Classification of Animals: Biology and the Conceptual Unity of the Aristotelian Corpus*. Anthony Preus Trans., Berkeley: University of California Press, 1986.

256 页。该书法文版出版于 1982 年，1986 年译为英文。作者别勒格林（Pierre Pellegrin，1944— ）为法国哲学家，持有与劳埃德关于亚里士多德思想"发展论"相对立的"整体论"解释立场。该书是其关于亚里士多德动物分类研究的代表作，影响较大。

克莱因"亚里士多德导论"（1985）

Klein, Jacob. "Aristotle，an Introduction." in *Jacob Klein Lectures and Essays*, ed. by Robert Williamson and Elliot Zuckerman, St. John's College Press, 1985, pp.171-197.

中文版：张卜天译，《雅各布·克莱因思想史文集》，湖南科技出版社 2015 年版。26 页。该书是非常出色的关于亚里士多德思想的导论性文章。

辛提卡《亚里士多德的分析》（2004）

Hintikka, Jaakko. *Analyses of Aristotle*, New York; Boston; Dordrecht; London; Moscow: Kluwer Academic Publishers, 2004.

250 页。辛提卡（Jaakko Hintikka，1929—2015）是芬兰著名哲学家、逻辑学家。该书以亚里士多德为核心，对他采用的多种科学方法给予了全方位的考察。作者分析透彻、观点鲜明，非常具有启发性。

福尔肯《亚里士多德与自然的科学》（2005）

Falcon, Andrea. *Aristotle and the Science of Nature: Unity without Uniformity*, Cambridge: Cambridge University Press, 2005.

160 页。作者福尔肯（Andrea Falcon，1965— ）是加拿大协和大学教授。该书主要围绕《气象学》《论天》等相关著作内容展开，篇幅虽短，却对亚里士多德的自然宇宙图景给予了充分的介绍。

5. 欧几里得

希斯《欧几里得〈原本〉十三卷》（1926）

Heath, Thomas L, ed., trans., *The Thirteen Books of Euclid's Elements*, 3 vols, 2nd edition, Cambridge: Cambridge University Press, 1926; New York: Dover, 1956.

中译本：张卜天译，《几何原本》，商务印书馆 2020 年版。

558 页。该书为希斯（Thomas Heath，1861—1940）爵士依据丹麦历史学家海贝尔（Johan L. Heiberg，1854—1928）整理编辑的《几何原本》完成的英文译本，是欧几里得研究必备的材料。全书注释丰富、详尽，且综合吸收了历史上有关《原本》的各种评注内容，对理解欧几里得文本非常有帮助。

诺尔《欧几里得〈原本〉的演化》（1975）

Knorr, Wilbur. *The Evolution of the Euclidean Elements: A Study of the Theory of Incommensurable Magnitudes and Its Significance for Early Greek Geometry*, Dordrecht: Reidel Publishing, 1975.

390 页。诺尔（Wilbur Knorr，1945—1997）以不可共度量的发现为基本线索，围绕希腊数学家忒奥多洛斯、泰阿泰德和欧多克斯的不同贡献，详细梳理了欧几里得《原本》核心内容的诞生史，为读者复原出《原本》背后丰富的希腊数学资源。

福勒《柏拉图学园中的数学》（1987）

Fowler, David H. *The Mathematics of Plato's Academy: A New Reconstruction*, Oxford: Oxford University Press, 1987.

486 页。福勒（David H. Fowler，1937—2004）为英国华威大学教授。该书涉及早期柏拉图学院内的数学研究，其中对欧几里得的新阐释曾引起学界不小的争论。

6. 阿波罗尼

希斯《佩尔加的阿波罗尼》（1896）

Heath, Thomas L, ed., trans., *Apollonius of Perga: Treatise on Conic Sections*, Cambridge: The University Press, 1896.

中文版：朱恩宽等译，《圆锥曲线论》（卷 I ～ IV）（卷 V ～ VII），陕西科学技术出版社 2007/2014 年版。

424 页。《圆锥曲线论》的英文译本，带有研究性注释。

弗里德、昂古鲁《阿波罗尼的圆锥曲线论》(2001)

Fried, Michael N.; Unguru, Sabetai. *Apollonius of Perga's Conica: Text, Context, Subtex*t, Leiden: Brill, 2001.

499 页。作者弗里德(Michael N. Fried, 1960—)是以色列本·古里安大学副教授。昂古鲁（Sabetai Unguru, 1931— ）是以色列数学史家, 特拉维夫大学教授。依托《圆锥曲线论》, 作者对阿波罗尼数学思想进行了非常出色的评介。作者师徒两人试图摆脱用现代数学语言重建古代几何学经典的传统范式, 尽量在欧几里得传统内, 结合历史语境, 运用文本内证来复原古代数学家思想。

7. 阿基米德

希斯《阿基米德著作集》(1897)

Heath, Thomas L, ed., trans., *The Works of Archimedes*, Cambridge: The University Press, 1897.

中文版: 朱恩宽、常心怡译,《阿基米德全集》(修订版), 陕西科学技术出版社 2010 年版。

576 页。该书是阿基米德著作的英译本。

戴克斯特霍伊斯《阿基米德》(1938)

Dijksterhuis, Eduard J. *Archimedes*, C. Dikshoorn trans., Princeton University Press, 1987.

457 页。该书是关于阿基米德研究的经典作品, 初版于 1938 年发行, 在科学史领域享有很高声誉。

诺尔 "戴克斯特霍伊斯之后的阿基米德" (1987)

Knorr, Wilbur R. "Archimedes after Dijksterhuis: A Guide to Recent Studies." In *Archimedes*, Princeton, NJ: Princeton University Press, 1987.

诺尔为戴克斯特霍伊斯著《阿基米德》撰写的研究指南。文章除了包括关于阿基米德生平与思想凝练的准确介绍外, 还回顾了截至 1987 年关于阿基米德思想的学术研究成果。

8. 盖伦

加西亚·巴莱斯特《盖伦与盖伦主义》（2002）

García-Ballester, Luis. et al. *Galen and Galenism: Theory and Medical Practice from Antiquity to the European Renaissance*, Aldershot: Ashgate, 2002.

332 页。该书介绍了从古代晚期至文艺复兴时期盖伦医学理论与实践的发展。全书用四分之一的篇幅讨论盖伦。

汉金森《剑桥盖伦指南》（2007）

Hankinson, Robert J. eds. *The Cambridge Companion to Galen*, Cambridge: Cambridge University Press, 2007.

476 页。主编汉金森（Robert J. Hankinson）是得克萨斯大学奥斯汀分校教授。全书对盖伦医学、科学思想进行了全面的导论性介绍，是帮助读者展开深入探讨的优秀指南。

9. 普林尼

弗伦奇、格林威《罗马帝国早期科学》（1986）

French, Roger. and Greenaway, Frank. ed. *Science in the Early Roman Empire: Pliny the Elder, His Sources and Influence*. Totowa, N.J.: Barnes & Noble, 1986.

该书由老普林尼思想研究相关的论文汇编而成，内容涉及医学、动物学、植物学、天文学和矿物学等多个领域。

比贡《罗马的自然》（1992）

Beagon, Mary. *Roman Nature: The Thought of Pliny the Elder*, Oxford: Oxford University Press, 1992.

272 页。比贡（Mary Beagon）是曼彻斯特大学学者，关注古代环境与生态史。作者以普林尼对自然的理解为线索，详细考察了他的宇宙论以及蕴含于其间的自然与人的关系。结合历史语境，透过普林尼的笔尖，作者描绘了生活在公元 1 世纪的罗马人的生活世界。

希利《老普林尼论科学与技术》(1999)

Healy, John F. *Pliny the Elder on Science and Technology*, Oxford: Oxford University Press, 1999.

488 页。希利（John F. Healy，1924—2012）是伦敦大学古典学荣休教授。该书从近代学科划分的角度出发，阐释了《自然志》后五卷中有关金属、矿藏的内容。

墨菲《老普林尼的〈自然志〉》(2004)

Murphy, Trevor. *Pliny the Elder's Natural History: The Empire in the Encyclopedia*, Oxford: Oxford University Press, 2004.

233 页。墨菲（Trevor Murphy）是加州大学伯克利分校古典系副教授。作者将"百科全书式的知识"（追求整全的知识）和"帝国"（追求绝对的权力）作为阅读《自然志》的出发点，将知识与社会、政治背景紧密地结合在一起考察。该书是普林尼研究的较新成果，富有启发意义。

10. 托勒密

彼泽森《〈至大论〉纵览》(1974)

Pedersen, Olaf. *A Survey of the Almagest*, Odense: Odense University Press, 1974.

455 页。彼泽森（Olaf Pedersen，1920—1997）是丹麦奥胡斯大学科学史教授。该书对托勒密天文思想中的数学给予了重点关注。本研究是基于诺伊格鲍尔等人的早期研究的进一步深化。

图默《托勒密的〈至大论〉》(1984)

Toomer, James. trans., *Ptolemy's Almagest*, London: Duckworth, 1984.

712 页。《至大论》较新英译版，以海贝尔编辑版为底本，参照其他流传的希腊、阿拉伯文手稿进行了校订，1998 年出版修订版。译者图默（Gerald James Toomer，1934— ）为布朗大学数学史系荣休教授，曾任系主任，专注于希腊数学在阿拉伯、拉丁中世纪的传播与转化。

陶布《托勒密的宇宙》(1993)

Taub, Liba. *Ptolemy's Universe: The Natural Philosophical and Ethical Foundations of Ptolemy's Astronomy*, Chicago: Open Court Publishing Company, 1993.

188 页。不同于传统托勒密研究重视其天文学、地理学中的数理知识，该书试图完整地呈现托勒密思想，不仅充分重视他的哲学、伦理维度，还将他置于当时的文化背景中予以理解。

伯格伦、琼斯《托勒密〈地理学〉》（2000）

Berggren, Lennart. and Jones, Alexander. trans., *Ptolemy's Geography: An Annotated Translation of the Theoretical Chapters*, Princeton University Press, 2000.

232 页。《地理学》的英译本。译者伯格伦（Lennart Berggren，1941— ）是华盛顿大学教授。该译本参考之前众多翻译，是获得很高评价的研究性翻译。

第十八章　中世纪

晋世翔

本章包括工具书、通史、分科史、专题研究和人物研究五个部分。各部分文献按照出版年份升序排列。

一、工具书

格兰特《中世纪科学文献汇编》(1974)

Grant, Edward. *A Source Book in Medieval Science*. Cambridge, Massachusetts: Harvard University Press, 1974.

884 页。该书编者格兰特（Edward Grant，1926—2020）是美国著名科学史家、印第安纳大学杰出教授，曾任科学史学会（HSS）主席，并获 1992 年萨顿奖章。全书精选自托勒密至伽利略 1000 多年内 85 位学者 190 篇具有代表性的科学作品，涉及炼金术、占星术、逻辑与医学，以及现代科学分科体系下包括数学、物理学、生物学等学科在内相应领域的内容。译文附有导论与注释，是了解欧洲中世纪科学发展与变化的重要一手参考资料。

格里克等《中世纪科学、技术与医学百科全书》(2005)

Glick, Thomas F, Livesey, Steven J, and Wallis, Faith. eds. *Medieval Science, Technology, and Medicine: An Encyclopedia*. New York and London: Routledge, 2005.

625 页。主编格里克（Thomas Glick，1939—　）曾任美国波士顿大学中世纪历史研究所所长，以中世纪科学与技术史尤以食物发展史研究见长；利夫西（Steven Livesey，1951—　）是俄克拉荷马大学荣休教授，关注中世纪学科发展史、大学教育实践史；沃利斯（Faith Wallis，1950—　）是加拿大麦吉尔大学历史与古典研究系与医学社会研究系双聘教授，长期致力于中世纪医学史、宇宙论研究。

该书由中世纪思想与社会研究领域内三位权威学者连同 148 位优秀学者完成。275 个词条涉及始自西罗马陷落至文艺复兴早期，欧洲科学、技术与医学的千年发展。该书编史思路新颖，不仅注重知识发展的历史连续性、知识传播的跨地域特点，其社会与技术语境也都得到了充分考虑。为避免辞书类著作过于支离、细碎的流弊，该书除了上述三条线索外，全部词条还被归入"器物与技术""传记""学科""地理位置""机构""科学类型、理论、文本与传统"六大主题。这一设计增加了该书的整体性与结构性。此外，包括格兰特、林德伯格（David Lindberg）、香克（Michael Shank）、哈克特（Jeremiah Hackett）等在内的多位中世纪科学史领域重量学者的参与，保证了该书的学术质量。该书是中世纪科技史研究者的重要参考书。

二、通史

萨顿《科学史导论》（1927—1948）

Sarton, George. *Introduction to the History of Science*. 3 vols, Baltimore: Williams and Wilkins, Co., 1927-1948.

4021 页。萨顿（George Sarton，1884—1956）是科学史学科的缔造者之一，该书是其代表作，历经 20 余年完成，涉及的历史跨度从公元前 9 世纪的荷马开始，一直到公元 14 世纪晚期。

以现代科学的分科视野为参照系，萨顿概述了包括欧洲、古印度、中国在内世界上各大文明科学知识的积累过程。全书共 3 卷 5 册，后 2 卷集中讨论 13、14 世纪知识的发展，大部分篇幅用于勾勒欧洲中世纪科学的概貌。此书属于科学史研究的早期成果，以时间为序，以介绍人物、汇编史料为主，旨在供读者查阅之用，可读性并不是很强。这部大书实为作者宏大计划（预计 9 卷）的一部分，但整体计划未能完成。

克隆比《从奥古斯丁到伽利略：公元 400 年到 1650 年的科学史》（1952）

Crombie, Alistair C. *Augustine to Galileo: The History of Science A. D. 400-1650*. Cambridge, Massachusetts: Harvard University Press, 1952.

436 页。克隆比（Alistair C. Crombie，1915—1996）是著名科学史家，执教于牛津大学，毕生致力于绘制一幅欧洲科学发展的连续图谱。该书于 1952 年问世，大受欢迎，很快再版，并于 1959 年扩写为 2 卷本的《中世纪与现代早期科学》。

该书是关于中世纪科学通史研究的早期代表之一。除导论外，共分 6 章："12 世纪思想复兴之前西方基督教世界的科学""西方基督教世界对'希腊–阿拉伯'科学的吸收""13 世纪科学思想的体系""中世纪的技术与科学""中世纪晚期对亚里士多德的批评""16、17 世纪科学思想中的革命"。章节划分体现了作者在中世纪科学与现代科学之间建立"连续性"的努力。这一立场与柯瓦雷主张的"断裂说"针锋相对，框定了中世纪科学史研究的基本进路。

林德伯格《西方科学的起源》（1992，2007）

Lindberg, David. *The Beginnings of Western Science: The European Scientific Tradition in Philosophical, Religious, and Institutional Context, Prehistory to A.D. 1450.* Chicago: University of Chicago Press, 2007.

中文版：张卜天译，《西方科学的起源》（第二版），商务印书馆 2019 年版。

488 页。林德伯格（David Lindberg，1935—2015）是中世纪科学史领域权威学者，该书第一版诞生于 1992 年，是作者多年教学实践的结晶。此为修订第二版，详细展示了欧洲前现代科学发展的基本面貌，对中世纪科学史有较为全面的介绍，非常适合作为入门教材。

格兰特《近代科学在中世纪的基础》（1996）

Grant, Edward. *The Foundations of Modern Science in the Middle Ages: Their Religious, Institutional and Intellectual Contexts.* Cambridge University Press, 1996.

中文版：张卜天译，《近代科学在中世纪的基础》，商务印书馆 2020 年版。

266 页。这本小书源自作者于 1971 年完成的《中世纪的物理科学思想》（*Physical Science in the Middle Ages*），但是无论是材料还是基本立场，都被彻底更新。借助这本小册子，读者会对中世纪科学的基本样貌及其与现代科学之间的联系有较为系统的了解。

格兰特《自然哲学史：从古代世界到 19 世纪》（2007）

Grant, Edward. *A History of Natural Philosophy from the Ancient World to the Nineteenth Century.* Cambridge: Cambridge University Press, 2007.

376 页。该书围绕"自然哲学是科学之母"这条主线，以亚里士多德主义自然哲学传统的兴衰为叙事脉络，完整呈现了现代科学脱胎于古代、中世纪自然哲学的历史过程。全书共 10 章，近 7 章的内容与中世纪自然哲学密切相联。格兰特教授丰富的写作经验、宏富的知识储备，以及平易近人的文字保障了这本通史研究的品质。

林德伯格、香客主编《剑桥科学史：中世纪科学卷》（2013）

Lindberg, David, and Shank, Michael H. eds. *The Cambridge History of Science: Medieval Science*, Cambridge: Cambridge University Press, 2013.

698 页。主编林德伯格与香克（Michael Shank，1949— ）均为中世纪科学史研究权威。香客目前是威斯康星大学麦迪逊分校历史系荣休教授。该书是中世纪科学史研究导论性质文章的集结，内容涉及中世纪学术环境、大学课程设置、相关学科发展以及核心争论等多个方面。各章供稿者都在各自领域工作多年，有丰富的经验，代表了相关研究的新近进展。该书适合有一定基础的读者学习使用。

三、分科史

1. 数学

马奥尼"数学"（1978）

Mahoney, Michael S. "Mathematics." in Lindberg, David. eds. *Science in the Middle Ages*. Chicago: University of Chicago Press, 1978, pp.145-178.

33 页。林德伯格主编的《科学在中世纪》囊括多篇有关中世纪科学不同主题的优秀导论性文章。马奥尼（Michael Mahoney，1939—2008）撰写的数学部分就是其中之一。作者是普林斯顿大学科学史教授，主要研究领域为中世纪与现代早期数学史。

格兰特、默多克《数学及其在中世纪科学与自然哲学中的应用》（1987）

Grant, Edward. and Murdoch, John. eds. *Mathematics and Its Applications to Science and Natural Philosophy in the Middle Ages: Essay in Honor of Marshall Clagett*. Cambridge: Cambridge University Press, 1987.

352 页。主编格兰特（Edward Grant，1926—2020）与默多克（John Murdoch，1927—2010）在中世纪科学史领域力耕多年，均获过萨顿奖章。文集以诺尔（Wilbur Knorr，1945—1997）与莫兰（George Molland，1941—2002）关于"纯粹数学"和"应用数学"的文章为理论准备，具有导论性质，随后 9 篇文章则分别展示数学在自然哲学、天文学和宇宙论、光学、医学四个领域内的具体运用。论文撰写者都是相关领域内的知名学者，论题专一，讨论深入，需要读者具有相应的背景知识。

诺尔《古代中世纪几何学文本研究》(1989)

Knorr, Wilbur R. *Textual Studies in Ancient and Medieval Geometry*. Boston: Birkhäuser, 1989.

849 页。诺尔是斯坦福大学哲学与古典学系教授，著名数学史学者。诺尔重视语境式地理解古代、中世纪的数学问题，强调将它们置于自身思想脉络与历史背景中给予厘清。该书第 3 部分以阿基米德《圆的度量》在中世纪被翻译与接受过程为线索，详细探讨了中世纪数学解决"化圆为方"这一希腊几何学难题时所付出的努力。

福克兹《数学在欧洲中世纪的发展》(2006)

Folkerts, Menso. Eds. *The Development of Mathematics in Medieval Europe: The Arabs, Euclid, Regiomontanus*. Ashgate Variorum, 2006.

作者福克兹（Menso Folkerts，1943— ）是德国慕尼黑大学历史系教授，中世纪数学史权威。该书由 12 篇专题论文构成，语言包括英文和德文，时间跨度从 12 世纪到 15 世纪，内容包括"阿拉伯数学在西方世界的影响""中世纪欧洲的欧几里得""欧几里得阐释问题以及它的意义"等。收录文章比较精专，适合对该领域有浓厚兴趣的读者阅读。

伯内特《中世纪的数字与算术》(2010)

Burnett, Charles. *Numerals and Arithmetic in the Middle Ages*. Ashgate, 2010.

382 页。伯内特（Charles Burnett，1951— ）是伦敦大学瓦尔堡学院教授，著名古典学家。该书是伯内特教授围绕"印度–阿拉伯数字"进入拉丁中世纪，及其在欧洲传播、运用、变化等历史问题所撰写的 11 篇研究论文的合集。

2. 天文学与宇宙论

迪昂《中世纪宇宙论》(1909，1985)

Duhem, Pierre. *Medieval Cosmology: Theories of Infinity, Place, Time, Void, and the Plurality of Worlds*, Ariew, Roger. eds. and trans. Chicago: University of Chicago Press, 1985.

642 页。迪昂（Pierre Duhem，1861—1916）是法国著名的物理学家、科学哲学家与科学史家，中世纪科学史研究的开拓者。该书是迪昂 10 卷本巨著《宇宙体系》（*Le Système du Monde: Histoire des Doctrines Cosmologiques de Platon à Copernic*）的

节略英译本。原书完成于 1909 年至 1916 年，编者择其重要主题，将迪昂工作中最有价值的一面充分展示给了读者。

格兰特"宇宙论"、彼泽森"天文学"（1978）

Grant, Edward. "Cosmology." and Pedersen，Olaf., "Astronomy." in Lindberg, David. eds. *Science in the Middle Ages*. Chicago: University of Chicago Press, 1978, pp.303-368.

65 页。有关中世纪天文学、宇宙论提纲挈领式的导论。

格兰特《行星、恒星与天球：中世纪的宇宙 1200—1687》（1994）

Grant, Edward. *Planets, Stars, and Orbs: The Medieval Cosmos, 1200-1687*. Cambridge: Cambridge University Press, 1994.

818 页。格兰特教授以研究拉丁中世纪与现代早期宇宙论思想著称，该书是他的代表作，是中世纪宇宙论权威参考书之一。该书从迪昂《宇宙体系》的成就与局限谈起，分上、下两部，讲述了欧洲中世纪与现代早期近 500 年间宇宙论的演化。文末的两个附录非常有特点，作者不但逐一列举了中世纪宇宙论中最富争议的问题，还详细剖析了这些问题的出处，及其背后涉及的重大争议。这为读者进一步系统把握中世纪宇宙论提供了一份思想地图。

麦克卢斯基《欧洲中世纪早期的天文学与文化》（1997）

McCluskey, Stephen. *Astronomies and Cultures in Early Medieval Europe*. New York: Cambridge University Press, 1997.

252 页。麦克卢斯基（Stephen McCluskey，1940— ）为西弗吉尼亚大学历史系荣休教授。这本小书为欧洲中世纪早期的天文学实践提供了一个概观。写作过程中作者明确贯彻着自己订立的两个原则：一方面，尽量摆脱以现代科学进步为标尺，对当时的天文学知识与实践进行辉格式解读；另一方面，尝试在公元 4—13 世纪欧洲文化与制度语境中，理解天文学的知识生产与实践活动。该书体量不大，但编史思路新颖，内容丰富，自问世以来，获得了广泛关注与征引。

伊斯特伍德《为天赋序：加洛林复兴时期的罗马天文学与宇宙论》（2007）

Eastwood, Bruce. *Ordering the Heavens: Roman Astronomy and Cosmology in the Carolingian Renaissance*. Leiden: Brill, 2007.

456 页。伊斯特伍德（Bruce Eastwood，1938— ）为肯塔基大学历史系教授。该书是作者在中世纪天文学史领域辛勤耕耘 20 余年的工作结晶。伊斯特伍德对大量中世纪手稿与图表做了详细、深刻的分析，充分展示了中世纪早期学者对罗马天文学的解读与吸收。该书可以与作者 2002 年出版的论文集《行星天文学在加洛林与后加洛林欧洲的复兴》（*The Revival of Planetary Astronomy in Carolingian and Post-Carolingian Europe*）对观。

3. 音乐理论

里斯《中世纪的音乐》（1940）

Reese, Gustave. *Music in the Middle Ages: With an Introduction on the Music of Ancient Times*. New York: W. W. Norton & Co., Inc., 1940.

504 页。里斯（Gustave Reese，1899—1977）是纽约大学荣休教授，长期教授中世纪、文艺复兴时期音乐理论，是早期音乐研究的开拓者。该书与《文艺复兴时期的音乐》（1954）是其两部重要代表作品。时至今日，该书依然是了解中世纪音乐理论的权威参考之一。

克隆比《中世纪与现代早期思想中的科学、光学与音乐》（1990）

Crombie, Alistair C. *Science, Optics and Music in Medieval and Early Modern Thought*. London: Hambledon Press, 1990.

474 页。全书由克隆比（Alistair Crombie，1915—1996）1952—1986 年完成的 18 篇相关论文汇集而成，主题聚焦于中世纪和现代早期思想中科学与艺术，特别是数学与人类感觉的自然哲学研究之间的关系问题，是该领域优秀的研究性著作。

马西森《阿波罗的里拉琴：古代与中世纪的希腊音乐与音乐理论》（1999）

Mathiesen, Thomas J. *Apollo's Lyre: Greek Music and Music Theory in Antiquity and the Middle Ages*. Lincoln and London: University of Nebraska Press, 1999.

807 页。马西森（Thomas J. Mathiesen，1947— ）为美国印第安纳大学杰出教授，致力于音乐史、古典与中世纪音乐理论研究。该书详细介绍了古希腊音乐理论与实践的各个维度，其中音乐理论部分同科学思想密切相关。

4. 运动科学

默多克、西拉"运动科学"（1978）

Murdoch, John and Sylla, Edith. "The Science of Motion." In Lindberg, David. eds. *Science in the Middle Ages*. Chicago: University of Chicago Press, 1978, pp.206-264.

58 页。默多克（John Murdoch，1927—2010）与其学生西拉（Edith Sylla，1941— ）均为中世纪科学史领域知名学者，本文是关于中世纪运动科学优秀的导论性文章。

迈尔《精密科学的入口》（1982）

Maier, Anneliese. *On the Threshold of Exact Science: Selected Writings of Anneliese Maier on Late Medieval Natural Philosophy*, eds. and trans. and with an Introduction by Steven D. Sargent. University of Pennsylvania Press, 1982.

192 页。安娜丽泽·迈尔（Anneliese Maier，1905—1971）是德国著名科学史家，中世纪科学史研究的重要推进者。该书是她为数不多被翻译为英文的文章，收录了迈尔发表于 20 世纪 40 年代至 60 年代的 7 篇文章，主题涵盖"运动的本性""原因、推动与阻力""伽利略与经院哲学的冲力理论"等中世纪运动学的多个方面。这些文章对于了解中世纪晚期自然哲学的主要问题依然具有重要价值。当然，9 卷本的迈尔著作集是了解其中世纪科学史研究全貌的权威文献，包括《晚期经院自然哲学研究》（*Studien zur Naturphilosophie der Spätscholastik*）（5 卷）、《行将结束的中世纪》（*Ausgehendes Mittelalter*）（3 卷），以及两篇早期研究论文的合集（1 卷）。

魏斯海普《中世纪的自然与运动》（1985）

Weisheipl, James. *Nature and Motion in the Middle Ages*, Eds. by W. Carroll. Catholic University of America Press, 1985.

292 页。魏斯海普神父（James Weisheipl，1923—1985）是著名的道明会学者，中世纪科学史家。本文集收录了他围绕中世纪自然哲学中最重要的两个核心主题（自然与运动）写作的 11 篇论文。

博卡拉蒂《伽利略与运动方程》（2016）

Boccaletti, Dino. *Galileo and the Equations of Motion*. Springer, 2016.

189 页。博卡拉蒂（Dino Boccaletti）是罗马大学数学系教授。该书以近似教科书的方式勾勒了自古希腊至伽利略运动方程建立之间运动科学的发展史。第二章"中世纪与文艺复兴时期的运动理论"吸收了大量先前重要的研究成果，虽是一项比较辉格的历史研究，但却不失为脱离语境了解中世纪运动科学的代表作。

5. 机械学、力学

穆迪、克拉吉特《中世纪的重量科学》(1952)

Moody, Ernest A. and Clagett, Marshall. Eds. *The Medieval Science of Weights: Treatises Acribied to Euclid, Archimedes, Thabit Ibn Qurra, Jordanus De Nemore and Blasius of Parma*. Madison: University of Wisconsin Press, 1952.

448 页。主编穆迪（Ernest Moody，1903—1975）是著名哲学家、中世纪学者，加州大学洛杉矶分校哲学教授。克拉吉特（Marshall Clagett，1916—2005）是威斯康星大学科学史系教授，著名中世纪科学史家。

该书编译了中世纪静力学领域几乎所有重要文献，辅以出色的导论和评注，还原了那个时代有关平衡、重量问题的科学讨论，是中世纪静力学研究的必备文献。

克拉吉特《中世纪的力学科学》(1959)

Clagett, Marshall. *The Science of Mechanics in the Middle Ages*. Madison: University of Wisconsin Press, 1959.

714 页。围绕静力学、运动学、动力学三大领域，克拉吉特选编中世纪学者的相关讨论，并做了细致注解和分析。该书内容广泛、条理分明，广受好评，曾获 1960 年科学史学会辉瑞奖，是了解中世纪力学研究不可或缺的基础文献。

华莱士《伽利略的前奏：论伽利略思想的中世纪与 16 世纪来源》(1981)

Wallace, William. *Prelude to Galileo: Essays on Medieval and Sixteenth-Century Sources of Galileo's Thought*. Dordrecht: D. Reidel Publishing Company, 1981.

461 页。该书收录了多位中世纪著名学者关于伽利略思想起源问题的论文，编者华莱士（William A. Wallace，1918— ）是美国天主教大学科学史与科学哲学系荣休教授。书中第三部分"从中世纪到现代早期科学"中 3 篇文章与本节主题高度相关。整本文集试图建立起一条中世纪科学通向现代科学的强连续论叙事线索。该立场在华莱士《伽利略及其来源：伽利略科学中的罗马学院遗产》（1984）与其论文集《伽利略、耶稣会士与中世纪的亚里士多德》(*Galileo, the Jesuits, and the Medieval*

Aristotle)（1991）中亦得到了充分的体现。

6. 炼金术与化学

桑代克《魔法与实验科学的历史》（1923）

Thorndike, Lynn. *A History of Magic and Experimental Science*, Vol.1 & 2. New York: Columbia University Press, 1923.

1924 页。桑代克（Lynn Thorndike，1882—1965）是美国著名中世纪科学史家、炼金术史专家，该书写于 1923—1958 年，共 8 卷。其中第 1 卷和第 2 卷涉及古代、中世纪有关炼金术的内容。

纽曼《伪盖伯的〈完善大全〉》（1991）

Newman, William. *The Summa Perfectionis of Pseudo-Geber: A Critical Edition, Translation, and Study*. Leiden: Brill, 1991.

785 页。纽曼（William Newman，1955— ）是美国科学史家，印第安纳大学科学哲学与科学史系教授。纽曼长期致力于中世纪炼金术及现代早期化学史，对现代机械论、实验思想的起源有着出色的理解。该书源自其博士论文，是随后一系列出色研究的开端。

舒特《寻找哲人石：炼金术文化史》（2000）

Schütt, Hans-Werner. *Auf der Suche nach dem Stein der Weisen: Die Geschichte der Alchemie*. München: C.H. Beck, 2000.

中文版：李文潮、萧培生译，《寻找哲人石：炼金术文化史》，上海科技教育出版社 2006 年版。

602 页。舒特（Hans-Werner Schütt，1937— ）是德国柏林工业大学科学史系教授，主要研究化学史与炼金术史。该书是关于西方炼金术历史发展的入门书籍，通俗易懂，第 3 章与中世纪炼金术相关。

普林西比《炼金术的秘密》（2013）

Principe, Lawrence. *The Secrets of Alchemy*. Chicago: University of Chicago Press, 2013.

中文版：张卜天译，《炼金术的秘密》，商务印书馆 2018 年版。

288 页。普林西比（Lawrence Principe，1962— ）是美国约翰·霍普金斯大学科学技术史系与化学系教授，主要研究领域为早期化学史、炼金术史，曾获培根奖章。该书线索清晰、深入浅出，第 3 章专门讨论中世纪炼金术。

7. 透视学、光学

林德伯格《从金迪到开普勒的视觉理论》（1976）

Lindberg, David. *Theories of vision from al-Kindi to Kepler*. Chicago: University of Chicago Press, 1976.

324 页。该书是林德伯格的成名之作。全书用 3 章的规模讨论了拉丁中世纪欧洲的透视学，是系统了解中世纪光学理论的必读书。

塔豪《奥康时代的视觉与确定性》（1988）

Tachau, Katherine H. *Vision and Certitude in the Age of Ockham: Optics, Epistemology and the Foundations of Semantics*, Leiden: E.J. Brill, 1988.

428 页。塔豪（Katherine Tachau）是美国爱荷华大学历史学教授，致力于中世纪思想史研究。相较于科学史著作，该书更加强调光学、视觉理论背后的认识论语境，哲学味道浓厚。

伊斯特伍德《从普林尼到笛卡尔的天文学与光学》（1989）

Eastwood. Bruce. *Astronomy and Optics from Pliny to Descartes: Texts, Diagrams and Conceptual Structures*. Routledge, 1989.

312 页。该书收录了伊斯特伍德包括 "格罗斯泰斯特的彩虹理论" "中世纪光学中的几何学运用" 等在内的有关中世纪光学的重要论文。

史密斯 "中世纪光学究竟在讲什么"（2004）

Smith, Mark. "What Is the History of Medieval Optics Really about." *Proceedings of the American Philosophical Society*, Vol.148, No.2, 2004, pp.180-194.

14 页。史密斯（Mark Smith，1942— ）是美国中世纪科学史家，密苏里大学教授。与传统中世纪光学研究的数理解释进路不同，作者尝试将它放回到亚里士多德主义视知觉语境中给予考察。本文是上述编史思路的纲领性文献。

史密斯《从视觉到光》（2015）

Smith, Mark A. *From Sight to Light: The Passage from Ancient to Modern Optics*. Chicago; London: The University of Chicago Press, 2015.

470 页。史密斯围绕古希腊与中世纪光学、透视学一系列研究的总结。

8. 医学

帕克"中世纪欧洲的医学与社会（500 ~ 1500）"（1991）

Park, Katharine. "Medicine and Society in Medieval Europe, 500‑1500." in *Medicine in Society*, eds. by Wear Andrew. Cambridge: Cambridge University Press, 1991, pp.59-90.

31 页。帕克（Katharine Park，1950—）是美国哈佛大学科学史系教授，中世纪、文艺复兴时期科学思想史研究领域知名学者，曾获科学史学会辉瑞奖、丹·大卫奖。本文是关于中世纪医学概貌的综述性文章。

格尔梅克《西方医学思想史：从古代到中世纪》（1998）

Grmek, Mirko. Eds. *Western Medical Thought from Antiquity to the Middle Ages*, Trans. by Antony Shugaar, Cambridge, Massachusetts. London: Harvard University Press, 1998.

496 页。该书主编格尔梅克（Mirko Grmek，1924—2000）是克罗地亚裔法国医学史家，法国高等研究院教授，医学史研究领域的开拓者之一。该书是 3 卷版《西方医学思想史》（*Histoire de la pensée médicale en Occident*）（1995—1999）的第 1 卷。该书 12 篇文章的撰稿人均为该领域著名学者，且采用了较新编史思路和阐释视角。

弗伦奇《科学之前的医学：中世纪至启蒙时代的医学事业》（2003）

French, Roger. *Medicine Before Science: The Business of Medicine from the Middle Ages to the Enlightenment*. Cambridge University Press, 2003.

296 页。弗伦奇（Roger French，1938—2002）是剑桥大学科学史与科学哲学系教授。该书是关于古代、中世纪医学理论及其流转精要的介绍性著作。第 2 部分概述了中世纪拉丁医学传统。

蒙特福德《13、14 世纪的健康、疾病、医学与修士》（2004）

Montford, Angela. *Health, Sickness, Medicine and the Friars in the Thirteenth and*

Fourteenth Centuries. Ashgate, 2004.

318 页。蒙特福德（Angela Montford）是英国圣安德鲁斯大学中世纪史系教师。该书从医疗实践的角度出发，以道明会修士的医疗活动为重心，展示了中世纪晚期的医学知识与实践。

沃利斯《中世纪医学读本》（2010）

Wallis, Faith Eds. *Medieval Medicine: A Reader*. Toronto, Ontario: University of Toronto Press, 2010.

592 页。该书是有关中世纪欧洲与地中海地区医学理论与实践原始文献的汇编翻译。

9. 地理学

赖特《十字军时代的地理知识》（1925）

Wright, John Kirtland. *The Geographical Lore of the Time of the Crusades: A Study in the History of Medieval Science and Tradition in Western Europe*. New York: American Geographical Society, 1925.

592 页。赖特（John Kirtland Wright，1891—1969）为美国地理学家，以其地理思想史研究著称。该书虽然成书较早，但至今依然具有重要的学术价值。全书紧扣十字军时代人们关于已知世界的知识，几乎可以称得上是一部关于中世纪自然世界的百科全书。

哈利、伍德沃《制图史：史前、古代、中世纪的欧洲与地中海》（1987）

Harley, John B. and Woodward, D. eds. *The History of Cartography*, Vol.1. *Cartography in Prehistoric, Ancient, and Medieval Europe and the Mediterranean*. Chicago: University of Chicago Press, 1987.

622 页。主编哈利（J. B. Harley，1932—1991）为美国地理学家、制图学家，威斯康星大学密尔沃基分校教授，制图史项目（共 2 卷 4 册）的重要推动者。伍德沃（David Woodward，1942—2004）是威斯康星大学麦迪逊分校地理学教授。该书是关于制图学史重要的参考文集，特别是"中世纪的世界地图"一节，对了解中世纪地理世界很有帮助。

10. 自然志

瑞兹《中世纪与文艺复兴大学中的植物学》(1991)

Reeds, Karen. *Botany in Medieval and Renaissance Universities*. New York and London: Garland Publishing Co., 1991.

333 页。凯伦·瑞兹（Karen Reeds）是美国独立学者，医学传统保护研究所研究员。该书是她在哈佛大学完成的博士论文。通过聚焦于中世纪、文艺复兴时期蒙彼利埃大学、巴塞尔大学中的植物学研究，瑞兹给中世纪植物学做了一个清晰的介绍。

乔治、亚普《命名百兽：中世纪动物寓言集中的自然志》(1991)

George, Wilma. and Yapp, Brunsdon. *The Naming of the Beasts: Natural History in the Medieval Bestiary*. London: Duckworth, 1991.

231 页。《中世纪动物寓言集》是欧洲中世纪常见的插图文本，是当时人们试图把握上帝所书"自然之书"的结果。那时人们将理解百兽的伦理象征含义视为虔诚的宗教事业。乔治（Wilma George）与亚普（Brunsdon Yapp）两位英国自然志学者通力合作，不仅追查了寓言集中走兽与鸟类的古代文献来源，还试图指出它们在自然世界中有着隐秘的依据。

哈斯格《中世纪动物寓言集：文本、图像与思想》(1995)

Hassig, Debra. *Medieval Bestiaries: Text, Image, Ideology*. Cambridge: Cambridge University Press, 1995.

320 页。哈斯格（Debra Hassig，1958— ）是格拉斯哥大学中世纪与文艺复兴研究中心研究员。该书将《中世纪动物寓言集》置于宽广的社会文化语境中给予了考察，除了指出其中宗教象征含义外，还对那些想象的怪物和异类存在的多种象征意义做了分析。

吉文斯、瑞兹、图威德《可视化中世纪医学与自然志（ 1200—1550 ）》(2006)

Givens, Jean. Reeds, Karen. and Touwaide, Alain. ed. *Visualizing Medieval Medicine and Natural History, 1200-1550*. Ashgate, 2006.

304 页。吉文斯（Jean Givens，1947— ）是康涅狄格大学艺术史荣休教授。瑞兹与图威德（Alain Touwaide，1953— ）均为医学传统保护研究所成员。文集聚焦于中世纪自然志文献中的图像，探讨了这些插图传递的含义及其实用价值，同时在更为复杂的文化背景中，讨论这些图像与自然对象间的关联。

四、专题研究

1. 自由技艺

阿贝尔森《自由七艺：中世纪文化研究》（1906）

Abelson, Paul. *The Seven Liberal Arts, A Study in Medieval Culture*. New York: Columbia University Press, 1906.

164 页。阿贝尔森（Paul Abelson，1878—1953）是美国法学家、劳动仲裁员。该书清晰、简要地梳理了"自由七艺"成为中世纪文化教育重要内容的历史过程，是出色的导论性小册子，多次再版。

施塔尔等《卡佩拉与自由七艺》卷1（1971）

Stahl, William. Richard, Johnson. and Burge, E. L. *Martianus Capella and the Seven Liberal Arts. Vol.1: The Quadrivium of Martianus Capella: Latin Traditions in the Mathematical Sciences, 50 B.C.–A.D. 1250*. New York: Columbia University Press, 1971.

256 页。主编施塔尔（William Stahl，1908—1969）是美国科学史家，长期从事古代晚期、中世纪思想史研究。卡佩拉是公元 5 世纪的罗马学者，著有一部名为《菲劳罗嘉与墨丘利的婚姻》（*The Marriage of Philology and Mercury*）的百科全书，又被称为《论七艺》（*On the seven disciplines*），影响深远，成为中世纪最流行的教科书。该书第一卷是关于数学四艺拉丁传统建立过程的详述，是了解"自由七艺"历史演变的重要文献。

瓦格纳《中世纪的自由七艺》（1983）

Wagner, David. Eds. *The Seven Liberal Arts in the Middle Ages*. Bloomington: Indiana University Press, 1983.

中文版：张卜天译，《中世纪的自由七艺》，湖南科技出版社 2016 年版。

296 页。编者瓦格纳（David Wagner）是美国北伊利诺伊大学哲学教授，从事中世纪思想研究。该书对包括语法、修辞、逻辑、算术、几何、天文学、音乐在内的中世纪艺学院课程内容的起源与发展做了详细讨论。各章节都由相应领域内的知名学者撰写，深入浅出，是不错的参考书。

2. 12 世纪文艺复兴

哈斯金斯《12 世纪的文艺复兴》（1927）

Haskins, Charles H. *The Renaissance of the Twelfth Century*. Cambridge: Harvard University Press, 1927.

中译本：夏继果译，《12 世纪的文艺复兴》，上海人民出版社 2005 年版。

439 页。哈斯金斯（Charles Homer Haskins，1870—1937）是美国著名中世纪史学者，哈佛大学教授。该书是有关 12 世纪西欧思想复兴运动的史学名著，多次再版。

希纳《12 世纪的自然、人与社会》（1957，1968）

Chenu, Marie-Dominique. *Nature, Man, and Society in the Twelfth Century: Essays on New Theological Perspectives in the Latin West*, trans. by Jerome Taylor and Lester K. Little, Chicago: University of Chicago Press, 1968.

361 页。希纳（Marie-Dominique Chenu，1895—1990）是罗马天主教神学家。该书是关于 12 世纪思想与社会背景研究的经典法语著作，原书出版于 1957 年，1968 年出版英译本，是了解中世纪科学知识的社会背景的重要参考文献。

3. 大翻译运动

威尔逊、雷诺兹《抄工与学者：希腊和拉丁文献传播指南》（1968）

Wilson, Nigel Guy. and Reynolds, L. D. *Scribes and scholars: A Guide to the Transmission of Greek and Latin literature*. Oxford: Clarendon Press, 1968.

中译本：苏杰译，《抄工与学者：希腊和拉丁文献传播指南》，北京大学出版社 2015 年版。

275 页。威尔逊（Nigel Wilson，1935— ）为牛津大学林肯学院古典学荣休研究员。雷诺兹（Leighton Reynolds，1930—1999）是牛津大学布拉森诺斯学院研究员。该书是介绍希腊、拉丁文知识发展、传播的经典之作，至 2014 年已经修订再版 4 次，并被翻译为多种语言。

林德伯格 "希腊与阿拉伯学术向西方的传播"（1978）

Lindberg, D. "The Transmission of Greek and Arabic Learning to the West." In

Lindberg, D. eds. *Science in the Middle Ages*. Chicago: University of Chicago Press, 1978, pp.52-90.

38 页。有关大翻译运动的综述性简介。

伯内特《中世纪阿拉伯转向拉丁》（2009）

Burnett, Charles. *Arabic into Latin in the Middle Ages*. Ashgate, 2009.

422 页。该书汇集了伯内特（Charles Burnett，1951— ）教授 1994—2002 年围绕阿拉伯文献拉丁化历史进程发表的 9 篇论文。其中大部分论文与大翻译运动密切相关，是了解该过程的重要参考书。

4. 中世纪大学

拉什达尔《中世纪的欧洲大学》（1895）

Hastings Rashdall, *The Universities of Europe in the Middle Ages*, 2 vols. Oxford: Clarendon press, 1895.

中译本：崔延强、邓磊译，《中世纪的欧洲大学》，3 卷本，重庆大学出版社 2011 年版。

1988 页。拉什达尔（Hastings Rashdall，1858—1924）是英国哲学家、神学家、历史学家。自 1895 年该书首次出版以来，一直是有关中世纪大学最著名的研究之一，全书共 2 卷 3 册。

魏斯海普 "14 世纪早期牛津艺学院的课程设置"（1964）与 "中世纪思想中的科学分类"（1966）

Weisheipl, James. "Curriculum of the Faculty of Arts at Oxford in the Early Fourteenth Century" *Medieval Studies*, Vol.26, (1964), pp.143-185.; "Classification of the Science in Medieval Thought." *Mediaeval Studies*, Vol.28 (1966), pp.54-90.

42 页，36 页。魏斯海普关于中世纪大学课程设置与所授学问分科的两篇经典论文。

科特尼等《中世纪社会的大学和学校教育》（2000）

Courtenay, William J., Miethke, Jürgen and Priest, David B. ed. *Universities and Schooling in Medieval Society*. Brill, 2000.

244 页。科特尼（William Courtenay，1935— ）是威斯康星大学麦迪逊分校历史系荣休教授。米特凯（Jürgen Miethke，1938— ）是德国海德堡大学中世纪史教授。该书汇集了 10 篇关于 14—16 世纪欧洲大学和预科教育的研究论文，为理解中世纪晚期的大学提供了广泛的社会背景。

5. 物质理论

麦克马林《希腊与中世纪哲学中的物质概念》（1965）

McMullin, Ernan. *Concept of Matter in Greek and Mediaeval Philosophy*. Notre Dame: University of Notre Dame Press, 1965.

334 页。主编麦克马林（Ernan McMullin，1924—2011）是圣母大学哲学系荣休教授，长期致力于宇宙论与神学关系问题研究。该书由 1961 年在圣母大学召开的以"物质概念"为主题的研讨会的会议论文构成，撰稿者多为当时科学史、哲学史领域的著名学者，至今依然是了解希腊与中世纪"物质"含义发展变化的重要参考书。

吕西、默多克、纽曼《中世纪晚期与现代早期的微粒物质理论》（2001）

Lüthy, Christoph. Murdoch, John. and Newman, William. eds. *Late Medieval and Early Modern Corpuscular Matter Theories*. Brill, 2001.

612 页。主编吕西（Christoph Lüthy）是荷兰拉德堡德大学哲学史教授，与默多克与纽曼（William Newman，1955— ）均为科学史与哲学史领域权威学者。该书集结了几乎所有关心现代早期微粒物质理论起源问题的重要学者，是了解该领域研究进展不可或缺的文献。

6. 1277 年大谴责

施滕贝根《亚里士多德在西方：拉丁亚里士多德主义的起源》（1946，1955）

Van Steenberghen, Fernand, *Aristotle in the West: The Origins of Latin Aristotelianism*. Louvain: E. Nauwelaerts, 1955.

244 页。施滕贝根（Fernand van Steenberghen，1904—1993）是比利时鲁汶天主教大学教授，研究领域集中于中世纪神学。该书法文版出版于 1946 年，介绍了 12 世纪初到 13 世纪后半叶巴黎学者评注亚里士多德著作的活动及相关讨论，第 9 章简要介绍了大谴责。该书是了解大谴责来龙去脉的必备文献。

格兰特《中世纪的神与理性》(2001)

Grant, Edward. *God and Reason in the Middle Ages*. Cambridge: Cambridge University Press, 2001.

408 页。格兰特以科学史学者的问题意识出发，详述了理性在中世纪晚期思想变化中日益增长的分量，及其与宗教信仰之间形成的张力。该书为理解 1277 年宗教谴责的原因与影响提供了广阔的历史语境。

7. 运动与质的量化

威尔逊《威廉·海特斯伯里：中世纪逻辑和数学物理学的兴起》(1956)

Wilson, Curtis. *William Heytesbury: Medieval Logic and the Rise of Mathematical Physics*. Madison: University of Wisconsin Press, 1956.

219 页。威尔逊（Curtis Wilson，1921—2012），美国天文学史家，美国圣约翰学院教授。作者围绕默顿学派重要人物海特斯伯里的《解决诡辩的规则》做了详尽且清晰的研究，尝试为现代数学物理学寻找中世纪的起源。

西拉《牛津计算者与运动的数学（ 1320—1350)》(1991)

Sylla, Edith. *The Oxford Calculators and the Mathematics of Motion, 1320-1350: Physics and Measurement by Latitudes*. New York: Garland Publication, 1991.

745 页。西拉（Edith Sylla，1941— ）是美国罗利北卡罗来纳州立大学的荣休教授，长期致力于中世纪数学物理学研究。该书是她在哈佛大学完成的博士论文（1970），详细考察了以牛津大学经院学者为核心成员的"计算者"如何运用几何、数学方法推进亚里士多德物理学。他们以量化的方式讨论质、力、速度等物理变量在空间和时间上的各种分布，使之成为"计算"的对象。

张卜天《质的量化与运动的量化：14 世纪经院自然哲学的运动学初探》(2010)

北京大学出版社 2010 年版。256 页。张卜天（1979— ），清华大学科学史系教授，欧洲中世纪科学史研究者、著名翻译家。该书是国内第一部关于西方中世纪物理学史的专著。它基于原始文献和此前科学史家的研究成就，以问题为线索，以语境主义的眼光，比较完整而系统地讨论 14 世纪经院自然哲学家的运动学成果及其背景。

8. 真空问题

魏斯海普"在虚空中运动：阿奎那与阿威罗伊"（1974）

Weisheipl, James. "Motion in a Void: Aquinas and Averroes." in *St. Thomas Aquinas, 1274-1974: Commemorative Studies*, eds. by A. Mauer, 2 vols. Toronto: Pontifical Institute of Mediaeval Studies, 1974, Vol.1, pp.467-488.

21 页。梳理中世纪虚空中运动问题的经典论文。

格兰特《无中生有：从中世纪到科学革命之间的空间与真空理论》（1981）

Grant, Edward. *Much Ado About Nothing: Theories of Space and Vacuum from the Middle Ages to the Scientific Revolution*. Cambridge: Cambridge University Press, 1981.

472 页。该书详述了亚里士多德物理学关于真空存在与否的基本立场，同时也详细分析了经院学者评注该问题过程中展开的诸多争论，及其同科学革命时期空间理论之间的可能联系。

9. 唯名论

科特尼"唯名论与中世纪晚期宗教"（1974）

Courtenay, William. "Nominalism and Later Medieval Religion." in *The Pursuit of Holiness in Later Medieval and Renaissance Religion*, eds. by Charles Trinkaus and Heiko Oberman, Leiden: Brill, 1974, pp.26-58.

32 页。本文是有关唯名论思潮非常出色的导论。

戈杜"奥康关于《物理学》的解读对默顿学派与巴黎词项主义者的影响"（2001）

Goddu, André. "The Impact of Ockham's Reading of the *Physics* on the Mertonians and Parisian Terminists." In *Early Science and Medicine*, Vol.6, No.3, 2001, pp.204-237.

33 页。戈杜（André Goddu，1945— ）是美国石山学院（Stonehill College）物理与天文学系教授。通过展示奥康对《物理学》的唯名论解释，作者指出唯名论在方法与观念上都对默顿学派以及巴黎的奥雷姆产生了深刻影响。唯名论推动了关于质的自然哲学转向量的自然哲学。本文可以与他 1984 年出版的《奥康的物理学》（*The Physics of William of Ockham*）对观。

塞普科斯基《17 世纪数学哲学中的唯名论与建构论》(2007)

Sepkoski, David. *Nominalism and Constructivism in Seventeenth-Century Mathematical Philosophy*. New York and London: Routledge, 2007.

185 页。塞普科斯基（David Sepkoski，1972— ）是美国科学史家，伊利诺伊香槟分校教授。该书尝试在中世纪唯名论运动与 17 世纪的数学哲学建构论之间建立起逻辑与历史的联系。该书第二章详述了中世纪唯名论思潮对当时学者理解数学研究对象存在论地位产生的可能影响。

五、人物研究

1. 塞维利亚的伊西多尔

亨德森《塞维利亚的伊西多尔的中世纪世界：言语中的真相》(2007)

Henderson, John. *The Medieval World of Isidore of Seville: Truth from Words*. Cambridge: Cambridge University Press, 2007.

232 页。亨德森（John Henderson，1948— ）是剑桥大学古典系教授。该书是对伊西多尔《词源》的详细评注，分析了《词源》类目编排的结构。

费尔、伍德《塞维利亚的伊西多尔手册》(2019)

Fear, Andrew. and Wood, Jamie. *A Companion to Isidore of Seville*. Brill, 2019.

688 页。费尔（Andrew Fear）是英国曼彻斯特大学的古典学教师，伍德（Jamie Wood）是英国林肯大学历史与遗产学院教师。该书是一部关于伊西多尔的论文集，涉及伊西多尔的生活和工作背景、主要作品和活动，以及后世的评价等。

2. 大阿尔伯特

魏斯海普《大阿尔伯特与科学》(1980)

Weisheipl, James. eds. *Albertus Magnus and the Sciences: Commemorative Essays*. Pontifical Institute of Mediaeval Studies, 1980.

657 页。该书是一部论文集，汇编了以大阿尔伯特的科学工作为主要研究对象的一系列论文。

赞贝利《〈天文学之镜〉之谜：大阿尔伯特及其同代人的占星学、神学与科学》（1992）

Zambelli, Paola. *The Speculum Astronomiae and Its Enigma: Astrology, Theology, and Science in Albertus Magnus and His Contemporaries*. Dordrecht; Boston: Kluwer Academic Publishers, 1992.

352 页。赞贝利（Paola Zambelli，1966—　）是意大利佛罗伦萨大学哲学史教授，研究领域包括中世纪、文艺复兴时期的占星学和自然魔法。研究围绕被归入大阿尔伯特名下的《天文学之镜》（*Speculum Astronomiae*）展开，分析了大阿尔伯特时代占星学的诸多问题。

基切尔、雷斯尼克《大阿尔伯特论动物：一部中世纪动物学大全》（1999）

Kitchell, Kenneth. Jr. and Resnick, Irven. trans. *Albertus Magnus on Animals: A Medieval Summa Zoologica*, Vol.2. Baltimore-London: John Hopkins University Press, 1999.

1827 页。基切尔（Kenneth Kitchell Jr.，1947—　）是马萨诸塞大学阿默斯特分校古典系教授，雷斯尼克（Irven Resnick，1952—　）是田纳西大学查塔努加分校犹太研究讲席教授。该书是关于大阿尔伯特《动物学》的英文翻译与评注解释。

3. 格罗斯泰斯特

克隆比《罗伯特·格罗斯泰斯特与实验科学的起源：1100—1700》（1951）

Crombie, Alistair C. *Robert Grosseteste and the Origins of Experimental Science: 1100-1700*. Oxford: Clarendon Press, 1951.

373 页。克隆比将 13 世纪林肯郡主教格罗斯泰斯特视为现代实验科学方法的早期缔造者之一，该书是作者的西方科学发展连续论的重要支撑性研究。

麦克沃伊《罗伯特·格罗斯泰斯特的哲学》（1987）

McEvoy, James. *The Philosophy of Robert Grosseteste*. Oxford University Press, 1987.

450 页。麦克沃伊（James McEvoy，1943—2010）为爱尔兰国立梅努斯大学哲学教授，从事中世纪哲学研究。该书重视将格罗斯泰斯特置于当时的知识与宗教语境中给予考察，澄清了他将上帝理解为数学创世者时的具体关怀。

麦克沃伊《罗伯特·格罗斯泰斯特：关于他思想与学术的新视角》(1995)

McEvoy, James. eds. *Robert Grosseteste: New Perspectives on his Thought and Scholarship*. Turnhout: Brepols, 1995.

438 页。该书由 1987 年伦敦大学瓦尔堡学院召开的格罗斯泰斯特思想研讨会会议论文汇集而成，其中多篇涉及格罗斯泰斯特的实验与自然哲学思想。

4. 罗吉尔·培根

林德伯格《罗吉尔·培根的自然哲学："论种相播殖"与"论火镜"英文翻译与评注》(1983)

Lindberg, David eds. and trans. *Roger Bacon's Philosophy of Nature: A Critical Edition, with English Translation, Introduction, and Notes, of De multiplictione specierum and De speculis compurentibus*. Oxford: Clarendon Press, 1983.

420 页。有关培根自然哲学整体结构与基础原则的系统澄清。

哈克特《罗吉尔·培根与科学纪念文集》(1997)

Hackett, Jeremiah. *Roger Bacon and the Sciences: Commemorative Essays*. Leiden: Brill, 1997.

439 页。编者哈克特（Jeremiah Hackett，1948— ）是南卡罗来纳大学教授，国际罗吉尔·培根研究会主席。该书由 17 篇高质量的论文构成，作者均为中世纪研究权威学者，内容涉及语法、科学分类、数学、实验、炼金术、占星术等培根思想中的多个方面。哈克特教授本人的 4 篇论文是了解培根科学思想基本脉络的重要文章。

波洛尼、凯达尔《罗吉尔·培根的哲学与科学：致敬哈克特》(2021)

Polloni, Nicola. and Kedar, Yael. ed. *The Philosophy and Science of Roger Bacon: Studies in Honour of Jeremiah Hackett*. Routledge, 2021.

270 页。主编波洛尼（Nicola Polloni）是比利时鲁汶大学高级研究员，凯达尔（Yael Kedar）是以色列特海学院高级研究员。两位学者是中世纪哲学、科学研究领域的新锐。全书 13 篇论文涉及培根科学和哲学的主要方面，是相关研究的最新进展。

5. 布里丹

德雷克"对冲力理论的再评价：布里丹、贝内代蒂与伽利略"（1976）

Drake, Stillman. "A further reappraisal of impetus theory: Buridan, Benedetti, and Galileo." *Studies in History and Philosophy of Science*, (1976) 7: 319-336.

17 页。德雷克（Stillman Drake，1910—1993）是加拿大科学史家，伽利略研究权威。本文是关于布里丹冲力理论与伽利略学说之间联系的总结性研究。

西拉"亚里士多德评注与科学变迁：巴黎唯名论者论无生命体自然运动的原因"（1993）

Sylla, Edith. "Aristotelian Commentaries and Scientific Change: The Parisian Nominalists on the Cause of the Natural Motion of Inanimate Bodies." *Vivarium*, (1993) 32, pp.37-83.

46 页。西拉（Edith Sylla，1941— ）详细梳理了以布里丹为代表的巴黎唯名论者给亚里士多德《物理学》评注传统带来的新变化。

泰森、茹普科《让·布里丹的形而上学与自然哲学》（2001）

Thijssen, Johannes. and Zupko, Jack. ed. *The Metaphysics and Natural Philosophy of John Buridan*. Leiden: Brill, 2001.

300 页。主编泰森（Johannes Thijssen）是荷兰拉德堡德大学哲学教授，茹普科（Jack Zupko）为加拿大阿尔伯塔大学哲学教授。该书是关于布里丹自然哲学与形而上学思想研究的论文合集。

6. 奥雷姆

克拉吉特《奥雷姆与中世纪关于质和运动的几何学》（1968）

Clagett, Marshall. eds. and trans. *Nicole Oresme and the Medieval Geometry of Qualities and Motions*; *a treatise on the uniformity and difformity of intensities known as Tractatus de configurationibus qualitatum et motuum*. Madison: University of Wisconsin Press, 1968.

714 页。围绕奥雷姆重要论文《论质和运动的构形》（*Tractatus de configurationibus qualitatum et motuum*）开展的系统研究。编者克拉吉特不仅翻译了拉丁文原文，而且对其背景、版本、结构、内容和影响做了详尽的评注。

格兰特《奥雷姆与圆周运动的运动学》（1971）

Grant, Edward. eds. and trans. *Nicole Oresme and the Kinematics of Circular Motion: Tractatus de commensurabilitate vel incommensurabilitate motuum celi*. Madison: University of Wisconsin Press, 1971.

415 页。格兰特围绕奥雷姆《论天的运动的可公度性和不可公度性》（*Tractatus de commensurabilitate vel incommensurabilitate motuum celi*）一文的详细研究。

汉森《奥雷姆与自然奇迹》（1985）

Hansen, Bert. eds. and trans. *Nicole Oresme and the Marvels of Nature*. Toronto: Pontifical Institute of Mediaeval Studies, 1985.

490 页。汉森（Bert Hansen，1944— ）是纽约市立大学巴鲁克学院教授，早期研究领域是中世纪晚期和文艺复兴时期的科学，后转入 19、20 世纪的医学和公共卫生史研究。该书讨论了奥雷姆为奇迹提供自然解释并试图证明这种方法合理性的努力。

第十九章　伊斯兰科学

蒋澈

本章分工具书、通史和分科史三个部分，各部分文献按照发表年份升序排列，期刊按字母排序。

一、工具书

1. 辞典、百科全书

《伊斯兰索引》（1956）

Index Islamicus. Compiled by Heather Bleaney, Susan Sinclair, et al. Leiden, The Netherlands: Brill.

该书目数据库由詹姆斯·道格拉斯·皮尔森（James Douglas Pearson，1911—1997）于 1956 年创办，是伊斯兰研究最为权威的文献目录。由布利尼（Heather Bleaney）和辛克莱尔（Susan Sinclair）等负责编辑，现已收录 60 多万条记录，收录源包括 5000 种以上期刊，以及相关的会议论文集、专著、文集和在线资源，其中有大量关于科学史的条目。

哈马内《阿拉伯－伊斯兰科学史家辞典》（1979）

Hamarneh, Sami Khalaf. *Directory of Historians of Arabic-Islamic Science*. Aleppo, Syria: University of Aleppo Press, 1979.

哈马内《阿拉伯－伊斯兰医学史家与应用科学史家辞典》（1995）

Hamarneh, Sami Khalaf. *Directory of Historians of Islamic Medicine and Allied Sciences*. Edited by Sharifah Shifa al-Attas. Kuala Lumpur: International Institute of Islamic Thought and Civilization, 1995.

这两部著作介绍了伊斯兰科学史和医学史领域的重要研究者。书中人物按照人名字母排列，并给出了相应的书目信息和联系方式。由于年代较早，一些信息已经失效，但仍不失为了解相关主题编史学的重要信息来源。

阿巴图依《古典阿拉伯科学史文献目录选辑》（2007）

Abattouy, Mohamed. *L'histoire des sciences arabes classiques: Une bibliographie sélective critique*. Casablanca, Morocco: Fondation du Roi Abdul-Aziz, 2007.

该书是关于伊斯兰世界科学史的重要书目，收录了阿拉伯语、英语、法语、西班牙语文献，分为一般性著述、数学、光学、天文学、力学、医学和药学、自然哲学与科学理论、马格勒布科学、其他科学（农学、化学、炼金术、航海、植物学等）、传播史十部分。部分条目附有编者的评述。

塞林《非西方文化中的科学技术与医学史百科全书》（2008）

Selin, Helaine, ed. *Encyclopaedia of the History of Science, Technology, and Medicine in Non-Western Cultures*. 2 vols. 2d ed. New York: Springer, 2008.

该书包含约 1000 个条目，除一般的传统科学史主题之外，还包括若干重要的概念和思想史条目，如"宗教与科学""魔法与科学""东方与西方"等。其中关于伊斯兰世界科学史的条目质量很高，反映了当代科学史界的研究成果。

卡伦《牛津伊斯兰哲学、科学与技术百科全书》（2014）

Kalın, İ. (ed.) *The Oxford Encyclopedia of Philosophy, Science, and Technology in Islam*. Vol.1-2. Oxford University Press, 2014.

面向研究者的百科全书，以字母排序，附有丰富的书目指引。

2. 期刊

Arabic Sciences and Philosophy. A Historical Journal.

由剑桥大学出版社出版，主要登载研究 8 世纪至 19 世纪伊斯兰世界科学史的论文。

Journal for the History of Arabic Science

由叙利亚阿勒颇大学阿拉伯科学遗产研究所出版，1977 年创刊，为半年刊，但自 2005 年起出刊频率不稳定。现已停刊。

Suhayl: Journal for the History of the Exact and Natural Sciences in Islamic Civilization.

由巴塞罗那大学米亚斯·瓦伊克罗萨阿拉伯科学史研究组（Grup Millàs Vallicrosa d'Història de la Ciència Àrab）创办，现为年刊。

Zeitschrift für Geschichte der arabisch-islamischen Wissenschaften

由德国美因河畔法兰克福的阿拉伯－伊斯兰科学史研究所（Institut für Geschichte der Arabisch-Islamischen Wissenschaften）创办，自 1983 年出版至今，初为年刊，现多为 2 年一期甚至 3 年一期。

二、通史

塞兹金《阿拉伯文献史》（1967—1984）

Sezgin, Fuat. *Geschichte des arabischen Schrifttums*. Vol.3-7, 10-15. Leiden，The Netherlands: Brill, 1967-1984.

该书是对阿拉伯历史文献的概貌性介绍，至今出版了十七卷，其中第三卷为医学和动物学，第四卷为炼金术、植物、农学，第五卷为数学，第六卷为天文学，第七卷为占星学和天象学，第十卷至第十二卷为数学地理学，第十三卷至第十五卷为人文地理学。

乌尔曼《伊斯兰的自然科学与隐密科学》（1972）

Ullmann, Manfred. *Die Natur-und Geheimwissenschaften im Islam*. Leiden, The Netherlands: Brill, 1972.

该书侧重博物学、炼金术、占星术、魔法等方面，可帮助理解阿拉伯－伊斯兰科学在数理天文学、自然哲学之外的另一些传统。

纳斯尔《伊斯兰科学》（1976）

Nasr, Seyyed Hossein. *Islamic Science: An Illustrated Study*. London: World of Islam Festival Publishing Co. Ltd., 1976.

作者站在伊斯兰学者的立场上，较为全面地概述了伊斯兰科学史，观点鲜明，内容丰富。书末附有一个简短的阿拉伯语、波斯语概念术语列表，对不谙这些语言的研究者较为有用。

哈夫《现代早期科学的兴起》(1993)

Huff, Toby E. *The Rise of Early Modern Science: Islam, China, and the West*. Cambridge, UK: Cambridge University Press, 1993.

中译本：周程等译，《近代科学为什么诞生在西方》，北京大学出版社 2010 年版。

哈夫（Toby E. Huff，1942— ）是美国科学史与科学社会学家，美国麻省达特茅斯大学社会学教授。该书旨在回答"为什么现代科学出现在西方而不是出现在伊斯兰世界或中国"，给出的答案是，要从制度上找原因。

希尔《伊斯兰科学与工程》(1993)

Hill, Donald Routledge. *Islamic Science and Engineering*. Edinburgh: Edinburgh University Press, 1993.

该书主要论述的是物理科学和工程学，内容包括数学、天文学、占星学、物理学、化学、机械、桥梁与水利、灌溉、采矿等，侧重阐述伊斯兰世界对欧洲的贡献。

特纳《中世纪伊斯兰科学》(1997)

Turner, Howard R. *Science in Medieval Islam: An Illustrated Introduction*. Austin: University of Texas Press, 1997.

该书以伊斯兰黄金时代（7—17 世纪）为主要内容，概览了这一时期伊斯兰文明中的科学与技术活动，并介绍了这些成就如何影响了文艺复兴以来的西方世界。作者文风平易，可以作为入门时的基本书目。

拉希德《阿拉伯科学史》(1997)

Rashed, R. ed. *Histoire des sciences arabes*. Tome 1-3. Paris: Seuil. 1997.

由各领域专家组稿编写的一部阿拉伯科学史，内容均衡、可靠，也是目前较新的一套概览性著作。第一卷为天文学，第二卷为数学和物理学，第三卷为技术、炼金术及生命科学。有英文版（书名：*Encyclopedia of the history of Arabic science*）、阿拉伯文译本、波兰文译本（书名：*Historia nauki arabskiej*）。

古塔斯《希腊思想，阿拉伯文化》(1998)

Gutas, Dimitri. *Greek Thought, Arabic Culture: The Graeco-Arabic Translation Movement in Baghdad and Early ʿAbbāsid Society* (2nd-4th/8th-10th Centuries). London:

Routledge, 1998.

　　该书讨论了阿拔斯王朝初期促成希腊文翻译运动的主要社会、政治和意识形态因素，分析了这一现象的社会历史原因，是这一主题的经典研究专著。

哈桑等《伊斯兰的科学与技术》（2001）

al-Hassan, A. Y., Maqbul Ahmed, and A. Z. Iskandar, eds. *Science and Technology in Islam*. 2 vols. Paris: UNESCO Publications, 2001.

　　联合国教科文组织邀请各领域的科学史家编写，论述全面，第一卷为精密科学和自然科学，第二卷为技术和应用科学。

塞兹金《伊斯兰的科学与技术》（2003）

Sezgin, Fuat ed. *Wissenschaft und Technik im Islam*. Band Ⅰ-Ⅴ. Frankfurt am Main: Institut für Geschichte der Arabisch-Islamischen Wissenschaften an der Johann Wolfgang Goethe-Universität, 2003.

　　以伊斯坦布尔伊斯兰科学技术史博物馆（İstanbul İslam Bilim ve Teknoloji Tarihi Müzesi）的藏品和文献为核心，全面地介绍了伊斯兰科学的历史，第一卷为导论，第二卷为天文学，第三卷为地理学、航海学、计时、几何学、光学，第四卷为医学、化学、矿物学，第五卷为物理学与技术、建筑学、军事技术等。有土耳其文版（*İslam'da bilim ve teknik*）、法译本（书名：*Science et technique en Islam*）、英译本（书名：*Science and technology in Islam*）。

萨利巴《伊斯兰科学与欧洲文艺复兴的塑造》（2007）

Saliba, George. *Islamic Science and the Making of the European Renaissance*. Cambridge, MA: MIT Press, 2007.

　　该书代表了伊斯兰科学史的新近研究趋向。作者认为，伊斯兰科学思想的基础在 9 世纪就已经奠定，在后来数个世纪中发展起来的伊斯兰科学思想与文艺复兴时期的欧洲科学之间存在有机的联系。作者的编史学讨论值得重视。

三、分科史

1. 数学

马特耶夫斯卡娅《中世纪穆斯林数学家和天文学家及其作品》（1983）

Матвиевская Г. П., Розенфельд Б. А. *Математики и астрономы мусульманского средневековья и их труды (Ⅷ - ⅩⅦ вв.).* Книги 1-3. Москва: Наука, 1983.

对阿拉伯 – 伊斯兰数学家生平和相关文献的整理，在研究时可作为工具书使用。

拉希德《在算术与代数之间》（1984）

Rashed, Roshdi. *Entre arithmétique et algèbre: Recherches sur l'histoire des mathématiques arabes.* Paris: Les Belles Lettres, 1984.

该书是一部文集，主要讨论了阿拉伯数学中一些最重要的成就，力图全面呈现伊斯兰传统中的代数学。有英译本（书名：*The development of Arabic mathematics: Between arithmetic and algebra*）和日译本（书名：アラビア数学の展開）。

贝尔格伦《中世纪伊斯兰数学的历程》（1986）

Berggren, J. Lennart. *Episodes in the Mathematics of Medieval Islam.* New York: Springer-Verlag, 1986.

该书是讲授阿拉伯 – 伊斯兰数学史课程的教材，特色是附有习题。

沙哈迪《中世纪伊斯兰的音乐哲学》（1995）

Shehadi, Fadlou. *Philosophies of Music in Medieval Islam.* Leiden, The Netherlands: Brill, 1995.

该书概览了 9 世纪至 15 世纪的伊斯兰音乐哲学，追溯了毕达哥拉斯和亚里士多德思想对伊斯兰音乐观的影响，着重阐述了音乐在伊斯兰世界观中的地位，包括音乐和天文学、占星学、天象学的关系。

拉希德《9 世纪到 11 世纪的无穷小数学》（1996—2006）

Rashed, R. *Les mathématiques infinitésimales du IXe au XIe siècle.* Vol.I-V. London: al-Furgan Islamic Heritage Foundation，1996-2006.

阿拉伯科学史权威拉什德的巨著，试图从阿拉伯 – 伊斯兰数学中发掘出一种"无

457

穷小数学"传统。有阿译本（书名：الرياضيّات التحليليّة بين القرنين الثالث والخامس للهجرة）。

郭园园《阿尔·卡西代数学研究》（2017）

上海交通大学出版社 2017 年出版。该书是中国学者首部关于伊斯兰科学史的专著。作者首先梳理了阿拉伯代数学的源流，随后着重分析了卡西三本现存数学著作（《论弦与正弦》《论圆周》和《算术之钥》）中的主要代数学内容，将涉及相关算法的早期阿拉伯数学著作中的内容做了全面的介绍，并尝试对部分问题进行跨文化比较研究，尤其是与中算进行比较。

郭园园《代数溯源——花拉子密〈代数学〉研究》（2020）

科学出版社 2020 年出版。该书对花拉子密《代数学》一书中方程理论的来源及影响进行了全面的剖析，内容主要包括中世纪的伊斯兰数学、花拉子密及其著作、《代数学》代数思想探源、《代数学》在伊斯兰世界的影响、《代数学》在欧洲的影响。作者根据伊斯兰数学史权威拉希德教授所校订《代数学》的阿拉伯文，首次将这一重要著作译成中文，并作为该书的附录发表。

2. 天文学

沙伊利《伊斯兰天文台及其在天文台史上的地位》（1988）

Sayili, Aydin Mehmed. *The Observatory in Islam and Its Place in the General History of the Observatory*. Ankara: Türk Tarih Kurumu Basimevi, 1988.

该书是对伊斯兰世界中天文台的专题研究，探讨了大马士革、巴格达、撒马尔罕、马拉盖、开罗、大不里士等地的天文学观测机构，作者认为作为独立机构的天文台是伊斯兰文化的产物。

库尼奇《阿拉伯人与恒星》（1989）

Kunitzsch, Paul. *The Arabs and the Stars: Texts and Traditions on the Fixed Stars, and Their Influence in Medieval Europe*. Northampton, UK: Variorum, 1989.

该书研究阿拉伯人对恒星和星座的认识，以及与之相关的占星学传统。作者力图展示阿拉伯的早期民间天文学由于希腊、印度和波斯的影响发生了改变，这种新知识后来传播到了拜占庭和西班牙，成为刺激西方科学发展的重要因素。

萨利巴《阿拉伯天文学史》（1994）

Saliba, George. *A History of Arabic Astronomy: Planetary Theories during the Golden Age of Islam*. New York: New York University Press, 1994.

作者是知名的伊斯兰科学史家。该书根据新近发现的写本全面考察了 11 世纪至 15 世纪的阿拉伯行星理论。作者认为，这一时期也是伊斯兰世界在天文学领域的黄金时代，伊斯兰学者发展出近似于哥白尼成就的若干技术和数学定理，宗教和天文学之间也出现了和谐的关系。

肯尼迪《中世纪伊斯兰世界的天文学与占星学》（1998）

Kennedy, E. S. *Astronomy and Astrology in the Medieval Islamic World*. Aldershot, UK: Ashgate, 1998.

该书是作者的研究文集，讨论了球面天文学、天体测绘、行星模型和占星计算的问题。作者考察了 9 世纪至 15 世纪的天文学写本材料，认为数学的进步对于伊斯兰科学发展有至关重要的意义。

金《与天同步》（2004—2005）

King, David A. *In Synchrony with the Heavens: Studies in Astronomical Timekeeping and Instrumentation in Medieval Islamic Civilization*. Studies I-XVIII. 2 vols. Leiden, The Netherlands: Brill, 2004-2005.

该书是作者的系列研究文集。作者通过考察大量写本与仪器，对伊斯兰天文学中的计时等问题做了专门的考察，探讨了这种天文计时是如何与祷告等活动联系起来的。

3. 地理学

米克尔《直到 11 世纪中叶穆斯林世界的人文地理学》（1980）

Miquel, André. *La géographie humaine du monde musulman jusqu'au milieu de 11e siècle*. Paris: Mouton, 1980.

该书分为四卷，是对伊斯兰人文地理学史的经典研究。作者认为，地理学是考察中世纪穆斯林社会和文化结构的重要材料。尽管书名为"人文地理"，但实际上该书第三卷还考察了中世纪穆斯林对大地、水域、天空、动物和植物的观点。

哈利等《地图学史》（1987—1992）

Harley, John Brian, and David Woodward, eds. *The History of Cartography: Cartography in the Traditional Islamic and South Asian Societies*. Chicago: University of Chicago Press, 1987-1992.

该书第二卷的第一部分专论伊斯兰制图学，文章均由这一研究领域的顶尖学者撰写，内容精炼可靠。

艾德森等《中世纪宇宙观》（2004）

Edson, Evelyn, Emilie Savage-Smith, and Terry Jones. *Medieval Views of the Cosmos: Picturing the Universe in the Christian and Islamic Middle Ages*. Oxford: Bodleian Library, 2004.

该书呈现了中世纪伊斯兰世界和基督教世界的宇宙观，并指出它们的共性大于分歧。

4. 医学

乌尔曼《伊斯兰医学》（1978）

Ullmann, Manfred. *Islamic Medicine*. Edinburgh: Edinburgh University Press, 1978.

该书是一部权威的伊斯兰医学史引论，讨论了伊斯兰医学中的若干核心主题，包括人类生理学体系、疾病观、药物和饮食规则、医学与神秘学和占星术的关联。

波曼等《中世纪伊斯兰医学》（2007）

Pormann, Peter E., and Emilie Savage-Smith. *Medieval Islamic Medicine*. Edinburgh: Edinburgh University Press, 2007.

该书是伊斯兰医学的最佳入门读物之一。作者认为，伊斯兰医学并不只是希腊医学思想的变形，同时也孕育了创新和变革。全书围绕 5 个主题展开：中世纪伊斯兰医学的出现及其与其他文化的紧密交融、医学理论框架、医生职能、病历所反映的医疗实践、魔法和宗教在医学中的作用。书末附有东西方医学大事年表。

第二十章　现代早期

高洋

现代早期（Early Modern）通常指 1500—1700 年。很长时期科学史界都主张，在 16—17 世纪的西欧，人对自然的认识方式产生了重大变化，最终导致现代科学的产生，并且把这一时期称为"科学革命"时期。20 世纪后期，科学史界倾向于质疑与否定"科学革命"这一编史概念的有效性，更多采用"现代早期"这种较为中性的说法。

本章介绍关于现代早期的各个方面，分总论、分科研究、专题研究、人物研究四个部分。关于"科学革命"编史学的主要著作，请参看本书第三十五章。

一、总论

沃尔夫《十六、十七世纪科学、技术和哲学史》（1935）

Wolf, Abraham. *A History of Science, Technology, and Philosophy in the 16th and 17th Centuries.* London: George Allen & Unwin Ltd., 1935.

中译本：周昌忠等译，《十六、十七世纪科学、技术和哲学史》，商务印书馆 1985 年版。

沃尔夫（Abraham Wolf，1876—1948）是英国思想史家和科学史家。该书是现代早期科学史的一部早期力作，时至今日仍有参考价值。

帕克、达斯顿《剑桥科学史第三卷：现代早期科学》（2006）

Park, Katharine, and Daston, Lorraine eds. *The Cambridge History of Science, Vol.3: Early Modern Science.* Cambridge: Cambridge University Press, 2006.

中译本：吴国盛等译，《现代早期科学》，大象出版社 2020 年版。

该书为《剑桥科学史》系列中专论现代早期科学的一卷，是目前对于这一时段科学史最为权威和全面的综述性著作。全书共分四部分：第一部分"新自然"主要讨论这一时期自然研究的基本观念及认识方式，第二部分"自然知识的人物和场所"

主要讨论自然知识由谁、在何处进行生产与传播，第三部分"自然研究的划分"讨论了现代早期历史语境下的诸种自然知识，第四部分"自然知识的文化意义"论述了科学知识与宗教、文学、艺术、性别等领域的关联。该书各章节均由在现代早期科学史领域卓有成就的学者撰写，它是研究该时期科学史的一部必备参考著作。

二、分科研究

1. 自然哲学

1.1　亚里士多德主义

兰道尔《帕多瓦学派与现代科学的兴起》（1961）

Randall, John Herman, Jr. *The School of Padua and the Emergence of Modern Science*. Padua: Antenore, 1961.

该书作者小约翰·赫尔曼·兰道尔（1899—1980）是美国著名哲学史家、思想史家。该书是他的代表作之一，书中认为，14—16世纪流行于意大利北部大学中的阿威罗伊式亚里士多德主义在某些方面为现代科学的诞生开辟了道路。

施密特《亚里士多德与文艺复兴》（1983）

Schmitt, C. B. *Aristotle and the Renaissance*. Cambridge, Mass.: Harvard University Press, 1983.

该书作者查尔斯·施密特（1933—1986）生前曾任伦敦大学瓦尔堡研究所哲学史与科学史讲师。该书扼要地介绍了文艺复兴时期亚里士多德主义的代表人物、著作、文本及其翻译与接受，可作为这一领域的导论性著作阅读。作者认为，文艺复兴时期的亚里士多德主义有四个主要特征：第一，这一时期的亚里士多德研究并非对中世纪传统的盲目延续；第二，亚里士多德及其追随者的著作对文艺复兴时期的前瞻性学者仍具有显著影响；第三，15—17世纪的亚里士多德主义具有相对独立的内部发展过程及特征；第四，亚里士多德主义者内部在研究亚氏文本的态度、方法及对其依赖程度方面有很大的分歧。

布鲁姆《现代早期亚里士多德主义研究》（2012）

Blum, Paul Richard. *Studies on Early Modern Aristotelianism*. Leiden: Brill, 2012.

该书作者保罗·布鲁姆（Paul Blum，1950—　）为马里兰罗耀拉大学（Loyola

University Maryland）哲学系荣休教授。该书共分 17 章，主要以现代早期大学、天主教地区及耶稣会的亚里士多德主义为研究对象，对耶稣会的自然科学研究亦有涉及。

1.2 新柏拉图主义

帕格尔《文艺复兴时期医学中的宗教与新柏拉图主义》（1985）

Pagel, Walter. *Religion and Neoplatonism in Renaissance Medicine.* Ed. Marianne Winder. London: Variorum Reprints, 1985.

该书是德国著名医学史家帕格尔（Walter Pagel，1898—1983）的论文集之一，其中收录了 11 篇探讨文艺复兴时期医学思想与同时期宗教信仰及新柏拉图主义哲学之间关联的文章。帕格尔的研究重点在 16—17 世纪的帕拉塞尔苏斯主义，因此这 11 篇文章中有 8 篇集中研究了帕拉塞尔苏斯的作品与新柏拉图主义及诺斯替主义的关系。其余 3 篇论文包括对 17 世纪医学生物学中宗教动机的探讨、对范·赫尔蒙特的医学中宗教与哲学思想的研究，以及对科学史研究中被忽视或鄙弃之主题的编史学反思。这部论文集对于文艺复兴时期医学史、科学史及哲学史的研究者来说都是不可或缺的著作。

艾伦、瑞斯《斐奇诺：他的神学、哲学及遗产》（2001）

Allen, Michael and Rees, Valery ed. *Marsilio Ficino: His Theology, His Philosophy, His Legacy.* Brill: 2001.

该书收录了 21 篇国际知名学者对斐奇诺的思想及其影响的研究论文，其中不仅论及斐奇诺的神学与哲学思想的来源，也对其自然哲学观念多有阐发。例如：沃斯（Angela Voss）讨论了斐奇诺的音乐魔法，比彻尔（Donald Beecher）研究了其医学中解毒剂与星相学的关联，平井浩（Hiro Hirai）研究了其作品中的种子与自然概念，柯德拉（Sergius Kodera）讨论了斐奇诺的物质概念，杜桑（Stéphane Toussaint）研究了斐奇诺与阿基米德及天文学的关联，诺克斯（Dilwyn Knox）讨论了斐奇诺与哥白尼的关系。该书其他论文对于了解文艺复兴时期的柏拉图主义也有很大助益。

1.3 机械论与原子论

玛丽·霍尔《机械论哲学的建立》（1952）

Hall, Marie Boas. "The Establishment of the Mechanical Philosophy." *Osiris* 10

(1952), 412-541.

本文是玛丽·鲍厄斯·霍尔（1919—2009）的博士论文，是现代早期科学史中机械论研究的典范之作。尽管其中一些观点与论断已被后来的研究超越，但这篇论文所提供的视角与框架启发影响了许多科学史家的工作。除导言与结论外，该文主体部分共 8 章，分别讨论了实体形式与隐秘力量的观念、古代原子论的复兴、早期机械论哲学家的工作、笛卡尔的物质理论、波义耳的物质结构理论、对隐秘性质的拒斥、波义耳微粒理论的重要性，以及牛顿与吸引理论。

斯科特《原子论与守恒理论的冲突，1644—1860》（1970）

Scott, Wilson L. *The Conflict Between Atomism and Conservation Theory, 1644-1860.* London: Macdonald, and New York: Elsevier, 1970.

该书作者威尔逊·斯科特（1909—1983）于 1958 年获约翰·霍普金斯大学科学史博士学位，该书即为他的博士论文。斯科特在书中考察了 17—19 世纪物理学中对原子论和守恒原理的讨论，着重研究了这两种观念的冲突及其解决方式。

奥斯勒《神圣意愿与机械论哲学》（1994）

Osler, Margaret. *Divine Will and the Mechanical Philosophy: Gassendi and Descartes on Contingency and Necessity in the Created World.* Cambridge: Cambridge University Press, 1994.

该书作者玛格丽特·奥斯勒（1942—2010）曾任卡尔加里大学（University of Calgary）科学史教授。该书讨论了不同神学思想中的偶然性与必然性观念对伽森狄和笛卡尔的两种机械论哲学的影响，以及神学背景的不同如何导致二位哲学家在物质理论及科学方法方面的差别。该书表明，中世纪的神学观念在现代早期被转化为哲学与科学观念，从而导致了不同风格的科学理论。

派尔《原子论及其批评者》（1995）

Pyle, Andrew, *Atomism and Its Critics: Problem Areas Associated with the Development of the Atomic Theory of Matter from Democritus to Newton*, Bristol: Thoemmes Press, 1995.

该书作者安德鲁·派尔为布里斯托大学哲学系荣休教授。该书源于他的博士论文，书中对德谟克利特至牛顿的原子论学说进行了考察。作者强调了伽桑狄所复兴的原子论与古代理论及中世纪亚里士多德批判的连续性，认为中世纪的相关学说已为现代早期原子论的构想提供了基础。

1.4 怀疑论、斯多亚主义、伊壁鸠鲁主义

波普金《怀疑论史：从伊拉斯谟到斯宾诺莎》（1960）

Popkin, Richard H. *The History of Scepticism from Erasmus to Spinoza*. Assen: Van Gorcum, 1960. Rev. ed. Berkeley and Los Angeles: University of California Press, 1979.

该书是现代早期思想史领域的一部经典著作，作者理查德·波普金（1923—2005）生前曾任教于美国华盛顿大学及加利福尼亚大学圣迭戈分校。该书从宗教改革导致的思想危机及文艺复兴时期重见天日的古代怀疑论著作讲起，详细分析了伊拉斯谟、蒙田、切尔伯里的赫伯特、笛卡尔及斯宾诺莎等人与怀疑论的关联，是研究 16—17 世纪怀疑论之影响的必读书。

奥斯勒《原子、普纽玛与宁静》（1991）

Osler, M. J. ed. *Atoms, Pneuma, and Tranquillity*: *Epicurean and Stoic Themes in European Thought*, Cambridge: Cambridge University Press, 1991.

这是一部由加拿大科学史家玛格丽特·奥斯勒主编的论文集，收录了 14 篇文章，集中讨论了伊壁鸠鲁主义与斯多亚主义对欧洲思想的影响。这些文章中有 12 篇涉及现代早期这一时间段，所涉及的人物包括彼特拉克、加尔文、洛伦佐·瓦拉、伽桑狄、波义耳、牛顿、洛克、贝克莱等，也有多篇文章直接探讨伊壁鸠鲁主义与斯多亚主义中的自然哲学主题与现代早期科学的关系。

1.5 赫尔墨斯主义

耶茨《玫瑰十字会的启蒙》（1972）

Yates, Frances A., *The Rosicrucian Enlightenment,* London and Boston: Routledge and Kegan Paul, 1972.

较之 1964 年出版的著作《乔尔达诺·布鲁诺与赫尔墨斯主义传统》，英国学者弗兰西斯·耶茨（1899—1981）在该书中更为直接地讨论了现代早期赫尔墨斯主义相关思潮与现代科学产生的关联。耶茨将玫瑰十字会运动看作欧洲思想史与科学史中的一个重要事件，认为培根与皇家学会的科学进步与复兴理想在玫瑰十字会运动中已有体现，而后者又来源于文艺复兴时期的赫尔墨斯主义、帕拉塞尔苏斯主义及

卡巴拉等神秘思潮。尽管耶茨的历史书写含有推断与猜想的成分，因而饱受后世历史学家批评，但这部书以及她的其他相关著作仍具有重大的启发意义，她所处理的问题仍在引导着学者们进一步的深入研究。

维克尔斯《文艺复兴时期的神秘心态与科学心态》（1984）

Vickers, Brian, ed. *Occult and Scientific Mentalities in the Renaissance*. Cambridge and New York: Cambridge University Press, 1984.

该书收录了 13 篇论文，讨论了约翰·迪、梅森、弗拉德、卡尔达诺、开普勒、弗兰西斯·培根及牛顿等现代早期学者与赫尔墨斯主义、魔法、占星术、炼金术及数秘主义等主题的关系。此外，该书还涉及英国大学中的神秘学传统、现代早期的巫术与恶魔学、理性与启示的观念等话题。

默克尔、狄博斯《赫尔墨斯主义与文艺复兴》（1988）

Merkel, Ingrid and Debus, Allen G. eds. *Hermeticism and the Renaissance: Intellectual History and the Occult in Early Modern Europe*. Washington, DC: Folger Shakespeare Library, and London: Associated University Presses, 1988.

该书包括 20 篇论文，对文艺复兴时期赫尔墨斯主义思潮与魔法、炼金术及文学等相关领域之间的关系进行了广泛的探讨。除讨论科学史领域的主题外，一些文章也对赫尔墨斯主义与经院哲学、人文主义、犹太教思想及古代思想之间的关系进行了分析。

2. 医学

欧玛利《安德烈亚斯·维萨留斯，1514—1564》（1964）

O'Malley, Charles. *Andreas Vesalius of Brussels, 1514-1564*. Berkeley and Los Angeles: University of California Press, 1964.

该书作者查尔斯·欧玛利（1907—1970）曾任加利福尼亚大学洛杉矶分校医学史教授。该书是 16 世纪医生维萨留斯的传记性著作，书中深入考察了这位现代解剖学奠基人的生平与成就。该书曾获 1965 年科学史学会的辉瑞奖。

韦伯斯特《伟大的复兴：科学、医学与改革，1626—1660》（1975）

Webster, Charles. *The Great Instauration: Science, Medicine, and Reform, 1626-1660*.

London: Duckworth, 1975.

该书作者查尔斯·韦伯斯特现任牛津大学万灵学院研究员。该书考察了 17 世纪初英格兰清教革命时期的科学与医学改革，并将这些改革与更为一般的社会改革计划联系起来。作者强调了当时天启主义与千禧年主义思想的影响，并指出这些思想促成了培根式的学问复兴计划的实行，从而对现代科学的形成具有重要意义。

帕格尔《赫尔蒙特：科学与医学的改革者》(1982)

Pagel, Walter. *Joan Baptista van Helmont: Reformer of Science and Medicine.* Cambridge: Cambridge, University Press, 1982.

该书探讨了 17 世纪初荷兰医生范·赫尔蒙特的医学理论与自然哲学。赫尔蒙特的思想深受帕拉塞尔苏斯主义及神秘思潮的影响，其著作晦涩难懂。作者揭示了赫尔蒙特在医学、生理学、病理学、物质理论及化学方面的创见，并讨论了他在医学史与化学史中地位与影响。

魏尔等《十六世纪的医学文艺复兴》(1985)

Wear, Andrew, R. K. French, and Iain M. Lonie, eds. *The Medical Renaissance of the Sixteenth Century.* Cambridge: Cambridge University Press, 1985.

该书汇集了 12 篇由重要医学史家撰写的研究论文，深入探讨了 16 世纪西欧医学与智识环境及社会环境变迁之间的关系。这些论文涉及从治疗实践、手术、解剖到制药的广泛领域，囊括了文艺复兴时期医学的全部主题。作者们对一些与文艺复兴尤其相关的问题做了讨论，如亚里士多德在医生中的地位、阿拉伯医学与希腊医学在这一时期的共同存续、人文主义者对外科手术的态度、疾病与隐秘原因的关系等。

弗伦奇、魏尔《十七世纪的医学革命》(1989)

French, Roger, and Andrew Wear, eds. *The Medical Revolution of the Seventeenth Century.* Cambridge: Cambridge University Press, 1989.

这部论文集可被视为前一部书的续篇，其中收录的 11 篇文章集中探讨了 1630—1730 年的医学变革及其与同时代宗教、政治、科学及商业之间的关联。这些论文有意地采取了与传统"科学革命"不同的史学叙事，将医学的变革与更为广泛的"革命年代"联系起来，并突出了宗教作为最重要的外在动因对医学知识及实践的影响。

论文涉及的主题包括医学与清教革命、加尔文主义、魔法及神学的关系，涉及地域包括英格兰、荷兰、德国、法国等重要欧洲国家。

弗伦奇《哈维的自然哲学》(1994)

French, Roger K. *William Harvey's Natural Philosophy*. Cambridge and New York: Cambridge University Press, 1994.

该书作者罗杰·弗伦奇（1938—2002）曾任教于剑桥大学科学哲学与科学史系。该书深入讨论了英国著名医师威廉·哈维的自然哲学与其医学发现之间的关联。哈维的自然哲学是在剑桥大学与帕多瓦大学接受教育时逐步发展起来的，它塑造了哈维建构知识、提出问题并予以解答的方式，也引导了哈维发现血液循环的过程。该书也讨论了哈维理论被接受的过程，以及哈维的工作与实验哲学的关联。

康宁汉《解剖学的文艺复兴：古代解剖计划的重生》(1997)

Cunningham, Andrew. *The Anatomical Renaissance: The Resurrection of the Anatomical Projects of the Ancients*. Aldershot: Scolar, 1997.

该书作者安德鲁·康宁汉为剑桥大学科学史与科学哲学系荣休研究员。该书的核心论题是，维萨留斯、法布里修斯及哈维等文艺复兴时期的解剖学家不仅复兴了古人的研究方法，而且有意识地延续了古人的研究计划。这些现代学者所选择的研究主题、目标及对研究的评价方式都以古代精神为效仿对象。

白石《钟与镜：吉罗拉莫·卡尔达诺与文艺复兴医学》(1997)

Siraisi, Nancy G. *The Clock and the Mirror: Girolamo Cardano and Renaissance Medicine*. Princeton, NJ: Princeton University Press, 1997.

该书作者南希·白石为亨特学院及纽约城市大学荣休教授，于2003年获萨顿奖章。该书以16世纪著名学者卡尔达诺的医学著作为考察对象，对卡尔达诺奉行的医学理论及其实践与同时代社会力量的关系进行了分析。研究指出，尽管卡尔达诺很大程度上奉行盖伦医学，但他对同时代希波克拉底主义的复兴以及维萨留斯的解剖学成就都持积极的兴趣。此外，由于卡尔达诺思想的折中特征，他的医学事业面临着来自同行、社会、机构及宗教方面的压力。

白石《中世纪与文艺复兴早期医学：对其知识与实践的介绍》（2009）

Siraisi, Nancy G. *Medieval and Early Renaissance Medicine: An Introduction to Knowledge and Practice*. Chicago: University of Chicago Press, 2009.

该书主要讨论了从 12 世纪中期至 15 世纪末期的欧洲医学知识及实践。尽管这一时段的大部分并不属于现代早期的范畴，但由于一方面现代早期医学中的变革无疑必须以之前时段的状况为基础；另一方面现代早期医学在机构、智识环境及社会要素等领域与中世纪保持着很强的一致性，因此该书对于了解现代早期医学的背景仍有十分重要的意义。该书以主题方式写作，分为六部分：西欧医学的形成、执业者及执业条件、医学教育、生理学与解剖知识、疾病及其治疗、外科医生及手术。书末附有进一步研究的阅读指导以及主要一手文献英译本的简要列表。

3. 自然志

瑞文《自然志家约翰·雷：生平与作品》（1942）

Raven, Charles E. *John Ray, Naturalist: His Life and Works*. Cambridge: Cambridge University Press, 1950. 1st ed. 1942.

该书作者查尔斯·瑞文（1885—1964）是英国神学家，曾任剑桥大学神学教授。该书是 17 世纪英国学者约翰·雷的传记，作者本人对自然志的热情使他对雷的作品与贡献有着准确的判断与把握。出于神学方面的关注，作者深入研究和阐发了雷的自然神学思想。

欧尔米《阿尔德罗万迪：十六世纪下半叶的科学与自然》（1976）

Olmi, Giuseppe. *Ulisse Aldrovandi. Scienza e natura nel secondo Cinquecento*. Trent: Libera Università degli Studi di Trento, 1976.

该书作者吉乌塞佩·欧尔米是博洛尼亚大学历史系教授。该书简要介绍了意大利学者乌利瑟·阿尔德罗万迪的生平与工作，并附有整理自阿尔德罗万迪手稿的《论拉蒙·柳利的技艺》（De arte Raimundi Lullj）一文。该书特别考察了阿尔德罗万迪对同时代赫尔墨斯主义潮流的反应。

芬德伦《拥有自然：现代早期意大利的博物馆、收藏和科学文化》（1994）

Findlen, P. *Possessing Nature: Museums, Collecting, and Scientific Culture in Early Modern Italy*. University of California Press, 1994.

该书作者保拉·芬德伦是斯坦福大学历史系教授。该书是对现代早期意大利自然学者的收藏与研究实践的详细考察，追溯了16世纪以来意大利的自然研究者所处的知识场所的变迁：这些学者从传统的大学走向科学社团、宗教修会以及贵族宫廷，并从这些新的场所创造出最早的博物馆收藏。全书分为三部分：第一部分"定位博物馆"讨论了自然藏品所处的区位，第二部分"自然的实验室"考察了自然志家研究这些藏品的方式，第三部分"交换的经济学"讲述了收藏者身份的构建以及自然志家与其保护人和经纪人之间的关系。该书曾荣获美国科学史学会辉瑞奖。

贾丁、西科德、斯帕里《自然志文化》（1996）

Jardine, N., Secord, J. A. and Spary, E. C., eds. *Cultures of Natural History*. Cambridge: Cambridge University Press, 1996.

该书包含26篇文章，全面介绍了西方自然志文化的内容及相关主题。全书分为三部分：第一部分"好奇心、博学与效用"阐释了文艺复兴时期及现代早期自然志的本性与特征；第二部分"技艺、进步与感性"考察了18—19世纪自然志的研究内容及其与性别、自然哲学等领域的关系；第三部分"规训、探索与展示"讨论了19世纪之后自然志的发展。

欧格尔维《描述的科学——文艺复兴欧洲的自然志》（2008）

Ogilvie, Brian W. *The Science of Describing: Natural History in Renaissance Europe*. Chicago: University of Chicago Press, 2008.

中译本：蒋澈译，《描述的科学——文艺复兴欧洲的自然志》，北京大学出版社2021年版。

该书作者布莱恩·欧格尔维是马萨诸塞大学阿默斯特分校（University of Massachusetts-Amherst）历史系教授，这本书是他的代表作。该书将自然志置于文艺复兴时期更大的学术历史背景之下进行考察，描述了自然志从医学人文主义、古典语文学及自然哲学等领域中酝酿产生的过程。自然志在文艺复兴时期的发展大致分为三个阶段：15世纪末至16世纪初，人们的注意力集中于搜集和理解古代人关于自然世界的描述；16世纪中期后，学者开始辨别和记录新的植物和动物，发展出新的观察技巧，创建植物园及收藏机构，并建立了国际通信网络来交流信息；到17世纪初，自然志作者的任务转向对繁杂的信息进行分类，从而使分类学成为新的关注点。该书给出了对现代早期西欧自然志最为全面的综合性概览，其中配有多幅插图。

洛、欧皮茨《康拉德·格斯纳（1516—1565）》（2019）

Leu, Urs and Opitz, Peter. eds. *Conrad Gessner (1516-1565)*, Berlin, Boston: De Gruyter Oldenbourg, 2019.

该书包括 33 篇论文，广泛讨论了瑞士自然志家康拉德·格斯纳多方面的工作。全书分为十部分，除附录外，各部分分别探讨了格斯纳在书志学、植物学、地球科学、艺术、医学、哲学、神学、语言学、动物学等方面的贡献，另有一部分讨论了格斯纳的学术网络。

4. 炼金术与早期化学

纽曼《普罗米修斯式的雄心：炼金术与完善自然的探索》（2004）

Newman, William R. *Promethean Ambitions: Alchemy and the Quest to Perfect Nature*. Chicago and London: The University of Chicago Press, 2004.

该书作者威廉·纽曼是印第安纳大学科学技术史系教授。纽曼与普林西比是炼金术史"新编史学"的提倡者，他们一方面拒斥之前研究者对炼金术文本所做的过度的心理学或神秘主义的阐释；另一方面倡导以文本分析和实验复原相结合的方式对炼金术中的难解之处进行分析，从而证明大多数炼金术文献并非神秘的或"精神性的"著作，而是对实际实验的忠实记录。在本书中，纽曼对中世纪及现代早期炼金术中的人工—自然关系这一主题进行了广泛探索，并讨论了炼金术与技艺—自然之争、视觉艺术、人造生命及实验之间的关联，表明炼金术具有深刻的思想史意义。

纽曼《原子与炼金术：炼化学与科学革命的实验起源》（2006）

Newman, William R. *Atoms and Alchemy. Chymistry and the Experimental Origins of the Scientific Revolution*. Chicago: The University of Chicago Press, 2006.

纽曼在这部著作中讨论了盖伯（Geber）、塞内特（Daniel Sennert）及波义耳的炼金术著作，并证明这些作者采取实验手段对物质的微粒理论进行了有力的论证。纽曼认为，炼金术士创造了"原子"的操作性标准，从而一方面对自然的机械化做出了贡献；另一方面为后世化学的发展提供了关键性的因素。

普林西比《炼金术的秘密》（2013）

Principe, Lawrence M. *The Secrets of Alchemy*. Chicago: University of Chicago Press,

2013.

中译本：张卜天译，《炼金术的秘密》，商务印书馆 2018 年版。

该书作者劳伦斯·普林西比是约翰·霍普金斯大学科学技术史系与化学系教授，在现代早期炼金术史与化学史领域有多部专著问世，其研究广泛涉及 17—18 世纪英法两国的化学史，他也是牛津通识读本《科学革命》一书的作者。《炼金术的秘密》一书介绍了自希腊 – 埃及时期至今重要的炼金术理论、著作、人物及实践，以及炼金术与更广阔的自然科学、哲学及一般文化的关系。全书共七章，前四章主要集中于历史叙述，后三章则以现代早期炼金术 / 化学为考察对象，详细解释了炼金术文本与实践中难以为今人理解的晦涩之处。普林西比的这部著作代表了科学史界在炼金术研究方面的最新视角与观点，是这一领域入门的最佳著作。

5. 天文学与占星术

库恩《哥白尼革命》(1957)

Kuhn, Thomas S. *The Copernican Revolution: Planetary Astronomy in the Development of Western Thought*. Cambridge: Harvard University Press, 1957.

中译本：吴国盛等译，《哥白尼革命——西方思想发展中的行星天文学》，北京大学出版社 2020 年版。

320 页。该书是著名科学史家和科学哲学家库恩（Thomas S. Kuhn，1922—1996）的代表作之一。全书观点鲜明，线索清晰，细致地描绘了"哥白尼革命"的前因后果。全书前三章涉及古希腊行星天文学思想的发展，是深入理解西方天文学源流以及同现代科学革命之间关系的必读书目。

柯瓦雷《天文学革命》(1961)

Koyré, Alexandre. *The Astronomical Revolution: Copernicus-Kepler-Borelli*. Trans. By R. E. W. Maddison. London: Methuen, 1980.

该书是柯瓦雷论述现代早期天文学变革的重要著作，1961 年以法文本出版，1973 年被译成英文出版。作者将所谓的"天文学革命"分为三个阶段，每个阶段有一位代表人物：哥白尼将太阳置于宇宙的中心；开普勒使天体力学取代过去的运动学理论；博雷利则统一了天界与地界物理学，并抛弃了圆周运动。

格兰特《行星、恒星与天球：中世纪宇宙，1200—1687》（1994）

Grant, Edward. *Planets, Stars, and Orbs: The Medieval Cosmos, 1200-1687.* Cambridge: Cambridge University Press, 1994.

该书作者爱德华·格兰特（1926—2020）曾任印第安纳大学科学史教授，于1992 年获萨顿奖章。该书主要从自然哲学的视角考察了 13—17 世纪西方学者关于宇宙的学说与争论，其关注点在于天球的性质、天界的运动、天界对地界的影响等问题，而非数理天文学问题。

韦斯特曼《哥白尼问题：占星预言、怀疑主义与天体秩序》（2011）

Westman, Robert. *The Copernican Question: Prognostication, Skepticism, and Celestial Order.* Oakland, CA: University of California Press, 2011.

中译本：霍文利、蔡玉斌译，《哥白尼问题：占星预言、怀疑主义与天体秩序》，广西师范大学出版社 2020 年版。

罗伯特·韦斯特曼（Robert Westman，1941—）是美国加州大学圣迭戈分校历史系教授，他的这部著作是对现代早期天文学史及一般科学史中一个重要问题的重新考察：哥白尼的《天球运行论》究竟诞生于怎样的智识背景之中？它的出现是否仅仅代表着纯粹天文学领域的革命？韦斯特曼认为，哥白尼提出与构造其新天文学理论的努力必须置于同时代对占星术预言及行星排列顺序问题的关注这一背景之下方可得到理解。通过对 15—16 世纪智识环境与社会环境的详尽考察，以及对《天球运行论》一书撰写和出版过程的透彻分析，该书在哥白尼的思考与占星术和行星顺序问题之间建立了有意义的联系，而过去的科学史家并未对这些问题给予充分的重视。在此之后，该书讨论了哥白尼理论在《天球运行论》出版后约一个世纪之内的接受史，并研究了以雷蒂库斯为代表的第一代哥白尼主义者、以梅斯特林与迪格斯为代表的第二代哥白尼主义者及以开普勒与伽利略为代表的第三代哥白尼主义者对其理论的捍卫与探讨，以回答这样的问题：为何学界对日心说的关注在 16 世纪下半叶日渐增加，以及为何伽利略的望远镜发现比新星与椭圆轨道理论更加迅速地突破了传统主义者的抵制。韦斯特曼质疑库恩式的"科学革命"观念，主张在研究时谨慎采用"哥白尼学说"这样的分析性语词。

杜利《文艺复兴时期占星术指南》（2014）

Dooley, Brendan. ed. *A Companion to Astrology in the Renaissance.* Leiden, The

Netherlands: Brill, 2014.

该书编者布伦丹·杜利现任科克大学学院（University College Cork）文艺复兴研究教授。该书包括11篇从各个角度阐释文艺复兴时期占星术的理论与实践的论文，不仅介绍了文艺复兴占星术的历史背景及生辰天宫图的解读方法，而且对占星术与神学、社会、政治、科学、医学、文学及艺术等领域的关系进行了讨论。这部书有助于学者了解占星术在现代早期学术与文化中扮演的重要角色。

6. 力学与机械技艺

杜加《十七世纪的力学：从经院先驱到古典思想》（1958）

Dugas, René. *Mechanics in the Seventeenth Century: From the Scholastic Antecedents to Classical Thought.* Trans. Freda Jacquot. New York: Central Book Company, 1958.

该书作者瑞内·杜加（1897—1957）是法国科学史家。该书是作者对其先前出版的《力学史》一书中17世纪部分内容的扩写，篇幅扩充了6倍之多，对笛卡尔、牛顿及莱布尼茨等人的成就进行了广泛的呈现与分析。

德雷克、德拉布金《十六世纪意大利的力学》（1969）

Drake, S., and I. E. Drabkin. eds. *Mechanics in Sixteenth Century Italy.* Madison: University of Wisconsin Press, 1969.

该书是一部原始文献编译文集。编者选译了塔尔塔利亚、贝内代蒂、圭多·乌巴尔多及伽利略等16世纪意大利作者的相关文献，意在澄清伽利略的力学科学产生的传统与背景。

韦斯特福尔《牛顿物理学中的力：十七世纪的动力学》（1971）

Westfall, Richard S. *Force in Newton's Physics: The Science of Dynamics in the Seventeenth Century.* London: Macdonald, 1971.

该书作者理查德·韦斯特福尔（1924—1996）曾任印第安纳大学科学史教授，于1985年获萨顿奖章。该书是研究17世纪力学理论的专著，作者的分析始于伽利略与笛卡尔，涉及托里拆利、胡克、沃利斯及博雷利在17世纪中期的贡献，最终论及惠更斯、牛顿与莱布尼茨的工作。该书曾于1972年获科学史学会的辉瑞奖。

7. 光学

萨卜拉《光的理论：从笛卡尔到牛顿》（1967）

Sabra, A.I. *Theories of Light from Descartes to Newton*. London: Oldbourne, 1967.

该书作者阿布德哈米德·萨卜拉（1924—2013）曾任哈佛大学科学史教授，于 2005 年获萨顿奖章。该书是一部研究 17 世纪光学理论的专著，其中主要讨论了笛卡尔、费马、惠更斯、胡克及牛顿等人对光的本质及传播规律的探讨。

林德伯格《视觉理论：从金迪到开普勒》（1975）

Lindberg, David C. *Theories of Vision from Al-Kindi to Kepler*. Chicago: University of Chicago Press, 1975.

该书作者大卫·林德伯格（1935—2015）曾任威斯康星大学麦迪逊分校科学史教授，于 1999 年获萨顿奖章。该书主要讨论了中世纪及文艺复兴学者的视觉理论，这一领域是自然哲学、医学、解剖学及光学等学科的聚焦点。基于这些讨论，作者揭示了开普勒的视像理论背后的传统与争论，并解释了开普勒为何能够成功地解决视觉问题。

8. 纯粹数学

措伊腾《十六、十七世纪数学史》（1906）

Zeuthen, H. G. *Geschichte der Mathematik im 16. und 17. Jahrhundert*. Stuttgart: B.G.Teubner, 1966.

该书作者希罗尼穆斯·措伊腾（Hieronymus Georg Zeuthen，1839—1920）是丹麦数学家、数学史家。该书于 1906 年首次出版，是他《古代及中世纪数学史》一书的后续。全书主要分为三部分：第一部分为一般性的历史及传记性导言，第二部分"对有穷的分析"处理了 16—17 世纪代数、几何及数论等领域的问题，第三部分"无穷小运算的建立与最初发展"考察了微积分的早期历史。

克莱因《希腊数学思想与代数学的起源》（1934—1936）

Klein, Jacob. *Greek Mathematical Thought and the Origin of Algebra*. Trans. Eva Brann. New York: Dover, 1992. 1st ed. Berlin, 1934-1936.

该书作者雅可布·克莱因（1899—1978）是俄裔美国哲学家。该书认为，与希腊数学相比，文艺复兴时期数学家对数之概念的理解发生了关键性的转变，这种转变使古代数学与现代数学一劳永逸地区分开来。作者将法国数学家韦达的工作视为现代数学的真正开端，并说明了韦达在符号代数领域的贡献与数之概念的根本变化具有何种关联。

马霍尼《皮埃尔·德·费马的数学生涯，1601—1665》（1973）

Mahoney, Michael S. *The Mathematical Career of Pierre de Fermat, 1601-1665.* Princeton, NJ: Princeton University Press, 1973. 2nd ed. 1994.

该书作者迈克尔·马霍尼（1939—2008）为美国科学史家，生前曾任普林斯顿大学科学史教授。该书是 17 世纪法国数学家费马的研究性传记，马霍尼在此书中详细考察了费马在解析几何、微积分基础以及数论等领域的贡献。在附录一中，他处理了费马在力学、光学及概率论等非纯粹数学领域的研究，附录二则对与费马相关的文献做了讨论，并给出了费马的作品年表。

9. 自然魔法

桑代克《魔法与实验科学史》（1923—1958）

Thorndike, Lynn. *A History of Magic and Experimental Science.* 8 vols. New York: Columbia University Press, 1923-1958.

该书作者林恩·桑代克（1882—1965）是美国历史学家，生前曾任哥伦比亚大学教授。这部 8 卷本《魔法与实验科学史》是作者毕生工作的成就，详细记叙了从古代至 17 世纪的相关主题、人物及学说。该书第五卷至第八卷涵盖了 16—17 世纪的内容，可供研究现代早期科学史的学者参考。

罗西《弗兰西斯·培根：从魔法到科学》（1957）

Rossi, Paolo, *Francis Bacon: From Magic to Science,* translated from the Italian by Sacha Rabinovitch, London: Routledge and Kegan Paul, and Chicago: University of Chicago Press, 1968 (original edition, 1957).

该书作者保罗·罗西（1923—2012）是意大利著名科学史家，曾于 1985 年获萨顿奖章。该书讨论了魔法与炼金术等思潮对弗兰西斯·培根思想的影响，以及培根本人如何利用及反对这些思潮，从而开拓出更具现代特征的科学道路。该书还讨论了培根对寓言的寓意阐释，对逻辑、修辞方法及语言的讨论，以及这些主题与其科学方法的关联。

三、专题研究

1. 认识自然的方式

1.1　因果理论与自然律

冯肯斯坦《神学与科学的想象》（1986）

Funkenstein, Amos. *Theology and the Scientific Imagination.* Princeton, NJ: Princeton University Press, 1986.

中译本：毛竹译，《神学与科学的想象》，生活·读书·新知三联书店 2019 年版。

该书作者阿摩司·冯肯斯坦（1937—1995）为著名犹太史家、中世纪思想史家，生前曾任加利福尼亚大学伯克利分校历史系教授。《神学与科学的想象》一书是冯肯斯坦在科学思想史领域的名著，他在此书中所持的基本观点是，现代早期科学的形而上学基础及方法与中世纪神学有深刻的关联，而许多科学观念更可被看作世俗化的神学观念。该书第三章"上帝的'全能'与自然规律"深入讨论了神学中的全能观念、唯意志论与自然科学中的定律与真理的关系，为理解现代早期科学中自然律的起源提供了重要的思想史解析。

奥特《现代早期哲学中的因果性与自然律》（2009）

Ott, Walter. *Causation and Laws of Nature in Early Modern Philosophy.* Oxford: Oxford University Press, 2009.

该书作者沃尔特·奥特现任弗吉尼亚大学哲学系教授。该书从哲学史的角度出发，分析了笛卡尔、马勒伯朗士、波义耳、洛克及休谟著作中关于因果性和自然律的讨论，对机械论、偶因论、并发论以及必然性、关系、能力等相关理论和概念进行了广泛的讨论。

1.2　自然的数学化

谢伊《数学化的自然》（1983）

Shea, William R. eds. *Nature Mathematized: Historical and Philosophical Case Studies in Classical Modern Natural Philosophy.* Springer Netherlands, 1983.

该书编者威廉·谢伊（William Rene Shea，1937—　）是加拿大历史学家、科学史家，曾获 1993 年柯瓦雷奖，曾任麦基尔大学和帕多瓦大学科学史教授，是伽利略研究专家。该书收录了 15 篇围绕自然与科学知识的数学化这一主题撰写的论文，其中 8 篇集中讨论了伽利略、笛卡尔及莱布尼茨等人的工作与自然数学化这一主题的关系，6 篇讨论自康德以降自然科学与哲学中的自然数学化问题，还有 1 篇论文讨论了科学史与科学哲学的一般关系。

约德尔《铺展时间：克里斯蒂安·惠更斯与自然的数学化》(1988)

Yoder, Joella G. *Unrolling Time: Christiaan Huygens and the Mathematization of Nature*. Cambridge: Cambridge University Press, 1988.

该书考察了惠更斯著作中数学与物理学的相互关系，并集中研究了惠更斯利用摆钟测量重力加速度常数、分析离心力以及建立渐屈线的数学理论的过程。该书也讨论了惠更斯研究与创作的时代背景、同时代有关优先权的争论，以及其《摆钟论》的接受史。该书对惠更斯在应用数学兴起中扮演的角色也进行了评价。

1.3　经验知识与实验方法

利科普《科学实践的形成：法国与英国的经验话语，1630—1820》(1996)

Licoppe, Christian, *La Formation de la pratique scientifique: Le discours de l'experience en France et en Angleterre, 1630-1820,* Paris: Decouverte, 1996.

克里斯蒂安·利科普现任巴黎高等电信学校社会学教授。该书的论述重心是 17—18 世纪法国经验与实验科学实践的形成与演化过程，旁及英国的相关案例。这部书是拉图尔式科学编史学的体现，它集中考察了物理科学中实验报告之形式的变化，并区分了三种主要形式：第一种兴起于 17 世纪，它利用"贵族伦理"的修辞学来确保实验报告的可信性；第二种强调实验知识与工匠技艺之有用性的联系；第三种则强调"精确性"在实验知识生产中的地位。

迪尔《学科与经验：科学革命中的数学之路》(1995)

Dear, Peter. *Discipline and Experience: The Mathematical Way in the Scientific Revolution*. Chicago: University of Chicago Press, 1995.

彼得·迪尔现任康奈尔大学科学技术研究系科学史教授。该书讨论了现代早期经验观念的演化过程，以及这些观念如何发展为实验性的探究方法。作者深入考察了 17 世纪的天文学、光学及力学等数理科学与经验及实验的紧密关系，并描述了梅森、笛卡尔、帕斯卡尔、巴罗、牛顿、波义耳等人在论证中对经验的运用。这些研究说明了数理科学与经验和实验的互动在一个世纪间的变迁过程，并揭示出其渐变性与矛盾性的特征，从而对传统的革命性图景提出了挑战。

2. 自然的认识者

迈尔《英格兰的科学淑女，1650—1760》（1955）

Meyer, Gerald Dennis. *The Scientific Lady in England, 1650-1760*. Berkeley and Los Angeles: University of California Press, 1955.

杰拉德·丹尼斯·迈尔（1915—2018）生前曾任纽约州立大学科特兰分校（SUNY Cortland）文艺复兴文学教授。该书对 17—18 世纪英格兰的女性科学作者进行了概述，考察了这一时期女性地位在科学界的上升，并着重阐述了望远镜与显微镜在这一过程中发挥的作用。

席宾格尔《心灵无性？现代科学起源处的女性》（1989）

Schiebinger, Londa. *The Mind Has No Sex? Women in the Origins of Modern Science*. Cambridge, Massachusetts: Harvard University Press, 1989.

该书作者隆达·席宾格尔现任斯坦福大学历史系科学史教授。该书是性别与科学史研究领域的一部经典著作，着重考察了现代早期女性对科学事业的参与和成就。作者并未采取传统的"伟大女性"叙事方法，而是通过研究科学女性的体制与社会背景及女性在其中发挥重要作用的知识传统，重新叙述女性之于现代科学之起源的意义。作者指出，现代早期的贵族女性积极参与了宫廷及沙龙的讨论，而德国女性工匠则从事天文学及昆虫学等领域的研究。尽管现代早期的科学事业并不缺乏女性的参与，但科学与社会变迁将女性推向了学界的边缘。此外，对生物性别和性别特性的偏见式描述也将女性排除于科学事业之外。

夏平《真理的社会史》（1994）

Shapin, Steven. *A Social History of Truth: Civility and Science in Seventeenth-Century England*. Chicago: University of Chicago Press, 1994.

中译本：赵万里等译，《真理的社会史——17 世纪英国的文明与科学》，江西教育出版社 2002 年版。

该书作者史蒂文·夏平现任哈佛大学科学史系教授。该书着重关注我们是如何能够信赖自己关于世界的知识，又是通过何种方式区分真理与虚假的。通过考察 17 世纪英格兰的科学实践，作者认为彼时科学中的可信赖性问题是依靠一套建基于绅士—哲学家身份的社会行为准则而得以解决的。绅士—哲学家群体中通行的行为约定，如信赖、礼貌、荣誉、正直等，构成了某种科学观察或陈述被认定为科学事实或真理的重要根据。因此，现代早期的科学知识生产依赖于其认识者的身份与行为方式，因为这些因素是人们判断何人值得信任的主要依据。

3. 认识自然的场所

3.1　大学

施密特《亚里士多德主义传统与文艺复兴大学》(1984)

Schmitt, C. B. *The Aristotelian Tradition and Renaissance Universities.* London: Variorum Reprints, 1984.

该书是施密特关于文艺复兴时期欧洲大学中的亚里士多德主义传统的论文集。施密特长期关注文艺复兴哲学与教育和体制背景的关联，该书包括 15 篇以英语和意大利语写就的相关文章，对亚里士多德主义在这一时期的内容及所扮演的角色进行了广泛而深入的研究，并着重考察了意大利大学中的亚里士多德主义潮流。

费因戈尔德《数学家的学徒期：英格兰的科学、大学与社会，1560—1640》(1984)

Feingold, Mordechai. *The Mathematicians' Apprenticeship: Science, Universities, and Society in England, 1560-1640.* Cambridge: Cambridge University Press, 1984.

该书作者摩德凯·费因戈尔德现任加州理工学院科学史教授。该书挑战了此前思想史家潜在接受的一个观点，即 16—17 世纪之交的剑桥大学与牛津大学对英国的科学革命几乎没有做出任何贡献。作者的研究指出，这种观点高估了新科学的接受所需的时间，且两所大学从 1560 年左右就已逐步建立了接受新观念的基础。该研究主要围绕哥白尼主义天文学的接受而展开，是对现代早期大学中数学科学之传播史的出色研究。

布罗克里斯《十七、十八世纪的法国高等教育：一部文化史》(1987)

Brockliss, Lawrence W. B. *French Higher Education in the Seventeenth and Eighteenth Centuries: A Cultural History.* Oxford: Clarendon, 1987.

该书作者劳伦斯·布罗克里斯现任牛津大学历史系教授。该书细致地研究了

17—18世纪法国大学艺学院中教授与学习的科目与知识，并讨论了知识的教授者、大学中争论的主题以及大学中所接受的观点在这段时期的变化。这部著作超出了一般的对大学成员及其社会联系的形式性考察，以思想史的方式系统介绍了现代早期法国大学教育的实际内容，因此有助于读者理解当时受过一般高等教育者的智识语境。

3.2　宫廷与学会

亨特尔《皇家学会及其会员，1660—1700：一个早期科学机构的形态学》（1982）

Hunter, Michael. *The Royal Society and Its Fellows, 1660-1700: The Morphology of an Early Scientific Institution*. Oxford: The Alden Press, 1994 (1st ed. 1982).

该书作者迈克尔·亨特尔是伦敦大学伯克贝克学院历史学、古典学及考古学系荣休教授。该书由作者1976年发表的一篇长文扩充改写而成，对英国皇家学会及其成员的早期历史进行了深入细致的研究。作者对英国皇家学会最初40年间的551位会员历年的学术活动进行了考察，对这段历史进行了阐释性的讨论，可作为一部参考书使用。

莫兰《德意志宫廷的炼金术世界》（1991）

Moran, Bruce T. *The Alchemical World of the German Court: Occult Philosophy and Chemical Medicine in the Circle of Moritz of Hessen (1572-1632)*. Stuttgart: Steiner Verlag, 1991.

该书作者布鲁斯·莫兰是内华达大学历史系教授。该书利用宫廷档案详细研究了16世纪末至17世纪初黑森的莫里茨伯爵宫廷中的炼金术实践，并广泛讨论了宫廷中流行的卡巴拉神秘主义、帕拉塞尔苏斯主义、玫瑰十字会思潮及化学药物实践。作者分析了相互竞争的炼金术士如何使用修辞手段争取宫廷支持，并指出一些德国宫廷对炼金术计划的支持代表了某种形式的"政治绝望"。

比亚乔里《廷臣伽利略：专制主义文化中的科学实践》（1993）

Biagioli, Mario. *Galileo Courtier: The Practice of Science in the Culture of Absolutism*. Chicago: University of Chicago Press, 1993.

该书作者马里奥·比亚乔里曾任哈佛大学科学史系副教授，现任加利福尼亚大学洛杉矶分校法学与传播学教授。该书挑战了过往研究中在科学家伽利略与廷臣伽利略之间所做的严格区分，并证明这二者是密不可分的：伽利略在宫廷中扮演的角色构成了其科学事业的一部分，这种角色决定了伽利略研究的问题、方法乃至结论。通过对 1610—1633 年伽利略与美第奇家族宫廷及梵蒂冈之关系的考察，作者对伽利略科学成就的产生背景做出了全新的阐释。

斯图尔迪《科学与社会地位：法国皇家科学院成员，1666—1750》(1995)

Sturdy, David. *Science and Social Status: The Members of the Académie des Sciences, 1666-1750*. Woodbridge and Rochester: Boydell, 1995.

该书作者大卫·斯图尔迪现任乌尔斯特大学（University of Ulster）现代早期史教授。该书对法国皇家科学院 1750 年之前的成员进行了深入研究，将科学史与社会史及文化史联系起来。该书的主要研究对象是科学院的院士，通过考察院士在现代早期法国社会阶层中的位置变化，从另一个角度研究科学院的历史。

3.3　解剖剧场、植物园与自然志藏品

普莱斯特《伊甸园：植物园与天堂的重建》(1981)

Prest, John. *The Garden of Eden: The Botanic Garden and the Re-Creation of Paradise*. New Haven, CT: Yale University Press, 1981.

约翰·普莱斯特（1929—2018）是英国历史学家，曾任牛津大学巴里奥尔学院研究员。该书考察了 16 世纪末至 17 世纪初巴黎、牛津、帕多瓦、莱顿及乌普萨拉等地植物园的起源，并指出这些植物园的建立背后存在深刻的宗教动机，即希望通过搜集散落于世界各处的物种而重建人类最初的家园。

英佩、麦格雷戈《博物馆的起源：16 与 17 世纪欧洲的珍奇屋》(1985)

Impey, Oliver, and MacGregor, A., eds. *The Origins of Museums: The Cabinet of Curiosities in Sixteenth and Seventeenth Century Europe*. Oxford: Clarendon, 1985.

该书收录了 33 篇论文，对 16 世纪晚期及 17 世纪早期欧洲的"珍奇屋"收藏进行了广泛的考察。其内容涉及意大利、德国、奥地利、捷克、瑞士、瑞典、荷兰、丹麦、英国及西班牙等地的宫廷与私人藏品，对这些藏品与动物学、地质学、实验哲学、民族志等学科的关联进行了论述。在地域方面，若干文章讨论了欧洲收藏中来自美洲、非洲、伊斯兰世界、中国、日本及印度的藏品。

施拉姆等《先锋的踪迹：解剖剧场》（2011）

Schramm, Helmar, Schwarte, L., und Lazardzig, J., hrsg. *Spuren der Avantgarde: Theatrum anatomicum. Frühe Neuzeit und Moderne im Kulturvergleich*. Berlin: De Gruyter, 2011.

该书是"知识剧场"（*Theatrum Scientiarum*）丛书的第五卷《解剖剧场》，这一丛书着重探讨的是哲学、科学史及文化与戏剧研究的交界面。该书包含 24 篇德语论文，其研究重心是作为知识生产之模型的解剖剧场，这种模型对于艺术、法律、政治及文化的实践也具有范导作用。此外，该书还着重将现代早期的解剖剧场与现代先锋艺术和文化进行对比。

3.4　印刷所

爱森斯坦《作为变革动因的印刷机》（1979）

Eisenstein, Elizabeth L. *The Printing Press as an Agent of Change: Communications and Cultural Transformations in Early-Modern Europe*. 2 vols. Cambridge: Cambridge University Press, 1979.

中译本：何道宽译，《作为变革动因的印刷机：早期近代欧洲的传播与文化变革》，北京大学出版社 2010 年版。

伊丽莎白·爱森斯坦（1923—2016）是美国历史学家，该书是她的代表作。该书详细考察了西方印刷术和印刷文化建立与普及的过程，并在此基础上讨论了印刷术对文艺复兴、宗教改革及科学革命的影响。作者认为印刷术是现代早期知识与文化变革的关键动因之一，它对现代科学的兴起具有极其重要的意义。

约翰斯《书籍的本性：印刷术与知识制造》（1998）

Johns, Adrian. *The Nature of the Book: Print and Knowledge in the Making*. Chicago: University of Chicago Press, 1998.

该书作者阿德里安·约翰斯现任芝加哥大学历史系教授。该书对现代早期英国的图书印刷文化及其商业、思想、政治语境进行了深入研究，并考察了该时期的自然知识生产与印刷术之间的密切关系。

四、人物研究

1. 哥白尼

罗森《三篇哥白尼派论文》（1971）

Rosen, Edward. *Three Copernican Treatises*. 3d ed. New York: Octagon, 1971.

爱德华·罗森（Edward Rosen，1906—1985）是著名的哥白尼研究专家，长期在纽约城市大学任教。在该书的第三版中，罗森补充了他自己撰写的长篇哥白尼传记（约 100 页），是目前最详尽最权威的英语哥白尼传记。

罗森《哥白尼与科学革命》（1984）

Rosen, Edward. *Copernicus and the Scientific Revolution*. Malabar, FL: Krieger, 1984.

斯沃德劳、诺意格鲍尔《哥白尼〈天球运行论〉中的数理天文学》（1984）

Swerdlow, N. M., and O.Neugebauer. *Mathematical Astronomy in Copernicus's De Revolutionibus*. 2 vols. New York: Springer, 1984.

该书作者诺埃尔·斯维尔德洛（Noel Swerdlow，1941—2021）是芝加哥大学历史学、天文学及天体物理学荣休教授，奥托·诺伊格鲍尔（Otto Neugebauer，1899—1990）为奥地利裔美国科学史家，生前曾任布朗大学科学史教授。该书以现代数学语言考察了哥白尼《天球运行论》中数理天文学的技术性内容，解释了哥白尼关于地球、月球及行星运动的计算，并讨论了哥白尼与普尔巴赫、雷吉蒙塔努斯等先驱者的关系。该书曾获 1985 年度科学史学会颁发的辉瑞奖。

维尔麦《加尔文宗哥白尼主义者》（2002）

Vermij, Rienk. *The Calvinist Copernicans. The Reception of the New Astronomy in the Dutch Republic, 1575-1750*. Chicago: University of Chicago Press, 2002.

该书作者瑞恩克·维尔麦现任俄克拉荷马大学科学史系教授。该书考察了哥白尼天文学在荷兰共和国从一种另类宇宙论转变为一种牢固确立的世界观的过程。作者指出，尽管荷兰共和国的主导宗教派别是加尔文主义，且最初评判哥白尼天文学的人文主义学者是基于该书的数学成就进行讨论，但哥白尼主义在荷兰仍然经历了哲学、宗教及政治方面的争议。

戈杜《哥白尼与亚里士多德主义传统》(2010)

Goddu, André. *Copernicus and the Aristotelian Tradition*. Leiden: Brill, 2010.

该书作者安德烈·戈杜现为石山学院(Stonehill College)天文学与物理学系荣休教授。该书建基于 20 世纪波兰科学史家的贡献以及 1973 年以来最重要的学术成果之上，在晚期中世纪哲学和文艺复兴人文主义者发掘古代文本的语境中，研究了哥白尼提出日心说的过程。作者考察了哥白尼所使用的现代早期印刷品，力图解释哥白尼对天球实在性的信念，以及他关于假说之观点的逻辑基础。

2. 帕拉塞尔苏斯

帕格尔《帕拉塞尔苏斯：文艺复兴时代哲学医学导论》(1958)

Pagel, Walter. *Paracelsus: An Introduction to Philosophical Medicine in the Era of the Renaissance*. 2nd rev. ed. Basel: Karger, 1982.

该书作者瓦尔特·帕格尔(1898—1983)是帕拉塞尔苏斯研究领域的权威，这部书也是他的代表著作。除导言外，全书主要分为四大部分。第一部分"帕拉塞尔苏斯的生平"基于文献与档案详尽考察了帕氏一生主要的活动经历，并对其作品和宗教性格做了扼要的描述。第二部分"帕拉塞尔苏斯的哲学"详尽探讨了帕氏著作中自然、宇宙、时间、元素、本原、精神等哲学主题。第三部分"医学"介绍了帕氏在医学理论及实践领域的贡献，以及其思想与古代和当代医学的关系。第四部分"帕拉塞尔苏斯的来源"考察了古代、中世纪及当代思想对帕氏的可能影响，以及反对者对他的批评。该书为理解 16 世纪科学及医学思想提供了富有价值的帮助。

狄博斯《化学论哲学：16、17 世纪的帕拉塞尔苏斯主义科学与医学》(1977)

Debus, Allen. *The Chemical Philosophy: Paracelsian Science and Medicine in the Sixteenth and Seventeenth Centuries*. 2 vols. New York: Science History Publications, 1977.

该书为美国科学史家艾伦·狄博斯(1926—2009)的代表作，于 1978 年获美国科学史学会颁发的辉瑞奖。此书共两卷。第一卷分为四部分：第一部分"文艺复兴时期的化学与自然"对西方古代、中世纪及文艺复兴时期的炼金术和化学传统进行了介绍，在此基础上讨论了与之相关的医学、赫尔墨斯主义及魔法等思想背景，并对帕拉塞尔苏斯的生平和学说体系进行了简要描述。第二部分"化学论哲学"讨论了反映于帕拉塞尔苏斯及其追随者著作中的自然哲学与医学理论。第三部分"关于帕拉塞尔苏斯的争辩"对 16—17 世纪围绕帕氏学说展开的种种争论进行了阐述。第四部分"罗伯特·弗拉德的综合"集中考察了 17 世纪初英国医生弗拉德的自然哲学及其学说引发的论战。

第二卷同样分为四部分：第一部分"赫尔蒙特主义者对化学论哲学的重述"讨论了范·赫尔蒙特的生平与思想贡献，以及其追随者对其理论的发展。第二部分"过渡期的化学论哲学：自然、教育与国家"对化学论哲学在大学教育改革及国家政策中扮演的角色进行了研究。第三部分"过渡期的化学论哲学：朝向一种新的化学与医学"介绍了 17 世纪中后期化学论哲学与医药化学的发展。第四部分"附言"对全书进行了总结。该书是现代早期炼金术及化学史研究的经典作品。

韦伯斯特《帕拉塞尔苏斯：末世时代的医学、魔法与使命》（2008）

Webster, Charles. *Paracelsus: Medicine, Magic and Mission at the End of Time*. New Haven: Yale University Press, 2008.

在这部专著中，韦伯斯特将帕拉塞尔苏斯置于同时代医学、自然哲学及宗教改革的背景之下，通过对帕氏的自然哲学著作与神学著作的深入研究，塑造了一幅比过往研究更为丰富立体的帕拉塞尔苏斯肖像。与过去的研究不同的是，韦伯斯特在该书中着力考察了帕拉塞尔苏斯与同时代宗教思潮及激进改革的关系，尤其是帕氏与精神论重洗派的相似性。对帕氏天启思辨的研究表明，他的自然哲学与神学思想都深深建基于同时代的末世危机感之中。

3. 卡尔达诺

奥雷《赌徒学者卡尔达诺》（1953）

Ore, Øystein. *Cardano the Gambling Scholar*. Princeton, NJ: Princeton University Press, 1953.

奥伊斯坦·奥雷（1899—1968）是挪威数学家及数学史家。这部著作对卡尔达诺的《机遇游戏》（*Book on Games of Chance*）一书进行了深入研究，揭示了作为数学家的卡尔达诺是如何在赌博游戏中发现关于概率的简单规则，并将其用于为自己获取利益的。《机遇游戏》一书还阐述了赌博中的作弊手段与恶作剧，并对赌博心理进行了讨论。奥雷的著作附有《机遇游戏》一书的英文翻译。

菲尔茨《吉罗拉莫·卡尔达诺，1501—1576》（1983）

Fierz, Markus. *Girolamo Cardano, 1501-1576: Physician, Natural Philosopher,*

Mathematician, Astrologer, and Interpreter of Dreams. Translated by Helga Niman. Birkhauser, 1983.

马库斯·菲尔茨（1912—2006）是瑞士物理学家，曾因物理学方面的工作获马克斯·普朗克奖及阿尔伯特·爱因斯坦奖。该书对卡尔达诺较少为学者研究的方面，如自然哲学、占星术及释梦等做了综述性的讨论，并首次将卡尔达诺著作中的一些段落译为英文。由于作者背景所限，该书对卡尔达诺的释梦持荣格式的解释立场，并未深入探讨卡尔达诺的思想语境及其自然哲学的内涵与影响。

格拉夫顿《卡尔达诺的宇宙》（2001）

Grafton, Anthony. *Cardano's Cosmos: The Worlds and Works of a Renaissance Astrologer*. Cambridge: Harvard University Press, 2001.

该书作者安东尼·格拉夫顿（1950— ）现任普林斯顿大学历史系教授。该书考察了卡尔达诺饱含争议的占星生涯，细致描绘了作为占星术师的卡尔达诺与其客户、赞助人、出版商及反对者之间的互动，对文艺复兴时期占星事业的市场与人事背景做了详细的分析。该书揭示出，卡尔达诺的占星术是极富经验性和影响力的技艺，它是 16 世纪学者理解宇宙与自身之努力的重要组成部分。

4. 弗兰西斯·培根

贾丁《弗兰西斯·培根：探索与话语的技艺》（1974）

Jardine, Lisa. *Francis Bacon: Discovery and the Art of Discourse*. London and New York: Cambridge University Press, 1974.

该书作者莉莎·贾丁（1944—2015）是英国历史学家，生前曾任伦敦玛丽皇后大学文艺复兴研究教授。该书对培根的"方法"进行了深入的研究，这种方法将信息的评价与组织作为探究或展示的步骤。这一研究展示出，所谓的培根式"归纳方法"与其历史、伦理、政治及文学作品中的信息策略更为相关，培根的方法论思想应被置于更为广阔的文艺复兴背景之下进行考察。

佩雷–拉莫斯《弗兰西斯·培根的科学观念与制造者的知识传统》（1988）

Pérez-Ramos, Antonio. *Francis Bacon's Idea of Science and the Maker's Knowledge Tradition*. Oxford: Clarendon, 1988.

该书探究的主题是培根的自然科学方法论。作者将培根置于"制造者的知识"

这一认识论传统之中，认为在培根的思想中，认知的对象与建构或制造的对象密不可分，而作为认识者的人本质上是一位制造者。作者将培根的方法论思想置于传统的语境之中加以考察，并讨论了 17 世纪其他思想家对培根的回应。

马丁《弗兰西斯·培根、国家与自然哲学的改革》（1992）

Martin, Julian. *Francis Bacon, the State, and the Reform of Natural Philosophy*. Cambridge and New York: Cambridge University Press, 1992.

该书探究了培根自然哲学思想与其政治事业之间的关联，试图从培根的家族背景、政府工作生涯以及对法律与王权关系的批判出发寻找培根哲学改革观念的来源。作者认为，培根的政治观点具有保守主义和精英主义的特征，这使他将都铎王朝时期的国家治理政策和来自统治阶层的思想资源应用于科学知识和方法的改革。与之相应，培根对自然哲学的改革也是增强皇权的政治计划的重要组成部分。

5. 伽利略

德雷克《工作中的伽利略：科学传记》（1978）

Drake, Stillman. *Galileo at Work: His Scientific Biography*. Chicago: University of Chicago Press, 1978.

该书作者斯蒂尔曼·德雷克（1910—1993）是加拿大科学史家、多伦多大学教授。他是著名的伽利略研究专家，曾荣获萨顿奖、伽利略奖等多项荣誉。这部伽利略传记是其毕生研究的结晶，对伽利略的生平、研究与交际进行了细致的描述。该书尤其注重阐释伽利略得出其科学结果的方式与过程。

菲诺齐亚罗《伽利略与推理的技艺：逻辑与科学方法的修辞学基础》（1980）

Finocchiaro, Maurice A. *Galileo and the Art of Reasoning: Rhetorical Foundations of Logic and Scientific Method*. Springer Netherlands, 1980.

该书作者莫里斯·菲诺齐亚罗（1942—　）现为内华达大学哲学系荣休教授。该书以伽利略科学著作中的科学推理方法为研究对象，详细考察了伽利略的修辞技巧、逻辑结构及论证形式与科学合理性的关系。这为理解伽利略科学本身的真理性以及科学理论的合理性提供了一种语境式的视角。

菲诺齐亚罗《伽利略事件：一部文献史》（1989）

Finocchiaro, Maurice A., ed. and trans. *The Galileo Affair: A Documentary History.* Berkeley and Los Angeles: University of California Press, 1989.

罗马教廷于 1633 年对伽利略做出的著名判决是科学史中经常被讨论的重要事件，菲诺齐亚罗编辑的这部资料文集为这一事件的来龙去脉提供了最基本和最重要的原始文献。除伽利略本人的文章外，该书还包括先前未发表或未翻译为英文的新材料如庭审记录及私人信件等。这些材料对于理解伽利略本人的思想以及同时代科学与宗教的关系具有重要意义。

6. 开普勒

卡斯帕《开普勒》（1941）

Caspar, Max. *Kepler.* Trans. C. Doris Hellman. New York: Dover, 1993.

马克斯·卡斯帕（1880—1956）是德国科学史家，也是权威的《开普勒全集》的主编。该书是一部开普勒的思想传记，最初于 1941 年以德语出版，至今仍是研究开普勒生平与工作的权威著作。

菲尔德《开普勒的几何宇宙论》（1988）

Field, J.V. *Kepler's Geometrical Cosmology.* London: Athlone, 1988.

茱蒂丝·菲尔德（Judith Field，1943—　）是英国科学史家，曾任英国数学史学会主席及达·芬奇学会主席，该书改编自她的博士论文。此书对开普勒毕生关注的一个问题进行了深入研究，即寻找上帝由创造宇宙的几何学模式。作者主要考察了《神秘的宇宙》与《世界的和谐》两部著作，讨论了开普勒对整个宇宙中的数学和谐的追寻，并解释了音乐学、占星术及天文学在开普勒宇宙论中扮演的角色。

斯蒂芬森《开普勒的物理天文学》（1994）

Stephenson, Bruce. *Kepler's Physical Astronomy.* Princeton, NJ: Princeton University Press, 1994.

该书着重考察了开普勒 1609 年出版的著作《新天文学》，对开普勒在天文学领域的思想突破进行了深入研究。古代至 16 世纪的天文学利用几何模型对天体运动给出运动学的说明，而开普勒是第一位将天文学理解为物理学之一部分的科学家，他首次将天体运动的物理原则引入了天文学研究。作者的研究表明，尽管开普勒的物理原则在今天看来并不正确，但它对于构建其前两条行星运动定律具有十分重要的意义。

7. 笛卡尔

加伯《笛卡尔的形而上学物理学》（1992）

Garber, Daniel. *Descartes' Metaphysical Physics*. Chicago: University of Chicago Press, 1992.

该书作者丹尼尔·加伯（1949— ）现任普林斯顿大学哲学系教授。该书是对笛卡尔自然哲学的一部专门研究著作，其研究重点在于考察笛卡尔的物质与运动概念，这二者是哲学与自然科学研究的结合点。加伯的研究说明，笛卡尔对这些概念的解释构成了联结形而上学理论（上帝、灵魂、身体等）与物理学结论（原子、真空及物质运动定律等）的桥梁。

高克罗杰《笛卡尔：思想传记》（1995）

Gaukroger, Stephen. *Descartes: An Intellectual Biography*. Oxford: Oxford University Press, 1995.

该书作者斯蒂芬·高克罗杰（1950— ）现为悉尼大学科学史与科学哲学荣休教授。这部思想传记完整记叙了笛卡尔的生平与思想成就，并将其置于 17 世纪欧洲的社会、宗教及思想语境中加以考察。该书展示了笛卡尔的成长环境与耶稣会教育对其思想的深刻影响，详尽讨论了笛卡尔与同时代学者的合作与冲突，以及这些关系在其作品中的表现；对笛卡尔的通信也有广泛的引证。

高克罗杰等《笛卡尔的自然哲学》（2000）

Gaukroger, Stephen, Schuster, John, and Sutton, John, eds. *Descartes' Natural Philosophy*. London: Routledge, 2000.

该书编者之一约翰·舒斯特（1947— ）现任教于悉尼大学科学史与科学哲学系，约翰·萨顿（1965— ）现任麦考瑞大学认知科学教授。这部论文集收录了 35 篇来自相关领域资深学者的文章，内容涉及笛卡尔自然哲学的各个方面，包括方法论、实验思想、机械论、宇宙论、光学、生理学、心理学、心灵哲学等。这些论文深入探讨了笛卡尔的科学工作及其与哲学的关联。

8. 波义耳

萨金特《羞怯的自然学者：罗伯特·波义耳与实验哲学》（1995）

Sargent, Rose-Mary. *The Diffident Naturalist: Robert Boyle and the Philosophy of Experiment*. Chicago: University of Chicago Press, 1995.

该书作者罗斯－玛丽·萨金特现为梅里马克学院（Merrimack College）哲学系荣休教授。该书对波义耳的实验哲学进行了深入阐发，考察了其实验哲学思想及实践之后的哲学、法律及宗教背景。萨金特研究了波义耳的早期教育与宗教理想，讨论了培根、笛卡儿及伽利略等先驱者的影响，以及同时代英国普通法、炼金术及医学等领域对其实验哲学的可能贡献。

沃伊契克《罗伯特·波义耳与理性的界限》（1997）

Wojcik, Jan W. *Robert Boyle and the Limits of Reason*. Cambridge: Cambridge University Press, 1997.

该书作者扬·沃伊契克（1944—2006）生前曾任奥本大学（Auburn University）哲学教授。该书将波义耳的认识论置于 17 世纪神学思想与争论的语境中加以考察，并揭示出波义耳本人对"理性之上"事物的界定深刻影响了他关于自然哲学知识限度的思考。该书也详细分析了波义耳的另一观点，即上帝有意限制了人的理性能力，从而将完满的神学与自然知识置于此世之外。

普林西比《有抱负的能手：罗伯特·波义耳与炼金术探索》（1998）

Principe, Lawrence M. *The Aspiring Adept: Robert Boyle and Alchemical Quest*. Princeton University Press, 1998.

美国科学史家劳伦斯·普林西比（1962—　）的这部著作首次系统考察了波义耳对炼金术事业的毕生追求。人们通常认为波义耳是机械论哲学与科学实验的倡导者，且他与牛顿一样为现代科学奠定了基础。该书则通过详尽的历史研究证明，波义耳对炼金术及其他"非科学"领域拥有非同一般的信念与热情，这些证据将波义耳更加准确地定位于 17 世纪思想与文化的变迁之中。借助波义耳的案例，该书也进一步表明炼金术等思潮以一种先前被严重低估的方式影响了现代早期科学。

9. 牛顿

韦斯特福尔《永不止息：伊萨克·牛顿传》（1980）

Westfall, Richard S. *Never at Rest: A Biography of Isaac Newton.* New York: Cambridge University Press, 1980.

缩写中译本：郭先林等译，《牛顿传》，中国对外翻译出版公司1999年版。

韦斯特福尔（1924—1996）是著名的牛顿研究专家，该书是科学史界最为权威的牛顿传记，以900余页的篇幅展现了牛顿一生的科学研究、公共事业及私人生活。该书不仅对牛顿的数理科学、光学、炼金术及神学研究进行了充分的考察与论述，而且细致地描述了牛顿早年的生活与教育、中年在剑桥大学的任职与教学、后期在皇家铸币厂及皇家学会的任职，以及与莱布尼茨等人关于优先权的争辩。该书是任何严肃的牛顿学者必读的作品。

科恩《牛顿革命》（1980）

Cohen, I. Bernard. *The Newtonian Revolution.* Cambridge: Cambridge University Press, 1980.

中译本：颜锋等译，《牛顿革命》，江西教育出版社1999年版。

本书作者 I. 伯纳德·科恩（1914—2003）生前是哈佛大学科学史教授，也是著名的牛顿研究专家，1974年萨顿奖获得者。该书阐释了牛顿在现代科学开端处引导的革命性变革，并将牛顿式科学视为其他科学分支的模范成就。作者认为，牛顿科学的要义在于使心灵中构建的数学体系拥有某些与物理世界一致的特性，而这是通过实验及批判性的观察方法而实现的。此外，该著作也对一般意义上的科学变革的结构及科学创造性的概念进行了研究。

纽曼《炼金术士牛顿：科学、谜团与追寻自然的"秘密之火"》（2018）

Newman, William R. *Newton the Alchemist: Science, Enigma, and the Quest for Nature's "Secret Fire".* Princeton: Princeton University Press, 2018.

该书是纽曼（1955— ）最新的著作。在该书中，纽曼运用炼金术史中的新编史学思路对牛顿遗留的炼金术手稿进行了深入研究，不仅澄清了众多牛顿炼金术记录中难以理解的部分，详细考察了牛顿从青年时期到成熟时期炼金术研究的历史发展，而且对牛顿与同时代其他炼金术士的关系也多有涉及。这部著作不仅有助于理解现

代早期炼金术史 / 化学史，而且对研究牛顿做出了杰出的贡献。

10. 莱布尼茨

梅利《等价性与优先权：牛顿与莱布尼茨》（1993）

Meli, D.Bertoloni, *Equivalence and Priority: Newton versus Leibniz: Including Leibniz's Unpublished Manuscripts on the "Principia"*. Oxford: Oxford University Press, 1993.

该书作者多梅尼柯·贝尔托洛尼·梅利现任印第安纳大学科学史与科学哲学教授。通过研究莱布尼茨的此前尚未发表的几份手稿，该书考察了莱布尼茨最初阅读牛顿《自然哲学的数学原理》一书的证据，并由此出发重新考察了莱布尼茨与牛顿关于世界体系之争论的始末。此外，该书首次整理出版了莱布尼茨关于这一争论的六份重要手稿。

卢瑟福《莱布尼茨与自然的理性秩序》（1995）

Rutherford, D. *Leibniz and the Rational Order of Nature.* Cambridge: Cambridge University Press, 1995.

该书作者唐纳德·卢瑟福（1957—　）现任加利福尼亚大学圣迭戈分校哲学教授。该书广泛利用了莱布尼茨生前未发表的手稿，力图论证莱布尼茨的形而上学、自然哲学、伦理学及神义论等思想的统一性。作者认为，莱布尼茨体系的核心观念在于将自然设想为一种神创的秩序，这种秩序能够使运用理性的机会最大化，而其神义论及伦理学的理想都源于这一基本观念。

安托内萨《莱布尼茨传》（2009）

Antognazza, Maria Rosa. *Leibniz: An Intellectual Biography*, Cambridge: Cambridge University Press, 2009.

中译本：宋斌译，《莱布尼茨传》，中国人民大学出版社 2015 年版。

该书作者玛利亚·罗莎·安托内萨（1964—　）现任伦敦国王学院哲学教授，她为莱布尼茨撰写的这部思想传记对其一生中诸多方面的成就做了全面的描述。该书成功地体现了这些成就背后的统一性，并指出莱布尼茨的自然哲学、科学及政治事业都服务于其实践性和伦理性的目标。该书曾荣获 2010 年度科学史学会的辉瑞奖。

第二十一章　数学史

李霖源

本章重点关注 17 世纪以后的数学分科史，原则上不收录 17 世纪前的数学史研究著作。中国数学史请参看第四十五章。本章分工具书、通史、断代史、分科史、人物研究五个部分。

一、工具书

1. 百科全书、手册

格拉顿 – 吉尼斯《数学科学的历史与哲学百科手册》（1994）

Grattan-Guinness, Ivor, ed. *Companion Encyclopedia of the History and Philosophy of the Mathematical Sciences*. London: Routledge, 1994.

该书收录了 135 名撰稿人的 180 篇导论性文章，内容既涵盖了对于不同历史时期数学史的导论，也按照当代数学分科介绍了不同具体子学科的历史，是数学史研究的一个很好的起点。

罗布森、斯泰德尔《牛津数学史手册》（2009）

Robson, Eleanor, and Jacqueline A. Stedall, eds. *The Oxford Handbook of the History of Mathematics*. New York: Oxford University Press, 2009.

牛津手册系列之一，由 36 篇专题研究组成，文章的主题不仅包括对于数学分支的历史研究，还有区域研究、数学实践、数学知识的传播及编史学等问题，"提出了关于数学曾经是什么以及从事数学工作曾经意味着什么的新问题"。

2. 文献汇编

道本、刘易斯《从古代到现代的数学史：精选注释文献汇编》(2000)

Dauben, Joseph Warren, and Albert C. Lewis. *The History of Mathematics from Antiquity to the Present a Selective Annotated Bibliography*. American Mathematical Society, 2000.

该书是由美国数学学会出版的关于数学史的重要文献汇编。该书总结了 2000 年以前发表的数学史领域内的重要文献，绝大多数文献包含注解。其中包含了综合参考文献、原始资料、数学通史、数学断代史、分科数学史及包括数学教育、区域研究、数学中的女性等问题在内的专题研究，时间跨度从古代一直延伸至 20 世纪。本章的条目分类以此书为主要依据。

卡兹《东方数学选粹》(2007)

Katz, Victor. *The Mathematics of Egypt, Mesopotamia, China, India and Islam: A Sourcebook*, Princeton University Press, 2007.

中译本：纪志刚等译，《东方数学选粹：埃及、美索不达米亚、中国、印度与伊斯兰》，上海交通大学出版社 2016 年版。

该书汇集了埃及、美索不达米亚、中国、印度和伊斯兰五大文明中的经典数学文献，是国际数学史界对东方数学文献发掘和研究的集大成之作。

二、通史

博耶《数学史》(1968)

Boyer, Carl B. *A History of Mathematics*. New York: Wiley. 1st ed., 1968. 2nd ed. revised by Uta C. Merzbach. New York: Wiley, 1991. 3rd ed., New York: John Wiley & Sons, 2011.

中译本：秦传安译，《数学史》，中央编译出版社 2012 年版。

一本大学水平的教科书，其中一章关于中国和印度数学。虽然第一版中有关于 20 世纪数学的章节，但仅给出了截至 1900 年左右的细节内容。修订版特别强调了 19 世纪和 20 世纪，其中一章专门介绍了柯西和高斯、19 世纪的几何学、分析的算术化和抽象代数兴起。

克莱因《古今数学思想》（1972）

Kline, Morris. *Mathematical Thought from Ancient to Modern Times*. 1st ed., New York: Oxford University Press, 1972. 2nd ed., 1990.

中译本：张理京等译，《古今数学思想》，上海科学技术出版社 2013 年版。

该书以数学主题为核心，追溯数学思想的发展历程。缺陷在于忽视了中国、日本和玛雅文化。每章后包含参考文献，有索引。

卡茨《数学史导论》（1993）

Katz, Victor J. *A History of Mathematics: An Introduction*. 1st ed., New York: Harper Collins College Publishers, 1993. 2nd ed., Addison-Wesley, 1998. 3rd ed., New York: Pearson, 2009.

中译本：李文林等译，《数学史通论》（第二版），高等教育出版社 2004 年版；董晓波等译，《简明数学史》（第三版），机械工业出版社 2016 年版。

一本广受好评的教科书，强调数学的多元文化性质，在新版中采取了更加全球化的视角，融入了更多非西方国家的内容，包括中国、印度、伊斯兰数学和数学家的贡献。

格拉顿 – 吉尼斯《数学的彩虹：一部数学科学史》（2000）

Grattan-Guinness, Ivor. *The Rainbow of Mathematics: A History of the Mathematical Sciences*. New York: W.W. Norton, 2000.

艾弗·格拉顿 – 吉尼斯（1941—2014）是英国著名数学史家，是英国米德尔塞克斯大学（Middlesex University）的数学史教授。这部综合性数学通史的受众是一般读者，但它对使用历史文献具有丰富的指导意义，特别是许多章节都与作者编辑的百科全书中其他人的文章有关键性的联系。与其他通史不同，这本书更多地关注 19 世纪以及应用数学、概率和统计学的重要性，指明了历史阐释上的变化，并注意到了各国之间的差异。

三、断代史

1. 17 世纪

泰勒《都铎与斯图亚特英格兰的数学实践者：1485—1714》（1954）

Taylor, E. G. R. *The Mathematical Practitioners of Tudor & Stuart England: 1485-*

1714. Cambridge: Cambridge University Press, 1954.

该书是关于 17 世纪数学教师、教科书作者和其他数学实践者的非常重要的研究。该书提供了这一时期数学专业的发展概况，以及 528 名数学实践者的简短传记，列出了 628 部当时的实践数学作品并给出了注释。

怀特塞德"十七世纪后期的数学思维模式"（1961）

Whiteside, Derek Thomas. "Patterns of Mathematical Thought in the Later Seventeenth Century." *Archive for History of Exact Sciences* 1, No.3 (1961): 179-388.

这篇长论文内容十分丰富，探讨了 17 世纪的数学的大致框架，其主要兴趣在于数学结构和证明方法，主要强调的是英国数学家的工作。文中最长的三个部分涉及函数的概念、几何学和微积分。

派希尔《符号、不可能的数以及几何纠缠》（2006）

Pycior, Helena Mary. *Symbols, Impossible Numbers and Geometric Entanglements: British Algebra through the Commentaries on Newton's Universal Arithmetick.* Cambridge: Cambridge University Press, 2006.

该书关注现代早期英格兰和苏格兰代数的发展史和接受史，而非技术细节，它的目的是分析复杂的数学、哲学和宗教动机，这些动机促使人们接受了符号思维方式以及负数和虚数，而牺牲了主要的几何思维方式。

2. 18 世纪

泰勒《汉诺威英格兰的数学实践者：1714—1840》（1966）

Taylor, E. G. R. *The Mathematical Practitioners of Hanoverian England, 1714-1840.* Cambridge: Cambridge University Press, 1966.

该书是作者 1954 年《都铎与斯图亚特英格兰的数学实践者：1485—1714》一书的后继之作，是一本先驱性的参考书，介绍了 2282 名大部分在英国的工匠、航海家、测量员、机械师、数学技艺导师、仪器制造者等。该书分为两部分：第一部分按时间顺序介绍了从 1714 年到 1840 年的数学实践概况，而之后科学的职业化及其分化为纯粹科学和应用科学，破坏了数学实践之间的联系。第二部分涵盖关于这些实践者的文献汇编。

格林伯格《地球形状之问》（1995）

Greenberg, John L. *The Problem of the Earth's Shape from Newton to Clairaut: The Rise of Mathematical Science in Eighteenth-Century Paris and the Fall of "Normal" Science.* Cambridge. Cambridge University Press, 1995.

对 18 世纪的地球形状这一问题背后的数学和科学理论的精辟描述。

3. 19 世纪

梅尔滕斯等《十九世纪数学的社会史》（1981）

Mehrtens, Herbert, Henk Bos, and Ivo Schneider, eds. *Social History of Nineteenth Century Mathematics.* Boston, MA: Birkhäuser Boston, 1981.

一本关注 19 世纪数学与社会关系的论文集，分为三个部分："19 世纪早期的根本性变化""数学的职业化及其教育背景"和"社会背景下的个人成就"。

柯尔莫戈洛夫等《十九世纪的数学》（1992—1998）

Kolmogorov, A. N., and A. P. Yushkevich, eds. *Mathematics of the 19th Century. Vol.1, Mathematical Logic Algebra Number Theory Probability Theory.* Basel: Birkhäuser Basel, 1992.

Vol.2, Geometry, Analytic Function Theory. Basel: Birkhäuser Basel 1996. Vol.3, *Function Theory According to Chebyshev Ordinary Differential Equations Calculus of Variations Theory of Finite Differences.* Basel: Birkhäuser Basel, 1998.

Roger Crooke 从俄文版翻译的 3 卷本著作，原书编者是苏联著名数学家柯尔莫戈洛夫（A. N. Kolmogorov，Андре́й Никола́евич Колмого́ров，1903—1987）和数学史家尤什凯维奇（Yushkevich，Адо́льф-Андре́й Па́влович Юшке́вич，1906—1993）。这套书按照不同的数学分支，对 19 世纪数学发展做了详尽的梳理，内容十分丰富。

雷蒙德《维多利亚英国的数学》（2011）

Raymond Flood, Adrian Rice, and Robin Wilson, eds. *Mathematics in Victorian Britain.* New York: Oxford University Press, 2011.

该书介绍了维多利亚时期英国数学的发展。这里的数学不仅包括严格意义上的理论数学与应用数学，还包括其他应用数学概念的学科，如天文学、理论物理、公共卫生中的统计学、计算机器以及逻辑学。

4. 20 世纪

皮耶尔《1900—1950 数学的发展》(1994)

Pier, Jean-Paul. *Development of Mathematics 1900-1950*. Basel: Birkhäuser Basel, 1994.

该书按时间顺序列举了 20 世纪上半叶的重要数学论文，并由专家撰写了一系列文章，介绍了这一时期数学各分支的发展情况。

皮耶尔《1950—2000 数学的发展》(2000)

Pier, Jean-Paul. *Development of Mathematics 1950-2000*. Basel: Birkhäuser Basel, 2000.

该书向活跃在各个数学领域的数学家征集了约 30 篇稿件，并采访了几位数学家，以此勾勒出 20 世纪后半叶数学的发展面貌。

四、分科史

1. 代数

一般性著作

范德瓦尔登《代数史》(1985)

Van der Waerden, Bartel Leenert. *A History of Algebra*. Berlin, Heidelberg: Springer Berlin Heidelberg, 1985.

该书作者范德瓦尔登（Bartel Leendert van der Waerden，1903—1996）是荷兰著名的数学家和数学史家。这本时间跨度很长的代数史是从一个数学家的视角出发写作的历史，其中的内容主要是数学家所关心的具体理论细节。虽然缺少对于理论所处背景的历史研究，但仍不失为一本内容清晰且丰富的代数史著作。

克莱纳《抽象代数史》(2007)

Kleiner, Israel. *A History of Abstract Algebra*. Boston, MA: Birkhäuser Boston, 2007.

按照现代抽象代数理论的划分，依次介绍经典代数、群、环、域、线性代数的历史，第六章介绍诺特（Emmy Noether）以及抽象代数的诞生，最后附有凯莱（Cayley）、戴德金（Dedekind）、伽罗瓦（Galois）、高斯（Gauss）、哈密尔顿（Hamilton）

和诺特（Noether）的简短的传记。

格雷《抽象代数史：从代数方程到现代代数学》（2018）

Gray, Jeremy. *A History of Abstract Algebra: From Algebraic Equations to Modern Algebra.* Cham: Springer, 2018.

一本关于抽象代数史的教科书，大体上以数学家为章节划分标准，追溯了现代抽象代数概念的早期起源，对于费马大定理、二次型、五次方程可解性等问题也有论述。

专题研究

克罗《向量分析史：向量系统思想的演进》（1967）

Crowe, Michael J. *A History of Vector Analysis: The Evolution of the Idea of a Vectorial System.* 1st ed., University of Notre Dame Press, 1967. 2nd ed., New York: Dover Publications, 1985.

这本书聚焦于三维向量系统，追溯了从复数的几何表示到哈密尔顿（W. R. Hamilton）发现四元数，到泰特（Tait）和麦克斯韦（Maxwell）对于四元数的物理应用，再到吉布斯（Gibbs）和赫维塞德（Heaviside）构建现代向量系统的发展过程，同时包含对于他们工作受接受程度的统计分析比较。这本书建立在对一手和二手资料的广泛研究之上，缺少参考书目，但脚注丰富。

迪厄多内 "代数几何的历史发展"（1972）

Dieudonne, Jean. "The Historical Development of Algebraic Geometry." *The American Mathematical Monthly* 79, No.8 (1972): 827-866.

本文是对代数几何史重要主题的总结。作者将代数几何发展的前史和当代分科史分为七个阶段，把研究重点放在 19 世纪中叶以后的发展上。

钱德勒、马格努斯《组合群论史》（1982）

Chandler, Bruce, and Magnus, Wilhelm. *The History of Combinatorial Group Theory.* New York, NY: Springer New York, 1982.

关于组合群论发展的历史专著。第一部分涉及从 1882 年到 1918 年该学科的起源。第二部分介绍了从 1918 年到 1945 年这门学科逐渐成为一门独立的研究领域。

在数学讨论的基础之上，这本书还包括该领域内部的交流和传播方式、传记性的注释以及出色的参考书目。

维辛《抽象群概念的起源：对抽象群论起源史的贡献》（1984）

Wussing, Hans. *The Genesis of the Abstract Group Concept: A Contribution to The History of the Origin of Abstract Group Theory*. Cambridge, MA: MIT Press, 1984.

原书为 *Die Genesis des abstrakten Gruppenbegriffes*. Berlin: VEB Deutscher Verlag der Wissenschaften，1969, p.258，英译本由 Abe Shenitzer 翻译，Hardy Grant 协助编辑。该书是对群概念的详尽研究，尤其关注几何学与数论中隐含的群理论的观念。该书详细研究了置换群与伽罗瓦理论，强调约当的工作，以及克莱因的埃尔朗根纲领和李（Lie）的工作中的变换群的出现，包含非常丰富的一手和二手文献。

普克特、维辛"抽象代数的基本概念"（1994）

Purkert, Walter, and Hans Wussing. "Fundamental Concepts of Abstract Algebra." In Ivor Grattan-Guinness, ed. *Companion Encyclopedia of the History and Philosophy of the Mathematical Sciences*. New York: Routledge, 1994, pp.741-760.

本文论述了抽象代数概念的历史，这些概念在 19 世纪末发展成为第一个公理化定义的数学结构。它的三个部分是群；域、环和理想；包括格和范畴在内的其他结构。

派希尔"代数哲学"（1994）

Pycior, Helena Mary. "The Philosophy of Algebra." In Ivor Grattan-Guinness, ed. *Companion Encyclopedia of the History and Philosophy of the Mathematical Sciences*. New York: Routledge, 1994, pp.794-805.

本文研究 16 世纪到 19 世纪人们对于代数的基本态度，研究了复数和虚数的不确定性以及 19 世纪抽象化的发展。

科里《现代代数学与数学结构的兴起》（2004）

Corry, Leo. *Modern Algebra and the Rise of Mathematical Structures*. Basel: Birkhäuser Basel, 2004.

该书描述了数学结构发展的两个阶段。第一部分分析了代数学科向"代数结构"

研究转变的过程，集中分析了从戴德金到诺特以及最终 1930 年范·德·瓦尔登的《现代代数》（*Moderne Algebra*）的理想理论的发展；第二部分梳理了奥斯丁·欧尔（Øystein Ore）的格理论（lattice theory）、布尔巴基的结构理论以及范畴和函子理论的历史，探讨结构在数学中的更深层次问题。

2. 分析

一般性著作

博耶《微积分及其概念发展史》（1959）

Boyer, Carl B. *History of the Calculus and Its Conceptual Development*. New York: Dover Publication, 1959.

中译本：唐生译，《微积分概念发展史》，复旦大学出版社 2007 年版。

作者认为，微积分的发展历程是为了解释连续性的一种模糊的直觉感受而做出的努力，没有对概念给出尽可能简明的形式化定义阻碍了其发展，而 19 世纪对于函数和极限的严格定义给出了最终答案。

格拉顿 – 吉尼斯《从欧拉到黎曼的数学分析基础的发展》（1970）

Grattan-Guinness, Ivor. *The Development of the Foundations of Mathematical Analysis from Euler to Riemann*. Cambridge, Mass.: MIT Press, 1970.

该书讨论了极限和收敛理论中的一些问题，包括早期欧拉、达朗贝尔和拉格朗日关于震动弦问题的讨论，以及柯西和狄利克雷的严格方法。

爱德华《微积分的历史发展》（1979）

Edwards, C. H. *The Historical Development of the Calculus*. New York, NY: Springer New York, 1979.

该书包含 10 章，涵盖了从巴比伦计算到勒贝格积分的材料。对阿基米德、沃利斯、牛顿、莱布尼茨、欧拉等人的个别作品做出了清晰的解释。

迪厄多内《泛函分析史》（1981）

Dieudonné, Jean. *History of Functional Analysis*. Amsterdam etc.: North Holland, 1981.

中译本：曲安京等译，《泛函分析史》，高等教育出版社 2016 年版。

由数学家撰写的一本技术性很强的著作，作者迪厄多内（1906—1992）是布尔巴基学派的奠基人之一，他认为泛函分析的发展是拓扑学和向量空间的发展。

扬克《分析学史》（2003）

Jahnke, Hans Niels, ed. *A History of Analysis*. American Mathematical Society, 2003.

该书涵盖了从古代到 19 世纪末分析学的概念发展，认为理论的发展受到了应用问题、个人经历以及哲学背景的影响。全书共十三章，由数学史领域内顶尖学者撰写，清晰简明地勾勒出分析学领域内不同分支的历史面貌。

格拉顿 – 吉尼斯《从微积分到集合论的历史导论》（2020）

Grattan-Guinness, Ivor. ed. *From the Calculus to Set Theory 1630-1910: An Introductory History*. Princeton: Princeton University Press, 2020.

该书追溯了微积分从 17 世纪初开始扩展为数学分析，再到 20 世纪初集合论的发展和数学基础的发展历程。这本书记录了从笛卡尔和牛顿到罗素和希尔伯特以及许多其他数学家的工作，同时强调了基础性问题，并强调了高等数学发展的连续性。

专题研究

贝恩科普夫"函数空间的发展"（1966）

Bernkopf, Michael. "The Development of Function Spaces with Particular Reference to Their Origins in Integral Equation Theory." *Archive for History of Exact Sciences* 3, No.1 (1966): 1-96.

本文详细论述了泛函分析的一些早期工作，包括希尔伯特对积分方程的研究、弗雷歇的抽象空间理论、施密特和里斯对希尔伯特空间的研究，以及巴拿赫对巴拿赫空间的创造。

博斯"莱布尼茨微积分中的微分、高阶微分和导数"（1974）

Bos, H. J. M. "Differentials, Higher-Order Differentials and the Derivative in the Leibnizian Calculus." *Archive for History of Exact Sciences* 14, No.1 (1974): 1-90.

本文对早期莱布尼茨微积分中使用的"微分"概念进行了有价值的讨论。重点论述了微分的日常使用技术，而不是其逻辑基础；阐述了在微分的概念框架中，变量与函数的关键作用。作者认为在欧拉试图消除高阶微分的不确定性时，导数作为微积分的基本概念出现了。

戈德斯坦《17 世纪到 19 世纪变分学的历史》(1980)

Goldstine, H. H. *A History of the Calculus of Variations from the 17th through the 19th Century*. New York: Springer Verlag, 1980.

该书是关于变分法发展史的一本详尽的专著，目标受众为数学家。该书梳理了从费马写于 1662 年的关于光在光介质中路径的论文中蕴含的变分法根源，到希尔伯特关于不变积分和存在性定理的研究的历史。书中关注变分学中的案例、理论以及在物理学领域的应用。

格拉比内《柯西的严格微积分的起源》(1981)

Grabiner, Judith V. *The Origins of Cauchy's Rigorous Calculus*. Mineola, NY: Dover Publications, 1981.

该书是关于 17 世纪微积分历史的导论，尤其关注拉格朗日的详细研究，以及他对柯西后来工作的影响。柯西提出的使用 ε-δ 语言的严格定义，通过安倍追溯到了拉格朗日，该书讨论了这种形式对于柯西的分析学基础的重要性。

伯克霍夫、克莱斯齐希 "泛函分析的创立" (1984)

Birkhoff, Garrett, and Erwin Kreyszig. "The Establishment of Functional Analysis." *Historia Mathematica* 11, No.3 (August 1, 1984): 258-321.

本文回顾了泛函分析的发展历程：从其起源于变分法、运算微积分（operational calculus）、积分方程理论，直到 1933 年前后成为一门独立的学科。

恩格斯曼《曲线族与偏微分方程的起源》(1984)

Engelsman, Steven B. *Families of Curves and the Origins of Partial Differentiation*. Amsterdam, Netherlands: Elsevier Science & Technology, 1984.

该书详细分析了偏微分的概念、微分和积分的可交换性以及混合二阶偏导数相等的定理，是如何在莱布尼茨和伯努利关于曲线族轨迹的工作中出现的。作者认为可以将欧拉在 18 世纪 30 年代与偏微分方程有关的工作视为同一传统下的一部分来理解。

费根鲍姆"泰勒和增量法"(1985)

Feigenbaum, L. "Brook Taylor and the Method of Increments." *Archive for History of Exact Sciences* 34, No.1/2 (1985): 1-140.

本文对泰勒的《增量的正方法和逆方法》(*Methodus incrementorum directa et inversa*，1715)进行了深入研究，同时考察了泰勒的其他著作、通信以及其他数学家对他的影响。

亚历山大《复动力系统史》(1994)

Alexander, Daniel S. *A History of Complex Dynamics*. Wiesbaden: Vieweg + Teubner Verlag, 1994.

该书主要研究在 20 世纪前 20 年促使法图和茹利亚研究有理复解析函数迭代的原因。

史密斯《柯西和创造复变函数论》(1997)

Smithies, Frank. *Cauchy and the Creation of Complex Function Theory*. Cambridge: Cambridge University Press, 1997.

该书首次全面介绍柯西在 1814 年至 1831 年构建复变函数理论的著作，符号和术语修改为现代记法。

霍金斯《勒贝格的积分理论：起源与发展》(2001)

Hawkins, Thomas. *Lebesgue's Theory of Integration: Its Origins and Development*. American Mathematical Society, 2001.

该书为积分理论史的经典之作，以黎曼积分为起点，以勒贝格 – 斯蒂尔切斯积分为终点。第 4 章到第 6 章以及尾声涉及 1900 年到 1915 年的测度与积分的发展，以博雷尔的测度论为起点，以勒贝格积分及其应用（特别是 Riesz-Fischer 定理）和 Radon 将测度拓展到更一般的空间为终点。

圭恰迪尼《牛顿式微积分在英国的发展：1700—1800》(2003)

Guicciardini, Niccolo. *The Development of Newtonian Calculus in Britain, 1700-1800*. Cambridge: Cambridge University Press, 2003.

这是一部全面的论著，作者认为牛顿微积分曾经存在危机的观点是无法成立的。

克兰茨、帕克斯《隐函数定理》（2003）

Krantz, Steven G., and Harold R. Parks. *The Implicit Function Theorem*. Boston, MA: Birkhäuser Boston, 2003.

这是关于隐函数定理的专著，其中第 2 章简要介绍了该定理的历史。

麦基《交换与非交换调和分析的论域与历史》（2005）

Mackey, George W. *The Scope and History of Commutative and Noncommutative Harmonic Analysis*. American Mathematical Society, 2005.

这是由著名数学家编写的技术性很强的调和分析史，尤其关注外尔和冯·诺意曼的工作。

格雷《实与复：19 世纪分析学史》（2015）

Gray, Jeremy. *The Real and the Complex: A History of Analysis in the 19th Century*. Cham: Springer International Publishing, 2015.

该书追溯了 19 世纪实分析和复分析的历史：从拉格朗日和傅立叶的工作到集合论的起源和现代分析的基础。该书的独特之处在于将实分析和复分析作为相互关联的主题来处理，这与当时人们对它们的看法一致。读者受众为数学专业学生与研究者。

朱利安《重访十七世纪的不可分量》（2015）

Jullien, Vincent, ed. *Seventeenth-Century Indivisibles Revisited*. Basel: Birkhäuser Basel, 2015.

该书是关于 17 世纪不可分量方法的研究论文集，解释了当时数学家关于不可分量的本质产生的众说纷纭的观念，并指出不可分量方法的成功并没有导向一个统一且稳定的数学理论。

3. 计算

梅特罗波利斯等《二十世纪计算史》（1980）

Metropolis, N., et. al., eds. *A History of Computing in the Twentieth Century*. New York: Academic Press, 1980.

该书是 1978 年在洛斯阿拉莫斯举行的一次会议的记录。在这次会议上，大多数计算机的先驱者介绍了他们对早期计算机的描述，是计算机史的主要资料来源。

艾斯普瑞《冯·诺依曼与现代计算的起源》(1990)

Aspray, William. *John Von Neumann and the Origins of Modern Computing.* Cambridge, Mass.: MIT Press, 1990.

该书首次广泛而详细地介绍了冯·诺意曼对于计算理论的不同贡献，这些贡献远远超出他在设计和构造计算机系统方面的著名工作，其中包括重要的科学应用、数值分析的复兴以及计算理论的创新。该书描述了冯·诺意曼在 1945 年 EDVAC 报告之后的 10 年中，几乎完全独自发展了复杂信息处理系统或自动机的理论，并引入了诸如学习、具有不可靠组件的系统的可靠性、自我复制以及记忆和存储能力在生物神经系统中的重要性等主题，记录了科学、军事和商业的复杂互动，并展示了应用数学的进步是如何与计算机的进步交织在一起的。

格利姆《冯·诺依曼的遗产》(1990)

Glimm, James. *The Legacy of John von Neumann.* Proceedings of Symposia in Pure Mathematics; v.50. Providence, R.I.: American Mathematical Society, 1990.

该书是 1988 年 5 月在霍夫斯特拉大学举行的 AMS 纯数学研讨会的记录。该研讨会汇集了冯·诺意曼工作领域中的一些最重要的研究人员，这些研究人员的文章展示了冯·诺意曼思想的广泛性，其中包括算子理论、博弈论、遍历论等，并记录了他对当代数学的影响。

戈德斯坦《从帕斯卡到冯·诺依曼的计算机》(2008)

Goldstine, Herman H. *The Computer from Pascal to von Neumann.* Princeton University Press, 2008.

该书的第一部分讨论了数字和模拟计算装置的历史以及数学的同步发展。然而，该书的主要目的是从一个具体参与者的角度，对 ENIAC、EDVAC 和 I.A.S. 项目进行广泛的描述。该记述首次提供了大量取自当代的文件材料。该书特别关注冯·诺意曼的工作以及他在 EDVAC 和 I.A.S. 项目中的作用。

尼尔森《探索人工智能》(2009)

Nilsson, Nils J. *The Quest for Artificial Intelligence.* New York, NY: Cambridge University Press, 2009.

该书为关于人工智能的通史，作者为人工智能领域的先驱之一。

巴贝奇《巴贝奇的计算机器》(2010)

Babbage, Charles. *Babbage's Calculating Engines: Being a Collection of Papers Relating to Them; Their History and Construction*. Edited by Henry P. Babbage. Cambridge: Cambridge University Press, 2010.

该书是巴贝奇关于差分机和分析机的论文的再版，由其儿子编辑。

霍奇斯《图灵之谜》(2012)

Hodges, Andrew. *Alan Turing: The Enigma*. London: Random House, 2012.

该书为由数学家撰写的关于图灵的个人和科学传记，叙述了图灵 20 世纪 30 年代在可计算性方面的开创性工作、他在战争时期对破译 Enigma 密码的贡献以及他在战后现代计算机发展过程中的作用。

4. 微分方程

施利塞尔"线性常微分方程渐进法的发展，1817—1920"(1977)

Schlissel, Arthur. "The Development of Asymptotic Solutions of Linear Ordinary Differential Equations, 1817-1920." *Archive for History of Exact Sciences* 16, No.4 (1977): 307-378.

本文描述了从卡里尼（1817）到德拜的"鞍点方法"的发展过程，即通过对渐近解概念的概括和扩展而得到的发展。

恩格斯曼"拉格朗日对于一阶偏微分方程理论的早期贡献"(1980)

Engelsman, S. B. "Lagrange's Early Contributions to the Theory of First-Order Partial Differential Equations." *Historia Mathematica* 7, No.1 (February 1, 1980): 7-23.

作者认为，无论是拉格朗日的常微分方程的单独解理论，还是他在 17 世纪 70 年代对偏微分方程解的概念的修正，都源于这样一种思想：从一个包含足够数量常数的解中，通过常数变易法可以找到微分方程的全部解。

德米多夫"18 与 19 世纪的一阶偏微分方程研究"(1982)

Demidov, S. S. "The Study of Partial Differential Equations of the First Order in the 18th and 19th Centuries." *Archive for History of Exact Sciences* 26, No.4 (1982): 325-350.

本文研究了 18 世纪和 19 世纪一阶微分方程的历史，区分了这一理论发展的四个时期：1770 年前的形式分析时期（欧拉、达朗贝尔）、几何时期（拉格朗日、蒙日）、雅可比的第二方法时期和李的一般理论时期。

德米多夫 "线性微分方程理论的历史"（1983）

Demidov, S. S. "On the History of the Theory of Linear Differential Equations." *Archive for History of Exact Sciences* 28, No.4 (1983): 369-387.

本文研究了拉格朗日、达朗贝尔、利布里以及刘维尔工作中关于代数方程和线性微分方程之间的类比。

尼伦伯格 "本世纪前半叶的偏微分方程"（1994）

Nirenberg, Louis. "Partial Differential Equations in the First Half of the Century". *In Development of Mathematics 1900-1950*, 479-515. Basel: Birkhäuser, 1994.

本文概述了 20 世纪上半叶偏微分方程的发展过程。

5. 几何学

博诺拉《非欧几何之发展：批评性与历史性研究》（1912）

Bonola, Roberto, János Bolyai, and Nikolai Ivanovich Lobachevskii. *Non-Euclidean Geometry: A Critical and Historical Study of Its Development*. Translated by H. S. Carslaw. Chicago: The Open Court Publishing Company, 1912.

最初为德文版，包括波利耶的《绝对空间的科学》（*The Science of Absolute Space*，1832）和罗巴切夫斯基的《关于平行线理论的几何研究》（*Geometrical Researches on the Theory of Parallels*，1840）。博诺拉的论述仍然是经典的历史。该书研究了希腊人、穆斯林人等分析欧几里得平行假设的尝试，对 Schweikart、Taurinus 以及高斯的工作做了非常详尽的描述，并成功发掘出波利耶和罗巴切夫斯基的工作。

柯立芝《圆锥截线与二次曲面的历史》（1945）

Coolidge, J. L. *A History of the Conic Sections and Quadric Surfaces*. Oxford: Oxford University Press, 1945.

这是一本由几何学家撰写的关于圆锥截线与二次曲面的历史导论，介绍了从古希腊的几何理论到现代的代数方法与微分几何有关该主题的研究。

博耶《解析几何史》（1956）

Boyer, Carl B. *History of Analytic Geometry.* New York: Scripta Mathematica, 1956.

该书对解析几何学的发展进行了全面的研究，其依据是广泛的原始资料和二手资料。该书主要追溯了 20 世纪中期大学教科书中可以找到的那些解析几何学部分的历史。该书偶尔会有时代误置的处理和判断。

博斯"笛卡尔《几何》中曲线的表示"（1981）

Bos, H. J. M. "On the Representation of Curves in Descartes' Géométrie." *Archive for History of Exact Sciences* 24, No.4 (1981): 295-338.

本文讨论了笛卡尔引入新的机械方法来构造曲线的工作，而这些方法在希腊几何学中被认为是不可接受的。作者试图说明这项工作与笛卡尔的一般数学程序之间的联系。

托雷蒂《从黎曼到庞加莱的几何哲学》（1984）

Torretti, Roberto. *Philosophy of Geometry from Riemann to Poincaré.* Dordrecht: Reidel, 1984.

该书一半多的篇幅是对现代非欧几何历史的介绍，包括黎曼和高斯之后流形的发展、克莱因的射影几何、赫尔姆荷兹 – 李空间问题以及公理化（Pasch、Peano 和 Hilbert）。

罗森菲尔德《非欧几何史》（1988）

Rosenfeld, B. A. *A History of Non-Euclidean Geometry.* Translated by Abe Shenitzer. New York, NY: Springer New York, 1988.

这是一部综合性很强的著作，介绍了从古希腊数学家的早期球面几何学，到印度、阿拉伯数学家的成就、平行公设研究、立体投影问题，再到现代代数方法的使用、高维空间、空间曲率理论的非欧几何学的完整历史。

博伊等《1830—1930：一个几何学的世纪》（1992）

Boi, Luciano, Dominique Flament, and Jean-Michel Salanskis, eds. *1830-1930: A Century of Geometry: Epistemology, History and Mathematics.* Lecture Notes in Physics. Berlin Heidelberg: Springer-Verlag, 1992.

该书收录了 1989 年在巴黎举办的一次会议的论文，与会的数学家、物理学家、哲学家和科学史家讨论了 19 世纪上半叶几何学发生的根本性变化，以及对物理学、认识论和科学哲学基础产生的重要影响，是一本跨学科的文集。

赖希《张量计算的发展：从绝对微分计算到相对论》（1994）

Reich, Karin. *Die Entwicklung des Tensorkalküls: Vom absoluten Differentialkalkül zur Relativitätstheorie*. Science Networks. Historical Studies. Basel: Birkhäuser Basel, 1994.

该书讲述了张量计算和微分几何的历史，作者着重强调了里奇做出的重要工作。该书还对高斯、黎曼等人的重要文献进行了详尽的总结与研究，内容涉及曲面曲率、测地线、最小曲面、不变量理论等，包含丰富的参考文献与索引。

6. 逻辑、集合论与数学基础

尼尔《逻辑学的发展》（1962）

Kneale, William, Martha Kneale. *The Development of Logic*. Oxford: Clarendon Press, 1962.

从古希腊到 20 世纪初的逻辑学通史。书中有一半的篇幅关于 19 世纪，此外还包括有关集合论和数学基础的内容。

摩尔《策梅洛的选择公理》（1982）

Moore, Gregory H. *Zermelo's Axiom of Choice*. New York, NY: Springer New York, 1982.

该书对选择公理及其在 20 世纪数学中的作用进行了完整的历史研究。其中第二章分析了策梅洛对康托猜想的证明所引发的争论；第三章讨论了集合论的公理化；第四章介绍了选择公理及其等价物在不同数学领域中的作用，以及哥德尔关于该公理一致性的结果。

加西亚迭戈《罗素与集合论"悖论"的起源》（1992）

Garciadiego, Alejandro R. *Bertrand Russell and the Origins of the Set-Theoretic 'Paradoxes.'* Basel; Boston: Birkhäuser, 1992.

该书是关于集合论发展中悖论问题的综合性研究。

埃瓦尔德《从康德到希尔伯特的数学基础原始文献》（1996）

Ewald, William Bragg, ed. *From Kant to Hilbert: A Source Book in the Foundations of Mathematics*. Oxford: Clarendon Press, 2 vols, 1996.

该书收录了重要数学家关于数学基础问题的论述，其中包括布尔、皮尔斯关于逻辑学的论述，以及康托、策梅罗关于集合论的论述。

黑耶诺特《从弗雷格到哥德尔的数理逻辑原始文献》（2002）

Heijenoort, Jean van, ed. *From Frege to Gödel: A Source Book in Mathematical Logic, 1879-1931*. Cambridge Mass.: Harvard University Press, 2002.

该书收录了从弗雷格到哥德尔的数理逻辑中最重要的论文的英文版，是一部重要的原始资料集。

《逻辑史手册》（2004—2012）

Handbook of the History of Logic. 11 vols, Elsevier, 2004-2012.

Elsevier 出版的 11 卷本逻辑史手册，包含了各个时期逻辑学各分支的详细的历史，是重要的工具书。

费雷鲁斯《思想的迷宫：集合论史及其在现代数学中的角色》（2007）

Ferreirós, José. *Labyrinth of Thought: A History of Set Theory and Its Role in Modern Mathematics*. 2nd ed. Basel: Birkhäuser Basel, 2007.

该书采取了一种新颖的数学编史学视角，没有局限在严格意义下的集合论发展史，也不只关注康托、策梅罗等数学家，而是强调了集合论诞生时所处的更广的几何学、抽象代数以及逻辑学背景，研究了来自其他数学领域的观念对于集合论发展的影响。

哈帕兰塔《现代逻辑学的发展》（2009）

Haaparanta, Leila, ed. *The Development of Modern Logic*. New York; Oxford: Oxford University Press, 2009.

该书介绍了从中世纪到 20 世纪末的现代逻辑的完整历史。除符号逻辑史外，作者还考察了现代逻辑哲学和哲学逻辑的发展。

西格《希尔伯特纲领及其他》（2013）

Sieg, Wilfried. *Hilbert's Programs and Beyond.* New York: Oxford University Press, 2013.

该书介绍了希尔伯特的基础性工作，把希尔伯特工作的根源追溯到 19 世纪数学的激进变革，并指出他在创建数学逻辑和证明理论中的关键作用。此外，该书还分析了经典证明理论的技术和结果，以及它们在现代证明理论中的延伸。

7. 数与数论

迪克森《数论史》（1919—1923）

Dickson, Leonard Eugene. *History of the Theory of Numbers,* Washington, D.C.: The Carnegie Institution. Reprinted New York: Dover Publications, 2005. 3 vols, 1919-1923.

这是一部百科全书式的 1918 年前的数论史。第一卷专门讨论可整除性和素数，第二卷讨论丢番图分析，第三卷则讨论了二次型和高次型。

卡约里《数学符号史》（1928—1929）

Cajori, Florian. *A History of Mathematical Notations.* Chicago: Open Court, 2 vols. Reprinted 2007. Cosimo, Inc, 1928-1929.

第一卷涉及初等数学中的符号，第二卷主要讨论高等数学中的符号。两卷书都包含丰富的插图。

格拉泽《二进制与其他非十进制计数的历史》（1981）

Glaser, Anton. *History of Binary and Other Nondecimal Numeration.* Los Angeles: Tomash Publishers, 1981.

这是一部从哈里特的工作到现代非十进制计数系统的发展历史。

赛格雷"历史语境中的皮亚诺公理"（1994）

Segre, Michael. "Peano's Axioms in Their Historical Context." *Archive for History of Exact Sciences* 48, No.3-4 (1994): 201-342.

这是一篇详细研究皮亚诺关于数的定义和数学基础工作的长篇论文，内容包括其数学背景的历史导论、皮亚诺公理、皮亚诺的数的概念以及皮亚诺的形式主义。

比格斯、劳埃德等"组合学的历史"（1995）

Biggs, Norman L., E. Keith Lloyd, Robin J. Wilson. "The History of Combinatorics". In R.L. Graham, Martin Grötschel, László Lovász, eds. *Handbook of Combinatorics*, 2163-2198, Elsevier, 1995.

中译本:《组合学手册：第一卷》，哈尔滨工业大学出版社 2020 年版。

本文是对组合学历史的概述，分为八个部分：古代的组合学，现代组合学的起源，枚举、分割和对称函数的形式方法，图论、构型和设计的发展，组合集论，算法组合学。正如作者所承认的，一些突出的领域没有涉及，如阿拉伯人的贡献。

魏尔《数论：从汉谟拉比到勒让德的历史导引》（2006）

Weil, André. *Number Theory: An Approach through History from Hammurapi to Legendre*. Boston, MA: Birkhäuser Boston, 2006.

中译本：胥鸣伟译，《数论——从汉穆拉比到勒让德的历史导引》，高等教育出版社 2010 年版。

该书是由当代数学家撰写的一部数论史，研究内容从巴比伦碑文普林顿 322 到勒让德关于数论的论文。其中一些早期的主题包括欧几里得《几何原本》、毕达哥拉斯定理和两平方数和问题（从巴比伦到韦达）。历史部分的主体是关于费马、欧拉、拉格朗日以及勒让德工作的研究。

马奥尼《费马的数学事业，1601—1665》（2018）

Mahoney, Michael Sean. *The Mathematical Career of Pierre de Fermat, 1601-1665*, Princeton: Princeton University Press, 1994.

这是一部费马的详细传记，其中相当多的内容关注数论，以第六章为主。此外，这本传记还关注了费马的生平、时代以及其他方面的数学成果。

8. 数值分析

戈德斯坦《16 世纪到 19 世纪的数值分析史》（1977）

Goldstine, Herman H. *A History of Numerical Analysis from the 16th through the 19th Century*. New York, NY: Springer New York, 1977.

该书是关于这一主题的标准著作，全面论述了数值分析在其奠基时期的技术发展。从耐皮尔、布里格斯、韦达和开普勒早期对算法和插值的研究工作开始，随后引出了牛顿时代的一章，又详细分析了欧拉、拉格朗日、拉普拉斯、勒让德和高斯的贡献，最后一章介绍了 19 世纪的人物，包括雅可比、柯西和埃尔米特。

爱德华兹《微积分的历史发展》（1979）

Edwards, C. H. *The Historical Development of the Calculus*. New York, NY: Springer New York, 1979.

有关数值分析的内容分布在各个章节，如第六章强调了耐皮尔的算法，第七章强调了沃利斯在计算 π 值和牛顿处理二项式级数时使用的插值模式，第八章讨论了用幂级数表示正弦和余弦函数的问题。

谢宁"高斯与误差理论"（1979）

Sheynin, O. B. "C. F. Gauss and the Theory of Errors." *Archive for History of Exact Sciences* 20, No.1 (1979): 21-72.

本文的重点是误差理论，同时论述了有关最小二乘法的问题，其中包括许多有用的参考资料。

纳什《科学计算史》（1990）

Nash, Stephen, ed. *A History of Scientific Computing*. Addison-Wesley Publishing Company, 1990.

该书是 1987 年在普林斯顿大学召开的"科学与数值计算史会议"的论文集，文章主要关注近 50 年来逐渐成为一门独立学科的科学计算，其中包括线性系统、偏微分方程、流体力学、快速傅里叶变换、有限元、迭代法以及常规微分方程方法。

尼尔《从离散到连续：现代早期英国数的概念的扩展》（2002）

Neal, K. *From Discrete to Continuous: The Broadening of Number Concepts in Early Modern England*. Studies in History and Philosophy of Science. Kluwer Academic Publishers, 2002.

该书作者认为，现代早期离散的数（number）和连续的量（magnitude）的古典概念上发生了重要改变，认为两者截然对立的传统观念从不同方面受到了巨大挑战，实践的需求以及代数记号与算法的进步共同产生了一种更宽泛的数的概念。

古斯塔夫松《科学计算：一个历史的视角》(2018)

Gustafsson, Bertil. *Scientific Computing: A Historical Perspective*. Springer, 2018.

该书探讨了最重要的计算方法及其发展历史。从巴比伦人和希腊人最早的数学 / 数值成就开始，继而介绍从 16 世纪开始行星动力学的基本数值方法。第二次世界大战结束后，电子计算机的出现大大加快了数值方法的发展。因此，科学计算成为理论和实验这两个传统分支之外的第三种科学方法。

9. 概率与统计

皮尔逊《17 和 18 世纪的统计学史》(1978)

Pearson, Karl. *The History of Statistics in the 17th and 18th Centuries: Against the Changing Background of Intellectual, Scientific and Religious Thought*. Edited by E. S. Pearson. London: Charles Griffin, 1978.

皮尔逊（1857—1936）是数理统计的奠基人之一，该书是他在 1921—1933 年关于统计学史的讲座合集。

斯蒂格勒《统计学史：1990 年前关于不确定性的测量》(1986)

Stigler, Stephen M. *The History of Statistics: The Measurement of Uncertainty Before 1900*. Cambridge, Mass.: Harvard University Press, 1986.

该书探讨了统计学从 19 世纪的起源到 20 世纪初现代数理统计兴起的历史。作者表明，统计学并不是由数学家发展起来然后应用于科学和社会科学的；相反，这个领域是在社会科学家的努力下产生的。先驱的统计物理学家和生物学家麦克斯韦、玻尔兹曼和高尔顿通过指出他们的学科和社会科学之间的类比，将统计模型引入科学领域。

哈尔德《1750 年之前的概率论与统计学史》(1990)、《1750—1930 的数理统计史》(1998)

Hald, Anders. *A History of Probability and Statistics and Their Applications Before 1750*. Wiley, 1990.

Hald, Anders. *A History of Mathematical Statistics from 1750 to 1930*. Wiley, 1998.

作者哈尔德（1913—2007）是 20 世纪最重要的统计史学家之一，这两本书是概率与统计学史的经典通史著作。除了对不同数学家的理论做细致的技术性分析之外，作者还提供了大量关于这一时期历史的新材料。

戴尔《逆概率史》(1991)

Dale, Andrew I. *A History of Inverse Probability*. Vol.16. Studies in the History of Mathematics and Physical Sciences. New York, NY: Springer US, 1991.

该书主要关注从贝耶斯到皮尔逊的逆概率理论史，即从可观察的样本数据推断不可观察的参数分布或统计假设的问题。这本书提供了丰富的历史资料，但缺少历史语境。

达斯顿《启蒙时期的古典概率》(1995)

Daston, Lorraine. *Classical Probability in the Enlightenment*. Princeton: Princeton University Press, 1995.

作者认为概率期望的概念是随着社会理性决策的需要而发展起来的。书中讨论了启蒙运动时期经济、法律、心理、道德等因素对概率学概念的影响。

柏拉图《创造现代概率：历史视角中的数学、物理和哲学》(1998)

Plato, Jan von. *Creating Modern Probability: Its Mathematics, Physics and Philosophy in Historical Perspective*. Cambridge: Cambridge University Press, 1998.

这是一部关于柯罗莫戈夫概率论公理化及其后续发展的历史。此外，作者还考察了统计学和量子物理学中概率论概念和理论的发展，以及与偶然现象相关的数学理论和哲学基础。

大卫、爱德华兹《概率史注释读本》(2001)

David, H. A., and A. W. F. Edwards. *Annotated Readings in the History of Statistics*. Perspectives in Statistics. New York: Springer-Verlag, 2001.

该书是对于统计学史上过去受到忽视的重要文献的研究，揭示了一些统计学概念的起源与发展过程。

哈尔德《从伯努利到费雪的参数统计推断史，1713—1935》(2007)

Hald, Anders. *A History of Parametric Statistical Inference from Bernoulli to Fisher, 1713-1935*. New York: Springer-Verlag, 2007.

这是一部参数统计推断的历史。

费舍尔《中心极限定理的历史：从古典到现代概率论》（2011）

Fischer, Hans. *A History of the Central Limit Theorem: From Classical to Modern Probability Theory*. New York: Springer-Verlag, 2011.

该书旨在将中心极限定理的历史嵌入概率论以及更广泛的数学发展史中。这段历史从 1810 年拉普拉斯对大量独立随机变量线性组合分布的近似以及泊松、狄利克雷和柯西对它的修改开始，一直到 1950 年前后 Donsker 和 Mourier 对度量空间中极限定理的讨论。此外，书中还介绍了分析概率论及其工具（如特征函数或矩）的历史发展。在书中，分析史和概率论史之间的历史联系得到了非常详细的展示。

费恩伯格、辛克利《R.A. 费雪》（2012）

Fienberg, Stephen E., and Hinkley, David V. eds. *R.A. Fisher: An Appreciation*. Berlin Heidelberg: Springer-Verlag, 2012.

该书收录了 18 篇论文，讨论费雪在统计学方面的研究。包括实验设计、统计估计、条件推理和方差分析，还包括一篇由费雪的女儿撰写的简单传记。

戈鲁楚恩《现代数理统计史中的经典问题》（2016）

Gorroochurn, Prakash. *Classic Topics on the History of Modern Mathematical Statistics: From Laplace to More Recent Times*. John Wiley & Sons, 2016.

该书按照主题的方式分类，全面介绍了数理统计的历史。按照时间顺序分为三部分：第一部分专门讨论拉普拉斯的概率论著作以及他为后来统计学理论发展奠定的基础；第二部分介绍 20 世纪统计学的发展，包括皮尔逊、Student、费雪和内曼的工作；第三部分作者论述了费雪之后统计学理论的发展。

10. 拓扑学

曼海姆《点集拓扑学的诞生》（1964）

Manheim, Jerome H. *The Genesis of Point Set Topology*. Oxford: Pergamon Press, 1964.

该书系统解释了那些推动点集理论诞生与发展的分析学概念与问题，并进一步介绍了郝斯多夫等人的点集拓扑的诞生过程。

约翰森"现代拓扑学发展中的维数不变性问题"（1979）

Johnson, Dale M. "The Problem of the Invariance of Dimension in the Growth of Modern Topology, Part Ⅰ." *Archive for History of Exact Sciences* 20, No.2 (1979): 97-188.

这是一本内容详尽的长篇论文。第一部分考察了高斯和黎曼关于流形的观点，然后详细讨论了康托和戴德金对于细节的讨论，康托悖论及其解决方案最终导向了点集拓扑学的发展；第二部分研究维数不变性问题以及布劳威尔的解决方案，强调了布劳威尔和勒贝格的争论。

詹姆斯《拓扑学史》（1999）

James, I.M., ed. *History of Topology*. Elsevier, 1999.

这是一本关于拓扑学史的主题论文集，其中的文章不仅包括具体的拓扑学理论和概念史，还包括拓扑前史。

迪厄多内《代数拓扑与微分拓扑的历史，1900—1960》（2009）

Dieudonné, Jean. *A History of Algebraic and Differential Topology, 1900-1960*. Boston: Birkhäuser Boston, 2009.

这是一本高度技术性的著作，介绍了代数拓扑和微分拓扑从 1895 年彭加勒的工作开始到 19 世纪 60 年代 K- 理论以及同调论与同伦论的发展。作者采用现代术语表示更早时期的概念，并着重介绍代数技巧的发展。

五、人物研究

1. 笛卡尔（René Descartes，1596—1650）

高克罗格《笛卡尔：哲学、数学和物理学》（1980）

Gaukroger, Stephen, ed. *Descartes: Philosophy, Mathematics and Physics*. Harvester, 1980.

这是一本关于笛卡尔的论文集，包括传统关于笛卡尔哲学的研究，也包括笛卡尔关于几何与代数的统一、光学、代数学以及力与惯性等数学和物理学思想的研究。

2. 欧拉（Leonhard Euler，1707—1783）

布拉德利、桑迪弗《欧拉：生平、工作与遗产》（2007）

Bradley, Robert, and Edward Sandifer, eds. *Leonhard Euler: Life, Work and Legacy*. Elsevier, 2007.

该书收录了 24 篇论文，内容包含欧拉的生平、在圣彼得堡科学院的活动、哲学思想以及他对 19 世纪欧洲数学和物理学的影响，此外还有对于欧拉在概率论、数论、分析学、力学以及其他数学领域中所做创新的技术性细节的研究。

卡林格《欧拉：启蒙时代的数学天才》（2019）

Calinger, Ronald S. *Leonhard Euler: Mathematical Genius in the Enlightenment*. Princeton University Press, 2019.

该书是第一本关于欧拉完整的英文传记，它将欧拉的工作放在制度、政治、文化和宗教等多层次背景之中，详细研究了欧拉从纯数学到应用数学领域各方面的工作，特别是在微积分、数论、光学、天体力学、理论力学和流体力学方面，以及他在造船、望远镜、弹道学、制图学、年代学和音乐理论方面的成就。

3. 拉普拉斯（Pierre-Simon Laplace，1749—1827）

吉利斯皮《拉普拉斯，1749—1827：精密科学的一生》（1997）

Gillispie, Charles Coulston. *Pierre-Simon Laplace, 1749-1827: A Life in Exact Science*. With the collaboration of Robert Fox and Ivor Grattan-Guinness. Princeton University Press, 1997.

该书是关于拉普拉斯在精密科学方面成就的一部内史著作，其中前三部分研究了拉普拉斯发表的著作，第四部分研究物理学与概率论，第五部分介绍了拉普拉斯变换的历史。该书包含丰富而严格的数学细节，但对于拉普拉斯的生平、影响以及所处的社会和历史背景着墨较少。

哈恩《拉普拉斯，1749—1827：一个决定论的科学家》（2005）

Hahn, Roger. *Pierre Simon Laplace, 1749-1827: A Determined Scientist*. Harvard University Press, 2005.

该书对于拉普拉斯的思想发展和所处的社会、政治背景进行了详细的研究，并细致地考察了拉普拉斯决定论思想的来龙去脉及其宗教思想。

4. 高斯（Carl Friedrich Gauss，1777—1855）

比勒《高斯传记研究》（1981）

Bühler, W. K. *Gauss: A Biographical Study*. Berlin Heidelberg: Springer-Verlag, 1981.

这本传记的目标读者为数学家和科学家，而非科学史家。作者从一个现代数学研究者的视角出发，主要关注高斯的数学工作而非生活细节。

莫茨巴赫《高斯文献汇编》（1984）

Merzbach, Uta C, ed. *Carl Friedrich Gauss: A Bibliography*. Wilmington, Del.: Scholarly Resources, 1984.

该书是关于高斯的原始材料的权威文献汇编，列举了高斯发表的文章以及译本、已经出版的和位于哥廷根大学高斯数据库中的信件、一些研究性文献的编目以及与高斯相关的人物清单。此外，该书还包含主题索引和出版物、信件以及研究性文献的年表。

5. 柯西（Augustin–Louis Cauchy，1789—1857）

贝洛斯特《柯西传》（1991）

Belhoste, Bruno. *Augustin-Louis Cauchy: A Biography*. Translated by Frank Ragland. New York: Springer-Verlag, 1991.

该书是目前关于柯西生平和思想最为详尽的英文传记，对柯西受到的教育、身处的政治和学术环境以及与其他学者的交往对其思想产生的影响进行了细致的研究，对柯西数学工作的细节方面着墨不多。

6. 黎曼（Bernhard Riemann，1826—1866）

劳格维茨《黎曼 1826—1866：数学概念的转折点》（1999）

Laugwitz, Detlef. *Bernhard Riemann 1826-1866: Turning Points in the Conception of Mathematics*. Modern Birkhäuser Classics. Birkhäuser Basel, 1999.

该书旨在揭示黎曼思想对于后世数学发展的持续影响力。作者强调了黎曼对于概念而非计算的重视，并论证了他关于传统数学建构的颠覆对于后世数学家以及 20 世纪数学中的现代主义所产生的重要影响。

7. 康托（Georg Cantor，1845—1918）

道本《康托：无穷数学和无穷哲学》(1990)

Dauben, Joseph W. *Georg Cantor: His Mathematics and Philosophy of the Infinite.* Princeton, N.J.: Princeton University Press, 1990.

中译本：郑毓信、刘晓力译，《康托的无穷的数学和哲学》，江苏教育出版社 1989 年版。

该书为康托的传记，追溯了集合论的起源，从他对三角数列的研究和实数的严格定义，到不可数集的发现，再发展到超限数，最终到超限算术、超限序数和基数理论。该书同时考虑到其工作的社会和学术背景，以及其兴趣中神学和心理学方面。书中附有照片和以前未发表的资料，大量依靠手稿、书信和档案资料。

8. 彭加勒（Henri Poincaré，1854—1912）

格雷《亨利·彭加勒：一部科学传记》(2012)

Gray, Jeremy. *Henri Poincaré: A Scientific Biography.* Princeton University Press, 2012.

该书前半部分完整地介绍了彭加勒的工作、生平以及他所处的社会背景，后半部分分学科介绍他在三体问题、宇宙论、物理学、函数论和数学物理、拓扑学、纯数学以及科学哲学方面做出的贡献。除科学问题之外，作者还在书中讨论了彭加勒与社会问题的关系。

9. 希尔伯特（David Hilbert，1862—1943）

里德《希尔伯特》(1996)

Reid, Constance. *Hilbert.* Copernicus, 1996.

该书基于对希尔伯特的同事和学生的广泛采访写成，是一本详细的个人传记。其中还包括 H. Weyl 的一篇长文的重印版，这篇文章分析了希尔伯特对数学的诸多贡献。

10. 诺特（Emmy Noether，1882—1935）

罗、克罗伊贝尔《诺特的数学人生》(2020)

Rowe, David E., and Koreuber, Mechthild. *Proving It Her Way: Emmy Noether, a Life in Mathematics*. Cham: Springer International Publishing, 2020.

罗《埃米·诺特：非凡的数学家》（2021）

Rowe, David E. *Emmy Noether – Mathematician Extraordinaire*. Springer International Publishing, 2021.

关于埃米·诺特最新的研究著作，作者不仅对她的思想发展和数学成就做出了全面的解释，还重新评价了她对 20 世纪数学产生的影响。作者还对诺特的社会关系进行了详细的分析，对于数学细节给出了更为细致的描述。

11. 哥德尔（Kurt Gödel，1906—1978）

王浩《关于哥德尔的思考》（1990）

Wang, Hao. *Reflections on Kurt Gödel*. MIT Press, 1990.

中译本：康宏逵译，《哥德尔》，上海译文出版社 2002 年版。

该书将哥德尔的思想分为两个阶段：1924 年至 1939 年维也纳大学时期的数学创造和 1940 年至 1978 年普林斯顿高等研究院阶段从逻辑学到形而上学的转向。作者在书中探讨了哥德尔对于初等逻辑完备性、形式化的局限、证据问题、集合的概念、数学哲学、时间、相对论以及形而上学等问题的观点。

道森《逻辑的困境：哥德尔的生活与工作》（2005）

Dawson, John. *Logical Dilemmas: The Life and Work of Kurt Gödel*. Taylor & Francis, 2005.

中译本：唐璐译，《哥德尔：逻辑的困境》，湖南科学技术出版社 2009 年版。

该书对哥德尔的工作和生活进行了详细的研究，以专业研究人员为读者阐释了哥德尔的理论中的众多技术细节，并澄清了若干事实。

第二十二章　物理学史

胡翌霖

本章内容只涉及牛顿建立经典力学之后的物理学史，未包括天体物理等交叉学科。本章分工具书、通史、分科史、人物研究四个部分。

一、工具书

布拉什、贝略尼《现代物理学史：国际书目》（1983）

Brush, Stephen G. and Belloni, Lanfranco. *The history of modern physics: An international bibliography*. Garland, 1983.

这是关于现代物理学史的带注释的书目。主编布拉什（Stephen G. Brush，1935— ）是马里兰大学科学史杰出教授，在物理学史领域著作等身，专长是热力学和行星物理学，他撰写或主编的著作都很有参考价值。

布拉什《物理学史：精选重印》（1988）

Brush, Stephen G. *History of physics: Selected reprints*. American Association of Physics Teachers, 1988.

该书由著名物理学史家布拉什主编，收录的都是著名科学史家（包括科恩、库恩等）的经典文章。

二、通史

卡约里《物理学史》（1899）

Cajori, Florian. *A History of Physics*. The Macmillan Company, 1928.

中译本：戴念祖、范岱年译，《物理学史》，内蒙古人民出版社1981年版。

卡约里（1859—1930）是科学史学科发展早期重要的科学史家，该书也是一本经典的物理学通史，初版之后共修订出版了5版，中译本根据1928年第五版译出。

哈曼《能量、力和物质：19世纪物理学概念的发展》（1982）

Harman, P. M. *Energy, Force, and Matter: The Conceptual Development of Nineteenth-Century Physics*. New York: Cambridge University Press, 1982.

中译本：龚少明译，《19世纪物理学概念的发展——能量、力和物质》，复旦大学出版社2000年版。

经典的19世纪物理学通史，围绕能量、力、物质等关键概念展开。

内尔塞西安《从法拉第到爱因斯坦：在科学理论中建构意义》（1984）

Nersessian, Nancy J. *Faraday to Einstein: Constructing meaning in scientific theories*. Nijhoff, 1984.

追溯物理学历史中的概念发展，以回应科学哲学提出的问题，即如何理解科学理论的意义及其不可通约性。

克里斯、曼恩《第二次创造：20世纪物理学革命的制造者》（1986）

Crease, Robert P., and C. Mann, Charles C. *The Second Creation: Makers of the Revolution in 20th-century Physics*. MacMillan, 1986.

基于对普朗克、薛定谔、费曼等20世纪重要物理学家的访谈资料编纂的20世纪物理学史。

克劳《量子世代：20世纪物理学史》（1999）

Kragh, Helge. *Quantum Generations: A History of Physics in the Twentieth Century*. Princeton: Princeton University Press, 1999.

20世纪物理学通史，兼顾科学的思想内容和社会经济环境，写作上也兼顾通俗性和专业性。

希莫尼《物理学文化史》（2012）

Simonyi, Károly. *A Cultural History of Physics*. translate by David Kramer. A.K. Peters. 2012.

从古代到20世纪的物理学通史，突出文化史视角，梳理了物理学的理论传统与实验传统如何在西方的文化环境中被塑造和整合。作者为匈牙利科学史家。该书首先以匈牙利语出版，随后出版了德语和英语本。

三、分科史

1. 经典力学

马赫《力学史评》(1883)

Mach, Ernst. The *Science of Mechanics: A Critical and Historical Account of Its Development.* Chicago: Open Court, 1988. (德语原版：F.A. Brockhaus, Leipzig, 1883.)

中译本：李醒民译，《力学及其发展的批判历史概论》，商务印书馆 2014 年版。

马赫对经典力学发展史的总结与批判，既是开拓性的物理学史著作，在物理学自身的发展历史中也具有承上启下的标志意义，为稍后的物理学革命埋下了伏笔。

迪加《力学史》(1955)

Dugas, René. *History of Mechanics.* Dover Publications, 2011.

经典的力学史著作，初次出版于 1955 年，1988 年译成英语，之后被译为更多语言并多次再版。作者勒内·迪加（1897—1957）是法国工程师和科学史家。

特鲁斯德尔《力学史文集》(1968)

Truesdell, C. *Essays in the History of Mechanics.* Springer-Verlag, 1968.

科学史家特鲁斯德尔（1919—2000）专长于数学和理性力学（rational mechanics），该书收录了他关于力学史的若干文章，内容包括达·芬奇的机械研究，但主要集中于牛顿之后的理性力学发展。

托卡蒂《流体力学的历史与哲学》(1971)

Tokaty，G. A. *A History and Philosophy of Fluid Mechanics.* Courier Corporation，1994. (1971 年初版)

航空科学家撰写的流体力学史的经典著作，包括流体力学的通俗介绍和从柏拉图到 20 世纪的历史梳理。

马丁《美国文学与力学宇宙》(1981)

Martin，R. E. *American literature and the universe of force.* 1981.

讨论了 19 世纪后期力学宇宙观的兴起及其对美国文学的影响。

2. 光学

祖佩尔《歌德反对牛顿：一门色彩新科学的论战与计划》（1988）

Supper, D.L. *Goethe contra Newton: Polemics and the Project for a New Science of Color*. Cambridge University Press, 1988.

历史地考察了歌德的色彩学及其对牛顿理论的批判。作者认为歌德的色彩学不仅作为哲学或艺术思想是有意义的，而且回到历史语境，其色彩学也是真正的物理科学。

布赫瓦尔德《光之波动说的兴起：19 世纪早期的光学理论与实验》（1989）

Buchwald, Jed Z. *The Rise of the Wave Theory of Light: Optical Theory and Experiment in the early Nineteenth Century*. Chicago: University of Chicago Press, 1989.

该书是关于 19 世纪初光的波动说研究的经典之作。作者布赫瓦尔德（1949— ）是麻省理工学院科技史研究所所长。

基普尼斯《光的干涉原理的历史》（1991）

Kipnis, Naum. *History of the Principle of Interference of Light*. Birkhauser, 1991.

聚焦于 19 世纪光的干涉理论的来龙去脉。

阿钦斯坦《粒子与波：科学哲学历史文集》（1991）

Achinstein, Peter. *Particles and Waves: Historical Essays in the Philosophy of Science*. New York: Oxford University Press, 1991.

该书汇集了科学哲学家阿钦斯坦的 11 篇论文，主题围绕 19 世纪光的粒子说与波动说之争，试图回应对不可观测实体如何进行科学假设等科学哲学问题。

夏皮罗《物理学、方法与化学以及牛顿颜色理论》（1993）

Shapiro, Alan E. *Fits, Passions, and Paroxysms: Physics, Method and Chemistry and Newton's Theories of Colored Bodies and Fits of Easy Reflection*. Cambridge University Press, 1993.

该书包括对牛顿未出版的光学手稿的研究，还包括对 18 世纪末到 19 世纪初物理学家和化学家关于物体色彩的漫长争论的历史考察。

哈克福特《欧拉时代的光学》（1995）

Hakfoort, Casper. *Optics in the Age of Euler: Conceptions of the Nature of Light, 1700-1795*. Cambridge University Press, 1995.

该书强调欧拉在光学史中的重要地位。与传统的理解不同，作者认为牛顿在1672 年发表的光的粒子论并没有产生广泛影响或引发持久争论，直到 1746 年欧拉发表了光的波动论之后，相关争论才热烈展开，直到 1795 年，牛顿的粒子论才在德国成为主流。

珀科维茨《光之帝国：一部科学与艺术的发现史》（1996）

Perkowitz, Sidney. *Empire of Light: A History of Discovery in Science and Art*. New York: Holt, 1996.

凝聚态物理学家撰写的光学史读物，在历史细节把握方面略显随意，但贵在视野广阔并结合艺术史，就入门读物而言有可读性和启发性。

亨切尔《光子：光量子的历史与心理模式》（2018）

Hentschel, Klaus. *Photons. The History and Mental Models of Light Quanta*. Springer, 2018.

该书聚焦于"光量子"和"光子"术语如何孕育、提出和推广的历史过程，并追究术语背后反映出的科学家心理模式。作者亨切尔（1961— ）是知名的德国科学史家，长于科学的心态史和视觉文化史等。

3. 电磁学

惠特克《以太理论与电学史》（1910）

Whittaker, Edmund T. *A History of the Theories of Aether and Electricity*. Andesite Press, 2015.

惠特克（1873—1956）是小有成就的数学家和物理学家，这本初次出版于 1910年的电学史著作本身也成为物理学史的研究对象。作者更加突出彭加勒和洛伦茨（而非爱因斯坦）在建立狭义相对论方面的贡献因而引起争议。

威廉姆斯《迈克尔·法拉第》（1965）

Williams L. Pearce. *Michael Faraday*. New York: Basic Books, 1965.

威廉姆斯（1927—2015）是美国康奈尔大学历史系教授、科学史与科学哲学课程主任，该书获得 1966 年美国科学史学会辉瑞奖（Pfizer Award）。

艾特肯《谐振与火花：无线电的起源》（1976）

Aitken, Hugh G.J. *Syntony and Spark: The Origins of Radio*. Princeton University Press, 1985. (1976 年初版)

艾特肯（1922—1994）是达·芬奇奖得主，无线电史方面的权威。该书结合科学与技术，也讨论了无线电对经济和生活的影响。

海尔布朗《17、18 世纪的电学：现代早期物理学研究》（1979）

Heilbron, J. L. *Electricity in the 17th & 18th Centuries: A Study of Early Modern Physics*. Berkeley: University of California Press, 1979.

作者海尔布朗是加州大学伯克利分校的荣休教授，这是他较早的一部作品，是早期电学史研究的经典著作。

布赫瓦尔德《从麦克斯韦到微观物理学》（1985）

Buchwald, Jed Z. *From Maxwell to Microphysics: Aspects of Electromagnetic Theory in the Last Quarter of the Nineteenth Century*. Chicago: University of Chicago Press, 1985.

该书是电磁学史方面的经典，作者布赫瓦尔德是麻省理工学院科技史研究所所长。

古丁、詹姆斯《重新发现法拉第》（1985）

Gooding, David; James, Frank A. J. L. *Faraday rediscovered: Essays on the life and work of Michael Faraday, 1791-1867*. Macmillan, Stockton Press, 1985.

该书收录了关于法拉第研究的 11 篇前沿论文。

布赫瓦尔德《赫兹与电磁波》（1994）

Buchwald, Jed Z. *The Creation of Scientific Effects: Heinrich Hertz and Electric Waves*. Chicago: University of Chicago Press, 1994.

作者基于赫兹实验室笔记和未发表手稿的研究，揭示出电磁波发现的偶然性，讨论了理论与实验的关系。

坎特尔等《迈克尔·法拉第》(1996)

Cantor, Geoffrey, Gooding, David and Frank A. J. L. James eds. *Michael Faraday*. Atlantic Highland, NJ: Humanities Press, 1996.

编者坎特尔（1943— ）是英国利兹大学科学史与科学哲学教授。该文集是关于法拉第的传记性作品，叙述了法拉第早年的生活工作、在皇家学院的角色、在市政和军事科学方面的贡献，以及他在科学与工程方面带来的影响。

杜谢克《整体论对物理学的启示：电磁学理论的隐秘历史》(1999)

Dusek, Val. *The holistic inspirations of physics: The underground history of electromagnetic theory*. Rutgers University Press, 1999.

该书是一位哲学教授撰写的观点独特的电磁学史，认为电磁学的发展受到德国浪漫主义的有机论和整体论思想的影响，甚至讨论了中国古代思想和女性文化对电磁学的影响。许多论据是可疑的，但视角独特。

达里戈尔《电动力学：从安培到爱因斯坦》(2000)

Darrigol, Olivier. *Electrodynamics from Ampère to Einstein*. Oxford University Press, 2000.

作者达里戈尔（1955— ）是法国科学史家，该书考察了电动力学从安培到爱因斯坦的历史链条，这一发展链条串联起德、英、荷、美等多国科学家之间的竞争与合作，也从物理学影响到化学、数学、生理学等更多学科。

福布斯、马洪《法拉第、麦克斯韦和电磁场：二人如何发起物理学革命》(2014)

Forbes, Nancy; Mahon, Basil. *Faraday, Maxwell, and the Electromagnetic Field: How Two Men Revolutionized Physics*. Prometheus Books, 2014.

中译本：宋峰等译，《法拉第、麦克斯韦和电磁场：改变物理学的人》，机械工业出版社 2020 年版。

该书是基于法拉第和麦克斯韦传记撰写的一部通俗的电磁学史。

4. 热力学

卡德韦尔《从瓦特到克劳修斯：工业时代早期热力学的兴起》(1971)

Cardwell, D. S. L. *From Watt to Clausius: The rise of thermodynamics in the early industrial age*. NCROL, 1971.

卡德韦尔是达·芬奇奖获得者。该书打通科学史与技术史的视角，在工业革命的背景下考察热力学的发展，是一部经典之作。

埃尔卡纳《能量守恒定律的发现》（1974）

Elkana, Yehuda. *The Discovery of the Conservation of Energy*. Hutchinson, 1974.

该书是关于能量守恒定律发现史的经典之作。埃尔卡纳（1934—2012）是知名的学者和公共知识分子，在科学史、科学哲学和科学社会学方面都有著述。

波特《统计思想的兴起（1820—1900）》（1986）

Porter, Theodore M. *The rise of statistical thinking, 1820-1900*. Princeton University Press, 1986.

该书追溯了统计物理学的思想根源，认为统计学思想最先在社会学家那里发展起来，随后才影响到物理学家和生物学家。

史密斯、怀斯《能量与帝国：开尔文勋爵传记研究》（1989）

Smith, Crosbie and Wise, M. Norton. *Energy and Empire: A Biographical Study of Lord Kelvin*. Cambridge University Press, 1989.

该书是开尔文勋爵的传记研究，特别之处在于在工业时代的背景之下考察开尔文的科学活动与工业及政治的关系。

莱夫、雷克斯《麦克斯韦妖：熵、信息、计算》（1990）

Leff, Harvey and Rex, Andrew eds. *Maxwell's Demon: Entropy, Information, Computing*. Princeton, NJ: Princeton University Press, 1990.

该书围绕"麦克斯韦妖"的文集，包括麦克斯韦本人以及多位科学家的经典文本，涵盖热力学、统计力学、量子力学、信息科学等。

卡内瓦《迈尔与能量守恒定律》（1993）

K. L. Caneva. *Robert Mayer and the Conservation of Energy*. Princeton. NJ: Princeton University Press, 1993.

该书考察了德国医生迈尔作为能量守恒定律的共同发现者的思想背景，指出迈尔的工作基于德国生命科学的思想环境，且其工作中非常依赖类比推理。

史密斯《能量科学：维多利亚时代英国能量物理学的文化史》（1999）

Smith, Crosbie. *The Science of Energy: A Cultural History of Energy Physics in Victorian Britain*. Chicago: University of Chicago Press, 1999.

能量概念对现代科学意义重大，而这个概念是在 19 世纪逐渐构建起来的。该书考察了维多利亚时代的科学发展和文化背景，追溯了能量概念发展和普及的历程。

5. 量子力学

雅默《量子力学的概念发展》（1966）

Jammer, Max. *Conceptual Development of Quantum Mechanics*. second edition. New York: Tomash/American Institute of Physics, 1989.

该书是量子力学史的经典著作，初次出版于 1966 年。阅读该书需要一定的数学功底。

惠顿《老虎与鲨鱼：波粒二象性的经验根源》（1983）

Wheaton, Bruce R. *The Tiger and the Shark: Empirical Roots of Wave-Particle Dualism*. Cambridge University Press, 1983.

该书考察了波粒二象性理论的提出和逐渐被接受的历史，分析了不同文化和立场的科学家对这一学说的不同反应。

库恩《黑体辐射理论与量子不连续性（1894—1912）》（1987）

Kuhn, Thomas S. *Black-Body Theory and the Quantum Discontinuity, 1894-1912*. Chicago: University of Chicago Press, 1987.

该书是著名的科学史与科学哲学家库恩关于黑体辐射和普朗克量子概念的经典历史著作。

库欣《量子力学：历史偶然性与哥本哈根霸权》（1994）

Cushing, James T. *Quantum Mechanics: Historical Contingency and the Copenhagen Hegemony*. University of Chicago Press, 1994.

该书是颇有争议的量子力学史。该书认为哥本哈根解释之所以胜过玻姆的隐变量解释，很大程度上是出于历史的偶然性。作者试图从文化和权力的角度解释哥本哈根解释的胜出原因。

阿加西《辐射理论与量子革命》（1993）

Agassi, Joseph. *Radiation Theory and the Quantum Revolution*. Basel: Birkhauser, 1993.

该书是哲学家撰写的量子力学史，穿插有许多关于形而上学、科学哲学、方法论和心理学等领域的讨论。

比特博尔《薛定谔的量子力学哲学》（1996）

Bitbol, Michel. *Schrödinger's Philosophy of Quantum Mechanics*. Boston: Kluwer, 1996.

作者把薛定谔青年到晚年的思想作为整体进行研究，强调了薛定谔量子哲学的独特性。该书偏重哲学思想，对物理学细节展开较少。

凯泽《画分理论：费曼图在战后物理学的扩散》（2005）

Kaiser, David. *Drawing Theories Apart: The Dispersion of Feynman Diagrams in Postwar Physics*. University of Chicago Press, 2005.

费曼图是一种通过绘制线条图示简化量子电动力学计算的一种技巧，在第二次世界大战后流行起来，应用范围很快就超出了量子电动力学。该书围绕这一绘图技巧，研究了其发明、传播和改造的历程。

巴戈特《量子通史：量子物理史上的 40 个重大时刻》（2011）

Baggott, J. *The Quantum Story: A history in 40 moments*. Oxford University Press, 2011.

中译本：于秀秀译，《量子通史：量子物理史上的 40 个重大时刻》，中信出版社 2020 年版。

该书是通俗的量子力学史读物，但阅读也需要一定的专业知识，适合在了解量子力学基本概念之后阅读。

小弗莱雷《量子异见者：重建量子力学的基础（1950—1990）》（2015）

Freire Junior, Olival. *The Quantum Dissidents: Rebuilding the Foundations of Quantum Mechanics 1950-1990*. Springer, 2015.

该书阐述了 20 世纪后半叶量子力学的发展，特别关注那些主流量子力学的反对者。

6. 相对论

关于相对论的许多研究也可以归入爱因斯坦的人物研究（见后），此处列出的主要是通史性著作或一些延伸讨论。

爱因斯坦、英费尔德《物理学的进化：从早期概念到相对论和量子论》（1938）

Einstein, Albert and Infeld, Leopold. *The Evolution of Physics from Early Concepts to Relativity and Quanta*. New York: Simon and Schuster, 1966.

中译本：张卜天译，《物理学的进化》，商务印书馆 2019 年版。

该书是爱因斯坦与英费尔德合作撰写的物理学史通俗读物，首次出版于 1938 年，以后多次重印，也有多个中译本。

小斯文松《缥缈的以太：迈克尔逊－莫雷－米勒以太漂移实验的历史》（1972）

Swenson Jr, Loyd S. *The Ethereal Aether: A History of the Michelson-Morley-Miller Aether-Drift Experiments, 1880-1930*. Austin: University of Texas Press, 1972.

该书是关于以太飘移实验的经典研究。

米勒《爱因斯坦的狭义相对论》（1981）

Miller, Arthur I. *Albert Einstein's Special Theory of Relativity: Emergence (1905) and Early Interpretation (1905-1911)*. New York: Springer-Verlag, 1997. (1981 年初版)

该书是关于狭义相对论历史的经典著作，作者还写了多本科普畅销书，如《爱因斯坦·毕加索：空间、时间和动人心魄之美》已翻译成中文。

克恩《时间与空间的文化（1880—1918）》（1983）

Kern, Stephen. *The culture of time and space, 1880-1918 with a new preface*. Harvard University Press, 2003. (1983 年初版)

该书是跨学科的研究，除了物理学方面外，更关注艺术、文学、建筑、哲学等各个领域中客观时空概念的瓦解。

威尔《爱因斯坦正确吗？检验广义相对论》（1986）

Will, Clifford M. *Was Einstein right? Putting General Relativity to the test*. Basic Books, 1986.

该书是对检验广义相对论的相关实验的梳理和介绍，包括对相关人物和历史细节的描写。

索恩《黑洞与时间弯曲：爱因斯坦的惊人遗产》（1994）

Thorne, K. S. *Black Holes and Time Warps: Einstein's Outrageous Legacy*. New York: Norton, 1994.

中译本：李泳译，《黑洞与时间弯曲：爱因斯坦的幽灵》，湖南科学技术出版社1999年版。

该书是著名物理学家撰写的广义相对论和宇宙物理学科普著作，深入浅出地讲述了相关理论的发展历史。虽然不是专业的科学史著作，但对于入门者而言是一本不错的导引书。

艾森施泰特《相对论的奇妙历史》（2006）

Eisenstaedt, Jean. *The Curious History of Relativity: How Einstein's Theory of Gravity Was Lost and Found Again*. Princeton University Press, 2006.

该书是由法国的爱因斯坦研究专家撰写，主要集中于广义相对论提出之后的接受史。作者认为广义相对论在提出之后并没有被物理学家普遍接受，直到20世纪60年代黑洞理论的发展才真正确立了广义相对论的地位。

古特弗罗因德、雷恩《相对论的成长期：爱因斯坦普林斯顿讲座的历史与意义》（2017）

Gutfreund, Hanoch., Renn, Jürgen. *The Formative Years of Relativity: The History and Meaning of Einstein's Princeton Lectures*. Princeton University Press, 2017.

该书是围绕爱因斯坦发表广义相对论前后的历史考察。书中收录了包括爱因斯坦书信在内的许多原始资料。

7. 粒子物理学

皮克林《构建夸克》(1984)

Pickering, Andrew. *Constructing Quarks: A Sociological History of Particle Physics.* Edinburgh: Edinburgh University Press, and Chicago: University of Chicago Press, 1984.

中译本：王文浩译，《构建夸克》，湖南科学技术出版社 2012 年版。

该书是科学知识社会学的经典著作，强调粒子物理学的社会建构。

派斯《内在束缚：物理世界中的物质和力》(1986)

Pais, Abraham. *Inward Bound: Of Matter and Forces in the Physical World.* OUP Oxford, 1986.

中译本：关洪等译，《基本粒子物理学史》，武汉出版社 2002 年版。

作者派斯是知名的理论物理学家和物理学史家，这部代表作相当于一部粒子物理学通史，内容丰富，阅读需要一定的数学基础。

罗兹《制造原子弹》(1986)

Rhodes, Richard. *The Making of the Atomic Bomb.* Simon & Schuster, 1986.

中译本：江向东、廖湘彧译，《原子弹秘史：历史上最致命武器的孕育》，上海科技教育出版社 2008 年版。

该书是关于 20 世纪上半叶原子物理学和曼哈顿计划的翔实叙述，兼顾专业性和可读性，曾获普利策奖。

热《可怕的对称：现代物理学中美的探索》(1986)

Zee, A. *Fearful Symmetry: The Search for Beauty in Modern Physics.* Princeton University Press, 1986.

中译本：熊昆译，《可怕的对称：现代物理学中美的探索》，湖南科学技术出版社 1992 年版。

该书围绕对称性概念介绍了现代物理学的基本历史。

伯恩斯坦《希特勒的铀俱乐部：农庄馆的秘密记录》(1996)

Bernstein, Jeremy (ed.). *Hitler's Uranium Club: The Secret Recordings at Farm Hall.*

New York: AIP Press, 1996.

该书是关于德国原子弹计划及其失败的历史。该书提供证据表明海森堡未能成功研发原子弹是因为技术问题，而不是出于道义考虑。

布朗、雷兴贝格《核力概念的来源》(1996)

Brown, Laurie and Rechenberg, Helmut. *The Origin of the Concept of Nuclear Forces.* Philadelphia: Institute of Physics Publishing, 1996.

该书是关于核作用力概念的历史考察，主要集中于 20 世纪 30 年代到 50 年代。

纽曼、伊普西兰蒂斯《粒子物理学的原始思想和基础发现的历史》(1996)

Newman, Harvey B.; Ypsilantis, Thomas. *History of original ideas and basic discoveries in particle physics*. Plenum Press, 1996.

1994 年举办的国际会议的文集，有 60 位相关科学家参与。

埃热拉《百年粒子物理学：带注释的编年文献》(1996)

Ezhela，V.V. (editor). *Particle physics: One hundred years of discoveries: An annotated chronological bibliography*. Woodbury: American Institute of Physics,1996.

该书选取了粒子物理学领域 100 年内的 500 项发现（包括重要的论文和实验），在介绍这一发现的意义后列出相关文献。

加里森《图像与逻辑：微观物理学的物质文化》(1997)

Galison, Peter. *Image and Logic: A Material Culture of Microphysics.* Chicago: University of Chicago Press, 1997.

该书研究微观物理学史，特色是对于物质文化的侧重，突出各种实验仪器、波形图像和团队协作在科学发展中扮演的角色。

达尔《阴极射线的闪光：汤姆森的电子》(1997)

Dahl, P. F. *Flash of the Cathode Rays: A History of J. J. Thomson's Electron.* Philadelphia: Institute of Physics Publishing, 1997.

该书是关于汤姆森电子学说的权威历史著作。

霍德森等《标准模型的兴起: 20 世纪 60 和 70 年代的粒子物理学》(1997)

Hoddeson, Lillian; Riordan, Michael; Dresden, Max. *The rise of the standard model: Particle physics in the 1960s and 1970s*. Cambridge University Press, 1997.

该书是关于标准模型兴起的文集, 作者包括标准模型的主要参与者以及若干科学史家。

切尔奇纳尼《玻尔兹曼: 笃信原子的人》(1998)

Cercignani, Carlo. *Ludwig Boltzmann: The Man Who Trusted Atoms*. New York: Oxford University Press, 1998.

中译本: 胡新和译,《玻尔兹曼: 笃信原子的人》, 上海科学技术出版社 2002 年版。
该书是关于玻尔兹曼的优秀传记。

《宇称不守恒思想突破的产生: 历史记录及相关文献》(2009)

中国高等科学技术中心:《宇称不守恒思想突破的产生: 历史记录及相关文献》, 上海科学技术出版社 2009 年版。

该书是关于宇称不守恒思想的研究文本。第一部分收录了杨振宁、李政道、吴健雄等人的重要论文和实验记录。第二部分收录了 1986 年 11 月 22 日在哥伦比亚大学物理系举行的 "宇称不守恒发现 30 周年学术报告会" 的有关历史文献。第三部分收录了《李政道答(科学时报)记者问》等采访或回顾文献。

8. 固体物理学

霍德森等《走出水晶迷宫: 固体物理学史篇》(1992)

Hoddeson, Lillian, et al. (eds). *Out of the Crystal Maze: Chapters from the History of Solid-State Physics*. New York and Oxford: Oxford University Press, 1992.

该书是固体物理学发展史的研究文集。

沃诺 – 布莱维特、泰克曼《固体物理学史资料来源指南》(1992)

Warnow-Blewett, Joan and Teichmann, Jurgen (editors). *Guide to sources for history of solid state physics*. New York: Center for History of Physics, American Institute of Physics, 1992.

固体物理学或凝聚态物理学是当代物理学的重要分支, 但关于这个领域的通史较少，该书是史料指南。

刘兵《超导简史》（2020）

刘兵：《超导简史》，上海科学技术文献出版社 2020 年版。

围绕超导相关的理论与技术写作的通史。

四、人物研究

1. 麦克斯韦

西格尔《麦克斯韦电磁理论的创新》（1991）

Siegel, Daniel M. *Innovation in Maxwell's Electromagnetic Theory: Molecular Vortices, Displacement Current, and Light*. New York: Cambridge University Press, 1991.

该书聚焦于麦克斯韦电磁理论的若干创新点。该书的特色是深入原始文本的技术细节，揭示了机械建模在麦克斯韦对位移电流等概念的构想中起到了关键作用。

辛普森《麦克斯韦的电磁场：研究指南》（1997）

Simpson, T. K. *Maxwell on the Electromagnetic Field: A Guided Study*. New Brunswick, NJ: Rutgers University Press, 1997.

该书包含麦克斯韦的小传，但更重要的是该书借助点评与插图，试图引导数理水平未必高超的普通读者读懂麦克斯韦的几篇关键论文。

哈曼《麦克斯韦的自然哲学》（1998）

Harman, P. M. *The Natural Philosophy of James Clerk Maxwell*. New York: Cambridge University Press, 1998.

麦克斯韦除了电磁学之外，在气体动力学方面也贡献卓著。该书从麦克斯韦的自然哲学出发，把麦克斯韦的物理学研究作为整体进行考察，揭示了不同领域之间的统一性。作者是知名科学史家，早期作品《能量、力和物质》（Energy, Force, and Matter）也是经典。

马洪《改变一切的人——麦克斯韦的一生》（2003）

Mahon, Basil. *The Man Who Changed Everything – the Life of James Clerk Maxwell*.

Wiley, 2003.

中译本：肖明译，《麦克斯韦：改变一切的人》，湖南科技出版社 2011 年版。

该书是一部麦克斯韦小传，认为麦克斯韦在物理学史上的地位可以比肩牛顿与爱因斯坦，他奠定了整个物理学乃至自然科学的发展方向。

弗勒德等《麦克斯韦：生平与创作面面观》（2014）

Flood, Raymond; McCartney, Mark; Whitaker, Andrew. *James Clerk Maxwell: Perspectives on His Life and Work.* Oxford University Press, 2014.

该书是一部麦克斯韦传记论文集，包含了物理学家、数学家、科学史家和文学史家等多个视角的研究。

2. 普朗克

坎格罗《普朗克黑体辐射定律的早期历史》（1976）

Kangro, Hans. *Early history of Planck's radiation law.* [Translated from the German by R. E. W. Maddison in collaboration with the author.] Taylor & Francis, 1976.

该书描述了普朗克黑体辐射定律的早期研究历程。

海尔布朗《正直者的困境：作为德国科学代言人的普朗克》（1986）

Heilbron, John L. *The dilemmas of an upright man: Max Planck as a spokesman for German science.* University of California Press, 1986.

中译本：刘兵译，《正直者的困境》，东方出版社 1998 年版。

普朗克在 1900 年提出量子思想后一举成名，并稳步上升到德国科学领导层的前沿。德国在 20 世纪头几十年保持了在科学领域的领先地位，特别是在物理、化学和数学方面。作为爱因斯坦和大陆主要科学家的亲密同事，普朗克反抗纳粹政权，进行了一场注定会失败的战斗。海尔布隆的传记仔细地描述了这位勇敢、仁慈、才华横溢的科学家的生平。

布朗《普朗克：兴于愿景，毁于战争》（2015）

Brown, Brandon R. *Planck: Driven by Vision, Broken by War.* Oxford University Press, 2015.

中译本：尹晓冬等译，《普朗克传：身份危机与道德困境》，新星出版社 2021 年版。

布朗将普朗克、他的家人和他同时代人的声音交织在一起放入著作中，描绘了一位在战争中进行开创性工作的物理学家的形象。普朗克的想法与当时的政府背道而驰，这个身处危险时期伟人的故事，展示了战争中的德国如何深刻地影响了普朗克的生活和工作。该书是阐释普朗克生平与政治、战争环境之间关系的杰出作品。

3. 爱因斯坦

派斯《上帝不可捉摸——爱因斯坦的科学与生平》（1982）

Pais, Abraham. *Subtle is the Lord, the science and the life of Albert Einstein*. Oxford University Press, 1982.

中译本：方在庆、李勇译，商务印书馆 2004 年版。

派斯（1918—2000）是荷兰裔美国物理学家、科学史家和爱因斯坦研究专家。该书是公认的最好的爱因斯坦学术传记。

霍华德、科尔莫什 – 布赫瓦尔德《爱因斯坦研究》（1989—2020）

Howard, Don, Kormos-Buchwald, Diana L. (series editors.) *Einstein Studies*. Vol.1-16. Birkhäuser Boston, 1989-2020.

这是一套权威的爱因斯坦研究系列丛书，自 1989 年起已出版 16 卷，各卷题目如下：

Vol.1（1989）Einstein and the History of General Relativity（爱因斯坦与广义相对论的历史）

Vol.2（1991）Conceptual Problems of Quantum Gravity（量子引力的概念问题）

Vol.3（1992）Studies in the History of General Relativity（广义相对论历史研究）

Vol.4（1992）Recent Advances in General Relativity（广义相对论的新近发展）

Vol.5（1993）The Attraction of Gravitation: New Studies in the History of General Relativity（万有引力：广义相对论历史的新研究）

Vol.6（1995）Mach's Principle: From Newton's Bucket to Quantum Gravity（马赫原理：从牛顿桶到量子引力）

Vol.7（1999）The Expanding Worlds of General Relativity（广义相对论的扩展世界）

Vol.8（2000）Einstein the Formative Years，1879-1909（爱因斯坦的成长期，1879—1909）

Vol.9（2002）Einstein from 'B' to 'Z'（爱因斯坦：从 B 到 Z）（注：没有明确主题）

Vol.10（2002）Einstein Studies in Russia（俄罗斯爱因斯坦研究）

Vol.11（2005）The Universe of General Relativity（广义相对论的宇宙）

Vol.12（2012）Einstein and the Changing Worldviews of Physics（爱因斯坦与变化中的物理学世界观）

Vol.13（2017）Towards a Theory of Spacetime Theories（走向一种关于各种时空理论的理论）

Vol.14（2018）Beyond Einstein: Perspectives on Geometry，Gravitation，and Cosmology in the Twentieth Century（超越爱因斯坦：二十世纪的几何学、引力与宇宙学面面观）

Vol.15（2020）Thinking About Space and Time: 100 Years of Applying and Interpreting General Relativity（思考空时：100 年来广义相对论的应用与解释）

Vol.16（2020）The Renaissance of General Relativity in Context（在语境中复兴广义相对论）

斯里－坎塔《爱因斯坦词典》（1996）

Sri-Kantha, Sachi. *An Einstein Dictionary*. Westport: Greenwood, 1996.

该书以词典形式陈列了爱因斯坦的生活事件、物理学贡献、政治观点等，以及相关的原始文献和研究文献。

卡拉普莱斯《爱因斯坦年鉴》（2004）

Calaprice, Alice. *The Einstein Almanac*. Baltimore: Johns Hopkins University Press, 2004.

该书以年鉴形式陈列了爱因斯坦每年的活动与作品。

艾萨克森《爱因斯坦：生活和宇宙》（2007）

Isaacson, Walter. *Einstein: His Life and Universe*. Simon & Schuster, 2007.

中译本：张卜天译，《爱因斯坦：生活和宇宙》，湖南科技出版社 2009 年版。

艾萨克森（1952— ）来自传媒行业，是多本畅销传记的作者，这本爱因斯坦传记也非常通俗流畅，但该书利用了大量最新文献资料，是一部可信的传记著作。

4. 玻尔

戈革《尼耳斯·玻尔——他的生平、学术和思想》（1985）

戈革：《尼耳斯·玻尔——他的生平、学术和思想》，上海人民出版社 1985 年版。

戈革（1922—2007）是一位可称传奇的中国学者，毕生执着而勤奋地坚持翻译并研究玻尔，并因此被授予"丹麦国旗勋章"。他的玻尔全集翻译以及撰写的玻尔传记值得后辈学人尊重。

阿瑟鲁德《重新定向中的科学：玻尔、慈善与核物理学的兴起》（1990）

Aaserud, Finn. *Redirecting Science: Niels Bohr, Philanthropy, and the Rise of Nuclear Physics.* Cambridge University Press, 1990.

该书围绕玻尔在哥本哈根大学理论物理研究所的工作，讨论了核物理学的建立与以洛克菲勒基金会慈善事业为代表的国际支持之间的关系。

派斯《玻尔的时代：物理学、哲学与政治》（1991）

Pais, Abraham. *Niels Bohr's Times in Physics, Philosophy and Polity.* Oxford University Press, 1991.

中译本：戈革译，《尼耳斯·玻尔传》，商务印书馆 2001 年版。

该书是物理学家和物理学史家派斯撰写的玻尔传记。

费伊、福尔斯《尼耳斯·玻尔与当代哲学》（1994）

Faye, Jan and Folse, Henry J. eds. *Niels Bohr and Contemporary Philosophy.* Boston: Kluwer, 1994.

该书收录了关于玻尔哲学的 15 篇新论文，体现出玻尔哲学在当代哲学语境下呈现出的各种新争议。

第二十三章　化学史

骆昊天

本章分工具书、通史、断代与专题史、分科史、人物研究五个部分。各小节的文献按照出版年份升序排列。

一、工具书

莱斯特、克里克斯坦《化学原始资料汇编》（1968）

Leicester, Henry M., Klickstein, Herbert S. *A Source Book in Chemistry, 4th ed.* Cambridge MA: Harvard University Press, 1968.

奈特《经典科学论文：化学卷》（1968，1970）

Knight，David M. *Classical Scientific Papers: Chemistry.* 2 vols. New York: American Elsevier, 1968, 1970.

诺伊费尔特《化学大事年表（1800—1980）》（1987）

Neufeldt, Sieghard. *Chronologir der Chimie, 1800-1980.* Weinheim: Verlag Chimie, 1987.

二、通史

帕廷顿《化学简史》（1937）

Partington, J. R. *A Short History of Chemistry.* London: Macmillan, 1937.

中译本：胡作玄译，《化学简史》，商务印书馆 1979 年版。

该书作者以传记的方式分 16 章叙述了从古埃及到 20 世纪 30 年代化学发展的基本历程。从古老的炼金术到 19 世纪的化合价理论，再到 20 世纪的周期律及原子结构等均有所涵盖。

帕廷顿《化学史》（1964）

Partington, J. R. *A History of Chemistry*. London: Macmillan, 1964.

布罗克《丰塔纳化学史》（1992）

Brock, William H. *The Fontana History of Chemistry*. London: Fontana Press, 1992.

该书是丰塔纳（Fontana）出版公司出版的丰塔纳科学史系列（美国出版时称"诺顿科学史系列"）中的一本，讨论自古代炼金术起，直至 20 世纪初期化学领域的科研成就。通过关注化学史上的杰出人物，如波义耳、拉瓦锡、道尔顿直到 20 世纪的代表人物鲍林等，系统地回顾了几个世纪以来化学学科从一门古老的自然哲学，转变为在工、商、农业等领域展现出强大力量的基础学科这一发展历程。

赫德森《化学史》（1992）

Hudson, John. *The History of Chemistry*. London: Macmillan, 1992.

奈特《化学观念史》（1992）

Knight, David M. *Ideas in Chemistry: A History of the Science*. Cambridge: Athlone, 1992.

邦索德－樊尚、斯唐热《化学史》（1993）

Bensaude-Vincent, Bernadette, Stengers, Isabelle. *Histoire de la chimie*. Paris: Edition la Découverte, 1993.

该书法文版出版于 1993 年，1996 年出版了英译本。作者将化学作为一门不断寻求自我认同的科学。该书内容包括早期化学实践在世界各地形形色色的独立发现、18 世纪自然哲学中化学学科地位的讨论、19 世纪化学学科知识与领域的迅速扩展如何奠定了化学作为一门重要的自然科学的地位等。该书还讨论了当代化学家关心的争议话题：化学是否逐渐变为一门服务于其他领域的工具学科？化学是否需要重新定义自己？

三、断代与专题史

1. 炼金术史

德布斯《化学论哲学：16、17 世纪帕拉塞尔苏斯主义的科学和医学》（1977）

Debus, Allen G. *The Chemical Philosophy: Paracelsian Science and Medicine in the Sixteenth and Seventeenth Centuries.* 2 vols. New York: Science History Publications, 1977.

拉坦西、克莱里库齐奥《16 世纪和 17 世纪的炼金术和化学》（1994）

Rattansi, P., Clericuzio, A. *Alchemy and Chemistry in the 16th and 17th Centuries.* Dordrecht: Kluwer, 1994.

纽曼、普林西比《以火试炼金术：斯塔基、波义耳与赫尔蒙特化学的命运》（2002）

Newman, William R., Principe, Lawrence M. *Alchemy Tried in the Fire: Starkey, Boyle, and the Fate of Helmontian Chymistry.* Chicago, IL: University of Chicago Press, 2002.

莫兰《蒸馏知识：炼金术、化学和科学革命》（2005）

Moran, Bruce T. *Distilling knowledge: Alchemy, Chemistry, and the Scientific Revolution.* Cambridge, MA: Harvard University Press, 2005.

莫兰对活跃在现代早期的炼金术代表性人物以及他们的主要活动和所涵盖的各种思想做出了广泛的概述。

普林西比《炼金术的秘密》（2015）

Principe, Lawrence M. *The Secrets of Alchemy.* Chicago, IL: University of Chicago Press, 2015.

中译本：张卜天译，《炼金术的秘密》，商务印书馆 2018 年版。

2. 早期化学史（17 世纪初到 19 世纪初）

梅斯热《17 世纪初至 18 世纪末法国的化学学说》（1923）

Metzger, Hélène. *Les doctrines chimiques en France du début du XVIIe à la fin du XVIIIe siècle.* Paris: Presses Universitaires, 1923.

梅斯热《牛顿、斯塔尔、布尔哈夫的化学学说》(1930)

Metzger, Hélène. *Newton, Stahl, Boerhaave et la doctrine chimique*. Paris: Alcan, 1930.

梅斯热早在 20 世纪初期发表的这两本化学史专著，构建了化学学科从炼金术时代的以亚里士多德、帕拉塞尔苏斯为指导的经验主义时期，到试图接纳笛卡尔主义以获得合理性地位，再通过接受牛顿主义学说从而发展成为一门现代科学的历史图景。

多诺万《苏格兰启蒙时期的哲学化化学》(1975)

Donovan, Arthur L. *Philosophical Chemistry in the Scottish Enlightenment: The Doctrines and Discoveries of William Cullen and Joseph Black*. Edinburgh: Edinburgh University Press, 1975.

赫夫鲍尔《德国化学共同体的形成（1720—1795）》(1982)

Hufbauer, Karl. *The Formation of the German Chemical Community, 1720-1795*. Berkeley: University of California Press, 1982.

霍姆斯《作为一种研究事业的 18 世纪化学》(1989)

Holmes, Frederic L. *Eighteenth-Century Chemistry as an Investigative Enterprise*. Berkeley: Office for History of Science and Technology, University of California, 1989.

戈林斯基《作为公众文化的科学：英国化学和启蒙运动（1760—1820）》(1992)

Golinski, Jan. *Science as Public Culture: Chemistry and Enlightenment in Britain, 1760-1820*. Cambridge: Cambridge University Press, 1992.

3. 化学革命

克洛《化学革命：对社会技术的贡献》(1952)

Clow, Archibald, Clow, Nan L. *The Chemical Revolution: A Contribution to Social Technology*. London: Batchworth, 1952.

古皮等《拉瓦锡与化学革命》（1992）

Goupil, et al. *Lavoisier et la révolution chimique: actes du colloque tenu à l'occasion du bicentenaire de la publication du "Traité élémentaire de chimie" 1789, École polytechnique, 4 et 5 décembre 1989.* Palaiseau: SABIX-École polytechnique, 1992.

邦索德－樊尚《拉瓦锡：一场革命的回忆》（1993）

Bensaude-Vincent, Bernadette. *Lavoisier: Mémoires d'une revolution.* Paris: Flammarion, 1993.

麦克沃伊《化学革命的编史学：科学史中的解释模式》（2010）

McEvoy, John. *The Historiography of the Chemical Revolution: Patterns of Interpretation in the History of Science.* London: Pickering & Chatto, 2010.

4. 化学哲学

奈《从化学论哲学到理论化学》（1993）

Nye, Mary J., *From Chemical Philosophy to Theoretical Chemistry.* Berkeley: University of California Press, 1993.

从 19 世纪化学的学科特性出发，将分散的学派分析、学科分析、研究传统分析纳入一个综合分析矩阵，构建了一个整体的化学学科框架。

布鲁克《关于物质的思考：化学论哲学的历史研究》（1995）

Brooke, John Hedley. *Thinking about Matter: Studies in the History of Chemical Philosophy.* Great Yarmouth, Norfolk, England: Variorum, 1995.

5. 化学仪器史

霍姆斯、利弗尔《化学史中的仪器和实验》（2000）

Holmes, Frederic L., Levere, Trevor H. *Instruments and Experimentation in the History of Chemistry.* Cambridge, MA: The MIT Press, 2000.

阿克曼等《公开展览的科学仪器》（2014）

Ackermann, Silke, Kremer, Richard, Miniati Mara. *Scientific Instruments on Display.*

Leiden: Brill, 2014.

四、分科史

1. 无机化学史、结构化学史

贝科夫《经典化学结构理论史》（1960）

Bykov, G. V. *Istoriia klassicheskoi teorii khimicheskogo stroeniia.* Moscow: Akademiia Nauk, 1960.

本菲《从生命力到结构式》（1964）

Benfey, O. T. *From Vital force to Sructural Formulas.* Boston: Houghton Mifflin, 1964.

范施普龙森《化学元素周期系：第一个百年的历史》（1969）

van Spronsen, Johannes W. *The Periodic System of Chemical Elements: A History of the First Hundred Years.* Amsterdam: Elsevier, 1969.

拉塞尔《化合价的历史》（1971）

Russell, Colin A. *The History of Valency.* Leicester: Leicester University Press, 1971.

毛斯科普夫《晶体与化合物：19世纪法国科学中的分子结构与组成》（1976）

Mauskopf, Seymour. *Crystals and Compounds: Molecular Structure and Composition in Nineteenth Century French Science.* Philadelphia: American Philosophical Society, 1976.

奈《原子问题：从卡尔斯鲁尔大会到第一次索尔韦会议》（1984）

Nye, Mary J. *The Question of the Atom: From the Karlsruhe Congress to the First Solvay Conference, 1860-1911.* Los Angeles: Tomash Publishers, 1984.

该书主要收录了19世纪后期化学原子论主题相关的原始文献。

罗克《19世纪化学原子论》（1984）

Rocke, Alan J. *Chemical Atomism in the Nineteenth Century.* Columbus, OH: Ohio

State University Press, 1984.

该书详细记述了自道尔顿提出化学原子论起，直到 1860 年的卡尔斯鲁尔大会期间化学原子论的发展历程。

2. 有机化学史

格雷贝《有机化学史》(1920)

Graebe, Carl. *Geschichte der organischen Chimie*. Berlin: Springer, 1920.

叙述了 18 世纪末到大约 1880 年有机化学的发展。于 1971 年重印。

瓦尔登《1880 年以来的有机化学史》(1941)

Walden, Paul. *Geschichte der organischen Chemie seit 1880*. Berlin: Springer, 1941.

梅尔哈多《柏采留斯：化学体系的出现》(1981)

Melhado, Evan M. *Jacob Berzelius: The Emergence of His Chemical System*. Madison: University of Wisconsin Press, 1981.

罗克《安静的革命：科尔贝与有机化学》(1993)

Rocke, Alan J. *The Quiet Revolution: Hermann Kolbe and the Science of Organic Chemistry*. Berkeley: University of California Press, 1993.

3. 物理化学史

奈《大科学之前：现代化学和物理学的探索 (1800—1940)》(1996)

Nye，Mary J. *Before Big Science: The Pursuit of Modern Chemistry and Physics, 1800-1940*. London: Twayne Publishers, Prentice Hall Int., 1996.

贝格尔《亲和力与反应：论 19 世纪化学中反应动力学的起源》(2000)

Berger, Jutta. *Affinität und Reaktion: Über die Entstehung der Reaktionskinetik in der Chimie der 19. Jahrhunderts*. Berlin: Verlag für Wissenschaffs-u Regionalgeschichte, 2000.

4. 分析化学史

杜尔斯基《测量万物：化学物质的分析史》(2018)

Dulski, Thomas R. *The Measure of All Things: A History of Chemical Analysis*. St. Petersburg, FL: Booklocker, 2018.

五、人物研究

1. 波义耳

亨特《罗伯特·波义耳再思考》(1994)

Hunter, Michael. *Robert Boyle Reconsidered*. Cambridge: Cambridge University Press, 1994.

亨特等《罗伯特·波义耳著作集》(2000)

Boyle, Robert, Hunter, Michael, Davis Edward B. *The Works of Robert Boyle*. London: Pickering & Chatto, 2000.

全套书共分十四卷，详尽地整理了波义耳本人的论文等著作。

普林西比《有抱负的行家：波义耳和他的炼金术追求》(2000)

Principe, Lawrence M. *The aspiring adept: Robert Boyle and his alchemical quest, including Boyle's "lost" dialogue on the transmutation of metals*. Princeton, NJ: Princeton University Press, 2000.

亨特《波义耳：在上帝与科学之间》(2009)

Hunter, Michael. *Boyle: Between God and Science*. New Haven, CT: Yale University Press, 2009.

亨特《波义耳研究：罗伯特·波义耳的生平和思想（ 1627—1691)》(2015)

Hunter, Michael. *Boyle Studies: Aspects of the Life and Thought of Robert Boyle (1627-1691)*. Farnham: Ashgate, 2015.

2. 拉瓦锡

格尔拉克《拉瓦锡关键年：1772 年他的首个燃烧实验的背景和起源》（1961）

Guerlac Henry. *Lavoisier: The Crucial Year, The Background and Origin of His First Experiments on Combustion in 1772.* Ithaca, NY: Cornell University Press, 1961.

该书成书于 1961 年，获 1962 年度科学史学会的辉瑞奖。作为一本拉瓦锡研究领域的专著，格尔拉克紧紧围绕着 1772 年这个拉瓦锡进行了数个关键性实验的年份展开，实际上展现了自 18 世纪早期直到 1772 年法国和英国化学史上的众多历史人物、事件和细节。

霍姆斯《拉瓦锡与生命的化学》（1985）

Holmes Frederic L. *Lavoisier and the Chemistry of Life: An Explortation of Scientific Creativity.* Berkeley: Office for History of Science and Technology, University of California, 1989.

多诺万《拉瓦锡：科学、管理和革命》（1993）

Donovan, Arthur L. *Antoine Lavoisier: Science, Administration, and Revolution.* Liphook: Blackwell Press, 1993.

邦索德 – 樊尚、阿伯里《欧洲语境中的拉瓦锡：化学新语言的协商》（1995）

Bensaude-Vincent, Bernadette and Abbri, A. *Lavoisier in European Context: Negotiating a New Language for Chemistry.* Canton, MA: Science History Publications, 1995.

霍姆斯《拉瓦锡的下一个关键年：他的定量化学研究方法的来源》（1998）

Holmes Frederic L. *Antoine Lavoisier: The Next Crucial Year, or the Sources of His Quantitative Method in Chemistry.* Princeton, NJ: Princeton University Press, 1998.

3. 道尔顿

萨克雷《原子和动力：论牛顿派物质理论和化学的发展》（1970）

Thackray, Arnold. *Atoms and Powers: An Essay on Newtonian Matter-Theory and the*

Development of Chemistry. Cambridge, MA: Harvard University Press, 1970.

该书是道尔顿研究的经典著作，同时也是 18 世纪化学史的一项开创性研究。作者强调了道尔顿的重要性，认为 19 世纪化学研究能取得远超前 100 年的辉煌成就，依赖于道尔顿所建立的化学原子论这一重要的理论基石。

卡德韦尔《道尔顿与科学的进步》（1986）

Cardwell, D. S. L. *John Dalton and the Progress of Science*. Manchester: Manchester University Press, 1986.

4. 李比希

德兴德《自述和他人眼中的李比希》（1953）

Dechend, Hertha von. *Justus von Liebig: In eigenen Zeugnissen und solchen seiner Zeitgenossen. Mit einem Geleitwort von Prof. Dr. Willy Hartner*. Weinheim: Verlag Chemie, 1953.

布罗克《伟大的欧洲科学家李比希传》（1999）

Brock, William H. *Justus von Liebig: Eine Biographie des grossen Naturwissenschaftlers und Europäers*. Braunschweig: Vieweg, 1999.

施韦特《李比希和他的学生们——新化学学派》（2002）

Schwedt, Georg. *Liebig und seine Schüler: Die neue Schule der Chemie*. Berlin: Springer, 2002.

5. 鲍林

戈策尔《鲍林：科学与政治的一生》（1995）

Goertzel, Ted, Goertzel Ben. *Linus Pauling: A life in science and politics*. With the assistance of Mildred Goertzel, Victor Goertzel, with original drawings by Gwen Goertzel, New York: Basic Books, 1995.

中译本：刘立译，《莱纳斯·鲍林传：科学与政治的一生》，东方出版中心 1999 年版。

黑格《自然的力量：鲍林的一生》（1995）

Hager, Thomas. *Force of nature: The life of Linus Pauling*. London: Simon & Schuster, 1995.

中译本：周仲等译，《鲍林：20 世纪的科学怪杰》，复旦大学出版社 1999 年版。

米德、黑格《鲍林：科学家与和平缔造者》（2001）

Mead, Clifford, Hager, Thomas. *Linus Pauling: Scientist and Peacemaker*. Corvallis, OR: Oregon State University Press, 2001.

第二十四章　天文学史

王泽宇

本章收录牛顿之后的天文学史文献，同时根据各专题的实际情况兼顾其余时段。本章分工具书、通史通论、分科史、专题研究和人物研究五个部分。分科史的分类不完全遵循现代天文学的分类体系。本章不追求面面俱到，侧重选列更新、更典型的研究专著。各小节文献按出版年份升序排布。

一、工具书

1. 文献目录

德沃金《现代天文与天体物理学史：带评注的精选文献目录》（1982）

DeVorkin, David H. *The History of Modern Astronomy and Astrophysics: A Selected, Annotated Bibliography*. New York: Garland, 1982.

这是一部天文学史文献目录，它将20世纪80年代之前积累的天文学史研究成果按文献指南、通史通论、国家与机构、仪器、描述天文学、理论天文学、方位天文学、天体物理学、传记、大众图书等主题进行分类，汇集了各主题下的专著、期刊文章条目，重要条目还有作者的评注。所编选的文献来源广泛，时间跨度长，是天文学史领域重要的研究指南。

2. 百科全书

席泽宗《世界著名天文学家传记》（1990，1994）

席泽宗主编：《世界著名科学家传记：天文学家Ⅰ》，科学出版社1990年版。

席泽宗主编：《世界著名科学家传记：天文学家Ⅱ》，科学出版社1994年版。

这两本书是20世纪八九十年代中国科学院组织编写的"世界著名科学家传记"系列的天文学家分册，为40余位国际著名天文学家作传。撰稿人均为中国天文学家或天文学史家，在写作风格上有的偏重技术细节，有的侧重历史背景。每位天文学家传记之后均附有原始文献和研究文献供读者查阅，对中国学者来说，是一套较好的天文学史入门读物。

兰克福德《天文学史百科全书》（1996）

Lankford, John., eds. *History of Astronomy: An Encyclopedia*. Florence: Taylor & Francis Group, 1996.

这本百科全书按照词条字母顺序排列，编选主题涵盖各文明背景下的天文历法、天文台、天文学的社会史、天文学中的女性等广阔领域，词条后均附有参考文献目录。

霍基《天文学家传记百科全书》（2007）

Hockey, Thomas., eds. *Biographical Encyclopedia of Astronomers*. New York, NY: Springer, 2014.

这是一套权威的天文学家传记百科全书，2007 年初版中包含约 1550 位天文学家的条目，2014 年第二版中又补充了约 300 位天文学家的传记。这些天文学家中既有牛顿、爱因斯坦这样的超级明星，也有鲜为人知的天文学家，每个条目长度从 100 词到 1500 词不等。各条目后均有扩展阅读文献，供读者深入研究使用。

莱弗灵顿《天文学史与天体物理学史百科全书》（2013）

Leverington, David. *Encyclopedia of the History of Astronomy and Astrophysics*. New York, NY: Cambridge University Press, 2013.

该书主要以现代天文学视角划分章节，既包含太阳系、恒星、星系等研究对象，又包含光学、射电、空间望远镜等现代仪器。各词条简要回顾了所述对象从古至今的研究历程，词条后附有少量参考文献供进一步追踪。

二、通史通论

霍斯金《天文学通史》（1984—2010）

Hoskin, Michael A., eds. *The General History of Astronomy*. London: British Museum Press, Cambridge: Cambridge University Press, 1984-2010.

这是一部 4 卷本的天文学通史，由天文学史界权威霍斯金（1930—　）担任总主编，各卷编辑与作者均为享有盛誉的天文学史家。这部著作的编辑计划于 1970 年提出，目的是以宽视野、多角度对天文学史进行综述。由于一些作者的文章未能交付，以及按时交付的文章随着时间推移又变得过时，各卷出版年代各异，原计划的第一卷由另一本书代替，第三卷、第四卷第二部分仍未付梓。下面对各卷分述。

沃克、摩尔《望远镜之前的天文学》（1996）

Walker, C. B. F., and Patrick Moore., eds. *Astronomy before the Telescope*. London: British Museum Press, 1996.

该书是《天文学通史》的第一卷，是对望远镜之前世界各文明天文学研究的汇总，内容涉及早期观测、早期仪器、数学和测量学发展产生的影响以及占星术、宇宙论的早期观点，讨论范围不仅包括欧洲天文学及与欧洲天文学互动频繁的古埃及、美索不达米亚、印度、伊斯兰天文学，还包括中国天文学、韩国天文学、日本天文学、美洲天文学、非洲天文学，以及澳大利亚和太平洋地区的天文学。

塔顿、威尔逊《从文艺复兴到天体物理学兴起之间的行星天文学》（1989，1995）

Taton, René, and Wilson, Curtis, eds. *Planetary Astronomy from the Renaissance to the Rise of Astrophysics. General History of Astronomy; v. 2. Part A, Tycho Brahe to Newton, Part B, The Eighteenth and Nineteenth*. Cambridge; New York: Cambridge University Press, 1989, 1995.

该书是《天文学通史》的第二卷，描述从文艺复兴到天体物理学兴起前的太阳系天文学，以太阳系的观测和天体力学的发展为主要内容。该卷分两个部分出版，第一部分出版于 1989 年，讨论从第谷（Tycho Brahe，1546—1601）到牛顿（Isaac Newton，1643—1727）的历史阶段，包含了众多今天被抛弃的理论，有助于我们回到那个年代，理解当时天文学家的所思所想和理论间的竞争情况。第二部分出版于 1995 年，以牛顿理论被接受的历程为主线，展现了天体力学的发展史，同时讨论了天文技术与方法在 18、19 世纪的情况。第二部分于 2009 年再版。

金格里奇《截至 1950 年的天体物理学和 20 世纪天文学》（1984）

Gingerich, Owen., eds. *Astrophysics and Twentieth-Century Astronomy to 1950. General History of Astronomy; v. 4*. Cambridge; New York: Cambridge University Press, 1984.

该书是《天文学通史》第四卷的第一部分，内中又分两大部分：一是对 19 世

50 年代至 20 世纪 20 年代天体物理学的回顾，从分光术、照相术开始，结束于电子计算机等设备诞生之前；二是对现代天文台与天文仪器的讨论，涉及世界各大天文台、大望远镜及早期射电天文学的发展。该书于 2010 年再版。

克罗《从古代到哥白尼革命的世界体系》（1990）

Crowe, Michael J. *Theories of the World from Antiquity to the Copernican Revolution*. New York: Dover Publications, 1990.

克罗《现代宇宙论：从赫歇尔到哈勃》（1994）

Crowe, Michael J. *Modern Theories of the Universe: From Herschel to Hubble*. New York: Dover Publications, 1994.

以上两本书是天文学史入门课程的两册教材。作者以科学、历史、哲学三大视角来回顾天文学史上的重要人物与事件，选编部分原著作为阅读材料。这套教材相对而言不适合学生自学，需要教师通过讲解与引导来激发学生思考和讨论。

霍斯金《剑桥插图天文学史》（1997）

Hoskin, Michael A., eds. *The Cambridge Illustrated History of Astronomy*. Cambridge; New York: Cambridge University Press, 1997.

中译本：江晓原等译，《剑桥插图天文学史》，山东画报出版社 2003 年版。

该书是一本篇幅适中而又十分权威的天文学通史著作，时间跨度从远古到现代，各时期均由各领域内权威的天文学史专家撰写，是一本不可多得的专业天文学史入门书。书中并没有试图涵盖天文学史上的所有内容，而是有意集中于重要的主题，书后还附有大量供进一步阅读的书目。

谢克纳《彗星、大众文化与现代宇宙学的诞生》（1997）

Schechner, Sara. *Comets, Popular Culture, and the Birth of Modern Cosmology*. Princeton, N.J.: Princeton University Press, 1997.

该书虽然主题是彗星这一具体对象，但折射出的是一幅从古至今的天文文化通史画卷。彗星是天文学史上的一个重要文化符号，作者全面分析了不同时代彗星在人们心中的形象以及有此形象的原因。该书是作者科学史博士论文的延伸，是一部视角新颖、视野广阔的研究专著。书中还提供了大量的天文学史、宇宙学史材料供读者进一步挖掘。

三、分科史

1. 天体测量学

威尔莫斯《弗拉姆斯蒂德之星》(1997)

Willmoth, Frances., eds. *Flamsteed's Stars: New Perspectives on the Life and Work of the First Astronomer Royal, 1646-1719*. Woodbridge, Suffolk, UK ; Rochester, NY, USA: Boydell Press in association with the National Maritime Museum, 1997.

该书是关于第一任皇家天文学家弗拉姆斯蒂德（John Flamsteed，1646—1719）的研究文集，大部分论文有很高的参考价值。

豪斯《格林尼治时间和经度的发现》(1980)

Howse, Derek. *Greenwich Time and the Discovery of the Longitude*. Oxford; New York: Oxford University Press, 1980.

该书主要回顾了格林尼治天文台早期的授时工作和探索如何在航海时测定经度的努力。该书内容比较简明，几乎每一章都值得扩写成一本专著，但该书是一次开拓性的研究，提出了许多值得研究的问题。书中附有大量注释和参考文献，值得实用天文学史、航海史、计时史研究者参考。

赫希菲尔德《视差：测量宇宙的竞赛》(2001)

Hirshfeld, Alan. *Parallax: The Race to Measure the Cosmos*. New York: W. H. Freeman, 2001.

该书讲述了人类发现恒星周年视差的历史。首先讨论在日心说体系下，恒星周年视差何以成为一个探索的问题，接着回顾了历代天文学家的努力尝试，最后揭示了在哪些条件下，贝塞尔（Friedrich Bessel，1784—1846）等天文学家得以发现恒星周年视差。作者是麻省大学达特茅斯分校的天文学家，但他试图在该书的写作中克服科学家的背景，写出有血有肉的视差历史而非视差科学，从该书行文可以体会到科学家和史学家两种身份的张力。书末附有一定量的参考文献，供读者进一步探索。

施泰尼克《观察、编目星云和星团：从赫歇尔到德雷尔的新总表》（2010）

Steinicke, Wolfgang. *Observing and Cataloguing Nebulae and Star Clusters: From Herschel to Dreyer's New General Catalogue.* Cambridge: University Press, 2010.

该书更像是一本历史工具书，提供了从梅西耶（Charles Messier，1730—1817）、赫歇尔（Herschel）家族的星云星团编目到德雷尔（John Louis Emil Dreyer，1852—1926）的星云星团新总表（NGC）的大量事实，可供史家进一步使用。

格拉斯《天文学家和大地测量学家拉卡伊》（2012）

Glass, I. S. *Nicolas-Louis de La Caille, Astronomer and Geodesist.* Oxford: Oxford University Press, 2012.

该书是法国天文学家拉卡伊（Nicolas-Louis De La Caille，1713—1763）的一部英文传记，书中回顾了拉卡伊的生平，在18世纪天文学背景下讨论了拉卡伊远赴南非的原因，花大量篇幅细致描述了他在好望角观测的经历和取得的成果。该书附有较为详细的注释和参考文献，是对大地天文学这一复杂话题的开创性研究。

2. 天体力学

罗斯维尔《水星近日点：从勒维烈到爱因斯坦》（1982）

Roseveare, N. T. *Mercury's Perihelion from Le Verrier to Einstein.* New York: Clarendon Press; Oxford University Press, 1982.

该书展现了历史上对水星近日点进动这一现象的多种解释，几乎每一篇在当时引发争论的论文都被作者讨论。作者提供了全面的历史资料，可供研究者深入研究时使用。

迪亚库、霍尔姆斯《天遇：混沌与稳定性的起源》（1996）

Diacu, Florin, and Holmes, Philip. *Celestial Encounters: The Origins of Chaos and Stability.* Princeton, N.J.: Princeton University Press, 1996.

中译本：王兰宇译，《天遇：混沌与稳定性的起源》，上海科技教育出版社2005年版。

该书是一部讲述混沌与动力系统理论发展史的著作，从现代分科眼光看，本应属于数学史著作，但作者是站在天体力学的视角展开叙事，认为太阳系的稳定性问题或者说N体问题是混沌与动力系统理论的历史渊源和数学基础。作者利用了丰富的历史材料，试图对理论背后的思想进行阐释，并讨论了政治与社会环境对这些天体力学家、数学家的影响。

鲍姆、希恩《寻找祝融星》（1997）

Baum, Richard, and Sheehan, William. *In Search of Planet Vulcan: The Ghost in Newton's Clockwork Universe*. New York: Plenum Press, 1997.

该书的主题是天文学史上的经典"错误"：天体力学在海王星的发现上取得了巨大的成功，却也让当时许多天文学家一度相信水星之内还存在一颗"祝融星"。该书不完全是一本学术研究专著，它利用了大量历史材料，率先全面回顾了从牛顿到海王星发现、祝融星搜寻的天体力学史，是一部值得参考的读物。

威尔逊《月球运动的希尔 – 布朗理论》（2010）

Wilson, Curtis. *The Hill-Brown Theory of the Moon's Motion: Its Coming-to-be and Short-lived Ascendancy (1877-1984)*. New York, NY: Springer, 2010.

该书是对月球运动的希尔 – 布朗理论（Hill-Brown theory）的历史研究。希尔 – 布朗理论自提出至 1984 年一直是最精确的月球轨道模型，该书全面回顾了这一理论的发展演变。具体而言分三个部分：第一部分回顾了 19 世纪 70 年代以前的月球理论和面临的危机，凸显出此背景下希尔（George William Hill，1838—1914）尝试的解决方案。第二部分全面介绍布朗（Ernest William Brown，1866—1938）对理论和月球运动表进行完善的过程。第三部分讲述随着时间测量、计算方法、数据收集的变革，希尔 – 布朗运动被替换的历史。

斯蒂尔《古代天文观测与月球运动研究（1691—1757）》（2012）

Steele, John M. *Ancient Astronomical Observations and the Study of the Moon's Motion (1691-1757)*. New York, NY: Springer, 2012.

月球运动极为复杂，自古以来一直是天文学家着重研究的课题。这本书利用大量之前未经研究的手稿，讲述了哈雷（Edmond Halley，1656—1742）、拉朗德（Jérôme Lalande，1732—1807）等天文学家在 17 世纪末至 18 世纪中叶发现月球长期加速度以及该发现被接受的历史，也涉及产生此项研究的背景、天文学家们各自使用的方法等内容，还讨论了 18 世纪的人们如何看待古代观测记录的问题。

3. 天体物理学

实测技术与方法

赫恩肖《星光分析：天体光谱学的两个世纪》（1986）

Hearnshaw, J. B. *The Analysis of Starlight: Two Centuries of Astronomical Spectroscopy*. Second edition. New York, NY: Cambridge University Press, 2014.

该书是关于天体光谱学发展史的著作，初次出版于 1986 年，第二版补充了近几十年来的材料，全面回顾了自夫朗禾费（Joseph von Fraunhofer，1787—1826）、基尔霍夫（Gustav Robert Kirchhoff，1824—1887）开始深入分析光谱线，到 21 世纪初天体光谱学在系外行星发现、空间望远镜获取恒星紫外光谱等方面所取得的重大进展。天文学家一般称赞该书清晰、实用，科学史家往往对该书缺少历史背景和过强的线性叙事感到遗憾，但该书充分利用过往发表的科学论文和历史材料，拥有详细的注释，仍是天体光谱学史方面必不可少的阅读材料。该书作者赫恩肖是新西兰天文学家，曾任国际天文学会（IAU）C 分会（教育、推广与遗产分会）主席，还出版有两本重要天体物理学史著作，开列如下：

赫恩肖《星光测量：天体测光的两个世纪》（1996）

Hearnshaw, J. B. *The Measurement of Starlight: Two Centuries of Astronomical Photometry*. Cambridge; New York: Cambridge University Press, 1996.

赫恩肖《天体摄谱仪及其历史》（2009）

Hearnshaw, J. B. *Astronomical Spectrographs and their History*. Cambridge ; New York: Cambridge University Press, 2009.

杰克逊《信仰的光谱：夫朗禾费和精密光学工艺》（2000）

Jackson, Myles W. *Spectrum of Belief: Joseph von Fraunhofer and the Craft of Precision Optics*. Cambridge, Mass.: MIT Press, 2000.

该书讲述了天体光谱学开创者夫朗禾费（Joseph von Fraunhofer，1787—1826）从玻璃厂工人变成光学大家的经历。它采用了一种新的视角，从玻璃工业的角度探讨 19 世纪科学的社会意义，反映出科学史家对科学物质文化的关注。合适的玻璃是 19 世纪光学实验成功的核心，而磨制合适的玻璃在当时是一项艰巨的工作。夫朗禾费的工艺技能取得巨大成功，而他对消色差透镜等技术发明的商业保密影响了当时科学界对他的接受。作者从夫朗禾费出发，以小见大，描绘出工匠与科学家、工业与科学、体力劳动者和知识分子之间的复杂关系。

金尼奇、康索马格诺《塞奇与 19 世纪科学》(2021)

Chinnici, Ileana, and Consolmagno, Guy, eds. *Angelo Secchi and Nineteenth Century Science: The Multidisciplinary Contributions of a Pioneer and Innovator*. Cham: Springer International Publishing: Imprint: Springer, 2021.

该书是对意大利天文学家安杰洛·塞奇（Angelo Secchi，1818—1878）的研究文集。塞奇是天文学向天体物理学转变的关键人物，他对恒星光谱的分类为天体物理研究奠定了基础。该书汇集了各领域专家对塞奇生涯的回顾，既包括他在多个学科所做的科学技术工作，也包括他身为耶稣会士所扮演的角色，由此可以窥见当时科学与宗教的关系，以及科学与公众间的互动。

太阳物理、恒星结构与演化

赫夫鲍尔《探索太阳：伽利略以来的太阳科学》(1991)

Hufbauer, Karl. *Exploring the Sun: Solar Science since Galileo*. Baltimore: Johns Hopkins University Press, 1991.

该书全面回顾了 17 世纪以来人类对太阳的研究。作者将这一历史划分为三个阶段，展现出不同时期太阳科学在天文学中的地位。从前的科学史家很少注意太阳科学与天文学其他分支学科的关系。作者通过历史研究认为，太阳物理学虽共享着天体物理学的研究手段，但也是一门独特的分支学科，在研究课题、仪器、观测方法上均与其他分支存在差异，由此作者分析了促进太阳物理学发展的各种因素，指出随着其他分支的迅速发展，太阳物理学的地位变得相对没落，所获得的资源也相应减少。

瓦利《钱德拉塞卡传》(1991)

Wali, K. C. *Chandra: A Biography of S. Chandrasekhar*. Chicago: University of Chicago Press, 1991.

中译本：何妙福、傅承启译，《孤独的科学之路：钱德拉塞卡传》，上海科技教育出版社 2006 年版。

米勒《星之帝国：追寻黑洞的痴迷、友谊和背叛》(2005)

Miller, Arthur I. *Empire of the Stars: Obsession, Friendship, and Betrayal in the Quest for Black Holes*. Boston: Houghton Mufflin, 2005.

该书与《钱德拉塞卡传》虽然主题、类型均不相同，但天文学家钱德拉塞卡、爱丁顿以及二人关于白矮星的争论均在书中占有较大分量。科学史家们对两本书的评论颇有微词，两书作者在许多问题上也有分歧，这提示了未来研究者们可以深入挖掘的方向。

巴图夏克《黑洞》(2015)

Bartusiak, Marcia. *Black Hole: How an Idea Abandoned by Newtonians, Hated by Einstein, and Gambled on by Hawking Became Loved*. New Haven: Yale University Press, 2015.

该书的副标题是"一个牛顿抛弃、爱因斯坦憎恨、霍金赌输的想法如何被人喜爱"，可见它叙述的是"黑洞"这一天体物理概念的演变史和传播接受史。除了讲述自牛顿至当代科学家们的讨论外，作者还突出了社会因素的作用，如科学家的声望、军事活动、科学家群体间的学科差异等。尽管该书有时会给非常复杂的历史过程以过于简化的描述，但作者提供了较为充分的前人的研究材料，是目前黑洞史出版物中值得参考的材料。

星系和宇宙

史密斯《膨胀的宇宙：天文学的"大辩论"》(1982)

Smith, Robert W. *The Expanding Universe: Astronomy's "Great Debate", 1900-1931*. Cambridge, New York: Cambridge University Press, 1982.

该书回顾了 20 世纪初天文学家就星系和宇宙的问题展开的大辩论，提供了大量参考资料，是后续深入研究的基础。该书是天文学史家史密斯早期专著的代表，他的研究兴趣集中于 18 世纪后期到当代的天文学史，40 多年来他论著颇丰。

克劳、朗盖尔《牛津现代宇宙学史手册》(2019)

Kragh, Helge, and Longair, Malcolm S., eds. *The Oxford Handbook of the History of Modern Cosmology*. Oxford, New York: Oxford University Press, 2019.

在大众科学文本中，现代宇宙学是热门的主题，然而宇宙学史的相关学术著作还比较少见。该书从大约 1860 年开始讲起，一直讲到引力波的发现，全面回顾了现代宇宙学发展过程中的成败得失。全书大致按时间顺序分为 13 章，一些章节侧重理论，一些章节则侧重观测技术进步，还有些章节涉及政治、哲学等更宏大的历史背景。

射电天文学

沙利文《宇宙噪声：早期射电天文学史》（2009）

Sullivan, Woodruff Turner, Ⅲ. *Cosmic Noise: A History of Early Radio Astronomy*. Cambridge, UK; New York: Cambridge University Press, 2009.

该书是一部权威的射电天文学形成与发展史，作者利用了大量原始材料，采访了 100 多名做过开创性工作的射电天文学家，讨论了科学结果与令射电天文学成为可能的仪器之间的关系，分析了美国、英国、澳大利亚的射电天文研究组的状态，描绘出射电天文学在科学、技术、经济和政治因素共同驱动下蓬勃发展的面貌。

罗伯逊《射电天文学家：约翰·博尔顿和宇宙的新窗口》（2017）

Robertson, Peter. *Radio Astronomer: John Bolton and a New Window on the Universe*. Coogee, N.S.W: NewSouth Publishing, 2017.

该书是澳大利亚射电天文学家博尔顿（John Gatenby Bolton，1922—1993）的传记。博尔顿是射电天文学的早期创始人之一，他分别在美国和澳大利亚指导建立欧文斯山谷射电天文台（Owens Valley Radio Observatory）和帕克斯射电望远镜（Parkes Radio Telescope），显著提高了两国的射电天文学水平。通过该书可以了解到博尔顿在射电天文的科学和技术发展中所扮演的角色。

凯勒曼等《打开天空：国家射电天文台及其对美国射电天文学的影响》（2020）

Kellermann, Kenneth I., Bouton, Ellen N., and Brandt, Sierra S. *Open Skies: The National Radio Astronomy Observatory and Its Impact on US Radio Astronomy*. Cham: Springer International Publishing AG，2020.

该书是美国国家射电天文台（National Radio Astronomy Observatory，NRAO）的发展史，也是 20 世纪后期射电天文学科学发现与技术创新的历史。三位作者分别具有射电天文学家、美国国家射电天文台档案管理员、科学史家的身份。他们广泛利用档案记录，披露了大量原始资料，展现了当时人员与机构的状况，从中可以体会科学、技术、政治、文化如何影响着 20 世纪天文学的发展。

四、专题研究

1. 天文台与天文机构

琼斯、博伊德《哈佛大学天文台前四任台长》（1971）

Jones, Bessie Zaban, and Boyd, Lyle Gifford. *The Harvard College Observatory: The First Four Directorships, 1839-1919*. Cambridge: Belknap Press of Harvard University Press, 1971.

该书是一部较早关注天文台史的专著，描述了一个重要科学机构的起源、发展和成就，以及它与其他天文台的关系。哈佛大学天文台开天体物理研究之先河，作者通过一系列照片和信件讲述了在 19 世纪和 20 世纪早期，哈佛大学天文台的天文学家们在天文学发展中扮演了什么样的角色。

奥斯特布罗克等《天空之眼：里克天文台的第一个世纪》（1988）

Osterbrock, Donald E., Gustafson, John R., and Unruh, Shiloh. *Eye on the Sky: Lick Observatory's First Century*. Berkeley: University of California Press, 1988.

该书讲述的是美国里克天文台第一个世纪的发展历程。里克天文台成立于 1888 年，培训了大量天文学家，见证着天文学尤其是天体物理学的成长，因而由一个天文台的历史也可看到天文事业性质的转变。

奥斯特布罗克《王子与贫儿：里奇、海耳与美国大望远镜》（1993）

Osterbrock, Donald E. *Pauper & Prince: Ritchey, Hale, & Big American Telescopes*. Tucson: University of Arizona Press, 1993.

该书主要讲述的是美国天文学家海耳（George Ellery Hale，1868—1938）与望远镜工程师里奇（George Willis Ritchey，1864—1945）在叶凯士天文台（Yerkes Observatory）、威尔逊山天文台（Mount Wilson Observatory）合作研制大型望远镜，以及两人最终"裂穴"的故事。对里奇的研究是该书一大特色，从中可看出天文学实践的本质以及延续着工匠传统的仪器工程师在 20 世纪早期天文学中的作用。

迪克《天海相接：美国海军天文台（1830—2000）》（2003）

Dick, Steven J. *Sky and Ocean Joined: The U.S. Naval Observatory, 1830-2000*. Cambridge, UK; New York: Cambridge University Press, 2003.

该书回顾了美国海军天文台的发展史，是科学机构史写作的典范。作者既汇集了可供其他科学史家利用的参考资料，又提供了充分的历史背景分析，使读者能够超越细节看全局。作者从三个角度对美国海军天文台的历史进行讨论：一是天文学史的国际背景，二是美国科学史上的政治制度背景，三是美国海军的需求。作者明确区分了天文台的行政史和研究史，在一定程度上牺牲了史家更愿意关注的天文台运作过程中事件交织的复杂面向，使读者可以清晰领略美国海军天文台100余年间的人与事。

哈钦斯《英国大学天文台（1772—1939）》（2008）

Hutchins, Roger. *British University Observatories, 1772-1939*. Burlington, VT: Ashgate PubCo, 2008.

该书主要探索的是1939年以前附属于英国各大学的小型天文台。在早期，比起格林尼治皇家天文台（Royal Greenwich Observatory）和赫歇尔等人的私人天文台，大学天文台的地位并不突出，而之后皇家天文台和私人天文台在天文研究上都逐渐衰落了。作者分析了大学天文台走向兴盛的背景和原因，从中可看出制度与学科的变化情况。

安德森等《国际天文学联合会：百年的共同体》（2019）

Andersen, Johannes, Baneke, David, and Madsen, Claus. *The International Astronomical Union: Uniting the Community for 100 Years*. Cham: Springer, 2019.

该书是国际天文学联合会（International Astronomical Union，IAU）天文学家和科学史学者合作完成的一部国际天文学联合会史，以纪念它成立100周年。该书将这一历史分为六个阶段，侧重于20世纪后半叶加速发展的历程，展现出国际天文学联合会在专业天文学、社会话题及大众传播等方面所扮演的角色。

2. 女性天文学家

查普曼《玛丽·萨默维尔和科学世界》（2004）

Chapman, Allan. *Mary Somerville and the World of Science*. Bristol: Canopus Publishing, 2004.

该书是玛丽·萨默维尔（Mary Fairfax Somerviue，1780—1872）的一部简短的研究传记。萨默维尔是19世纪欧洲科学界的杰出女性，在多个学科领域取得成就。

她和卡罗琳·赫歇尔同时被提名为英国皇家天文学会第一批女性会员。作者基于维多利亚时代大众科学文化盛行的背景，展现出萨默维尔逐渐获得学术声誉的经历。

约翰逊《勒维特之星》（2005）

Johnson, George. *Miss Leavitt's Stars: The Untold Story of the Woman Who Discovered How to Measure the Universe*. New York: W.W. Norton, 2005.

中译本：刘晶晶译，《勒维特之星》，湖南科技出版社 2008 年版。

该书是造父变星周光关系发现者勒维特（Henrietta Swan Leavitt，1868—1921）的一部小传，总结了该书出版前关于这位女性天文学家的已知信息。该书有利于引导人们对历史上的女性天文学家给予更多关注。

伯格兰《玛丽亚·米切尔和科学的性别》（2008）

Bergland, Renée L. *Maria Mitchell and the Sexing of Science: An Astronomer among the American Romantics*. Boston: Beacon Press, 2008.

该书既是女性天文学家米切尔（Maria Mitchell，1818—1889）的传记，又是对 19 世纪社会文化的考察。19 世纪早期，天文学被认为是年轻女性最适合从事的职业，而人文学科主要是年轻男性活跃的领域。作者通过具体的例子说明，随着科学专业化程度的提高，情况如何发生了逆转，由此可以看到科学与性别之间关系的复杂变化。

索贝尔《玻璃宇宙：哈佛天文台的女士们如何测星》（2016）

Sobel, Dava. *The Glass Universe: How the Ladies of the Harvard Observatory Took the Measure of the Stars*. New York: Viking, 2016.

该书主人公是 19 世纪末 20 世纪初在哈佛天文台的天文学发展中发挥了关键作用的女性天文学家。她们凭借自己的智慧、奉献精神，为天体物理学奠定了坚实的基础。

3. 天文仪器

从仪器史的视角对天文仪器所做专题研究参见本书第四十章。天文以观测为基础，观测必须借助仪器，尤其是天文台所置的大型仪器，涉及这些仪器的研究参见本章"实测技术与方法""射电天文学""天文台与天文机构"等小节。

五、人物研究

本节所列传记研究专著的研究对象是牛顿之后在天文学多个领域有所建树、产生了深远影响或难以被之前各专题单独涵盖的天文学家。

莫耶《美国文化中的科学家之声：西蒙·纽康与科学方法的修辞》（1992）

Moyer, Albert E. *A Scientist's Voice in American Culture: Simon Newcomb and the Rhetoric of Scientific Method*. Berkeley: University of California Press, 1992.

纽康（Simon Newcomb，1835—1909）是 19 世纪后半叶天文学界的领军人物，他既是取得重要科研成果的天文学家，又是出色的科学管理官员，还是面向大众的通俗科学作家。该书的关注点是纽康面向公众时发表的见解及其参与的争论。作者充分利用未发表的档案材料，在当时的历史背景中分析纽康的思想方法，揭示出纽康鲜为人知的公众形象。

克里斯琴森《哈勃：星云世界的水手》（1995）

Christianson, Gale E. *Edwin Hubble: Mariner of the Nebulae*. New York: Farrar, Straus, Giroux, 1995.

中译本：何妙福等译，《星云世界的水手：哈勃传》，上海科技教育出版社 2012 年版。

哈勃（Edwin Powell Hubble，1889—1953）是星系天文学的开创者、观测宇宙学的奠基人，但自他逝世后的 40 余年间，市面上始终没有一部详尽的哈勃传记。该书是对哈勃生活和职业生涯的全面回顾，目前仍是最好的哈勃传记。尽管所附参考文献不算充分，但作者充分利用了哈勃留下的大量原始材料和哈勃同事的回忆，保证了该书的权威性。读者可从中看到 20 世纪现代天文学发展的面貌，尤其是哈勃在探索星系和宇宙时所处的历史背景。

德沃金《罗素：美国天文学家的领袖》（2000）

DeVorkin, David H. *Henry Norris Russell: Dean of American Astronomers*. Princeton, N.J.: Princeton University Press, 2000.

该书是赫罗图提出者之一、天文学家罗素（Henry Norris Russell，1877—1957）的权威传记。天文学史家德沃金通过大量材料分析，严密论证了罗素的历史定位，即罗素是现代天体物理学的重塑者。此外，作者借罗素的生活与工作，全面构建了一幅知识与制度变迁的图景。该书填补了人们对现代天文学发展理解的一些空白，是科学家传记研究的典范。

格雷戈里《弗雷德·霍伊尔的宇宙》（2005）

Gregory, Jane. *Fred Hoyle's Universe*. Oxford: Oxford University Press, 2005.

霍伊尔（Fred Hoyle，1915—2001）对当代天文学发展产生了深远影响，他杰出的想象力和物理洞察是理论天体物理学和宇宙学发展的重要源泉，尽管人们对他涉猎广泛的作品和不符合正统学术的观点更感兴趣。该书对霍伊尔的职业生涯进行了平实、细致、详尽的描述，巧妙剖析了学术、制度和个人间的冲突。不过，我们仍然太接近这些事件，无法从更长远的角度看问题，所以该书还只是从科学史家视角研究霍伊尔的开始。

贝克尔《分解星光：威廉和玛格丽特·哈金斯与新天文学的兴起》（2011）

Becker, Barbara J. *Unravelling Starlight: William and Margaret Huggins and the Rise of the New Astronomy*. Cambridge; New York: Cambridge University Press, 2011.

该书是威廉·哈金斯（William Huggins，1824—1910）与妻子玛格丽特·哈金斯（Margaret Huggins，1848—1915）的第一本现代传记，二人皆是光谱学的先驱。维多利亚时代科学娱乐成为一种大众文化，威廉正是因被科学娱乐活动吸引而放弃家族企业的经营。因而该书既是早期天体物理学史研究的重要读物，也是维多利亚时代大众科学、夫妻科学合作等话题研究者的重要参考。

霍斯金《宇宙发现者：威廉·赫歇尔与卡罗琳·赫歇尔》（2011）

Hoskin, Michael A. *Discoverers of the Universe: William and Caroline Herschel*. Princeton: Princeton University Press, 2011.

《天文学通史》总主编霍斯金也是知名的赫歇尔家族研究专家，自20世纪50年代至今发表或出版了众多赫歇尔家族研究论文和专著，该书是这些作品的一个代表。该书偏向通俗，但由于作者对主人公威廉·赫歇尔（William Herschel，1738—1822）和卡罗琳·赫歇尔（Caroline Herschel，1750—1848）非常熟悉，故能在历史事实和文学表达间取得平衡。不过作者并未在书中留下太多注释，读者若想就某一主题进一步研究，还需梳理作者所发表的大量学术论文。

第二十五章　地学史

马玺

　　现代"地学"（即地球科学，Earth Sciences，geosciences）出现于 20 世纪，包括与地球系统相关的诸多学科。它的形成是 19 世纪末以来地质学和地理学内部分化并与其他学科相结合的结果。因此，本章涉及的学科范围以 18 世纪和 19 世纪之交形成的地质学和地理学为基点，上及 18 世纪的矿物学，下及 20 世纪的其他相关学科。本章分为工具书、通史、分科史和人物研究四个部分，每个部分内条目按出版时间升序排布。

一、工具书

波特、波尔顿 "英国地质学研究，1660—1800"（1977）

Porter, Roy, and Poulton, Kate. "Research in British Geology 1660–1800: A Survey and Thematic Bibliography." *Annals of Science* 34, 1 (1977): 33-42.

　　该文是著名科学史家 Roy Porter 和 Kate Poulton 在 20 世纪 70 年代对 17 世纪至 19 世纪英国地质学史之相关研究的回顾与评估，可通过该文章了解 20 世纪中期地质学史的文献及其学术关注点。

萨尔让特《地质学家与地质学史：从起源至 1978 年的国际书目》（1980）

Sarjeant, William A. S. *Geologists and the History of Geology: An International Bibliography from the Origins to 1978.* 5 vols. New York: Arno Press, 1980.

　　该书出版于 20 世纪 80 年代，一共 5 卷，4526 页。该书并非地球科学史的研究书目，而是地质学领域内部的文献书目，涵盖的文献时间从古至今，尤以 18 世纪之后为主，是迄今为止最为全面的地质学书目，同时附有完备的索引，以方便读者和研究者使用。

波特《地球科学注释书目》（1983）

Porter, Roy. *The Earth Sciences: An Annotated Bibliography*. Garland Reference Library of the Humanities, Vol.315. New York: Garland Pub, 1983.

该书 192 页。为 Roy Porter 在 20 世纪 80 年代对地质学史和地球科学史相关研究的整体回顾和评估，涵盖了 20 世纪 80 年代之前相关研究的一手文献以及论文和专著等二手文献。全书分为 10 个部分，涉及地球科学的通史和通论、分科史、区域和国别史、机构史、社会、宗教、文化等不同侧面。其收录的文献包括英、法、德等多种语言，并对每一种文献的内容和优缺点均做专业与中肯之评价，是地球科学史研究者的必备书目。

《英汉地质词典》（1983，1993）
地质学名词审定委员会《地质学名词》（1993）
张新元等《英汉地质词典中文索引》（2004）

这三部工具书均由地质出版社出版。1993 年自然科学名词审定委员会审定公布的《地质学名词》为科研、教学和生产等提供了应遵照使用的规范名词，但规范词条仅 3964 条，且久未更新，第二版尚未出版。地质出版社 1983 年出版的《英汉地质词典》于 1993 年修订，是国内较权威的地质词典，不仅包括地质学名词，还包括天文、地理、化学等相关词汇。2004 年以修订本为蓝本出版了《英汉地质词典中文索引》，可与词典配合使用。

汉考克、斯金纳《牛津地球指南》（2000）

Hancock, Paul L. and Brian J. Skinner, eds. *The Oxford Companion to the Earth*. Oxford: Oxford University Press, 2000.

该书为牛津大学出版社的研究指南中的一种，共 1174 页，收录超过 900 个条目，涵盖了地球科学的方方面面，涉及地质学、气象学、矿物学、海洋学等，并包括地球科学历史上的重要人物，为历史研究者了解地球科学史提供了入门的知识和相关的研究指引。

《地球科学大辞典》（2006）

《地球科学大辞典》，地质出版社 2006 年版。

该书为原国土资源部主持修订的地球科学领域的百科全书式辞典，是 1986 年原地质矿产部编纂的《地质辞典》的修订版，共收录词条 36 000 余条，分为基础学科卷和应用科学卷两卷，包括与地球科学相关的自然科学及技术科学的名词和术语，介绍其内涵及外延，并列出了相关的数据和资料，兼顾了科普与科研两方面的需求。全书按学科分类，并在书后列中英对照之索引，亦可作简明英汉地质词典使用。

阿拉比《地质学和地球科学词典》（2013）

Allaby, Michael. *A Dictionary of Geology and Earth Sciences*. Oxford: Oxford University Press, 2013.

该书为地质学和地球科学方面的专业词典，初次出版于 1990 年，题名 *A Dictionary of Earth Sciences*，至 2013 年第 4 版更为现名，2020 年已修订至第 5 版，但第 4 版更为通行。全书正文及附录共 660 页，收录的词条涉及地质学和地球物理相关学科的专业名词以及重要人物，并附有部分插图，是阅读相关领域文献的必备参考书。

二、通史

霍尔《科学革命与工业革命中的地球科学史》（1976）

Hall, Donald Herbert. *History of the Earth Sciences During the Scientific and Industrial Revolutions: With Special Emphasis on the Physical Geosciences*. Amsterdam, Oxford, and New York: Elsevier, 1976.

该书共 279 页。是将地质学和地球科学的发展置于社会经济中的最早尝试。它考察了地球科学从人类历史早期到 20 世纪的发展历程，但主要关注 16 世纪至 19 世纪，也就是从科学革命到工业革命这一时段。作者将地球科学的兴起与欧美的资本主义和殖民主义相联系，主要论点是地球科学的历史必须与经济史以及政治史关联。该书并未如其他的地质学历史一样将重点放在地层学和古生物学，而是关注地球物理，在 20 世纪 70 年代之前，这一学科的历史未被地质学史家重视。该书的弱点主要在于，它立论所依赖的材料仅限于二手文献，对欧洲整体历史的发展也未做全面考察。

三、分科史

1. 地质学

盖基《地质学的建立者》(1897)

Geikie, Archibald. *The Founders of Geology*. Macmillan, 1897.

该书作者是著名的苏格兰地质学家阿奇博得·盖基爵士（Sir Archibald Geikie，1835—1924）。该书是作者在约翰·霍普金斯大学的六次系列讲座，主要内容是简述地质学的起源和发展，尤其是 18 世纪和 19 世纪，主要的关注点是著名地质学家的研究和贡献。该书的优点在于以地质学家的视角回顾地质学的发展，在科学的细节和转变之处值得信赖；但明显的缺陷是英雄史观和辉格史观贯穿始终，观点和叙事如今已经稍显陈旧。

齐特尔《地质学和古生物学史：至 19 世纪末》(1899)

Zittel, Karl Alfred von. *Geschichte der Geologie und Paläontologie bis Ende des 19. Jahrhunderts*. Niedersächsische Staats-und Universitätsbibliothek, 1899.

Zittel, Karl Alfred Ritter von. *History of Geology and Palaeontology: To the End of the Nineteenth Century*. W. Scott, 1901.

该书原版为德语版，共 868 页，是早期地质学和古生物学历史的经典著作。其重要性体现在重点关注了德语文献，对 18 世纪和 19 世纪德语的矿物学、地层学和古生物学等做了详细的回顾和阐释。1901 年的英译本对原本有所节略。

梅瑞尔《美国地质学的第一个百年》(1924)

Merrill, George P. *The First One Hundred Years of American Geology*. New Haven: Yale University Press, 1924.

该书共 773 页。是 20 世纪上半叶出版的关于美国地质学发展的最全面最权威的著作。它上至 19 世纪末，下至 20 世纪初，追溯了美国地质学著作出版、理论发展、人才培养、地质调查等各个方面。

道森《地质科学的诞生与发展》(1938)

Dawson, Adams Frank. *The Birth and Development of The Geological Sciences*. The Williams And Wilkins Company, 1938.

该书是地质学史领域的经典著作，作者是加拿大著名地质学家道森·弗兰克。全书共 14 章，追溯了地质学从古典时代、中世纪到现代的发展和转变。与早期作者如盖基等所持有的英雄史观不同，该书更关注历史中对各种似然现象的阐释，以及这些变化在不同知识体系之中的流变，尤其对中世纪、现代早期等时段的阐释至今仍有参考意义。

勃林格《地质学与地质学世界观的历史》（1954）

Beringer, Carl Christoph. *Geschichte der Geologie und des geologischen Weltbildes*. F. Enke, 1954.

该书是德语地质学史及地球科学史著作，全书共 158 页，简明扼要，尤其关注地质学和地球科学在不同国家的发展。

奥尔德罗伊德《地质学思想史》（1996）

Oldroyd, David Roger. *Thinking about the Earth: A History of Ideas in Geology*. Cambridge: Harvard University Press, 1996.

中译本：杨静一译，《地球探赜索隐录：地质学思想史》，上海科技教育出版社 2006 年版。

该书为澳大利亚著名科学史家戴维·奥尔德罗伊德（1936—2014）的经典著作，全书共 448 页。该书并不是严格意义上的地质学史著作，而是西方科学传统中的地质学思想著作。全书分为 13 个章节，探讨的是从古至今不同哲学家、思想家和科学家等对地球的形成、构成以及变化的观点、想法和理论，并在书后附录了推荐阅读书目，对普通读者和专业读者都有所裨益。

卢德维克《地球的深度历史：如何发现、为何重要》（2014）

Rudwick, M. J. S. *Earth's Deep History: How It Was Discovered and Why It Matters*. Chicago; London: University of Chicago Press, 2014.

马丁·卢德维克是地质学史领域内的权威专家，其研究主要关注 19 世纪中叶之前地质学的形成和发展。该书是他学术研究之余的一本通俗、科普著作，全书 392 页，简明扼要地追溯了 18 世纪以来地质学史中的关键问题——地球深度时间——的相关探索和研究的历史。虽然主题集中，但是全书涉及地质学史的诸多议题，是了解地质学思想史和研究方法的入门著作。

奥哈拉《简明地质学史》（2018）

O'Hara, Kieran D. *A Brief History of Geology.* Cambridge University Press, 2018.

新近出版的通俗地质学史著作，全书共 462 页，简明扼要，以主题划分章节，兼顾了科普与教学之用。该书并未追溯地质学在前现代的起源，反而从 19 世纪开始，重点关注 20 世纪地质学和地球科学的发展（大陆漂移、冰川学、板块动力学等）。

2. 矿物学

怀特"美国作者所见的地质学与矿物学历史"（1973）

White, George W. "The History of Geology and Mineralogy as Seen by American Writers, 1803-1835: A Bibliographic Essay". *Isis* 64, 1973 (2): 197-214.

该文是一个文献综述，对了解 19 世纪早期美国的地质学和矿物学有很大意义。

原田准平"日本矿物学进展"（1973）

Harada Zyunpei. "The Progress in Mineralogy in Japan". *Journal of the Mineralogical Society of Japan,* 11 (1973): 1-18.

对于矿物学史的研究通常局限于欧洲和美国，本文提供了一个亚洲的例子——日本从 19 世纪以来的矿物学发展史。

奥德罗伊德"矿物学与化学革命"（1975）

Oldroyd, D. R. "Mineralogy and the Chemical Revolution." *Centaurus* 19, 1(1975): 54-71.

对矿物学史的研究往往意味着需要将矿物学与其他学科如化学、地质学、博物学等的发展相联系，该文提供了一个范例。它探讨的是化学革命如何为 18 世纪矿物学的发展提供了新的存在论基础。这一路径不仅仅是对矿物学发展的追溯，更可以将矿物学史的研究与科学思想史相联系。

劳丹《从矿物学到地质学：一门科学的建立，1650—1830》（1994）

Laudan, Rachel. *From Mineralogy to Geology: The Foundations of a Science, 1650-1830.* Chicago: University of Chicago Press, 1994.

矿物学史极少有具有广泛影响力的专门著作，Rachel Laudan 的著作则是特例。该书共分 10 个章节，阐述了从 17 世纪到 20 世纪 30 年代之前地质学的产生过程——

尤为重要的是，该书的关注点在于地质学是如何从传统的欧洲矿物博物学中产生的。书中对 19 世纪之前的矿物学的回顾和阐释尤其有价值。

艾迪《矿物学的语言：约翰·沃克、化学和爱丁堡医学院》(2008)

Eddy, Matthew. *The Language of Mineralogy: John Walker, Chemistry and the Edinburgh Medical School, 1750-1800.* Ashgate Publishing, Ltd, 2008.

该书研究的主题是 19 世纪末爱丁堡大学的博物学家约翰·沃克的矿物学研究和实践。全书共 332 页，分为 5 个章节探讨沃克对矿物的分类、鉴定以及在他的工作中矿物学与博物学、地质学的关系。

3. 古生物学

齐特尔《地质学和古生物史：至 19 世纪末》(1901)

Zittel, Karl Alfred Ritter von. *History of Geology and Palaeontology: To the End of the Nineteenth Century.* W. Scott, 1901.

见地质学条。

卢德维克《化石的意义：古生物学历史上的片段》(1972)

Rudwick, M. J. S. *The Meaning of Fossils: Episodes in the History of Palaeontology. History of Science Library.* London, New York: Macdonald; American Elsevier, 1972.

该书是卢德维克的第一部著作，也被认为是英语世界第一部专业的古生物学史著作。全书共 286 页，分为 5 个章节，分别考察人类通过化石来阐释古生物学发展历程中的 5 个片段，涉及的人物包括格斯纳、斯丹诺、胡克、居维叶和巴克兰、赖尔等著名的地质学家和古生物学家。卢德维克的创举在于摒弃了 Dawson Frank 等前辈学者秉持的英雄史观和辉格史观。

鲍勒《化石与进步：古生物学与 19 世纪渐进进化的思想》(1976)

Bowler, Peter J. *Fossils and Progress: Paleontology and the Idea of Progressive Evolution in the Nineteenth Century.* New York: Science History Publications, 1976.

该书共 191 页。考察 19 世纪上半叶对古生物学的阐释与地质学以及"进步"观念之间的联系。它表明，虽然这段时期的化石无法提供清晰完备的证据，但是大多数的古生物学家仍然相信"进步"的存在，尽管他们并不总是支持"演化"。

格力高里"北美脊椎古生物学"（1979）

Gregory, Joseph T. "North American Vertegrate Paleontology, 1776-1976". In *Two Hundred Years of Geology in America: Proceedings of the New Hampshire Bicentennial Conference on the History of Geology*, 305-335. Hanover, New Hampshire: University Press of New England, 1979.

该文是迄今为止对美国古脊椎动物学的最简明扼要的研究。

安德鲁斯《化石猎手：搜寻古代植物》（1980）

Andrews, Henry Nathaniel. *The Fossil Hunters: In Search of Ancient Plants*. Cornell University Press, 1980.

该书共 421 页。追溯了从 18 世纪末至 20 世纪中叶古生物学的历史，其中包括了很多新近的研究，尤其是美国、苏联和欧洲的相关研究。

奥康纳《展示地球：化石和大众科学的诗学》（2007）

O'Connor, Ralph. *The Earth on Show: Fossils and the Poetics of Popular Science, 1802-1856*. Chicago: The University of Chicago Press, 2007.

该书考察的是 19 世纪上半叶英国地质学、古生物学与公众文化之间的关系，全书共 541 页，分为两部分共 10 个章节，具体阐释了在公众领域之中，诗歌、奇观和文学如何被运用于在大众之中普及和推广科学（地质学和古生物学），证明 19 世纪地质学的兴起并受到欢迎与科学家和作者的文学和写作技巧紧密联系。

戴维森《古生物学绘图史》（2008）

Davidson, Jane P. *A History of Paleontology Illustration*. Indiana University Press, 2008.

该书共 217 页。作者是一名艺术史家，著作的关注点在于古生物的绘图的历史，时间从 15 世纪至今。作者从艺术史的角度分析了古生物学绘图的特征、形式、技术以及演变，同时关注科学插图和通俗插图，是了解科学与艺术的关系、古生物学绘图等相关领域的重要著作。

卢德维克《居维叶、化石骨头和地质灾难》（2008）

Rudwick, Martin J. S. *Georges Cuvier, Fossil Bones, and Geological Catastrophes:*

New Translations and Interpretations of the Primary Texts. The University of Chicago Press, 2008.

该书共 318 页。主要的研究对象是 18 世纪和 19 世纪之交的著名古生物学家和博物学家居维叶，全书共分 10 章，翻译了居维叶的核心著作并对其进行评注，探索了居维叶的知识来源、理论创见和学术交往等方面，是了解居维叶以及 19 世纪初法国和欧洲古生物学的必读书目。

4. 气象学

米德尔顿《气象仪器的发明》(1969)

Middleton, William Edgar Knowles. *Invention of the Meteorological Instruments*. Baltimore: Johns Hopkins University Press, 1969.

该书 362 页。主题是各种气象学仪器的发明和使用。全书共 10 个章节，考察不同的气象学仪器，包括气压计、温度计等，是一本简明全面的气象学仪器史著作。作者米德尔顿是气象学仪器史的专家，他的研究和著作涵盖了气象学仪器的方方面面，除此书之外，还分别有关于气压计、温度计等的专著，可一并参考。

福里辛格《1800 年之前的气象学史》(1983)

Frisinger, H. Howard. *History of Meteorology to 1800*. Boston: American Meteorological Society, 1983.

该书是由美国气象学学会（American Meteorological Society）出版的早期气象学历史，全书共 8 个章节，考察了气象学在 19 世纪之前的发展。值得注意的是，该书不仅包括早期的理论、猜想和实验，更涉及了某些具体的气象学仪器的发明、发展与使用情况，这些仪器包括温度计和气压计等。

弗莱明《美国的气象学》(1990)

Fleming, James Rodger. *Meteorology in America, 1800-1870*. Johns Hopkins University Press, 1990.

该书共 192 页，考察了气象学在 19 世纪美国的兴起。气象学在 19 世纪获得了极大的进步，在美国也不例外，它逐渐发展为一门严肃的科学学科，也与政府的服务紧密相连。该书的论点是，19 世纪中期美国气象学领域的"观测系统"（observational system）和"理论网络"(theoretical networks) 都发生了重大转变，引导了气象学在美国的进步。

内贝克《计算天气：20 世纪的气象学》（1995）

Nebeker, Frederik. *Calculating the Weather: Meteorology in the 20th Century.* Elsevier, 1995.

该书共 255 页。考察的是气象学在 20 世纪的发展，关注的焦点是第二次世界大战之后到 20 世纪 60 年代计算机的使用对气象学发展的影响。

安德森《预测天气：维多利亚时代的气象科学》（2005）

Anderson, Katharine. *Predicting the Weather: Victorians and the Science of Meteorology.* Chicago: The University of Chicago Press, 2005.

该书共 331 页，分为 5 个章节。考察的主题是英国维多利亚时代的政府和科学家试图搜集气象资料以发展一门预测天气的科学的历程。尽管这一时期英国的尝试并不成功，但是该书弥补了一段气象学发展史上的空白，同时也为理解维多利亚时代科学、科学家、政府与公众文化之间的联系提供了新的维度。

马丁《文艺复兴气象学》（2011）

Martin, Craig. *Renaissance Meteorology.* Baltimore: Johns Hopkins University Press, 2011.

该书 224 页。主题是文艺复兴时期的气象学。全书共分为 6 个章节，阐述文艺复兴时期的学者如何分析和解释风、雨、地震、陨石以及其他的自然现象，并考察了他们如何影响了之后——科学革命时期——的科学家和学者。作者认为，气象学的探索对现代早期的科学发展来说非常关键，并与 17 世纪自然哲学的发展紧密联系。

哈珀《数字见天气：现代气象学的起源》（2012）

Harper, Kristine C. *Weather by the Numbers: The Genesis of Modern Meteorology.* MIT Press, 2012.

该书共 320 页，8 个章节。考察的是 20 世纪气象学在美国的发展和变化。在 20 世纪早期，美国的气象学在很大程度上还只是一门依赖于个人的、猜想的科学，但在第二次世界大战之后，随着电子计算机的发展、数学和物理学的引入、更广泛的观测网络的建构以及新气象学家群体的形成，气象学发展成为一门复杂的、专业化的现代科学。

弗莱明《发明大气科学：皮耶克尼斯、罗斯比和现代气象学的奠基》（2016）

Fleming, James. *Inventing Atmospheric Science: Bjerknes, Rossby, Wexler, and the Foundations of Modern Meteorology.* MIT Press, 2016.

该书共 296 页。考察的是 20 世纪美国气象学的发展，主要的关注点是三位重要的科学家皮耶克尼斯（Vilhelm Bjerknes，1862—1951）、罗斯比（Carl-Gustaf Rossby，1898—1957）和韦克斯勒（Harry Wexler，1911—1962）。通过对三名科学家的科研和生活的研究，该书追溯了大气科学（atmospheric science）的产生，并将其与战争、行政、经济和技术的发展相联系。

库兹巴赫《气旋的热力学理论：19 世纪气象学思想史》（2016）

Kutzbach, Gisela. *The Thermal Theory of Cyclones: A History of Meteorological Thought in the Nineteenth Century.* Springer, 2016.

该书共 255 页，共 7 个章节。是对 19 世纪和 20 世纪初气象学研究的一个整体考察，关注的对象是气象学中的气旋理论的起源与发展历程。

5. 海洋学

迪肯《科学家与海洋，1650—1900》（1977）

Deacon, Margaret. *Scientists and the Sea, 1650-1900: A Study of Marine Science.* Routledge, 1997.

该书初次出版于 1977 年，一直是海洋学领域的权威著作。第二版出版于 1997 年，共 504 页，新增加了一个导言和书目。该书考察了过去将近 2500 年间西方（欧洲）科学传统中对海洋的研究，内容涉及古代希腊的哲学思索与自然观察、文艺复兴时期和现代早期的探索以及 19 世纪的科学考察。

麦克科奈尔《海不太深：海洋科学仪器史》（1982）

McConnell, Anita. *No Sea Too Deep: The History of Oceanographic Instruments.* Bristol: Adam Hilger, 1982.

该书共 162 页。是一本关于海洋学仪器史的著作，涉及的年代是 17 世纪末至 20 世纪初，包括用于测量海洋深度、取海床标本等的仪器。

《摩纳哥海洋博物馆藏海洋学仪器图录》（1996—1999）

Musée Océanographique de Monaco. *Catalogue des appareils d'océanographie en collection au Musée océanographique de Monaco.* Musée Océanographique de Monaco., 1996-1999.

该书一共 8 卷。是摩纳哥海洋博物馆（Musée Océanographique de Monaco）出版的图册，对馆藏的海洋科学仪器分类编排，并有英文和法文导言和简介。

卡特莱特《潮汐：一部科学历史》（2000）

Cartwright, David Edgar. *Tides: A Scientific History.* Cambridge University Press, 2000.

该书共 306 页，15 个章节。全面考察了从古代希腊至今 2000 多年间对于潮汐的理解的历史。潮汐自古以来一直是哲学家、思想家和科学家关注的对象，他们也从不同的角度阐释了对潮汐的理解。该书爬梳了历史文献和科学文献，并辅以诸多插图。

本森《海洋科学史：太平洋及以外》（2002）

Benson, Keith Rodney, Keith R. Benson, and Philip F. Rehbock, eds. *Oceanographic History: The Pacific and Beyond.* The University of Washington Press, 2002.

该书是一本论文集，共 568 页，包括 11 个部分，考察的对象包括太平洋岛民对海洋的看法、新近的潮汐研究、海洋学发展中的重要人物、太平洋的科学探索等，以跨学科的视角探索了海洋学的概念、理论和技术，以及海洋学史与社会、经济以及机构等要素的勾连。

汉布林《海洋学家与冷战：海洋科学的门徒》（2011）

Hamblin, Jacob Darwin. *Oceanographers and the Cold War: Disciples of Marine Science.* The University of Washington Press, 2011.

该书共 365 页，8 个章节。考察的是冷战期间海洋科学的发展，将美国海洋科学置于国际背景之中，主要的关注点是美国的海洋学家怎样在冷战期间与政府、军队等各个方面产生冲突并且合作，在其中寻求资助与支持，并与美国的国防、外交、内政等产生联系。

米尔斯《生物海洋学的早期历史，1870—1960》（2012）

Mills, Eric L. *Biological Oceanography: An Early History, 1870-1960.* University of Toronto Press, 2012.

该书共 378 页。是一本关于生物海洋学历史的著作，全书共两个部分，11 个章节。第一部分的主题是 19 世纪末和 20 世纪初生物海洋学在德国和斯堪的纳维亚半岛国家的产生；第二个部分则涉及 20 世纪，主题是生物海洋学在英国和美国的发展。

阿德勒《海王的实验室：大海中的想象、恐惧与科学》（2019）

Adler, Antony. *Neptune's Laboratory: Fantasy, Fear, and Science at Sea.* Harvard University Press, 2019.

该书共 256 页，5 个章节。考察的是海洋科学的发展历程如何与人类的想象、恐惧以及对自身命运的探索相联系。作者认为，在探索海洋的过程中，科学家、政客以及公众都能从海洋的环境中唤起对人类和地球的想象，通过这种想象中产生的恐惧、不安和渴望来理解人类的弱点和本性。该书并非海洋科学的历史，而是关于海洋科学与社会文化相联系的历史。

6. 地理学

比兹里《现代地理学的曙光》（1897—1906）

Beazley, Charles Raymond. *The Dawn of Modern Geography.* 3 vols. London: John Murray, 1897-1906.

该书是一套经典的古代地理学史著作，分 3 卷，分别出版于 1897 年、1901 年和 1906 年，涉及的年代上至古代罗马时期，下至 15 世纪早期。作者是英国著名的历史学家，作者在该书中对古代世界各地（包括欧洲、阿拉伯地区和中国）的地理学文本、知识和实践探索都有详细的梳理。

约翰逊《地理学与地理学家：1945 年以来的英美人文地理学》（1979）

Johnston, Ron, and James D. Sidaway. *Geography and Geographers: Anglo-American Human Geography since 1945.* Routledge, 2015.

该书 520 页。初次出版于 1979 年，是迄今为止最全面的人文地理学的介绍性著作，2015 年出至第 7 版，主要内容涉及第二次世界大战之后英国和美国的人文地理学，对此领域内的争论、学派、学者等都有考察，并将它们置于社会、经济、政治和思想背景之中。

哈特索恩《地理学的本性》(1961)

Hartshorne, Richard. *The Nature of Geography; a Critical Survey of Current Thought in the Light of the Past*. Lancaster, Pa.: Association of American Geographers, 1961.

该书是作者于 1939 年发表的经典同名论文的 1961 年重印本，包括原作者的更正。Hartshorne 是美国著名地理学家，这篇论文包括对地理学史的追溯，也包括对当时地理学一些问题、概念和展望提出的看法和考察，因此它既是一篇地理学论文，也可被视为一篇地理学史文章。

顿巴尔《现代地理学史：一个注释书目》(1985)

Dunbar, Gary S. *The History of Modern Geography: An Annotated Bibliography of Selected Works*. Garland Pub, 1985.

该书共 386 页。是现代地理学史研究精选著作带评论性的目录。

施多塔尔特《地理学及其历史》(1986)

Stoddart, David Ross. *On Geography and Its History*. New York: Basil Blackwell, 1986.

该书共 335 页。作者是著名的地理学家 David Stoddart，他在地理哲学和地理学史领域也有所建树，此书是他在地理学史领域的代表作。

列文斯通《地理传统：一个有争议事业的历史场景》(1993)

Livingstone, David. *The Geographical Tradition: Episodes in the History of a Contested Enterprise*. Wiley, 1993.

该书共 444 页。追溯了地理学从 15 世纪至今的发展。列文斯通（David Livingstone，1953— ）是英国著名的地理学家和地理学史家。这本书共 10 章，涉及文艺复兴、科学革命、启蒙运动和 19 世纪的地理学的发展，并且探讨了地理学与种族、帝国主义等之间的联系。

霍尔特 – 詹森《地理学：历史及其概念》(2009)

Holt-Jensen, Arild. *Geography: History and Concepts*. Sage, 2009.

该书共 280 页。是一本面向学生的地理学及其历史的简明教科书。全书共 6 个章节，对地理学的历史、内涵、发展趋向、研究路径等做了简明阐释。

本柯、斯特罗迈耶《20 世纪人文地理学史》(2014)

Benko, Georges, and Ulf Strohmayer. *Human Geography: A History for the Twenty-First Century.* Routledge, 2014.

该书共 224 页，6 个章节。由不同领域内的专家撰写，梳理了 20 世纪人文地理学内部各个领域的发展趋向、争论、理论框架以及研究路径等。所涉及的领域有文化地理学、经济地理学、历史地理学、政治地理学和社会地理学等。

7. 地图学

里斯托《地图学史指南》(1960)

Ristow, Walter William, ed. *Guide to the History of Cartography: An Annotated List of References on the History of Maps and Mapmaking.* U.S. Government Printing Office, 1973.

该书共 96 页。是由美国国会图书馆地理和地图部（Library of Congress Geography and Map Division）主编并发行的一本地图学史指南，主要内容是注释书目涉及地图的测绘、制作和使用的历史，主编 Walter Ristow 是国会图书馆地理和地图部的主任。此为第 3 版，第 1 版于 1960 年出版，题名为 *A Guide to Historical Cartography*。

罗宾逊《地图学历史中的早期专题地图》(1982)

Robinson, Arthur Howard. *Early Thematic Mapping in the History of Cartography.* Chicago: University of Chicago Press, 1982.

该书共 266 页。作者是 20 世纪著名的地图学专家、威斯康星 – 麦迪逊大学教授，该书是他在地图史领域内的主要著作，关注的是主题地图从 17 世纪到 20 世纪的发展历程。该书还包括详尽的研究书目和超过 100 幅精美的地图。

哈雷、伍德沃德《地图学史》(1987—2015)

Harley, J. B., and David Woodward, eds. 6 vols. *The History of Cartography.* Chicago: University of Chicago Press, 1987-2015.

1977 年，著名的地理学家和地图史专家 J.B. Harley 和 David Woodward 开启了编纂一套制图史丛书的想法，Woodward 于 1981 年在威斯康星 – 麦迪逊大学发起了"地图学史"项目，本项目的主要成果就是这套多卷本的《地图学史》。《地图学史》迄今已经出版了 5 卷 7 册，覆盖了古今中外各个文明、国家和时段的地图学知识和实践，分别是：第 1 卷，史前时代、古代和中世纪欧洲和地中海的地图学；第 2 卷第 1 册，传统伊斯兰和南亚社会地图学；第 2 卷第 2 册，传统东亚和东南亚社会的地图学；第 2 卷第 3 册，传统非洲、美洲、北极、澳大利亚和太平洋社会的地图学；第 3 卷，欧洲文艺复兴的地图学；第 4 卷，欧洲启蒙运动的地图学；第 6 卷，20 世纪的地图学；此外第 5 卷（19 世纪的地图学）也即将出版。这套丛书卷帙浩繁，编纂者汇集了本领域内的顶尖专家，是迄今为止最全面、最权威的地图学史著作。

孔维兹《法国地图学，1660—1848》（1987）

Konvitz, Josef. *Cartography in France, 1660-1848: Science, Engineering, and Statecraft.* University of Chicago Press, 1987.

该书共 194 页，6 个章节。考察的主题是 17 世纪末期到 19 世纪中叶法国的地图学。该书追溯了地图制作和使用的新技术和新观念在启蒙运动时期法国的引入，分析了法国的科学家、工程师以及官员如何通过运用这些技术和观念参与国家的建设和治理。

布伊赛雷特《君主、大臣与地图》（1992）

Buisseret, David. *Monarchs, Ministers, and Maps: The Emergence of Cartography as a Tool of Government in Early Modern Europe.* Chicago: University of Chicago Press, 1992.

该书是一个论文集，共 189 页。由 6 位地图学领域的专家分别撰写 7 个章节，每个章节集中于一个地区或者国家，关注的主题是现代早期欧洲地图学和地图制作背后的政治因素，并分析了地图、政治、统治与现代国家的兴起之间的联系。

恩德尼《绘制帝国：英属印度的地理学建构，1765—1843》（1997）

Edney, Matthew H. *Mapping an Empire: The Geographical Construction of British India, 1765-1843.* Chicago: University of Chicago Press, 1997.

该书共 480 页，10 章。论述的主题是英属印度时期的地图测绘。该书认为，英帝国使用现代的测绘技术对印度测绘不但创造并定义了整个帝国的地理和空间形象，更通过这些技术和活动合法化了英帝国在印度的殖民活动。该书作者 Matthew Edney 是南缅因大学的地理学教授，是权威的地图学史专家，现主持威斯康星－麦迪逊大学的"地图学史"项目。

卡特莱特等《地图学与艺术》(2009)

Cartwright, William, Georg Gartner, and Antje Lehn, eds. *Cartography and Art*. Springer Science & Business Media, 2009.

该书是一个论文集，共 391 页，分 7 个部分 34 章讨论地图学与艺术之间的关系。这些作者不但有关注地图制作和设计的地理学家，也包括在艺术实践中使用地图和地理元素的艺术家。

舒尔腾《绘制国家：19 世纪美国的历史和地图学》(2012)

Schulten, Susan. *Mapping the Nation: History and Cartography in Nineteenth Century America*. Chicago: University of Chicago Press, 2012.

该书共 246 页，5 章。考察的主题是地图在 19 世纪美国各领域的使用，包括呈现和分析疾病、天气以及人口统计等。它们不仅是知识数据的配图，也是分析和可视化的工具，可以传递信息和观念。

布兰奇《地图化的国家：地图、领土与主权的起源》(2014)

Branch, Jordan. *The Cartographic State: Maps, Territory, and the Origins of Sovereignty*. Cambridge: Cambridge University Press, 2014.

该书共 219 页，8 个章节。考察的主题是地图学与现代国家疆域和主权之间的联系。该书涉及地图学史、外交、国际关系与国际政治，认为在现代早期，地图的制作和使用改变了国家的统治者和民众对领土、疆域以及国家主权的观念。

8. 地球物理

杨静怡、奥德罗伊德"大陆漂移学说与板块构造学在中国的引进和发展"(1989)

Yang, Jingyi, and David Oldroyd. "The Introduction and Development of Continental Drift Theory and Plate Tectonics in China: A Case Study in the Transference of Scientific Ideas from West to East". Annals of Science 46, 1(1989): 21-43.

布鲁什《现代行星物理学史》(1995)

Brush, Stephen G. *A History of Modern Planetary Physics*. 3 vols. Cambridge: Cambridge University Physic, 1995.

该书共 3 卷。是著名科学史家 Stephen Brush 关于行星物理学的著作。3 卷以时间顺序考察历史上的学者和科学家对地球和太阳系的形成和演化的研究。

欧瑞斯克斯《拒绝大陆漂移：美国地球科学的理论和方法》(1999)

Oreskes, Naomi. *The Rejection of Continental Drift: Theory and Method in American Earth Science*. Oxford University Press, 1999.

在 20 世纪上半叶的美国，大陆漂移学说遭到了科学家的质疑和抵制，直到 20 世纪 50 年代之后才被接受。该书共 420 页，追溯了该学说在美国受到此种遭遇的过程，并阐释了背后潜在的政治和科学文化的因素。该书作者 Naomi Oreskes 是哈佛大学科学史教授。

弗兰克尔《大陆漂移争论》(2012)

Frankel, Henry R. *The Continental Drift Controversy*. 4 Volumes. Cambridge: Cambridge University Press, 2012.

大陆漂移学说的兴起是 20 世纪地质学和地球物理学最重要的革命之一，该书是关于大陆漂移学说的发明、传播、争论的最全面和最权威的著作。全书共 3 卷，从魏格纳假说开始追溯了大陆漂移学说从 20 世纪初到 20 世纪 60 年代之间的演变和争论，是学者全面了解大陆漂移学说史的首要著作。

四、人物研究

1. 赫顿（1726—1797）

迪恩《詹姆斯·赫顿和地质学史》(1992)

Dean, Dennis R. James Hutton and the History of Geology. Ithaca: Cornell University Press, 1992.

该书共 312 页，12 个章节。是关于赫顿及其地质学理论的全面研究。它不但涉及了赫顿的生平、活动、科研，还分析了他的主要作品，并将赫顿的科学成就置于他的教育背景和思想文化背景中进行考察。

2. 洪堡（1769—1859）

鲁普克《亚历山大·冯·洪堡传》（2008）

Rupke, Nicolaas A. *Alexander Von Humboldt: A Metabiography*. Chicago: University of Chicago Press, 2008.

洪堡是现代自然志领域的巨人，关于他的研究和传记很多。该书是一本"元传记"，追溯的是在不同历史阶段、不同的政权下以及不同文化和意识形态影响之下的洪堡传记的书写，通过它可以了解洪堡的多面性，也能了解科学人物的传记如何受到不同编史学的影响。

克莱因"普鲁士采矿官洪堡"（2012）

Klein, Ursula. "The Prussian Mining Official Alexander von Humboldt". *Annals of Science*, 2012, 69 (1): 27-68.

洪堡在自然科学上的成就世所公认，通常被遗忘的是他的其他身份。该文挖掘了洪堡作为普鲁士矿业官员的经历，探索了他在职期间利用官职之便收集标本、野外观察并且做各种实验的经历，认为洪堡的技术官员身份和自然科学家的身份相辅相成，并且在他这一时期的作品中有所反映。

武尔夫《创造自然：亚历山大·洪堡的科学发现之旅》（2015）

Wulf, Andrea. *The Invention of Nature: Alexander von Humboldt's New World*. Vintage, 2016.

中译本：边和译，《创造自然：亚历山大·洪堡的科学发现之旅》，浙江人民出版社 2017 年版。

3. 居维叶（1769—1832）

乌特拉姆《居维叶：后革命时代法国的职业、科学和权威》（1984）

Outram, Dorinda. *Georges Cuvier: Vocation, Science, and Authority in Post-Revolutionary France*. Manchester: Manchester University Press, 1984.

居维叶不仅是一位重要的科学家，在政治领域也有极大的影响。很多科学史领域的学者都忽视他在政治方面的影响力。该书则将法国的政治历史和科学史融合，作为一个极佳的范例，探讨居维叶如何通过自身的科学家身份在 18 世纪法国从事政治活动。

卢德维克《居维叶、化石骨头和地质灾难》（2008）

Rudwick, Martin J. S. *Georges Cuvier, Fossil Bones, and Geological Catastrophes: New Translations and Interpretations of the Primary Texts.* University of Chicago Press, 2008.

4. 威廉·史密斯（1769—1839）

劳丹"威廉·史密斯：没有古生物学的地层学"（1976）

Laudan, Rachel. "William Smith. Stratigraphy Without Palaeontology." *Centaurus,* 1976, 20 (3): 210-226.

通常认为，威廉·史密斯对地质学的贡献在于他通过化石辨别出了地层，但是劳丹这篇论文对这种说法提出了质疑。她认为，除了化石之外，史密斯事实上使用了其他的材料，他是在对地层做了区分之后才收集并整理了化石材料，而不是相反。

温彻斯特《威廉·史密斯和现代英国地质学的诞生》（2001）

Winchester, Simon. *The Map That Changed the World: William Smith and the Birth of Modern Geology.* 1st ed. New York: Harper Collins, 2001.

威廉·史密斯是地质学史上的重要人物，是他发明了现代地质图的内涵和样式。该书共 368 页，是史密斯的一本通俗传记，该书不但考察了他的生平，还评估了他在科学史上的成就和影响。

5. 赖尔（1797—1875）

波特"赖尔和地质学史的原理"（1976）

Porter, Roy. "Charles Lyell and the Principles of the History of Geology". *The British Journal for the History of Science* 9, 2(1976): 91-103.

该文反思了地质学的历史编纂，考察了赖尔在《地质学原理》中的写作和修辞以及他在地质学历史中的地位。

布伦德尔、斯科特《赖尔：以古论今》（1998）

Blundell, Derek J., and Andrew C. Scott, eds. *Lyell: The Past Is the Key to the Present.*

Geological Society Special Publication No.143. London: The Geological Society, 1998.

关于赖尔的研究很多，此书是伦敦地质学会出版的论文集，共分为三个部分，主题分别是赖尔的生平和活动、地质学研究以及赖尔的科学和思想遗产，作者既包括地质学家也包括地质学史家，是全面了解赖尔的重要文献。

6. 阿加西（1807—1873）

厄姆谢尔《路易·阿加西：美国科学的缔造者》（2013）

Irmscher, Christoph. *Louis Agassiz: Creator of American Science*. Houghton Mifflin Harcourt, 2013.

该书共 434 页。是地质学家、冰川学家和古生物学家路易·阿加西的传记，涉及他的生平和研究，更多的关注点是他在美国科学界的交往、影响和地位。该书虽然是一本通俗传记，但做了详尽的档案和文献研究，有很高的参考价值。

7. 魏格纳（1880—1930）

哈拉姆"魏格纳和大陆漂移假说"（1975）

Hallam, A. "Alfred Wegener and the Hypothesis of Continental Drift". *Scientific American*, 232, 2(1975): 88-97.

作者是著名地质学家，介绍魏格纳与他的大陆漂移学说的提出、流传和接受的历程。

格林尼《魏格纳：科学、探索与大陆漂移学说》（2015）

Greene, Mott T. *Alfred Wegener: Science, Exploration, and the Theory of Continental Drift*. Baltimore: JHU Press, 2015.

该书共 675 页。是迄今为止最详尽的关于魏格纳生平和科研的历史著作。

第二十六章　生命科学史

黄宗贝

本章涉及的主要时间范围是从 18 世纪到 20 世纪。文献语言主要是英语，只包含少量重要的非英语文献。本章共分工具书、通史通论、分科史、专题研究、人物研究五个部分。各节文献按首版年份排序。

一、工具书

普勒塞、鲁克斯《重要生物学家传记》(1977)

Plesse, Werner, and Dieter Rux, eds. *Biographien bedeutender Biologen*. Berlin: Volk und Wissen, 1977.

中译本：燕宏远等译，《世界著名生物学家传记》，科学出版社 1985 年版。

该书收录了从古代到 20 世纪的 57 位生物学家，简述其生平和贡献，包括形态解剖与分类学、生物进化、生物细胞组织、微生物学和免疫学、生理学、遗传学、生态学和行为生理学等领域。

博伊默《生物学史文献书目》(1997)

Bäumer, Änne. *Bibliography of the History of Biology (Bibliographie zur Geschichte der Biologie)*. Frankfurt am Main: Peter Lang, 1997.

该书按德英双语，按学科和主题分类编排，列出了近 5000 条生命科学史领域的著作书目。不足之处是仅列出了书目信息，没有注释和说明，且基本没有欧洲和北美以外的生命科学史著作。

特普费尔《生物学基本概念历史词典》(2011)

Toepfer, Georg. *Historisches Wörterbuch der Biologie: Geschichte und Theorie der biologischen Grundbegriffe*. Stuttgart: J.B. Metzler, 2011.

该书在 112 个主要条目中，对重要的生物学概念进行了历史考察，表明如何通过这些概念理解生命科学（也因此带有作者的思想倾向）。

二、通史通论

1. 通史

努登舍尔德《生物学史》（1928）

Nordenskiöld, Erik. *The History of Biology: A Survey*. Translated by Leonard Bucknall Eyre. New York: Tudor Publishing, 1928.

该书是较早的一部生命科学通史，涵盖从古代到 19 世纪，按时间顺序写作，平行展示了同一时期中生命科学不同领域的发展。

辛格《1900 年以前的生物学史：生物研究通论》（1931）

Singer, Charles. *A History of Biology to About the Year 1900: A General Introduction to the Study of Living Things*. New York: Abelard-Schuman, 1931.

该书与努登舍尔德的著作一样，是较早的一部从古代到 19 世纪的生命科学通史，全书以生命科学中不同的问题及其探索来组织。

迈尔《生物学思想的发展：多样性、进化与遗传》（1982）

Mayr, Ernst. *The Growth of Biological Thought: Diversity, Evolution, and Inheritance*. Cambridge, MA: Harvard University Press, 1982.

中译本：涂长晟等译，《生物学思想发展的历史》，四川教育出版社 1990 年版。

该书系统地反映了恩斯特·迈尔（Ernst Mayr）这位科学家出身的生物学史家的思想和主张。全书分为三部分，考察了分类学、进化论和遗传思想的历史发展，迈尔将其描述为科学家不断尝试解决特定问题的过程。

鲍勒、皮克斯通《剑桥科学史第六卷：现代生物科学和地球科学》（2009）

Bowler, Peter J., and John V. Pickstone, eds. *The Cambridge History of Science, Vol.6: The Modern Biological and Earth Sciences*. Cambridge: Cambridge University Press, 2009.

"剑桥科学史"丛书第六卷。除了在第二部分包含对生命科学各个经典分科领域的历史论述之外，该书还有"研究者与场所"（如博物馆、植物园）、"新的对象与观念"（如基因、免疫学、癌症）、"科学与文化"（如实验伦理、生物学与人的本质）三个部分，以专题视角呈现了一些新近的编史思路。

2. 断代研究

科尔曼《19 世纪生物学：形式、功能与转型问题》（1977）

Coleman, William. *Biology in the Nineteenth Century: Problems of Form, Function, and Transformation*. Cambridge: Cambridge University Press, 1977.

中译本：严晴燕译，《19 世纪的生物学和人学》，复旦大学出版社 2000 年版。

该书讨论了 19 世纪生物学中历史性思想的发展（发育和进化生物学领域）、向实验方法的转向、生理学中机械论与活力论的争论等问题，并以形式（form）、功能（function）、转型（transformation）为贯穿全书的关键词。

艾伦《20 世纪的生命科学》（1978）

Allen, Garland E. *Life Science in the Twentieth Century*. Cambridge: Cambridge University Press, 1978.

中译本：田洺译，《20 世纪的生命科学史》，复旦大学出版社 2000 年版。

该书从 19 世纪末达尔文理论对生物学思想的影响，写到 20 世纪 50 年代分子生物学的兴起，主要关注胚胎学领域以及现代进化理论的两个综合（synthesis），以及从形态学描述的自然志传统到实验生物学传统的某种转向。

雷恩杰等《美国生物学的发展》（1988）

Rainger, Ronald, Keith Rodney Benson, and Jane Maienschein, eds. *The American Development of Biology*. Philadelphia: University of Pennsylvania Press, 1988.

本森等《美国生物学的扩张》（1991）

Benson, Keith Rodney, Jane Maienschein, and Ronald Rainger, eds. *The Expansion of American Biology*. New Brunswick: Rutgers University Press, 1991.

这两部著作为同一系列，关注 19 世纪末以来美国生物学的形成和发展。较为偏重其中的社会因素，如美国生物学家共同体的形成，以及实验室等机构在其中的作用等。

3. 关键概念史

形式与功能

罗素《形式与功能》(1916)

Russell, E. S. *Form and Function: A Contribution to the History of Animal Morphology*. London: John Murray, 1916.

该书主要讲述了 19 世纪生物学中形态学（morphology）和功能进路（functional approach）的来源及发展，同时也体现出作者对当时物质主义（materialism）的还原论进路的反对。

罗歇《18 世纪法国思想中的生命科学》(1963)

Roger, Jacques. *Les Sciences de la vie dans la pensée française du XVIIIe siècle: La génération des animaux de Descartes à l'Encyclopédie*. Paris: Armand Colin, 1963.

英译本：Roger, Jacques. *The Life Sciences in Eighteenth-Century French Thought*. Translated by Robert Ellrich. Edited by Keith Rodney Benson. Stanford: Stanford University Press, 1998.

该书试图揭示"动物形式"（animal form）概念背后的哲学基础和预设，以及生物学与启蒙规划的关系。

勒努瓦《生命的策略：19 世纪德国生物学中的目的论与机械论》(1982)

Lenoir, Timothy. *The Strategy of Life: Teleology and Mechanics in Nineteenth Century German Biology*. Dordrecht, Holland: D. Reidel Publishing Company, 1982.

该书关注 18 世纪 80 年代至 19 世纪 70 年代的德国生物学思想，特别是胚胎学、形态学等领域中的目的机械论者（teleomechanist）。

梅恩沙因《美国生物学中的传统转型，1880—1915》(1991)

Maienschein, Jane. *Transforming Traditions in American Biology, 1880-1915*. Baltimore: Johns Hopkins University Press, 1991.

该书主要关注形态学传统的变化，在一定程度上回应和反驳艾伦《20 世纪的生命科学》中的论题，主张在美国 19—20 世纪形态学家们的实践中，连续性大于所谓的"转型"。

奈哈特《生物学的成"形"：动物形态学与德国大学，1800—1900》（1995）

Nyhart, Lynn K. *Biology Takes Form: Animal Morphology and the German Universities, 1800-1900*. Chicago: University of Chicago Press, 1995.

该书在很大程度上沿用了罗素《形式与功能》一书对形态学发展的三阶段区分，更加详细地考察了几代德国动物形态学家的思想史。

有机体

于内曼、沃尔夫《有机体概念：历史、哲学与科学视角》（2010）

Huneman, Philippe, and Charles T. Wolfe, eds. *The Concept of Organism: Historical, Philosophical, Scientific Perspectives*. Special Issue of *History and Philosophy of the Life Sciences*, Vol.32, No.2-3. Naples: Stazione Zoologica Anton Dohrn, 2010.

选文来自 *History and Philosophy of the Life Sciences* 的一期特刊，讨论了"有机体"（organism）概念在历史上的使用和发展，以及是否有必要重新在生物学中强调这一哲学概念。

4. 编史学

康吉莱姆《生命的认知》（1965）、《生命科学史中的意识形态和合理性》（1988）、《一位活力理性主义者：乔治·康吉莱姆选集》（1994）

Canguilhem, Georges. *La connaissance de la vie*. Paris: Vrin, 1965.

——. *Idéologie et rationalité dans l'histoire des sciences de la vie*. Paris: Vrin, 1977.

英译本：

Canguilhem, Georges. *Ideology and Rationality in the History of the Life Sciences*. Translated by Arthur Goldhammer. Cambridge, MA: MIT Press, 1988.

——. *A Vital Rationalist: Selected Writings from Georges Canguilhem*. Translated by Arthur Goldhammer. Edited by Francois Delaporte. New York: Zone Books, 1994.

——. *Knowledge of Life*. Translated by Stefanos Geroulanos and Daniela Ginsburg. New York: Fordham University Press, 2008.

法国科学史和科学哲学家乔治·康吉莱姆（1904—1995）的几部重要著作。康吉莱姆关注了细胞学说、生物医学、生理学等不同领域的思想史，批评了18—19世纪生物学中的活力论，但同时也反对将生物学还原为纯物理的、机械的科学，试图捍卫某种将生物视为与环境相关的有机体的立场，其思想对福柯等人都产生过重要影响。

迪特里希等《生物学编史学手册》（2020）

Dietrich, Michael, Mark Borrello, and Oren Harman, eds. *Handbook of the Historiography of Biology*. Cham: Springer International Publishing, 2020.

较新的一部生物学编史学手册，回顾了生命科学史领域近一个世纪以来编史思想的发展，梳理了其中主要的讨论线和争端，包含进化、遗传学、生理学、胚胎学、植物学、分子生物学、生物医学等主要领域，以及有机体、全球与地方、实验生物学实践、生物学中的女性等专题。

三、分科史

1. 自然志（博物学）

通史

贾丁等《自然志的文化》（1996）

柯里等《自然志的世界》（2018）

Jardine, Nicholas, James A. Secord, and Emma C. Spary, eds. *Cultures of Natural History*. Cambridge: Cambridge University Press, 1996.

Curry, Helen Anne, Nicholas Jardine, James A. Secord, and Emma C. Spary, eds. *Worlds of Natural History*. Cambridge: Cambridge University Press, 2018.

两部关于 16 世纪以来自然志的文集。前者主张从文化史（相对于思想史）角度考察自然志的发展，后者则反映了一些近年来书写自然志历史的新的视角。

法伯《在自然中寻找秩序：从林奈到威尔逊的自然志传统》（2000）

Farber, Paul Lawrence. *Finding Order in Nature: The Naturalist Tradition from Linnaeus to E.O. Wilson*. Baltimore: Johns Hopkins University Press, 2000.

中译本：杨莎译，《探寻自然的秩序：从林奈到威尔逊的博物学传统》，商务印书馆 2017 年版。

该书关注启蒙运动以来的自然志家（naturalists），包括分类系统、收集活动等背后的思想，将其放在社会、文化、机构、国家的背景中考察。

布赖森《自然志的历史：注释书目（第二版）》（2008）

Bridson, Gavin D. R. *The History of Natural History: An Annotated Bibliography*. 2nd ed. London: Linnean Society of London, 2008.

伦敦林奈学会再版的自然志历史书目（第一版出版于 1994 年），包含超过 12 800 个条目，提供了较为全面的参考。

专题研究

法伯《鸟类学作为一门科学学科的形成，1760—1850》（1982）

Farber, Paul Lawrence. *The Emergence of Ornithology as a Scientific Discipline, 1760-1850*. Dordrecht: Springer Netherlands, 1982.

中译本：刘星译，《发现鸟类：鸟类学的诞生（1760—1850）》，上海交通大学出版社 2015 年版。

该书讲述了 18 世纪末到 19 世纪初，自然志如何分裂为多个独立、专业的分支学科。

布朗《世俗方舟：生物地理学史研究》（1983）

Browne, Janet. *The Secular Ark: Studies in the History of Biogeography*. New Haven: Yale University Press, 1983.

该书考察了自林奈到达尔文的生物地理学的发展，包括对动植物的发生、分布等的研究，在某种意义上也是进化思想的前史。

雷博克《哲学化的自然志家：19 世纪早期英国生物学中的主题》（1983）

Rehbock, Philip F. *The Philosophical Naturalists: Themes in Early Nineteenth-Century British Biology*. Madison: University of Wisconsin Press, 1983.

该书关注了 19 世纪早期英国的自然志研究，对此前这一时期的许多达尔文主义科学史研究是很好的补充，揭示了当时英国生物学中尝试过的其他可能路径，以及从自然神学到物种起源的理论演进并非单线条的。

梅里尔《维多利亚自然志的浪漫》（1989）

Merrill, Lynn L. *The Romance of Victorian Natural History*. New York: Oxford University Press, 1989.

中译本：张晓天译，《维多利亚博物浪漫》，中国科学技术出版社 2021 年版。

从文化角度考察英国维多利亚时代的自然志，将其置于科学、文学、艺术的联系中加以考察。该书前五章依次围绕博物的积极力量、文化的表现形式、语言和叙事、科学语境和两种文化、博物馆和显微镜等专题展开，后半部分则讲述了维多利亚时代具有代表性的人物或团体的故事。

拉尔森《阐释自然：从林奈到康德的生命形式的科学》（1994）

Larson, James L. *Interpreting Nature: The Science of Living Form from Linnaeus to Kant*. Baltimore: Johns Hopkins University Press, 1994.

该书主要考察 18 世纪自然志，作者认为在这一时期，自然志家从以往一个更有宗教背景的传统，转向建立了更世俗的、以自然法则主导的自然图景。

范发迪《清代中国的英国自然志家：科学、帝国与文化遭遇》（2004）

Fan, Fa-ti. *British Naturalists in Qing China: Science, Empire, and Cultural Encounter*. Cambridge, MA: Harvard University Press, 2004.

中译本：袁剑译，《清代在华的英国博物学家：科学、帝国与文化遭遇》，中国人民大学出版社 2011 年版。

该书对 19 世纪英国来华的自然志家进行的收集、研究、贸易等活动进行了考察，涉及维多利亚自然志、英国的帝国研究体系、中国人对西方科学的反应等许多重要视角。

帕里什《美洲奇珍：大西洋世界英属殖民地的自然志文化》（2006）

Parrish, Susan Scott. *American Curiosity: Cultures of Natural History in the Colonial British Atlantic World*. Chapel Hill: University of North Carolina Press, 2006.

该书是关于北美地区自然志历史的专著，将 16—18 世纪该区域自然志的发展放在大西洋史的视角下进行考察，包含了帝国和殖民主义、通信与知识网络等视角。

科勒《万物：自然志家、收藏家与生物多样性，1850—1950》（2006）

Kohler, Robert E. *All Creatures: Naturalists, Collectors, and Biodiversity, 1850-1950*. Princeton: Princeton University Press, 2006.

该书标题虽然较为宽泛，实际上也是关注北美地区自然志的历史。科勒主张在

19—20 世纪实验生物学兴起后，美国的自然志家并没有完全消亡，而是在系统生物学和生物地理学方面仍有丰富的活动。

2. 植物学

通史

萨克斯《从 16 世纪到 1860 年的植物学史》(1875)

格林《植物学史 1860—1900：对萨克斯〈植物学史，1530—1860〉的续写》(1909)

Sachs, Julius von. *Geschichte der Botanik vom 16. Jahrhundert bis 1860*. München: R. Oldenbourg, 1875.

Green, J. Reynolds. *A History of Botany, 1860-1900, Being a Continuation of Sachs' "History of Botany, 1530-1860"*. Oxford: Clarendon Press, 1909.

较早的两部植物学通史，萨克斯的著作涵盖了 16 世纪至 19 世纪中叶，格林续写至 20 世纪初。其中的基本史实仍然可靠。

格林《植物学史的里程碑》(1909)

Greene, Edward Lee. *Landmarks of Botanical History*. 2 vols. Stanford: Stanford University Press, 1983.

2 卷本，第一卷出版于 1909 年，第二卷手稿于作者 1915 年去世后很久才整理出版。涵盖了古代到 17 世纪的植物学家。

莫顿《植物科学的历史：从古至今的植物学发展历程》(1981)

Morton, A. G. *History of Botanical Science: An Account of the Development of Botany from Ancient Times to the Present Day*. London: Academic Press, 1981.

一部从古代到 20 世纪的植物学通史。作者是伦敦大学植物学家教授，虽然其写作或许有辉格史之嫌，但该书无论是在涵盖的范围还是细节上都仍然具有较高价值。

专题研究

希黛儿《栽培女性，栽培科学：花神的女儿与英国植物学，1760—1860》(1996)

Shteir, Ann B. *Cultivating Women, Cultivating Science: Flora's Daughters and Botany in England, 1760-1860*. Baltimore: Johns Hopkins University Press, 1996.

中译本：姜虹译，《花神的女儿：英国植物学文化中的科学与性别（1760—

1860）》，四川人民出版社 2021 年版。

书写 1760—1860 年英国博物学文化中的科学与女性的经典著作。在将植物学作为休闲、自我提升和某种"女性"事业的文化下，女性能够在植物学方面做出相当的贡献；而在 19 世纪科学职业化和专家文化影响下，女性植物学实践却遭受排斥。

加斯科因《为帝国服务的科学》（1998）

Gascoigne, John. *Science in the Service of Empire: Joseph Banks, the British State and the Uses of Science in the Age of Revolution*. Cambridge: Cambridge University Press, 1998.

该书以植物学家班克斯为切入点，将其置于 18 世纪的英国文化背景中（文雅社会和私人赞助），考察班克斯如何通过植物学服务于精英团体、政府等不同的对象，促进了"帝国科学"。

法拉《性、植物学与帝国：林奈与班克斯的故事》（2003）

Fara, Patricia. *Sex, Botany, and Empire: The Story of Carl Linnaeus and Joseph Banks*. New York: Columbia University Press, 2003.

中译本：李猛译，《性、植物学与帝国：林奈与班克斯》，商务印书馆 2016 年版。

该书以林奈和班克斯为中心，探讨两位植物学家如何利用自己与权力机构的关系，实现了植物学与帝国之间的共同发展。书中按主题描述了二人之间的异同。

施宾格《植物与帝国：大西洋世界的殖民地生物勘探》（2004）

Schiebinger, Londa. *Plants and Empire: Colonial Bioprospecting in the Atlantic World*. Cambridge, MA: Harvard University Press, 2004.

中译本：姜虹译，《植物与帝国：大西洋世界的殖民地生物勘探》，中国工人出版社 2020 年版。

该书以 18 世纪欧洲在加勒比地区殖民地进行的生物勘探为案例，探讨植物学与帝国主义的关系。

施宾格、斯万《殖民地植物学：现代早期世界的科学、贸易与政治》（2005）

Schiebinger, Londa, and Claudia Swan, eds. *Colonial Botany: Science, Commerce, and Politics in the Early Modern World*. Philadelphia: University of Pennsylvania Press,

2005.

这部文集中的文章主要揭示了植物学活动背后的政治与经济动机。

3. 动物学

卡鲁斯《从缪勒到达尔文的动物学史》（1872）

Carus, Julius Victor. *Geschichte der Zoologie bis auf Johannes Müller und Charles Darwin*. München: R. Oldenbourg, 1872.

从古代到 19 世纪的动物学通史。其中古代与中世纪的部分对前现代的动物知识进行了较好的考察；关于现代的部分较为简略，可以作为人物、事件、日期的史实参考。

哈尔《动物生物学文献选编》（1951）

Hall, Thomas S., ed. *A Source Book in Animal Biology*. Cambridge, MA: Harvard University Press, 1951.

文艺复兴时期至 20 世纪初动物学领域 119 篇原始材料的选编，均被翻译为英文。按照领域编排，包括动物有机体的活动、动物行为、个体发生和发育、病理学、进化与遗传、动物地理学等主题。

卡洛夫、雷斯尔《动物的文化史》（2007）

Kalof, Linda, and Brigitte Resl, eds. *A Cultural History of Animals*. 6 vols. Oxford and New York: Berg, 2007.

共六卷，其中第四卷为启蒙时期（1600—1800），第五卷为帝国时期（1800—1920），第六卷为现当代（1920—2000）。文集收录较为宽泛，涉及关于动物的象征、狩猎、驯养、展示、科学研究、艺术表达等。

埃能克尔、史密斯《现代早期的动物学》（2007）、《现代早期文化中的动物学》（2014）

Enenkel, Karl A. E., and Paul J. Smith, eds. *Early Modern Zoology: The Construction of Animals in Science, Literature and the Visual Arts*. Leiden and Boston: Brill, 2007.

——, eds. *Zoology in Early Modern Culture: Intersections of Science, Theology, Philology, and Political and Religious Education*. Leiden and Boston: Brill, 2014.

相同编者的两部文集。认为"动物"和"动物学"是动物学家、作家、艺术家和大众共同建构出来的，因此在现代早期的文化语境中进行跨学科的考察。

4. 进化论和进化生物学

通史

鲍勒《进化：一个观念的历史》（1984）

Bowler, Peter J. *Evolution: The History of an Idea*. Berkeley: University of California Press, 1984.

中译本：田洺译，《进化思想史》，江西教育出版社 1999 年版。

经典的教科书，涵盖了从 17 世纪至今关于"进化"的观念史，包括形态学、地质学、生物地理学、物种分类、遗传、社会进化等不同思想传统的汇合，以及一定的社会文化语境。

凯勒、劳埃德《进化生物学中的关键词》（1992）

Keller, Evelyn Fox, and Lloyd, Elisabeth A. eds. *Keywords in Evolutionary Biology*. Cambridge, MA: Harvard University Press, 1992.

由生物学、生物学哲学、生物学史学者共同编写的参考书，以 51 篇文章解释了 38 个进化生物学领域的关键词，尤其是那些在历史和哲学意义上存在复杂争论的关键词（如"选择""适应""进步"等）。

进化思想前史

格拉斯等《达尔文的先行者，1745—1859》（1959）

Glass, Bentley, Owsei Temkin, and William L. Straus, eds. *Forerunners of Darwin: 1745-1859*. Baltimore: The Johns Hopkins Press, 1959.

文集中收录了对 18—19 世纪早期生物学家和哲学家思想中"进化"观念的考察，包括布丰、冯·贝尔、赫胥黎、狄德罗，乃至康德、赫尔德等人。

科尔西《超越神话：拉马克及其时代的自然科学》（1983）

Corsi, Pietro. *Oltre il mito: Lamarck e le scienze naturali del suo tempo*. Bologna: il Mulino, 1983.

英译本：Corsi, Pietro. *The Age of Lamarck: Evolutionary Theories in France, 1790-*

1830. Translated by Jonathan Mandelbaum. Berkeley: University of California Press, 1988.

以拉马克为中心，将其放在 1790—1830 年法国自然志传统的争论中考察。

阿佩尔《居维叶与圣伊莱尔之辩：达尔文之前的法国生物学》（1987）

Appel, Toby. *The Cuvier-Geoffroy Debate: French Biology in the Decades before Darwin*. New York: Oxford University Press, 1987.

该书关注 19 世纪早期居维叶与若弗鲁瓦·圣提雷尔（Geoffroy Saint-Hilaire）的论争，前者主张一种"基于事实"的、功能主义的比较解剖学，后者则主张更加抽象的、综合性的形态学。

威尔金斯《物种观念史》（2009）

Wilkins, John S. *Species: A History of the Idea*. Berkeley: University of California Press, 2009.

作者书写了一部从古代至 19 世纪的"物种"观念史，以此反对他称之为"本质主义"的现代生物学观点。

达尔文进化论与达尔文主义

鲁斯《达尔文革命：红牙血爪的科学》（1979）

Ruse, Michael. *The Darwinian Revolution: Science Red in Tooth and Claw*. Chicago: University of Chicago Press, 1979.

该书书名出自英国诗人丁尼生（Tennyson）的诗句"自然是见血的尖牙利爪"（Nature, red in tooth and claw），后来成为一句俗语，用于描绘自然界生存斗争的残酷，这显然是达尔文主义之后的图景。该书集中考察了 1830—1875 年关于进化的思想史，以科学、宗教、哲学概念的论争为中心，主张达尔文主义和《物种起源》是其所在的科学共同体的产物。

奥斯波瓦特《达尔文理论的发展：自然志、自然神学与自然选择》（1981）

Ospovat, Dov. *The Development of Darwin's Theory: Natural History, Natural Theology, and Natural Selection, 1838-1859*. Cambridge: Cambridge University Press, 1981.

该书作者仔细考察了达尔文手稿，表明自然选择理论是在假说不断修正中得到发展的，同时这也是一个社会因素影响的过程。

格林《科学、意识形态与世界观：进化观念史文集》（1981）

Greene, John C. *Science, Ideology, and World View: Essays in the History of Evolutionary Ideas*. Berkeley: University of California Press, 1981.

主要从思想史的角度进行书写，全书包括 7 篇论文，考察了达尔文主义的 4 位主要人物——达尔文、华莱士、斯宾塞、赫胥黎的思想发展。

鲍勒《达尔文主义的日食：1900 年前后反达尔文的进化理论》（1983）

Bowler, Peter J. *The Eclipse of Darwinism: Anti-Darwinian Evolution Theories in the Decades around 1900*. Baltimore: Johns Hopkins University Press, 1983.

19—20 世纪之交有一段所谓"达尔文主义的日食"（1942 年朱利安·赫胥黎之语），即虽然"进化"观念被接受，但达尔文的自然选择机制没有得到广泛认可。该书考察了这一时期相互竞争的几种进化学说（拉马克主义、直生论、突变理论等）及其思想基础。

杨《达尔文的隐喻：维多利亚文化中自然的位置》（1985）

Young, Robert. *Darwin's Metaphor: Nature's Place in Victorian Culture*. Cambridge: Cambridge University Press, 1985.

该书为作者 6 篇论文的文集，其中一贯的主张是要将达尔文进化论放置在维多利亚时代的文化、意识形态、政治、经济背景中。

鲍勒《非达尔文革命：一个历史神话的再阐释》（1988）

Bowler, Peter J. *The Non-Darwinian Revolution: Reinterpreting a Historical Myth*. Baltimore: Johns Hopkins University Press, 1988.

该书反对所谓"达尔文革命"这一线性的、过于简化的叙事，考察了 1880—1930 年诸种相互竞争的自然选择理论，以及现代综合进化理论之后达尔文理论的逐步接受过程。

德斯蒙德《进化的政治》（1989）

Desmond, Adrian. *The Politics of Evolution: Morphology, Medicine, and Reform in*

Radical London. Chicago: University of Chicago Press, 1989.

聚焦于维多利亚时代中期的伦敦，讨论进化论与政治、意识形态的关系。

理查兹《进化的意义》（1992）

Richards, Robert J. *The Meaning of Evolution: The Morphological Construction and Ideological Reconstruction of Darwin's Theory*. Chicago: University of Chicago Press, 1992.

考察了 19 世纪前中期有关个体发生与系统发生的争论，主要集中于德国的胚胎学家和形态学家，对先前学界认为达尔文明确区分了个体发育与物种进化的观点提出了挑战。

鲁斯《剑桥达尔文和进化思想百科全书》（2013）

Ruse, Michael, ed. *The Cambridge Encyclopedia of Darwin and Evolutionary Thought*. Cambridge: Cambridge University Press, 2013.

较为全面而历史地展现了达尔文进化论在进化生物学以及各文化领域的思想影响。

现代综合进化理论

迈尔、普罗文《综合进化论：生物学统一性面面观》（1980）

Mayr, Ernst, and William B. Provine, eds. *The Evolutionary Synthesis: Perspectives on the Unification of Biology*. Cambridge, MA: Harvard University Press, 1980.

迈尔是最早对综合进化理论诞生的简单历史叙事提出质疑的生物学史家之一，这部文集即是相关讨论的成果。书中认为综合进化理论并非群体遗传学理论发展的简单结果，并展示了其中的诸多复杂面向与历史细节。

斯莫科维蒂斯《统一生物学：综合进化论和进化生物学》（1996）

Smocovitis, Vassiliki Betty. *Unifying Biology: The Evolutionary Synthesis and Evolutionary Biology*. Princeton: Princeton University Press, 1996.

从文化研究的角度考察综合进化理论的诞生，包括进化生物学作为一个学科的形成，"进化"作为将现代生物学组织起来的核心概念的信念是如何形成的，等等。

5. 胚胎学与发育生物学

通史

李约瑟《胚胎学史》(1934)

Needham, Joseph. *A History of Embryology*. Cambridge: Cambridge University Press, 1934.

较早的从古代至 19 世纪早期的胚胎学通史。李约瑟在写作中强调了历史上的胚胎学家及其理论发现与技术实践、前人思想、宗教和社会背景的关系。

迈耶《胚胎学的兴起》(1939)

Meyer, Arthur William. *The Rise of Embryology*. Stanford: Stanford University Press, 1939.

从古代到 19 世纪早期胚胎学发展的通史。主要基于原始文献，考察了胚胎学中基本观念的起源和发展，包括自然发生、预成论、渐成论（epigenesis）、泛生论、形态发生等。

奥本海默《胚胎学史与生物学史文集》(1967)

Oppenheimer, Jane M. *Essays in the History of Embryology and Biology*. Cambridge, MA: MIT Press, 1967.

作者是胚胎学家出身，因此对 19 世纪以来，特别是 20 世纪的胚胎学发展有较为准确的描述，同时不失历史关切与洞见。

霍德等《胚胎学史》(1986)

Horder, T. J., Jan A. Witkowski, and C. C. Wylie, eds. *A History of Embryology*. Cambridge: Cambridge University Press, 1986.

收录了 15 篇论文，内容大致是 1880—1940 年的实验胚胎学，以及 20 世纪中后期胚胎学的新发展，在某种意义上是对当时由进化、遗传相关讨论所主导的生物学哲学和生物学史领域的回应。

吉尔伯特《现代胚胎学概念史》(1991)

Gilbert, Scott F., ed. *A Conceptual History of Modern Embryology*. New York and

London: Plenum Press, 1991.

　　主要是关于 19 世纪早期至 1880 年胚胎学的发展，侧重思想史。

胚胎学与进化论

古尔德《个体发生与系统发生》(1977)

Gould, Stephen Jay. *Ontogeny and Phylogeny*. Cambridge, MA: Harvard University Press, 1977.

　　古尔德考察了 19 世纪早期胚胎学家的思想和争论背景如何最终形成了"生物发生律"（个体发育重演系统发展），并特别强调了冯·贝尔与海克尔的理论差异。

阿蒙森《胚胎在进化思想中的角色变化：进化发育生物学的根源》(2005)

Amundson, Ron. *The Changing Role of the Embryo in Evolutionary Thought: Roots of Evo-Devo*. Cambridge: Cambridge University Press, 2005.

　　从生物学哲学的视角出发，认为在现代综合进化理论中仅仅将遗传与进化综合起来，而忽略了个体发育，但在 19—20 世纪的历史上并非一直如此。

劳比希勒、梅恩沙因《从胚胎学到进化发育生物学》(2007)

Laubichler, Manfred D., and Jane Maienschein, eds. *From Embryology to Evo-Devo: A History of Developmental Evolution*. Cambridge, MA: MIT Press, 2007.

　　对胚胎发育与进化思想关系的历史考察，希望将个体发育的视角重新带回关于进化的讨论中。

专题研究

丁斯莫尔《再生研究史》(1992)

Dinsmore, Charles E., ed. *A History of Regeneration Research: Milestones in the Evolution of a Science*. Cambridge: Cambridge University Press, 1992.

　　回顾了 18 世纪以来关于生物再生（regeneration）的研究，包括遗传学、生理学、组织学等领域的再生观念，不仅限于胚胎学领域。

罗《物质、生命与发生：18 世纪胚胎学和哈勒 – 沃尔夫论争》(2002)

Roe, Shirley A. *Matter, Life, and Generation: Eighteenth-Century Embryology and the*

Haller-Wolff Debate. Cambridge: Cambridge University Press, 2002.

从冯·哈勒（Albrecht von Haller）与沃尔夫（Caspar Friedrich Wolff）的争论切入，将其作为研究 18 世纪预成论与渐成论争论的一个历史案例，并更加深入地剖析了争论双方的哲学、神学预设。

梅恩沙因《谁的生命观？胚胎、克隆与干细胞》（2003）

Maienschein, Jane. *Whose View of Life? Embryos, Cloning, and Stem Cells*. Cambridge, MA: Harvard University Press, 2003.

该书首先回顾了历史上关于胚胎本质的争论，而后关注美国关于治疗性克隆的争论，展现了政治因素和科技政策如何影响人们对胚胎和克隆的理解。

霍普伍德《海克尔的胚胎：图像、演化与欺骗》（2015）

Hopwood, Nick. *Haeckel's Embryos: Images, Evolution, and Fraud*. Chicago: The University of Chicago Press, 2015.

对恩斯特·海克尔所绘制的胚胎发育插图进行的案例研究，以此探讨可见性、科学图像、证据、假说、客观性等话题，如科学图像是如何影响知识被接受或遭受质疑的。

6. 生理学

通史

富尔顿、威尔逊《生理学史文献选读》（1966）

Fulton, John F., and Leonard G. Wilson, eds. *Selected Readings in the History of Physiology*. Springfield, Ill: Charles C. Thomas Publisher, 1966.

现代早期到 19 世纪与生理学思想相关的原始文献选集，包含了 99 位作者的 87 篇文章。

哈尔《生命与物质的观念：一般生理学史研究》（1969）

Hall, Thomas S. *Ideas of Life and Matter: Studies in the History of General Physiology, 600 B.C.-1900 A.D.* 2 vols. Chicago: University of Chicago Press, 1969.

以 "生命如何存在于某些事物中" 为中心问题，考察生理学思想的历史，侧重于有关物质与生命的观念发展。第一卷为前苏格拉底时期至启蒙时期，第二卷为启蒙时期至 19 世纪末。

霍斯特曼霍夫等《血、汗和泪液：古代到现代早期欧洲的生理学概念》(2012)

Horstmanshoff, Manfred, Helen King, and Claus Zittel, eds. *Blood, Sweat, and Tears: The Changing Concepts of Physiology from Antiquity into Early Modern Europe*. Leiden: Brill, 2012.

反映了近年来一些新的编史思路，如关注从古代至现代早期生理学中的各种类比思想，以及社会史、微观史学的视角等。

断代研究

罗特舒《生理学问题发展史一览表》(1952)、《生理学史》(1953)

Rothschuh, Karl E. *Entwicklungsgeschichte physiologischer Probleme in Tabellenform*. Müchen und Berlin: Urban und Schwarzenberg, 1952.

——. *Geschichte der Physiologie*. Berlin: Springer, 1953.

英译本：Rothschuh, Karl E. *History of Physiology*. Edited and translated by Guenter B. Risse. Huntington, NY: R. E. Krieger, 1973.

两部关于 18—19 世纪生理学史的专著，可以配合阅读，第一本为编年史、表格一览的形式，第二本则主要采取领军人物的传记视角。

霍奇金等《追寻自然：关于生理学史的非正式论文》(1977)

Hodgkin, Alan L., A. F. Huxley, W. Feldberg, W. A. H. Rushton, R. A. Gregory, and R. A. McCance. *The Pursuit of Nature: Informal Essays on the History of Physiology*. Cambridge: Cambridge University Press, 1977.

该书为几位 20 世纪重要的生理学家在英国生理学会 100 周年纪念之际撰写的文章，自述了其研究发现背后的历史细节。

实验生理学

布鲁克斯、克兰菲尔德《生理学思想的历史发展》(1959)

Brooks, Chandler, and Paul Cranefield, eds. *The Historical Development of Physiological Thought*. New York: The Halfner Publishing Company, 1959.

专题论文集，在医学史的背景下讨论现代生理学思想的兴起与发展，特别是作为一种知识如何被医学科学的研究者所获得。

莱施《法国的科学与医学：实验生理学的形成，1790—1855》（1984）

Lesch, John E. *Science and Medicine in France: The Emergence of Experimental Physiology, 1790-1855*. Cambridge, MA: Harvard University Press, 1984.

主要考察了 19 世纪从医学科学中诞生的法国实验生理学。

盖森《美国语境下的生理学，1850—1940》（1987）

Geison, Gerald L., ed. *Physiology in the American Context, 1850-1940*. Bethesda: American Physiological Society, 1987.

关注实验生理学思想在美国的传播、接受与本土科学共同体的建立。

科尔曼、霍姆斯《探究的事业：19 世纪医学中的实验生理学》（1988）

Coleman, William, and Frederic Holmes, eds. *The Investigative Enterprise: Experimental Physiology in Nineteenth-Century Medicine*. Berkeley: University of California Press, 1988.

涵盖了包括德国、法国、英国在内的更大欧洲范围的 19 世纪实验生理学的发展，包括其研究项目、职业、机构等。

专题研究

门德尔松《热与生命：动物热理论的发展》（1964）

Mendelsohn, Everett. *Heat and Life: The Development of the Theory of Animal Heat*. Cambridge: Harvard University Press, 1964.

关于 18 世纪的动物热（animal heat）理论与生理学的发展。

霍姆斯《伯尔纳与动物化学：一位科学家的诞生》（1974）

Holmes, Frederic. *Claude Bernard and Animal Chemistry: The Emergence of a Scientist*. Cambridge, MA: Harvard University Press, 1974.

考察了克劳德·伯尔纳（Claude Bernard）于 1842—1848 年进行的有关动物消化的研究，特别是他坚持对生命现象进行生理学而非化学研究的方法论。

盖森《福斯特与剑桥生理学派：维多利亚晚期社会的科学事业》（1978）

Geison, Gerald L. *Michael Foster and the Cambridge School of Physiology: The Scientific Enterprise in Late Victorian Society*. Princeton: Princeton University Press, 1978.

从思想史及机构史或社会史的角度，考察了迈克尔·福斯特作为独立的实验研究者，如何最终开创了剑桥的一个生理学学派。

7. 生物化学

李约瑟《生命的化学：生物化学史八讲》（1970）

Needham, Joseph, ed. *The Chemistry of Life: Eight Lectures on the History of Biochemistry*. New York: Cambridge University Press, 1970.

由 1958—1961 年几位生物化学家在剑桥大学所做的 8 次演讲结集而成，主题包括光合作用、酶与生物氧化、维生素、动物激素、神经化学等的生物化学研究，以及生理学与生物化学的关系等。可以作为史实参考。

弗洛尔金《生物化学史》（1972—1979）

Florkin，Marcel，ed. *A History of Biochemistry*. 4 vols. New York: Elsevier，1972-1979.

为 *Comprehensive Biochemistry* 丛书的第 30—33 卷，分为 5 个部分：第一、二部分探讨了生物化学的早期历史（从古代观念和中世纪炼金术开始），第三部分为生物体中自由能的研究，第四部分为生物合成（biosynthesis）的早期研究，第五部分为生物合成途径的研究。

莱斯特《生物化学概念从古代到现代的发展》（1974）

Leicester, Henry M. *Development of Biochemical Concepts from Ancient to Modern Times*. Cambridge, MA: Harvard University Press, 1974.

作者为生物化学家和化学史家，在该书中主要关注生物化学概念的起源。从帕拉塞尔苏斯之前的时期写到欧洲现代早期，并在中间简要插入了对中国、日本、阿拉伯的考察，接着回到欧洲的 17—19 世纪，并在最后提及了 19—20 世纪的生物化学发展。

科勒《从医学化学到生物化学：一门生物医学学科的形成》(1982)

Kohler, Robert E. *From Medical Chemistry to Biochemistry: The Making of a Biomedical Discipline*. New York: Cambridge University Press, 1982.

该书将生物化学的学科史视作机构、市场、社会、政治机遇相互作用与回应的结果，认为生物化学是在与其他生物医学学科的资源竞争中发展起来的，有意带过其中观念和技术的部分。

8. 细胞生物学

贝克"细胞学说：重述、历史和批判"(1948—1953)

Baker, John R. "The Cell-Theory: A Restatement, History, and Critique". Four Parts. *Quarterly Journal of Microscopical Science* 89 (1948): 103-125; 90 (1949): 87-108; 93 (1952): 157-190; 94 (1953): 407-440.

系列论文共 4 篇，将"细胞学说"分为 7 个命题，并考察了各个命题在历史上的来源，包括动植物细胞、细胞结构、细胞作为形态单元、细胞增殖的发现等。

休斯《细胞学史》(1959)

Hughes, Arthur. *A History of Cytology*. New York: Abelard-Schuman, 1959.

作者为生物学家，从显微镜观察开始，写到 19 世纪末细胞学说是如何被确立为生物学领域的原则的。

迪谢诺《细胞学说的起源》(1987)

Duchesneau, François. *Genèse de la Théorie Cellulaire*. Montreal: Bellarmin, 1987.

作者为哲学家出身，侧重从思想史角度考察细胞学说的建立，包括法国显微镜观察者的学说、德国生物学对施旺的影响等。

哈里斯《细胞的诞生》(2000)

Harris, Henry. *The Birth of the Cell*. New Haven: Yale University Press, 2000.

中译本：朱玉贤译，《细胞的起源》，三联书店 2001 年版。

该书探讨细胞病理学家最初进行的显微观察实践，以及他们如何从观察中"发现"和"确立"细胞的存在。

兰德克尔《培养生命：细胞如何成为了技术》（2007）

Landecker, Hannah. *Culturing Life: How Cells Became Technologies*. Cambridge, MA: Harvard University Press, 2007.

该书探讨了 19 世纪末以来，细胞如何在实验室中被培养，并最终成为一种生物技术。

雷诺兹《第三透镜：隐喻与现代细胞生物学的创造》（2018）

Reynolds, Andrew S. *The Third Lens: Metaphor and the Creation of Modern Cell Biology*. Chicago: The University of Chicago Press, 2018.

该书从各种隐喻（metaphor）如何塑造了生物学家对细胞的观看、理解的角度，探讨了 19—20 世纪的细胞生物学，隐喻是显微镜的目镜、物镜之外的第三重透镜。

9. 遗传与遗传学

遗传观念（Heredity）

雅各布《生命的逻辑：遗传的历史》（1970）

Jacob, François. *La Logique du vivant: Une histoire de l'hérédité*. Paris: Gallimard, 1970.

英译本：Jacob, François. *The Logic of Life: A History of Heredity*. Translated by Betty E. Spillmann. New York: Pantheon Books, 1973.

中译本：傅贺译，《生命的逻辑：遗传学史》，湖南科技出版社 2021 年版。

作者为法国生物学家，与雅克·莫诺（Jacques Monod）一道因提出基因调控的操纵子学说而获得 1965 年诺贝尔生理学或医学奖。在该书中，雅各布主张生物学的发展史是发现"生命的逻辑"，并像俄罗斯套娃那样存在观念的转型（而非线性必然地前进），从个体的"发生"到连续的"遗传"的观念转变即为其中一例。

米勒 - 维勒、莱因贝格尔《遗传的文化史》（2012）

Müller-Wille, Staffan, and Hans-Jörg Rheinberger. *A Cultural History of Heredity*. Chicago: University of Chicago Press, 2012.

该书是德国马克斯 - 普朗克科学史研究所"遗传的文化史"项目的系列成果，采取"历史认识论"的方法论对现代早期以来的遗传观念进行考察。该书为项目主要研究者撰写的专著，认为"遗传"概念至 19 世纪早期才成形，并逐步成为遗传学这一新科学的基础。

米勒－维勒、莱因贝格尔《被生产的遗传：生物学、政治与文化的交叉，1500—1870》（2007）

高泽迈尔等《20世纪的人类遗传》（2013）

米勒－维勒、布兰特《探索遗传：在公共领域与实验科学之间，1850—1930》（2016）

Müller-Wille, Staffan, and Hans-Jörg Rheinberger, eds. *Heredity Produced: At the Crossroads of Biology, Politics, and Culture, 1500-1870*. Cambridge, MA: MIT Press, 2007.

Gausemeier, Bernd, Staffan Müller-Wille, and Edmund Ramsden, eds. *Human Heredity in the Twentieth Century*. London: Routledge, 2013.

Müller-Wille, Staffan, and Christina Brandt, eds. *Heredity Explored: Between Public Domain and Experimental Science, 1850-1930*. Cambridge, MA: The MIT Press, 2016.

这三部更加细致地关注不同时期的论文集，也是马克斯－普朗克科学史研究所"遗传的文化史"项目的成果。

优生学（Eugenics）

亚当斯《出身良好的科学：德国、法国、巴西和俄罗斯的优生学》（1990）

Adams, Mark B., ed. *The Wellborn Science: Eugenics in Germany, France, Brazil, and Russia*. New York: Oxford University Press, 1990.

该书是研究文集，比较了1900—1940年德国、法国、巴西和俄罗斯的优生学，包括其中的关键人物、机构、政治目的等，试图以此考察优生学与社会政治的相互作用关系。

巴什福德、莱文《牛津优生学史手册》（2010）

Bashford, Alison, and Philippa Levine, eds. *The Oxford Handbook of the History of Eugenics*. Oxford: Oxford University Press, 2010.

该书综合了近年来关于优生学史的研究，探讨了各国的优生学实践以及优生学从20世纪初的种族主义，向20世纪50年代以来基于人类遗传的生育控制的转型等问题。

遗传学（Genetics）

邓恩《遗传学简史：部分主要思想的发展》（1965）

Dunn, L. C. *A Short History of Genetics: The Development of Some of the Main Lines of Thought, 1864-1939*. New York: McGraw-Hill, 1965.

该书主要讨论了与孟德尔同时代的关于遗传单元的各种竞争学说，以及孟德尔遗传学在 20 世纪的发展。

斯特蒂文特《遗传学史》（1965）

Sturtevant, A. H. *A History of Genetics*. New York: Harper and Row, 1965.

作者本人是摩尔根果蝇实验室的成员之一，书中描述了 20 世纪上半叶的现代遗传学发展历史。

奥尔比《孟德尔主义的起源》（1966）

Olby, Robert. *Origins of Mendelism*. London: Constable, 1966.

该书将孟德尔之前与遗传相关的植物学研究、达尔文和高尔顿等人的遗传理论作为孟德尔学说的思想来源进行考察，并在最后简要讨论了其在 20 世纪初的"重新发现"。

普罗文《理论群体遗传学的起源》（1971）

Provine, William B. *The Origins of Theoretical Population Genetics*. Chicago: University of Chicago Press, 1971.

该书对费雪（R. A. Fisher）、赖特（Sewall Wright）、霍尔丹（J. S. B. Haldane）等人建立的群体遗传学传统的历史考察。

鲍勒《孟德尔革命：现代科学与社会中遗传论概念的出现》（1989）

Bowler, Peter J. *The Mendelian Revolution: The Emergence of Hereditarian Concepts in Modern Science and Society*. Baltimore: Johns Hopkins University Press, 1989.

该书主张所谓"孟德尔革命"和遗传学的诞生，更多是社会观念的转变，而非单纯的科学发现。

哈伍德《科学思想的样式：德国遗传学共同体，1900—1933》（1993）

Harwood, Jonathan. *Styles of Scientific Thought: The German Genetics Community, 1900-1933*. Chicago: University of Chicago Press, 1993.

该书从思想、机构、社会背景的视角，考察在孟德尔理论被重新发现后，德国遗传学为何关注发育遗传学、进化、细胞质遗传等，走上了与美国十分不同的道路。

科勒《果蝇之主：果蝇遗传学与实验生活》（1994）

Kohler, Robert E. *Lords of the Fly: Drosophila Genetics and the Experimental Life*. Chicago: University of Chicago Press, 1994.

该书以摩尔根及其小组开展的果蝇实验为中心，考察其中的知识生产过程。

基因与基因组

库克－迪根《基因战争：科学、政治与人类基因组》（1994）

斯隆《控制我们的命运：人类基因组计划的历史、哲学、伦理和神学视角》（2000）

Cook-Deegan, Robert M. *The Gene Wars: Science, Politics, and the Human Genome*. New York: W.W. Norton & Company, 1994.

Sloan, Phillip R., ed. *Controlling Our Destinies: Historical, Philosophical, Ethical, and Theological Perspectives on the Human Genome Project*. Notre Dame: University of Notre Dame Press, 2000.

两部关于人类基因组计划（HGP）的研究著作，包括 HGP 与政治的关系以及 HGP 的历史语境、哲学和生物伦理意涵等。

凯《谁书写了生命之书？遗传密码的历史》（2000）

Kay, Lily E. *Who Wrote the Book of Life? A History of the Genetic Code*. Stanford: Stanford University Press, 2000.

该书将 20 世纪 50—60 年代遗传密码的发现史，书中将其放在分子生物学、信息论、冷战科学与技术的历史背景下考察。

伯尔东等《发育和进化中的基因概念：历史与认识论视角》（2000）

Beurton, Peter J., Raphael Falk, and Hans-Jörg Rheinberger, eds. *The Concept of the Gene in Development and Evolution: Historical and Epistemological Perspectives*.

Cambridge: Cambridge University Press, 2000.

这部文集认为"基因"这一现代生物学的核心术语，在不同领域中实际上代表着非常不同的概念。全书分为 4 部分，分别讨论了基因与性状的关系、基因和遗传的概念史、发育遗传学、反还原论立场。

凯勒《基因的世纪》（2000）

Keller, Evelyn Fox. *The Century of the Gene.* Cambridge, MA: Harvard University Press, 2000.

该书讨论了 20 世纪 50 年代以来分子生物学对基因的研究如何反而使基因概念成为一个问题，甚至有可能消解其原本含义中对生物体的决定性作用，显示出遗传纲领（genetic programs）与发育纲领（developmental programs）之间的张力。

福尔克《遗传分析：遗传学思想的历史》（2009）

Falk, Raphael. *Genetic Analysis: A History of Genetic Thinking.* Cambridge: Cambridge University Press, 2009.

该书尝试建立从孟德尔到人类基因组计划以来关于"基因"概念的思想连续性，反对所谓"经典遗传学"（classical genetics）和"分子遗传学"（molecular genetics）的阶段划分。

米勒 – 维勒、莱因贝格尔《后基因组时代的基因：一个科学史的总结分析》（2009）

Müller-Wille, Staffan, and Hans-Jörg Rheinberger. *Das Gen im Zeitalter der Postgenomik: Eine wissenschaftshistorische Bestandsaufnahme.* Frankfurt am Main: Suhrkamp, 2009.

英译修订本：Rheinberger, Hans-Jörg, and Staffan Müller-Wille. *The Gene: From Genetics to Postgenomics.* Translated by Adam Bostanci. Chicago: The University of Chicago Press, 2017.

该书从历史认识论的角度出发，主张生物学家从来就没有一个明晰、确定的"基因"概念。

沙达勒维昂《显微镜下的遗传：染色体和人类基因组研究》（2020）

Chadarevian, Soraya de. *Heredity Under the Microscope: Chromosomes and the Study of the Human Genome*. Chicago: The University of Chicago Press, 2020.

该书关注细胞遗传学（cytogenetics）作为一门第二次世界大战后的科学在 20 世纪 50 年代的兴盛，以及在 20 世纪 80 年代被分子遗传学遮蔽后的衰微。

10. 分子生物学

通史

奥尔比《通往双螺旋之路：DNA 的发现》（1974）

Olby, Robert. *The Path to the Double Helix: The Discovery of DNA*. Seattle: University of Washington Press, 1974.

中译本：赵寿元、诸民家译，《通往双螺旋之路：DNA 的发现》，复旦大学出版社 2012 年版。

该书是早期书写分子生物学史的著作之一，基于大量论文、通信等历史材料，考察 1900—1953 年关于核酸的研究如何最终导向沃森、克里克等人在 1953 年发现了 DNA 双螺旋结构。

贾德森《创世第八天：生物学革命的制造者们》（1979）

Judson, Horace. *The Eighth Day of Creation: Makers of the Revolution in Biology*. New York: Simon and Schuster, 1979.

中译本：李晓丹译，《创世纪的第八天：20 世纪分子生物学革命》，上海科学技术出版社 2005 年版。

作者为历史学家和专栏作家，因与马克斯·佩鲁茨（Max Perutz，血红蛋白分子结构的发现者）的私人友谊而萌生书写现代分子生物学史的想法，并亲自访谈了 100 余位生物学家，这也是该书成书的基础。全书分为三部分，分别考察了 DNA、RNA、蛋白质等生物大分子的研究历史。

莫朗热《分子生物学史》（1994）

Morange, Michel. *Histoire de la biologie moléculaire*. Paris: La Découverte, 1994.

英译本：Morange, Michel. *A History of Molecular Biology*. Translated by Matthew Cobb. Cambridge, MA: Harvard University Press, 1998.

——. *The Black Box of Biology: A History of the Molecular Revolution*. Translated by Matthew Cobb. Cambridge, MA: Harvard University Press, 2020.

中译本：昌增益译，《二十世纪生物学的分子革命：分子生物学所走过的路》，科学出版社 2002 年版。

法文原书最早出版于 1994 年，2003 年出版了法文修订版，该版的英译本出版于 2020 年。该书讨论了 1941 年乔治·比德尔（George Wells Beadle）和爱德华·塔特姆（Edward Lawrie Tatum）提出"一个基因一种酶"学说以来的分子生物学发展。章节大致按时间顺序编排，但每章侧重一个中心主题，如噬菌体小组的研究、PCR 技术的发明、物理学思想的影响等。

专题研究

科勒《科学伙伴：基金会与自然科学家，1900—1945》（1991）

Kohler, Robert E. *Partners in Science: Foundations and Natural Scientists, 1900-1945*. Chicago: University of Chicago Press, 1991.

该书在较大范围上考察了洛克菲勒基金会在美国和欧洲各科学机构中的活动，认为分子生物学是双方合作关系中的最后一步。

凯《生命的分子图景：加州理工、洛克菲勒基金会与新生物学的兴起》（1993）

Kay, Lily E. *The Molecular Vision of Life: Caltech, the Rockefeller Foundation, and the Rise of the New Biology*. New York: Oxford University Press, 1993.

该书考察了具体的洛克菲勒基金会经理人、科学家与加州理工学院的关系。

拉比诺《创造 PCR：一个生物技术的故事》（1996）

Rabinow, Paul. *Making PCR: A Story of Biotechnology*. Chicago: University of Chicago Press, 1996.

中译本：朱玉贤译，《PCR 传奇：一个生物技术的故事》，上海科技教育出版社 1998 年版。

该书采取实验室研究的人类学进路，考察了聚合酶链式反应（PCR）的发明史，包括西特斯公司的环境和实验室集体工作的贡献，以及 PCR 到底在观念、工具、技术系统的何种层面上是一个新发明。

沙达勒维昂《生命的设计：二战后的分子生物学》（2002）

Chadarevian, Soraya de. *Designs for Life: Molecular Biology after World War Ⅱ*.

Cambridge: Cambridge University Press, 2002.

虽然该书的标题看起来研究范围很大，但该书实际上是以 20 世纪 40—70 年代剑桥的分子生物学实验室为中心。

拉斯穆森《基因手段：生命科学与生物技术产业的兴起》（2014）

Rasmussen, Nicolas. *Gene Jockeys: Life Science and the Rise of Biotech Enterprise.* Baltimore: Johns Hopkins University Press, 2014.

该书是关于分子生物技术的研究，在冷战大科学和企业环境的背景下探讨生物技术产业的兴起，特别是其中社会、经济力量对科学实践的影响。

11. 神经科学与脑科学

通史

芬格《神经科学的起源：探索大脑功能的历史》（1994）

Finger, Stanley. *Origins of Neuroscience: A History of Explorations into Brain Function.* Oxford: Oxford University Press, 1994.

该书是从古代写起的神经科学通史，主要铺陈呈现了史实，而没有太多的历史叙事。

奥克斯《神经功能的历史：从灵魂精气到分子机制》（2004）

Ochs, Sidney. *A History of Nerve Functions: From Animal Spirits to Molecular Mechanisms.* Cambridge: Cambridge University Press, 2004.

该书以关于神经功能的观念史和思想史为主线，前 6 章涵盖了从古希腊到文艺复兴（特别是灵魂精气（animal spirits）的概念），后 7 章则分主题考察了电生理、反射、神经纤维的轴浆运输等研究。

乔杜里、斯拉比《批判的神经科学：神经科学的社会文化语境手册》（2012）

Choudhury, Suparna, and Jan Slaby, eds. *Critical Neuroscience: A Handbook of the Social and Cultural Contexts of Neuroscience.* Oxford: Wiley-Blackwell, 2012.

该书从社会、文化语境和影响的角度，考察神经科学与人们对大脑的理解，尝试以历史、哲学、人类学等交叉学科的进路，在"生活世界"与"实验室"之间建立一种新的"批判的神经科学"。

专题研究

克拉克、杰西纳《神经科学概念的 19 世纪起源》(1987)

Clarke, Edwin, and L. Stephen Jacyna. *Nineteenth-Century Origins of Neuroscientific Concepts*. Berkeley: University of California Press, 1987.

该书考察了神经科学中的重要概念在 19 世纪解剖学与生理学中的起源，并认为其后的观念和技术发生了革命性的进步。

布雷热《19 世纪神经生理学史》(1988)

Brazier, Mary. *A History of Neurophysiology in the 19th Century*. New York: Raven Press, 1988.

该书作者是神经学家出身，以各个人物为中心，叙述了 19 世纪神经生理学（主要是电生理学）的重要发现。

谢泼德《神经元学说的奠基》(1991)

Shepherd, Gordon M. *Foundations of the Neuron Doctrine*. Oxford and New York: Oxford University Press, 1991.

该书是关于 19 世纪末神经元学说是如何建立的。

史密斯《抑制：心脑科学中的历史和意义》(1992)

Smith, Roger. *Inhibition: History and Meaning in the Sciences of Mind and Brain*. Berkeley: University of California Press, 1992.

该书以 19—20 世纪心理学、生理学、社会和伦理讨论中对"抑制"（inhibition）概念的使用为中心，展现了这一看似科学的概念是如何最初来自社会和伦理语境的建构，并被转换成科学话语的。

四、专题研究

1. 研究者：业余与职业

艾伦《不列颠自然志家：一部社会史》(1976)

Allen, David Elliston. *The Naturalist in Britain: A Social History*. London: Allen Lane, 1976.

中译本：程玺译，《不列颠博物学家：一部社会史》，上海交通大学出版社 2017
年版。

对英国自然志的经典社会史研究之一，主题为 17—20 世纪中叶英国大众对自然
志快速增长的兴趣，揭示了其背后的个人动机、技术发展和机构形成。

基尼《植物采集研究者：19 世纪美国的业余科学家》（1992）

Keeney, Elizabeth. *The Botanizers: Amateur Scientists in Nineteenth-Century America*.
Chapel Hill: University of North Carolina Press, 1992.

该书关注 19 世纪美国的植物采集和研究者（botanizer），主张其中的大部分人并
不拥有植物学专业训练和职位，更多人是出于个人发展而非科学进步的目的才从事
这一工作的。

奥蒂斯《缪勒的实验室》（2007）

Otis, Laura. *Müller's Lab*. Oxford: Oxford University Press, 2007.

该书虽有此标题，但并非对该实验室的历史考察（实际上约翰内斯·缪勒并没
有一个实验室）。该书比较了缪勒的 7 位学生（包括施旺、亥姆霍兹、魏尔肖、海克
尔等人）对其导师的叙述，考察科学家们的叙事如何影响到了科学史，为科学史的
讲述和重构、科学人物等主题提供了反思。

哈曼、迪特里希《局外人科学家：通向生物学革新的道路》（2013）

Harman, Oren, and Michael Dietrich, eds. *Outsider Scientists: Routes to Innovation in
Biology*. Chicago: The University of Chicago Press, 2013.

这部文集考察了 19 位"局外人"（outsiders）对 19—20 世纪生物学的贡献，特
别是他们如何从跨学科的视角挑战了当时的生物学基本预设和理论。其中包括生物
学科专业化之前的孟德尔、巴斯德等人，以及此后的非生物学领域的科学家如 R. A.
费雪、薛定谔等。

2. 博物馆与植物园

自然博物馆

希茨－派因森《科学大教堂：殖民地自然博物馆在 19 世纪晚期的发展》（1988）

Sheets-Pyenson, Susan. *Cathedrals of Science: The Development of Colonial Natural*

History Museums during the Late Nineteenth Century. Montreal: McGill-Queen's University Press, 1988.

该书从跨区域的视角，研究 19 世纪晚期几家博物馆在北美、澳大利亚和新西兰的英属殖民地进行的自然志收集活动，包括其中的人员、赞助和收集的细节等。

温莎《解读自然之形：阿加西博物馆的比较动物学》（1991）

Winsor, Mary P. *Reading the Shape of Nature: Comparative Zoology at the Agassiz Museum*. Chicago: University of Chicago Press, 1991.

该书研究了剑桥的比较动物学博物馆，包括机构与比较解剖学研究的关系，以及其中的关键人物路易·阿加西（Louis Agassiz）。

施帕里《乌托邦的植物园：从旧制度到大革命的法国自然志》（2000）

Spary, Emma C. *Utopia's Garden: French Natural History from Old Regime to Revolution*. Chicago: University of Chicago Press, 2000.

该书研究了法国国家自然博物馆在 18 世纪的历史，即从布丰担任馆长起，至博物馆在 1793 年进行的改革。关注了以博物馆为核心的赞助体系和植物学通信网络，以及在大革命期间发生的功能转化。

贝雷塔《从私人到公共：自然收藏与博物馆》（2005）

Beretta, Marco, ed. *From Private to Public: Natural Collections and Museums*. Sagamore Beach, MA: Science History Publications, 2005.

这部文集讨论了从古代至 19 世纪自然志传统中收集和收藏（collecting）活动的发展与转型，以及与之相关的博物馆的历史。

植物园

布罗克韦《科学与殖民扩张：英国皇家植物园的角色》（1979）

Brockway, Lucile. *Science and Colonial Expansion: The Role of the British Royal Botanic Gardens*. London and New York: Academic Press, 1979.

该书是最早开启了英国植物园与帝国主义研究的著作之一，将邱园（Kew）这一机构的发展史与政治、经济动机结合来解释。

麦克拉肯《帝国的植物园：维多利亚时代英帝国的植物学机构》（1997）

McCracken, Donal P. *Gardens of Empire: Botanical Institutions of the Victorian British Empire*. London: Leicester University Press, 1997.

该书考察了英国在欧洲以外的殖民地建立的当地植物园，以及其与邱园形成的支持网络。

德雷顿《自然的统治：科学、不列颠帝国与世界的"改善"》（2000）

Drayton, Richard. *Nature's Government: Science, Imperial Britain, and the 'Improvement' of the World*. New Haven: Yale University Press, 2000.

该书通过对邱园的分析，更加明确地主张英国殖民主义背后有着一种"改善世界"的动机，以及在对人与对自然的帝国控制之间存在联系。

3. 实验与实验室

实验技术与实验方法

保利《控制生命：雅克·洛布与生物学中的工程理想》（1987）

Pauly, Philip J. *Controlling Life: Jacques Loeb and the Engineering Ideal in Biology*. New York: Oxford University Press, 1987.

该书以 20 世纪初的德裔美国科学家雅克·洛布（Jacques Loeb）为中心，结合其个人研究经历，探讨了洛布所提出的"工程理想"（engineering ideal）的思想和社会背景，以及对此后的美国生物学家产生的影响。

克拉克、藤村《恰当的工具：工作中的 20 世纪生命科学》（1992）

Clarke, Adele E., and Joan H. Fujimura, eds. *The Right Tools for the Job: At Work in Twentieth-Century Life Sciences*. Princeton: Princeton University Press, 1992.

文集中的 10 篇文章探讨了 20 世纪生物学中的工具、材料和方法如何形塑了科学实践，如工具如何限定了研究问题、研究兴趣又如何塑造了工具。

拉斯穆森《图像控制：电子显微镜与美国生物学的转型，1940—1960》（1999）

Rasmussen, Nicolas. *Picture Control: The Electron Microscope and the Transformation of Biology in America, 1940-1960*. Stanford: Stanford University Press, 1999.

该书关注了电子显微镜自第二次世界大战期间到战后在美国的发展历史，试图展示新技术如何与现存知识传统调和、不同表象空间（representational space）的关系，以及一种结合了实用主义与现象主义的科学观。

柯安哲《病毒的一生：作为实验模型的烟草花叶病毒，1930—1965》（2002）

Creager, Angela N. H. *The Life of a Virus: Tobacco Mosaic Virus as an Experimental Model, 1930-1965*. Chicago: University of Chicago Press, 2002.

该书考察烟草花叶病毒如何作为一种模式系统，被原本不同领域的生物学家接受为提出新发现的实验工具。

柯安哲《原子的生命：科学与医学中放射性同位素的历史》（2013）

Creager, Angela N. H. *Life Atomic: A History of Radioisotopes in Science and Medicine*. Chicago: The University of Chicago Press, 2013.

中译本：王珏纯译，《原子的生命》，浙江大学出版社 2021 年版。

该书以放射性同位素为中心考察了 20 世纪的生物学和医学研究，论证放射性同位素的可获取性不仅塑造了实验方法，还影响了生命现象与疾病是如何被概念化的。

雷德《制造小鼠：美国生物医学研究的动物标准化，1900—1955》（2018）

Rader, Karen A. *Making Mice: Standardizing Animals for American Biomedical Research, 1900-1955*. Princeton: Princeton University Press, 2018.

该书以杰克逊实验室（Jackson Lab）和利特尔（C. C. Little）为中心，考察了小鼠如何被标准化为一种实验动物，成了某些科学研究标准的载体。

实验室

拉图尔、伍尔加《实验室生活：科学事实的建构过程》（1986）

Latour, Bruno, and Steve Woolgar. *Laboratory Life: The Construction of Scientific Facts*. Princeton: Princeton University Press, 1986.

中译本：刁小英、张伯霖译，《实验室生活：科学事实的建构过程》，东方出版社 2004 年版。

拉图尔和伍尔加经典的实验室研究，用人类学方法考察了美国一个神经内分泌学实验室，包括其中的成员是如何进行实验、交流和互动，并最终生产出科学事实的。

科勒《景观与实验室景观：探索生物学中实验室与田野的边界》（2002）

Kohler, Robert E. *Landscapes and Labscapes: Exploring the Lab-Field Border in Biology*. Chicago: University of Chicago Press, 2002.

该书考察了19世纪中期以来，生物学中田野与实验室之间逐渐形成的界限，以及至20世纪30年代，生态学家、进化生物学家如何在这一界限上展开新的混合性质的实践。

托德斯《巴甫洛夫的生理学工厂：实验、解释与实验室事业》（2002）

Todes, Daniel Philip. *Pavlov's Physiology Factory: Experiment, Interpretation, Laboratory Enterprise*. Baltimore: The Johns Hopkins University Press, 2002.

该书研究了巴甫洛夫实验室中巴氏本人思想的影响、实验方法、赞助系统、集体工作等，但仍以思想为组织的中心。

五、人物研究

1. 卡尔·林奈（Carl Linnaeus，1707—1778）

布兰特《博学的自然志家：林奈的一生》（1971）

Blunt, Wilfrid. *The Compleat Naturalist: A Life of Linnaeus*. New York: Viking Press, 1971.

中译本：徐保军译，《林奈传：才华横溢的博物学家》，商务印书馆2017年版。

作者为传记作家，主要关注林奈的个人经历、家庭等，大量引用了林奈的信件、出版物等原始材料，将林奈塑造成一位有天赋而勤奋、热切的植物学家。

拉森《理性与经验：卡尔·林奈著作中对自然秩序的呈现》（1971）

Larson, James L. *Reason and Experience: The Representation of Natural Order in the Work of Carl von Linné*. Berkeley: University of California Press, 1971.

该书关注林奈提出的自然系统。作者提出的核心问题是，在林奈试图构建一个实用的、工作的分类系统时，背后有着何种理论立场乃至哲学预设。

弗兰斯米尔《林奈：其人其著》（1983）

Frängsmyr, Tore, ed. *Linnaeus: The Man and His Work*. Berkeley: University of

California Press, 1983.

　　该书由编者弗兰斯米尔从瑞典语翻译而来的 4 篇论文及编者导言组成，讨论了林奈与同时代的植物分类学、地理学的关系，人在分类学中的位置以及林奈形象建构的编史学等问题。

柯尔纳《林奈：自然与国家》(1999)

Koerner, Lisbet. *Linnaeus: Nature and Nation*. Cambridge, MA: Harvard University Press, 1999.

　　该书将林奈置于瑞典虔信派与官房学派经济学的混合背景中，考察其植物学研究背后的神学、经济学动机，以及与帝国的复杂关系。

2. 布丰 (Georges-Louis Leclerc, count de Buffon，1707—1788)

罗歇《布丰：皇家植物园里的哲学家》(1989)

Roger, Jacques. *Buffon: Un philosophe au jardin du roi*. Paris: Fayard, 1989.

英译本：Roger, Jacques. *Buffon: A Life in Natural History*. Translated by Sarah Lucille Bonnefoi. Ithaca: Cornell University Press, 1997.

　　作者罗歇为布丰研究专家。由于布丰生前销毁了自己的绝大部分手稿，其家庭生活也少有人知，因此该书主要是从布丰出版的 36 卷巨著《自然志》中重构其思想传记，并置于 18 世纪科学和哲学思想的语境中讨论。

3. 拉马克 (Jean-Baptiste Lamarck，1744—1829)

伯克哈特《系统的精神：拉马克与进化生物学》(1977)

Burkhardt, Richard W. *The Spirit of System: Lamarck and Evolutionary Biology*. Cambridge, MA: Harvard University Press, 1977.

　　该书不以达尔文进化论的后见视角来评判，而是从拉马克自身的科学体系出发进行解读。作者将拉马克的植物学、化学、地质学、气象学研究等都纳入考察范围，并将其提出的生物学理论视作对 18 世纪困扰法国自然志家的自然体系问题的回应。

4. 达尔文 (Charles Darwin，1809—1882)

科尔普"查尔斯·达尔文传记的过去与未来" (1989)

Colp, Ralph. "Charles Darwin's Past and Future Biographies." *History of Science* 27

(1989): 167-197.

该篇是关于较早的各种达尔文传记的综述文章。

布朗《查尔斯·达尔文：航行》（1995）、《查尔斯·达尔文：位置的力量》（2002）

Browne, Janet. *Charles Darwin: Voyaging*. London: Jonathan Cape, 1995.

——. *Charles Darwin: The Power of Place*. New York: Knopf, 2002.

科学史家珍妮特·布朗写作的两卷本传记。上册涵盖了达尔文的求学、贝格尔号航行、进化理论的成型和 1859 年《物种起源》的出版；下册则叙述了 1859 年之后的植物学研究、家庭和社会生活等，特别是达尔文如何以乡绅身份通过通信、私人友谊和出版精心策划《物种起源》的接受，直至其逝世。

霍奇、拉迪克《剑桥达尔文指南》（2003）
鲁斯、理查兹《剑桥〈物种起源〉指南》（2008）

Hodge, Jonathan, and Gregory Radick, eds. *The Cambridge Companion to Darwin*. Cambridge: Cambridge University Press, 2003.

Ruse, Michael, and Robert J. Richards, eds. *The Cambridge Companion to the "Origin of Species"*. Cambridge: Cambridge University Press, 2008.

两部指南对达尔文研究领域的观点、思路和论争进行了较为清晰的梳理，很好地平衡了介绍性与前沿性。

5. 孟德尔（Gregor Mendel，1822—1884）

伊尔蒂斯《格雷戈尔·约翰·孟德尔：生平、著作与影响》（1924）

Iltis, Hugo. *Gregor Johann Mendel: Leben, Werk und Wirkung*. Berlin: Springer, 1924.

英译本：Iltis, Hugo. *Life of Mendel*. Translated by Eden and Cedar Paul. London: W.W. Norton & Company, 1932.

该书是关于孟德尔生平较为全面的经典传记。

黑尼希《植物园里的修道士：失而复得的天才孟德尔》（2000）

Henig, Robin Marantz. *The Monk in the Garden: The Lost and Found Genius of Gregor Mendel, the Father of Genetics*. Boston: Houghton Mifflin, 2000.

写作风格较为通俗，可读性强，对孟德尔的生活进行了想象描绘，并讲述了孟德尔工作的重新发现历程。

6. 巴斯德（Louis Pasteur，1822—1895）

德布雷《路易·巴斯德》（1994）

Debré, Patrice. *Louis Pasteur*. Paris: Flammarion, 1994.

英译本：Debré, Patrice. *Louis Pasteur*. Translated by Elborg Forster. Baltimore: Johns Hopkins University Press, 1998.

中译本：姜志辉译，《巴斯德传》，商务印书馆 2000 年版。

该书是关于巴斯德的生平、工作及关于 19 世纪科学中相关论争的较为全面的传记。

盖森《路易·巴斯德的私人科学》（1995）

Geison, Gerald L. *The Private Science of Louis Pasteur*. Princeton: Princeton University Press, 1995.

该书并非标准的传记著作，基于对巴斯德非公开的私人笔记的研究，揭示了其广为人知的科学发现实际上与其呈现出来的公共形象有所出入。

7. 高尔顿（Francis Galton，1822—1911）

皮尔逊《高尔顿的生平、通信与工作》（1914—1930）

Pearson，Karl. *The Life, Letters and Labours of Francis Galton*. 3 vols. Cambridge: Cambridge University Press，1914-1930.

该书是统计学家卡尔·皮尔逊著作的 3 卷本传记，内容最为经典和全面。

吉勒姆《高尔顿爵士的一生：从非洲考察到优生学的诞生》（2001）

Gillham, Nicholas W. *A Life of Sir Francis Galton: From African Exploration to the Birth of Eugenics*. New York: Oxford University Press, 2001.

该书试图将高尔顿置于社会文化背景中进行考察。

8. 赫胥黎（Thomas Henry Huxley，1825—1895）

格雷戈里奥《赫胥黎在自然科学中的位置》（1984）

Di Gregorio, Mario A. *T. H. Huxley's Place in Natural Science*. New Haven: Yale

University Press, 1984.

标题是对赫胥黎主要著作《人类在自然界的位置》的呼应。试图打破"达尔文的斗犬"这一刻板标签，作者主张赫胥黎仅仅捍卫了对自己职业发展有利的一部分达尔文学说，而拒斥了另一部分。

德斯蒙德《赫胥黎：从魔鬼的门徒到进化的大祭司》(1997)

Desmond, Adrian. *Huxley: From Devil's Disciple to Evolution's High Priest.* Reading, MA: Addison-Wesley, 1997.

该书是基于赫胥黎通信及著作的较为全面的传记，并将赫胥黎作为维多利亚时代科学的主要代表进行研究。

9. 海克尔 (Ernst Haeckel, 1834—1919)

加斯曼《国家社会主义的科学起源：海克尔的社会达尔文主义与德国一元论者联盟》(1971)

Gasman, Daniel. *The Scientific Origins of National Socialism: Social Darwinism in Ernst Haeckel and the German Monist League.* London: MacDonald, 1971.

该书主要以海克尔 1899 年出版的《宇宙之谜》为基础文本，从思想史、观念史的角度分析了德国的社会达尔文主义与右翼政治的关系，以及海克尔自身的反基督教思想等。

理查兹《生命的悲剧感：海克尔和进化思想的斗争》(2008)

Richards, Robert J. *The Tragic Sense of Life: Ernst Haeckel and the Struggle over Evolutionary Thought.* Chicago: University of Chicago Press, 2008.

该书是关于海克尔生平与思想较为全面的传记，同时也对卷入 19 世纪进化思想论争的人物、机构、文化做了叙述。

10. 巴甫洛夫 (Ivan Pavlov, 1849—1936)

巴布金《巴甫洛夫传》(1949)

Babkin, Boris P. *Pavlov: A Biography.* Chicago: University of Chicago Press, 1949.

作者是巴甫洛夫最早的学生之一，该书也是关于巴甫洛夫较为全面和权威的传记，美中不足的是涵盖范围只截至第一次世界大战前，不包括巴甫洛夫之后的生平和研究。

托德斯《巴甫洛夫：一个俄国人的科学人生》（2014）

Todes, Daniel Philip. *Ivan Pavlov: A Russian Life in Science*. Oxford: Oxford University Press, 2014.

该书是关于巴甫洛夫全面而深入的传记，作者为约翰·霍普金斯大学医学史系名誉教授。

11. 摩尔根（Thomas Hunt Morgan，1866—1945）

艾伦《摩尔根：其人及其科学》（1978）

Allen, Garland E. *Thomas Hunt Morgan: The Man and His Science*. Princeton: Princeton University Press, 1978.

中译本：梅兵译，《摩尔根——遗传学的冒险者》，上海科技出版社 2003 年版。

该书是关于摩尔根生平的全面传记，考察了他对孟德尔理论的态度转变，书中也带有作者自己对 20 世纪经典遗传学的编史学视角。

第二十七章　医学史

焦崇伟

本章分工具书、通史、分科史、专题研究和人物研究五个部分。

一、工具书

莫顿、诺曼《莫顿医学书目》（第五版）（1991）

Morton, Leslie T., Norman, Jeremy M. *Morton's Medical Bibliography: An Annotated Checklist of Texts Illustrating the History of Medicine.* 5th ed., Aldershot: Scholar's Press, 1991.

该书是医学史文本带注解的清单，是医学史界不可或缺的工具书。该书最初源于美国医学史家和图书管理员菲尔丁·加里森（Fielding H. Garrison，1870—1935）的编目著作《医学史文本》（*Texts illustrating the History of Medicine in the Library of the Surgeon General's Office, U. S. Army*，1912；修订版：*A Revised Student's Checklist of Texts Illustrating the History of Medicine*，1933）。后来，英国医学图书管理学者莱斯利·莫顿（Leslie T. Morton，1907—2004）在加里森著作的基础上编写了第一版《医学书目：医学科学史文本清单》（*A Medical Bibliography: A Check-list of Texts Illustrating the History of Medicine*，London: Grafton & Co.，1943），之后莫顿又修订了三版（1954，1970，1983）。后来，由于莫顿年事已高，随后的修订工作由杰瑞米·诺曼（Jeremy M. Norman，1945— ）主持，他于1991年出版了这里推荐的第五版《莫顿医学书目》。

该书大致以分科为类别，主要包括生物学、动物学、解剖学、生理学、公共卫生、病理学等50余种大类，很多大类还包括若干小类，每一个类别以出版日期为序进行排列，共计8927个条目。该书不仅收录了医学原始文献，还包括了医学史研究文献。

诺曼于2014年获得该书版权后着手建立了以该书为基础的网络数据库"杰瑞米·诺曼医学与生命科学史"（Jeremy Norman's History of Medicine and the Life

Sciences），该数据库网址为 https://historyofmedicine.com/。截至 2021 年 6 月 24 日，本站收录了 15 020 个条目、12 912 位作者，共 1848 个主题。读者可以通过"主题""作者""条目编号""出版年份"和"出版地"5 种索引方式进行检索。

拜纳姆、波特《医学史百科指南》（1993）

Bynum, William F., Porter, Roy, eds. *Companion Encyclopedia of the History of Medicine*. London: Routledge, 1993.

威廉·拜纳姆（William F. Bynum，1943—　）曾任职于伦敦学院大学维康信托医学史中心（Wellcome Trust Centre for the History of Medicine），罗伊·波特（Roy Porter，1946—2002）曾任伦敦大学学院维康信托医学史研究所所长，主要研究领域为医学史、科学史、启蒙运动等。

《医学史百科指南》虽然名为百科全书，但实际上是一部文集，由多位学者合著而成，全书共 2 卷，7 部分。第 1 部分"医学的位置"考察了医学史的一些编史学问题。第 2 部分"身体系统"涉及了解剖学、显微镜、生理学、生物化学、病理学、免疫学和临床研究等领域的历史。第 3 部分"生命、健康和疾病的理论"包括健康、病态和疾病的观念、生死的观念、体液论、环境和瘴气（miasmata）、感染和细菌理论等十余种主题。第 4 部分"理解疾病"探讨了世界各地对疾病的不同理解，包括西方的非主流医学理论、非西方的疾病概念、民间医学、阿拉伯 – 伊斯兰医学、中国医学和印度医学等领域。第 5 部分"临床医学"考察了医患关系、诊断技艺和科学、医学伦理、女性与医学、药物治疗等方面的历史。第 6 部分"社会中的医学"介绍了医学职业、医学教育、医院、医学机构与国家、公共卫生、传染病学、个人卫生、护理等方面的历史。第 7 部分"医学、观念和文化"介绍了医学与殖民主义、医学与公共卫生中的国际化、医学与人类学、宗教与医学等方面的议题。全书共 72 篇文章，每篇文章都附有相应主题的进一步阅读书目，便于读者进一步了解和研究。

杰克逊《牛津医学史手册》（2001）

Jackson, Mark. ed. *The Oxford Handbook of the History of Medicine*. Oxford: Oxford University Press, 2001.

马克·杰克逊（Mark Jackson）是英国埃克塞特大学医学史教授，主要研究领域为医学史，尤其是过敏疾病史、压力史等。该书分三部分：第一部分"时期"分为希腊 – 罗马时期、中世纪、现代早期、启蒙时期、现代和当代六个时期；第二部分"地方与传统"首先讨论了医学史中全球与地方的关系，涉及中国、伊斯兰、西欧等九个地区的医学史；第三部分"主题与方法"考察了医学史的主题和研究方法，包括童年和青春期、老年医学、公共卫生等十几个问题。该书所集文章不仅对各时间段、地域或主题做了历史的介绍，还讨论了相应的历史编纂方式。因此，读者通过该书还可以了解到不同的医学史研究范式及其相互间的争论。

拜纳姆《医学传记字典》（2007）

Bynum, W. F., and Bynum, Helen, eds. *Dictionary of Medical Biography*. Westport: Greenwood Press, 2007.

海伦·拜纳姆（Helen Bynum），医学史独立学者，曾任利物浦大学的维康信托医学史讲师。《医学传记字典》共 5 卷，为医学史上的重要人物提供了全面的介绍。近 400 名来自世界各地的学者、研究人员和医生参与了该书近 1100 个条目的编写工作，所涉及的人物不仅涉及了西方，还涉及了中国、印度、伊斯兰、日本等。该书有多种查阅方式，附录中有以生卒年、姓名的字母顺序、地域、研究领域等方面排列的索引表。每个条目通常罗列了有关人物的原始文献和研究文献，有助于读者进一步了解。

二、通史

卡斯蒂廖尼《医学史》（1927）

Castiglioni，Arturo. *A history of Medicine*. trans. and ed. by E. B. Krumbhaar. New York: Alfred A. Knopf, 1947.

中译本：程之范、甄橙译，《医学史》，译林出版社 2013 年版。

阿尔图罗·卡斯蒂廖尼（Arturo Castiglioni，1974—1953）是意大利籍美国医学史家，生于意大利，后移民美国，曾任帕多瓦大学、耶鲁大学等大学的教授。作为传统的医学通史著作，该书比较早地被引入国内。原书为意大利文，出版于 1927 年，卡斯蒂廖尼赴美后与他人合作修订出版了英文译本，中译本便是基于此英译本。该书以传统的编史方式全面考察了世界医学史，详细介绍了史前至 20 世纪中期的医学进程，包括观念、技术、人物等方面，主要涉及西方，旁及古代美索不达米亚、古代埃及、古代以色列、古代波斯和印度，以及东亚。全书包含了近 500 幅插图。

西格里斯特《最伟大的医生》（1933）

Sigerist, Henry E. *The Great Doctors: A Biographical History of Medicine from the Ancient World to the Twentieth Century.* trans. by Eden Paul et al. New York: W. W. Norton, 1933.

中译本：李虎等译，《最伟大的医生》，北京大学出版社 2014 年版。

亨利·E. 西格里斯特（Henry E. Sigerist，1891—1957），著名的医学史家，曾任约翰·霍普金斯大学医学史研究所主任。该书是一部传记式的西方医学通史，通过人物传记探讨西方医学的发展历程。该书通过 48 章的内容记述了自古埃及和古希腊的伊姆荷太普（Imhotep）和埃斯科垃庇俄斯（Aesculapius）至威廉·奥斯勒的 50 余位西方医学史重要人物。

坦金《双面雅努斯及其他医学史论文》（1977）

Temkin, Owsei. *The Double Face of Janus and Other Essays in the History of Medicine.* Baltimore and London: The Johns Hopkins University Press, 1977.

奥维塞·坦金（Owsei Temkin，1902—2002），著名医学史家，曾任约翰·霍普金斯大学医学史研究所主任，曾获 1960 年萨顿奖章。该书是坦金的文集，收集了作者认为最为重要的文章。坦金在导言"双面雅努斯"中叙述了自己的职业生涯，可视其为一部医学史的学术史。全书除导言外共 36 篇文章，分为 6 个主题："医学的历史路径""医学：古代与中世纪""医学：从文艺复兴到二十世纪""基本的医学科学和生物学""健康与疾病"和"外科与药物治疗"。

拜纳姆《19 世纪医学的科学与实践》（1994）

Bynum, William F. *Science and the Practice of Medicine in the Nineteenth Century.* Cambridge: Cambridge University Press, 1994.

中译本：曹珍芬译，《19 世纪医学科学史》，复旦大学出版社 2000 年版。

该书属于"剑桥科学史研究系列"，涉及了 1790 年至第一次世界大战前夕的医学史。该书共 8 章，分别讨论了 19 世纪之前西方医学的现状，19 世纪医院制度的崛起，公共卫生制度的建立，实验室医学的兴起，各类科学（化学、细菌学等）被纳入临床实践的过程，医学进一步对公众的影响，医生、护理的职业化和病人的精细化管理，等等。在该书的最后，拜纳姆还针对各章主题提供了详细的文献提要。拜纳姆认为科学在 19 世纪对医学的影响日渐深入，医学的科学形象得到了确立，因此 19 世纪的医学奠定了现代医学的基础。

惠斯曼、华纳《定位医学史》（2004）

Huisman, Frank, and Warner, John Harley eds. *Locating Medical History: The Stories and Their Meanings*. Baltimore and London: Johns Hopkins University Press, 2004.

弗兰克·惠斯曼（Frank Huisman，1956— ）是荷兰马斯特里赫特大学、乌德勒支大学教授，约翰·华纳（John Harley Warner）1984 年获得哈佛大学博士学位，任耶鲁大学历史系教授。该书是关于医学史编史学的论文集，反思了 19 世纪以来医学史研究的历程。全书共三部分：第一部分主要以 19 世纪和 20 世纪初医学史学界的主要人物为主题，考察了传统医学史编史学的问题；第二部分考察了医学史编史纲领在 1970 年来发生的"社会文化"转向；第三部分反思了医学史研究在"文化"转向后面临的复杂局面。

拜纳姆等《西方医学传统：1800—2000》（2006）

F. Bynum, William, and Hardy, Anne, Jacyna, Stephen, Lawrence, Christopher, Tansey, E.M. *The Western Medical Tradition: 1800-2000*. Cambridge: Cambridge University Press, 2006.

该书 5 位作者当时都在伦敦大学学院维康信托医学史中心任职。该书与《西方医学传统：公元前 800 年至公元 1800 年》为同一系列。除了哈罗德·库克（Harold J. Cook）所写的导言以及结语，全书共分四部分，分别涵盖四个时期：1800 年至 1849 年、1850 年至 1913 年、1914 年至 1945 年和 1945 年至 2000 年。全书考察了各个时期的疾病、治疗、机构、科研、教育等内容，并探讨了医学与政治、经济、社会、战争等方面的关联。每一部分还提供了年表。该书还附有书目和介绍文献的文章。

坎宁汉、弗朗奇《十八世纪医学启蒙》（2006）

Cunningham, Andrew, and French, Roger, eds. *The Medical Enlightenment of the Eighteenth Century*. Cambridge: Cambridge University Press, 2006.

安德鲁·坎宁汉（Andrew Cunningham）曾任剑桥大学科学史与科学哲学系资深研究员（research fellow），罗杰·弗朗奇（Roger French，1938—2002）曾任剑桥大学科学史与科学哲学系讲师，均主攻医学史。该书与《十六世纪的医学复兴》（*The Medical Renaissance of the Sixteenth Century*，Edited by A Wear and R. K. French）和

《十七世纪的医学革命》(*The medical Revolution of the Seventeenth Century*,Edited by Roger French and Andrew Wear)属于同一系列。全书共由 11 篇文章组成,大致以时间为序,涉及的地域包括英国、德国、法国、北美等地,主要考察了 18 世纪西方医学在宗教和政治影响下的演变。在科学革命时期医学史和 19 世纪医学史受到相当关注的同时,相对来说 18 世纪医学史受到了冷落,该书则为扭转这种局面做出了努力。

瓦丁顿《医疗社会史导论》(2011)

Waddington, Keir. *An Introduction to the Social History of Medicine, Europe Since 1500*. London: Palgrave Macmillan, 2011.

中译本:李尚仁译,《欧洲医疗五百年:卷一,医疗与常民》《欧洲医疗五百年:卷二,医学与分科》《欧洲医疗五百年:卷三,医疗与国家》,左岸文化 2014 年版。

克尔·瓦丁顿(Keir Waddington,1970—)是英国卡迪夫大学历史、考古与宗教学院教授,主要研究领域为西方现代医学史、环境史等。该书原名为《医疗社会史导论》,以医疗社会史学界普遍关注的诸多主题来考察 1500 年以来的西方医学。全书除序言和后记外共 16 章,每章通过一个主题介绍 500 年来西医的演变,考察医疗观念和实践在政治、社会、经济、文化环境中的复杂关系。这些主题包括"编史学回顾""疾病、不适与社会""医学与宗教""女性、健康与医学"等。通过该书,读者不仅可以对西方医疗社会史有一个概览性的认识,同时还可以了解医疗社会史的一般研究主题和方式。

库特、皮克斯通《二十世纪医学百科指南》(2013)

Cooter, Roger, and Pickstone, John, eds. *Companion Encyclopedia of Medicine in the Twentieth Century*. London: Routledge, 2013.

罗杰·库特(Roger Cooter),伦敦大学学院医学史教授,主要研究领域为医学史、社会理论等;约翰·皮克斯通(John Pickstone,1944—2014),曾任曼彻斯特大学科学、技术与医学史中心惠康研究教授,主要研究领域为科学史、医学史。全书的 46 章大致分为 3 个部分:权力、身体和经验。第 1 部分"权力"考察 20 世纪政治经济体系下的医学图景,其中的角色不仅包括医生、病人,还包括政府、慈善组织、医药公司等,关注的地域有英国、欧洲大陆和美国。第 2 部分"身体"以身体概念串联了 20 世纪医学的话语体系下各种概念和表现方式的演变。相比于第 1 部分的上层视角,第 3 部分"经验"采用了下层视角,从媒体、医院、医生、护士,病人等角度切入 20 世纪医学史。该书编者认为，20 世纪的医学比以往更加紧密地与政治、社会、科学、经济等方面纠缠在一起，在这种意义上，20 世纪医学史是 20 世纪史中不可或缺的一部分。

三、分科史

1. 医学科学

医学观念

康吉莱姆《正常与病态》(1966)

Canguilhem, Georges. *Le normal et le pathologique*. Paris: PUF, 1966.

中译本：李春译，《正常与病态》，西北大学出版社 2015 年版。

乔治·康吉莱姆（Georges Canguilhem，1904—1995），法国著名科学哲学家、科学史家，曾任索邦大学科学史研究中心主任，1983 年获萨顿奖章。该书主要分为两部分："关于正常和病态的几个问题的论文（1943）"和"关于正常和病态的新思考（1963—1966）"，前者为康吉莱姆的博士论文，后者为 20 世纪 60 年代康吉莱姆就博士论文主题所做的新思考。康吉莱姆在该书中以历史认识论的角度检视了"正常"和"疾病"概念从 19 世纪以来的演变。康吉莱姆质疑了 19 世纪实证主义者孔德和生理学家贝尔纳关于正常和病态的观点，认为所有正常和病态的静态观点都没有坚实的基础。康吉莱姆进而认为，正常与病态应是一种不断生成的观念。附录包含了米歇尔·福柯为《正常与病态》英译版所做的导言，以及阿尔都塞就康吉莱姆思想所做的介绍性文章，可以当作该书的导论。

坎宁汉、威廉姆斯《医学中的实验室革命》(1992)

Cunningham, Andrew, and Williams, Perry, eds. *The Laboratory Revolution in Medicine*. New York: Cambridge University Press, 1992.

实验室研究对现代医学有着决定性的影响。该书考察了实验室医学的起源和性质。本论文集除导言外共 11 篇文章，其中，8 篇主题性文章主要考察了实验室医学的制度化，公众对实验室医学的接受过程，动物在实验室医学中的作用，实验室在医学知识建构中的作用等。3 篇反思性文章在更基本的层面上探讨了实验室医学历史的编史思路。

克莱尔、斯蒂文斯《正常：一种批判性谱系学》（2017）

Cryle, Peter, and Stephens, Elizabeth. *Normality: A critical genealogy*. Chicago: University of Chicago Press, 2017.

彼得·克莱尔（Peter Cryle），昆士兰大学人文高等研究院荣休教授，主要研究领域为思想史与文学史；伊丽莎白·斯蒂文斯（Elizabeth Stephens），昆士兰大学人文高等研究院副教授，主要研究领域为批评与文化研究、思想史与文学史等。该书讨论了 1820 年至 1950 年"正常"观念的文化演变史。作者首先考察了 19 世纪 20 年代法国解剖学和生理学中的"正常"概念，揭示了一种医学和统计学的话语如何通过学术和商业在 20 世纪中期演变成为一种大众话语。

解剖学、生理学与病理学

莫里茨《病态表征：十九世纪早期的病理学解剖》（1987）

Maulitz, Russell. *Morbid Appearances: The Anatomy of Pathology in the Early Nineteenth Century*. Cambridge: Cambridge University Press, 1987.

拉塞尔·莫里茨（Russell Maulitz，1944— ），宾夕法尼亚大州执业医生，曾任宾夕法尼亚大学科学史与科学社会学系助理教授。该书主要围绕现代生理组织学之父比夏（Xavier Bichat，1771—1802）在法国和英国的接受历史展开。该书除导言外共分三部分：第一部分介绍了比夏和雷奈克（René Laennec，1781—1826）的病理解剖学学说，以及两种学说对内科医生（physician）和外科医生（surgeon）之间关系的影响；第二部分评估了 18、19 世纪英国病理学的状况，以及英国医学生对法国病理解剖学的认识；第三部分考察了法国病理解剖学在英国的传播方式和接受情况。作者认为病理解剖学的建立不仅基于自身理论的力量，还依赖医学职业分类等方面的影响。

科尔曼、霍尔姆斯《探究的事业：19 世纪医学的实验生理学》（1988）

Coleman, William, and Holmes, Frederic L., eds. *The Investigative Enterprise: Experimental Physiology in Nineteenth-Century Medicine*. Berkeley: University of California Press, 1988.

威廉·科尔曼（William Coleman，1934—1988），曾任约翰·霍普金斯大学科学史与人文研究教授、威斯康星 – 麦迪逊大学科学史与医学史教授、科学史学会主席（1987）；弗雷德里克·霍姆斯（Frederic L. Holmes，1931—2003），曾任耶鲁大学医学院教授，主要研究领域为医学史、生物学史等。该书系文集，共 8 篇文章，由不同的学者完成，除了最后的后记和评论的，前面 6 篇文章分别关注一个局部的场景（主要是德国和法国的大学和研究机构），考察实验生理学中的研究项目、职业生涯、机构样态、教育目标、医学实践和训练、国家和社会之间的相互影响。第一、二、三、四、五章分别考察了 19 世纪普鲁士王国布雷斯劳地区、海德堡大学、莱比锡大学、巴黎医学与实验科学学院、慕尼黑地区 5 个地区或大学的生理学研究和教育情况，第六章则考察了一种可以显示心跳图像的记录仪器在不同地方和国家的使用情况。第七章为后记。第八章考察了不同的大学教育理念对实验生理学的影响。编者认为，19世纪的医学实验生理学与以往最大的不同不在于认识、观察和实验的方式，而在于实验活动的规模、制度化程度和协作化程度。

坎宁汉《被解剖的解剖学家》(2010)

Cunningham, Andrew. *The anatomist anatomis'd: An experimental discipline in Enlightenment Europe*. Farnham: Ashgate, 2010.

该书认为 18 世纪是解剖学的决定性阶段，坎宁汉首先介绍了 18 世纪前解剖学的状况，随后考察了 18 世纪西方解剖学的职业和教育，与解剖学相关的生理学、接生、病理学等领域，以及解剖人体的供应、动物解剖与比较解剖、荷兰解剖学知识在日本的传播和影响。

科勒《从医学化学到生物化学》(2011)

Kohler, Robert E. *From Medical Chemistry to Biochemistry: The Making of a Biomedical Discipline*. Cambridge: Cambridge University Press, 2011.

罗伯特·科勒（Robert E. Kohler，1937— ），宾夕法尼亚大学科学史与科学社会学系荣休教授，主要研究领域为实验室和田野的科学实践等，曾获得 2004 年萨顿奖章。该书考察了生物化学在医学中的学科建制问题，作者主要从"政治经济学"的角度考察生物化学的建制化过程在欧洲和美国的不同遭遇，强调美国的医学改革运动为生物化学提供了在欧洲缺乏的学科建制环境。同时，1940 年前生物化学界内部有三种不同的研究风格，分别偏向化学、偏向生物和偏向临床，作者认为这三种不同的研究风格也受到了院系政治和院系之间的交往的影响。

梅利《看到疾病：病理学插图的艺术与历史》(2017)

Meli, Domenico Bertoloni. *Visualizing Disease: The Art and History of Pathological Illustrations*. Chicago: University of Chicago Press, 2017.

多梅尼科·梅利（Domenico Bertoloni Meli），1988 年获得剑桥大学博士学位，印第安纳大学科学（医学）史与科学（医学）哲学系教授，主要研究领域为现代早期西方医学史和数学史。相比于解剖学插图，病理学插图的研究较少，该书努力扭转这种情况。该书考察了文艺复兴时期至 19 世纪中期的病理学插图历史，根据一些具体的案例考察了"病态"观念的演变、疾病分类方式、标本的保存和技术，以及医生、外科大夫、解剖学家、画师、雕工等角色的互动如何影响了病理学插图的历史。

微生物学

布洛克《细菌学史》(1938)

Bulloch, William. *The History of Bacteriology*. London: Oxford University Press, 1938.

威廉·布洛克（William Bulloch，1868—1941），英国著名细菌学家，伦敦大学细菌学教授。1913 年被选为皇家学会会员。全书共有 11 章，按章节讨论了古代传染学说的本质、动物传染、自然发生说、发酵、腐败中毒、败血症、细菌的分类和培养、巴斯德的病毒"减毒"（attenuation）工作等内容，最后一章则是免疫学简史。本文第十章用了相当大篇幅叙述了巴斯德的工作：巴斯德通过"减毒"现象开发出了减毒鸡霍乱疫苗和炭疽病疫苗。作者认为许多现代医学都是在法国微生物学家巴斯德和德国细菌学家罗伯特·科赫的研究基础上建立起来的。

克拉德《微生物学的进展》(1976)

Collard, Patrick. *The Development of Microbiology*. Cambridge: Cambridge University Press, 1976.

帕特里克·克拉德（Patrick Collard，1920—1989）曾任曼彻斯特大学教授，主要研究领域为细菌学与病毒学。该书较为全面地考察了微生物学发展的各个方面。作者首先考察了显微镜的使用、染色技术和形态学描述，接着在每一章分别考察了人工培养基、灭菌技术、化学疗法、抗生素、微生物代谢、微生物遗传学、血清学与免疫学、抗体生产技术、细菌的分类、病毒学、原生动物学和真菌学等方面，每章结尾处提供了相关的历史参考资料。

沃特森、威尔金森《病毒学史导论》（1978）

Waterson, A.P., and Wilkinson, Lise. *An Introduction to the History of Virology.* Cambridge: Cambridge University Press, 1978.

沃特森（A.P. Waterson，1923—1983），伦敦皇家医学院病毒学教授；利泽·威尔金森（Lise Wilkinson，1924— ），伦敦大学学院维康信托医学史研究员。该书描述了19、20世纪的病毒理论，尤其是那些引起人类、脊椎动物和植物疾病的病毒。该书概述了病毒的致病机制、传播方法以及通过疫苗接种和其他公共卫生措施进行预防的方法。疫苗接种一章突出描写了黄热病、脊髓灰质炎、麻疹和风疹疫苗开发的工作。除此之外，该书还记录了137位病毒学领域内先驱者的科学研究成果，这些传记也构成了该书的特殊价值。

西尔弗斯坦《免疫学史》（1989）

Silverstein, Arthur M. *A History of Immunology.* San Diego: Academic Press, 1989.

阿瑟·西尔弗斯坦（Arthur M. Silverstein），约翰·霍普金斯大学医学院眼科荣休教授，主要研究领域为免疫学、医学史。该书主要介绍了18世纪至20世纪的免疫学发展（旁及古代与免疫学相关的内容），着重考察了免疫学历史中关键的概念、理论和实践，以及免疫学与政治、社会之间的互动。该书还有三种附录，分别是免疫学的大事年表、与免疫学相关的诺贝尔奖成就以及免疫学重要人物小传。

药学

索内德克《克莱默斯－乌当药学史》（1976）

Sonnedecker, Glenn, ed. *Kremers & Urdang's History of Pharmacy.* American Institute of the History of Pharmacy, 1976.

该书由克莱默斯（Edward Kremers，1865—1941）和乌当（George Urdang，1882—1960）两位药学史先驱编写的药学史著作修订而来，所以书名冠以两位学者的姓名，修订者格伦·索内德克（Glenn Sonnedecker）曾任美国药学史学会主席。该书共分四部分。第一部分"药学的早期先驱"主要考察了西方（旁及中东、埃及等地）的古代和中世纪药学史；第二部分"欧洲代表国家中专业药学的兴起"主要考察了文艺复兴以来意大利、法国、德国和英国的药学发展，包括制药、行业组织、教育等方面；第三部分"美国的药学"考察了北美殖民地时代以来的美国药学发展；第四部分"药剂师的发现和其他社会贡献"总结了药剂师对社会、工业和科学的贡献。

希格比、斯特劳德《药学史精选注释书目》(1995)

Higby，Gregory，and Stroud，Elaine C. *The History of Pharmacy: A Selected Annotated Bibliography*. New York: Garland Publishing，Inc.，1995.

格里高利·西格比（Gregory Higby），威斯康星大学麦迪逊分校药学院资深讲师，主要研究领域为药学史；伊莲·C. 斯特劳德（Elaine C. Stroud），任职于威斯康星大学麦迪逊分校药学院，主要研究领域为西方现代早期哲学史、科学史等。该书是介绍医学史的书目类著作，可作为药学史研究的入门导引。全书共三部分：第一部分介绍了药学史的工具书、编史学研究、通论、国别研究、药学史人物等方面的著作；第二部分介绍了药物史的专题著作，主要集中在药学实践、药物科学研究、药店传统、制度规定、教育、药物制作等方面；第三部分主要考察了涉及药学的一些艺术作品，涉及建筑、绘画、雕塑、摄影等形式。

格林《依数开方：药物与疾病的定义》(2007)

Greene, Jeremy A. *Prescribing by Numbers: Drugs and the Definition of Disease*. Baltimore: Johns Hopkins University Press, 2007.

杰瑞米·格林（Jeremy A. Greene，1974— ），约翰·霍普金斯大学医学史系教授、医学人文与社会医学中心主任，主要研究领域为现代医学史、技术史、媒介史等。自 20 世纪中叶以来，很多毫无症状的美国人仅仅因为检测数值的偏差而得到了预防疾病的处方药物，美国的预防药物市场因此快速增长。该书便是对这种现象的探讨。该书除导言和结论外共三部分，每部分两章，每一部分按案例研究的方式介绍了一种预防处方药物及对应预防的疾病：氯噻嗪（Diuril，chlorothiazide）与高血压、甲苯磺丁脲（Orinase，tolbutamide）与糖尿病、洛伐他汀（Mevacor，lovastatin）和高胆固醇血症。作者试图以这三个案例表明，预防药物治疗的兴起不仅是药物公司的单方面推动，更是公共卫生领域的专家、科学家、临床医生和患病群体等方面的共同推动。预防药物治疗的兴起不仅在改变着我们对疾病和健康的理解，也在塑造着病人的身份，创造了医学经济学。

营养学

卡彭特《蛋白质与能量：营养观念研究》(1994)

Carpenter, Kenneth J. *Protein and Energy: A Study of Changing Ideas in Nutrition*. Cambridge: Cambridge University Press, 1994.

肯尼斯·J. 卡彭特（Kenneth J. Carpenter，1923—2016），曾为加利福尼亚大学伯克利分校营养科学与毒理学系荣休教授，主要研究领域为营养学史等。该书是营养学史的一部专著，考察了围绕"蛋白质"概念的诸多论题，如高蛋白饮食与低蛋白饮食之争、关于蛋白质营养不良症（kwashiorkor）的讨论、政治和社会风气对营养学的影响等。

坎明加、坎宁汉《营养学的科学与文化：1840—1940》（1995）

Kamminga, Harmke and Cunningham, Andrew, eds. *The Science and Culture of Nutrition, 1840-1940.* Amsterdam: Editions Rodopi, 1995.

哈姆克·坎明加（Harmke Kamminga），曾经任职于剑桥维康医学史小组。该书是营养学历史的论文集，12 篇论文分别从不同的角度考察了自 19 世纪 40 年代以来营养学的方方面面，其中包括营养学的科学基础、市场营销、与宗教饮食习惯的关系、健身饮食、营养标准的制定等。

2. 临床医学

通论

米歇尔·福柯《临床医学的诞生》（1963）

Foucault, Michel. *Naissance de la Clinique.* Paris: Presses Universitaires de France, 1963.

中译本：刘北成译，《临床医学的诞生》，译林出版社 2011 年版。

米歇尔·福柯（Michel Foucault，1926—1984），著名法国哲学家、思想史家。该书主要考察了 18 世纪末 19 世纪初现代西方临床医学诞生前后时期的思想史。福柯不认为临床医学是通过摆脱理论和幻想而使用中立客观的观察建立的。临床医学建立的过程不是一种认识论的"净化"，而仅仅是一种"认识论的改造"。这种改造通过三种方式得以完成，这三种方式分别是医学的空间化（医院制度的建立、病人身份的厘定等）、医学语言的所指化（症状和描述症状的语言有了一一对应的关系）和对尸体的病理学解剖的重视。该书便以空间、语言和死亡三个主题依次展开，刻画现代临床医学建立的认识基础。

妇产科、幼科

奥多德、菲利普《产科与妇科史》（1994）

O'dowd, Michael J., and Philip, Elliot E. *The history of obstetrics and gynecology.* Carnforth & New York: Parthenon Publishing, 1994.

迈克尔·奥多德（Michael J. O'dowd），爱尔兰妇产科大夫；艾略特·菲利普（Elliot E. Philip），英国妇科大夫。该书介绍了产科和妇科历史的方方面面。作者首先对产科和妇科进行了历史概览，然后按照产科和妇科中的主题依次进行了历史介绍，其中包括关于古代、解剖、子痫、分娩、剖宫产、助产士、月经、更年期、妇科检查、妇科疾病、妇产科学、医生传记等四十余种主题。每个主题最后都提供了年表和可供进一步研究的参考资料。

科隆《养育孩子：儿科史》（1999）

Colón, A. R., and Colón, P. A. *Nurturing Children: A History of Pediatrics.* Westport, CT: Greenwood, 1999.

A. R. 科隆（A. R. Colón），乔治城大学医学院荣休教授；P. A. 科隆（P. A. Colón），自由作家。虽然专业儿科是现代才有的事物，不过该书还是尝试拉长儿科的历史。该书正文除导言外共 9 章。首先，该书利用考古材料描述了史前时期的儿童照护，随后以此考察了历代关于儿童照护的历史，直到现代。每个时期都提供了一个大事年表。该书可以视作儿科史的一部概览性著作，同时该书还提供了丰富的文献可供进一步研究。

霍普伍德等《生殖：从古至今》（2018）

Hopwood, Nick, Flemming, Rebecca, and Kassell, Lauren, eds. *Reproduction: Antiquity to the Present Day.* New York: Cambridge University Press, 2018.

尼克·霍普伍德（Nick Hopwood，1964—　），剑桥大学科学史与科学哲学系教授，主要研究领域为生物学与医学史中的视觉交流等；丽贝卡·弗莱明（Rebecca Flemming），剑桥大学古典系资深讲师，主要研究领域为罗马帝国社会文化史、医学史等；劳伦·卡塞尔（Lauren Kassell），剑桥大学科学史与科学哲学系教授，主要研究领域为现代早期医学史、占星术史等。该书召集了数十位学者，对西方生育史（旁及古代中东和伊斯兰文明）进行了全方位的考察。全书除导言和后记外共 42 篇论文以及 40 篇介绍具体插图的短文。42 篇论文以时间为序共分 5 部分：第 1 部分考察了古代西方地区的生育历史，其中介绍了古人对生育的理解、国家与人口、家庭与法律等主题；第 2 部分考察了中世纪和现代早期西方和阿拉伯地区的生育历史，介绍了伊斯兰世界的生育观、中世纪哲学对生育的理解、占星医学等方面；第 3 部分考察了生育观念在 18 世纪的决定性转变；第 4 部分考察了 19、20 世纪时期与生育相关的主题，包括了与之相关的科学研究、医疗的改进、公众的理解等方面；第 5 部分考察了当今"全球化"时代中的生育论题。该书特别强调古代生育（generation）观念向现代生殖（reproduction）观念的转变。

护理

施赖奥克《护理史》（1959）

Shryock, R. H. *The History of Nursing: An Interpretation of the Social and Medical Factors Involved*. Philadelphia: W.B. Saunders, 1959.

R. H. 施赖奥克（R. H. Shryock，1893—1972），曾任约翰·霍普金斯大学医学史研究所主任，主要研究领域为医学史、医学史与一般历史的关联等。该书是护理史领域的早期著作，但仍有参考价值。

丁沃尔等《护理社会史导论》（1988）

Dingwall, Robert, Rafferty, Anne Marie, and Webster, Charles. *An Introduction to the Social History of Nursing*. London: Routeledge, 1988.

罗伯特·丁沃尔（Robert Dingwall），诺丁汉特伦特大学社会科学学院教授；安妮·拉弗蒂（Anne Marie Rafferty），伦敦国王学院护理政策教授；查尔斯·韦伯斯特（Charles Webster），曾任牛津大学惠康医学史小组主任。该书从社会的角度考察了护理专业从 19 世纪初至 20 世纪末的转变，其中探讨了护理与医院、医生之间的互相作用，并考察了不同的护理方向，如精神护理、社区护理、接生等。

外科

格尔芬德《现代医学的职业化》（1980）

Gelfand, Toby. *Professionalizing modern medicine: Paris Surgeons and Medical Science and Institutions in the 18th Century*. Westport and London: Greenwood Press, 1980.

托比·格尔芬德（Toby Gelfand，1942—），加拿大渥太华大学医学院教授，主要研究领域为19世纪医学职业史等。该书通过探讨法国大革命前后时期外科、医学科学和医学制度的演变，尝试揭示现代医学制度的起源问题。作者特别强调，18世纪外科的发展和地位的提升使得大革命后外科与内科的合流成为可能。该书在外科史和医学制度史这两个方面都有参考价值。

劳伦斯《医学理论与外科实践》（1992）

Lawrence, Christopher, ed. *Medical Theory, Surgical Practice: Studies in the History of Surgery*. London: Routledge, 2020.

克里斯托弗·劳伦斯（Christopher Lawrence），曾任职于伦敦大学学院医学史中心。该书初次出版于1992年，2020年再版。该书为论文集，由10位学者的10篇论文组成，叙述了外科从现代早期的卑微地位逐渐成为现代医学重要部分的过程，考察了外科的疾病观念及其与外科实践的关系。该书特别重视在相应的社会背景中考察外科历史，而不是仅仅关注外科大夫和外科技术的创新。该书拓展了外科史的社会史研究方式。

柯库普《外科器械的演进》（2006）

Kirkup, John. *The Evolution of Surgical Instruments: An Illustrated History from Ancient Times to the Twentieth Century*. Novato, CA.: Norman Publishing, 2006.

约翰·柯库普（John Kirkup），英格兰皇家外科学院（Royal College of Surgeons）历史仪器博物馆荣誉馆长，曾任英国医学史学会主席。柯库普是一名执业外科医生，同时对外科历史，尤其是外科器械的历史有着浓厚的兴趣。该书是介绍外科仪器的通史类著作，全书共分四部分。第一部分"历史导论与起源"介绍了该书编纂需要利用到的资源，不仅包括历史上的外科文献，还包括考古学、古病理学和民族学报告，仪器制造商的目录，博物馆目录等方面，还提出了外科工具的起源假说；第二部分"材料"考察了制作外科工具的材料，其中包括动植物、矿石、金银铜铅锡等非铁金属、各种类型的铁金属、树脂、橡胶、塑料等材料；第三部分"结构与形式"根据结构和形状将外科工具合理地大致分为九种，包括探头与其同类，针头及其衍生物，从指甲到超声波的外科刀片，弹簧钳、钩子和简易牵引器，导管、空心针和其他管状器械，剪刀和相关的枢轴控制切割工具，钳子、止血器和相关的枢轴控制钳，牵引器、扩张器和相关嵌入式旋转器械，以及其他混合器具；第四部分"应用仪器"则根据一些临床需要介绍了器具的应用，包括机械止血、伤口缝合、拔刺、拔箭、子弹取出、放血、截肢、接种疫苗等方面。该书有丰富的插图，共 579 幅。

埃利斯《剑桥插图外科史》（2009）

Ellis, Harold. *The Cambridge illustrated history of surgery*. Cambridge, New York: Cambridge University Press, 2009.

哈罗德·埃利斯（Harold Ellis，1926— ），伦敦国王学院解剖与人文科学系教授，英国著名外科医生，主要研究领域为解剖学、外科学、外科史等。《剑桥插图外科史》修订自埃利斯早前的《外科史》（*A History of Medicine*），全书大致可以分为两部分，前半部分以时间为序，考察了史前时期的外科实践、人类早期历史上各地的外科术、中世纪和文艺复兴的外科史、16—17 世纪和 18—19 世纪中期的外科医生 – 解剖学家时代、麻醉和防腐、从李斯特到 20 世纪的现代外科学的诞生；后半部分考察了各种外科门类的历史，包括战争手术、骨科手术、乳房肿瘤手术、结石手术、甲状腺手术、胸部和血管手术等。

施里希《帕格雷夫外科史手册》（2018）

Schlich, Thomas, ed. *The Palgrave handbook of the history of surgery*. London: Palgrave Macmillan, 2018.

托马斯·施里希（Thomas Schlich，1962— ），麦吉尔大学医学社会研究系（Department of Social Studies of Medicine）医学史教授，主要研究领域为现代医学与科学史、身体史等。该书是关于外科史研究的手册类论文集，全书共 24 篇论文，作者都是相关领域的专家学者。全书共分 3 部分：第 1 部分"时期与话题"考察了外科史当中的基本主题；第 2 部分"链接"则借助传统外科史研究领域之外的诸如物质史之类的研究方式和主题，重新审视外科史；第 3 部分"领域与技术"则选取了外科史中的一些具体主题，将其放在新的研究方法进行考察。该文集在编史方法上有比较强的自觉，读者也可以从中了解到外科史研究的新进展。

精神病学

福柯《古典时代疯狂史》（1961）

Foucault, Michel. *Histoire de la folie à l'âge classique*. Paris: Éditions Gallimard, 1972.

中译本：林志明译，《古典时代疯狂史》，三联书店 2016 年版。

该书为福柯的博士论文，初次出版于 1961 年。福柯在该书中认为疯狂不是一种自然的生理现象，而是社会文化的后天建构，打开了医疗社会史研究的风潮，该书可以视作医学史研究中的示范性著作。该书还有一版英文缩简本，有中文译本《疯癫与文明》（刘北成、杨远婴译，生活·读书·新知三联书店 2019 年版）。

肖特《精神病学史：从收容院时期到百忧解时代》（1997）

Shorter, Edward. *A History of Psychiatry: From the Era of the Asylum to the Age of Prozac*. New York: John Wiley & Sons, Inc., 1997.

中译本：韩健平等译，《精神病学史：从收容院到百忧解》，上海科技教育出版社 2017 年版。

爱德华·肖特（Edward Shorter，1941— ），加拿大多伦多大学历史系教授、加拿大皇家学会会员，主要研究领域为医疗社会史、精神病学史、产科、妇科史、家庭史等。该书涉及的地方包含欧洲和美国，时间从现代早期的收容院制度开始，继而论述了 19 世纪的生物精神病学的发展以及生物精神病学因精神分析学派的介入而中断，然后又在遗传和神经研究的支持下卷土重来，最后肖特关注了现代精神疾病治疗需求的爆炸性增长。该书有着强烈的思想立场，肖特称自己为精神病学的新辩护者（neoapologists）之一，反对弗洛伊德以来的精神分析传统，呼吁回到以生物学为基础的精神病学研究中。肖特还著有《精神病学历史词典》（*A historical dictionary of psychiatry*，Oxford: Oxford University Press，2005）可供参考。

华莱士四世、加赫《精神病学与医学心理学史》（2008）

Wallace Ⅳ, Edwin R., and Gach, John. *History of Psychiatry and Medical Psychology with an Epilogue on Psychiatry and the Mind-Body Relation*. Berlin: Springer, 2008.

艾德温·华莱士四世（Edwin R. Wallace Ⅳ，1950—2008）曾任南卡莱罗纳大学生物伦理与医学人文研究教授，主要研究领域为精神病学、精神分析、神经精神病学的历史和哲学；约翰·加赫（John Gach，1946—2009），美国兰多斯城（Randallstown）书商。该书共分三部分：第一部分导论考察了精神病学史的编史问题，并提供了关于精神病学史和相关领域的介绍性书目。第二部分主要考察了截至 18 世纪的精神病学的史前史和 18 世纪以来作为专业的精神病学史。第三部分考察了精神病学史中的概念和主题，如抑郁、精神分裂等概念、神经科学对精神病学的影响和美国精神病学机构的演变等主题。最后的后记则讨论了精神病学与身心问题的关系。该书较为全面地介绍了精神病学史的各方面内容，可以作为精神病学史研究的入门著作。

四、专题研究

1. 疾病史

麦克尼尔《瘟疫与人》（1976）

McNeill, William H. *Plagues and Peoples*. Anchor, 1976.

中译本：余新忠、毕会成译，《瘟疫与人》，中信出版集团 2018 年版。

威廉·麦克尼尔（William Hardy McNeill，1917—2016）曾任芝加哥大学历史学荣誉教授、美国历史学会主席、美国世界史学会主席。该书共 6 章。第一章"狩猎者"，考察史前时期人类与传染病的互相影响；第二章"历史的突破"考察从人类开始定居到公元前 500 年，定居生活方式所产生的"文明型"传染病如何影响了人类；第三章"欧亚疾病的大交融"，考察公元前 500 年至公元 1200 年欧亚大陆东西地区间的贸易往来，如何影响了传染病生态的失衡和再平衡；第四章"蒙古帝国颠覆旧有的疾病平衡"，考察 1200 年至 1500 年蒙古人的征服战争如何影响了欧亚大陆的传染病生态的再度失衡和恢复；第五章"跨越大洋的交流"，考察 1500 年至 1700 年传染病在欧洲人殖民美洲过程中的影响；第六章"近代医学实践的影响"，考察现代医学和公共卫生体系建立后人类防治传染病的情况。麦克尼尔是"全球史"写作的提倡者，该书也被认为开创了医学史研究的全球史范式。

罗森博格、戈登《界定疾病：文化史研究》（1992）

Rosenberg, Charles, and Golden, Janet, eds. *Framing Disease: Studies in Cultural History*. New Brunswick and London: Rutgers University Press, 1992.

查尔斯·罗森博格（Charles E. Rosenberg，1936—　），哈佛大学科学史系荣休教授，主要研究领域为美国医学史，获得过萨顿奖章；珍尼特·戈登（Janet Golden），1984 年获得波士顿大学博士学位，美国罗格斯大学历史系教授，主要研究领域为医学史、儿童史、女性史、美国社会史等。自福柯以来，疾病的社会建构论便风行了起来。不过，该书编者认为有些疾病以"建构"（construct）的方式叙述并不恰当，因而建议采用"界定"（frame）一词。编者认为疾病在现代医学理论的帮助下得到了界定，得到界定的疾病反过来作为社会行动者影响着病人的社会身份。同时疾病的诊断和判定体现了社会各方的博弈，一些特定的疾病要求国家和政策的介入，充当医生、医院、病人、家属之间的中介。最后，疾病在社会政策和社会议题的形成中起着关键的塑造作用。该书共 14 篇论文，分为 5 部分："界定疾病""疾病作为框架""商定疾病：公共论场""管理疾病：机构作为中介""疾病作为社会诊断"。

基普尔《剑桥世界人类疾病史》（1993）

Kiple, Kenneth F., ed. *The Cambridge World History of Human Disease*. New York: Cambridge University Press, 1993.

中译本：张大庆等译，《剑桥世界人类疾病史》，上海科技教育出版社 2007 年版。

肯尼思·F. 基普尔（Kenneth F. Kiple，1939—2016），曾任美国鲍林格林州立大学（Bowling Green State University）历史系教授，主要研究领域为疾病史、食品史、拉丁美洲政治社会史等。该书共分八部分。第一部分"医学与疾病：概览"，介绍医学思想的主要历史根源和流变，呈现人类迁徙、流行病学和免疫学之间的互相影响；第二部分"变动的健康与疾病概念"，主要考察东西方疾病概念的历史演变；第三部分"医学门类与疾病预防"，一方面讨论了疾病的遗传特点，另一方面讨论了非主流医学为治疗和预防疾病所做的努力；第四部分"测量健康"，通过营养状况、发病率等指征来测量不同群体的健康状况；第五部分"亚洲之外的世界人类疾病史"，集中讨论欧洲、中东、非洲、美洲地区的疾病史；第六部分"亚洲人类疾病史"，考察亚洲地区的疾病史；第七部分"人类疾病地理"，以更广阔的视角考察世界疾病生态，并增加了加勒比地区和澳大利亚／大洋洲地区；第八部分"过去与现在的主要人类疾病"，考察历史上主要的疾病历史和地理，每种疾病的考察一般从定义、分布与发病率或流行情况、流行病学、病因学、临床表现与病理学、历史与地理等方面展开。另外值得一提的是，第八部分后经修订得以单独出书，参见 Kiple, Kenneth F., ed. *The Cambridge Historical Dictionary of Disease*. Cambridge: Cambridge University Press, 2003。

哈里森《疾病与现代世界：1500 年至今》（2004）

Harrison, Mark. *Disease and the Modern World: 1500 to the Present Day*. Cambridge: Polity Press, 2004.

马克·哈里森（Mark Harrison，1949— ），牛津大学历史系教授，主要研究领域为医学和疾病史，尤其是 17 世纪至 20 世纪与战争、殖民有关的医学和疾病史。该书集中考察了 16 世纪至 20 世纪时期的疾病历史，尤其是疾病与政治、社会、经济、人口等方面的关系，作者坦言该书并非面面俱到，而是优先考察了与现代性议题相关的方面，如传染病的疫情与防治、战争中的疾病等方面。

2. 医疗制度与公共卫生

阿克尔克奈希特《巴黎医院中的医学：1794—1848》(1967)

Ackerknecht, Erwin H. *Medicine at the Paris Hospital, 1794-1848*. Baltimore: The Johns Hopkins Press, 1967.

埃尔文·阿克尔克奈希特（Erwin H. Ackerknecht，1906—1988）曾任职于约翰·霍普金斯大学、威斯康星大学和苏黎世大学等地，主要研究领域为巴黎临床学派、疟疾史、治疗史等。该书探讨了 18 世纪末至 19 世纪上半叶巴黎医院医学的兴衰。作者将传统医学和现代"实验室医学"的过渡阶段称为"医院医学"，19 世纪上半叶巴黎医院集中体现了这种医学。该书从多方面考察了"医院医学"的兴衰，如医院医学兴起的政治背景、医院医学所取得的医学成就、当时重要的法国医学人物、医学的国际交流等方面。该书为现代医学起源的问题提供了有价值的研究。

斯塔尔《美国医学的社会转变》(1982)

Starr, Paul. *The Social Transformation of American Medicine: The Rise of a Sovereign Profession and the Making of a Vast Industry*. New York: Basic Books, 2017.

保罗·斯塔尔（Paul Starr，1949— ），普林斯顿大学社会学与公共事务教授，主要研究领域为政治学、公共政策、社会理论等。该书探讨了 18 世纪以来美国医疗制度的发展，全书共分两卷。第一卷考察了美国医学界如何从分裂和较为低下的地位获得了权威性的地位。第二卷考察了美国医学产业在面对国家的卫生政策和商业医疗企业的挑战时对自身权威地位的维持。该书是理解美国医疗体系历史的入门书籍，曾获得 1983 年的美国普利策奖，该书探讨的议题直到现在仍有现实意义。

拉贝热《使命与方法：早期法国的公共卫生运动》(1992)

La Berge, Ann. *Mission and Method: The Early French Public Health Movement*. Cambridge: Cambridge University Press, 1992.

安·拉贝热（Ann La Berge），弗吉尼亚理工大学荣休副教授，主要研究领域为法国医学史。该书将目光聚焦在巴黎卫生委员会和 Annales d'hygiène publique et de médecine légale 杂志编委会中的人物，考察了他们的政治和医学观念如何塑造了 18 世纪晚期、19 世纪早期法国的公共卫生运动。作者认为他们努力将公共卫生事业制度化和专业化，他们的政治理念也导致公共卫生事业呈现出了国家主导的态势。同时，作者认为法国的公共卫生运动影响了其他国家的卫生政策。

博纳《成为一名医生》（1995）

Bonner, Thomas N. *Becoming a Physician: Medical Education in Britain, France, Germany, and the United States, 1750-1945*. New York: Oxford University Press, 1995.

托马斯·博纳（Thomas Neville Bonner，1923—2003），曾是芝加哥大学荣休教授，主要研究领域为医学教育史。该书是一项医学教育的比较研究，考察了英、法、德、美四国的现代医学教育演变，时间涉及从医学完全摆脱了中世纪传统影响的 18 世纪中叶到第二次世界大战结束。全书除导言外共 14 章。作者着重考察了国家和市场的不同角色、大学影响的兴衰、医学学生的作用、实验室科学与临床实践的融入等方面。该书充分运用第一手文献，全面而综合地考察了四国医学教育的各个方面，修正了人们对医学教育史的一些误解。

罗森博格《陌生人的照护：美国医院体系的兴起》（1995）

Rosenberg, Charles E. *The Care of Strangers: The Rise of America's Hospital System*. Baltimore: Johns Hopkins University Press, 1995.

该书追溯了美国医院体系的缘起和发展。作者认为美国现代医院制度在 20 世纪 20 年代就已经初步成型，所以该书主要考察了 20 世纪 20 年代之前美国医院制度的演变。该书首先考察了 19 世纪初医院的原型——救济院，随后探讨了诸多帮助医院制度成型的因素，包括医学研究的进展、医学教育方式的改革、护理事业的兴起等方面。作者同时尝试将美国医院制度的演变放在整个美国社会变革中去理解。

劳伦斯《慈善知识：18 世纪的医院学生和从业者》（1996）

Lawrence, Susan C. *Charitable Knowledge: Hospital Pupils and Practitioners in Eighteenth-Century London*. Cambridge: Cambridge University Press, 1996.

苏珊·劳伦斯（Susan C. Lawrence）1985 年获得多伦多大学博士学位，是田纳西大学历史系教授，主要研究领域为医院史、医学教育史等。该书的研究对象是 18

世纪伦敦的七座志愿性医院（voluntary hospitals）。作者认为志愿性医院作为慈善机构在 18 世纪逐渐成为医学的教学机构，医学学生将医院视作学习场所，慈善病人成了医学教研的对象。同时，医院从业者掌握了医学的权威地位，将本来松散的内科医生、外科医生和药剂师三点结构联合了起来。另外，医院的兴起也开启了标准"医学知识"的生产。该书为现代医学的起源问题提供了新的视角。

托梅斯《细菌的福音：美国生活中的男人、女人和微生物》（1998）

Tomes, Nancy. *The Gospel of Germs: Men, Women and the Microbe in American Life.* Cambridge, Mass.: Harvard University Press, 1998.

南希·托梅斯（Nancy Tomes），纽约州立大学石溪分校历史系教授，主要研究领域为美国文化社会史、医学史等。该书考察了美国社会生活接受细菌致病这一理念的过程。作者认为，医学研究、卫生政策制定者、卫生商品广告等多方面塑造了个人和家庭的卫生理念。作者注意平衡了科学和社会两方面的影响，强调卫生观念是由科学和社会双方共同塑造的。

波特《健康、文明与国家》（1999）

Porter, Dorothy. *Health, Civilization and the State: A history of Public Health from Ancient to Modern Times.* London: Routledge, 1999.

多萝西·波特（Dorothy Porter）是加利福尼亚大学旧金山分校教授，主要研究领域为 18 世纪以来的公共卫生史、社会医学和西方民族国家的兴起。作者将该书定位为公共卫生史的教科书。该书共分四部分：第一部分介绍前现代欧洲的人口和健康状况；第二部分考察了在国家社会政策、生物学理论和社会科学思想影响下的 19 世纪西方的公共卫生事业；第三部分介绍了 20 世纪的公共卫生状况，探讨了优生运动、古典福利国家兴起等对公共卫生的影响；第四部分则展望了健身观念如何在思想、国家和经济等层面影响 21 世纪的公共卫生事业。该书附录还提供了各部分的相关书目。

鲍德温《欧洲的感染与国家：1830—1930》（1999）

Baldwin, Peter. *Contagion and the State in Europe, 1830-1930.* Cambridge: Cambridge University Press, 1999.

彼得·鲍德温（Peter Baldwin，1956— ）是加利福尼亚大学洛杉矶分校历史系教授、慈善家，主要研究领域为现代国家的历史发展。该书考察了英国、法国、德国和瑞典四国在 1830 年至 1930 年的卫生政策，试图揭示疾病与政治的关联。作者选取了霍乱、天花、梅毒作为案例，考察了四国对这些传染病的政策差别。作者认为，传染病的传播是塑造欧洲现代国家和社会的关键因素。

怀斯《分而治之：医学分科化的比较历史》(2006)

Weisz, George. *Divide and Conquer: A Comparative History of Medical Specialization*. Oxford: Oxford University Press, 2006.

乔治·怀斯（George Weisz）1976 年获得石溪大学博士学位，是麦吉尔大学医学社会研究系教授，主要研究领域为西方卫生医疗史、全球卫生机构史等。该书考察了 19 世纪以来法国、英国、德国和美国的医学分科化现象。全书共分三部分：第一部分考察了截至 19 世纪末的医学分科化现象的兴起，该书认为这段时期的分科化较为分散，尚未上升到国家的层面；第二部分考察了截至 20 世纪中期的分科化现象，重点探讨了这段时期国家对分科化的管理和标准化；第三部分则以国际比较的视角分析了分科化现象的进一步深化。

3. 性别与身体

杜登《皮肤下的女性》(1991)

Duden, Barbara. *The Woman beneath the Skin: A Doctor's Patients in Eighteenth-Century Germany*. Trans. by Thomas Dunlap. Cambridge, Mass.: Harvard University Press, 1991.

芭芭拉·杜登（Barbara Duden，1942— ）是德国医学史家，汉诺威大学荣休教授。该书深入研究了 18 世纪德意志地区医生施托尔奇（Johannes Pelargius Storch）的病案著作《妇科疾病》(书中多为女性病人的病诉以及医生与病人的对话)，提出了一种迥异于现代医学所理解的女性身体感知。作者尝试以一种身体史的研究方式，考察施托尔奇的著作和医学实践以及女性病人的病诉和对话，尝试重构出当时女性病人的身体感知。

威尔逊《男性助产士的诞生》(1995)

Wilson, Adrian. *The Making of Man-Midwifery: Childbirth in England, 1660-1770*. Cambridge, Mass.: Harvard University Press, 1995.

阿德里安·威尔逊（Adrian Wilson），英国利兹大学哲学、宗教与科学史学院资深讲师，主要研究领域为现代早期医学史等。传统的助产工作一般由女性承担，但是在 18 世纪，男性助产士逐渐增多。该书便是对这一现象的研究。

波特《身体政治》（2001）

Porter, Roy. *Bodies Politic: Disease, Death, and Doctors in Britain, 1650-1900.* Ithaca: Cornell University Press, 2001.

该书考察了英国 17 世纪中期至 20 世纪初期（主要集中在 18 世纪）疾病、身体、医学在医学年鉴、杂志、报纸等出版物中的图像表现。波特主要探讨了健康身体、病态身体在图像中的寓意等。

费塞尔《民间的身体》（2006）

Fissell, Mary E. *Vernacular Bodies: The Politics of Reproduction in Early Modern England.* Oxford: Oxford University Press, 2006.

玛丽·费塞尔（Mary E. Fissell）是约翰·霍普金斯大学医学史系教授，主要研究领域为现代早期的性别与身体。该书通过检阅 16、17 世纪英格兰地区普通民众阅读的大众读物，刻画了当时一般人对女性身体生育的理解。

4. 帝国、殖民与种族

阿诺德《温暖气候与西方医学》（1996）

Arnold, David, ed. *Warm Climate and Western Medicine, The Emergence of Tropical Medicine, 1500-1900.* Amsterdam: Rodopi, 1996.

大卫·阿诺德（David Arnold）是英国华威大学历史系荣休教授，主要研究领域为南亚史等。该书为论文集，共 10 篇文章，由多位学者撰写，考察了"热带医学之父"万巴德（Patrick Manson，1844—1922）之前的热带医学史。该书并不仅仅将"热带医学"的历史视作一门医学学科的历史，而且将它放在西方殖民历史中去考察，更注重西方医学与殖民地医学的互动。

恩斯特、哈里斯《种族、科学与医学：1700—1960》（1999）

Ernst, Waltraud, and Harris, Bernard, eds. *Race, Science and Medicine 1700-1960.* London: Routledge, 1999.

沃尔特劳德·恩斯特（Waltraud Ernst）是牛津布鲁克斯大学历史、哲学与文化学院荣休教授，主要研究领域为科学、精神病学、医学史等；伯纳德·哈里斯（Bernard Harris），苏格兰斯克莱德大学社会工作与社会政策学院教授，主要研究领域为 1700 年以来的健康与福利社会史。该书为论文集，全书共 12 篇文章，由多名学者撰写。本论文集考察了种族与科学、医学的关联，强调了种族主义对医学知识的建构作用，以及医学对建构种族观念的影响。

查克拉巴提《医疗与帝国：从全球史看现代医学的诞生》（2013）

Chakrabarti, Pratik. *Medicine and Empire: 1600-1960*. London: Palgrave Macmillan, 2013.

中译本：李尚仁译，《医疗与帝国：从全球史看现代医学的诞生》，社会科学文献出版社 2019 年版。

普拉提克·查克拉巴提（Pratik Chakrabarti），英国曼彻斯特大学科学、技术与医学史中心教授，主要研究领域为医学史、科学、全球与帝国史等。该书以全球史的角度考察了帝国主义的殖民活动与医学的联系。该书第一章至第四章考察了贸易时代西方在美洲的殖民活动所造成的医学变化。第五章至第八章考察了帝国主义在亚洲、非洲、美洲等地的殖民活动造成的医学影响。第九章和第十章探讨了西方在殖民地的所谓"文明开化使命"和殖民地传统医学的建构。查克拉巴提强调帝国主义的每个阶段都与医学史的变迁相呼应，帝国主义同西方和殖民地医学的发展有着相互塑造的作用。

五、人物研究

格拉德曼《实验室疾病：罗伯特·科赫的医学细菌学》

Gradmann, Christoph. *Laboratory Disease: Robert Koch's Medical Bacteriology*. trans., Elborg Forster. Baltimore: Johns Hopkins University Press, 2009.

克里斯托弗·格拉德曼（Christoph Gradmann），挪威奥斯陆大学教授，主要研究领域为现代传染病史。罗伯特·科赫（Robert Koch, 1843—1910）以传染性疾病的病原体研究知名，被视为现代细菌学的奠基人，曾获 1905 年诺贝尔生理学或医学奖。该书充分利用了科赫的日记、信件、实验室笔记等第一手文献，围绕细菌学的建立，考察了科赫的实验实践。

盖森《路易斯·巴斯德的私人科学》（1995）

Geison, Gerald L. *The Private Science of Louis Pasteur*. Princeton, NJ: Princeton University Press, 1995.

杰拉德·盖森（Gerald Lynn Geison，1943—2001），曾任普林斯顿大学历史系教授，主要研究领域为现代医学史。该书曾获得美国医学史学会威廉·韦尔奇奖章（1996年）。盖森利用巴斯德的实验室笔记等一手文献，揭示了一个不为人知的巴斯德形象。不同于以往的科学圣徒形象，该书通过聚焦伦理和社会层面，刻画了一个富有争议的巴斯德形象。

陶伯、切尔尼亚克《梅契尼可夫与免疫学的起源》（1991）

Tauber, Alfred I., and Chernyak, Leon. *Metchnikoff and the Origins of Immunology: From Metaphor to Theory*. Oxford: Oxford University Press, 1991.

阿尔弗雷德·陶伯（Alfred I. Tauber，1947— ）是波士顿大学哲学系、医学院荣休教授，主要研究领域为生物学哲学、医学哲学、医学史等；李昂·切尔尼亚克（Leon Chernyak），任职于波士顿大学医学院。埃黎耶·梅契尼可夫（Ilya Ilyich Mechnikov，1945—1916）因胞噬作用的研究于1908年获得了诺贝尔生理学或医学奖，为现代免疫学的建立奠定了基础。该书将梅契尼可夫置于19世纪后半叶的科学、文化和哲学思想背景中进行考察，揭示了胚胎学、达尔文进化论、活力论、目的论等哲学思想对梅契尼可夫建立免疫学的影响。

布莱恩《威廉·奥斯勒爵士：一部百科全书》（2020）

Bryan, Charles S., ed. *Sir William Osler: An encyclopedia*. Novato, CA: Norman Publishing & The American Osler Society, 2020.

查尔斯·布莱恩（Charles S. Bryan，1942— ），南卡罗来纳州大学医学院荣休教授，主要研究领域为传染病研究、医学史。威廉·奥斯勒（Sir William Osler，1849—1919）被视为20世纪早期英语世界最伟大的一位医生。该书共有130多位学者参与撰写，集中讨论了奥斯勒的为人和功绩、奥斯勒的著作及其思想渊源、奥斯勒去世后得到的评价、奥斯勒对当代的重要意义等方面，对奥斯勒进行了全方位的评价。

第二十八章 技术史

吕天择

本章分通史通论、断代史（主要是西方世界）、国别区域史（仅包含印度、伊斯兰地区、撒哈拉以南非洲、前殖民时代的美洲和大洋洲的技术史书籍，中国古代技术史另见本书第四十七章）、分科史、专题研究和人物研究六个部分。

一、通史通论

1. 多卷本通史

辛格等《技术史》（1954—1984）

Singer, C., Holmyard, E.J., Hall, A.R. and Williams, T.I. (eds.) *A History of Technology*. 7 vols. Oxford, Clarendon Press, Vol.1-5, 1954-1959; Vol.6 and 7, 1978; Vol.8, 1984.

中译本由上海科技教育出版社于 2004 年出版，编译委员会主任陈昌曙，副主任姜振寰和潘涛，全书译者达 100 名。中国工人出版社 2021 年再版，增加了第 8 卷索引卷。

第 1 卷，远古至古代帝国衰落（From early times to fall of ancient Empires，1954），王前、孙希忠主译。原著 827 页，中译本 554 页。

第 2 卷，地中海文明与中世纪（The Mediterranean Civilizations and the Middle Ages，c.700BC-c.AD1500，1956），潜伟主译。原著 802 页，中译本 566 页。

第 3 卷，文艺复兴至工业革命（From the Renaissance to the Industrial Revolution，c1500-c1750，1957），高亮华、戴吾三主译。原著 766 页，中译本 508 页。

第 4 卷，工业革命（The Industrial Revolution，c1750-c1850，1958），辛元欧主译。原著 728 页，中译本 484 页。

第 5 卷，19 世纪下半叶（The Late Nineteenth Century，c1850-c1900，1958），远德玉、丁云龙主译。原著 888 页，中译本 602 页。

第 6 卷，20 世纪（1900—1950）上（*the Twentieth Century，c.1900 to c.1950 Part Ⅰ*，1978），姜振寰、赵毓琴主译。原著 690 页，中译本 446 页。

第 7 卷，20 世纪（1900—1950）下（*the Twentieth Century c.1900 to c.1950 Part Ⅱ*，1978），刘则渊、孙希忠主译。原著 840 页，中译本 548 页。

1954—1959 年出版 5 卷本，从石器时代写到 1900 年。1978 年又出版了第 6 卷，第 7 卷，补充了 1900—1950 年的新内容。全书共 194 章，每章均由该领域的专家撰写，内容详细，资料丰富，附有超过 3000 幅插图。主编辛格（Charles Joseph Singer，1876—1960）是英国著名科学史家、技术史家，1956 年萨顿奖得主，曾任英国科学史学会主席（1946—1948）、国际科学史研究院院长（1947—1950），是与萨顿齐名的第一代科学史家和技术史家。霍姆亚德（Eric John Holmyard，1891—1959）主攻化学史，曾任炼金术与化学史学会主席。霍尔（Alfred Rupert Hall，1920—2009）是英国著名科学史家，1981 年萨顿奖得主，曾任剑桥惠普尔科学史博物馆馆长（1950—1959）、英国科学史学会主席（1966—1968）。该书作者多为职业技术史家和科学史家，每个条目后附带丰富的参考文献，具有很强的权威性。中译本动员了全国的技术史专家参与翻译，体现了中国技术史界在 21 世纪初的水平。

该书是技术史领域半个多世纪以来的标准读物，但是也有缺点。首先，该书出版时间太久，很多内容需要更新。其次，不同作者撰写的不同章节之间存在不协调之处。再次，该书对东方技术成就的叙述远远不够。最后，该书只能算是技术史的入门性参考书，未能解答更复杂的技术史问题。

多马斯《技术通史》（1962—1979）

Daumas，Maurice (ed.). *Histoire Générale des Techniques* (5 tomes). Paris: Presses Universitaires de France，1962-1979.

——Tome 1: *Les Origines de la Civilisation Technique*. 1962.

——Tome 2: *Les Premières Étapes du Machinisme*. 1965.

——Tome 3: *L'expansion du Machinisme*. 1968.

——Tome 4: *Les Techniques de la Civilisation Industrielle, Énergie Et Matériaux*. 1979.

——Tome 5: *Les Techniques de la Civilisation Industrielle, Transformation, Communication, Facteur Humain*. 1979.

英译本共三卷：Daumas, Maurice (ed.). *A History of Technology and Invention: Progress Through the Ages: Volume Ⅰ, The Origins of Technological Civilization/ Volume Ⅱ, The*

First Stages of Mechanization 1450-1725/ Volume Ⅲ, The Expansion of Mechanization 1725-1860. translated by E. B. Hennessy. New York: Crown Publishers, 1969。

该书是法国著名技术史家莫里斯·多马斯（Maurice Daumas，1910—1984）主编、多位技术史家执笔完成的技术史巨著，是法语技术史的权威著作。法语原书共 5 卷，于 1962—1979 年陆续出版。英译本目前只翻译了前 3 卷，书名改成《技术与发明史》，合计约 2000 页。该书以时间划分各卷。第 1 卷从史前讲到 14 世纪，以地理和年代划分章节。第 2 卷是文艺复兴至工业革命之间的技术史。第 3 卷是工业革命期间的技术史，以工业成就为主。第 4、第 5 卷则处理最近 150 年的技术史。该书旨在阐述技术的内在历史，为技术史提供较为完整的描绘。该书内容丰富，图表众多，结构明晰，每一章节之下都有若干以技术成就命名的条目，值得技术史研究者深入阅读。

克兰兹伯格、珀塞尔《西方文明中的技术》（1967）

Kranzberg, Melvin, and Pursell, C. W. (eds.). *Technology in Western Civilization: Volume Ⅰ: The Emergency of Modern Industrial Society: Earliest Times to 1900/ Volume Ⅱ: Technology in the Twentieth Century.* Oxford University Press, 1967.

中译本正在翻译之中，大象出版社即将出版。

克兰兹伯格（Melvin Kranzberg，1917—1995）和珀塞尔（Carroll W. Pursell Jr., 1932— ）都是著名技术史家，分别获得 1967 年和 1991 年达·芬奇奖。这部两卷本的技术史著作，不同章节由不同的编写者撰写，合计近 1600 页。第 1 卷论述 1900 年之前的技术史，侧重阐明工业社会的由来。该卷以时间划分为 5 个部分，时间节点为 1600 年、1750 年、1830 年和 1880 年，侧重论述工业革命中的代表性技术，如纺织、冶金、铁路、电力、化工等，对技术的社会文化后果也有所提及。第 2 卷论述 20 世纪的技术史，分为 12 个部分，除了讨论交通、材料、能源、电子、农业等技术外，还关注了工业组织、技术政策、技术与战争、技术文化等方面。该书在每卷的最后还提供了一份参考书单，包括了大量经典的技术史文献。

吉勒《技术史》（1978）

Gille, Bertrand. *Histoire des Techniques: Technique et Civilisations/ Technique et Sciences.* Encyclopédie de la Pléiade, NRF Gallimard, 1978.

英译本：Gille, Bertrand. *History of Techniques: Volume 1 Techniques and Civilizations/*

Volume 2 Techniques and Sciences. translated by P. Southgate and T. Williamson. Gordon & Breach Science Publishers, 1986。

贝特朗·吉勒（1920—1980）是法国著名技术史家，该书法语原版两卷合计1649页，英译本合计1410页。第1卷《技术与文明》完全由吉勒本人撰写。第2卷《技术与科学》共有8个主题，其中4个由吉勒撰写，另外4个由其他作者撰写。法语原版第2卷《技术与科学》的第4部分《技术与语言》并未被英译本收录。

该书的立意和编排都具有独特性。在前言中，吉勒阐述了技术史编史的方法论，试图将技术史与社会经济史紧密地联系起来，而不是孤立地罗列发明，他提出了"技术系统"的概念，并以此对技术史内容进行编排。第1卷《技术与文明》涵盖史前到当代的编年史，以不同时期的技术系统为标准划分出10章，分别是技术的起源、最初的技术文明、希腊技术系统、罗马技术系统、受阻的技术系统、中世纪技术系统、经典系统、工业革命、现代技术系统、当代技术系统。第2卷《技术与科学》论述技术与经济、社会、法律、政治等社会生活各个领域之间的关系，主题有技术进化与经济分析、地理与技术、科学与技术、技术与语言、技术进步与社会、技术与法律、技术与政治、技术知识。

卡尔森《世界历史中的技术》（2005）

Carlson, W. Bernard (ed.). *Technology in World History: 1. Prehistoric and Ancient World/2. Early Empires/3. The Medieval World/4. Traditional Cultures/5. The Industrial Age/6. The Modern World/7. Reference Volume and Set Index*. Oxford University Press, 2005.

7卷本的简明、通俗且覆盖面广的技术史著作，每本页数都在100页左右。前6卷分别为史前和古代（石器时代、古埃及、古印度）、古代帝国（早期中国、古两河流域、罗马）、中世纪（中世纪欧洲、伊斯兰、晚期中国）、非欧亚大陆（撒哈拉以南的非洲、大洋洲、玛雅和阿兹特克）、工业时代（近代早期欧洲、工业革命、美国工业革命早期）、现代的技术史（美国、苏联、德国、当代世界）。第7卷是词条注解、进一步阅读书目推荐和索引。该书插图精美，是不错的入门性读物。

姜振寰《世界技术编年史丛书》（2019）

该套丛书是由中国技术史家姜振寰（1943—　）领衔组织，集中国技术史界多位研究者之力，历时20多年编纂完成的技术编年史著作。目前出版6册，分别是：

——姜振寰主编:《世界技术编年史:通信、电子、无线电、计算机》(510页)

——陈朴主编:《世界技术编年史:交通、机械》(502页)

——邵龙、王思明、巩新龙主编:《世界技术编年史:农业、建筑、水利》(651页)

——张明国、赵翰生主编:《世界技术编年史:化工、轻工纺织》(584页)

——崔乃刚、李成智、刘戟锋主编:《世界技术编年史:航空、航天、军事兵工》(754页)

——潜伟、王洛印主编:《世界技术编年史:采矿冶金、能源动力》(585页)

每册均由 2 ～ 4 个技术门类组成,共计 16 个门类。同一册书中不同门类的内容独立编排。每一门类均以一篇概述作为开头,简要地介绍了该门类技术史的整体情况,个别门类有多篇概述。正文条目按时间顺序排列,每个条目的篇幅通常不超过半页,一些条目附有图示。每一门类最后均附有参考文献、事项索引和人名索引,以供查找。

该套丛书是技术史研究的基础性工具书,旨在全面展示技术发明和传播的情况,收录了从远古到公元 2000 年的技术成就,以及与技术发明关系密切的科学、文化、社会事件,进而严格按照年代顺序呈现,编年史有助于最大限度地保留技术史本来的面目,全面地反映技术进步的过程。本套丛书的目的是列出技术成就,而不是提供详细的说明,所以一般不解释专业术语,读者可以参照其他技术史著作阅读。

2. 单卷本通史

弗伯斯《人,制造者:技术与工程史》(1950)

Forbes, R. J. *Man The Maker: A History of Technology and Engineering*. New York: Henry Schuman, 1950.

弗伯斯是荷兰著名技术史家,对古代技术有深入研究。该书近 350 页,共 10 章,依时间顺序讲解了人类从起源到 1930 年的技术概况,重点介绍了每个时期的代表性技术成就。

柯比等《历史上的工程》(1956)

Kirby, Richard Shelton, et al. *Engineering in History*. New York: McGraw-Hill Book Company, 1956.

该书包括 15 章,共 522 页,讲述了从人类早期至现代社会的重要工程,包括城市社会、希腊工程、罗马帝国工程、能源革命、工业基础、工业革命、路桥、蒸汽机、钢铁、电力、现代交通、卫生、建筑等。

德里、威廉斯《技术简史：从人类早期到 1900》（1961）、《二十世纪技术简史》（1982）

Derry, Thomas Kingston, and Williams, T. I. *A Short History of Technology: From the Earliest Times to A.D. 1900*. Oxford University Press, 1961.

Williams, Trevor I., and Derry, T. K. *A Short History of Twentieth-Century Technology c. 1900-c. 1950*. Oxford Clarendon Press, 1982.

第一本书是辛格《技术史》前五卷的简化重编，作者威廉斯也是《技术史》的主编之一。该书是一部近 800 页的技术通史，主体分为两部分：第 1 部分是从人类历史早期至 1750 年的技术史，分为 9 章，论及食品、材料、建筑、金属、交通、通信、能源、化学技术；第 2 部分是工业革命至 1900 年的技术史，分为 15 章，包括蒸汽机、机器、交通、土木、煤气、金属、石化、化工、纺织、陶瓷玻璃、内燃机、电力、记录、农业食品等。

第二本书是辛格《技术史》第 6、第 7 卷的缩写，有 411 页，共 30 章，依据技术类别进行叙述，每章后有相应的书目提要。

弗伯斯、戴克斯特豪斯《科学技术史》（1963）

Forbes, R. J., and Dijksterhuis, E. J. *A History of Science and Technology: 1. Ancient Times to the Seventeen Century. 2. the Eighteenth and Nineteenth Centuries*. Baltimore: Penguin Books, 1963.

中译本：柯文礼等译，《科学技术史》，求实出版社 1985 年版。

技术史家弗伯斯与科学史家戴克斯特豪斯合著的科技通史，原版是两本小书。中译本合并为一本，共 420 页。合计 26 章，章节依时间顺序排列。弗伯斯负责撰写其中 10 章。

雅科米《技术史》（1990）

Jacomy, Bruno. *Une Histoire des Techniques*. Paris: Éditions du Seuil, 1990.

中译本：蔓莙译，《技术史》，北京大学出版社 2000 年版。

作者为法国国立工艺博物馆副馆长、技术史家。中译本有 341 页。该书是一本简明的技术通史入门读物，共分为七个部分，分别介绍了人类早期、古代、欧洲之外、中世纪和文艺复兴时期、17—18 世纪、工业革命、20 世纪的技术成就。在每个部分内容的安排上，首先介绍概况，然后选取该时期的一项代表性技术（方尖碑、戽斗水车、水磨、织袜机、铆钉、电话）与一位代表性人物（希罗、雅扎里、马蒂尼、沃康松、雅皮、贝尔实验室）着重论述。该书并不求全，点面结合，展现了作者的技术史编史策略。

邦奇、赫勒曼《技术时间表：技术史上最重要的人物和事件的编年史》（1993）

Bunch, Bryan, and Hellemans, A. *The Timetables of Technology: A Chronology of the Most Important People and Events in the History of Technology.* New York: Simon & Schuster, 1993.

该书是一份技术史年表，共 490 页，按时间顺序分为 7 个章节，分别是石器时代（公元前 4000 年之前）、金属时代（公元前 4000—前 1000 年）、水和风的时代（1000—1732 年）、工业革命（1733—1878 年）、电力时代（1879—1946 年）、电子时代（1947—1972 年）、信息时代（1973—1993 年）。每一章均以一篇综述开头，简要介绍该时期的技术情况。以双页为单位排版，按技术类别记录了特定年份或时期内的技术成就。少数重要的技术成就则以文本框的形式穿插其中。最后附有人名与主题两份索引。

斯坦利《发明的母亲和女儿》（1993）

Stanley, Autumn. *Mothers and Daughters of Invention: Notes for A Revised History of Technology.* The Scarecrow Press, 1993.

该书通过若干案例表明女性在技术发明中的贡献，近 700 页，共分为 5 章，分别叙述了女性发明家在农业技术、健康医疗领域、性和生殖、机械工具、电子信息领域的成就。

卡德韦尔《诺顿技术史》（1994）

Cardwell, Donald. *The Norton History of Technology.* New York and London: W. W. Norton & Company, 1994.

该书在英国的版本名为 *The Fontana History of Technology*。2001 年再版则冠名为 *Wheels, Clocks, and Rockets: A History of Technology*。

该书是一部个人色彩浓厚的技术史，近 550 页，分为 3 大部分、共 19 章。第一部分包含 4 章，以机械钟与印刷机为重点讨论古代、中世纪技术史。第二部分论及工业革命，包含 7 章，涉及蒸汽机、纺织、钢铁、铁路、船舶、农业等。第三部分涉及近 100 多年的技术史，包含 8 章，涉及化工、发电机、电力、军事工业、飞机、计算机、核能等。最后一章则以"技术哲学"为题，讨论重要发明家、技术进步的因素等。

雅科米《PLIP 时代：技术革新编年史》（2002）

Jacomy, Bruno. *L'âge du PLIP: Chroniques de L'innovation Technique.* Paris: Éditions du Seuil, 2002.

中译本：侯智荣译，《PLIP 时代：技术革新编年史》，中国人民大学出版社 2007 年版。

中译本 215 页。该书侧重于从常见的技术产品入手，对技术史进行微观研究，并探讨人与技术、机器、工业文明之间的关系，给出人类告诫。内容分为三编：第一编技术产品史，重点讨论电钮、齿轮、遥控器、键盘等刻度盘以及织布机、铆机等的历史；第二编人与机器，以工艺学为核心，从手柄、自动装置、轮子、指针等入手讨论机械化——机械代替人、异化人——的历史；第三编技术回眸，介绍法国国立工艺博物馆的技术展览。

姜振寰《社会文化科学背景下的技术编年史》（2015）

姜振寰主编，《社会文化科学背景下的技术编年史（远古—1900）》，高等教育出版社 2015 年版。

该书共 961 页，以编年史的方式列出了公元 1900 年前的技术成就以及同时期的社会、文化重要事件与科学进展。该书按时间顺序分为 7 个部分，分别是文明发端（远古—公元前 1000 年）、古代（公元前 1000—公元 400 年）、中世纪与东方（401—1300 年）、文艺复兴（1301—1600 年）、工场手工业时代（1601—1760 年）、工业革命（1761—1840 年）、近代（1841—1900 年），每部分开头都有一份简短的介绍。在排版上，该书以双页为单位，左页叙述某一年份或时期的社会、文化、科学事件，右页叙述技术成就。该书最后的参考文献相当于一份技术史书目指南，可供读者继续查找。

姜振寰《技术通史》（2017）

姜振寰：《技术通史》，中国社会科学出版社 2017 年版。

该书是对古今技术发展的较为全面的叙述，共 513 页，包括绪论与 10 个章节。绪论部分探讨了技术概念、科学与技术、技术史方法论等基本问题。章节大体上以时代划分，包括人类早期、古代中世纪、中国古代、手工业时代、工业革命、19世纪、20世纪（上、下）、中国近现代，最后一章讨论了技术文明与技术评价。

3. 技术通论

芒福德《技术与文明》（1934）

Mumford, Lewis. *Technics and Civilization*. London: Routledge & Kegan Paul LTD, 1934.

中译本：陈允明等译，《技术与文明》，中国建筑工业出版社2009年版。

该书是著名技术史家刘易斯·芒福德（1895—1990）的技术文化史经典名著，关注最近一千年以来的技术史，考察技术与文明的相互作用，探讨特定社会、文化、经济、思想等因素的技术后果以及技术对文明其他方面的影响。1934年首版以来多次再版。原文495页，中译本465页，分为8章。第1、第2章论述了促成机器社会的文化条件和推动机械化的各种力量；第3、第4、第5章分别分析了技术史的三个阶段——始生代、古生代和新生代技术时期；第6、第7章讨论社会对技术的反应和机器体系的同化后果；第8章探讨未来的发展方向。

芒福德《机器的神话》（1967，1970）

Mumford, Lewis. *The Myth of the Machine: Technics and Human Development (Vol. I)/ The Pentagon of Power (Vol. II)*. New York: Harcourt Brace Jovanovich, 1967(Vol. I)/ 1970(Vol. II).

中译本：宋俊岭译，《机器的神话（上）：技术与人类进化》《机器的神话（下）：权力五边形》，中国建筑工业出版社2015年版。

该书是《技术与文明》之后的又一技术文化史力作，深入考察了形塑现代技术的各种力量。原版分别于1967年和1970年出版，第1卷342页，中译本418页，第2卷496页，中译本562页。该书两卷按时间区分，第1卷讨论从人类起源到中世纪末，第2卷讨论近现代。第1卷的内容有人类进化、早期技艺与社会、语言、农牧业、定居、权力与政府、巨型机器、发明与艺术、机械化等；第2卷标题的"五边形"分别代表政治、能量、生产力、利润和宣传，内容包括新科学、机械化世界、专制、技术系统、批量生产、权力的集结、新巨型机器、机器文明的后果等。"巨型机器"是该书的核心概念，指人类社会庞大的、进行专制统治的组织。

巴萨拉《技术的进化》(1988)

Basalla, George. *The Evolution of Technology*. Cambridge University Press, 1988.

中译本：周光发译，《技术发展简史》，复旦大学出版社 2000 年版。

该书是"剑桥科学史丛书"中的一本，英文版 248 页，中译本 267 页，共 7 章。作者试图通过生物学进化论的模式来理解技术的发展，遗憾的是中译本的书名没有体现出这一点。内容包括技术的进化、延续性、影响创新的若干因素、影响技术选择的若干因素等。该书核心观点为：技术史的发展是连续的，原有技术通过变异和重组产生新技术，知识、心理、社会经济和文化等因素能够影响创新的速率，而社会、经济、军事、文化、政治等因素影响对新技术的选择，使得部分技术发扬光大。

莫基尔《富裕的杠杆：技术革新与经济进步》(1990)

Mokyr, Joel. *The Lever of Riches: Technological Creativity and Economic Progress*. New York and Oxford: Oxford University Press, 1990.

中译本：陈小白译，《富裕的杠杆：技术革新与经济进步》，华夏出版社 2008 年版。

该书为技术经济学名著，英文版 349 页，中译本 406 页。分为 4 部分，共 12 章。第 1 部分论述技术进步对于经济增长的决定性影响，指出无法用经济学彻底理解技术进步，并给出用以分析技术史的"大发明""小发明"概念。第 2 部分是技术史描述，简要介绍了从古希腊罗马至 1914 年的技术成就。第 3 部分比较了不同时代、地区的技术发展情况，并尝试给出解释。第 4 部分与生物学进化论类比，讨论技术变革的动力学。该书将技术史与经济学结合起来，内容丰富、论述深入。

史密斯、马克思《技术驱动历史吗？技术决定论的困境》(1994)

Smith, Merritt Roe, and Marx, L. (eds.). *Does Technology Drive History? The Dilemma of Technological Determinism*. Cambridge and London: The MIT Press, 1994.

该书是讨论技术决定论的论文集，共有 13 篇文章，279 页。包括数篇广为引用的论文。在"机器创造历史吗？"一文中，作者海尔伦纳为一个相对较弱的技术决定历史的观点提供了辩护。斯克兰顿在"技术史上的决定论与不确定性"中反对技术决定论的宏大叙事，而支持用一种更为语境化的方式解释历史的复杂性和不确定性，提醒历史学家注意被决定论叙述所忽视的历史的随机性、多样性。"技术史上的合理性对抗意外"一文是施陶登迈尔关于技术决定论会议的总结性论文，他认为应该将强调技术发明的传统倾向与新的语境化的技术史结合起来。

福克斯《技术变化：技术史的方法和主题》（1996）

Fox, Robert (ed.). *Technological Change: Methods and Themes in the History of Technology*. Routledge, 1996.

该文集来源于 1993 年在牛津召开的名为"技术变化"（Technological change）的会议，包含 14 篇文章，近 270 页。在介绍部分，编者讨论了技术史的方法和主题。该书分 4 个部分，分别讨论技术史模型（技术的社会建构、技术思想史、进化论模型等）、中世纪技术、工业革命（技术转移、专利、纺织业等）和技术政策（日本、苏联的案例等）。

戴蒙德《枪炮、病菌与钢铁：人类社会的命运？》（1997）

Diamond, Jared. *Guns, Germs, and Steel: The Fate of Human Societies*. New York and London: W. W. Norton & Company, 1997.

中译本：谢延光译，《枪炮、病菌与钢铁：人类社会的命运》，上海译文出版社 2000 年版。

该书是著名学者戴蒙德的代表作，畅销全球、影响巨大，共 19 章，外加一篇后记，中译本 481 页。该书以世界各民族的历史为案例讨论农业起源、文明发展、技术、政治等重大问题，旨在证明地理因素是各地区发展程度差异（包括技术水平差异）的根本原因。第 13 章讨论技术的演进，戴蒙德提出了 16 个影响技术发展的因素，可供研究者参考。

姜振寰《技术社会史引论》（1997）

姜振寰：《技术社会史引论》，辽宁人民出版社、辽宁教育出版社 1997 年版。

该文集共 361 页，包含技术史家姜振寰发表的 15 篇论文，以技术史、技术与社会为主题，内容包括技术史分期、工业化阶段与模式、国外技术史研究概况、技术哲学与技术论、技术革命、技术史方法论、交通技术史、技术政策与战略、农村工业化、技术引进等。

德尔、瑟德奎斯特《当代科学技术编史学：书写现时科学》（2006）

Doel, Ronald E., and Söderqvist, T. (eds.). *The Historiography of Contemporary Science and Technology: Writing Recent Science*. London and New York: Routledge, 2006.

本文集共 313 页，包含 15 篇文章，关注近半个世纪以来的科技史，内容包括：

如何从事当代科技史研究，伦理、政治等视角下的科技史，传记研究，冷战下的科技史，利用口述史、照片进行研究。

张柏春、李成智《技术史研究十二讲》（2006）

张柏春、李成智主编：《技术史研究十二讲》，北京理工大学出版社 2006 年版。

该文集有 225 页，正文包括 12 讲，汇集了多位国内技术史研究者的文章。其中 6 讲来自 2005 年于北京航空航天大学召开的首届全国中青年技术史研讨会，其后附有与会者讨论记录。该文集有 6 讲论及中国技术史，与本专题无关。有 5 讲论述一般的技术史研究方法论，内容包括技术与工程的关系、史学方法、科技考古与技术史、传统工艺研究、传统机械研究、口述史方法，可供技术史研究者参考。此外，该文集还有 3 篇附录，附录 1 中的 5 篇文章将视野扩展到国外技术史。附录 2 介绍了部分学术组织、期刊、研究机构和教学单位。附录 3 推荐了部分参考文献。

二、断代史

1. 史前与古代技术史（史前至公元 500 年）

弗伯斯《古代技术研究》（1955—1964）

Forbes, Robert James. *Studies in Ancient Technology: Volume I-IX*. Leiden: E. J. Brill, 1955-1964.

共 9 卷，每卷的出版年份和内容分别为：

第 1 卷（1955）：古代的沥青和石油、炼金术的起源、供水；

第 2 卷（1955）：灌溉和排水、动力、陆路运输和道路建设、骆驼的到来；

第 3 卷（1955）：古代的化妆品和香料，食物、酒精饮料、醋，古代的食物，发酵饮料（公元前 500—1500）、压榨、盐、储藏方法、木乃伊化，颜料、墨水和清漆；

第 4 卷（1956）：古代纤维及织物，清洗、漂白、缩绒和毡化，染料和染色，缝纫、编篮、纺纱和织造，织品；

第 5 卷（1957）：古代的皮革、古代的糖及其替代品、玻璃；

第 6 卷（1958）：加热、制冷、光；

第 7 卷（1963）：古代地质学、古代采矿和采石、古代采矿技术；

第 8 卷（1964）：古代冶金上卷：早期冶金、铁匠及其工具、金、银、铅、锌和黄铜。

第 9 卷（1964）：古代冶金下卷：铜和青铜、锡、砷、锑和铁。

该套 9 卷本的《古代技术研究》是荷兰著名技术史家弗伯斯的代表作，是对古代技术的全面研究，每卷讨论特定的几个主题。

德康《古代工程师》（1960）

De Camp, L. Sprague. *The Ancient Engineers*. New York: Barnes & Noble Books, 1993.

该书原版于 1960 年出版，后多次再版，1993 年版共 408 页，依时间顺序介绍古代和中世纪的工程师以及他们的技术成就。有 9 章，分别论及工程师的起源、古埃及、两河流域、希腊、希腊化、罗马早期、罗马晚期、东方、欧洲中世纪的工程师。

怀特《希腊罗马技术》（1984）

White, Kenneth Douglas. *Greek and Roman Technology*. New York: Cornell University Press, 1984.

该书共 272 页，分为两大部分。第一部分包括 5 章，是对希腊罗马技术的总体情况的介绍，内容包括古代技术的环境、技术发展情况、技术装置、创新和能源。第二部分深入具体技术领域，包括 7 章，内容涉及农业与食品、建筑、土木工程、矿冶、陆地交通、水路交通、水利工程。该书的结尾还有一些内容值得阅读，包括技术信息的来源、技术流程说明，以及一份讨论了 16 个问题的附录。

希克、托特《让沉默的石头说话：人类进化与技术的黎明》（1993）

Schick, Kathy D., and Toth, N. *Making Silent Stones Speak: Human Evolution and the Dawn of Technology*. New York: Simon & Schuster, 1993.

该书讨论石器时代的技术，约 350 页，共有 9 章，主题包括人类的起源、石器时代、最早的工具制造者、早期石器、石器的使用、手斧制造等。

詹姆斯、索普《古代发明》（1994）

James, Peter, and Thorpe, N. *Ancient Inventions*. New York: Ballantine Books, 1994.
中译本：颜可维译，《古代发明》，世界知识出版社 1999 年版。

该书是对 15 世纪末期之前发明的简要介绍。原文 672 页，中译本 744 页，共 12 章，分别论述医学技术、交通、高技术（自动装置等）、与性有关的技术、军事技术、个人用品、食品、都市生活、开发大地、房屋、通信、休闲。

舍伍德等《希腊罗马技术：希腊罗马原始文献编译集》(1998)

Sherwood, Andrew N., Nikolic, M., Humphrey, J. W., and Oleson, J. P. (eds.). *Greek and Roman Technology: A Sourcebook of Translated Greek and Roman Texts (second edition)*. London and New York: Routledge, 2020.

该书是针对古希腊罗马文献中技术内容的英译汇编，具有重要的史料价值。内容相较于第一版有增补修订，书名和编者也有所变化。第一版为 Humphrey，John W., Oleson，J. P.，and Sherwood，A. N. (eds.). *Greek and Roman Technology: A Sourcebook: Annotated Translations of Greek and Latin Texts and Documents*. Routledge，1998（约600 页）。新版有 753 页，根据技术类别分为 14 章，内容有早期人类、能源与基本机械、农业、食物生产、采矿采石、冶金、雕塑、建筑工程、水利、家用物品与手工场、交通与商贸、记录、军事，最后一章则汇集了展现技术态度的文献。

尼科尔森《古埃及材料与技术》(2000)

Nicholson, Paul T., and Shaw, I. (eds.). *Ancient Egyptian Materials and Technology*. Cambridge University Press, 2000.

该书是近 700 页的古埃及材料技术史著作，分为 3 大部分：无机材料、有机材料和食品技术。共 25 章，每一章均由相关专家撰写，主题包括：石材、土壤、绘画材料、陶、金属、玻璃；纸莎草、篮艺、纺织、皮革、象牙、蛋壳、木材、木乃伊、油脂和蜡、树脂和沥青、胶、毛发；谷物生产与加工、酿造与烘熔、葡萄与葡萄酒、水果蔬菜与调料、肉的处理。该书内容丰富，配有大量插图。

科莫《古希腊罗马技术与文化》(2007)

Cuomo, Serafina. *Technology and Culture in Greek and Roman Antiquity*. Cambridge University Press, 2007.

视角独特的古代技术文化史著作，该书旨在讨论技术在古希腊罗马文化中的角色，将技术置于相应的政治、社会和文化背景中。有 212 页，分为 5 章，分别讨论古希腊的技艺定义、希腊军事技术、罗马早期工匠的自我形象、通过技术解决关于帝国边界的争论，以及罗马后期的建筑师。

施耐德《古代技术史》（2007）

Schneider, Helmuth. *Geschichte der Antiken Technik*. Verlag C.H. Beck, 2007.

中译本：张巍译，《古希腊罗马技术史》，上海三联书店 2018 年版。

简明扼要的古代技术史。中译本 210 页，共 15 章，论及古代工程师、埃及和古代近东技术、动力、农业、金属、盐、手工业、建筑、运输、基础设施、机械学、计时、军事、技术知识。

奥利森《牛津古代世界工程与技术手册》（2008）

Oleson, John Peter (ed.). *The Oxford Handbook of Engineering and Technology in the Classical World*. Oxford University Press, 2008.

该书是内容丰富的古代技术工程史著作，有 865 页，分为 8 个部分，共 33 章，由不同作者合作完成。内容涉及：古代技术文献，编史学与方法，金属，石材，能源，建筑，动物产品，供水、运河等工程，机器，食物加工，大规模生产，金工、木工、纺织、皮革、陶器、玻璃等材料加工技术，交通设施，交通工具，武器技术，书籍，计时，计算，以及对技术的态度等。

罗西等《古代工程师的发明：当代的先驱者》（2009）

Rossi, Cesare, Russo, F., and Russo, F. *Ancient Engineers' Inventions: Precursors of the Present*. Springer, 2009.

该书是三位意大利学者撰写的介绍古代发明的书籍，有 339 页，分为 6 大部分，共 16 章，分别论及称重、测距、计时、计算的工具，风力、水力、提水、供排水、水下装置，升降、运输、通信装置，驱动装置、纺织、火的利用、自动装置，建筑技术等。该书以阐述技术为核心，配有大量插图，为了说明技术细节，作者还绘制了若干还原古代技术装置的 3D 图，值得研究者参考。

2. 中世纪至 17 世纪（600—1700 年）

沃尔夫《十六、十七世纪科学、技术与哲学史》（1935）

Wolf, Abraham. *A History of Science, Technology, and Philosophy in the 16th and 17th Century (Second edition)*. London: George Allen & Unwin LTD, 1950.

中译本：周昌忠等译，《十六、十七世纪科学、技术与哲学史》，商务印书馆 1997 年版。

该书第一版于 1935 年出版，1950 年第二版共 697 页。中译本于 1984 年首次出版，后多次重印，此版两册共 897 页。技术史部分是第 20 ~ 23 章，内容包括科学和技术、农业、纺织、建筑、矿业和冶金、机械工程、蒸汽机、机械计算器。

帕森斯《文艺复兴的工程师与工程》(1939)

Parsons, William Barclay. *Engineers and Engineering in the Renaissance*. Cambridge and London: The M.I.T. Press, 1968.

该书以文艺复兴时期的工程师与工程实践为主题，首次出版于 1939 年。1968 年版有 661 页，分为 6 个部分和 36 个章节，依次为文艺复兴精神、机械的发明和应用、采矿、市政工程、水利以及建筑。该书内容丰富，配有大量插图，既有对技术的解说，也有对当时著名工程的介绍，有助于帮助读者全面细致地了解文艺复兴时期的重要工程。

怀特《中世纪技术与社会变迁》(1962)

White, Lynn Townsend. *Medieval Technology and Social Change*. London et al.: Oxford University Press, 1962.

该书是美国著名中世纪技术史家林恩·怀特（1907—1987）的经典著作，被多门学科广泛引用，是最具影响力的中世纪技术史书籍。该书近 200 页，由 3 章内容拼合而成，分别是：马镫、骑兵冲锋、封建制和骑士（讨论了马镫与中世纪封建制度的关系），中世纪早期的农业革命，中世纪对机械能及有关装置的探索（讨论了对自然能源的利用和机械设计的进步）。该书引用了大量文献，内容翔实，具有很高的参考价值。

吉勒《文艺复兴的工程师》(1964)

Gille, Bertrand. *Les Ingénieurs de la Renaissance*. Paris: Hermann, 1964.

英译本：Gille, Bertrand. *Engineers of the Renaissance*. Cambridge: The M.I.T. Press, 1966。

该书是法国技术史家吉勒的代表作之一。他从手稿出发，尝试在技术史中重新评价文艺复兴工程师的贡献。英译本 256 页。共有 10 章，依次讨论技术文献传统、文艺复兴时期的社会思想环境、德国学派、意大利学派、迪乔治，6 ~ 8 章研究达·芬奇，最后两章论述了工程师的真实技术贡献以及科学贡献。与大多数书籍不同，该书明确断言文艺复兴工程师的真实技术贡献并不大，他们是传统的继承者而非开创者。该书最后附有一份工程师手稿列表。

然佩尔《中世纪工业革命》（1975）

英文版：Gimpel, Jean. *The Medieval Machine: The Industrial Revolution of the Middle Ages*. London: Penguin Books, 1977。

1975 年原版为法语，书名为 *La Révolution Industrielle du Moyen Age*。英文版32 开，274 页。该书是被广泛引用的简明中世纪技术史著作，作者试图表明中世纪发生过一次工业革命。该书分为 9 章，除介绍中世纪在能源利用、农业、采矿、钟表等技术成就外，还论及当时的环境状况、劳动力、工匠以及科学发展的情况。

怀特《中世纪宗教与技术文集》（1978）

White, Lynn Townsend. *Medieval Religion and Technology: Collected Essays*. Berkeley and Los Angeles: University of California Press, 1978.

怀特的中世纪技术史论文集，360 页，共收录了怀特已发表的 19 篇论文。该文集内容包括：对中世纪技术成就的介绍，飞行、降落伞、马车、三角帆等具体发明，技术文献，技术人物，技术与科学、社会思想、基督教等的关系，中世纪人对技术的看法，中世纪技术对现代技术和社会的影响。

布莱尔、拉姆塞《英格兰中世纪工业：工匠、技术、产品》（1991）

Blair, John, and Ramsay, N. eds. *English Medieval Industries: Craftsmen, Techniques, Products*. London and Rio Grande: The Hambleton Press, 1991.

该书旨在较为详细地介绍中世纪英格兰的手工业，共 446 页，15 章，每章由不同作者撰写，主题依次为：石材，雪花石膏，大理石，锡、铅与锡蜡，铜合金，金、银、宝石，铁，陶瓷，砖，器皿玻璃，窗玻璃，皮革，纺织，鹿角、骨头和角，木材。

吉斯《大教堂、炼炉和水轮：中世纪的技术发明》（1994）

Gies, Frances & Joseph. *Cathedral, Forge, and Waterwheel: Technology and Invention in the Middle Ages*. New York: HarperCollins Publishers, 1994.

该书由中世纪史专家吉斯夫妇撰写，简要地介绍了中世纪技术发展的整体情况。共 357 页，大体以时间顺序分为 7 章，分别是导言、古代技术的遗产、500—900 年、亚洲技术、900—1200 年、1200—1400 年、1400—1500 年。

索迪《想象的引擎：文艺复兴文化与机器的兴起》（2007）

Sawday, Jonathan. *Engines of the Imagination: Renaissance Culture and the Rise of the Machine*. London and New York: Routledge, 2007.

该书讨论文艺复兴时期的技术文化史，402 页，共 8 章，内容包括文艺复兴时期的技术与哲学、政治、文化，女性与机器，魔法装置，机械论哲学，技术社会构想等。

3. 18 世纪工业革命以来（约 1700 年至今）

芒图《十八世纪产业革命：英国现代工业体系发端概况》（1906）

Mantoux, Paul. *The Industrial Revolution in the Eighteenth Century: An Outline of the Beginnings of the Modern Factory System in England*. trans. Marjorie Vernon. Methuen and London: University Paperbacks, 1906.

中译本：杨人楩等译，《十八世纪产业革命：英国近代大工业初期的概况》，商务印书馆 1983 年版。

该书是工业革命研究的经典之作，原文为法语，书名为 *La Révolution Industrielle au XVIIIe Siècle; Essai sur les Commencements de la Grande Industrie Moderne en Angleterre*，出版于 1906 年。1928 年有英译本，此后多次再版，所引版本有 547 页。中译本有 524 页，分为 3 部分，分别论及工业革命前的各种变化以及工业革命的直接后果。该书第二部分与技术史联系紧密，着重讨论了纺织业、炼铁业和蒸汽机，以及工厂制度的形成。

沃尔夫《十八世纪科学、技术与哲学史》（1938）

Wolf, Abraham. *A History of Science, Technology, and Philosophy in the Eighteenth Century*. London: George Allen & Unwin LTD, 1952.

中译本：周昌忠等译，《十八世纪科学、技术与哲学史》，商务印书馆 2009 年版。

第一版 1938 年出版，第二版 1952 年出版，共 814 页。中译本上、下两册共 1091 页。该书的技术史部分是第 20 ~ 27 章，内容包括农业、纺织、建筑、运输、动力机械、蒸汽机、矿业和冶金、工业化学、透镜、机械计算器、通信等。

迪恩《第一次工业革命》(1965)

Deane, Phyllis. *The First Industrial Revolution*. Cambridge University Press, 1979.

该书是对第一次工业革命的全景式考察。第一版 1965 年出版，第二版 1979 年出版，此后多次重印，该版本有 318 页，包括 16 章。前 5 章讨论为工业革命奠定基础的人口、农业、商业和运输业的革命，6～8 章描述了纺织、钢铁工业的情况和创新的来源，后续章节讨论工业革命中劳动力、资本、银行、自由贸易、政府的角色，以及工业革命的成就。

马森、鲁宾逊《工业革命的科学与技术》(1969)

Musson, Albert Edward, and Robinson, E. *Science and Technology in the Industrial Revolution*. Manchester University Press, 1969.

该书重点关注工业革命中科学和技术的关系以及技术知识的发展和传播两个问题，共 15 章，近 530 页，引证材料丰富。内容涉及工业革命的科学前奏，技术传播，科学与工业，德比学会，工程师教育，国际技术交流，工业化学家，化学漂白、印染方法，瓦特与制碱，土木工程师、蒸汽动力、大规模生产。

霍恩谢尔《从美国体系到大批量生产：美国制造技术的发展》(1984)

Hounshell, David A. *From the American System to Mass Production, 1800-1932: The Development of Manufacturing Technology in the United States*. Baltimore and London: The Johns Hopkins University Press, 1984.

该书是美国技术史的重要著作，以大批量生产为关注焦点，描绘了 19 世纪和 20 世纪前期美国制造业的情况。约 400 页，有 8 章，关注主题有南北战争前的美国制造体系、缝纫机、木材工业的大批量生产、麦考密克收割机、19 世纪自行车工业、福特汽车与大批量生产的兴起、柔性大规模生产等。

高达声等《近现代技术史简编》(1994)

高达声等编著：《近现代技术史简编》，中国科学技术出版社 1994 年版。

该书有 803 页，由高达声（1935—2008）等 8 位作者共同编著，历述了 18 世纪 60 年代至当代的技术史。共分为 25 章，前 24 章分别论述下列技术：工业革命的历史背景、纺织、蒸汽机、机械制造、冶金、电力、通信、内燃机、交通运输、化工、建筑、农业、科技政策与教育、工业研究、核能、电子、计算机、航空航天、高分子、激光、现代通信、自动化、生物、海洋工程。结语章则从技术、科学、社会的关系入手，探讨了近现代技术史给我们的启示。

珀塞尔《美国的机器：技术的社会史》（1995）

Pursell, Carroll. *The Machine in America: A Social History of Technology.* Baltimore: Johns Hopkins University Press, 1995.

该书考察美国技术的社会史。共 398 页，5 部分，共 15 章，内容涉及工业革命的引入、改善交通、美国制造的扩张、农业机械化、城市建设、西部的工业化、商品出口与帝国主义、科学与技术、繁荣与大萧条、战争与美国世纪，以及后现代世界与全球化带来的变化等。

斯米尔《创造二十世纪：1867—1914 年间的技术发明及其持续影响》（2005）

Smil, Vaclav. *Creating the Twentieth Century: Technical Innovations of 1867-1914 and Their Lasting Impact.* New York: Oxford University Press, 2005.

该书 350 页，旨在论述 1867—1914 年的重大发明和它们的影响。共分为 7 章，前 5 章依次说明技术遗产、电力、内燃机、材料合成、交通通信技术，后 2 章说明这些技术的社会文化后果以及当时人们对新技术的看法。

埃杰顿《冲击旧世界：1900 年以来的技术和全球历史》（2006）

Edgerton, David. *Shock of the Old: Technology and Global History Since 1900.* Profile books, 2006.

该书是颇受欢迎的当代技术史著作，简要介绍了 20 世纪的一些技术成就及其影响。有 270 页，分为 8 章，章节标题为重要性、时间、产品、维持、国家、战争、杀戮、发明。

三、国别区域史

1. 印度

巴德瓦杰《古印度技术面面观》（1979）

Bhardwaj, H. C. *Aspects of Ancient Indian Technology: A Research Based on Scientific Methods.* Delhi, Varanasi, Patna: Motilal Banarsidass, 1979.

该书约 210 页，共有 7 章，外加两个附录。该书借助考古学和科技手段研究古印度的若干技术成就。内容包括：玻璃技术，北方黑磨陶器，铜、银、金、铁相关技术。

2. 伊斯兰世界

布利特《骆驼和车轮》（1975）

Bulliet, Richard W. *The Camel and the Wheel*. New York: Columbia University Press, 1990.

原版出版于 1975 年，该书讨论伊斯兰技术史的一个经典问题：为什么放弃轮式交通工具转而使用骆驼运输。共 327 页，分为 10 章，内容涉及骆驼的驯化、传播和应用，驮运与轮式交通工具的比较等。

哈桑、希尔《伊斯兰插图技术史》（1986）

al-Hassan, Ahmad Yusuf, and Hill, D. R. *Islamic Technology: An Illustrated History*. Cambridge University Press & Unesco, 1986.

中译本：梁波、傅颖达译，《伊斯兰技术简史》，科学出版社 2010 年版。

该书简要介绍了伊斯兰世界的技术成就。原版 304 页，中译本 257 页。共 11 章，内容包括机械工程、土木工程、军事技术、船舶与航海术、化学技术、纺织品、农业和食品、采矿和冶金、工程师与工匠等。该书在导论和结语两章对伊斯兰技术创新与衰落的原因进行了分析。该书两位作者艾哈迈德·优素福·哈桑和唐纳德·劳特利奇·希尔是当代伊斯兰技术史学界最具影响力的学者。

希尔《中世纪伊斯兰技术研究》（1998）

Hill, Donald R. *Studies in Medieval Islamic Technology: From Philo to al-Jazari-from Alexandria to Diyar Bakr*. edited by David A. King. Aldershot et al.: Ashgate Variorum, 1998.

该文集汇总了希尔的 20 篇技术史论文，部分论文与他人合作完成，总计近 400 页。根据文章主题分为 5 个部分，依次为一般性的伊斯兰技术（精密技术、机械、工程等）、希腊技术、针对特定伊斯兰技术史问题的研究（水位计、机械日历、技术文献等）、安达卢西亚的技术、技术与战争（投石机、骆驼等）。

哈桑等《伊斯兰技术与应用科学》(2001)

al-Hassan, Ahmad Y., Ahmed, M., and Iskandar, A. Z. (eds.). *The Different Aspects of Islamic Culture: Volume Four: Science and Technology in Islam: Part Ⅱ Technology and Applied Sciences.* UNESCO Publishing, 2001.

该书是《伊斯兰文化大全丛书》(*The Different Aspects of Islamic Culture*) 中的第四卷第二册，主题是伊斯兰的技术与应用科学。该册有 726 页，分为 3 章，共 24 节，由多位作者合作完成。第四章的主题是 "技术与应用科学"，内容包括农业、炼金术和化学技术、采矿冶金、火药武器、纺织、机械、土木工程、造船航海、军事技术、工程师和工匠。第五章主题为 "医学与药学"。第六章主题为 "科学、医学与技术（16 世纪之后）"，讨论了奥斯曼帝国、莫卧儿印度和伊朗的科技情况。

3. 撒哈拉以南非洲

肖等《非洲考古：食物、金属与城镇》(1993)

Shaw, Thurstan, et al. (eds.). *The Archaeology of Africa: Food, Metals and Towns.* London and New York: Routledge, 1993.

该书是多位研究者合作撰写的非洲考古学重要著作，有 857 页，共 44 章，关注技术创新及传播、人与环境、食物生产、定居与城市化等主题。内容包括气候、谷物种植、家畜、新石器时代、植物、各地的农业起源、畜牧业、铁器及相关技术、制盐业等。

4. 大洋洲

奥利弗《大洋洲：澳大利亚与太平洋群岛的本土文化》(1989)

Oliver, Douglas L. *Oceania: The Native Cultures of Australia and the Pacific Islands Volume I and Ⅱ*. Honolulu: University of Hawaii Press, 1989.

两卷本，1275 页，3 部分，共 20 章。3 个部分分别关注背景（自然环境、人口、语言、考古、民族学等）、活动、社会关系。其中第二部分活动涉及大量技术内容，包括工具、食物、房屋、船舶、武器等方面。

基尔希《旱与涝：波利尼西亚的灌溉与农业集约化》(1994)

Kirch, Patrick Vinton. *The Wet and the Dry: Irrigation and Agricultural Intensification in Polynesia*. Chicago and London: University of Chicago Press, 1994.

该书旨在研究波利尼西亚农业的历史发展，共 385 页，分为 2 个部分，有 13 章。第一部分关注如何应对旱涝，农业地貌、作物、灌溉以及政治经济方面的变化。第二部分以夏威夷、Mangaia、Tikopia 三岛为例关注农业的集约化。

5. 美洲

福斯特《古玛雅世界生活手册》(2002)

Foster, Lynn V. *Handbook to Life in the Ancient Maya World*. New York: Facts on File，Inc. 2002.

该书对古玛雅进行了简要介绍，402 页，共 12 章，与技术史有关的内容有定居与农业、战争、建筑、工业、日常生活等。

阿吉拉尔 – 莫雷诺《阿兹特克世界生活手册》(2006)

Aguilar-Moreno, Manuel. *Handbook to Life in the Aztec World*. New York: Facts on File, 2006.

该书对阿兹特克进行了简要介绍，440 页，共 14 章，与技术史有关的内容有：武器，石雕、木雕、陶器等各种工艺，建筑，工业，日常生活。

苏亚雷斯：《印加世界生活手册》(2011)

Suarez, Ananda Cohen, and George, J. J. *Handbook to Life in the Inca World*. New York: Facts on File, 2011.

该书对印加世界进行了简要介绍，330 页，共 13 章，与技术史有关的内容有：定居，战争，陶器、纺织、皮革、金属加工等各种工艺，建筑，工业，日常生活。

四、分科史

1. 土木工程技术

菲琴《哥特大教堂的建造：中世纪穹顶搭建研究》(1961)

Fitchen, John. *The Construction of Gothic Cathedrals: A Study of Medieval Vault Erection*. Chicago and London: University of Chicago Press, 1961.

该书是中世纪建筑技术方面的名著，共 344 页，分为 6 章，详细讲解了中世纪人如何在当时的技术条件下建造拱顶。正文后附有术语表，解释了中世纪建筑相关词汇的含义。

菲琴《机械化之前的建筑建造》（1986）

Fitchen, John. *Building Construction before Mechanization*. Cambridge and London: The MIT Press, 1986.

该书约 330 页，较为系统地分析了机械化之前的建筑技术和方法。内容包括 14 章，涉及安全问题、建造顺序、应对压力、脚手架、绳子和梯子的作用、木材的用途、砖石结构、物料搬运、照明通风、金字塔等。

马克《光、风与结构：建筑大师的秘密》（1990）

Mark, Robert. *Light, Wind, and Structure: The Mystery of the Master Builders*. Cambridge: The MIT Press, 1990.

该书共 209 页，分为 6 章，以现代工程知识和手段考察若干著名历史建筑的结构，重点分析了古罗马建筑、中世纪哥特大教堂与文艺复兴穹顶所面临的结构问题与解决方法。

维坎德《古代水技术手册》（2000）

Wikander, Örjan ed. *Handbook of Ancient Water Technology*. Leiden, Boston and Koln: Brill, 2000.

该书有大量图片，较为详细地考察了古代与水有关的技术。共 741 页，分为 8 章，内容包括供水设施、城市用水、灌溉、运河、水坝、水力、水驱动的机器、水的管理等。

赖特《古代建筑技术》（2000—2009）

Wright, George R. H. *Ancient Building Technology*. Leiden and Boston: Brill.

——*Volume 1: Historical background*. 2000.

——*Volume 2: Materials*. 2005.

——*Volume 3: Construction*. 2009.

共 3 卷，约 1800 页。第 1 卷介绍历史背景，第 2 卷介绍建筑材料的性质、获得方法、加工方式和用途，第 3 卷说明建筑的原则、技巧、方法。该书内容详细，资料丰富。

梅斯《古代水利技术》（2010）

Mays, Larry W. (ed.). *Ancient Water Technologies*. Springer, 2010.

280页，共11章，多位作者合作撰写，内容包括两河流域、古埃及、古希腊、伊朗、罗马、美洲的古代水利技术，古代的水循环技术和水资源保护。该书是对古代水利技术的跨学科研究，附有大量图片。

2. 交通运输技术

船舶

史密斯《舰船与航海工程简史》（1938）

Smith, Edgar C. *A Short History of Naval and Marine Engineering*. Cambridge University Press, 1938[2013].

近380页，22章。该书从18世纪蒸汽动力轮船的出现讲起，内容涉及蒸汽轮船的发展和它的重要成就、螺旋桨推进技术、铁制轮船和战舰、低压船用锅炉、船用发动机、辅助机器、鱼雷艇、船用内燃机等。

加德纳、昂格尔《1000—1650年间的帆船》（1994）

Gardiner, Robert, and Unger, R. W. (eds.). *Cogs, Caravels and Galleons: The Sailing Ship 1000-1650*. Naval Institute Press, 1994.

大开本188页，由不同作者合作撰写，共12章，内容包括柯格船、地中海圆船、卡拉克船、卡拉维尔船、大帆船（加利恩船）、海运情况、船只建造等。

斯特菲《木船建造与沉船研究》（1994）

Steffy, John Richard. *Wooden Ship Building and the Interpretation of Shipwrecks*. Texas A&M University Press, 1994.

该书以沉没的木船为研究对象，图例丰富。全书分为3个部分。第一部分介绍了相关学科与基本信息。第二部分通过调查古代、中世纪和后中世纪的沉船和相关文献，简要体现了造船技术的历史发展。第三部分尝试还原遇难船只，介绍了记录船体残骸、收集档案信息、重建船舶等技术。此书还包含了专门为考古而设计的图解词汇表。

伍德曼《船的历史：从人类早期到今天的航海故事》(2012)

Woodman, Richard. *The History of the Ship: The Comprehensive Story of Seafaring from the Earliest Times to the Present Day*. Conway Maritime Press, 2012.

534 页，共 20 章，是关于航海的综合性著作，考察了从古至今的船舶以及围绕船舶发生的航行、商贸、战争等事件。

汽车

韦克菲尔德《电动汽车的历史：纯电池驱动的汽车》(1993)

Wakefield，Ernest Henry. *History of the Electric Automobile: Battery-Only Powered Cars*. Society of Automotive Engineers，Inc. 1993.

韦克菲尔德《电动汽车的历史：混合动力汽车》(1998)

Wakefield，Ernest Henry. *History of the Electric Automobile: Hybrid Electric Vehicles*. Society of Automotive Engineers，Inc. 1998.

这两本书讲述了 19 世纪后期以来的包括混合动力、太阳能汽车等在内的电动汽车的技术发展史。

基尔希《电动汽车与历史的重担》(2000)

Kirsch, David A. *The Electric Vehicle and the Burden of History*. Rutgers University Press, 2000.

该书约 300 页，共 8 章，从技术和社会的视角重点分析了汽车发展早期的蒸汽动力、燃油、电动汽车之间进行竞争，以及内燃机汽车获得胜利的历史。对今天电动汽车的新发展也有所讨论。

伯杰《美国历史与文化中的汽车参考指南》(2001)

Berger, Michael L. *The Automobile in American History and Culture: A Reference Guide*. Greenwood Press, 2001.

该书是关于美国汽车的技术文化史著作，487 页，共 12 章。内容包括：汽车制造业、发明家、汽车工业、汽车的工程与设计，汽车对个人、社区、政策和文化的影响，以及政策和社会经济方面。最后一章介绍了一些重要的参考文献。

航空航天

埃姆《火箭技术史文集》（1964）

Emme, Eugene Morlock (ed.). *The History of Rocket Technology: Essays on Research, Development, and Utility*. Detroit: Wayne State University Press, 1964.

该文集共 320 页，汇总了有关火箭技术的 14 篇文章，讲述了直到 20 世纪 60 年代的火箭发展史。文章内容涉及美国火箭先驱、德国 V-2、喷气推进实验室、美国早期卫星计划、美国代表性火箭或导弹、水星计划、太空遥测技术、苏联火箭技术等。

安德森《飞机技术史》（2002）

Anderson, John David. *The Airplane: A History of Its Technology*. AIAA, 2002.

该书近 370 页，共 7 章，介绍了飞机技术的发展史。内容包括 19 世纪之前的航空学、19 世纪航空学的进展、莱特兄弟发明飞机、双翼机、螺旋桨飞机、喷气式飞机等。

格伦特曼《开路先锋：宇宙飞船和火箭的早期历史》（2004）

Gruntman, Mike. *Blazing the Trail: The Early History of Spacecraft and Rocketry*. AIAA, 2004.

该书有 505 页，共 19 章，介绍了宇宙飞船与火箭技术的早期历史。

3. 能量转化技术

迪金森《蒸汽机简史》（1939）

Dickinson, Henry Winram. *A Short History of the Steam Engine*. Cambridge at the University Press, 1939[2010].

该书介绍了蒸汽机技术的发展史，约 250 页，分为 2 个部分，共 14 章。第一部分论述往复运动蒸汽机，有 10 章，内容涉及萨弗里和纽可门的早期蒸汽机、大气压蒸汽机、瓦特单独冷凝器的蒸汽机、低压与高压蒸汽机、陆用锅炉等。第二部分 4 章，讨论蒸汽轮机，内容涉及蒸汽动能的早期利用、轮机的先驱、20 世纪蒸汽轮机与锅炉的发展等。

休斯《电力网络：西方社会的电气化，1880—1930》（1983）

Hughes, Thomas Parke. *Networks of Power: Electrification in Western Society, 1880-*

1930. Baltimore and London: The Johns Hopkins University Press, 1983.

该书有 474 页，共 15 章，讨论电力电网的早期发展（1930 年之前），内容包括：爱迪生的电力系统及其传播，围绕电力的斗争与解决，柏林、芝加哥、伦敦、加州等地案例，政策、战争、文化等因素对电力发展的影响等。

希尔斯《蒸汽动力：固定式蒸汽机的历史》（1993）

Hills, Richard Leslie. *Power from Steam: A History of the Stationary Steam Engine*. Cambridge University Press, 1993.

该书约 330 页，共 15 章，讨论了蒸汽机从 17 世纪至 20 世纪上半叶的历史。内容包括：最早的萨弗里和纽可门蒸汽机，萨弗里、纽可门蒸汽机的改进，瓦特蒸汽机，高压蒸汽机，锅炉的发展，阀动机构与水平蒸汽机，蒸汽机发电，蒸汽轮机等。

希尔斯《风力：风车技术史》（1994）

Hills, Richard Leslie. *Power from Wind: A History of Windmill Technology*. Cambridge University Press, 1994.

该书介绍了以风车为代表的风能利用技术的历史和应用情况。该书有 324 页，共 16 章，内容包括风车（卧式风车、单柱风车、塔楼风车等），风帆，风车在排水、锯木、压碎、造纸、采矿、纺织、泵水等方面的应用，以及风力发电等。

斯米尔《全球化的两个原动力：柴油机和燃气轮机的历史和影响》（2010）

Smil, Vaclav. *Two Prime Movers of Globalization: The History and Impact of Diesel Engines and Gas Turbines*. Cambridge and London: The MIT Press, 2010.

该书 261 页，分为 7 章，重点讲述了柴油发动机和燃气轮机的历史、它们的经济效果以及它们对全球化的推动作用。

4. 材料生产和加工技术

冶金

艾奇逊《金属史》（1960）

Aitchison, Leslie. *A History of Metals, 2 vols*. London: Macdonald and Evans Ltd., 1960.

该书是综合性的冶金史著作，内容丰富，时间跨度从古代延伸至该书出版之前。两卷本共 647 页，并附有 262 张图片与 48 个表格。第一卷关注古已有之的金属：金、铜、银、锡、铅、铁、水银等。第二卷关注 63 种近现代得到应用的金属。

卡尔等《不列颠钢铁工业史》(1962)

Carr, James Cecil, Taplin, W., and Wright, A. E. G. *History of the British Steel Industry*. Cambridge: Harvard University Press, 1962.

该书是一部技术经济史著作，有 632 页，论述了英国钢铁工业 1856—1939 年的发展，技术史内容穿插于各章节之中。

泰利柯特《冶金史》(1976)

Tylecote, Ronald Frank. *A History of Metallurgy. Second Edition*. London: Institute of Materials, 2002.

中译本：华觉明等编译，《世界冶金发展史》，科学技术文献出版社 1985 年版。

该书是冶金史名著，原版于 1976 年出版。第二版有 205 页，共 11 章，介绍了冶金技术从古至今的发展史，内容涉及新石器时代的金属、青铜技术、铁器技术、中世纪冶金、近代冶金、工业革命（1720—1850 年）和现代冶金技术（1850—1950 年）等。

化学化工

亨特《造纸：一种古老工艺的历史和技术》(1943)

Hunter, Dard. *Papermaking: The History and Technique of an Ancient Craft*. New York: Dover Publications, 1978.

该书原版于 1943 年出版，此后多次再版。此版本约 700 页，共 17 章，论述了从古至今的造纸技术，内容有纸之前的书写材料，造纸术的发明、工具、原料处理、流程方法，纸的用途，造纸业在世界各地的发展，水印技术，造纸机等，最后是一份年表。

马尔特霍夫《化学技术史书目》(1984)

Multhauf, Robert P. *The History of Chemical Technology: An Annotated Bibliography*. New York: Garland Publishing, INC., 1984.

该书是有关化学技术史的书目汇编，299 页，分为 3 个部分：一般性文献以书目的主题（国别史、国际展览报告、公司史、传记、化学品危害等）、传统化学技术（皮革、硼砂、肥皂等）与现代化学技术（纺织品、塑料、摄影等）。可供参考。该书在法语、德语材料方面较为突出。

阿夫塔利翁《国际化学工业史：从早期到 2000 年》(1991)

Aftalion, Fred. *A History of the International Chemical Industry: From the "Early Days" to 2000(second edition)*. translated by Otto Theodor Benfey. Philadelphia: Chemical Heritage Press, 2001.

该书讲述了从古代到 20 世纪末的化学技术和化学工业发展史，结合了技术史、科学史和经济史的内容。原版于 1991 年出版，第二版增补了 20 世纪 90 年代的发展，共约 430 页，内容按时间分为 8 个章节，分别为化学的早期发展、早期化工厂、19 世纪上半叶的化学发展、1850—1914 年化学工业的突破、两次世界大战期间、第二次世界大战后，1973—1990 年和 20 世纪 90 年代。

瓦埃尔肯等《古代的石头：采石、贸易和来源》(1992)

Waelkens, Marc, Herz, N., and Moens, L. (eds.). *Ancient Stones: Quarrying, Trade and Provenance: Interdisciplinary Studies on Stones and Stone Technology in Europe and Near East from the Prehistoric to the Early Christian Period*. Leuven University Press, 1992.

该书是以古代石材为主题的论文集，约 300 页，包括 34 篇文章，讨论了采石、石材加工和装饰的技术，古代石材贸易，以及对石材来源地的考古勘察等。该书偏重科技考古学分析，对特定问题有详细的论述。

5. 机械技术

总论

厄舍尔《机械发明史》(1929)

Usher, Abbott Payson. *A History of Mechanical Inventions: Revised Edition*. Courier Corporation, 2013.

该书原版于 1929 年出版，之后多次再版，是著名的机械技术史著作。本版本近 500 页，共 15 章。前 5 章讨论了技术在经济和社会发展中的作用、创新的动力以及早期的应用机械学。后 10 章介绍古代以来的重要机械装置，包括水轮、钟表、印刷机、纺织机、能源利用装置等。

德拉克曼《古希腊罗马机械技术文献研究》（1963）

Drachmann, A. G. *The Mechanical Technology of Greek and Roman Antiquity: A Study of the Literary Sources*. Copenhagen: Munksgaard, 1963.

该书有 8 章，考察若干古代技术原始文献，以翻译介绍古代著名技术专家希罗（Heron）的《机械学》（*Mechanics*）为重点，其他内容还包括维特鲁威和古罗马医生 Oreibasios 的文献、战争机器等。

雷诺兹《强过百汉：立式水轮史》（1983）

Reynolds, Terry S. *Stronger than a Hundred Men: A History of the Vertical Water Wheel*. Baltimore and London: The Johns Hopkins University Press, 1983.

该书较为系统地考察了立式水轮的历史，共 454 页，有 6 章，内容分别为立式水轮在古代的起源、中世纪水轮的发展和传播、1500—1750 年的鼎盛时期、立式水轮在现代的发展、18—19 世纪的铁制工业水轮、立式水轮的衰落。

奥利森《希腊罗马机械提水装置技术史》（1984）

Oleson, John Peter. *Greek and Roman Mechanical Water-Lifting Devices: The History of a Technology*. Dordrecht, Boston, Lancaster: D. Reidel Publishing Company, 1984.

该书讨论古代提水装置，458 页，分为 2 个部分，共 6 章。第一部分是对原始文献材料、孢粉证据和考古证据的整理，第二部分是对提水装置的技术史介绍以及社会背景分析。

卢卡斯《风、水、作业：古代和中世纪的磨坊技术》（2006）

Lucas, Adam. *Wind, Water, Work: Ancient and Medieval Milling Technology*. Leiden and Boston: Brill, 2006.

该书是关于磨坊技术与应用的著作，详细讨论了中世纪磨坊的情况。共 439 页，分为 2 部分，共 10 章。第一部分讨论古代和中世纪的农用磨坊，内容包括古代和中世纪的水磨技术、中世纪的潮汐磨和风车、磨坊建造和维护的费用，以及修道院在其中的角色。第二部分研究中世纪欧洲的工业磨，内容包括中世纪对水能的利用、工业磨的多种用途、工业磨在英格兰和威尔士的使用情况等。结论章则结合社会因素讨论相关问题。

钟表技术

米勒姆《时间与计时器：钟表的历史、制造、保养和精准性》（1923）

Milham, Willis Isbister. *Time and Timekeepers: Including the History, Construction, Care, and Accuracy of Clocks and Watches*. New York: The Macmillan Company, 1923.

该书较为详细地叙述了钟表的发展史，约 580 页，共 25 章，内容包括日晷、水钟、早期机械钟、重力驱动钟表、发条钟表、天文钟、钟表机构与功能的复杂化、精度的进步、塔钟、电子钟表、欧美的钟表产业、钟表的维修、著名钟表等。

劳埃德《七百年来的杰出时钟，1250—1950》（1958）

Lloyd, Herbert Alan. *Some Outstanding Clocks Over Seven Hundred Years 1250-1950*. London: Leonard Hill [Books] Limited, 1958.

该书案例式地介绍了 1250—1950 年的著名钟表，包括它们的来源、外观、技术等众多信息，内容丰富。

奇波拉《钟表与文化：1300—1700》（1978）

Cipolla, Carlo M. *Clocks and Culture, 1300-1700*. New York and London: W. W. Norton & Company, 1978.

该书共 192 页，简要地讨论了欧洲与中国在 1300—1700 年的钟表技术与文化。

兰德斯《时间革命：钟表与构建现代世界》（1983）

Landes, David S. *Revolution in Time: Clocks and the Making of the Modern World (Revised and Enlarged Edition)*. Cambridge, Massachusetts: The Belknap Press of Harvard University Press, 2000.

该书是一部钟表文化史名著，原版于 1983 年出版，所引为第二版。此版本共 518 页，分为 3 个部分，分别论述机械钟表的文化史、技术史和经济史。第二部分借助大量插图，简明而清晰地呈现了机械钟表技术的发展。

多恩 – 范罗苏姆《小时的历史：钟表与现代时间秩序》（1992）

Dohrn-van Rossum, Gerhard. *History of the Hour: Clocks and Modern Temporal*

Orders. translated by Thomas Dunlap. Chicago and London: The University of Chicago Press, 1996.

该书原版为德语，1992 年出版，书名为 *Die Geschichte der Stunde: Uhren und moderne Zeitordnungen*。英译本约 450 页，共分为 10 章。第 2 ~ 5 章侧重技术史，分析古代计时器、中世纪的时间、机械钟表的发明与早期历史以及机械钟表的传播。后 5 章侧重社会文化史，论述了钟表匠，时间信号，现代时间秩序的发展，工作时间与计时工资，交通、邮政、铁路等最终导致世界统一的时间。

6. 通信与记录技术

总论

温斯顿《媒介技术与社会：从电报到因特网的历史》(1998)

Winston, Brian. *Media Technology and Society: A History: From the Telegraph to the Internet*. London and New York: Routledge, 1998.

该书是一部以媒体技术以及它们的社会背景与影响为主题的著作，有 374 页，分为 4 部分，共 18 章。内容涉及电报、电话、无线电广播、电视、机械计算、电子计算机、集成电路、微型电脑、电话和广播的网络、通信卫星、有线电视、互联网等。

马里安《照相术文化史》(2002)

Marien, Mary Warner. *Photography: A Cultural History (Second Edition)*. London: Laurence King Publishing, 2006.

该书原版于 2002 年出版，第二版约 540 页，内容按时间顺序分为 8 章，介绍了照相技术自 19 世纪以来的发展，以及照相技术与政治、战争、科学、社会、文化、艺术、性别、思想等因素的相互作用和影响。

胡德曼《世界电信史》(2003)

Huurdeman, Anton A. *The Worldwide History of Telecommunications*. Wiley-Interscience, 2003.

该书较为详细地考察了通信技术与产业的发展史。有 638 页，依时间顺序分为 5 个部分（分割节点为 1800 年、1850 年、1900 年、1950 年），共 35 章，内容包括光学通信、电报、电话、电话交换、广播、传真、电传打字、加密、卫星通信、光纤、蜂窝式移动电话、多媒体等。

电话电报

费希尔《美国呼叫：至 1940 年的电话社会史》(1992)

Fischer, Claude S. *America Calling: A Social History of the Telephone to 1940*. Berkeley, Los Angeles, London: University of California Press, 1992.

该书约 420 页，共 9 章，介绍了美国电话产业的发展、电话对个人与公众的影响等。

科《电报史：莫尔斯的发明及其前身》(1993)

Coe, Lewis. *The Telegraph: A History of Morse's Invention and Its Predecessors in the United States*. Jefferson McFarland, 2003.

该书简要地讲述了电报技术和电信产业的发展，近 190 页，共 14 章，1993 年首次出版。内容包括电报之前的通信方式、电报的发明、军用电报、工作原理、电报公司、海底电缆、电报操作员、电报与铁路、无线电报等。

印刷

费弗尔、马丁《书的到来》(1958)

Febvre, Lucien, and Martin, H.-J. *The Coming of the Book: The Impact of Printing, 1450-1800*. translated by D. Gerard, edited by Geoffrey Nowell-Smith and David Wootton. London: NLB, 1976.

该书由著名历史学家费弗尔与马丁合著，1958 年以法语首版书名为 *L'Apparition du Livre*，英译本有 378 页，共 8 章，内容涉及欧洲早期书籍的多个方面，包括纸张的传入、印刷术的技术背景、早期书籍的形貌、书籍的流通和传播等。

爱森斯坦《作为变革动因的印刷机》(1979)

Eisenstein, Elizabeth L. *The Printing Press as An Agent of Change: Communications and Cultural Transformations in Early-Modern Europe, Volume I and II*. Cambridge University Press, 1979.

中译本：何道宽译，《作为变革动因的印刷机——早期近代欧洲的传播与文化变革》，北京大学出版社 2010 年版。

该书是技术文化史名著，英文原版共 794 页，共 8 章，讨论了印刷术在科学、思想、宗教、政治等多个方面带来的深远影响。

在 1983 年出版了此书的精简版，2005 年出版精简第二版（Eisenstein, Elizabeth L. *The Printing Revolution in Early Modern Europe (second edition)*. Cambridge University Press，2005.）。更为明确地提出了印刷革命论题，第二版增加了对印刷革命反对者意见的回应。

格里菲斯《印刷与版画：历史与技术导论》（1996）

Griffiths, Antony. *Prints and Printmaking: An Introduction to the History and Techniques*. Berkeley and Los Angeles: University of California Press, 1996.

该书简要介绍了印刷技术的历史发展，约 160 页，有 7 个章节。论及凸版印刷、凹版印刷、平版印刷、网板印染、彩印、照相制版等技术。书后附有与版画和印刷术相关的书目以及术语表。

7. 电子信息、计算机技术

兰德尔《数字计算机起源文献选编》（1973）

Randell, Brian (ed.). *The Origins of Digital Computers: Selected Papers*. Berlin, Heidelberg, New York: Springer-Verlag, 1973.

该文集有 464 页，汇总了 1837—1972 年（重点关注 1930—1949 年）计算机器发明过程中的技术论文，共有 32 篇文章，依主题编为 8 章。内容包括：巴贝奇的分析机、电机计算器，电动制表机、自动计算器，IBM 卡片编程电子计算器，贝尔实验室的相关工作，电子计算机（二进制计算器、ENIAC 等），存储程序电子计算机（EDVAC 等）等。该文集汇集了多篇原始材料，值得计算机史的研究者查阅。

威廉斯《计算技术史》（1985）

Williams, Michael R. *A History of Computing Technology(Second Edition)*. IEEE Computer Society, 1997.

该书考察了从结绳计数到电子计算机的计算技术发展史，首版于 1985 年出版，1997 年第二版共 426 页，分为 9 章。内容包括计数符号、计算工具（算盘、四分仪、计算尺、对数表等）、机械计算装置、巴贝奇的计算机器、模拟计算器（星盘等）、"机械怪兽"（楚泽计算机、贝尔机、Harvard Mark、IBM 计算器）、电子计算机、存储程序计算机等。

阿斯普雷《计算机之前的计算》（1990）

Aspray, William ed. *Computing Before Computers*. Ames: Iowa State University Press, 1990.

该书由多位作者合作撰写，266 页，共 7 章，讲述了电子计算机之前的计算机器。内容包括早期计算器、差分机、逻辑机器、打孔机、模拟计算器、电子计算器等。

切鲁兹《现代计算史》（1998）

Ceruzzi, Paul E. *A History of Modern Computing (Second Edition)*. Cambridge and London: The MIT Press, 2003.

该书描绘了第二次世界大战后计算机发展的历史。原版于 1998 年出版，2003 年第二版有 438 页，以时间先后分为 10 章，内容有商业计算机、软件、微型计算机、芯片、个人电脑、UNIX 与网络、因特网时代等。

莫斯霍维特斯等《因特网史：从 1843 年至今的年表》（1999）

Moschovitis, Christos J. P., Poole, H., Senft, T. M., and Schuyler, T. *History of the Internet: A Chronology, 1843 to the Present*. ABC-CLIO, Inc., 1999.

该书以编年史的方式叙述电信、互联网技术的发展，时间上从 1843 年巴贝奇的差分机理论到 1998 年的互联网。312 页，按照年代分为 8 章。该书较为简明，条目以时间为序排列，并附有较为丰富的阅读参考书目。

钱德勒《创造电子世纪：消费电子和计算机工业的史诗》（2001）

Chandler, Alfred D. *Inventing the Electronic Century: The Epic Story of the Consumer Electronics and Computer Industries (with a New Preface)*. with the assistance of Takashi Hikino and Andrew von Nordenflycht. Cambridge and London: Harvard University Press, 2005.

该书共 320 页，原版于 2001 年出版，讲述了消费电子工业的历史，内容包括美国与日本的消费电子产业发展、计算机产业的兴起、微处理革命、国家间的竞争等。

胡守仁《计算机技术发展史》（2004，2006）

胡守仁编著:《计算机技术发展史（一）——早期的计算机器及电子管计算机》，国防科技大学出版社 2004 年版。

胡守仁编著：《计算机技术发展史（二）——晶体管、集成电路计算机》，国防科技大学出版社 2006 年版。

胡守仁（1926— ）是国防科技大学教授、计算机专家，两书较为详细地讲述了计算机技术从古至今的发展史。第一册有 415 页，共 8 章，内容包括早期计算工具、机械计算器、差分机和分析机、继电器计算机、电子管计算机、存储程序计算机等。第二册叙述 20 世纪 60—80 年代的情况，内容有 7 章，共 357 页，包括晶体管计算机、超级计算机系统、集成电路计算器、巨型计算机、微处理器、互联网等。

诺尔曼《从古登堡到因特网：信息技术史原始文献集》（2005）

Norman, Jeremy M. (ed.). *From Gutenberg to the Internet: A Sourcebook on the History of Information Technology*. Novato: historyofscience.com, 2005.

该文集汇总了信息技术历史上的重要文献，包括巴贝奇、贝尔、图灵、莫尔斯、冯诺依曼等人的文章。共约 900 页，14 章。第 1 章是导言，第 2 章是年表。第 3 章至第 13 章依次处理不同的主题（逻辑设计、计算机程序、智能、互联网等），文章在每章内按时间顺序排列。

戈金《手机文化：日常生活中的移动技术》（2006）

Goggin, Gerard. *Cell Phone Culture: Mobile Technology in Everyday Life*. London and New York: Routledge, 2006.

该书约 250 页，分为 4 部分，共 11 章，简要介绍了手机技术（传声、短信、照相、移动互联网等）以及手机对日常生活和社会文化的影响。

莫里斯《世界半导体工业史》（2008）

Morris, Peter Robin. *A History of the World Semiconductor Industry (History of Technology Series No 12)*. London: The Institution of Engineering and Technology in association with The Science Museum, 2008.

该书 171 页，简要描绘了半导体技术和产业的发展。共分为 9 章，内容包括热阴极电子管、晶体管、半导体设备制造，以及美、日、韩、欧的半导体产业等。该书属于《技术史系列》（*History of Technology Series*）丛书，该丛书目前已经出版了以电力、电子、电器技术为主题的书籍，值得关注。

8. 农业与食品技术

沃森《早期伊斯兰世界的农业创新》（1983）

Watson, Andrew M. *Agricultural Innovation in the Early Islamic World: The Diffusion of Crops and Farming Techniques, 700-1100.* Cambridge: Cambridge University Press, 2008.

该书描述和解释了 700—1100 年伊斯兰世界农业发生的革命性变化。原版于 1983 年出版，260 页，分为 5 个部分，25 章。第一部分 15 章，讨论了高粱、大米、硬小麦、甘蔗、棉花、柠檬、香蕉、菠菜等 18 种作物的起源、传播和用途。第二部分研究传播途径。第三部分探讨传播机制，涉及需求、基础设施、土地制度等。第四部分研究新作物的影响。第五部分简要叙述了 1100 年之后的情况。

巴德《运用生命：生物技术史》（1994）

Bud, Robert. *The Uses of Life: A History of Biotechnology.* Cambridge University Press, 1994.

该书约 300 页，共有 9 章，介绍了生物技术 100 多年来的发展史，内容包括发酵、化学工程、绿色农业技术、与遗传学的结合等，还简单地介绍了生物产业和政策的情况。

史密斯《农业的出现》（1995）

Smith, Bruce D. *The Emergence of Agriculture.* New York: Scientific American Library, 1995.

该书结合了动植物学、考古学的研究成果，考察了农业起源的若干问题。有 230 页，共 8 章，图表丰富。前 3 章讨论了起源问题、作物与家畜的培育以及新的技术手段，第 4 ~ 第 8 章分别论述新月沃地、欧洲和非洲、东亚、中南美、北美的情况。

斯威尼《中世纪农业：技术、实践与表现》（1995）

Sweeney, Del ed. *Agriculture in the Middle Ages: Technology, Practice, and Representation.* Philadelphia: University of Pennsylvania Press, 1995.

该文集论及中世纪农业的多个方面，371 页，共 15 篇文章。第 1 部分内容有罗马农业知识在中世纪早期的连续性、中世纪畜牧业、阿拉伯农业等。第 2、第 3、第

4 部分分别以农业社会、文学中的农民形象、图像中的农民形象为主题。

阿斯蒂尔、兰登《中世纪农业与技术：西北欧农业变迁的影响》（1997）

Astill, Grenville, and Langdon, J. eds. *Medieval Farming and Technology: The Impact of Agricultural Change in Northwest Europe*. Leiden, New York, Koln: Brill, 1997.

该文集 321 页，共 13 篇文章，以中世纪农业技术为主题，描绘了农业技术与实践在欧洲西北部的传播和发展，介绍了法国、佛兰德斯、尼德兰、丹麦、瑞典、斯堪的纳维亚、英格兰等国家和地区的农业技术情况，最后一章是总结概括。

马祖瓦耶、鲁达尔《世界农业史：从新石器时代到当代危机》（1997）

Mazoyer, Marcel, and Roudart, L. *A History of World Agriculture: From the Neolithic Age to the Current Crisis*. translated by James H. Membrez. London and Sterling: Earthscan, 2006.

该书讲述了人类农业从古至今的发展史。原版为法语，1997 年出版，书名为 *Histoire des Agricultures du Monde: Du Neolithique a la Crise Contemporaine*。英译本有 525 页，共 11 章。该书以"农业革命"为主线描述农业史，内容有农业的起源、新石器农业革命、刀耕火种农业系统、灌溉系统、印加农业、古代农业革命、中世纪农业革命、两次现代农业革命、机械化、农业危机等。

基普、奥尼拉斯《剑桥世界食物史》（2000）

Kiple, Kenneth F., and Ornelas, K. C. eds. *The Cambridge World History of Food: Volume One & Volume Two*. Cambridge University Press, 2000.

两卷本合计 2153 页，由多位学者合作撰写，是食品技术、产业、历史、政策的百科全书。该书分为 8 个部分，分别讨论历史上的食物、主要食物（谷物、块根块茎、蔬菜、坚果、油脂、调料、动物性食品、饮料）、营养成分、世界各地的食物、营养与健康、当代食品政策、世界可食用植物词典。

陶格《世界史中的农业》（2011）

Tauger, Mark B. *Agriculture in World History*. London and New York: Routledge, 2011.

该书约 190 页，分为 8 章，简要地介绍了农业技术和农业产业发展，内容包括：

农业起源，古代、中世纪、现代早期、19 世纪、20 世纪前期以及第二次世界大战以来的农业等。

9. 军事技术

范克勒韦尔德《技术与战争：从公元前 2000 年到当下》（1989）

Van Creveld, Martin. *Technology and War: From 2000 B.C. to the Present (a revised and expanded edition)*. New York: Free Press, 1991.

该书讲述了近 4000 年来的军事技术与战争。原版于 1989 年出版，342 页，按时间顺序分为 4 个部分，共 20 章，每部分 5 章。第 1 部分所谓"工具时代"（至 1500 年）与第 2 部分"机器时代"（1500—1830 年），讨论了当时的野战、攻城、基础设施、海战等。第 3 部分"体系时代"（1830—1945 年）介绍了战争动员、陆战、空战、海战等。第 4 部分"自动化时代"（1945—　）包括信息化战争、核战、集成作战等。

德弗里斯、史密斯《中世纪军事技术》（1992）

DeVries, Kelly, and Smith, R. D. *Medieval Military Technology (Second Edition)*. University of Toronto Press, 2012.

原版于 1992 年出版，是较为全面的中世纪军事技术史，约 350 页，分为 4 个部分，共 12 章。内容包括：武器、盔甲、骑兵，投石机、希腊火、火炮、攻城机械，各种防御工事，战船。

帕克《剑桥战争史》（2020）

Parker, Geoffrey ed. *The Cambridge History of Warfare (Second Edition)*. Cambridge University Press, 2020.

中译本：傅景川等译，《剑桥战争史》，吉林人民出版社 2001 年版。

该书由不同作者撰写，按时间顺序介绍了西方战争史。原版于 1995 年出版，后多次再版。此版本约 520 页，依时间顺序分为 4 个部分，共 18 章。内容有步兵时代（公元前 600—公元 300 年）、防御工事时代（300—1500 年）、枪炮和帆船的时代（1500—1815 年）、机械化时代（1815 年至今），带有丰富插图。

霍尔《文艺复兴欧洲的武器与战争：火药、技术与战术》（1997）

Hall, Bert S. *Weapons and Warfare in Renaissance Europe: Gunpowder, Technology, and Tactics*. Baltimore& London: The Johns Hopkins University Press, 1997.

300 页，共 7 章，重点讨论 14—16 世纪的军事技术与战争。内容包括中世纪后期冷兵器武器和战术的发展、火药、黑火药、15 世纪的火药武器、无膛线枪炮弹道学、16 世纪的火药武器、技术与军事革命等。

德弗里斯《中世纪军事史和军事技术书目汇总》(2002，2008)

DeVries, Kelly. *A Cumulative Bibliography of Medieval Military History and Technology*. Leiden, London, Köln: Brill, 2002.

DeVries, Kelly. *A Cumulative Bibliography of Medieval Military History and Technology Update 2003-2006*. Leiden and London: Brill, 2008.

这两本书是中世纪军事史学者德弗里斯整理的文献汇总，分别有 1109 页和 481 页，汇集了 2006 年之前发表的论及古代后期、中世纪和现代早期军事的著作与论文。文献按主题编目，前半部分以一般军事条目为主题，后半部分以军事技术为主题。这两本书对于前现代军事史研究者而言有重要的参考价值。

刘戟锋等《自然科学与军事技术史》(2003)

刘戟锋、赵阳辉、曾华锋：《自然科学与军事技术史》，湖南科学技术出版社 2003 年版。

该书共 346 页，探讨了一般科技进步在军事领域的体现，内容分为 16 章，主题包括古代科学与军事技术、火药、化学工业与高爆炸药、机械制造与枪炮革命、蒸汽机与巨舰、内燃机与坦克、航空技术与立体作战、毒剂与化学战、生物学与生物武器、原子物理学与核武器、电子技术与电子对抗、计算机与信息作战、火箭技术与精确制导、航天技术与太空军事、新概念武器与未来战争。

布尔《军事技术与创新百科全书》(2004)

Bull, Stephen. *Encyclopedia of Military Technology and Innovation*. Westport and London: Greenwood Press, 2004.

简明的军事技术百科词典，共 331 页，条目按字母顺序排列。

萨宾等《剑桥希腊罗马战争史》(2007)

Sabin, Philip, Van Wees, H., and Whitby, M. (eds.). *The Cambridge History of Greek and Roman Warfare: Volume Ⅰ: Greece, the Hellenistic World and the Rise of Rome; Volume Ⅱ: Rome from the Late Republic to the Late Empire.* Cambridge University Press, 2007.

两卷本著作，由不同作者合作撰写。第 1 卷有 15 章，602 页；第 2 卷有 12 章，546 页。开头三章讨论古代战争的编史学，然后分古希腊、希腊化与罗马共和国（第 1 卷）、共和国后期与元首制时期、帝国后期（第 2 卷）4 个部分论述。每一部分均有 6 章，内容依次为国际关系、军事力量、战争、战斗（战术战法等）、战争与国家、战争与社会。

五、专题研究

1. 技术史与经济

兰德斯《解除束缚的普罗米修斯》（1969）

Landes, David S. *The Unbound Prometheus: Technological Change and Industrial Development in Western Europe from 1750 to the Present.* Cambridge et al.: Cambridge University Press, 1969.

中译本：谢怀筑译，《解除束缚的普罗米修斯：1750 年迄今西欧的技术变革和工业发展》，华夏出版社 2007 年版。

该书为经济史名著，分析了英国工业革命以来的西方经济发展。英文版 566 页，中译本 586 页，共 8 章。该书强调技术对经济发展的作用，行文中引用大量技术史内容。

钱德勒《看得见的手——美国企业的管理革命》（1977）

Chandler, Alfred Dupont. *The Visible Hand: The Managerial Revolution in American Business.* Cambridge and London: The Belknap Press of Harvard University Press, 1977.

中译本：重武译，《看得见的手——美国企业的管理革命》，商务印书馆 2017 年版。

作者将现代企业的管理协调视为看得见的手，认为它比看不见的市场之手能更有效地促进经济发展、增强竞争力。该书英文版 608 页，中译本 772 页，分为 5 部分，14 章。内容包括传统的生产和分配过程、运输与通信中的革命、分配与生产中的革命、大规模生产与大量分配的结合、现代工业企业的管理和成长。该书分析了铁路、轮船、通信、大规模生产、连续作业技术等技术对于管理革命的基础作用，讨论了食品、烟草、化学、石油、机械制造等多个工业部门的情况。

罗森伯格《探索黑箱：技术与经济学》（1982）

Rosenberg, Nathan. *Inside the Black Box: Technology and Economics*. Cambridge University Press, 1982.

技术被大多数经济学家视为黑箱，该书则试图打开这个黑箱，从经济学角度考察技术的发展和传播。共 304 页，分为 4 个部分，由 12 篇独立的文章构成，其中 3 篇为 Rosenberg 与他人合作完成。内容包括技术进步的编史学、马克思的技术研究、技术与美国经济、能源供应对技术和经济的影响、技术期望、用中学、科学的外生性、技术创新的市场决定因素、技术的国际传播与领导地位等。该书续作为（《探索黑箱：技术、经济和历史》Rosenberg, Nathan. *Exploring the Black Box: Technology, Economics, and History*. Cambridge University Press, 1994. ）。

伯格、布吕兰《欧洲技术革命的历史透视》（1998）

Berg, Maxine, and Bruland, K. (eds.). *Technological Revolutions in Europe: Historical Perspectives*. Cheltenham and Northampton, MA: Edward Elgar, 1998.

该文集旨在从经济、社会和文化的角度看待技术革命，以不同案例多角度地理解技术变化。共 325 页，由 15 篇论文组成，分为 5 个部分，论及技术、文化与政治经济学，创新文化（工业化、工业革命的文化基础），发明家与产品，技能学习与技术传播，法律和机构的影响。

弗里曼、卢桑《光阴似箭：从工业革命到信息革命》（2001）

Freeman, Chris, and Louçã, F. *As Time Goes by: From the Industrial Revolutions to the Information Revolution*. Oxford University Press, 2002.

中译本：沈洪亮主译，《光阴似箭：从工业革命到信息革命》，中国人民大学出版社 2007 年版。

该书以演化经济学为主题，首版于 2001 年出版，英文本 407 页，中译本 432 页，分为 2 部分，共 9 章。第 1 部分题为"历史与经济学"。第 2 部分题为"连续发生的工业革命"，用康德拉季耶夫长波经济理论分析技术与经济的变化，指出工业革命以来共有五次长波周期，分别对应不同的主导技术。

2. 技术史与社会文化

怀特《来自上帝的机器：西方文化活力论文集》(1968)

White, Lynn. *Machina ex Deo: Essays in the Dynamism of Western Culture*. Cambridge and London: The MIT Press, 1968.

该文集收录了著名中世纪技术史家林恩·怀特的 11 篇论文，主要讨论与技术关系紧密的西方文化因素。1971 年、1973 年的再版将正题名更改为《发电机和童贞圣母再思考》(*Dynamo and Virgin Reconsidered*)，其他未有变化。

佩西《技术文化》(1983)

Pacey, Arnold. *The Culture of Technology*. Cambridge: The MIT Press, 1983.

该书共 210 页，分为 9 章，探讨了若干与技术有紧密联系的文化现象，涉及技术的实践与文化、进步的信念、专家文化、资源信念、新技术传播、女性价值、价值冲突、创新精神、工业化浪潮等。

比克等《技术系统的社会建构：技术史与技术社会学的新方向》(1989)

Bijker, Wiebe. E., Hughes, T. P., Pinch, T. eds. *The Social Construction of Technological Systems: New Directions in the Sociology and History of Technology*. Cambridge and London: The MIT Press, 1989.

该文集来自 1984 年在特温特大学召开的关于技术的社会历史研究的会议，以社会学研究为基调，旨在探讨技术的社会结构以及技术与社会的关系。共 405 页，分为 4 个部分，收录 13 篇论文，内容有：技术的社会建构，大规模技术系统的演化，葡萄牙扩张、合成染料、塑料、导弹的精度、医学信任、医学成像等技术的案例研究等。

比克、劳《形塑技术、构建社会》(1992)

Bijker, Wiebe E., and Law, J. (eds.). *Shaping Technology/Building Society: Studies in Sociotechnical Change*. Cambridge and London: The MIT Press, 1992.

该文集可视为比克主编的上一文集的续篇，341 页，共 3 部分，由 11 篇文章构成。内容包括：英国空军 TSR.2 飞机的生死、专利、日光灯、钢、放射性废料、爱迪生与电影、英国健康预算等案例研究，以及对技术与社会的理论探讨。

诺布尔《技术的宗教：人的神性与发明精神》（1998）

Noble, David F. *The Religion of Technology: The Divinity of Man and the Spirit of Invention*. New York: Alfred A. Knopf, 1998.

该书讨论现代技术的宗教根源，共 273 页，分为 2 部分，11 章。第 1 部分题为"技术与超越"，梳理了 9 世纪以来的技术进步观念以及它们与基督教的关系，指出现代人的技术热情源自基督教的重现人类神性的理想。第 2 部分题为"超越的技术"，考察 20 世纪几项重要技术——核武器、太空探索、人工智能、基因工程的基督教背景，并指出其负面后果。

格于布勒《技术与全球性变化》（1998）

Grübler, Arnulf. *Technology and Global Change*. Cambridge University Press, 1998.

中译本：吴晓东等译，《技术与全球性变化》，清华大学出版社 2003 年版。

该书描述了过去两百年里技术如何塑造社会与环境，共有 502 页，3 个部分，共 9 章。第 1 部分讨论了技术的概念、模型以及历史。第 2 部分利用"技术群"概念研究农业、工业和服务业对环境的影响。第 3 部分是结论与后记。

米萨《达芬奇到互联网：文艺复兴以来的技术和文化》（2004）

Misa, Thomas J. *Leonardo to the Internet: Technology and Culture from the Renaissance to the Present (Second Edition)*. Baltimore: The Johns Hopkins University Press, 2011.

该书通过多个案例讨论了 1450 年以来的技术与文化，探讨技术的多种角色。首版于 2004 年出版，2011 年的第二版共 378 页，10 章，内容包括法庭技术、商业技术、工业的扩张、科技体系、现代主义、武器发展、全球化的技术基础、安全挑战等。

六、人物研究

1. 维特鲁威（Vitruvius，公元前 1 世纪）

维特鲁威《建筑十书》（1999）

Vitruvius. *Ten Books on Architecture*. Translation by Ingrid D. Rowland, commentary and illustrated by Thomas Noble Howe. Cambridge University Press, 1999.

该书是现存唯一一部完整的古代建筑著作，对于技术史研究意义重大。《建筑十书》有众多译本，此版本为较新的英译本，共 333 页，由艺术史家 I. D. Rowland 和建筑史家 T. N. Howe 合作编译。顾名思义，该书由 10 卷组成，每卷的内容依次为：建筑原则和城市布局、建筑材料、神庙、科林斯式、多立克式和托斯卡纳式神庙、公共建筑、私人建筑、装饰、水、日晷和钟、机器。

麦克尤恩《维特鲁威：书写建筑之身体》(2003)

McEwen, Indra Kagis. *Vitruvius: Writing the Body of Architecture*. Cambridge and London: The MIT Press, 2003.

该书是对维特鲁威著作《建筑十书》的研究，共 493 页，分为 4 章。第 1 章"天使的身体"讨论维特鲁威的写作目的；第 2 章"赫拉克勒斯的身体"分析维特鲁威与奥古斯都的关系、该书与罗马文明的关系；第 3 章"美丽的身体"讨论了比例、几何与建筑之美；第 4 章"国王的身体"涉及奥古斯都建筑规划的意义。该书注释和参考文献丰富，有助于读者了解维特鲁威研究的概况。

2. 特奥菲卢斯（Theophilus Presbyter，约 11 世纪末至 12 世纪初）

特奥菲卢斯《论诸技艺》(1961)

Theophilus. *The Various Arts (De Diuesis Artibus)*. Translated from the Latin with Introduction and Notes by C. R. Dodwell. London et al.: Thomas Nelson and Sons Ltd, 1961.

该书是中世纪最为详细、系统、可靠的技术文献，是一部技艺的百科全书，对于技术史研究有着不可替代的重要意义。原书共分三册。第 1 册涉及颜料和绘画技艺。第 2 册的主题是玻璃的烧制、加工与装饰。第 3 册谈论金属工匠的技艺，包括所用工具、多种金属的冶炼、铸造、焊接、镀金、珐琅、各种礼器的制造等。该书有多个译本，此译本在文献学方面颇获好评，采纳了目前最好的原始文本。此译本导言部分共 78 页，较为详细地介绍了背景情况；正文部分共 178 页。

特奥菲卢斯《论诸技艺：关于绘画、玻璃和金属的最重要的中世纪文献》(1963)

Theophilus. *On Divers Arts: The Foremost Medieval Treatise on Painting, Glassmaking and Metalwork*. Translated from the Latin with introduction and notes by J. G. Hawthorne and C. S. Smith. New York: Dover Publications, INC, 1963.

《论诸技艺》的另一个英译本，更加侧重对技术细节的考察，图示较为丰富。此译本导言部分 36 页，正文及相关内容共 216 页。

3. 古登堡（Johannes Gutenberg，1400—1468）

曼《古登堡革命》（2002）

Man, John. *The Gutenberg Revolution: The Story of a Genius and an Invention that Changed the World*. London et al.: Bantam Books, 2009.

首版于 2002 年出版，约 300 页，包括导言、正文 10 章与 2 个附录，该书考察了古登堡的人生经历，活字印刷术的背景、发明经过及其影响。附录分别介绍了四十二行圣经的资产负债表、印刷术的传播年表。

4. 达·芬奇（Leonardo da Vinci，1452—1519）

吉布斯－史密斯《达·芬奇的发明》（1978）

Gibbs-Smith, Charles, and Rees, G. *The Inventions of Leonardo da Vinci*. New York: Charles Scribner's Sons, 1978.

该书考察了达·芬奇手稿中的机器发明，并给出了部分装置的现代复制模型。共 110 页，正文包括 6 章，分别是飞行器、武器、机械元件、水力、陆地交通工具、自然研究和建筑设计。后附有达·芬奇的生平年表和发明列表。

罗伦佐《达·芬奇的机器》（2005）

Laurenza, Domenico. *Le macchine di Leonardo. Segreti e invenzioni nei Codici da Vinci*, 2005.

中译本：胡炜译，《达·芬奇机器》，南方日报出版社 2015 年版。

中译本共 231 页，内容分为 7 章，分别是飞行器、战争机器、水力机械、工作机械、舞台机械、乐器、另类机器。该书特点在于绘图精美，作者利用电脑绘图方法复原展示了达·芬奇手稿中的机器。

肯普《达·芬奇：自然与人的非凡作品》（2006）

Kemp, Martin. *Leonardo da Vinci: The Marvelous Works of Nature and Man*. Oxford University Press, 2006.

该书是达·芬奇研究权威马丁·肯普对达·芬奇作品全面、系统的介绍，涉及其艺术、技术、科学等多方面的贡献。正文共 381 页，分为 5 章。

5. 阿格里科拉（Georgius Agricola，1494—1555）

阿格里科拉《矿冶全书》（1912）

Agricola, Georgius. *De Re Metallica: Translated from the First Latin Edition of 1556.* translated and edited by H. C. Hoover and L. H. Hoover. London: The Mining Magazine, 1912.

阿格里科拉的传世名著《矿冶全书》较为详细地介绍了当时采矿冶金领域的技术实践，具有不可替代的技术史价值。此译本是较为流行的英译本，共 640 页，翻译并注释了《矿冶全书》的前言和 12 卷正文。此译本还有 3 个附录，分别介绍了阿格里科拉的著作、重要的古代和中世纪技艺作者、度量衡。

6. 瓦特（James Watt，1736—1819）

迪金森《詹姆斯·瓦特：工匠和工程师》（1936）

Dickinson, Henry Winram. *James Watt: Craftsman and Engineer.* Cambridge at the University Press, 1936[2010].

该书共 209 页，按生平时间顺序分为 8 章，较为详细地介绍了瓦特的经历与发明贡献。

米勒《瓦特的一生与传奇：合作、自然哲学与蒸汽机的改进》（2019）

Miller, David Philip. *The Life and Legend of James Watt: Collaboration, Natural Philosophy, and the Improvement of the Steam Engine.* Pittsburgh: University of Pittsburgh Press, 2019.

米勒（David Philip Miller，1953—　）是澳大利亚新南威尔士大学科学史与科学哲学荣休教授、国际著名的瓦特研究专家。该书引入自然哲学与化学视角研究瓦特。该书共 420 页，分为 9 章，内容包括：瓦特的背景与早年经历、独立冷凝器的改进（1、2 章），与博尔顿合作关系的建立（3 章），自然哲学工作（4 章），瓦特的家庭和社会关系、瓦特的公司的运作（5 章），瓦特的收入、投资与花销（6 章），瓦特生前与死后的名望（7、8 章），总结评价（9 章）。

7. 巴贝奇（Charles Babbage，1791—1871）

巴贝奇《巴贝奇的计算机器》（1889）

Babbage, Charles. *Babbage's Calculating Engines: Being a Collection of Papers*

Relating to Them; Their History, and Construction. edited by H. P. Babbage. Cambridge University Press, 2010.

该文集汇集了巴贝奇有关计算机器的文章，正文342页，包括32篇巴贝奇本人的文章以及1篇巴贝奇生平简介。书后汇总了巴贝奇所有公开发表的文章，以及计算机器的设计图。

科利尔等《查尔斯·巴贝奇与完满引擎》（1998）

Collier, Bruce, and MacLachlan, J. *Charles Babbage and the Engines of Perfection.* New York and Oxford: Oxford University Press, 1998.

该书共123页，分为7章，简要介绍了巴贝奇的生平与发明，正文后附有与巴贝奇有关的博物馆和网站以及巴贝奇生平年表。

8. 莫尔斯（Samuel Finley Breese Morse，1791—1872）

普赖姆《莫尔斯传：电磁记录电报的发明者》（1875）

Prime, Samuel Irenaeus. *The Life of Samuel F. B. Morse, LL.D.: Inventor of the Electro-Magnetic Recording Telegraph.* New York: D. Appleton and Company, 1875.

该书有776页，共22章，以时间为序详细记录了莫尔斯的生平。

西尔弗曼《闪电人：塞缪尔·莫尔斯被诅咒的一生》（2003）

Silverman, Kenneth. *Lightning Man: The Accursed Life of Samuel F. B. Morse.* New York: Alfred A. Knopf, 2003.

该书共503页，共18章，是莫尔斯的生平传记。

9. 贝尔（Alexander Graham Bell，1847—1922）

布鲁斯《叮咚：贝尔与征服孤独》（1973）

Bruce, Robert V. *Bell: Alexander Graham Bell and the Conquest of Solitude.* Ithaca: Cornell University Press, 1990.

该书原版于1973年出版。所引版本有564页，正文分3个部分，共35章。3个部分分别为电话之前、电话、电话之后。该书较为详细地讲述了贝尔的生平和贡献，参考资料丰富。

10. 爱迪生（Thomas Alva Edison，1847—1931）

约瑟夫森《爱迪生传》（1959）

Josephson, Matthew. *Edison: A Biography*. New York: McGraw-Hill, 1959.

该书共 511 页，按年代划分为 22 章，较为详细地介绍了爱迪生的生平和贡献。

斯特罗斯《门罗公园的巫师：爱迪生如何发明了现代世界》（2007）

Stross, Randall E. *The Wizard of Menlo Park: How Thomas Alva Edison Invented the Modern World*. New York: Crown Publishers, 2007.

该书共 376 页，分为 2 个部分，共 12 章。2 部分以 1882—1883 年为界，分别讲述爱迪生的前半生与后半生。

11. 特斯拉（Nikola Tesla，1856—1943）

切尼《特斯拉：超出时代的人》（1981）

Cheney, Margaret. *Tesla: Man Out of Time*. New York: Barnes & Noble Books, 1993.

原版于 1981 年出版。所引版本 320 页，共 30 章。该书大量借助原始文献，生动地描绘了特斯拉的生平。

卡尔森《特斯拉：电力时代的发明者》（2013）

Carlson, W. Bernard. *Tesla: Inventor of the Electrical Age*. Princeton and Oxford: Princeton University Press, 2013.

该书有 500 页，共 16 章，按时间顺序介绍了特斯拉的生平与发明。该书以学术的立场研究特斯拉，致力于揭开这位传奇发明家的神秘面纱，将特斯拉置于当时的文化和技术背景中，借助原始文献，考察他的发明以及商业策略，注释丰富，参考性强。

12. 福特（Henry Ford，1863—1947）

福特等《我的生活和事业》（1922）

Ford, Henry, Crowther, S., and Levinson, W. A. *The Expanded and Annotated My Life and Work: Henry Ford's Universal Code for World-Class Success*. CRC Press, 2013.

中译本：汪敬钦译，《亨利·福特自传》，江苏文艺出版社 2000 年版。

该书是福特自传，讲述了福特的个人经历与企业经营。原版于 1922 年出版，这里所用的版本是扩充和注释版，前言等 52 页，正文 256 页，共 19 章，介绍了福特生平的多个方面，包括从商经验、制造与服务、流水线作业、用人与管理、工资、库存、成本、金融、拖拉机事业、慈善、铁路等。

沃茨《人民大亨：亨利·福特与美国世纪》(2005)

Watts, Steven. *The People's Tycoon: Henry Ford and the American Century.* New York: A. A. Knopf, 2005.

该书较为详细地讲述了福特的人生经历，展示了他的成就与阴暗面，并将他视为塑造美国汽车社会的文化力量。614 页，分为 4 个部分，共 25 章，4 个部分的标题依次为成名之路、奇迹制造者、廉价车之王、缓慢的衰退。

13. 莱特兄弟 [Wilbur Wright (1867—1912), Orville Wright (1871—1948)]

莱特《我们是如何发明飞机的》(1953)

Wright, Orville. *How We Invented the Airplane: An Illustrated History.* edited with Introduction and Commentary by Fred C. Kelly; additional text by Alan Weissman. New York: Dover Publications, 1988.

该书作者是飞机的发明者之一奥维尔·莱特，书中包含了大量当时的照片，具有重要的史料价值。该书原版于 1953 年出版，所引版本在内容上有所扩充。

麦卡洛《莱特兄弟》(2015)

McCullough, David. *The Wright Brothers.* New York et al.: Simon and Schuster, 2015.

中译本：庄安祺译，《飞翔之梦：莱特兄弟新传》，台湾时报出版社 2016 年版。

该书有 320 页，分为 3 个部分，共 11 章，讲述了莱特兄弟的生平，附有大量图片。

第二十九章　英国科技史

马玺

"英国"这个词在中文中词义模糊，它可以指"联合王国"（United Kingdom）"英格兰"（England），甚至某些时期的"英帝国"（British Empire），并且即使这三个词的指称在历史上也有变化。本章将时间范围限制在 18 世纪以来（联合王国正式成立于 1707 年），在空间范围上则尽量兼顾这个词在不同语境中的诸多内涵，尤其是苏格兰、英格兰以及英帝国。本章分为工具书、断代史和专题研究三个部分。

一、工具书

麦克利奥德、弗莱迪《英国科学家档案》（1972, 1973）

MacLeod, Roy M., and James R. Friday. *Archives of British Men of Science: Introduction and Index to the Publication in Microfiche of a Survey of Private and Institutional Holdings*. Mansell, 1972.

MacLeod, Roy M, and James R Friday. *Supplement to the First Edition of Archives of British Men of Science*. London: Mansell, 1973.

该书两位作者是英国著名科学史家，他们调查了英国从 18 世纪到 20 世纪初的科学家档案，制定了这部指南，对于寻找著名科学家的档案很有帮助。1973 年他们又合作出版了补录。

福尔摩斯、拉斯顿《劳德里奇 19 世纪文学和科学研究指南》（2017）

Holmes, John, and Ruston, Sharon. eds. *The Routledge Research Companion to Nineteenth-Century British Literature and Science*. Routledge, 2017.

该书主编为英国伯明翰大学教授 John Homes 和兰凯斯特大学教授 Sharon Ruston。全书 278 页，共分 4 个部分，涉及文学、艺术与科学关系的诸多方面，是了解科学与公众文化、艺术以及文献关系的重要参考书。

二、断代史

1. 启蒙时代

戈林斯基《作为公众文化的科学：不列颠的化学与启蒙》（1992）

Golinski, Jan. *Science as Public Culture: Chemistry and Enlightenment in Britain, 1760-1820*. Cambridge: Cambridge University Press, 1992.

戈林斯基是美国新罕布什尔大学教授、著名科学史家，研究的主要方向为文艺复兴和启蒙时代的英国和欧洲的科学史。该书是他的第一部著作，关注 1760 年至 1820年化学在英国的发展及其与英国启蒙时代的市民生活之间的联系。全书共 8 章，讨论不同的人物和主题，是了解 18 世纪和 19 世纪之交英国科学的重要著作。

维瑟斯、伍德《苏格兰启蒙运动中的科学与医学》（2002）

Withers, Charles W. J., and Paul Wood, eds. *Science and Medicine in the Scottish Enlightenment*. Tuckwell Press, 2002.

该书是爱丁堡大学历史地理学教授维瑟斯和加拿大维多利亚大学历史学教授伍德共同主编的论文集。维瑟斯主要的研究领域是苏格兰启蒙运动时期的地理学，主张以地理学的视角考察科学知识的生产和流通，是过去 20 年科学史领域"空间转向"的主要推动者之一。该书共 364 页，包括 12 篇文章，是了解苏格兰启蒙运动时期的科学和医学的重要书籍，也能从中了解"空间转向"的基本旨趣和方法。

艾略特《启蒙、现代与科学：乔治时代英国科学文化的地理》（2010）

Elliott, Paul A. *Enlightenment, Modernity and Science: Geographies of Scientific Culture and Improvement in Georgian England*. Tauris Historical Geography Series: 5. London: I. B. Tauris, 2010.

该书 358 页，主题是乔治时代（Georgian Era）英国的启蒙运动与科学文化之间的关系。全书共分为 9 章，以考察不同地点、地方和地区之间在科学思想和知识的传播上的区别，涉及这个时代主要的科学家及其活动，呈现了一幅 18 世纪下半叶科学文化的地理图景。

2. 工业革命时期（更多文献可参见本书第三十七章）

维格里《能源与英格兰工业革命》(2010)

Wrigley, E. A. *Energy and the English Industrial Revolution*. Cambridge: Cambridge University Press, 2010.

该书的主题是 18 世纪和 19 世纪英国煤的使用与工业革命，作者是剑桥大学教授，著名的历史人口学家，长期关注人口与城市和工业化。该书共 272 页，4 部分，9 章，探讨了能源使用与经济、城市化、交通发展、工业生产等方面的关系，是了解英国工业与能源历史的重要著作。

3. 维多利亚时代

莱特曼《语境中的维多利亚科学》(1997)

Lightman, Bernard, ed. *Victorian Science in Context*. University of Chicago Press, 1997.

该书是一本论文集，共 498 页，初次出版于 1997 年，主编是加拿大约克大学科学史教授。该书的主题是维多利亚时代科学与文化环境之间的交融，共收录了 20 篇不同主题的论文，关注了维多利亚时代不同学科（如生物学和地质学）与宗教、政治、大众文化、帝国主义等之间的联系。

史密斯《能量科学：维多利亚时代英国能量物理学的文化史》(1998)

Smith, Crosbie. *The Science of Energy: A Cultural History of Energy Physics in Victorian Britain*. University of Chicago Press, 1998.

该书关注的是 19 世纪英国的能量与物理学的关系。能量概念影响了 19 世纪英国的物理学，不列颠北部的科学家和工程师发展出了与能量相关的物理学来解决工程中的实际问题，面对圣经阐释学的兴起和进化论的发展，提升自身在科学领域的可信度。全书共 411 页，14 章，是重要的能量观念史著作。

巴顿 "科学人：维多利亚中期科学群体的语言、认同和职业化"（ 2003 ）

Barton, Ruth. "'Men of Science': Language, Identity and Professionalization in the Mid-Victorian Scientific Community." *History of Science* 41, 1(2003): 73.

该文考察了维多利亚时期的科学职业化过程。

马尔斯登、史密斯《工程帝国：19 世纪英国技术的文化史》(2005)

Marsden, Ben, and Crosbie Smith. *Engineering Empires: A Cultural History of Technology in Nineteenth Century Britain.* Basingstoke, [England]; New York: Palgrave Macmillan, 2005.

该书从文化的角度考察 19 世纪英国技术史，作者之一 Crosbie Smith 是英国肯特大学科学史和科学文化中心主任。全书共 351 页，共 5 章，涉及 19 世纪英国技术和制造的多个方面，包括测绘、蒸汽船、铁路修建以及电报等，探索了技术和工程、科学、帝国和文化之间的联系。

三、专题研究

1. 科学体制化

默顿"十七世纪英格兰的科学、技术与社会"(1938)

Merton, Robert K. "Science, Technology and Society in Seventeenth-Century England", *Osiris* 4, 1938: 330-632.

中译本：范岱年等译，《十七世纪英格兰的科学、技术与社会》，商务印书馆 2000 年版。

该书是著名社会学家默顿的代表作，也是科学社会学的奠基性著作，探讨了 17 世纪英格兰的社会文化背景和科学建制。

奥康纳、麦都斯"英国地质学的专业化与职业化"(1976)

O'Connor, Jean G., and A. J. Meadows. "Specialization and Professionalization in British Geology". *Social Studies of Science* 6, 1976: 77-89.

该文考察了英国地质学的职业构成、人员交往、学会建设等方面，通过地质学了解 19 世纪英国科学的专业化与职业化。

莫雷尔、萨克雷《科学绅士：英国科学促进会的早期历史》(1981)

Morrell, Jack, and Arnold Thackray. *Gentlemen of Science: Early Years of the British Association for the Advancement of Science.* Clarendon Press, 1981.

该书共 592 页，考察了科学促进会早期的重要人物和发展建制及其与新兴科学文化、公众生活以及社会阶层之间的联系。

亨特《皇家学会及其会员，1660—1700》(1982)

Hunter, Michael Cyril William. *The Royal Society and Its Fellows, 1660-1700: The Morphology of an Early Scientific Institution*. British Society for the History of Science, 1982.

该书共 270 页，研究的主题是 17 世纪下半叶英国皇家学会及其会员。全书分为两大部分，第一部分讨论了会员的社会角色、社会构成以及学会的变化，第二部分包括附录、表格和名录。据作者的愿景，他不仅希望该书成为一本工具书，也希望它是一本有阐释力的研究。尽管包含了很多机构史不可避免的缺陷，该书仍是了解皇家学会早期历史的重要著作。

卢德维克《泥盆纪大争论：在绅士专家中塑造科学知识》(1985)

Rudwick, Martin J. S. *The Great Devonian Controversy: The Shaping of Scientific Knowledge Among Gentlemanly Specialists*. Science and Its Conceptual Foundations. Chicago: University of Chicago Press, 1985.

该书的主题是 19 世纪 30 年代英国地质学领域关于一些化石的争论，涉及的人物包括当时所有著名的地质学家，其结果是定义了一个名为"泥盆纪"的时期。该书作者为著名地质学史家马丁·卢德维克（Martin J.S. Rudwick），他是加利福尼亚大学圣迭戈分校的荣休教授。该书共 528 页，分为 3 部分，共 16 章，讨论了 19 世纪初期新形成的地质学家如何通过社会活动塑造地质学知识，是了解 19 世纪上半叶绅士身份与科学以及地质学历史的重要著作。

布坎南《工程师：英国工程职业的历史，1750—1914》(1989)

Buchanan, Robert Angus. *The Engineers: A History of the Engineering Profession in Britain, 1750-1914*. London: Kingsley, 1989.

该书关注的主题是英国工程师的职业化，作者罗伯特·安古斯·布坎南（Robert Angus Buchanan）是英国巴斯大学技术、科学与社会史教授。该书共 240 页，既是一部出色的机构史，也是一部社会史，考察了 18 世纪中叶至 20 世纪初英国工程师的专业协会、训练和教育机构以及在国内外的社会地位，是了解 18 世纪以降英国工程师的专业化与职业发展历程的重要著作。

克罗斯兰《法国和不列颠的科学机构与实践，约 1700—1870》(2007)

Crosland, Maurice P. *Scientific Institutions and Practice in France and Britain, C.1700-c.1870*. Ashgate/Variorum, 2007.

该书是著名化学史专家莫里斯·克罗斯兰（Maurice Crosland）的论文集，主题是 18 世纪和 19 世纪英国和法国的科学体制和科学实践的研究。全书共 288 页，包括 2 部分，共 11 篇文章，涉及皇家学会、法国科学院、化学学会等机构，是了解 18 世纪和 19 世纪科学机构，尤其是化学研究机构的重要参考书。

2. 科学出版

康托、沙特尔沃斯《序列化的科学：19 世纪期刊中的科学表现》(2004)

Cantor, Geoffrey, and Shuttleworth, Sally. eds. *Science Serialized: Representations of the Sciences in Nineteenth-Century Periodicals*. Dibner Institute Studies in the History of Science and Technology. The MIT Press, 2004.

该书为一个论文集，主编是利兹大学科学史与科学哲学的荣休教授杰弗里·康托（Geoffrey Cantor）和剑桥大学英国文学教授沙利·沙特尔沃斯（Sally Shuttleworth）。全书共 358 页，收录了 14 篇文章，涉及英国、欧洲大陆和美国等地的多种连续出版物、讲座等与科学出版的历史，作者都是领域内的著名专家。

西科德《科学的眼光：维多利亚时代前夕的书籍和读者》(2015)

Secord, James A. *Visions of Science: Books and Readers at the Dawn of the Victorian Age*. Chicago: University of Chicago Press, 2015.

该书的主题是 19 世纪早期、维多利亚时代之前的科学出版物及其读者，作者詹姆斯·西科德（James Secord）是剑桥大学的科学史和科学哲学教授。19 世纪早期是科学逐渐进入公共生活和社会领域的时代。这本书共 248 页，一共 7 章，分别关注 7 本著名的科学书籍——包括查尔斯·莱尔的《地质学原理》等，展示了科学著作与文学、诗歌之间的联系，考察了科学在 19 世纪生活中的意义。

希萨尔《科学期刊：19 世纪的著作权和知识政治》(2018)

Csiszar, Alex. *The Scientific Journal: Authorship and the Politics of Knowledge in the Nineteenth Century*. Chicago: University of Chicago Press, 2018.

该书的主题是 19 世纪科学期刊与科学发展之间的关系，作者是哈佛大学科学史教授艾里克斯·布萨尔（Alex Csiszar）。全书共 376 页，6 章，涉及出版业的发展、学术评价体系的形成、作者著作权的判定、科学文章体例的形成等诸多方面的内容，是了解 19 世纪科学文化、科学出版与科学体制的关键著作，也有助于了解当今科学期刊对科学研究的评价、公开和获取的重要性是如何形成的。

道森、莱特曼等《19 世纪英国的科学期刊：建构科学社群》（2020）

Dawson, Gowan, Bernard Lightman, Sally Shuttleworth, and Jonathan R. Topham, eds. *Science Periodicals in Nineteenth Century Britain: Constructing Scientific Communities.* University of Chicago Press, 2020.

该书是一本论文集，主题是 19 世纪英国的科学连续出版物的历史，四位主编包括莱斯特大学文学教授高恩·道森（Gowan Dawson）、著名科学史家伯纳德·莱特曼（Bernard Lightman）、剑桥大学英语文学教授沙利·沙特尔沃斯（Sally Shuttleworth）以及利兹大学科学史家乔纳森·托帕姆（Jonathan R. Topham）。全书正文 424 页，共 10 篇文章，分为 3 个部分，涉及的主题是读者与科学成果的形式、科学团体的形成和医学边界的界定，讨论了连续出版物在塑造科学团体与科学文化方面的作用。

3. 帝国与殖民科学

斯塔福德《帝国的科学家：默奇森爵士、科学探索和维多利亚帝国主义》（2002）

Stafford, Robert A. *Scientist of Empire: Sir Roderick Murchison, Scientific Exploration and Victorian Imperialism.* Cambridge University Press, 2002.

该书共 306 页，是一本研究传记，考察的是 19 世纪英国最重要的地质学家之一罗德里克·默奇森的科学研究与维多利亚时代帝国主义之间的联系。默奇森是皇家地理学会的主席，也是英国地质调查所主任，他的地质调查和科学研究与大英帝国的政治、经济和科学发展不可分割。该书追溯了他的生平、科考以及人际交往，揭示了 19 世纪科学研究与帝国政治之间的紧密关联。

博尔德《科学与辉格风度：英国的科学与政治作风》（2009）

Bord, Joe. *Science and Whig Manners: Science and Political Style in Britain, c. 1790-1850.* Springer, 2009.

全书 213 页，共 5 章，是一本政治史专著，考察的是 18 世纪末和 19 世纪上半叶英国国内政治与自然科学的关联，尤为关注的是 19 世纪的辉格党人如何利用自然科学来表达自身的身份认同。

泽勒《发明加拿大：早期维多利亚科学与跨大西洋国家的构想》（2009）

Zeller, Suzanne. *Inventing Canada: Early Victorian Science and the Idea of a Transcontinental Nation.* McGill-Queen's Press, 2009.

19 世纪，英帝国试图在加拿大与本土建立一个跨大西洋的国家，这一企图与当时的科学思想的发展以及对自然和土地的理解密不可分。该书考察的就是这一主题。全书共 376 页，分 3 部分，分别涉及地质学、地磁学和气象学以及植物学，分析了 19 世纪科学对自然的分类、整理和描述如何塑造了加拿大的形象、地位以及与英帝国的关系。

贝内特、霍奇《科学与帝国：英帝国的知识和科学网络》（2011）

Bennett, B., and J. Hodge, eds. *Science and Empire: Knowledge and Networks of Science across the British Empire, 1800-1970.* Springer, 2011.

该书是一个论文集，主题是 19 世纪和 20 世纪大英帝国的科学和知识网络与帝国的扩张和治理。全书共 346 页，包括 13 篇不同主题的论文，涉及两个世纪内英国的科学家、执政者、帝国行政系统、殖民活动、农业发展、环境变化以及国际关系等多个方面，为了解殖民主义、帝国权力与科学研究之间的联系提供了一个全面的图景。

欧文《自然科学与英帝国的起源》（2015）

Irving, Sarah. *Natural Science and the Origins of the British Empire.* Routledge, 2015.

该书共 208 页，考察的主题是英国早期现代自然科学的发展与英帝国的起源之间的关联，尤其关注的是 17 世纪跨大西洋殖民活动对 17 世纪科学的促进。全书一共 5 章，涉及的人物包括 17 世纪最重要的科学家和科学机构，如培根、波义尔、洛克以及皇家学会等。

4. 大众科学

戈林斯基《作为大众文化的科学：英国的化学与启蒙，1760—1820》（1992）

Golinski, Jan. *Science as Public Culture: Chemistry and Enlightenment in Britain, 1760-1820.* Cambridge; New York: Cambridge University Press, 1992.

具体内容见启蒙时代条。

莫鲁斯《弗兰肯斯坦的孩子：19 世纪伦敦的电、展览和实验》(1998)

Morus, Iwan Rhys. *Frankenstein's Children: Electricity, Exhibition, and Experiment in Early-Nineteenth-Century London.* Princeton: Princeton University Press, 1998.

该书共 340 页，主题是 19 世纪早期伦敦电学与奇观制造、大众文化、科学实验、消费文化之间的联系。全书共 8 章，分为 2 部分："实验的地方"和"操作机器文化"。

法伊夫、莱特曼《市场上的科学：19 世纪的地点与经验》(2007)

Fyfe, Aileen, and Bernard Lightman, eds. *Science in the Marketplace: Nineteenth-Century Sites and Experiences.* Chicago: University of Chicago Press, 2007.

19 世纪是科学发生转变的时期，不但科学家可以通过科学发现提升自己的地位和权威，普通民众也有机会参与科学研究。该书是一本论文集，关注的主题就是 19 世纪英国科学与公众文化的兴起，主编是英国圣安德鲁斯大学现代历史教授爱伦·法伊夫（Aileen Fyfe）和加拿大约克大学科学史教授伯纳德·莱特曼（Bernard Lightman）。全书共 432 页，收录了 12 篇不同主题的论文，探索不同公共场合下的科学的观众如何参与并理解科学。

鲍勒《为所有人的科学：20 世纪早期英国的科学普及》(2009)

Bowler, Peter J. *Science for All: The Popularization of Science in Early Twentieth-Century Britain.* Chicago: University of Chicago Press, 2009.

传统的研究认为维多利亚时期的科学家试图用科学写作来吸引公众的注意，而到了 20 世纪，科学家们又再次退出了公众视野。该书基于 20 世纪早期的书籍，包括丛书、杂志和报纸等，证明在这个时期科学家们仍然活跃于公众的视野，试图吸引广大读者的关注。该书作者是著名生物学史专家 Peter Bowler，全书共 352 页，分为 3 部分，分别题为"大众科学中的主题""出版者和他们的出版物"以及"作者"。

莱特曼《维多利亚时代的科学普及者：为新观众设计自然》(2010)

Lightman, Bernard. *Victorian Popularizers of Science: Designing Nature for New Audiences.* Chicago: University of Chicago Press, 2010.

在 19 世纪，公众对科学的理解不但依赖于看科学家自身的文本，还依赖于其他的作家、撰稿人等的阐释。该书关注的就是这些在 19 世纪的英国阐释科学以便大众能理解的科学传播者，作者是著名科学史家。全书共 564 页，有 8 章，考察了超过 30 名科学传播者，分析了他们在与读者和公众交流时所使用的策略和技巧。

英克斯特、莫雷尔《都市与地区：英国文化中的科学，1780—1850》（2012）

Inkster, Ian, and Jack Morrell, eds. *Metropolis and Province: Science in British Culture, 1780-1850*. Routledge, 2012.

关于近代英国大众科学和科学文化的著作通常关注伦敦、曼彻斯特等大城市，该书则以更广阔的视角考察这些主题。这是一本论文集，共 292 页。全书共收录 8 篇专题论文，在本土语境（中心城市和非中心城市地区）中分析了科学和科学文化之间的联系。该书初次出版于 1983 年。

艾里斯《英国的男性气概与科学，1831—1918》（2017）

Ellis, Heather. 2017. *Masculinity and Science in Britain, 1831-1918*. Springer.

该书考察 19 世纪和 20 世纪初英国男性气概在科学团体内部的塑造以及科学家的男性气概在公众领域的形象的转变。全书共 240 页，包括 6 章。

诺阿克斯《物理学与灵学：现代英国的超自然与科学》（2019）

Noakes, Richard. *Physics and Psychics: The Occult and the Sciences in Modern Britain*. Cambridge University Press, 2019.

主题是 19 世纪物理学与超自然现象之间的关系。全书共 418 页，6 章。作者表明，在维多利亚时期，科学家对灵异现象和超自然现象的兴趣浓厚，而不总是严格秉持唯物主义的世界观。他们为解释这些现象做了很多的尝试，虽然大多数不成功，但是为物理学的发展奠定了基础。

5. 医学与社会

波特《病人的进步：疾病、健康和医疗，1650—1850》（1991）

Porter, Roy, and Dorothy Porter. *Patient's Progress: Sickness, Health and Medical Care, 1650-1850*. Wiley, 1991.

该书考察的是 17 世纪中叶至 19 世纪中叶不列颠病人在面对疾病时的反应。全书涉及家庭和社群内部由个人实践的自我治疗、病人对医生的看法以及病人与医生的关系等方面。全书共 320 页，12 章，分为 4 部分，分别题为"背景""病人""医生"以及"医药、意识形态和社会"。

波特《英格兰的疾病、医学和社会，1550—1860》(1995)

Porter, Roy. 1995. *Disease, Medicine and Society in England, 1550-1860.* Cambridge: Cambridge University Press.

该书是英国科学史领域的权威著作，作者罗伊·波特（Roy Porter）是前伦敦大学学院医学史教授，长期研究 16 世纪以来英国医学史、地质学史等，该书是其代表作，初次出版于 1987 年，此处列出第 2 版。全书共 79 页，共有 6 章，考察 19 世纪中期之前疾病对英国人的影响以及人们应对疾病的手段和策略。该书后附一个详尽的书目，是研究英国医学史和社会史的重要参考书。

沃波伊斯《散布细菌：英国的疾病理论和治疗实践，1865—1900》(2000)

Worboys, Michael. *Spreading Germs: Disease Theories and Medical Practice in Britain, 1865-1900.* Cambridge: Cambridge University Press, 2000.

该书共 348 页，共有 7 章，作者是英国曼彻斯特大学的荣休教授。该书考察的是 19 世纪下半叶导致感染疾病的生源学说在英国医学专业之间的传播和接受，作者认为在不同的时间内有不同形式的"生源学说"，在医学、外科、兽医等领域内发展起来并被使用，而细菌学说并非独立的学科，它的最后定型与医疗实践的演化相关。

波特《身体政治：英国的疾病、死亡与医生，1660—1900》(2021)

Porter, Roy. *Bodies Politic: Disease, Death and Doctors in Britain, 1650-1900.* Reaktion Books, 2021.

该书是罗伊·波特的另一部著作，考察的是 17 世纪中叶到 20 世纪的不列颠的身体在死亡、疾病和健康中的表现以及治疗手段。全书共 328 页，共有 8 章，初次出版于 2001 年，此处列出的是第 2 版。

维瑟斯、伍德《苏格兰启蒙运动中的科学与医学》(2002)

Withers, Charles W. J., and Paul Wood, eds. *Science and Medicine in the Scottish Enlightenment.* Tuckwell Press, 2002.

具体内容见启蒙时代条。

第三十章　法国科技史

骆昊天

本章分通史、断代史、专题研究三个部分。

一、通史

吕一民《法国通史》（2007）

吕一民：《法国通史》，上海社会科学院出版社 2007 年版。

作为一部通史著作，《法国通史》的内容从史前文明与高卢时期起，一直到 20 世纪末密特朗时代的法国第五共和国。其中与科技史关联密切的内容包括第五章对启蒙运动的兴起中对伏尔泰、卢梭以及百科全书派的讨论、第七章对拿破仑与第一帝国中对拿破仑改革法国教育体制的叙述，以及第十八、十九章中对第二次世界大战后法国科学技术的发展情况所做的详细介绍。

姚大志、孙承晟《科技革命与法国现代化》（2017）

姚大志，孙承晟：《科技革命与法国现代化》，山东教育出版社 2017 年版。

《科技革命与法国现代化》关心欧洲科学革命以来，法国社会与科学技术在持续演化的过程中，如何实现互动并促进了法国国家现代化的发展，并将这一主题分解为更加具体的问题："科学知识及其传统在法国如何发展并融入当地社会？""法国的重要科技机构以及科技体制如何建立并经历改革？""牛顿力学及其世界观在法国本土如何传播，获得了怎样的地位？""科学革命与产业革命之间存在什么关系？""进入 20 世纪的法国如何克服战争创伤并且取得科技、经济的显著进步？"等。全书共分为 4 章，每一章大体对应不同的历史时期，讨论范围从 17 世纪一直至 20 世纪七八年代。

二、断代史

1. 17 世纪

奥恩斯泰因《17 世纪科学学会的角色》(1913)

Ornstein, Martha. *The rôle of scientific societies in the seventeenth century*. Hamden/London: Archon Books, 1963.

该书是玛尔塔·奥恩斯泰因（1879—1915）于 1913 年提交给巴纳德学院的博士论文，于 1938 年、1963 年两次再版。

布朗《17 世纪法国的科学团体》(1934)

Brown, Harcourt. *Scientific organizations in seventeenth century France*. New York: Russell & Russell, 1967.

该书首次出版于 1934 年，1967 年再版。

马兰德《17 世纪法国的文化与社会》(1970)

Maland, David. *Culture and society in seventeenth century France*. New York: Scribner, 1970.

2. 18 世纪

帕扬《18 世纪的资本和蒸汽机，兄弟会的灭亡与蒸汽机在法国的引进》(1969)

Payen, J. *Capital et machine à vapeur au XVIIIe siècle. Les Frères Périer et l'introduction en France de la machine à vapeur de Watt*. Paris: EPDHE et La Haye, Mouton et Cie, 1969.

史密斯《法国重化工业的起源和早期发展》(1979)

Smith, J. G. *The origin and early development of the heavy chemical industry in France*. Gloucestershire: Clarendon Press, 1979.

吉利斯皮《法国的科学与政治：旧制度的终结》(1980)

Gillispie, C. C. *Science and polity in France at the end of the old regime*. Princeton: Princeton University Press, 1980.

18 世纪末，法国在世界科学界几乎取得了统治地位。尽管科学界与政界之间没有直接的对话，但是彼此的交集逐渐增加。吉利斯皮探讨了法国政府改革、经济现代化以及科学、工程领域专业化的背景下法国科学与政体之间的联系。该书获颁1981年度美国科学史学会辉瑞奖（Pfizer Award）。

格林伯格《从牛顿到克莱洛的地球形状问题：18世纪巴黎数学科学的兴起和"一般"科学的衰落》（1995）

Greenberg, John Leonard. *The problem of the earth's shape from Newton to Clairaut: the rise of mathematical science in eighteenth-century Paris and the fall of 'normal' science*. Cambridge: Cambridge University Press, 1995.

加尔松《矿业与金属，1780—1790：有色金属与工业化》（1998）

Garçon, A.-F. *Mine et metal, 1780-1790: les non-ferreux et l'industrialisation*. Rennes: Presses Universitaires de Rennes, 1998.

哈里斯《18世纪的英国和法国：工业间谍与技术转移》（1998）

Harris, J. R. *Industrial espionage and technology transfer: Britain and France in the eighteenth century*. Aldershot: Ashgate Publishing Limited, 1998.

特拉尔《把地球弄扁圆的人：莫培督与科学启蒙》（2002）

Terrall, Mary. *The man who flattened the earth. Maupertuis and the science in the Enlightenment*. Chicago: University of Chicago Press, 2002.

该书由玛丽·特拉尔（Mary Terrall，1952— ）于2002年所著，2003年获颁美国科学史学会辉瑞奖（Pfizer Award）。这是一本关于启蒙时期法国的一位重要人物——莫培督（Pierre Louis Moreau de Maupertuis，1698—1756）的专著。标题中的"把地球弄扁圆"指18世纪初期，莫培督拥护牛顿万有引力概念，通过可靠的推理，对法国皇家天文台在1701年宣布的地球是一个沿两极方向拉长的球体的观测结果提出质疑，指出地球应该是两极稍扁而赤道略鼓的"扁圆"球体。事实证明莫培督的判断是正确的。

特拉尔不仅详细地再现了莫培督的丰富生平，而且也探讨了18世纪法国科学机构的发展、印刷文化对科学的影响、政府与科学界的互动等诸多话题，使读者可以对神秘的18世纪法国物理学、数学、天文学和生物学领域有更加清楚的认识。

霍恩《未选择的路：革命时代法国的工业化》（2006）

Horn, J. *The path not taken: French industrialization in the age of revolution, 1750—1830*. Cambridge MA: MIT Press, 2006.

林恩《18 世纪法国的大众科学与见解》（2006）

Lynn, M. R. *Popular science and public opinion in eighteenth-century France*. Manchester: Manchester University Press, 2006.

尚克《牛顿战争与法国启蒙之始》（2008）

Shank, John Bennett. *The Newton wars and the beginning of the French Enlightenment*. Chicago: University of Chicago Press, 2008.

"牛顿战争"意指在 18 世纪早期，法国科学院内部存在笛卡尔主义者与牛顿力学纲领拥护者两派间的长期论战。尚克在该书中充分利用了 18 世纪早期的各种史料资源，包括当时的学术论文、私人信件等，指出在 18 世纪初，牛顿力学纲领远未被法国科学院广泛接受。因此，法国启蒙运动并不是牛顿开展的科学工作在 18 世纪初就能导向的必然结果，而应该归因于 18 世纪早期历史发展过程中特定的历史事件，最终使得到 18 世纪中叶时，法国官方科学基本放弃了笛卡尔主义，普遍地"皈依"了牛顿力学纲领。

3. 19 世纪

厄尔《现代法国：第三共和国和第四共和国的问题》（1964）

Earle, E. M. *Modern France: problems of the Third and Fourth Republics*. Princeton: Princeton University Press, 1964.

魏斯《法国的科学与技术组织，1808—1914》（1980）

Weisz, G. *The organization of science and technology in France. 1808—1914*. Cambridge: Cambridge University Press, 1980.

戴《法国工艺技术学院技术教育（19—20 世纪）》（1991）

Day, Charles R. *Les Écoles d'Arts et Métiers L'enseignement technique en France, XIXe-XXe siècle*. Paris: Belin, 1991.

4. 20 世纪

吉尔平《科学国家时期的法国》（1968）

Gilpin, R. *France in the age of the scientific state*. Princeton: Princeton University Press, 1968.

德吕埃纳《国家科学研究中心》（1975）

Druesne, G. *Le centre national de la recherche scientifique*. Paris: Masson et Cie, 1975.

胡作玄《布尔巴基学派的兴衰》（1984）

胡作玄：《布尔巴基学派的兴衰》，知识出版社，1984。

形成于20世纪30年代的布尔巴基学派是一个对现代数学有着极大影响的数学家团体，其成员绝大部分是法国数学家，他们共同采用布尔巴基这一笔名。该书叙述了布尔巴基学派的思想来源、成长过程，以及第二次世界大战后的壮大直至20世纪60年代末逐渐衰落的历史，并概述了布尔巴基学派主要成员对数学学科的发展所做出的主要贡献。

佩斯特《法国的物理学与物理学家（1918—1940）》（1984）

Pestre, Dominique. *Physique et physiciens en France, 1918-1940*. Paris: Editions des Archives Contemporaines, 1984.

皮卡尔《法兰西共和国：CNRS（法国国家科学研究中心）与法国的科研》（1990）

Picard, J.-F. *La république des savants: la recherche française et le CNRS*. Paris: Flammarion, 1990.

卢贝《雪铁龙、标致、雷诺及其他，法国汽车业的60年发展战略》（1995）

Loubet, J.-L. *Citroën, Peugeot, Renault et les autres. 60 ans de strategies*. Paris: Le Monde-Editions, 1995.

赫克特《法国的光辉：核能与二战后的国家身份认同》（1998）

Hecht, G. *The radiance of France: nuclear power and national identity after World*

War Ⅱ. The MIT Press, 1998.

默尼耶《快轨之上：法国铁路现代化与 TGV（法国高速列车）的起源（1944—1983）》（2002）

Meunier, J. *On the fast track: French railway modernization and the origins of the TGV, 1944-1983*. Westport, Connecticut/London: Praeger Publishiers, 2002.

金重远《法国现当代史》（2014）

金重远：《法国现当代史》，上海社会科学院出版社 2014 年版。

三、专题研究

1. 法国科学院

哈恩《对一所科学机构的剖析：巴黎科学院（1666—1803）》（1971）

Hahn, Roger. *The anatomy of a scientific institution: the Paris Academy of Sciences, 1666-1803*. Berkeley/Los Angeles/London: University of California Press, 1971.

该书展现了法国科学院自 1666 年成立以来，直至 1795—1803 年在大革命中被改组为法兰西学院的组成部分之一这段时期的兴衰史。在 18 世纪的 100 年间，作为在世界范围内有重要影响的机构，法国科学院开展了一系列的工作，包括吸纳各国知名学者、出版著名期刊，以及组织建设巴黎天文台、派遣海外探测队等大型项目。法国科学院的成功模式广受赞赏，影响深远。

克罗斯兰《法国科学院控制下的科学：1795—1914》（1992）

Crosland, M. *Science under control: the French Academy of Sciences, 1795-1914*. Cambridge: Cambridge University Press, 1992.

该书作为一本研究法国科学院的专著，讨论范围从 19 世纪初期的著名科学家拉普拉斯、居维叶开始，一直到巴斯德、庞加莱所处的 20 世纪初期。克罗斯兰以丰富的史料为基础，通过历史文本考察当时的科学政策，使历史上的法国科学院及其运作程序等得以清楚地呈现出来。

2. 拿破仑时期与工程师教育体系

法耶《法国大革命与科学：1789—1795》（1960）

Fayet, J. *La Revolution francaise et la science, 1789-1795*. Paris: Marcel Rivière, 1960.

克罗斯兰《亚捷社会：拿破仑时期法国科学一览》（1967）

Crosland, M. *The Society of Arcueil: a view of French science at the time of Napoleon I*. Cambridge MA: Harvard University Press, 1967.

希恩《科学知识与社会力量：综合理工学院（1789—1914）》（1980）

Shinn, Terry. *Savoir scientifique et pouvoir social ; L'école polytechnique, 1789-1914*. Paris: Presse de la fondation nationale des sciences politiques, 1980.

韦斯《技术人才的塑造：法国工程师教育的社会起源》（1982）

Weiss, J. H. *The making of technological man: the social origins of French engineering education*. Cambridge: the MIT Press, 1982.

佩罗《加斯帕尔·蒙日，综合理工学院创始人》（2000）

Pairault, F. *Gaspard Monge. Le fondateur de Polytechnique*. Paris: Tallandier, 2000.

萨尔托里《科学帝国：拿破仑和他的科学家》（2003）

Sartori, E. *L'Empire des sciences: Napoléon et ses savants*. Paris: Ellipses, 2003.

吉利斯皮《大革命与拿破仑时期的法国科学与政治》（2004）

Gillispie, C. C. *Science and polity in France: the revolutionary and Napoleonic years*. Princeton: Princeton University Press, 2004.

特雷施《浪漫的机器：拿破仑后乌托邦式的科学与技术》（2012）

Tresch, J. *The Romantic Machine: Utopian Science and Technology after Napoleon*. Chicago: University of Chicago Press, 2012.

3. 法国外省的科学成就

罗什《各省的世纪之光：科学院与各省的院士（1680—1789）》（1978）

Roche, Daniel. *Le siècle des lumières en province: Académies et académiciens provinciaux, 1680-1789, Civilisations et Sociétes 62*. Paris: École des Hautes Études en Sciences Sociales, 1978.

奈《各省的科学：科学团体和法国各省的领导者（1860—1930）》（1986）

Nye, M. J. *Science in the provinces: scientific communities and provincial leadership in France, 1860-1930*. California: University of California Press, 1986.

玛丽·乔·奈对南希、格勒诺布尔、图卢兹、里昂和波尔多等法国省份的当地科学机构做了系统的研究，展现了 1860—1930 年法国地方科学发展的丰硕成果，打破了长期以来对 19 世纪中期直至 20 世纪初法国科学发展只靠巴黎一家独大，而外省几无所成的错误认知。

威廉《启蒙时期蒙彼利埃医学活力论的文化史》（2003）

Williams, Elizabeth A. *A cultural history of medical vitalism in Enlightenment Montpellier*. Burlington: Ashgate, 2003.

第三十一章　德国科技史

高洋

尽管在现代早期，讲德语的德意志地区并不缺乏有成就的自然哲学家和自然研究者，但在 1871 年之前，德国仅以邦国的形式分散存在，这种政治上的分裂严重阻碍了德意志经济与学术的发展。科学史家多认为，自 18 世纪末至 19 世纪初的浪漫主义运动开始，德意志地区有意识地发展出了属于自身的科学观念与科学事业。19 世纪，德意志地区的教育机构经历了一系列有利于发展自然科学的改革，其中具有代表性的是威廉·洪堡主导的研究型大学改革和李比希推动的自然科学教学改革。19 世纪后期，德国科学一方面逐渐被纳入国家和政府的管理范围，另一方面愈加紧密地服务于技术与工业发展的需要，这构成了德国科学的一大重要特点。20 世纪上半叶，德国科学界一方面在各个领域取得了领先世界的成就，另一方面也在纳粹意识形态及两次世界大战的摧残中损失惨重。第二次世界大战后的德国经历了快速的恢复和崛起，但已完全失去了科学界的领先地位。

本章分通史、断代史、分科史、机构研究和人物研究五个部分，各部分文献以出版年份升序排列。

一、通史

奥莱斯科"德国科学：机构与智识问题的交汇"（1989）

Olesko, Kathryn M. ed. "Science in Germany: The Intersection of Institutional and Intellectual Issues." *Osiris,* second series, 5 (1989).

该书为期刊《俄赛里斯》的研究专号，共刊登 11 篇研究论文，对 18—20 世纪德国科学、技术、教育及工业等话题进行了讨论。其内容涉及浪漫主义时期的自然哲学与科学、18 世纪末德国大学中的医学改革、李比希实验室中的研究与教学、19 世纪普鲁士中学中的物理学教育、鲁尔地区的工业、政府与电力技术、哥廷根数学学派的传统、科学与政治之间的德国优生学等。该书所讨论的皆为德国科学发展过程中最具代表性的话题，是了解及研究德国科学史的重要参考文献。

奥莱斯科"德国"（2020）

Olesko, Kathryn M. "Germany". *Cambridge History of Science, Vol.8: Modern Science in National, Transnational, and Global Context*. Edited by Hugh Richard Slotten, Ronald L. Numbers, and David N. Livingstone. Cambridge: Cambridge University Press, 2020, pp.233-277.

　　本文作者凯斯琳·奥莱斯科现任乔治城大学历史系副教授。这篇长文是《剑桥科学史》第 8 卷专论德国科学的一章，对 17 世纪中期至 20 世纪的德国科学史研究中的主题及相关编史学问题做了介绍。该文将德国科学史按时间顺序分为 8 个部分：（1）自威斯特伐利亚和约至神圣罗马帝国的终结（1648—1806 年）；（2）社会革命之前的改革时代（1806—1848 年）；（3）政治、大众文化与国家政策（1849—1870 年）；（4）管控型与社会福利国家（1871—1918 年）；（5）魏玛共和国的科学与文化（1919—1932 年）；（6）国家社会主义与战争（1933—1945 年）；（7）被冷战分裂的科学（1946—1989 年）；（8）德国再统一之后的科学（1990—　）。

二、断代史

1. 浪漫主义与德国自然哲学

康宁汉、贾丁《浪漫主义与科学》（1990）

Cunningham, Andrew, and Jardine, Nicholas, eds. *Romanticism and the Sciences*. Cambridge and New York: Cambridge University Press, 1990.

　　这部论文集所关注的主题为浪漫主义哲学与意识形态在自然科学中扮演的角色，同时也讨论了浪漫主义文学对科学的运用，其内容不仅涵盖德国浪漫主义，也涉及欧洲其他地区的相关人物。全书分为 4 个部分。第一部分"浪漫主义"中的六篇论文主要从宏观角度考察了浪漫主义与自然研究之间的关系，涉及谢林与自然哲学的起源、浪漫主义哲学与洪堡大学的建立、德国浪漫主义自然研究中的历史意识，以及该时期神学与科学之间的关系等话题。第二部分"有机物的科学"主要讨论了浪漫主义时期的生物科学研究，涉及对形态型的研究、超验解剖学（transcendental anatomy）、细胞理论的起源以及亚历山大·洪堡的植物地理学等主题。第三部分"无机物的科学"讨论该时期物理科学的发展，其中两篇论文分别讨论了歌德与李特尔的物理学研究。第四部分"文学与科学"讨论科学主题在文学中的反映，歌德《亲和力》中的化学理论、克莱斯特对变态心理学的运用及毕希纳著作中的自然哲学都是该部分论文的主题。

菲利普斯《自然的辅祭：德国对自然科学的界定，1770—1850》（2012）

Phillips, Denise. *Acolytes of Nature: Defining Natural Science in Germany, 1770-1850*. Chicago, Ill.: University of Chicago Press, 2012.

该书作者丹妮丝·菲利普斯现任田纳西大学历史系副教授，其研究方向为18—19世纪欧洲科学史及文化史。这部《自然的辅祭》意在解答一个重要的历史问题，即"自然科学"（Naturwissenschaft）在德语地区是如何作为一个清楚分明的文化范畴而被确定下来的。18世纪早期时，这个词甚至还没有被词典收录；而到19世纪50年代，它已经成为具有特定含义的流行用语。人们普遍认为，统一的自然科学观念是19世纪中期的产物，而作者的研究则揭示出"Naturwissenschaft"一词在18世纪末至19世纪初时便已经在德国公共文化中占据了重要地位。教育体系、消费者文化、城市生活、早期工业化及自由主义的政治运动都帮助塑造了德意志人为知识进行分类的方式，最终使"自然科学"的独立和兴起成为可能。

荷兰《德国浪漫主义与科学：歌德、诺瓦利斯与里特尔的生殖诗学》（2012）

Holland, Jocelyn. *German Romanticism and Science: The Procreative Poetics of Goethe, Novalis, and Ritter*. London: Routledge, 2012.

该书作者约瑟琳·荷兰现任加州理工学院比较文学教授，其主要研究方向为德国思想史、浪漫主义及德国自然哲学。《德国浪漫主义与科学》一书运用文学史与科学史的视角，对歌德、诺瓦利斯及里特尔关于生殖（procreation）的文本进行了解读。荷兰的研究指出，歌德关于变态（metamorphosis）的自然哲学著作、诺瓦利斯的格言与小说及里特尔的科学著作都对生殖的诗学做出了贡献，这些作品中渗透着科学的因素，但它们并不局限于一种特定的生物学理论，而是从许多不同的有关生殖的主题与意象中获取灵感。该书展示了德国浪漫主义时期科学观念与其他领域之观念的互动与交融，为理解这一时期生物学思想的总体语境提供了新的视角。

扎米托《德国生物学的孕育：从斯塔尔到谢林的哲学与生理学》（2017）

Zammito, John H. *The Gestation of German Biology: Philosophy and Physiology from Stahl to Schelling*. Chicago: University of Chicago Press, 2017.

该书作者约翰·扎米托现任莱斯大学历史系教授，是一位研究15—18世纪科学史及欧洲思想史的专家。《德国生物学的孕育》是他的最新著作，其研究主题为"生物学"这一研究领域于 18 世纪时在德意志地区的形成过程。这一领域的主流观点以福柯和迈尔的研究为代表，前者认为清楚明晰的"生物学"学科只有在 1800 年之后才出现，并且其出现代表了与之前自然志研究传统的根本决裂；后者则认为直至 1800 年时"生物学"一词都并未取得明晰的含义，这一领域的形成则需推迟至 19 世纪。扎米托挑战了这两种观点，他认为"生物学"一词于 1800 年左右的运用是先前自然志与人类生理学研究合流的成果，这两门学科共同促进了比较生理学与形态学的发展，这对于生物学的奠基具有根本意义。这项研究对施塔尔（G. E. Stahl）、哈勒尔（Albrecht von Haller）、布鲁门巴赫（Johann Friedrich Blumenbach）、康德、基尔迈尔（Carl Friedrich Kielmeyer）等人物的贡献皆有所讨论。

2. 18—19 世纪大学改革与科学教育

奥莱斯科《物理学作为天职：哥尼斯堡物理学讨论班的训练与实践》（1991）

Olesko, Kathryn M. *Physics as a Calling: Discipline and Practice in the Königsberg Seminar for Physics*. Ithaca, NY: Cornell University Press, 1991.

《物理学作为天职》是对东普鲁士哥尼斯堡大学的物理学教授弗朗茨·恩斯特·诺依曼（Franz Ernst Neumann）所组织的研讨班的研究，该研讨班于 1834 年创立，此后一直由诺依曼指导，直至他 1876 年退休。诺依曼的研讨班是在激烈的教育改革和科学论争的背景下建立的，它也是第一个整合了数学思考的官方科学讨论班，并将物理学中的数理传统和精确实验传统结合起来。研讨班所培养的学生中既有职业物理学家，也有中学教师，这进一步扩大了该研讨班的影响力。奥莱斯科详细考察了诺依曼研讨班的产生背景、过程及教学理念与实践，并提出了"精确性的伦理"（ethos of exactitude）这一概念来刻画新的物理教学中对精确测量的强调及其影响。

布洛曼《德国学院医学的转变，1750—1820》（1996）

Broman, Thomas H. *The Transformation of German Academic Medicine 1750-1820*. Cambridge: Cambridge University Press, 1996.

该书作者托马斯·布洛曼是威斯康星大学麦迪逊分校历史系荣休教授，其主要研究方向为启蒙时代的科学与医学及 18 世纪德国思想史。该书的研究对象是 1750—1820 年德国大学中的医学，作者试图证明，将理论与实践联系起来的职业医学并非 19 世纪初的革命性产物，而是发源于 18 世纪下半叶的文化与体制变革，这些变革重塑了医学理论与医师的职业身份。在诸多因素中，尤为重要的是 1750—1800 年文学公共领域在德国的出现，它使医学作品与浪漫主义文学等新的话语体系发生接触，从而使 18 世纪末有关医学的争论成为可能。

克拉克《学术卡里斯玛与研究型大学的起源》(2006)

Clark, William. *Academic Charisma and the Origins of the Research University.* Chicago, Ill.: University of Chicago Press, 2006.

中译本：徐震宇译，《象牙塔的变迁：学术卡里斯玛与研究性大学的起源》，商务印书馆 2013 年版。

该书作者威廉·克拉克 1986 年于加利福尼亚大学洛杉矶分校获得科学史博士学位，2017 年逝世，生前曾在美国和欧洲的多所大学任教及研究。《学术卡里斯玛与研究型大学的起源》是他的代表作，该书从文艺复兴时期讲起，集中研究了 1770—1830 年现代研究型大学中的种种制度与惯例如何在德意志新教地区兴起。作者认为，18 世纪德国诸邦国间的市场交易与竞争改变了传统大学中的习俗与实践，为了建立优秀的大学、招揽优秀的学者并从中获利，各邦国官僚建立了衡量教学勤奋程度及发表产出量的标准，从而导致了讲座、研讨班、评分体系、考试形式、博士论文和答辩、图书馆目录及教授聘任等一系列制度的演化与产生。新的研究型大学为学者建立了新的目标，即对原创性以及发表带来的名誉的追求。

3. 19—20 世纪的科学、技术与工业化

布雷迪《德国工业界的理性化运动》(1933)

Brady, Robert A. *The Rationalization Movement in German Industry.* Berkeley, Calif.: University of California Press, 1933.

该书是一部研究魏玛时期德国工业计划中的理性化进程的专著。全书正文分为三部分。第一部分"德国理性化运动中的要素与组织"介绍了构成工业理性化过程的基本影响因素，如科学、标准化、管理与组织、国家经济政策等。第二部分"德国理性化运动在某些工业部门的进展与问题，1924—1929"研究了煤炭、褐煤、焦煤、钢铁、机械、电气、动力、化学等工业部门在理性化进程中的成就与问题，并简要讨论了铁路、邮政、纺织、农业等部门的理性化进程。第三部分"理性化的影响与意义"讨论了理性化对经济稳定性、劳工状况及一般文化的影响，并分析了政治与国家在此进程中扮演的角色。书末的三个附录罗列了与工业理性化进程相关的组织

以及各阶段的相关数据。

亨德森《德国工业力量的崛起，1834—1914》(1975)

Henderson, William Otto. *The Rise of German Industrial Power, 1834-1914*. Berkeley, Calif.: University of California Press, 1975.

该书对德国 19 世纪的工业化过程进行了概述性的研究。全书按照时间发展顺序分为三部分：第一部分"工业时代的曙光，1834—1851"讲述了早期铁路、煤炭、钢铁、纺织等工业的情况，并对该时期各州政府扮演的角色及 1848 年革命和关税同盟危机的影响进行了论述。第二部分"大工业的兴起，1851—1873"讲述了各工业部门在这一时期发展壮大的过程，并研究了银行革命、普奥争夺经济霸权以及俾斯麦治下的经济统一等事件的影响。第三部分"工业巨头，1873—1914"讲述了新的化学、电气、造船、商业航海等工商业领域的发展，并讨论了铁路国有化、贸易保护、殖民地及福利国家等社会政策与工业发展的关系。

布罗斯《普鲁士技术变迁的政治：走出古代阴影，1804—1848》(1993)

Brose, Eric Dorn. *The Politics of Technological Change in Prussia: Out of the Shadow of Antiquity, 1809-1848*. Princeton, NJ: Princeton University Press, 1993.

该著作对 19 世纪上半叶普鲁士王国在工业化进程中面临的社会变动及政治挑战进行了研究。在普法战争中落败后，普鲁士政府采取了复杂而自相矛盾的经济政策，以推进工业化与现代化进程。通过考察同时代士兵、商人、政府官僚等人物在这一过程中的反应，作者的研究表明，这些人物很大程度上受到古典理想的影响，他们所理解的工业与真实的工业往往有很大的不同。国家内部的各种行动者、文化及政治派系对普鲁士王国的本性及其政策有不同的理解，这些力量有时推进了工业化进程，有时则阻碍了它的发展。该书对德国早期工业化进程中的政治因素提供了详尽而细腻的分析。

费尔登基尔辛《维尔纳·冯·西门子：发明家与国际企业家》(1994)

Feldenkirchen, Wilfried. *Werner von Siemens: Inventor and International Entrepreneur*. trans. Bernhard Steinebrunner, Columbus, OH: Ohio State University Press, 1994.

该书是对 19 世纪著名工程师、发明家与企业家维尔纳·西门子的传记性研究。

西门子早年曾加入柏林大学物理学教授古斯塔夫·马格努斯的学术圈子，与亥姆霍茨、杜博瓦－雷蒙及克劳修斯等著名德国科学家探讨学术问题。他的企业最初生产电报机、电力机械信号钟等设备，并以国际电报系统的建设闻名。后来他转向电气技术领域，相继开发研制了发电机、电力照明、电力机车、电力冶炼及电梯等实用技术产品，并将这些产品投入商业生产。19世纪末时，西门子公司已经成为全球电气工业的领导者之一。西门子本人的经历与事业反映了19世纪德国科学技术与工业紧密结合的特征，该书详尽介绍了其事业发展的历程，并进一步考察了其公司从1890年西门子退休到1914年的进一步扩张。

阿贝尔斯豪瑟等《德国工业与全球企业：巴斯夫公司史》（2003）

Abelshauser, Werner, et al. *German Industry and Global Enterprise: BASF: The History of a Company*. Cambridge University Press, 2003.

该书由来自德国、美国及英国的四位学者共同撰写而成，它考察了德国著名企业巴斯夫（BASF）从创立至今的历史发展过程。BASF这一名称来自其曾用名"巴登苯胺苏打厂"（Badische Anilin-und-Soda-Fabrik）的缩写。该企业成立于1865年，最早由于研制出甲基蓝、茜素和靛蓝等化学颜料而跻身世界级企业之列。1908—1912年，哈伯－博士法合成氨的发明使得大量生产合成化肥成为可能，巴斯夫利用这一方法成为世界第一大合成氨工厂。巴斯夫的研发领域还包括合成汽油、橡胶及乙酰产品，在两次世界大战期间也为德国政府提供军工产品。经过第二次世界大战后的重建与发展，巴斯夫已成为世界最大的化工企业之一。如同西门子公司在电气领域的成就一样，巴斯夫的发展反映了德国化学研究与工业生产的结合。该著作不仅考察了巴斯夫的企业管理方式、财政体系、工业关系、资质系统及与其他公司的关系，而且将该公司的发展置于现代德国的经济与政治历史中加以研究。对于研究现代德国科技、工业及经济史的学者，这部书提供了非常有价值的资料。

4. 19世纪末至20世纪初的科学、政治与种族主义

派恩森《文化帝国主义与精密科学：德国的海外扩张，1900—1930》（1985）

Pyenson, Lewis. *Cultural Imperialism and Exact Sciences: German Expansion Overseas, 1900-1930*. Frankfurt: Peter Lang, 1985.

该书作者刘易斯·派恩森是西密歇根大学历史系教授，其主要研究方向为现代科学史。派恩森的《文化帝国主义与精密科学》一书对20世纪初任职于阿根廷、南

太平洋地区及中国等地的德国物理学家和天文学家进行了研究，并考察了德国科学在这些国家与地区之后 30 年的影响。这部著作揭示了缺乏实际用途的精密科学与帝国主义策略之间的互动关系，其写作基于来自 8 个国家的公共及私人档案，为该时期文化帝国主义的扩张进程提供了重要的案例研究。

魏殷德林《国家统一与纳粹主义之间的健康、种族与德国政治，1870—1945》（1989）

Weindling, Paul. *Health, Race, and German Politics between National Unification and Nazism, 1870-1945*. Cambridge and New York: Cambridge University Press, 1989.

该书作者保罗·魏殷德林现任牛津布鲁克斯大学人文与社会科学学院医学史教授，他的主要研究领域是优生学史及公共卫生机构的历史。该书旨在研究自德国统一至第二次世界大战结束期间德国种族政策与生物学及医学的关系，并采取了独特的提问角度：那些用优生学方案去解决的社会问题究竟是什么；是谁提出了这些方案，又是向谁提出的；优生学的思维方式究竟是否偏离了德国主流生物学与医学思想，又是否与更为广泛的关于健康与疾病的政治学相关。基于这些问题，魏殷德林的著作综合了思想史、社会史及政治史的视角，对这一复杂的问题提供了极为细致的研究与思考。该著作特别探讨了种族卫生学的代表人物阿尔弗雷德·普勒茨（Alfred Ploetz）的著作及其反犹观点。研究指出，德国医学界被认为落入了"犹太精神"的掌控，因此亟待改革；而种族主义的生物学、医学及人类学变种不仅与反犹主义相关，而且影响了纳粹的卫生与社会政策。该研究在德国优生学、医学、卫生政策及种族主义之间建立了深刻的联系。

约翰逊《皇帝的化学家：帝制德国的科学与现代化》（1990）

Johnson, Jeffrey. *The Kaiser's Chemists: Science and Modernization in Imperial Germany*. Chapel Hill, NC: University of North Carolina Press, 1990.

该书作者杰弗里·约翰逊是美国维拉诺瓦大学历史系教授，长期从事现代科学史，尤其是化学史方面的研究。《皇帝的化学家》一书的主要研究对象是德意志帝国时期隶属于威廉皇帝学会（Kaiser Wilhelm Society for the Advancement of the Sciences）的化学研究所。该研究所 20 世纪初由一批具有现代思维的德国科学家推动创立，其领导人物为著名有机化学家埃米尔·费舍尔（Emil Fischer）。与该学会下属的其他研究所一样，创建于 1911 年的化学研究所最初旨在推进"自由研究"，以及提升德国科学在国际学界的地位；但随后它便与第一次世界大战的需要紧密结合起来，积极提倡科学在战争中的整合与应用。化学研究所不仅参与了毒气等化学武器的制造，也负责研究开发各种战略资源，以补充被敌军切断的供应。约翰逊的研究从科学与社会变迁两个视角对威廉皇帝学会进行了研究，这一研究解释了为何德国化学家选择这个特殊的时段推进其体制改革。该书认为，新的研究所起源于国际性的科研目标与战争时期对本国优先权的竞逐之间的张力。

史密斯《德国的政治与科学文化，1840—1920》（1991）

Smith, Woodruff. *Politics and the Sciences of Culture in Germany 1840-1920*. New York: Oxford University Press, 1991.

该书作者伍德鲁夫·史密斯是麻省大学波士顿分校人文学院荣休教授，其主要研究领域为现代德国史、社会科学与文化科学史。在该书中，作者考察了 19 世纪德国的人类学、人口统计学、文化史及心理学等文化科学的历史，并将其与德意志帝国主义意识形态的起源联系起来。该著作分析了 19 世纪兴起的文化科学的思维方式所具有的政治意涵，如人文地理学最初起源于理解人类迁徙模式的尝试，而其后续发展则与对德意志扩张主义的辩护有所关联。借助这一研究视角，作者不仅为 19 世纪的德国科学史做出了贡献，而且也在纳粹意识形态与某些文化科学理论之间建立了有意义的联系。

冯·布雷修斯《帝国时代的德国科学：企业、机遇与施拉金外特兄弟》（2019）

Von Brescius, Moritz. *German Science in the Age of Empire: Enterprise, Opportunity and the Schlagintweit Brothers*. Cambridge: Cambridge University Press, 2019.

该书作者莫里茨·冯·布雷修斯现任瑞士伯尔尼大学历史研究所高级研究助理，其主要研究领域为全球史、知识史及科学史。《帝国时代的德国科学》由作者的博士论文改编而成，该书以 19 世纪 50 年代施拉金外特三兄弟（Schlagintweit brothers）在印度及昆仑山脉附近的科考与探险为研究对象，对这次探险涉及的帝国和本土利益进行了分析。东印度公司资助了施拉金外特兄弟的这次科考，作者认为，由于德国在这一时期尚未拥有自身的帝国，因此德国科学家抓住了由其他帝国体系提供的机会，从而得以观察、记录、搜集和劫掠手稿、地图及艺术品等，而这些器物则帮助塑造了欧洲对东方的认识。基于在三大洲所做的档案发掘工作，作者生动地描述了亚洲殖民边境之外的跨文化探索活动，并分析了其中的机制与冲突。对这些科学探险家的研究同样揭示了科学家身份与科学事业之特征的显著变迁，以及跨国区域中科学权威之间的协商与互动。

泰歇尔《社会孟德尔主义：德国遗传学与种族政治，1900—1948》（2020）

Teicher, Amir. *Social Mendelism: Genetics and the Politics of Race in Germany, 1900-1948*. Cambridge: Cambridge University Press, 2020.

该书作者阿米尔·泰歇尔现任以色列特拉维夫大学历史系助理教授，其主要研究领域为德国优生学史、现代生物学史及种族主义。《社会孟德尔主义》一书挑战了将达尔文的优生学思想置于考察中心的观点，并揭示了孟德尔的遗传理论在优生学观念的形成及激进化过程中所扮演的角色。通过分析 1900—1948 年德国社会与政治政策中根深蒂固的遗传学思维方式，泰歇尔讨论了孟德尔遗传学如何浸润于文化意义之中、助长种族方面的焦虑、重塑德意志民族纯洁性的理想，并最终决定了优生学的纲领。该书凭借新颖的视角和大量的资料重审了 20 世纪上半叶生物学、社会思想及政策之间的关系，为科学的社会影响提供了一个典范性的案例研究。

5. 纳粹统治时期的自然科学研究

拜尔森《希特勒治下的科学家：第三帝国的政治与物理学共同体》（1977）

Beyerchen, Alan D. *Scientists under Hitler: Politics and the Physics Community in the Third Reich*. New Haven, Connecticut: Yale University Press, 1977.

该书作者阿兰·拜尔森是俄亥俄州立大学历史系荣休教授，其主要研究领域为 19—20 世纪德国史。《希特勒治下的科学家》是对 1933 年以来纳粹统治时期德国物理学家群体的研究。这项研究的重要意义在于它结合了政治史与科学史两个不同方向，作者不仅仔细考察了现代物理学及物理学家的工作，而且展现了这一时期的政治纷争。全书共分十章。第一章介绍了德国学术界的结构及政治态度，并简略交代了魏玛时期现代物理学研究中心的状况及纳粹掌权的过程。第二章以 1933 年的哥廷根大学为例，研究了弗兰克（James Franke）、玻恩（Max Born）及库朗（Richard Courant）等科学家的政治反应。第三章研究了驱逐犹太人政策对德国科学的影响：德国物理学界至少四分之一的学者在纳粹统治时期失去了职位。第四章讲述了德国政府教育部门的相关政策，以及物理学教授职位的状况。第五、第六两章介绍了两位"雅利安"物理学家——菲利普·勒纳（Philipp Lenard）及约翰尼斯·斯塔克（Johannes Stark）的生平与工作。第七章介绍了所谓"雅利安物理学"的教义与世界观。

第八章论述了提倡"雅利安物理学"的政治运动。第九章描述了第二次世界大战中德国物理学的发展。第十章为结论。

沃克《德国国家社会主义与核能的追寻，1939—1949》（1989）

Walker, Mark. *German National Socialism and the Quest for Nuclear Power, 1939-1949.* Cambridge and New York: Cambridge University Press, 1989.

该书作者马克·沃克现任纽约联合学院约翰·毕格罗历史学教授，其主要研究领域为20世纪科学史，特别是纳粹时期的科技史。《德国国家社会主义与核能的追寻》一书令人信服地驳斥了关于德国核武器研究的几个神话，这些神话包括五个方面：第一，物理学家瓦尔特·波特（Walther Bothe）在测量中所犯的错误大大拖延了该领域的进展；第二，德国科学家将核能的和平用途与武器用途区分开来，且在1942年之后专注发展其和平用途；第三，在研究核物理的德国科学家中，有能力的人并不关心政治，而热衷政治者则能力平庸；第四，纳粹意识形态的影响导致科学家拒斥部分具有"犹太色彩"的物理学理论；第五，由海森堡率领的科学家团队出于道德方面的顾忌，最终使相关研究偏离了武器制造的轨道。通过深入发掘相关史料，沃克认为以上这些皆不是德国核武器研发失败的原因。纳粹并未制造核武器的真正原因在于经济与政治方面，而非科学与道德方面，而这一决策对于当时的德国来说是相当合理的。沃克的作品客观评述了第二次世界大战期间德国科学家制造核武器的努力，并处理了科学家的道德责任与公民责任的问题。

玛克拉基斯《在万字符下生存：纳粹德国的科学研究》（1993）

Macrakis, Kristie. *Surviving the Swastika: Scientific Research in Nazi Germany.* Oxford: Oxford University Press, 1993.

该书作者克里斯蒂·玛克拉基斯是佐治亚理工学院历史与社会学系教授，其主要研究领域为德国科技史及与间谍活动史。该书以威廉皇帝学会为切入点，深入研究了纳粹统治时期德国科学界的活动及其与纳粹政权的关系。全书共分两大部分，第一部分"起源"考察了20世纪以来德国科学在帝国时代及魏玛时代的发展状况，第二部分"国家社会主义"则阐述了1933年以来直至第二次世界大战结束时德国科学界与政府的互动。玛克拉基斯揭示出，科学家对纳粹的反应各不相同，既有拒斥合作的道德正直者，也存在包容适应者、消极抵制者以及投机分子。该书详细分析了纳粹针对以威廉皇帝学会为代表的科学界的政策与改造，也讲述了学会为争取继续进行科学研究所做的努力与妥协，如马克斯·普朗克就驱逐犹太科学家一事与官方进行的失败交涉，以及他为了在柏林－达勒姆保存一个基本生物学研究团队所做的努力等。在纳粹治下，威廉皇帝学会并未分崩离析，而是继续发展壮大。对研究20世纪德国科学史以及纳粹史的学者来说，该书是重要的参考文献。

瑞纳博格、沃克《科学、技术与国家社会主义》(1994)

Renneberg, Monika and Walker, Mark. eds. *Science, Technology and National Socialism*. Cambridge and New York: Cambridge University Press, 1994.

这部论文集收录了 16 篇从各个角度研究纳粹统治时期科学技术的进展及其与政权之关系的文章，内容涉及军事工业、航空技术、科学社团、地理学、生物学、心理学、物理学、数学及科技政策等各个方面。这些论文都以自然科学与技术研究在这一时期的连续性和非连续性为主题，从而将其历史视野扩展至魏玛时代以及两次世界大战之后。从这种视角出发，这些论文展示出自然科学在发展过程中超越政治变迁的一面，同时从另一角度展现了希特勒纳粹政权的本性。该论文集提供了纳粹执政时期科学、技术与政权之间关系的一幅全景式绘图，读者可从相关论文出发进一步探索具体领域的相关问题。

黛西曼《希特勒治下的生物学家》(1996)

Deichmann, Ute. *Biologists under Hitler*. Cambridge, Mass.: Harvard University Press, 1996.

该书作者乌特·黛西曼现任德国科隆大学遗传学系副教授，其研究领域为现代生物学史及生物学哲学。《希特勒治下的生物学家》对纳粹执政时期的生物学研究及生物学家的命运进行了深入研究。该研究表明，生物学研究在第二次世界大战期间并未被忽视，国家对生物学的资助有显著增长，而遗传学研究则得到了特别的重视。尽管犹太生物学家也遭到了驱逐，但这种政策对生物学的影响不如像对其他科学的影响那样严重。此外，作者证明 1945 年之后德国生物学的明显衰退并非由德国的科学政策导致，而是由于国际学界对德国生物学家的排斥与孤立。最后，作者提供了显著的证据，表明德国科学家在战争结束后对自己的战时行为进行了有意歪曲。

6. 第二次世界大战后德国科技的发展

弗里斯、施泰纳《1945 年后德国的科研与技术》（1995）

Frieß, P. and Steiner, P. eds. *Forschung und Technik in Deutschland nach 1945.* Munich: Deutscher Kunstverlag, 1995.

该论文集收录了 13 篇研究论文与 5 篇访谈，对第二次世界大战后德国的科学技术研究进行了历史回顾。论文涉及的主题包括：1933—1945 年的移民与科学迁移，第二次世界大战后德国的技术出口与美国文化，科学研究与国家的关系，大科学与大型研究机构，国家度量衡的统一，纳粹统治时期技术发展的政治、经济及社会因素，1945 年后德国教育与研究体系的结构与发展，以及联邦德国企业经济中对科学的提倡等。

奥里根《攫取纳粹技术：二战后盟军对德国科学的利用》（2019）

O'Reagan, Douglas. *Taking Nazi Technology: Allied Exploitation of German Science after the Second World War.* Baltimore, Md.: Johns Hopkins University Press, 2019.

该书作者道格拉斯·奥里根于加利福尼亚大学伯克利分校历史专业取得博士学位，是一位自由作者及经济咨询师。他的专著《攫取纳粹技术》讲述了第二次世界大战之后盟军各国利用种种方式从德国获取科学技术成就的历史。根据奥里根的研究，在德国战败后，英、法、美、苏等盟军各国都组织了专家团队，他们不仅到处走访德国工厂、探寻技术秘密，而且掠走或抄写下一切与技术相关的文献，包括专利申请书、工厂生产数据及科学刊物等。他们还质问、雇用甚至绑架了数以百计的科学家、工程师及技术人员，涉及的技术领域从航空航天到录音带制造。这些团队还接管了学术图书馆，以竞争的方式抢夺德国化学家，按照作者的观点，这可能是历史上最大规模的一次技术迁移。基于对新近解密材料的分析，作者揭示了不同国家掠夺技术的不同方式，及其成功与失败的经验。他认为这些掠夺项目不仅传播了德国的工业科学，而且还迫使全世界的商人和政策制定者反思科技与外交、商业及社会本身的关系。《科学》杂志评价此书"具有彻底的学术严谨性……讲述了之前从未广泛传播的故事"。

三、分科史

1. 数学史

罗维《更丰富的数学图景：哥廷根传统及其后》（2018）

Rowe, David. *A Richer Picture of Mathematics: The Göttingen Tradition and Beyond*. Cham: Springer International Publishing, 2018.

该书作者大卫·罗维是德国美因茨大学科学史及自然科学荣休教授。这部著作主要收集了罗维发表于《数学信使》（*Mathematical Intelligencer*）杂志上的一系列文章，在这些文章中，作者围绕哥廷根大学的数学传统对相关人物及数学实践进行了深入而广泛的研究。全书分为六部分，第一部分对哥廷根与柏林的数学传统进行了比较，第二部分讨论菲利克斯·克莱因的工作，第三部分是围绕大卫·希尔伯特展开的研究，第四部分讨论了数学与相对论革命之间的关联，第五部分研究了希尔伯特与库朗时代哥廷根大学的数学人物，第六部分评价了希尔伯特的遗产，并讨论了一些数学史家的工作。作者认为他的编史原则是要揭示"数学在历史上是如何被制造出来的"，而非回答"数学是什么"。该著作可被看作这种原则的集中体现。

洛塞约《希尔伯特、哥廷根与现代数学的发展》（2019）

Roselló, Joan. *Hilbert, Göttingen and the Development of Modern Mathematics*. Cambridge: Cambridge Scholars Publishing, 2019.

该书作者霍安·洛塞约现任巴塞罗那大学逻辑学副教授，其主要研究领域为逻辑学史与数学哲学。《希尔伯特、哥廷根与现代数学的发展》一书以大卫·希尔伯特的生平与贡献为考察对象，并在此基础上考察了现代数学研究重镇哥廷根大学从事的数学研究及其广泛影响。该书着重考察了希尔伯特的公理化方法与数学基础领域的"希尔伯特纲领"，同时也讨论了代数数论、积分方程理论、近世代数及数学结构图景的发展。此外，数学基础中形式主义与直觉主义的争论、希尔伯特于1900年提出的著名问题列表及他本人在相对论和量子力学等领域的贡献也得到了讨论。该书对19世纪末最重要的数学人物以及围绕其展开的数学史做出了有价值的探讨。

2. 物理学史

施蒂希魏《现代科学学科体系的建立：德国物理学，1764—1890》（1984）

Stichweh, Rudolf. *Zur Entstehung des modernen Systems wissenschaftlicher Disziplinen:*

Physik in Deutschland, 1764-1890. Frankfurt: Suhrkamp, 1984.

该著作采取宏观社会学的研究理路，对现代物理学成为一门统一的科学学科的历程进行了深入考察。在这部著作中，作者运用社会学家尼可拉斯·卢曼的理论概念，将物理学在德国成为一门学科的历程与社会形式本身的转型进行了类比。18 世纪的物理学从属于更为无所不包的 "科学"（Wissenschaft），后者是一个阶序化的体系，并与社会有密切的互动；而当物理学在 19 世纪成为一个学科（Diszipline）时，它便成为一个内部交流的体系，而不再倾向于与社会进行互动。作者认为，这种变迁可以与从分层化社会到功能化社会的转变进行类比，而德国在 19 世纪下半叶迅速演化为一个现代化的、功能高度分化的社会，这一历程与物理学成为一个学科的过程都是巨大的社会变迁的后果。该书涉及内容广泛，对现代物理学史、大学教育史及学科史感兴趣的学者来说都是极有价值的著作。

荣尼克尔、麦考马克《理智征服自然：从欧姆到爱因斯坦的理论物理学》(1986)

Jungnickel, Christa and McCormmach, Russell. *Intellectual Mastery of Nature: Theoretical Physics from Ohm to Einstein*, 2 vols. Chicago, Ill.: University of Chicago Press, 1986.

该书作者克里斯塔·荣尼克尔与罗素·麦考马克是一对学术伉俪，这部两卷本著作是其代表作，曾荣获 1987 年科学史学会的辉瑞奖。该书的研究主题是 19—20 世纪德国理论物理学的发展史。上卷 "数学的火炬：1800—1870" 从物理学在大学中确立地位开始讲起，对 19 世纪 30—40 年代大学物理学的改革，19 世纪 40 年代的物理学职业与理论，狄利克雷、黎曼及卡尔·诺依曼等数学家对物理学的贡献，瑞士、奥地利及德国境内柏林、慕尼黑及海德堡的物理学研究进行了深入探讨。下卷 "充满力量的理论物理学：1870—1925" 考察了这一时期物理学代表人物、理论及研究机构的变迁，直到新的量子物理学与相对论的建立。该书对百余年的德国物理学发展史做出了全景式的描绘，是该研究领域的一部经典著作。2017 年，这部书的修订缩写本以单卷本的形式于 Springer 出版社出版（ *The Second Physicist: On the History of Theoretical Physics in Germany*. Cham: Springer International Publishing, 2017)。

3. 生物学史

奈哈特《生物学的成形：动物形态学与德国大学，1800—1900》(1995)

Nyhart, Lynn K. *Biology Takes Form: Animal Morphology and the German Universities,*

1800-1900. Chicago, Ill.: University of Chicago Press, 1995.

该书作者琳恩·奈哈特现任威斯康星大学麦迪逊分校科学史教授，其主要研究方向为 19—20 世纪的生物学史。《生物学的成形》考察了 19 世纪德国大学中动物形态学研究的发展，揭示出这一如今被视为"失败科学"的研究领域在历史上的重要性。奈哈特的研究表明，形态学研究对 19 世纪生物学有构成性的意义。尽管大学中并无形态学的教授职位，形态学家组成的科学社团也并未出现，但许多来自邻近领域的学者都受到了形态学研究的影响。研究解剖学、动物学、博物学及生理学的学者都曾将自己的工作视为形态学研究的一部分，这些工作如今多被归入胚胎学、分类学、功能形态学、比较生理学、生态学以及进化理论等研究领域。奈哈特的工作有力地展示了 19 世纪形态学在更为一般的生物学研究中的位置，并证明它与同时代科学机构与思想的变迁紧密相关。

奈哈特《现代自然：生物学视角在德国的兴起》（2009）

Nyhart, Lynn K. *Modern Nature: The Rise of the Biological Perspective in Germany*. Chicago, Ill.: University of Chicago Press, 2009.

奈哈特的这部著作追溯了一种"生物学视角"在 19 世纪末德国的涌现过程，这种视角强调有机体自身之间以及有机体与其所在环境之间的动态关系。通过将这种视角的兴起置于同时代引人焦虑的城市化及工业化背景之下，作者试图论证社会的快速变化将人们的注意力引向了社会关系与物质环境，这些因素能够使社会与自然变得完整、有效和健康。这种现代自然观与传统自然学者注重分类学的取向形成了鲜明对比，它最终导致生态学这一学科的出现。奈哈特认为，这种新视角产生的根源在大学之外，标本制作者、动物园管理者、学校教师、博物馆改革者、业余爱好者及自然保护主义者等大众自然志（populist natural history）的实践者处于其发端之处。通过研究这一并非广为人知的群体，作者对动物生态学的起源提供了新的阐释，并揭示了长期处于达尔文主义阴影之下的 19 世纪另一种生物学潮流。

4. 心理学史

魏尔维《人类学与生物医学语境中的精神病学》（1985）

Verwey, Gerlof. *Psychiatry in an Anthropological and Biomedical Context: Philosophical Presuppositions and Implications of German Psychiatry, 1820-1870*. Dordrecht: Springer, 1985.

该书作者戈尔洛夫·魏尔维曾任教于荷兰奈梅亨大学哲学系。1820—1870 年，德国精神病学经历了诞生与转变的过程，它首先采取了人类学的取向，尔后发展为生物医学式的精神病学。该书讨论了决定这两种精神病学观念的哲学动机，对与之相关的机械论、唯物主义、柏拉图主义及观念论等哲学思想及其代表人物进行了深入研究。该书对理解现代精神病学及心理学由之产生的思想语境颇有助益。

阿什《德国文化中的格式塔心理学，1890—1967：整体论与客观性的追寻》（1995）

Ash, Mitchell G. *Gestalt Psychology in German Culture, 1890-1967: Holism and the Quest for Objectivity.* Cambridge: Cambridge University Press, 1995.

该书作者米切尔·阿什现任维也纳大学现代史与科学史教授。该书是第一部研究格式塔心理学史的专著，考察了由韦特海默、考夫卡及科勒等人创立的格式塔心理学的历史，研究了这一整体论心理学理论产生、发展、传播与接受的社会与思想环境，并讨论了它对后世自然科学及社会科学诸领域的影响。

四、机构研究

1. 德国自然科学家与医师协会

奎尔纳、施佩尔格斯《自然研究之路，1822—1972》（1972）

Querner, Hans and Schipperges, Heinrich. eds. *Wege der Naturforschung* 1822-1972, *im Spiegel der Versammlungen Deutscher Naturforscher und Ärzte.* Berlin: Springer, 1972.

该论文集出版于德国自然科学家与医师协会（Gesellschaft Deutscher Naturforscher und Ärzte）成立 150 周年之际，其中收录了 10 篇研究该协会与各领域科学研究之关系的文章。其范围涉及一般的协会历史（对 19 世纪协会会议开幕词的研究、1920—1960 年协会会议的举办状况）、历史人物与协会的关系（鲁道夫·魏尔肖科学方法的意义与局限、洛伦兹·奥肯对协会纲领的影响）、协会与具体科学研究（19 世纪下半叶的自然哲学与科学理论、量子力学与相对论、化学、生理学及生物学等科学在协会中的研究）。这些论文有助于理解德国自然科学家与医师协会在历史发展过程中与同时代自然科学的关系。

珊巴赫尔、内尔《人物与观念：德国自然科学家与医师协会，1822—2016》（2016）

Schanbacher, Ansgar. hrsg. von Eva-Maria Neher. *Menschen und Ideen: die Gesellschaft Deutscher Naturforscher und Ärzte 1822-2016*. Göttingen: Wallstein, 2016.

该书是一部对德国自然科学家与医师协会的历史进行简要概述的著作。全书分为三部分：第一部分介绍了该协会自 1822 年成立以来至今所经历的各个历史阶段，第二部分以传记的形式呈现了近 200 年来与协会相关的著名学者在自然科学与医学领域的贡献，第三部分提供了协会举行历次会议的地点、协会各届主席的名单以及相关文献等实用信息。该书图文并茂，可作为对该协会历史感兴趣的学者的入门参考书。

2. 威廉皇帝学会 / 马克斯·普朗克学会

冯·布洛克、莱科《威廉皇帝 / 马克斯·普朗克学会及其研究机构的历史研究》（1996）

Vom Brocke, Bernard and Laitko, Hubert. eds. *Die Kaiser-Wilhelm-/Max-Planck-Gesellschaft und ihre Institute: Studien zu ihrer Geschichte: Das Harnack-Prinzip*. Berlin and New York: Walter de Gruyter, 1996.

威廉皇帝学会（Kaiser-Wilhelm-Gesellschaft zur Förderung der Wissenschaften）正式成立于 1911 年，它是在神学家阿道夫·哈纳克的倡导下建立的基础科学与应用科学研究机构，下属多个专门研究所，第二次世界大战后由马克斯·普朗克学会取代。该论文集收录了来自德国各大学的学者贡献的 29 篇文章，从 4 个方面探讨了威廉皇帝学会的历史：学会史的史料来源及编史方法，"哈纳克原则"的真实性与虚构性，学会下属各研究所的奠基人物及其影响，总体问题、研究所历史以及与当下的关系。这部近700 页的文集对任何希望深入研究威廉皇帝学会历史的学者来说都是必备的参考文献。

考夫曼《纳粹时期的威廉皇帝学会史》（2000）

Kaufmann, Doris ed. *Geschichte der Kaiser-Wilhelm-Gesellschaft im Nationalsozialismus*, 2 vols. Göttingen: Wallstein, 2000.

该书是马克斯·普朗克学会主持的研究项目"纳粹时期的威廉皇帝学会史"所产出的系列丛书的第一卷。全书共分七部分：第一部分考察了 20 世纪上半叶德国科学家的自我认识与政治选项，第二部分的焦点是威廉皇帝学会中的种族卫生学和基因学研究及其与纳粹种族政治的关系，第三部分考察了与军事及战争相关的研究，

第四部分考察了与应用及工业相关的研究，第五部分考察了精神科学方面的研究及其与纳粹政治的关联，第六部分考察了纳粹的科技政策以及威廉皇帝学会的政治举措，第七部分考察了 1945 年之后威廉皇帝学会或马克斯·普朗克学会的历史与研究。这部书所属的丛书已出版 17 卷，对纳粹执政时期威廉皇帝学会所做的科学研究、其成员的贡献以及这些机构和个人与政治的关系做了广泛而深入的探讨。

3. 帝国物理技术研究所

卡汉《服务帝国的研究所：帝国物理技术研究所，1871—1918》（1989）

Cahan, David. *An Institute for an Empire: The Physikalisch-Technische Reichsanstalt, 1871-1918*. Cambridge and New York: Cambridge University Press, 1989.

该书作者大卫·卡汉是内布拉斯加大学历史系荣休教授，其主要研究领域为近现代科学史及欧洲思想史。这部著作是第一部对帝国物理技术研究所（Physikalisch-Technische Reichsanstalt）进行深入研究的学术专著。帝国物理技术研究所是一个由科学界和教育界最先发起、政府机构与工业界随即参与进来的国家科学机构，其建立历时 15 年之久。卡汉的著作不仅展现了宏观尺度上的背景与发展历程，而且对研究所的组织结构、预算、人事情况等细节进行了细致的描绘，除此之外，也对研究所各实验室中所进行的研究进行了面面俱到的考察。这部书的历史叙述主要围绕研究所的三位领导人物展开，即赫尔曼·亥姆霍兹、弗里德里希·柯尔豪施（Friedrich Kohlrausch）及埃米尔·瓦尔堡（Emil Warburg），但也并未忽视如维尔纳·西门子这样的工业巨头在研究所建立过程中的关键作用。该著作出色地展示了物理学与工业技术怎样帮助德国人建设现代社会及国家，也展示了精密测量仪器与科学标准的制定是怎样影响自然科学之发展进程的。

许博纳尔、吕比希《帝国物理技术研究所：其对现代物理学之建立的意义》（2011）

Huebener, Rudolf P., Lübbig, Heinz. *Die Physikalisch-Technische Reichsanstalt: Ihre Bedeutung beim Aufbau der modernen Physik*. Wiesbaden: Vieweg + Teubner Verlag, 2011.

该书集中讨论了帝国物理技术研究所自创立以来在现代物理学领域做出的研究与贡献。从研究所的奠基人物西门子与第一任主席亥姆霍兹的工作讲起，该书考察了研究所中的光学工作为量子理论做出的贡献、与超导研究相关的迈斯纳 – 奥森菲尔德效应的发现、化学领域新元素的发现、放射性实验室的研究、自然界基本常数的测量与确定等一系列与现代物理学的进步密切相关的主题。此外，该书也讨论了研究所在科研机构的典范性地位、著名人物如爱因斯坦等在研究所中的工作，以及纳粹统治时期研究所的状况。该书可供研究德国科学机构史与现代物理学史的学者参考。

五、人物研究

1. 亚历山大·冯·洪堡（1769—1859）

沃尔斯《通向宇宙之路：亚历山大·冯·洪堡与美洲的塑造》（2009）

Walls, Laura Dassow. *The Passage to Cosmos: Alexander von Humboldt and the Shaping of America*. Chicago, Ill.: University of Chicago Press, 2009.

该书作者劳拉·达索·沃尔斯现任美国圣母大学英文系教授，其主要研究领域为美国超验主义、文学与科学。《通向宇宙之路》一书考察了洪堡的名著《宇宙》（*Cosmos*）之观念形成的过程，并将其追溯至洪堡 1799 年的美洲之旅。在美洲，洪堡首次体验到自然与人种的纷繁复杂，并构想出一种新的将观念、学科及国家联系在一起的世界主义，在其中人类与自然构成一个和谐的有机整体。沃尔斯详细研究了洪堡探险时期美洲的思想、文化与政治状况，将洪堡思想的形成置于这一语境之中，并对洪堡关于科学、种族、自然及政治的观点进行了解析。此外，作者还考察了洪堡对爱默生、梭罗、惠特曼及缪尔等美国作者的影响。

武尔夫《自然的发明：亚历山大·冯·洪堡的新世界》（2015）

Wulf, Andrea. *The Invention of Nature: Alexander von Humboldt's New World*. New York: Knopf Doubleday Publishing Group, 2015.

中译本：边和译，《创造自然：亚历山大·冯·洪堡的科学发现之旅》，浙江人民出版社 2017 年版。

该书作者安德烈娅·武尔夫是职业作家和历史学家，也是美国笔会中心、国际探险家俱乐部、女性地理学家协会、林奈学会和英国皇家地理学会会员。《创造自然》以传记的形式记叙了洪堡一生的游历和思考，生动地描述了洪堡的美洲之行及其与同时代知名人物的交往，并考察了洪堡对达尔文、梭罗、海克尔及缪尔等后世文人学者的影响。该书资料丰富，文笔引人入胜，曾被《纽约时报》《洛杉矶时报》等知名媒体评选为年度图书，并获詹姆斯·赖特自然写作奖（James Wright Award for Nature Writing）及皇家地理学会颁发的奈斯奖（Ness Award）。

2. 高斯（1777—1855）

邓宁顿《高斯：科学巨人》（1955）

Dunnington, G. Waldo. *Gauss: Titan of Science*. New York: Hafner Publishing, 1955.

该书作者盖伊·邓宁顿（1906—1974）曾于西北州立大学（Northwestern State University）教授德国文学及数学史。该书是第一部关于高斯的完整传记，作者考察了高斯在数学、天文学、物理学等领域的成就，并叙述了高斯与德国科学界的关系。此外，作者与高斯诸多后裔保持着紧密联系，因此在传记写作过程中能够运用未载于一般资源的回忆性资料。该书收有若干附录，其中包括高斯的遗嘱、家谱、生平年表、所获荣誉、教授课程等信息，以及与高斯相关的文献目录。该书于 2004 年由美国数学学会（Mathematical Association of America）重印出版，附有数学史家杰里米·格雷（Jeremy Gray）对高斯的数学日记的介绍与评注。

毕勒《高斯传》（1981）

Bühler, Walter K. *Gauss: A Biographical Study*. Berlin/Heidelberg: Springer, 1981.

这部《高斯传》的目标读者是对历史仅有有限知识或兴趣的当代专业数学家。作者基本按照年代顺序叙述了高斯的生平与研究，并在相关章节中介绍和探讨了高斯的具体理论工作。该书附有三个附录，其一介绍了《高斯全集》的组织结构，其二介绍了与高斯相关的重要研究文献，其三提供了高斯著作的索引。

3. 夫琅禾费（1787—1826）

杰克逊《信念的光谱：约瑟夫·冯·夫琅禾费与精密光学的技艺》（2000）

Jackson, Myles. *Spectrum of Belief: Joseph von Fraunhofer and the Craft of Precision Optics*. Cambridge, Mass.: MIT Press, 2000.

该书作者迈尔斯·杰克逊现任纽约大学历史系教授及普林斯顿高等研究院科学史教授，其主要研究领域为科学、技术与社会在历史中的互动。《信念的光谱》一书以 19 世纪德国物理学家夫琅禾费为研究对象，利用社会文化史的研究方法展示了这一时期科学实践从个人努力到商业事业的过渡，以及科学与社会、技术工匠与实验自然哲学家之间的互动。作者的研究表明：一方面，夫琅禾费在光学技术方面的成就令欧洲其他各国科学家望尘莫及；另一方面，由于他严格保守其工艺秘密，英国的实验学者无法重复他的工作，这影响了他在科学共同体中的接受程度。此外，夫琅禾费去世后，统一的德国将他树立为科学的典范，以提倡企业与国家支持下科学研究与技术创新的融合。该书有力地揭示了德国光学技术的崛起与机械化、专利法改革、机械师学院的兴起，以及科学赞助者等同时代社会及政治相关主题的联系。

4. 科尔贝（1818—1884）

洛可《静默的革命：赫尔曼·科尔贝与有机化学》（1993）

Rocke, Alan. *The Quiet Revolution: Hermann Kolbe and the Science of Organic Chemistry*. Berkeley, Calif.: University of California Press, 1993.

该书作者阿兰·洛可是美国凯斯西储大学历史系荣休教授，其主要研究领域为现代科学史、19 世纪化学史。《静默的革命》一书是以 19 世纪德国著名化学家赫尔曼·科尔贝为研究对象的传记性著作，该书融合了认知史与社会史的研究方法，将科尔贝的科学生涯与同时代的技术、社会与政治语境联系起来。在科尔贝成长为一位举世闻名的有机化学家时，德国的科学、工业及政治力量也快速地崛起。在洛可的研究中，科尔贝既在科学的体制和教育机制改革方面发挥了作用，也在具有深刻技术应用内涵的纯科学研究中扮演了重要角色；而在这些变革的领域中，有机化学都占据了主要的位置。科尔贝的生平与成就很好地反映出了 19 世纪德国科学与社会之间的相互作用。书评者称赞此书"是过去二十年 19 世纪化学史研究领域最重要的著作之一"。

5. 杜博瓦 – 雷蒙（1818—1896）

芬克尔斯坦《埃米尔·杜博瓦 – 雷蒙：十九世纪德国的神经科学、自我与社会》（2013）

Finkelstein, Gabriel. *Emil du Bois-Reymond: Neuroscience, Self, and Society in Nineteenth-Century Germany*. Cambridge, Mass.: MIT Press, 2013.

该书作者加布里埃尔·芬克尔斯坦现任科罗拉多大学丹佛分校历史系副教授，其主要研究领域为现代德国科学史、现代欧洲文化史。该书是 19 世纪德国著名科学家埃米尔·杜博瓦 – 雷蒙的首部现代传记，他被刻画为"19 世纪最重要的被遗忘的知识分子"。杜博瓦 – 雷蒙最为重要的贡献在于神经生理学方面，他在神经信号的电传导方面的发现、对实验仪器的改进以及对还原论方法论的提倡使他成为现代神经科学的先驱。利用杜博瓦 – 雷蒙的已发表著作、私人文稿及同时代对其回应等文献资源，芬克尔斯坦不仅细致描述了传主的生平、事业及影响，而且将其事业与同时代更为广泛的科学与社会语境结合起来。这部传记为了解 19 世纪德国科学史及思想史做出了重要贡献。

6. 亥姆霍兹（1821—1894）

卡汉《赫尔曼·冯·亥姆霍兹与十九世纪科学的奠基》（1993）

Cahan, David. ed. *Hermann von Helmholtz and the Foundations of Nineteenth-Century Science*. Berkeley: University of California Press, 1993.

这部 700 余页的论文集从各个方面讨论了 19 世纪德国科学家亥姆霍兹的生平、成就及影响，全书主要内容分为"生理学""物理学"及"哲学"三部分。第一部分中的六篇论文分别考察了亥姆霍兹与德国医学共同体的关系、其早期生理学实验、视觉理论、空间的视觉表象、色彩研究及声学的生理学研究。第二部分中的五篇论文考察了亥姆霍兹转向理论物理学的过程、其电动力学研究、化学热力学研究以及对热力学的机械论基础的研究。第三部分中的四篇论文考察了亥姆霍兹科学哲学的发展、其经验论的数学哲学、与科学相关的审美理论研究，以及其科学普及工作的影响。作为德国乃至全欧洲 19 世纪下半叶最有影响力的科学家之一，亥姆霍兹对科学及哲学的各个方面都做出了重要的贡献，而这部论文集对于理解这些贡献以及 19 世纪一般科学史都具有独特的意义。

卡汉《亥姆霍兹：科学生涯》（2018）

Cahan, David. *Helmholtz: A Life in Science*. Chicago, Ill.: University of Chicago Press, 2018.

该书是亥姆霍兹的权威科学传记，体现了作者 30 余年研究工作的成果。该书运用亥姆霍兹全部的科学与哲学著作及之前未公布的私人信件，揭示了潜藏在亥姆霍兹科学成就之后的思想与情感动力：对科学知识之统一性的追求，对知识之来源与方法的关切，以及对艺术与科学相互促进之方式的赏识。除提供亥姆霍兹本人生平与思想的细节外，该著作还深入考察了 19 世纪科学共同体之建构与运作的过程及方式，对同时代的实验室、研究所、学术期刊、科学组织、学术会议等都有所涉及。借此，作者将亥姆霍兹的生平事业置于 19 世纪德国科学及文化史的语境之中，对其科学生涯进行了全景式的刻画。

7. 海克尔（1834—1919）

理查兹《生命的悲剧感：恩斯特·海克尔与演化论的斗争》（2009）

Richards, Robert J. *The Tragic Sense of Life: Ernst Haeckel and the Struggle over Evolutionary Thought*. Chicago, Ill.: University of Chicago Press, 2009.

该书作者罗伯特·理查兹现任芝加哥大学莫里斯·菲什拜因杰出服务科学史教授，其主要研究领域为心理学与生物学的哲学和历史。《生命的悲剧感》以 19 世纪德国著名生物学家恩斯特·海克尔为研究对象，详细叙述了海克尔的生平、教育、科学研究、海外科考及私人生活，对海克尔的生物学理论及其影响进行了全面阐述。该书另有两个附录：第一个附录简要回顾了 18—19 世纪从歌德到达尔文的形态学史；第二个附录以海克尔与纳粹生物学为例，对生物学史叙事中的道德语法进行了研究。该书曾获 2011 年度芝加哥大学出版社的莱英奖（Laing Prize）。

8. 普朗克（1858—1947）

海尔布朗《正直者的两难：作为德国科学代言人的马克斯·普朗克》（1986）

Heilbron, J. L. *The Dilemmas of an Upright Man: Max Planck as Spokesman for German Science*. Berkeley, Calif.: University of California Press, 1986.

中译本：刘兵译，《正直者的困境》，东方出版社中心 1998 年版。

该书是美国加利福尼亚大学伯克利分校的科学史教授约翰·海尔布隆对马克斯·普朗克生平成就的刻画。书中不仅追溯了普朗克的成长环境及研究经历，而且对其更广泛的社会事业及心路历程做了深入的描绘。全书分为四部分：第一部分"建立世界图景"讲述了普朗克做出量子物理学领域开拓性成就的背景，第二部分"为世界图景辩护"考察了普朗克与同时代物理学家在理论方面的争议，第三部分"科学博士"讲述了普朗克在国内与国际科学界的活动，第四部分"海难"对纳粹执政后普朗克为维护德国科学事业所做出的努力及个人生活方面的坎坷与磨难进行了叙述。该书 2000 年新版增加了一篇后记，对普朗克在纳粹治下延续德国科学研究的努力及付出的代价做了考量。

9. 爱因斯坦（1879—1955）

霍尔顿、埃尔卡纳《阿尔伯特·爱因斯坦：历史与文化的视角》（1982）

Holton, Gerald and Elkana, Yehuda. eds. *Albert Einstein, Historical and Cultural*

Perspectives. The Centennial Symposium in Jerusalem. Princeton: Princeton University Press, 1982.

该书所收录的 23 篇文章来自 1979 年 3 月在耶路撒冷举办的爱因斯坦百年纪念会议。全书共分为六个部分：对爱因斯坦之科学贡献的历史透视、爱因斯坦之科学思想的接受史、爱因斯坦对学术界及 20 世纪文化的影响、爱因斯坦与犹太世界的发展、爱因斯坦与核子时代、同僚与友人的追思。文章的作者包括亚瑟·米勒（Arthur I. Miller）、马克斯·雅默（Max Jammer）、P. A. M. 狄拉克（P. A. M. Dirac）、罗曼·雅克布森（Roman Jakobson）、埃里克·埃里克森（Erik H. Erikson）、耶胡达·埃尔卡纳（Yehuda Elkana）、以赛亚·伯林（Isaiah Berlin）及弗里茨·斯特恩（Fritz Stern）等知名学者，他们对爱因斯坦之于科学、文化及政治的影响进行了广泛而深入的讨论。

斯特恩《爱因斯坦的德国世界》（1999）

Stern, Fritz. *Einstein's German World.* Princeton: Princeton University Press, 1999 (New edition, 2016).

中译本：方在庆、文亚等译，《爱因斯坦恩怨史》，上海科技教育出版社 2004 年版。

该书作者弗里茨·斯特恩（1926—2016）生前曾任哥伦比亚大学荣誉教授，曾在康奈尔大学、耶鲁大学、柏林自由大学和康斯坦茨大学任教，专长为近现代欧洲史、德国史及犹太人史。该书的核心章节讨论了爱因斯坦与德国化学家弗里茨·哈珀（Fritz Haber）之间的复杂友谊，着重对比了二者在政治及民族身份认同方面的不同观点。其他章节对马克斯·普朗克、保罗·埃尔利希（Paul Ehrlich）、瓦尔特·拉特瑙（Walther Rathenau）及哈伊姆·魏茨曼（Chaim Weizmann）等与爱因斯坦同时代的德国或犹太知名人士进行了研究，对纳粹统治前后的德国科学家及犹太人生活进行了群像式的描绘，也描绘了爱因斯坦生活和所处时代的丰富细节。

10. 海森伯

卡西迪《超越不确定性：海森伯、量子力学与核弹》（2009）

Cassidy, David C. *Beyond Uncertainty: Heisenberg, Quantum Physics, and The Bomb.* New York: Bellevue Literary Press, 2009.

中译本：方在庆译，《维尔纳·海森伯传：超越不确定性》，湖南科学技术出版社 2018 年版。

该书作者大卫·卡西迪曾任霍夫斯特拉大学（Hofstra University）教授，他撰写了多部研究 20 世纪物理学家的著作，并担任《爱因斯坦全集》（*The Collected Papers of Albert Einstein*）的副主编。卡西迪是海森伯研究的权威学者，他于 1992 年出版的海森伯传记（*Uncertainty: The Life and Science of Werner Heisenberg*. New York: W. H. Freeman, 1992. 中译本：戈革译，《海森伯传》，商务印书馆 2002 年版）曾获得科学史学会颁发的辉瑞奖。在《超越不确定性》中，作者利用苏联解体后新公布的档案材料对前书进行了更新，并为海森伯与纳粹政权的关系及他在核武器制造中扮演的角色提供了新的解读。该书可被视为海森伯的权威传记研究。

卡逊《原子时代的海森伯：科学与公共领域》（2010）

Carson, Cathryn. *Heisenberg in the Atomic Age: Science and the Public Sphere.* Cambridge: Cambridge University Press, 2010.

该书作者凯斯琳·卡逊是加州大学伯克利分校历史系科学史教授，其主要研究领域为 20 世纪物理学史及科学与哲学之间的关系。该书的核心主题是第二次世界大战之后科学理性在公共生活中的位置。通过考察海森伯的哲学性著作及其在大众传媒中的传播，作者揭示了这些著作如何将海森伯树立为对科学进行诠释的公众哲学家，这种角色又反映于其政策参与及公共政治立场之上，进而重新界定了科学与国家之间的关系。作者利用大量档案资料考察了海森伯与海德格尔、哈贝马斯等知识分子及阿登纳、勃兰特等政治人物之间的互动，也对海森伯自身关于纳粹统治时期从事核裂变研究的陈述进行了研究。

第三十二章　俄国科技史

蒋澈

　　这份书目涵盖中世纪至苏联解体这段时期内的俄罗斯和苏联科学技术史研究著作，不包括苏联解体后俄罗斯联邦科技发展的研究，有意了解后者的读者，可参考当代科技政策研究的成果。鉴于通史性著作或新近出版的研究著作一般都对既有重要研究文献做出了综述或引用，这里着重指出较近的新著，以及苏联时期出版的若干值得注意的专著或文集。本章分工具书、通论和断代史三个部分，各部分文献以出版年份升序排列。

一、工具书

兹沃雷金《自然科学与技术活动家传记辞典》（1958—1959）

Зворыкин А. А. (отв. ред.) *Биографический словарь деятелей естествознания и техники*. М.: Гос. науч. изд-во «Большая Советская Энциклопедия», 1958-1959.

　　这部传记辞典分为上、下两卷，由苏联大百科全书出版社自然科学与技术史编辑部与苏联科学院自然科学与技术史研究所的学者合作编纂，是在第二版《苏联大百科全书》基础上完成的。该书共收录 4500 个俄罗斯和苏联科学家与工程专家的传记词条，至今仍是研究俄罗斯和苏联科技史的重要参考书。

沃尔科夫等《苏联科学技术年表：1917—1987》（1988）

Волков В. А. и др. *Наука и техника СССР 1917-1987. Хроника*. М.: Наука, 1988.

　　该书较为全面地呈现了苏联科技史的主要事件，并按年表顺序编有若干评述文章和插图，便于翻检。另一特色是对苏联各加盟共和国的主要科学成就也收录较全。1988 年，第一编者沃尔科夫因为该书获得苏联国民经济成就展银奖。该书至今仍是检索苏联科技史人物与史事信息的重要参考材料，但是，由于时代限制，这部书中尚未能利用苏联解体后公布的一些材料。

俄罗斯科学院自然科学与技术史研究所《莫斯科的科学与教育活动家》(1999—2006)

Деятели науки и просвещения Москвы. М.: Янус-К; Московские учебники и Картолитография, 1999-2006.

这套丛书由俄罗斯科学院自然科学与技术史研究所的学者集体编写，主要内容为 18 世纪至 20 世纪初莫斯科地区的学者与教育家传记与书目，现已出版 4 卷：1999 年出版《18 世纪莫斯科知识分子》，2002 年出版《20 世纪初以前莫斯科的技术人员与城市建造者》，2003 年出版《18 世纪至 20 世纪初的莫斯科教授：自然科学与技术科学》，2006 年出版《18 世纪至 20 世纪初的莫斯科教授：人文科学与社会科学》。

奥西波夫《俄罗斯科学院编年》(2000—)

Осипов Ю. С. (глав. ред.) *Летопись Российской Академии наук.* СПб.: Наука, 2000-.

这套丛书以各种科学院藏档案、会议记录、书信与出版物为基础，系统地记录了俄国科学院自建立以来的主要事件，至今已出版 4 卷，编至 1934 年。

沃尔科夫等《18 世纪至 20 世纪初俄国教授传记辞典》(2003—)

Волков В. А. и др. *Российская профессура. XVIII—начало X вв. Биографический словарь.* 2003-.

本丛书已出卷册中，有 3 卷和自然科学有关：2003 年的生物学与生物医学卷、2004 年的化学卷、2008 年的数学与物理学卷。

梅乌拉《科学院传记丛编》(2018—)

Мелуа А. И. *Академия наук. Биографии.* СПб.: Гуманистика, 2018-.

这套大型传记丛书旨在全面地介绍 1724 年俄罗斯科学院建立至今的院士、通讯院士、荣誉院士及外籍院士的生平与工作，至 2020 年已出版 6 卷，按姓氏字母编排。

二、通论

1. 通史

库兹涅佐夫《俄国科学史纲》(1940)

Кузнецов Б. Г. *Очерки истории русской науки*. М.—Л.: Издательство Академии наук СССР, 1940.

库兹涅佐夫是苏联科学史与科学哲学家，该书论述了俄国科学史的几个重要方面，包括俄国科学的起源、罗巴切夫斯基及其同时代人、从罗巴切夫斯基到门捷列夫时代的俄国科学、俄国电气技术思想史、俄国生物学的特点等。这是苏联史家综合地叙述俄国科学史的早期尝试。

库兹涅佐夫《俄国自然科学家的爱国主义及其对科学的贡献》(1951)

Кузнецов Б. Г. *Патриотизм русских естествоиспытателей и их вклад в науку: беседы по истории отечественного естествознания*. С предисловием Н.Д. Зелинского. Издание 2-е, исправленное и дополненное. М.: Издание Московского общества испытателей природы, 1951.

该书以人物为中心，重点评述了罗蒙诺索夫、赫尔岑、罗巴切夫斯基、"六十年代人"、门捷列夫、季米里亚捷夫和苏联早期若干科学家的生平和科学思想，虽然成书较早，带有浓重的时代特色，但可较好地体现斯大林时代书写科学史的经典叙事线索。

格雷厄姆《俄罗斯和苏联科学简史》(1993)

Graham, Loren R. *Science in Russia and the Soviet Union: A Short History*. Cambridge History of Science. Cambridge & New York: Cambridge University Press, 1993.

中译本：叶式辉等译，《俄罗斯和苏联科学简史》，复旦大学出版社 2000 年版。

该书作者是俄罗斯和苏联科学史研究领域的权威学者。该书内容涵盖从基辅罗斯至苏联解体的苏俄科学史，重点论述了早期俄国科学的发展特点、俄国科学与社会主义革命的关系、苏联社会中科学地位与组织特征等问题，篇幅均衡，可读性强。1998 年，在俄罗斯也出版了该书的俄译本。

鲍鸥等《科技革命与俄罗斯（苏联）现代化》（2017）

鲍鸥、周宇、王芳:《科技革命与俄罗斯（苏联）现代化》，山东教育出版社 2017 年版。

该书是中国学者所撰写的一部带有通史性质的研究专著，论述的时间范围从古 罗斯直至苏联末期。作者聚焦于国家现代化这一主题，对苏俄科学史进行了明确的 断代划分，提出了"俄国科学文化"等主题，并对彼得堡科学院、西伯利亚大铁路、 苏联航天工程等重点案例做了详细的分析。

2. 编史学

祖波夫《俄国自然科学的编史学（17 世纪至 19 世纪上半叶）》（1956）

Зубов В. П. *Историография естественных наук в России (XVIII в. - первая половина XIX в.)*. М.: Изд-во Акад. наук СССР, 1956.

作者祖波夫是苏联重要科学史家，曾获萨顿奖。该书内容极其丰富，范围从塔 吉舍夫、罗蒙诺索夫等学者的科学史论述开始，直至 19 世纪的赫尔岑等人，是研究 俄国早期科学史观的重要参考书籍。

伊利扎罗夫《科技史编史学史料汇编：1917 至 1988 年年表》（1989）

Илизаров С. С. *Материалы к историографии истории науки и техники: Хроника. 1917-1988 гг.* М.: Наука, 1989.

该书详尽地编制了 1917 年至 1988 年苏联科学史家研究工作的年表，其中大量 内容是有关俄罗斯 – 苏联科学史的，也可作为工具书使用。

库扎科夫《10 至 17 世纪俄国科学史编史学》（1991）

Кузаков, В. К. *Отечественная историография истории науки в России в X-XVII вв.* М.: Наука, 1991.

该书系统地分析了俄罗斯和苏联科学史家对 18 世纪前俄国科学史的主要观点 与思想，其中包括对卡拉姆津、索洛维约夫、克柳切夫斯基等俄国经典史家的评述。 全书以学科史为纲，分别讨论了俄国早期天文学史、数学史、物理学史、化学史、 地学史、生物学史的编史问题，也可起到工具书的作用。作者还讨论了欧洲文化背 景下俄罗斯文化的发展过程与潜力、个人知识、知识与技艺关系等问题。

三、断代史

1. 古罗斯至沙俄时代

莱诺夫《11 至 17 世纪俄罗斯的科学》(1940)

Райнов, Т. И. *Наука в России XI—XVII веков. Очерки по истории до научных и естественно-научных воззрений на природу.* Ч. 1-3. М.—Л.: Издательство Академии наук СССР, 1940.

莱诺夫是苏俄哲学家和科学史家。该书分三部分，第一部分论述基辅罗斯时代，第二部分论述 14 世纪至 16 世纪，第三部分关注 17 世纪。作者注重阐发神学神秘主义、不成文技术知识、自然的征象学说、文艺复兴自然观等思想背景，在今天读来仍具有启发性。

达尼列夫斯基《俄罗斯技术》(1947)

Данилевский В. В. *Русская техника.* Л.: Ленинградское газетно-журнальное и книжное изд-во, 1947.

达尼列夫斯基是苏联时代极为重要的技术史家，该书是俄国技术史的经典论著，曾获斯大林奖金。作者本人的研究专长是印刷技术和图书史，在该书和作者的其他著作中，对俄国印刷史和早期技术文献有精深的研究，在今天仍具有强大的启发性。

《苏联科学院史（第 1、2 卷）》(1958，1964)

История Академии наук СССР. Т. 1-2. М.—Л.: Изд-во АН СССР, 1958/1964.

该书虽然名为"苏联科学院史"，但头两卷实际记述的是 1724—1917 年的俄罗斯科学院历史。

武契尼奇《俄国文化中的科学》(1963，1970)

Vucinich, Alexander. *Science in Russian Culture.* Stanford, Calif.: Stanford University Press, 1963/1970.

该书作者是塞尔维亚裔美国历史学家，研究专长是苏俄科学史与文化史。该书分为两卷，第一卷论述 1860 年以前的俄国科学，第二卷论述 1861 年至 1917 年的俄国科学史。作者十分重视俄国科学发展的文化语境，是冷战时期西方学者研究俄国科学史的力作。

库扎科夫《10 至 17 世纪罗斯自然科学与技术观念发展史纲》（1976）

Кузаков В. К. *Очерки развития естественнонаучных и технических представлений на Руси в X - XVII вв.* М.: Наука, 1976.

该书论述了 10 世纪至 17 世纪俄罗斯科学"前史"的主要发展阶段，主体部分综合运用编年史、出土文物、古代文献，介绍了罗斯时代的天文学、数学、物理学、化学、生物学和地理学史，可反映苏联史学界至 20 世纪 70 年代中期的史观。

科佩列维奇《彼得堡科学院的建立》（1977）

Копелевич Ю. Х. *Основание Петербургской Академии наук.* Л.: Наука. Ленинградское отделение, 1977.

该书介绍了俄国第一个建制化的科学机构——彼得堡科学院的创建史，注重阐明彼得改革与科学院活动的关系，以及彼得堡科学院和欧洲科学网络的关联。

西蒙诺夫《古罗斯的自然科学观念》（1978）

Симонов Р. А. (сост.) *Естественнонаучные представления* Древней Руси. М.: Наука, 1978.

主编西蒙诺夫是当代重要的罗斯思想史研究专家。该书是一部论述 11 世纪至 17 世纪俄国科技史的文集，内容涉及中世纪罗斯科学与技术的特点、古罗斯时代的天文学、地理学、算术、化学、生物学、逻辑学、机械学、农学等学科，以及科学文献翻译史、俄国和瑞典的技术联系等，比较综合地呈现了俄国早期科技发展的面貌。

西蒙诺夫《古罗斯的自然科学知识》（1980）

Симонов Р. А. (сост.) *Естественнонаучные знания в Древней Руси.* М.: Наука, 1980.

这部文集可以作为上部文集的补充，主编西蒙诺夫撰文探讨了中世纪罗斯科技史的编史问题，此外，该文集的论文更加注重科学知识与建筑、城市化、经济、医疗等领域的关联。

西蒙诺夫《古罗斯的自然科学观念：计年·数的征象·"禁书"·占星学·矿物学》（1988）

Симонов Р. А. (сост.) *Естественнонаучные представления Древней Руси.*

Счисление лет. Символика чисел. "Отреченные" книги. Астрология. Минералогия. М.: Наука, 1988.

这部文集在上述文集的基础上，扩展了研究的范围，偏重隐秘知识传统，同时注重对物质性史料的分析，代表了苏联史学界在 20 世纪 80 年代对罗斯科学史的主要研究趋向。

维尔纳茨基《俄国科学史论著选》（1988）

Вернадский В.И. *Труды по истории науки в России.* М.: Наука, 1988.

维尔纳茨基是俄国及苏联化学家与哲学家，在沙俄时代当选为科学院院士，曾提出"人类圈"概念，深刻地影响了俄国宇宙主义思潮，并在苏联时期积极参与社会活动。这本文选收录了维尔纳茨基《18 世纪俄罗斯自然科学史纲》（Очерки по истории естествознания в России в XVIII столетии）、《科学院历史的第一个世纪》（Академия наук в первое столетие своей истории）等著作，这些工作构成了俄国近代科学史的经典叙事，至今仍有参考价值。

巴萨尔金娜《19 至 20 世纪之交的沙俄科学院》（2008）

Басаргина Е. Ю. *Императорская академия наук на рубеже XIX—XX веков:* очерки истории. М.: Индрик, 2008.

这本专著考察了沙俄科学院在 20 世纪初俄国社会转型中的作用，分析了科学家的活动及科学院参与俄国社会政治生活的方式。作者是新生代历史学家，利用了会议记录、报告、传记、回忆录和其他大量档案材料，内容翔实丰富。

2. 苏联时代

大卫《苏联马克思主义与自然科学：1917 至 1932 年》（1961）

Joravsky, David. *Soviet Marxism and Natural Science, 1917-1932.* New York: Columbia University Press, 1961.

该书是西方学者对苏联早期科学史的经典研究之作。作者认为，在苏联马克思主义发展的第一阶段，马克思主义哲学与实证主义和形而上学的张力并未得到彻底解决，而在苏联文化革命的诸多观念冲击之下，关于自然科学的一般哲学辩论最终让位于特定科学领域内的冲突，并在生物学领域内产生了真正的危机。

大卫《李森科案》（1970）

Joravsky, David. *The Lysenko Affair.* Cambridge, Mass.: Harvard University Press, 1970.

李森科事件是苏联科学史研究中无法绕开的话题。该书代表了冷战时期西方学者对这一事件的历史分析。

巴斯特拉科娃《苏维埃科学组织体制的形成：1917 至 1922 年》（1973）

Бастракова М. С. *Становление советской системы организации науки, 1917-1922.* М.: Наука, 1973.

该书对苏维埃政权初期的科技政策做了详细的评述，讨论了在苏俄早期科学研究机构的变迁史，并提供了若干很有价值的史料。

拉赫京《苏联科学组织：历史与当代》（1990）

Лахтин Г. А. *Организация советской науки: история и современность.* М.: Наука, 1990.

该书是苏联解体前夕写成的一部带有总结性质的专著，作者回顾了 20 世纪 70 年代以来苏联科学组织的形成和发展史，侧重论述了科学院、大学、工业界之间的联系，以及苏联科学规划的编制等。该书内容比较全面，至今仍是俄罗斯高等院校教授本国科技史时的参考书籍之一。

克列缅佐夫《斯大林主义科学》（1996）

Krementsov, Nikolai. *Stalinist Science.* Princeton: Princeton University Press, 1996.

作者是俄罗斯科学院自然科学史研究所的研究员，在该书中详尽分析了所谓的"斯大林主义科学"模式。作者认为，如果将苏联政权和科学界的关系视为政治力量的单方向干扰与压迫，会导致过度简化的看法，事实上苏联国家和科学家形成了一种复杂的共生关系，而第二次世界大战和冷战之初的一系列局势则改变了这一斯大林主义科学模式，也影响了苏联科学在随后的发展方向。

安德鲁斯《群众科学：布尔什维克国家、公众科学与苏俄的大众想象，1917 至 1934 年》（2003）

Andrews, James T. *Science for the Masses: The Bolshevik State, Public Science, and the Popular Imagination in Soviet Russia, 1917-1934*. College Station: Texas A&M University Press, 2003.

该书以沙俄时代末期的科学社团为历史起点，追溯了十月革命后苏俄科学普及的演变史。作者利用了苏联时代大量的地方与中央档案，叙述工农对苏联国家科普工作的复杂反应。

卡捷夫尼科夫《苏联时期的伟大科学：苏联物理学家的时代与冒险》（2004）

Kojevnikov, Alexei B. *Stalin's Great Science: The Times And Adventures Of Soviet Physicists*. London: World Scientific Publishing Company, 2004.

中译本：A. 卡捷夫尼科夫：《苏联时期的伟大科学：苏联物理学家的时代与冒险》，董敏译，中国科学技术出版社 2019 年版。

该书试图勾勒 20 世纪 10 年代中期到 50 年代中期苏联科学发展的整体图景。作者有启发性地提出了若干值得注意的研究主题。

孙慕天《跋涉的理性》（2006）

孙慕天：《跋涉的理性》，科学出版社 2006 年版。

该书全面地梳理了苏联自然科学哲学的发展史，着重分析了苏联自然科学哲学中主流与非主流学派的斗争历史，并结合具体的历史事件论述了苏联社会中科学与哲学的关系。

格雷厄姆《李森科的幽灵：表观遗传学与俄国》（2016）

Graham, Loren R. *Lysenko's Ghost: Epigenetics and Russia*. Cambridge, Mass.: Harvard University Press, 2016.

格雷厄姆作为苏俄科学史研究权威，尝试重新系统地解释后天获得性状遗传理论的产生背景，以及李森科遗传学与苏联政治的复杂关联，以回应近年部分表观遗传学学者对李森科主义的新解释。该书可代表冷战后西方科学史家对苏联遗传学史的新探索。

菲舍尔《苏联社会中的科学与意识形态：1917 至 1967 年》（2017）

Fischer, George. *Science and Ideology in Soviet Society, 1917-1967*. Somerset: Taylor and Francis, 2017.

该书探讨了苏联在 1917—1967 年间如何回应科学和意识形态的影响与互动。作者认为，在 20 世纪 60 年代，苏联科学帮助维护了既有政治体制及其意识形态。

市川浩《冷战阴影下的苏联科学与工程》（2019）

Ichikawa, Hiroshi. *Soviet Science and Engineering in the Shadow of the Cold War.* Milton: Routledge, 2019.

作者是日本科学史家，长于原子物理学及原子能技术史研究。该书着重探讨了 20 世纪 50 年代苏联动员本国科学技术力量发展若干军事技术领域的历史，基于档案材料分析了与当时苏联科技状况有关的各种矛盾因素。

第三十三章　美国科技史

刘年凯

本章分工具书、通史、断代史、分科史、专题研究、人物研究六个部分，各部分文献按照出版年份升序排列。

一、工具书

柯尔斯泰特等《美国科学的历史写作》（1986）

Kohlstedt, Sally Gregory, and Margaret W. Rossiter, eds. *Historical Writing on American Science: Perspectives and Prospects*. Baltimore: Johns Hopkins University Press, 1986.

321 页，包括 15 篇论文，既有如科学、医学、宗教的关系这类主题，也有美国的物理学史、地质学史等话题。该书内容曾集结于美国科学史学会的刊物《奥斯瑞斯》（Osiris）1985 年第一卷。萨莉·柯尔斯泰特（Sally Gregory Kohlstedt，1943— ）是美国明尼苏达大学地球与环境科学系科学技术与医学史项目的教授，曾于 1992—1993 年担任美国科学史学会会长；玛格丽特·罗西特（Margaret W. Rossiter，1944— ）是美国康奈尔大学科学史教授，研究领域为 19—20 世纪的美国科学，尤其关注农业科学和科学中的女性。

罗森伯格《美国科学史百科全书》（2001）

Rothenberg, Marc, eds. *The History of Science in the United States: An encyclopedia*. Vol.842. New York: Taylor & Francis, 2001.

615 页，按照字母排序，特别强调医学史和技术史以及科学和医学之间的关系。马克·罗森伯格（Marc Rothenberg）任职于美国史密森学会（Smithsonian Institution），他还主编过 2 卷本的《美国科学技术史书目选编》（*History of Science and Technology in the United States: A Critical and Selective Bibliography*, 1993）。

珀塞尔《美国技术指南》(2008)

Pursell, Carroll, ed. *A Companion to American Technology*. Hoboken: John Wiley & Sons, 2008.

478 页，分 5 部分，包括 22 章，分别为起始 (北美殖民地的技术、美国工业革命)、生产场所 (生产技术、20 世纪美国的技术与农业、房屋和住所、城市与技术、技术与环境、政府与技术、医学与技术)、竞争场所 (北美"身体 – 机器"综合大楼、性别与技术、劳工和技术)、技术系统 (汽车运输系统、飞机、太空技术、核技术、电视台、计算机和互联网)、技术文化的生产和理解 (美国的工程专业、20 世纪流行文化和技术、艺术与技术、技术评论家)，涵盖了美国技术的最重要特征。

斯洛滕《牛津美国科学史、医学史与技术史百科全书》(2014)

Slotten, Hugh Richard, ed. *The Oxford Encyclopedia of the History of American Science, Medicine, and Technology*. New York: Oxford University Press, 2014.

742 页，分 2 卷，按照字母排序，上卷从 A 到 L，下卷从 M 到 Z。主编理查德·休·斯洛滕 (Richard Hugh Slotten) 是新西兰奥塔哥大学的副教授，研究领域包括媒体和传播历史、科学技术史，他也是剑桥科学史丛书第 8 卷《国家、跨国和全球背景下的现代科学》(剑桥大学出版社 2020 年版) 的主编。

蒙哥马利等《美国科学史指南》(2015)

Montgomery, Georgina M, and Largent, Mark A, eds. *A Companion to the History of American Science*. Hoboken: John Wiley & Sons, 2015.

692 页，分 2 部分 ("学科"和"主题") 共 44 章，包括"农业科学""人类学""生物技术""达尔文主义"等。乔治娜·蒙哥马利 (Georgina M. Montgomery) 是密歇根州立大学历史系助理教授，马克·拉金特 (Mark A. Largent) 是密歇根州立大学本科教育教务长。

韦尔奇等《美国技术革新史》(2019)

Welch, Rosanne, and Peg A. Lamphier, eds. *Technical Innovation in American History: An Encyclopedia of Science and Technology [3 volumes]*. Goleta: ABC-CLIO, 2019.

1082 页，共 3 卷，按时间顺序排列，第一卷包括殖民地时期至 1865 年，第二卷从美国重建时期到第二次世界大战，第三卷从冷战至今。罗桑·韦尔奇（Rosanne Welch）是圣何塞州立大学电影与戏剧系的教授，佩格·兰皮耶（Peg Lamphier）是波莫纳加州理工大学教育与综合学习系的教授。

二、通史

珀塞尔《美国技术：个人和观念史》（2018）

Pursell, Carroll, ed. *Technology in America: A History of Individuals and Ideas*. Cambridge, MA: The MIT Press, 2018.

329 页，包括 26 章，除前两章外，其余每章关注一个历史人物及一个领域，主题包括技术转让的影响、美国制造体系的发展、科学的制度化等，涉及内容有托马斯·杰斐逊（Thomas Jefferson）创立专利局、罗伯特·戈达德（Robert Goddards）研发太空火箭等，强调技术变革在美国文化演变中所起的重要作用。该书于 1981 年和 1990 年出版了第一版和第二版，2018 年版是第三版。

休斯《美国创世纪：一个世纪的发明和技术热情，1870—1970》（2020）

Hughes, Thomas P. *American Genesis: A Century of Invention and Technological Enthusiasm, 1870-1970*. Chicago: University of Chicago Press, 2020.

548 页。叙述了 1870—1970 年美国技术系统的发明、传播、技术文化的出现。托马斯·帕克·休斯（Thomas Parke Hughes，1923—2014）是宾夕法尼亚大学名誉历史教授，美国技术史家。该书第一版在 1990 年入围普利策奖。

考恩等《美国技术的社会史》（2017）

Cowan, Ruth Schwartz, and Hersch, Matthew H. *A Social History of American Technology (2nd Edition)*. New York: Oxford University Press, 2017.

342 页，分 13 章。所涵盖的时期从 17 世纪初至今，从最早的土著居民使用工具到今天熟悉的技术如汽车、计算机、飞机和抗生素，考察了社会历史与技术变革之间的重要关系。露丝·施瓦茨·考恩（Ruth Schwartz Cowan，1941— ）是宾夕法尼亚大学历史和科学社会学荣休教授，马修·赫什（Matthew Hersch）是哈佛大学科学史系副教授。该书第一版出版于 1997 年。

珀塞尔《美国机器：技术的社会史》（第 2 版）（2007）

Pursell, Carroll. *The Machine in America: A Social History of Technology*. Baltimore: The Johns Hopkins University Press, 2007.

398 页，分 5 部分，包括"技术的转移""工业革命的改进""美国工业的特征""技术与霸权"和"全球化"，分析了技术对生活、工作、政治和社会关系的影响，以及反过来人们如何影响技术发展。在第 2 版的《美国机器》中，作者修订了战争技术一章，并就信息技术、全球化和环境进行了新的讨论。卡洛尔·珀塞尔（Carroll Pursell，1932— ）是凯斯西储大学（Case Western Reserve University）的荣休教授，曾担任美国技术史学会（SHOT）会长。

王作跃《科技革命与美国现代化》（2017）

157 页，山东教育出版社 2017 年第一版。该书是张柏春主编的"科技革命与国家现代化研究丛书"中的一册，分为"科学技术与美国工业革命""美国科学的崛起、第二次科学革命与大科学的诞生""美国大科学革命""从冷战到新兴科技革命""全球化与新科技革命"和"科技革命与美国现代化进程及其对中国的启示"6 个部分。作者王作跃是美国加州理工大学普莫娜分校历史系教授。

三、断代史

1. 兴起

欣德尔《美国革命时期对科学的追求，1735—1789》（1956）

Hindle, Brooke. *The Pursuit of Science in Revolutionary America, 1735-1789*. Chapel Hill: The University of North Carolina Press, 1956.

410 页，分 3 部分，包括"殖民圈，1735—1765""朝向革命，1763—1775"和"新国家，1775—1789"，对美国殖民地时期的科学特性进行了全面的讨论。布鲁克·欣德尔（Brooke Hindle，1918—2001）是纽约大学历史系教授，1974—1978 年担任国家历史与技术博物馆（NMHT）馆长，1981—1982 年担任美国技术史学会会长。

斯特恩《英属北美殖民地时期的科学》（1970）

Stearns, Raymond Phineas. *Science in the British Colonies of America*. Champaign: University of Illinois Press, 1970.

760页，分12章。讲述了美国在广义的殖民地时期，即1520—1770年科学的发展。雷蒙德·斯特恩（Raymond Sterns，1904—1970）是伊利诺伊大学的历史系教授，该书获1970年美国国家图书奖。

贝迪尼《思想家与修补匠：早期的美国科学人》（1975）

Bedini, Silvio A, *Thinkers and Tinkers: Early American Men of Science*. New York: Charles Scribner's Sons, 1975.

520页，分4部分，即"移民""发展""变革"和"国家"，强调了修补匠这类"小人物"对美国早期科学的贡献。西尔维奥·贝迪尼（Silvio Bedini，1917—2007）是史密森学会的荣休历史学家，专门研究早期的科学仪器。

巴特利特《美国西部大调查》（1980）

Bartlett, Richard A. *Great Surveys of the American West*. Vol.38. Norman: University of Oklahoma Press, 1980.

432页，分4部分。讲述了美国内战之后在1867—1879年进行的四项地质和地理调查（后来称为"大调查"）的历史。理查德·巴特利特（Richard A. Bartlett）是佛罗里达州立大学历史名誉教授。

格林《杰斐逊时代的美国科学》（1984）

Greene, John C. *American Science in the Age of Jefferson*. Ames: Iowa State University Press, 1984.

484页，分15章，包括"美国背景""费城模式""新英格兰的科学中心"等，叙述了杰斐逊时代，即1780—1830年美国科学的发展。约翰·科尔顿·格林（John Colton Greene，1917—2008）是康涅狄格大学历史学教授，曾于1975—1977年担任科学史学会会长。

布鲁斯《美国现代科学的兴起，1846—1876》（1987）

Bruce, Robert V. *The Launching of Modern American Science, 1846-1876*. New York: Cornell University Press, 1987.

446页，分4部分，即"新世界的科学，1846—1861""科学、技术与一个兴起的民族，1846—1861""科学的管理，1846—1861"和"战争与重建，1861—1876"，叙述了 1846—1876 年美国科学的发展。罗伯特·万斯·布鲁斯（Robert Vance Bruce，1923—2008）是波士顿大学教授，美国内战研究专家。该书获 1988 年普利策历史奖。

基尼《植物学家：十九世纪美国的业余科学家》（1992）

Keeney, Elizabeth. *The Botanizers: Amateur Scientists in Nineteenth-century America*. Chapel Hill: The University of North Carolina Press, 1992.

220 页，分 10 章。考察了植物学家在 19 世纪的美国科学中发挥的作用。作者是肯扬学院（Kenyon College）学术咨询主任，曾任哈佛大学科学史讲师。

丹尼尔斯《杰克逊时代的美国科学》（1994）

Daniels, George H. *American Science in the Age of Jackson*. Tuscaloosa: University of Alabama Press, 1994.

304 页，分 9 章。介绍了杰克逊时代，即 1815—1845 年的美国科学的发展。该书第一版出版于 1968 年。乔治·丹尼尔斯（George H. Daniels，1906—1982）曾任南阿拉巴马大学历史系教授、系主任。

帕里什《美国的好奇心：英国殖民时期大西洋世界的自然志文化》（2012）

Parrish, Susan Scott. *American Curiosity: Cultures of Natural History in the Colonial British Atlantic World*. Chapel Hill: The University of North Carolina Press, 2012.

344 页，分 7 章。考察了 16 世纪末至 18 世纪英国殖民地的各个民族如何理解周围的自然世界。苏珊·斯科特·帕里什（Susan Scott Parrish）是密歇根大学教授。

2. 19—20 世纪的科学教育与普及

拉塞特《达尔文在美国：知识分子的回应，1865—1912》（1976）

Russett, Cynthia Eagle. *Darwin in America: The Intellectual Response 1865-1912*. San Francisco: W.H. Freeman and Company, 1976.

228 页，分 8 章。达尔文的思想进入美国，引起了美国学术界及公众的极大反响，该书探讨了 1865—1912 年美国知识分子阶层对达尔文思想的回应。关于这一主题的著作还有《从夏娃到进化：达尔文、科学和美国镀金时代的妇女权利》（*From Eve to Evolution: Darwin, Science, and Women's Rights in Gilded Age America*）、《达尔文与圣经相遇：美国的神创论者和进化论者》（*Where Darwin meets the Bible: creationists and evolutionists in America*）等。辛西娅·伊格·拉塞特（Cynthia Eagle Russett，1937—2013）是耶鲁大学教授，因 19 世纪美国知识史以及女性与性别的研究而闻名。

罗西特《美国的女性科学家：1940 年之前的斗争和策略》（1982）

Rossiter, Margaret W. *Women Scientists in America: Struggles and Strategies to 1940.* Baltimore: The Johns Hopkins University Press, 1982.

439 页，分 10 章。叙述了 1940 年之前的众多女天文学家、女化学家、女生物学家和女心理学家的活动和个性。

科恩《计算的民族：早期美国计算能力的传播》（1999）

Cohen, Patricia Cline. *A Calculating People: The Spread of Numeracy in Early America.* New York: Routledge, 1999.

271 页，分 6 章。即"十七世纪英格兰的计算能力""殖民地的计算""模式和来源""共和国的算数""统计学和国家""1840 年的人口统计"。帕特里夏·克莱恩·科恩（Patricia Cline Cohen）是加利福尼亚大学圣巴巴拉分校的历史学教授。该书最早出版于 1982 年。

拉莫勒《康复时间：从本世纪初到管理式医疗时代的美国医学教育》（1999）

Ludmerer, Kenneth M. *Time to Heal: American Medical Education from the Turn of the Century to the Era of Managed Care.* New York: Oxford University Press, 1999.

514 页，分 3 部分。旨在提供一部从 20 世纪初至今的美国医学教育综合史，重点放在医学院四年制本科医学教育时期。肯尼斯·拉莫勒（Kenneth Ludmerer）是圣路易斯华盛顿大学教授。

舒尔滕《美国的地理想象，1880—1950》（2001）

Schulten, Susan. *The Geographical Imagination in America, 1880-1950.* Chicago: University of Chicago Press, 2001.

319 页，分 2 部分，即"使地理成为现代"和"美国世纪"，探讨了 19 世纪末至冷战之前地理、制图及其在美国的大众文化、政治和教育中的地位。苏珊·舒尔滕（Susan Schulten）是丹佛大学（University of Denver）的教授兼历史系主任。

鲁道夫《教室里的科学家：冷战对美国科学教育的重建》（2002）

Rudolph, John. *Scientists in the Classroom: The Cold War Reconstruction of American Science Education*. New York: Palgrave, 2002.

262 页，分 7 章。讲述了 20 世纪 50 年代美国著名科学家着手进行的重塑高中科学教育的项目。该书最初于 1996 年出版。约翰·鲁道夫（John L. Rudolph）是威斯康星大学麦迪逊分校教育学院教授。

朱厄特《科学、民主和美国大学：从内战到冷战》（2012）

Jewett, Andrew. *Science, Democracy, and the American University: From the Civil War to the Cold War*. New York: Cambridge University Press, 2012.

402 页，分 3 部分，即"科学精神""科学态度"及"科学与政治"，共 11 章，重新诠释了自然科学和社会科学在现代美国政治权威中的兴起。安德鲁·朱厄特（Andrew Jewett）是哈佛大学历史系教授。

拉文《第一个原子时代：科学家、辐射与美国公众，1895—1945》（2013）

Lavine, Matthew. *The First Atomic Age: Scientists, Radiations, and the American Public, 1895-1945*. New York: Palgrave Macmillan, 2013.

247 页，分 5 章。考察了 19 世纪末至 20 世纪中叶美国的核文化，以及公众对辐射的理解和接受。马修·拉文（Matthwe Lavine）是密西根州立大学历史系副教授。

四、分科史

凯夫莱斯《物理学家：现代美国科学共同体的历史》（1978）

Kevles, Daniel J. *The physicists: The History of a Scientific Community in Modern America*. New York: Vintage Books, 1978.

537 页，分 25 章。记叙了 1850 年至今美国物理学家共同体的发展历史，该书在 1995 年哈佛大学出版社的新版本中加入了新的序言。丹尼尔·凯夫莱斯（Daniel J. Kevles）是耶鲁大学教授。

施奈尔《美国地质学两百年》（1979）

Schneer, Cecil J. eds. *Two Hundred Years of Geology in America: Proceedings of the New Hampshire Bicentennial Conference on the History of Geology*. Waltham: University

Press of New England, 1979.

359 页。是 1976 年在新罕布什尔大学召开美国地质史 200 周年会议之后所出版的论文集，分 8 个部分，包括 28 篇论文或摘要，涉及的话题有美国地质调查、地质图、洋流调查、地槽说、板块构造、地质学对其他领域的影响等。主编塞西尔·施奈尔（Schneer Cecil，1923—2017）是新罕布什尔大学教授，国际地质科学史委员会创始会员。

凯《生命的分子愿景：加州理工、洛克菲勒基金会以及新生物学的兴起》（1992）

Kay, Lily E. *The Molecular Vision of Life: Caltech, the Rockefeller Foundation, and the Rise of the New Biology.* New York: Oxford University Press, 1992.

304 页，分 8 个部分。基本按照年代顺序叙述了 20 世纪上半叶美国新生物学（分子生物学）的崛起，主要关注加州理工学院及其赞助者洛克菲勒基金会。莉莉·凯（Lily E. Kay，1947—2000）曾在芝加哥大学和麻省理工学院任教。

帕歇等《美国数学研究共同体的出现，1876—1900》（1994）

Parshall, Karen Hunger, and David E. Rowe. *The Emergence of the American Mathematical Research Community, 1876-1900: JJ Sylvester, Felix Klein, and EH Moore.* New York: Springer, 1994.

500 页，分 10 章。基本按照年代顺序叙述了美国数学研究共同体的出现，时间跨度从 1776—1933 年，主要聚焦在 1876—1900 年。卡伦·汉格·帕歇（Karen Hunger Parshall，1955— ）是弗吉尼亚大学历史与数学教授，戴维·罗（David E. Rowe）是德国美因兹大学数学史教授。

卡西迪《美国世纪的物理学简史》（2011）

Cassidy, David C. *A Short History of Physics in the American Century.* Cambridge MA. : Harvard University Press, 2011.

211 页，分 8 个部分。简要叙述了美国物理学在 20 世纪的发展，论述主题有科学家、科学发现及研究单位等，包括不太知名的物理学家和机构。戴维·卡西迪（David C. Cassidy，1945— ）是霍夫斯特拉大学教授。

萨克雷等《1876—1976 年的美国化学：历史指引》（2012）

Thackray, Arnold, Jeffrey L. Sturchio, P. Thomas Carroll, and Robert F. Bud. *Chemistry in America 1876-1976: Historical Indicators*. New York: Springer Science & Business Media, 2012.

564 页，分 6 章。引入了一种衡量科学事业变化的方法——化学指引（chemical indicators）来定量分析美国化学在 1876—1976 年的发展。该书最早在 1985 年出版。阿诺德·萨克雷（Arnold Thackray，1939— ）是宾夕法尼亚大学教授，曾担任美国化学史中心（现更名为科学史研究所）主席、美国生物史基金会主席。

五、专题研究

1. 技术与发明

马克思《花园里的机器：美国的技术与田园理想》（1964）

Marx, Leo. *The Machine in the Garden: Technology and the Pastoral Ideal in America*. New York: Oxford University Press, 1964.

中译本：马海良等译，《花园里的机器：美国的技术与田园理想》，北京大学出版社 2011 年版。

414 页，分 6 章。即"1844 年的睡谷""莎士比亚的美国寓言""花园""机器""两个力的王国"和"后记"，作者以"花园"和"机器"为隐喻，探讨了 19 世纪以来美国技术与文化的关系。莱奥·马克思（Leo Marx，1919— ）是麻省理工学院荣休教授。

戈登《美国钢铁，1607—1900》（2001）

Gordon, Robert Boyd. *American Iron, 1607-1900*. Vol.19. Baltimore: The Johns Hopkins University Press, 2001.

261 页，分 11 章。讲述了 1607—1900 年的美国钢铁技术的发展。该书最初于 1996 年出版。罗伯特·戈登（Robert B. Gordon）是耶鲁大学教授。

乌瑟尔曼《规范铁路创新：美国的商业、技术和政治，1840—1920》（2002）

Usselman, Steven W. *Regulating Railroad Innovation: Business, Technology, and Politics in America, 1840-1920*. Cambridge: Cambridge University Press, 2002.

398 页，分 3 部分，即"组装机器，1840—1876""运行机器，1876—1904"和
"机器中的摩擦，1904—1920"，讲述了 1840—1920 年美国铁路的创新发展。斯蒂芬·乌
塞尔曼（Usselman）是乔治亚理工学院历史系副教授，曾任技术史学会会长，担任《牛
津科学、医学和技术史百科全书》的编辑。

伯格《汽车机械师：二十世纪美国的技术与专门知识》（2007）

Borg, Kevin L. *Auto Mechanics: Technology and Expertise in Twentieth-century
America*. Baltimore: The Johns Hopkins University Press, 2007.

249 页，分 7 部分。检视了 20 世纪汽车机械师的地位变化。凯文·伯格（Kevin
Borg）是詹姆斯麦迪逊大学教授。

汤姆森《机械时代的变化结构：美国的技术创新，1790—1865》（2009）

Thomson, Ross. *Structures of Change in the Mechanical Age: Technological
Innovation in the United States, 1790-1865*. Baltimore: The Johns Hopkins University
Press, 2009.

432 页，分 3 部分，即"创新的多种路径""技术中心"和"相互联系的创新"。
作者认为美国从 1790 年的农业经济过渡到 1865 年的工业时代，主要依靠技术知识
在行业内部和行业之间的传播。罗斯·汤姆森（Ross Thomson，1948—2015）是佛
蒙特大学教授。

霍奇费尔德《美国的电报，1832—1920》（2012）

Hochfelder, David. *The Telegraph in America, 1832-1920*. Baltimore: The Johns
Hopkins University Press, 2012.

250 页，分 5 章。讲述了 1832—1920 年电报在美国的发展，探讨了技术创新与
社会变革之间的相关性。戴维·霍奇费尔德（David Hochfelder）是纽约州立大学奥
尔巴尼分校历史系助理教授。

泰勒等《美国的音乐、声音和技术：早期留声机、电影和收音机的历史资料》
（2012）

Taylor, Timothy D., Mark Katz, and Tony Grajeda, eds. *Music, Sound, and Technology
in America: A Documentary History of Early Phonograph, Cinema, and Radio*. Durham:

Duke University Press, 2012.

410 页。分为"声音录制""电影"和"收音机"3 部分，共包括 123 篇原始文献。蒂莫西·泰勒（Timothy D. Taylor）是美国加利福尼亚大学洛杉矶分校教授，马克·卡茨（Mark Katz）是北卡罗来纳大学教堂山分校副教授，托尼·格雷耶达（Tony Grajeda）是中央佛罗里达大学副教授。

维斯尼奥斯基《变革工程师：20 世纪 60 年代美国技术的竞争》(2012)

Wisnioski, Matthew H. *Engineers for change: Competing Visions of Technology in 1960s America*. Cambridge MA.: The MIT Press, 2012.

286 页，分 8 章。记叙了 1964—1974 年美国工程师之间的冲突，讨论了当代对技术变革作为历史驱动力的理解。马修·维斯尼奥斯基（Matthew Wisnioski）是维吉尼亚理工学院助理教授。

2. 技术与工业

欣德尔等《变化的引擎：美国工业革命，1790—1860》(1986)

Hindle, Brooke, and Lubar, Steven. *Engines of Change: The American Industrial Revolution, 1790-1860*. Washington: Smithsonian Institution Press,1986.

309 页，分 16 章。以史密斯学会所藏的印刷品、照片等为基础，探讨了美国 1790 年至 1860 年的技术、经济、工业的发展。史蒂芬·卢巴尔（Stephen Lubar）是布朗大学公共人文计划的主任，曾任史密森尼国家历史博物馆的技术史部门主任。

沙克尔《文化变迁与新技术：美国早期工业时代的考古学》(1996)

Shackel, Paul A. *Culture Change and the New Technology: An Archaeology of the Early American Industrial Era*. New York: Springer Science & Business Media, 1996.

217 页，分 7 章。以哈珀斯费里（Harpers Ferry）这个美国最早、最重要的工业社区为研究对象，揭示了文化变化以及新技术对工人及其家庭的影响。保罗·沙克尔（Paul A. Shackel）是马里兰大学人类学教授。

比格斯《理性工厂：美国大规模生产时代的建筑、技术和工作》(1996)

Biggs, Lindy. *The Rational Factory: Architecture, Technology, and Work in America's Age of Mass Production*. Baltimore: Johns Hopkins University Press, 1996.

202 页，分 7 章。阐明了工厂设计在美国大规模生产的发展中起到的至关重要的作用。林迪·比格斯（Lindy Biggs）是奥本大学历史系荣休教授。

沃克《三里岛：历史角度的核危机》（2004）

Walker, J. Samuel. *Three Mile Island: A Nuclear Crisis in Historical Perspective*. Oakland: University of California Press, 2004.

303 页，分 10 章。记叙了 1979 年 3 月 28 日至 4 月 1 日在三里岛发生的核事故，并分析了由此引发的社会、技术和政治问题。塞缪尔·沃克（J. Samuel Walker）是美国核监管委员会（NRC）聘用的专业历史学家。

马龙《洛厄尔的水力发电：十九世纪美国的工程和工业》（2009）

Malone, Patrick M. *Waterpower in Lowell: Engineering and Industry in Nineteenth-century America*. Baltimore: The Johns Hopkins University Press, 2009.

254 页，分 6 章。讲述了作为美国重要纺织品生产中心的洛厄尔在 19 世纪的技术和环境史。帕特里克·马龙（Patrick Malone，1942— ）是布朗大学荣誉教授，工业考古学家和技术史家。

3. 科技与军事

麦克布莱德《技术变革与美国海军，1865—1945》（2000）

McBride, William M. *Technological Change and the United States Navy, 1865-1945*. Baltimore: The Johns Hopkins University Press, 2000.

336 页，分 9 章。研究了海军从 1865 年内战结束到 1945 年"战舰时代"如何应对技术变革的历史。威廉·麦克布莱德（William M. McBride）是美国海军学院教授。

林迪《苦难变成现实：美国科学与广岛幸存者》（2008）

Lindee, M. Susan. *Suffering Made Real: American Science and the Survivors at Hiroshima*. Chicago: University of Chicago Press, 2008.

287 页。1946 年，美国政府成立了原子弹伤亡委员会（ABCC），研究辐射对幸存者的医疗影响。该书记叙了 ABCC 对辐射如何影响原子弹幸存者的研究历史，分 3 部分，即"ABCC 的兴起""管理 ABCC"和"科学与语境"。苏珊·林迪（Susan Lindee）是宾夕法尼亚大学教授。

萨波尔斯基《科学与海军：海军研究局的历史》（2014）

Sapolsky, Harvey M. *Science and the Navy: The History of the Office of Naval Research*. New Jersey: Princeton University Press, 2014.

142页，分7章。论述了海军研究局（ONR）在1946—1950年起着"替代国家科学基金"的作用。该书最早出版于1990年。哈维·萨波尔斯基（Harvey M. Sapolsky）是麻省理工学院教授。

迪瓦恩《从伤者中学习：内战和美国医学的兴起》（2014）

Devine, Shauna. *Learning from the Wounded: the Civil War and the Rise of American Medical Science*. Chapel Hill: The University of North Carolina Press, 2014.

372页，分7部分。记叙了内战对美国医学发展的影响：尸体检查和照顾伤员为医生提供了研究和开发新的治疗方法的机会。肖娜·迪瓦恩（Shauna Devine）是韦仕敦大学历史系助理教授。该书获2015年汤姆·沃森·布朗图书奖。

4. 冷战

王《焦虑时代的美国科学：科学家、反共主义与冷战》（1999）

Wang, Jessica. *American Science in an Age of Anxiety: Scientists, Anticommunism, and the Cold War*. Chapel Hill: The University of North Carolina Press, 1999.

364页，分8部分，讲述了美国科学家在第二次世界大战后十年遭遇的国内反共主义，阐明了反共产主义者对科学家的影响。杰西卡·王（Jessica Wang）是英属哥伦比亚大学历史系教授。

尼德尔《科学、冷战与美国：劳埃德·伯克纳与职业理想的平衡》（2000）

Needell, Allan A. *Science, Cold War and the American State: Lloyd V. Berkner and the Balance of Professional Ideals*. New York: Taylor & Francis, 2000.

404页，分13章。讲述了冷战时期联结美国科学界与政界的一个关键人物——劳埃德·伯克纳（Lloyd V. Berkner）的历史。作者艾伦·尼德尔（Allen A. Needel）曾任美国国家航空航天博物馆空间历史部主任。

阿罗诺娃等《冷战及以后的科学研究》（2016）

Aronova, Elena, and Turchetti Simone. *Science Studies during the Cold War and*

Beyond. New York: Palgrave Macmillan, 2016.

328 页，分 3 部分。即 "西方的科学研究" "铁幕之后的科学研究" 和 "'两个集团'之外的科学研究国家议程"。埃琳娜·阿罗诺娃（Elena Aronova）是加州大学圣巴巴拉分校历史系助理教授，西蒙·图切蒂（Simone Turchetti）是曼彻斯特大学科学技术与医学史中心讲师。

5. 曼哈顿计划

查尔斯《篱笆后面的城市：田纳西州橡树岭，1942—1946 年》（1981）

Johnson, Charles W., Jackson, Charles O. *City Behind a Fence: Oak Ridge, Tennessee, 1942-1946*. Knoxville: University of Tennessee Press, 1986.

272 页。作者以口述史和以前的分类资料为基础，描绘了田纳西州橡树岭日常生活的模式。查尔斯·约翰逊（Charles W. Johnson）和查尔斯·杰克逊（Charles O. Jackson）都是田纳西大学的历史学教授。

罗兹《制造原子弹》（1987）

Rhodes, Richard. *The Making of the Atomic Bomb*. New York: Simon and Schuster, 1987.

中译本：李汇川等译，《原子弹出世记》，世界知识出版社 1990 年版。

中译本：江向东、廖湘彧译，《原子弹秘史：历史上最致命武器的孕育》，上海科技教育出版社 2008 年版。

中译本：江向东、廖湘彧译，《原子弹秘史：历史上最致命武器的孕育》，金城出版社 2018 年版。

886 页，分 3 部分。叙述了 20 世纪 30 年代的物理发现导致核裂变的科学发现，以及曼哈顿计划及广岛和长崎的原子弹爆炸。理查德·罗兹（Richard Rhodes，1937—）是美国著名历史学家，该书于 1986 年首次出版，获 1987 年普利策非小说类作品奖。

凯利《曼哈顿计划：用原子弹创造者、目击者和历史学家的话说原子弹的诞生》（2009）

Kelly, Cynthia C. *Manhattan Project: The Birth of the Atomic Bomb in the Words of Its Creators, Eyewitnesses, and Historians*. New York: Black Dog and Leventhal, 2009.

496 页。作者摘录了爱因斯坦、罗伯特·奥本海默、费米、理查德·费曼、尼尔·波尔等许多参与曼哈顿计划的科学家的第一手资料。辛西娅·凯利（Cynthia C. Kelly）是原子遗产基金会的创始人兼总裁。

弗里曼《对核弹的渴望：橡树岭与原子怀旧》（2015）

Freeman, Lindsey A. *Longing for the Bomb: Oak Ridge and Atomic Nostalgia*. Chapel Hill: The University of North Carolina Press, 2015.

234 页。田纳西州橡树岭原子城是曼哈顿计划的三个主要地点之一，作者曾在此处生活，她尤其关注关于橡树岭的集体记忆，以及它们的创建、维护和更改方式。林赛·弗里曼（Lindsey Freeman）是西蒙弗雷泽大学社会学副教授。

6. 阿波罗计划

默里等《阿波罗：登月竞赛》（1989）

Murray, Charles A., and Catherine Bly. Cox. *Apollo, the Race to the Moon*. New York: Simon and Schuster, 1989.

507 页。作者追踪航天器和助推器的设计和开发，揭示了管理上的争议和技术上的改进，叙述了阿波罗项目如何在严重挫折的情况下得以继续进行。查尔斯·默里（Charles Murray，1943— ）是美国政治家、作家，凯瑟琳·布莱（Catherine Bly Cox）是他的妻子。

明德尔《数字阿波罗：太空飞行中的人与机器》（2011）

Mindell, David A. *Digital Apollo: Human and machine in spaceflight*. Cambridge, MA: The MIT Press, 2011.

376 页。尼尔·阿姆斯特朗在"阿波罗 11 号"的登月舱降至月球时，关闭自动模式而直接人工控制，作者从此处开始探索阿波罗计划中人与机器的关系，认为人类飞行员和自动化系统共同实现了最终飞行。大卫·明德尔（David Mindell）是麻省理工学院科学、技术和社会项目主任。

洛格斯登《阿波罗之后？尼克松和美国太空项目》（2015）

Logsdon, John M. *After Apollo?: Richard Nixon and the American Space Program*. New York: Palgrave Macmillan, 2015.

356页，分2部分。记叙了美国1969年7月登陆月球后，尼克松总统结束太空探索和批准航天飞机研究的历史。约翰·洛格斯登（John M. Logsdon）是乔治华盛顿大学教授。

7. 科技政策

莱斯利《冷战与美国科学：麻省理工和斯坦福的军事、工业和学术综合体》（1993）

Leslie, Stuart W. *The Cold War and American Science: The Military-industrial-academic Complex at MIT and Stanford*. New York: Columbia University Press, 1993.

332页，分9部分。展示了第二次世界大战后美国军方、高科技公司和学术界的结盟，阐明了学术—军事伙伴关系的多种后果。斯图尔特·莱斯利（Stuart Leslie）是约翰·霍普金斯大学教授。

克里格《美国霸权与战后欧洲科学重建》（2008）

Krige, John. *American Hegemony and the Postwar Reconstruction of Science in Europe*. Cambridge, MA: The MIT Press, 2008.

376页，分9章。描述了美国与欧洲的科学同质化的起因，而这种同质化的起因是第二次世界大战之后欧洲科学政策的美国化。约翰·克里格（John Krige）是佐治亚理工学院教授。

尼尔等《超越人造卫星：21世纪美国的科学政策》（2008）

Neal, Homer A., Tobin L. Smith, and Jennifer B. McCormick. *Beyond Sputnik: US Science Policy in the 21st Century*. Ann Arbor: University of Michigan Press, 2008.

386页，分4部分。即"美国科学政策的回顾""科学行为的联邦合作""后苏卫一号时代的科学主题"和"日益全球化时代的科学政策"，主要关注如何制定政策来指导和影响科学行为。

王作跃《在人造卫星的阴影下》（2008）

Wang, Zuoyue. *In Sputnik's Shadow: The President's Science Advisory Committee and Cold War America*. New Jersey: Rutgers University Press, 2008.

中译本：安金辉、洪帆译，《在卫星的阴影下：美国总统科学顾问委员会与冷战中的美国》，北京大学出版社 2011 年版。

454 页，分 3 部分。即"序曲：在苏卫一号之前""艾森豪威尔、苏联卫星与总统科学顾问委员会的兴起"和"技术怀疑论的政治"，完整回顾了总统顾问委员会的兴衰史，调查了作为技术怀疑者的科学家在冷战期间及以后的美国所起的作用。

米洛夫斯基《科学超市：美国科学私有化》(2011)

Mirowski, Philip. *Science-mart: Privatizing American Science.* Cambridge, MA: Harvard University Press, 2011.

454 页，分 3 部分。该书分析了第二次世界大战以来美国科学形式的变化：冷战期间，美国政府为科学和医学的基础研究提供了充足资金，从 20 世纪 80 年代开始，营利性公司成为研究的最大资助者。菲利普·米洛夫斯基（Philip Mirowski）是美国圣母大学（University of Notre Dame）教授。

舒喜乐等《科学为民：美国激进科学家运动的文献》(2018)

Schmalzer, Sigrid, Daniel S. Chard, and Alyssa Botelho. *Science For The People: Documents from America's Movement of Radical Scientists.* Amherst: University of Massachusetts Press, 2018.

236 页，分 9 部分。是美国历史上最重要的激进科学运动"科学为人民"（Science for the people，SFTP）的原始文献汇编，每部分包括 3 ~ 10 篇原始文献。舒喜乐（Sigrid Schmalzer）是麻省大学历史系教授。

8. 科学博物馆

拉德等《展览的生命：20 世纪美国科学博物馆和自然博物馆的革命》(2014)

Rader, Karen Ann and Cain, Victoria EM. *Life on Display: Revolutionizing US Museums of Science and Natural History in the Twentieth Century.* Chicago: University of Chicago Press, 2014.

456 页。作者记述了 20 世纪的生物展览及其举办机构的变化，为博物馆史、科学史和科学教育史提供了新的视角。凯伦·拉德（Karen Rader）研究现代生命科学的知识史、文化史和社会史，维多利亚·凯恩（Victoria Cain）是美国东北大学的历史学助理教授。

伯科维茨等《转型中的科学博物馆：19 世纪英国和美国的展览文化》(2017)

Berkowitz, Carin, and Lightman, Bernard. *Science Museums in Transition: Cultures of Display in Nineteenth Century Britain and America*. Pittsburgh: University of Pittsburgh Press, 2017.

384 页。作者叙述了 19 世纪自然知识在英国和美国的展示和传播的巨大变化，对这一转型期的科学博物馆提供了一个细致入微的比较研究。卡林·伯科维茨（Carin Berkowitz）曾是美国科学史研究所贝克曼化学史中心的主任。伯纳德·维斯·莱特曼（Bernard Vise Lightman）是加拿大多伦多市约克大学人文科学和技术研究教授，著名科学史家，曾任 *Isis* 主编。

六、人物研究

惠勒《约西亚·威拉德·吉布斯：一个伟大心灵的历史》(1951)

Wheeler, Lynde Phelps. *Josiah Willard Gibbs: The History of a Great Mind*. New Haven: Yale University Press, 1951.

该书对美国 19 世纪著名物理学家、物理化学家吉布斯（1839—1903）的科学成就进行了相当详细的阐述。作者琳德·菲尔普斯·惠勒（Lynde Phelps Wheeler，1874 — 1959）是吉布斯的学生。

利文斯顿《光的大师：艾伯特·迈克尔逊传记》(1973)

Livingston, Dorothy Michelson. *The Master of Light: A Biography of Albert A. Michelson*. New York: Charles Scribner's Sons, 1973.

迈克尔逊 1873 年毕业于美国海军学院，在欧洲学习，在克拉克大学任教，1894 年至 1929 年任芝加哥大学物理系主任，他改进了光速的测量数值，发明了干涉仪，是第一位获得诺贝尔奖的美国人（1907 年）。该书是迈克尔逊的女儿桃乐茜·迈克尔逊·利文斯顿（Dorothy Michelson Livingston，1906—1994）为父亲写的传记。

莫耶《约瑟夫·亨利：一位美国科学家的成长》(1997)

Moyer, Albert E. *Joseph Henry: The Rise of an American Scientist*. Washington: Smithsonian Institution Scholarly Press, 1997.

364 页。该书是美国杰出的物理科学家约瑟·亨利的传记，他在研究电学、磁学和电报学方面取得很大的成就，还担任史密森学会的第一任秘书长达 30 多年。阿尔伯特·莫耶（Albert Moyer）是弗吉尼亚理工学院暨州立大学历史系教授和系主任。

扎卡里《无尽的前沿：美国世纪的工程师范内瓦尔·布什》（1999）

Zachary, Pascal. *Endless Frontier: Vannevar Bush, Engineer of the American Century.* New York: The Free Press, 1997.

中译本：周惠民译，《无尽的前沿：布什传》，上海科技教育出版社 1999 年版。

528 页。该书是范纳瓦尔·布什（Vannevar Bush）的传记，讲述了布什希望制止军备竞赛，但他的工作催生了现代军事与工业的联合体。格雷格·帕斯卡尔·扎卡里（Gregg Pascal Zachary）是美国亚利桑那州立大学（ASU）社会创新未来学院的实践教授。

哈默拉《位于研究边缘的美国科学家》（2006）

Hamerla, Ralph Richard. *An American Scientist on the Research Frontier: Edward Morley, Community, and Radical Ideas in Nineteenth-century Science.* New York: Springer Science & Business Media, 2006.

260 页，分 6 章。该书是阿基米德科学技术史与哲学新探丛书的第 13 卷，考察了 19 世纪美国科学家爱德华·威廉姆斯·莫利（1838—1923）的化学研究。作者拉尔夫·哈默拉（Ralph Hamerla）是俄克拉荷马大学副教授。

卓别林《第一位科学美国人：本杰明·富兰克林与天才的追求》（2007）

Chaplin, Joyce. *The First Scientific American: Benjamin Franklin and the Pursuit of Genius.* New York: Basic Books, 2007.

432 页，分 10 章。叙述了富兰克林在电学、海洋学、气象学等方面的贡献，并解释了为何富兰克林是"第一位科学美国人"。乔伊斯·卓别林（Joyce E. Chaplin）是哈佛大学历史系教授。

索普《奥本海默：悲剧的知识分子》（2008）

Thorpe, Charles. *Oppenheimer: The Tragic Intellect.* Chicago: University of Chicago Press, 2008.

413 页，分 8 章。重点讲述了奥本海默作为阿拉莫斯实验室领导人和第二次世界大战后美国政府高级科学顾问的历史。查尔斯·索普（Charles Thorpe）是加利福尼亚大学圣迭戈分校副教授。

弗里伯格《爱迪生时代：电灯与现代美国的创造》(2013)

Freeberg, Ernest. *The Age of Edison: Electric Light and the Invention of Modern America*. New York: The Penguin Press, 2013.

354页，分12章。探讨了爱迪生所发明的电灯对现代美国文化发展的巨大影响。欧内斯特·弗里伯格（Ernest Freeberg，1958— ）是田纳西大学历史系主任。

厄姆舍《路易斯·阿加西：美国科学的创造者》(2013)

Irmscher, Christoph. *Louis Agassiz: Creator of American Science*. New York: Houghton Mifflin Harcourt, 2013.

448页，分8章。路易斯·阿加西（Louis Agassiz，1807—1873）是美国"第一批将科学确立为集体事业的人之一"，他在古生物学、动物学、地质学和冰川学等领域做出了重要贡献。作者还叙述了阿加西具有种族主义的另一面。克里斯多夫·厄姆舍（Christoph Imscher）是印第安纳大学伯明顿分校教授。

第三十四章　日本科技史

邢鑫

以 1868 年明治维新为界，大致可以将日本科技史划分为古代、近现代两部分，两者在研究主题、研究方法乃至研究人员等方面都呈现出较大的差异。随着源自西方的近代科技体制在明治日本的确立，分科史类型的科技史便成为当时日本科学共同体构建自身认同与文化的重要手段。对日本本国古代科技文献的整理与研究成为第二次世界大战前科技史家研究的重中之重，具有丰富历史遗产的数学史、医学史则尤为发达。第二次世界大战后以东大、京大、东工大为核心的科技史建制化推动了超越分科史的综合科技史研究，日本科学史学会在 20 世纪 60 年代组织编纂的"日本科学技术史大系"刺激了近现代科技史研究的兴起。近数十年来，欧美、中国等日本之外学者的参与，使得日本科技史研究日益国际化。本章分工具书、通史、分科史、专题研究、人物研究五个部分，各部分文献按出版年份升序排列。

一、工具书

1. 辞典

伊东俊太郎等《科学技术史辞典》(1983)

伊東俊太郎 . 科学史技術史事典 . 東京：弘文堂，1994.

1410 页。代表了 20 世纪 80 年代初日本学界学术水准的大型世界科技史辞书，3000 余条词条以 50 音音序排列，词条撰写者达 400 余位。与日本科技史相关的词条也不少。

日兰学会《洋学史辞典》(1984)

日蘭学会編 . 洋学史事典 . 東京：雄松堂出版，1984.

787 页。约 3000 条词条，收录了 1541—1882 年的西学相关人物、书籍、事件等。

中山茂等《科学史研究入门》(1987)

中山茂,石山洋.科学史研究入门.東京:東京大学出版会,1987.

352 页。入门指导书籍,分为研究动向、文献指南两部分。文献指南细分为东洋科学史、日本科学史以及数学史、物理学史等分科史。

武内博《日本洋学人名辞典》(1994)

武内博.日本洋学人名事典.東京:柏書房,1994.

533 页。收录了江户、明治时代主要洋学家传记、墓志铭、门人名录等。

日本产业技术史学会《日本技术产业史辞典》(2007)

日本産業技術史学会編.日本産業技術史事典.京都:思文閣出版,2007.

544 页。涉及明治维新到 20 世纪 80 年代的产业技术为主,包括重工业、农业、通信、教育、研究机构等主题,各主题下有细目。

泉孝英《日本近现代医学人名辞典》(2012)

泉孝英編.日本近現代医学人名事典:1868—2011.東京:医学書院,2012.

797 页。收录了以医生、护士、药剂师等医疗专家为中心,包括患者、出版人等相关领域的 3000 余位近现代人物。

板仓圣宣《日本科学家辞典》(2014)

板倉聖宣監修.事典日本の科学者:科学技術を築いた 5000 人.東京:日外アソシエーツ株式会社編集,2014.

971 页。包括 17 世纪到 20 世纪的理工农医乃至科学传播等各领域专家。

日本科学史学会《科学史辞典》(2021)

日本科学史学会編.科学史事典.東京:丸善出版,2021.

758 页。由时任会长斋藤宪领衔,日本科学史界共同参与的世界科技史辞典。全书分学说史、社会中的科学两部分,依主题划分为 9 章,近 300 条词条。日本科学史是其中一章。

2. 年表

大槻如电《日本洋学年表》(1877)

大槻如電 . 佐藤榮七增訂 . 日本洋学編年史 . 東京 : 錦正社 , 1965.

1046 页。最权威的洋学史年表，收录了 1536—1877 年的洋学相关事项。

白井光太郎《日本博物学年表》(1891)

白井光太郎 . 日本博物学年表 . 東京 : 大岡山書店, 1934.

437 页。首部日本博物学编年史，也是日本第一批科技史著述，对后世影响极大。

上野益三《日本博物学史》(1973)

上野益三 . 年表日本博物学史 . 東京 : 八坂書房 , 1989.

470 页。20 世纪前日本博物学编年史，分为总论和年表。

矶野直秀《日本博物志年表》(2002)

磯野直秀 . 日本博物誌総合年表 . 東京 : 平凡社 , 2012.

750，434 页。后出转精之作，分为年表编、资料编两册，图像类史料收罗颇丰，可与上野、白井两书参照。

3. 资料汇编

三枝博音《日本科学古典全书》(1942)

三枝博音編 . 日本科学古典全書 . 東京 : 朝日新聞社 , 1978.

分科学思想、诸科学、产业技术 3 部，共 15 卷，对于影印的古籍有具体解题。

青木国夫等《江户科学古典丛书》(1976)

青木國夫等 . 江戸科学古典叢書 . 46 册 . 東京 : 恒和出版 , 1976—1983.

影印了数学、医学、技术等领域的科技典籍，附有专家解题。

大冢敏节等《近世汉方医学集成》(1979)

大塚敏節，矢数道明 . 近世漢方医学書集成 . 116 册 . 東京 : 名著出版 , 1979—1984.

江户时代重要医家著述影印，附有专家解题。

盛永俊太郎等《享保元文诸国产物帐集成》（1985）

盛永俊太郎，安田健編．享保元文諸国産物帳集成（1—21）．東京：科学書院，1985.

江户时代日本地方博物志史料汇编，原本影印外另有点校整理，附有解题。

4. 杂志

科学史研究，季刊，1941—，日本科学史学会。

Historia scientiarum: international journal of the History of Science Society of Japan, 1962-，日本科学史学会。

日本医史学杂志，季刊，1954—，日本医史学会。

数学史研究，季刊，1962—，日本数学史学会。

药史学杂志，季刊，1966—，日本药史学会。

生物学史研究，半年刊，1968—，日本科学史学会生物学史分科会。

化学史研究，季刊，1974—，化学史研究会。

技术与文明，半年刊，1986—，日本产业技术史学会。

洋学：洋学史学会研究年报，年刊，1992—，洋学史学会。

二、通史

1. 单卷本

吉田光邦《日本科学史》（1955）

吉田光邦．日本科学史．東京：講談社，1987.

347 页。全书以日本人的自然观演变为核心，江户时代以前的讨论尤为详细，这是关于日本古代科技史的最佳入门读物。

佐藤昌介《洋学史研究序说》（1964）

佐藤昌介．洋学史研究序説：洋学と封建権力．東京：岩波書店，1964.

马克思主义视角下的洋学史研究代表作。

杉本勋等《科学史》（1967）

杉本勲编 . 科学史 . 体系日本史丛书 . 東京：山川出版社 , 1976.

中译本：郑彭年译，《日本科学史》，商务印书馆 1999 年版。

494 页。杉本勋、中山茂、佐藤昌介三人合著，适合初学者入门。该书线索明晰，叙述了从绳文时代到当代的日本科技史。

村上阳一郎《日本近代科学史》（1968）

村上陽一郎 . 日本近代科学史 . 東京：講談社 , 2018.

253 页。东西比较视角下的江户时代到昭和时代的科学史。

广重彻《科学社会史》（1973）

廣重徹 . 科学の社会史：近代日本の科学体制 . 東京：岩波書店 , 2002.

268，302 页。日本科学社会史的开山之作，分为第二次世界大战前、第二次世界大战后两部分，深入讨论了 20 世纪以来日本近代化过程中科学与军事、科学与工业化等议题。

渡边正雄《日本人与近代科学》（1976）

渡辺正雄 . 日本人と近代科学：西洋への対応と課題 . 東京：岩波書店 , 1976.

The Japanese and Western science. translated by Otto Theodor Benfey. Philadelphia: University of Pennsylvania Press, 2006.

212 页。以山川健次郎、丘浅次郎及莫斯等为例讨论了日本传统文化与近代西方科学的相遇。

辻哲夫《日本科学思想》（1977）

辻哲夫 . 日本の科学思想：その自立への模索 . 東京：こぶし書房 , 2013.

262 页。文化翻译视角下以人物为中心的江户、明治时代科学思想变迁研究。

汤浅光朝《日本科技百年史》（1980）

湯浅光朝 . 日本の科学技術 100 年史 . 東京：中央公論社 , 1980.

550 页。以学科发展为中心的第二次世界大战前百年科技史概论，另有第二次世界大战后科技史概论、年表（1945—1980 年）。

巴塞罗缪《日本科学的形成》(1989)

Bartholomew, James R. *The Formation of Science in Japan: Building a Research Tradition*. New Haven: Yale University Press, 1989.

371 页。作者巴塞罗谬是美国首屈一指的日本科技史家，该书也是英语世界不多的通史类日本科技史著作。作者从制度史视角出发，探讨了源自西方的近代科学传统如何在日本扎根，可谓科学社会史的佳作。

李廷举《科学技术立国的日本》(1992)

李廷举. 科学技术立国的日本：历史和展望. 北京大学出版社 1992 年版.

348 页。国人所著首部日本科技史，该书叙述虽自弥生文化开始，重在论述明治以来日本近代科技的兴起，分析了日本模式在科技政策、科技与工业化等方面的借鉴意义。

杉山滋郎《日本近代科学史》(1994)

杉山滋郎. 日本の近代科学史. 東京：朝倉書店, 2010.

214 页。由教育制度、研究制度、战争与科学、科学与生活、女性与科学等十章构成的简明科学史。

中山茂《战后科技史》(1995)

中山茂. 科学技術の戦後史. 東京：岩波書店, 1995.

198 页。有关第二次世界大战后日本科技史的最佳导论。

后藤秀机《天才与奇才的日本科学史》(2013)

後藤秀機. 天才と異才の日本科学史：開国からノーベル賞まで、150 年の軌跡. 京都：ミネルヴァ書房, 2013.

398 页。以人物为中心展开，分为黎明期、日本人与诺贝尔奖等五部分。

冈本拓司《近代日本的科学论》(2021)

岡本拓司. 近代日本の科学論：明治維新から敗戦まで. 名古屋：名古屋大学出版会, 2021.

552 页。首部有关日本近代史上科学论的专著，全书五部分详细论述了教养主义、马克思主义及日本主义等主要流派及代表人物的科学技术观。

2.多卷本

日本科学史刊行会《明治前日本科学史》(1955)

日本学士院日本科学史刊行会 . 明治前日本科学史 . 東京：日本学術振興会，1955—1973.

日本学士院在第二次世界大战前策划的大型科技史丛书，第二次世界大战后陆续出版，代表了第二次世界大战前科技史研究的最高峰，也是第二次世界大战后日本科技史研究的出发点。共 18 种，具体门类有医学（5 册）、数学（5 册）、天文学、物理化学、生物学（2 册）、应用化学、药学（2 册）、科学史总说·年表、人类学、农业技术、蚕业技术、渔业技术、林业技术、矿业技术、建筑技术、土木、机械技术、造兵。

日本科学史学会《日本科学技术史大系》(1963)

日本科学史学会 . 日本科学技術史大系 . 25 卷 27 册 . 東京：第一法規出版，1963—1972.

幕末以来日本近代科技史重要史料选编，并有相应解说，由汤浅光朝倡议而成。各卷主题如下：通史（5 卷）、思想、国际、教育（3 卷）、自然、数理科学、物理科学、地球宇宙科学、生物科学、土木技术、建筑技术、机械技术、电气技术、探矿冶金技术、化学技术、农学（2 卷）、医学（2 卷）。

永原庆二等《日本技术社会史》(1983)

永原慶二等 . 日本技術の社会史 . 8 卷 10 册 . 東京：日本評論社，1983—1986.

多人执笔，分农业、渔业、纺织、陶瓷、冶金、土木、建筑、交通，另有别卷 2 册介绍近世近代的工匠、工程师。

中山茂等《日本科学技术通史》(1995)

中山茂等编 .「通史」日本の科学技術 . 5 卷 7 册 . 東京：学陽書房，1995—1999.

从盟军占领期到全球化时代的第二次世界大战后日本科技史通论，以科技与社会的互动为主线。别卷一册有详细年表和索引。

吉冈齐等《新日本科学技术通史》(2011)

吉岡斉編 .「新通史」日本の科学技術 : 世紀転換期の社会史 1995—2011 年 . 4 卷 5 册 . 東京 : 原書房 , 2011—2012.

通史的续编。丛书以专题方式组织，涉及科技制度、能源、产业技术、数字社会、大学教育、性别、环境等若干主题。

金森修等《日本科学思想史》(2011)

金森修編 . 昭和前期の科学思想史 . 東京 : 勁草書房 , 2011. 昭和後期の科学思想史（2016）. 明治 · 大正期の科学思想史（2017）. 坂野徹 , 塚原東吾編 . 帝国日本の科学思想史 . 東京 : 勁草書房 , 2018.

思想史视角下的日本近代科技史论文集。主编金森修为日本著名法国科学哲学研究者，丛书涉及各时段的物理学、生物学、殖民科学等议题。

三、分科史

1. 天文学

渡边敏夫《近世日本天文学史》(1986)

渡辺敏夫 . 近世日本天文学史 . 上下 . 東京 : 恒星社厚生閣 , 1986—1987.

1036 页。最为翔实的日本江户时代天文学史，包括通史、观测技术史两分册，书末有年表。

平冈隆二《南蛮系宇宙论的原典研究》(2013)

平岡隆二 . 南蛮系宇宙論の原典的研究 . 福岡 : 花書院 , 2013.

326 页。基于日欧原始史料的 16、17 世纪耶稣会带来的西方宇宙论在日传播史。

嘉数次人《天文学者的江户时代》(2016)

嘉数次人 . 天文学者たちの江戸時代 : 暦 · 宇宙観の大転換 . 東京 : 筑摩書房 , 2016.

219 页。以人物为中心的简明江户天文学史。

弗鲁梅《制作时间》(2018)

Frumer, Yulia. *Making Time: Astronomical Time Measurement in Tokugawa Japan.*

Chicago: University of Chicago Press, 2018.

272 页。文化史视角下的江户时代计时传统研究。

2. 数学

和算

远藤利贞《大日本数学史》（1896）

遠藤利貞著，三上義夫編，平山諦補訂．増修日本数学史．東京：恒星社厚生閣，1981.

679 页。数代日本数学史家接力修订的日本数学史经典之作。

三上义夫《中日数学发展史》（1913）

Mikami, Yoshio. *The Development of Mathematics in China and Japan*. New York: Chelsea Publishing Co., 1974.

389 页。文化史视角下东亚数学史研究代表作，对后世影响很大。

小仓金之助《日本的数学》（1940）

小倉金之助．日本の数学．東京：岩波書店，1964.

170 页。以和算为主的简明日本数学史。

佐藤健一《和算家的旅行日记》（1988）

佐藤健一．和算家の旅日記．東京：時事通信社，1988.

239 页。社会史视角下的和算家游历活动及其数学实践研究。

堀内美都《江户时代和算研究》（1994）

Horiuchi, Annick. *Les mathématiques japonaises l'époque d'Edo (1600-1868): une étude des travaux de Seki Takakazu (?-1708) et de Takebe Katahiro (1664-1739)*. Paris; J. Vrin, 1994.

Japanese Mathematics in the Edo period (1600-1868): a Study of the Works of Seki Takakazu (?-1708) and Takebe Katahiro (1664-1739) . Basel: Birkhäuser, 2010.

409 页。以关孝和、建部贤弘为中心的内史研究。

深川英俊、罗斯曼《神圣数学》(2008)

Fukagawa, Hidetoshi, Rothman, Tony. *Sacred Mathematics: Japanese Temple Geometry*. Princeton: Princeton University Press, 2008.

聖なる数学：算額．世界が注目する江戸文化としての和算．東京：森北出版，2010.

348 页。以算额为中心的和算文化研究。

徐泽林《和算选粹》(2008)

徐泽林译注．和算选粹．科学出版社 2008 年版．

653 页。和算文献精选，附有注释和解说。另有补编一册。

乌云其其格《和算的发生》(2009)

乌云其其格．和算的发生：东方学术的艺道化发展模式．上海辞书出版社 2009 年版．

225 页。从家元制艺道模式出发论述了和算在江户社会的建制化过程及其特色。

小川束《和算》(2021)

小川束．和算：江戸の数学文化．東京：中央公論新社，2021.

333 页。基于学界最新研究的和算史概论，适合入门。

交流史

冯立昇《中日数学关系史》(2009)

冯立昇．中日数学关系史．山东教育出版社 2009 年版．

300 页。古代到近代的中日数学交流史研究。

徐泽林《和算中源：和算算法及其中算源流》(2012)

徐泽林．和算中源：和算算法及其中算源流．上海交通大学出版社 2012 年版．

366 页。算法角度的中日传统数学比较研究。

萨日娜《东西方数学文明的碰撞与交融》(2016)

萨日娜．东西方数学文明的碰撞与交融．上海交通大学出版社 2016 年版．

358 页。近代化视角下中日西方数学接受史比较研究。

小林龙彦《德川日本对汉译西洋历算书的受容》(2017)

小林龙彦.德川日本对汉译西洋历算书的受容.徐喜平等译,徐泽林校.上海交通大学出版社 2017 年版.

484 页。18 世纪以来日本对汉译西洋历算书的接受及其对同时代和算的影响研究。

3. 物理学

日本物理学会《日本物理学史》(1978)

日本物理学会编.日本の物理学史.上(歴史・回想編)、下(資料編).東京:東海大学出版会,1978.

658,648 页。物理学家视角的日本百年物理学史。

金子务《爱因斯坦冲击》(1981)

金子務.アインシュタイン・ショック:日本の文化と思想への衝撃.東京:岩波書店,2005.

485,531 页。共两册,上册围绕爱因斯坦访日之旅展开,下册探讨日本科学界、文化界的反应。

辻哲夫《日本物理学家》(1995)

辻哲夫編.日本の物理学者.東京:東海大学出版会,1995.

218 页。学科自立视角下的从石原纯到仁科芳雄的日本物理学家群像。

松本荣寿《测量的世界》(2000)

松本栄寿.「はかる」世界:「魂のはかり」から「電気のはかり」まで.町田:玉川大学出版部,2000.

214 页。测量仪器的文化史。

永平幸雄等《近代日本与物理实验仪器》(2001)

永平幸雄,川合葉子編.近代日本と物理実験機器:京都大学所蔵明治・大正期物理実験機器．京都：京都大学学術出版会，2001.

349 页。以三高收藏的物理仪器为基础展开的日本近代科学仪器史。

西谷正《坂田昌一传》（2011）

西谷正．坂田昌一の生涯：科学と平和の創造．東京：鳥影社，2011.

477 页。基于大量原始史料的坂田昌一学术评传。

咏梅《中日近代物理学交流史研究》（2013）

咏梅．中日近代物理学交流史研究（1850—1922）．中央民族大学出版社 2013 年版．

240 页。学科史视角下的中日物理学交流史研究。

中尾麻伊香《核能的诱惑》（2015）

中尾麻伊香．核の誘惑：戦前日本の科学文化と「原子力ユートピア」の出現．東京：勁草書房，2015.

以放射性和核能利用为关键词的第二次世界大战前科学文化史研究，有别于此前的以学科史、人物传记为主的研究。

杉山滋郎《中谷宇吉郎》（2015）

杉山滋郎．中谷宇吉郎：人の役に立つ研究をせよ．京都：ミネルヴァ書房，2015.

359 页。史论结合的评传。

菱刈功《日本温度计史》（2017）

菱刈功．寒暖計事始：日本における温度計の歴史．東京：中央公論事業出版，2017.

853 页。史料收罗丰富的近三百年温度计史（1660—1910）。

政池明《荒胜文策与核物理学的黎明》（2018）

政池明．荒勝文策と原子核物理学の黎明．京都：京都大学学術出版会，2018.

462 页。以荒胜文策为中心的第二次世界大战前、第二次世界大战后核物理学史研究。

上野滋《精密测量仪器发展史与日本的测量仪》(2021)

上野滋 . 精密計測機器の発達史 & 日本の測定機 . 東京 : 大河出版 , 2021.

265 页。日本精密仪器制造产业史。

4. 化学

日本化学会《日本化学百年史》(1978)

日本化学会編 . 日本の化学百年史 : 化学と化学工業の歩み . 東京 : 東京化学同人 , 1978.

1302 页。化学家视角的百年化学史。

镰谷亲善《日本近代化学工业的形成》(1989)

鎌谷親善 . 日本近代化学工業の成立 . 東京 : 朝倉書店 , 1989.

538 页。以酸碱、化肥制造为中心的无机化学工业史。

莫洛尼《日本战前化学工业》(1990)

Molony, Barbara. *Technology and Investment: The Prewar Japanese Chemical Industry.* Cambridge: Harvard University Press, 1990.

396 页。以日本氮肥公司为中心的第二次世界大战前化工史研究。

塚原东吾《19 世纪初期西方化学概念的传入》(1993)

Tsukahara, Togo. *Affinity and Shinwa Ryoku: Introduction of Western Chemical Concepts in Early Nineteenth-century Japan.* Amsterdam: J.C. Gieben, 1993.

331 页。有关化学亲和力的概念史研究。

芝哲夫《日本化学的开拓者》(2006)

芝哲夫 . 日本の化学の開拓者たち . 東京 : 裳華房 , 2006.

147 页。从宇田川榕庵到铃木梅太郎等化学家的列传，适合初学者。

菊池好行《日本化学中的英美关系》(2013)

Kikuchi, Yoshiyuki. *Anglo-American Connections in Japanese Chemistry: The Lab as Contact Zone.* Palgrave Macmilla, 2013.

279 页。从实验室、教室等特定知识生产场所切入的明治时期英美与日本化学交流史研究。

堤宪太郎《瑞士与日本近代化学》(2014)

堤憲太郎 . スイスと日本の近代化学 : スイス連邦工科大学と日本人化学者の軌跡 . 仙台 : 東北大学出版会 , 2014.

292 页。留学瑞士苏黎世联邦理工大学的明治时代化学家研究。

古川安《京都学派化学家》(2017)

古川安 . 化学者たちの京都学派 : 喜多源逸と日本の化学 . 京都 : 京都大学学術出版会 , 2017.

334 页。通过对京都大学化学研究传统的追溯,揭示了应用化学与理论化学在日本化学史上的复杂互动。

5. 地学

藤原咲平《日本气象学史》(1951)

藤原咲平 . 日本気象学史 . 東京 : 大空社 , 2010.

177 页。科学家视角的学科简史。

萩原尊礼《地震学百年》(1982)

萩原尊禮 . 地震学百年 . 東京 : 東京大学出版会 , 1982.

233 页。科学家撰写的国际背景下的日本地震学简史。

冈田俊裕《地理学史》(2002)

岡田俊裕 . 地理学史 : 人物と論争 . 東京 : 古今書院 , 2002.

227 页。以人物和争论为主线的日本地理学简史。

金凡性《明治大正期的日本地震学》(2007)

金凡性 . 明治・大正の日本の地震学 :「ローカル・サイエンス」を超えて . 東京 : 東京大学出版会 , 2007.

174 页。以日本近代地震学发展史为案例,挑战了落后的日本科学追赶西方先进科学的流行叙述，丰富了对科学中心、边缘变动的理解。

泊次郎《板块构造理论的拒斥与接受》(2008)

泊次郎 . プレートテクトニクスの拒絶と受容 : 戦後日本の地球科学史 . 東京 : 東京大学出版会 , 2017/2008.

258 頁。第二次世界大战后板块构造理论接受史研究。

6. 生物学

上田三平《日本药园史研究》(1930)

上田三平著 , 三浦三郎編 . 日本薬園史の研究 . 東京 : 渡辺書店 , 1972.

464 頁。日本药园史权威著作。

木村阳二郎《日本自然志的形成》(1974)

木村陽二郎 . 日本自然誌の成立—蘭学と本草学 . 東京 : 中央公論社 , 1974.

386 頁。日本近世自然志简史，适合初学者。

安田健《江户诸国产物帐》(1987)

安田健 . 江戸諸国産物帳 : 丹羽正伯の人と仕事 . 東京 : 晶文社 , 1987.

139 頁。以丹羽正伯为切口的 18 世纪上半叶诸国产物调查研究。

山田庆儿《物的形象》(1994)

山田慶児編 . 物のイメージ・本草と博物学への招待 . 東京 : 朝日新聞社 , 1994.

409 頁。多人执笔的主题论文集。

大场秀章《江户植物学》(1997)

大場秀章 . 江戸の植物学 . 東京 : 東京大学出版会 , 1997.

217 頁。以人物为中心的江户植物学简史。

田代和生《江户时代朝鲜药材调查的研究》(1999)

田代和生 . 江戸時代朝鮮薬材調査の研究 . 東京 : 慶應義塾大学出版会 , 1999.

492 頁。以药材调查为主题的 18 世纪日韩博物学交流史经典。

笠谷和比古等《多登斯在日本》（2001）

Walle, W. F. V., & Kasaya, K. eds. *Dodonaeus in Japan: Translation and the Scientific Mind in the Tokugawa Period*. Leuven: Leuven University Press, 2001.

383 页。以荷兰博物学家多登斯接受史为主题的会议论文集。

石山祯一等《新西博尔德研究》（2003）

石山祯一 编 . 新・シーボルト研究 . 1: 自然科学・医学篇 . 東京 : 八坂書房 , 2003.

431 页。基于新史料的西博尔德研究。

土井康弘《伊藤圭介研究》（2005）

土井康弘 . 日本初の理学博士 : 伊藤圭介の研究 . 東京 : 皓星社 , 2005.

472 页。基于新出原始资料的传记研究，可参照杉本勋同名传记。

高津孝《博物学与东亚书籍》（2010）

高津孝 . 博物学と書物の東アジア : 薩摩・琉球と海域交流 . 宜野湾 : 榕樹書林 , 2010.

276 页。第一部分涉及中日博物学交流。

太田由佳《松冈恕庵本草学研究》（2012）

太田由佳 . 松岡恕庵本草学の研究 . 京都 : 思文閣出版 , 2012.

371 页。史论结合的江户博物学史佳作。

吉野政治《日本植物文化语汇考》（2014）

吉野政治 . 日本植物文化語彙攷 . 大阪 : 和泉書院 , 2014.

337 页。词汇史视角下的日本植物文化研究。

斯昆克《通贝里》（2014）

Skuncke, Marie-Christine. *Carl Peter Thunberg: Botanist and Physician: Career-Building across the Oceans in the Eighteenth Century*. Uppsala: Swedish Collegium for Advanced Study, 2014.

376 页。基于档案史料的来日博物学家通贝里的标准传记研究。

马尔孔《近世日本的自然知识与知识的本性》(2015)

Marcon, Federico. *The Knowledge of Nature and the Nature of Knowledge in Early Modern Japan*. Chicago: University Of Chicago Press，2015.

415 页。不同于已有的实证史学进路，该书通过文化史的视角探究了江户时代博物学研究如何导致了日本人自然观的转变。

7. 医学

通史

浅田宗伯《皇国名医传》(1852)

浅田宗伯 . 皇国名医伝 . 東京 : 名著出版 , 1983.

549 页。列传体日本汉方医学史。

山崎正董《肥后医育史》(1929)

山崎正董 . 肥後医育史 . 熊本 : 肥後医育振興会 , 2006.

746 页。地方史视角下的江户明治医学史研究，材料极丰富。

富士川游《日本医学史纲要》(1933)

富士川游 . 日本医学史綱要 . 小川鼎三校注 . 東京 : 平凡社 , 2003.

258，262 页。医学史大家富士川游晚年所撰日本古代医学简史，便于初学者阅读。

服部敏良《江户时代医学史研究》(1978)

服部敏良 . 江户时代医学史の研究 . 東京 : 吉川弘文館 , 1994.

896 页。作者断代医学史五部曲最后一部，该领域标准参考书。

潘桂娟等《日本汉方医学》(1994)

潘桂娟，樊正伦 . 日本汉方医学 . 中国中医药出版社 1994 年。

676 页。系统而全面的日本汉方医学史(562—1990)，分古代、近代、现代三部分，近现代部分论述尤为详尽。

奥伯兰德《日本汉方存续运动研究》(1995)

Oberländer, Christian. *Zwischen Tradition und Moderne: Die Bewegnung für den Fortbestand der Kanpô-Medizin in Japan.* Stuttgart: Franz Steiner, 1995.

253 页。近代化视角下的汉方存续运动研究。

寺畑喜朔《明信片上的日本近代医学史》(2004)

寺畑喜朔編. 絵葉書で辿る日本近代医学史. 京都：思文閣出版, 2004.

244 页。内有大量明信片类图像史料。

戈布尔《中世日本的医学合流》(2011)

Goble, Andrew Edmund. *Confluences of Medicine in Medieval Japan: Buddhist Healing, Chinese Knowledge, Islamic Formulas, and Wounds of War.* Honolulu: University of Hawaii Press, 2011.

202 页。以僧医梶原性全（1266—1337）的《万安方》等医学著述为中心的日本中世医学史研究。

刘士永《武士刀与柳叶刀》(2012)

刘士永. 武士刀与柳叶刀：日本西洋医学的形成与扩散. 中西书局 2018 年版.

168 页。文化史视角下的日本近代医学简史，入门佳作。

米歇尔《古今日本传统医学》(2017)

Michel-Zaitsu, Wolfgang. *Traditionelle Medizin in Japan von der Frühzeit bis zur Gegenwart.* Munich: Kiener Verlag, 2017.

400 页。作者毕生医学史研究成果结集。

药学

清水藤太郎《日本药学史》(1949)

清水藤太郎. 日本薬学史. 東京：南山堂, 1971.

539 页。药学史权威作品。

吉冈信《近世日本药业史研究》(1989)

吉岡信.近世日本薬業史研究.東京：薬事日報社,1989.

505 页。日欧比较下的药业社会史研究。

宫下三郎《长崎贸易与大阪》(1997)

宮下三郎.長崎貿易と大阪：輸入から創薬へ.大阪：清文堂出版,1997.

324 页。江户时代药物贸易主题论文集。

羽生和子《江户时代汉方药》(2010)

羽生和子.江戸時代漢方薬の歴史.大阪：清文堂出版,2010.

300 页。以中药材输入、流通为中心的考证研究。

梅村真希《日本制药工业》(2011)

Umemura, Maki. *The Japanese Pharmaceutical Industry: Its Evolution and Current Challenges*. Abingdon: Routledge, 2011.

186 页。以抗生素、抗癌药为例探讨第二次世界大战后日本制药业的演变与挑战。

疾病

山下政三《明治脚气病史》(1988)

山下政三.明治期における脚気の歴史.東京：東京大学出版会,1988.

520 页。医家视角下的近代脚气病史研究。

詹尼塔《牛痘术》(2007)

Jannetta, Ann. *The Vaccinators: Smallpox, Medical Knowledge, and the 'Opening' of Japan*. Stanford: Stanford University Press, 2007.

種痘伝来：日本の「開国」と知の国際ネットワーク.廣川和花,木曽明子訳.東京：岩波書店,2013.

245 页。跨国史视野下的琴纳牛痘接种术传播史,强调了兰医网络在牛痘普及中发挥的巨大作用。

贝伊《近代日本的脚气病》(2012)

Bay, Alexander R. *Beriberi in Modern Japan: The Making of a National Disease.* University of Rochester Press, 2012.

230 页。社会史视角下的脚气病与近代国家建设研究。

香西丰子《近世日本的种痘》(2019)

香西豊子 . 種痘という「衛生」: 近世日本における予防接種の歴史 . 東京 : 東京大学出版会 , 2019.

647 页。社会史视角下的近世天花预防接种研究。

交流史

鲍尔斯《封建日本的西方医学先驱》(1970)

Bowers, John Z. *Western Medical Pioneers in Feudal Japan.* Baltimore: Johns Hopkins Press, 1970.

日本における西洋医学の先駆者たち . 金久卓也 , 鹿島友義訳 . 東京 : 慶応義塾大学出版会 , 1998.

245 页。列传体日本西医史。

中西启《长崎兰医》(1975)

中西啓 . 長崎のオランダ医たち . 東京 : 岩波書店 , 1993.

228 页。列传体的 16—19 世纪兰医研究。

洋学史研究会《大槻玄泽研究》(1991)

洋学史研究会編 . 大槻玄沢の研究 . 京都 : 思文閣出版 , 1991.

376 页。有关大槻玄泽的主题论文集。

青木岁幸《乡村兰学研究》(1998)

青木歳幸 . 在村蘭学の研究 . 京都 : 思文閣出版 , 1998.

436 页。近代化视角下以江户、明治时期长野县地方乡村兰学兰医研究。

克林斯《江户时代机械论身体观的接受》（2006）

クレインス フレデリック. Cryns, Frederik. 江戸時代における機械論的身体観の受容. 京都：臨川書店, 2006.

442 页。基于宇田川玄真、坪井信道著述展开的近代西方身体观接受研究。

石田纯郎《荷兰兰学医书的形成》（2007）

石田純郎. オランダにおける蘭学医書の形成. 京都：思文閣出版, 2007.

327 页。兰学医书原著及其历史背景研究。

石原亚惠佳《医生奋斗记》（2012）

石原あえか. ドクトルたちの奮闘記：ゲーテが導く日独医学交流. 東京：慶應義塾大学出版会, 2012.

280 页。列传体日德交流史研究。

金会恩《德意志帝国和日本的医学与文化相遇》（2014）

Kim, Hoi-Eun. *Doctors of Empire: Medical and Cultural Encounters between Imperial Germany and Meiji Japan*. Toronto: University of Toronto Press, 2014.

249 页。跨国史视角下的明治日德医学交流史研究。

8. 农学

古岛敏雄《日本农学史》（1946）

古島敏雄. 日本農学史. 東京：東京大学出版会, 1975.

492 页。日本古代农学史经典，以农书的出现和成熟为中心。

筑波常治《日本的农书》（1987）

筑波常治. 日本の農書：農業はなぜ近世に発展したか. 東京：中央公論社, 1987.

219 页。以时间为线索的江户时代农书简史，适合入门。

费许尔《平安文化中的稻米》（2003）

von Verschuer, Charlotte. *Le riz dans la culture de Heian: mythe et réalité*. Paris: Institut des Hautes Études Japonaises, 2003.

Rice, Agriculture, and the Food Supply in Premodern Japan. translated by Wendy Cobcroft. London: Routledge, 2016.

409 页。以稻作为中心的 8—17 世纪农业技术史。

濑户口明久《害虫的诞生》（2009）

瀬戸口明久 . 害虫の誕生 : 虫からみた日本史 . 東京 : 筑摩書房 , 2009.

217 页。通过对近代害虫观念的考察，揭示科技影响下日本社会的人与自然关系变动，科学思想史与环境史相结合的佳作。

内田和义《日本近代农学的形成与传统农法》（2012）

内田和義 . 日本における近代農学の成立と伝統農法 : 老農船津伝次平の研究 . 東京 : 農山漁村文化協会 , 2012.

204 页。以船津为中心的个案研究。

9. 技术

通史

田村荣太郎《日本职人技术文化史》（1943）

田村栄太郎 . 日本職人技術文化史 . 東京 : 雄山閣出版 , 1984.

720 页。以各类技术制品为中心的技术文化史。

中村雄三《图说日本木工具史》（1967）

中村雄三 . 図説日本木工具史 . 東京 : 大原新生社 , 1974.

188 页。木工工具简史。

科尔德拉克《木匠之道》（1990）

Coaldrake, William H. *The Way of the Japanese Carpenter: Tools and Japanese Architecture*. New York: Weatherhill, 1990.

204 页。传统木工工艺与工具研究。

高桥裕《现代日本土木史》（1990）

高橋裕 . 現代日本土木史 . 東京 : 彰国社 , 2007.

244 页。略古详今的土木技术简史。

莫里斯 – 铃木《日本的技术变革》(1994)

Morris-Suzuki, Tessa. *Technological Transformation of Japan: From the Seventeenth to the Twenty-first Century*. Cambridge: Cambridge University Press, 1994.

中译本：马春文等译，《日本的技术变革：从十七世纪到二十一世纪》，中国经济出版社 2002 年版。

简明日本技术史，深入展现了技术发展与经济增长、社会变迁之间的互动，适合初学者阅读。

渡边晶《日本建筑技术史研究》(2004)

渡邊晶 . 日本建築技術史の研究：大工道具の発達史 . 東京：中央公論美術出版，2013.

433 页。以工具为中心的建筑技术通史。

古代

奥村正二《江户时代技术史》(1970)

奥村正二 . 火縄銃から黒船まで：江戸時代技術史 . 東京：岩波書店，1993.

296 页。基于个案的江户技术简史。

本康宏史《机关师大野弁吉》(2007)

本康宏史 . からくり師大野弁吉とその時代：技術文化と地域社会 . 東京：岩田書院，2007.

446 页。以大野弁吉为个案的加贺藩地方技术史研究。

荒尾美代《江户时代白砂糖生产法》(2017)

荒尾美代 . 江戸時代の白砂糖生産法 . 東京：八坂書房，2017.

205 页。白砂糖传统生产工艺史研究。

近代

中冈哲郎《战后日本技术史》（2002）

中岡哲郎編 . 戦後日本の技術形成 : 模倣か創造か . 東京 : 日本経済評論社 , 2002.

232 页。以企业为中心的第二次世界大战后技术史研究。

中冈哲郎《日本近代技术的形成》（2006）

中岡哲郎 . 日本近代技術の形成 :「伝統」と「近代」のダイナミクス . 東京 : 朝日新聞社 , 2006.

486 页。以蚕丝业、纺织业、钢铁业、造船业为线索的明治时代技术发展史，特别关注传统技术和近代技术在工业化进程中的互动。

维特纳《明治日本的技术与进步文化》（2008）

Wittner, David G. *Technology and the Culture of Progress in Meiji Japan*. London: Routledge, 2008.

199 页。以缫丝和炼铁为案例的明治技术文化史。

前田裕子《白石直治与土木世界》（2014）

前田裕子 . ビジネス・インフラの明治 : 白石直治と土木の世界 . 名古屋 : 名古屋大学出版会 , 2014.

319 页。以白石直治为中心的明治时代民间基建工程研究。

久保明教《机器人的人类学》（2015）

久保明教 . ロボットの人類学 : 二〇世紀日本の機械と人間 . 東京 : 世界思想社 , 2015.

256 页。人类学视角下的日本机器人文化研究。

丰川斋赫《丹下健三》（2016）

豊川斎赫 . 丹下健三 : 戦後日本の構想者 . 東京 : 岩波書店 , 2016.

中译本 : 刘柠译，《丹下健三》，新星出版社 2021 年版。

224 页。以丹下健三及其弟子为线索的第二次世界大战后建筑史。

土田升《职人的近代》(2017)

土田昇 . 職人の近代 : 道具鍛冶千代鶴是秀の変容 . 東京 : みすず書房 , 2017.

313 页。人物评传。

罗伯逊《和式智能机器人》(2018)

Robertson, Jennifer. R*obo Sapiens Japanicus: Robots, Gender, Family, and the Japanese Nation*. Oakland: University of California Press, 2018.

260 页。以日本社会人机关系想象与话语为线索的文化史研究。

10. 社会科学

综合史

长冈新吉《日本资本主义争论群像》(1984)

長岡新吉 . 日本資本主義論争の群像 . 京都 : ミネルヴァ書房 , 1984.

325 页。外史视角下的第二次世界大战前资本主义争论研究，着力呈现了处于时代动荡中的争论各方参与者群像。

弗鲁斯图克《近代日本的性科学与社会控制》(2003)

Frühstück, Sabine. *Colonizing Sex: Sexology and Social Control in Modern Japan*. Berkeley: University of California Press, 2003.

267 页。以权力与知识互动为切入点的性学史研究。

巴尔沙《近代日本的社会科学》(2004)

Barshay, Andrew E. *Social Sciences in Modern Japan: The Marxian and Modernist Traditions*. University of California Press, 2004.

近代日本の社会科学 : 丸山眞男と宇野弘蔵の射程 . 山田鋭夫訳 . 東京 : NTT 出版 , 2007.

331 页。超越既有的分科史叙述，以马克思主义和近代主义的互动为线索整体把握社会科学在日本的发展。

施庞《豪斯霍弗与日本》(2013)

Spang, Christian W. Karl Haushofer und Japan. *Die Rezeption Seiner Geopolitischen*

Theorien in der Deutschen und Japanischen Politik. München: Iudicium, 2013.

1008 页。以人物为线索的第二次世界大战前地缘政治学史研究。

辛岛理人《帝国日本的亚洲研究》(2015)

辛島理人 . 帝国日本のアジア研究：総力戦体制・経済リアリズム・民主社会主義 . 東京：明石書店 , 2015.

300 页。社会史视角下的第二次世界大战前至第二次世界大战后亚洲研究史。

柴田阳一《帝国日本与地政学》(2016)

柴田陽一 . 帝国日本と地政学：アジア・太平洋戦争期における地理学者の思想と実践 . 大阪：清文堂出版 , 2016.

421 页。分为本土与殖民地两部分的地缘政治学史研究。

卡迪亚《走进田野》(2020)

Kadia, Miriam Kingsberg. *Into the Field: Human Scientists of Transwar Japan*. Stanford: Stanford University Press, 2020.

317 页。以泉靖一及其同时代人为中心的人类学史。

森政稔《战后社会科学的思想史》(2020)

森政稔 . 戦後「社会科学」の思想：丸山眞男から新保守主義まで . 東京：NHK出版 , 2020.

302 页。以近代化、大众社会、新左派、新保守主义为关键词的第二次世界大战后思想史。

分科史

筒井《二十世纪日本的科学管理学》(1998)

Tsutsui, William M. *Manufacturing Ideology: Scientific Management in 20th-century Japan*. Princeton: Princeton University Press, 1998.

279 页。通过对 20 世纪初泰勒制的引进到第二次世界大战时、第二次世界大战后的转化考察日式管理学的形成。

佐佐木聪《科学管理法在日本的展开》（1998）

佐々木聡 . 科学的管理法の日本的展開 . 東京 : 有斐閣 , 1998.

333 页。科学管理法接受史研究。

山路胜彦等《日本人类学史》（2011）

山路勝彦編 . 日本の人類学 : 植民地主義、異文化研究、学術調査の歴史 . 西宮 :
関西学院大学出版会 , 2011.

774 页。多人执笔主题论文集。

池尾爱子《20 世纪日本经济学的国际化》（2014）

Ikeo, Aiko. *History of economic science in Japan: the internationalization of economics in the twentieth century*. London: Routledge, Taylor & Francis Group, 2016.

281 页。以国际化为线索的日本经济学简史。

中生胜美《近代日本人类学史》（2016）

中生勝美 . 近代日本の人類学史 : 帝国と殖民地の記憶 . 東京 : 風響社 , 2016.

620 页。结合口述史与文献方法的 1945 年前的人类学史。

麦维《日本心理学史》（2017）

McVeigh, Brian J. *The History of Japanese Psychology: Global Perspectives, 1875-1950*. London: Bloomsbury Academic, 2017.

319 页。社会史视角下的心理学史研究。

橘木俊诏《日本经济学史》（2019）

橘木俊詔 . 日本の経済学史 . 京都 : 法律文化社 , 2019.

279 页。江户时期至当代的经济学通史，适合入门。

野原慎司《战后经济学史群像》（2020）

野原慎司 . 戦後経済学史の群像 : 日本資本主義はいかに捉えられたか . 東京 :
白水社 , 2020.

202 页。以人物为线索的第二次世界大战后经济学史总体研究。

高木彰彦《日本地政学的接受与发展》(2020)

高木彰彦. 日本における地政学の受容と展開. 福冈：九州大学出版会, 2020.

346 页。接受史视角的百年地政学史研究。

四、专题研究

1. 科技政策与制度化

镰谷亲善《日本近代化与国立研究机构》(1988)

鎌谷親善. 技術大国百年の計：日本の近代化と国立研究機関. 東京：平凡社, 1988.

259 页。第二次世界大战前国立研究机构研究。

科技政策史研究会《日本科技政策史》(1990)

科学技術政策史研究会編. 日本の科学技術政策史. 東京：未踏科学技術協会, 1990.

中译本：邱华盛等译,《日本科学技术政策史》, 中国科学技术出版社 1997 年版。

487 页。以第二次世界大战后为重心的科技政策史。

中山茂《科学技术的国际竞争力》(1996)

中山茂. 科学技術の国際競争力. 東京：朝日新聞社, 1996.

269 页。国际竞争视角下的 20 世纪下半叶科技史。

大淀升一《技术官僚的政治参与》(1997)

大淀昇一. 技術官僚の政治参画：日本の科学技術行政の幕開き. 東京：中央公論社, 1997.

223 页。以技术官僚为线索的科技政策史。

铃木淳《科学技术政策》(2010)

鈴木淳. 科学技術政策. 東京：山川出版社, 2010.

112 页。以科技政策为线索, 通贯地考察近代日本科技制度的简史, 适合初学者。

泽井实《近代日本的研究开发制度》(2012)

沢井実 . 近代日本の研究開発体制 . 名古屋 : 名古屋大学出版会 , 2012.

613 页。绵密扎实的 20 世纪上半叶日本科技研发制度史，揭示了第二次世界大战前、第二次世界大战后研发制度的连续性。

吉叶恭行《战时帝国大学研究体制的形成》(2015)

吉葉恭行 . 戦時下の帝国大学における研究体制の形成過程 : 科学技術動員と大学院特別研究生制度　東北帝国大学を事例として . 仙台 : 東北大学出版会 , 2015.

359 页。以日本东北大学为案例的第二次世界大战时研究生制度史。

丰田长康《科学立国的危机》(2019)

豊田長康 . 科学立国の危機 : 失速する日本の研究力 . 東京 : 東洋経済新報社 , 2019.

536 页。以数据分析为基础的当代日本科技现状批判。

2. 科技教育与传播

板仓圣宣《日本理科教育史》(1968)

板倉聖宣 . 日本理科教育史 . 東京 : 仮説社 , 2009.

589 页。从幕末时期到第二次世界大战后的日本科学教育史研究经典，附有详细的年表和研究文献指南。

渡边正雄《外聘的美国科学教师》(1976)

渡辺正雄 . お雇い米国人科学教師 . 東京 : 北泉社 , 1996.

535 页。

三好信浩《明治工科教育》(1983)

三好信浩 . 明治のエンジニア教育 : 日本とイギリスのちがい . 東京 : 中央公論社 , 1983.

219 页。日英比较下的明治时期的工科教育研究。

普朗捷《技术教育的社会史》(1989)

Plantier, Joëlle. *Technique et Société au Japon: Histoire Sociale de L'enseignement Technique (1945-1985)*. Paris: L'Harmattan, 1989.

188 页。日法比较下的第二次世界大战后技术教育史研究。

泷川光治《日本幼儿科学教育绘本史研究》(2006)

瀧川光治 . 日本における幼児期の科学教育史・絵本史研究 . 東京 : 風間書房 , 2006.

326 页。教育史与书籍史视角下的幼儿科学绘本史。

大淀升一《近代日本的工业立国与国民形成》(2009)

大淀昇一 . 近代日本の工業立国化と国民形成 : 技術者運動における工業教育問題の展開 . 東京 : すずさわ書店 , 2009.

518 页。以 1918 年成立的工程师学会工政会的演变为线索，讨论了工程师精英的身份认同以及对工业教育的理解和改进运动。

御代川贵久夫《科技新闻报道史》(2013)

御代川貴久夫 . 科学技術報道史 : メディアは科学事件をどのように報道したか . 東京 : 東京電機大学出版局 , 2013.

199 页。以题材为线索的第二次世界大战后科技新闻史。

小泽健志《外聘的德国科学教师》(2015)

小澤健志 . お雇い独逸人科学教師 . 東京 : 青史出版 , 2015.

213 页。列传体明治德国科学教师研究。

3. 科技与工业化

奥田谦造《战后美国对日政策与日本技术复兴》(2015)

奥田謙造 . 戦後アメリカの対日政策と日本の技術再興 : 日本のテレビジョン放送・原子力導入と柴田秀利 . 岡山 : 大学教育出版 , 2015.

176 页。以电视网络、核能为主题的第二次世界大战后初期日美科技交流研究。

谷口明丈等《英德美日的工程师形成比较》（2015）

谷口明丈编 . 現場主義の国際比較 : 英独米日におけるエンジニアの形成 . 京都 : ミネルヴァ書房 , 2015.

277 页。多国比较下的工程师教育史研究。

泽井实《海军技术专家的战后史》（2019）

沢井実 . 海軍技術者の戦後史 : 復興高度成長防衛 . 名古屋 : 名古屋大学出版会 , 2019.

250 页。第二次世界大战后技术史中的海军专家群体研究。

轻工业

松浦利隆《传统技术改良支撑的近代化》（2006）

松浦利隆 . 在来技術改良の支えた近代化 : 富岡製糸場のパラドックスを超えて . 東京 : 岩田書院 , 2006.

323 页。一反以富冈工厂为象征的西式近代化叙述，强调正是通过对本土技术的改良推动了群马县蚕丝业的近代化。

戈登《缝纫机与近代日本》（2013）

Gordon, Andrew. *Fabricating Consumers: The Sewing Machine in Modern Japan.* Berkeley: University of California Press, 2012.

ミシンと日本の近代 : 消費者の創出 . 大島かおり訳 . 東京 : みすず書房 , 2013.

304 页。以缝纫机为中心的 20 世纪上半叶技术社会史研究。

亚历山大《日本啤酒业的演变》（2014）

Alexander, Jeffrey W. *Brewed in Japan: The Evolution of the Japanese Beer Industry.* Honolulu: University of Hawaii Press, 2014.

303 页。明治以来的啤酒业发展史。

重工业

南亮进《动力革命与技术进步》（1976）

南亮進 . 動力革命と技術進歩 : 戦前期製造業の分析 . 東京 : 東洋経済新報社 ,

1976.

Minami, Ryoshin. *Power Revolution in the Industrialization of Japan, 1885-1940.* Tokyo: Kinokuniya, 1987.

399 页。第二次世界大战前日本制造业的电气化技术史。

萨缪尔斯《比较与历史视野下的能源市场》(1987)

Samuels, Richard J. *The Business of the Japanese State: Energy Markets in Comparative and Historical perspective.* Ithaca: Cornell University Press, 1987.

日本における国家と企業：エネルギー産業の歴史と国際比較. 廣松毅監訳. 東京：多賀出版, 1999.

376 页。比较视角下的能源产业历史分析。

铃木淳《明治机械工业》(1996)

鈴木淳. 明治の機械工業：その生成と展開. 京都：ミネルヴァ書房, 1996.

360 页。明治机械工业的系统研究。

前田裕子《三菱航空发动机与深尾淳二》(2001)

前田裕子. 戦時期航空機工業と生産技術形成：三菱航空エンジンと深尾淳二. 東京：東京大学出版会, 2001.

274。以深尾淳二为中心的第二次世界大战时航空发动机研发史。

橘川武郎《日本电力发展的动力》(2004)

橘川武郎. 日本電力業発展のダイナミズム. 名古屋：名古屋大学出版会, 2004.

600 页。百年电力工业史研究。

小堀聡《日本的能源革命》(2010)

小堀聡. 日本のエネルギー革命：資源小国の近現代. 名古屋：名古屋大学出版会, 2010.

423 页。贯通第二次世界大战前、第二次世界大战后的能源革命研究。

泽井实《工业母机之梦》（2013）

沢井実. マザーマシンの夢：日本工作機械工業史. 名古屋：名古屋大学出版会，
2013.

501 页。明治以来百年机床工业史研究。

交通运输

弗里德曼《日本公路与铁路文化》（2011）

Freedman, Alisa. *Tokyo in Transit: Japanese Culture on the Rails and Road*. Stanford:
Stanford University Press, 2011.

352 页。20 世纪上半叶大众交通文化研究。

中村尚史《近代日本的铁路发展与全球化》（2016）

中村尚史. 海をわたる機関車：近代日本の鉄道発展とグローバル化. 東京：吉
川弘文館, 2016.

梅尔策《日本航空工业跨国史》（2020）

Melzer, Jürgen P. *Wings for the Rising Sun: A Transnational History of Japanese
Aviation*. Cambridge: Harvard University Press, 2020.

339 页。跨国史视角下的近代日本航空工业史，刻画了国外同行、产业界、军部、
日本政府乃至公众的多方复杂作用。

4. 科技与战争

常石敬一《医生的组织犯罪》（1994）

常石敬一. 医学者たちの組織犯罪：関東軍第七三一部隊. 東京：朝日新聞社，
1999.

295 页。关于 731 部队的权威研究，揭示了第二次世界大战前军部与医学界的密
切合作及其人脉在第二次世界大战后日本的影响。

哈里斯《死亡工厂》（1994）

Harris, Sheldon H. *Factories of Death: Japanese Biological Warfare 1932-1945 and
the American Cover-up*. London: Routledge, 2002.

中译本：王选等译，《死亡工厂：美国掩盖的日本细菌战犯罪》，上海人民出版社 2000 年版。

297 页。英语世界日本细菌战研究代表作。

畑野勇《近代日本的军产学复合体》（2005）

畑野勇．近代日本の軍産学複合体：海軍・重工業界・大学．大阪：創文社，2005.

208 页。以平贺让为中心的第二次世界大战时军产学复合体研究。

格伦登《秘密武器与二战》（2005）

Grunden, Walter E. *Secret Weapons and World War II: Japan in the Shadow of Big Science*. Lawrence: University Press of Kansas, 2005.

335 页。比较视角下的日本第二次世界大战时武器开发研究。

牧野邦昭《战时的经济学家》（2010）

牧野邦昭．戦時下の経済学者．東京：中央公論新社，2020.

242 页。第二次世界大战时总力战体制下经济学家的作用与影响研究。

山崎正胜《日本的核开发》（2011）

山崎正勝．日本の核開発：1939—1955，原爆から原子力へ．東京：績文堂出版，2011.

304 页。贯通第二次世界大战前、第二次世界大战后的核开发技术史。

渡边贤二《陆军登户研究所与谋略战》（2012）

渡辺賢二．陸軍登戸研究所と謀略戦：科学者たちの戦争．東京：吉川弘文館，2012.

206 页。以登户研究所为中心的武器研发史。

西山崇《战争与和平之间的工程学》（2014）

Nishiyama, Takashi. *Engineering War and Peace in Modern Japan, 1868-1964*. Baltimore: Johns Hopkins University Press, 2014.

264 页。该书讨论了战争与和平在 20 世纪日本技术转型中所发挥的作用，服务于战争的工程师如何在第二次世界大战后参与建设。

杉山滋郎《军事研究的战后史》(2017)

杉山滋郎 .「軍事研究」の戦後史 : 科学者はどう向きあってきたか . 京都 : ミネルヴァ書房 , 2017.

298 页。第二次世界大战后科学家与军事研究关系史。

水泽光《军用飞机的诞生》(2017)

水沢光 . 軍用機の誕生 : 日本軍の航空戦略と技術開発 . 東京 : 吉川弘文館 , 2017.

196 页。第一次世界大战后军用飞机研发制度史。

5. 科技与女性

都河明子等《日本女性科学家的轨迹》(1996)

都河明子 , 嘉ノ海暁子 . 拓く : 日本の女性科学者の軌跡 . 東京 : ドメス出版 , 1996.

220 页。物理学家汤浅年子等六位日本女性科学家的传记。

西条敏美《打开科学之门的日本女性》(2009)

西條敏美 . 理系の扉を開いた日本の女性たち : ゆかりの地を訪ねて . 東京 : 新泉社 , 2009.

235 页。列传体近代女性科学家、医生研究。

山崎美和惠《物理学家汤浅年子肖像》(2009)

山崎美和惠編 . 物理学者湯浅年子の肖像 : 最後まで徹底的に . 東京 : 梧桐書院 , 2009.

465 页。基于原始史料的汤浅年子传记研究。

栗田启子等《日本女性与经济学》(2016)

栗田啓子 , 松野尾裕 , 生垣琴絵編 . 日本における女性と経済学 : 1910 年代の黎明期から現代へ. 札幌：北海道大学出版会, 2016.

338 页。多人执笔的主题论文集。

6. 科技与宗教

福永胜美《佛教医学详说》(1972)

福永勝美. 仏教医学詳説. 東京：雄山閣, 1972.

320 页。有关佛教医学的先驱性研究。

冈田正彦《被遗忘的佛教天文学》(2010)

岡田正彦. 忘れられた仏教天文学：十九世紀の日本における仏教世界像. 名古屋：ブイツーソリューション, 2010.

308 页。江户后期至明治前期的佛教界梵历运动的思想史研究。

新村拓《日本佛教医疗史》(2013)

新村拓. 日本仏教の医療史. 東京：法政大学出版局, 2013.

296 页。一部简明日本佛教医疗史，涉及佛教病因学、僧医、疾病绘卷等诸主题。

戈达尔《近代日本的演化论与宗教》(2017)

Godart, G. Clinton. *Darwin, Dharma, and the Divine: Evolutionary Theory and Religion in Modern Japan*. Honolulu: University of Hawai Press, 2017.

301 页。该书探讨近代日本持有不同宗教信仰的知识分子如何面对进化论的传入，他们对进化论和宗教关系的处理如何改变了日本人对自然、社会和神圣性的理解。

特里普利特《日本的佛教与医学》(2019)

Triplett, Katja. *Buddhism and Medicine in Japan: A Topical Survey (500-1600 CE) of a Complex Relationship*. Berlin: De Gruyter, 2019.

259 页。主题文献指南。

7. 科技与文学

小山庆太《漱石眼中的物理学》(1991)

小山慶太. 漱石が見た物理学：首縊りの力学から相対性理論まで. 東京：中央

公論社 , 1991.

205 页。以夏目漱石作品中涉及的近代科学为线索，描绘了明治时代文学与科学的互动。

中村祯里《河童的日本史》(1996)

中村祯里 . 河童の日本史 . 東京：筑摩書房 , 2019.

461 页。幻想生物河童形象的历史变迁研究。

吉田司雄等《妊娠的机器人》(2002)

吉田司雄等 . 妊娠するロボット：1920 年代の科学と幻想 . 横浜：春風社 , 2002.

279 页。多人执笔主题的论文集。

墨菲《隐喻的回路》(2004)

Murphy, Joseph A. Metaphorical Circuit: Negotiations Between Literature and Science in 20th Century Japan. Ithaca: Cornell University East Asia Program, 2004.

214 页。以夏目漱石等多位文学家为案例展开的科学与文学关系研究。

戈里《日本现代主义文学中的现实主义、科学与生态学》(2008)

Golley, Gregory. When Our Eyes No Longer See: Realism, Science, and Ecology in Japanese Literary Modernism. Cambridge: Harvard University Press, 2008.

宮澤賢治とディープエコロジー：見えないもののリアリズム . 佐復秀樹訳 . 東京：平凡社 , 2014.

394 页。文学批评视角下的 20 世纪二三十年代科学与文学中的现实主义研究。

福田安典《医书中的文学》(2016)

福田安典 . 医学書のなかの「文学」：江戸の医学と文学が作り上げた世界 . 東京：笠間書院 , 2016.

276 页。江户时代文学与医学的交叉研究。

加藤梦三《合理性的诗学》(2019)

加藤夢三 . 合理的なものの詩学：近現代日本文学と理論物理学の邂逅 . 東京：

ひつじ書房 , 2019.

368 页。物理学对近现代文学创作影响研究。

8. 科技与艺术

田中聪《正露丸的包装》(1994)

田中聡 . 正露丸のラッパ：クスリの国の図像学 . 東京：河出書房新社 , 1994.

153 页。药物包装的图像文化史。

今桥理子《江户花鸟画》(1995)

今橋理子 . 江戸の花鳥画：博物学をめぐる文化とその表象 . 東京：講談社 , 2017.

530 页。艺术史视角下的江户后期博物图谱研究。

斯科里奇《江户后期的西方科学凝视与大众意象》(1996)

Screech, Timon. *The Western Scientific Gaze and Popular Imagery in later Edo Japan: The Lens within the Heart.* Cambridge: Cambridge University Press, 2002.

大江戸視覚革命：十八世紀日本の西洋科学と民衆文化 . 田中優子 , 高山宏訳 . 東京：作品社 , 1998.

302 页。艺术史视角下的 18 世纪日本大众视觉文化研究。

原克《流线型的考古学》(2008)

原克 . 流線形の考古学：速度・身体・会社・国家 . 東京：講談社 , 2017.

380 页。文化史视角下的流线型设计及其影响研究。

福冈真纪《逼真的前提》(2012)

Fukuoka, Maki. *The Premise of Fidelity: Science, Visuality, and Representing the Real in Nineteenth-Century Japan.* Stanford: Stanford University Press, 2012.

272 页。该书以视觉性和表征为关键词探讨了江户晚期一群本草学家如何在博物学实践中通过观察、分类、绘图等方式回答何谓真实的问题，乃是艺术史和科技史结合的佳作。

板垣俊一《江户视觉文化的创造与历史展开》(2012)

板垣俊一. 江戸期視覚文化の創造と歴史的展開 : 覗き眼鏡とのぞきからくり. 東京 : 三弥井書店 , 2012.

268 页。类似西洋景的江户时代透镜光学装置的文化史。

马场靖人《色盲与近代》(2020)

馬場靖人 .「色盲」と近代 : 十九世紀における色彩秩序の再編成 . 東京 : 青弓社 , 2020.

316 页。以石原色盲表为中心的日欧比较视觉文化史。

9. 科技与殖民

坂野彻《帝国日本与人类学家》(2005)

坂野徹著 . 帝国日本と人類学者 : 1884—1952 年 . 東京 : 勁草書房 , 2005.

511 页。社会史视角下的人类学史。

水野博美《近代日本的科学民族主义》(2009)

Mizuno, Hiromi. *Science for the Empire: Scientific Nationalism in Modern Japan*. Stanford: Stanford University Press, 2009.

269 页。20 世纪上半叶科学话语及其与民族主义、帝国主义关系研究。

杨大庆《帝国的技术》(2010)

Yang Daqing. *Technology of Empire: Telecommunications and Japanese Expansion in Asia, 1883-1945*. Harvard University, 2010.

446 页。该书探讨了通信技术在日本近代海外扩张与社会控制中的作用，刻画了技术、制度、地缘政治之间的纠缠。

藤原辰史《帝国日本的绿色革命》(2012)

藤原辰史 . 稲の大東亜共栄圏 : 帝国日本の「緑の革命」. 東京 : 吉川弘文館 , 2012.

200 页。以水稻改良为中心的农业科技史。

摩尔《建设东亚》(2013)

Moore, Aaron Stephen. *Constructing East Asia: Technology, Ideology, and Empire in Japan's Wartime Era, 1931-1945*. Stanford: Stanford University Press, 2013.

「大東亜」を建設する：帝国日本の技術とイデオロギー. 塚原東吾監訳. 京都：人文書院, 2019.

314 页。以技术意象为核心的技术帝国主义研究。

坂野彻《帝国调查》(2016)

坂野徹編. 帝国を調べる：植民地フィールドワークの科学史. 東京：勁草書房, 2016.

232 页。以田野研究为线索而展开的日本殖民科学史论文集, 涉及考古学、生物学、药学、区域研究等各领域。

坂野彻《岛上科学家》(2019)

坂野徹. 島の科学者：パラオ熱帯生物研究所と帝国日本の南洋研究. 東京：勁草書房, 2019.

356 页。以帕劳热带生物研究所为中心的殖民科学史研究。

五、人物研究

1. 关孝和 (1642 ？ —1708)

平山谛《关孝和》(1959)

平山諦. 関孝和：その業績と伝記. 東京：恒星社厚生閣, 1974.

316 页。关孝和的标准传记。

平山谛《关孝和全集》(1974)

平山諦, 下平和夫, 広瀬秀雄編. 関孝和全集. 大阪：大阪教育図書, 1974.

572 页。包含解说、参考文献的原始史料集。

佐藤贤一《寻求关孝和的实像》(2005)

佐藤賢一. 近世日本数学史：関孝和の実像を求めて. 東京：東京大学出版会,

2005.

423 页。以关孝和为中心的早期和算史再考。

2. 吉益东洞（1702—1773）

吉益东洞《东洞全集》（1918）

吉益東洞 . 東洞全集 . 呉秀三 , 富士川游選集校定 . 京都：思文閣 , 1970.

580 页。附有解说的史料集。

思泽捷年《吉益东洞研究》（2012）

寺澤捷年 . 吉益東洞の研究：日本漢方創造の思想 . 東京：岩波書店 , 2012.

248 页。出自医家之手的东洞评传。

3. 小野兰山（1729—1810）

远藤正治《小野兰山学统研究》（2003）

遠藤正治 . 本草学と洋学：小野蘭山学統の研究 . 東京：思文閣出版 , 2003.

409 页。以兰山学统为中心的主题论文集。

小野兰山纪念委员会《小野兰山》（2010）

小野蘭山没後二百年記念誌編集委員会 . 小野蘭山 . 東京：八坂書房 , 2010.

578 页。多人执笔的主题论文集。

4. 杉田玄白（1733—1817）

杉田玄白《杉田玄白集》（1994）

杉田玄白 . 杉田玄白集 . 杉本つとむ編 . 東京：早稲田大学出版部 , 1994.

428 页。杉田玄白著述相关史料影印。

片桐一男《知识开拓者杉田玄白》（2015）

片桐一男 . 知の開拓者杉田玄白：『蘭学事始』とその時代 . 東京：勉誠出版 ,

2015.

301 页。以杉田玄白为中心的主题论文集。

5. 伊能忠敬（1745—1818）

大谷亮吉《伊能忠敬》(1917）

大谷亮吉编 . 伊能忠敬 . 東京 : 名著刊行会 , 1979.

766 页。权威传记。

渡边一郎《伊能忠敬走过的日本》(1999）

渡辺一郎 . 伊能忠敬の歩いた日本 . 東京 : 筑摩書房 , 1999.

222 页。简明评传，适合入门。

6. 宇田川榕庵（1798—1845）

宇田川榕庵《舍密开宗》(1975）

宇田川榕菴 . 舍密開宗 : 復刻と現代語訳 · 注 . 田中実校注 . 東京 : 講談社 , 1975.

568 页。《舍密开宗》权威校注本，别册收录相关研究。

沈国威《植学启原与植物学的词汇》(2000）

沈国威 . 植学啓原と植物学の語彙 : 近代日中植物学用語の形成と交流 . 吹田 : 関西大学出版部 , 2000.

308 页。中日比较下的植物学术语研究。

高桥辉和《西博尔德与宇田川榕庵》(2002）

高橋輝和 . シーボルトと宇田川榕菴 : 江戸蘭学交遊記 . 東京 : 平凡社 , 2002.

225 页。西博尔德与宇田川榕庵的交流研究。

松田清等《宇田川榕庵植物学资料研究》(2014）

松田清等 . 宇田川榕菴植物学資料の研究 : 杏雨書屋所蔵 . 大阪 : 武田科学振興財団 , 2014.

768 页。多人执笔的史料翻刻与研究论文集。

7. 北里柴三郎（1853—1931）

北里柴三郎《北里柴三郎论文集》(1977）

北里柴三郎 . 北里柴三郎学術論文集 : 日本語翻訳版 . 北里研究所 , 2018.

607 页。史料集。

福田真人《北里柴三郎》(2008)

福田眞人 . 北里柴三郎 : 一熱と誠があれば . 京都 : ミネルヴァ書房 , 2008.

355 页。医学史家撰写的评传。

8. 牧野富太郎 (1862—1957)

牧野富太郎《牧野富太郎选集》(1970)

牧野富太郎 . 牧野富太郎選集 . 東京 : 学術出版会 , 2008.

5 卷。包括回忆录、讲演、随笔等的选集。

涩谷章《牧野富太郎》(1987)

渋谷章 . 牧野富太郎 : 私は草木の精である . 東京 : 平凡社 , 2001.

245 页。评传。

9. 长冈半太郎 (1865—1950)

长冈半太郎《原子能时代的曙光》(1951)

長岡半太郎 . 長岡半太郎 : 原子力時代の曙 . 東京 : 日本図書センター , 1999.

218 页。随笔集。

板仓圣宣等《长冈半太郎传》(1973)

板倉聖宣等 . 長岡半太郎伝 . 東京 : 朝日新聞社 , 1973.

719 页。权威传记。

10. 高木贞治 (1875—1960)

高濑正仁《高木贞治及其时代》(2014)

高瀬正仁 . 高木貞治とその時代 : 西欧近代の数学と日本 . 東京 : 東京大学出版会 , 2014.

406 页。通过对高木贞治求学、研究经历的探究揭示了近代数学在日本的发展历程。

11. 寺田寅彦（1878—1935）

寺田寅彦全集（1938）

寺田寅彦全集 . 東京：岩波書店，1989.

30 卷。随笔、书评等著述类 16 卷，日记、书信等 14 卷。

小山庆太《寺田寅彦》（2012）

小山慶太 . 寺田寅彦：漱石、レイリー卿と和魂洋才の物理学 . 東京：中央公論新社，2012.

259 页。以漱石、瑞利为线索的寺田寅彦物理学分析。

12. 野口英世（1886—1928）

中山茂《野口英世》（1978）

中山茂 . 野口英世 . 東京：岩波書店，1995.

299 页。基于原始史料的人物评传。

普莱赛特《野口英世及其赞助人》（1987）

Plesset, Isabel R. Noguchi and his patrons. Rutherford: Fairleigh Dickinson University Press, 1980.

野口英世 . 中井久夫，枡矢好弘訳 . 東京：星和書店，1987.

314 页。心理学视角的人物传记研究。

13. 仁科芳雄（1890—1951）

仁科芳雄《仁科芳雄往来书信集》（2006）

仁科芳雄 . 仁科芳雄往復書簡集 . 東京：みすず書房，2006-2011.

4 卷。原始史料集。

金东源《仁科芳雄》（2007）

Kim Dong-Won. Yoshio Nishina: Father of Modern Physics in Japan.

Boca Raton: Taylor & Francis, 2007.

159 页。史论结合的仁科芳雄传记研究。

14. 今西锦司（1902—1992）

今西锦司《今西锦司全集》（1972）
今西錦司 . 今西錦司全集 . 東京：講談社 , 1993.
14 卷。各卷附有解题。

本田靖春《评传今西锦司》（1992）
本田靖春 . 評伝今西錦司 . 東京：岩波書店 , 2012.
354 页。人物评传。

15. 朝永振一郎（1906—1979）

朝永振一郎《朝永振一郎著作集》（1981）
朝永振一郎 . 朝永振一郎著作集 . 東京：みすず書房 , 1981—1985.
15 卷。含别卷 3 卷，各卷均有解说。

中村诚太郎《汤川秀树与朝永振一郎》（1992）
中村誠太郎 . 湯川秀樹と朝永振一郎 . 東京：読売新聞社 , 1992.
153 页。作者为二人弟子，以亲身经历为基础对二人物理学的分析评论。

16. 汤川秀树（1907—1981）

汤川秀树《汤川秀树著作集》（1989）
湯川秀樹 . 湯川秀樹著作集 . 東京：岩波書店 , 1989.
9 卷。各卷附解说，别卷收录了对谈、年谱等。

亀渊迪《粒子物理学的起源》（2018）
亀淵迪 . 素粒子論の始まり：湯川・朝永・坂田を中心に . 東京：日本評論社 , 2018.
296 页。作者为坂田昌一弟子，该书为基于亲身经历的第二次世界大战后物理学史。

第三十五章　科学革命

黄河云

　　"科学革命"是自 20 世纪 30 年代以来科学史界对现代科学在 16、17 世纪欧洲兴起的传统叙事，20 世纪 90 年代之后受到了普遍质疑。许多人不再把这段历史称为"科学革命"时期，而使用较为中性的"现代早期"，但是，作为一个绵延了大半个世纪、产生了众多经典文献，并且建立了科学史学科早期形象的编史纲领，仍然值得用一章的篇幅进行文献整理。对现代早期全方位的研究请参见第二十章。本章分为工具书、经典著作、专题研究三个部分，各部分文献按照出版年份升序排列。

一、工具书

科恩《科学革命的编史学研究》(1994)

Cohen, H. Floris. *The Scientific Revolution: A Historiographical Inquiry*. Chicago: University of Chicago Press, 1994.

　　中译本：张卜天译，《科学革命的编史学研究》，湖南科技出版社 2012 年版。

　　作者弗洛里斯·科恩（1946—　）是荷兰著名科学史家，曾任莱顿布尔哈夫博物馆馆长（1975—1982），特温特大学科学史教授（1982—2001），从 2007 年起任乌得勒支大学比较科学史教授。该书是唯一一部关于科学革命的编史学研究著作，它如同一部百科全书，系统地考察了 19 世纪以来科学史家们关于科学革命的实质和原因的大约 60 种观点，并对其特点与不足给出了自己的评价。第 1 章为导言，之后的内容分为三个部分，分别是：第一部分（第 2、第 3 章），"定义科学革命的实质"；第二部分（第 4、第 5、第 6 章），"寻找科学革命的原因"；第三部分（第 7、第 8 章），"总结和结论"。其中，第 2 章论述了科学革命的"大传统"，作者首先区分了特指的"科学革命"（The Scientific Revolution）和泛指的"诸科学革命"（sientific revolutions）这两个重要概念，并在后续部分陆续讨论它们之间不断变化的关系。在这一章中，作者详细地讨论了康德、休厄尔、马赫、迪昂、迈尔、戴克斯特豪斯、柯瓦雷、伯特、巴特菲尔德、鲁帕特·霍尔、玛丽·博厄斯·霍尔、库恩、韦斯特福尔等人的观点，系统地刻画了"科学革命"概念的演变史。迈尔、戴克斯特豪斯、柯瓦雷和伯特被称为"四位伟人"，他们从 20 世纪 20 年代到 60 年代共同锻造和巩固了科学革命的概念，作者对他们观点的总结和比较尤为精彩。第 3 章则讨论了新的方法、权威作用的逐渐消失、魔法世界观、实验、仪器、女性自然、社团、大学、赞助等议题。由此，现代早期科学看似必然的产生似乎变成了一连串的偶然事件。在此基础上，作者在第二部分致力于探讨产生科学革命的原因。第 4 章和第 5 章分别从"内部路线"和"外部路线"探讨"科学革命为什么产生于 17 世纪的西欧"。第 4 章依次讨论了"为什么科学革命没有发生在古希腊""中世纪科学与科学革命"的关系以及"近代科学从文艺复兴思想中产生"（涉及哥白尼主义、人文主义、亚里士多德主义的变革、赫尔墨斯主义与新柏拉图主义、怀疑论危机）。第 5 章涉及清教主义、圣经世界观、工匠和实用技艺、资本主义的兴起、航海大发现和印刷术的影响，讨论了霍伊卡、默顿、赫森、奥尔什基、齐尔塞尔、兰德斯、爱森斯坦、本 – 戴维等人的观点。第 6 章的主题是"为什么科学革命未能在西欧之外产生"，涉及伊斯兰地区和古代中国，重点探讨了著名的李约瑟问题。第三部分是作者本人对科学革命的理解（注：由于作者后来的思路发生了改变，为此他专门写了一篇两万多字的中译本补遗替换了原书的第 8 章）。该书是科学革命研究者的必读著作，出版后即确立了其经典和权威地位。

阿普勒鲍姆《科学革命百科全书》(2000)

Applebaum.W(ed.), *Encyclopedia of the Scientific Revolution from Copernicus to Newton*. New York/ London: Garland, 2000.

该书由序言和正文两部分构成。在该书序言中，阿普勒鲍姆还列举了反对"科学革命"概念的 7 种重要理由，然后为继续使用这个术语进行辩护。撰写反对理由包括：(1) 脱离文化语境；(2) 蕴含了科学真理从"无知、迷信和错误"中解放出来的必胜主义论述；(3) 事件的发展时断时续；(4) 长时间"同时支持相反的理论"；(5) 对中世纪晚期的贡献重视不够；(6) 除物理学和天文学之外的所有其他学科，尤其是化学和生命科学缺少一种革命性发展；(7) 19、20 世纪科学的剧烈变革课导出"有两次或两次以上科学革命"的结论。在正文部分，该书按照字母 A ~ Z 的顺序编排了科学革命的重要词条。主编将其分为 5 类：(1) 哲学学派、世界观以及相关概念；(2) 学科（分为、分支、方法、发现）；(3) 机构、组织与传播；(4) 社会和文化背景；(5) 编史学问题和解释。该书的很多词条都是由该领域最权威的专家所写，如韦斯特福尔撰写了"牛顿"和"机械论哲学"的词条，弗洛里斯·科恩撰写了"科学革命"的词条，普林西比撰写了"化学"的词条，约翰·亨利撰写了"魔法"的词条。

二、经典著作

1. 科学思想史范式

伯特《近代物理科学的形而上学基础》（1924）

Burtt, E.A. *The Metaphysical Foundations of Modern Physical Science.* London: K.Paul, Trench, Trubner, 1924. Rev. ed. Garden City, NY: Doubleday, 1955.

中译本：张卜天译，《近代物理科学的形而上学基础》，商务印书馆 2018 年版。

作者伯特（1892—1989）是美国哲学家、历史学家，哥伦比亚大学哲学博士，康奈尔大学哲学教授。该书是作者的博士论文，它是科学思想史领域的经典名著，既是科学史著作，也是哲学史著作，对柯瓦雷从宗教史转向科学史起到了关键作用。伯特与柯瓦雷的共同之处体现在：二者都强调科学和哲学、宗教等人类思想领域之间密不可分的联系，都主张近代科学与中世纪科学之间的"非连续性"，并且都认为科学革命的本质是自然的数学化。该书始于一个特殊的哲学论题，即为什么认识论问题会成为近代哲学的中心问题。在作者看来，17 世纪科学革命使我们获得丰富知识的同时，也导致人在世界中失去了位置。哲学的首要任务就是让"具有崇高精神权利的人"恢复到一个更恰当的位置，而不仅是一种可以还原为近代科学原子范畴的东西；但这并不意味着否定新科学的成就，需要拒绝的仅仅是它的形而上学基础。要回答近代思想主流为何如此的问题，就必须转向历史研究。但不是转向哲学史，因为近代哲学家往往不加批判地接受了近代科学所蕴含的预设，导致形而上学的基本范畴发生了彻底转变，而应该转向科学史，尤其是对牛顿形而上学的批判性历史研究。这意味着如果不阅读伽利略、笛卡尔、波义耳、牛顿等科学家的著作，就无法深入理解笛卡尔、霍布斯、洛克等哲学家的著作。在此基础上，伯特对哥白尼、开普勒、伽利略、笛卡尔、霍布斯、吉尔伯特、波义耳和牛顿等 16、17 世纪"哲学家—科学家"的科学方法和形而上学预设做出了精彩的分析，解释了近代世界观的成功和局限性。与柯瓦雷类似，伯特同样区分了科学革命中的两大潮流：数学的与经验、实验的。在结论部分，伯特对他所设想的新哲学做了尝试性的描述。

柯瓦雷《伽利略研究》(1939)

Koyré, A. *Études Galiléennes*. Paris: Hermann, 1939. *Galileo Studies*. Trans. John Mepham. Atlantic Heights, NJ: Humanities Press, 1978.

中译本：刘胜利译，《伽利略研究》，北京大学出版社 2008 年版。

作者亚历山大·柯瓦雷（1892—1964）是科学思想史学派的领袖，他以对"科学革命"的开创性研究而闻名。他青年时代曾师从胡塞尔学习现象学，师从希尔伯特学习数学，之后又师从柏格森和布兰施维克学习哲学。柯瓦雷最初从事宗教史与哲学史研究，20 世纪 30 年代，他转向科学史，并将学术生涯的大多数时间都献给了对"科学革命"的研究。"科学革命"这个术语目前的含义很大程度上源于柯瓦雷的工作。该书是柯瓦雷的代表作，是科学思想史学派的开山之作，也是科学哲学历史主义转向真正的策源地。此外，该书在科学史职业化的进程中具有里程碑式的意义，它使得科学史在第二次世界大战后迅速被确立为一门独立的学科。柯瓦雷认为，科学进步体现在概念的进化上，它有内在的和自主的发展逻辑。他的著作以"概念分析"（大段引用原始文献）为标志，强调"人类思想的统一性"，重视科学史中的"错误"，坚决反对实证主义科学观，这些特点在该书中得到了最充分的体现。该书分为三部分：经典科学的黎明、落体定律——笛卡尔与伽利略、伽利略与惯性定律；附录分为两部分——重性的消除、笛卡尔。在第一部分中，柯瓦雷将科学革命视为自希腊思想发明了和谐整体宇宙（cosmos）以来最重要的"思想嬗变"，将其本质概括为：（1）宇宙的瓦解；（2）空间的几何化。在他看来，中世纪和文艺复兴时期的科学思想的历史可以划分为三个阶段，依次是：亚里士多德物理学，冲力物理学，数学的、阿基米德的物理学。伽利略在其物理学思想发展成熟之前先后经历了这三个阶段。在第二部分中，柯瓦雷指出，伽利略与笛卡尔在最初尝试寻求自由落体的速度、时间和距离的关系时不约而同地犯了相同的错误，这种错误之所以特别具有启发性，是因为它突出了这样一个事实：落体定律并不像它事后看起来那样不言自明。在第三部分，柯瓦雷追溯了从哥白尼、布鲁诺、第谷、开普勒到伽利略解决日心天文学所引发的物理问题的尝试，以此表明惯性定律在科学革命中的核心地位。而惯性定律以一种无限的几何空间为前提，需要将亚里士多德意义上的物理量几何化；在这个意义上，科学革命可以被看作是向柏拉图的回归。该书的主线之一就是揭示落体定律与惯性定律这两个现代物理学的基本定律如何通过伽利略与笛卡尔的努力从日常经验的遮蔽中提炼出来，在这个意义上，二者共同完成了 17 世纪科学革命。柯瓦雷在该书中最初提出的科学革命定义相当清晰明确，它以"自然数学化"为主线，但这个概念时间范围很窄，仅限于伽利略和笛卡尔这两位主角的工作，学科范围也仅限于数学物理学和天文学。

巴特菲尔德《现代科学的起源》(1949)

Butterfield, H. *The Origins of Modern Science, 1300-1800*. London: Bell, 1957. (1st ed., 1949).

中译本：张卜天译，《现代科学的起源》，上海交通大学出版社 2017 年版。

作者巴特菲尔德（1900—1979）是英国著名历史学家、基督教思想家，剑桥大学现代史钦定讲座教授，20 世纪"剑桥学派"的代表人物。该书的意义在于，它第一次在历史研究中把"科学革命"一词用作核心概念，从而使这个名称广泛流行起来。该书赋予科学革命长达 5 个世纪的时间跨度，以中世纪晚期的冲力理论为开端，以 18 世纪末的化学革命为终点，远远超出柯瓦雷所指定的时间范围和学科范围。尽管该书为科学革命指定了如此漫长的持续时间，但主要内容集中于从哥白尼到牛顿这段时期，即在这场更大的外部科学革命的内部革命。此外，在该书中，作者认为科学革命的核心是"心理转换"，这种新的思考状态的观念启发了库恩提出范式理论中的"格式塔转换"。作者在开篇高度评价了科学革命，将其视为基督教兴起以来最重要的历史事件，还专门用一章论述了"科学革命在西方文明史中的地位"。

戴克斯特豪斯《世界图景的机械化》(1950)

Dijksterhuis, E. J. *De mechanisering van het wereldbeeld*. Amsterdam,1950. translated as *The Mechanization of the World Picture*. Oxford: The Oxford University Press,1961.

中译本：张卜天译，《世界图景的机械化》，商务印书馆 2018 年版。

作者戴克斯特豪斯（1892—1965）是荷兰著名科学史家，曾任乌特勒支大学和莱顿大学精密科学史教授，1952 年当选荷兰皇家科学院院士，1962 年获得科学史研究的最高奖萨顿奖章。该书以探讨"机械化"的含义开篇，作者基于科学史的连续性的信念，讨论了从古希腊到牛顿两千多年的科学思想发展。尽管作者坚信科学发展的连续性，但他仍然认为亚里士多德科学到经典物理学的过渡构成了科学史上仅有的一次根本断裂。在他看来，经典科学与现代科学之间的关系迥异于古代科学与经典科学之间的关系：经典科学必须在重要问题上否定古代科学，而经典力学与现代科学却是一级近似。此外，作者在探讨机械化这一主线的同时，力图尽可能地涵盖所有领域，包括化学、炼金术、占星学和魔法。全书分为五个部分：(1) 古代的遗产；(2) 中世纪的科学；(3) 经典科学的黎明；(4) 经典科学的演进；(5) 结语。在结语部分，作者在反驳了对机械化的四种解释（机器隐喻、目的论解释、机械模型、无生命的机器）之后，给出了自己的观点，将机械化等同于力学化，进而等同于数学化。尽管作者与柯瓦雷都认为科学革命的本质是自然的数学化，但二者的根本区别在于：柯瓦雷坚持数学实在论，认为数学语言确实表达了实在之本质；戴克斯特豪斯则持工具主义和不可知论的立场，认为实在是不可知的，因而数学只不过是一种描述实在的语言，而并没有深入到实在的本质。正因为如此，在戴克斯特豪斯看来，世界图景的机械化意味着一种对待自然的全新观点：探究事物的真正本性的"实体性"思维被替换成试图确定事物行为相互依赖性的"函数性"思维。

柯瓦雷《从封闭世界到无限宇宙》（1957）

Koyré A. *From the Closed World to the Infinite Universe*. Baltimore: The Johns Hopkins University Press, 1957.

中译本：张卜天译，《从封闭世界到无限宇宙》，商务印书馆 2016 年版。

该书由 12 章构成，柯瓦雷力图将宇宙无限化的历史作为走出科学革命迷宫的阿里阿德涅之线。该书重申了作者在《伽利略研究》中的观点，即科学革命是 cosmos 的瓦解与空间的几何化，并且更为强调"人类思想的统一性"。关于两部著作之间的关系，柯瓦雷将《伽利略研究》视为前史，而将该书视为研究科学革命本身的历史。此外，该书也比《伽利略研究》更加哲学化，并论述了科学革命所引发的形而上学与神学后果。在该书中，柯瓦雷拓宽了科学革命的时间范围，使它最终涵盖了从哥白尼到牛顿的整个时期，但他仍然没有涉及光学、电学、磁学、化学、生命科学等领域。

库恩《哥白尼革命》（1957）

Kuhn, T. S. *The Copernican Revolution: Planetary Astronomy in the Development of Western Thought*. Cambridge: Harvard University Press, 1957.

中译本：吴国盛等译，《哥白尼革命》，北京大学出版社 2020 年版。

作者库恩（1922—1996）是美国物理学家、科学哲学家、科学史家，科学哲学历史主义转向的代表人物。1943 年毕业于哈佛大学物理系，1949 年获得哈佛大学物理学博士学位。1952 年开始讲授科学史，先后任教于加州大学伯克利分校、普林斯顿大学和麻省理工学院。该书脱胎于库恩在哈佛大学讲授的科学通识课，是科学与思想史相结合的典范。该书共 7 章，前两章详述天文学的基本概念与技术性细节，第三、第四章描述前哥白尼天文学的思想文化背景与社会环境，最后三章讲述哥白尼的工作、日心体系的接受以及哥白尼革命对现代精神的意义。库恩受到了柯瓦雷科学编史学的影响，正是"人类思想的统一性"解释了哥白尼革命的多样性，即一场数理天文学领域的变革为何能够引起物理学、宇宙论、哲学、宗教领域的重要后果。在库恩看来，哥白尼革命的意义在于它所引发的意外后果。哥白尼既是一位革新者，也是一位保守者，他完全属于希腊数理天文学传统。《天球运行论》一书具有双重特性，它既是古代的又是现代的，既是保守的又是激进的；它的意义不在于它自己说了什么，而在于使得别人说了什么；它引发了它自己并未宣告的一场革命，它是一个制造革命的文本，而不是一个革命性的文本。该书的标题虽然为"哥白尼革命"，但库恩一有机会就表明哥白尼本人是如何的"不革命"。此外，该书还突破了《伽利略研究》仅局限于科学内部史的研究方法，将科学置于当时的文化背景之下加以考察，开创了内部史与外部史结合的编史纲领。最后，库恩的成名作《科学革命的结构》中的核心观念——"范式"及科学增长模式在该书中已初具雏形。

I.B. 科恩《新物理学的诞生》（1960）

Cohen, I. B. *The Birth of a New Physics*. New York: Norton, 1985 (revised and updated ed. of the 1960 original).

中译本：张卜天译，《新物理学的诞生》，商务印书馆 2016 年版。

作者 I.B. 科恩（1914—2003）是美国著名科学史家，曾任哈佛大学科学史系主任，1974 年获科学史研究领域的最高荣誉萨顿奖。该书是一部经典的科学史著作。它从地球运动这一假设所引起的物理学问题出发，讲述了哥白尼、伽利略、开普勒、牛顿等人在创立新物理学过程中面临的问题和做出的贡献，以此表明要从地静观念转变为地动观念，必须有一门新物理学。关于哥白尼革命，作者的观点与库恩类似，即哥白尼的意义与其说在于他所提出的体系，不如说在于他所提出的体系能够在物理学中引发伟大的革命，所谓哥白尼革命实际上是后来伽利略、开普勒和牛顿等人的革命。在修订版中，作者根据科学史研究的后续进展补充了 16 个附录，尤其对伽利略的部分做了大篇幅的改动，改动部分主要涉及实验在伽利略物理学中的地位与作用。

柯瓦雷《牛顿研究》（1965）

Koyré A. *Newtonian Studies*. Cambridge: The Harvard University Press, MA, 1965.

中译本：张卜天译，《牛顿研究》，商务印书馆 2016 年版。

《牛顿研究》由 7 篇论文构成，其中心主题是用概念分析的方法来说明基本的科学思想如何既与哲学思想的主流相联系，又如何被经验控制所决定。其中的第一篇《牛顿综合的意义》，更是科学史领域的不朽名篇。一方面，该文不仅对 cosmos 的瓦解与空间的几何化的意义与后果进行了更为详细的说明，并且将这两个特征合二为一明确等同于自然的数学化（几何化），从而近乎于科学的数学化（几何化）。另一方面，柯瓦雷在本文中对其科学革命观做了重要的修正，即在《伽利略研究》中强调的物理—数学潮流之外补充了与之并存的经验—实验潮流（以伽桑狄、波义耳、胡克为代表），将科学革命视为柏拉图与德谟克利特联手战胜亚里士多德，牛顿综合的意义在于他综合了自然数学化与微粒哲学这一大潮流。在柯瓦雷看来，自然之书是用微粒符号写成的，但将这些符号结合在一起并赋予其意义的句法却是数学的。在该文结尾，柯瓦雷再次对科学革命的后果表示担忧：人类在科学世界中失去了位置，科学世界与生活世界日渐疏离，在解决宇宙之谜的同时造成了近代心灵本身之谜。

韦斯特福尔《近代科学的建构》(1971)

Westfall, R. S. *The Construction of Modern Science: Mechanisms and Mechanics*. 2nd ed. Cambridge: Cambridge University Press, 1977 (1st ed., New York: Wiley, 1971).

中译本：张卜天译，《近代科学的建构》，商务印书馆 2020 年版。

作者韦斯特福尔（1924—1996）是美国著名科学史家，获耶鲁大学哲学博士学位。印第安纳大学科学史和科学哲学史系教授，曾担任美国科学史学会会长，美国艺术和科学学院院士和英国皇家文学学会会员。1985 年，获科学史研究领域的最高荣誉萨顿奖。该书通过两大主题之间的互动，简明扼要地叙述和分析了 17 世纪科学革命：柏拉图主义—毕达哥拉斯主义传统以几何方式来看待自然，确信宇宙是按照数学秩序原理构建起来的；而机械论哲学则设想自然是一部巨大的机器，并试图解释现象背后所隐藏的机制。科学革命的完全实现要求解决这两种主导潮流之间的张力。该书第一章阐述了开普勒和伽利略的天文学和数学物理学工作。第二章探索了从吉尔伯特、笛卡尔到伽桑狄机械论哲学自身的形成及其特点，指出了机械论哲学对 17 世纪各门科学的深刻影响。第三章论述了气压计及光学理论的发展。第四章描述了机械论哲学使得化学进入科学范围的过程。第五章论述了 17 世纪的生物学在机械论哲学影响下突飞猛进的发展。第六章分析了科学社团在科学发展中的作用。第七章介绍了 17 世纪对碰撞与圆周运动的研究，分析了两个主题对 17 世纪力学科学的影响。第八章以牛顿动力学为主线，伽利略所代表的数学传统与笛卡尔所代表的机械论哲学传统在牛顿综合中实现统一，17 世纪科学革命得以完成。在该书中，两大潮流不仅共存，而且相互作用，科学革命第一次被设想成一个有结构的、动态的过程。

2. 新范式

夏平《科学革命》(1996)

Shapin, S. *The Scientific Revolution.* Chicago: University of Chicago Press, 1996.

中译本：徐国强、袁江洋、孙小淳译，《科学革命》，上海科技教育出版社 2004 年版。

作者夏平（1943— ）是当代著名的科学知识社会学家、科学史家。早年在里德学院攻读生物学，后在宾夕法尼亚大学科学史与科学社会学系攻读科学史，1972 年获博士学位。同年起至 1989 年任职于英国爱丁堡大学科学研究部，1989—2004 年在加州大学圣迭戈分校任社会学教授。在该书中，作者开篇就指出："没有科学革命这回事，该书讨论的正是这一点。"作为科学知识社会学强纲领的拥护者，作者根本不承认有所谓的科学革命本质，这与柯瓦雷、巴特菲尔德等人的观点完全相反。该书一共三章，第一章以伽利略发现太阳黑子开篇，题为"所知者何？"；第二章题为"如何得知？"；最后一章为"知识何为？"。该书所引发的争议主要集中在后两章，其核心问题始终是：从事科学的人通过什么手段来试图说服别人相信他们的观点。

约翰·亨利《科学革命与现代科学的起源》(1997)

Henry, J. *The Scientific Revolution and the Origins of Modern Science.* London: Macmillan; New York: St. Martins, 1997.

中译本：杨俊杰译，《科学革命与现代科学的起源》，北京大学出版社 2013 年版。

作者约翰·亨利于 1983 年获得英国开放大学科学史博士，1986 年起任教于英国爱丁堡大学社会科学与政治科学学院的"科学研究部"，研究领域是从文艺复兴到 19 世纪的科学史和医学史，重点是针对文艺复兴和现代早期的科学、医学、魔法、哲学和宗教之间的关系和相互作用。在该书中，作者认为人文主义是科学革命的首要原因。具体包括 3 个方面：越来越多地运用数学方法来理解自然界的运作、新的实验方法与经验主义方法、对科学知识用途的强调。该书的创新之一在于它对魔法的处理，尤其是它力图表明魔法对吉尔伯特、开普勒、波义耳与牛顿等人科学思想的重要影响。

弗洛里斯·科恩《世界的重新创造》(2007)

Cohen, H. Floris. *De herschepping van de wereld. Het ontstaan van de moderne natuurwetenschap verklaard.* Prometheus: Bert Bakker, 2007.

中译本：张卜天译，《世界的重新创造》，商务印书馆 2020 年版。

该书反映了科恩本人对科学革命和现代科学兴起的看法。该书打破了学界关于"17 世纪科学革命"的流行叙事方式，以宽广的视野对不同文明的自然认识进行了深入而系统的比较，极具原创性地把科学革命归结为 6 种截然不同而又密切相关的革命性转变，即从"亚历山大"到"亚历山大加"或"实在论的—数学的"自然认识、从"雅典"到"雅典加"或"运用微粒哲学"、从自然条件下的观察到"发现的—实验的"系统研究、用微粒扩充数学自然认识、培根式混合和牛顿的综合，从而解释了现代科学为何最终产生于欧洲而非古希腊、中国或伊斯兰世界，更别具慧眼地关注了近代科学为何能在欧洲持续下去这一新问题，观念令人耳目一新，论述极具说服力。该书语言生动流畅，内容引人入胜，一经出版即获由荷兰科学研究组织颁发的 2008 年科学传播最佳著作奖——尤里卡图书奖（Eureka Boekenprijs）。

奥斯勒《重构世界》（2010）

Margaret, J. O. *Reconfiguring the World. Nature, God, and Human Understanding from the Middle Age to Early Modern Europe.* Baltimore: The Johns Hopkins University Press, 2010.

中译本：张卜天译，《重构世界》，商务印书馆 2019 年版。

作者奥斯勒（1942—2010）于 1968 年获印第安纳大学科学史与科学哲学博士，是卡尔加里大学历史系教授和哲学系兼职教授，主要研究科学革命的历史和背景以及近代早期科学与宗教的关系。该书简要概述了现代早期（大约从 1500 年到 1700 年）欧洲人的自然认识发生的巨大转变，特别突出了近代科学的宗教根源、炼金术、阿拉伯思想家的贡献、学科界限的转变、博物学等一般较少强调的内容，描绘了一幅更为复杂和多元的科学演绎图景。作者在整本书中都小心翼翼地避免提及"科学革命"。此外，较为重视基督教神学背景也是该书的一大特色。

普林西比《科学革命》（2011）

Principe, L. M. *The Scientific Revolution. A Very Short Introduction.* Oxford: Oxford University Press, 2011.

中译本：张卜天译，《科学革命》，译林出版社 2013 年版。

作者普林西比（1962— ）是美国约翰·霍普金斯大学科学技术史系和化学系教授。

主要研究早期化学史、炼金术史。由于对科学史研究的卓越贡献，他被授予培根奖章。该书中有意克服传统的科学革命著作视野过于狭窄的缺点，按照天界、地界、生命界、人工界的顺序，既讨论了天文学—力学—物理学这条科学革命的主线，也讨论了占星术—炼金术—赫尔墨斯主义等化学论的叙事线索，还把解剖学—医学—植物动物博物学也纳入科学革命的范畴。作者把科学革命时期通过错综复杂的连续渐变造成的最大断裂总结为：一个处处关联、充满意义、隐含神圣设计和无声隐喻的世界被彻底瓦解，具有宽泛视野的自然哲学家被专业化、分科化的技术科学家所取代。

三、专题研究

1. 革命论与连续论之争

迪昂《达·芬奇研究》（第三卷）（1913）

Duhem, P. Études sur Léonard de Vinci: Ceux qu'il a lus et ceux qui l'ont lu, Vol. III, Les précurseurs parisiens de Galilée. Paris: Hermann, 1913 (2nd impression Paris: De Nobele, 1955).

作者迪昂（1861—1916）是法国著名物理学家、科学史家和科学哲学家。他早期从事热力学、电磁学和流体力学研究，之后转向科学哲学与科学史。迪昂在该书第三卷中做出了一个惊人的断言：科学革命实际上发生于 14 世纪而非 17 世纪。这就是著名的迪昂论题。在迪昂看来，14 世纪巴黎的唯名论者（以布里丹和奥雷姆为代表）所提出的冲力物理学是伽利略物理学的前身，这些经院学者在很大程度上预示了后来被归功于 17 世纪的一些最重要的发现；巴黎经院学者最突出的贡献在于动摇了亚里士多德主义的根基，由此为近代早期的力学和天文学奠定了基础。迪昂论题的提出使得中世纪科学在科学史中的地位，尤其是它与现代早期科学之间的关系问题成为科学史研究的重要问题。更重要的是，它引发了 20 世纪 20 年代到 60 年代科学编史学领域关于连续论与革命论两种观点的支持者持续而重大的争论。

柯瓦雷《伽利略研究》（1939）

该书的主题之一就是运用概念分析法反驳迪昂所主张的中世纪科学与现代早期科学之间的连续性。按照该书第一部分提出的三阶段模型，柯瓦雷力图说明冲力物理学与伽利略物理学（阿基米德物理学）是两个截然不同的阶段，因此后者绝非前者的延续。比萨时期的伽利略力图将冲力物理学数学化但以失败告终，这一事实足以表明只有彻底抛弃冲力物理学，伽利略才能将物理学数学化的道路进行到底。柯瓦雷进一步指出，迪昂强调的那种连续性只是一种幻象，尽管伽利略（甚至牛顿）仍然在实验"冲力"这一术语，但他没有发现在相同的名称的掩盖下，"冲力"这个概念已经从运动的原因变成了运动的效果。正是由于迪昂不注重概念的历史语境，才导致他得出了错误的结论。

克隆比《罗伯特·格罗斯泰斯特与实验科学的起源》（1953）

Crombie, A.C. *Robert Grosseteste and the Origins of Experimental Science, 1100-1700.* Oxford: Clarendon, 1953.

作者克隆比（1915—1996）是澳大利亚/英国科学史家，他在该书中捍卫了连续性的主张。与迪昂不同，克隆比并未宣称中世纪预示了近代科学的具体成就，而是指出格罗斯泰斯特和罗吉尔·培根所开创的方法论为近代科学做了重要准备，近代科学的方法论和哲学的灵感是中世纪的发明。他一再重申，从方法论的角度来看，13世纪的科学与17世纪的科学之间存在连续性，它们在本质上是相同的；弗兰西斯·培根、笛卡尔、伽利略和牛顿关于方法的论述与格罗斯泰斯特和罗吉尔·培根非常相似。

柯瓦雷"现代科学的起源：一种新解释"（1956）

Koyré, A. "The Origins of Modern Science: a New Interpretation." Diogenes, 1956, 4: 1-22.

在这篇论文中，柯瓦雷对克隆比的主张进行了批判。从历史事实的层面来看，格罗斯泰斯特所完成的"方法论革命"并没有引导他及其后继者做出任何重大的发现，即使是在光学领域。因此，抽象的方法对于科学思想的具体发展相对而言并不重要。此外，伽利略与笛卡尔等现代科学的创立者并没有受到格罗斯泰斯特的"方法论革命"的影响，现代科学的起源完全与所谓的"方法论革命"无关。柯瓦雷指出了方法论的持续发展与科学进步之间并不平行的原因：当时哲学家片面地将智力集中在纯粹的方法论问题上，导致方法论与科学的脱节。柯瓦雷的结论是：方法论的位置不是在科学发展的起点，而是在科学发展的中间；克隆比将"13世纪方法论革命"视为近代科学的诞生，这一说法高估了方法论的重要性。

兰德尔《帕多瓦学派与现代科学的出现》（1961）

Randall, J.H., Jr. *The School of Padua and the Emergence of Modern Science*. Padua: Antenore, 1961.

作者兰德尔（1899—1980）是美国哲学家、科学史家。兰德尔的做法与克隆比类似，即通过诉诸科学方法而不是科学内容在中世纪科学与现代早期科学之间建立连续性。他力图表明，在13世纪到16世纪的帕多瓦大学的亚里士多德主义者发展了亚里士多德在《后分析篇》中提出的方法，它被称为回溯法；这种方法与伽利略的科学方法本质上是一致的，特别是在伽利略的著作中经常使用的分解法与合成法。兰德尔的结论是：伽利略在方法上和哲学上仍然是一个亚里士多德主义者。

格兰特《近代科学在中世纪的基础》（1996）

Grant, E. *The Foundations of Modern Science in the Middle Ages*. Cambridge: Cambridge University Press, 1996.

中译本：张卜天译，《近代科学在中世纪的基础》，商务印书馆2020年版。

作者格兰特（1926—2020）是美国著名中世纪科学史家，印第安纳大学科学史和科学哲学系教授，1973—1979年和1987—1990年任系主任，专长是中世纪科学、自然哲学、科学与宗教，1983年被任命为著名教授。他曾获得多项荣誉和奖励，包括1992年的萨顿奖。该书对"革命论"与"连续论"之争采取了一种折中的立场。一方面，格兰特坚决反对迪昂的"辉格主义"解释；另一方面，他认为柯瓦雷对中世纪贡献的判断标准过于狭窄。在格兰特看来，如果仅仅在科学内部寻找原因，那么结论是中世纪对现代科学并没有什么贡献；但如果把讨论扩展到一个更加广泛的社会和体制背景之中的话，结论就会完全不同。具体而言，中世纪在两个方面为近代科学奠定了基础。（1）背景前提：大翻译运动、中世纪大学的兴起、神学家—自然哲学家团体的出现。（2）实质前提：中世纪自然哲学提供的科学方法、科学语言和科学问题，自由探索的精神和对理性的强调，试图发现世界的运作方式是一项值得赞美的事业。该书为"革命论"与"连续论"之争给出了一个很有建设性的中间路线。

2. 实验在科学革命中的地位

柯瓦雷《伽利略研究》（1939）

柯瓦雷否认实验具有探索性的功能。按照他的说法，实验方法预设了一种数学语言，它是科学革命所导致的一种形而上学转变的结果，而非原因。在他看来，实验从属于理论的数学化，实验的作用仅仅是对演绎确立的数学定律的验证；只有先实现自然数学化，实验研究才得以可能。在该书中，柯瓦雷将伽利略描述为一个柏拉图主义者。由此，柯瓦雷得出了两个重要结论：（1）伽利略的实验只能是思想实验，因为伽利略物理学的研究对象都是经验世界中不存在的物体，只适用于抽象的几何空间。（2）伽利略实际做过的实验非常不靠谱，完全不可能对经典物理学产生什么影响。柯瓦雷的结论是：好的物理学是先验地做出来的。

库恩"物理科学发展中的数学传统与实验传统"（1976）

Kuhn, T. S. *Mathematical vs. Experimental Traditions in the Development of Physical Science*.Journal of Interdisciplinary History 1976, 7: 1-31. Reprinted in *The Essential Tension: Selected Studies in Scientific Tradition and Change.* Chicago: University of Chicago Press, 1977.

中译本：范岱年等译，《必要的张力》，北京大学出版社 2003 年版。

该文最初是库恩在 1972 年的一次演讲，1976 年发表，并于一年后收入论文集《必要的张力》。该文对柯瓦雷和伯特提出的科学革命中的两大潮流做了详细讨论，提供了一个非常具有启发性的图示。在该文中，库恩将物理科学划分为"古典科学"（包括天文学、几何光学、静力学与流体静力学、数学和音学以及运动学）与"培根科学"（包括电学、磁学、热学、化学）。古典科学代表了物理科学中的数学传统，它们在古希腊（运动学在中世纪）数学化程度就非常高，达到了外行人无法理解的相当专业的技术水平，在 16、17 世纪发生了剧烈转变（唯一的例外是和音学）；培根科学代表了物理科学中的实验传统，它们是 17 世纪初新出现的，并非是将古典科学中的经验要素加以扩展和阐述，而是创造了一种不同类型的经验科学，这些学科在整个17 世纪以及 18 世纪上半叶一直处于不成熟的状态，类似于今天的社会科学。就实验或经验的作用而言，这两组科学之间存在一些关键的区别：（1）古典科学中的实验是为了确证，而培根科学中的实验主要是探索性的；（2）古典科学只需少量的、基本上是定性的观察就足以提供最大理论所必需的经验基础，而培根科学则需要通过精心设计的实验强迫自然在人为干预的条件下显示自身，这就需要发明和运用大量科学仪器；（3）古典科学的实验报告是理想化的、漫不经心的，而培根科学的实验报告则是认真细致的。在 17 世纪，古典科学与培根科学之间可谓壁垒森严，直到 19 世纪数学方法与实验方法之间的鸿沟才开始消解。库恩的结论是：（1）实验对古典科学的概念性转变贡献甚微，柯瓦雷与巴特菲尔德的科学革命观基本上是正确的（尽管需要做某种限定）。如果仅限于古典科学，那么科学革命确实可以被看作是观念的革命；古典科学在科学革命时期的转变，更多地归因于以新的眼光看待旧现象，而不是一系列未曾预见的实验发现。（2）实验对科学革命的贡献主要体现在培根科学中，它开拓了许多新的科学领域。除两组科学的区分以及实验在科学革命中的作用和地位外，本文还为内部主义与外部主义之争、革命论与连续论之争、默顿论题、耶茨论题等提供了尝试性的解决方案。

夏平与谢弗《利维坦与空气泵》（1985）

Shapin, S and Schaffer, S. *Leviathan and the Air Pump: Hobbes, Boyle, and the Experimental Life.* Princeton, NJ: Princeton University Press, 1985.

中译本：蔡佩君等译，《利维坦与空气泵》，上海人民出版社 2008 年版。

作者之一谢弗（1955— ）是剑桥大学科学史与科学哲学教授，剑桥大学达尔文学院研究员，曾执教于伦敦大学帝国理工学院、加州大学洛杉矶分校。该书是科学知识社会学的经典之作，两位作者都是社会建构论的强烈拥护者。社会建构论认为：科学事实是科学家之间协商的结果，而不是对自然给定之物的观察；诉诸自然是一种后天的社会行为，目的是胜利者在赢得争论之后确定他们的观点，科学之外的各种利益、争论在其中起了关键作用。该书力图表明波义耳等英国实验家如何在一场与霍布斯的争论中制定那些远非自明的实验方法规则，这场争论涉及的远不只是纯粹的科学问题，社会秩序的获得和维持才是争论的焦点。波义耳与霍布斯各自理解自然的途径与复辟时期的当权者感到有必要维持社会秩序之间存在一种相似性。该书对科学史和政治史兼具启发意义，"利维坦"与"空气泵"的并列出现暗示着如下主张：消除真空，就是避免内战；解决了知识秩序的问题，也就是解决了社会秩序的问题。尽管如此，该书也引起了很大的争议。对该书的主要批评如下：（1）波义耳被直接等同于现代科学的创始人，忽视了科学革命中的数学传统；（2）讨论局限于英格兰，很难看出该书的思路对不需要捍卫复辟时期的欧洲大陆科学有任何意义；（3）论证夸张且缺乏证据，把一种有趣的巧合当作实质性的关联；（4）强调科学进程中的偶然性并不需要倒向一种彻底的相对主义。

迪尔《学科与经验：科学革命中的数学方法》（1995）

Dear, P. *Discipline and Experience: The Mathematical Way in the Scientific*

Revolution. Chicago: University of Chicago Press, 1995.

作者迪尔（1955—　）是康奈尔大学历史系科学与技术史教授，专长为早期现代科学与认识论、知识的历史社会学、科学修辞学史。在该书中，迪尔力图表明亚里士多德主义者看待经验的方式与 17 世纪实验哲学家如何看待实验的方式之间存在重大的差异。他的中心论点是：中世纪晚期欧洲的亚里士多德主义者更相信每个人都能认同的普通经验，而不是具体的实验，因为后者设置了特殊的环境，只能由个别专家评估。该书要解决的问题是：理解这种转变是如何发生的，并发现其哲学意义。该书一共 8 章：第一章提出问题，即休谟问题如何在 17 世纪之后成为一个哲学难题；第二章讲述耶稣会数学家在 17 世纪早期为天文学和光学等学科的合理性辩护；第三章表明耶稣会士著作中出现的关于具体的、通常是人为的经验的历史报告；第四章论述如何使用数学科学的技巧来处理新经验、伽利略与沙伊纳关于太阳黑子的争论，由此表明伽利略仍然处于旧的天文学传统之中；第五章论述如何使社会中某个群体的知识成为"公共"知识；第六章指出"数学物理学"这个新标签的出现和迅速传播表明，数学家吸收自然哲学家的认知领域的野心日益增长；第七章分析帕斯卡著名的多姆山实验报告，以此表明它是对 17 世纪围绕数学科学、科学论证和科学经验的性质等复杂问题的一个例证和进一步确认；第八章表明皇家学会最初的实验哲学并没有被设想为一种数学事业，但随着牛顿的日益增长的影响，实验哲学与数学方法论联系在一起。最后，迪尔认为科学革命的影响体现在一种企图测量一切事物的数学哲学变成了一种试图掌握一切事物的科学。

3. 赫尔墨斯主义与科学革命

耶茨《布鲁诺与赫尔墨斯主义传统》（1964）

Yates, F. *Giordano Bruno and the Hermetic Tradition.* London and Cambridge: Cambridge University Press, 1964.

作者耶茨（1899—1981）是英国历史学家，任教于伦敦大学沃伯格研究所，研究领域为文艺复兴时期思想史。该书提出了著名的耶茨论题，即用 16 世纪新柏拉图主义的赫尔墨斯主义中包含的魔法与神秘主义来解释科学革命。该书完全颠覆了布鲁诺的传统形象，哥白尼主义的日心宇宙让位于一种带有强烈行动主义的魔法世界观，布鲁诺因而从科学革命的推动者转变为远离与现代科学兴起有关的任何思潮的魔法师。耶茨认为，赫尔墨斯主义在如下方面为科学革命做出了贡献：（1）对数的魔法操作有助于产生真正的数学；（2）大宇宙与小宇宙之间密切联系所体现的普遍和谐思想；（3）太阳崇拜；（4）魔法师的行动主义与对自然进行操纵的思想极为类似，有助于推导实验科学的产生。耶茨的结论是：科学革命应该被看作两个阶段：（1）由魔法操纵的万物有灵论的宇宙；（2）由力学操纵的数学宇宙。在他看来，这两个阶段的分水岭在 1614 年：（1）1463 年赫尔墨斯主义著作被菲奇诺翻译成拉丁语，它们被误认为是与摩西同时代的值得尊敬的古代文本，据说其中已经预示了柏拉图与基督教的真理；（2）1614 年卡佐邦（Isaac Casaubon）证明它们不过是希腊、罗马、埃及、犹太教与早期基督教的某些要素在公元 2 世纪的混合，无权受到特殊崇拜，由此导致魔法世界观在此之后迅速衰落。耶茨的观点受到不少批评，包括：（1）并没有把握到自然数学化的关键；（2）赫尔墨斯主义太阳崇拜与传统世界图景的相容性不亚于它与哥白尼日心说的相容性；（3）未能区分实验在 17 世纪的不同功能。

韦伯斯特《从帕拉塞尔苏斯到牛顿》（1964）

Webster, C. *From Paracelsus to Newton: Magic and the Making of Modern Science.* Cambridge: Cambridge University Press, 1964.

该书讨论的是魔法与现代科学的形成，作者将帕拉塞尔苏斯到牛顿之间的这段时期分为三个标题来讨论：预言、精神魔法与恶魔魔法。作者力图表明，确定千禧年和末日审判的日期、彗星的不详意义、推测自然中的生命本原及其与自然魔法的关系、巫术信仰等议题一直占据着开普勒、培根、波义耳与牛顿的头脑，并将这种精神追溯到帕拉塞尔苏斯的著作。然而，该书的缺陷与《玫瑰十字会的启蒙》几乎如出一辙。该书内容几乎全部集中在那些主要人物的"魔法"观念，几乎完全没有考虑其科学事业，甚至像伽利略这样的人物一次都没有提及。

耶茨《玫瑰十字会的启蒙》（1972）

Yates, F. *The Rosicrucian Enlightenment.* London and Boston: Routledge and Kegan Paul, 1972.

在该书中，耶茨对《布鲁诺与赫尔墨斯主义传统》中的观点做了部分修改，最重要的改动是将魔法世界观衰落的时间大大推后了。耶茨以约翰·迪伊为中介并依据 1614—1615 年出版的玫瑰十字会宣言而断言，原初的赫尔墨斯主义思维模式已经得到了保存，并且对正在兴起的新科学一直产生着重大影响，这些神秘主义观念一直持续到 17 世纪末。耶茨详细地讨论了开普勒、笛卡尔、培根、牛顿等科学家与玫瑰十字会的特定关联。但该书完全没有提到像伽利略和惠更斯这样远离神秘思维的人物，这几乎是所有论述赫尔墨斯主义与科学革命的著作所固有的缺陷。

博内利等主编《科学革命中的理性、实验与神秘主义》(1975)

Bonelli, M. L. R and Shea, W. R(eds). *Reason, Experiment, and Mysticism in the Scientific Revolution*. London: Macmillan, 1975.

该文集由威廉·谢伊（William Shea）所写的序言与 16 篇论文构成。其中包括艾伦·狄博斯的 17 世纪化学之争、韦斯特福尔关于牛顿炼金术的研究、保罗·罗西的赫尔墨斯主义与科学革命、霍尔的科学革命中的魔法与神秘主义、玛丽·博厄斯的牛顿炼金术研究等。本文集是研究科学革命与赫尔墨斯主义的重要文献，有助于理解那个时代关于赫尔墨斯主义的一些重要争论，很有参考意义。

4. 基督教与科学革命

默顿《17 世纪英格兰的科学、技术与社会》(1938)

Merton, R. K. *Science, Technology, and Society in Seventeenth-Century England*. *Osiris* 4 (1938), 360-632. Repr. New York: Harper and Row, 1970.

中译本：范岱年等译，《17 世纪英格兰的科学、技术与社会》，商务印书馆 2000 年版。

作者默顿（1910—2003），美国社会学家，结构功能主义的代表人物之一。该书是作者的博士论文。默顿受到韦伯关于新教伦理与资本主义精神之间重要联系的启发，试图用英国清教主义来解释 17 世纪以科学为职业的英格兰人数激增这一事实。默顿注意到，皇家学会创始人中有相当多的清教徒，并且统计数据表明科学家中新教徒的比例高于根据新教徒在整个欧洲人口中的分布所预期的比例。在他看来，英国清教主义与科学拥有某些共同的重要价值，如清教伦理的实用导向和功利主义倾向与新科学的实验主义之间有一种明显的相似性。默顿最初的意图是通过社会价值观念的改变来解释 17 世纪英格兰职业兴趣的变化，而不是用清教主义来解释现代科学的兴起。然而，由于后来的各种误解，默顿论题在后来被曲解为对科学革命的解释。

霍尔《再评默顿，或 17 世纪的科学与社会》(1963)

Hall, A. R. *Merton revisited, or Science and Society in the Seventeenth Century*. History of Science 2, 1963, pp.1-16 (reprint used: C. A. Russell [ed.], Science and Religious Belief, pp.55-73).

中译本：吴国盛编，《科学思想史指南》，四川教育出版社 1994 年版，1997 年重印。

作者霍尔（1920—2009），英国著名科学史家，曾任教于伦敦大学科学技术史系，专长为科学革命与技术史。该书分为三个部分：（1）科学与清教伦理；（2）科学与技术；（3）观念的支配性。作者对默顿论题的批评集中在第一部分。在霍尔看来，默顿的讨论局限于英格兰而完全忽视欧洲大陆，存在太多的反例并且缺乏进一步的证据，因而无法证明清教主义与科学精神之间存在可靠的内在联系。不仅如此，新教中的很多基本思想是继承天主教而来，这些思想同样被天主教所采用，因此也无法证明新教比天主教更能促进科学的发展。

霍伊卡《宗教与现代科学的兴起》（1972）

Hooykaas, R. *Religion and the Rise of Modern Science*. Edinburgh: Scottish Academic Press, 1973 (1st ed., 1972).

中译本：丘仲辉等译，《宗教与现代科学的兴起》，四川人民出版社 1999 年版。

作者霍伊卡（1906—1994）是荷兰著名科学史家，乌得勒支大学科学史教授，研究领域为科学与宗教、现代科学的起源。该书共 5 章，分别是：第一章，上帝与自然；第二章，理性与经验；第三章，自然与技艺；第四章，实验科学和兴起；第五章，科学与宗教改革。作者认为，科学革命的关键在于理性与经验的恰当平衡。古希腊人过于注重理性而轻视经验，而《圣经》世界观中包含了针对希腊理性主义必要的解毒剂。《圣经》中包含的上帝观与自然观使得理性与经验得以持续有效地互动。霍伊卡指出，通过宗教改革"信徒皆可担任神职"的基本信条，上帝在《圣经》与自然这两本"书"中显示自己的传统观念获得了一种新的意义，这导致了一种对待自然事实的新的尊重态度，有利于现代科学的兴起。

I.B. 科恩《清教主义与现代科学的起源》（1990）

Cohen, I. B., ed. *Puritanism and the Rise of Modern Science: The Merton Thesis.* New Brunswick, NJ.: Rutgers University Press, 1990.

本文集收录了 1990 年之前大部分关于默顿论题争论的英文论文。

哈里森《圣经、新教与自然科学的兴起》（1998）

Harrison, P. *The Bible, Protestantism, and the Rise of Natural Science.* Cambridge:

Cambridge University Press, 1998.

中译本：张卜天译，《圣经、新教与自然科学的兴起》，商务印书馆 2019 年版。

作者彼得·哈里森（1955— ）曾任牛津大学神学与宗教学院安德烈亚斯·伊德里奥斯（Andreas Idreos）科学与宗教教授（2006—2011 年），牛津大学伊恩·拉姆齐中心（Ian Ramsey Centre）主任和高级研究员，目前为昆士兰大学欧洲著述史中心研究教授和主任。该书从新的角度考察了《圣经》的内容，尤其是《圣经》的诠释方式在 16、17 世纪自然科学兴起过程中所起的作用。新教的文本处理方法宣告了中世纪象征性世界观的结束，为科学地研究自然和用技术开发自然创造了条件。中世纪的"两本书"即《圣经》之书与自然之书的分离，预示着科学与人文在后世的分裂。它也能从更深的角度帮助我们思考李约瑟问题，思考为什么基督教因素对现代科学的兴起是不可或缺的。

哈里森《人的堕落与科学的基础》（2007）

Harrison, P. *The Fall of Man and the Foundations of Science*. Cambridge: Cambridge University Press, 2007.

中译本：张卜天译，《人的堕落与科学的基础》，商务印书馆 2021 年版。

该书从基督教的原罪角度讨论了近代科学兴起的宗教基础，特别是堕落神话以何种方式影响了关于知识基础的讨论以及近代科学方法论的发展。它用极为丰富的原始材料令人信服地表明，在 16、17 世纪出现的近代科学研究方法受到了关于人的堕落以及这个原始事件对心灵和感官所造成损害的神学讨论的直接影响。科学方法的设计最初乃是为了缓解人的原罪对认知造成的损害。现代科学从一开始就被理解成重新获得亚当曾经拥有的自然知识的一种手段。因此，神学考虑对于近代科学方法的构建至关重要。

哈里森《科学与宗教的领地》（2015）

Harrison, P. *The Territories of Science and Religion*. Chicago: University Of Chicago Press, 2015.

中译本：张卜天译，《科学与宗教的领地》，商务印书馆 2016 年版。

该书认为，今天人们所理解的"宗教"和"科学"这两个文化范畴都是相对晚近的观念，是在过去 300 年里在西方出现的，是在漫长的历史过程中逐渐形成的。这两个概念起初都是指个体的内在品质（inner qualities）或者说"德性"（virtues），到了 16 世纪则渐渐成为首先通过教理（doctrines）和实践（practices）来理解的东西，成了命题式信念（propositional beliefs）系统，这种客观化过程是科学与宗教之间关系的前提。从 19 世纪以前"科学"活动与道德和宗教紧密联系在一起，到后来科学社会学家罗伯特·默顿认为赋予科学以特殊精神气质的并非从业者的道德品质，而是科学方法，我们可以更深刻地领会所谓科学与人文的分裂是如何发生的。哈里森始终拒绝用简单化的思路去看待科学与宗教的关系，在他看来，无论是冲突（conflict）、独立（independence）、对话（dialogue）还是融合（integration），都无法刻画"科学"与"宗教"的关系。这是因为，"科学"和"宗教"并非划分文化领土的自明方式或自然方式，它们既不是人类的普遍倾向，也不是人类社会的必然特征，而是因为独特的历史情况而形成的。无论是持冲突观点，还是持融合观点，都同样巩固了"科学"与"宗教"的现代边界。倘若把我们的现代范畴僵化地运用于过去，就必定会得出一幅扭曲的画面。由此，该书对那种极为常见的简单化的科学史叙事发起了猛烈批判，即认为科学起源于古希腊，古希腊哲学家第一次摆脱了祖先的神话，寻求自然现象的理性解释；随后，基督教的出现使科学遭遇了挫折，在中世纪显著衰落；但是随着 17 世纪的科学革命，科学胜利地出现了，此时它终于摆脱了宗教，沿着进步的道路走到现在。事实上，把"宗教"当作科学的对立面，把宗教当成科学所不是的东西，以此为自己划定新的领地，这种科学观乃是在 19 世纪下半叶才逐渐形成的。当实验自然哲学和现代早期的自然史刚刚兴起时，是一种具体化的宗教（表现为新的自然神学）为它们提供了支持和某种程度的统一性。然而，科学事业所共有的宗教和道德背景在 19 世纪下半叶解体了，"科学"围绕着一种共同的方法论原则及其从业者的共同身份得到了重建。科学与宗教之间永恒冲突的叙事被炮制出来，以巩固当时划定的界限，此时无神论承担了曾经由自然神学所扮演的统一角色。由此，没有基督教就不可能产生西方近现代科学，甚至再论西方科学的发展时根本不可能脱离基督教来谈。

5. 工匠—学者论题

齐尔塞尔《科学的社会学根源》（1942）

Zilsel, E. *The Genesis of the Concept of Scientific Progress*. In *Roots of Scientific Thought*, In American Journal of Sociology, 1942, pp.544-562.

作者齐尔塞尔（1891—1944）是奥地利物理学家、马克思主义哲学家、维也纳学派成员。齐尔塞尔深受马克思主义与逻辑经验主义的双重影响，他认为应该抛弃形而上学，社会科学和历史的规律可以根据科学原理来制定；历史的规律类似于物理规律，可以通过实证研究发现。本文基于马克思主义的立场认为科学革命起源于封建主义向早期资本主义转变的过程中学者与工匠之间社会壁垒的打破。齐尔塞尔论题由以下四点构成：（1）1600 年之前的几个世纪，技术与早期资本主义的兴起密切相关；（2）直到 1600 年左右，学者阶层与工匠阶层之间的社会壁垒开始瓦解；（3）工匠阶层在经验观察与实验方法方面为近代早期科学做出了重要贡献；（4）社会壁垒的瓦解使得学者阶层能够将自身固有的理论和数学方面与工匠阶层的观察与实验方面结合起来，从而产生了现代科学。本文正式提出了著名的工匠—学者论题。

柯瓦雷《伽利略研究》(1939)，《伽利略与柏拉图》(1965)

柯瓦雷在《伽利略研究》与《伽利略与柏拉图》（前者第一部分的简写本）中反驳了奥尔什基与齐尔塞尔的观点。在他看来，伽利略的科学成就应当归功于他的阿基米德主义，而不是工匠和工程师的影响。在《牛顿综合的意义》中，柯瓦雷更加系统地批判了关于现代科学起源的外部主义解释（他称之为"心理社会学解释"）。柯瓦雷区分并批判了"心理社会学解释"的两种"绝不等价的"形式：（1）近代科学是技术进步的结果，它是由达·芬奇、斯台文等土木工程师与军事工程师创造的；（2）近代科学是资本主义兴起的结果，它使得科学家开始思考自阿基米德以来一直被忽视的问题。在他看来，这两种形式都忽视了纯理论兴趣在科学发展中充当着最根本的动力。柯瓦雷还指出，当时的科学家之所以总是强调新科学的实用方面，是为了迎合王公贵族，使自己的理论研究获得社会的认可；否则，对纯理论科学的追求从一开始就不可能。除了为新科学寻求合法性外，诉诸新科学的用途几乎不起作用。

霍尔《科学革命中的学者与工匠》(1959)

Hall, A.R. *The Scholar and the Craftsman in the Scientific Revolution.* In *Critical Problems in the History of Science,* ed. M. Clagett. Madison: University of Wisconsin Press, 1962, pp.3-24.

在该文中，霍尔反驳了赫森、齐尔塞尔与默顿的观点，认为他们过分夸大了工匠在科学革命中的重要性。在他看来，技术几乎在任何时间、任何地点都有进步，因此，如果 16 世纪的学者第一次开始关注这些技术，那么"这只是观者眼中的变化"；把 17 世纪的科学家看成"旧时的自然哲学家与工匠的某种混合"是错误的。霍尔的结论是：科学家在科学革命过程中扮演着大体上独立的角色。

霍尔《再评默顿，或 17 世纪的科学与社会》（1963）

在第二部分，霍尔坚决反对将牛顿这样的科学家看作木匠、制图员或罗盘制造者。他同样反驳了用资本主义的兴起来解释科学革命的经济决定论解释。在第三部分，霍尔批判了赫森、齐尔塞尔与默顿是外部主义路线，将其斥为粗糙的社会还原论，无异于"把科学家当作木偶来对待"。在他看来，外部主义的研究思路已经过时，它正在被以柯瓦雷为代表的科学思想史编史学纲领所取代。

帕梅拉·隆《工匠／从业者与新科学的兴起》（2011）

Long. P. O. *Artisan/Practitioners and the Rise of the New Sciences 1400-1600.* Corvallis: Oregon State University Press, 2011.

作者帕梅拉·隆（19— ）独立学者，研究中世纪晚期和文艺复兴历史以及科学技术史。该书是关于工匠—学者论题的最新研究，一共四章。第一章介绍工匠—学者论题的由来与发展。第二章论述技艺与自然这两个不断变化的概念之间的历史互动。第三章介绍维特鲁威传统，它是工匠与学者一起讨论问题的共同基础。第四章借用了伽里森（Peter Galison）提出的"交易区"（trading zone）概念，在该书中用来指学者与工匠之间进行实质性交流的主要场所。作者的结论是：（1）工匠对新科学的影响是重大的；（2）传统上讨论这个问题的二元分类——工匠—学者、手工业者—理论家、实践—理论、实验—数学、技艺—自然——代表了一幅扭曲的图景。

第三十六章　启蒙科学

曹秋婷

本章分工具书、通史通论、分科史、专题研究、人物研究五个部分，各部分文献以出版年份升序排列。

一、工具书

伯恩斯《启蒙运动的科学》（2003）

Burns, William. *Science in the Enlightenment: An Encyclopedia*. Californa: ABC-CLIO, 2003.

作者是美国历史学家，现任美国哥伦比亚文理学院历史系教师，研究方向为现代早期世界史和科学史。该书的词条按照英文字母的顺序排列，内容覆盖了科学革命至启蒙运动末期等多个研究主题，包括仪器与设备、语言和交流、人物、科学与社会、科学专业、科学机构、理论与意识形态、调查主题等。

二、通史通论

沃尔夫《十八世纪科学、技术和哲学史》（1938）

Wolf, Abraham. *A History of Science, Technology, and Philosophy in the Eighteenth Century*. London/New York: Routledge, 1938.

中译本：周昌忠译，《十八世纪科学、技术和哲学史》，商务印书馆 1997 年版。

作者是英国思想史家和科学史家，研究方向为哲学、逻辑和科学方法。他曾是第 14 版《不列颠百科全书》的合作编辑，编写过逻辑和科学方法的教科书，还是《十六、十七世纪科学、技术和哲学史》的作者。该书共 32 章，包括导论、数学、力学、天文学、天文仪器、航海仪器、物理学、气象学、气象仪器、化学、地质学、地理学、植物学、动物学、医学、技术、心理学、社会科学、哲学等。

鲁索、波特《知识的形成》（1980）

Rousseau, George Sebastian, and Porter, Roy, eds. *The Ferment of Knowledge: Studies in the Historiography of Eighteenth-Century Science*. Cambridge/ New York: Cambridge University Press, 2008.

两位编辑分别为 G. S. 鲁索（G. S. Rousseau）和罗伊·波特（Roy Porter）。鲁索，美国文化史学家，英国皇家历史学会会员。波特，英国史学家，重点研究方向为医学史，曾主编《剑桥医学史》（*The Cambridge History of Medicine*）与《剑桥科学史》第四卷为 18 世纪的科学。全书由 12 位学者执笔，涉及启蒙运动时期的知识、自然哲学、科学的社会应用、心理学、健康、现实世界、两栖的地球、数学与理性机械、实验自然哲学、化学与化学革命、数学宇宙志、技术与工业等不同主题。该书于 2008 年再版。

汉金斯《科学和启蒙运动》（1985）

Hankins, Thomas L. *Science and the Enlightenment*. Cambridge: Cambridge University Press, 2015.

中译本：任定成、张爱珍译，《科学和启蒙运动》，复旦大学出版社 2000 年版。

作者是美国科学史家，现为华盛顿大学历史系荣休教授，众多知名科学史期刊编委会成员。他的博士学位论文是《达朗贝尔：科学与启蒙运动》。该书是研究启蒙运动的研究者参考的重点书籍。全书共 6 章，分别为启蒙运动的特征、数学与精密科学、实验物理学、化学、博物学与生理学、道德科学。书后附有文献介绍。

克拉克等《启蒙后的欧洲科学》（1999）

Clark, William, Golinski, Jan, and Schaffer, Simon, eds. *The Sciences in Enlightened Europe*. Chicago: University of Chicago Press, 1999.

主编威廉·克拉克（William Clark）是大学史研究领域的著名学者，代表作《学术魅力和研究型大学的起源》。该书旨在开启启蒙后的欧洲科学研究的新道路，收录了参与 1995 年 7 月剑桥大学达尔文学院工作坊的一批高水平学者的研究成果。全书由 15 篇论文构成，分成 5 部分。该书从欧洲社会文化语境出发研究启蒙科学形成的复杂历史过程，重新评估了 18 世纪启蒙运动研究领域的传统观点。

三、分科史

1. 自然哲学

斯科菲尔德《机械论与唯物论：理性时代的英国自然哲学》（1969）

Schofield, Robert E. *Mechanism and Materialism: British Natural Philosophy in an Age of Reason*. Princeton: Princeton University Press, 2016.

作者是杰出科学史家，研究方向是 18 世纪英国启蒙运动。他研究了 18 世纪英国实验自然哲学（或者科学）的理性因素。

赖尔《启蒙时期的自然活力化》（2005）

Reill, Peter Hanns. *Vitalizing Nature in the Enlightenment*. Berkeley: University of California Press, 2005.

作者是科学史家，曾在加利福尼亚大学洛杉矶分校执教，研究方向是启蒙运动科学与哲学的交叉、德国启蒙运动。他和威尔逊（Ellen Judy Wilson）主编了《启蒙运动百科全书》（*Encyclopedia of the Enlightenment*）。在该书中，他研究了 18 世纪下半叶思想家对自然的理解，以及这种理解与人类思想相互影响的关系，力图重建这一时期思想家特殊的认知方式。赖尔认为，启蒙运动并非机械哲学和工具理性彻底胜利的标志。他将启蒙运动时期视为包括活力论和虔信主义在内的多种观点、信条、思想传统构成的复杂历史时期。

2. 数学

达斯顿《启蒙运动的经典概率论》（1988）

Daston, Lorraine. *Classical Probability in the Enlightenment.* Princeton: Princeton University Press, 1988.

作者是一位杰出的科学史家，曾任马克斯·普朗克科学史研究所所长、芝加哥大学名誉教授、哈佛大学客座教授。全书由 6 章构成，分别为概率论的经典解释之前的历史、预期与理性者、风险的理论与实践、概率论的观念联合论与意义、原因的概率论、数学道德化。

弗兰格斯米尔等《18 世纪的量化精神》（1990）

Frängsmyr, Tore, Heilbron, J., and Rider, Robin E., eds. *The Quantifying Spirit in the*

18th Century. Berkeley: University of California Press, 1990.

该书是加州大学伯克利分校和乌普萨拉大学的科学史家合作的项目成果。该项目由约翰·海尔布朗（John Heilbron）和托尔·弗兰格斯米尔（Tore Frängsmyr）主持。全书分为 3 个部分，分别为知识的理性化、更多的精确科学、更广泛的应用。

3. 物理学

法拉《天使的娱乐》(2002)

Fara, Patricia. *An Entertainment for Angels: Electricity in the Enlightenment.* New York: Columbia University, 2002.

作者是剑桥大学克莱尔学院（Clare College）名誉研究员，研究方向为 18 世纪自然哲学和科学文化史。该书讲述了发生在 18 世纪的不同寻常且激动人心的电学实验现象如何影响人们的理解与想象。

法拉《致命的吸引力》(2005)

Fara, Patricia. *Fatal Attraction: Magnetic Mysteries of the Enlightenment.* New York: MJF Books/Fine Communications, 2006.

该书涵盖了启蒙运动时期对磁学发展有贡献的学者埃德蒙·哈雷（Edmond Halley）、戈温·奈特（Gowin Knight）、弗朗兹·梅斯默（Franz Mesmer）的生平。

4. 天文学

伍尔夫《金星凌日》(1959)

Woolf, Harry. *The Transits of Venus: A Study of Eighteenth-Century Science.* Princeton: Princeton University Press, 1981.

作者是科学史家和教育家，曾任约翰·霍普金斯大学教务长和高级研究院理事。该书对天文学研究有着重要价值。书内介绍了 18 世纪由金星凌日诱发的科学史上的合作。1761 年和 1769 年天文学家前往世界各地进行观测，他们希望借此完善牛顿的理论体系。

斯特恩《启蒙运动的彗星》(2014)

Stén, Johan C. E. *A Comet of the Enlightenment: Anders Johan Lexell's Life and Discoveries.* Basel: Birkhäuser, 2016.

作者是赫尔辛基工业大学博士，研究方向为电磁理论、天线和散射的分析和数值方法。该书介绍了与欧拉同时代的芬兰著名天文学家和数学家莱克塞尔。

5. 气象学

扬科维奇《阅读天空》（2000）

Janković, Vladimir. *Reading the Skies: A Cultural History of English Weather, 1650-1820*. Chicago: University of Chicago Press, 2000.

作者是英国曼彻斯特大学科学技术和医学史中心教师，曾任国际气象史委员会主席。该书研究了英国启蒙运动时期气象学传统。

戈林斯基《启蒙运动英国天气和气候》（2007）

Golinski, Jan. *British Weather and the Climate of Enlightenment*. Chicago/London: University of Chicago Press, 2007.

作者是现任新罕布尔大学（University of New Hampshire）历史教授。通过 18 世纪人们对天气的理解，该书探索了它们背后反映的文化变迁。该书共 6 章，分别为 1703 年的天气体验、启蒙运动公共天气与文化、记录与预报、启蒙运动的气压计、感觉与病理学、气候与文明。

6. 化学

赫夫鲍尔《1720—1795 年德国化学共同体的形成》（1982）

Hufbauer, Karl. *The Formation of the German Chemical Community, 1720-1795*. Berkeley: University of California Press, 1982.

作者是科学史家，加利福尼亚大学尔湾分校荣誉教授。该书研究了德国启蒙运动正在增加的社会支持如何确保化学家形成第一个以专业为导向的国家级共同体。

戈林斯基《作为公共文化的科学》（1992）

Golinski, Jan. *Science as Public Culture: Chemistry and Enlightenment in Britain, 1760-1820*. Cambridge/New York: Cambridge University Press, 1999.

该书紧跟学界将科学视为一种实践活动的研究潮流，以 1760—1820 年英国的化学发展为研究对象，丰富了我们对化学变革时代科学活动与社会政治关系的认识。

梅尔哈多、弗兰格斯米尔《浪漫时代的启蒙科学》（1992）

Melhado, Evan M., and Frängsmyr, Tore, eds. *Enlightenment Science in the Romantic Era: The Chemistry of Berzelius and Its Cultural Setting*.Cambridge: Cambridge University Press, 1992.

主编埃文·梅尔哈多是科学史家，伊利诺伊大学香槟分校历史系名誉教授，研究兴趣为18世纪以来的科学史和医学史。该书对瑞典化学家雅各布·贝泽留斯（Jacob Berzelius，1770—1848）的科学工作进行了研究。

贝雷塔《物质启蒙运动》（1993）

Beretta, Marco. *The Enlightenment of Matter: The Definition of Chemistry from Agricola to Lavoisier*. Canton: Science History Publications, 1993.

作者现为意大利博洛尼亚大学教授。该书的核心内容是1787年拉瓦锡和他的同盟者引入新化学命名法的过程。

7. 地学

迪恩《詹姆斯·赫顿和地质学史》（1992）

Dean, Dennis. *James Hutton and the History of Geology*. Ithaca: Cornell University Press, 2019.

作者是2002年美国地质学会地质史奖获得者。赫顿是现代地质学的奠基人。迪恩对赫顿的地质学作品进行了准确而全面的解读。

利文斯通、威瑟斯《地理和启蒙运动》（1999）

Livingstone, David, and Withers, W. J., eds. *Geography and Enlightenment*. Chicago: University of Chicago Press, 1999.

主编大卫·利文斯通（David N. Livingstone），地理学家、历史学家，贝尔法斯特女王大学地理和知识史教授。该书收集了1996年在爱丁堡大学（University of Edinburgh）地理系举办的"地理和启蒙运动"会议的论文。本次会议从交叉学科的视角讨论了18世纪的地理学知识受到了哪些方面的影响并如何反向影响启蒙运动的问题。该书包括14篇独立的学术论文。

威瑟斯《定位启蒙科学》（2007）

Withers, Charles W. J. *Placing the Enlightenment: Thinking Geographically about the Age of Reason*. Chicago: University of Chicago Press, 2008.

作者是英国历史地理学家、英国科学院院士、皇家历史学会会员、爱丁堡皇家学会会员、皇家艺术学会会员。全书分为 11 章，分别为引言、国家视角下的启蒙运动、超越国家、启蒙运动实践（doing the Enlightenment）、探索、与物质世界的碰撞、人类差异的地理学、地理和书籍、实践中的地理学、地理社交的空间和形式、结论。

泰勒《启蒙运动地球科学》（2008）

Taylor, Kenneth L. *The Earth Sciences in the Enlightenment: Studies on the Early Development of Geology*. Aldershot/Burlington: Ashgate/Variorum, 2008.

作者是俄克拉荷马大学的退休荣誉教授，曾任国际地质科学史委员会主席。该书重点介绍了地质学先驱尼可拉斯·德斯马拉特（Nicolas Desmarest）。

费雷罗《地球的测量》（2011）

Ferreiro, Larrie D. *Measure of the Earth: The Enlightenment Expedition That Reshaped Our World.* New York: Basic Books, 2013.

作者是造船工程师和历史学家，乔治·梅森大学和史蒂文斯理工学院兼职教授，有着长达 35 年的军旅生涯。2017 年凭借《兄弟连》（*Brothers at Arms*）荣获了普利策奖。该书研究了 1735—1743 年法国与西班牙派人前往赤道合作完成的一次大地测量任务。

8. 自然志与生物学

斯佩里《乌托邦花园》（2000）

Spary, E. C. *Utopia's Garden: French Natural History from Old Regime to Revolution*. Chicago: The University of Chicago Press, 2000.

该书认为巴黎皇家植物园在政局更迭中存活的原因是其恰当的科学、行政、政治性策略。

威廉姆斯《18 世纪法国植物爱好》（2001）

Williams, Roger L. *Botanophilia in Eighteenth-Century France: The Spirit of the*

Enlightenment. Dordrecht: Springer, 2010.

作者是美国历史学家。全书分为两部分，第一部分讨论了植物学的分类法与命名法，第二部分研究了植物学分类学和更为常见的类似于植物艺术、园艺学、植物时尚等现象之间的关系。

洛夫兰德《修辞与自然志》(2001)

Loveland, Jeff. *Rhetoric and Natural History: Buffon in Polemical and Literary Context*. Oxford: Voltaire Foundation, 2015.

作者是辛辛那提大学教授，研究兴趣是科学史、思想史、书籍史、18 世纪自然志。该书以法国博物学家和文学家布丰的《自然志》为基础，考察了 18 世纪自然志的修辞。

法拉《性、植物学与帝国：林奈与班克斯》(2003)

Fara, Patricia. *Sex, Botany and Empire: The Story of Carl Linnaeus and Joseph Banks*. New York: Columbia University Press, 2003.

中译本：李猛译，《性、植物学与帝国：林奈与班克斯》，商务印书馆 2017 年版。该书讲述了西方科学家的科考活动与帝国建设的联系。

亨德森《詹姆斯·索尔比：启蒙运动的自然志家》(2015)

Henderson, Paul. *James Sowerby: The Enlightenment's Natural Historian*. Kew Publishing, 2015.

作者是伦敦大学学院地球科学名誉教授。詹姆斯·索尔比，英国博物学家，著有《索尔比的植物学》(*Sowerby's Botany*)。

9. 医学

坎宁安和弗兰奇《18 世纪的医学启蒙运动》(1990)

Cunningham, Andrew, and French, Roger., eds. *The Medical Enlightenment of the 18th century*. Cambridge: Cambridge University Press, 2006.

主编安德鲁·坎宁安是历史学家、教育家、作家，剑桥大学科学史与科学哲学系名誉教授，剑桥大学惠康医学史代理主任。该书包含 11 篇论文，以此启发人们认识到启蒙运动期间医学变化的历史意义。

林德曼《18 世纪德国的健康和治疗》（1996）

Lindemann, Mary. *Health and Healing in Eighteenth-Century Germany*. Baltimore: Johns Hopkins University Press, 2005.

作者是美国历史学家，研究方向为近代欧洲史、德国史和医学史，2020 年担任美国历史学会主席。该书是一本医学史领域的杰出作品。作者从医学文化史的角度，集中研究了 18 世纪不伦瑞克 – 沃尔芬比特尔公国（Braunschweig-Wolfenbuttel）非正式医学网络。

格里妮《启蒙时代肥胖和抑郁》（2000）

Guerrini, Anita. *Obesity and Depression in the Enlightenment: The Life and Times of George Cheyne.* Norman: University of Oklahoma Press, 2000.

作者现为俄勒冈州立大学历史学教授，研究方向为医学史、生态史、动物与人类的互动。这是一本 18 世纪英国医生乔治·奇恩（George Cheyne）的传记。作者采用跨学科方法，从主人公个人的经历反映出整个时代的社会文化背景。因此，该书对有意了解英国文化史的读者有着重要的学术价值。

格雷尔、坎宁安《欧洲启蒙运动的医学与宗教》（2007）

Grell, Ole Peter, and Cunningham, Andrew, eds. *Medicine and Religion in Enlightenment Europe*. Aldershot/Burlington: Ashgate, 2007.

主编奥莱·彼得·格雷尔（Ole Peter Grell），英国开放大学（The Open University）教授，研究兴趣是 16 世纪和 17 世纪欧洲社会和文化史。该书收录了 2004 年在剑桥举行的会议论文。这些论文一反医学和宗教对立的叙事，展示了宗教情感仍然弥漫在 18 世纪启蒙运动时期的医生中间。

10. 社会科学

福克斯等《发明人类科学》（1995）

Fox, Christopher, Porter, Roy, and Wokler, Robert, eds. *Inventing Human Science: Eighteenth Century Domains*. Berkeley, CA: University of California Press, 2020.

主编克里斯托弗·福克斯（Christopher Fox），圣母大学（University of Notre Dame）英语系教授，研究兴趣是 18 世纪英国文学、文学与科学、18 世纪的爱尔兰。该书包括 11 篇学术论文。

海尔布伦等《社会科学的兴起和现代性的形成》（1998）

Heilbron, Johan, Magnusson, Lars, and Wittrock, Björn, eds. *The Rise of the Social Sciences and the Formation of Modernity: Conceptual Change in Context, 1750-1850.* Dordrecht/Boston: Kluwer Academic Publishers, 1998.

约翰·海尔布伦（Johan Heibron），历史社会学家，因在社会科学史方面的成就，获根特大学颁发的萨顿奖章。拉斯·马格努松（Lars Magusson）是瑞典乌普萨拉大学经济史系教授。比约恩·维特洛克（Björn Wittrock），瑞典高级研究学院的创始董事和研究员，曾任国际社会学研究所所长，瑞典政府科学顾问委员会及欧盟委员会的董事会和委员会成员。该书是会议论文集，由 12 篇论文构成，涉及法国、德国、英国等多个国家的社会科学史。

四、专题研究

1. 百科全书与科学

伊奥《百科全书的愿景》（2001）

Yeo, Richard. *Encyclopaedic Visions: Scientific Dictionaries and Enlightenment Culture.* Cambridge: Cambridge University Press, 2001.

作者理查德·伊奥（Richard Yeo），格里夫斯大学（Griffith University）名誉教授，研究方向是 17 世纪至 19 世纪科学史和科学哲学。该书的研究重点是英国百科全书。

洛夫兰德《另类百科全书？丹尼斯·德·科隆的〈普遍艺术史和科学史〉（1745）》（2010）

Loveland, Jeff. *An Alternative Encyclopedia? Dennis de Coetlogon's Universal History of Arts and Sciences (1745).* Oxford: Voltaire Foundation, 2010.

作者杰夫·洛夫兰德认为丹尼斯·德·科隆所写的《普遍艺术史和科学史》在 18 世纪百科全书史上具有一定的历史地位。科隆是 18 世纪前半叶在英国定居的一位法国人。

2. 牛顿主义的传播

科恩《富兰克林和牛顿》（1956）

Cohen, I. Bernard. *Franklin and Newton.* Philadelphia: American Philosophical

Society, 1956.

作者曾为哈佛大学科学史教授。他对牛顿时代实验哲学的兴起进行了详细的研究与解释，认为牛顿思想的传播对富兰克林的电学产生了重要的影响。全书共 12 章，分别为 18 世纪牛顿科学研究、富兰克林的科学声望、牛顿和富兰克林的科学气质、富兰克林与牛顿时代的物理理论、牛顿哲学的两个重要来源、实验的牛顿主义与《光学》中的微粒哲学、实例中的实验牛顿主义——富兰克林的引入、富兰克林对牛顿自然哲学的贡献、电学——18 世纪新的自然哲学、富兰克林的电学理论、富兰克林理论的接受、应用与发展。

福斯《威廉·惠斯顿》(1985)

Force, James. *William Whiston: Honest Newtonian*. Cambridge: Cambridge University Press, 1985.

作者现为肯塔基大学人文与科学学院名誉教授。该书专为当代数学家和科学家而作。全书共 15 章，按照主人公从出生至去世的时间顺序进行书写。

尚克《牛顿战争和法国启蒙运动的起源》(2008)

Shank, John Bennett. *The Newton Wars and the Beginning of the French Enlightenment*. Chicago/London: University of Chicago Press, 2008.

作者现为明尼苏达大学通识学院教授，研究方向为启蒙科学与牛顿主义、近代早期欧洲知识史、文艺复兴史、法国史等。第一部为分光临之前，包括前 3 章，分别为没有牛顿主义的牛顿、启蒙运动时期牛顿主义的来源、战地的准备。第二部分为法国的牛顿战争，包括法国牛顿主义的发明、莱布尼茨主义和法国启蒙运动的强化等。

尚克《伏尔泰之前》(2018)

Shank, J. B. *Before Voltaire: The French Origins of "Newtonian" Mechanics, 1680-1715*. Chicago: The University of Chicago Press, 2018.

全书有 3 部分，共 11 章。第一部分为分析力学的制度化来源。第二部分为对"牛顿力学"的大陆翻译的超越。第三部分为 1692—1715 年新皇家学会的分析力学的形成。

3. 科学仪器

拉特克利夫《追求无形》(2009)

Ratcliff, Marc J. *The Quest for the Invisible: Microscopy in the Enlightenment.* London/New York: Routledge, 2016.

作者现就职于瑞士日内瓦大学。该书被科学史家汉金斯誉为 18 世纪科学史学术领域的典范之作。19 世纪 30 年代，显微镜成为一种科学仪器。在此之前，显微镜往往被视为一种玩具。拉特克利夫几乎穷尽了目前已知的有关显微镜的 18 世纪的书籍、文章和手稿，并且运用了统计的方法，挖掘出了不同于过去所知的显微镜故事。

4. 科学机构

斯科菲尔德《伯明翰的月光社》(1963)

Schofield, Robert E. *The Lunar Society of Birmingham: A Social History of Provincial Science and Industry in Eighteenth-century England.* Oxford: Clarendon Press, 1963.

该书考察了乔治时代英格兰著名的地方科学学会月光社。

麦克莱伦《重组的科学：18 世纪科学学会》(1985)

McClellan, James E. *Science Reorganized: Scientific Societies in the Eighteenth Century.* New York: Columbia University Press, 1985.

作者为蒂文斯理工学院教授。全书共 8 章，分别为科学学会的时代、17 世纪科学学会的起源、1750 年之前的科学学会运动、1750—1793 年科学学会运动、科学学会的交流网络、一种常见努力的记录、科学学会和科学家的形成、尾声。另，读者可以在附录中查阅 1660—1793 年科学学会的名单。

5. 大众科学

里斯金《感性时代的科学：法国启蒙运动感伤的经验主义者》(2002)

Riskin, Jessica. *Science in the Age of Sensibility: The Sentimental Empiricist of the French Enlightenment.* Chicago: University of Chicago Press, 2002.

作者是斯坦福大学历史系教授。全书共 8 章，分别为引言、盲目与数学化倾向、穷人理查德的莱登罐、从电力到经济、律师和避雷针、催眠研究和感官化科学的危机、科学和革命的语言、结论。

文森特·布朗德尔《欧洲启蒙时期的科学与奇观》（2008）

Bensaude-Vincent, Bernadette, and Blondel, Christine, eds. *Science and Spectacle in the European Enlightenment.* London: Routledge, 2016.

主编贝尔纳黛特·本绍德·文森特，法国科学史学家，研究兴趣为化学史与化学哲学、科学和公众的关系、法国的认识论传统。该书是论文集，展现了 2003 年巴黎科学工业城举办的一次学术会议成果。该书共 10 篇论文，有《实验室、工作坊和实验剧场》《18 世纪法国和英国的技术、好奇和功用》《激动人心的物理现象》《启蒙运动巴黎实验物理：城市文化的大众实践》《国内奇观：商业与交流中的电力工具》《贩卖冲击与火花：德国启蒙运动巡回电气技师》《商业与慈善之间：18 世纪巴黎的化学课程》等。

埃利奥特《启蒙运动、现代性和科学》（2010）

Elliott, Paul A. *Enlightenment, Modernity and Science: Geographies of Scientific Culture and Improvement in Georgian England.* London/New York: I. B. Tauris, 2010.

作者现为英国德比大学（University of Derby）艺术、人文与教育学院现代史教授。该书共 9 章，分别为乔治社会科学文化、花园、学校、机构、城市植物园、乡村城镇、诺丁汉的科学和政治、具体科学、电学和气象学中的亚伯拉罕·贝内特。

沃斯库尔《启蒙运动的机器人》（2013）

Voskuhl, Adelheid. *Androids in the Enlightenment: Mechanics, Artisans, and Cultures of the Self.* Chicago/London: University of Chicago, 2015.

作者是宾夕法尼亚大学（University of Pennsylvania）历史与社会学系副教授。此书乃技术史领域的典范作品，获得了美国哲学学会（American Philosophical Society）的雅克·巴尔赞文化史奖（Jacques Barzun Prize in Cultural History）。该书聚焦启蒙运动时期的两台演奏乐器的机器人（android automata），表现了启蒙文化的张力与特殊性。这两台机器人分别是瑞士纳沙泰尔艺术与历史博物馆（Musée d'art et d'histoire, Neuchâtel）收藏的名为音乐家（La musicienne）的自动人和巴黎法国工艺博物馆（Musée des arts et métiers-Cnam, Paris）收藏的扬琴演奏家（La joueuse de tympanon）。

金美京《想象的帝国》（2017）

Kim, Mi Gyung. *The Imagined Empire: Balloon Enlightenments in Revolutionary*

Europe. Pittsburgh: University of Pittsburgh Press, 2017.

作者是北卡罗来纳州立大学历史学教授。该书分成 3 个主要部分，分别为剧场政体的发明、哲学国家、物质帝国。

贝尔霍斯特《巴黎学者》(2011)

Belhoste, Bruno. *Paris Savant: Capital of Science in the Age of Enlightenment.* Translated by Susan Emanuel. New York: Oxford University Press, 2018.

作者现就职于法国巴黎第一大学历史系，研究方向为 18 世纪至 19 世纪法国科学史。该书共 10 章，分别为科学学会的绅士们、科学之都、城市中的知识圈、百科全书派、宫廷与城市、景观与奇迹、发明、公共卫生学、严峻的科学、革命。

6. 殖民科学

恩斯特兰德《新世界西班牙科学家》(1981)

Engstrad, Iris Wilson. *Spanish Scientists in the New World: The Eighteenth-Century Expeditions.* Seattle: University of Washington Press, 1981.

作者是美国史学家，曾任西方历史协会主席。这本书记述了关于 1785 年至 1800 年马拉斯皮纳探险的故事。

帕里什《美洲奇珍》(2006)

Parrish, Susan Scott. *American Curiosity: Cultures of Natural History in the Colonial British Atlantic World.* Chapel Hill: University of North Carolina Press, 2006.

作者现为密歇根大学英语语言文学教授，科学史学会、美国文学与环境学会、美国文学协会等协会成员。该书获得了全美大学生优等生荣誉协会的拉尔夫·沃尔多·爱默生奖（Ralph Waldo Emerson Award）和奥莫洪德罗美国早期历史文化研究所的詹姆斯敦奖（Jamestown Prize）。该书展示了 16 世纪末至 18 世纪通过跨大西洋交流形成的关于美洲自然志的认识。

萨菲尔《测量新世界》(2008)

Safier, Neil. *Measuring the New World: Enlightenment Science and South America.* Chicago: University of Chicago Press, 2008.

作者现为布朗大学历史学副教授，约翰·卡特·布朗图书馆馆长。该书重点研究了一场由法国科学院院士路易斯·戈丁（Louis Godin）主导的前往基多进行天文测量的探险活动。

惠根《知识与殖民主义》（2009）

Huigen, Siegfried. *Knowledge and Colonialism: Eighteenth-Century Travellers in South Africa.* Leiden/Boston: Brill, 2009.

作者现为波兰弗罗茨瓦夫大学荷兰语言学荣誉教授。该书共 10 章，以开普敦的政治和商业为背景，研究了来到这里的带有科学兴趣的旅行者的书籍和绘画。

布莱奇玛《视觉帝国》（2012）

Bleichmar, Daniela. *Visible Empire: Botanical Expeditions and Visual Culture in the Hispanic Enlightenment.* Chicago/London: University of Chicago Press, 2012.

该书荣获了美国历史学会利奥·格肖伊奖（Leo Gershoy）和其他多个奖项。作者丹妮拉·布莱奇玛现为南加州大学艺术史和历史教授，侧重研究拉丁美洲和近代早期欧洲艺术史与科学史。这是一部出色的跨学科研究著作。作者使用西班牙马德拉皇家植物园收藏的 1777—1816 年的图画，探索了帝国野心和全球贸易时代下艺术与科学之间的相互影响。

7. 科学与文学

尼科尔森《牛顿呼唤缪斯》（1946）

Nicolson, Marjorie Hope. *Newton Demands the Muse: Mewton's Opticks and the 18th Century Poets.* Princeton: Princeton University Press, 2017.

作者玛乔丽·霍普·尼科尔森（Marjorie Hope Nicolson），美国文学家，美国艺术与科学院院士。尼科尔森凭借此书荣获英国科学院颁发的克劳西文学奖。全书共 6 章，分别为《光学》的大众认可、描述性诗歌的色与光、科学诗歌中光的物理学、光学与视觉、《光学》的美学影响、《光学》的形而上学影响。

冈纳森《18 世纪科学的语言》（2011）

Gunnarsson, Britt-Louise, eds. *Languages of Science in the Eighteenth Century.* Berlin/Boston: De Gruyter Mouton, 2011.

作者是瑞典乌普萨拉大学教授，2007 年在乌普萨拉举行了以林奈时代科学语言为题的座谈会，该书收集了来自这次座谈会的论文。它们被分成了 4 个主题：科学共同体的形成、科学新语言的诞生、科学思想的传播、科学写作的发展。

奇科《实验想象》(2018)

Chico, Tita. *The Experimental Imagination: Literary Knowledge and Science in the British Enlightenment.* Stanford/California: Stanford University Press, 2018.

作者是马里兰大学英语教授，研究方向是文学理论、文学与科学、启蒙运动。在这本书中，作者认为文学知识提供的想象力是实验科学得以表达的前提。

五、人物研究

1. 本杰明·富兰克林（Benjamin Franklin，1706—1790）

西格《本杰明·富兰克林》(1973)

Seeger, Raymond John, eds. *Benjamin Franklin: New World Physicist.* Oxford/ New York: Pergamon Press, 1973.

雷蒙德·西格，美国物理学家。该书包括一份富兰克林传记和他在热、电、气象学和液体表面 4 个方面的工作。

富兰克林《天才富兰克林》(1931)

Franklin, Benjamin. *The Ingenious Dr. Franklin: Selected Scientific Letters of Benjamin Franklin.* Edited by Nathan G. Goodman. Philadelphia: University of Pennsylvania Press, 2000.

该书编辑内森·古德曼（Nathan G. Goodman）将富兰克林的科学书信分成了实践计划和建议、若干实验和观察、演绎和猜想 3 个组成部分进行展示。

科恩《本杰明·富兰克林》(1975)

Cohen, I. Bernard. *Benjamin Franklin, Scientist and Statesman.* New York: Charles Scribner's Sons, 1975.

全书共 7 章，分别为科学研究的准备、电学的初次实验、富兰克林的电学理论、闪电实验、电学理论的后期贡献、其他科学领域的贡献、作为政客的科学家。

2. 埃米莉·夏特莱（Emilie Du Châtelet，1706—1749）

辛塞尔《埃米莉·夏特莱》（2007）

Zinsser, Judith P. *Emilie Du Chatelet: Daring Genius of the Enlightenment*. London: Penguin Books, 2014.

作者是迈阿密大学（Miami University）历史学荣誉教授，研究方向是欧洲妇女史、思想史和1500年以来的比较史学。该书首版是法语本。全书按照时间发展分为3部分：1706—1735年、1735—1741年、1741—1749年。这3部分包括家庭、书信共和国、"我的学院"、一份独立的尊严、哲学家和廷臣、充满激情的女性和历史学家等章节。

夏特莱《埃米莉·夏特莱》（2009）

Du Châtelet, Gabrielle Emilie Le Tonnelier de Breteuil. *Emilie Du Châtelet: Selected Philosophical and Scientific Writings*. Translated by Isabelle Bour and Judith P. Zinsser. Chicago/London: University of Chicago Press, 2009.

全书包括6部分，分别为伯纳德·曼德维尔的《蜜蜂的寓言》、关于火的本质和传播的论文、物理学的基础、对《圣经》的考察、对牛顿《原理》的评论、关于快乐的探讨。

3. 欧拉（Leonhard Euler，1707—1783）

哈克福特《欧拉时代的光学》（1986）

Hakfoort, Casper. *Optics in the Age of Euler: Conceptions of the Nature of Light, 1700-1795*. Cambridge/ New York: Cambridge University Press, 1995.

作者是荷兰特文特大学（University of Twente）教授。该书对欧拉的光的波动理论进行了深入研究。

苏伊斯基《物理学家欧拉》（2008）

Suisky, Dieter. *Euler as Physicist*. Berlin: Springer, 2009.

作者就职于德国柏林洪堡大学物理研究所。该书专门介绍了欧拉的物理学工作。

卡林格《莱昂哈德·欧拉》（2015）

Calinger, Ronald S. *Leonhard Euler: Mathematical Genius in the Enlightenment*.

Princeton: Princeton University Press, 2016.

作者是美国天主教大学荣誉教授，研究方向是 18 世纪欧洲启蒙运动、17 世纪至 20 世纪的数学史和科学史、奥地利史。作者把主人公的工作置于当时的思想、机构、政治、文化、宗教和社会环境中，同时力图证明数学在启蒙运动中的核心地位。

威尔逊《欧拉的开创性方程式》（2018）

Wilson, Robin. *Euler's Pioneering Equation: The Most Beautiful Theorem in Mathematics*. Oxford: Oxford University Press, 2018.

作者是英国公开大学荣誉教授，曾任欧洲数学学会杂志首席编辑。该书共 6 章，将数学中 5 个重要数字联系起来，展示了这个方程式的美丽之处。

4. 约瑟夫·班克斯（Joseph Banks，1743—1802）

钱伯斯《约瑟夫·班克斯和大英博物馆的起源》（2007）

Chambers, Neil. *Joseph Banks and the British Museum: The World of Collecting, 1770-1830*. London: Pickering & Chatto, 2007.

作者是诺丁汉特伦特大学（Nottingham Trent University）人文艺术学院研究员，诺丁汉特伦特大学约瑟夫·班克斯爵士档案项目执行主任。全书分为作为早期旅行者和收藏家的班克斯和大英博物馆、民族志、自然志和动物学、探索自然志、地球科学、图书馆和古物、结论等部分。

穆斯格雷夫《多样的班克斯先生》（2020）

Musgrave, Toby. *The Multifarious Mr. Banks: From Botany Bay to Kew, the Natural Historian Who Shaped the World*. New Haven/London: Yale University Press, 2021.

作者是园艺史家、园艺设计师、作家。该书共 9 章，分别为家庭和年轻的约瑟夫、纽芬兰和拉布拉多、努力号三桅帆船、英雄与自我主义、去冰岛、皇家植物园、邱园、澳大利亚之父、科学家—推动者、最后的 20 年。

5. 洪堡（Alexander von Humboldt，1769—1859）

洪堡《亚历山大·冯·洪堡的旅行和研究》（1832）

Humboldt, Alexander von. *The Travels and Researches of Alexander von Humboldt*. Edited by William MacGillivray. Cambridge: Cambridge University Press, 2009.

洪堡写下了他前往新大陆赤道地区的旅行记。该书是其英语译本的节略本。编辑威廉·麦克吉里夫瑞（William MacGillivray），苏格兰博物学家。在书中，麦克吉里夫瑞版本提供了这位科学家的简要传记，书中还涵盖了洪堡从特内里费岛穿越大西洋到达加拉加斯和乘坐独木舟航行奥里诺科河的激动人心的旅程。

武尔夫《创造自然》（2015）

Wulf, Andrea. *The Invention of Nature: Alexander von Humboldt's New World.* Knopf Doubléday Publishing Group, 2016.

中译本：边和译，浙江人民出版社 2017 年版。

作者是作家、文化史学家。该书荣获了皇家学会科学书籍奖、科斯塔图书奖（Costa Biography Award）、英国科学史学会丁格尔奖等数十项图书奖。全书分为出发、抵达、返程、影响、新世界 5 个部分。

第三十七章　工业革命

陈多雨

本章由工具书、通史、分科史、专题研究和人物研究五部分构成，各部分文献以出版年份升序排列。

一、工具书

赖德《工业革命时代的百科全书，1700—1920》（2007）

Rider, Christine, ed. *Encyclopedia of the Age of the Industrial Revolution, 1700-1920.* Westport, Conn.: Greenwood Press, 2007.

赖德是纽约圣约翰大学荣休教授，曾担任社会经济学协会主席。该书为两卷本，共 664 页，有 150 多个条目，涵盖了工业和社会历史转型的各个方面。描述了工业革命中英国、美国和其他地方的标志性人物、事件和发明。除了描述英国、加拿大、法国、日本、俄罗斯、西班牙和美国等地的工业革命特定过程的条目之外，该书还提供了有关以下重要人物的条目：马修·博尔顿（Matthew Bouldton）、托马斯·马尔萨斯（Thomas Malthus）、亚当·斯密（Adam Smith）、弗洛拉·特里斯坦（Flora Tristan）、詹姆斯·瓦特（James Watt）等。一些条目涵盖了重要的发明，例如：电动发电机、连发式来福枪、缝纫机、蒸汽轮机、潜艇和打字机。一些条目涵盖重要的社会问题，例如：童工和童工法、工业革命的生态影响、奴隶制、禁酒运动、城市化、财富和贫困。该书还包括 24 个主要文档、1 个年表、1 个参考书目、进一步的介绍、诸多插图和 1 个详细的主题索引。

亨德里克森第三《世界史上的工业革命百科全书》（2010）

Hendrickson Ⅲ, Kenneth E., ed. *The Encyclopedia of the Industrial Revolution in World History, 3rd ed.* Manhattan: Rowman & Littlefield Publishers, 2014.

亨德里克森第三是萨姆休斯顿州立大学（Sam Houston State University）历史学教授。该书为三卷本，2010 年初次出版。2014 年第三版共 1145 页，有 1000 多个关于工业革命在世界范围内兴起和传播的条目。该书将工业革命视为世界史上的现象，而不是传统上仅局限于西方的事件，其不仅涉及技术创新，而且强调工业化的个人体验和社会变革。诸条目包括大量精选的人物传记和很多社群，以及关于企业家、男工女工、家庭和组织的文章。该书还涉及与工业革命相关的法律进展、工业事故和工业革命对环境的重大影响。每个条目还包括交叉引用和建议阅读的列表。书中有 300 多幅插图，包含大量原始手稿图片。

霍恩《工业革命：历史、文献和关键问题》（2016）

Horn, Jeff. *The Industrial Revolution: History, Documents, and Key Questions.* California: ABC-CLIO, 2016.

霍恩是纽约曼哈顿学院历史学教授。该书共 187 页，大约 50 个参考条目，涵盖了与工业革命高度相关的重要人物和关键事件，包括理查德·阿克赖特（Richard Arkwright）、煤炭、殖民主义、棉花、工厂系统、污染、铁路和蒸汽机。每个条目都提供充足的信息，让读者了解该主题在历史和社会上的重要性。例如，工业革命期间各种组织的相关条目中解释了每个组织的起源，包括成立时间和由谁创立、该组织的意义，以及该组织形成的社会背景。每个条目都引用了供进一步阅读的作品。

二、通史

芒图《十八世纪产业革命：英国近代大工业初期概况》（1906）

Mantoux, Paul. *The Industrial Revolution in the Eighteenth Century: An outline of the beginnings of the modern factory system in England.* New York: Routledge, 2013.

中译本：杨人楩等译，《十八世纪产业革命：英国近代大工业初期概况》，商务印书馆 1983 年版。

芒图是法国历史学家。该书法文初次出版于 1906 年，1927 年出版修订第二版，2013 年英文版共 549 页，是研究 18 世纪英国产业革命发生和发展历史的著作，在法英等国享有盛誉。该书论述了产业革命的背景：产业革命前夕旧有工场手工业的发展、商业的扩张、土地所有制的改变。该书还分析了发明与大企业的关系：纺织工业中机器的最初使用、工厂制的形成、炼铁业的发展、蒸汽机的出现。芒图指出，产业革命的基本特征就是机器大生产和工厂制的普遍出现。该书还论述了产业革命带来的直接的经济和社会后果。该书中译本收入商务印书馆"汉译世界学术名著丛书"。

阿什顿《工业革命，1760—1830》（1948）

Ashton, T. S. *The industrial revolution, 1760-1830*. Oxford: Oxford University Press, 1997.

中译本：李冠杰译，《工业革命，1760—1830》，上海人民出版社 2020 年版。

阿什顿是英国经济史家，伦敦经济学院经济史教授。该书短小精悍，原书英文版 162 页，是研究英国工业革命的经典著作。通过对纺纱织布、挖煤炼铁、技术创新、资本运转、童工生活等场景的精心刻画，阿什顿将英国工业革命的方方面面展现在读者面前，并指出人口、科技、资本是工业革命的关键因素。阿什顿也明确指出，工业革命带来的一系列变革，不仅是工业上的，还是"社会上的和思想上的"。在考察和叙述工业革命的同时，作者意识到经济过程的特点不是突然变化的，也不是单纯的经济问题，工业革命应该是整个资本主义发展进程中的一个阶段。这些都为我们多角度长时段认识工业革命提供了借鉴。

克兰兹伯格、珀塞尔《西方文明中的技术》第一卷（1967）

Kranzberg, Melvin, and Pursell Jr., Carroll W., eds. *Technology in Western civilization: The emergency of modern industrial society: Earliest times to 1900; Vol.I. Technology in the twentieth century. Vol.II.* Oxford: Oxford University Press, 1967.

中译本：陈多雨等译，《西方文明中的技术》，大象出版社 2024 年版。

克兰兹伯格是技术史研究最重要的专业学会美国技术史学会的核心创办人，并于 1959 年至 1981 年长期担任该学会机关刊物《技术与文化》的主编。1967 年获达·芬奇奖。珀塞尔是美国凯斯西储大学和澳大利亚国立大学历史学杰出名誉教授。《西方文明中的技术》是经典的技术史著作，两卷将近 1600 页。第一卷共 802 页，详细讨论了工业革命的前因、过程及后果。在通史类著作中，第一卷没有平均用力，而是明确把工业革命当作论述主体，有着鲜明的编史倾向。

霍布斯鲍姆《工业与帝国：英国的现代化历程》（1968）

Hobsbawm, E. J. *Industry and Empire: The Birth of the Industrial Revolution*. New York: The New Press, 1999.

中译本：梅俊杰译，《工业与帝国：英国的现代化历程》，中央编译出版社 2017 年版。

霍布斯鲍姆（1917—2012）是著名历史学家。该书自 1968 年在英国初次出版以来，持续畅销，年年加印。作者于 1999 年推出"新千年版本"，该版本共 411 页。该书从 1750 年讲起，涉及英国的工业革命、相应的社会变迁、政府与经济的关系、英国与世界的互动、大英帝国的衰落、苏格兰和威尔士的命运，以及当今英国的地位等各个方面。在看似循规蹈矩的体例中，作者以举重若轻的手笔，时时展现出史学大家的思想锋芒。他在英国工业革命的起源、内因与外因的关系、政府的干预作用、现代化的断裂风险、帝国体系的经营、相对衰落的缘由等重大问题上，都有自己独到的见解。

兰德斯《解除束缚的普罗米修斯》(1969)

Landes, David. *The Unbound Prometheus: Technological Change and Industrial Development in Western Europe, 1750 to the Present, 2nd ed.* Cambridge: Cambridge University Press, 2003.

中译本：谢怀茂译，《解除束缚的普罗米修斯》，华夏出版社 2007 年版。

兰德斯（1924—2013），哈佛大学柯立芝荣誉历史学教授和经济学教授。该书初版由剑桥大学出版社于 1969 年 1 月出版，于 2003 年 7 月再版，为 590 页。该书问世半个世纪以来，一直是欧洲工业革命和经济发展史研究领域的权威著作。在新版本中，作者从当前全球化和经济增长比较研究的视角出发，重构了原有的观念体系，做出了颇具新意的阐释。在该书的开始，作者对发生在英、法、德三国的工业革命的特征、进程及其政治、经济和社会意义做了经典性的描述，由此提出一个备受关注的问题：为什么工业革命最早发生在欧洲？随后他又勾勒出一部 20 世纪的经济发展史，其中涉及第一次世界大战对加速旧的世界经济秩序的瓦解所起到的关键作用、1929—1932 年的经济危机、第二次世界大战后欧洲经济的恢复和随之而来的空前的高速发展等。最后是结论性的断言：未来的欧洲和全世界只有通过持续不断的工业革命进程，才能保证自身的长久发展。

斯登《世界史上的工业革命》(1993)

Stearns, Peter N. *The Industrial Revolution in World History, 5th ed.* New York: Routledge, 2020.

斯登是美国乔治·梅森大学历史系教授、教务长，著名世界史专业学者，撰写与主编文明史专题著作多部，现任《社会史》(*Journal of Social History*) 杂志主编。该书于 1993 年初次出版。2020 年第五版为最新版，共 304 页。通过探索工业革命重塑世界历史的方式，该书对引发工业革命的国际因素及其在全球的传播和影响提供了独特视角。在第五版中，斯登通过对非西方国家和地区（印度、中东、中国、拉丁美洲和非洲等）工业化的新讨论，延续了他对工业革命的全球化分析视角。

奥斯本《钢铁、蒸汽与资本：工业革命的起源》（2013）

Osborne, Roger. *Iron, Steam & Money: The Making of the Industrial Revolution.* London: Bodley Head, 2013.

中译本：曹磊译，《钢铁、蒸汽与资本：工业革命的起源》，电子工业出版社 2016 年版。

该书共 400 页，从技术角度描述了 1760—1830 年英国工业革命的具体历程。该书对"能源业—煤炭—蒸汽机""冶金业""棉纺织业""交通运输业"等工业革命的标志性产业进行了条理清晰的梳理，对各重要设备的技术原理和细节探讨也比较充分。对工业巨头阿克莱特发家史和工厂制度对社会造成的深远影响的展示是同类著作中优秀的叙述。

三、分科史

1. 纺织工业

查普曼《工业革命中的棉花工业》（1987）

Chapman, Stanley D. *The Cotton Industry in the Industrial Revolution.* London: Macmillan, 1972.

该书是研究工业革命中棉纺织业的经典著作，共 80 页，依次介绍了 1600—1760 年棉花产业的早期发展、棉纺织业主要的技术改进、工业革命时期棉纺织业与资本和市场的关系、工厂的组织结构和劳资双方的关系，并且探讨了棉纺织业在工业革命中的重要作用。

贝克特《棉花帝国：一部资本主义全球史》（2014）

Beckert, Sven. *Empire of Cotton: A Global History.* California: Vintage, 2015.

中译本：徐轶杰、杨燕译，《棉花帝国：一部资本主义全球史》，民主与建设出版社 2019 年版。

斯文·贝克特（1965— ）是哈佛大学教授。该书共 640 页，是作者的代表著作，首次出版于 2014 年并于 2015 年荣获美国历史学最高奖——班克罗夫特奖（Bancroft Prize）。该书以棉花产业发现的历史来描述资本主义全球化的进程。理解棉花产业发展史是理解资本主义和当代世界的关键。贝克特通过叙述棉花产业发展的历史，解释了欧洲国家和资本家是如何在短时间内重塑了这个世界历史上最重要的一项产业，并进而改变了整个世界面貌的。该书是名副其实的全球史，内容涉及五大洲，将非洲的贩奴贸易和红海贸易联系在了一起，将美国南北战争和印度棉花种植联系在了一起。在贝克特波澜壮阔的巨著中，商人、商业资本家、经纪人、国家官僚、工业资本家、佃农、自耕农、奴隶都有自己的角色，贝克特清楚地表明，这些人的命运是如何与近代资本主义发展联系在一起的，又是如何塑造我们现在这个存在着巨大不平等的世界的。

2. 能源动力

亨特《美国工业动力史，1780—1930》（1979，1984，1991）

Hunter, Louis C. *A History of Industrial Power in the U.S. 1780-1930*.

Volume 1: Waterpower in the Century of the Steam Engine. Virginia: University Press of Virginia, 1979; *Volume 2: Steam Power*. Virginia: University Press of Virginia, 1979; *Volume 3:* Lynwood Bryant edit. *The Transmission of Power*. Cambridge: The MIT Press, 1991.

亨特（1898—1984）是美国技术史家、经济史家，1928 年获哈佛大学博士学位，于 1937 年加入华盛顿特区的美国大学，一直在此任教到 1966 年退休。作为技术史领域的杰作，这三卷史料丰富的动力系统演化概述对美国技术史、经济史和社会史做出了重大贡献。1979 年出版了第 1 卷，研究 19 世纪还在持续使用的水力，此书获技术史的德克斯特奖（Dexter Prize）。第 2 卷在 1984 年亨特去世后不久出版，研究蒸汽动力。第 3 卷出版于 1991 年，是在亨特草稿的基础上，由技术史家布赖恩特（1909—2005）编写而成，介绍 20 世纪的水力和蒸汽动力，以及电力传输创造的动力革命。

希尔思《蒸汽动力》（1989）

Hills, Richard Leslie. *Power from Steam: A History of the Stationary Steam Engine*. Cambridge: Cambridge University Press, 1993.

希尔思（1936—2019）是著名英国技术史家，曼彻斯特科学工业博物馆创办人，

2015 年被授予大英帝国勋章。该书共 354 页，是关于蒸汽机史极少的现代学术著作。该书描绘了往复式蒸汽机从最早的样式一直到 20 世纪初被蒸汽涡轮发电机所取代的发展历程。作者援引大英博物馆和史密森学会等各种机构的原始记录，探索了蒸汽机的实践和理论之间的相互关系。该书提供了大量关于蒸汽机的学术文献，是该领域的权威著作。

希尔思《风能：风车技术史》(1994)

Hills, Richard Leslie. *Power from Wind: A History of Windmill Technology.* Cambridge: Cambridge University Press, 1996.

该书共 336 页，是第一本专门研究风车历史的坚实的学术专著，为该领域的技术史研究做出了重要贡献。希尔思详细描述了如何将气流转换为机械运动，并旋转整个建筑物，尝试自动应对风向变化以有效利用风能的技术。希尔思强调了风的不可预测性，叙述了风车技术演变中的关键节点，还研究了风车在纺织、造纸和采矿等方面的工业应用。该书最后介绍了在能源危机之后最近重新出现的风能，并将其作为一种可行的动力来源。该书大量尾注和参考书目有很高价值。

罗森《世界上最强大的思想：蒸汽机、产业革命和创新的故事》(2010)

Rosen, William. *The Most Powerful Idea in the World: A Story of Steam, Industry, and Invention.* London: Bodley Head, 2010.

中译本：王兵译，《世界上最强大的思想：蒸汽机、产业革命和创新的故事》，中信出版社 2016 年版。

从早期笨拙而有力的机器，到能驱动风车和工厂机器转轮的成型蒸汽机，再到依靠铁路和海路运送乘客与货物的成熟的运输工具，罗森追溯了蒸汽机的完整历史，技术细节刻画得很细致。在书中，我们不仅可以看到有关科学知识和发明创造的精彩故事，还能了解那些巨匠们的思想，他们是作为发明家的托马斯·纽科门和詹姆斯·瓦特，作为科学家的罗伯特·波义耳和约瑟夫·布莱克，以及作为哲学家的约翰·洛克和亚当·斯密等。该书每章节后都附有相关参考文献。

3. 交通运输

亨特《西部河流上的蒸汽船：一段经济史和技术史》(1949)

Hunter, Louis C. *Steamboats on the Western Rivers: An Economic and Technological*

History. New York: Dover Publications, 2012.

该书共 704 页，是蒸汽船研究的权威著作，初次出版于 1949 年。该书涵盖了蒸汽船发展的各个方面：建造，设施和操作；商业中蒸汽船运输的组织和实施；船上生活的危害和便利；密西西比河和俄亥俄州河上的蒸汽船比赛；碰撞，爆炸和火灾；竞争的兴起；最终的衰落；等等。该书被誉为所有河流书籍的圣经。

泰勒《运输革命，1815—1860》(1977)

Taylor, George R. *The Transportation Revolution, 1815-1860.* New York: Routledge, 1977.

该书共 520 页，是关于美国技术史和经济史的著作，涵盖了收费公路、联邦道路、运河、汽船、蒸汽船和铁路的许多细节。此外，该书还简要介绍了该时段制造和技术的许多重要方面。

希弗尔布施《铁道之旅：19 世纪空间与时间的工业化》(1979)

Schivelbusch, Wolfgang. *The Railway Journey: The Industrialization of Time and Space in the Nineteenth Century.* Berkeley: University of California Press, 2014.

中译本：金毅译，《铁道之旅：19 世纪空间与时间的工业化》，上海人民出版社 2018 年版。

沃尔夫冈·希弗尔布施（1941— ）是德国历史学家、文化研究学者，1972 年于柏林自由大学获博士学位。希弗尔布施是一名独立研究者，不供职于任何一家研究机构。2003 年于柏林获海因里希·曼艺术学院奖，2013 年于汉堡获莱辛城市奖。该书初次出版于 1979 年，原书为德语，2014 年美国版共 248 页。该书通过工业革命的代表之一——铁路的创制、发展对于人类生活、生产方式的影响，试图重新思考工业文明如何发生于个体，而不仅是简单的生产力和社会结构的变化。铁路出行带给人们时间、速度、距离、危险、精神伤痛等方面的变化，以及城市—历史关系、事故、防御性措施等方面的变化，作者均予以重新思考，试图去阐述工业文明不仅给技术、建筑、生产生活方式带来改变，更重要的是人们在这些变化中也发展出更多的设备、条例、思维去适应由工业革命带来的新规则、新秩序。由此，工业化不仅是一场技术、生产方式的变革，也是人们精神与身体、行动与思维对新秩序、新制度的一次适应过程。

四、专题研究

1. 工业革命的政治经济背景

汤普森《英国工人阶级的形成》（1963）

Thompson, E. P. *The Making of the English Working Class*. California: Vintage, 1966.

中译本：钱乘旦译，《英国工人阶级的形成》，译林出版社 2013 年版。

汤普森（1924—1993），著名英国历史学家。该书叙述了工业革命时期英国工人阶级的状况。作者通过对这一时期社会生活的广泛背景（特别是传统、道德、价值体系等文化因素）的考察，从而具体入微地说明了英国工人阶级的形成这一历史现象。该书开创了研究工人阶级形成的新局面，为后来的研究提供了很大的启发与借鉴，被很多西方大学奉为政治史、劳工史、社会史和工业革命历史的经典之作。

迪恩《1688—1959 年英国的经济增长：趋势和结构》（1969）

Deane, Phillis. *British Economic Growth 1688-1959: Trends and Structure*. Cambridge: Cambridge University Press, 1969.

迪恩（1918—2012）是英国经济史家。迪恩在殖民地办公室和英国国家经济社会研究院（NIESR）的工作使她和合作者科尔（W. A. Cole）可以直接访问世界上任何地方的最佳国际数据。1700—1800 年大英帝国人口统计数据、1800 年至 1850 年英国食品和服装的年通货膨胀率、工业革命开始时工厂工人的薪资水平、美国内战期间英国棉花产品的进出口数据等重要数据在该书中都有详细的描述。

艾伦《近代英国工业革命揭秘：放眼全球的深度透视》（2009）

Allen, Robert C. *The British Industrial Revolution in Global Perspective*. Cambridge: Cambridge University Press, 2009.

中译本：毛立坤译，《近代英国工业革命揭秘：放眼全球的深度透视》，浙江大学出版社 2012 年版。

艾伦（1947— ）是牛津大学经济史教授。该书 344 页，以令人信服的史料，详尽揭示出工业革命是英国在成功应对 17—18 世纪一系列全球化经济挑战之后，自然产生的一种结果。该书论证了英国与同期的欧亚其他国家（或地区）相比，在很多方面占有优势，包括这一时期英国人的工资水平普遍较高，各类资本也很充裕，特别是作为能源的煤炭价格非常低廉。凡此种种，均导致第一次工业革命期间诞生的几项标志性发明成果——蒸汽机、机械棉纺织设备，以及用煤代替木材作为燃料的焦炉冶铁技术——均无一例外地最先在英国登场，这是因为唯有在英国独特的社会经济环境里，这些新机械、新技术的发明与运用才会有利可图，而在其他国家（或地区），相关的条件则一概付之阙如。其实早在工业革命发生之前的年代，英国特有的以高工资为主要特征的经济模式，已经能够推动工业生产规模维持一种持续扩大的势头，其奥秘何在？其根源就在于民众的收入水平普遍较高，从而使越来越多的人有条件接受适当的学校教育和相关的学徒制培训，进而凭借丰富的知识和出色的技艺改进工业生产方式，进而扩大工业生产规模。19世纪以后，很大程度上是由于英国的工程师将此前登场的那些新发明、新技术加以改良，大幅降低其运转成本之后，更大范围的工业革命才扩散到世界各地。

范赞登《通往工业革命的漫长道路》（2009）

Van Zanden, Jan Luiten. *The Long Road to the Industrial Revolution: The European Economy in a Global Perspective, 1000-1800.* Leiden: Brill, 2009.

中译本：隋福民译，《通往工业革命的漫长道路》，浙江大学出版社2016年版。

范赞登（1955—　）是荷兰乌特列支大学经济史教授，国际社会史研究所高级研究员，并担任世界经济史协会的主席。该书共343页，该书通过对西欧工业发展的整理，跨时段测量其作用，并与欧亚大陆其他地区做比较。书中比较了1000—1800年中国、日本和印度的人力资本发展。同时，该书还展示了欧洲的婚姻模式对理解欧洲过去的重要性。该书的结论对于工业革命的研究来说是全新的。

萨迪亚《枪支帝国：工业革命的暴力制造》（2018）

Satia, Priya. *Empire of Guns: The Violent Making of the Industrial Revolution.* New York: Penguin Press, 2018.

萨迪亚是斯坦福大学历史学教授。该书共544页，将战争和英国繁荣的枪支贸易置于工业革命和帝国扩张的中心。作者通过研究在17世纪和18世纪统治英格兰枪支贸易的强大家族的信件往来，发现英国对战争的所有需求都严重依赖工业，这意味着英国工业经济的每个成员都与英国近乎恒定的战争状态息息相关。从伯明翰到大英帝国的最外围，作者给我们展示了一系列关于枪支管制和"军工联合体"（政府、市场和军方的棘手伙伴关系）的辩论，以崭新的视角阐释了工业革命的兴起和英国作为世界强国的崛起。

2. 工业革命的文化观念背景

韦伯《新教伦理与资本主义精神》(1904)

Weber, Max. *The Protestant Ethic and the Spirit of Capitalism.* New York: Routledge, 2001.

中译本：阎克文译，《新教伦理与资本主义精神》，上海人民出版社 2018 年版。

韦伯（1864—1920）是德国著名社会学家、历史学家、法学家和政治经济学家，被认为是现代西方社会发展中最重要的理论家之一。韦伯本人从未将自己视为社会学家，而是历史学家。该书是韦伯的代表作，1904 年以德语出版。英译本由美国著名社会学家塔尔科特·帕森斯（Talcott Parsons）翻译，并于 1930 年出版，上述推荐版本即是该经典英译本，共 320 页。在这部作品中，韦伯提出了一个知名的论点：新教教徒的思想影响了资本主义的发展。宗教徒往往排斥世俗的事务，尤其是经济成就上的追求，但为什么新教教徒却是例外？韦伯在该书中论述宗教观念（新教伦理）与隐藏在资本主义发展背后的某种心理驱力（资本主义精神）之间的关系。韦伯列举了新教、清教、加尔文教等教徒生活、学习的例子并加以分析得出：资本主义的兴起和成功与新教盛行存在着相互影响的关系。新教入世禁欲主义伦理为资本主义企业家提供了心理驱动力和道德能量，从而成为现代资本主义得以兴起的重要条件之一。

雅各布《科学文化与西方工业化》(1997)

Jacob, Margaret C. *Scientific Culture and the Making of the Industrial West.* New York: Oxford University Press, 1997.

中译本：李红林等译，《科学文化与西方工业化》，上海交通大学出版社 2016 年版。

雅各布（1943— ）是康奈尔大学博士，加州大学洛杉矶分校历史学特聘教授，美国哲学协会成员，长期从事西方科学史研究，作品涉及科学、宗教、启蒙运动、工业革命等各个领域。该书共 282 页，阐释了 17 世纪和 18 世纪科学知识成为欧洲文化不可分割的一部分的历史过程，以及这一过程如何反过来导致了工业革命的发生。全书分为两个部分：第一部分以一种通俗易懂的形式来探讨哥白尼之后 17 世纪的科学；第二部分探讨科学如何适应不同的文化语境，并如何推动西方各国的工业化进程。该书还采用比较研究的方法，阐述了在科学推动西方各国工业化进程的过程中，英国比欧洲大陆其他国家要更加成功的原因。

厄格洛《好奇心改变世界：月光社与英国工业革命》（2002）

Uglow, Jenny. *The Lunar Men: Five Friends Whose Curiosity Changed the World.*
New York: Farrar, Straus and Giroux, 2002.

中译本：杨枭译，《好奇心改变世界：月光社与英国工业革命》，中国工人出版社
2020年版。

厄格洛（1945— ）是英国历史学家、传记作家、评论家和资深出版人，撰写了
多部名人传记，备受好评，获大英帝国勋章。该书出版于2002年，共608页。1765
年至1813年，在距离伦敦大约100多英里的伯明翰出现了一个由自然哲学家和工业
家组成的学会，它的名称是月光社。月光社孕育出的五位改变世界的核心成员为：博
尔顿（蒸汽机的天使投资人）、达尔文（物理学家，进化论的先驱，查尔斯·达尔文
的祖父）、瓦特（伟大的蒸汽机改良者）、韦奇伍德（英国陶瓷之父，高温计发明人）
和普里斯特利（化学家）。月光社正是这样：发现某位成员的科学发现的实际应用，
并且通过这些实际应用带来广泛的社会价值；虽然可能不成熟但却严谨仔细的科学实
验；对于科学实验以及科学的实际应用投入资金和政治行动。总之，这一切都体现了
一幅画面：促进科学发现，鼓励年轻科学家去创造和影响未来。在英国18世纪的科
学或者技术活动中，很难找到一项活动没有月光社成员参与其中。该书散发着汗水、
化学物质和石油的味道，回荡着活塞撞击、时钟滴答、钞票摩擦、熔炉轰鸣与发动
机隆隆作响的声音。月光社的成员们将科学、艺术和商业结合在一起，通过改良蒸
汽机、修建运河、考古发掘，无休止地探索与实践；他们谈起诗歌、文学、爱情，在
欢笑、在畅饮、在书信中，一步步将幻想变为现实。该书作者认为，正是这些活动
最终引爆了工业革命，正是月光社成员们的好奇和才智创造了现代世界。

**琼斯《工业启蒙：1760—1820年伯明翰和西米德兰兹郡的科学、技术与文化》
（2008）**

Jones, Peter M. *Industrial Enlightenment: Science, Technology, and Culture in
Birmingham and the West Midlands, 1760-1820.* Manchester/New York: Manchester
University Press, 2008.

中译本：李斌译，《工业启蒙：1760—1820年伯明翰和西米德兰兹郡的科学、技
术与文化》，上海交通大学出版社2011年版。

琼斯（1949— ）是伯明翰大学历史系荣休教授，1995年起任法国史讲座教授，
研究专长为法国大革命，并对英格兰西米德兰兹郡的科学与启蒙、18世纪的旅行者

和旅行写作、18 世纪的法国农业史有深入研究。获 2009 年度沃兹沃思奖，以表彰其对英国商业史研究的杰出贡献。该书共 272 页，探索了英格兰在 1760—1820 年引领世界工业化国家的转变过程。该书将关注的重点集中在科学知识在这一过程中所扮演的重要角色上。该书基于记录马修·博尔顿的活动及索霍工厂的特别档案，由此揭示出西米德兰兹郡经历了一个有用知识与"技术诀窍"相融合的进程。自然哲学家与技术专家、企业家形成了一种亲密和高效的关系。

五、人物研究

1. 博尔顿（1728—1809）

奎肯登《马修·博尔顿：启蒙运动的实业家》（2013）

Quickenden, Kenneth, Baggott, Sally, and Dick, Malcolm. *Matthew Boulton: Enterprising Industrialist of the Enlightenment.* New York: Routledge, 2013.

肯尼思·奎肯登是伯明翰城市大学伯明翰艺术与设计学院的教授，莎莉·巴格特（Sally Baggott）博士任职于伯明翰大学艺术与法律学院，马尔科姆·迪克（Malcolm Dick）博士供职于伯明翰大学西米德兰兹历史中心。该书共 312 页，成功地塑造了马修·博尔顿作为一位领先的实业家和启蒙运动人物的形象。最新的研究将伯明翰置于"工业启蒙运动"的中心，而博尔顿和瓦特的索霍工厂则发挥了重要作用。该书为博尔顿研究提供了相当有价值的线索。该书结合科学史、技术史、艺术史、经济史、社会史和文化史等跨学科的研究成果，揭示了 18 世纪艺术品和工业品的生产和消费模式，增强了人们对 18 世纪启蒙运动、工业化和全球化进程的认识。

2. 阿克莱特（1732—1792）

菲顿《阿克莱特：纺织大亨》（1989）

Fitton, R. S. *The Arkwrights: Spinners of Fortune.* Manchester: Manchester University Press, 1990.

该书共 352 页，是享有工业革命"棉纺织业之王"的理查德·阿克莱特爵士的权威传记，第一次详细描述了阿克莱特及其儿子小理查德·阿克莱特（1755—1843）的生平，以及他凭借巨额财富建立和维持的拥有土地的绅士王朝。该书是一部百科全书式的著作，考察了阿克莱特职业生涯的所有主要问题：他的家族起源、他的教育、他开创性的发明、他获得和失去的专利、他作为公众人物的出现和他创造的商业帝国。

3. 拉姆斯登（1735—1800）

麦康奈尔《杰西·拉姆斯登（1735—1800）：伦敦一流的科学仪器制造商》（2016）

McConnell, Anita. *Jesse Ramsden (1735-1800): London's Leading Scientific Instrument Maker.* New York: Routledge, 2016.

安妮塔·麦康奈尔（1936—2016）博士是科学史作家，也是伦敦科学博物馆策展人。该书共 303 页，是关于拉姆斯登的第一部传记。拉姆斯登是 18 世纪下半叶最著名的科学仪器制造商之一。无论是精美的科学仪器还是精密的螺纹切削车床，拉姆斯登对科学和工业的贡献都是巨大的。对当时的人们来说，能够拥有一件拉姆斯登制造的仪器，无论是他的经纬仪，还是他在伦敦工作室生产的六分仪和气压计，不仅是拥有了一件实用性的仪器，而且还是拥有了一件美妙的艺术品。该书重构了拉姆斯登的生活和职业生涯，并向我们详细介绍了这一时期的仪器贸易。通过研究这位著名的仪器制造商，整个仪器制造行业的全部流程（从最初的委托、复杂的规划和设计到生产和交付）都得到了清晰的阐明。在叙述拉姆斯登工作的同时，该书显然也揭示了工业革命蓬勃发展时期日益商业化的科学贸易。

4. 瓦特（1736—1819）

希尔思《詹姆斯·瓦特》（2002，2005，2006）

Hills, Richard Leslie. *James Watt: Volume 1: His time in Scotland, 1736-1774.* Ashbourne: Landmark Publishing Ltd. 2002; *James Watt: Volume 2: The Years of Toil, 1775-1785.* Ashbourne: Landmark Publishing Ltd. 2005; *James Watt: Volume 3: Triumph through Adversity, 1785-1819.* Ashbourne: Landmark Publishing Ltd, 2006.

该书共三卷，是技术史家希尔思的代表作之一。第一卷介绍了瓦特在苏格兰的早年生活。该卷着眼于瓦特的家庭背景，同时也包括他作为数学仪器制造商的教育和培训、参与苏格兰化学工业的情况、作为土木工程师的工作、对蒸汽的研究以及他与博尔顿合作的开始等。第二卷介绍了瓦特和博尔顿在伯明翰的合作、瓦特与月光社成员的交往、成为皇家学会会员等情况。第三卷介绍了瓦特对蒸汽机的持续改良、与默多克等工程师的交往以及晚年生活等。该书提供了大量翔实的数据和各种细节，堪称瓦特研究的经典文献。

米勒《詹姆斯·瓦特，化学家：解读蒸汽时代的起源》（2009）

Miller, David Philip. *James Watt, Chemist: Understanding the Origins of the Steam Age.* Pittsburgh: University of Pittsburgh Press, 2009.

米勒（1953— ）是新南威尔士大学科学史与科学哲学系荣休教授，曾任 *Isis* 编委。该书从瓦特化学思想的角度来重新审视瓦特的蒸汽机改良工作，极具原创性，是米勒的代表作之一。该书认为，在维多利亚时代，瓦特成为了一位标志性的工程师，但在瓦特自己的时代，他也是一位有影响力的化学家。该书共 241 页。第一部分考察了瓦特形象的变迁历程。作者尤其强调了 19 世纪后，瓦特作为工业革命的旗手被高度推崇，各门各派怀着各种目的通过各种手段追认瓦特为各个领域的符号性人物。科学史家需要透过各种"时代误置"剖析历史真相。第二部分米勒试图恢复"化学家瓦特"的形象，而不仅仅是被崇拜的工程师形象。

米勒《詹姆斯·瓦特的生平与传奇》（2019）

Miller, David Philip. *The Life and Legend of James Watt: Collaboration, Natural Philosophy, and the Improvement of the Steam Engine.* Pittsburgh: University of Pittsburgh Press, 2019.

该书共 420 页，出版于詹姆斯·瓦特逝世 200 周年（1819—2019）之际。该书对这位 18 世纪伟人的工作和性格做了深刻的解读。米勒拨开重重迷雾，发现瓦特是一个矛盾的人：瓦特常常对自己的成就缺乏自信，但在保护自己的发明和思想上却极为果敢，并热衷于追名逐利。瓦特是位技术娴熟且富有创造力的工程师，也是一位在自然哲学大问题驱动下的实验师。热化学是他大部分工作的基础，包括蒸汽机。瓦特从事自然哲学研究的方式遵循了苏格兰改良传统，这种传统与启蒙运动息息相关。瓦特身上的各种"传奇"故事来自他晚年及去世后人们对技术的高度推崇。正如米勒所展示的，瓦特的成就在很大程度上取决于他与业务合作伙伴、员工、自然哲学领域的朋友们、他的妻子以及子女们的协作。

5. 默多克（1754—1839）

格里菲思《第三个人：威廉·默多克（1754—1839）的生平与时代》（1992）

Griffiths, John Charles. *The Third Man: The Life and Times of William Murdoch, 1754-1839.* London: Andre Deutsch Ltd, 1992.

该书共 373 页，出版于默多克发明煤气灯二百周年（1792—1992）之际，记述了这位未能获得财富和声名的发明家的生活和工作。关于默多克的信息非常匮乏。造成这种情况的可能原因很多，作者对此进行了仔细探讨。然而在该书中，我们却可以得到大量关于默多克的伟大成就、聪明才智、坚忍不拔的精神、他对工作的非凡奉献以及他在康沃尔的岁月中经历的艰难的信息。这是我们从整本书中引用的博尔顿和瓦特的信件中了解到的。默多克的才华得到了同时代人的充分认可，但他注定要留在阴影中。作者探讨了为什么会这样。作者还挑战了很多围绕着默多克、瓦特和其他杰出同时代人的神话和传说。该书的范围远比威廉·默多克的生平广泛。从作者的描述中，我们对瓦特、博尔顿和他们儿子们的性格会有更多的了解。此外，作者对工业革命更广泛的一些方面表现出很好的欣赏，并在其中一些较为晦涩的方面以及一些不起眼的英雄和恶棍的发掘方面提供了非凡的视角。作者对利用蒸汽机产生旋转运动的困难等方面的叙述令人印象深刻。同样令人印象深刻的是作者对燃气照明等产生的社会效益和缺点的洞察力。

6. 特里维西克（1771—1833）

迪金森《理查德·特里维西克》（1934）

Dickinson, Henry Winram. *Richard Trevithick: The Engineer and the Man.* Cambridge: Cambridge University Press, 2010.

迪金森（1870—1952）是英国技术史家，曾任国际科技史大会主席（1949）和伦敦科学博物馆高级主管。该书出版于 1934 年，是为了纪念特里维西克逝世 100 周年（1833—1933）。该书共 356 页，包含了必要的技术细节，是一部能够同时吸引科学家、历史学家和普通读者的作品。除早期的铁路机车外，特里维西克参与了广泛的项目，包括矿山、磨坊、疏浚机械、泰晤士河下的隧道、军事工程和南美洲的勘探等。该书和其他百周年纪念活动帮助恢复了特里维西克作为工业革命先驱的声誉，尽管他的个性和财务状况使他被斯蒂芬森和瓦特等同时代的人的光芒掩盖。该书将他的成就置于当时的历史背景中，并包含许多插图。

7. 斯蒂芬森（1781—1848）

斯迈尔斯《铁路工程师乔治·斯蒂芬森的生平》（1857）

Smiles, Samuel. *The life of George Stephenson, railway engineer.* Los Angeles: Hard

Press, 2018.

乔治·斯蒂芬森（1781—1848）去世后，塞缪尔·斯迈尔斯说服罗伯特·斯蒂芬森允许他写其父亲的生平。该书出版于1857年，共552页，描述了这位伟大工程师的生平以及他对发展英国铁路的重要贡献。作者获得了有关矿山、铁路和蒸汽遏制等斯蒂芬森当时面临的问题的许多第一手信息，是关于斯蒂芬森的重要史料。

第三十八章 性别与科学

陆伊骊

本章由工具书、通论、断代研究、分科研究、国别研究和人物研究六部分组成，各部分文献以出版年份升序排列。

一、工具书

1. 线上资源

美国国会图书馆提供的《科学上的女性》线上资源指南

Library of Congress. Women in Science: A Resource Guide

https://guides.loc.gov/women-in-science/introduction

介绍馆藏图书编目，罗列专题书目、期刊论文、网上数据库、适合中小学课程的女科学家、女工程师故事书等大众读物。

美国自然科学基金会网上连载在 STEM 领域的女科学先驱者

Pioneer Women in STEM by National Science Foundation (NSF)

https://www.nsf.gov/discoveries/disc_summ.jsp?cntn_id=134386

介绍包括吴健雄在内的杰出女科学家，网上连载有吴健雄 1963 年在哥伦比亚大学工作的照片。

女性科学家的历史

History of Scientific Women

https://scientificwomen.net/mainpage

按照英文字母顺序排列 181 位历史上著名的女科学家，图文并茂，采用分科和分年段并列编史手法，提供关键词搜索，为需要快速寻找图片简介的师生提供便利的搜索渠道。

美国科学史学会女性核心小组（1997 年成立）

Women's Caucus of the History of Science Society

https://hssonline.org/about/groups/womens-caucus/

除关注科学史业界女性的角色和地位外，也推动和筹划与性别议题有关的科学史课程汇编工作。

2. 辞典

贝利《美国科学界的女性：传记字典》(1998)

贝利《美国科学界的女性：1950 年至今的传记字典》(2001)

Bailey, Martha J. *American Women in Science: A Biographical Dictionary.* Calif.: ABC-CLio, 1998.

Bailey, Martha J. *American Women in Science: 1950 to the Present: A Biographical Dictionary.* Calif.: ABC-CLio, 2001.

两部人物字典都出自玛莎·贝利。第一部《美国科学界的女性：传记字典》集结了 17 世纪到 20 世纪以前的美国女科学家，主要在物理和自然科学领域。第二部《美国科学界的女性：1950 年至今传记字典》集合了 1950 年以来的女科学家，也包含社会科学与行为科学等非物理科学等领域。全书分"名字"和"专业"两个部分。在序言中，作者提及 6 条作为判断是否纳入本字典人物的准则。书评可见 2001 年 92 期第 1 季的 *Isis*。

克拉斯诺等《劳特里奇女性主义科学哲学手册》(2020)

Crasnow, Sharon, and Kristen Intemann, eds. *The Routledge Handbook of Feminist Philosophy of Science*, 1st edition. UK: Routledge, 2020.

该书是女性主义思考科学的综合资源。该手册的 33 章专门由一组领先的国际哲学家以及性别研究、女性研究、心理学、经济学和政治学领域的学者撰写。手册主要分为 4 个部分：（1）隐身人物与历史回顾；（2）理论框架；（3）关键概念和问题；（4）实践中的女性主义科学哲学。这 4 部分的各章探讨了女性主义哲学思想与一系列科学和专业学科（包括生物学和生物医学科学）的相关性，心理学、认知科学和神经科学，社会科学，物理，公共政策。该手册简要介绍了女性主义科学哲学的现状，使学生和其他新手可以快速了解该领域，并为许多不同类型的研究人员提供了方便的参考。

哈维等《科学中的女性传记字典》（2000）

Harvey, Joy, and Marilyn Bailey Oglivie, eds. *The Biographical Dictionary of Women in Science: Pioneering Lives from Ancient Times to the Mid-20th Century* (1st edition). UK: Routledge, 2000.

两位编者都是性别研究领域的权威学者，此字典集合了近 3000 名历史上女性科学家从古代到 20 世纪中叶的生平、著作、成就等，在不少公共图书馆和大学图书馆阅读架上可随手翻阅。

海恩斯等《国际科学界的女性：直至 1950 年的传记字典》（2001）

Haines, Catherine M. C. and Helen M. Stevens, eds. *International Women in Science: A Biographical Dictionary to 1950.* Calif.: ABC-CLio, 2001.

凯瑟琳·海恩斯与海伦·史蒂文斯合编的《国际科学界的女性：直至 1950 年的传记字典》主要收录从 1600—1950 年约 400 位女科学家，特别是美籍女科学家的资料，如出生年份、原居地、学历、工作机构等。

奥克斯《国际女科学家百科全书》（2002）

Oaks, Elizabeth H., ed. *International Encyclopedia of Women Scientists.* New York: Facts on File, 2002.

伊丽莎白·奥克斯编辑的《国际女科学家百科全书》收录了从公元前 4 世纪到 20 世纪末 500 多位女科学家的基本资料，每个条录包含大头照、生平、学科领域、成就与贡献等。索引页提供了丰富的网络资料，包括 72 条文献列表和时间线。

赫岑贝格《从古代到现代的女科学家索引》（1986）

Herzenberg, Caroline L. *Women Scientists from Antiquity to the Present: An Index.* West Cornwall, CT: Locust Hill Press, 1986.

欧格尔维《科学中的女性，从古代到十九世纪：带注释书目的传记字典》（1986）

Ogilvie Marilyn B. *Women in Science, Antiquity Through the Nineteenth Century: A Biographical Dictionary with Annotated Bibliography.* Cambridge: MIT Press, 1986.

两部传记式的女科学人物字典和文献目录。卡罗琳·赫岑贝格的《从古代到现代的女科学家索引》，搜罗了约 2500 条国际参考栏目和传记名录。玛丽莲·欧格尔维的《科学中的女性，从古代到十九世纪：带注释书目的传记字典》为 186 位女科学家提供人物刻画和注释条目。两部参考书为在读研究生、对女科学家有兴趣的中学老师、科学史和女性研究学者等提供了有用的第一手资料。书评可见 1987 年 78 期，第 2 季的 *Isis*。

亨特等《女性、科学与医学，1500—1700 年：皇家学会的母亲和姐妹》（1997）

Hunter, Lynette, and Sarah Hutton, eds. *Women, Science and Medicine, 1500-1700: Mothers and Sisters of the Royal Society*. Stroud, UK: Sutton, 1997.

莱内特·亨特与莎拉·赫顿合编的《女性、科学与医学，1500—1700 年：皇家学会的母亲和姐妹》集合了 1500—1700 年英国皇家学会成员的女家眷在科学与医疗上的贡献，从自然哲学到助产接生都包括在内。由于英国皇家学会和其他同级别的国家科学院（scientific academy）一直到 20 世纪都不肯正式接纳女科学院士，因此女性要通过作为男科学院士的家庭成员去参与科学研讨。

3. 期刊

《女性经济学》（*Feminist Economics*）

《女性主义评论》（*Feminist Review*）

《女性主义研究》（*Feminist Studies*）

《女性主义理论》（*Feminist Theory*）

《边疆：女性研究杂志》（*Frontiers: A Journal of Women Studies*）

《希帕蒂娅：女性哲学杂志》（*Hypatia: A Journal of Feminist Philosophy*）

《性别研究杂志》（*Journal of Gender Studies*）

《女性研究杂志》（*Journal of Women Studies*）

《女性心理学季刊》（*Psychology of Women Quarterly*）

《迹象：女性在文化与社会中杂志》（*Signs: Journal of Women in Culture and Society*）

二、通论

1. 综合读本

图阿纳《女性主义与科学》（1989）

Tuana, Nancy, eds. *Feminism and Science*. Bloomington: Indiana University Press, 1989.

该书收录了数十篇质疑科学研究客观性的论文，除著名女性主义科学领军人物（如桑德拉·哈丁、海伦·隆吉诺等）的论文外，此文集也收录了一篇由"生物与性别学习小组"贡献的文章，揭示女性批评对当代细胞生物学知识领域的推进。不少章节的作者都指出科学内容受到社会性别偏见影响，认为科学是一种文化机构，由实践者所在的文化、政治、社会和经济价值构成。

凯勒等《女性主义与科学》（1996）

Keller, Evelyn F. and Helen E. Longino, eds. *Feminism and Science.* Oxford: Oxford University Press, 1996.

该书属于牛津大学出版社出版的"牛津女性主义读物"系列，汇集了近20年来在新兴的女性科学领域具有重要意义的理论与观点，两位编者分别是杰出的生物史和科学哲学家，论文集收录了由社会学家、科学家、历史学家、哲学家等执笔的17篇论文，题材从"理性人"的刻板印象到发育生物学运用的"浪漫"语言问题，并向读者提出挑战，要求他们重新审视科学知识的局限性和可能性。

柯尔斯泰特等《女性、性别与科学：新方向》（1997）

Kohlstedt, Sally G. and Helen Longino, eds. Women, Gender, and Science: New Directions. *Osiris* Vol.12. Chicago: University of Chicago Press, 1997.

《奥西里斯》（*Osiris*）是美国科学史学会出版的年度主题期刊，每年一期着重介绍科学史上重大主题的研究。莎莉·柯尔斯泰特与海伦·隆吉诺合编的《女性、性别与科学：新方向》是1997年由芝加哥大学出版的年刊，主题是不同科研领域对妇女的研究与对科学与性别的研究之间的关联性，共11章包括：从事科学工作的女性个体的经验、妇女在特定领域的人口结构和对妇女的支持、科学教育和术语的性别结构、女性主义批评对当代科学的影响等。这11章的作者都是享有盛名的学者，如隆达·施宾格（Londa Schiebinger）、桑德拉·哈丁（Sandra Harding）、玛格丽特·罗西特（Margaret Rossiter）、海伦·隆吉诺（Helen Longino）等，这些作者长期关注妇女在科学、性别和科学中的参与，以及这两个更大的难题之间相互作用等议题。

巴奇等《性别与科学读本》（2000）

Bartsch, Ingrid and Muriel Lederman, eds. *The Gender and Science Reader*, 1st edition. London: Routledge, 2000.

该书汇集了 35 篇论文，对科学的本质和实践进行了全面的女性主义分析。以质疑科学实践的客观性为主题，35 位作者发现了现代科学的性别、阶级和种族偏见。面向的读者包括女性研究学者、科学史与科学哲学学者、科学教育与科学传播学者等。文集分以下 6 个主题：①科学界的女性，妇女获得科学学习和就业的机会和途径；②男性为中心的科学，探讨启蒙运动时代科学的性别起源；③分析有性别的科学，女性主义方法论和认识论以及在科研上的应用；④性别实践，性别偏见如何影响和扭曲科学工作的示例；⑤科学与身份认同，科学如何强化性别和种族刻板印象；⑥女性主义对科学的重构，女性主义科学研究的未来是什么。每个主题都有编者提供的一般介绍，书末还附有综合参考书目。

埃茨科维兹等《无限的雅典娜：妇女在科学技术上的进步》(2000)

Etzkowitz Henry K., et al., eds. *Athena Unbound: The Advancement of Women in Science and Technology*. Cambridge, UK: Cambridge University Press, 2000.

该书是埃茨科维兹等合编的一本论文集，主要揭露了科研道路上女性面对的有形或无形的障碍，包括有意识或无意识的性别不公平对待，以及"玻璃天花板"等其他少数群体也面临的问题。编者们认为，女性可以通过成功管理"社会资本"来在科学工作场所取得成功，而科学家们依靠这些网络和关系寻求专业支持。论文集对于所有科学家和社会科学家以及考虑从事科学职业的女性提供有用的社会网络资源。

沃尔特斯《女性主义：一个简短的介绍》(2006)

Walters, Margaret. *Feminism: A Very Short Introduction*. Oxford: Oxford University Press, 2006.

玛格丽特·沃尔特斯的这部著作属于牛津大学出版社出版的"牛津通识读本"系列。作者对女性主义给予简明扼要的历史描述，着眼于投票权的争取和 20 世纪 60 年代解放的根源，并分析了欧洲、美国和世界其他地区，特别是第三世界妇女当前的状况。沃尔特斯研究了在 20 世纪 60 年代女性主义"新浪潮"过去 40 多年后妇女仍然面临的困难和不平等现象，尤其是在兼顾家庭、母亲和外出工作方面的困难。除西方女性在职场上遇到的"玻璃天花板"的问题外，也提到在伊斯兰国家、中东、非洲等不同的文化和经济环境中，女性权利被剥削的问题。

希黛儿等《图视科学、性别与视觉文化》（2006）

Shteir, Ann and Bernard Lightman, eds. *Figuring it Out: Science, Gender, and Visual Culture.* Hanover: Dartmouth College Press, 2006.

安·希黛儿与伯纳德·莱特曼合编的这本书提供了对性别在现代西方科学图像中的作用的及时考虑。鉴于最近对当代科学文化和女性在科学领域中地位的争论，这本文集会聚了 15 位跨学科的作者，致力于研究性别作为检验科学中的视觉图像如何包含和传达含义的方式。这部文集分 3 个部分，在组织上大致按时间顺序排列，第一部分着眼于早期作品中的性别神话和隐喻描绘。第二部分着眼于 19 世纪的真实图像，如照片、插图和展览。第三部分通过讨论照片、电视节目、广告和数字图像，重点介绍了 20 世纪科学中的性别文化规范的工作。该书的一个共同主题是强调代表性问题和解释性问题，如代理和身份、科学和医学的性别文化、技术以及性别差异在科学形象词汇表的构建中的作用等。

施宾格《科学与工程领域的性别创新》（2008）

Schiebinger, Londa, ed. *Gendered Innovations in Science and Engineering.* California: Stanford University Press, 2008.

该论文集汇编了 12 篇论文，探讨了性别分析如何深刻地增强科学、医学和工程领域的知识建构。从地理信息系统到干细胞研究，作者提供了具体的示例，说明了如何将性别考量放在前沿科研领域的分析，为今后性别与科技工程研究开辟了新途径。国外的一些政府资助机构，如美国国立卫生研究院和欧盟委员会，现在要求项目申请者要厘定性别是否与拟议的研究目标和方法相关的问题，但是知道如何进行性别分析的科学家和工程师却寥寥无几。

2. 女性主义编史学

哈丁《女性主义中的科学问题》（1986）

Harding, Sandra. *The Science Question in Feminism.* Ithaca: Cornell University Press, 1986.

该书作者挑战科学思想的知识和社会基础，首次对女性主义科学评论进行了全面而批判性的回顾与考察，目标指向自现代科学诞生以来一直存在的男性中心主义。哈丁批评了三种认识论方法：女性经验主义（feminist empiricism），它只将不良科学视为问题；女性观点主义（feminist standpoint）认为妇女的社会经历为发现科学中的男性偏见提供了一个独特的起点；女性后现代主义（feminist postmodernism），与最基本的科学假设相矛盾。她批评这些立场之间的不足和贫乏之处，但她认为，女性主义的批判性话语对于科学哲学的内在一致性至关重要。

哈丁《谁的科学？谁的知识？从女性生活中思考》（1991）

Harding, Sandra. *Whose Science? Whose Knowledge? Thinking from Women's Lives*. Ithaca: Cornell University Press, 1991.

此书建立在作者前一部著作的观点之上。从女性主义理论角度出发，作者对形而上的哲学问题进行了分析，即我们如何知道我们所知道的。在书的第一部分中，她重点讨论了科学知识的社会问题，目的是要揭露科学的社会建构性质。在第二部分，她修改了一些观点，然后探讨了女性主义立场提出的许多问题，这些立场认为，女性的社会经历为发现男性偏见以及质疑有关自然和社会生活的传统主张提供了一个独特的优势。在第三部分，哈丁探讨非白人、男性女性主义者和其他群体可以在科学问题上带来的贡献，并在最后总结了以这些见解为中心的女性主义科学方法。

约旦娃"性别与科学编史学"（1993）

Jordanova, Ludmilla. "Gender and the Historiography of Science". *British Journal for the History of Science* 26 (1993): 469-483.

卢德米拉·约旦娃 1993 年刊登在《英国科学史杂志》的这篇文章属于理论性的入门文章。大部分"性别与科学"的专著把焦点放在女性在某科学领域的地位和贡献，少有学者考虑从整体上为性别（不只是女性）和如何编写科学史建立关系。虽然读起来有点儿吃力，不过作者以独特的视觉艺术（visual arts）作为切入点，从大图景（big picture）愿景为性别与科学编史学建立理论关联是此文的创新点。

凯勒《对性别与科学的反思》（1985）

Keller, Evelyn F. *Reflections on Gender and Science*. CT: Yale University Press, 1985.

伊芙琳·凯勒是麻省理工学院科学史与科学哲学退休教授，长期关注 20 世纪生命科学史领域的性别表述等议题。凯勒揭示"男性—客观、女性—主观"的刻板性别观如何影响科研的目标和方法，同时探索了无性别科学的可能性以及使这种可能性成为现实的条件。此书结合了女性主义理论和知识社会学的方法论，对科学史与哲学的既有父权文化做出建设性的批判。

罗斯《爱、力量和知识：迈向科学的女性主义转型》(1994)

Rose, Hilary. *Love, Power and Knowledge: Towards a Feminist Transformation of the Sciences*. London: Polity Press, 1994.

该书是一部社会学作品，作者罗斯是社会学家，她关注知识生产的政治经济学以及什么是知识和什么不算知识，她探讨了妇女和少数群体如何受到社会政治的影响。此书把女性主义科学批评放在妇女运动和激进科学运动的核心位置。社会学出身的她以科学社会建构论阐明她认为具压迫性的"生物学就是命运"这一教条的看法。罗斯的其他作品用女性主义观点作为抵抗压迫科学技术的科幻题材，她认为女性主义与科学评论家是盟友，因为女性主义话语可以为科技设想出不一样的未来。

施宾格《女性主义改变科学了吗？》(1999)

Schiebinger, Londa. *Has Feminism Changed Science?* Cambridge, MA: Harvard University Press, 1999.

作者隆达·施宾格是斯坦福大学科学史系讲席教授，多年来关注女性在科学领域的历史、现况和未来。此书的标题牵涉科学的内部知识体系和外部就业比率，使20世纪90年代初闹得轰轰烈烈的"科学大战"中的每个派别都感到震惊并受到启迪。在考量女性主义观点是否给科学知识带来了积极的变化的问题上，施宾格从物理、医学、考古学、进化生物学、灵长类动物学和发育生物学等领域进行性别分析。她的研究表明，女性主义科学家已经在许多领域中开发了新理论，提出了新问题并开辟了新领域。

三、断代研究

1. 古代

阿里克《希帕蒂娅的遗产：一段从古代到19世纪末的女性科学史》(1986)

Alic, Margaret. *Hypatia's Heritage: A History of Women in Science from Antiquity to the Late Nineteenth Century*. London: Women's Press, 1986.

玛格丽特·阿里克的这本著作以古希腊女数学家的名字命名，涵盖了16世纪和17世纪的大量资料，包括从较早的上古时期至19世纪末。该书主要提供人物介绍，但也讨论了一些更广泛的主题，即医学界的女性，主要面向一般读者。

福尔摩斯《性别：上古及其遗产》（2012）

Holmes, Brooke. *Gender: Antiquity and Its Legacy.* Oxford: Oxford University Press, 2012.

布鲁克·福尔摩斯对古代的性别进行了解读，以期勾勒出当代性别研究的未来。通过重新审视古老的性别差异、身体、文化和身份观念，福尔摩斯证明了柏拉图、亚里士多德、斯多亚派、伊壁鸠鲁派等人和学派迫使我们重新评估当今有关性别的讨论中所涉及的问题。因此，古代世界为现代性别理论提供了重要的资源。

2. 中世纪

卡登《中世纪性别差异的含义：医学、科学和文化》（1993）

Cadden, Joan. *Meanings of Sex Difference in the Middle Ages*: *Medicine, Science, and Culture.* Cambridge: Cambridge University Press, 1993.

琼·卡登在一个少人问津的领域中开辟了新天地：欧洲中世纪的性别研究。此书探讨从古典希腊时期到中世纪的性别差异及其原因。卡登着墨于中世纪呈现的大学医学部门与自然哲学界的性别观，指出大阿尔伯特（Albertus Magnus）的自然哲学作品呈现出与其神学作品不同的性别理念。卡登关于中世纪的性别研究挑战了"18世纪是对性别观念彻底修改的唯一关键时期"这一观点。该书荣获1994年美国科学史学会辉瑞图书奖。

3. 现代早期

麦茜特《自然之死：妇女、生态和科学革命》（1980）

Merchant, Carolyn. *The Death of Nature: Women, Ecology and the Scientific Revolution.* San Francisco: Harper and Row, 1980.

中译本：吴国盛等译，《自然之死：妇女、生态和科学革命》，吉林人民出版社1996年版。

该书是卡洛琳·麦茜特的畅销作品。作者以"生态女性主义视角"去分析女性与自然之间的历史联结，她指出，在16世纪与17世纪之际，一个有生命、女性的大地作为其中心的有机宇宙形象，被机械论的世界观取代，自然在科学革命时期被持机械观的自然哲学家们重新建构成死寂、被动、可被控制的物品。《自然之死：妇女、生态和科学革命》考虑科学革命中自然与女性概念的转变。

施宾格《心智无性别吗？现代科学起源中的女性》（1989）

Schiebinger, Londa. *The Mind Has No Sex? Women in the Origins of Modern Science*. Cambridge, MA: Harvard University Press, 1989.

该书是施宾格的第一部学术专著，改写自她的哈佛大学博士毕业论文，此书集中分析早期现代欧洲妇女在不同场所参与科学的例子，包括从英法的贵族网络到德国的家庭手工艺女性传统下的著名女性，如英国女公爵玛格丽特·卡文迪什（Margaret Cavendish）、法国埃米莉·夏特莱侯爵夫人（Émilie du Châtelet）、德国女博物学家玛利亚·西比拉·梅里安（Maria Sibylla Merian）、德国女天文学家玛丽亚·温克尔曼·基希（Maria Winckelmann Kirch）等。

帕克等《剑桥科学史》第三卷《现代早期科学》（2006）

Park, Katherine and Lorraine Daston, eds. *The Cambridge History of Science*. Vol.3, *Early Modern Science*. Cambridge, UK: Cambridge University Press, 2006.

在凯瑟琳·帕克与洛林·达斯顿编辑的《剑桥科学史》第三卷《现代早期科学》内，有至少两章都提供了早期现代科学历史上的性别观念和学界争论，分别是隆达·施宾格（Londa Schiebinger）提笔的"拥有自然知识的女性"和多琳达·乌特勒姆（Dorinda Outram）的"性别"章节。前者总结了施宾格的第一本专著《心智无性别吗？现代科学起源中的女性》的重要内容，后者主张重新审视科学革命宏大叙事下的性别革命观。

4. 18—19 世纪

菲利普斯《科学淑女：女性对科学兴趣的社会史，1520—1918》（1990）

Phillips, Patricia. *The Scientific Lady: A Social History of Women's Scientific Interests, 1520-1918*. London: Weidenfeld and Nicolson, 1990.

探讨英国女性从 16 世纪到 20 世纪初期的科学兴趣社会史，覆盖范围几乎完全限于英格兰。

波里尔《法国女科学家的历史：从中世纪到革命时期》（2002）

Poirier, Jean Pierre. *Histoire des femmes de science en France: Du moyen âge à la Révolution*. Paris: Pygmalion/Gérard Watelet, 2002.

尚·皮耶 - 波里尔的《法国女科学家的历史：从中世纪到革命时期》覆盖法国

中世纪和早期现代女性科学家传记，和上面的《科学淑女：女性对科学兴趣的社会史，1520—1918》合起来读可以更好地掌握英法两国从现代早期到现代的女性参与科学的社会实践历程。

施宾格《自然的身体：构成现代科学的性别》（2004）

Schiebinger, Londa. *Nature's Body: Gender in the Making of Modern Science*. New Brunswick: Rutgers University Press, 2004.

施宾格的这部专著揭示了性别和种族的假设预想如何塑造自然科学知识，主要针对 18 世纪的欧洲博物学家如何把植物的性别史与那个时代欧洲社会和殖民地的人类性别和婚姻制度联系起来。除植物学以外，作者也关注 18 世纪的动物学，其中的一章"Why Mammals are Called Mammals"的中译文（"'兽'何以称为'哺乳'动物"）收录在 2004 年台湾出版的名为《科技渴望性别》的论文集内。此书荣获 1995 年 4S 学会（Society for Social Studies of Science）Ludwick Fleck 图书奖。

法拉《潘多拉的马裤：启蒙运动中的女性、科学与力量》（2004）

Fara, Patricia. *Pandora's Breeches: Women, Science and Power in the Enlightenment*. London: Pimlico, 2004.

帕特里夏·法拉的这本书以启蒙时代为背景，一半以上的章节都在探讨 17 世纪以来的男性与女性自然哲学伴侣，如法国哲学家和数学家笛卡尔与波西米亚伊丽莎白公主（Princess Elizabeth of Bohemia）关于自然哲学的通信，主要面向一般读者。

5. 19—20 世纪

阿比尔 – 阿姆等《不容易的职业生涯与亲密生活：科学界的女性》（1987）

Abir-Am, Pnina and Dorinda Outram, eds. *Uneasy Careers and Intimate Lives: Women in Science, 1789-1979*. New Brunswick: Rutgers University Press, 1987.

该书辑录了 12 篇论文，主要分两个部分："社会历史研究"和"传记研究"。每个部分包含 6 篇论文，集中关注 19 世纪和 20 世纪的美国和欧洲女科学家的生活和工作。通过研究过去允许或不允许女性参与正在进行的科学工作的社会环境，以及研究女科学家的"亲密生活"，人们更加意识到社会和家庭对促进所有科学发展的必要性。如果女性在没有结构性和个人支持的情况下无法从事科研工作，那么男性也就不能豁免，而且许多男性在科学领域的职业都需要根据这种见识进行重新评估。

柯安哲等《20 世纪科学、技术和医学中的女性主义》(2001)

Creager, Angela, Elizabeth Lunbeck and Londa Schiebinger, eds. *Feminism in Twentieth-Century Science, Technology, and Medicine.* Chicago: University of Chicago Press, 2001.

安科拉·柯安哲、伊丽莎白·伦贝克与隆达·施宾格合编的《20 世纪科学、技术和医学中的女性主义》会集了 13 位活跃于 20 世纪科学、技术、医学领域的学者，探讨女性主义为科学带来了哪些有益的变化。女性主义者在为妇女成为许多开放领域里的参与者的努力中取得了成功。但是，女性主义的影响并不仅限于改变妇女的上学和职业机会。该论文集探讨了女性主义理论如何对生物学和社会科学、医学和技术领域的研究产生直接影响，并从根本上改变此类研究的理论基础和实践。该论文集揭示了女性主义可以从内部给某些科学、技术和医学带来并非总是可见的变化。

富希特纳等《性别科学的全球史，1880—1960》(2017)

Fuechtner, Veronika, Douglas E. Haynes, and Ryan M. Jones, eds. *A Global History of Sexual Science,* 1880-1960. California: University of California Press, 2017.

该书是第一本有关这个领域的诞生和发展的全球性观点的选集，通过欧洲以外的参与者（亚洲、拉丁美洲和非洲）通过知识交流、旅游以及国际制作和传播的出版物传播思想，证明性科学家提出的概念和观念如何在整个现代世界中广为流传。

6. 维多利亚时代

鲁塞特《有性别的科学：维多利亚时代女性气质的建构》(1989)

Russett, Cynthia. *Sexual Science: The Victorian Construction of Womanhood.* Cambridge, MA: Harvard University Press, 1989.

辛西娅·鲁塞特的《有性别的科学：维多利亚时代女性气质的建构》考察了 19 世纪以来的男性科学家如何用当时的进化生物理论去试图证明女性不如男性。在世纪之交，世俗化与科学成功地挑战了宗教的社会权威，科学家拥有了前所未有的权威，但是，在维多利亚时代的性别科学中，经验主义与先验信念纠缠在一起，科学家们对男人和女人之间在心理和生理上的差异进行了描述，目的是要表明女人如何以及为什么不如男人。

希黛儿《花神的女儿——英国植物学文化中的科学与性别（1760—1860）》

Shteir, Ann. *Cultivating Women, Cultivating Science: Flora's Daughters and Botany in England, 1760-1860.* Baltimore: The Johns Hopkins University Press, 1999.

中译本：姜虹译，四川人民出版社 2021 年版。

安·希黛儿在该书中探讨了维多利亚时代来临之前和之后妇女在植物学领域的贡献。她展示了 18 世纪关于植物学作为一种休闲活动以自我完善和"女性化"追求的思想如何为妇女提供前所未有的机会来发表其发现和观点。然而，到了 1830 年代，植物学已被视为专家和专家的专业活动，而且妇女作为作家和教师在植物学领域的贡献被认为是有问题的。尽管女性的贡献在科学的社会历史中被限制了，但妇女仍然热衷于参与国内外的植物活动，特别是通过为其他妇女、儿童和普通读者撰写科普文章参与活动。

四、分科研究

1. 数学

夏皮罗《波西米亚公主伊丽莎白与笛卡尔的通信》（2007）

Shapiro, Lisa. *The Correspondence between Princess Elisabeth of Bohemia and René Descartes.* Chicago: University of Chicago Press, 2007.

辑录了波西米亚的伊丽莎白公主和笛卡尔在 1643—1649 年的 58 封信件，这些信件不但展示了笛卡尔的自然哲学和数学，还揭示了伊丽莎白公主对形而上学、分析几何学和道德哲学的掌握和浓厚兴趣，以及笛卡尔对伊丽莎白的思辨能力的高度嘉许。

比利等《数学中的女性：庆祝美国数学协会成立一百周年》（2017）

Beery, Janet L., Sarah J. Greenwald and Jacqueline A. Jensen-Vallin, et al. *Women in Mathematics: Celebrating the Centennial of the Mathematical Association of America.* Berlin: Springer, 2017.

该书是美国数学协会（MAA）在 2015 年为庆祝学会成立 100 周年所举办的主题会议"妇女对数学的贡献"的会议论文集。该书包含有关妇女和数学的传记、历史和文化讨论。论文集的作者重点介绍了女性在数学上的成就，展示了数学文化的变化，这些变化使更多的女性获得了大学终身职位，获得了享有声望的奖项和荣誉，并担任了领导职务。

2. 物理学

韦特海姆《毕达哥拉斯的裤子》(1997)

Wertheim, Margaret. *Pythagoras's Trousers: God, Physics, and the Gender War*, 1st edition. Norton Company, 1997.

该书关注物理与宗教之间的历史关系，以及对性别之争的影响。从古希腊的"万物皆数"到现代量子力学，作者认为物理学一直是男性占绝对优势的科学活动。她认为物理学中的性别不平等可追溯到西方宗教里上帝作为神圣的数学家与物理学家作为牧师的男性形象。作者承认物理与宗教的历史关联性对心理和文化影响只是问题的一部分，并不能取代社会和制度上对女性的不公平对待，社会需要让男性和女性都参与塑造下一代物理学家的过程。

3. 化学

沃顿《打造玛丽·居里：信息时代的知识产权与名人文化》(2015)

Wirtén, Eva Hemmungs. *Making Marie Curie: Intellectual Property and Celebrity Culture in an Age of Information*. Chicago: University of Chicago Press, 2015.

中译本：袁锡江译，黑龙江教育出版社 2017 年版。

居里夫人代表了女性在现代科学取得的巨大成就，她是第一也是唯一获得化学与物理双诺贝尔奖的女性，她是从事科学事业的妇女的榜样，也是她的故乡（波兰和法国）以及欧洲联盟卓越科学卓越品牌的骄傲。这本非常规传记探索了"居里角色"（Curie persona）的出现，塑造其发展时期的信息文化，以及居里夫人本人管理和利用其知识产权的策略。

4. 生物学

哈拉维《晶体、织物和田野：20 世纪发育生物学中有机主义的隐喻》(1976)

Haraway, Donna. *Crystals, Fabrics, and Fields: Metaphors of Organicism in Twentieth-Century Developmental Biology*. CT: Yale University Press, 1976.

该书是哈拉维的第一本学术专著，改写自她的耶鲁大学毕业论文。全书探讨了20 世纪的发育生物学家如美国的胚胎学家罗斯·哈里森（Ross G. Harrison），原为剑桥的生化学家、后来转向中国古代科技史的李约瑟（Joseph Needham）和奥地利神经生物学家保罗·魏斯（Paul Weiss）从活力主义机制向有机主义机制的范式转变。该书巧妙地将托马斯·库恩（Thomas Kuhn）的范式转移概念融入发育生物学这一领域的分析中，强调了模型、类比和隐喻在范式中的作用，并主张生物学中任何真正有用的理论体系都必须具有中心隐喻。

哈拉维《灵长类动物的愿景：现代科学世界中的性别、种族和自然》（1990）

Haraway, Donna. *Primate Visions: Gender, Race and Nature in the World of Modern Science.* London: Routledge, 1990.

唐娜·哈拉维是研究生物学出身的，后来转向生物史，以在灵长类动物学（primatology）领域的性别分析闻名，是加州大学圣克鲁兹分校性别认知史与女性研究系教授。该书探讨的主题是绘制灵长类动物历史图诸如猿类和猴子时所做的性别文化假设，作者用社会人类学、妇女研究、文化研究的分析手法去质疑和否定科学的客观性。

哈拉维《类人猿、机器人和女性：自然的重塑》（1990）

Haraway, Donna. *Simians, Cyborgs, and Women: The Reinvention of Nature.* London: Routledge, 1990.

该书是哈拉维在 1978—1989 年撰写的 10 篇论文结集。从表面上看，类人猿、机器人（或赛博格）和女性看似是没有关系的三个独立单元，哈拉维将其深层次的联系描述为"生物"，认为它们在西方进化技术和生物学领域具有极大的破坏性。在该书中，哈拉维分析了有关自然、生物体和机器人的创造的叙述。机器人既是社会现实又是科幻小说，它是有机体和机器的混合体，代表了自然界和文化分裂的越界边界和强烈融合。通过摆脱僵化的二元论，半机械人存在于后性别世界中，因此为现代女性主义者提供了无限可能。

五、国别研究

1. 美国

罗西特《美国女科学家（上）：直至 1940 年的奋斗与策略》（1984）
罗西特《美国女科学家（中）：平权运动前夕，1940—1972》（1998）
罗西特《美国女科学家（下）：1972 年后打造的新世界》（2012）

Rossiter, Margaret. *Women Scientists in America: Struggles and Strategies to 1940*

(Vol.1). Baltimore: The Johns Hopkins University Press, 1984.

Rossiter, Margaret. *Women Scientists in America: Before Affirmative Action, 1940-1972* (Vol.2). Baltimore: The Johns Hopkins University Press, 1998.

Rossiter, Margaret. *Women Scientists in America: Forging a New World since 1972* (Vol.3). Baltimore: The Johns Hopkins University Press, 2012.

玛格丽特·罗西特广受赞誉的巨作《美国女科学家》，分上、中、下三卷，每卷平均超过 500 页，三卷都由约翰·霍普金斯大学出版，涵盖了从 19 世纪末到 20 世纪 70 年代后美国女科学家历史上的开创性努力和面对的障碍。战争带来的劳动力短缺和对女性参与科研工作的公众态度为女性进入科学领域带来了新希望，但是父权制度以及大学、政府和行业的保守价值观却妨碍女性进入一线科研行列，罗西特笔下的美国女科学家为她们的领域做出了真正的贡献，职业地位不断提高，并为 1972 年之后的突破奠定了基础。作者罗西特是前任美国科学史学会会长和 *Isis* 杂志主编，在撰写三卷书的 28 年内，她挖掘了近 100 个以前未经审查的档案馆藏和 50 多个口述历史，这三卷书展示了美国妇女在科学界的集体奋斗史。

2. 俄国

科布利兹《科学、妇女与革命在俄国》(2000)

Koblitz, Ann. *Science, Women, and Revolution in Russia*. Amsterdam: Harwood Academic Publishers, 2000.

该书对俄罗斯妇女积极参与国家职业科学进行了详尽的记录和审慎的分析。其分析有两个方面：不断扩大的社会压力以扩大对妇女开放的职业范围的一般动力，以及被选择进行特殊分析的个别妇女的个人经历。科布利兹充分意识到，妇女的解放和专业地位的提高过程有时会因政府政策的不利变化而中断。该书主要集中描述 20 世纪 60 年代的俄国，对后来的发展，特别是 19 世纪中期的妇女解放和就业状况提供了精彩的时代背景和历史论述。书评可见 2002 年第 93 期第 1 季的 *Isis*。

3. 中国

白馥兰《技术与性别》(1997)

Bray, Francesca. *Technology and Gender: Fabrics of Power in Late Imperial China*. California: University of California Press, 1997.

中译本：吴秀杰等译，《技术与性别》，江苏人民出版社 2017 年版。

作者白馥兰是英国著名汉学家，早年在李约瑟团队中非常活跃，成名作《稻米经济：亚洲社会的技术与发展》(*The Rice Economies: Technology and Development in Asian Societies*)考察了东亚湿稻经济体的技术和社会演进模式。在《技术与性别》一书中，白馥兰继续关注中国古代技术史，并把女性带入技术史，为女性历史中添加技术维度。书中提出 gynotechnics（女性技术）这一新概念，套用在公元 1000 年至 1800 年的中国社会中，女性在日常技术领域的活动和创造的物质文化。

六、人物研究

1. 希帕蒂娅（Hypatia，公元 5 世纪前半叶）

德兹尔卡《亚历山大里亚的希帕蒂娅》(1995)

Dzielska, Maria, (Lyra, transl.) *Hypatia of Alexandria*. Cambridge: Harvard University Press, 1995.

希帕蒂娅是一位杰出的数学家，雄辩的新柏拉图主义者，并且是一位以美丽著称的女性，可是她于 415 年在亚历山大市被一群基督教徒残酷地谋杀。从那时起，她就一直是传奇。作者德兹尔卡搜寻传说背后的故事，为我们带来有关希帕蒂娅生死的真实故事，以及对她丰富多彩的思维世界的新见解。

2. 柯瓦列夫斯卡娅（Sofia Kovalevskaia，1850—1891）

科布利兹《融合的生活——柯瓦列夫斯卡娅：科学家、作家、革命家》(1983)

Koblitz, Ann. *A Convergence of Lives: Sofia Kovalevskaia: Scientist, Writer, Revolutionary*. New Brunswick: Rutgers University Press, 1983.

此书是安·科布利兹的第一部学术专著，内容是俄国 19 世纪末著名女数学家索菲亚·柯瓦列夫斯卡娅（1850—1891）的传记作品。此书的正标题《融合的生活》指的是柯瓦列夫斯卡娅在其 41 年的生命中体现了作为科学家、作家和革命分子的有机融合。19 世纪下半叶见证了革命主义的兴起、达尔文进化生物学的兴起、妇女维权运动的兴起以及对既定思维方式的其他挑战。科布利兹是亚利桑那州立大学荣休教授。

3. 米列娃（Mileva Einstein–Marić，1875—1948）

埃斯特森等《爱因斯坦的妻子：米列娃·爱因斯坦 – 马利奇的真实故事》(2020)

Esterson, Allen, David C. Cassidy, and Ruth Lewin Sime. *Einstein's Wife: The Real*

Story of Mileva Einstein-Marić. Cambridge, MA: MIT Press, 2020.

　　米列娃·爱因斯坦–马利奇（Mileva Einstein-Marić）是著名物理学家爱因斯坦（Albert Einstein）的第一任妻子。米列娃是她那个时代为数不多的接受科学高等教育的女性之一。她和爱因斯坦都是苏黎世理工学院的学生。然而，米列娃在科学事业上的野心遭受了一系列挫折。她和爱因斯坦于 1903 年结婚，育有两个儿子，但后来婚姻失败。这本基于一手历史证据的传记，揭穿坊间一些流传的谣言。三位作者讲述的是在科学对女性的欢迎程度不高的时候，一个勇敢而果断的年轻女性与各种障碍做斗争的故事。

4. 迈特纳（Lise Meitner，1878—1968）

赛姆《丽丝·迈特纳》（1997）

Sime, Ruth L. *Lise Meitner: A Life in Physics*. California: University of California Press, 1997.

中译本：戈革译，《丽丝·迈特纳》，江西教育出版社 1999 年版。

　　丽丝·迈特纳、奥托·哈恩（Otto Hahn）和弗里茨·斯特拉斯曼（Fritz Strassmann）是核物理学的先驱和共同发现者。冒着科学界的性别歧视，丽丝·迈特纳加入了著名的凯撒·威廉（Kaiser Wilhelm）化学学院，并成为国际物理学界的杰出成员。迈特纳是犹太人，于 1938 年逃离纳粹德国前往斯德哥尔摩，1944 年获诺贝尔物理学奖。这部著作是迈特纳的权威传记，她是一位杰出女性，她的非凡生活不仅说明了科学的进步，也标志着 20 世纪物理界的性别不公。

5. 麦克林托克（Barbara McClintock，1902—1992）

康福特《纠结的领域：芭芭拉·麦克林托克寻找遗传控制模式》（2001）

Comfort, Nathaniel. *The Tangled Field: Barbara McClintock's Search for the Patterns of Genetic Control*. Cambridge, MA: Harvard University Press, 2001.

　　芭芭拉·麦克林托克是一位遗传学家，她将古典遗传学与对染色体行为的微观观察相结合，被认为是一个天才。1946 年，她发现了移动遗传元件，她称之为"控制元件"。37 年后，她因这项工作而获得了诺贝尔奖，成为第三位获得诺贝尔科学奖的女性。从那时起，麦克林托克成为女性科学思维的象征。

第三十九章　科学与宗教

徐军

本章主要涉及科学与基督教在现代西方语境中的关系，分工具书、通论和断代研究三个部分，各部分文献按出版年份升序排列。

一、工具书

芬格伦、拉尔森《西方传统中的科学与宗教历史百科全书》(2000)

Ferngren, Gary B. and Larson, J. Edward, eds. *The History of Science and Religion in the Western Tradition: An Encyclopedia*. Garland Pub, 2000.

716 页。中型百科全书。该书的作者和编辑都是西方科学与宗教研究领域的重要学者，整部百科全书由 103 个词条构成，内容涉及西方传统中的不同主题，分为 10 个部分：科学与宗教的关系、传记研究、思想基础与哲学背景、特定宗教传统与历史时段、天文学与宇宙学、物质科学、地球科学、生命科学、医学与心理学、神秘学。全书对科学与宗教历史提供了一个全面描述，适合任何希望进入该领域的学生以及开展进一步研究的历史学家阅读，对神学家、科学家和哲学家也都很有价值。

海斯登、豪威尔《科学与宗教百科全书》(2003)

Huyssteen, J. W. V. and Howell, N.R., et. al., eds. *Encyclopedia of Science and Religion*. New York: Macmillan Reference USA, 2003.

1070 页。大型百科全书，包含 400 多篇不同主题的文章，按照 A ~ Z 的顺序排列，这些文章的作者均为科学与宗教研究方面的专家及他们的学生。这部百科全书的特色也比较突出，它提供了 20 篇科学与宗教关系方面重要人物的传记，也用专题的形式讨论了科学和世界主要宗教（包括犹太教、伊斯兰教、基督教传统、中国宗教、佛教和印度教）的关系。所有文章都有署名，并提供了参考书目，可以供进一步研究参考。

哈内赫拉夫《灵知与西方神秘学词典》（2006）

Hanegraaff, Wouter J, ed. *Dictionary of Gnosis & Western Esotericism*. Leiden/
Boston: Brill, 2006.

1260 页。大型工具书，包含 400 多篇不同主题的文章，由 180 多位相关领域的
专家撰写，范围涵盖了从古代晚期到现代的完整时段，对诺斯替教、赫尔墨斯主义、
占星术、炼金术、魔法、共济会、光照派、19 世纪的神秘主义运动、20 世纪的新时
代运动等神秘主义的主要流派进行了讨论，提供了关于神秘学主要流派和历史发展
的完整线索。此外，这部词典还包括神秘学相关的重要人物的观点、意义和历史影响。
是了解西方文化中神秘传统的一部重要工具书。

菲利普《牛津宗教与科学手册》（2006）

Clayton, Philip, ed. *The Oxford Handbook of Religion and Science*. Oxford: Oxford
University Press, 2006.

536 页。该书是对科学与宗教领域介绍全面、同时又比较新的一部单卷本手册。
手册涵盖了世界不同宗教传统、不同科学领域，每一篇文章都是由从事专门研究的
学者所撰写，凸显了"科学与宗教"作为一个跨学科领域下不断丰富的子学科令人
兴奋的研究现状。全书共分为 6 个部分：跨越世界不同传统中的宗教与科学、在当代
科学的光芒中想象宗教、宗教与科学的主要领域、宗教与科学研究中的方法论、宗
教与科学中的核心理论争论、宗教与科学中的价值问题。全书提供了足够的广度，
又兼顾每篇文章的深度，尤其是对当前一些具有争议的问题提供了正反两方面专家
的意见，比如自然主义和超自然主义之间的争论，包含一些哲学家和社会科学家的
重要作品。

艾瑞、莱德曼《科学、宗教与社会：一部历史、文化与争论的百科全书》（2007）

Eisen, Arri, and Laderman, Gary, eds. *Science, Religion, and Society: An Encyclopedia
of History, Culture, and Controversy*. New York: Philadelphia: Routledge Taylor & Francis
Group, 2007.

910 页。这部独特的百科全书探讨了科学与宗教在历史和当代中的争论，旨在提
供多元文化、不同宗教下的观点，同时覆盖了人文、自然和社会科学等不同领域的
观点。作者包括神学家、宗教学者、医生、科学家、历史学家和心理学家。全书分
为 2 卷，包含 86 篇文章，这些文章共分为 9 个大的主题，分别是：通览，历史视角，

创世与宇宙起源，生态，演化与自然世界，意识、心灵与大脑，疗愈者与疗法，临终与死亡，遗传学与宗教。

莱恩、莫兰德《布莱克威尔自然神学指南》（2009）

Lane, Craig, William and Moreland, J. P., eds. *The Blackwell Companion to Natural Theology*. Chichester, U.K.: Wiley-Blackwell, 2009.

696 页。该书为布莱克威尔指南中的一种，包含 11 篇文章，作者均为在相关主题上有出色工作的一流哲学家，他们提供了从宇宙论、目的论、意识、理性、道德、罪恶、宗教经验、本体论、奇迹等不同角度为自然神学提供的论证，有助于理解自然神学与当代西方哲学、科学的关系，对于深入理解自然神学的历史和现状十分有帮助，但该书对读者的哲学背景要求比较高。

哈里森《剑桥科学与宗教指南》（2010）

Harrison, Peter, ed. *The Cambridge Companion to Science and Religion*. Cambridge/New York: Cambridge University Press, 2010.

316 页。该书提供了西方科学和宗教之间关系的全面介绍，作者包括历史学家、哲学家、科学家和神学家，大多是长期关注该问题的重要学者，如林德博格、约翰·布鲁克、南博斯、彼得·哈里森等。全书分成两个部分：第一部分探讨二者的历史关系，涉及宗教对科学的起源和发展的影响、宗教对达尔文主义的反应以及科学和世俗化之间的联系；第二部分讨论宗教与当代科学的关系，从宇宙学、进化生物学、心理学和生物伦理学的角度提供了对当代问题的深入讨论。

路易斯、阿梅《宗教与科学权威手册》（2010）

Lewis, Jim R. and Olav Hammer, ed. *Handbook of Religion and the Authority of Science*. Leiden/Boston: Brill Academic Pub, 2010.

941 页。该书是博睿当代宗教系列手册中的一部，与其他手册和百科全书相比，这部手册关注科学与宗教之间一个重要但却较少被注意到的方面，即宗教普遍倾向于诉诸科学来支持其真理主张。尽管对科学的呼吁在基督教背景下比较明显，但当代主要的信仰传统都未能幸免于这种模式，几乎每个宗教的成员都希望看到其"真理"得到科学权威的支持，因此这部手册系统地检讨了这种模式，并展示了宗教诉诸科学权威的不同方式，从而有助于了解不同宗教在现代世界如何根据科学调整其主张，凸显科学对于宗教的影响。全书包含 32 篇不同主题的文章，分为理论、佛教与东亚传统、南亚传统、犹太教与伊斯兰教、基督教传统、唯灵论与招魂术、神秘学、另类考古学、怀疑论 9 个大的主题。

克里斯托弗、布鲁克《上帝，人性与宇宙：科学与宗教教科书》(2011)

Southgate, Christopher and Brooke, John Hedley, eds. *God, Humanity and the Cosmos: A Textbook in Science and Religion*. Third edition. London: T & T Clark, 2011.

528 页。该书初版于 1999 年，2003 年初版重印，2005 年修订扩充后再版，2010 年再版再印，2011 年修订扩充至第三版，由此可见其在英语世界中的影响力。该书是唯一一部关于科学与宗教的教科书，分为 4 个部分：第一部分涵盖了科学与宗教互动的历史、创世神学和科学哲学；第二部分深入探讨了物理学、进化生物学和心理学 3 个科学与宗教产生最突出交叉的领域；第三部分提供了用于讨论科学与宗教争论的、包括基督教传统在内的各个宗教思想资源；第四部分涉及科学与宗教领域当前的一些重要议题，如科学与教育、新无神论、伊斯兰教与科学、技术与基督教、生物技术、气候变化、对该领域未来发展的预测等。该书是进入科学与宗教研究领域的一本全面又具深度的入门读物。

斯汤普、帕吉特《布莱克威尔科学与基督教指南》(2012)

Stump, J. B. and Alan G. Padgett, eds. *The Blackwell Companion to Science and Christianity*. Chichester, West Sussex; Malden, MA: Wiley-Blackwell, 2012.

664 页。该书为布莱克威尔指南中的一种，通过 54 篇由世界领先的学者和该学科的后起之秀撰写的原创文章提供了对科学和基督教交叉的核心思想的一项前沿调查。全书分为 9 个话题：历史情节、方法、自然神学、物理学和宇宙学、演化、人文科学、基督教生命伦理、形而上学的意义、心灵、神学以及 20 世纪的重要人物。全书重点关注基督教与科学的互动，并对其中的重要问题进行了细致分析，例如宇宙学中的多元宇宙理论、进化的收敛、智能设计、自然神学、人类意识、人工智能、自由意志、奇迹与"三位一体"等以及其他重要主题。在论述科学和基督教之间关系的主要历史发展时，该书讨论了包括基督教教父、科学革命、对达尔文的接受以及 20 世纪原教旨主义等重要人物和事件。该书包含了历史、哲学、神学、科学等不同视角，并拓展了以往英语中心的传统，对于了解科学与基督教的当前研究提供了一个全面而清晰的指南。

安妮、奥维亚多《诸科学与宗教百科全书》（2013）

Runehov, Anne L. C. and Oviedo, Lluis, eds. *Encyclopedia of Sciences and Religions*. Dordrecht/New York: Springer, 2013.

2341 页。大型百科全书。该书的标题中科学和宗教都使用了复数，表明其作为百科全书试图覆盖所有学科、所有宗教传统、所有文化背景下涉及"科学"与"宗教"二者概念的学术领域。全书采用了 A ~ Z 的顺序，邀请了世界各地的学者对其中的关键思想、理论、概念和人物进行了介绍，不仅提供了一个全面、最新的科学与宗教研究的地图，同时也激发了潜在的在不同科学与宗教之间对话的可能。每个词条背后都提供了参考文献以及与之相关的其他词条。该书适合任何对"科学与宗教"这一主题感兴趣的读者。

布鲁克、沃茨《牛津自然神学手册》（2013）

Brooke, John Hedley and Watts, Fraser, et al., eds. *The Oxford Handbook of Natural Theology*. New York: Oxford University Press, 2013.

672 页。该书是第一本从历史和当代两个方面全面审视自然神学的研究手册，全书分为 5 个部分，分别从历史、神学、哲学、科学和艺术 5 个角度对自然神学进行了严肃的批评和讨论，其覆盖的时间段从古希腊哲学、神学一直持续到 21 世纪的科学与宗教辩论。38 篇文章从不同的历史和宗教背景出发，揭示了自然神学在不同哲学传统、多样的科学领域以及不同的文化和审美下所反映出的不同面貌。该书对哲学、神学、历史、科学和文化研究都具有重要的参考价值。

二、通论

德雷珀《宗教与科学冲突史》（1874）

Draper, John William. *History of the Conflict Between Religion and Science*. Cambridge library collection. Cambridge: Cambridge University Press, 2009[1874].

中译本：张微夫译，《宗教与科学之冲突》，辛垦书店 1934 年版。

296 页。作者约翰·威廉姆·德雷珀（1811—1882），出生于英国，哲学家、医师、化学家、历史学家和摄影师。他因制作了第一张清晰的女性面孔照片和第一张详细的月球照片而受到赞誉。该书是 19 世纪 70 年代德雷珀受邀撰写的，其最初是为了回应罗马天主教的当代问题，如教皇无错的教义、天主教传统的反智主义。但他在书中认为伊斯兰教、新教与科学之间几乎没有冲突。德雷珀是最早持"科学与宗教冲突论"且最具影响力的代表人物之一。该书在民国时期即被当时宣传马克思主义的同人书店——辛垦书店组织翻译出版，用于宣传科学。

怀特《基督教世界科学与神学论战史》(1896)

White, Andrew Dickson. *A History of the Warfare of Science with Theology in Christendom*. Kessinger Publishing, LLC, 2004[1896].

中译本：鲁旭东译，《科学 – 神学论战史》，商务印书馆 2012 年版。

885 页。作者安德鲁·迪克森·怀特（1832—1918），美国外交家、作家及教育家，是康奈尔大学的创始人和第一任校长。该书是最早系统地从历史角度论述科学与宗教关系的经典著作之一，因持有科学与宗教冲突的观点，他和德雷珀两人的这一观点也被称为"德雷珀 – 怀特论题"。全书分两卷，共 20 章，对地理学、天文学、地质学、考古学、气象学、物理学、化学、医学、卫生学、精神病学、比较语言学、比较神话学、政治经济学等诸多西方现代人文、自然和社会科学的起源进行了梳理，作者认为每个学科的诞生都有一个与神学斗争的过程，其中不乏教会、神学教条对科学家的迫害、对科学新思想的压制。但该书中的观点之后被 20 世纪以来的学者进行了批判，认为其带有明显的辉格史倾向，并且往往是以论带史，先有观点，再寻找能够证明其观点的材料，或者将已有史料以符合自己观点的角度进行解读。建议与《上帝与自然》(1986)、《科学与宗教》(1991)、《科学与宗教的冲突：一个永不消亡的想法》(2018) 对照阅读。

巴伯《科学与宗教》(1966)

Barbour, Ian G. *Issues in Science and Religion*. London: S C M Press, Limited, 1968.

中译本：阮炜等译，《科学与宗教》，四川人民出版社 1993 年版。

611 页。作者伊安·G. 巴伯（1923—2013），出生于北京，父亲为燕京大学地质学系教授乔治·巴伯（George Brown Barbour，1890—1977）。伊安·巴伯被认为是英语世界科学与宗教研究领域的奠基人之一，《科学与宗教》初版于 1966 年，是其代表作，也被视为该领域的经典著作。巴伯于 1949 年获得芝加哥大学物理学博士，学习期间曾担任物理学家费米的助教。毕业后一直从事大学物理教学和研究，之后进入耶鲁大学神学院学习，于 1955 年获得神学硕士，此后一直在卡尔顿学院同时教授物理学和宗教学，直至 1986 年退休。巴伯还曾受邀于 1989—1991 年担任吉福德讲座的主讲人，并在 1999 年获得坦普尔顿奖。该书分为三部分，分别是宗教与科学史、宗教与科学方法、宗教与科学理论，全面而又系统地从科学、历史、哲学、神学等不同角度对西方有关科学与宗教的问题进行了梳理、比较和鉴别，力图通过分析哲学的方法来论述相关问题，同时又兼具可读性和通俗性。即便距离中译本问世已经过去近30年，该书仍不失为进入该领域的一本入门书。

林德伯格、南博斯《上帝与自然》（1986）

Lindberg, David C. and Numbers, Ronald L., eds. *God and Nature: Historical Essays on the Encounter between Christianity and Science*. Berkeley: University of California Press, 1986.

516页。该书是由林德伯格和南博斯组织专业历史学者编写的一部论文集，但对象是普通读者，其目标是挑战关于科学与宗教关系的"冲突论"历史叙事，回应"德雷珀－怀特论题"。整部论文集涵盖了重要的历史时期（如早期教会、中世纪、19世纪）、重要的思想（如基督教和机械论宇宙、地质学和地球历史、达尔文主义）、重要的群体和个人（如哥白尼、天主教会、新教改革者、清教徒、19—20世纪的新教神学家等）。这些论文都提供了进一步阅读的书单，是了解1970年代至1980年代西方科学史界关于科学与宗教关系的一部必读作品。

布鲁克《科学与宗教》（1991）

Brooke, John Hedley. *Science and Religion: Some Historical Perspectives*. Canto classics edition. Canto classics. United Kingdom: Cambridge University Press, 1991.

中译本：苏贤贵译，《科学与宗教》，复旦大学出版社2000年版。

452页。作者约翰·H.布鲁克，英国科学史家，1965年获得剑桥大学自然科学一等荣誉学士学位，之后从事19世纪有机化学史研究并获得剑桥大学博士学位，长期从事科学创新与宗教信仰之间历史关系的研究，先后在萨塞克斯大学、兰卡斯特大学教授自然科学和历史学，1999年被任命为牛津大学首位安德烈亚斯·伊德里奥斯（Andreas Idreos）科学与宗教教授，并担任伊恩·拉姆齐中心（Ian Ramsey Centre）主任。《科学与宗教》初版于1991年，获得科学史学会沃森·戴维斯奖（Watson Davis Prize），并有中文、希腊语、日语、韩语、葡萄牙语、罗马尼亚语、俄语、西班牙语等多种语言的译本，被认为是科学与宗教史研究中一部里程碑式的著作。2014年，该书被收入剑桥大学"Canto Classics"系列丛书。全书除导论外，共8章，论述了在基督教文化背景下，西方近代科学自诞生以来，在其起源、发生和发展的过程中，科学的理论与实践同基督教之间的相互作用和冲突。作者通过细致入微的史学分析，试图纠正学者和普通公众看待科学与宗教关系时的一些误解和简单化的结论。作者认为科学与宗教两者之间的关系既不是绝对冲突的，也不是绝对和谐的，更不是相互无关的，并且指出在历史上科学与宗教的界线常常发生变化——这一观点后来被称为"复杂论"。正文之后有详细的文献注释，对于每一章涉及的原始文献和研究文献都有介绍，可以作为进一步研究的起点。

狄克森《科学与宗教：极简导论》（2008）

Dixon, Thomas. *Science and Religion: A Very Short Introduction*. New York: Oxford University Press Inc, 2008.

144 页。该书为牛津通识丛书中的一种，作者托马斯·狄克森在剑桥大学获得博士学位，目前是伦敦大学玛丽女王学院的历史学教授，同时也是国际科学与宗教协会的成员，他的研究兴趣包括哲学、科学、医学和宗教的历史，是情感史和维多利亚时期的思想文化史方面的专家。在这本小书中，狄克森通过对伽利略、达尔文、1925 年的"猴子审判"等若干具有里程碑意义的历史案例的分析，探讨了科学与宗教复杂争论背后的关键哲学问题，同时也强调了这些争论背后的社会、政治和伦理背景。在短短一百多页的篇幅中涵盖了科学与宗教关系史的方方面面，对于快速了解这一主题十分有帮助。作者还提供了进一步阅读的书单，为快速了解书中提及的重要主题指明了方向。

狄克森、康托尔《科学与宗教：新的历史视角》（2010）

Dixon, Thomas and Cantor, Geoffre, et al., eds. *Science and Religion: New Historical Perspectives*. Cambridge University Press, 2010.

333 页。这是一部文集，包含 14 位不同作者的文章，编者包括伦敦大学历史学教授托马斯·狄克森、利兹大学科学史荣休教授杰弗里·坎特、兰卡斯特大学科学史高级讲师斯蒂芬·普弗雷。该文集汇集了科学与宗教历史研究领域的领先学者们的成果，探讨了"科学"和"宗教"这两个分类的历史和含义变化，出版和教育在伪造和传播中的作用，知识、权力和帝国主义之间的联系等问题。文集包含"分类""叙事""出版的政治""展望未来"四个主题，接续但又拓展了布鲁克在《科学与宗教》中提出的"复杂论"。对了解科学与宗教关系史的最新研究方法有很大的借鉴意义。

哈里森《科学与宗教的领地》（2015）

Harrison, Peter. *The Territories of Science and Religion*. Chicago: Chichester: University of Chicago Press John Wiley & Sons, Limited, 2015.

中译本：张卜天译，《科学与宗教的领地》，商务印书馆 2016 年版。

388 页。作者彼得·哈里森（1955— ），澳大利亚人，在昆士兰大学获得博士学位，并拥有耶鲁大学和牛津大学硕士学位、牛津大学文学博士学位，曾任牛津大学安德烈亚斯·伊德里奥斯科学与宗教教授，牛津大学伊恩·拉姆齐中心主任，目前是昆士兰大学高等人文研究院院长。他是国际科学与宗教协会的创始人之一，也是奥地利人文科学院院士。他的研究集中于现代早期的哲学、科学与宗教思想史。该书据作者于 2010—2011 年在爱丁堡大学发表的吉福德演讲整理修订而成，并于 2015 年获得奥尔德斯盖特奖（Aldersgate Prize）。在这部书中，哈里森教授对自己数十年来关于科学与宗教的历史研究进行了总结，其创新之处在于将宗教史和科学史的研究成果进行了有机整合，激活了很多原始史料，令人信服地绘制出了西方科学发展与基督教关系的一幅复杂图景。全书分为 6 章，截取了从古希腊和早期基督教一直到 19 世纪末的若干历史侧面，试图将道德哲学史与科学史更紧密地联系起来，颠覆了传统的关于西方发展的一种常见叙事，即最初诞生于古希腊，接着在基督教的中世纪衰落下去，然后随着科学革命而复兴，最后随着科学在 19 世纪的职业化而取得最终胜利。该书被认为是自约翰·布鲁克《科学与宗教》之后对科学与宗教的历史所做的最新且最重要的研究。

芬格伦《科学与宗教：历史导论》（2017）

Ferngren, Gary B., ed. *Science and Religion: A Historical Introduction*. 2nd ed. Baltimore: Warriewood, NSW, Australia: Johns Hopkins University Press Footprint Books, 2017.

500 页。编者盖瑞·芬格伦是俄勒冈州立大学历史、哲学与宗教学院的历史学教授，1973 年于哥伦比亚大学获得博士学位，研究兴趣主要包括古代医学的社会史、宗教与古代医学、宗教与科学的关系史。该书初版于 2002 年，2017 年再版，是关于科学与宗教历史的一部不可多得的教材，该书涵盖了基督教早期到 20 世纪后期的全部时段，对西方宗教传统与科学之间的复杂关系做了全面概述，第二版除了修订原有的文章，还增加了若干新的章节，涵盖了新的科学方法和学科，也对科学与非基督教传统，如犹太教、伊斯兰教、亚洲宗教和无神论等的关系进行了探讨。该书对于了解科学与宗教的历史，提供了一个非常全面而又不失深度的导论性读物。

哈丁、南博斯《科学与宗教的冲突：一个永不消亡的想法》(2018)

Hardin, Jeff and Ronald L. Numbers, et al., eds. *The Warfare between Science and Religion: The Idea That Wouldn't Die*. Baltimore: Johns Hopkins University Press, 2018.

368 页。这是一部论文集，编者杰夫·哈丁是威斯康星大学雷蒙德·凯勒（Raymond E. Keller）教授兼整合生物学系主任，罗纳德·南博斯是威斯康星大学麦迪逊分校历史系荣休教授，罗纳德·A.宾兹利拥有宗教史博士学位，是威斯康星州自然资源部的一名环境工程师。这本文集关注的一个核心问题是"为什么科学与宗教冲突的观念在公众的想象中如此流行？"，文集的作者们基于该核心问题，追溯了"科学与宗教冲突"这一论题的起源和接受、不同信仰传统对它的回应，以及这一论题在公共话语中的持续凸显。书中的若干文章讨论了德雷珀、怀特两位最早持"科学与宗教冲突"观点的学者的个人情况和神学特质，其他论文则探讨了"冲突论"对于包括福音派、自由派新教徒、罗马天主教徒、东正教徒、犹太教徒、穆斯林等不同宗教团体意味着什么。文集的作者们通过原创研究，以通俗易懂的方式讲述了科学与宗教在跨学科视角下的历史关系。对于希望了解和反思"冲突论"这一论题的学者很有帮助。

莱特曼《反思历史、科学与宗教》(2019)

Lightman, Bernard, eds. *Rethinking History, Science, and Religion: An Exploration of Conflict and the Complexity Principle*. Pittsburgh: University of Pittsburgh Press, 2019.

316 页。这是一部论文集，由约克大学人文学教授、前科学史学会会长莱特曼编辑，文集作者均为从事科学与宗教研究的各领域专家。该书评估了布鲁克在《科学与宗教》中提出的"复杂性原则"在过去、现在以及将来的学术研究中的效用。文集包含"地方与全球""媒介与传播""编史学与理论"三个大的主题，结合科学与出版史、全球科学史、空间和地方上的地理检验、科学与媒介等不同角度对布鲁克的"复杂论"历史模型进行了深入讨论。论文集共有 13 篇文章，莱特曼在最开始撰写了导论，布鲁克在最后进行了回应。

三、断代研究

1. 古代中世纪

格兰特《科学与宗教：从亚里士多德到哥白尼》(2004)

Grant, Edward. Science and Religion, 400 B. C. to A. D. 1550: From Aristotle to Copernicus. Santa Barbara: Vermont: Greenwood, 2004.

中译本：常春兰、安乐译，《科学与宗教：从亚里士多德到哥白尼》，山东人民出版社 2009 年版。

272 页。该书是"格林伍德科学与宗教指南"系列丛书中的一种，作者格兰特是印第安纳大学科学史和科学哲学荣休教授，主要作品有《近代科学在中世纪的起源》《中世纪的上帝与理性》(后者有中译本)。在该书中，作者综合自己的中世纪科学史研究成果，对西方在 15 世纪以前的科学与宗教的关系进行了简明而又精要的梳理。全书分为 8 个部分，主要内容包括：导言，亚里士多德与自然哲学，罗马帝国的科学与自然哲学，早期基督教对希腊哲学和科学的态度，12 世纪欧洲的新自然哲学，中世纪大学里自然哲学与神学，14—15 世纪自然哲学，拜占庭帝国、伊斯兰世界与西方拉丁语世界中科学与宗教的关系。正文后附有原始资料、参考文献和大事年表，对于进一步了解这段时期内的西方科学与宗教有很好的指南作用。

2. 现代早期

默顿《十七世纪英格兰的科学、技术与社会》(1938)

Merton, Robert K. "Science, Technology and Society in Seventeenth Century England". *Osiris* 4 (January), 1938: 360–632. https://doi.org/10.1086/368484.

中译本：范岱年等译，《十七世纪英格兰的科学、技术与社会》，商务印书馆 2000 年版。

357 页。作者罗伯特·K.默顿（1910—2003）是科学社会学的奠基人。该书是默顿在 1938 年发表于 *Osiris* 的博士论文，1970 年作为书籍重新出版，被视为科学社会学的经典作品。全书分为 11 章，在第 4 ~ 6 章中，默顿通过分析指出清教伦理为 17 世纪英格兰的年轻人投身科学提供了价值支撑，进而提出"清教主义 – 科学"假说，即新教，尤其是清教有助于当时的新科学合法化。这一观点挑战了"德雷珀 – 怀特论题"，即科学与宗教冲突的观点，这一假说也被称为"默顿命题"。

伯特《现代物理科学的形而上学基础》(1924)

Burtt, E. A. *The Metaphysical Foundations of Modern Science*. Doubleday, Garden City, N.Y., 1955.

中译本：张卜天译，《现代物理科学的形而上学基础》，湖南科学技术出版社2012年版。

霍伊卡《宗教与现代科学的兴起》(1972)

Hooykaas, Reijer. *Religion and the rise of modern science*. Chatto and Windus, 1972.

中译本：邱仲辉等译，《宗教与现代科学的兴起》，四川人民出版社1999年版。

韦斯特福尔《十七世纪英格兰的科学与宗教》(1973)

Westfall, Richard Samuel. *Science and Religion in Seventeenth-Century England*. Ann Arbor: University of Michigan Press, 1973.

252页。作者韦斯特福尔（1924—1996）是著名的牛顿研究专家，其撰写的牛顿传记至今仍被视为经典。其主要作品包括《十七世纪英格兰的科学与宗教》(1958，1973)、《近代科学的建构》(1971，有中译本)、《牛顿物理学中的力》(1971)、《永不停歇：牛顿传》(1980)、《关于伽利略审判的文集》(1989)、《牛顿的生平》(1993)。在这部考察17世纪英格兰科学与宗教关系的书中，韦斯特福尔研究了来自不同科学家的观点，全书分为8章，分别是：问题、科学与宗教的和谐、存在的和谐、神的旨意与自然律、自然宗教的发展、超自然基督教的幸存者、理性与信仰、牛顿：综合。在该书中，韦斯特福尔更关注科学给宗教带来的有害影响。

冯肯斯坦《神学与科学的想象》(1986)

Funkenstein, Amos. *Theology and the Scientific Imagination*. Princeton: Princeton University Press, 1986.

中译本：毛竹译，《神学与科学的想象》，三联书店2019年版。

599页。作者是犹太思想史家阿摩斯·冯肯斯坦，该书是其一生阅读与思考的结晶。全书细致考察了早期现代科学理念在中世纪的形而上学基础，讨论了16—17世纪的"世俗神学"对后世科学、社会学与历史观念的影响。冯肯斯坦将神学世俗化的过程追溯到了古希腊哲学与希伯来律法传统，并澄清了中世纪经院哲学在某些关键的问题与主题上对两希传统的反抗与改造。对此进程，冯肯斯坦以"适应原则"

和"世俗神学"作为他论证的核心术语。全书分为 6 章，导言中介绍了上述核心概念，之后分别探讨了上帝与四种科学理念、上帝与自然规律、"神意"与历史进程、属神的知识与属人的知识，结语部分指出世俗神学与启蒙运动之间的内在联系。该书对于理解近代科学在中世纪犹太教和基督教之中的神学起源十分有帮助，但需要一定的背景知识。

哈里森《圣经、新教与自然科学的兴起》（1998）

Harrison, Peter. *The Bible, Protestantism, and the Rise of Natural Science*. Cambridge/New York: Cambridge University Press, 1998.

中译本：张卜天译，《圣经、新教与自然科学的兴起》，商务印书馆 2019 年版。

420 页。作者彼得·哈里森是目前研究科学与宗教关系的世界顶尖学者。在该书中，他考察了圣经在自然科学的兴起过程中所起的作用，显示了圣经的内容尤其是它被诠释的方式，对 3—17 世纪的自然观产生了深远的影响。近代科学的兴起与新教处理文本的方法有关，这种方法宣告了中世纪象征世界的结束，为科学地研究自然和用技术开发自然确立了条件。

西科德《维多利亚时代的轰动》（2000）

Secord, James A. *Victorian Sensation: the Extraordinary Publication, Reception, and Secret Authorship of Vestiges of the Natural History of Creation*. Chicago: University of Chicago Press, 2000.

鲍勒《调和科学与宗教：二十世纪早期英国的争论》（2001）

Peter J. Bowler. *Reconciling Science and Religion: The Debate in Early-Twentieth-Century Britain*. Science and Its Conceptual Foundations. Chicago: University of Chicago Press, 2001.

肯尼斯《上帝的两本书：现代早期科学中的哥白尼宇宙观与圣经诠释》（2002）

Howell, Kenneth J. *God's Two Books: Copernican Cosmology and Biblical Interpretation in Early Modern Science*. Notre Dame: University of Notre Dame Press, 2002.

奥尔森《科学与宗教：从哥白尼到达尔文（1450—1900）》（2004）

Olson, Richard G. *Science and Religion, 1450—1900: From Copernicus to Darwin.* Santa Barbara: Abingdon: Greenwood, 2004.

中译本：徐彬、吴林译，《科学与宗教：从哥白尼到达尔文（1450—1900）》，山东人民出版社 2009 年版。

245 页。该书是"格林伍德科学与宗教指南"系列丛书中的一种，作者理查德·G. 奥尔森是哈维·姆德学院（Harvey Mudd College）的历史学教授，其工作集中于自然科学与其他文化领域之间的关系，如道德哲学、社会科学、政治意识形态和宗教等。该书共 8 章，主要内容包括：引言，伽利略与教会、科学与宗教如何相互影响，近代科学的产生与宗教，基督教对实用知识的需求，科技革命中的科学与天主教（1550—1770 年），英格兰的科学与宗教（1590—1740 年），牛顿的宗教信仰、宗教的科学理解及科学的宗教理解（1700—1859 年），地球上的生命及人类的起源（1680—1859 年），如何对待达尔文等。正文后附有原始资料、参考文献和大事年表，对于进一步了解这段时期内的西方科学与宗教有很好的指南作用。

布鲁克、麦克林《近代早期科学与宗教中的异端》（2005）

Brooke, John Hedley and Maclean, Ian, eds. *Heterodoxy in Early Modern Science and Religion.* Oxford: Oxford University Press, 2005.

373 页。

南博斯《讲道坛和座位上的科学与基督教》（2007）

Numbers, Ronald L. *Science and Christianity in Pulpit and Pew.* New York: Oxford University Press, 2007.

爱德华《众神之夏》（2008）

Larson, Edward J. *Summer for the Gods: The Scopes Trial and America's Continuing Debate over Science and Religion.* New York : Johannesburg: Basic Books Hachette Book Group, 2008.

中译本：语桥等译，《众神之夏》，江西教育出版社 2001 年版。

哈里森《人的堕落与科学的基础》（2008）

Harrison, Peter. *The Fall of Man and the Foundations of Science*. Cambridge: Port Melbourne: Cambridge University Press, 2008.

312 页。作者哈里森在这部书中为科学知识的宗教基础提供了一种新观点，他说明了 16—17 世纪出现的研究自然的新方法是如何直接从神学上关于人的堕落的讨论中得到启发的，以及精神和感官在这一原始事件中受到了多大程度的破坏。哈里森认为科学方法最初是作为一种减轻人类罪恶所造成的认知损害的技术而被设计出来的。现代科学最初被定义为一种重拾亚当曾经拥有的获取知识的手段。该书对普遍的、认为科学与宗教相冲突的观点提出了相当大的挑战，哈里森认为在新科学方法构建的历史中，神学方面的考虑至关重要。

汉斯、艾伦《天主教与科学》（2008）

Hess, Peter M. J. and Allen, Paul L. *Catholicism and Science*. Conn.: Greenwood Press, 2008.

利文斯通《亚当的祖先：种族、宗教与人类起源的政治学》（2008）

Livingstone, David N. *Adam's Ancestors: Race, Religion, and the Politics of Human Origins*. Baltimore: Johns Hopkins University Press, 2008.

南博斯《伽利略入狱以及其他关于科学与宗教的神话》（2009）

Numbers, Ronald L., ed. *Galileo Goes to Jail: and Other Myths about Science and Religion*. Cambridge, Mass.: Harvard University Press, 2009.

320 页。这是一部文集，包含 25 位不同作者的文章，由美国科学史家、威斯康星大学历史系荣休教授罗纳德·南博斯组织编写。该书作者均为各领域顶尖的科学史家，他们围绕科学与宗教历史上的一些流俗叙事深入浅出地提出了自己的观点，试图破除科学史就是科学与宗教不断斗争、并且科学不断取得胜利的神话。这些典型的神话包括："中世纪教会压制了科学的成长""哥白尼将人类从宇宙的中心驱逐出去""伽利略因为支持哥白尼主义而遭受监禁和拷打""现代科学诞生于基督教""科学革命将科学从宗教当中解放""爱因斯坦相信一个个人化的上帝"等。

吉莱斯皮《现代性的神学起源》（2009）

Gillespie, Michael Allen. *The Theological Origins of Modernity*. Chicago: University of Chicago Press，2009.

中译本：张卜天译，《现代性的神学起源》，湖南科学技术出版社 2012 年版。

凯瑟琳《新教改革中的亚当与夏娃》（2010）

Crowther, Kathleen M. *Adam and Eve in the Protestant Reformation*. Cambridge/New York: Cambridge University Press, 2010.

乔林克《在荷兰黄金时代阅读自然之书，1575—1715》（2010）

Jorink, Eric. *Reading the Book of Nature in the Dutch Golden Age, 1575-1715*. Leiden, The Netherlands; Boston: Brill, 2010.

克雷格《推翻亚里士多德：现代早期科学中的宗教、历史与哲学》（2014）

Martin, Craig. *Subverting Aristotle: Religion, History, and Philosophy in Early Modern Science*. Baltimore: Johns Hopkins University Press, 2014.

272 页。作者马丁·克雷格是奥克兰大学历史学助理教授，除导论和结论之外，全书分为 8 章，探讨了科学革命起源的另外一个方面：亚里士多德主义从 11 世纪到 18 世纪的兴衰。借助对培根、霍布斯、波义耳的解读，作者指出在 17 世纪，伴随科学革命出现的新自然哲学家，无论是新教还是天主教背景的，其放弃亚里士多德哲学部分是由于他们相信当时的历史研究表明亚里士多德偏离了基督教，进而他们需要更虔诚的信仰。尽管该书在哲学 / 神学观点上的论证可能不那么令人信服，但其采取的历史研究方法提供了丰富的主要和次要文献供读者进一步了解相关论题，从而有助于了解近代早期科学、宗教与哲学的复杂性。

奥古斯丁《耶稣会对科学的贡献》（2015）

Agustín, Udías. *Jesuit Contribution to Science: A History*. Berlin: Springer International Publishing, 2015.

285 页。作者乌迪亚斯·奥古斯丁为西班牙人，1935 年出生，耶稣会牧师，1964 年在圣路易斯大学获得地球物理学博士学位。他既是一名科学家，在国际期刊上发表过关于地震研究的很多科学论文，同时也是一名历史学者，是欧洲研究院的成员、西班牙皇家历史研究院和巴塞罗那科学和艺术研究院的通讯会员，发表过关于科学与宗教、耶稣会史、德日进等主题的很多文章。该书是迄今为止唯一一部从科学史的角度对耶稣会自 16 世纪建立、1773 年被教皇镇压、1814 年恢复直到 20 世纪的完整研究。作者视野开阔，为读者提供了耶稣会科学传统的一个完整画像，对于希望了解耶稣会的欧洲起源、全球足迹的读者来说，是一部非常有价值的入门读物。

布莱尔、格鲁尔《物理神学：欧洲的宗教与科学（1650—1750）》（2020）

Blair, Ann and Greyerz, Kaspar, eds. *Physico-theology: Religion and Science in Europe, 1650-1750*. Baltimore: Johns Hopkins University Press, 2020.

沃德尔《现代早期欧洲的魔法、科学与宗教》（2021）

Waddell, Mark A. *Magic, Science, and Religion in Early Modern Europe*. Cambridge: Cambridge University Press, 2021.

3. 启蒙运动以来

特纳《科学与宗教之间：维多利亚时代晚期英国对科学自然主义的反应》（1974）

Turner, Frank M. *Between Science and Religion: the Reaction to Scientific Naturalism in Late Victorian England*. New Haven: Yale University Press, 1974.

利文斯通等《历史视角下的福音派与科学》（1999）

Livingstone, David N. and Hart, D. G., et al., eds. *Evangelicals and Science in Historical Perspective*. New York: Oxford University Press, 1999.

360 页。全书由 16 位学者的文章构成，对历史上福音派新教徒与科学之间的相遇进行了广泛的研究，试图表明科学问题是美国、英国和加拿大福音主义历史的重心。对于理解创世科学与进化论教学的争论这类当代政治争论提供了宝贵的历史资源。

巴伯《当科学遇到宗教》（2002）

Barbour, Ian G. *When Science Meets Religion*. New York: HarperCollins, 2002.

中译本：苏贤贵译，《当科学遇到宗教》，三联书店 2004 年版。

菲利普《在科学与宗教之间》（2009）

Thompson, Phillip M. *Between Science and Religion: the Engagement of Catholic Intellectuals with Science and Technology in the Twentieth Century*. Lanham, Md: Lexington Books, 2009.

阿特里奇等《宗教与科学之争：为什么持续？》（2009）

Attridge, Harold W. and Thomson, Keith Stewart, et al., eds. *The Religion and Science Debate: Why Does It Continue?* New Haven: Yale University Press, 2009.

加斯科涅《启蒙时代的科学、哲学与宗教：英国与全球语境》（2010）

Gascoigne, John. *Science, Philosophy and Religion in the Age of Enlightenment: British and Global Contexts*. Variorum Collected Studies. Abingdon: Routledge [Imprint] Taylor & Francis Group, 2010.

费夫《科学与拯救：维多利亚时代英国福音派的通俗科学出版》（2011）

Fyfe, Aileen. *Science and Salvation: Evangelical Popular Science Publishing in Victorian Britain*. Chicago: University of Chicago Press, 2011.

麦格拉斯《达尔文主义与神性：进化思想与自然神学》（2011）

McGrath, Alister E. *Darwinism and the Divine: Evolutionary Thought and Natural Theology*. Oxford: Wiley-Blackwell, 2011.

巴伯《基督教与科学家》（2012）

Barbour, Ian G. ed. *Christianity And The Scientist*. Literary Licensing, 2012.

斯图尔特《自然神学从培根到达尔文的若干转折点》（2012）

Stuart. Peterfreund. *Turning Points in Natural Theology from Bacon to Darwin: The Way of the Argument from Design*. New York: Palgrave Macmillan, 2012.

莱特曼、道森《维多利亚时代的科学自然主义：社区、身份、延续性》（2014）

Lightman, Bernard and Dawson, Gowan, eds. *Victorian Scientific Naturalism:*

Community, Identity, Continuity. Chicago: The University of Chicago Press, 2014.

利文斯通《与达尔文打交道》（2014）

Livingstone, David N. *Dealing with Darwin: place, politics, and rhetoric in religious engagements with evolution*. Baltimore: Johns Hopkins University Press, 2014.

雷克滕瓦尔德《十九世纪英国世俗主义：科学，宗教与文学》（2016）

Rectenwald, Michael. *Nineteenth-Century British Secularism: Science, Religion and Literature*. Basingstoke : Berlin: Palgrave Macmillan Limited Springer, 2016.

哈里森、罗伯茨《没有上帝的科学？重新思考科学自然主义的历史》（2019）

Harrison, Peter and Roberts, Jon. H., eds. *Science Without God?: Rethinking the History of Scientific Naturalism*. Oxford, New York: Oxford University Press, 2019.

韦尔登《美国人文主义的科学精神》（2020）

Weldon, Stephen. P. *The Scientific Spirit of American Humanism*. Baltimore: Johns Hopkins University Press, 2020.

第四十章　科学仪器史

王哲然

本章分为五部分：工具书、通史通论、断代史、分科史、专题研究。各部分文献按照出版年份升序排列。

一、工具书

1. 百科全书

巴德、华纳《科学仪器：历史百科全书》（1998）

Bud, Robert, and Deborah Jean Warner, eds. *Instruments of Science: An Historical Encyclopedia*. Garland Encyclopedias in the History of Science, Vol.2. New York: Science Museum, London, and National Museum of American History, Smithsonian Institution, in association with Garland Pub，1998.

主编罗伯特·巴德和黛博拉·华纳分别任职于英国伦敦科学博物馆和美国国家历史博物馆，具有多年的博物馆及仪器收藏研究经验。该书以首字母为序依次介绍科学史上出现的各种仪器，仪器词条的编写者基本都是世界上各大博物馆的专业人士及大学相关院系的科学史研究者。另外，每件仪器都附有配图及研究书目，可供研究者查找相关文献。该书是科学仪器研究领域的基础工具书。

2. 期刊

可参见本书第四十九章专题类·科学仪器史部分。

3. 特刊

长期以来，科学仪器史研究处于边缘地位。在学界重要期刊上发布研究特刊或专栏，具有里程碑和风向标的重要意义，特别是每本特刊的导言，往往起到"研究纲领宣言"的作用。

《奥西里斯·仪器》（1994）

Osiris, "Instruments" (Vol.9, 1994).

导言由范·海尔登（Albert van Helden）和托马斯·汉金斯（Thomas L. Hankins）撰写，专辑分为"Instruments and Authority""Instruments and Audience""Instruments & Culture"和"Instruments in the Life Sciences"4 个板块。

《收藏史通讯·科学仪器收藏的起源与演变》（1995）

Journal for the History of Collections, "Origins and Evolution of Collecting Scientific Instruments" (Vol.7, Issue 2, 1995).

导言由彼得·克拉克（Peter de Clercq）和安东尼·特纳（Anthony Turner）撰写，由安东尼·特纳的"From Mathematical Practice To The History Of Science: The pattern of collection scientific instruments"、基斯·斯特罗姆·格罗斯（Kees Storm Grooss）的"The Collection Of Surgical Instruments Of Leiden University"以及利芭·陶布（Liba Taub）的"'Canned Astronomy' Versus Cultural Credibility: The acquisition of the mensing collection by the adler planetarium"等 14 篇论文组成。

《科学史与科学哲学研究·科学史中的器物、文本与图像》（2007）

Studies in History and Philosophy of Science, "Objects, Texts and Images in the History of Science" (Vol.38, Issue 2, 2007).

导言"Objects, texts and images in the history of science"由亚当·莫斯利（Adam Mosley）撰写。由凯瑟琳·伊格尔顿（Catherine Eagleton）的"'Chaucer's own astrolabe': text, image and object"和珍妮特·弗特西（Janet Vertesi）的"Picturing the moon: Hevelius's and Riccioli's visual debate"等 7 篇论文组成。

《科学史与科学哲学研究·科学仪器》（2009）

Studies in History and Philosophy of Science, "On Scientific Instruments" (Vol.40, Issue 4, 2009).

导言"On Scientific Instruments"由利芭·陶布撰写。由鲍里斯·贾丁（Boris Jardine）的"Between the Beagle and the barnacle: Darwin's microscopy, 1837-1854"和斯万·丢佩（Sven Dupré）、迈克尔·科雷（Michael Korey）的"Inside the Kunstkammer: the circulation of optical knowledge and instruments at the Dresden Court"等9篇论文组成。

《伊希斯·科学仪器的历史》（2011）

Isis, "The History of Scientific Instruments" (Vol.102, No.4, 2011).

该期所载论文并非全部与科学仪器相关，只有一个板块（"Focus: The History of Scientific Instruments"）包含 4 篇经典文章，包括利芭·陶布的导言 "Introduction: Reengaging with Instruments" 及吉姆·本内特（Jim Bennett）的 "Early Modern Mathematical Instruments" 等。

4. 数据库

仪器数据库是研究科学仪器的重要渠道和工具。以下是国际主要科学博物馆的数据库网站网址：

牛津科学史博物馆藏品数据库检索系统

https://hsm.ox.ac.uk/database

剑桥惠普尔科学史博物馆藏品检索系统

https://collections.whipplemuseum.cam.ac.uk/

哈佛科学仪器历史收藏馆 Waywiser 收藏检索系统

http://waywiser.rc.fas.harvard.edu/collections

伽利略博物馆

https://catalogue.museogalileo.it/?_ga=2.135927921.1793077102.1613907802-1990658627.1613907802

巴黎工艺博物馆

https://www.arts-et-metiers.net/les-collections

莱顿布尔哈弗博物馆

https://boerhaave.adlibhosting.com/search/simple

拉瓦锡展览会

http://moro.imss.fi.it/lavoisier/?

Epact 中世纪文艺复兴欧洲科学仪器检索系统

https://www.mhs.ox.ac.uk/epact/

英国科技博物馆群

https://collection.sciencemuseumgroup.org.uk/

故宫博物院藏品总目中的"钟表仪器"部分

https://zm-digicol.dpm.org.cn/

二、通史通论

皮尔索尔《科学仪器的收藏与修复》（1974）

Pearsall, Ronald. *Collecting and Restoring Scientific Instruments*. Newton Abbot [England]: David & Charles, 1974.

皮尔索尔长期从事工业和技术主题的专栏写作，特别关注维多利亚时期。该书分章节介绍每种仪器的历史、种类和结构等。其中还包括一份 18 世纪和 19 世纪的制造者的名单、一个全面的仪器术语及简介表以及市价参考。此外，关于修复和翻新部分不仅借鉴了当今工匠的经验，而且还参考了 19 世纪专家的收藏。

特纳《老式科学仪器》（1980）

Turner, Gerard L'E. *Antique Scientific Instruments*. Poole, England: Blandford Press, 1980.

作者杰拉德·特纳（Gerard L'E Turner）早年从事物理学研究，1963 入职牛津科学史博物馆，1987 年退休后任伦敦帝国理工学院访问教授。特纳在科学仪器史领域涉猎广泛，尤为关注显微镜的历史，以及文艺复兴和伊丽莎白时期的数学仪器。他一生成果丰硕，著作等身，是科学仪器史研究领域的重要先驱。该书作为一本老式仪器的一般介绍，内容主要集中于数学、哲学、光学三大仪器门类，同时涵盖称重、度量、医学仪器，有丰富插图。书末附有对收藏者的建议，包括如何确定仪器年代等问题。该书重点介绍仪器的历史、设计和操作，对仪器的科学史意义或仪器制造的经济社会背景所谈不多。

安德森等《让仪器变得重要：献给特纳的科学仪器史论文》（1993）

Anderson, R. G. W., J. A. Bennett and W. F. Ryan. Making *Instruments Count: Essays on Historical Scientific Instruments Presented to Gerard L'estrange Turner*. Aldershot, Hampshire/Brookfield, Vt.: Variorum, 1993.

该论文集分为多个部分。第一部分"仪器史方法"由约翰·海尔布朗（John L. Heilbron）的"古旧科学仪器图录的用途"及安东尼·特纳（Anthony J. Turner）的"阐释科学仪器史"组成。第二部分为"早期仪器"，包括了查尔斯·伯内特（Charles Burnett）、大卫·金（David A. King）和欧文·金格里奇（Owen Gingerich）的文章。此外还包括"仪器与艺术""仪器和科学""英国仪器""荷兰仪器""仪器制造贸易""发明人和收藏"等多个部分。

多里肯斯《科学仪器和博物馆》（2002）

Dorikens, Maurice, ed. *Scientific Instruments and Museums*. Turnhout: Brepols, 2002.

该书由 3 部分共 26 篇论文组成，论文来自第 20 届国际科学史会议，主题为科学仪器研究及科学仪器收藏。编者莫里斯·多里肯斯（Maurice Dorikens，1936—2017）曾任教于比利时根特大学及校科学博物馆，荣获 1998 年萨顿奖章。

三、断代史

多马《17 和 18 世纪的科学仪器及其制造者》（1953）

Daumas, Maurice. *Scientific Instruments of the Seventeenth and Eighteenth Centuries and Their Makers*. Translated by Mary Holbrook. Tiptree, Essex: Courier International Ltd, 1989.

原书是法文，1972 年译成英文。该书是科学仪器史研究的先驱性著作，由"17世纪的仪器制作行业""仪器制作行业演化中的促成因素"及"18 世纪的仪器制作行业"三大部分组成。

特纳《19 世纪的科学仪器》（1983）

Turner, Gerard L'E. *Nineteenth-Century Scientific Instruments*. London: Sotheby, 1983.

科学仪器制作在 19 世纪发生了很大的变化，不仅由此前主要的木制、黄铜手工制作转向铸铁制作、工厂生产，并且伴随现代科学的精细分科和行业需求，催生出许多新的专业仪器。但在收藏者眼中，这些仪器价值普遍不高。在这部导论性的著作中，作者特纳呼吁，要注重 19 世纪的科学仪器的收藏和保存，加强对该时期科学仪器的研究。由于 19 世纪出现了许多新的仪器种类，相关领域的界定划分也不同以往。在导言中，作者将书中涉及的仪器主要分为 4 大领域：①物理及分析仪器，主要为研究型科学家用到的仪器，如高压静电起电机、电流计，以及用于分析和测量的仪器，如精密天平、分光镜等。②专业仪器，指测地员、导航员、建筑师、气象学家等职业使用的仪器，如经纬仪、计算尺、风速计等。③教学仪器，可进一步分类为演示某种特定物理效应的装置，如造波机、水泵，以及用于重要实验的装置，如菲涅耳双棱镜。④娱乐仪器，可分为单纯用来消遣，但包含某些科学原理的器物，如万花筒、立体照相镜，以及某些既可以用于专业科学研究，又可以被业余爱好者使用的仪器，如显微镜。该书收录的科学仪器大多来自英国收藏和荷兰泰勒博物馆（Teyler's Museum），还补充了一些收藏家的藏品录，内容涉及各仪器的基本操作方法及大致的历史背景介绍。

特纳《早期科学仪器：欧洲 1400—1800》（1987）

Turner, Anthony. *Early Scientific Instruments: Europe 1400-1800*. London: Sothebys Publications, 1987.

作者安东尼·特纳（Anthony Turner），1970—1972 年担任英国国家海事博物馆（National Maritime Museum）馆长助理，1972—1973 年担任牛津科学史博物馆馆长助理，此后成为独立历史学者。该书内容贯穿 4 个世纪，描述了从中世纪晚期直到 18 世纪末的各式仪器。讨论了仪器的制造时间、制造方式、产生的原因和地点。此外，作者确定了早期在低地国家和德国南部的主要生产中心，以及后来在意大利、法国和英国发展起来的中心；介绍了主要的仪器工匠及其工作，和对其他制作者的影响；描述了早期仪器收藏的形成；附录还提供了"科学仪器收藏说明"。值得一提的是，该书选取了大量质量上乘的照片，可供感兴趣的读者参考及研究。

斯特拉诺等《科学仪器的欧洲典藏，1550—1750》（2009）

Strano, Giorgio, Stephen Johnston, Mara Miniati, Alison Morrison-Low, and Alison D. Morrison-Low, eds. *European Collections of Scientific Instruments, 1550-1750*. Scientific Instruments and Collections, Volume: 1. Boston: Brill, 2009.

该书是科学仪器委员会（The Scientific Instrument Commission）资助发行"Scientific Instruments and Collections"丛书的第一本。乔吉奥·斯特拉诺（Giorgio Strano）任系列主编，为佛罗伦萨伽利略博物馆的收藏负责人，2006 年之后还是罗马国家天文 – 物理研究所（INAF）的"博物馆小组"成员，负责意大利天文观测站中具有历史意义的仪器的保存和估价；斯蒂芬·约翰斯顿（Stephen Johnston）是牛津科学史博物馆的研究、教学和收藏负责人，博士期间的导师是吉姆·本内特（Jim Bennett）；玛拉·米尼阿提（Mara Miniati）任职于伽利略博物馆；艾莉森·莫里森 – 洛（Alison D. Morrison-Low）是英国苏格兰国家博物馆（National Museums Scotland）科学史收藏负责人。该书由乔吉奥·斯特拉诺的导言和 13 篇不同作者的文章组成，文章来自 2004 年在德国德累斯顿（Dresden）举行的第 23 届科学仪器委员会会议，主要关注 16 世纪、17 世纪德语世界的仪器收藏。

四、分科史

1. 天文学和计时仪器

吉布斯《希腊和罗马日晷》（1976）

Gibbs, Sharon L. *Greek and Roman Sundials*. New Haven, Conn.: Yale University Press, 1976.

该书由莎朗·吉布斯（Sharon Gibbs）在其博士论文的基础上完成。全书由 4 个章节和一份图录汇编组成，后者包括从公元前 3 世纪到公元 4 世纪的 256 件古希腊和罗马日晷，其中包括 75 件球形日晷、23 件有盖球形日晷、109 件圆锥形日晷、15 件地平式日晷、25 件非地平式日晷、2 件圆柱形日晷和 7 件多面立柱形日晷。每件仪器不仅附有插图，还配有简介、相关数据、当前所在地、出处、参考文献等。前面 4 章则是作者对古代日晷制作的历史知识背景和相关技术的介绍，以及该书的研究方法等。

金、米尔本《啮合之星：星象仪、奥瑞仪和天文钟的演变》（1978）

King, Henry C., and Millburn, John R. *Geared to the Stars: The Evolution of Planetariums, Orreries, and Astronomical Clocks*. Bristol: Hilger, 1978.

亨利·金（Henry C. King, 1915—2005）是英国天文学史家，同时关注历史上的各种仪器。约翰·米尔本（John R. Millburn）在科学仪器制造商研究方面出版过多本著作。该书是关于天文学演示类仪器描述最为全面的著作。

本内特《分度之圆：天文、航海和测量仪器的历史》（1987）

Bennett, Jim A. *The Divided Circle: A History of Instruments for Astronomy, Navigation and Surveying*. Oxford: Phaidon Christie's, 1987.

吉姆·本内特（Jim A. Bennett）曾任牛津科学史博物馆馆长（1994—2012），2010 年被牛津大学授予"科学史教授"称号，曾任教于剑桥大学及惠普尔科学史博物馆。此外，他还曾任英国科学史学会主席、科学仪器委员会主席，主要关注 16—18 世纪的实践数学、科学仪器及天文学。在该书中，作者通览了历史上天文、航海和测地仪器的发展，它们原理相似，皆需测量远距离物体的角度，通常使用分度圆加窥衡的组合来实现。

查普曼《天文仪器及其使用者：第谷·布拉赫到威廉·拉塞尔》（1996）

Chapman, Allan. *Astronomical Instruments and Their Users: Tycho Brahe to William Lassell*. Aldershot, Hampshire, Great Britain; Brookfield, Vt., USA: Variorum, 1996.

艾伦·查普曼（Allan Chapman）曾任教于牛津大学，曾任英国天文学史学会主席、皇家天文学会会员。主要研究天文学史，撰写了多部科学家传记。该书由查普曼本人的17篇论文组成。他认为，科学需要对自然的精确测量，因而离不开仪器，这一点特别体现在天文学领域。

金《欧洲中世纪星盘》（2011）

King, David A. *Astrolabes from Medieval Europe*. London/Burlington, VT: Ashgate Publishing Ltd, 2011.

大卫·金（David A. King）是英国著名天文学史家、望远镜史家亨利·金（Henry C. King）之子，在中世纪伊斯兰天文学史及天文学仪器领域研究成果颇丰。该书为金的个人论文集，涵盖了从1993年到2008年的11篇文章，主要为中世纪星盘的案例研究，还涉及一些其他天文学仪器，如象限仪和日晷。

苏米拉《球仪：400年探险、航海与权力》（2014）

Sumira, Sylvia. *Globes: 400 Years of Exploration, Navigation, and Power*. Chicago/London: University of Chicago Press, 2014.

西尔维亚·苏米拉（Sylvia Sumira）曾任职于英国国家海事博物馆，一直致力于地球仪和天球仪的收藏和研究工作。该书涉及时间范围从16世纪初到19世纪末，主要关注印制地球仪和天球仪，取用资源主要来自大英博物馆的收藏。书中前面两章分别是球仪构造介绍和球仪简史，其后是球仪制作，以及占据该书大量篇幅的图录，每一条都配有简介，包括制作者、时间、数据、现藏地，还有一段简单的背景介绍，并且配有精致的彩图。

邓恩等《天地联结：占星学语境下的仪器》（2018）

Dunn, Richard, Silke Ackermann, and Giorgio Strano, eds. *Heaven and Earth United:*

Instruments in Astrological Contexts. Boston: Brill, 2018.

　　理查德·邓恩（Richard Dunn）曾任职于大英博物馆、剑桥惠普尔科学史博物馆、英国国家海事博物馆等，在航海仪器研究领域有多本著作。该书共包含 12 篇论文，其中 11 篇来自 2015 年在意大利都灵举办的第 34 届科学仪器研讨会，主要关注历史上占星学的实践和物质文化，特别是用到的仪器，时间涵盖中世纪晚期一直到现代。

罗德里格斯 – 阿里巴斯等《中世纪文化中的星盘》（2019）

Rodríguez-Arribas, Josefina, Charles Burnett, Silke Ackermann, and Ryan Szpiech. *Astrolabes in Medieval Cultures*. Boston: Brill, 2019.

　　该论文集是 *Medieval Encounters* 期刊 2017 年第 23 卷 1 ~ 5 期论文的汇编，论文来自 2014 年伦敦大学瓦尔堡研究所主办的"中世纪文化中的星盘"会议，是古代星盘研究的前沿成果，也体现了许多新的研究方法，如利用光谱仪确定星盘出处。其中许多文章都包含对特定星盘的专业描述、数据分析和配图，部分文章如 "Astrolabes as Eclipse Computers: Four Early Arabic Texts on Construction and Use of the Ṣafī ḥa Kusūfiyya" 还配有阿拉伯语原文的英文翻译。

2. 航海仪器

科特尔《航海天文学史》（1968）

Cotter, Charles H. *A History of Nautical Astronomy*. London/Sydney: Hollis & Carter, 1968.

　　查尔斯·科特尔（Charles H. Cotter）是一名航海家，也曾任教于威尔士科技大学，该书追踪了航海定位的天文学方法的历史，特别是利用各式仪器进行经纬度测定，时间涵盖范围也非常广，是航海仪器史领域的先河之作。

邓恩、希吉特《寻找经度：船、钟表和恒星如何解决经度问题》（2014）

Dunn, Richard and Higgitt, Rebekah. *Finding Longitude: How Ships, Clocks and Stars Helped Solve the Longitude Problem*. First Edition. London: Collins, 2014.

　　丽贝卡·希吉特（Rebekah Higgitt）就职于苏格兰国家博物馆，也曾就职于英国国家海事博物馆。1714 年，英国政府颁布"经度法案"（Longitude Act），以尝试解决当时最为重要的问题之一：如何在航行时确定经度。这一法案吸引了很多当时的天文学家、工匠、水手投身其中，该书就是对这段历史的研究，讲述这一问题如何在创新、技术和商业多方因素的社会互动之中得到解决。

梅杰《君欲何往：现代导航术的演化，量子技术的兴起》（2014）

Major, Fouad G. *Quo Vadis: Evolution of Modern Navigation: The Rise of Quantum Techniques*. New York: Springer, 2014.

福阿德·梅杰（Fouad G. Major）是一名原子钟领域的权威物理学家，该书旨在普及现代卫星导航技术，从古代甚至腓尼基人的航海定位技术开始讲起，一步步展现导航技术的发展演变。古代部分的叙述涉及老式航海仪器的使用，如日晷、罗盘、象限仪等，另外还介绍了古代天文学背景。该书最后谈到了现代量子物理和激光光学。

邓恩《航海导航仪器》（2016）

Dunn, Richard. *Navigational Instruments*. Oxford: Shire Publications, 2016.

一本关于航海仪器的简史，适合作为入门著作阅读。

赛德尔曼等《天文导航史：皇家天文台和航海历的兴起》（2020）

Seidelmann, P. Kenneth, and Hohenkerk, Catherine Y., eds. *The History of Celestial Navigation: Rise of the Royal Observatory and Nautical Almanacs*. 1st ed. 2020 edition. New York: Springer, 2020.

肯尼思·赛德尔曼（P. Kenneth Seidelmann）曾是美国海军天文台航海历书办公室主任，现任教于弗吉尼亚大学，美国天文学会会员。凯瑟琳·霍亨克（Catherine Y. Hohenkerk）曾任职于格林尼治皇家天文台，也曾是英国皇家航海机构成员及皇家天文学会会员。该书主要关注航海导航中的天文台和历书，第三章涉及英国1714年的经度法案。

3. 测量仪器

基利《测量仪器：历史及课堂应用》（1947）

Kiely, Edmond R. *Surveying Instruments: Their History and Classroom Use*. New York, 1947.

埃德蒙·基利（Edmond Kiely，1899—1988）早期从事中学数学教学工作。该书在时间和内容方面涵盖甚广，大致可分为两部分。第一部分为测量仪器的历史概述，从最早的古埃及、古中国及古巴比伦时期到希腊、罗马，再到中世纪的欧洲、伊斯兰、印度，直到文艺复兴时期的欧洲，介绍了各种测平仪器、测角仪器在各个时期的发展和使用。第二部分主要面向利用测量仪器进行数学教学，内容包括学院中几何学实践的发展，以及几何学、三角学在简单测量上的应用。

刘易斯《希腊和罗马的测量仪器》（2001）

Lewis, M. J. T. *Surveying Instruments of Greece and Rome*. Cambridge: Cambridge University Press, 2001.

作者刘易斯（M. J. T. lewis）发掘了大量史料，多从希腊文、拉丁文、阿拉伯文、希伯来文和叙利亚文翻译而来，加之现代的考古发现，以及复原和测试成果，为古代测量仪器研究奠定了坚实基础。不同于此前学界大多只关注罗马的测量实践，作者特别强调希腊人在测量上的贡献，特别是希腊的"dioptra"。通过细致的历史考证，认为"libra"才是罗马时期的主要测量工具。此外，刘易斯还介绍了希腊人和罗马人如何运用工具测量自然和建筑物。最后，刘易斯还附上了他所翻译的大量文献史料以供后续研究。

克里斯《度量世界：探索绝对度量衡体系的历史》（2012）

Crease, Robert P. *World in the Balance: The Historic Quest for an Absolute System of Measurement*. 1st edition. New York/London: W. W. Norton & Company, 2012.

中译本：卢欣渝译，《度量世界：探索绝对度量衡体系的历史》，三联书店 2018 年版。

罗比特·克里斯（Robert P. Crease）任教于纽约石溪大学。该书叙述了各种度量衡体系建立的历史，从古代各国的特殊度量法一直到现代将所有度量衡单位维系在一起的历程。

4. 绘图和计算仪器

威廉姆斯《从纳皮尔到卢卡斯》（1983）

Michael R. Williams. *From Napier to Lucas: The Use of Napier's Bones in Calculating Instruments*. New York, NY: Springer-Verlag, 1983.

迈克尔·R. 威廉姆斯（Michael R. Williams）是一位美国计算史学家，曾任 *Annals of the History of Computing* 期刊主编，也曾担任美国电气和电子工程师协会计算机学会主席，以及史密森学会计算机历史博物馆的馆长。长期关注从古埃及到现代电子计算机发展历史上的计算技术。该书研究了蕴含纳皮尔筹概念的几种不同类型计算机器的发展。

哈姆比《绘图仪器》（1988）

Hambly, Maya. *Drawing Instruments, 1580-1980*. London: Sotheby's Publications, 1988.

玛雅·哈姆比（Maya Hambly）是一名建筑设计师，对制图工具的历史非常感兴趣。该书主要关注用于几何制图的仪器，不仅简述了绘图仪器史，还发掘了仪器制作者、文献史料，甚至19世纪、20世纪的一些手册、贸易卡片、课本等。讨论了包括制图尺、描画针（stylus）在内的8种仪器，还研究了一些个例。

伊弗拉《计算通史：从算盘到量子计算机》（2001）

Ifrah, Georges. *The Universal History of Computing: From the Abacus to the Quantum Computer*. Translated from French and with notes by E.F. Harding, assisted by Sophie Wood, Ian Monk, Elizabeth Clegg and Guido Waldman. Chichester: Wiley, 2001.

该书分为三部分：第一部分是数学发展史简述；第二部分也是篇幅最大的部分"从发条计算器到计算机：自动计算的历史"，讲述了计算仪器的历史演变；第三部分是非常简短的未来展望。

沃尔科夫、弗赖曼《电子计算器出现之前数学教育中的计算和计算装置》（2019）

Volkov, Alexeï, and Viktor Freiman. *Computations and Computing Devices in Mathematics Education Before the Advent of Electronic Calculators*. Vol.11. Mathematics Education in the Digital Era (Volume 11). Cham: Springer International Publishing AG, Springer, 2019.

该书为一部论文集，由5部分共17篇论文组成，核心视角为数学教学。第一部分是总论计算、计算装置和数学教育历史的导言；第二部分论述中东、印度、希腊和拜占庭帝国时期的计算史和计算技术；第三部分关注中日韩；第四部分是现代早期的欧洲和俄罗斯；第五部分为结论。

5. 光学仪器

（说明：此处所列为个人用小型望远镜，大型望远镜及天文台见"天文学史"部分）

格恩斯海姆等《摄影史：从暗箱到现代的开始》（1969）

Gernsheim, Helmut, and Alison Gernsheim. *The History of Photography: From the Camera Obscura to the Beginning of the Modern Era*. 2nd edition. London: Thames & Hudson, 1969.

赫尔穆特·格恩斯海姆（Helmut Gernsheim，1913—1995）是一位摄影史学家、收藏家，艾莉森·格恩斯海姆（Alison Gernsheim）是他的妻子。相机的历史总是不免和摄影史一起被考察，该书纵览整个摄影历史，从暗箱到摄影概念的诞生，再到摄影技术的一步步发展直至现代相机。

范·海尔登"望远镜的发明"（1977）

Van Helden, Albert, "The Invention of the Telescope". *Transactions of the American Philosophical Society*, Vol.67, No.4, American Philosophical Society, 1977, pp.1–67.

范·海尔登是早期望远镜史研究领域的权威学者。该文最早缘起于对 C. de Waard, *De uitvinding der verrekijkers* 的翻译，但随后转变成把握其中主要论证和史料上的更新编写，至今仍是这一领域的权威文本。全文包括：对望远镜发明问题的历史综述；17 世纪之前作为望远镜技术基础的透镜的发展；伽利略之前关于透镜组合和望远镜效应的文本描述；以及关于利帕希、詹森和雅各布·梅提乌斯（Jacob Metius）三人发明权问题的历史考察；最后附有长达 40 页的史料附录，收纳了从 13 世纪的培根到 17 世纪关于望远镜发明权论争的大量相关文本，部分原始文献也由作者给出英译。

特纳《显微镜史文集》（1980）

Turner, Gerard L. E. *Essays on the History of the Microscope*. Oxford: Senecio Publishing Company Limited, 1980.

该论文集涵盖了特纳从 1966 年到 1978 年关于显微镜的 12 篇文章。内容涉及显微镜制造商行业的发展、显微学会的成长以及显微镜发展的社会背景，当然还有显微镜的构造和使用等。此外非常重要的是，第一组论文还给出了显微镜研究的历史梳理，对于后来学者具有重要的参考价值。

哈蒙德《暗箱》(1981)

Hammond, John H. *The Camera Obscura: A Chronicle*. Bristol: A. Hilger, 1981.

该书按照时间顺序写作，从13世纪、14世纪一直到20世纪，主要基于那些在历史上制造过、使用过或者描述过暗箱的文献资料写成，另外还专有一节讨论艺术家对暗箱的使用。暗箱在历史上的运用非常广泛，从专业天文台到绘画辅助工具再到玩具，甚至可以装配在日常使用的手杖上。作者记录了大量有关照相机暗箱的参考资料，并给出了谨慎的评价和解释。

哈蒙德、奥斯汀《艺术和科学中的投影描绘仪》(1987)

Hammond, John H, and Jill Austin. *The camera lucida in art and science*. Bristol: Hilger, 1987.

该书介绍了显微描像器在历史上直到今日的诸多种类和发展，及其在不同群体如科学家、艺术家中间的使用。哈蒙德实际考察了伦敦科学博物馆馆藏的一些描像器，测量了其内置棱柱，认为棱柱并非由仪器制造商所做，而出自当时的宝石工匠之手。附录还给出了现存描像器在伦敦和剑桥等地的清单。

特纳《显微镜的伟大时代：150年来皇家显微镜学会的收藏》(1989)

Turner, Gerard L. *The Great Age of the Microscope: The Collection of the Royal Microscopical Society through 150 Years*. Bristol: Hilger, 1989.

1989年是英国皇家显微学会成立150周年，该展览图录便是为纪念而出版。特纳对显微学会的早期历史以及19世纪显微镜的制造业非常熟悉。该图录的条目提供了制作者的签名和信息，大部分还配有黑白插图。展览中的大部分显微镜都来自英国本土，小部分来自欧洲大陆。

威拉赫《望远镜发明的漫长之路》(2008)

Willach, Rolf, *The long route to the invention of the telescope*. Philadelphia: American Philosophical Society, 2008.

罗尔夫·威拉赫（Rolf Willach）根据对现存镜片的检查，介绍了13世纪末最早的眼镜镜片的制作过程：吹制玻璃球，用冷铜管将圆盘折断，然后将凹面磨平抛光，制作出平面凸透镜。这种透镜的散光性使其不适合用于望远镜。但是，15世纪晚期在纽伦堡出现的一种新的研磨弧面的技术提升了透镜质量。最后，关键的一步（威拉赫确定并归功于汉斯·利帕希）是使用光阑来遮盖透镜外圈以增加镜头的分辨力。虽然没有光阑透镜组合也可以放大远处物体的图像，但无法揭示更多的细节，从而也就不具备实用价值。

海尔登等《望远镜的起源》（2011）

Van Helden, Albert, S. Dupré, Rob van Gent, and Huib Zuidervaart, eds. *The Origins of the Telescope*. Amsterdam: Amsterdam University Press, 2011.

该书为一篇论文集，基于 2008 年在荷兰米德尔堡举办的会议——"The Invention of the Dutch Telescope: Its Origins and Impact on Science, Culture, and Society, 1550—1650"，以纪念 400 年前汉斯·利帕希向荷兰政府进献荷兰望远镜且申请专利这一望远镜历史上的标志性事件。该书共包含 16 篇论文，作者皆为望远镜史研究领域的重要学者。惠布·祖德瓦特（Huib J. Zuidervaart）重新梳理了望远镜的发明权之争，将詹森从中排除，因为他只是倚赖威廉·博雷尔的社会地位才长期被考虑为候选人之一。克拉斯·范·伯克尔（Klaas van Berkel）则对米德尔堡市的商业和知识生活进行了广泛的考察，特别是宗教事件的影响。里恩·维尔米（Rienk Vermij）考察了王庭赞助。罗尔夫·威拉赫（Rolf Willach）在对现存早期镜片进行细致检验的基础上，从透镜制作技术史的角度给出了望远镜历史的新梳理，认为 16 世纪末 17 世纪初才真正出现了足以诞生望远镜的物质基础。斯万·丢佩（Sven Dupré）重新审视了 16 世纪英国威廉·伯恩的光学，否定望远镜在伊拉莎白时期已经诞生。伯恩的"望远镜设计"是当时光学知识的投射或者实践，但并非实际可行。阿尔伯特·范·海尔登（Albert Van Helden）介绍了望远镜在伽利略手中的发展及其观测。

莫里森－洛等《从地面到卫星：望远镜、技术及网络》（2011）

Morrison-Low, Alison D., Sven Dupré, Stephen Johnston, and Giorgio Strano, eds. *From Earth-Bound to Satellite: Telescopes, Skills and Networks*. Scientific Instruments and Collections, 2, v. 23. Leiden/Boston: Brill, 2011.

斯万·丢佩（Sven Dupré）任教于荷兰乌特勒支大学，主要研究科学史和艺术史中的物质文化。该书由丢佩的导言及另外 10 篇论文组成，这些论文来自 2009 年的第 23 届国际科学技术史大会。主题广泛，涉及伽利略、约翰·威塞尔（Johann Wiesel）人物研究，还包括地方性研究，如荷兰、德国的望远镜制作以及技术研究。

布恰蒂尼等《伽利略的望远镜：一个欧洲故事》（2015）

Bucciantini, Massimo, Michele Camerota, and Franco Giudice. *Galileo's telescope: a European story*. Cambridge, Massachusetts: Harvard University Press, 2015.

原版为意大利文，出版于 2012 年。该书重述了 1608 年之后十年来的望远镜发明、完善和传播的系列故事，呈现了一副望远镜的社会史图景。书中每一章基本上都保持着自己的地理空间，从荷兰及意大利的威尼斯、佛罗伦萨等典型的与早期望远镜相关的地区，到法国、印度、中国等不太相关的地区。作者通过专业的故事讲述、大量的文献资料引用试图表明，望远镜的历史并不是遵循一条线性的路径，而是一个重叠和交织的叙事网络。该书是望远镜史研究领域最近的佳作。

6. 哲学仪器

古迪逊《英国气压计，1680—1860》（1977）

Goodison, Nicholas. *English Barometers 1680-1860*. Woodbridge: Baron, 1977.

该书第一章介绍空气泵的基本原理、种类和构成，第二章到第五章按照年代顺序介绍每个时代当时的仪器及制造商。第二部分、第三部分还附有一些重要制造商和经销商的名录和专门介绍。

本内特等《18 世纪欧洲的实验哲学珍品柜》（2013）

Bennett, Jim, and Sofia Talas, eds. *Cabinets of Experimental Philosophy in Eighteenth-Century Europe*. Scientific Instruments and Collections, Volume: 3. Leiden; Boston: Brill, 2013.

索非娅·塔拉斯（Sofia Talas）是帕多瓦大学物理学史博物馆的策展人，主要研究科学仪器史及物理学史。共包含 12 篇论文。主题为实验科学或实验哲学中用到的各类仪器，包括力学、空气动力学、流体静力学光学、磁学等，以及这些仪器演变的历史。

7. 称重和度量仪器

基施《天平和发明：一个历史纲要》（1965）

Kisch, Bruno. *Scales and weights: a historical outline*. New Haven: Yale Univ. Press, 1965.

布鲁诺·基施（Bruno Kisch）是耶鲁大学艺学院的一名生理学家、心脏病学家，同时也是爱德华·克拉克·斯特雷特度量衡展览的策展人。该书是英语学界第一本综合论述称重技术历史及其仪器的著作，从最早可考的事例直到现代。该书主要分为两部分，第一部分介绍天平和砝码的使用、技术标准以及各种称重设备，第二部分是关于天平和砝码制作的细致历史考察。

张夏硕《发明温度：测量和科学进步》（2004）

Chang, Hasok. *Inventing Temperature: Measurement and Scientific Progress*. Oxford/New York: Oxford University Press, 2004.

张夏硕（Hasok Chang）是剑桥大学的汉斯·劳辛科学史和科学哲学教授（Hans Rausing Professor of History and Philosophy of Science），曾任英国科学史学会主席（2012—2014年），博士就读于斯坦福大学，是南茜·卡特赖特（Nancy Cartwright）和彼得·加里森（Peter Galison）的学生。该书严格讲来并非仅仅是温度测量的历史，而是"温度"这一概念的历史，从理论、实验到仪器综合的角度讨论了17世纪到19世纪的测温学，是一部极具启发性的科学哲学著作。作者认为测量不仅导向单纯的测量结果，科学实践中不断重复的测量行为本身能够构造某种惯例，如某种参数化的虚拟值（如沸点、凝固点）。其后，在对仪器的反复改良中，这些虚拟物被构建到仪器里继而反过来构成测量行为。

8. 医学和化学仪器

米尔恩《希腊和罗马时期的外科仪器》（1907）

Milne, John S. *Surgical instruments in Greek and Roman times*. London: Clarendon Press, 1907.

该书引用了从希波克拉底以来的诸多相关史料，揭示了一些古代医学仪器和现代仪器令人惊讶的相似性。随书附有大量的插图。

穆霍帕德耶《印度的手术器械》（1913）

Mukhopadhyaya, Girindranath. *The Surgical Instruments of the Hindus with a Comparative Study of the Surgical Instruments of the Greek, Roman, Arab and the Modern European Surgeons , Griffith Prize Essay for 1909*. Calcutta: Calcutta Univ., 1913.

该书研究了印度医学史上的医用仪器，并且将其与古代希腊、罗马、阿伯拉及现代欧洲的仪器进行了比较。作者是印度医学史领域的杰出学者，著有三卷本的印度医学史。

劳伦斯、罗森伯格《医学理论，外科实践：外科史研究》（1992）

Lawrence, Christopher, and Rosenberg, Charles E., eds. *Medical Theory, Surgical Practice: Studies in the History of Surgery*. London/New York: Routledge, 1992.

查尔斯·罗森伯格（Charles E. Rosenberg）曾任美国医学史学会和英国医学社会史学会的主席，曾获萨顿奖章（1995 年），任教于哈佛大学。该论文集包含 10 篇论文，部分来自 1985 年维康医学史研究所会议。该书主要关注西方及美国的外科医学，研究从 17 世纪到 20 世纪中叶的外科实践。

霍姆斯、莱维尔《化学史中的仪器和实验》（2000）

Holmes, Frederic Lawrence, and Levere, Trevor Harvey. *Instruments and Experimentation in the History of Chemistry*. Dibner Institute Studies in the History of Science and Technology. Cambridge, Massachusetts: MIT Press, 2000.

霍姆斯（Frederic Lawrence Holmes，1932—2003）是美国科学史家，主要研究化学、医学和生物学史，曾任教于耶鲁大学和加拿大西安大略大学。该论文集按照年代顺序编写，分为"炼金术实践""从黑尔斯到化学革命"与"19 世纪和二十世纪"三部分，共 14 篇文章。

柯卡普《外科仪器的演化：从古代到 20 世纪的图解史》（2006）

Kirkup, John. *The Evolution of Surgical Instruments: An Illustrated History from Ancient Times to the Twentieth Century*. Norman Science Technology Series; No.8. Novato, Calif.: Historyofsciencecom, 2006.

该书是 60 多年来出版的第一本关于外科仪器历史的综合著作，是有史以来最重要的外科器械通史。

布利克《阿斯克勒庇俄斯的工具：希腊和罗马时代的外科工具》（2015）

Bliquez, Lawrence J. *The Tools of Asclepius: Surgical Instruments in Greek and Roman Times*. Studies in Ancient Medicine 43. Leiden/Boston: Brill, 2015.

劳伦斯·布利克（Lawrence J. Bliquez）是华盛顿大学古典学系的荣誉教授，发表了许多古代医学的研究著作和论文。除一些资料来源介绍外，该书主要由第一部分导言和按照年代划分的三大板块组成——希波克拉底医学（截至公元前 300 年）、希腊化时期（截至公元前 31 年）以及罗马时期（截至 7 世纪）。每一部分都列出了当时医学实践中使用的工具和仪器，并给出了非常细致的介绍。

五、专题研究

1. 博物馆

阿克曼等《展览中的科学仪器》(2014)

Ackermann, Silke, Kremer, Richard, and Mara Miniati, eds. *Scientific Instruments on Display*. Vol.4. Scientific Instruments and Collections, Volume: 4. Leiden: Brill Academic Publishers, 2014.

西尔克·阿克曼（Silke Ackermann）是牛津科学史博物馆的现任馆长，曾任职于大英博物馆（1995—2002 年），担任科学仪器委员会主席（2013—2017 年），主要关注中世纪及现代早期欧洲和伊斯兰世界的天文学、占星学和历法。理查德·克雷默（Richard Kremer）任职于达特茅斯学院，任该校科学仪器的策展人。玛拉·米妮阿提（Mara Miniati）曾任职于伽利略博物馆。该书由 12 篇论文组成，论文来自第 29 届科学仪器会议，内容涉及博物馆、天文台等机构的仪器收藏、展览或特定仪器，旨在对科学仪器如何在其制造地以外的地方进行展示的文化、技术或科学意义，提供一般的思考框架。

2. 东西方交流

布朗、古纳根《东西方之间的科学仪器》(2019)

Brown, Neil, Ackermann, Silke, and Günergun, Feza, eds. *Scientific Instruments between East and West*. Scientific Instruments and Collections, 7. Leiden: Brill, 2019.

尼尔·布朗（Neil Brown）曾是伦敦科学博物馆的策展人，主要负责 19 世纪及 20 世纪早期的物理学仪器，特别关注衍射光栅及制作光栅的刻划机的历史发展。费扎·古纳根（Feza Günergun）是伊斯坦布尔大学科学史系的系主任，她主要关注 18 世纪到 20 世纪现代科学在土耳其的引入和建立。该书由 14 篇论文组成，均来自 2016 年在伊斯坦布尔举行的第 35 届科学仪器会议，主要关注伊斯兰世界，特别是奥斯曼帝国时期的科学仪器。

3. 仪器制造商

克莱克《19 世纪的科学仪器及其制造商》(1985)

Clerq, Peter R. de., eds. *Nineteenth-Century Scientific Instruments and Their Makers.*
Papers Presented at the Fourth Scientific Instrument Symposium, Amsterdam, 23-26
October 1984. Leiden; Amsterdam; Atlantic Highlands, N.J.: Museum Boerhaave; Rodopi;
Distributed in the U.S.A. by Humanities Press, 1985.

彼得·德·克莱克（Peter de Clercq）曾任职于莱顿布尔哈弗博物馆，1999 年移
居伦敦后出版、编纂过大量关于精密技术史、科学仪器史的书籍。该书由 11 篇论文
组成，聚焦于 19 世纪的科学仪器及制造商。

卡特莫尔、沃尔夫《达尔文的商店：剑桥科学仪器公司史》(1987)

Cattermole, M. J. G., and A. F. Wolfe. *Horace Darwin's Shop: A History of the
Cambridge Scientific Instrument Company, 1878-1968.* Bristol ; Boston: AHilger, 1987.

剑桥科学仪器公司是 20 世纪英国重要的仪器制造商，该书作者卡特莫尔和沃尔
夫曾任职于该公司。该书包括剑桥科学仪器公司的历史学以及部分仪器的研究和生
产过程。

克利夫顿《英国科学仪器制造商目录 1550—1851》(1996)

Clifton, Gloria. *Directory of British Scientific Instrument Makers 1550-1851.* General
editor Gerard L'E. Turner. London: Zwemmer in association with the National Maritime
Museum, 1996.

该书是由杰拉德·特纳（Gerard L'E Turner）设立的 SIMON (Scientific Instrument
Makers, Observations and Notes) 项目历经 10 年的成果，由格洛丽娅·克利夫顿（Gloria
Clifton）最终完成，后者是英国国家海事博物馆和格林尼治皇家天文台的名誉策展人。
全书涵盖从 16 世纪中期商业仪器制作开始到 1851 年英国万国博览会的 5000 多位仪
器制造商和经销商，每一位都有独立的介绍条目，包括其从事仪器制造行业的时间、
领域、地址、同事，甚至包括一些设计师或学徒的信息，以及制造商信息的来源。
另外，书中还附有一些仪器、签名和广告的黑白插图。

麦康奈尔《杰西·拉姆斯登（1735—1800）：伦敦顶尖的科学仪器制造商》（2007）

McConnell, Anita. *Jesse Ramsden (1735-1800): London's Leading Scientific Instrument Maker*. Science, Technology, and Culture, 1700-1945. Aldershot, England/Burlington, Vt.: Ashgate, 2007.

安妮塔·麦康奈尔（Anita McConnell，1936—2016）是伦敦科学博物馆海洋学和地球物理学策展人，研究领域涵盖海洋学史和仪器，以及18世纪、19世纪英国的科学仪器制造商。杰西·拉姆斯登（Jesse Ramsden）是英国18世纪的杰出仪器制造商，在仪器制造方面的杰出成就使之成为英国皇家学会的成员。拉姆斯登仪器工坊经营范围广泛，仪器质量上乘，特别是在象限仪和经纬仪的创新改进方面贡献突出。另外，他的等分机也提升了当时刻度划分的精度，进一步提高了天文仪器的精确度。天文学史上第一次发现小行星时所用到的观测仪器便是来自拉姆斯登制造坊。该书详尽地介绍了拉姆斯登在欧洲各地的商业贸易及其所处的社会环境，对于了解18世纪伦敦的社会及手工艺人也很有帮助。

莫里森－洛等《科学仪器如何改变了手》（2016）

Morrison-Low, Alison D., Sara J. Schechner, and Paolo Brenni, eds. *How Scientific Instruments Have Changed Hands*. Scientific Instruments and Collections, Volume: 5. Leiden: Brill, 2016.

萨拉·谢克纳（Sara J. Schechner）任教于哈佛大学科学史系，并且是哈佛科学仪器历史收藏的策展人。保罗·布伦尼（Paolo Brenni）主要研究18世纪初到20世纪中期的科学仪器和精密工业，现任科学仪器学会主席。该书由9篇文章构成，来自此前几届科学仪器学会会议。主要关注科学仪器的市场背景，包括仪器的制作、销售、流通等问题。

第四十一章　中国科技通史

肖尧

本章分工具书、通史通论、专题研究三个部分，各部分文献按照出版年份升序排列。

一、工具书

中国科学院图书馆《中国古代自然科学史参考书简目》(1974)

中国科学院图书馆 1974 年版。

57 页，该书分总论，数学史，天文历法史，物理学史、化学史，地质学史、地理学史，生物学史、农学史，医学史，工程技术史和补遗 9 个章节，共 476 本参考书。该书主要侧重中国古代科学史，同一学科大体上再按科学史及相关史料、科学家传记、主要古代科学著作及注释和有关书目、索引顺序进行整理。

徐余麟《中国学术名著提要·科技卷》(1996)

复旦大学出版社 1996 年版。

880 页，该书共收录先秦至近代的科技名著 349 部，分为 9 大类。其中数学类 44 部，天文类 55 部，地学类 51 部，农学类 46 部，医学类 68 部，生物类 25 部，化学类 31 部，物理与工程工艺技术类 21 部，综合类 8 部。书中对这些著作的内容、价值以及研究状况进行了详细的说明。

汪前进《传世藏书·子库·科技卷》(1996)

海南国际新闻出版中心 1996 年版。

1576 页，该书按数学、天文、生物、农业和技术 5 类进行整理，共计 48 本中国古代科技相关的典籍，侧重于文献版本。

姜丽蓉《中国科学技术史·论著索引卷》（2002）

科学出版社 2002 年版。

533 页，该书为卢嘉锡主编的《中国科学技术史》丛书（共 26 卷）其中一卷。该书为 1900—1997 年有关中国古代科学技术史研究的文献索引，分为中文和日文两部分，在每个文种中，又分为论文和图书两部分，内容分为综合类、科学家、数学史、物理学史、化学史、天文学史、地学史、生物学史、中医药学史、农学史、技术史 11 类。

艾素珍、宋正海《中国科学技术史·年表卷》（2006）

科学出版社 2006 年版。

677 页，该书为卢嘉锡主编的《中国科学技术史》丛书（共 26 卷）其中一卷，以时间为序，系统记述了从原始时代到清代中国科技史上的事件，每个条目为一个事件，包括时间、事件和文献等。

邹大海《中国近现代科学技术史论著目录》（2006）

山东教育出版社 2006 年版。

1167 页，该书较为系统地搜集了以中国近现代科学技术的发展历史及其与社会背景的关系为研究对象的中、英、日文论著的目录，并进行了整理分类。全书分单行本和论文两部分。每部分除科学技术各专科外，还有总论、科技传播与交流、科学技术机构与组织、科技教育、科技与产业、科学技术相关人物等综合性类别，各大类下又分若干小类。书末附有作者索引。

金秋鹏《中国科学技术史·图录卷》（2008）

科学出版社 2008 年版。

628 页，该书为卢嘉锡主编的《中国科学技术史》丛书（共 26 卷）其中一卷，以图片为主，辅以文字说明，向人们展示了中国古代各科学学科和各技术分支的发展概况，内容包括农学与生物学、医药学、天文学、数学、地学、物理学、化学、建筑、桥梁、纺织、矿冶、车辆、造船与航海、水利、造纸与印刷、度量衡、陶瓷与漆器、军事技术、西学东渐 19 个门类，是一部比较全面的关于中国科学技术史的综合性图录著作。

郭书春、李家明《中国科学技术史·辞典卷》（2011）

科学出版社 2011 年版。

480 页，该书为卢嘉锡主编的《中国科学技术史》丛书（共 26 卷）其中一卷，基于中国古代科学技术的原始文献和出土文物，参考 20 世纪几代学者关于中国科学技术史的大量学科史和通史的专著、论文，内容涵盖数、理、化、天、地、生、农、医、技术等，按汉语拼音顺序编排，通过约 1200 个词条的释文力图全面、完整、准确而又简明地展现中国古代科学技术的主要成就、术语、重要事件、器物、原理、典章制度及科学机构等内容。词条释文根据不同情况含有别称或简称、界定、最早出处（包括时间、地点、人物或典籍）、基本内容、原理、作用及演变等项。

二、通史通论

1. 单卷本

中国科学院自然科学史研究所《中国古代科技成就（修订版）》（1978）

738 页，中国青年出版社 1978 年出版，该书按科学分类列题，分天文学、数学、物理学、化学与化工、地学、生物学、农学、医药学、印刷术、纺织、冶金铸造、机械、建筑、造船和航海、军事技术和少数民族科技成就 16 个门类，比较全面地介绍中国历史上的科学技术成就。各篇由对各专题有研究的专家学者撰写，具有相当高的学术性，但写法上力求通俗易懂。

薮内清《中国·科学·文明》（1988）

229 页，梁策、赵炜宏译，中国社会科学出版社 1988 年出版，该书分"中国科学技术的源流"和"新出土资料和科学史"两部分对中国古代的科技进行了介绍。前一部分按照朝代次序主要对中国古代的科学技术进行论述，后一部分针对出土考古资料相关的科学史内容进行介绍。

刘俊文《日本学者研究中国史论著选译·科学技术》（1992）

331 页，中译本：杜石然等译，《日本学者研究中国史论著选译·科学技术》，中华书局 1992 年出版，该书共收录论文 10 篇，内容包括汉代天文历法、中国古代药物学、农业史、水利史、冶炼业等。

杜石然等《中国科学技术史稿（修订版）》（2012）

464 页，北京大学出版社 2012 年出版，该书是国内出版的第一部中国科学技术通史的最新修订本，按时间顺序对中国各个时期的科学技术进行了论述，由专业的科学史家进行编写，在专业性和学科门类齐备性上都有保障。另外，该书还兼顾了内外史、考古资料和传世文物，以及中外交流 3 个方面的内容。

李志超《天人古义——中国科学史论纲》（2014）

360 页，大象出版社 2014 年出版，该书对中国科学思想史基本概念做了条列秩然的解说，构成了一套崭新的体系。全书分为 3 部分：文化的生机——科学思想，历史的信息——科技古文，科学的轨仪——天文物理。

吕变庭《中国传统科学技术思想通史·第 1 卷导论》（2016）

328 页，科学出版社 2016 年出版，全书分 9 章对中国传统科学技术思想史进行介绍，从国内外学者对中国科学思想史的研究综述开始，对相关代表性成果及观点、研究概述、总体框架和相关课题研究、预期目标、思路与方法、重点难点与创新之处、结构与主要内容和参考资料 8 个部分进行介绍。

2. 多卷本

最重要的多卷本是李约瑟《中国科学技术史》（主要由海外汉学家撰写）和卢嘉锡《中国科学技术史》（主要由中国科技史家撰写）两个版本。

李约瑟《中国科学技术史》（1954—2015）

李约瑟于 1948 年正式向剑桥大学出版社递交了《中国科学技术史》（*Science and Civilisation in China*，SCC）的写作、出版计划。通过丰富的史料、深入的分析和大量的东西方比较研究，本系列专著内容涉及哲学、历史、科学思想、数、理、化、天、地、生、农、医及工程技术等诸多领域。1954 年第一卷出版，至今已出版 7 卷 25 分册，尚有 3 个分册处于编纂阶段。中文译本自 1990 年由科学出版社与上海古籍出版社陆续出版，现已出版 14 册。

第一卷《导论》（1954）

Needham, Joseph. *Science and Civilisation in China Volume Ⅰ Introductory Orientations*. Cambridge: Cambridge University Press, 1954.

中译本：袁翰青等译，《导论》，科学出版社 2018 年再版，336 页。

本卷内容主要包括全书编写计划、参考文献简述、中国地理概述、中国历史概述、中国和欧洲之间科学思想与技术的传播情况等内容。

第二卷《科学思想史》（1956）

Needham, Joseph. *Science and Civilisation in China Volume II History of Scientific Thought*. Cambridge: Cambridge University Press, 1956.

中译本：何兆武等译，《科学思想史》，科学出版社 2018 年再版。

本卷分 10 章对中国古代的科学思想进行介绍，主要对儒家、道家和佛家在中国发展的学说进行阐释。

第三卷《数学、天学和地学》（1959）

Needham, Joseph. *Science and Civilisation in China Volume III Mathematics and the Sciences of the Heavens and the Earth*. Cambridge: Cambridge University Press, 1959.

中译本：933 页，梅荣照等译，《数学、天学和地学》，科学出版社 2018 年再版。

本卷内容包括中国古代数学、天文学、气象学、地理学和制图学、地质学（及相关学科）、地震学及矿物学的基本方面、主要成就和特征，它们的传播和影响，以及与西方相应学科发展的比较等。

第四卷《物理学及相关技术　第一分册　物理学》（1962）

Needham, Joseph. *Science and Civilisation in China Volume IV Physics and Physical Technology Part 1 Physics*. Cambridge: Cambridge University Press, 1962.

中译本：436 页，陆学善等译，《物理学及相关技术　第一分册　物理学》，科学出版社 2003 年版。

本册主要论述中国古代物理学的产生和发展，包括力学、热学、光学、声学、磁学和电学方面的成就。

第四卷《物理学及相关技术　第二分册　机械工程》（1965）

Needham, Joseph. *Science and Civilisation in China Volume IV Physics and Physical Technology Part 2 Mechanical Engineering*. Cambridge: Cambridge University Press, 1965.

中译本：892 页，鲍国宝等译，《物理学及相关技术　第二分册　机械工程》，科学出版社 1999 年版。

本册李约瑟著，王铃协助，主要论述中国古代在基本机械原理、各种机械、各种车辆、原动力及其应用、时钟及航空工程史前阶段等方面的成就。内容以古代机械为主，包括中国传统封建官僚社会的工匠和工程师、基本机械原理和机械零件、各种车辆、畜力机械、水力机械、风力机械、天文机械、古代的飞行器与飞行幻想等。

第四卷《物理学及相关技术　第三分册　土木工程与航海技术》（1971）

Needham, Joseph. *Science and Civilisation in China Volume IV Physics and Physical Technology Part 3 Civil Engineering and Nautics*. Cambridge: Cambridge University Press, 1971.

中译本：1030 页，汪受琪等译，《物理学及相关技术　第三分册　土木工程与航海技术》，科学出版社 2008 年版。

本册李约瑟著，王铃、鲁桂珍协助，主要论述中国古代在土木工程和航海技术方面的成就，其中土木工程涉及道路、桥梁、宫殿、塔楼、水利等内容，航海技术涉及造船工艺、特点、中国航海历史等内容。

第五卷《化学及相关技术　第一分册　纸和印刷》（1985）

Tsuen-Hsuin, Tsien. *Science and Civilisation in China Volume V Chemistry and Chemical Technology Part 1 Paper and Printing*. Cambridge: Cambridge University Press, 1985.

中译本：472 页，刘祖慰译，《化学及相关技术　第一分册　纸和印刷》，科学出版社 2018 年版。

本册钱存训著，主要论述中国古代纸的性质和演变、造纸技术和工序、纸张的各种用途和纸制品及中国印刷术的起源和发展、各种技艺和工序、印刷术与艺术等方面的成就以及纸和印刷术的传播和对世界文明的贡献。作者钱存训，美籍华人，芝加哥大学教授。

第五卷《化学及相关技术　第二分册　炼丹术的发现和发明：金丹与长生》（1974）

Needham, Joseph. *Science and Civilisation in China Volume V Chemistry and Chemical Technology Part 2 Spagyrical Discovery and Invention: Magisteries of Gold and Immortality*. Cambridge: Cambridge University Press, 1974.

中译本：542 页，周曾雄等译，《化学及相关技术　第二分册　炼丹术的发现和发明：金丹与长生》，科学出版社 2010 年版。

本册李约瑟著，鲁桂珍协助，介绍了有关炼丹术的历史文献，相关概念、术语和定义，炼丹术的冶金学和化学背景，炼丹术的生理学背景，丹药功效考证等相关内容。

第五卷《化学及相关技术　第三分册　炼丹术的发现和发明：从朱砂药到合成胰岛素的历史考察》（1976）

Needham, Joseph. *Science and Civilisation in China Volume V Chemistry and Chemical Technology Part 3 Spagyrical Discovery and Invention: Historical Survey, from Cinnabar Elixirs to Synthetic Insulin*. Cambridge: Cambridge University Press, 1976.

英文版 481 页，本册李约瑟著，何丙郁、鲁桂珍协助。根据朝代顺序，介绍了从周代炼丹术起源至现代化学在中国出现的历史发展过程。

第五卷《化学及相关技术　第四分册　炼丹术的发现和发明：器具、理论和贡品》（1980）

Needham, Joseph, Ping-Yu, Ho and Gwei-Djen, Lu, eds. *Science and Civilisation in China Volume V Chemistry and Chemical Technology Part 4 Spagyrical Discovery and Invention: Apparatus, Theories and Gifts*. Cambridge: Cambridge University Press, 1980.

英文版 772 页，李册李约瑟著，本册何丙郁、鲁桂珍协助，席文（Nathan Sivin）部分贡献。介绍了炼丹的设备与仪器、在溶液中的反应、炼丹术的理论背景（席文）以及中外追求"长生"的比较。

第五卷《化学及相关技术　第五分册　炼丹术的发现和发明：内丹》（1983）

Needham, Joseph. *Science and Civilisation in China Volume V Chemistry and Chemical Technology Part 5 Spagyrical Discovery and Invention: Physiological Alchemy*. Cambridge: Cambridge University Press, 1983.

中译本：604 页，邹海波等译，《化学及相关技术　第五分册　炼丹术的发现和发明：内丹》，科学出版社 2016 年版。

本册李约瑟著，鲁桂珍协助。主要内容包括：中国古代的内丹（生理炼丹术）理论及其发展历史，与印度瑜伽术的比较，外丹（原始化学）、内丹之间的关系等，以及对中国理学理论中原始内分泌学的讨论。

第五卷《化学及相关技术　第六分册　军事技术：抛射武器和攻守城技术》（1994）

Needham, Joseph, Yates, Robin D. S. *Science and Civilisation in China Volume V Chemistry and Chemical Technology Part 6 Military Technology: Missiles and Sieges*. Cambridge: Cambridge University Press, 1994.

中译本：510 页，钟少异等译，《化学及相关技术　第六分册　军事技术：抛射武器和攻守城技术》，科学出版社 2002 年版。

本册李约瑟、叶山（Robin D.S. Yates）著，石施道（Krzysztof Gawlikowski）、麦克尤恩（Edward McEwen）、王铃协助。主要论述中国古代军事技术中的兵器、攻防技术、军事思想等方面内容。具体章节包括兵法文献，中国古代军事思想的特点，弓弩、弹道机械等抛射武器，早期攻守城技术等。

第五卷《化学及相关技术　第七分册　军事技术：火药的史诗》（1987）

Needham, Joseph. *Science and Civilisation in China Volume V Chemistry and Chemical Technology Part 7 Military Technology: The Gunpowder Epic*. Cambridge: Cambridge University Press, 1987.

中译本：640 页，刘晓燕等译，《化学及相关技术　第七分册　军事技术：火药的史诗》，科学出版社 2015 年版。

本册李约瑟著，何丙郁、鲁桂珍、王铃协助。内容包括中国古代火药的历史文献与研究成果，涉及军用火药的溯源，火药的成分及性能，鞭炮和烟火，炸弹、地雷、火枪等各类早期火药武器，火炮、手铳的后期发展，火药的和平利用，火药的传播等。

第五卷《化学及相关技术　第九分册　纺织技术：纺纱和缫丝》（1986）

Needham, Joseph, Kuhn, Dieter. *Science and Civilisation in China Volume V Chemistry and Chemical Technology Part 9 Textile Technology: Spinning and Reeling*. Cambridge: Cambridge University Press, 1986.

英文版 520 页，本册迪特尔·库恩（Dieter Kuhn）著。介绍了中国的纺织品和纺织技术与历史发展，时间跨度从新石器时代到 19 世纪。书中讨论了中国纺织技术发明如何影响世界其他地区和中世纪欧洲的纺织品生产，以及中国纺织技术是如何在 10 世纪至 13 世纪达到顶峰的，并试图分析其之后逐渐衰落的原因。

第五卷《化学及相关技术　第十一分册　黑色金属冶金》（2008）

Wagner, Donald B. *Science and Civilisation in China Volume V Chemistry and Chemical Technology Part 11 Ferrous Metallurgy*. Cambridge: Cambridge University Press, 2008.

英文版 477 页，作者华道安（Donald B. Wagner），丹麦人，世界著名冶金考古学者。毕业于麻省理工学院，现任职于丹麦哥本哈根大学北欧研究所，为四川大学特聘教授。作者在其政治和经济背景下，对中国的钢铁生产和使用进行了全面的历史记述。第一章介绍了中国传统钢铁工业的重要技术概念，以及技术、地理和经济相互作用和影响政治的方式。其后章节涉及冶金从汉朝到唐朝的发展，宋朝时期的技术发展和经济革命，以及明朝时期的经济扩张。最后一章探讨了现代钢铁工业对中国发展的贡献。

第五卷《化学及相关技术　第十二分册　陶瓷技术》（2004）

Kerr, Rose, Wood, Nigel. *Science and Civilisation in China Volume V Chemistry and Chemical Technology Part 12 Ceramic Technology*. Cambridge: Cambridge University Press, 2004.

英文版918页，本册柯玫瑰（Rose Kerr）、奈杰尔·伍德（Nigel Wood）著，蔡玫芬、张福康部分贡献。考察了中国的陶器制作、上釉和烧制的过程，介绍了黏土的形成及其与中国地质的关系，以及黏土的烧制、制作方法和顺序、釉料、颜料和镀金，以及从7世纪到21世纪中国陶瓷技术对世界的影响。

第五卷《化学及相关技术　第十三分册　采矿》（1999）

Golas, Peter J. *Science and Civilisation in China Volume V Chemistry and Chemical Technology Part 13 Mining*. Cambridge: Cambridge University Press, 1999.

英文版538页，本册葛平德（Peter J.Golas）著。介绍了从新石器时代到20世纪的中国采矿业历史，涵盖从铜到汞、从砷到煤的多种采矿活动。书中结合史料与考古线索，以及仍在使用的传统技术，讨论了中国矿业发展与社会、经济和政治间的相互关系。

第六卷《生物学及相关技术　第一分册　植物学》（1986）

Needham, Joseph. *Science and Civilisation in China Volume VI Biology and Biological Technology Part 1 Botany*. Cambridge: Cambridge University Press, 1986.

中译本：672页，袁以苇等译，《生物学及相关技术　第一分册　植物学》，科学出版社2006年版。

本册主要论述中国古代植物学的萌芽、植物语言学、文献及内容、救荒食用植物的研究以及为人类服务的植物和昆虫等方面的成就和贡献。

第六卷《生物学及相关技术　第二分册　农学》（1984）

Needham, Joseph, Bray, Francesca. *Science and Civilisation in China Volume VI Biology and Biological Technology Part 2 Agriculture*. Cambridge: Cambridge University Press, 1984.

本册主要论述中国的农田系统及工具、技术（播种、收获、储存）和作物系统。此外，还将欧洲的农业革命与中国汉朝和宋朝的两次农业革命进行了比较。

第六卷《生物学及相关技术　第三分册　农产业和林业》（1996）

Needham, Joseph, Daniels, Christian, Menzies, Nicholas K. *Science and Civilisation in China Volume VI Biology and Biological Technology Part 3 Agro-Industries and*

Forestry. Cambridge: Cambridge University Press, 1996.

　　本册主要由两部分内容组成，前一部分是克里斯蒂安·丹尼尔斯（Christian Daniels）所写，全面介绍了中国从古代到 20 世纪早期的甘蔗技术发展史。其内容涉及前现代时期中国技术和机械对世界糖技术发展的贡献，以及 16 世纪后中国技术向东南亚和东亚国家的转移。后一部分本是尼古拉斯·孟席斯（Nicholas K. Menzies）所写的中国林业史。其内容涉及早期文字记载的森林管理系统、造林方法和中国林业使用的主要木材种类等，此外还比较了中国与欧洲、日本的森林砍伐历史。

　　第六卷《生物学及相关技术　第四分册　传统植物学：民族植物学方法》(2015)

　　Métailié, Georges. *Science and Civilisation in China Volume Ⅵ Biology and Biological Technology Part 4 Traditional Botany: An Ethnobotanical Approach*. Cambridge: Cambridge University Press, 2015.

　　本册的主要内容包括：中国传统植物学和分类来源、水生植物、真菌、园艺技术、水果生产、嫁接以及古代中国植物文化对欧洲的影响。

　　第六卷《生物学及相关技术　第五分册　发酵与食品科学》(2000)

　　Huang, H. T. *Science and Civilisation in China Volume Ⅵ Biology and Biological Technology Part 5 Fermentations and Food Science*. Cambridge: Cambridge University Press, 2000.

　　中译本：701 页，韩北忠等译，《生物学及相关技术　第五分册　发酵与食品科学》，科学出版社 2008 年版。

　　本册主要论述中国古代酒的发酵技术与演变、大豆的加工与发酵技术、食品的加工与保存、茶叶的加工与利用、食品与营养缺乏症等，作者还提出了自己对中国古代发酵技术和食品科学发展的思考和结论。

　　第六卷《生物学及相关技术　第六分册　医学》(2000)

　　Needham, Joseph. *Science and Civilisation in China Volume Ⅵ Biology and Biological Technology Part 6 Medicine*. Cambridge: Cambridge University Press, 2000.

　　中译本：265 页，刘巍译，《生物学及相关技术　第六分册　医学》，科学出版社 2013 年版。

　　本册由美国科学史家席文根据李约瑟和鲁桂珍的 5 篇著述编辑而成，内容包括编者导言、中国文化中的医学、保健法与预防医学、资格考试、免疫学的起源以及法医学。

第七卷《社会背景 第一分册 传统中国的语言与逻辑》（1998）

Harbsmeier, Christoph. *Science and Civilisation in China Volume XII The Social Background Part 1 Language and Logic in Traditional China*. Cambridge: Cambridge University Press, 1998.

本册讨论了中国古代文言文作为科学媒介的基本特征，并详细论述了对科学话语发展至关重要的各种抽象概念。它特别强调中国古代逻辑术语的概念史，以及中国传统对自己语言的看法。最后概述了中国古代逻辑学的发展。

第七卷《社会背景 第二分册 总结与反思》（2004）

Needham, Joseph. *Science and Civilisation in China Volume XII The Social Background Part 2 General Conclusions and Reflections*. Cambridge: Cambridge University Press, 2015.

本册收录了李约瑟工作生涯中起草的各类文章，其中一些是和合作者一起写的，在这些文章中，他阐述了他对中国社会和历史背景的广泛看法。

卢嘉锡《中国科学技术史》（1998—2008）

《中国科学技术史》由全国政协副主席、原中国科学院院长、著名化学家卢嘉锡院士担任主编，聘请国内各学科领域的学术权威担任顾问，编委会集中了国内多家单位的数百名科技史研究人员进行编撰工作。全书分综合、专史、工具三大类，目前共出版 27 卷。科学出版社出版。

李家治《陶瓷卷》（1998）

493 页，该书根据我国陶瓷的近代考古发现和科技研究结果，讨论陶瓷工艺发展历史，重点阐述中国名窑胎釉的物理化学基础、形成机理及烧制工艺的进步历程。讨论内容包括古代前期的陶器、陶器向瓷器的过渡、各类瓷器的出现与发展，以及陶瓷的新发展。

金秋鹏《人物卷》（1998）

804 页，该书精选了春秋战国至清末的 77 位著名科学家，按时间顺序进行介绍。

王兆春《军事技术卷》（1998）

422 页，该书共 11 章，内容包括兵器、战车、战船、军事工程和军事通信的起源，取得的主要成果，运用于军事的基础理论与基础技术，元代中国火器的西传，明清时期对西方军事技术的吸收与运用，19 世纪末到 20 世纪初中国军事变革的概况等。

廖育群等《医学卷》（1998）

515 页，该书站在科技史与社会文化史并重的立场，在详细论述中国古代医学构成、发展演变的同时，注重医学思想、治疗技术与哲学、宗教、政治等社会背景的内在联系。全书基本按时间顺序安排，分为先秦、秦汉两晋、南北朝隋唐、宋金元、明清及中外医学交流 6 部分共 26 章。

潘吉星《造纸与印刷卷》（1998）

654 页，该书利用新考古发掘资料，对出土文物的检验、传统工艺的调查研究和中外文献的考证，系统论述中国造纸及印刷技术的起源发展以及外传的历史，从而揭示中国"四大发明"中两项发明的系统历史。

赵匡华、周嘉华《化学卷》（1998）

693 页，该书通过对中国古代陶瓷、冶金、炼丹术与医药、盐硝矾加工、酿造、制糖、染色等与化学有密切关系的内容，全面勾画出了中国古代化学的基本面貌和发展历史，并对它们的内涵做了深入的揭示和评述。

唐锡仁、杨文衡《地学卷》（2000）

529 页，该书从石器时代到清末，按时间先后分为 9 个阶段，首次将地学各方面资料综合起来，进行了比较系统而全面的整理研究。

唐寰澄《桥梁卷》（2000）

759 页，该书系统论述了中国古代桥梁技术产生和发展的历史，充分体现了中国古代人民的智慧和创造力。全书有分有合，首先概述桥梁史，然后对梁桥、栈阁、拱桥、索桥、浮桥等进行分门别类的论述，最后集中讲桥梁艺术。

董恺忱、范楚玉《农学卷》（2000）

896 页，该书主要内容有先秦时代的农学、秦汉魏晋南北朝时期的农学、隋唐宋元时期的农学、明清时期的农学。每一时期包括历史背景、农书、农业科学技术的发展等等。

陆敬严、华觉明《机械卷》(2000)

436页，该书在大量文物考证和史料研究的基础上，对中国历代机械的发明、应用及技术发展进行了阐述。全书采用现代机械学分类进行编写，内容包括古代机械发展概述；工具与简单机械，机构，机械零件与制图，材料，制造工艺与质量管理，动力，整体机械，农业机械，纺织机械，西方机械传入10个部分。

戴念祖《物理学卷》(2001)

623页，该书展现了中国古代科学在物理学方面的概貌，内容包括历史的概述、力学、光学、声学、电与磁、热学以及近代物理知识在中国的传播。

丘光明等《度量衡卷》(2001)

465页，该书系统、全面地研究了中国度量衡的产生、发展、管理制度、单位量值、科学技术成就。

席泽宗《科学思想史卷》(2001)

540页，该书按时间顺序安排章节，自远古至明清分7章对各个时期的各种科学思想进行阐述。

赵承泽《纺织卷》(2002)

467页，该书分为四编，第一编阐述古代的纺织生产情况；第二编阐述古代的纺织工艺技术，包括原料、纺、织、染、机具、纺织品种及一些需要专门讨论的重要问题；第三编阐述历史上少数民族的纺织及现存的传统纺织工艺；第四编阐述中国近代纺织业的兴起和发展。

周魁一《水利卷》(2002)

533页，该书采用以水利基础科学为经（包括水文学、水力学、土力学、泥沙运动学、水利测量学以及水利规划、设计、施工、管理中包容的基础科学理论），以传统技术为纬（包括防洪治河、农田灌溉、运河、海塘、城市水利和水力机械等专业技术门类）的写作结构。以水利科技为主要内容，范围涉及历史、地理、经济、文化等领域。

陈美东《天文学卷》（2003）

808 页，该书以断代史形式叙述了我国天文学发展状况，从天文观测、天文仪器、历法、星图星表及天文学家等层面进行阐述。

杜石然《通史卷》（2003）

984 页，此书可视为《中国科学技术史稿（修订版）》的拓展版。该书按时间顺序安排章节，自原始时期到近代中国分 10 个时期对各个学科进行论述和介绍。

席龙飞等《交通卷》（2004）

684 页，该书分造船技术史、水运技术史、陆路交通史三篇。造船技术史篇论述了中国舟船的起源，古代造船技术的奠基、发展、臻于成熟和鼎盛，以及中国帆船业的衰败和近代船舶工业的发展。水运技术史篇论述了中国古代海上航路的开辟与演变，内河、运河水运工程，以及海上管理制度。陆路交通史篇论述了各历史时期陆路交通网络的开拓和发展，交通设施的建立，以及道路修筑的技术和管理制度等。

罗桂环、汪子春《生物学卷》（2005）

445 页，该书主要论述了从远古时代到近代西方生物学传入前不久的中国古代生物学发展的历程，顺带也介绍了近代生物学早期在中国的传播状况。第一章概论，简单介绍了我国古代生物学的特点和发展阶段。随后各章分时期分别论述了生物的分类、形态、遗传育种、生物资源保护等诸方面知识的积累过程。

韩汝玢、柯俊《矿冶卷》（2007）

860 页，该书阐述了中国古代矿冶技术的产生、发展历程，涉及金、银、铜、铁、锡、汞、砷等有色金属技术，钢铁技术，古代金属的矿产资源、采矿及选矿技术，金属加工技术等。同时对使用现代实验方法对出土金属文物和冶金遗物进行系统研究进行了介绍，包括部分模拟试验。

傅熹年《建筑卷》（2008）

808 页，该书系统论述了中国古代的建筑发展史。作者广泛收集实物材料和文献史料，互相印证，力求把论断建立在实物与文献结合的基础上。各时代的内容大体按规划、建筑、结构、材料、施工等分类梳理。

郭书春《数学卷》（2010）

858 页，该书系统论述了远古至清末中国数学的主要成就、思想、理论贡献以及重要的数学典籍、杰出的数学家，并探讨其产生的社会经济、政治、思想和文化背景。

罗南《中华科学文明史》（1980—1995）

柯林·罗南（Colin A. Ronan）对李约瑟《中国科学技术史》的缩写本，共 5 卷。中译本由江晓原主持翻译，上海人民出版社 2014 年出版，共两卷。

第 1 卷（1980）

Ronan, Colin A. *The Shorter Science and Civilisation in China Volume I*. Cambridge: Cambridge University Press, 1980.

该书涵盖了李约瑟博士原著作第一卷和第二卷的内容。向读者介绍了中国的历史、地理和语言，科学知识在中欧之间的传播，以及中国的科学思想史。

第 2 卷（1985）

Ronan, Colin A. *The Shorter Science and Civilisation in China Volume II*. Cambridge: Cambridge University Press, 1985.

该书涵盖了李约瑟博士原著作第三卷和部分第四卷的内容。详细介绍了中国早期对各种科学的贡献。内容包括数学、天文学和气象学、地球科学，以及一些物理学的内容。

第 3 卷（1986）

Ronan, Colin A. *The Shorter Science and Civilisation in China Volume III*. Cambridge: Cambridge University Press, 1986.

该书涵盖了李约瑟博士原著作部分第四卷的内容以及分散在其他卷的内容。将这些内容统合成一个整体进行介绍，主要是关于中国对航海科学和技术的贡献。

第 4 卷（1994）

Ronan, Colin A. *The Shorter Science and Civilisation in China Volume IV*. Cambridge: Cambridge University Press, 1994.

该书主要涉及李约瑟博士原著作中有关机械的内容。内容包括对中国工匠的考察、基本的机械原理、文本中描述的机械制品、车辆和马具、发条以及风车。

第 5 卷（1995）

Ronan, Colin A. *The Shorter Science and Civilisation in China Volume V*. Cambridge: Cambridge University Press, 1995.

该书主要涉及李约瑟博士原著作中有关建造的内容。内容包括道路、城墙、建筑技术、桥梁和水利工程。

江晓原《中国科学技术通史》（2015）

江晓原主编的五卷本《中国科学技术通史》由上海交通大学出版社出版。

第 1 卷《源远流长》

第 2 卷《经天纬地》

第 3 卷《正午时分》

第 4 卷《技进于道》

第 5 卷《旧命维新》

3. 编史学

刘钝、王扬宗《中国科学与科学革命：李约瑟难题及其相关问题研究论著选》（2002）

886 页。辽宁教育出版社 2002 年出版。该论文集分李约瑟之前、李约瑟与李约瑟难题、李约瑟难题求解、李约瑟难题与科学史学、中国科学与世界科学和欧洲近代科学革命 6 个部分，收录了国内外知名的科学家和科学史家的 31 篇文章，对李约瑟问题进行了较为全面的介绍和传播。

席泽宗《科学史十论》（2003）

243 页。复旦大学出版社 2003 年出版。该书为论文集，从科学史和现代科学及历史科学之间的关系开始论述，从而引发有关中国科学传统回顾和未来展望的话题，并论述了中国古代天文学在中国传统文化中的地位、社会功能等问题。

劳埃德《古代世界的现代思考：透视希腊、中国的科学与文化》（2004）

Lloyd, Geoffrey. *Ancient worlds, Modern Reflection: Philosophical perspectives on Greek and Chinese Science and Culture*. New York: Oxford University Press, 2004.

中译本：271 页。钮卫星译，《古代世界的现代思考：透视希腊、中国的科学与文化》，上海科技教育出版社 2015 年出版，该书是一本探讨古代世界相关问题的专著，通过对古代世界不同文明的考察，作者认为古代希腊和中国的科学和文化都为推进现代的各种相关争论提供了宝贵的资源。该书分 12 章进行论述，从理解古代社会开始，追问古代文明中是否存在科学这样的问题，最后讨论古代世界中的民主和人权问题，让读者以一种新的视角去看待和理解古代世界（包括中国）。

李约瑟《文明的滴定：东西方的科学与社会》(2005)

Needham, Joseph. *The Grand Titration: Science and Society in East and West*. New York: Routledge, 2005.

中译本：319 页。张卜天译，《文明的滴定：东西方的科学与社会》，商务印书馆 2016 年出版。该书是著名科学史家李约瑟最重要的代表作之一，他在该书中指出中国科学传统的优点与缺点，认为源于中国和东亚的发明和发现深刻地影响了西方，论述了科学与社会变迁的关系，并通过中国哲学与自然哲学中的时间观念等问题，讨论了时间与东方人的关系。

刘钝《文化一二三》(2006)

湖北教育出版社 2006 年出版，456 页。该书分为三部分：第一部分有涉及科学史的功能与定位的理论思考，也有关于学科生存与发展策略的管见；第二部分汇集了近年所写的书评、读后感、序、跋以及同书有关的小品等；第三部分包括一些会议上的发言、与同事的对话和记者访谈等。

陈久金、万辅彬《中国科技史研究方法》(2011)

407 页。黑龙江人民出版社 2011 年出版。该书分上、下两卷，上卷对常用的科技史研究方法，从理论上做概要性的介绍，从如何选题立项、收集文献资料到选择适当的研究方法、开展综合研究、得出结论。此外，上卷还对工具书的使用方法做了专门介绍。下卷则是对科技史研究方法的一些实例分析和总结，其内容由长期从事科技史研究的专家学者，从不同学科和不同角度对自己的研究方法进行总结，可视为"诸家科技史研究方法的集萃"。

三、专题研究

1. 少数民族科技史

李迪《中国少数民族科学技术史·通史卷》(1996)

565 页。广西科学技术出版社 1996 年出版。该书是"中国少数民族科学技术史"丛书的第一卷，较为全面地介绍了中国少数民族在天文历法、数学、地理学、物理学、农牧业技术、医药学、建筑工程、纺织技术、机械工具、化工等方面的成就。全书按时间顺序安排，少部分章节按民族划分。

2. 中外交流史

廖正衡、岛原健三等《中日科技发展比较研究》(1992)

994 页。辽宁教育出版社 1992 年出版。该书对中日科技发展中的社会背景、发展战略、引进技术、科技哲学、科技专业、科技教育和科技决策 7 方面进行了比较研究，包括分析异同、寻找动因、揭示本质、建议设想等方面。

潘吉星《中外科学技术交流史论》(2012)

911 页。中国社会科学出版社 2012 年出版。该书由 14 章 45 节组成，另配插图 312 幅，书末附有作者的 4 篇英文论文。此书主要介绍了中国传统科技在全球流动的情况，涉及数学、天文、物理、化学、生物、农业等学科，另有两章对人物和文化进行了论述。

李未醉、魏露苓《古代中外科技交流史略》(2013)

340 页。中央编译出版社 2013 年出版。该书集中论述了古代中国与亚洲其他国家的科技文化交流，主要内容包括：古代亚洲国家简况，古代中国与亚洲国家的技术交流，古代中国与亚洲国家的医药、天文和数学交流。

3. 考古学与科技史

夏鼐《考古学和科技史》(1979)

150 页。科学出版社 1979 年出版。该书由夏鼐的 10 篇论文汇集而成，内容涉及天文学、数学、纺织、冶金等方面。该书可为关注考古学的科技史研究者提供参考和助益。

4. 哲学与科技史

山田庆儿《古代东亚哲学与科技文化》（1996）

（日）山田庆儿著，廖育群译。

364 页。辽宁教育出版社 1996 年出版。该书为论文集，作者基于"与西欧近代诞生之科学不同的另一种科学是否成立"的疑问，从东亚科学、技术和文化的角度对一系列议题进行了探讨和分析。该书主要从天文、医学两个学科对东亚的传统自然哲学进行研究。

第四十二章　中国农学史

蒋澈

本章主要介绍农史领域内与古代农业科技史有关的入门参考书，而不涉及专门的农业经济、农业政策等专题，也不收录单论近现代农业史的专著（可参考本书第四十八章相关章节）。《中国科学技术史》大型丛书中有《农学卷》和《水利卷》，在此亦不专门介绍。本章分工具书、通史、分科史、专题研究四个部分，各部分文献按照首次出版年份升序排列。

一、工具书

1. 书目

王毓瑚《中国农学书录》（1957）

中华书局 1957 年出版。该书虽然成书较早，但一直被誉为传统农学史入门必读名著之一。该书共收录农业古籍 541 种，存 370 种，佚 171 种。书中对农书的介绍多有作者本人考订意见，因此在今天仍有很高的参考价值。

中国农业博物馆资料室《中国农史论文目录索引》（1992）

林业出版社 1992 年出版。收录论文条目 19 255 条，上起清末，下至 1991 年，共分成 34 大类，设 4 级类目，非常全面地总结了这一时期农史研究的主要主题及成果。

张芳、王思明主编《中国农业古籍目录》（2003）

北京图书馆出版社 2003 年出版。该书全面地总结了中国农业古籍的基本情况，综合了 20 世纪 30 年代以来编纂的多种农业古籍书目，并收录近年得到的新书目信息和境外收藏的中国农业古籍信息。该书将农业古籍分为 17 类，即综合性著作、时令占候、农田水利、农具、土壤耕作、大田作物、园艺作物、竹木茶、植物保护、畜牧兽医、蚕桑、水产、食品与加工、物产、农政农经、救荒赈灾和其他著作。该书是研究农史必备的工具书之一，可取代此前的数种大型农书目录。

2. 年表

闵宗殿《中国农业科技史年表》（1982）

初稿于全国农业展览馆 1982 年油印，后陆续在《农业考古》上连载，精要地记录了中国农史的主要材料。

闵宗殿《中国农史系年要录·科技编》（1989）

农业出版社 1989 年出版。该书系检索我国古代主要农业科学技术及其发生时代的工具书。所收录资料的年限始于公元前 6000 年，止于 1911 年，共收录农、牧、副、渔四方面的科技史料近千条，引用文献 400 多种。书末另有分类索引和引用书目简介，可用于检索大事和农业古籍。

3. 史料集成

《中国农学遗产选集》（1957—2002）

中华书局、农业出版社于 1957—2002 年出版，未出全。本丛书辑录中国古代文献中关于农业的资料，设想中共分 4 辑：甲类为植物各论，乙类为动物各论，丙类为农事技术，丁类为农业经济。所用材料除专门农书之外，还包括各种史籍、方志、笔记、杂考、类书、字书等。已出版的卷册可提供方便的史料指引。

范楚玉主编《中国科学技术典籍通汇·农学卷》（1994）

河南教育出版社 1994 年出版。该书分为 5 册，影印了 43 种重要的古代农业著作，同时对每部著作均写有提要。可以作为研读中国农史核心史料的读本和参考书。

彭世奖编注《中国农业传统要术集萃》（1998）

中国农业出版社 1998 年出版。该书以一卷本的篇幅，从 400 余种古代文献中选取了农时物候、土壤耕作、肥料、农业机械、水利、农艺、植物保护、各类农作物、园艺、林业、畜牧、蚕桑、益虫饲养、水产、生活常识等方面的材料，可以作为初学者了解中国古代农业技术特点的简明读本。

谢冬荣主编《中国古代农书文献集成》(2017)

国家图书馆出版社 2017 年出版。本丛书收录国家图书馆所藏的 70 余种涉及农业方面的图书,编排沿用传统分类,分为综论、耕作、防灾、作物、农桑、园艺和牧养 7 个部分,每部分均收录有若干具有代表性的作品,可以为相关领域的研究者提供比较丰富的研究资料。在版本选择上,收录了若干珍稀善本,值得注意。

穆祥桐、曹幸穗主编《中华大典·农业典》(2017,2018)

河南大学出版社、西南师范大学出版社 2017—2018 年出版。本丛书下设《蚕桑分典》《茶业分典》《农田水利分典》《畜牧兽医分典》《农业灾害分典》《农书分典》《粮食作物分典》《药用作物分典》《救荒植物分典》《园艺作物分典》《渔业水产分典》《农具仓储分典》共 12 个分典,涵盖了农业生产与农业技术的主要方面,总字数接近 6000 万字。该丛书将古代农学文献分门别类地加以汇编,且经过点校,便于查检特定文本。

安晓东主编《中国历代农林文献集成》(2018)

学苑出版社 2018 年出版。该书共 100 册,是一套大型史料丛书。收录了从先秦直至民国时期的中国历代农林文献 194 种,分为综合著作、时令占候、农具、土壤耕作、大田作物、园艺作物、竹茶、蚕桑、农政农经 9 大部分。

卞甫主编《古代中国农学遗产文献汇刊》(2020)

线装书局、蝠池书院 2020 年以来出版。该丛书是一套正在出版中的大型史料丛书,试图在前人基础上,扩大搜集范围,按年代分辑推出,最终呈现出古代农学的完整面貌。在分类上,本汇刊将古代农业文献划分为:(1)农业综述(包括农业政策、制度等);(2)占候/时令(气象);(3)农技、农具;(4)经济作物(茶叶、桑麻等);(5)园艺(花卉果蔬栽培);(6)水利;(7)畜牧、饲养(附兽医);(8)林业、渔猎;(9)农副产品加工(酿造加工等);(10)荒政;(11)博物学。

4. 辞典与百科全书

夏亨廉、肖克之主编《中国农史辞典》(1994)

中国商业出版社 1994 年出版。该书收录了农史材料中需要专门解释的事件、名词、典故等，包括农业史、农业思想史、农业人物与农书、土地制度、赋税制度、人口户籍、漕运、粮食仓储、自然灾害与荒政、土壤改良、土壤利用、肥料、农具、农田水利、农艺、农作物、园艺、林业、畜牧业、蚕业、渔业、茶文化、饮食文化等方面的内容，以详古略今为原则，对于学术上有争论的问题记录诸家意见，是学习农史时十分有用的工具书。

《中国农业百科全书·农业历史卷》（1995）

农业出版社 1995 年出版。该书收录了中国和世界农业历史上重要的思想、学说、著作、人物，对可以构成专题的主题（如某一地域、时代的农业发展史、某一作物的栽培史）也有专门的条目，书末附有"中国农业历史大事记"及"中国古农书存目"。该书第二版修订工作正在进行之中。

二、通史

中国农业科学院、南京农学院中国农业遗产研究室编《中国农学史（初稿）》（1959，1984）

上册为科学出版社 1959 年出版，下册为科学出版社 1984 年出版。两册书反映的是 20 世纪 50 年代的农史研究成果。其特点是突出重要的古代农书文本，以此为基础论述农田制度、水利工程技术、农具和耕作技术、施肥与栽培管理技术、耕作制度等重要的主题。

石声汉《中国农学遗产要略》（1981）

农业出版社 1981 年出版。该书是石声汉先生的遗著，本是一篇论文，后来作为单行本出版。该书反映的是 20 世纪 70 年代以前的中国农史叙事，简明精炼地概述了中国古代在驯养动物、栽培植物、农具和土地利用方面的农业遗产，对于农学史初学者来说，仍具有参考价值。

陈文华编绘《中国古代农业科技史简明图表》（1987）

农业出版社 1987 年出版。该书是"中国农史研究丛书"的一种，采用图表结合的方式，尽量采用考古学成果，便于读者了解重要的历史材料，是颇具特色的通史参考书。

郭文韬等《中国农业科技发展史略》（1988）

中国科学技术出版社 1988 年出版。该书反映了 20 世纪 80 年代末的农史研究成果。全书以原始农业和粗放农业、北方传统农业、南方传统农业、传统农业的纵深发展、近代农业为纲，将"精耕细作"传统作为编史主轴之一，是颇具特色的通史性著作。

梁家勉主编《中国农业科学技术史稿》（1989）

农业出版社 1989 年出版。该书是 20 世纪 80 年代农史专家集体完成的一本重要通史，记述的时间范围上起原始社会农业发生时期，下至鸦片战争前后。编著者采取广义的农业观，即认为中国传统农业历来包括农、林、牧、副、渔各个方面。全书共分为 8 章，以历史时代为脉络，十分完整地呈现了农业科技的发展史。

闵宗殿、彭治富、王潮生主编《中国古代农业科技史图说》（1989）

农业出版社 1989 年出版。该书采用图文结合的形式，论述了中国农业技术发展的主要脉络，同时附有较多中国古代农业图像材料，可帮助读者直观地了解古代农业操作技术。

曾雄生《中国农学史》（2008）

福建人民出版社 2008 年出版，2012 年修订再版。该书以时间为线索，论述了先秦、秦汉魏晋南北朝、隋唐宋元、明清时期的农学发展史。作者对"官方农学""私人农学""地方农学"等编史线索提炼清晰，一些内容也包含了作者对农史研究问题的新近考证。该书的另一长处是对地方性农书的介绍和分析比较详细深入。2012 年于原社出版了修订本。

张芳、王思明主编《中国农业科技史》（2011）

中国农业科学技术出版社 2011 年出版。该书是研究生教学用书，反映了当代农史研究的新成果。全书以精耕细作技术发展为主线，涉及农业各分支科技知识，分原始社会、夏商西周、春秋战国、秦汉、魏晋南北朝、隋唐、宋元、明清、近代 9 个历史阶段进行阐述，论述精要而可靠。

三、分科史

1. 土壤科学史

王云森《中国古代土壤科学》(1980)

科学出版社 1980 年出版。该书利用古农书和经、史、子、集等多方面的材料，也引证了一些出土文物史料，对中国土壤科学成果进行了总结，试图澄清中国古代土壤科学的体系。对于土壤管理和土壤分类问题，该书的专题论述是值得注意的。

2. 作物史

通论

唐启宇《中国作物栽培史稿》(1986)

农业出版社 1986 年出版。该书是农学家唐启宇先生的遗著，论述了稻、小麦、大麦、大豆等豆类、粟类、高粱、玉米、甘薯、马铃薯、芝麻、油菜、花生、桑、麻、棉、茶、甘蔗、甜菜、烟草的栽培史。

粮食作物

游修龄、曾雄生《中国稻作文化史》(2010)

上海人民出版社 2010 年出版。该书是游修龄先生《中国稻作史》(中国农业出版社 1995 年版) 的修订版。全书对中国历史上稻的起源、传播和分化，古代稻的品种资源，稻作技术，稻谷的储藏加工，北方的水稻种植，中国稻作文化的流传和衍变，中国稻作文化对周边的影响等，做了深入的研究。作者把稻作史和稻作文化史、农业科技史结合起来，着重突出稻作文化、农业文化在我国古代文明中的地位，具有广博的研究视野。

师高民主编《中国粮食史图说》(2015)

江苏凤凰美术出版社 2015 年出版。该书分为科技卷和文化卷两部，科技卷注重研究粮食的起源考证、加工技术等；文化卷则重在揭示粮食与人类及社会发展的关系。全书图文并茂，收录了大量图片，完整、直观地呈现了粮食作物的种植、流通、储藏、加工。

茶

陈祖槼、朱自振编《中国茶叶历史资料选辑》(1981)

农业出版社 1981 年出版。该书在一卷本的篇幅内，整理了古代文献中与茶有关的史料，分为茶书、茶事和茶法三类，按照写作年代先后顺序排列，并给出了若干校注和编者按，是方便的参考书。

陈椽《茶业通史》(1984)

农业出版社 1984 年出版。该书内容包括茶的起源、茶叶生产的演变、中国历史茶叶产量变化、茶叶技术的发展与传播、中外茶学、制茶的发展等。此外，还对茶业政策、国内外茶叶贸易史做了概览式的介绍。2008 年此书由中国农业出版社再版。

吴觉农编《中国地方志茶叶历史资料选辑》(1990)

农业出版社 1990 年出版。该书选录了各产茶省份上千种方志中关于茶叶的历史资料，其中最早的材料可至南宋嘉泰年间（1201—1204），最晚的材料为 1948 年的，前后延续达七百余年。

朱自振编《中国茶叶历史资料续辑·方志茶叶资料汇编》(1991)

东南大学出版社 1991 年出版。该书汇总了地方志中关于茶叶的记述，利用了近1500 种方志，实际涵盖和代表的方志总数可达到 4000 余种。全书按照各省排列材料。

朱自振《茶史初探》(1996)

中国农业出版社 1996 年出版。该书共分 3 篇。古代篇按照历史时代勾勒了中国古代茶史的基本轮廓，近代篇论述中国茶叶科学技术近代化的历程，专题篇包括古代植茶、制茶、茶礼、茶俗及重要人物、区域的专门研究。

许嘉璐主编《中国茶文献集成》(2016)

文物出版社 2016 年出版。该书收录上起西汉、下至民国的茶文献共计四百三十余种，将之影印出版，编为五十一册。全书包含"古代茶书""古代茶法""域外茶书""民国茶书""民国茶期刊"五大部类。是迄今为止收录茶文献时间跨度最大、资料最丰富的一部大型茶书。

蚕桑

章楷编《中国古代栽桑技术史料研究》（1982）

农业出版社 1982 年出版。该书从近 70 种古代农书中摘编了关于桑树栽培技术的内容，对于内容相同的只摘录时间上最早的一种，其余从略。全书将材料分为 13 类，并分章节做了综述和评价，完整地反映了中国古代桑树栽培技术的全貌。

章楷、余秀茹编注《中国古代养蚕技术史料选编》（1985）

农业出版社 1985 年出版。该书从 62 种古农书和古蚕书中摘编了有关育蚕技术的材料，将之归类为 35 节，每节按照年代次序排列。在整理文献时，编者统一了一些有差异的古代表达，并加了一些注释。

华德公《中国蚕桑书录》（1990）

农业出版社 1990 年出版。该书著录汉代至清末包含蚕桑内容的综合性古农书 56 种、蚕桑专著 210 种，共计 266 种。书中不仅介绍了蚕桑文献的种类，还提要介绍了其中的主要内容及版本，可供初学者通览。

其他经济作物

辛树帜编著、伊钦恒增订《中国果树史研究》（1983）

农业出版社 1983 年出版。该书尝试系统地分析中国古代文献中关于果树的材料，除农书之外，还利用了《诗经》《山海经》《尔雅》等材料。作者尝试梳理古代关于各种果树的记载，并总结中国古代果树栽培的技术与方法。

孙云蔚主编《中国果树史与果树资源》（1983）

上海科学技术出版社 1983 年出版。该书分为 10 个部分，论述并考证了我国果树栽培的历史、古代果树种植资源和传播，以及富有特色的栽培技术。在末尾，还简要介绍了关于果树栽培的各种古农书。

章楷《植棉史话》（1984）

农业出版社 1984 年出版。该书是一种普及性的读物，但比较全面地介绍了中国古代棉花栽培史、棉品种改良和棉花栽培技术的演进，初学者可借此书了解有关的基本史实。

倪金柱《中国棉花栽培科技史》（1993）

农业出版社 1993 年出版。该书分为 7 章，第一章介绍了棉花在中国的传播和植棉史的分期，并概述了民国以前棉花栽培技术的发展。后续各章介绍棉花生产、棉区、棉区耕作制度、棉花栽培技术、棉花栽培的应用基础研究、农业科研机构等。全书"厚今薄古"，对古代棉花种植史的介绍比较简要。

郭文韬《中国大豆栽培史》（1993）

河海大学出版社 1993 年出版。该书探讨了栽培大豆的起源、品种资源和加工利用的历史。该书下篇全面系统地汇集了经史子集、古农书、地方志、内经和本草以及笔记杂考、诗词中有关大豆的文献资料。

李昕升《中国南瓜史》（2017）

中国农业科学技术出版社 2017 年出版。该书主要论述了南瓜的起源与传播、南瓜的名实与品种资源、南瓜在中国的引种和推广、南瓜生产技术本土化的发展、南瓜加工与利用技术本土化的发展，还对南瓜引种和本土化的动因进行了分析。

汪若海、承泓良、宋晓轩《中国棉史概述》（2017）

中国农业科学技术出版社 2017 年出版。该书是中国棉史著作中篇幅最长的一部，试图全面地论述棉花的传入，早期在边疆和西部、南部地区植棉的历史，中原植棉的兴起及棉纺业，古代植棉技术以及近现代棉花生产发展史。书末附有中国棉史大事记和古今棉花重要著作题录。

3. 水利史

黄耀能《中国古代农业水利史研究》（1978）

台北六国出版社 1978 年出版。该书总结了至 20 世纪 70 年代的农田水利史研究状况，论述了从春秋战国直至三国时期的水利灌溉发展史。书后另有一个附录，专论《水经注》时代的陂渠。

姚汉源《中国水利史纲要》(1987)

水利电力出版社 1987 年出版。该书是代表性的中国水利通史，扼要叙述了至 1949 年为止中国水利事业的发展史，着重对各类水利工程的兴衰及其与政治经济的关系进行分析。全书体例严整，对各历史阶段的防洪治河、农田水利、航运工程做了均衡的论述。农史研究者也可从中了解基本的史实和历史背景。上海人民出版社 2005 年重印了该书，更名为《中国水利发展史》，同时更正了部分文字错误。

熊达成、郭涛《中国水利科学技术史概论》(1989)

成都科技大学出版社 1989 年出版。该书力图用现代水利科学技术的观点，来总结古代水利科学技术的内容，对中国水利科学技术的起源和发展的基本脉络、主要成就和经验教训做出简明的介绍和分析。全书内容涵盖古代水利基础科学、水利规划思想、水工建筑、防洪工程、灌溉工程、航运工程、海塘工程、水利施工技术、水利工程管理、水利机械、水土保持和水利环境观、城市水利、水利名家与著作等，并简述了近代中国水利事业的诞生。中国建筑工业出版社 2013 年出版的郭涛的《中国古代水利科学技术史》基本沿用了该书的结构和内容，可以视为该书的新版。

汪家伦、张芳《中国农田水利史》(1990)

农业出版社 1990 年出版。该书是第一部全面、系统论述中国古代农田水利史的专著，具有里程碑意义。全书按历史阶段介绍了各个时期的水利工程与理论，特别注重灌溉技术、灌溉机具及不同地形的农田水利工程。

张芳《中国古代灌溉工程技术史》(2009)

山西教育出版社 2009 年出版。该书所指的"灌溉工程"即通常所称的"农田水利工程"。全书以年代划分各编，编下各章以凿井、灌排机具、引水渠系、蓄水陂塘、水田圩田、挡潮蓄淡、引浊放淤等技术种类提纲挈领，内容翔实，是重要的参考书。

4. 林业史

干铎主编、陈植修订《中国林业技术史料初步研究》(1964)

农业出版社 1964 年出版。该书作者对清末以前的古代林业文献进行了现代的分析。全书按照林业经营和利用过程，分为种子、育苗、造林、保护、更新、作业法、利用 7 章，各章按照工序分节，反映了 20 世纪 50 年代的林业史研究特色。

陈嵘《中国森林史料》（1983）

中国林业出版社 1983 年出版。该书为陈嵘先生的遗著，原名为《历代森林史略及民国林政史料》，后经增补，改名为《中国森林史料》。书中收录了历代关于森林的言论、著述、政策、法令等，是颇有价值的参考书。

张钧成《中国林业传统引论》（1992）

中国林业出版社 1992 年出版。该书力图提炼出中国古代的"林业传统"发展史。作者认为，中国古代的一条林业传统是对林木的崇拜、保护和合理利用，另一条传统则是大量消耗林木和毁林。根据这两条线索，作者利用了传说、神话、历代法制、哲学文本等材料，对传统林业科技史研究做出了具有启发性的补充。

熊大桐主编《中国林业科学技术史》（1995）

林业出版社 1995 年出版。该书按照历史时期和林业科学技术发展的阶段划分篇章，其中近现代篇幅较大。在古代部分，作者将传统林业科技分为森林基本理论、树木栽培技术、森林利用技术三大部分。

5. 畜牧业史

谢成侠《中国养马史》（1959）

科学出版社 1959 年出版，农业出版社 1991 年修订再版。该书是一部关于养马业的通史性著作，作者以历代养马业为线索，论述了马种起源、养马技术、马政等主题。出版后曾被翻译为日文。

谢成侠《中国养牛羊史（附养鹿简史）》（1985）

农业出版社 1985 年出版。该书主体部分分为养牛史和养羊史两篇，在书末附有养鹿简史一篇。作者着重论述了牛羊的种类、利用史、牛羊饲养技术、牛羊饲养组织措施等。书中关于古代"相牛法"的专题介绍是很有特色的。

张仲葛、朱先煌主编《中国畜牧史料集》（1986）

科学出版社 1986 年出版。该书实际是一部畜牧业各分支的概述性论文文集，除总论性的畜牧史文章之外，还包括中国饲养马、驴、羊、牛、猪、家禽、骆驼的历史概述，以及兽医相关的机构和人物史。

谢成侠《中国养禽史》(1995)

中国农业出版社 1995 年出版。该书是中国家禽饲养史的首部专著,内容涉及鸡、鸭、鹅、鸽、鸬鹚、鹌鹑等鸟类的驯化和饲养史,对中国家禽输往国外的品种也有专题式的记述。

6. 渔业史

张震东、杨金森《中国海洋渔业简史》(1983)

海洋出版社 1983 年出版。该书是关于海洋渔业史的一部专著。全书"厚今薄古",划分了海洋渔业发展的主要阶段,并对渔政设施、渔民生活、传统渔船渔具和近现代机船渔业、水产资源及其加工利用、水产教育做了比较全面的介绍。

施鼎钧、刘惠生、余汉桂编《古代渔业著作选辑(明、清部分)》(1986)

1986 年自印。该书是编者在编写《中国古代渔业史》(未出版)时收集的史料汇编。在每篇著作前,均附有作者简介和内容提要。

丛子明、李挺主编《中国渔业史》(1993)

中国科学技术出版社 1993 年出版。该书是中国渔业史研究会在 1980 年代集体研究工作的总结,至今尚未被新著取代。全书分为上、中、下三编,介绍中国渔业的发展历史。上编为原始渔业、传统渔业和现代渔业的诞生,涵盖时间为史前至中华民国;中编是中华人民共和国成立以来的社会主义渔业史;下编是古代与近代名人事要。书中就《陶朱公养鱼经》中"威王"身份、唐代禁食鲤律、明清渔业发展成就等当时有争论的学术问题做出了考证并给出意见。

7. 少数民族农牧业科技史

李炳东、俞德华主编《中国少数民族科学技术史丛书·农业卷》(1996)

广西科学技术出版社 1996 年出版。该书论述了从先秦至近代的少数民族农业科技史,由各领域专家合作完成。该书对元明清时代少数民族农牧业技术的论述较为详尽,对于这一时期的重要少数民族历史人物也进行了专门的介绍。

次旺多布杰主编《西藏农牧业科技发展史》(2015)

中国农业出版社 2015 年出版。该书共分 3 篇 17 章,其中上篇论述西藏古代农牧业科技发展，上起西藏上古原始农牧文明，下至明清时期西藏农牧业技术的发展，反映了当代少数民族农牧业技术研究史的新近成果。

四、专题研究

1. 农学思想史

闫万英《中国农业思想史》（1997）

中国农业出版社 1997 年出版。该书是农史专家闫万英先生的遗稿。作者多年从事农业经济史教学研究，因此该书较侧重农业经济思想方面的论述。全书采取"以人系论"的体例，以人物为核心组织材料，上起周代思想家，下至魏源、孙中山，是一部具有开创性的农业思想史专著。

钟祥财《中国农业思想史》（1997）

上海社会科学院出版社 1997 年出版。该书试图系统总结中国农业思想发展史，分为上、中、下三编。上编和中编是对古代、近代农业思想的全面梳理和总结，对各朝代重要人物的农业思想进行阐述；下编论述了中国现当代农业思想。该书古今篇幅均衡。

郭文韬《中国传统农业思想研究》（2001）

中国农业科技出版社 2001 年出版。该书试图界定"传统农业哲学"与"传统农学思想"的基本特征，探讨了"三才"、"气"、阴阳、五行等概念在农学思想中的体现，对时气、土壤、物性、耕道、粪壤、水利、畜牧、树艺、灾害等主题和历代重要农学文本也进行了专门的研究。

杨直民《农学思想史》（2006）

湖南教育出版社 2006 年出版。该书将中国与世界农业思想史汇于一卷，从全球视角概述了中外农学代表人物及农学著作，对重要分支学科进行了专门的介绍，可以提供较好的比较视野。

2. 农书研究

石声汉《中国古代农书评介》（1980）

农业出版社 1980 年出版。该书简明地介绍了历代农书，可作为初学者了解这一主题的入门读物。书末的农书系统图和农书重要内容演进表可帮助读者了解中国农书及其内容的概貌。

华南农学院农史研究室编《整理古农书文稿汇编》（1982）

华南农学院农史研究室 1982 年自印。该书是华南农学院农业历史遗产研究室历年关于整理古农书的文稿汇编，包括意见、计划、序跋、编例和论述性文章，体现了梁家勉先生等学者的学术观点，读者可以通过该书材料理解古籍整理的具体工作方法和古农书的特点。

天野元之助《中国古农书考》（1992）

农业出版社 1992 年出版，彭世奖、林广信译。天野元之助是中国农史的重要研究者，该书是他研究中国古代农书多年的成果总结，共考证了 300 余种古农书，对农书版本的研究尤其精详，至今仍有重要的参考意义。翻译过程中，译者还根据天野先生的意见对全书进行了补订，因此中译本也有独立的价值。

惠富平、牛文智《中国农书概况》（1999）

西安地图出版社 1999 年出版。该书着眼于农书系统，介绍了农书的概念、分类、起源、历史演进和知识—思想体系，也比较了中西传统农书的异同，反映了 20 世纪 90 年代的研究成果。

肖克之《农业古籍版本丛谈》（2007）

中国农业出版社 2007 年出版。该书是对农书版本和源流的研究文章的汇编，共收文稿 50 篇。作者主要利用的是中国农业博物馆的藏书，包括若干稀见版本和孤本。全书内容涉及《夏小正》《齐民要术》《陈旉农书》《农桑辑要》《王祯农书》等重要农业古籍，也论及了大型类书与若干专题性古农书。

3. 农具史

刘仙洲《中国古代农业机械发明史》（1963）

科学出版社 1963 年出版。该书是科学史家刘仙洲先生的主要研究成果总结。作者将中国古代农业机械分为整地机械、播种机械、中耕除草机械、灌溉机械、收获及脱粒机械、加工机械、农村交通运输机械七类，这一分类法对后续农具史研究影响甚大。

犁播《中国古农具发展史简编》(1981)

农业出版社 1981 年出版。该书以时间为序，对历代的农业生产工具做了全面的论述。书中将农具分为整地、播种、中耕、灌溉、收获、加工等若干类，纲目清晰。在书末，还有《中国古农具图谱纵录》和《中国古农具简表》两篇附录。该书篇幅精练，可作快速了解之用。

清华大学图书馆科技史研究组编《中国科技史资料选编·农业机械》(1982)

清华大学出版社 1982 年出版。该书选录了中国古代文献中从周代到清代有关农具的发展史料，遵从刘仙洲先生《中国古代农业机械发明史》的体例进行编排，以农具种类为分类进行整理。

张春辉《中国古代农业机械发明史·补编》(1998)

清华大学出版社 1998 年出版。该书继承了刘仙洲先生《中国古代农业机械发明史》的基本分类法，但在著作结构上，提炼出北方旱地农业机械体系和南方水田农业机械体系两大编史线索。在具体问题上，该书利用了大量出土农具文物材料，对农具发展的分期、"耒""耜""耒耜"演变与区别、江东犁的结构等问题做了新的考证和探讨。

周昕《中国农具史纲及图谱》(1998)

中国建材工业出版社 1998 年出版。该书分为"中国农具史纲""中国农具史专题研究"和"中国古农具图谱"三篇。其中的"专题研究"部分对个别农具和《耒耜经》《耕织图》等文献做了专门的论述。

周昕《中国农具发展史》(2005)

山东科学技术出版社 2005 年出版。该书篇幅较大，详尽地论述了中国古代各类农具的发展史，对一些学术问题有独到的评述。作者将中国古代农具史划分为"起源"（史前）、"初步发展"（夏商西周）、"快速发展"（春秋战国）、"奠定基础"（秦汉）、"基础的巩固与扩展"（三国两晋南北朝）、"发展格局基本完成"（隋唐五代）、"承前启后"（宋元）、"停滞"（明清）几个历史阶段。

第四十三章　中国医学史

焦崇伟

本章分工具书、通史、断代史、分科史、专题研究五个部分，各部分文献按照出版年份升序排列。

一、工具书

陈邦贤《二十六史医学史料汇编》(1982)

中医研究院中国医史文献研究所 1982 年出版。陈邦贤（1889—1976），字冶愚、也愚，晚年号红杏老人，江苏镇江人，曾于 1914 年发起成立"医史研究会"，中华人民共和国成立后曾任中国中医研究院医史研究室副主任。

该书属于资料汇编，编者摘录了二十六史（"二十四史"和《新元史》《清史稿》）中关于医学的内容，并以时代顺序进行编排。每部史书的摘录内容分为：医事制度（下分医事组织、医学职官、医学分科、医学教育、医事政令等方面），医学人物，医学文献（下分典籍、著作），寿命、胎产，养生、卫生，解剖史料、脏腑经络，疾病（下分传染病、内科病、外科病、妇科病、儿科病、五官科病等方面），病因、诊断、治疗，药品（下分植物药、动物药、矿物药和合成药等方面），兽医和兽疫等十方面。作者在原文的基础上加以必要的注释，并对原文进行解释和评价。

李经纬、王致谱《中医人物词典》(1988)

上海辞书出版社 1988 年出版。李经纬（1929— ），历任医史文献研究室主任、中国医史文献研究所所长等职，主要研究领域为隋唐医学史、外科学史等。

该书是专门介绍中医人物的词典，选收的历史人物词目共 6200 余条，以笔画顺序进行编排，词条释文主要介绍人物的生卒年份或所处朝代、字号别名、籍贯、主要学历和经历、学术思想及医学成就、著作、授徒门生、学医亲属等方面。另外，该书附有"人名字号、别名及师徒、后裔索引"和"中医书名索引"，可供检阅。

裘沛然《中国医籍大辞典》(2002)

上海科学技术出版社 2002 年出版。裘沛然(1913—2010),曾任上海中医药大学教授。

该书收录了自先秦至 20 世纪末共 23 000 余种中医药书目,其中包括 4700 余种亡佚书目,全书分为 23 类,分别为内难经类、基础理论类、伤寒金匮类、诊法类、本草类、方书类、临证综合类、温病类、内科类、妇科类、儿科类、外科类、伤科类、眼科类、耳鼻咽喉口齿类、针灸类、推拿类、养生类、医案医话类、医史类、综合性著作类、中西医结合等其他类和亡佚书目类,每类以编年法排列,每个条目的释文一般包括医籍名、词目检索序号、简称、卷册、著作者、成书或刊行年代、流传沿革、内容提要、学术特点或价值、版本存佚情况、藏书单位等内容。

陶御风等《笔记杂著医事别录》(2006)

人民卫生出版社 2006 年出版。陶御风(1947—),任职于上海中医药大学中医文献研究所,主要研究领域为中医文献整理等。

该书属于资料汇编,编者辑录了唐宋以来历代笔记中关于医学的部分,并将所辑录条目分为医事制度门、经典训释门、医学文献门、医家人物门、医学通论门、内科疾病证治门、外科疾病证治门、妇科疾病证治门、儿科疾病证治门、五官科疾病证治门、救急门、奇疾怪异门、方药论治门、针灸推拿证治门、养生导引门、医林逸闻门及其他门共 17 门。每门之下会再细分若干部分,编者在每则条目之上加上了标。所有条目共有 2237 则。最后附有重要词语索引和所引书目。历代的笔记类著作浩如烟海,所载内容也比较杂乱,编者从其中辑录出医学相关内容的工作极具参考价值。该书曾于 1988 年以《历代笔记医事别录》为题出版,后在 1988 年版基础之上,进行了增订重修。

二、通史

陈邦贤《中国医学史》(1920)

该书共三版,分别于 1920 年、1936 年、1957 年出版,三个版本的内容有较大的不同。其中 1936 年版(以及 1998 年商务印书馆影印版)最为重要。该版共分五篇:"上古的医学"(周秦以前)、"中古的医学"(两汉历晋隋唐宋以至金元)、"近世的医学"(明清时期)、"现代的医学"(民国以来)、"疾病史"。陈邦贤在古代部分详细叙述了外邦医学的传入,金元医学的流变,历代医学著述、思想、制度、病名等方面。

在现代医学的部分，陈邦贤着重介绍了现代医学革命、公共卫生及防疫制度的建立、医教改革、现代药理学研究等主题；在疾病史部分，陈邦贤区分了传染病和器官病两大类，记述了各种疾病的病因和治疗方式。该书被认为是现代中国医学史研究的开山之作，三个版本的不同风格也展示了作者的思想转变。

谢观《中国医学源流论》(1936)

于永燕点校，王致谱审订，福建科学技术出版社 2003 年出版。谢观（1880—1950），字利恒，晚年号澄斋老人，主持过《中国医学大辞典》的编纂工作。

该书初版于 1936 年，以"医学大纲"和"医学变迁"作为总论，接着考察了历代医学的发展，考证了重要的经典著作和医学流派，随后又以"外科""女科""脚气""霍乱"等科和疾病为主题进行了专题介绍。学界一般认为，此书乃是从吕思勉的《医籍知津》（载于吕思勉《中国文化思想史九种》，上海古籍出版社，2009 年）修订而来。

范行准《中国医学史略》(1986)

北京出版社 2016 年再版。范行准（1906—1998），名适，字天磐，浙江省汤溪县（今属金华县）人。民国时期曾在上海中华医学会、中华医学杂志社、中西医药研究社工作，中华人民共和国成立后供职于上海军事医学科学院。

该书完成于 20 世纪 50 年代末，并在 20 世纪 80 年代出版。范行准将中国医学发展阶段鲜明地分为"原始社会的医学""青铜时代的医学"（夏商至西周）、"英雄的铁器时代的医学"（春秋战国）、"理论与实践医学的统一时期"（秦至西汉）、"内外诸科医学的发展时期"（东汉至西晋）、"门阀与山林医家分掌医权的医学成熟时期"（南北朝）、"医学的充实时期"（隋唐至两宋）、"医学的衰变时期"（金元）和"医学的孱守时期"（明至鸦片战争前）。该书已经相当重视政治、社会、文化对医学的影响，例如范行准相当强调西汉末年的政治态势对《伤寒论》成书的影响、金元时期鼠疫的流行对金元医学演变的影响。

马伯英《中国医学文化史》(2010)

上海人民出版社 2010 年出版。马伯英（1943—　），英国中医师协会会长、英国皇家医学院院士，主要研究领域为中国医学史、中外医学交流史等。

该书分上、下两卷，上卷从文化人类学的角度考察了中医的演变，将中医史放在更广阔的中国文化史中去理解。上卷共四编，分别考察了中医起源的文化背景，中国哲学思想、宗教和政治对中医的影响，生态环境、科技和一般风俗对中医的影响，中医在大文化环境中的进展、结晶和未来的方向。下卷共五编，前四编分别考察了中医在亚洲的交流、中医在阿拉伯和欧洲地区的早期交流、近现代西方医入华史、明末以来中西医的汇通和论争及中医西传史，在最后一编，作者梳理了医学跨文化交流的规律。

李约瑟《中国科学技术史：医学》（2004）

Needham, Joseph, Lu Gwei-Djen, and Sivin, Nathan. *Science and Civilisation in China, Volume 6: Biology and Biological technology, Part VI: Medicine*. Cambridge: Cambridge University Press, 2004.

中译本：刘巍译，科学出版社/上海古籍出版社2013年版。

该书有三位作者。李约瑟，著名中国科技史学者、生物化学家，中国科学院外籍院士；鲁桂珍（1904—1991），中国科技史学者、营养学博士，是李约瑟的重要合作者；尼森·席文（Nathan Sivin），美国汉学家、宾夕法尼亚大学荣休教授，主要研究领域为中国医学史、中国哲学和宗教等领域。

该书属于李约瑟的多卷本《中国科学技术史》的第6卷（生物学与生物技术）的第六部分，主要包括该书编辑者席文所写的编者导言，以及经过修订的李约瑟和鲁桂珍所著的5篇文章："中国文化中的医学"（Introduction: Medicine in Chinese Culture，1966）、"古代中国的卫生和预防医学"（Hygiene and Preventive Medicine in Ancient China，1962）、"中国与医学资格考试的起源"（China and the Origin of Qualifying Examinations in Medicine，1962）、"中国与免疫学和起源"（China and the Origins of Immunology，1980）和"古代中国的法医学"（Forensic Medicine in Ancient China，1988）。

该书并没有包含李约瑟关于中国医学史的全部研究，另外比较重要的著作有李约瑟和鲁桂珍合作的针灸研究专著《神针》(Needham, Joseph, Lu Gwei-Djen. *Celestial Lancets: A History and Rationale of Acupuncture and Moxa*. Cambridge: Cambridge University Press, 1980)。

艾媞捷等《中国医药与治疗史（插图版）》（2013）

Hinrichs, T. J., and Barnes, Linda, eds. *Chinese Medicine and Healing: An Illustrated*

History. Cambridge, Mass.: The Belknap Press of Harvard University Press, 2013.

中译本：朱慧颖译，浙江大学出版社 2020 年出版。

艾媞捷（T. J. Hinrichs），康奈尔大学历史系副教授，主要研究领域为医学史中的个人与公共实践等方面；琳达·巴恩斯（Linda Barnes），波士顿医学院家庭医学教授、医学人类学学者，主要研究领域为中医在西方的传播和接受史、美国医疗文化等。

该书以时间为序，在第一章至第八章历数汉之前、汉、六朝与唐、宋金、元明、清、民国、新中国各个时期的医学进展，不仅包括医学理论，还包括了医学与社会、文化生活等层面的关系。第九章、第十章考察了中医在世界各地的传播和发展，更多地属于跨文化的社会研究。每一章由一位学者主笔，另外数位学者会在文章结尾时介绍相关时代或地域的主题。参与该书编辑的学者来自世界各地，提供了对中医史的多方位理解。

三、断代史

1. 战国至秦汉

李零《中国方术考》（1993）

中华书局 2019 年出版。李零，北京大学中文系教授，主要研究领域为考古、古文献、方术史、历史地理等方面。

该书利用古文字学、目录学、考古学方法和出土文献、文物，探究了晚周秦汉时期数术、方技的演变。该书共分上、下篇。上篇"数术考"探究了星占、式占、龟卜、筮占等各种早期占卜术及其思想史意义；下篇"方技考"与医学传统，尤其是道家医学传统有关。本篇充分利用出土文献、文物等材料，考察了中国早期的炼丹术、服食与祝由、行气与导引，房中术和工具等主题。该书初版名为《中国方术考》，在后来的修订中，曾改名为《中国方术正考》，在 2019 年最新的典藏本中，重新命名为《中国方术考》。

李建民《发现古脉：中国古典医学与数术身体观的新描述》（2000）

社会科学文献出版社 2007 年出版。李建民（1962— ），台湾"中央研究院"历史语言研究所研究员，主要研究领域为早期中国医学史。

该书初次出版于 2000 年，原题为《死生之域：周秦汉脉学之源流》，考察了战国至西汉时期经脉学说的起源和系统化问题。李建民认为，经脉理论在形成体系前处于多元状态，燕齐、荆楚、秦蜀等地脉学多有不同，掌握脉学之人亦有"方者""医"和"道人"等不同角色。李建民将古经脉学发展分为"王官""方者"和"医经"三个时期，并将这一过程称为"数术化程序"，强调经脉理论体系是通过阴阳、五行等数术观念而形成的。最初，《左传》《周礼》体现出的王官传统为经脉学说体系化提供了数术资源。后来方者通过导引、行气、房中等技术建立了气脉观念，进一步充实了经脉理论。最后，经脉理论经过整理在西汉末年得到了最终的体系化。此外，李建民还考察了经脉理论与针灸疗法的关系。

山田庆儿《中国古代医学的形成》（2003）

中译本：廖育群、李建民编译，《中国古代医学的形成》，东大图书股份有限公司2003年版。

山田庆儿（1932— ），日本京都大学名誉教授，主要研究领域为中国科学史、中国医学史。该书为山田庆儿的文章合集，由廖育群和李建民选编翻译。所编辑文章涉及山田庆儿所认为的中国古代医学形成期——战国至秦汉时期。山田庆儿认为针灸疗法是中国医学的根本思考方法，在此基础之上，中国医学才发现了穴位，并确立了本草、汤液和脉诊学说。此外，山田庆儿还提出了黄帝学派的五期流派论（黄帝派、少师派、伯高派、少俞派和岐伯派），其中黄帝派、少师派为前期二派，伯高、少俞、岐伯三派为后期三派。同时，山田庆儿对中国传统医学的哲学基础、古代医学学派的建立和流传等方面也进行了富有启发的研究。

山田庆儿的中译本著作集还有1996年出版的《古代东亚哲学与科技文化：山田庆儿论文集》（廖育群译，辽宁教育出版社1996年版），其中，山田庆儿对中国传统自然研究的思想方法、九宫八风说、计量解剖学等主题进行了探讨。

杜正胜《从眉寿到长生：医疗文化与中国古代生命观》（2005）

三民书局2005年出版。杜正胜（1944— ），主要研究领域为中国古代政治社会史。

作者为中国台湾地区医疗史研究的开风气者，该书集中展现了作者从事医疗史的成果。该书检讨了商周至秦汉时期生命观念的转变，杜正胜将这种转变分为三个阶段，第一阶段的殷商、西周时人认为生命来自祖先。第二阶段是春秋时期，当时的人们认为生命的主宰是天，因此祈祷的对象是天帝。第三阶段的战国时人开始认为自己可以主宰生命，这时出现了养神和养形两派，行气、导引等传统也随之出现。杜正胜认为，战国时期的转变与气论之建立关系密切，并进一步提出，商至汉的生命观转变与政治社会结构由封建制向郡县制的转变如出一辙。

廖育群《重构秦汉医学图像》（2012）

上海交通大学出版社 2012 年出版。廖育群（1953— ），中国科学院自然科学史研究所原所长，主要研究领域为中国医学史、日本医学史等。

该书旨在重新理解秦汉医学的形象，全书共分上、下两篇，上篇探究了秦汉医学的总体发展，作者认为先秦医学水平有限，中医只有在经历了两汉医学的整合和发展后才达到了高水平，与我们对中医的现有认知才更接近；下篇为专题，考察了内经、扁鹊脉学、难经、本草、伤寒论、解剖、生理、阴阳学说、脉诊、针灸、运气学说、出土医学文献、养生等方面的问题。

2. 隋唐

范家伟《六朝隋唐医学之传承与整合》（2004）

香港中文大学出版社 2004 年出版。范家伟（1968— ），香港中文大学历史博士，现任香港城市大学历史系副教授，主要研究领域为唐代医学史。

该书考察了隋唐时代医学对前代医学的继承和整合。内史部分探讨了本草学、针灸学、医经等方面在隋唐的整合过程，并通过禁咒科的成立探讨了佛道对医学的影响；外史部分考察了医术传承方式的转变、人口迁移与医学发展的关系、民间生活与医学的互动等方面。另外，范家伟还有两部关于隋唐医学的著作：《大医精诚：唐代国家、信仰与医学》（东大图书公司 2007 年版）考察了唐代医学中国家和信仰的影响；《中古时期的医者与病者》（复旦大学出版社 2010 年版）以医者和病者的角度审视了隋唐医学的发展。

李贞德《女人的中国医疗史：汉唐之间的健康照顾与性别》（2008）

李贞德：《女人的中国医疗史：汉唐之间的健康照顾与性别》（修订二版），三民书局 2020 年出版。

李贞德，主要研究领域为中国医学史、家庭史和法律史中的女性研究。

该书探讨了在宋代出现妇科之前，汉代至唐代中国女性与医疗之间的关系。第一章为导论；第二章至第四章考察求子、怀胎、分娩、避孕、堕胎的方式或手段，刻画了妇科演进史；第五章至第八章分别考察女性的各种医疗角色——乳母、医疗者、药物、家庭护理；第九章研究 10 世纪日本医学著作《医心方》对中国妇科史研究的意义，同时通过《医心方》来比较中日妇科的不同；第十章探讨了性别研究对中国医学史的意义。

于赓哲《唐代疾病、医疗史初探》（2011）

中国社会科学出版社 2011 年出版。于赓哲（1971— ），陕西师范大学历史文化学院教授，主要研究领域为隋唐史、医疗社会史。

作者尝试以疾病和医疗为切入点重新理解隋唐社会史、政治史和制度史。全书共 12 章，分别考察了唐代常见疾病、官方医学机构、民间医疗状况、药材产地与市场、咒禁术、军事医疗、民间灸疗法、南方蓄蛊传统、疾病与长安城市史、南方环境与城市史等方面的问题。附录考察了华佗的历史形象。近来，作者继续着唐代医疗史的思考，出版了《从疾病到人心——中古医疗社会史再探》（中华书局，2020 年）。

3. 宋元明清

陈元朋《两宋的"尚医人士"与"儒医"：兼论其在金元的流变》（1997）

台湾大学出版中心 1997 年出版。陈元朋，主要研究领域为中国医疗史、中国饮食史、物质文化史等。

该书主要考察了宋代"尚医人士"和"儒医"的出现，以及这两种身份在金元时期的演变。第一章考察了宋代"尚医风气"出现的原因，宋儒的入世精神、印刷业的兴盛、卫生资源的缺乏等都促使着儒士关注医学。第二章评估了宋代"尚医人士"对医学的掌握程度，论述了士人由尚医到为医的过程。第三章探究了"儒医"概念的出现及其含义转变。第四章考察了"尚医""为医"和"儒医"概念在金元时期的延续和流变。作者在结论中认为"医之门户分于金元"的情况与儒家习医风尚有着密不可分的关系。

戈德施密特《中国医学的演变：宋代，960—1200》（2009）

Goldschmidt, Asaf. *The Evolution of Chinese Medicine: Song dynasty, 960-1200.* London/New York: Routledge, 2009.

阿萨夫·戈德施密特（又名郭志松，Asaf Goldschmidt），以色列特拉维夫大学东亚系副教授，主要研究领域为中医医学与科学史、宋史等。该书将宋代医学置于政治、社会、思想和经济语境中进行考察，认为促进宋代医学演变的原因有三：皇帝对医学的个人兴趣，官方对医籍的整理修订和医学教育体制的制定，药局等官方医学机构的建立。该书还进一步考察了这种演变的影响。

蒋竹山《人参帝国：清代人参的生产、消费与医疗》（2015）

浙江大学出版社 2015 年出版。蒋竹山，主要研究领域为明清医疗史、新文化史、全球史等。

该书以物质文化史的视角描绘了人参在清代的历史全景，从关于人参的文本、采参制度、参物管理到清代江南温补文化、人参的贸易和消费，在最后，作者尝试通过全球史的视野，将人参放到东亚贸易甚或北美贸易的更大图景中审视。

4. 20 世纪

张伯礼、朱建平《百年中医史》（2016）

上海科学技术出版社 2016 年出版。张伯礼（1948—　），中国工程院院士、天津中医药大学名誉校长、中国中医科学院名誉院长；朱建平，中国中医科学院医史文献研究所研究员，主要研究领域为中医史、中医药名词术语规范化等。

该书共分四篇："抗争图存，自强发展"探讨了 1912—1949 年民国时期中医面对废止危机的抗争发展，"事业奠基，曲折前行"探讨了 1949—1977 年新中国早期的中医政策和作用，"全面发展，走向世界"考察了 1978 年以来中医的发展，"百年中医在台港澳及国外"考察了中医在我国台湾地区、香港和澳门地区的发展历程，也考察了中医在海外地区的传播。附录收有医家传略、医著提要、大事记等内容。

熊秉真《幼医与幼蒙：近世中国社会的绵延之道》（2018）

联经出版事业公司 2018 年出版。熊秉真，香港中文大学历史系讲座教授，主要研究领域为近代中国社会文化史、近代儿童史、中国医疗文化史等。

该书共 12 章，除导言和结语外，第二章考察了中国传统幼科在世界上的地位及其发轫和兴盛，第三章探讨了医案类著作中的幼科，第四章、第五章考察了幼科的地域特性，并对乾隆时期徽州幼医许豫进行了案例研究，第六章、第七章、第八章、第九章分别对新生儿照护、哺乳、幼儿生理和幼儿的成长发育方面进行了探讨，第十章考察了一般士人对儿童疾病和健康的理解，第十一章探究了中国的传统幼教观。该书由作者早年著作《幼幼：传统中国的襁褓之道》（联经出版事业公司，1991 年）增补而来。

四、分科史

范行准《中国预防医学思想史》（1953）

华东医务生活社 1953 年出版。

该书原为范行准在 1951—1953 年于《医史杂志》上连续刊载的系列论文，后结集出版。该书考察了原始社会至清末时期的预防医学思想和实践，同时介绍了中国传统免疫接种以及外国免疫方法传入中国的流布情况。范行准善在《山海经》《风俗演义》《酉阳杂俎》等历代非医学的著作中探寻巫术、风俗等方面与预防医学的关联。

马大正《中国妇产科发展史》（1991）

山西科学教育出版社 1991 年出版。马大正（1949— ），温州中医院主任中医师，全国中医药学会妇科分会常委。

该书是关于中医妇产史的专著，大致以朝代安排章节，对各个时期妇产科的历史背景、相关重要著述、临床的发展、著名妇产科医家以及其他妇产科相关文献进行了介绍，该书还附有中国妇产科发展大事记，以及清代以前妇产科书名索引。

周大成《中国口腔医学史考》（1991）

人民卫生出版社 1991 年出版。周大成（1910—2002），曾是首都医科大学口腔医学院教授、北京市口腔医院主任医师。

该书介绍了自旧石器时代、新石器时代、殷商、周秦、两汉三国、两晋南北朝、隋唐、辽、宋、金元、明、清、民国，乃至中华人民共和国成立以来口腔医学的发展，探讨内容包括涉及口腔医学的各类著作和文献、考古发现、相关医事制度等方面。该书最后一章为中国口腔医学大事年表。

黄龙祥《中国针灸学术史大纲》（2001）

华夏出版社 2001 年出版。黄龙祥（1959— ），中国中医科学院针灸研究所研究员，主要研究领域为针灸史、经络理论重建等。

该书主要分为五部分，分别是："引论""经络部""腧穴部""刺灸法部""治疗部"。在引论中，黄龙祥首先讨论了针灸文献的收集、整理和鉴别问题，并总结了针灸文献的一般特点，以此讨论了针灸史研究的方法和模式等问题。第二部分讨论了

"经脉"概念的形成、经络说的建立和演变，并考察了《黄帝内经》等相关著作以及经络和腧穴的关系。第三部分讨论了腧穴概念、取穴方式、腧穴部位和腧穴主治病症等方面的形成和演变，并考察了腧穴归经学说的源流和《明堂经》中汉以前的经络藏象等学说。第四部分辨析了刺法和灸法的源流和关系、针具和针法的使用、刺法演变以及特殊灸穴法考证。第五部分考察了古代诊脉法、针灸治疗原则的形成和演变、腧穴证治与针灸方、针灸量化问题等。我们从中得到的不仅是针灸和经络腧穴的历史演变，还有针灸史研究的基本文献知识和研究方法。

邓铁涛《中国防疫史》（2006）

广西科学技术出版社 2006 年出版。邓铁涛（1916—2019），曾为广州中医药大学终身教授，主要研究领域为中医理论与临床、中医史等。

该书共分 8 章，分别考察了先秦两汉时期、两晋南北朝隋唐五代时期、宋金元、明至清中期、晚清时期、民国和新中国时期的疫情、防疫措施、防疫理论和制度等方面。受古代资料的限制，该书大部分篇幅（700 余页中的近 500 页）集中在了晚清以来的防疫史。值得一提的是，该书还介绍了 2003 年"非典"SARS 病毒的疫情、防疫措施和中医药治疗的情况。

李建民《华佗隐藏的手术：外科的中国医学史》（2011）

东大图书公司 2011 年出版。

该书为中医外科的一部简史，作者将中医外科史分为两个阶段，第一个是"手术的年代"，大致到隋唐时期，之后便是第二阶段：中医外科的内科化时期。作者认为，正是外科的内科化最终导致了中医外科的式微。该书提供了丰富的插图，并附有中医外科医生 233 人的小传。

王家葵《本草文献十八讲》（2020）

中华书局 2020 年出版。王家葵（1966—　），成都中医药大学教授，主要研究领域为本草学、药理学、道家史、书法篆刻等。

该书除"代前言""附录：漫谈中国古典文学中的药物"和"后记"外共十八节，每节选取一部本草典籍进行介绍，将本草学史的重要问题（如本草起源问题，官修本草的始末等）寓于本草典籍中进行阐发，将《神农本草经》《本草经集注》等十八部历代本草著作串联成了一部本草学史。在内容上，王家葵更有意将本草学放在历史和文化的大背景中去考察。

五、专题研究

1. 文献考证辑佚

廖平《六译馆医学丛书》（1913—1923）

该书属于《廖平全集》第 12 卷、第 13 卷、第 14 卷，上海古籍出版社 2015 年出版。廖平 (1852—1932)，字季平，号六译，四川井研人，近代著名经学家。

廖平的医学著作初以《六译馆医学丛书》刊行，现以《廖平全集》第 12 卷、第 13 卷、第 14 卷的形式流行于世，共 20 余种著述，以医学典籍的版本考订和辑佚为主，其中较为重要的工作为唐以前古本《伤寒论》和古脉法的考订辑佚。廖平以今文经学家治经的方式所从事的医籍考订工作，对中国医学史的研究方法有着独特的参考价值。另外，廖平晚年的弟子刘民叔（1897—1960）是一位中医大家，同时在版本考订上多有贡献，对古《神农本草经》和伊尹《汤液经》进行了辑佚的工作。参见：刘民叔《刘民叔医书七种校注·鲁楼医案 神农古本草经 考次汤液经》，人民卫生出版社 2019 年版。

余云岫《古代疾病名候疏义》（1953）

张苇航、王育林点校，学苑出版社 2012 年出版。余云岫（1879—1954），名岩，号百之，字云岫。

该书写成于 1947 年，1953 年初次出版，是专门考证中国古代疾病名和症候名的著作，余云岫通过清代训诂考证的方法，对《尔雅》《方言》《说文解字》《释名》《广雅》五部中国早期字词书、十三经和《左传》中关于疾病和症候的字词进行了解释，并对其中部分病证概念进行了中西医的对照工作。据学者统计，该书涉及 690 余种病证词汇。书后附有索引。

马继兴《经典医籍版本考》（1987）

中医古籍出版社 1987 年出版。该书对《黄帝内经·素问》《黄帝内经·灵枢》《黄帝内经太素》《针灸甲乙经》《难经》《神农本草经》《伤寒论》《金匮要略方论》《中藏经》《脉经》和《诸病源候论》11 种中医典籍进行了版本源流的文献考证，展现了各部经典的编订、修改、增补、脱失、讹误、注释等方面的变化，对历代派生的各种异本、伪本进行了澄清。另外，关于《伤寒论》的文献考证和《神农本草经》的辑佚工作，参见：钱超尘《伤寒论文献通考》，学苑出版社 1993 年版；马继兴主编《神农本草经辑注》，人民卫生出版社 2013 年版。

范行准《中国病史新义》(1989)

伊广谦等整理，中医古籍出版社 1989 年出版。该书原为范行准先生的手稿，后在范行准先生的指导下，经伊广谦等人整理后出版。该书共 13 编，分别为解剖生理、内科学、神经精神病、内分泌病、营养障碍与新陈代谢病、传染病、寄生虫病、外科病、创伤病、皮肤病、妇儿病、胎生、五官病，多以西医分类方式编排。在内容上，除医学著作外，范行准还善于从史志、笔记、字书、韵书、甲骨文、钟鼎文等资料中发掘疾病史的素材，注重以文字、训诂的方式说明疾病的演变。

马继兴《中医文献学》(1990)

上海科学技术出版社 1990 年出版。马继兴（1925—2019），主要从事中医文献学、出土医籍研究等，是中医文献专业的奠基人之一。

该书主要分为 4 篇：第一篇"中医文献范畴论"是中医文献的"目录学"研究；第二篇"中医文献源流论"介绍了中医文献的起源、演变、佚失等情况；第三篇"中医文献结构论"论述了中医文献的版本制度、特征和鉴定方法，以及中医文献的编写体例等内容；第四篇"中医文献方法论"展现了中医文献的训诂校勘、收集整理和利用的方法及要求。该书作者马继兴是中国中医文献学学科的早期奠基人之一，该书也集中体现了马继兴的中医文献学研究成果。

尚志均《中国本草要籍考》(2009)

尚元胜、尚元藕整理，安徽科学技术出版社 2009 年出版。尚志均（1918—2008），安徽全椒人，主要研究领域为本草文献的辑佚和校注工作，是本草文献考证研究的大家。

该书共分上、中、下三篇及附篇。上篇历述了历代本草学的总体情况；下篇就历代中药的本草学著作进行了介绍，主要包括每部著作的作者、成书年代、卷数、收载药数、药物分类、内容、特点、评价、版本等方面；下篇罗列了汉魏至清代的本草学著作；附篇为历代本草人物名录。

马继兴《中国出土古医书考释与研究》（2015）

上海科学技术出版社 2015 年出版。该书系统介绍了对敦煌古医书、武威汉代医简、马王堆汉墓医书、张家山汉墓医书和其他出土医籍的研究工作，全书共分三卷，上卷对出土医书的来源、保存收藏、特征、研究和价值等方面进行了总结，中卷和下卷对各出土医书进行了考释和研究，包括提要、原文、校注、按语等部分，并配备了部分文献影印材料。该书可以视为马继兴先生在出土医书研究方面的总结之作。

2. 阴阳五行藏象研究

姚荷生等《脏象学说与诊断应用的文献探讨》（2014）

人民卫生出版社 2014 年出版。姚荷生（1911—1997），曾任江西中医学院院长。

姚荷生在 20 世纪 60 年代对藏象学说进行了非常有价值的文献整理。这两本书现在的版本由江西中医学院姚荷生研究室组织整理。该书是对脾脏、肝脏、肺脏、肾脏（心脏缺失）的文献和临床探讨，对每一脏的生理、病理和诊断进行了详细的文献总结，历述了历代诸多医家对各脏的观点，并对一些重要问题给出了自己的看法。其中，肺脏部分较为简略。该书通过对近 500 种文献的检阅，对中医脏象学说进行了系统的整理，在文献研究上是不可多得的参考。

艾兰等《中国古代思维模式与阴阳五行说探源》（1998）

江苏古籍出版社 1998 年出版。作者包括：艾兰（Sarah Allan，1945—　），达特茅斯学院亚洲与中东语言系亚洲研究教授，主要研究领域为中国早期文明的神话和哲学研究；汪涛（1962—　），现任职于芝加哥艺术学院，主要研究领域为考古学、艺术史等；范毓周（1947—　），南京大学历史系教授，主要研究领域为古文字、出土文献等。

该书集结了国内外知名学者关于阴阳五行学说的文章，全书分两部分："中国古代思维模式与阴阳五行理论起源"和"古文献所见阴阳五行说的形成及发展"。第一部分的八篇文章主要围绕着阴阳五行学说与古代思维模式、宇宙观、天文学、风水、神话等方面的关系展开；第二部分的十二篇文章以具体的考古文献讨论阴阳五行说的起源问题，基本以商代甲骨文、新出土文献和传世文献为出发点。值得一提的是，最后一篇文章考察了阴阳学说与中国早期医学的关系。

邓铁涛、郑洪《中医五脏相关学说研究：从五行到五脏相关》(2010)

广东科技出版社 2010 年出版。郑洪（1972— ），浙江中医药大学基础医学院教授，主要研究领域为中医近现代史、岭南医学史等。

该书分上、下编，上编"中医五行学说发展史"历数了先秦时期至 20 世纪 80 年代以来的五行学说，将五行学说史分为四个阶段：先秦汉代的体系建构、三国至金元的演绎探险、明清至民国的反思辩理、中华人民共和国成立以来的存改之争。下编"五脏相关学说引论"介绍邓铁涛提倡的"五脏相关学说"。

3. 医政研究

梁峻《中国古代医政史略》(1995)

内蒙古人民出版社 1995 年出版。梁峻（1954— ），中国中医科学院医史文献研究所研究员，主要研究领域为医政史、清史医药卫生志、民族医学史。

梁峻《中国中医考试史论》(2004)

中医古籍出版社 2004 年出版。该书系统考察了中医考试制度史，全书共有三篇，上篇考察清以前（包括清）和民国的中医考试制度，中篇考察中华人民共和国成立以来的中医考试制度，下篇为史料考编，包括民国全国各地（北京、上海单列）的中医考试考核、中医法规等方面的史料，另有《中医学修习题解》的整理。

金仕起《中国古代的医学、医史与政治——以医史文本为中心的一个分析》(2010)

台湾政治大学出版社 2010 年出版。金仕起，主要研究领域为中国古代医学史、中国古代社会史。

该书对《黄帝内经》《汉书·艺文志》《史记·扁鹊仓公列传》《周礼》《左传》和《国语》等先秦至汉代的著作进行了体裁、编次、叙事、论断、寓意等方面的分析，尝试构建出古代医史文本的编史学思路，以及这种编史学思路与当时的政治生态所蕴含的关联。

廖育群《繁露下的岐黄春秋：宫廷医学与生生之政》(2012)

上海交通大学出版社 2012 年出版。该书历述了历代宫廷医药机构，并且考察了其中的方方面面，包括医学分科、医学教育、文献整理等方面。同时该书还介绍了数则宫廷医学故事，以及汉代王侯墓葬中体现的宫廷医学内容。

范家伟《北宋校正医书局新探：以国家与医学为中心》（2015）

中华书局（香港）2015 年出版。该书通过北宋整体的政治社会氛围考察了北宋校正医书局成立的前前后后，分别探讨了宋太祖、宋太宗朝编修《开宝本草》《太平圣惠方》《普济方》等医书的情况，校正医书局的成立背景、建制、理念，神宗变法对医学的影响，徽宗朝的医学发展，等等方面。

4. 中医与儒释道传统

林富士《疾病终结者：中国早期的道教医学》（2001）

三民书局 2001 年出版。林富士（1960—　），主要研究领域为疾病与医疗史、宗教史、文化史、生活史等。

该书叙述了东汉末年至六朝末年时期道教兴起、发展过程中与医学的关系，作者首先介绍了道教兴起的历史背景，接着考察了道教对疾病的认识、道教的医疗活动和"医疗布道"的现象。同时该书介绍了诸多精通医学的道教人物和"因病入道"的道士，并对道士习医的原因给出了自己的解释。该书可以提供对道教医学的初步了解。

另外，作者在《中国中古时期的宗教与医疗》（中华书局 2012 年版）中继续了该书的主题，更深入地考察了早期道教医学的方方面面。

司马虚《中国禁咒医学》（2002）

Strickmann, Michel. *Chinese Magical Medicine*. Edited by Bernard Faure. Stanford: Stanford University Press, 2002.

司马虚（Michel Strickmann，1942—1994）曾为加州大学伯克利分校教授，主要研究领域为中国宗教史。该书为司马虚的遗作，由伯纳德·弗雷（Bernard Faure）整理出版。全书共分 6 章，各章相对独立又互相关联，6 章大致考察了道教对疾病的理解，中古早期疫病与佛道鬼神观的关联、道教和佛教密宗的咒语符箓之关联及两者对疗疾的作用，体现另类医患关系的附体和驱魔仪式。

5. 中外医药交流与对比

范行准《明季西洋传入之医学》（1943）

余云岫校，上海世纪出版集团 2012 年出版。

该书初次出版于 1943 年，是较早系统介绍明末西医入华历史的著作，全书共九卷，卷一介绍明末来华涉及医学的传教士以及当时受到西医影响的国人。二至四卷为该书主要内容，考察了当时传教士所介绍的解剖生理学，分前后两期，前期主要是利玛窦《西国记法》、艾儒略《性学粗述》等书所辑的生理解剖内容，后期则取邓玉函《人身说概》《人身图说》一类的专门生理解剖著作为参考进行介绍。卷五介绍西方所传的药物和药露，卷六则介绍西方传统的病理学和治疗方法，如体液说、占星医学等方面。卷七论述传教士所传的西方医事教育制度，此外，范行准还在卷八"探原"中考察了西方医学源流，在卷九"反响"中总结了明末中国面对西医所经历的抵抗、接纳和折衷等阶段。

薛爱华《撒马尔罕的金桃：唐代舶来品研究》（1985）

Schafer, Edward H. *The Golden Peaches of Samarkand: A Study of T'ang Exotics* (Reprint ed.). Berleley: University of California Press, 1985.

中译本：吴玉贵译，社会科学文献出版社 2016 年版。作者薛爱华（Edward Hetzel Schafer，1913—1991），美国著名汉学家，主要从事唐代的社会文化史研究。

薛爱华在该书通过扎实的文献基础和语言能力，介绍了近两百种唐代时期传入中国的名物。其中，薛爱华还考察了唐代时期传入中国，后得到中医应用的域外物产。这些内容主要集中在第十章"香料"、第十一章"药物"和第十四章"矿石"中（其他章节亦散见）。该书在药物的中外交流史方面是不可多得的著作。另外可以参见该书的研究先驱——劳费尔（Berthold Laufer，1874—1934）的《中国伊朗编》（林筠因译，商务印书馆，2015 年）。

陈明《殊方异药：出土文书与西域医学》（2005）

北京大学出版社 2005 年出版。作者陈明（1968 - ），北京大学外国语学院教授、北京大学东方文学研究中心主任，主要研究领域为印度古代语言文学、佛经语言和文献、中印文化交流史、医学文化史、古代东方文学图像等。

该书以西域地区出土的胡语（汉语以外的梵语、于阗语、粟特语等）医学文书为研究对象，主要讨论了以下三个方面的内容：西域诸多语种的医学文献之间的关系，以此考察印度医学如何影响了西域；西域医学的一些具体药方的内容和应用；西域胡语医学与中医的关联。该书还提供了梵文医书《鲍威尔写本》、于阗语医书《耆婆书》的翻译。

此外，陈明著有关于晋唐五代宋初时期敦煌区域医学的《敦煌的医疗与社会》（中国大百科全书出版社，2018 年）、隋唐时期外来医学之影响的《中古医疗与外来文化》（北京大学出版社，2013 年）等。

董少新《形神之间：早期西洋医学来华史稿》（2008）

上海古籍出版社 2008 年出版。董少新，复旦大学文史研究院研究员。主要研究领域为中外关系史、中国天主教史、明清史、东亚海域史和科技史等。

该书介绍了明末清初时期西方医学在中国的传播和影响。全书共分上、下两编，上编考察了西方传教士在澳门、清廷等地的行医活动，下编考察西方医学思想在中国士人阶层产生的影响，中西医的早期相遇，医学词汇的翻译问题以及解剖图的传播等方面的主题。

皮国立《近代中西医的博弈：中医抗菌史》（2012）

中华书局 2019 年出版。

该书考察了西医的细菌理论引入中国后，中医面对强势的西医理论做出的回应。全书包括绪论和结论在内共 10 章。在研究方法上，皮国立提出了包括内史和外史的"重层医史"（multi-gradations of medical history research）的概念，主张文献分析和日常生活、社会经济文化史并重。该书从台版《"气"与"细菌"的近代中国医疗史——外感热病的知识转型和日常生活》（中医研所，2012 年）一书修订而来。

苏精《西医来华十记》（2020）

中华书局 2020 年出版。苏精，英国伦敦大学哲学博士。主要研究领域为以基督教传教士为中心的近代中西文化交流史。

该书由 10 篇文章组成，考察了 18 世纪末至 20 世纪初西医来华的情况，多涉及传教士医生、东印度公司医生和海关医生的活动，同时作者还关注近代最初学习西医的中国人的处境，以及中国人对西医的接受态度等方面。作者以传教士、东印度公司档案等一手文献为支撑，为晚清以来医学入华的历史提供了诸多细节。

库克《起作用的翻译：第一次全球化时代的中医》（2020）

Cook, Harold John, ed. *Translation at Work: Chinese Medicine in the First Global Age*. Leiden/Boston: Brill Rodopi, 2020.

该书编者哈罗德·库克（Harold J. Cook），耶鲁大学历史系教授、前伦敦大学学院惠康基金医学史中心主任，主要研究领域为全球史、科学与资本主义、早期现代医学史等。

该论文集主要考察了第一次全球化时代（基本对应中国的明末清初时期）中医在欧洲和日本的传播。全书共6章，分别探讨了中医脉学著作《图注脉诀辨真》在欧洲的翻译和传播、巧克力在清廷中的文化交流作用、针刺疗法在欧洲的传播和应用、德国对中医灸法的吸收、日本对中医温病理论的接受、法国蒙彼利埃医学院对中医脉学的活力论理解等方面。

栗山茂久《身体的语言：古希腊医学和中医之比较》（2002）

Kuriyama, Shigehisa. *The Expressiveness of the Body and the Divergence of Greek and Chinese Medicine*. New York: Zone Books, 2002.

中译本：陈信宏、张轩辞译，上海书店出版社2009年版。作者栗山茂久（Shigehisa Kuriyama，1954— ），哈佛大学东亚系教授，主要研究领域为中、日医学史、东西方医学比较等。

该书原由陈信宏翻译，在中国台湾出版了中文繁体版（栗山茂久《身体的语言——从中西文化看身体之谜》，陈信宏译，究竟出版社，2001年），后由上海书店引入大陆，张轩辞补译了所有注释。该书分为三部分："触摸的方式""观察的方式"和"存在的状态"。分别讨论了西方脉搏诊断术和中国脉诊的不同，中国和西方分别对"望诊"和肌肉的重视，中西方对"血"和"风"的不同理解。栗山茂久不仅揭示了中西方医学的差别，他还试图指出这种差别的来源。

6. 中国医疗社会史

费侠莉《繁盛之阴：中国医学史中的性（960—1665）》（1998）

Furth, Charlotte. *A Flourishing Yin: Gender in China's Medical History, 960—1665*. Oakland, CA.: University of California Press, 1998.

中译本：甄橙主译、吴朝霞主校，江苏人民出版社2006年版。作者费侠莉（Charlotte Furth，1934— ），南加利福尼亚大学历史学荣休教授，主要研究领域为中国医学与性别的文化史。

该书以性别研究和文化建构的后现代视角考察了宋代至明代时期医学中的女性问题。该书第一章大致介绍了中国古代医学思想，第二章至第五章涉及宋代至明代妇科和产科的历史演变，第六章以男性视角考察了生育问题，第七章、第八章通过对医案的考察，以社会和家庭的视角展现了医生和病人的性别身份、阶级和血缘关系如何建构了明代多元的医学世界。

余新忠《清代江南的瘟疫与社会：一项医疗社会史的研究》（2003）

北京师范大学出版社 2003 年出版。作者余新忠（1969— ），南开大学历史学院教授，主要研究领域为明清史、中国医疗社会史、中国区域社会史。

该书修订自作者的博士论文，首版于 2003 年，是国内较早的中国医疗社会史研究。该书除绪论与结语外共 5 章，作者首先探讨了清代江南发生瘟疫的环境和社会背景，继而介绍了清代江南的疫情，以及当时人们对瘟疫的理解，随后探析了清代江南瘟疫的成因。最后，作为该书的重点，作者考察了清代江南瘟疫与当时社会的互动。

罗芙芸《卫生的现代性：中国通商口岸卫生与疾病的含义》（2004）

Rogaski, Ruth. *Hygienic Modernity: Meanings of Health and Disease in Treaty-Port China*. Oakland, CA: University of California Press, 2004.

中译本：向磊译，江苏人民出版社 2007 年出版。作者罗芙芸（Ruth Rogaski），耶鲁大学历史博士，现任范德堡大学（Vanderbilt University）历史系教授，主要研究领域为清代史、中国现代史、女性与性别等。

该书以"卫生"概念为中心，考察"卫生"概念如何从古代的养生之道转变为中国现代化转型的核心议题。为此，罗芙芸以近代以来重要的通商口岸——天津为例，探讨从 19 世纪中期至抗美援朝战争期间，作为通商口岸的天津，卫生问题如何由于近代帝国主义的强势介入而演变为一种对国家贫弱的反思、建立公共卫生体系的努力，以至成为反对帝国主义的标志。

张大庆《中国近代疾病社会史（1912—1937）》（2006）

山东教育出版社 2006 年出版。张大庆（1959— ），北京大学医学部医学史与医学哲学系教授，主要研究领域为医学史、科技史、医学人文等。

该书选取 1912 年至 1937 年的时间段，探讨了民国时期疾病的流行情况、疾病观念的演变、医学卫生体系的建立、医学知识的社会普及、城市和乡村卫生实践、医患关系等方面，旨在揭示医学和政治的互动、医学在社会中的意义等主题。

杨念群《再造"病人"：中西医冲突下的空间政治（1832—1985）》（2006）

中国人民大学出版社 2019 年出版。杨念群（1964— ），中国人民大学清史研究所教授，主要研究领域为中国社会史研究。

该书首版于 2006 年，除导言和结论外共 9 章，这 9 章所涉及的历史从 19 世纪传教士的医学实践一直延展至 20 世纪 60 年代出现的赤脚医生制度。该书属于一种另类的医疗社会史。杨念群认为"疾病"作为隐喻在近代中国的政治与社会中起到了至关重要的作用，因此该书尝试以另类的"医疗社会史"视角考察医学如何成为近代中国政治与社会完成"现代化"的关键角色。

梁其姿《面对疾病：传统中国社会的医疗观念和组织》（2012）

中国人民大学出版社 2012 年出版。梁其姿，香港大学人文社会研究所所长，主要研究领域为明清社会史、医疗社会史、慈善史等。

该书分为三编，第一编"医学知识的建构与传播"主要考察了宋代以来的医学传统和传承、医学的入门和普及、预防天花和牛痘接种以及医疗史在中国现代性研究中的作用。第二编"医疗制度与资源的发展"探讨了宋代以来国家与民间之间医学教育、药物资源等方面的此起彼落，以及女性医学从业者的角色。第三编"疾病的观念"研究了以麻风病（或称癞病）为中心的疾病史，包括麻风病的概念演变以及社会层面的麻风病防治史。

史密斯《被遗忘的疾病》（2017）

Smith, Hilary A. *Forgotten Disease: Illnesses Transformed in Chinese Medicine.* Stanford, CA: Stanford University Press, 2017.

作者希拉里·史密斯（Hilary A. Smith）中文名司马蕾，丹佛大学历史系助理教授，主要研究领域为中国史、中国科学与医学史。该书考察了 4 世纪至 20 世纪"脚气"（foot qi）一词含义的转变。史密斯历述了历代医家在不同的政治、社会、经济和思想环境下对脚气的不同理解。史密斯认为，不应该仅以现代生物医学的视角来探讨"脚气"的历史，否则中医传统疾病观的复杂性将受到忽视。

边和《识方：现代早期中国的医药与文化》（2020）

Bian, He. *Know Your Remedies: Pharmacy and Culture in Early Modern China.* Princeton: Princeton University Press, 2020.

作者边和（He Bian）是普林斯顿大学东亚系助理教授，主要研究领域为明清文化史，特别是医学史。该书基于作者的博士论文修订而成，认为明清时期药学在16世纪官修本草传统逐渐式微后，并未出现停滞状态，而是呈现出了更为多样化的发展：晚明士人阶层因政治原因对医药的兴趣逐渐增加；由于印刷产业的兴起，本草书籍也得到大规模的普及；由于清代后期药材贸易的兴盛（药材市场和药店普及），商贩走卒对草药知识也产生了重要影响；在清代文人中间出现了复兴古典本草学和去医学化的本草"博物学"的思想趋势；等等。该书为我们理解明清药学的发展提供了政治、经济、社会和文化等多维度的刻画。

7. 图像研究

黄龙祥《中国针灸史图鉴》（2003）

青岛出版社2003年出版。在中医领域中，针灸学与图像的关系似乎最为紧密，该书就是针灸图像史的一次尝试。全书共7部分："内景与外景""明堂与经络""器具与技法""处方与取穴""按摩与导引""医家·医籍·医学"和"其他"。分别考察了脏腑图、骨度图和体表解剖标志图，腧穴图和经络图，历代针具与灸材，按摩图，针灸古籍书影和书版及人物画像，关于针灸教育、禁文物等方面的图谱。该书并非简单拼凑的图集，而是具有内在线索。在针灸古图和古物的搜寻鉴定方面，该书也有特别的贡献。

王淑民、罗维前《形象中医．中医历史图像研究》（2007）

人民卫生出版社2007年出版。罗维前（Vivienne Lo）是伦敦大学学院历史系教授，主要研究领域为针灸的社会与文化起源、医学图像、运动性治疗、中国营养学史等。王淑民是中国中医科学院中国医史文献研究所研究员，主要研究领域为中医文献学。

该书的文章源于2005年"全球中医史：图像史"国际研讨会的会议论文，这次研讨会属于惠康基金会资助的中医历史图像研究项目的一部分。该书汇集了国内外中医史诸多学者的文章。全书除前言外共39篇文章，大致就针灸与诊法、本草、临床文献、妇儿、宗教养生、藏医、中外交流、传统与现代等方面进行了图像考察。

值得一提的是，该书编者罗维前同佩内洛普·巴雷特（Penelope Barrett）对该书进行了修订删补，于 2018 年出版了英文版论文集，参见 *Imagining Chinese Medicine*, Edited by Vivienne Lo 罗维前，Penelope Barrett, Leiden: Brill, 2018.

胡晓峰《历代中医古籍图像类编》（2017）

科学出版社 2017 年出版。胡晓峰（1958—），中国中医科学院医史文献研究所研究员，主要研究领域为中医文献、本草史、民国中医药发展史、中医古籍图像等。

该书收集了 1911 年之前古代中医书籍中的一万余幅图像，主要包括了基础理论、诊法、针灸、推拿按摩、本草、内科、女科、儿科、外科、伤科、五官科、养生 12 类著作的画像（其他类古籍图像正在整理中）。该书以著作门类进行编纂，每类包括了概述、分类、特色图像、小结和图录。另外，编者将汇集的图像分为疾病图、诊法图、医疗图、药物图、器具图、养生图、脏腑图、经穴图、部位图、理论图、符咒图、人物图 12 类。

第四十四章　中国天学史

张楠

本章由工具书、通史、专题研究和人物研究四部分构成，各部分文献以出版年份升序排列。

一、工具书

1. 天文数据

伊世同《中西对照恒星图表》（1981）

科学出版社 1981 年出版。星表、星图分两册印制，星图为六开本，星表为十六开本，成套发行。作者伊世同（1931—2008），中国星图、星表绘制专家。该书星表册是中西对照星表和索引，星图册包括二十二幅中西对照星图，图上同时标有恒星的中西名称。该书是中国古代星象、中西星名对照考证、变星、新星等研究的重要工具。

北京天文台《中国古代天象记录总集》（1988）

1106 页。江苏科学技术出版社 1988 年出版。该书收集、整理中国古代天象记录一万余项，其中太阳黑子记录二百七十余项，极光记录三百余项，陨石记录三百余项，日食记录一千六百余项，月食记录一千一百余项，月掩行星记录二百余项，新星和超新星记录一百余项，彗星记录一千余项，流星雨记录四百余项，流星记录四千九百余项，以及附录中日月变色、异常曙暮光、雨灰等天象记录二百余项。该书是集中查阅中国古代天象记录的重要工具。

张培瑜《三千五百年历日天象》（1990）

1107 页。大象出版社 1997 年再版。作者张培瑜（1935— ），中国科学院紫金山天文台研究员，天文史家，精于中国古代历法历算，以及天文年代学。该书内容包括中国历代颁行历书总集（历表），以及制定历法依据的天象汇编（朔望、分至、八节、日食）两部分，年代自公元前 1500 年到公元 2050 年，可作为研究中国历史、年代、历法、查阅史日的工具书。

潘鼐《中国古天文图录》（2009）

364 页。上海科技教育出版社 2009 年出版。作者潘鼐（1921—2016），上海市建工设计院高级工程师，非专业出身的天文史家，出版多部重要古代天文学史著作，成绩卓著，影响深远。全书共 8 篇，上溯新石器时代，下至明清近世，并旁及朝鲜、日本诸国，搜罗的范围包括甲骨、石雕、拓片、灵台、遗址、墓葬文物、天文仪器，以及中国古代和中西合璧的大量星图、星表，共收集文物 238 项，图片数量 1170 余幅，是目前最为完备的古天文图录资料。

2. 古籍史料

中华书局编辑部《历代天文律历等志汇编》（1975—1976）

10 册。中华书局 1975—1976 年出版。采用中华书局出版二十四史点校本的标点与校记，汇编其中的天文、律历志内容，正文分为天文志、律历志两部分，附录为五行志中的天文内容。此汇编为中国古代天文学史专业学习的重要工作文献。

邓文宽《敦煌天文历法文献辑校》（1996）

767 页。江苏古籍出版社 1996 年出版。作者邓文宽（1949— ）曾任职于国家文物局中国文化遗产研究院，从事出土文献的整理和研究，主要研究敦煌吐鲁番出土文献，尤其以其中的天文历法文献为主攻方向。该书为敦煌文献分类录校丛刊之一，辑录校勘了敦煌文献中关于天文历法的内容，包括星经、星图与历书（历日），是研究古代天文学的基础文献之一。

薄树人《中国科学技术典籍通汇·天文卷》（1993）

8 册。大象出版社 2015 年再版。主编薄树人（1934—1997），天文史家，当代中国天文学史研究重要学术组织者和学科带头人之一，在中国古代天文学的系统整理与研究、天象记录、恒星观测、历法、天文学家、天文仪器、天文台、中外天文学交流、天文学史文献学、天文学思想等方面都做了大量重要工作。该书收录上起先秦下讫 1840 年以天文为主要内容的典籍或篇章，采用影印形式，选用善本、即足本、精本、旧本，包括原稿本、手抄本、木刻本、活字本、石印本、影印本等。天文卷共 8 册，收录 82 种古代天文文献典籍，是中国古代天文学史专业学习的重要资料。

胡维佳《〈新仪象法要〉译注》（1997）

256 页。辽宁教育出版社 1997 年出版。古籍作者苏颂（1020—1101），字子容，北宋杰出学者、官员。译注者胡维佳（1958—　），中国科学院大学教授，从事中国古代科学思想、天文观测及仪器和技术史研究。《新仪象法要》是北宋时期记录水运仪象台构造及组成部件形制的重要著作。水运仪象台是将浑仪、浑象与报时装置、水力系统组合在一起的古代大型自动天文仪器。古籍中记载了水运仪象台的制造缘起、经过，正文包括设计图纸与相应说明。卷上浑仪部分，附图 17 幅；卷中浑象部分，包含浑象结构图 3 幅，星图两套 5 幅，及四时昏晓中星图 9 幅；卷下包括水运仪象台总体及计时、动力机构，与传动、报时装置等部分，附图 23 幅。《新仪象法要》中的星图是通过刊印传世的最早星图之一；机构图是中国现存最早的机械图纸；由统一动力驱动浑仪的设计，是目前已知最早的天文跟踪机构。水运仪象台是中国古代科学技术代表性成就之一，在世界科学技术史上也具有重要地位。

冯立昇《〈畴人传〉合编校注》（2012）

743 页。中州古籍出版社 2012 年出版。《畴人传》由乾嘉名儒阮元（1764—1849）主持编撰，而实际承担具体撰述工作的是数学家李锐（1769—1817），阮元门生周治平也受命参加了校录工作。校注版主编冯立昇（1962—　），清华大学科技史暨古文献研究所所长，主要从事中外数学史、中国机械史、中国测量学史、中国物理学史及中国少数民族科技史等方面的研究工作。《畴人传》是我国第一部有关历代天文学家、数学家及其学术贡献的传记体专著。全书以人物为纲纪，内容涵盖历代天文、数学家的学术活动、数学成果和数学思想，因此也可视为我国最早的数学史与天文学史的通史性著作。共收录 275 位清乾嘉以前的中国天算学家，又附录 41 位西方科技人物。该校注版采用多底本进行合编，并对重要名词加以注释。

程贞一、闻人军《〈周髀算经〉译注》（2012）

190 页。上海古籍出版社 2012 年出版。《周髀算经》原名《周髀》，算经十书之一，是中国最古老的天文学和数学著作，目前学界认为其成书于公元前 1 世纪左右，主要阐明当时的盖天说和四分历法。本版译注除校勘原文外，对书中的算例等都做详细注释，也是该书首次全注全译版本。

《中华大典》编纂委员会《中华大典·天文典》（2014）

3 册。重庆出版社 2014 年出版。《天文典》由上海交通大学科学史与科学文化研究院负责编纂，包括《天文分典》《历法分典》和《仪象分典》3 个分典，以类书形式收录我国古代典籍中有关天文学的材料，对其进行标点并加以科学分类。《天文分典》分天地总部、天象记录总部、七曜总部、星辰总部、天人感应总部、天学家总部等七大部分；《历法分典》以先秦、两汉、魏晋南北朝、隋唐、五代两宋、辽金元、明清七部依次辑录中国古代历法中的总论、分论、纪事、著录、艺文、杂录等内容；《仪象分典》分观测仪器总部、演示仪器总部、时间测量仪器总部三大部分。

刘次沅《诸史天象记录考证》（2015）

558 页。中华书局 2015 年出版。该书属于"二十四史校订研究"丛刊，作者刘次沅（1948—　），中国科学院国家授时中心研究员，前期从事天体测量，后渐转向天文学史研究。该书以中华书局点校本"二十四史"及《清史稿》中记载的天文现象为基础，利用现代天文计算方法，对诸史本纪、表与天文志相关的天象记录进行查验，涉及内容包括日食、月食、月五星列宿掩犯等。

石云里、褚龙飞《〈崇祯历书〉合校》（2017）

1864 页。中国科学技术大学出版社 2017 年出版。《崇祯历书》是明朝政府组织、来华耶稣会士参与编纂的系统介绍西方天文学的大型科技古籍，是一部中西科学交流经典性著作，同时也是推动中国科学近代化起步的关键性著作，是当代研究中国科技史、中西科技与文化交流史、中国天主教史的重要原始文献。《〈崇祯历书〉合校》通过多版本通校，一方面还原了该书明末原貌；另一方面则揭示了该书在清初的内容变化，具有重要的学术价值。

二、通史

1. 单卷本

李约瑟《中国科学技术史·数学、天学和地学》（1959）

Needham, J. *Science and Civilisation in China Volume Ⅲ Mathematics and the*

Sciences of the Heavens and the Earth.Cambridge: Cambridge University Press,1959.

933 页。中译本：梅荣照等译，科学出版社 2018 年出版。作者李约瑟（Joseph Needham，1900—1995），英国近代生物化学家、科学技术史家，英国皇家学会会员，英国人文科学院院士，剑桥大学李约瑟研究所首任所长。

本卷包含了数学、天学和地学三个学科，其中的天学部分以 11 个章节对中国古代天文涉及的名词术语、文献、宇宙论、天极与赤道体系、恒星观测、仪器、历法与行星、记录、中西交流等方面进行介绍与论述。该书以古代天文"事实"的讨论为基础，对中国古代天文学的特点和成就有系统而精彩的阐述，在世界范围内引起了广泛兴趣。此书作于中国天文学史尚未全面展开研究之时，但其中论述不乏令人印象深刻、耳目一新之处，至今仍为相关学习者入门必读书籍。

中国天文学史整理研究小组《中国天文学史》（1981）

265 页。科学出版社 1981 年出版。汇集 11 位当时天文学史主要专家学者组成中国天文学史整理小组进行撰写。该书以专题的形式用 11 个章节介绍了中国天文学发展历史，1 ~ 3 章介绍天文学的起源、原始社会的天文学知识以及从春秋战国到明末的天文学概况；4 ~ 9 章对恒星观测、历法、日月食、太阳系内天体、古代宇宙论与天文仪器和天文台六个专题进行了论述；10 ~ 11 章介绍明清天文学中西交融及近代天文事业的发展。该书资料全面，叙述力求通俗，代表了二十世纪七八十年代中国天文学史的研究状况与水平，是本领域学术入门经典书目，也被称为（整研组）"蓝皮书"。

陈遵妫《中国天文学史》（1980—1989）

1601 页。上海人民出版社 2016 年再版。作者陈遵妫（1901—1991），中国现代天文学家，先后参加过南京紫金山天文台和昆明凤凰山天文台的筹建工作；曾任中央研究院天文研究所研究员、中国天文学会总秘书及理事长、《宇宙》杂志总编辑等职务；中华人民共和国成立后，任中国科学院紫金山天文台研究员兼上海徐家汇观象台负责人；1955 年筹建北京天文馆，并任馆长。该书为陈先生一生学术心血之积累与凝结，前身可上溯至 1955 年出版的《中国古代天文学简史》。经过不断地补充与修正，1989 年四册版《中国天文学史》历时 9 年全部问世，2006 年三册本重新出版，最新版本为 2016 年的双卷本（2018 年再次印刷）。该书共计 170 余万字，对中国天文学史的起源及发展情况做了系统、完整、详尽的论述。第一编绪论，介绍各文明古代天文学的基本情况；第二编中国古代天文学，介绍中国古天文之特点，及其与占筮、算学的关系；第三编星象，涉及星官、恒星划分、分野等古代恒星知识与星图、星表；第四编天文测算，论述古代天文观测与计算相关内容；第五编天象纪事，对中国古代天象记录文献进行全面整理与研究；第六编历法、第七编历书，介绍中国古代的历法知识与古历；第八编灵台与仪象，论述古代天文实践中的观象台与仪器；第九编古人论天，介绍中国古代的宇宙论；第十编中国近代天文学史；第十一编中国现代天文学简介。该书是中国天文学史研究领域的权威之作，也是天文学史爱好者与专业学习者的重要参考书籍。

石云里《中国古代科学技术史纲·天文卷》（1996）

318 页。辽宁教育出版社 1996 年出版。作者石云里（1964—　），中国科学技术大学教授，国际东亚科学、技术与医学史学会主席，主要研究方向为天文学史、物理学史、科学思想史、中外科技交流史等。该书以长词条的形式对中国古代天文学相关内容进行了介绍与论述，分为主要著作、重要人物、理论学说与经验认识、计算方法、仪器与机构、天文观测、历法、占星术、中外交流、相关制度 10 个部分。该书内容精炼、文理兼通、观点严谨，既可用于进行古代天文学入门概览，也可作为专业学生常备基础工作书籍。

江晓原、钮卫星《中华文化通志·天学志》（1998）

360 页。上海人民出版社 1998 年出版。该书是关于中国古代天学全况的志书，是一部研究和阐说中国天学起源、发展及在近代东西文化交流中变革历史的专题著作。全书综述了我国自上古至明末的天学史迹。依次论述了历代专职天学机构的设置、沿革及人员构成，天学的运作机制及其与社会生活的关系，中国古代星占学，古代历法的数理天文学内容，天学仪器与典籍，重要天学家及其社会活动，古代宇宙论和天学思想，古代天学的文化功能及性质，天学的中外交流，欧洲天文学传入之后的中国天学，近代中国天文学事业。该书特色之处在于对中国古代天学的"运作"进行全面解析，包括其天学实践各方面的具体运作，以及体系特征、文化功能与社会运作，可为天文学史爱好者及学习者入门之用。

陈美东《中国科学技术史·天文学卷》（2003）

808 页。科学出版社 2003 年出版。作者陈美东（1942—2008），著名科学史家、天文史家。曾任中国科学院自然科学史研究所所长、中国科学技术协会全国委员会委员、国际东亚科学技术与医学史学会副主席。该书使用断代编史学方法，把所有专题融入具体时代叙述了中国天文学发展的具体历程，涉及天文观测、天文仪器、历法、星图、星表及天文学家等多个视角，展示了陈美东先生 30 余年的研究所得，以及国内外中国古代天文学研究者的众多成果，其中清代天文学若干专题由韩琦执笔。该书图文并茂，旁征博引，是一部总结性、综合性天文学史著作，集中体现了一个时期古天文研究的学术思想与旨趣，是专业研究者的必读书籍。

2. 多卷本

《中国天文学史大系》（2007—2009）

《中国天文学史大系》简称《大系》，策划于 1979 年，1990 年获中国科学院立项支持，由中国科学技术出版社 2007—2009 年出版（2013 年中国科学技术出版社再版），共包括 10 卷。《大系》根据天文学中的大专题立项，各卷间有机结合，论述深入，基本构建了中国古代天文学史发展的全景。

陈美东《中国古代天文学思想》（2007）

480 页。作者陈美东（1942—2008），著名科学史家、天文史家。该书系统梳理了中国古代天文学思想史上的主要问题：宇宙本源与演化学说、天地构造学说、天论与天体论、天象论、地动说和潮汐论、历法思想、星占思想、天人感应说等。阐述了天文学思想与哲学思想、社会政治及中外文化交流的关系，指出中国古代天文学观象以授人时和观象以见吉凶的功能，是推动中国古代天文学发展的两大杠杆。

陈久金《中国古代天文学家》（2008）

569 页。主编陈久金（1939— ），天文史家，中国科学院自然科学史研究所研究员，在中国古代历法、天文学家、天文起源和中国少数民族天文学史等方面有精深的研究。该书共收入中国古代著名的天文学家 58 名，仅论述古代人物的天文活动与贡献，不进行全面介绍。该书为学术研究性质，并非概括性资料汇编，特别强调阐述和论证前人没有涉及的新内容和新观点，对于有争议的问题，提倡不同学术观点的互相争鸣。该书可作为相关学习者查阅古代重要天文人物的工具。

陈晓中、张淑莉《中国古代天文机构与天文教育》（2008）

394 页。作者陈晓中（1928— ），早年从事人造地球卫星光学观测、探索轨道变化，曾任北京天文馆馆长。该书分为 4 章，绪论概述中国古代的天文机构和制度；第二章以编年体方式论述了从夏商周三代至清朝的天文机构；第三章介绍不同门类知识、教育阶段和职业体系中的天文教育，包括名物启蒙、经书、医学、航海、科举、宫廷、司天监、私学及家学、书院等；第四章介绍中国古代天文机构和天文教育对日本和朝鲜的影响。

张培瑜、陈美东等《中国古代历法》（2008）

726 页。该书由张培瑜、陈美东、薄树人、胡铁珠四人执笔，首先介绍古代历表与表格计算法，以及历表中涉及的各项计算公式；然后论述从上古至明代的历书、历法。书中内容侧重于对古代历术的复原，并结合实例介绍具体的推步方法，方便读者领会历术推步原理，熟悉具体计算方法、公式和程序，进行计算校核。该书同时阐述推步的天文意义，可供天文学史学习者了解基本的古代历法与历术推步。

吴守贤、全和钧《中国古代天体测量学及天文仪器》（2008）

532 页。主编吴守贤（1934— ），天文学家，曾任中国科学院西安分院院长、中国天文学会副理事长，是我国世界时系统建立和发展的主要专家。该书分为上、下两篇。上篇介绍中国古代天体测量学，对中国古代天文学中的坐标系、恒星观测、星图与星表、地理位置，以及历法中的各类天文数据，如黄赤交角、回归年、恒星年、食年、朔望月、近点月、交点月、岁差等的测量方法，进行全面系统的论述；下篇介绍中国古代天文仪器，分为概述、圭表与日晷、漏刻、浑仪、浑象、天文台、清代仪器等内容，对天文仪器的发展与创新做出全面系统的探讨，将天文测量的方法、工具以及结果、应用合为一卷加以论述，使读者可从古代天文实践整体过程的视角进行互动性考察。

杜昇云、崔振华《中国古代天文学的转轨与近代天文学》（2008）

357 页。主编杜昇云（1938— ），北京师范大学天文系教授。主编崔振华（1938— ），北京天文馆前馆长。该书主要论述明末清初中国传统天文学的基本状况和西方天文学传入中国所造成的冲击与影响。同时介绍了西方天文学的后续传入，中国传统天文学体系的转型，中国天文学家对西学的接纳、传播与融通的潮流，中国天文台站的建立，民国时期的天文学研究，台站建设，天文团体和出版物以及天文教育等论题。该书全面阐述了中国古代传统天文学融入近现代天文学的历史进程，可作为相关学习者的专业入门书籍。

卢央《中国古代星占学》（2008）

531 页。作者卢央（1933—2013），古天文学家，南京大学原数学天文系主任，精于"易经"、古代星占、古天文学等。该书基于阴阳五行学说贯穿整个星占学体系这一基本情况，对古代星占学系统进行了整体性的介绍，包括干支五行系统、北斗星占、二十八宿系统、日月五星等七曜占测，以及后世形式化了的星占体系，如风角、太乙、遁甲、六壬等式占。该书可作为研究古代星占的专业书籍。

陈久金《中国少数民族天文学史》（2008）

657 页。作者陈久金（1939— ），天文史家，中国科学院自然科学史研究所研究员，在中国古代历法、天文学家、天文起源和中国少数民族天文学史等方面有精深的研究。该书介绍了东夷、百越与壮族、侗族、布依族、水族、傣族、荆蛮与苗瑶、羌夏、彝族、白族、藏族、维吾尔族、蒙古族、满族、回族等多个民族的古天文历法与天文学史。

庄威凤《中国古代天象记录的研究与应用》（2009）

507 页。该书主编庄威凤（1938— ），汕头大学研究员，从事人造地球卫星的观测和跟踪方法、天文史与地方志相关研究。该书对中国古代丰富的天象记录进行了全面研究。研究内容包括殷墟甲骨文的天象记录、古代新星与超新星记录、日月食及月五星位置记录、彗星记录、太阳活动记录、古代尺度天象记录分析、古代天象记录的可靠性分析等。

徐振韬《中国古代天文学词典》（2009）

394 页。由多名天文学史相关专家合作执笔。主编徐振韬（1936—2004），中国科学院紫金山天文台研究员，长期从事太阳物理、日地关系和天文学史的研究工作。词典按宇宙论、天象、天文仪器、天文测量、历法、天文学家、天文著作、天文机构、天文文物和天文星占十大类内容选择词目 1491 条，包括中国古代天文学中最常见的专业名词术语及中国天文史上的重要成就。该词典释文如涉及学术争论，尽力广采众说，以博见闻，是介绍中国古代天文学的专业工具书。

三、专题研究

1. 论天

亨德森《中国宇宙论的发展与衰落》（1984）

Henderson, John. B. *The Development and Decline of Chinese Cosmology*. New York: Columbia University Press,1984.

331 页。作者约翰·亨德森（1948— ），美国路易斯安那州立大学历史系教授。该书追溯了中国宇宙论思想的演变过程，对不同宇宙模型的起源、发展与衰落进行了分析。通过讨论西方古典宇宙论在中国社会的渗透过程，作者认为中国和西方宇宙论发展史存在相似之处，提出几种前现代文明的宇宙论观念发展具有普遍模式。该书为在更广阔的比较背景中考察中国思想史提供了新的视角。

江晓原《天学真原》（1991）

397 页。辽宁教育出版社 1991 年出版，上海交通大学出版社 2013 年再版。作者江晓原（1955— ），上海交通大学讲席教授，中国首位天文学史博士。该书以古代中国与西方天文学交流与比较为研究出发点，对一系列相关具体问题进行考察和阐释，深入探讨中国古代天学的性质与作用、其与社会政治文化的关系，以及天学起源和中外交流。该书观点新颖、独具创见，拓展了中国古代天文学史的讨论领域，可作为有相应知识基础后的进阶阅读书目。

李志超《天人古义——中国科学史论纲》（1998）

373 页。1998 年首版，大象出版社 2014 年再版。作者李志超（1935—2020），中国著名科学史家，先后任教于北京大学与中国科技大学，以波成像理论获 1979 年中科院重大成果一等奖和 1982 年国家自然科学四等奖。1980 年倡议建立自然科学史研究室，并开始组织科技考古的科研和教学，复原古代天文物理仪器多种。该书独辟蹊径，以崭新的体系对中国古代科学思想史进行了阐释，文风自由，见解独到，令人耳目一新。在研究方法上，该书理论与实践并重，兼有文献史料的解读及复原实验的模拟，适合作为中国古代科技史学习的进阶阅读书目。

普鸣《成神：早期中国的宇宙论、祭祀与自我神化》（2002）

Puett, Michael J. *To Become a God: Cosmology, Sacrifice, and Self-Divinization in*

Early China. Cambridge: Harvard University Asia Center, 2002.

491 页。中译本：张常煊、李健芸译，三联书店 2020 年出版。作者普鸣（Michael J. Puett），美国哈佛大学东亚语言与文化学院教授、宗教研究委员会主席、费正清中国研究中心执行委员会委员、瑞典皇家科学院成员。主要研究方向为中国历史，尤其是早期中国的道德、礼仪与政治，兼备历史学、人类学、宗教学与哲学等多学科视角。

该书通过分析商周卜辞、铭文、战国诸子文献及秦汉史论中呈现的凡人与天神的复杂关系，重构了"天人合一"背后蕴含的"关联性宇宙论"在中国兴起的历史过程与政治背景。作者认为，"天人合一"并不是中国文化与生俱来的预设，而是在与祭祀占卜活动的对抗中逐渐成为主流。该书讨论了一种全新的文化比较模式，即将历史分析与比较性视角相结合，既关注相似的宏观历史处境，又注重细微差异的辨析，以期在中国与其他文明的对比中获得更丰富的意义，可作为相关学习者拓展研究视野之阅读书目。

2. 观测

陈美东《中国古星图》（1996）

321 页。辽宁教育出版社 1996 年出版。主编陈美东（1942—2008），著名科学史家、天文史家。该书收录中国古星图相关研究论文 18 篇，黑白图版 111 幅，插图精美丰富。以薄树人《中国古代星图概要》为首，结合相关明代传世星图研究，可从中一览中国明代星图演变的基本脉络以及明代天文学发展之概貌。该书作者包括陈美东、潘鼐、伊世同、孙小淳、徐凤先、段异兵、景兵等，是关于明代星图研究的重要著作。

孙小淳、吉斯特梅克《中国汉代星空：星座与社会》（1997）

Sun, X.C., Kistemaker, J. *The Chinese Sky during the Han: Constellating Stars and Society*. Leiden: Brill, 1997.

272 页。作者孙小淳（1964—　），中国科学院大学人文学院常务副院长、国际科学史研究院院士、国际哲学与人文科学理事会执委、中国科学技术史学会理事长，主要从事天文学史、科学史与社会学研究。雅各布·吉斯特梅克（Jacob Kistemaker），莱顿大学物理学教授，阿姆斯特丹 FOM 原子与分子物理研究所创始人、所长，哈勒姆泰勒博物馆（Teyler Museum in Haarlem）馆长。

该书对中国古代早期恒星体系进行了研究，包括中国恒星体系简史，对石氏、甘氏、巫咸三家星经的综合分析研究，中国古代星空哲学，星空划分以及意义等。该书图文并茂，向世界展示了 2000 年前的中国星空及其文化意义，揭示了汉代星空与社会生活间的互动关系，是中国学者所撰写的重要古天文学史英文专著。

席泽宗《古新星新表与科学史探索：席泽宗院士自选集》（2002）

838 页。陕西师范大学出版社 2002 年出版。作者席泽宗，天文学家、天文史学家、中国科学院院士、国际科学史研究院院士、国际欧亚科学院院士，曾任中国科学院自然科学史研究所研究员、所长。在古代天象记录的现代应用、中国出土天文文献整理、天文学思想史研究、夏商周断代工程等领域都有突出贡献。

该书为席泽宗院士的自选集，收文 126 篇，写作时间自 1948 年至 2002 年，涉及研究内容覆盖了中国天文学史各个年代的众多重要领域。其中天文学史研究论文 49 篇，突出了利用现代天文学知识和计算方法对古代记录和资料做出解释和评价的"天文考古"研究理路。包括代表性研究《古新星新表》和《中朝日三国古代的新星记录及其在射电天文学中的意义》（与薄树人合作）。此外，席先生所提倡并使用的"仿古实测"等实验天文学史方法，也在该书中有充分展示。

潘鼐《中国恒星观测史》（1989）

764 页。学林出版社 2009 年再版。该书对中国古代恒星观测中所包含的恒星位置测量、二十八宿体系、星图、星表等内容进行了全面整理与深入分析，特别是系统整理、证认、总结了中国天文学史上的星表数据。全书共 9 章，内容包括：我国早期的恒星观测，甘氏、石氏与《石氏星经》年代的论定，秦汉时期星象观测的发展，两晋南北朝甘、石、巫咸三家星经的流传与整理，星象体制的演变与唐代的恒星观测，宋代恒星观测及恒星图表，元、明时期星象观测的延续及其在民间的传播，西方天文学的传入及崇祯年间的恒星观测，清代三次恒星测量与恒星星名的中西对应关系等。

该书材料丰富、数据翔实、考证详尽，是中国古代恒星观测领域的开山之作，是进行中国古代天文观测，特别是恒星观测相关研究的必备专业书籍。

古克礼《天数：中国秦汉时期的天文与权力》（2017）

Cullen, C. *Heavenly Numbers: Astronomy and Authority in Early Imperial China*. Oxford: Oxford University Press, 2017.

426 页。作者古克礼（1946— ），英国天文史家，曾任剑桥大学李约瑟研究所所长。

该书讨论了"早期帝制中国"（秦汉时期，公元前 221—公元 220 年）数理天文学发展的历史。作者利用世界范围内已有研究成果及自身多年研究所得，对中国古代早期天文观测、仪器和计算方面的技术实践以及观测记录进行了考察，还原了当时"历法"的生成过程，以及其中所涉及的个人、机构与皇权间的互动。该书提供了原始古文材料与英文翻译，可作为专业学习者的参考书籍。

3. 仪器

华同旭《中国漏刻》(1991)

238 页。安徽科学技术出版社 1991 年出版。作者华同旭（1954— ），古代计时仪器专家，中国科学技术大学博士，曾任广州大学副校长、广州市教育局局长。该书博采古代和近代文献、文物，结合了大量的复制、模拟实验，全面介绍了中国古代漏刻的结构、性能与沿革。该书是以实验为基础的古代计时仪器系统性研究，生动再现了实验科学史的研究方法、路径与成果，是关于古代漏刻的重要专著。

张柏春《明清测天仪器之欧化》(2000)

397 页。辽宁教育出版社 2000 年出版。作者张柏春（1960— ），中国科学院自然科学史研究所研究员、所长，研究兴趣为技术史、天文仪器史和力学史，以及西方科学技术向中国的传播。该书对明清时期东西方的科学文化背景与测天仪器的发展情况，进行了系统性的考察分析。内容包括对古代测天仪器的中外回顾、欧洲天文仪器与技术的传入、明清测天仪器的制造及其精度等。该书将中国天文学史研究从自然科学、星象占卜等社会文化领域拓展到应用技术与技术史研究层面，可供相关中外交流、技术史、天文仪器史学习者进行阅读。

潘鼐《中国古天文仪器史》(2005)

307 页。山西教育出版社 2005 年出版。该书全面介绍了中国古代天文仪器的类型与变迁脉络，先以概论简述历史进程，继按圭表、日晷、漏刻、传统观测仪器、西方观测仪器、浑象、星占仪器、宇宙结构模型、民间天文仪器、清代仪器等 11 个门类，分章论述各类仪器的发展历史。书中讨论了其中主要或代表性器物的详情，并试图澄清关于古代天文仪器的相关问题。全书搜集配备了 500 余幅插图及 150 多幅彩图，其中不乏罕见珍善之本，是论述中国古代天文仪器发展概况的重要专著，适合于相关爱好者与专业学习者作为入门书籍进行阅读。

李志超《中国水钟史》（2014）

254 页。安徽教育出版社 2014 年出版。该书前身可追溯至李志超先生于 1997 年出版的专著《水运仪象志：中国古代天文钟的历史》，在原书基础上增加了关于宋代水运仪象台的研究内容。水运仪象可谓最能代表中国天文仪器传统特征的一类制作，涉及计时系统、水力自动运行机构，以及天文演示装置系统。水运仪象传统以汉代张衡漏水转浑天仪为开端，历代历朝均有延续，在唐宋时期达到制造高峰，以元代郭守敬大明殿灯漏及明清西洋自动仪象的传入宣告结束。该书分为自动计时仪器与水运仪象台两大部分，重视物理与逻辑的精密分析，结合实践复原与各类仿古实验，追求生动活跃的推理，强调历史实践的复原。作者见解新颖，研究方法多元交叉，至今仍具有前沿性与参考价值，是中国古代天文仪器研究的重要进阶书目。

4. 历法

薮内清《中国的天文历法》（1969）

326 页。中译本：杜石然译，《中国的天文历法》，北京大学出版社 2017 年出版。作者薮内清（1906—2000），日本京都大学人文科学研究所教授、荣誉教授、日本学士院会员、美国科学史学会萨顿奖获得者、中国科学院自然科学史研究所名誉教授。专业领域：中国天文学史、中国科学技术史。译者杜石然（1929—　），中国科学院自然科学史研究所研究员，日本佛教大学教授，研究领域：中国数学史、中国科技通史、中国思想史、比较文化史。该书以薮内清先生往年发表和刊行单行本所未收的论文为主，并增加了相应内容使之更具系统性。全书分三编，第一编叙述从汉代到清代的中国天文历法；第二编论述敦煌历书，以及印度、伊斯兰等地区天文学对中国的影响；第三编介绍历法计算的概略。该书立足中国天文历法的具体内容，讨论历法发展史，可作为古代历法学习的入门书籍。

张汝舟《二毋室古代天文历法论丛》（1987）

617 页。浙江古籍出版社 1987 年出版。作者张汝舟（1899—1982），贵州大学中文系教授，著述涉及经学、史学、文学、哲学、文字学、声韵学、训诂学、考据学、佛学等各个领域，均有独到见解。尤其对古代天文历法的研究，更是自成一体，建立了简明实用的独特星历体系，并提出"三证合一"的系统研究方法。

该书是张汝舟先生关于古天文著述的论文选集，文章深入浅出，适于读者在具有一定基础之后，领略不同的古代天文历法研究理路。

郑慧生《古代天文历法研究》(1995)

530 页。河南大学出版社 1995 年出版。作者郑慧生（1937—2014），河南大学教授，甲骨学、商史专家。全书分为 3 个部分，第一部分"中国古代天文历法学的建立及其发展"（代序言），可作为简明古代历法史进行背景知识阅读；第二部分是译注，共 18 篇，辑选散见于甲骨文、金文、出土文献中的重要天文历法资料，进行汇校与注释，并附图表；第三部分是研究，收录作者 16 篇关于古代历法的研究文章。

该书内容丰富，实用性较强，既介绍了古代天文历法学发展的大致脉络，又提供了翔实、准确的基础文献材料。

陈美东《古历新探》(1995)

658 页。辽宁教育出版社 1995 年出版。作者陈美东（1942—2008），著名科学史家、天文史家。全书汇集陈美东先生近 30 年历法研究成果，按不同专题对中国古代数理天文学的常数、算法及理论体系进行了系统论述。

该书提出中国古代天文历法的四个要素：天文数据、天文表格、测量与计算方法，以及历法理论。关注历法研究中天文理论与数学算法的结合，涉及几乎古代数理天文学全部课题，是中国古代历法研究的重要专著。

曲安京《中国数理天文学》(2008)

698 页。科学出版社 2008 年出版。作者曲安京（1962—　），国际科学史研究院院士，教育部长江学者特聘教授，研究方向为数学史、天文学史。该书全面、翔实地论述了中国古代历法的思想方法。按照传统历法编排次序，逐次论述了中国古代数理天文学的太阳运动、月亮运动、日月交食和行星运动等方面的算法沿革与理论体系。

该书适于用作古代精密科学史学习的专业书籍。

5. 星占

江晓原《星占学与传统文化》(2004)

223 页。广西师范大学出版社 2004 年出版。该书从文化学角度讨论中国人观念中的天人关系，形式简明，内容丰富，展示了古代星占学和历法之全貌。全书分六章，分别是古代中国人的宇宙：天人合一，星象与神话及历史，星象与人世吉凶（上、下）。历法：贯通天地阴阳的纽带，以及政治天文学。中国古代天文学与各文化领域都具有深刻的联系，天文史料大量存在于各文化领域的典籍之中。作者避免采用非专业读者不易看懂的古代天文学材料，使得该书在具有一定文化思想深度的同时又通俗易懂，可作为文化史、天文学史的通俗性入门书籍。

黄一农《制天命而用：星占、术数与中国古代社会》（2018）

324页。四川人民出版社2018年出版。作者黄一农（1956— ），中国台湾著名科技史学者、"中央研究院"院士。研究兴趣为天文学史、天主教传华史、明末清初史、海洋探险史、术数史和火炮史等。"社会天文学史"是作者过去多年来所尝试开创的新兴研究方向，目的在于析究传统天文与政治或社会间的密切互动关系，并让科学史研究能与历史研究进行既有趣且深具意义的对话。该书以天象、星占等为横轴，旁涉政治史、军事史、术数学等专门领域，通过若干专题研究，力图揭示"社会天文学"这个概念的内涵，及其与西方天文学史的差异所在，亦可作为天文学史通史类进阶阅读书目。

该书前身为2004年复旦大学出版社出版的《社会天文学史十讲》，此重印版本进行了修订，增添《敦煌本具注历日新探》以及《天理教起义与闰八月不祥之说析探》（与张瑞龙合写）两篇未收入初版的论文。

6. 交流

韩琦《通天之学：耶稣会士和天文学在中国的传播》（2018）

417页。三联书店2018年出版。作者韩琦（1963— ），浙江大学人文学院历史学系教授，国际科学史研究院通讯院士，研究方向为中国科学史（数学史、天文学史、科学社会史）、中国印刷史、明清中外科技、文化关系史、民国地质学史、明清天主教史、海洋史与全球史。该书以耶稣会士和天文学为主题，系统查阅研读了国内外所藏清代历算著作、官方文献和清人文集，并与欧洲所藏第一手西文档案资料互证，在全球史和跨文化的视野下系统阐述天主教传教士与欧洲天文学传入中国的诸面相，整体勾勒出清代两百年间欧洲天文学在华传播的历程。

该书是关于清代天文学中外交流的重要专著。

钮卫星《唐代域外天文学》（2019）

299页。上海交通大学出版社2019年出版。作者钮卫星（1968— ），中国科学技术大学科技史与科技考古系教授，执行系主任。主要从事天文学史，特别是中古时期中西天文学的交流与比较研究。

该书通过考察域外天文学与唐代的社会、宗教、政治、文化等因素之间的互动关系，来探求和辨析唐代域外来华的天文学内容，揭示外来天文学与本土天文学发生冲撞和融合的过程，探讨外来天文学所带来的冲击和影响。

该书的研究为古代中外文化交流提供了一个具体个案，可与作者另外一本专著《西望梵天——汉译佛经中的天文学源流》共同阅读，以期获得汉唐时期天文学中外交流之全貌。

7. 考古

中国社会科学院考古研究所《中国古代天文文物图集》(1980)

中国社会科学院考古研究所《中国古代天文文物论集》(1989)

文物出版社先后出版。《中国古代天文文物图集》，127 页，选择 1840 年前与天文有密切关系的文物 52 项，插图 108 幅，其中彩图 14 幅。每项文物的简单说明包括年代、出土时间地点、形制和尺寸、收藏单位以及相关参考文献。《中国古代天文文物论集》，511 页，共收录论文 40 篇，包括对新石器时代至明清各代天文文物、论著、文献的研究、考证。考古研究所这两本图书，是国内考古学、历史学与天文学史界对天文文物的早期重要研究成果。

陆思贤、李迪《天文考古通论》(2000)

368 页。紫禁城出版社 2000 年出版。作者陆思贤（1935— ），内蒙古文物考古研究所副研究员，从事北方民族考古学研究。作者李迪（1927—2006），内蒙古师范大学教授，从事数学史、天文学史、科学仪器史，以及少数民族科学史等方面的研究。该书介绍了东山嘴红山文化祭坛等天文文物遗迹，仪征出土的圭表、满城出土的漏壶等天文文物实物资料，以及竹简、帛书、石刻中的天文文献资料，讨论了这些天文文物反映的社会含义，阐明了我国天文考古的研究成果。

冯时《中国天文考古学》(2007)

559 页。中国社会科学出版社 2007 年出版。作者冯时（1958— ），中国社会科学院考古研究所研究员，主要研究方向为古文字学和天文考古学，旁涉商周考古学、商周史、前秦思想史、科技史及历史文献学。该书以考古发掘资料、古代器物和古文献资料为基础，综合考古学、古文字学、古文献学、民族学和古天文学研究，系统探讨了中国自新石器时代以降的天文考古学问题，从理论与实践两方面初步建立了中国天文考古学体系，是相关研究者了解天文考古的必读书籍。

班大为《中国上古史实揭秘——天文考古学研究》（2008）

359 页。中译本：徐凤先译，《中国上古史实揭秘——天文考古学研究》，上海古籍出版社 2008 年出版。作者班大为（David W. Pankenier），美国汉学家，任教于美国利哈伊大学现代语言文学系。研究兴趣为中国早期天文学，包括考古天文学、中国古代的信仰、宇宙观、历史哲学以及文献学。译者徐凤先（1965—　），中国科学院自然科学史研究所研究员，研究兴趣为天文学史。

该书是"早期中国研究"丛书之一，共收录论文 11 篇，包括《从天象上推断商周建立之年》《中国早期分野星占学的特征》等。该书可供天文学史及其他学习者对照国内相关研究参考使用。

四、人物研究

许结《张衡评传》（1999）

390 页。南京大学出版社 2011 年再版。作者徐结（1957—　），南京大学中文系教授，主要从事中国文化史、中国古代文学史的研究与教学工作。张衡是东汉中叶著名的思想家、科学家和文学家，在哲学、政治学、天文学、地震学、气象学以及机械制造、诗赋创作等诸方面均做出卓越的贡献，成为中国文化思想史上罕见的"通才"。

该书着眼于东汉史实与张衡人生，通过对他在科学、文学等多方面所取得之成就的全面考察，做既综合融通、又擘肌入理的探讨，以透视其思想特色。

陈美东《郭守敬评传》（2003）

404 页。南京大学出版社 2011 年再版。作者陈美东（1942—2008），著名科学史家、天文史家。元代郭守敬在天文历法、天文仪器制造与水利工程等科学技术领域都取得了重大成就。

该书通过讨论其成就、历史背景、家学渊源与师友情谊，论述郭守敬本人重视、追求实践与理论的统一、实事求是与精益求精的思想与态度，并对其历史地位和对国内外的影响进行评价。

第四十五章　中国算学史

肖尧

本章分工具书、通史、断代史、专题研究和人物研究五个部分，各部分文献按照首次出版年份升序排列。

一、工具书

郭书春《中国科学技术典籍通汇·数学卷》（2015）

大象出版社 2015 年出版，共 5 册，7183 页。该书为任继愈主编的《中国科学技术典籍通汇》（全 50 册）中的数学卷部分。数学卷部分影印自汉至清末在中国数学史上占有重要地位的数学著作 90 余部，按照时间顺序进行编排。每部著作都由今人撰写提要，介绍该著作的内容和成就，以及在中国数学史和世界数学史上的地位，同时附带著作成书的社会背景、作者生平、版本流传等情况，部分提要还包括了必要的校勘。第一卷主要收集明朝之前的中国古代数学典籍，包括《周髀算经》《九章算术》《海岛算经》《数书九章》等书；第二卷主要收录明朝的数学著作，包括《勾股算术》《弧矢算术》《盘珠算法》《数学通轨》等书；第三卷收录《数理精蕴》；第四卷开始收录明末之后中西数学汇通时期的著作，由于此阶段书目较多，因此主要选择 1840 年之前的重要著作收录，本卷主要收录王锡阐、梅文鼎、李潢、焦循、汪莱等人的著作；第五卷承接第四卷，收录李锐、董祐诚、项明达、戴煦、李善兰等人的著作。此外，该书还在附录中添加了清汉译《几何原本》的内容，方便大家查览。

二、通史

1. 单卷本

李俨《中国古代数学史料》（1954）

96 页。中国科学图书仪器公司 1954 年出版。该书专述了我国古代至北宋为止之数学文献及各著作人之成就与历史，为研究我国古代数学富有价值之参考文献。该书分 36 个小节，对古代数学方法、教育、算表、著作、制度、数学家等内容进行介绍。

李俨、杜石然《中国古代数学简史》（1963—1964）

该书分上下两册，由中华书局于 1963 年和 1964 年先后出版。上册 144 页，下册 358 页。该书主要按时期分 9 章对中国古代数学史进行介绍，分别为先秦、汉、魏晋南北朝、隋唐、宋元、从筹算到珠算、西方数学第一次传入、清中叶、西方数学第二次传入。该书可以帮助初学者快速了解中国古代数学史发展的基本情况。

刘钝《大哉言数》（1993）

470 页。辽宁教育出版社 1993 年出版。该书首先介绍我国古代数学名家、名著、记数制度和算具、数学与社会的关系等，然后从算术、代数、几何三个方面论述了中国古代数学的发展情况。

王渝生《中华文化通志·科学技术典·算学志》（1999）

351 页。上海人民出版社 1999 年出版。该书分 4 章对中国古代的算学进行论述，第一章分历史时期论述了著名算学家生平及主要算学著作的内容，第二章分类叙述了中国传统算学理论和计算方法，第三章对天文历算中的数学方法进行介绍，最后对算学教育和中外交流的情况进行讨论，并概括性地探讨了中国传统数学的基本特征。该书与后来王渝生的《中国算学史》（2006）内容基本一致。

曲安京《中国古代科学技术史纲·数学卷》（2000）

488 页。辽宁教育出版社 2000 年出版。该书分 10 个部分对中国古代数学的面貌进行介绍，包括主要著作、重要人物、基本制度、算具与模型、原理、定理与公式、重要算法、历法中的数学方法、易学中的数学、中外数学交流和数学教育与机构。书中的许多问题作者都给出了自己的新观点和新看法。

郭书春《中国科学技术史·数学卷》（2010）

858 页。科学出版社 2010 年出版。该书系统论述中国传统数学的发展历史，按时间顺序从原始社会至清末分为萌芽、奠基、发展、高潮、中西融合等阶段，阐述了各阶段的主要数学成果、数学思想、数学与社会的关系，以及中国数学在世界数学史上的地位。

孔国平《中国数学思想史》(2015)

394 页。南京大学出版社 2015 年出版。该书按时间顺序分 7 章对中国古代重要数学思想的缘起兴衰结合社会背景与文化传统予以阐述。

李俨《中国算学史》(2016)

295 页。河南人民出版社 2016 年出版。该书是一部近代数学史专著，共分 10 章，将中国算学史分为 5 期：上古期（黄帝至周秦）、中古期（汉至隋）、近古期（唐至宋元）、近世期（明至清初）和最近世期（清中叶至清末），叙述自上古至现代各时期算学家对数学发展的贡献，以及中国数学发展的历史。该书有多个版本。

钱宝琮《中国数学史》(2019)

497 页。商务印书馆 2019 年出版。该书属于中国现代学术名著丛书，全书共分四编，前三编写到明朝中叶，相当于《中国算学史（上卷）》（钱宝琮，1932）所包括的时期，第四编则为明末至清末的中国数学史。这部著作系统、简明地叙述了自上古时起到 20 世纪初叶（1911 年辛亥革命）止中国数学发生、发展的历史，内容包括各个时期中国数学的发展情形和主要成就，历代杰出数学家生平事迹、数学成就和数学思想的适当评价，数学教育和中外数学交流等，同时努力阐明各阶段数学发展与当时社会经济、政治以及哲学思想之间的关系。

李约瑟《中国科学技术史 · 数学、天学和地学》(2018)

Needham, Joseph. *Science and Civilisation in China Volume Ⅲ Mathematics and the Sciences of the Heavens and the Earth*. Cambridge: Cambridge University Press, 1959.

中译本：梅荣照等译，《中国科学技术史 · 数学、天学和地学》，科学出版社 2018 年出版，933 页。

该卷包含了数学、天文学和地理学 3 个学科，其中的数学部分又分 11 个小节对中国古代数学进行阐述，主要按现代数学的分类进行安排，包括计算工具、自然数、非自然数、几何学、代数学等内容。

2. 多卷本

吴文俊主编《中国数学史大系》(1998—2004)

该书正卷共 8 卷，副卷 2 卷（汇集中外数学书目），由北京师范大学出版社 1998—2004 年陆续出版。

李迪《第 1 卷：上古到西汉》(1998)

481 页。该卷分四编：总论，中国数学的萌芽，秦汉简牍中的数学与筹算，秦汉天文历法与工程中的数学。

沈康身《第 2 卷：中国古代数学名著〈九章算术〉》(1998)

532 页。该卷分四编：《九章算术》的形成与流传，《九章算术》的内涵，《九章算术》的成就和影响，《九章算术》与世界著名算题及其解法的比较。

白尚恕《第 3 卷：东汉三国》(1998)

432 页。该卷分五编：张衡、赵爽等的数学成就，中国古代著名数学家刘徽，刘徽在几何学方面的成就，刘徽在代数方面的成就，刘徽在算术理论方面的贡献。

沈康身《第 4 卷：西晋至五代》(1999)

512 页。该卷分八编：总论，南北朝传世算书，南北朝知名筹人，南北朝末期、前唐历算，中唐历算，晚唐、五代历算，敦煌数学，本时期数学发展的历史和世界意义。

沈康身《第 5 卷：两宋》(2000)

738 页。该卷分六编：总论，北宋时代，南宋时期秦九韶（上），南宋时期秦九韶（中），南宋时期秦九韶（下），南宋时期杨辉。

李迪《第 6 卷：西夏金元明》(1999)

570 页。该卷分六编：西藏西夏金与北方民间数学，李冶的数学成就，蒙古与元初的官方历算学，朱世杰的数学成就，元代后期与明代前期对传统数学的整理与著述，珠算的普及与对明代数学的评价。

李迪《第 7 卷：明末到清中期》（2000）

546 页。该卷分四编：西方数学的第一次系统传入，中国数学家的会通中西工作，康熙帝与数学，对传统数学与西方数学的研究。

李兆华《第 8 卷：清中期到清末》（2000）

397 页。该卷共分四编：传统数学著作的整理与研究，幂级数展开式的研究，西方近代数学的传入，清末的数学研究与数学教育。

沈康身《副卷第 1 卷：早期数学文献》（2004）

813 页。该卷分为"早期中国数学文献"和"早期外国数学文献"两篇。书中分七编内容撰写了埃及、巴比伦、希腊、印度、阿拉伯、日本等国家关于数学史的文献。

李迪《副卷第 2 卷：中国算学书目汇编》（2000）

715 页。该卷所收录的时间范围从古代的"算数书"到清末，有些延长至民国初年。收录的空间范围包括中国人自己撰写的、由外文译成中文的，以及外国人用中文写的数学著作。

3. 经典著作

《李俨钱宝琮科学史全集》（1998）

全集共 10 卷，辽宁教育出版社 1998 年出版，6022 页。该套书中收入李俨和钱宝琮为中国数学史学科奠基和建构中贡献的几乎全部科学史著作和论文。该套书中涉及的内容极为广泛，但主体都和中国数学史相关，并且研究性较强，因此更适合于专门从事数学史的学者阅读。

杜石然《数学·历史·社会》（2003）

692 页。辽宁教育出版社 2003 年出版。该书选辑了作者从 20 世纪 50 年代初期以来所写作的关于中国古代数学史的各种论著。全书分 22 篇，其中第一篇"中国数学简史"和第十八篇"宋元数学史"的篇幅较大，又分章节进行论述。按照作者自己的说法，该书收集的论著大致可分为四类：中国古代数学通史、中国古代计算工具、数学思想、汉唐数学史各论和宋元数学史各论。

三、断代史

1. 先秦

周瀚光《先秦数学与诸子哲学》（1994）

144 页。上海古籍出版社 1994 年出版。该书探讨中国古代数学与哲学之间的联系，以及先秦时期数学发展与诸子哲学之间的联系。总共分 10 章进行讨论，有先秦数学发展及其认识论意义，《管子》的重数思想，《老子》的数理哲学，《周易》"倚数——极数——逆数"的数理观，《墨经》的数学与逻辑等章节，主要讨论诸子思想中的数学思想和哲学。

邹大海《中国数学的兴起与先秦数学》（2001）

520 页。河北科学技术出版社 2001 年出版。该书分 3 个部分论述先秦时期的数学发展史，分别讨论这一期有关的材料和总体估价、教学理论倾向、主要数学方法（主要是计算方法）。

李继闵《算法的源流：东方古典数学的特征》（2007）

487 页。科学出版社 2007 年出版。该书萃取了作者研究成果的精华，特别是关于《九章算术》与《数书九章》中各种主要算法的论述，现时也搜集了他关于中国古代数理天文学中不定方程方面的一系列原创性研究。

2. 南北朝隋唐

纪志刚《南北朝隋唐数学》（2000）

390 页。河北科学技术出版社 2000 年出版。该书分 10 章，按时间顺序对这一时期的重要人物、经典著作、代表性成就和重大事件等内容进行阐述。这一时期的数学以其新的方法、新的成果和新的方向，使秦汉以降的古典数学获得了新的发展，从而为宋元时期中国数学新的创造做了充分的准备。

3. 清朝

詹佳玲《皇帝的新数学：康熙时期的西学与皇权（1662—1722）》（2012）

Jami, Catherine. *The Emperor's New Mathematics: Western Learning and Imperial Authority during the Kangxi Reign (1662-1722)*. New York: Oxford University Press, 2012.

该书探讨了康熙皇帝如何通过耶稣会传教士的"西学"，特别是数学，来巩固 17 世纪中国的清朝。该书解释了康熙为什么把科学作为奠定帝国基础的工具，并展示了作为这一过程的一部分，数学如何被重建为帝国学习的一个分支。

4. 近现代

张奠宙《中国近现代数学的发展》(2000)

626 页。河北科学技术出版社 2000 年出版。该书分 4 章叙述 1919—1949 年数学的经历，尽量将新民主主义时期的数学发展历史反映出来。1949—1966 年的数学发展单分一章进行介绍。

四、专题研究

1. 中西比较与交流

赵良五《中西数学史的比较》(1991)

404 页。台湾商务印书馆股份有限公司 1991 年出版。该书分 4 篇进行论述，前三篇分别为上古时期、中古时期和近古时期，上古时期分中国、埃及、巴比伦、希腊、罗马和印度六章介绍各自的数学史，中古时期分中国、印度、欧罗巴四章介绍各自的数学史，近古时期分中国、意大利、德国、英国、法国、欧洲其他国家和美国进行介绍。最后一篇按内容分类对以上三个时期的中西方数学史进行比较研究。

李文林《数学的进化：东西方数学史比较研究》(2005)

405 页。科学出版社 2005 年出版。该书分 4 章，内容涉及中国传统数学的算法倾向与特征、牛顿与笛卡尔数学中的算法特征、历史上的各种数学学派，以及数学社会史和数学交流史等专题研究。

傅海伦《中外数学史概论》(2007)

304 页。科学出版社 2007 年出版。该书全面系统地阐述了中外数学发展过程中重要数学史实、数学家及其成就、数学名著、数学思想方法以及中外数学文化的特点比较等。上篇分 10 章对中国各个时期的数学史进行介绍，下篇分 7 章对古代世界的数学史及近现代数学史进行介绍。

郭园园、唐宗先《阿尔·卡西代数学研究》（2017）

310页。上海交通大学出版社2017年出版。该书首先梳理了阿拉伯代数学的源流，随后着重分析了卡西三本现存数学著作：《论弦与正弦》《论圆周》和《算术之钥》中主要代数学内容。将涉及相关算法的早期阿拉伯数学著作中的内容全面系统地呈现出来，尝试性地对部分问题进行了跨文明比较研究，尤其是与中国算学进行比较，这对于弥补传统相关研究中缺失的部分环节和不足之处，以及重新审视和评价各自的数学成就有积极意义。

纪志刚等《西去东来：沿丝绸之路数学知识的传播与交流》（2018）

415页。江苏人民出版社2018年出版。该书依据对古汉语、梵语、阿拉伯语和拉丁语等古代数学原典文献的深入解读，通过典型问题和算法的比较分析，力求阐明不同文明数学知识的创造特点、文化特色及其社会作用，深入考察中国、印度、阿拉伯和中世纪欧洲数学知识相互交流与传播的历史过程，着力分析东方数学在促进欧洲数学算术化和算法化进程中发挥的重要作用；同时探讨了在西方数学的影响下，中国传统数学的内容、方法乃至思维方式发生的重大转变。

2. 西学东渐

安国风《欧几里得在中国：汉译〈几何原本〉的源流与影响》（2008）

Engelfriet, Peter M. *Euclid in China: The Genesis of the First Chinese Translation of Euclid's Elements Books Ⅰ-Ⅵ (Jihe yuanben: Beijing, 1607) and its Reception up to 1723.* Leiden: Brill Academic Publishers, 1998.

中译本：纪志刚、郑诚、郑方磊译，江苏人民出版社2008年出版，540页。该书把握住晚明社会的大背景，突出《几何原本》作为一种"异质"文化在中国从翻译、接受到传播的历史过程。该书有三个突出的特点：一是学术视野开阔，二是原典研读深透，三是汉学功底深厚。

杨泽忠《明末清初西方画法几何在中国的传播》（2015）

198页。山东教育出版社2015年出版。该书在前人研究的基础上对这个时期西方早期画法几何知识的东传及其在我国的传播进行了较为深入的探讨，着重分析了利玛窦、汤若望、郎世宁、熊三拔、徐光启、李之藻、梅文鼎和年希尧等人的相关工作。

3. 中国与东亚

郭世荣《中国数学典籍在朝鲜半岛的流传与影响》（2009）

405 页。山东教育出版社 2009 年出版。该书包括中国数学典籍在朝鲜的流传与研究概况、《算经十书》在朝鲜半岛、宋代数学著作在朝鲜半岛、元代数学著作在朝鲜半岛、明清数学著作在朝鲜半岛、汉译西方数学著作在朝鲜半岛等章节。

冯立昇《中日数学关系史》（2009）

300 页。山东教育出版社 2009 年出版。该书分 5 章对中日数学关系从古代到近代的历史进行系统的考察和研究，包括中国古典数学的东传与日本数学的肇始、宋元明数学的传日及其影响、和算与中国传统数学的内在联系、江户中后期的中日数学交流和近代中日数学的交流与相互影响。

徐泽林《和算中源：和算算法及其中算源流》（2012）

366 页。上海交通大学出版社 2012 年出版。该书从算法的角度，通过历史考证与数理分析，系统阐述日本传统数学（和算）在高次方程数值解法、非线性方程消元算法、函数插值法、高阶等差数列求和算法、同余式组解法、丢番图逼近法、函数加速逼近法，以及微积分算法等方面的成就，并追溯这些算法与中国传统数学（中算）中相应算法之渊源关系。由此论证了中国传统数学可以向近代数学演进，以及东亚传统数学的算法化精神与成就。

五、人物研究

1. 总论

陈德华、徐品方《中国古算家的成就与治学思想》（2007）

258 页。云南大学出版社 2007 年出版。该书精选不同历史时期的杰出古算家，按历史发展的顺序，介绍他们的生平、数学成就、治学态度和数学思想。

郭书春《论中国古代数学家》（2017）

304 页。海豚出版社 2017 年出版。该书汇集了作者对张苍、刘徽、王孝通、贾宪、秦九韶、李冶六位中国古代重要数学家的研究成果，既反映了作者不同于清中叶以来学界的某些看法，也从侧面表现了他研究数学史的某些方法。

2. 刘徽

吴文俊《〈九章算术〉与刘徽》（1982）

345 页。北京师范大学出版社 1982 年出版。该书共汇集 19 篇专门研究刘徽及《九章算术》的论文，从各个角度对《九章算术》和刘徽进行专题性的论述。其文章包括"《九章算术》校证""出入相补原理""刘徽与赵爽""刘徽的数学推理方法""《九章算术》与《几何原本》""《九章算术》与刘徽的几何理论""《九章算术》与刘徽的测量术""《九章算术》开立方术的代数意义""盈不足术探源""《九章算术》与刘徽注中的'方程'理论""刘徽对极限理论的应用"等。

郭书春《古代世界数学泰斗刘徽》（1992）

467 页。山东科学技术出版社 1992 年出版。该书试图全面评介《九章算术》和刘徽的数学成就，刘徽的数学思想、数学理论、逻辑思想，兼及中国古代数学的特色、《九章算术》的版本和校勘等问题。该书共分 12 章进行论述，前三章针对《九章算术》的文本进行分析，第四章到第八章探讨刘徽的数学思想、逻辑思想和数学体系，第九章、第十章评价刘徽的成就，最后两章就后世对刘徽和《九章算术》的研究进行介绍。

吴文俊《刘徽研究》（1993）

505 页。陕西人民教育出版社、九章出版社 1993 年出版。该书是由"《九章算术》暨刘徽学术思想国际研讨会"的 33 篇论文汇集而成。书中不但论及了《九章算术》及刘徽研究历史，还深入探讨了刘徽的各种学术思想及其源泉，也进一步论证了《九章算术》及刘徽的各种造术，尤其是对刘徽的"重差法"造术做了较深入的探讨。另外，对刘徽的传略、思想及对后世的影响，刘徽与两汉典籍的关系也都有专文论述。

王能超《刘徽数学"割圆术"——奇效的刘徽外推》（2016）

159 页。华中科技大学出版社 2016 年出版。该书对割圆术进行研究，阐述其数学思想科学方法，论证了祖冲之求圆周率的算法源于割圆术，并认为刘徽提出的割圆术是衔接高等数学的金桥，它的技术是会通科学计算的古道。尤其是其中的数学外推技术，其改善精度的效果极其显著，这在数据加工处理成为现代数学研究主旋律的数字化时代，有重要的影响。

3. 祖冲之

李迪《祖冲之》(1977)

83 页。上海人民出版社 1977 年出版。该书是一本关于祖冲之的评传，分 9 章对祖冲之的生平及其在天文、数学、机械方面的成就进行了介绍。

严敦杰《祖冲之科学著作校释》(2017)

210 页。郭书春整理，山东科学技术出版社 2017 年出版。该书对其所能收集到的祖冲之的科学著作做了校勘和详尽的注释，如《大名历法校释》《大名历议校释》《祖冲之求地中法校释》《祖冲之圆周率校释》《开立圆术校释》等。这些为掌握现代科学知识的人们架构了通往中国传统历法与数学的桥梁，是了解祖冲之科学成就的必读书。该书还论述了祖冲之父子生平等，涉及《缀术》研究、祖冲之传的校释、祖晅别传等。

4. 秦九韶

王守义《数书九章新释》(1992)

615 页。安徽科学技术出版社 1992 年出版。《数书九章》分为大衍、天时、测望、钱谷等九大类，该书对其进行注释，并对其中术数的缺点和错漏进行了订正。

徐品方、孔国平《中世纪数学泰斗——秦九韶》(2007)

505 页。科学出版社 2007 年出版。该书全面讲述了秦九韶的生平、成就和思想。作者在大量阅读原始资料并进行实地考察的基础上，生动地描述了南宋数学家秦九韶的传奇一生，对其人品和代表作《数书九章》进行了详尽的介绍。

杨国选《秦九韶生平考》(2017)

282 页。四川大学出版社 2017 年出版。自清钱大昕起，200 多年来，许多学者考证了秦九韶的履历，可是多有抵牾，还有许多不妥之处。该书在前贤考证基础上，进一步厘清了秦九韶的生平，证实他不仅是一位具有科学精神与创新精神的数学家，也是一位关心国计民生的正直官吏。他以知识服务社会，把数学作为实现人生理想的有力工具。

5. 杨辉

孙宏安《杨辉算法》（1997）

447 页。辽宁教育出版社 1997 年出版。该书中包括了杨辉的三部著作:《乘除通变本末》《田亩比类乘除捷法》《续古摘奇算法》。该书对杨辉的三部著作的铅印本进行了校订，并做了较详细的注释，共出注 589 条，其中校注 373 条，并给出现代文译文。此外还对《杨辉算法》进行了介绍和评价。

6. 李善兰

杨自强《学贯中西——李善兰传》（2006）

297 页。浙江人民出版社 2006 年出版。该书详细真实地记载了清代数学家李善兰的生平活动、思想发展、学术成就、社会交往，并注意叙述传主生活的社会环境、文化氛围、学术思潮、师承传习、历史影响等。

第四十六章　中国博物学史

蒋澈

本章分工具书、通论、分科史、专题研究四个部分，各部分文献按照首次出版年份升序排列。

一、工具书

华夫《中国古代名物大典》（1993）

济南出版社 1993 年出版。该工具书广采上起史前、下至清末的经史传注、诸子别集、稗官小说、方技谶纬、金文石镂、竹简帛书、岩画窟绘等材料，收集记录近 5 万词条。全书共分为 37 部，除天、地、人之外，还有人工物 27 部，自然物 7 部。

孙书安《中国博物别名大辞典》（2000）

北京出版社 2000 年出版。该词典收录民国以前文献所记载的具有别名异称的实物，包含神话传说之物，如龙、凤凰，及天体、气象、自然界和物质物理现象。编者区分了物名中的"正名"与"别名"，以"正名"组织条目，对于厘清古代文献中的名物有很大帮助。

《中国历代神异典》（2008）

广陵书社 2008 年出版。该书分为四册，是对清代及以前神异流传的一个总结，系根据《古今图书集成》的《博物汇编·神异典》及《清朝文献通考》和《清朝续文献通考》的部分内容编辑而成，因此沿袭了清人对神异知识的分类法。其中，除各类神仙之事外，还包括"妖怪"和"物异"。

顾宏义《宋元谱录丛编》（2015—）

上海书店出版社 2015 年起出版。大量中国古代博物知识是作为谱录出版的，在宋元时期尤盛。该丛书收录了宋元时期的谱录文献，先根据内容归类，同类作者依据生卒年月排序。在每种谱录的正文之前，会简述撰者生平、谱录成书年代及主要内容、传世版本等。在篇末或酌情收录有关序跋、题记等。

王祖望《中华大典・生物学典・动物分典》（2015）

云南教育出版社 2015 年出版。该书共四册，是中国古代文献中关于动物记述的丛编，按照现代动物分类方法的顺序编排，主题包括古代动物命名和分类体系、动物形态、动物解剖、动物生殖、动物生态、动物遗传、动物进化、动物物候、动物地理、动物狩猎与保护、动物为害与防治及古代动物学人物传记等。

吴征镒《中华大典・生物学典・植物分典》（2017）

云南教育出版社 2017 年出版。该书共四册，是中国古代文献中关于植物的记述的丛编，考证 29 纲 102 目 285 科 1978 种植物类群，包括细菌、藻类、真菌、地衣、苔藓、蕨类、裸子植物和被子植物。

二、通论

余欣《中古异相——写本时代的学术、信仰与社会》（2011）

上海古籍出版社 2011 年出版。该书以出土写本为主要材料，探讨中古的"学""书"与信仰、社会之间的关系。作者选择方术和博物之学作为切入点，在该书下编以一组专题研究展示了中国中古博物学史的研究视野。

余欣《敦煌的博物学世界》（2013）

甘肃教育出版社 2013 年出版。该书以敦煌文献为主要资源，从博物学的角度和方法对之重新加以解读，进行了中古博物学史研究的初步尝试。作者对中国"博物学"的界定和探讨具有很强的启发意义。正文共有六编，从"天""地""时""相物""庶物""异物"六个主题元素来阐发该书主题。

施锜《宋元画史中的博物学文化》（2018）

上海书店出版社 2018 年出版。该书主题为宋元艺术史的博物学文化。作者在绪论中概括了这一时代博物学文化的基本特征，试图确定宋元博物学在中国古代博物学中的地位。在后续章节中，作者进一步用具体的艺术史材料，论述了这种博物学文化的诸多方面及其接受史，所用材料十分丰富。

三、分科史

1. 生物学通史

由于《中国科学技术史》《中国的科学与文明》等大型丛书是学人所熟知的，其中关于生物学的卷册不再在这里列出。

陈桢等《关于中国生物学史》（1958）

科学普及出版社 1958 年出版。该书代表了自然科学家在 20 世纪 50 年代对于中国古代生物学史的基本认识，由 15 篇专题论文构成，特别侧重于古代的进化观。其中，陈桢的《关于中国生物学史》《中国古代对于进化论的贡献》两文具有纲领性的意义。

李亮恭《中国生物学发展史》（1983）

中国台湾"中央文物供应社"1983 年出版。该书是"中华文化丛书"的一种，作者李亮恭是留法归来的生物学家，后到中国台湾工作。该书以知识传统为脉络，介绍了《诗经》《尔雅》中的生物记载、本草学的发展、历代农业文献和明清时期的主要著作，此外还概述了东西生物学交流史及中国近代生物学的建立。

苟萃华等《中国古代生物学史》（1989）

科学出版社 1989 年出版，作者苟萃华、汪子春、许维枢。该书是由各领域专家合作完成的一部中国古代生物学通史，给出了中国古代生物学的分期，并分门别类地介绍了古代的动植物形态与分类知识，古代生态知识，古代对昆虫、菌类、人体器官、遗传的认识，提示了主要史料和研究主题。

刘昭民《中华生物学史》（1991）

台湾商务印书馆 1991 年出版。该书是"中华科学技艺史"丛书的一种，反映了 20 世纪 80 年代中国台湾学者对中国古代生物学的认识。该书以断代为纲，体例严整，论述了古代各个时期的动植物志著作、生物分类知识、对动植物与自然环境条件关系的认识、微生物知识、对动物和栽培植物品种之变异性及选种的认识、对生物地理分布的认识和其他生物学知识。

汪子春《中国古代生物学史略》(1992)

河北科技出版社 1992 年出版。该书是一部断代史，从远古时代生物知识萌芽开始，直至西方近代生物学的传入，涉及的研究主题十分丰富，构成了对于中国古代生物学史的经典叙事。

罗桂环《近代西方识华生物史》(2005)

山东教育出版社 2005 年出版。该书介绍了从明晚期葡萄牙人由海上来到我国，至中华人民共和国成立以前这段时期，西方各国对我国生物的考察、收集和研究的情况，对于重要的考察活动及其主要成果，均给出了精要的概括。

汪子春《中国古代生物学》(2010)

中国国际广播出版社 2010 年出版。该书简明地介绍了中国古代生物学的发展史，包括古代早期生物学知识、动植物分类学的主要成就、生态学成就，以及中国古代对菌类、昆虫、人体、遗传的认识。虽然该书是一本普及性的著作，但提示了中国古代生物学史的重要研究主题，可作为入门之用。

2. 植物学史

陈德懋《中国植物分类学史》(1993)

华中师范大学出版社 1993 年出版。该书将中国传统植物分类学分为本草前期、本草著作期与近现代植物分类学时期。作者对中国古代文献中关于植物分类的内容做了梳理和评述。

中国植物学会编《中国植物学史》(1994)

科学出版社 1994 年出版。该书为中华人民共和国成立以来首部系统、完整的中国植物学史，分古代史和近现代史两部分。在古代部分，著者特别突出了中国传统植物学研究高峰期的成就。该书的近现代部分按照学科组织编写，内容全面、精要。

马金双《中国植物分类学纪事》(2020)

河南科技出版社 2020 年出版。该书以编年纪事的方式，记载了近代至当代中国植物分类学的研究机构，主要的植物分类学家，图书、期刊、重要论著等植物分类学的主要成就，全国性与国际性植物分类学学术会议，以及重要的植物学采集等内容。此外，还编制了全面的索引，可作为案头工具书使用。

3. 动物学史

邹树文《中国昆虫学史》（1981）

科学出版社 1981 年出版。作者邹树文是中国近现代重要昆虫学家，该书是作者晚年完成的一部中国昆虫学通史。作者对西周直至清末的文献进行研究，发掘出大量关于昆虫学史的材料，探索了中国古代动物分类法问题，辨析了若干昆虫名称，考证了中国对昆虫资源利用和害虫防治的历史。书末还附有"昆虫学史事提要"，提供了较为详细的资料索引。

周尧《中国昆虫学史》（1988）

天则出版社 1988 年出版。该书从大量经、史、子、集、笔记、地方志等古代文献以及近代考古发掘的资料中，全面总结了我国养蚕、养蜂、药用昆虫、食用昆虫等益虫利用的历史和蝗虫、黏虫等害虫大发生的年代以及古代对它们的生活史、习性、防除方法等研究成果，还探讨了中国的昆虫物候历、昆虫形态学、分类学等内容。

郭郛等《中国古代动物学史》（1999）

科学出版社 1999 年出版。该书由郭郛、李约瑟等人合作完成，介绍 1900 年以前中国动物学的历史，分为 14 章专题研究，内容涉及古代文本中的动物考释、动物分类、生理、生态、发育、生殖、行为、遗传、进化、物候、驯化等内容，可以构成一部动物学通史。书末还介绍了中国古代有关动物学的书籍和专著，提示了主要研究史料。

郭郛、钱燕文、马建章《中国动物学发展史》（2004）

东北林业大学出版社 2004 年出版。该书是各领域专家合作完成的文集，以学科史为主要脉络，概述了中国古代至现代动物学的整体样貌，包括中国动物地理学史、兽类学史、鸟类学史、昆虫学史、无脊椎动物学史、实验动物学和细胞、分子生物学史、动物生物化学史、发育生物化学史、动物生态学史、野生动物保护史和进化论发展史。

陈怀宇《动物与中古政治宗教秩序》(2012)

上海古籍出版社 2012 年出版。该书从几个方面探讨了中古时期动物在政治、宗教秩序建构中所起到的作用，以及其中反映出的人类意识、政治、宗教观念，也从更广的视角回应了博物史研究的若干问题。第一章讨论初唐时期佛教僧人对动植物的分类，第二章讨论南北朝隋唐佛教文献中十二生肖形象和意义的变化，第三章讨论有关驯虎的叙事及其意义，第四章讨论中古佛教文献中动物名称的变迁，第五章讨论世界史视野下的猛兽与权力，第六章讨论九龙的形象在中古文献中的流变。

杨德渐、孙瑞平《海错鳞雅：中华海洋无脊椎动物考释》(2013)
陈万青、谢洪方《海错溯古：中华海洋脊椎动物考释》(2014)

中国海洋大学出版社 2013、2014 年出版。两部著作梳理了中国古代对于海洋动物的记载，以分门别类的方式汇编了各类、各种动物的名称，并编制了索引。

胡司德《古代中国的动物与灵异》(2016)

江苏人民出版社 2016 年出版。作者是英国汉学家。该书对战国两汉文献做了细致解读，考察古代中国关于动物的文化观念，分析动物观与人类自我认识的联系，探讨动物世界在圣贤概念和社会政治权力概念中所扮演的角色。作者指出古代中国对人在诸多物种乃至天地间地位的认识深受动物观的影响，并就这种影响展开具体阐述。作者认为，古代中国的世界观并未执意为动物、人类和鬼神等其他生灵勾画清晰的类别界线或本体界线，而是把动物界安放在有机整体和诸多物种的相互关系中。整体中的生灵万类，既有自然的一面，又有文化的一面。作者对于中国古代动物分类、动物变化的解释都富有新意。

黄复生《中国古代动物名称考》(2016)

科学出版社 2016 年出版。该书是《中华大典·生物学典·动物分典》编者完成的古代动物名称考证专书。编者收集了 11 000 多个动物名称，并按现代分类学进行排列，并指示了相应的文献。

王祖望《中国古代动物学研究》(2019)

科学出版社 2019 年出版。该书是《中华大典·生物学典·动物分典》编者合作完成的文集，论述了中国古代哲学思想对动物学的影响、中国古人对动物的认知与利用、中国古代动物的命名与物种考证、中国古代动物学的成就、中国古代对灾异的认知、中国古代野生动物保护思想、清代动植物图谱、中国古代动物图腾与祥瑞动物，以及对某些争议议题的思考。

4. 地学史

王嘉荫《中国地质史料》（1963）

科学出版社 1963 年出版。该书汇总了古代关于地质问题的文本，包括对天地、地震、火山、陨石、风、雨土、河流、地下水、湖泊、海洋、化石、石油、地形等的认识。

王根元、刘昭民、王昶《中国古代矿物知识》（2011）

化学工业出版社 2011 年出版。该书将我国古代有关矿物、岩石知识的文献加以考证、研究、整理，并结合现代田野考古和科技考古的最新研究成果，以历史时代为脉络，论述了历代的矿物知识，一直介绍至中国近代矿物学的萌芽与发展。在书后附录中，还对章鸿钊的矿物学史研究工作进行了专门的评述。

杨文衡、艾素珍、陈丽娟《中国地学史·古代卷》（2014）

广西教育出版社 2014 年出版。该书概述了中国古代地学的基本发展脉络，论述了古代各个时期的地学发展背景、地学思想、地学著作等。该书利用的史料包含诸子著作、史书、方志、类书、笔记、地图、边疆地理专著、水利专著等，内容全面。

四、专题研究

1. 志怪博物研究

博物小说研究

罗欣《汉唐博物杂记类小说研究》（2016）

中国社会科学出版社 2016 年出版。该书界定了汉唐时期"博物杂记类小说"的概念，分析了其历时形态，同时介绍了其中的自然知识与历史、宗教、艺术视野，总结了这类文献的基本特点。

张乡里《唐前博物类小说研究》（2016）

上海古籍出版社 2016 年出版。该书在厘清唐前小说观念的情况下，梳理了博物类小说发展的脉络，时间跨度从先秦至魏晋南北朝。所涉及的材料包括《山海经》、地理书、名物书、杂传与君王故事等，较好地提示了此类文本在内容和创作上的特点。

《山海经》研究

张步天《山海经概论》（2003）

天马图书有限公司 2003 年出版。该书以概述《山海经》研究史为主要内容，将之区分为传统阶段与现代阶段，时间跨度从刘歆进书时期直至现当代，除罗列主要研究者之外，作者还提示了《山海经》研究中的传统论题，具有指南的作用。

叶舒宪、萧兵、郑在书《山海经的文化寻踪——"想象地理学"与东西文化碰触》（2004）

湖北人民出版社 2004 年出版。该书分为上、下两册，由中韩学者合作完成。作者立足于文化人类学的视角，利用跨学科的理论与方法，对《山海经》的书写与古代神话、《山海经》的神话政治地理观、分类原则、方位模式、身体与生死观念等问题进行了剖析。此外，还考释了若干地理、名物与传说。

刘宗迪《失落的天书——〈山海经〉与古代华夏世界观》（2006）

商务印书馆 2006 年出版。作者是当前研究《山海经》的重要学者之一，该书代表了他释读《山海经》的主要成果。作者分析了《山海经》中的原始天文学与历法，考证了《山海经》的地域、年代与重要名物，从而试图呈现《山海经》的时间观与空间观。作者还探讨了《山海经》与战国稷下学术的关系。

陈连山《〈山海经〉学术史考论》（2012）

北京大学出版社 2012 年出版。该书完整地总结了从汉代直到近代的学者对于《山海经》的主要观点和研究，可起到指南的作用。

贾雯鹤《〈山海经〉专名研究》（2020）

中国社会科学出版社 2020 年出版。该书以《山海经》的文献语言材料为依据，结合历代的注疏以及相关的先秦两汉典籍文献和小学专书，借鉴前贤修专名研究的理论方法以及研究成果，对《山海经》的专有名词进行全面的考察，力图探寻其命名之义，或者说对专名进行源义探求。最后，作者还在专名探源的基础上归纳总结了《山海经》专名命名原则及规律，并探讨专名的结构和专名的名实关系。

张西艳《山海经在日本的传播和研究》（2020）

线装书局 2020 年出版。该书对《山海经》在日本的传播进行考证，考察《山海经》进入日本文化的多元形态，可以帮助当今读者理解古代东亚文明共同体内的知识交流史。

《博物志》研究

王媛《张华研究》（2015）

北京师范大学出版社 2015 年出版。该书介绍了张华生活时代的政治文化背景和他本人的政治生涯，概述了张华与同时代文人的关联及其思想。该书第六章专门讨论了《博物志》的成书、内容、流传及张华形象的形成，反映了《博物志》研究的当代前沿认识。

2. 名物学研究

劳费尔《中国伊朗编》（1964）

商务印书馆 1964 年出版，林筠因译。美国东方学者劳费尔所著的《中国伊朗编》是他著作中较重要的一种，也是欧美东方学的代表性作品。劳费尔在语言学、人类学、植物学、矿物学方面都受过专门训练，其长处是善于利用多语种的材料进行考证。该书就是他考证东方名物（特别是栽培植物）所得研究成果的总结。

青木正儿《中华名物考》（2017）

陕西人民出版社 2017 年出版。该书作者是日本的中国史专家。在该书中，他概括提出了中国名物学的概念，介绍了名物学的独立与发展过程，具有纲领性的意义。作者还考证了若干古代名物，其中包括大量自然物。

窦秀艳《中国雅学史》（2004）

齐鲁书社 2004 年出版。该书是关于雅学史的首部专论，将历代数百部雅体著作分为广雅、仿雅、注释研究三类，类例分明，图景完整。作者对重要著作加以详细介绍，援引了其中对于自然物的若干代表性解释与考证，对于科学史研究来说，具有较大的启发意义。

窦秀艳《雅学文献学研究》(2015)

中国社会科学出版社 2015 年出版。该书主要从文献学的视角对雅学文献进行整理和研究，前半部分是对《说文解字》《郑玄笺注》《经典释文》《五经正义》《文选注》《汉书注》《后汉书注》引用雅书的研究，后半部分全面地概述了雅学文献的校勘、辑佚、刻印、版本等，还特别介绍了雅学文献在朝鲜半岛的流布与版本。

王其和《清代雅学史》(2016)

中华书局 2016 年出版。该书在概述清以前雅学研究概况的基础上，分《尔雅》著作、《小尔雅》著作、《广雅》著作以及仿雅著作四类，从学术史的角度对清代雅学著作进行了全面的梳理，考证了其中七十余部较为重要的雅学著作，从作者、版本、内容、特色、价值与不足等方面进行了细致的梳理。

第四十七章　中国古代技术史

张楠

本章分工具书、通史、分科史、断代史四个部分，各部分文献按照首次出版年份升序排列。

一、工具书

华觉明主编《中国科学技术典籍通汇·技术卷》（1994）

河南教育出版社 1994 年出版，5 册。主编华觉明（1933— ），著名科学技术史、机械史专家。该书收录中国古代各历史时期重要的、有代表性的工程技术与工艺技巧典籍，涉及纺织、水利、建筑、采矿、冶铸、机械、交通运输、仪器、军事等领域。技术卷共 5 册，采用影印形式，汇集古代技术典籍 72 种，其中全文收入的有 48 种，是中国古代技术史研究的重要材料。

闻人军《〈考工记〉译注》（2008）

190 页。上海古籍出版社 2008 年出版。《考工记》是中国最早的手工艺技术汇编，作者佚名，成书年代未定，目前有齐国官书说、战国初、战国末、秦汉成书等多种观点。《考工记》汇集春秋末年及战国时期的若干手工制作技艺文献，包括序论与分工种叙述两个部分，总集 7000 余字。序论列举 30 个工种的分工，"攻木之工七""攻金之工六""攻皮之工五""设色之工五""刮摩之工五"及"抟埴之工二"。第二部分对各工种制作对象的形制、结构、制作典范，及部分检验方法进行了叙述。《考工记》是研究中国古代特别是先秦技术及器物制度的重要文献。

潘吉星《〈天工开物〉译注》（2008）

346 页。上海古籍出版社 2008 年出版。译注作者潘吉星（1931—2020），中国古代技术史专家。《天工开物》刊行于明崇祯十年（1637 年），作者宋应星是明代著名学者。该书是记载明中期至明末我国农业和手工业生产技术的"百科全书"，附图翔实，是了解中国古代技术成就的重要文献资料。全书分为上、中、下三卷，分述18项技术。上卷记载了谷物及麻的栽培、加工方法，蚕丝棉苎的纺织、染色技术，以及制盐、制糖工艺；中卷内容包括砖瓦、陶瓷的制作，车船的建造，金属的铸锻，煤炭、石灰、硫黄、白矾的开采和烧制，以及榨油、造纸方法；下卷记载金属矿物的开采和冶炼，兵器的制造，颜料、酒曲的生产，以及珠玉的采集加工等。书中对各项技术的记录内容包括原料产地、生产技术、工艺设备及组织经验。

梁思成《〈营造法式〉注释》（2013）

609页。三联书店2013年出版。该书为梁思成先生遗稿，是一部为古籍注疏性质的学术著作。《营造法式》是北宋官方颁发的关于建筑工程和工料定额的规范专书，初编于宋哲宗元祐六年（1091年），由李诫奉敕编纂，编写目的是制定标准便于控制建筑造价与施工进度。《营造法式》是中国古代建筑类重要文献，并对宋代官营手工业的机构设置与管理有所展示。

二、通史

1. 编史学

张柏春、李成智《技术史研究十二讲》（2006）

225页。北京理工大学出版社2006年出版。主编张柏春（1960— ），中国科学院自然科学史研究所研究员、所长，研究方向为技术史、天文仪器史和力学史，以及西方科学技术向中国的传播。主编李成智（1961— ），北京航空航天大学教授，研究方向为科技与公共政策、航空航天史、航空航天政策与发展战略。该书并不是常见的编史学论著，而是集结国内技术史研究者的部分研究经验，从"技术与工程""史学理论""古代技术史考证与复原""考古学""传统工艺"等多个视角，以专题性质介绍了技术史的研究工作。

姜振寰《技术史理论与传统工艺》（2012）

243页。中国科学技术出版社2012年出版。主编姜振寰（1943— ），哈尔滨工业大学教授，研究方向为技术史、技术哲学、技术经济与管理。该书分两个部分：第一部分阐述技术史理论与研究方法，内容包括中国古代的四大发明、西方技术史文化转向的总体态势、技术视角下的诺贝尔物理奖等；第二部分以专题论文形式介绍传统工艺与非物质文化遗产，内容包括中国古代的翻砂铸币工艺、五代时期敦煌地区的毛纺织、传统蒙古族银器制作工艺考察、云南德钦茨中村葡萄酒酿造工艺考察等。

2. 单卷本通史

胡维佳《中国古代科学技术史纲·技术卷》（1996）

658 页。辽宁教育出版社 1996 年出版。主编胡维佳（1958— ），中国科学院大学教授，从事中国古代科学思想、天文观测及仪器和技术史研究。该书分为"著作""人物""冶铸""机械""陶瓷""造纸""印刷""纺织""建筑""造船与航海"与"火器"，共 11 门类。内容根据中国古代技术门类特点，按照现代技术分类进行编排。参与撰写的各位作者在吸收前人研究成果的基础上，综述中国古代各门技术特点，并融入个人研究心得，使得该书通读、翻检两便，是古代技术史学习的重要导读作品。

孙机《中国古代物质文化》（2014）

423 页。中华书局 2014 年出版。作者孙机（1929— ），中国国家博物馆研究馆员、学术委员，中央文史研究馆馆员，国家文物鉴定委员会副主任委员。该书以作者历年讲座为基础，涉及中国古代物质文化的多个方面，包括农业与膳食、烟酒茶糖、纺织与服装、建筑与家具、交通工具、冶金、器物（玉器、漆器、瓷器）、精神文化（文具、印刷、乐器）与武备等。书中线图由作者手绘。所著内容不仅对相关学术研究具有参考价值，更是中国古代物质文化与技术史学习的入门读本。

华觉明、冯立昇《中国三十大发明》（2018）

651 页。大象出版社 2018 年出版。主编华觉明（1933— ），著名科学技术史研究专家，主要研究领域为古代青铜冶铸术、钢铁技术、机械史和技术哲学等，近年来致力于传统工艺研究及保护。主编冯立昇（1962— ），清华大学科技史暨古文献研究所所长，主要从事中外数学史、中国机械史、中国测量学史、中国物理学史及中国少数民族科技史等方面的研究工作。该书共有 34 篇文章，其一为华觉明先生的综论，甄选 33 篇分述中国自远古至当代的 30 项重大发明：粟作，稻作，蚕桑丝织，汉字，十进位值制计数法和筹算，青铜冶铸术，以生铁为本的钢铁冶炼技术，运河与船闸，犁与耧，水轮，髹饰，造纸术，中医诊疗术（含人痘接种），瓷器，中式木结构建筑技术，中式烹调术，系驾法和马镫，印刷术，茶的栽培和制备，天文观测仪器，水密舱壁，火药，指南针，深井钻探技术，精耕细作的生态农艺，珠算，曲蘖发酵，火箭与火铳，青蒿素和杂交水稻。

3. 多卷本通史

李约瑟《中国科学技术史》(1954—2015)

请参考第四十一章多卷本通史部分。

卢嘉锡主编《中国科学技术史》(1998—2008)

请参考第四十一章多卷本通史部分。

路甬祥《中国古代工程技术史大系》(2006—2017)

山西教育出版社出版。《中国古代工程技术史大系》由中国科学院自然科学史研究所策划，主编路甬祥，丛书汇集全国各方面专家学者，对中国古代工程技术实践进行了系统的整理和研究，目前共出版 12 册，以下以出版年份为序。

王菊华《中国古代造纸工程技术史》(2006)

515 页。山西教育出版社出版。作者王菊华研究员，中国古代造纸技术史专家。该书以时间为纵轴，概述了自原始社会至东汉发明造纸术前的图文载体及造纸术发明前后的相关事件；详述了各历史朝代对造纸术的贡献，介绍了直至近代仍保留下来的传统造纸工艺。横向叙述则涉及造纸术本身，如原料、设备、工艺、应用及社会影响等。

王兆春《中国古代军事工程技术史（宋元明清）》(2007)

611 页。山西教育出版社出版。作者王兆春（1937— ），中国军事技术史专家。该书是一部关于北宋至清朝军事工程技术史的学术专著。全书分三编，系统地阐述了宋辽夏金元明、清代前期中国古代军事工程技术发展的历史面貌；介绍各个时期的兵工制造体系、政策与规章制度、传统制作技术与工艺规程；分析各个时期主要的军事技术论著及其反映的军事技术思想；通过典型的战例论证了军事工程技术的进步与社会发展的关系，并着重论证了火药的发明与火器的不断创新，是推动军事与社会变革及社会文明进步的强大动力。

李进尧等《中国古代金属矿和煤矿开采工程技术史》(2007)

411 页。山西教育出版社出版。作者李进尧(1935—),原北京人文大学党委书记、校长,原中国矿业大学教授。该书分为金属矿和煤矿编。金属矿编主要论述了我国古代金属矿开采工程技术(包括找矿、采矿、选矿)的起源、发展及主要成就,并探讨了其对我国古代文化和社会发展的影响,时间跨度为史前到 19 世纪中叶。煤矿编以史料为基础,以技术发展为线索,着重从工程技术的角度,反映中国古代煤炭工程技术发展的客观过程,力图阐明中国古代煤炭开采工程技术发展的社会条件和内在根据。

钟少异《中国古代军事工程技术史(上古至五代)》(2008)

573 页。山西教育出版社出版。作者钟少异(1945—),中国军事科学院研究员。该书对上古至五代即公元 10 世纪以前中国的军事工程技术进行了系统论述。军事工程技术在古代主要可以分为武器装备制造技术与军事土木工程技术两类。10 世纪以前的武器大体包括格斗兵器(刀、矛、剑、戟等)、射击兵器(弓、弩、抛石机等)、防护装具(甲胄、盾牌等)三类;其他重要装备有战车、战船、骑兵马具、攻守城器械等;军事土木工程的核心内容是筑城,包括城池筑城、野战防御筑城和边防长城。其他重要内容有攻守城作战中的工程作业、军事交通工程(道路、河渠、桥梁)等。

何堂坤《中国古代金属冶炼和加工工程技术史》(2009)

728 页。山西教育出版社出版。作者何堂坤(1940—),曾任中国科学院自然科学史研究所研究室主任、研究员,主要从事金属技术史、手工业技术史研究。该书通过大量的文献研究、考古实物及其科学分析、模拟实验、传统技术调查,全面、系统地介绍了我国古代金属冶炼和加工技术产生、发展的基本历程和主要技术成就。全书依历史年代分 8 章,由仰韶—龙山文化起,直到明清;每章再依技术系统分节,分别介绍铜、铁等古代金属的冶炼技术、合金技术、加工技术、热处理和表面处理技术等的有关情况;第八章主要介绍保留至今的传统金属技术。

张芳《中国古代灌溉工程技术史》(2009)

627 页。山西教育出版社出版。作者张芳(1942—2009),南京农业大学原教授,中国著名农史、水利史学家。该书是系统阐述和总结中国古代灌溉工程技术的发展进程和历史成就的专史。依据中国古代灌溉工程技术发展的历史阶段特征分为五编,即新石器时代至夏商西周水利工程技术的萌芽和初步发展、春秋战国至南北朝大型灌渠及陂塘技术的发展、隋唐宋元水网圩田和挡潮工程技术的发展、明清灌溉工程技术的深入发展、传统灌溉工程技术在现今的继承和发展。

刘德林等《中国古代井盐及油气钻采工程技术史》（2010）

517页。山西教育出版社出版。该书以翔实的史实、观点，论述了中国古代井盐及油气钻采工程技术的起源、发展、演进的基本脉络和主要成就。

后德俊、周嘉华《中国古代日用化学工程技术史》（2011）

484页。山西教育出版社出版。作者后德俊（1945—），研究馆员，曾任湖北省博物馆副馆长，湖北省文物考古研究所副所长。作者周嘉华（1942—），研究员，从事中国化学史研究。

该书选择了大漆、玻璃、盐糖酒醋三个方面的古代科学技术作为讨论对象，首先以传世文物为依据，按照时间先后，探索中国古代各个时期漆器的主要制造技术，勾画出了中国古代漆器制造技术发生、发展脉络；其次探讨中国玻璃的起源，提出了"玻璃之路"一说，将中国与西方之间的文化交流，即"南方丝绸之路"的萌芽时间提早到公元前6世纪晚期；最后以古代文献为主，参考相关的考古发现考察盐、糖、酒、醋生产技术的历史原貌。

何堂坤《中国古代手工业工程技术史（上下）》（2012）

2册，1067页。山西教育出版社出版。作者何堂坤（1940—），曾任中国科学院自然科学史研究所研究室主任，研究员，主要从事金属技术史、手工业技术史研究。

该书通过大量的文献资料、考古资料、科学分析资料和传统技术调查资料，较为全面、系统地介绍了我国古代多门手工业技术产生、发展的基本历程、主要技术成就，其中涉及的技术史门类有：采矿（包括金属矿、煤矿、井盐和天然气开采）、冶铸、陶瓷、机械、纺织印染、造纸印刷、火药、指南针、油漆、玻璃技术等。

方晓阳、韩琦《中国古代印刷工程技术史》（2013）

347页。山西教育出版社出版。作者方晓阳（1956—），中国科学院大学教授，著名印刷史、造纸史和制墨史专家。作者韩琦（1963—），浙江大学人文学院历史学系教授，国际科学史研究院通信院士。

该书以时间为主线，从工程技术史的角度对中国古代传统印刷术进行了研究，在重视印刷史文献研究的基础上，注重工艺调查，结合模拟实验，分别按雕版印刷术的发明与技术、南北朝时期的雏形印刷、唐及五代时期的印刷、两宋时期的印刷、辽金西夏等少数民族印刷、元代的印刷、明代的印刷、清代的印刷以及印刷术的传播与影响的框架结构进行了分章讨论。

李文杰《中国古代制陶工程技术史》（2017）

458 页。山西教育出版社出版。作者李文杰（1935— ），中国国家博物馆研究员，考古学家，擅长陶瓷考古。该书以时代先后分章，以工艺流程分节，以田野考古学为基础，以实验考古学为手段，运用制陶工艺学、物理学、化学等知识进行综合研究，基本上总结了黄河流域、长江流域等地区新石器时代至宋元明清制陶技术的成就。该书在陶器线图上绘出与制陶工艺有关的痕迹和现象，并且绘制了模拟制陶工艺流程图，配备了彩色或黑白图版。

毛振培、谭徐明《中国古代防洪工程技术史》（2017）

501 页。山西教育出版社出版。该书以中国古代防洪工程建设和防洪工程技术为主要内容，分析影响洪水灾害的自然因素和社会因素，系统阐述了先秦、秦汉、三国至五代、宋元、明代、清代各历史时期防洪工程技术发展的历史面貌。具体分析了各历史时期在不同的政治经济背景和江河形势下，所采取的防洪方针及防洪工程技术，阐释古代防洪思想的演进过程及防洪工程主要科技水平的起源与发展，并简要介绍各时期主要治水人物的业绩及主要的防洪著述。

《中国古代物质文化史》（2011—2020）

《中国古代物质文化史》由开明出版社出版，计划 60 余卷，是一套基于考古发现和传世文物等物质实体而书写的中国古代文化史。丛书包括通史和专史两个系列，通史系列以史前中国、商周、秦汉、魏晋南北朝、隋唐五代、宋元明清 6 个阶段进行划分，共 6 卷。专史系列则根据中国古代物质文化遗存的分类，按"类"来叙述物质文化遗存的分述系列。丛书目前出版 18 册，其中与中国古代技术史相关的有 9 种。按照出版时间顺序列出如下：

韩国河等《中国古代物质文化史·秦汉》(2014)

334 页。山西教育出版社出版。作者韩国河(1965—),郑州大学教授,主要从事秦汉考古与秦汉史的研究。该书共分 12 章,以物质文化遗存为点和面,以中国发展进程为线,运用考古学、民族学和历史学等学科的研究方法,对中国秦汉时期物质文化的发展变迁进行系统、科学、全面的梳理和总结。

李梅田《中国古代物质文化史·魏晋南北朝》(2014)

306 页。开明出版社出版。作者李梅田(1969—),中国人民大学历史学院考古文博系教授,研究方向为汉唐考古。该书立足于考古发现及传世文物,以物质文化视角解读魏晋南北朝时期的历史,对城市、陵寝(墓葬)、陶瓷器、金属器、漆器、玻璃器、佛教道教造像等内容皆有深入诠释。该书共分 9 章,主要内容包括:城市规划与形态、帝陵与陵寝制度、墓地设施与地下空间、丧葬图像与美术、窑业与陶瓷器、金属工艺与金属器、漆器与玻璃器、佛教与道教、中外文化交流。

赵丰等《中国古代物质文化史·纺织(上下)》(2014)

2 册,631 页。开明出版社出版。作者赵丰(1961—),中国丝绸博物馆馆长,研究员。该书分上下两册,以历史时间为次,追溯我国蚕桑丝织的起源,研究各个时代纺织材料的运用、纺织工具的进步、纺织品品种的丰富发展、染色工艺的发展、丝织品纹样的变化、刺绣工艺的精益求精,兼及官方对纺织业的管理、民间纺织业的进步、不同民族间及与域外纺织文化的交流等,全面而详尽地铺展开我国古代纺织文化发展进步的历史。

秦序等《中国古代物质文化史·乐器》(2015)

398 页。开明出版社出版。作者秦序(1948—),中国艺术研究院音乐研究所研究员,主要从事中国古代音乐史研究。该书以物质文化视角,研究各个时代的器乐文化,不但研究出土乐器本身,也研究乐器的发声原理、音乐特性及每个历史时期的乐律学成就。既凸显每个时期的乐器及器乐文化的成就与特征,又体现乐器及器乐文化的历史发展脉络。

沈睿文《中国古代物质文化史·隋唐五代》(2015)

383 页。开明出版社出版。作者沈睿文(1972—),北京大学考古文博学院教授,主要从事汉唐考古的教学与科研。研究涉及陵墓制度、丧葬习俗、宗教、美术、中外文化交流考古以及中古城邑等领域。该书通过对巨量、庞杂的考古材料进行分析，讲述了隋唐五代时期的城市、帝王陵寝、各地墓葬等，尤其对不同地区不同类型墓葬的形制、丧葬图像以及作为随葬品的神煞、告身、镇墓俑、镇墓石、铜镜等都有细致深入的分析，对陶瓷器、纺织品、周边民族的城市及陵墓文化、外来器物的影响等亦有独特解读，多层面、多角度地勾画了隋唐五代时期的物质文化发展史。

张星德、戴成萍《中国古代物质文化史·史前》（2015）

351 页。作者张星德，辽宁大学考古系教授，研究方向为史前考古。作者戴成萍，中央民族大学副教授，主要研究方向为旧石器时代考古、地质人类学、文化遗产、文物学。该书通过对考古材料进行分析，讲述了新旧石器时代的物质文化遗存。对旧石器时代的远古自然经济、手工业制作技术、居址与建筑技术的萌芽、火堆与用火技术、墓葬及服饰，新石器时代的农业、手工业、建筑、墓葬服饰、宗教、文化艺术等多个层面复原了史前时期的物质文化发展史。

谭徐明《中国古代物质文化史·水利》（2017）

267 页。作者谭徐明，中国水利水电科学研究院教授，主要研究方向为水利史与水灾害史。该书分 6 章，内容包括：大洪水与水利起源、秦汉帝国的大水利、水利的发明时代、隋唐宋大运河及其经营、王朝水利的最后篇章、水管理及其文化基础。

齐东方、李雨生《中国物质文化史·玻璃器》（2018）

268 页。作者齐东方（1956—　），北京大学考古文博学院教授，主要从事汉唐时期的考古、历史、文物、美术的教学与研究。作者李雨生（1985—　），西北大学文化遗产学院讲师。该书以时间为线索，对各历史时期的玻璃器进行分期，结合考古发现和文献记载，研究不同时期的冶炼技术、玻璃器的工艺和形制等，并探讨玻璃器所代表或反映的各时期政治、文化、社会生活等信息，深入揭示各时期的玻璃器及社会文化。

李映福、马春燕《中国古代物质文化史·铁器》（2019）

315 页。作者李映福（1963—　），四川大学教授，研究方向为西南考古、中国新石器时代考古、冶金考古。该书分 10 部分，内容包括：早期铁器与中国冶铁的起源、商至西周时期的铁器、春秋时期的铁器、战国时期的铁器、秦汉时期的铁器、魏晋南北朝时期的铁器、隋唐五代时期的铁器、宋元时期的铁器、宋元时期的铁器类型、中国古代铁工业的发展与铁器的社会作用。

齐东方、陈灿平《中国物质文化史·金银器》（2020）

289 页。作者齐东方（1956—　），北京大学考古文博学院教授，主要从事汉唐时期的考古、历史、文物、美术的教学与研究。作者陈灿平（1981—　），河北师范大学历史文化学院副教授，主要研究方向为汉唐考古。该书从考古资料出发，从物质文化的视角探讨问题。全书分时期进行研究，对每个时期的金银器进行详细的类型分析，并探讨相应的冶炼技术、社会文化等。

路甬祥《中国传统工艺全集》（2004—2016）

《中国传统工艺全集》（简称《全集》）是由中国科学院自然科学史研究所主导组织编写的一套大型丛书，路甬祥总主编，大象出版社出版，是 300 多位专家、学者对传统工艺进行翔实细致的现场考察、分析论证和编集撰述的集体成果。《全集》记载工艺近 600 种，涵盖中国古代传统工艺十四大类。从 2004 年起，《全集》第一辑共 14 卷分为 13 册由大象出版社相继出版。2008 年《全集》续集的编撰工作开始启动，从 2009 年到 2016 年，第二辑 6 册相继出版。

乔十光《中国传统工艺全集第一辑：漆艺》（2004）

322 页。该书简要论述了漆艺的理论及历史，对漆艺的材料、工具和髹饰技法、漆器设计与制作、立体漆塑造型、漆画等做了系统、详细的介绍，并附有精美的漆艺作品以供赏析。

杨永善《中国传统工艺全集第一辑：陶瓷》（2005）

403 页。大象出版社 2005 年出版。该书阐述了中国历代陶瓷工艺的发展历程，同时反映各个朝代的政治、经济、贸易往来等变迁。

唐克美《中国传统工艺全集第一辑：金银细金工艺和景泰蓝》（2005）

454 页。该书金银细金工艺部分内容包括原材料加工、工具设备、花丝工艺、表面处理、品种与花色等；景泰蓝部分包括景泰蓝的类别、景泰蓝釉料、机制景泰蓝的制作等。

汤兆基《中国传统工艺全集第一辑：雕塑》（2005）

481 页。该书内容根据雕塑种类分为玉雕工艺、石雕工艺、牙雕工艺、木刻工艺、传统雕塑工艺、彩石雕刻工艺、陶瓷雕塑工艺、彩塑工艺、传统刻镂工艺、琉璃雕刻工艺、砚刻工艺等，逐一介绍。

张秉伦等《中国传统工艺全集第一辑：造纸·印刷》（2005）

448 页。该书按通史路线分别论述中国造纸与印刷的起源、概括与技术发展，从已知最早出现至 19 世纪末这两项手工艺为现代技术替代为止，并收入历年这个课题最前沿的研究成果。

丁安伟《中国传统工艺全集第一辑：中药炮制》（2005）

336 页。该书详细论述了中药炮制技术的起源和发展过程，介绍了有关中药炮制的理论、古代中药炮制专著与文献、中药炮制的工艺流派、常用工具、炮制方法、以及藏、蒙、壮等民族药物的炮制工艺特色等内容。

钱小萍《中国传统工艺全集第一辑：丝绸织染》（2005）

547 页。该书从传统的栽桑、养蚕到取丝、制线、纹制、织造、印染以及刺绣、抽纱等，从制作工艺到技术奥秘，从织物规格、结构、花色品种到印染技术配方等，均做了比较系统的记载。

张柏春等《中国传统工艺全集第一辑：传统机械调查研究》（2006）

280 页。该书对我国传统机械工艺做了系统叙述、研究和总结。全书分 11 章，分别选择了比较典型的、技术上特点较突出的机械，如犁和耧、水车、风车、磨、碾、水碓等，对它们的机构设计、材料、制造工艺和使用的历史背景进行了介绍。

谭德睿、孙淑云《中国传统工艺全集第一辑：金属工艺》（2007）

281 页。该书内容包括：概论、冶金术、铸造、锻造、特种工艺等，为作者多年专研的成果。

田小杭《中国传统工艺全集第一辑：民间手工艺》（2007）

446 页。该书以山东地区的民间手工艺术为主，有些是濒临失传的手艺，有些则正在开发整理。这些民间手工艺术包括高密泥玩具、潍坊木版年画、潍坊风筝、高密扑灰年画、临沂旋木玩具、聊城郎庄面塑、即墨喜馒头、莱西葫芦雕刻、枣庄伏里土陶、沂蒙鞋垫、曹县纸扎、胶东面塑、临沂香荷包等。

周宝中《中国传统工艺全集第一辑：文物修复和辨伪》（2007）

541 页。该书介绍了青铜器、铁器、陶瓷器、甲胄、石窟、纺织品、纸张、漆器等的修复，以及文物的复制与辨伪等内容。12 位特邀撰稿人均系从事文物修复和保护工作数十年的专家，既是传统文物修复工艺的继承者，又是将现代科学技术引进文物修复领域的创新者和实践者。

包启安、周嘉华《中国传统工艺全集第一辑：酿造》（2007）

618 页。该书内容包括酿造工艺的起源、酿造工艺的早期发展、迈向成熟的酿造工艺、黄酒生产工艺、白酒的传统生产工艺等章节。

田自秉、华觉明《中国传统工艺全集第一辑：历代工艺名家》（2008）

408 页。该书系统整理了从史前传说直至 20 世纪末的中国传统工艺名家与匠师，简介其生平与主要成就，并配有代表作品图片和工艺家照片，涉及领域遍及纺织、陶瓷、漆艺、营造、竹刻等多种工艺。

白荣金、钟少异《中国传统工艺全集第二辑：甲胄复原》（2008）

402 页。该书集成了作者白荣金的相关研究成果，内容涵盖了考古发掘获得的从先秦直到明代的铠甲实物标本，并对所有标本从制作工艺、甲胄形制到时代特征，进行了深入的分析研究。

周嘉华等《中国传统工艺全集第二辑：农畜矿产品加工》（2015）

376 页。该书共 6 章，介绍了 6 种农畜矿产品，包括食盐、食用油、糖、茶、酒、皮革加工的工艺，其作者系各领域的专家学者。

杨永善《中国传统工艺全集第二辑：陶瓷（续）》（2015）

627 页。该书从历史概况、工艺材料、成型工艺、装饰工艺、烧成工艺以及工艺成就、风格特点等方面出发，选取历史上有代表性的龙泉窑、耀州窑、定窑、磁州窑、钧窑、德化窑、建水紫陶、醴陵釉下五彩等传统窑场为研究对象，对陶瓷技术和工艺体系进行讨论。

唐绪详《中国传统工艺全集第二辑：锻铜和银饰工艺（上下）》（2015）

688 页。该书首先论述了中国金属工艺的循环体系，继而对中国各地区、各民族流传下来的传统金属工艺进行了梳理，涉及西藏的藏族金属工艺、贵州的苗族金属工艺、云南的白族金属工艺、新疆的维吾尔族金属工艺以及汉族的金属工艺等。

樊嘉禄《中国传统工艺全集第二辑：造纸（续）·制笔》（2015）

540 页。该书造纸部分以非物质文化遗产保护为背景，不仅详细记录工艺流程和产品，还关注与这些技艺相关的传承要素。制笔部分是对春秋战国以来毛笔制作技艺的发展历程的初步的总结，介绍了各个历史时期毛笔的特点和主要产地，梳理了制笔技艺发展的脉络，分析制笔中心形成及转移的原因。

方晓阳等《中国传统工艺全集第二辑：制墨·制砚》（2016）

560 页。该书以传统工艺技术为主线，重视文献研究与实地调查，结合模拟实验，并借鉴当代科学仪器进行理化分析，用多重证据法研究问题。书中以类别列端砚、歙砚、红丝砚、洮砚、松花石砚、澄泥砚、漆砂砚与陶瓷砚等章节，其余记载较少的品类则以"砚林别录"一章进行介绍。制墨部分则分别论述了松烟墨与油烟墨的历史及制作工艺。

三、分科史

1. 机械史

刘仙洲《中国机械工程发明史》（第一编）（1962）

260 页。北京出版社 2020 年出版。作者刘仙洲（1890—1975），中国科学院学部委员（院士），中国著名机械学家和机械工程教育家，中国机械史学科奠基人。该书立足于文献古籍，以精深的机械学造诣为基础，考察和复原历史机械，总结了中国古代在简单机械的各种原动及传动机械方面的发明创造。

陆敬严《中国古代机械复原研究》（2019）

478 页。上海科学技术出版社 2019 年出版。作者陆敬严，同济大学教授，科技史家、中国古代机械模型复原研究专家。该书通过对中国古代农业机械、手工业机械、运输起重机械、战争器械和自动机械进行模型复原，对它们的性能、特点、外形及结构，以及产生背景等方面做深入解读。

2. 建筑史

刘敦桢《中国古代建筑史》（1984）

423 页。中国建筑工业出版社 1984 年出版，2008 年再版。作者刘敦桢（1897—1968），字士能，号大壮室主人。中国建筑学、建筑史学家，中国建筑教育及中国古建筑研究的开拓者之一，中国科学院院士（学部委员）。该书是关于中国古代建筑历史研究的理论著作，简要而系统地论述了中国古代建筑各历史阶段的发展和成就，文中引证了大量的文献资料和实物记录。

梁思成《中国建筑史》（1998）

329 页。三联书店 2011 年再版。作者梁思成（1901—1972），中国建筑史学家、建筑师、城市规划师和教育家，一生致力于保护中国古代建筑和文化遗产。曾任中央研究院院士、中国科学院哲学社会科学学部委员。该书是中国建筑史的开山之作，初稿完成于 1944 年，以历史文献与实例调查相结合的方法，揭示了中国古代建筑的设计规律、技术要点，总结出中国建筑的成就和各时代的主要特征。全书共 8 章。第一章绪言，对中国建筑的特征、建筑史的分期做了宏观概括，次以简要笔墨，介绍了《营造法式》与《清工部工程则例》。第 2 ~ 8 章分述从上古至清末民初各时代，大多先从文献理出建筑活动之大略，次述实物遗存，再具体分析各代特征。

3. 图学史

吴继明《中国图学史》（1988）

197 页。华中理工大学出版社 1988 年出版。作者吴继明，湖北大学教授。该书以古籍文献与出土文物为基础，介绍了中国古代图学的发展历史。全书分为"制图发源于图画""我国古代的制图工具""几何作图""机械制图""天文制图""地理制图"水利制图""制图理论"等 11 个章节。

4. 丝绸技术史

朱新予《中国丝绸史》(通论)(1992)

381 页。纺织工业出版社 1992 年出版。主编朱新予(1902—1987),中国著名纺织专家。该书共 9 章,以文字叙述为主,并配有插图,纵向勾勒了自原始社会至清代末期各历史阶段的丝绸生产发展的面貌,同时,对各历史阶段的蚕桑丝绸生产技术和丝绸经济、文化以及中外交流等方面做了系统的论述。

朱新予《中国丝绸史》(专论)(1997)

360 页。中国纺织出版社 1997 年出版。该书根据大量古籍和与丝绸有关的文物资料,由丝绸专家分专题撰写而成的。共 5 个部分,15 个专题,论述蚕桑丝帛的起源和发展、古代丝绸机械、古代丝绸品种、丝绸图案、丝绸用染料、丝绸服饰、早期丝绸之路、南方少数民族丝绸发展历史,以及甲骨文和古文字中有关蚕桑丝帛和生产用具文字的考释。

5. 冶金技术史

华道安《中国古代钢铁技术史》(1993)

Donald B. Wagner. *Iron and Steel in Ancient China*. Leiden: EJ. Brill, 1993.

376 页。中译本:李玉牛译,《中国古代钢铁技术史》,四川人民出版社 2018 年出版。作者华道安(Donald B. Wagner),丹麦人,世界著名冶金考古学者。毕业于麻省理工学院,现任职于丹麦哥本哈根大学北欧研究所,四川大学特聘教授。该书从文献材料、考古材料、科技分析、中西对比四方面对中国出土的汉代以前铁器做了系统的梳理,重视钢铁技术发展与社会政治经济的关系,并强调运用中西比较的视角。

6. 陶瓷史

叶喆民《中国陶瓷史》(2006)

667 页。三联书店 2011 年出版。作者叶喆民(1924—2018),中国著名古陶瓷学家。该书在其原作《中国陶瓷史纲要》的基础上进行了增订,阐述了中国历代陶瓷工艺的发展历程,也反映了各个朝代的政治、经济、贸易往来等变迁。

7. 计时仪器史

陈美东、华同旭《中国计时仪器通史·古代卷》(2011)

548 页。安徽教育出版社 2011 年出版。古代卷以史料（包括文物）的广泛收集和整理为基础，辅以必要的复原研究和模拟实验，对中国古代计时仪器的历史展开全面、系统的探讨。内容包括时政制度、漏刻、日晷、机械计时器、香漏及其他。该书可供天文学史、计时仪器史专家学者以及钟表业内人士使用。

四、断代史

故宫博物院等《宫廷与地方：十七至十八世纪的技术交流》(2010)

353 页。紫禁城出版社 2010 年出版。该书是故宫博物院与德国马普自然史研究所合作课题"中国古代宫廷与地方技术交流史"成果。通过将技术作为一种文化、社会现象，将其纳入社会史、经济史、文化史、宗教史、民族史以及宫廷史等多学科的交叉中进行观察和研究，勾勒出清代技术知识的传播网络。

薛凤《工开万物：17 世纪中国的知识与技术》(2011)

Schäfer, Dagmar. *Knowledge and Technology in Seventeenth-Century China.* University of Chicago Press, 2011.

352 页。中译本：吴秀杰、白岚玲译，江苏人民出版社 2015 年出版。作者薛凤（Dagmar Schäfer），德国汉学家，德国马普科学史研究所所长、教授。2020 年德国莱布尼茨奖获得者。主要研究领域为中国科学技术史，包括宋代和明清的知识文化、技术与政治的关系、科学技术思想发展中物质性与管理实践所担当的角色等。该书共 6 章，以宋应星的《天工开物》为切入点，通过探究这些文本内容的知识脉络，重新审视中国科学思想的发展史，阐述了 17 世纪中国学者在探究自然和文化时求理、求真、求信的方式和方法，揭示文人以书面文字记录工艺技术的目的所在，以及技术和工艺在中国文化与知识传统中担当的角色。

第四十八章　中国近现代科技史

徐军

本章由工具书、通史、分科史、专题研究四部分构成，各部分文献以出版年份升序排列。

一、工具书

邹大海《中国近现代科学技术史论著目录》（2006）

山东教育出版社 2006 年出版。

全书分为上、中、下 3 册，较为系统地搜集了以中国近现代科学技术的发展历史及其与社会背景的关系为研究对象的中、英、日文论著的目录，并进行了整理分类。全书分单行本和论文两部分。每部分除科学技术各专科外，还有总论、科技传播与交流、科学技术机构与组织、科技教育、科技与产业、科学技术相关人物等综合性类别，各大类下又分若干小类。书末附有作者索引。该书为研究中国近现代史的学者提供了检索已有研究成果的工具。该书对于了解 20 世纪的中国近现代科技史研究有重要参考作用。

苏利文、刘楠《现代中国科技历史辞典》（2015）

Sullivan, Lawrence R., and Nancy Liu-Sullivan. *Historical Dictionary of Science and Technology in Modern China*. Lanham, 2015.

该辞典提供了从 19 世纪末到现在的中国科学技术的最新信息。该书对每项科学发展背后的历史因素、科学家和历史人物给予了特别关注。全书包括一个年表、导论、广泛的参考书目、700 多个关于主要科技领域和子领域的相互参照的词典条目、关于影响中国科学成就的西方学者和教育家的条目。该辞典是学生、研究人员和任何想了解中国科学技术的人的一个很好的接入点。

二、通史

1. 单卷本通史

董光璧《中国近现代科学技术史论纲》（1994）

湖南教育出版社出版。

该书是较早的从明代到 20 世纪对中国科技史进行贯通式研究的专著，具有开创性。作者强调了中国科学技术的发展与中国社会各个时期的各种社会、文化、政治因素密不可分，是一部科学技术与社会发展通史。

董光璧《中国近现代科学技术史》（1997）

1646 页。湖南教育出版社 1997 年出版。全书 3 卷 18 篇合订一大册，每卷各 6 篇。上卷为近代科技启蒙之部，中卷为近代科技体系形成之部，下卷为科技的现代发展之部。该书力图阐明近现代科学和技术在中国发展的环境、动力和效益。这必然要涉及科学和技术与社会的互动和协调发展问题。虽然在整体上我们采取寓观点于书的结构和对过程的描述之中，但是有关历史观、科学观、技术观以及中国社会、中国科学和技术史中的许多有争议的问题，即使有做深入的讨论也是不能完全弃之而不顾的。因此，对于不可回避的这类有争论的问题，我们将正面地、简要地陈述我们的选择和思考。为了使读者在了解我们的观点的情况下阅读该书，在全书的导论和各卷的引论中将集中表达我们的写作思路和指导思想。

艾尔曼《科学在中国：1550—1900》（2005）

Elman, Benjamin. *On Their Own Terms: Science in China, 1550-1900*. Cambridge: Harvard University Press, 2005.

692 页。中译本：原祖杰等译，中国人民大学出版社 2016 出版。该书是美国普林斯顿大学教授本杰明·艾尔曼在对中国学术思想多年研究的基础上，对中国 1550—1900 年科技发展史的一次重要探讨。与许多学者贬抑中西接触之前乃至甲午战争之前中国科技发展水平不同，艾尔曼从中国人的自然史观和学科分类等角度论证说，中国人对科学从来不乏兴趣，这也正是传教士介绍的欧洲科学能够在明、清朝野得到重视的根本原因。艾尔曼在该书中重新审视了一个被学术界一直视为当然的观点，即科学在明、清时期的中国是失败的，而在欧洲、日本是成功的。为了剥离甲午战争以来尤其是"五四运动"以来形成的明、清中国科学失败论的外壳，艾尔曼以惊人的耐心和毅力考察了与中国科学以及中国人科学思维相关的各个领域，向读者展示了中国人"以他们自己的方式"重构现代科学的努力。

艾尔曼《中国近代科学的文化史》（2006）

Elman, Benjamin A. *A Cultural History of Modern Science in China*. Harvard University Press, 2006.

268 页。中译本：王红霞、姚建根、朱莉丽等译，《中国近代科学的文化史》，上海古籍出版社 2009 年出版。该书可以视为《科学在中国》的缩写版，描述了 16 世纪中叶（1550 年）以来中国的现代科学、医学和技术的文化史。作者指出，这段历史与 17—19 世纪耶稣会士对中国封建社会晚期的影响，以及 1840 年至 19 世纪末的现代中国早期的新教时期是联系在一起的。全书共 7 章，分别是："耶稣会士的遗产""复原中国经典""中国封建社会制造业和贸易的兴起""科学与基督教传教活动""从教科书到达尔文：现代科学的到来""官办兵工厂激励新技术""中国传统科学和医学的转变"。

董光璧《二十世纪中国科学》（2007）

219 页。北京大学出版社 2007 年出版。该书是一部中国现代科学技术简史，主要论述了中国科学事业的三大转变，即从传统到现代的心态转变、从欧美到苏联的模式转变和从国防到经济的动力转变。导言和结语部分讨论了相关的重大理论问题，例如在导言中讨论了起点与分期、科学与社会、传统与现代、中国与世界，在结语中讨论了技术与经济、科学与技术、自然科学与社会科学、历史与未来。

石静远、艾尔曼《科学技术在现代中国，1880s—1940s》（2014）

Tsu, Jing, Elman, Benjamin A. ed. *Science and Technology in Modern China, 1880s-1940s*. Brill Academic Pub, 2014.

这本批评文集是同类英文书中的第一本，通过关注 19 世纪末和 20 世纪上半叶现代中国的形成期，为科学和文化的比较研究开辟了新的领域。从反帝国主义到中国的写作技术，从新事物的商品化到现代职业科学家的崛起，从新的词汇到对过去的挪用，作者们描绘了现代知识和实用技术、民族主义和新的社会实践融合的跨区域和全球循环。该书适合于所有对科技史、中国现代思想和文化史感兴趣的人，以及关注科学和文化史比较研究的人。

李伯聪、李三虎、李斌《中国近现代工程史纲》(2017)

浙江教育出版社 2017 年出版。

该书突出的特征和重要的意义是填补学科空白，具有学术领域开拓性特征。全书采用"宏观—中观—微观"相结合和"长时段—中时段—短时段"相结合的研究方法与途径，既有色彩斑斓的历史场景，又有宏观大背景中的历史线索及演进规律，史论结合，系统论述中国近现代工程转型发展、曲折前进、奋斗创新的历史，分析、总结了中国工业化进程、科技发展、产业发展、产业集聚、产业转型、产业升级等方面的历史经验、教训、规律。全书分为 5 篇，分别是中国古代工程体系向现代工程体系转型和工程大国崛起的 150 年历程、历史机遇的丧失和中国近现代工程体系的开端期、中国现代工程体系的曲折发展和初步奠基、计划经济体制的形成和国家工程体系重工业化的升级再造、改革开放、国家工程体系的多重转型与工程大国的崛起。全书内容丰富，援引了大量史料，适于对中国经济史、工程史、科技史、科学史感兴趣的科研人员和普通读者阅读。

阿梅龙《真实与建构：中国近代史及科技史新探》(2019)

中译本：孙青译，社会科学文献出版社。

该书以开阔的跨学科路径为讨论中国近代史的重要问题提供了全新的视角。在具体研究过程中整合了科学技术史与环境史的方法，融入历史编纂学的角度，以期超越传统史学研究的范畴。通过这种方式，该书也尝试从"个人""集体"或"专业的""国家的"层面，对确立"历史真实"与身份定位所必需的建构性叙事间的复杂关系提供新见解。由此，科学技术及其应用与普及不仅是历史研究的重要对象，讨论这些问题也有助于我们更好地理解历史和历史编纂学在中国乃至世界范围内的一些功能。

张柏春《科技革命与中国现代化》(2020)

山东教育出版社 2020 年出版。

该书是"科技革命与国家现代化研究"丛书中的一卷。这套丛书以科学技术革命与国家现代化为主题，以意大利、英国、法国、德国、美国、俄罗斯（苏联）和中国 7 个国家为案例，从科学技术与社会互动的视角，研究文艺复兴以来经济、政治、军事与文化等诸多社会因素如何影响近现代科学技术的形成与发展，催生科学革命、技术革命与工业革命；研究科学技术的发展与革命怎样引发和推动社会的变革，使上述几个国家实现现代化；同时研究科技发展、科技革命与国家社会经济条件、科技体制及政策的关系；从而认知科技与社会互动的长周期规律。该书共分3章，分别是中国传统及其与西方文化的遭遇、中国的社会变革与"科技革命"、现代化建设与科技突破，梳理了中国现代化的经验。

2. 多卷本

刘大椿等《中国近现代科技转型的历史轨迹与哲学反思》(2018—2019)

共2卷，中国人民大学出版社2018年和2019年出版。第1卷《西学东渐》，第2卷《师夷长技》。

第1卷的历史集中于明末清初并且延续到清朝中叶。伴随着耶稣会士来华传教而展开的西方科技传入中国的历史事件，被称为"西学东渐"第一波。它让东西方两个原本平行发展的科技传统开始交会，给中国科技发展带来了全新的可能性。可惜的是，由于多种因素交互作用，"西学东渐"后来逐渐蜕变为"西学东源"，中国丧失了这一科技转型的机会。该卷记述和分析这一时而令人兴奋、时而引人扼腕的历史故事。第2卷的历史自晚清直至民国。此时内忧外患，形势艰危，国人自觉技不如人，学习西方，实现中国科技和教育从传统到近现代的转型，成为目标明确、锲而不舍的追求。此乃"西学东渐"第二波，被称为"师夷长技"。此百年间，思想杂陈，但对于师夷长技，却是愈挫愈坚。学习、移植、再造，不耻以对手为师，不畏惧险阻反复，科技和教育转型竟成国人无悔的基本选择。该卷试图记述和分析这一艰苦卓绝的历史实践。

3. 研究丛书

中国近代现代科学技术史研究丛书（2000—2009）共35种，47册

山东教育出版社。

专题研究论著26种：

（1）《中国航天技术发展史稿》李成智（2000）

（2）《苏联技术向中国的转移》张柏春、姚芳、张久春、蒋龙（2004）

（3）《紫金山天文台史稿》江晓原、吴燕（2004）

（4）《两弹一星工程与大科学》刘戟锋（2004）

（5）《近代西方识华生物史》罗桂环（2005）

（6）《静生生物调查所史稿》胡宗刚（2005）

（7）《中国数学的西化历程》田森（2005）

（8）《科学社团在近代中国的命运：以中国科学社为中心》张剑（2005）

（9）《合成一个蛋白质》熊卫民（2005）

（10）《地质学与民国社会：中央地质调查所研究》张九辰（2005）

（11）《中国近现代计量史稿》关增建（2005）

（12）《新中国与新科学：高分子科学在现代中国的建立》张藜（2005）

（13）《中国计算机产业发展之研究》刘益东、李根群（2005）

（14）《中国近现代科技奖励制度》曲安京（2005）

（15）《中国近代数学教育史稿》李兆华（2005）

（16）《中国近代疾病社会史》张大庆（2006）

（17）《永利与黄海：近代中国化工的典范》陈歆文（2006）

（18）《技术与帝国主义研究：日本在中国的殖民科研机构》梁波（2006）

（19）《中国近现代电力技术发展史》黄口（2006）

（20）《中国近代代数史简编》冯绪宁（2006）

（21）《中国铁路机车史》张治中（2007）

（22）《中国科技规划、计划与政策研究》胡维佳（2007）

（23）《中国近代地图学史》廖克、喻沧（2008）

（24）《中国近现代减灾事业和灾害科技史》高建国（2008）

（25）《当代中国技术观研究》姜振寰（2008）

（26）《中国现代物理学史》董光璧（2009）

研究资料与工具书9种：

（1）《翁文灏年谱》李学通（2005）

（2）《日伪时期的殖民地科研机构》韩健平（2006）

（3）《中国近现代科学技术史论著目录》邹大海（2006）

（4）《中国科技政策资料选辑》胡维佳（2007）

（5）《中苏两国科学院科学合作资料选辑》吴艳（2008）

（6）《中国近代科技期刊源流》姚远等（2008）

（7）《近代科学在中国的传播》王扬宗（2009）

（8）《科技"大跃进"资料选》张志辉（2009）

（9）《20世纪50—70年代中国科学批判资料选》胡化凯（2009）

技术转移与技术创新研究丛书（2012—2014）共 8 种。

（1）《近代铁路技术向中国的转移：以胶济铁路为例》王斌（2012）

（2）《制造一台大机器：20 世纪 50—60 年代中国万吨水压机的创新之路》孙烈（2012）

（3）《中日近代钢铁技术史比较研究》方一兵（2013）

（4）《晚清西方电报技术向中国的转移》李雪（2013）

（5）《16—17 世纪西方火器技术向中国的转移》尹晓冬（2014）

（6）《德国克虏伯与晚清火炮：贸易与仿制模式下的技术转移》孙烈（2014）

（7）《中国高等技术教育的"苏化"（1949—1961）》韩晋芳（2015）

（8）《中国航天科技创新》李成智（2015）

中国学会史丛书（2008）共 14 种。

上海交通大学出版社。

（1）《中国天文学会往事》江晓原、陈志辉（2008）

（2）《中国土木工程学会史》中国土木工程学会（2008）

（3）《中国药学会史》中国药学会（2008）

（4）《中国营养学会史》中国营养学会（2008）

（5）《中国农学会史》赵方田、杨军（2008）

（6）《中国物理学会史》王士平（2008）

（7）《中国气象学会史》中国气象学会（2008）

（8）《中国化学会史》中国化学会（2008）

（9）《中华中医药学会史》中华中医药学会（2008）

（10）《中国海洋学会史》中国海洋学会（2008）

（11）《中国电子学会史》中国电子学会（2008）

（12）《中华力学会史》中华力学会（2008）

（13）《中国环境科学学会史》中华环境科学会（2008）

（14）《中国林学会史》中国林学会（2008）

20 世纪中国科学口述史丛书（2009—2018）共 54 种（56 册）。

湖南教育出版社。

（1）《徐利治访谈录》徐利治 / 袁向东等整理（2009）

（2）《沈善炯自述》沈善炯／熊卫民整理（2009）

（3）《王文采口述自传》王文采／胡宗刚整理（2009）

（4）《中关村科学城的兴起：1953—1966》胡亚东等／杨小林整理（2009）

（5）《民国时期机电技术：20世纪中国科学口述史》张柏春（2009）

（6）《李书华自述》李书华（2009）

（7）《施雅风口述自传》施雅风／张九辰整理（2009）

（8）《从合成蛋白质到合成核酸》邹承鲁等／熊卫民整理（2009）

（9）《李先闻自述》李先闻（2009）

（10）《袁隆平口述自传》袁隆平／辛业芸整理（2010）

（11）《一位苏联科学家在中国》［苏］克罗契科／赵宝骅整理（2010）

（12）《青藏高原科考访谈录：1973—1992》孙鸿烈等（2010）

（13）《彭瑞骢访谈录》彭瑞骢（2010）

（14）《朱康福自述》朱康福／朱小鸽整理（2010）

（15）《李元访谈录》李元／李大光整理（2010）

（16）《涂光炽回忆与回忆涂光炽》涂光炽／涂光群整理（2010）

（17）《席泽宗口述自传》席泽宗／郭金海整理（2011）

（18）《杨纪珂自述》杨纪珂（2011）

（19）《黄培云口述自传》黄培云（2011）

（20）《凌鸿勋口述自传》凌鸿勋／沈云龙等整理（2011）

（21）《鼠疫斗士：伍连德自述》伍连德／程光胜等整理（上册2011，下册2012）

（22）《从居里实验室走来——杨承宗口述自传》边东子（2012）

（23）《从练习生到院士——方俊自述》方俊（2012）

（24）《我的南极之旅》金涛（2012）

（25）《有话可说：丁石孙访谈录》丁石孙／袁向东等整理（2013）

（26）《我的水文地质之梦：陈梦熊口述自传》陈梦熊／张九辰整理（2013）

（27）《雷达人生：张直中口述自传》张直中／钱永红整理（2013）

（28）《1950年代归国留美科学家访谈录》侯祥麟等／王德禄整理（2013）

（29）《从土家族走出的药物化学家——彭司勋口述自传》彭司勋／周雷鸣整理（2013）

（30）《亲历者说"引爆原子弹"》方正之等／候艺兵整理（2014）

（31）《无怨无悔的选择——干福熹口述自传》干福熹／黄振发整理（2014）

（32）《我的高铁情缘——沈志云口述自传》沈志云 / 张天明整理（2014）

（33）《"523"任务与青蒿素研发访谈录》屠呦呦等 / 黎润红整理（2015）

（34）《科技政策研究三十年：吴明瑜口述自传》吴明瑜 / 杨小林整理（2015）

（35）《走自己的路——吴文俊口述自传》吴文俊（2015）

（36）《自由探索之追求——胡皆汉自述》胡皆汉（2015）

（37）《书斋内外尽穷理：何祚庥口述自传》何祚庥（2016）

（38）《中国生态系统研究网络建设访谈录》孙宏烈等口述 / 温瑾整理（2016）

（39）《兵工·导弹·大三线——徐兰如口述自传》徐兰如 / 边东子整理（2016）

（40）《北京正负电子对撞机工程建设亲历记——柳怀祖的回忆》柳怀组 / 杨小林整理（2016）

（41）《亲历者说"金银滩传奇"》谷才伟等 / 侯艺兵等整理（2017）

（42）《亲历者说"原子弹摇篮"》谷才伟等 / 侯艺兵等整理（2017）

（43）《亲历者说"氢弹研制"》谷才伟等 / 侯艺兵等整理（2017）

（44）《农业科技"黄淮海战役"》李振声（2017）

（45）《黄土情缘——刘东生口述自传》刘东生 / 张佳静整理（2017）

（46）《回忆动物放射远后期效应研究五十年》党连凯 / 陈京辉整理（2017）

（47）《科研管理四十年——薛攀皋访谈录》薛攀皋 / 熊卫民整理（2017）

（48）《行走在革命、科学与哲学的边缘——范岱年口述自传》范岱年 / 熊卫民整理（2017）

（49）《创新拼搏奉献——程开甲口述自传》程开甲 / 熊杏林等整理（2018）

（50）《漫漫修远攻算路——方开泰自述》方开泰（2018）

（51）《风雨百年——陈学溶口述自传》陈学溶 / 樊洪业整理（2018）

（52）《数海沧桑——杨乐访谈录》杨乐（2018）

老科学家学术成长采集工程丛书（2010—　）累计出版超过 100 种，从略。
中国科学技术出版社、上海交通大学出版社。

三、分科史

1. 科学思想史

郭颖颐《中国现代思想中的唯科学主义（1900—1950）》（1972）

D. W. Y, Kwok. *Scientism in Chinese Thought, 1900-1955.* Biblo-Moser, 1972.

中译本：雷颐译，《中国现代思想中的唯科学主义（1900—1950）》，江苏人民出版社 2010 年出版。

郭颖颐（1932— ），夏威夷大学历史系荣休教授。进入 20 世纪以后，中国思想界在传统的文化价值观念方面发生了许多重大转变，其中影响最为深远的一种转变是唯科学主义的产生和发展。唯科学主义者认为宇宙万物的所有方面都可通过科学方法来认识，科学能够而且应当成为新的宗教。这种科学崇拜导致了现代中国思想界的大论战，也为"科学的"马克思主义在中国的全面胜利铺平了道路。《中国现代思想中的唯科学主义(1900—1950)》对唯科学主义的根源及其在中国的发展，对 20 世纪 20 年代"科学—玄学"大论战，对各派唯科学主义者的思想实质进行了详尽透彻的分析。

段治文《中国近现代科技思潮的兴起与变迁》（2012）

浙江大学出版社。段治文（1964— ），浙江大学马克思主义学院教授。全书分 15 章，内容包括近代科技在中西文化冲突背景下的艰难孕育；近代科技在中西文化矛盾运动中发展；近代中国思想界科学观四形态演变；科技发展与科技教育体制化进程及学术变迁；科技发展与近代中国前期社会经济变革；科技发展与近代中国前期民众文化变迁；科学研究的发展与科学本土化的探索；社会科学化与现代性语境下的思想变迁；科学社会化与中国社会的现代转型；新中国科技发展的新开端；第一代领袖群体的科技战略思想；中国式"大科学"体制的建立及其影响；二十世纪五六十年代科技文化观念的历史迷途；从邓小平到江泽民：科技战略思想的新发展；改革开放进程中科技发展新阶段。

武上真理子《孙中山与"科学的时代"》（2014）

武上真理子. 科学の人・孙文. 勁草書房，2014.

中译本：袁广泉译，社会科学文献出版社 2016 年出版。

武上真理子，京都大学博士，日本人间文化研究机构研究员。该书将孙中山视作以科学为自己思想和行为基础的"科学人"，从 19 世纪末 20 世纪初"科学"在中国的传入、翻译、普及、应用等维度，详细探讨了孙中山科学观的形成过程，及其核心为"生之哲学"的思想以"科学"为桥梁深入的过程。

张帆《近代中国"科学"概念的生成与歧变》(2018)

社会科学文献出版社。

张帆,杭州师范大学马克思主义学院教授。该书寻绎了19世纪末来自日本的汉语借词"科学"由外而内地生成中国"科学"概念的全过程,揭示一路走来"科学"泛化为信仰的缘由;探求近代中国的学术转型与社会变革之间发生的复杂深刻的纠葛。研究表明,自然科学与分科治学是"科学"概念的基本含义,自然科学提供了一整套西方价值体系,分科是"科学"的基本学术形态,因标准模糊,留下格义空间。在晚清民初的语境中,"科学"作为学术进步的表征,引申为负载历史进化主义的概念工具,参与了学术转型、政治变革、价值重构等重大历史事件。又因国人的理想不同,各循进路,"科学"语义在格义曲解中泛化生歧,呈现中国特色,且权威性日益增强,整体性地嵌入国人的思维方式与价值理念,延续至今。

2. 数学史

郭旭光《让其算数:中华人民共和国早期的统计学与治国》(2020)

Ghosh, Arunabh. *Making It Count: Statistics and Statecraft in the Early People's Republic of China.* Princeton University Press, 2020.

郭旭光,哈佛大学历史系助理教授。作者利用从中国、印度和美国收集的大量资料,探讨了政治领导人、统计学家、学者、统计工作者,甚至是文学家在试图通过统计数字探索如何在中华人民共和国成立后治理国家的问题。

3. 物理学史

胡大年《爱因斯坦在中国》(2005)

Hu, Danian. *China and Albert Einstein: The Reception of the Physicist and His Theory in China 1917-1979.* Cambridge, MA: Harvard University Press, 2005.

胡大年,美国耶鲁大学博士,先后任教于马萨诸塞大学和马里兰州的州立摩根大学,现为美国纽约市立大学城市学院历史系及亚洲研究项目助理教授。胡大年是美国物理学会、科学史学会、亚洲研究学会及中国科学技术史学会的会员,其目前的研究工作集中于20世纪中国物理学史和中外比较科学史。

吴大猷《早期中国物理发展之回忆》(2006)

上海科技出版发行有限公司2006年出版。吴大猷(1907—2000),中国物理学之父。他是 20 世纪 30 年代中国近代物理学研究尚在开始阶段时从国外学成回来的一位中国老一辈物理学家。他不仅在分子物理、核物理等领域做出了世界级的重要贡献，对 20 世纪中国近代物理学的发展更是有划时代的影响，他为祖国培养出了一批很杰出的科学技术人才。在生命的最后几年里，他接受了李政道教授的建议，每周分别到台北台湾大学和新竹清华大学，讲述从 20 世纪初到抗日战争胜利之日，先后 40 多年中国近代物理学的发展情况。该书对后人了解中国近代物理学由 20 世纪开始到今天的发展颇有益处，对了解老一辈学者在当时艰苦努力、奋发工作的情形有很大的帮助，也必将激励后来学者更加努力地工作，使中国的物理学更好更快地发展。

4. 化学史

安德森《变化之学：化学在中国 1840—1949》（1992）

Reardon-Anderson, James. *The Study of Change: Chemistry in China 1840-1949.* Cambridge University Press, 1991.

安德森（1944— ），乔治城大学历史系荣誉教授。当西方传教士在 19 世纪 60 年代将现代化学引入中国时，他们将这门学科称为"化学"，字面意思是"变化的研究"。在这本关于现代中国科学的第一部长篇著作中，安德森描述了 19 世纪末到 20 世纪初化学在中国的引入和发展，并研究了这门科学对语言改革、教育、工业、研究、文化、社会和政治的影响。在整本书中，作者将化学的发展置于中国科学发展以及这个时代的社会和政治变革的更大背景中。他的论点是，当政治权威和社会自由发展之间取得平衡时，科学就会有好的发展。基于中文和英文资料，该书的叙述从对特定化学过程和创新的详细描述转向对知识和社会历史的更一般的讨论，并对现代中国知识史上的一个重要插曲提供了一个迷人的描述。

5. 天文学史

韩琦《通天之学：耶稣会士和天文学在中国的传播》（2018）

417 页。生活·读书·新知三联书店。该书以耶稣会士和天文学为主题，系统查阅研读了国内外所藏清代历算著作、官方文献和清人文集，并与欧洲所藏第一手西文档案资料互证，在全球史和跨文化的视野下系统阐述天主教传教士与欧洲天文学传入中国的诸面相。作者试图将天文学传播置于政治史、社会史和宗教史的语境中加以讨论，完整勾勒清代近 200 年间欧洲天文学在华传播的历程。通过案例，生动展现知识和权力交织的复杂背景，进而揭示了康熙皇帝如何通过西学来达到控制汉人和洋人之目的；深入分析了皇子、传教士、钦天监官员和士大夫群体在知识传播中所扮演的不同角色。

6. 地学史

邹振环《晚清西方地理学在中国》（2000）

上海古籍出版社。邹振环（1957— ），复旦大学历史系教授。作者以1815—1911年西方地理学译著在中国的传播和影响为中心，将一百年间的所有地理学译著发掘出来，进而探讨西方地理学知识在明清之际以及晚清如何传播，以及这种传播所产生的直接和间接影响。

格洛弗、麦卡恩、哈勒尔等《中国边疆的探险家和科学家，1880—1950》（2011）

Glover, Denise M., Charles F. McKhann, Stevan Harrell, and Margaret Byrne Swain, eds. *Explorers and Scientists in China's Borderlands, 1880-1950*. University of Washington Press, 2011.

在这本关于欧美科学家和探险家探索中国1880—1950年先驱性研究中涉及了植物学家、民族学家和传教士。尽管人数众多，但他们都相信客观、进步和普遍有效的科学，相信科学和人文知识之间的密切联系，相信科学和信仰之间不存在冲突，相信自然界和"自然人"的世界的结合。该书研究了他们的文化和个人假设，同时强调了他们的非凡生活，并考虑了他们对当代具有重要意义的知识体系的贡献。

张琼《制造自己的新世界》（2015）

Zhang, Qiong. *Making the New World Their Own: Chinese Encounters with Jesuit Science in the Age of Discovery*. Brill, 2015.

张琼，哈佛大学科学史博士，维克森林大学历史系副教授。该书系统研究了明末清初的中国学者如何从全球的视角认识地球。通过追溯中国学者与耶稣会士的接触，作者以宇宙学、制图学、世界地理学乃至经典研究等不同领域的相互作用展示了熊明遇、方以智、顾炎武如何利用耶稣会实现重新发现中国在世界中的地位并重建其经典传统的目的。

7. 生物学史

浦嘉珉《中国与达尔文》(1983)

Pusey, James Reeve. *China and Charles Darwin.* Harvard University Press, 1983.

中译本：钟永强译，江苏人民出版社 2008 年出版，505 页。

美国学者浦嘉珉的这部著作详尽地研究了达尔文学说在中国的传播、接受及其影响。作者从思想史的角度重新评价了中国近代知识分子对达尔文学说的"正读"与"误读"，展现了中国近代知识分子为使中国"适应"或"摆脱"那条"物竞天择，适者生存"的法则而进行的漫长努力。虽然达尔文的进化学说受到各种各样的歪曲。但进化学说的许多重要概念还是在近代中国的内忧外患的生存环境之中成为不证自明的"法则"，它们确实影响到中国维新派、共和派、无政府主义者和革命派的实际行动，并且为中国的马克思主义和毛泽东思想的传播铺平了道路。

范发迪《知识帝国：清代在华的英国博物学家》(2004)

Fan, Fa-ti. *British Naturalists in Qing China Science, Empire, and Cultural Encounter.* Harvard University Press, 2004.

中译本：袁剑译，中国人民大学出版社，2011 年出版，2018 年再版。

249 页。作者范发迪于 1999 年获得美国威斯康星大学麦迪逊分校博士学位，现为美国纽约州立大学宾汉姆顿分校副教授，主要从事科学史、环境史以及东亚研究。全书分为两大部分，共 5 章。第一部分 2 章，讨论旧广东时期 (1757—1842) 英国人在广东的博物学研究；第二部分 3 章，检视鸦片战争之后，英国人在中国进行的博物学研究。博物学以自然为研究对象，当 19 世纪欧洲帝国主义入侵其他地域之际，博物学研究者亦紧跟其后，发掘异域中的动物、植物、矿物，提供帝国理解异域的新资讯和视野。因而此书不止是英国博物学的历史片段，亦是中国人与科学帝国主义相遇的一段历史。

施耐德《20 世纪中国的生物学与革命》(2005)

Schneider, Laurence. *Biology and Revolution in Twentieth-Century China.* Rowman & Littlefield Publishers, 2005.

施耐德，圣路易斯华盛顿大学历史系荣休教授。该书对现代中国的生物学进行了首次全面分析，作者追溯了它从 20 世纪 20 年代开始的艰难发展，跨越了 1949 年的边界进入了当代中国。基于广泛的档案材料和对故事中主要参与者的采访，该书将成为所有对当代中国感兴趣的人的丰富资源。

陆伊骊《贝时璋与当代中国生物物理》(2015)

Christine Yi Lai, Luk. *A History of Biophysics in Contemporary China*. Dordrecht: Springer, 2015.

中译本：陆伊骊等译，商务印书馆 2021 年出版。

该书以中国生物物理学之父——贝时璋的学术与工作经历为线索，着眼于中华人民共和国成立初期生物物理学的发展历程，建立并扩展了一个在科学史中的良好的文献体系，以中国科学院生物物理所为焦点，从社会、政治和经济的角度综合考察当代中国生物物理学的创建与发展。该书具体内容包括：贝时璋留德期间的实验生物研究，受到导师哈姆斯的生物哲学影响，回国后筹建中国的放射生物学和宇宙生物学学科，以及他如何倡导生物学与物理、化学、航天等等科学技术进行交叉和融合等。此外，本次中译本还将增加"镭、生物物理与放射生物学在中国""当代关于贝时璋的生物思想史研究"等章节，并将对原作进行仔细的修订。

8. 人类学史

舒喜乐《人民的北京人》(2008)

Schmalzer, Sigrid. *The People's Peking Man*. University Of Chicago Press, 2008.

舒喜乐，马萨诸塞大学阿默斯特分校历史系教授。该书是关于中国古人类学发展的一部专著，作者提供了对中国社会、科学和政治文化之间关系的新理解。她展示了现代中国国家的出现依赖于古人类学领域的科学发展，并且这些科学发展被用来打击长期存在的大众迷信以服务于新的政治现实。该书成功地将达尔文主义置于政治史和中国的民族国家发展背景下，从而对中国和其他国家的人文科学的知识和发展做出了宝贵的贡献。

姜学豪《人类科学在中国的建构：历史与概念的基础》(2019)

Chiang, Howard. Ed.*The Making of the Human Sciences in China*. Brill, 2019.

姜学豪，加州大学戴维斯分校历史系助理教授。该书为论文集，第一次系统介绍了从 17 世纪至今，"人"在中国如何被建构为科学探索对象的历史，共由 24 篇文章构成，分为人类生活的参数、现代学科的形成、知识专业化、解释健康 4 个部分。

9. 医学史

姜学豪《太监之后：现代中国科学、医疗与"性"的转变》（2018）

Chiang, Howard. *After Eunuchs: Science, Medicine, and the Transformation of Sex in Modern China.* Columbia University Press, 2018.

姜学豪，加州大学戴维斯分校历史系助理教授。该书追溯了从太监制消亡到变性出现的性知识谱系，表明新的认识结构的崛起是中国现代性形成的核心。从晚清时代的反阉割话语到 20 世纪 50 年代台湾的变性手术以及 20 世纪 80 年代和 20 世纪 90 年代的同性恋运动，该书探讨了西方生物医学科学的引入如何改变了中国的性别、性和身体的规范意义。作者调查了科学、医学、乡土文化和期刊中相互竞争的性定义是如何流传的，从而揭示了 20 世纪上半叶丰富而活跃的性变化话语。他重点讲述了性别和性少数群体自己的故事，以及医生、科学家、哲学家、教育家、改革者、记者和小报作家等一大批配角的故事，他们就政治主权、民族归属、文化真实性、科学现代性、人类差异以及关于性的真理的力量和权威等问题展开辩论。该书在理论上非常成熟、意义深远，是对科学史和科学哲学以及同性恋研究、汉语言研究的创新贡献。

边和《人知其药》（2020）

Bian, He. *Know your remedies: Pharmacy and culture in early modern China.* Princeton University Press, 2020.

边和，普林斯顿大学东亚系助理教授。该书通过药学的视角对中国早期的现代文化转型进行了全景式的考察，作者认为药学在现代早期中国的历史最好被理解为精英和大众文化之间的动态互动。从 16 世纪图书文化和财政政策的去中心化趋势开始，作者揭示了药学在晚明公共话语中的核心作用。在 16 世纪初派系政治的推动下，对药学的业余研究在 17 世纪中期清朝征服前夕在文人中达到巅峰。由于清廷放弃药典转而支持非医学化的博物学，18 世纪则见证了知识的系统化重新分类。在这一时期，远距离贸易的增长使城市药店得以兴起，进而产生了关于自然界的新知识。

10. 技术史

白馥兰《技术与性别》（1997）

Bray, Francesca. *Technology and Gender: Fabrics of Power in Late Imperial China.*

SMC Publishing Inc., 1997.

中译本：江湄、邓京力译，江苏人民出版社 2006 年出版，2021 年再版。

白馥兰，剑桥大学人类学博士，圣芭芭拉加州大学人类学系荣休教授。在这部开创性的著作中，作者在技术史中加入了女性的角色，也在妇女史研究增添了技术的视角。作者对东方主义的女性形象提出异议，即传统的中国妇女被囚禁在内室，被剥夺了自由和尊严，而且由于裹脚和父权制的暴政，她们的身体和道德都已经变形，无法从事生产劳动。作者提出了"妇科技术"（gynotechnics）的概念，这是一套界定妇女角色的日常技术，是探索社会如何将道德和社会原则转化为物质形式和身体实践网络的一种创造性的新方式。通过研究中国家庭生活的 3 个不同方面，作者追溯了它们从公元 1000 年到 1800 年的发展。从家庭的外壳——房子开始，关注家庭空间如何体现性别的等级，接着追踪了纺织业从家庭生产到商业生产的转变。作者认为，尽管妇女的生殖角色越来越受到重视，但这不能被简化为生育。家庭中的女性等级制度加强了妻子的权力，她们的责任包括仪式活动和财务管理以及孩子的教育。

故宫博物院 / 马普科学史所编《宫廷与地方：十七至十八世纪的技术交流》（2010）

353 页。紫禁城出版社 2010 年出版。该书是故宫博物院与德国柏林马普科学史研究首度合作的课题"中国古代宫廷与地方技术交流史"科研项目的成果。此项以跨学科、跨机构、跨国界方式而开展的前沿性学术研究，不再是传统意义上的技术史研究，而是将技术作为一种文化、社会现象，将其纳入社会史、经济史、文化史、宗教史、民族史以及宫廷史等多学科的交叉中进行观察和研究，也就是所谓文化技术史的研究，一改故宫传统多以历史学、美术史等为主要研究方向之现象，在借助过去研究成果的基础上，试图开拓一个全新的领域和崭新的视角，推动故宫技术史研究的发展。

薛凤《工开万物：十七世纪中国的知识与技术》（2011）

Schäfer, Dagmar. *Knowledge and Technology in Seventeenth-Century China.* The University of Chicago Press, 2011.

中译本：吴秀杰、白岚玲译，《工开万物：十七世纪中国的知识与技术》，江苏人民出版社 2015 年出版。

该书以宋应星的《天工开物》等著作为切入点，通过发掘和探究这些文本内容的知识脉络，重新审视中国科学思想的发展史，揭示文人以书面文字记录工艺技术的目的所在，这一做法在中国知识传统中的角色及其影响。书中条分缕析地展开了宋应星私人生活和文化生活的不同层面，逐一勾勒了那些促其将实践知识转化为书面知识的诸多因素，阐发了 17 世纪中国学者们在探究自然和文化时求理、求真、求信的方式和方法。全书提供了中国千年学术历史的概观，阐释了技术和工艺在中国文化中担当的角色。在作者看来，技术与工艺知识是中国古老文明史中一个组成部分，它曾经对工业革命时代欧洲的技术发展发挥了不可小觑的影响。

戴维斯《宗教、技术与大分流和小分流》（2013）

Davids, C. A. *Religion, Technology, and the Great and Little Divergences: China and Europe Compared, c. 700-1800*. Leiden; Boston: Brill, 2013.

戴维斯，莱顿大学历史学博士，阿姆斯特丹自由大学社会经济史教授。作者试图辨别技术变化在多大程度上可以用一个经常被引用的因素——宗教来解释。跨越公元 700 年至 1800 年的巨大时间段，该书探讨了中国和欧洲之间的大分流以及欧洲内部南部和西北部国家之间的小分流。作者处理了 4 个主题：宗教价值观的作用，宗教在人力资本形成中的作用，在技术知识的流通中的作用，以及在技术创新中的作用。他以特别详细的方式探讨了每个问题。

白馥兰《技术、性别、历史：重新审视帝制中国的大转型》（2013）

Bray, Francesca. *Technology, Gender and History in Imperial China: Great Transformations* Reconsidered, 2013.

322 页。中译本：吴秀杰、白岚玲译，《技术、性别、历史：重新审视帝制中国的大转型》，江苏人民出版社 2017 年出版。作者白馥兰为英国皇家学术院院士、国际技术史学会主席，剑桥大学社会人类学博士，李约瑟"中国科学技术史"研究组成员。李约瑟主编的《中国科学技术史》系列《中国农业史》（上、下两卷）作者。主要研究领域有科学、技术及医学人类学，性别研究以及中国和东亚研究。全书从性别、技术、历史的角度，重新对帝制中国的大转型这一宏阔主题进行了细微的探索，分为 3 个部分："道德秩序的物质基础""女子之术：锻造女性的美德懿行""男子之术：毛笔、耕犁以及技术知识的本质"。

墨磊宁《中文打字机》（2017）

Mullaney, Thomas S. 2017. *The Chinese Typewriter: A History.* MIT Press, 2017.

504 页。墨磊宁，斯坦福大学历史系教授。该书是关于中文打字机的一部物质文化史，作者追溯了从传教士实际制造的第一台中文打字机到中国人自己追寻可行的中文打字机方案的全过程，为 20 世纪中国信息技术史、语言史提供了许多新鲜的知识和观点。

11. 工业史

吴晓《煤炭帝国》（2015）

Wu, Shellen. *Empires of Coal: Fueling China's Entry into the Modern World Order, 1860-1920.* Stanford University Press, 2015.

吴晓，普林斯顿大学历史系博士，田纳西大学历史系副教授。该书叙述了中国人对自然资源管理的看法如何因晚清与帝国主义和科学的接触而发生重大变化的历史。每一章都讨论了这一世界观变化的不同方面，而该书作为一个整体表明，到 19 世纪末，中国和西方在现代工业化国家的一个关键措施方面已经趋于一致：自然资源，特别是化石燃料的理论和开采。

林郁沁《本土工业主义在中国》（2020）

Lean, Eugenia. *Vernacular Industrialism in China, Local Innovation and Translated Technologies in the Making of a Cosmetics Empire, 1900-1940.* Columbia University Press, 2020.

林郁沁，加州大学洛杉矶分校博士，现为哥伦比亚大学历史与东亚语言文化教授。该书试图利用陈蝶仙的工业、商业和文学作品，在更广阔的视域下讨论 20 世纪初商业精英们构筑现代产业及探求科学、商业的过程。通过陈蝶仙的职业生涯，林郁沁探讨了在 20 世纪初的中国一个不太可能的人是如何设计出非常规的、本土化的工业和科学方法的。她认为，陈的活动是"乡土工业主义"的典范，即在传统场所之外追求工业和科学，通常涉及临时形式的知识和物质工作。作者展示了乡土工业家如何进入世界范围内的法律和科学回路，并试验当地和全球的制造过程以便在全球资本主义中进行引航、创新和竞争。这样做预示着有助于推动中国经济在 21 世纪崛起的方法。该书摆脱了将中国描述为迟来的对西方技术借鉴的传统叙述，提供了对工业化的新理解，并超越了物质因素，显示了文化和知识生产在技术和工业变革中的核心作用。

12. 农学史

舒喜乐《红色革命，绿色革命》（2016）

Schmalzer, Sigrid. *Red Revolution, Green Revolution: Scientific Farming in Socialist China.* University of Chicago Press, 2016.

舒喜乐，马萨诸塞大学阿默斯特分校历史系教授。该书介绍了社会主义中国利用科学技术提高粮食产量的情况，以及随着时间的推移社会政治变化如何影响现代农业的参与者。作者研究了科学与政治的复杂关系，并通过比较印度和非洲的"绿色革命"，提供了农业社会政治的中国乃至整个第三世界的历史。

四、专题研究

1. 耶稣会士研究

樊洪业《耶稣会士与中国科学》（1992）

253 页。中国人民大学出版社 1992 年出版。该书致力的有限目标是，把耶稣会士在华的科学传播描述为社会现象，描述为历史活动，或说是"活动"的历史。书中将耶稣会士在华活动划分为几个历史时期，分述每个时期的主要科学传播情况。虽然述及学科，但一般不以学科为主线，而以人物活动和文化事件为主线。对科学传播内容将考其源流，厘清它们在世界科学史发展和中国社会生活大背景中的具体展开过程。

曾增友《传教士与中国科学》（1999）

409 页。宗教文化出版社 1999 年出版。该书从天文学、数学、物理学、机械学、火器制造、地理学与地图测绘、地质矿物学、气象学、生物学、农学、中西医学交汇等不同方面对传教士在华传播科学的不同内容进行了介绍，侧重具体案例的介绍、传入的内容等。

柏安理《东方之旅》（2008）

Brockey, Liam Matthew. *Journey to the East: The Jesuit Mission to China, 1579-1724.* Cambridge, Mass. Belknap Press, 2008.

475 页。中译本：毛瑞方译，《东方之旅》，江苏人民出版社 2017 年版。作者柏安理，密歇根州立大学历史系教授，近代早期葡萄牙世界史学者，天主教全球传教史专家。此书以将耶稣会传教士视为文化使者的视角，展示了这些欧洲传教士当初是如何付出极大的努力学习汉语和中国思想，从而将罗马天主教翻译到中国文化的框架之中并最终吸纳基督徒的。这部关于自 1579 年到基督教被禁止的 1724 年间耶稣会传教活动的首部叙事史，也是首先使用在里斯本和罗马发现的大量相关文献的一部作品。这个故事跨越几个大陆并穿越几个世纪，揭示出真正的东西方早期碰撞中政治、文化、科学、语言学及宗教因素交织的复杂性。

萨拉瓦、凯瑟琳编《耶稣会士、保教权与东亚科学》（2008）

Saraiva, Luis, and Catherine Jami. *The Jesuits, the Padroado and East Asian Science.* World Scientific Publishing Company, 2008.

15 世纪末，葡萄牙被授予有天主教在亚洲的保教权。耶稣会在这项传教事业中发挥了重要作用，在耶稣会士手中，欧洲数学科学的主要内容被传播到东亚，该书为这一历史提供了重要的新数据和分析，不同作者的论文共同说明了耶稣会的科学文化和葡萄牙的教育、贸易和传教政策在多大程度上和以何种方式影响了现代早期中国、日本、韩国和越南对"西学"的接受。

夏《异国的寄居者》（2009）

Hsia, Florence C. *Sojourners in a Strange Land:: Jesuits and Their Scientific Missions in Late Imperial China.* University of Chicago Press, 2009.

296 页。夏，威斯康星大学科学史教授。虽然耶稣会士作为传教士在晚期帝制中国扮演了各种角色，但最令人难忘的是他们的科学专家身份，据说他们的地图、钟表、星盘和军火库让中国人感到惊讶。但传教士、科学家的形象本身就是一个复杂的神话。夏巧妙地纠正了中国耶稣会士作为西方科学的简单传播者的标准故事，展示了这些传教士、科学家是如何在谈判世俗科学在宗教事业中的地位时重新塑造自己的。通过对 16—18 世纪耶稣会士在中国传教区科学生命的重塑，夏分析了他们在自然哲学和数学方面的努力的印刷记录，通过他们的写作体裁确定了 3 种传教士的科学模式：传教史、游记和学术集。她借鉴了现代早期欧洲的科学、宗教和印刷文化的历史，利用这些科学人物的阐述和记录，构建了第一部关于耶稣会传教士、科学家在晚期帝制中国多种化身的集体传记。

孙承晟《观念的交织：明清之际西方自然哲学在中国的传播》(2018)

276 页。广东人民出版社 2018 年出版。该书以明清之际气本论的兴盛和 16 世纪耶稣会的智识框架为背景，系统梳理当时传教士利玛窦、傅汎际、熊三拔、高一志等人传入中国的西方自然哲学，以及中国士人对西方自然哲学的反应与接纳。为适应中国的文化传统，利玛窦等人在翻译过程中做了不同程度的过滤或调适，如增删相应文字、以中国传统理论辅助阐释等。面对与中国截然不同的自然观念，中国士人反应各异，以熊明遇、方以智、揭暄、游艺为代表的"方氏学派"对西方自然哲学进行了批判性的接纳。尤其是揭暄将西方自然哲学的相应部分做了变形进而整合到传统的元气学说和阴阳理论中，形成中西合璧、自洽连贯的宇宙体系，极具典范意义。明清之际的中西科学交流呈现出万花筒般的文化调和和观念交织，深刻反映了传统与西学、自我与他者的复杂互动。

韩琦《康熙皇帝·耶稣会士·科学传播》(2019)

168 页。中国大百科全书出版社 2019 年出版。该书研究了清代康熙时期我国科学思想的传播与中西文化交流。许多为清室宫廷服务的西方传教士编纂了《律历渊源》等大型历算著作，但当时科学是皇权的工具，满足于颁历授时、预测天象的实用需求，并非以追求创新为目的；"御制"历算著作长期深锁宫中，没有及时传播；康熙晚年提倡"西学东源"说，则导致复古思潮的兴起。这些科学活动没有使中国走向近代化。作者总结这方面的历史教训，引起读者的深思。

2. 科学翻译与出版

王扬宗《傅兰雅与近代中国的科学启蒙》(2000)

科学出版社 2000 年出版。英国人傅兰雅于 19 世纪 60 年代来华后，曾长期担任江南制造局翻译馆翻译，先后翻译了 100 多种科技著作，他还参与创建上海格致书院并编辑了中国近代最早的科技期刊，为西方科学输入中国做出巨大贡献。该书生动、全面地介绍他传播西学的事迹和思想，适于中学以上文化水平的读者阅读。

莱特《翻译科学》(2000)

Wright, David. *Translating Science: The Transmission of Western Chemistry Into Late Imperial China, 1840-1900.* Brill Academic Publishers, 2000.

582 页。19 世纪的中国人如何应对西方科学的大量涌入？中国思想史上这个分水岭背后的模式是什么？这项工作涉及那些负责科学翻译的人，他们面临的主要问题以及他们的斗争；中国译者认为它对自己的伟大传统具有压倒性的影响并与他们自己的伟大传统相互作用，那些使用自然神学传播福音的传教士翻译的观点，以及创立上海理工学院并编辑了中国代代最早的科技期刊的世俗传教士傅兰雅的观点。中国科学杂志。对翻译技巧、新术语的形成、化学术语之间生存斗争的机制给予应有的关注，在这种情况下，化学术语都在原文中得到了充分说明。最后一章描绘了西方科学的智力影响、科学隐喻在政治话语中的作用，以及科学从单纯的技术集合到政治灵感来源的转化。

苏精《马礼逊与中文印刷出版》（2000）

341页。台湾学生书局2000年出版。该书研究了19世纪基督新教的传教士引介西方印刷术到中国，并取代中国传统木刻板印，成为主要图书生产技术的经过。主要的史料是英国各图书馆档案机构保存的传教士档案与当年印刷出版的书刊。讨论的内容以第一位来华的新教传教士马礼逊（Robert Morrison）为中心，探究他本人和一些后继传教士的相关作为和影响，以及他们和中国人之间的互动关系。

黎难秋《中国科学翻译史》（2006）

651页。中国科技大学出版社2006年出版。该书是首部系统研究中国科学口译史与笔译史的专著，多角度、系统地论述了中华人民共和国成立前的中国科学翻译史。全书由4编组成。首编为科学口译史，以历史时期为纲，论述遍涉外交、外贸、军事、科学与政治等领域的重大口译事件、口译人物与译才培养等。第2、第3两编是以外国科学文献笔译为中文的历史，以外译中的附庸期、萌芽期、成长期与形成期为经，以翻译出版机构、翻译人物、翻译成果以及翻译方法与理论等为纬，进行了全面的论述。末编为将中国科学文献笔译为外文的历史，在简论中译外历史的分期后，主要从译书的学科品种与翻译人物及其译书两个方面分别论述，最后扼要论述了所译中国科学文献对西方各国与日本的影响。

冯志杰《中国科技出版史研究》（2008）

294页。中国三峡出版社2008年出版。作者站在近代中国大的历史背景下，用马克思主义唯物史观，从科技出版的历史演进规律、出版物生产、出版组织机构、出版家等诸方面，首次对中国近代科技出版进行了比较系统的研究，勾勒出了近代科技出版的历史图画，对近代科技出版的产生条件、发生动力、发生途径进行了系统分析，概括总结了近代科技出版发展的历史经验和历史作用，并阐释了其对当今科技出版业发展的借鉴意义。

韩琦、米盖拉编《中国和欧洲：印刷书和书籍史》(2008)

323 页。商务印书馆 2018 年出版。该书为一部论文集，收录了 2005 年在中国国家图书馆举办的同名国际学术研讨会上中外学者的论文共 13 篇，从科技史、宗教史、社会经济史等不同角度呈现了中西书籍史研究的丰富样貌，书后还附有西方书籍史参考文献、中国和日本书籍史外文参考文献、中国印刷史书籍史中文参考文献。该书是从比较视野下进入中西书籍研究的一个有效门径。

苏精《铸以代刻：传教士与中文印刷变局》(2014)

612 页。台大出版中心 2014 年出版。苏精，云林科技大学汉学所退休教授。英国伦敦大学图书馆系哲学博士，研究领域为近代中西文化交流史。该书内容主要探讨基督教传教士自 1807 年来华至 1873 年，60 余年引介西式活字取代木刻印刷中文的过程，以及他们创立与经营西式中文印刷所的活动。这是一部研究近代中国基督教出版的精细之作，也在印刷出版史、中外关系史、文化交流史与汉学史等研究领域深具意义与贡献。该书作者根据第一手资料——传教士的手稿档案，从缩微胶卷奋力抄录了几十万字的书信内容，透过对大量英、美传教档案之爬梳，发掘许多为人所不知晓的印刷所的历史、印工故事，探讨传教士的印刷与铸字工作。对相关近人研究，多所采纳更正。在大量传教档案资料中重构史事，发为文字，殊为不易，然全书却见叙述严谨、井然有序。透由该书可以了解中国图书生产技术转变的过程和全景，勾勒出西方印刷术来华完整与清晰的一幅图像。

3. 科学教育

孙宏安《中国近现代科学教育史》(2006)

789 页。辽宁教育出版社 2006 年出版。该书陈述了中国的科学教育如何从古代向现代转型的过程，分为"中国古代的科学教育""从古代科学教育转向现代科学教育""现代科学教育体系的形成"3 编，讨论了科学教育的概念、历史发展、目标、在社会中地位和作用等重要问题，是了解科学如何成为中国现代教育重要组成部分的一部基本参考书。

杨舰、戴吾三《清华大学与中国近现代科技》（2006）

405 页。清华大学出版社 2006 年出版。该书收录了近年来由清华大学和海内外学者撰写的科技史研究论文和部分访谈、回忆录，从不同视角揭示了清华大学在中国现代化进程背景下的成长发展及其对中国科技进步所做的贡献。内容可供研究中国近现代史和科技史的专家学者参考，同时也是关心清华大学和中国近现代科技发展的广大读者的理想读物。

4. 李约瑟问题

王扬宗、刘钝《中国科学与科学革命：李约瑟难题及其相关问题研究论著选》（2002）

886 页。辽宁教育出版社 2002 年出版。该书是关于"李约瑟难题"研究文献的汇编，提供了自 20 世纪初以来中外学者关于此问题的论述，全书分为 5 部分，包括"在李约瑟之前""李约瑟与李约瑟难题""李约瑟难题求解""李约瑟难题与科学史学""中国科学与世界科学"，是从中西比较视野下开展科学史研究的重要参考。

祝平一《中国史新论：科技与中国社会分册》（2010）

528 页。联经出版公司 2010 年出版。该书题为《科技与中国社会》，乃借目前西方 STS（Science and Technology Studies）的研究取径，作为中国科技史研究的借鉴，并图以此促进科技史和其他历史研究的对话。该书共收论文 10 篇，分别讨论上古宇宙观与天文星占、中国医学与数学的知识形构、宋代科技的实作和文化间的关系、明代的数学与社会及中国和其他文明间的科技交流。虽未涵盖中国科技史的全部断代或议题，却指出了一些重要的研究课题与方法。就议题方面而言，技术史、博物学、数术、帝国主义的扩张与近代中国科技发展等都有待更进一步的发掘；方法方面，除一般人已熟知的脉络化研究外，历史上的知识论和实作、书的历史与科技发展、科技知识与实作的跨地网络、科技知识和科技物与权力支配和反抗的关系等，都是该书试图拓展的新思考方向。经由复杂的历史个案，作者希望与读者分享中国科技史的趣味，而不总是问："为何中国科技落于西方之后？"并反思日常生活中无处不在的科技，如何影响我们的社会、文化与自我，而不只想着："如何利用科技促进经济发展与提振国力？"

5. 科技学会

房正《近代工程师群体的民间领袖》(2014)

220 页。经济日报出版社 2014 年出版。该书的主要研究对象是中国工程师学会。中国工程师学会成立于 1912 年，结束于 1950 年，历时近四十年，基本贯穿了整个民国时期。全书除绪论之外，分为 4 章，分别是中国早期工程技术群体的演进、中国工程师学会的历史沿革、中国工程师学会的组织与运作、中国工程师学会的历史贡献。

6. 中西比较

潘吉星《中外科学之交流》(1993)

592 页。香港中文大学出版社 1993 年出版。该书论述中国造纸术、火药术的发明，科学代表作《本草纲目》及《天工开物》在全世界的传播和影响；讨论西方科学知识、技术术语和科学著作在中国的传播和影响；又介绍中西互相翻译对方科学著作的具体情况；中、日两国之间的科学交流，也有专章论述。

韩琦《中国科学技术的西传及其影响》(1999)

232 页。河北人民出版社 1999 年出版。该书通过大量原始资料（法文、英文、拉丁文、中文等），探讨了 1582—1793 年中国传统科学技术在欧洲的传播及其在欧洲近代科学形成中所起的作用，主要从天文学、植物学、医学和技术的传播诸方面加以论述，并着重讨论 18 世纪中国科学在法国的传播；另一方面分析欧洲人对中国科学的看法及其演变。

7. 大众科学

张邦彦《近代中国的催眠与大众科学》(2021)

289 页。上海人民出版社 2021 年出版。该书从全球史的观点考察催眠术由西方经日本传入中国的知识流动，以及催眠术在中国社会所发生的各种变化，将近代中国催眠术放在中西、古今交织的历史脉络之中来观察其内涵之多元。作者指出，时人对催眠术的理解与实践，在一定程度上为之后华人社会的心理学、精神医学等领域的发展，提供了历史、语言、制度和知识的准备；同时，在晚清救亡图存的背景下，国人通过催眠术形塑自我，想象符合时代所需的理想新人。

第三部分　学科建制

第四十九章　杂志

程志翔

本章分四个部分介绍各类专业杂志，各部分按杂志名排序：

1. 综合类
2. 分科类
3. 专题类
4. 中文类

一、综合类

Annals of Science（1936）

《科学年鉴》是由 Taylor & Francis 出版的涵盖科学史与技术史领域的国际性学术季刊。国际刊号为 p-ISSN: 0003-3790（印刷），以及 e-ISSN: 1464-505X（网络在线）。现任共同主编为加州理工学院的杰德·布赫瓦尔德（Jed Z. Buchwald）与莫迪凯·费因戈尔德（Mordechai Feingold）。

该刊由加拿大科学史家哈考特·布朗（Harcourt Brown）等创办于 1936 年，起初是为了比 Isis 更快地发表并着重关注近现代科技史。1956—1958 年，《不列颠科学史学会通报》曾作为该刊的一部分出版。如今该刊的刊载范围已扩展到整个科学史与技术史领域，时期涵盖古典古代到 20 世纪。该刊既包含研究性论文，也发表综合性书评，所发表的稿件语言范围为英文和法文。从编辑阵容到读者以及来稿范围来看，该刊都是国际性的，它尤其欢迎亚洲、非洲与南美洲的来稿。2014 年影响因子为 0.545。

Centaurus（1950）

该刊是由 John Wiley and Sons 出版的支持开放获取的科学史（及其文化影响）领域的国际性英文综合性学术季刊，是欧洲科学史学会（European Society for the History of Science）的官方刊物。其国际刊号为 p-ISSN: 0008-8994 与 e-ISSN: 1600-0498。现任主编为巴黎狄德罗大学的科恩·维米尔（Koen Vermeir）。

该刊创办于1950年，是科学史研究领域的主要期刊之一，其2014年影响因子为0.564。该刊关注自然科学史、数学史、医史与技术史领域，并刊发围绕这些领域的原创性研究论文、评论文章、注释（notes）与集注以及书评等，也鼓励对特刊的倡议建议、围绕当下有趣主题的短论文以及其他适合于公开同行评议的文章。

Historical Studies in the Natural Sciences（1969）

《自然科学的历史研究》是由加州大学出版社代表加州大学伯克利分校科技史办公室出版的一份面向18世纪以来科学史领域的英文电子学术期刊。其国际刊号为p-ISSN: 1939-1811，以及e-ISSN:1939-182X。现任主编为普林斯顿大学讲席教授艾瑞卡·米兰（Erika L. Milam）。

该刊创办于1969年，其前身为Chymia，初名Historical Studies in the Physical Sciences（《物理科学的历史研究》），为双年刊，后于1985年更名为Historical Studies in the Physical and Biological Sciences（《物理与生物科学的历史研究》），而又于2008年改为现名并变为季刊。2012年起又增加到每年5期。该刊刊载范围主要涵盖18世纪以来的西方以及非西方的物理与生物科学（包括天文学、地质学、物理学、化学、气象学、博物学、遗传学以及分子生物学）及其社会与文化史。被广泛视作科技史领域具有引领性作用的重要期刊（2009—2013年5年平均影响因子为0.574），该刊鼓励发表原创性研究论文，也会考虑科学编史与科学的政治学方面的评论性文章。该刊的每期都可在JSTOR上找到。

History of Science（1962）

《科学史》是由Sage Publications出版的科技史领域的英文学术季刊，其国际刊号为p-ISSN: 0073-2753，以及e-ISSN: 1753-8564。现任主编为荷兰特文特大学的丽萨·罗伯茨（Lissa L. Roberts）。

该刊创办于1962年，开始由英国的科学史出版公司（Science History Publications Ltd）出版，后被Sage Publications收购。该刊为综合性期刊，其刊载领域涵盖从古至今的科学史、医学史以及技术史研究，并特别欢迎讨论方法论的论文以及对该领域当下知识状况和未来研究的可能性进行探究的评论文章。该刊2014年影响因子为0.417，在社会科学引文索引（SSCI）的"科学哲学与科学史"子类的44种期刊中排名第30，科学引文索引（SCI）相关子类的60种期刊中排名第37。

Isis（1912）

Isis 是科学史学会（History of Science Society, HSS）的官方出版物，也是科学史学科领域历史最悠久与最具影响力的英文期刊之一。其国际刊号为 p-ISSN: 0021-1753，以及 e-ISSN: 1545-6994。

Isis 一词原指古埃及神话中的智慧女神。刊物 1912 年诞生于比利时，其创办者和第一任主编是科学史学科奠基人乔治·萨顿（任职达 40 年）；因第一次世界大战，在 1915 年至 1918 年停刊。萨顿迁往美国哈佛大学后，又于 1919 年复刊；1924 年科学史学会成立，起因即是为了支持 Isis 的出版事业，Isis 自然成为其官方刊物。Isis 起初接受英、法、德、意 4 种语言范围内的供稿，但从 20 世纪 20 年代之后只使用英文。现由芝加哥大学出版社出版。历任主编是：

乔治·萨顿（George Sarton），1913—1952 年

伯纳德·科恩（I. Bernard Cohen），1953—1958 年

哈利·伍尔夫（Harry Woolf），1959—1963 年

罗伯特·穆尔托夫（Robert P. Multhauf），1964—1978 年

阿诺德·萨克雷（Arnold Thackray），1979—1985 年

查尔斯·罗森伯格（Charles E. Rosenberg），1986—1988 年

罗纳德·纳伯斯（Ronald L. Numbers），1989—1993 年

玛格丽特·罗西特（Margaret W. Rossiter），1994—2003 年

伯纳德·莱特曼（Bernard V. Lightman），2004—2014 年

弗洛里斯·科恩（H. Floris Cohen），2014—2019 年

亚历山德拉·许和马修斯·拉文（Alexandra Hui and Matthew Lavine），2019 年至今

作为一份同行评议性的学术季刊，*Isis* 每年出版 4 期（外加一期参考文献目录），其涵盖领域主要包括科学史、医学史、技术史及其社会文化影响等方面。它既发表原创性研究论文，也容纳相关领域书评及其他评论文章。其每年出版的参考文献目录（*Isis Current Bibliography*，原名 *Isis Critical Bibliography*，集卷出版时名为 *Isis Cumulative Bibliography*）是该领域最早（可追溯至 1913 年）和最庞大的文献目录，并已发展出包含出版引证资源的开放在线平台 Isis CB。

Notes and Records: The Royal Society Journal of the History of Science（1938）

该刊是由英国皇家学会出版的科学史领域的国际性、综合性英文学术季刊。其

国际刊号为 p-ISSN: 0035-9149，与 e-ISSN: 1743-0178。现任主编是林肯大学的安娜·玛丽·罗思（Anna Marie Roos）。

该刊创办于 1938 年，原名《皇家学会注记》（*Notes and Records of the Royal Society*），2014 年始改为现名。该刊发表科学史、技术史与医学史领域的原创研究，也欢迎其他一些形式的投稿，比如对新近档案发现的研究注释、（关于研究项目和有趣研究资源的）学术消息、书评（尤其是与皇家学会历史有关的），以及记录新近科学大事的回忆或自传报告等。该刊 2010—2014 年平均影响因子为 0.294。

Osiris（1936）

Osiris 是芝加哥大学出版社为科学史学会（HSS）发行的英文年刊，是 *Isis* 的姊妹刊物，专门刊登较长的文章。其国际刊号为 p-ISSN: 0369-7827，以及 e-ISSN: 1933-8287。现任主编为加州大学的帕特里克·麦克科雷（W. Patrick McCray）与康奈尔大学的苏曼·赛斯（Suman Seth）。

Osiris 由乔治·萨顿于 1936 年创办；在其主持下，该刊从 1936—1968 年共计出版了 15 卷；1985 年，科学史学会使该刊复活并每年出版 1 卷（1991 年除外）。该刊是主题性的，每卷集中聚焦科学史及科学的文化影响领域新近出现的重要研究主题，比如"科学的男性气概"（第 30 卷，2015 年）、"科学与国家身份"（第 24 卷，2009 年）、"有神论语境中的科学：认知维度"（第 16 卷，2001 年）等。而根据美国科学情报研究所给出的排名（ISI-JCR），该刊在 59 种科学史与科学哲学期刊中位列第 13 名（2014 年）。

Studies in History and Philosophy of Science Part A（1970）

一份由 Elsevier Science 出版的支持开放获取的国际性英文学术季刊。其国际刊号为 ISSN: 0039-3681。现任共同主编为阿德莱德大学的瑞秋·安可尼（Rachel A. Ankeny）、布里斯托大学的詹姆斯·雷德曼（James Ladyman）与岭南大学的达雷尔·罗巴顿（Darrel Rowbottom）。

该刊致力于对科学的史学、哲学与社会学的综合性研究。该刊既鼓励在科学史与科学哲学这种悠久学科范围内的来稿，也接受科学编史学的以及探究科学与性别、文化、社会、艺术的关系的作品。该刊 2010—2014 年平均影响因子为 0.562。

Studies in History and Philosophy of Science Part B：*Studies in History and Philosophy of Modern Physics (1970)*

一份由 Elsevier Science 出版的支持开放获取的物理学史与物理学哲学领域的英文学术季刊，其国际刊号为 ISSN: 1355-2198。现任主编为布里斯托大学的詹姆斯·雷德曼（James Ladyman）与西安大略大学的维恩·梅沃德（Wayne Myrvold）。

该刊涵盖宽泛理解的现代物理学（包括化学与天文学中的物理方面）的哲学与历史学的各个方面，其首要关注 19 世纪中晚期以来的物理学。该刊愿意接受世界范围内的来稿，除了纯历史学和哲学的论文，尤其鼓励将这两个领域结合起来的论文。该刊也乐意发表能让物理学家感兴趣的论文。该刊 2010—2015 年的平均影响因子为 0.688。

Studies in History and Philosophy of Science Part C：*Studies in History and Philosophy of Biological and Biomedical Sciences (1970)*

国际刊号为 ISSN: 1369-8486。现任主编是阿德莱德大学的瑞秋·安可尼（Rachel A. Ankeny）。该刊致力于对医学与生物医学科学与技术、生命与环境科学以及心灵与行为科学的历史的、社会学的和哲学的以及伦理学等诸方面的研究。该刊鼓励世界范围内的专业论文以及将历史、哲学与社会学进路结合起来的来稿，并青睐能让科学家与医学工作者以及科学史学、科学哲学和科学社会学领域内的专家感兴趣的成果。

Technology and Culture（1959）

该刊是由约翰·霍普金斯大学出版社出版的一份技术史领域的国际性英文学术季刊，是（美国）技术史学会（Society for the History of Technology）的官方刊物，也是该领域中的一份旗舰性期刊，其国际刊号为 p-ISSN：0040-165X，以及 e-ISSN: 1097-3729。其编辑部现设在埃因霍恩科技大学，现任主编为该大学的鲁斯·奥登齐尔（Ruth Oldenziel）。

该刊创办于 1959 年，既面向专家也面向普通读者，刊载研究论文、随笔短文以及书评、影评、博物馆展评等，并偶尔出版围绕某相关主题的特刊。其投稿人来自历史学、人类学、科学与技术研究（STS）、地理学等多个领域。该刊电子版可在 Project Muse 上全文获得。

The British Journal for the History of Science（1949）

《不列颠科学史杂志》是由剑桥大学出版社为不列颠科学史学会（the British Society for the History of Science）出版的一份国际性英文学术季刊。其国际刊号为 p-ISSN: 0007-0874，以及 e-ISSN: 1474-001X。现任主编是约克大学的阿曼达·里斯（Amanda Rees）。

其前身是创刊于 1949 年的《不列颠科学史学会通报》（*Bulletin of the British Society for the History of Science*），于 1962 年始改为现名。该刊的出版范围涵盖医学史、技术史以及科学的社会研究等在内的（宽泛）科学史领域的各方面，既发表学术论文，也刊载评论文章。其内容充实的书评栏目是该刊一大特色。该刊 2013 年影响因子为 0.614。

二、分科类

1. 数学史

Archive for History of Exact Sciences（1960）

《精确科学史档案》是由 Springer Berlin Heidelberg 出版的一份双月刊，其国际刊号为 p-ISSN: 0003-9519，以及 e-ISSN: 1432-0657。该刊现任主编为加州理工学院的布赫瓦尔德（Jed. Z. Buchwald）与英国公开大学（The Open University）数学与计算机科学系的杰里米·格雷（Jeremy Grey）。

该刊创办于 1960 年，在 1998 年之前为季刊（第 1 ~ 52 卷），而自 1998 年以来（第 53 卷之后）出版频度改为每年 6 期。该刊出版领域涵盖数学史、自然哲学以及物理与生物科学史。据其官方介绍，该刊意在通过分析数学与定量的思想和关于自然的精确理论的历史进程以及它们同物理与近代生物科学中实验的联系来阐明科学的概念基础。该刊鼓励达到数学化科学标准的历史研究，其目标是迅速而全面地出版有突出深度、视野和持久性的作品。该刊更偏好英文来稿，但也接受法文与德文稿件。该刊 2008—2014 年的影响因子平均值为 0.421。

British Journal for the History of Mathematics（1986）

《英国数学史杂志》为英国数学史学会（British Society for the History of Mathematics）机关刊物，是由 Taylor & Francis 代为出版的英文国际期刊，其国际刊号为 p-ISSN: 2637-5451 与 e-ISSN: 2637-5494。现任主编为牛津大学的本杰明·沃德豪（Benjamin

Wardhaugh）。每年 3 期。

该刊创办于 1986 年，原名 *British Society for the History of Mathematics. Newsletter* （1986—2003），后曾改名 *BSHM Bulletin: Journal of the British Society for the History of Mathematics* （2004—2018）。其出版领域涵盖全部数学史，尤其侧重数学的社会史与文化史。该刊既鼓励原创论文，也刊载评论文章，并接收报告进行中研究项目的短通讯（千词上下）。

Historia Mathematica（1974）

《数学史》是现由 Elsevier 出版的一份国际性英文学术季刊，是国际科学史与科学哲学联合会中的科学史分部中的国际数学史委员会的一份刊物。其国际刊号为 p-ISSN: 0315-0860，以及 e-ISSN: 1090-249X。其现任共同主编是早稻田大学的内森·西多里与阿格德大学的莱因哈德·西格蒙德 – 舒尔茨（Reinhard Siegmund–Schultze）。

该刊创办于 1974 年，关注所有文明与所有时段的数学史，领域涵盖纯数学与应用数学的发展史、数学的社会学等，并尤其鼓励对历史境域中的数学家及其工作、与数学相关的组织机构的历史、数学编史学，以及数学与其他科学乃至更一般的文化之间的关系的研究。该刊可发表研究论文、书评、研究综述、注释与原始资料，甚至（偶尔发表）致编辑的信等。自 2012 年之后，该刊开放了 20 万份过往论文供免费获取。该刊 2010—2014 年平均影响因子为 0.382。

Revue d'Histoire des Mathématiques（1995）

《数学史评论》是由法国数学学会（Société Mathématique de France）出版的英文与法文半年刊。其国际刊号为 p–ISSN: 1262–022X，以及 e–ISSN: 1777–568X。现任主编为巴黎综合理工学院的布雷兴马赫（Frédéric Brechenmacher）。

该刊创办于 1995 年，其出版范围涵盖全部数学史。除原创研究论文外，亦关注数学史界争论，并刊载编史学综述、研究项目笔记以及对尚未出版的文献的编辑评注。其 2018 年影响因子为 0.545。

2. 物理学史

The European Physical Journal H: Historical Perspectives on Contemporary Physics

《欧洲物理杂志 H》是现由 Springer 出版的专注于当代物理学史的英文学术季刊，其国际刊号为 p-ISSN: 2102-6459，以及 e-ISSN: 2102-6467。现任主编为慕尼黑德意志博物馆的麦克·埃克特（Michael Eckert）与密歇根大学的詹姆斯·威尔斯（James D. Wells）。

该刊自称为当下唯一一份致力于主要从物理学和物理学家视角理解物理学史的学术期刊，其宗旨在帮助物理学家们更好地反思、理解和推进物理学，并促进职业物理学家与科学史家有效互动。该刊接受常规研究论文与评论，其范围明确涵盖现代物理学概念史、对近期物理学史上的关键转折的分析、物理学与邻近学科如数学的协进、公共政策与物理学的历史发展、物理实验的思想与设计的发展等，但明确拒绝关于物理学前沿研究成果和主要探讨物理学哲学问题的论文。

3. 化学史

Ambix（1936）

《炼金术史和化学史学会期刊》是由 Taylor & Francis 代表炼金术史与化学史学会出版的学术季刊。其国际刊号为 p-ISSN: 0002-6980，以及 e-ISSN: 1745-8234。现任主编为内华达大学里诺分校的布鲁斯·莫兰（Bruce Moran）。

该刊创办于 1936 年（1939—1945 年中断），是科学史领域最早的一批学术期刊之一。其出版范围涵盖所有时段与地域的炼金术史与化学史。该刊接受围绕炼金术与化学的思想史、社会史与文化史原创研究与书评，并可刊载与此两学科史相关的一手文献和讨论。其 2018 年影响因子为 0.600。

Bulletin for the History of Chemistry（1988）

《化学史简报》是由美国化学学会化学史分会出版的英文学术季刊。国际刊号为 ISSN: 1053-4385。现任主编为莫恩学院的卡门·吉昂塔（Carmen Giunta）。该刊创办于 1988 年，其第 1 ~ 43 卷（1988—2018）现已在线开放获取。

Chymia（1948）

《化学》存续于 1948—1968 年，由宾夕法尼亚大学和美国化学学会化学史分会出版，是 *Historical Studies in the Natural Sciences*（《自然科学的历史研究》）的前身期刊（详见该条目）。

4. 天文学史

Journal for The History of Astronomy（1970）

是现（2014 年之后）由 Sage Publications 出版的一份天文学史领域的英文学术季刊。其国际刊号为 p-ISSN: 0021-8286 与 e-ISSN: 1753-8556。现任主编为菩及海湾大学的詹姆斯·伊文思（James Evans）。

该刊创办于 1970 年，是出版领域涵盖古今天文学史的唯一学术期刊，其关注领域也延伸到数学与物理学中与天文学相关的分支以及历史记录在天文学中的使用等，可刊载相关领域研究论文。该刊 2014 年影响因子为 0.439，在 SCI "科学史与科学哲学" 子项的 59 种期刊中排名第 33。更多信息及投稿方式参见官网：http://jha.sagepub.com/。

Journal of Astronomical History and Heritage（1998）

《天文学的历史与遗产杂志》是由泰国国家天文学研究中心出版的、可开放获取的、在线英文学术季刊。其国际刊号为 e-ISSN: 1440-2807。现任主编为南昆士兰大学的维恩·奥奇斯顿（Wayne Orchiston）。该刊创办于 1998 年，刊载围绕天文学历史与遗产各个方面的研究论文、论文评论、短通信、书评等，尤其包括对天文学在政治、经济、社会、历史和文化背景下的研究。该刊 2019 年影响因子为 0.540。

5. 地学史

Earth Sciences History

《地球科学史》是一份国际性英文学术半年刊，是地球科学史学会（the History of Earth Sciences Society）的官方刊物。现任主编是北卡罗来纳大学的地球科学教授约翰·迪莫（John A. Diemer）。其国际刊号为 p-ISSN: 0736-623X，与 e-ISSN: 1944-6187。

出版范围涵盖地球科学（地质学、地理学、地球物理、海洋学、古生物学、气象学、气候学等）史的所有领域，并推崇鼓励各种进路的历史研究，如传记、思想史、社会史、组织机构史以及技法史等，可刊载学术论文、书评等。

History of Geo-and Space Sciences

这是德国的一份由 Copernicus Publications 出版的地学史领域的可开放获取的英文学术半年刊。其国际刊号为 p-ISSN: 2190-5010，与 e-ISSN: 2190-5029。其现任执行主编是克里斯蒂安·施莱格尔（Kristian Schlegel）。

该刊关注范围涵盖地球物理学、地质学、测地学、水文地理学、海洋科学、气象学以及地震学等学科的历史，但不包含天文学史。可发表原创性研究文章、评论性论文、短的注释以及书评和会议报告等。该刊 2014 年影响因子为 0.550。

Imago Mundi：The International Journal for the History of Cartography（1935）

作为现由 Routledge 出版的一份创办于 1935 年的半年刊，该刊是目前唯一一份涵盖世界范围内的早期地图史、制图学史以及与地图相关的观念史领域的国际性英文学术期刊。其现任主编是伦敦大学历史研究所的凯瑟琳·德拉诺·史密斯（Catherine Delano Smith）。其国际刊号为 p-ISSN: 0308-5694，以及 e-ISSN: 1479-7801。该刊所刊论文全文为英文，并有法文、德文、西班牙文以及英文摘要。每卷还包括展现该领域研究现状的 3 个文献参考板块——书评、参考文献以及编年史。

6. 生物学史

History and Philosophy of the Life Sciences（1979）

《生命科学的历史与哲学》是现由 Springer 出版的跨学科英文学术季刊。其国际刊号为 p-ISSN: 0391-9714，以及 e-ISSN: 1742-6316。现任主编为费拉拉大学的乔瓦尼·博尼奥洛（Giovanni Boniolo）与埃克塞特大学的萨宾娜·莱奥内利（Sabina Leonelli）。

该刊创于 1979 年，致力于提供一种对生命科学的综合性的、跨学科的理解进路；其刊载范围涵盖对所有生命科学子学科的历史与哲学研究、对医学的跨学科研究、对相关领域非英文书籍的书评，以及对生物伦理学的历史与哲学讨论，尤其鼓励能结合不同学科视角与进路的研究。其 2020 年影响因子为 1.205。

Journal of the History of Biology（1968）

《生物学史杂志》是由 Springer Netherlands 出版的一份生物学史研究领域的英文学术季刊。其国际刊号为 p-ISSN: 0022-5010 与 e-ISSN: 1573-0387。该刊现任主编为弗吉尼亚联邦大学的卡林·利达（Karen Rader）与韦恩州立大学的玛莎·里士满（Marsha Richmond）。

该刊创办于 1968 年，据其官方介绍，除致力于生物科学史研究外，它也关注生物学所遭遇的哲学与社会问题。而就历史研究而言，尽管该刊对所有历史时段都有所涉猎，但尤其关注 19 世纪与 20 世纪的生物学进展。所刊文章既包括原创性研究论文，也包括书评以及其他评论性文章。2008—2014 年平均影响因子为 0.677。

Journal of the History of the Neurosciences（1992）

《神经科学史杂志》现由 Taylor and Francis Group 出版，是神经科学史领域的英文学术季刊，是国际神经科学史学会（International Society for the History of the Neurosciences）的官方刊物。国际刊号为 p-ISSN: 0964-704X，与 e-ISSN: 1744-5213。现任共同主编为马斯特里赫特大学的彼得·科勒（Peter J. Koehler），拉德堡大学的保罗·艾林（Paul Eling），与卡尔加里大学的弗兰克·斯坦尼斯（Frank W. Stahnisch）。

该刊创办于 1992 年，致力于神经病学、神经外科学、神经精神病学、神经解剖学、神经生理学、神经化学、神性心理学以及行为神经科学等领域的仪器、档案、组织机构、疾病以及传记研究，也欢迎观念史方面的以及探讨神经学科与其他学科的联系的研究工作。该刊可刊载原创性研究论文、书评、短通信、致编辑的信等，并辟有 Neurowords 和 Neurognostics 两个专栏。

7. 医学史

Bulletin of the History of Medicine（1939）

《医史通报》是由约翰·霍普金斯大学出版社出版的一份英文学术季刊，是美国医学史协会（American Association for the History of Medicine，AAHM）与约翰·霍普金斯医学史研究所（Johns Hopkins Institute of the History of Medicine）的官方出版物。其国际刊号为 p-ISSN: 0007-5140，与 e-ISSN: 1086-3176。现任 4 位主编为玛丽·费赛尔（Mary E. Fissell）、杰瑞米·格林（Jeremy A. Greene）、阿丽莎·兰金（Alisha Rankin）与加布里埃拉·拉维加（Gabriela Soto Laveaga）。

它由时任约翰·霍普金斯大学医学史研究所主任的德国移民亨利·西格里斯特（Henry Sigerist）于 1939 年创办，而自创刊以来的 70 多年里一直是（美国）医学史领域的一份具有引领性的重要刊物。2009—2013 年 5 年平均影响因子为 0.686。《医史通报》的关注范围涵盖世界范围内关于医学史的社会、文化与科学等诸方面，而主要发表对医史领域新近文献的批判性评论文章以及美国与国际医史领域活动的相关学术信息。

Dynamis（1981）

这是一份可开放获取的医药卫生史与科学史领域的使用欧盟语言（英文与西班牙文为主）的国际性学术半年刊。其国际刊号为 p-ISSN: 0211-9536，与 e-ISSN: 2340-7948。现任主编是格拉纳达大学的麦克·加拉特（Mike Astrain Gallart）。

该刊于 1981 年在格拉纳达大学创办，刊载原创性论文、注释、档案与书评等。每期 250 页，可从 RACO、DDD 与 SciELO 等数据库免费获取。其 2010—2014 年平均影响因子为 0.321，在 2014 年 JCR 科学版"科学史与科学哲学"子项所列 59 种期刊中位列第 40。

Journal of The History of Medicine and Allied Sciences（1946）

这是一份现由牛津大学出版社出版的医学史领域的在线英文学术季刊。其国际刊号为 p-ISSN: 0022-5045，与 e-ISSN: 1468-4373。现任主编为密歇根大学的劳拉·赫什拜因（Laura Hirshbein）。

该刊创办于 1946 年，起初由耶鲁大学医学史系出版，被认为是医学史领域的顶级刊物之一。其涵盖领域较广，可发表医学史所有领域的新近原创性研究论文，尤其关注历史上医师们的治疗与教学实践以及（当时）同行与病人对此的反应与理解等。更多信息及投稿方式可参见其官网：http://www.oxfordjournals.org/our_journals/jalsci/about.html。

Medical History（1957）

一份现由剑桥大学出版社出版的医学及相关科学史领域的支持开放获取的国际性英文季刊。其现任主编为约克大学的桑乔伊·巴塔查利亚（Sanjoy Bhattacharya）。其国际刊号为 p-ISSN: 0025-7273，以及 e-ISSN: 2048-8343。

该刊创办于 1957 年，关注领域涵盖医药卫生史以及相关科学史的各方面，刊载研究论文以及书评等。该刊与欧洲医学与健康史协会（European Association for the History of Medicine and Health）、亚洲医学史学会（Asian Society for the History of Medicine）以及世卫组织全球卫生史倡议（the World Health Organization's Global Health Histories initiative）合作。该刊 2010—2014 年平均影响因子为 0.521。

Social History of Medicine

由牛津大学出版社代表医学史学会（The Society for the History of Medicine）出

版的一份英文学术季刊，其国际刊号为 p-ISSN: 0951-631X 与 e-ISSN: 1477-4666。其现任编辑委员会主席为伦敦卫生与热带医学院的阿莱克斯·莫德（Alex Mold）。

该刊研究领域涵盖卫生、疾病以及医疗史的各个方面，致力于发表医学社会史方面的成果。可刊载论文、对档案与文献的批判性评论、会议报告、研究进展信息、当前热点讨论、书评等。该刊 2010—2014 年平均影响因子为 0.438。该刊一部分论文可开放获取。

8. 博物学史与农学史

Agricultural History（1927）

《农史》是一份由美国农史学会（American Agricultural History Society）出版的英文学术季刊，也是其官方刊物。创刊于 1927 年，国际刊号为 p-ISSN: 0002-1482 与 e-ISSN: 1533-8290。现任主编为肯尼索州立大学的艾尔伯特·韦（Albert Way）。

据其官方介绍，该刊刊载涉及农业史与乡村生活各方面（无地域与时间限制）的论文（例如，处理在农业发展历程中发挥过作用的科学、制度和组织等方面的因素的文章），尤其对处理新颖主题、展示原创性研究和理解的论文感兴趣。该刊已发表的所有论文全文都可在 JSTOR 找到，而从 1927 年（第 1 卷）到 1965 年（第 39 卷）出版的每期都可在其官网免费下载。

Archives of Natural History（1936）

《博物学档案》是现由爱丁堡大学出版社为博物学史学会（The Society for the History of Natural History）发行的一份博物学史与博物学文献研究领域的英文学术双年刊。其国际刊号为 p-ISSN: 0260-9541 与 e-ISSN: 1755-6260。其现任名誉主编为彼得·戴维斯（Peter Davis）。

该刊创办于 1936 年，其前期名为《博物学文献学会杂志》（*Journal of the Society for the Bibliography of Natural History*），于 1982 年始改为现名。而据其官方声明，该刊涵盖所有时期、不限地域的最宽泛意义上的博物学史及博物学文献研究。这包括植物学、普通生物学、地质学、古生物学、动物学、博物学家生平及其出版物和通信与收藏，还有他们所曾参加的机构社团等。而可刊载的文献方面的论文可包含对珍稀书籍、手稿等的研究以及分析性和统计性的文献目录等。该刊 2014 年影响因子为 0.208。

三、专题类

1. 计算机史

IEEE Annals of the History of Computing（1979）

《IEEE 计算史年鉴》是由 IEEE 计算机学会出版的计算史领域的英文学术季刊。其国际刊号为 p-ISSN: 1058-6180 与 e-ISSN: 1934-1547。现任执行主编是加州大学戴维斯分校的杰拉多·康·迪亚兹（Gerardo Con Diaz）。

该刊创办于 1979 年，在 1992 年成为 IEEE 出版物，其范围涵盖计算史、计算机科学史与计算机硬件史等领域。该刊欢迎那些记叙与分析计算的历史及其对社会的影响的投稿，刊载计算机科学家与历史学家的学术文章、计算机前沿研究人员的一手报告和采访等，该刊也充当该领域消息与活动（国际会议、口述历史活动等）的信息集散地。该刊 2010—2014 年平均影响因子为 0.401。

2. 科学仪器史

Journal of the History of Collections（1989）

《收藏史通讯》是由牛津大学出版社于 1989 年开始发行的英文期刊。其国际刊号为 p-ISSN: 1477-8564，以及 e-ISSN: 0954-6650。现任主编为亚瑟·麦克格雷格 (Arthur MacGregor) 与凯特·赫德（Kate Heard）。

该刊每年发行 2 或 3 期，刊载原创论文、书评、书讯、展评，以及会议信息等，主要涵盖收藏活动各方面（藏品、收藏过程、收藏者环境等）的研究和记录，涉及自然科学、医学史、博物馆史等诸多领域。

Nuncius: Journal of the Material and Visual History of Science（1976）

这是意大利的一份由 Museo Galileo 资助出版的科学史领域的国际性学术半年刊。其国际刊号为 p-ISSN: 0394-7394，以及 e-ISSN: 1825-3911。编辑部设在意大利佛罗伦萨的科学史学会与博物馆（Institute and Museum of History of Science），其现任主编为帕多瓦大学的艾琳娜·卡纳德利（Elena Canadelli）。

该刊创立于 1976 年，致力于探究物质（科学仪器、实验设置等）与视觉（对概念、对象视觉性描述等）文化在科学中的历史作用。其主要语言是英文，但德文与法文投稿亦可考虑。该刊 2010—2014 年平均影响因子为 0.176。

Science Museum Group Journal（2014）

《科学博物馆集团通讯》是一份开放获取的在线英文学术半年刊。其国际刊号为ISSN: 2054-5770。现任主编为埃克塞特大学的贾斯丁·狄龙（Justin Dillon）。

该刊由英国科学博物馆集团（Science Museum Group）于2014年开始发行。该集团由5家博物馆（伦敦科学博物馆、布拉德福德国家科学与媒体博物馆、曼彻斯特科学工业博物馆、约克国家铁路博物馆、希尔登机车博物馆）共同组成。该刊每年春季与秋季各出版一次，刊载与科学博物馆集团，以及更广范围内的国际科学博物馆共同体的收藏和实践相关的原创论文、讨论文章、书评、会议与展览评论等，涉及科学史、物质文化、博物馆展示等主题。

The Bulletin of Scientific Instrument Society（1983）

《科学仪器协会会刊》是由科学仪器学会（Scientific Instrument Society）于1983年开始发行的英文季刊。其国际刊号为ISSN: 0956-8271。该刊通常包含仪器研究、仪器信息以及书评和展览评论，另外还会有学会的最新消息和一些仪器拍卖的广告。

四、中文类

《广西民族大学学报（自然科学版）》（*Journal of Guangxi University For Nationalities（Natural Science Edition）, 1994*）

这是由广西民族大学主办的中文综合性学术季刊，国际刊号为ISSN: 1673-8462，国内刊号为CN 45-1350/N，出版地为南宁。

该刊创办于1994年，曾用刊名《广西民族学院学报（自然科学版）》，是以反映教学科研成果为主的综合性学术期刊，主要关注自然科学领域。与科技史研究相关的是，该刊专辟有科技史研究栏目（以及断续有"科技史家访谈录"栏目），可刊载研究中外科技史的论文、评论文章以及读书报告等。

《科学技术哲学研究》（*Studies in Philosophy of Science and Technology, 1984*）

这是由山西大学科学技术哲学研究中心与山西省自然辩证法研究会主办的一份主要关于科学技术哲学的综合性中文学术双月刊。国际刊号为ISSN: 1674-7062，国内刊号为CN 14-1354/G3，出版地为太原。现任主编为郭贵春。

该刊创办于1984年，原名《科学技术与辩证法》，2009年改为现名。该刊下设科学哲学、技术哲学、科技史、科技与社会以及会议综述等栏目，刊载相关领域的研究论文、评论等。该刊数度入选《中文核心期刊要目总览》的全国哲学类核心期刊。

《科学文化评论》(Science & Culture Review, 2004)

该刊是由中国科学院自然科学史研究所和中国科学院规划战略局主办的一份跨学科的综合性中文学术双月刊。国际刊号为 ISSN: 1672-6804，国内刊号为 CN 11-5184/G。现任主编为高慧珊。

该刊创办于 2004 年，据其官方介绍，该刊旨在推动科学技术与社会文化之间互动关系的研究，加强科学与人文及社会科学之间的对话，以促进科学技术与人类社会的协调发展，因而该刊定位为跨学科的综合性学术刊物，主要登载科学与人文、科学与社会以及科技与可持续发展等方面的研究成果。而其下设主要栏目包括专题、科学与人文、科技与社会、人物访谈、书评·书介学术沙龙、机构简介等，可刊载论文、书评以及其他评论性文章等，其领域涵盖科学史。

《医学与哲学》(Medicine & Philosophy, 1980)

这是由中国科学技术协会主管、中国自然辩证法研究会主办、大连医科大学承办的一份中文学术半月刊。国际刊号为 ISSN: 1002-0772，国内刊号为 CN 21-1093/R。现任主编为张大庆与赵明杰（常务）。

该刊创办于 1980 年，作为一份半月刊，该刊现包括上半月的《医学与哲学》A期杂志（原人文社会医学版）与下半月的《医学与哲学》B期杂志（原临床决策论坛版）。与医学史研究相关的主要是前者，据其官方定位，它旨在"倡导医学人文精神，论述人文医学各种重要理论与实践问题，剖析医学与医疗保健实践中的人文投影"，辟有"医学史研究"栏目（该刊其他的栏目有专论、医学哲学、医学伦理学理论研究、医学心理学、医学社会学、医学人文教育、医学法学等），刊载研究论文与评论文章。该刊多次入选北京大学《中文核心期刊要目总览》综合性医药卫生类核心期刊。

《中国科技史杂志》(The Chinese Journal for the History of Science and Technology, 1980)

这是由中国科学技术史学会与中国科学院自然科学史研究所主办、中国科学技术出版社出版的综合性中文学术季刊。原名《中国科技史料》，2005 年之后改为现名。出版地为北京，主管单位是中国科学技术协会，国际刊号为 ISSN: 1673-1441，国内刊号为 CN 11-5254/N。现任主编廖育群。

　　该刊创办于 1980 年，据其官方介绍，该刊是中国唯一系统汇集中国科技史料的学术性期刊，主要关注中国近现代，尤其是近 100 年来的科学技术发展史，亦旁涉近代以前的中国科学以及与近代中国科学紧密相关的世界科学史问题。该刊刊载范围涵盖原创学术论文、综述、史料、口述史、评论文章、书评以及学术新闻信息等。该刊多次入选（2004 年之后各版）《中文核心期刊要目总览》自然科学总论类核心期刊。

《中国农史》（ Agricultural History of China, 1981 ）

　　这是由南京农业大学与中国农业科学院共建的中国农业遗产研究室和中国农业历史学会以及中国农业博物馆共同主办的农业历史专业中文学术期刊，是中国农业历史学会会刊。由中国农业出版社在南京出版，主管单位是教育部，其 2012 年之前为季刊，2013 年以来改为双月刊。国际刊号为 ISSN: 1000-4459，国内刊号为 CN 32-1061/S。现任主编为盛邦跃。

　　该刊创办于 1981 年，该刊数度入选《中文核心期刊要目总览》中的历史类期刊，以及中国人文社会科学历史类核心期刊和中文社会科学引文索引（CSSCI）来源期刊。据其官方表述，该刊宗旨为"百花齐放、百家争鸣"，所刊论文（以及相关书评、学术信息等）涵盖大农业（农、林、牧、副、渔）多方面，内容涉及农业科技史、农业经济史、农村社会史、地区农业史、少数民族农业史、农业文化史、世界农业史、中外农业交流及农史文献整理研究等诸领域。

《中华医史杂志》（ Chinese Journal of Medical History, 1947 ）

　　这是由中华医学会主办、中国中医科学院中国医史文献研究所承办的医史学中文学术期刊。出版地在北京，主管单位为中国科学技术协会。国际刊号为 ISSN: 0255-7053，国内刊号为 CN 11-2155/R。

　　该刊初创于 1947 年，初名《医史杂志》，为季刊，后经数度停刊、复刊与更名。1980 年以《中华医史杂志》之名复刊，而 2009 年起由季刊改为双月刊。现任总编辑为王永炎（第九届编委会）。

　　据其官网介绍，该刊为"全国唯一的医史学专业学术期刊"，以"及时报道国内国际医史学界、科技史学界、文史学界、医史爱好者的医史研究成果，传播古为今用的医疗保健知识、具有启迪作用和借鉴价值的医史常识、关于医学发展规律的理性认识，为促进中国乃至世界的医学科学和卫生、文化事业的发展提供借鉴"为宗旨，设有特载、述评、专家笔谈、医史论著、文献研究、论坛与争鸣、史述、人物、短篇论述、研究生园地、讲座、史料钩沉、医药史话、书刊评价等栏目。

《自然辩证法通讯》(*Journal of Dialects of Nature, 1979*)

这是现由中国科学院大学主办的综合性中文学术双月刊。国际刊号为 ISSN: 1000-0763，国内刊号为 CN 11-1518/B。现任主编为胡志强。出版地为北京，主管单位为中国科学院。

该刊创办于 1979 年，该刊官方定位为"关于科学和技术的哲学、历史学、社会学和文化研究的综合性、理论性杂志"，辟有科学技术哲学、科学技术史、科学技术社会学、科学技术文化研究、人物评传、学术评论、学人论坛以及学术信息等栏目，并针对不同专题每期开设不同专栏。该刊是《中文核心期刊要目总览》自然科学总论类期刊，并属于《中文社会科学引文索引》(CSSCI) 来源期刊。

《自然辩证法研究》(*Studies in Dialectics of Nature, 1985*)

这是由中国科学技术协会主管、中国自然辩证法研究会主办的综合性中文学术月刊。国际刊号为 ISSN: 1000-8934，国内刊号为 CN 11-1649/B。出版地为北京。现任主编为殷瑞钰。

该刊创办于 1985 年，该刊设有科学哲学、技术哲学、工程哲学、科技与社会、科技思想史、问题讨论、学术动态与信息等栏目，并不时辟有专栏，主要刊载研究论文。该刊是《中文核心期刊要目总览》中自然科学总论类核心期刊，以及 CSSCI 来源期刊。

《自然科学史研究》(*Studies in the History of Natural Sciences, 1982*)

这是由中国科学院自然科学史研究所与中国科学技术史学会共同主办，由科学出版社出版的涵盖科学史、医学史及技术史等学科领域的综合性季刊。前身是诞生于 1958 年的《科学史集刊》。出版地为北京，由中国科学院主管。国际刊号为 ISSN: 1000-0224，国内刊号为 CN 11-1810/N。现任主编为邹大海。

该刊创办于 1982 年，作为《中文核心期刊要目总览》中的核心期刊（2000 年之后各版），按其官方介绍，《自然科学史研究》接受的发表范围囊括科技史领域的综合性研究、科技史理论与各具体学科史的论文、评论、研究讨论、书评以及学术信息等，对来稿中英文不限。

第五十章　学会

和涛

本章分国际学会、地区学会两部分，同一类别按学会名称排序。

一、国际学会

1. 科学史类

History of Science Society（HSS）

科学史学会是世界上最大的科学史学会，它致力于通过历史来理解科学、技术和医学，并在历史语境中考察它们与社会的交互作用。科学史学会成立于 1924 年，是世界上成立最早的科学史学会，有着超过 3000 位来自全球的个人或组织成员。学会通过刊物和其他活动为学者、决策者和公众提供关于科技政策、科学潜力和科学成果及其局限的史学透视。

对于科学史研究和教学的推进主要依靠学会的刊物。早在 1912 年，乔治·萨顿（George Sarton，1844—1956）就创办了国际评论，学会的成立更保证了旗舰刊物《爱西斯》（*Isis*）的未来。《爱西斯》主要内容有社论、学者文章、论文评论、书评、文献笔记、文件、讨论以及专业新闻。自 1985 年起，学会振兴了由萨顿在 1936 年创办的另一个研究性期刊《奥西里斯》（*Osiris*），该刊物现主要致力于研究科学共同体的历史。学会同时发表和赞助其他相关研究，以及编写一些专门的研究工具书，如科学传记辞典等。同时，学会设立了众多奖项，如最佳《爱西斯》文章奖（Derek Price/Rod Webster Prize）、女性科学史最佳研究奖（Margaret W. Rossiter History of Women in Science Prize）、最佳科学史教育奖（Joseph H. Hazen Education Prize）、生命科学和博物学的最佳著作奖（Suzanne J. Levinson Prize）、最佳科学史著作奖（Pfizer Award）、最畅销科学史读物奖（Watson Davis and Helen Miles Davis Prize）等，以及科学史界的最高奖项科学史终身成就奖——萨顿奖章（George Sarton Medal）。

International Union of History and Philosophy of Science and Technology
(IUHPST) Division of History of Science and Technology (DHST)

国际科技哲学与科技史联合会（IUHPST）隶属于国际科学委员会（International Council for Science）。作为在科学领域里世界顶尖的非政府组织，国际科学委员会推进学术会议、出版物等。国际科技哲学与科技史联合会由两个部分构成：逻辑、方法论、科学哲学分部（DLMPS），以及科学史分部（DHST）。每一个分部组织每四年各组织一次国际大会，中国学者孙小淳教授任科学史分部副院长。

International Academy of the History of Science (Académie Internationale
d'Histoire des Sciences)(IAHS)

1928 年，科学史家梅利（Aldo Mieli）、阿贝尔·雷伊 (Abel Rey)、乔治·萨顿（George Sarton）、亨利 E. 西格里斯特（Henry E. Sigerist）、查尔斯·辛格（Charles Singer）、卡尔·祖德霍夫（Karl Sudhoff）、林恩·桑代克（Lynn Thorndike）共同创办国际科学史研究院，总部设在巴黎。研究院旨在推进科学史学科的建制化，设立了著名的科学史奖项科瓦雷奖（Koyré medal）。国际科学史研究院由荣誉院士（honor member）、院士 (Effective member）和通讯院士（Corresponding Member）组成，成员为终身荣誉称号，如今由最初的 7 名成员发展到现有院士 120 人，通讯院士 180 人。迄今为止，当选国际科学史研究院院士或通讯院士、荣誉院士的中国学者共 16 位，其中健在的有潘吉星、刘钝、洪万生、曲安京、孙小淳、张柏春 6 人。

2. 技术史类

International Committee for the History of Technology (ICOHTEC)

1968 年，国际技术史委员会于巴黎成立。委员会旨在建立不同学科专业人员之间的合作关系，促进国际合作与技术发展。通过建立和拓展技术史的学术基础，促进当代国际问题的解决及相应历史学科的研究，为各国学者在技术史的研究和文献资料交换方面提供服务。委员会创办了刊物 *ICON*（*Journal of the International Committee for the History of Technology*）。

Society for the History of Technology (SHOT)

技术史学会成立于1958年，会员人数约为1500名。学会致力于推进技术与政治、经济、劳动、商业、环境、公共政策、科学与艺术的关系的历史研究。作为一个国际学会，每年在北美或欧洲举办年会，同时也赞助小型会议。学会的季刊《技术与文化》（*Technology and Culture*），由约翰·霍普金斯大学出版社出版。学会设立众多奖项，包括技术史界最高奖项——莱昂纳多·达·芬奇奖章，以及一系列论文奖和专项奖励。

3. 医学史类

International Society for the History of Medicine（SIHM）

国际医学史学会（SIHM）于 1921 年在巴黎成立。学会的定位是协助和支持有关医学和生物医学以及广义的所有治疗术的历史研究，法语和英语是其官方语言。学会旨在提高个人和专业团体之间的沟通，提高医学史在世界各地的兴趣，以及在这些学科的教学和知识传播。学会赞助和监督两年一次的国际医学史会议，并发行官方杂志《维萨留斯》（*Vesalius*）。

4. 农史类

Agricultural History Society（AHS）

1919 年，农学史学会在华盛顿特区成立，学会旨在推进农学史的研究。1924 年学会出版第一本杂志《农学史》（*Agricultural History*）。学会鼓励所有国家关于此主题的研究。农学史学会最初隶属于美国历史协会。学会目前的成员包括农业经济学家、人类学家、经济学家、环保主义者、历史学家、历史地理学家、农村社会学家，以及各种独立的学者。学会每年召开年会，并设立奖项：最佳农史著作奖（Theodore Saloutos Memorial Award）、非美国的最佳农史著作奖（Henry A. Wallace Award）、最佳农学史文章（Vernon Carstensen Memorial Award）、最佳农学史学位论文奖（Gilbert C. Fite Dissertation Award）以及农学史终身成就奖（Gladys L. Baker Award）等。

5. 专科史类

数学史

International Commission on the History of Mathematics (ICHM)

国际数学史委员会（ICHM）是由国际数学学会（IMU）和隶属于国际科技史与哲学协会（IUHPST）的科学史分部（DHST）共同组成的国际联盟委员会。学会由55 个国家的代表组成，旨在鼓励和推进高水平的数学史的研究。学会的官方刊物《数学史》（*Historia Mathematica*）在 1974 年由肯尼斯·梅（Kenneth O. May）创办。同时，学会编写了世界数学史家词典（*World Directory of Historians of Mathematics*），并设立了表彰卓越数学史家的肯尼斯·梅奖章（Kenneth O. May Prize）和最佳青年数学史文章奖（Montucla Prize）。

物理学史

Commission on the History of Physics（CHP）

物理学史委员会（CHP）隶属于国际科学史和科学哲学联合会（IUHPS）科学和技术史分部（DHST）。CHP 的主要目标包括促进不同文化和时期的物理学和相关科学的历史研究，加强物理学和相关科学的历史学家之间的交流，并支持从事这些课题的年轻学者。委员会收集了过去 10 年发表的有关物理学史的几乎所有期刊和论文数据。

化学史

Society for the History of Alchemy and Chemistry（SHAC）

炼金术与化学史学会由帕廷顿 (J.R. Partington, 1886—1965)、泰勒（Frank Sherwood Taylor, 1897—1956) 和麦基 (Douglas McKie, 1896—1967) 于 1935 年共同创办，学会保持着炼金术史和化学史研究的最高水平，在全球 28 个国家有着 250 名会员。学会举办会议，提供奖学金和奖项，包括帕廷顿奖（The Partington Prize）、约翰和玛莎·莫瑞斯奖（The John and Martha Morris Award）和牛津 Part Ⅱ 奖（The Oxford Part Ⅱ Prize）。学会发行官方刊物《炼金术与化学史研究学会志》（*Ambix*）和通信《化学情报》（*Chemical Intelligence*）。

天文学史

The Inter–Union Commission on the History of Astronomy（ICHA）

国际天文学联合会天文学史专业委员会隶属于国际天文学联合会（IAU）和国际科技哲学与科技史联合会之科学史分部（IUHPS/DHST）。委员会致力于推进天文学史各个方面的研究，从古代的地方性的天空知识到近代的天文学。委员会鼓励和支持与天文学史相关的研究活动，如天文考古和有关天文仪器和天文台的保存和鉴别工作。天文学史委员会是国际天文学联合会中最大、最活跃的部门之一。国际天文学联合会每三年举办一次国际会议。

地学史

History of Earth Science Society（HESS）

地学史学会成立于 1982 年，学会旨在推进人文和科学的交流，弥合人文与科学间的鸿沟。并且，由于地学是一门全球性的科学，国际性的平台有助于学科发展本身。学会有着地学史方向的专业学术期刊《地学史》（*Earth Sciences History*）。

International Commission on the History of Geological Sciences（INHIGEO）

国际地质史委员会成立于 1967 年，目前有来自 57 个国家的 289 名成员。它隶属于国际科技史与哲学协会（IUHPST）的国际地质科学联合会（IUGS）。学会主要推动专业年会和相关的活动，并有期刊《国际地质史委员会通讯》（*INHIGEO Newsletter*）。

博物学史

Society for the History of Natural History（SHNH）

博物学史学会（SHNH）是对广义的博物学史感兴趣的国际学会。广义的博物学包括植物学、动物学、地质学以及博物学的收藏、探索、制作等。协会的赞助人是戴维·阿滕伯勒（Sir David Attenborough OM CH FRS）爵士。学会原名博物学文献学会，它于 1936 年由一小群杰出科学家、图书馆员在伦敦成立。主要出版物是《博物学档案》（*Archives of natural history*）。学会在博物学举办了一系列的学术会议，包括短期的会议和国际会议。为奖励和推进博物学史的研究，学会还设立了一系列奖项，其中包括：创始人勋章（The Founders' Medal）、约翰·撒克里勋章（The John Thackray Medal）、赞助人奖（The Patron's Prize）等。

International Society for the History, Philosophy, and Social Studies of Biology（ISHPSSB）

国际生物学历史、哲学和社会研究学会（ISHPSSB）成立于 1989 年，聚集了来自不同学科的学者，包括生命科学以及科学的历史、哲学和社会研究。两年一次的 ISHPSSB 夏季会议以创新的、跨学科的会议，以及促进非正式的、合作性的交流和持续的合作而闻名。

6. 专题史类

The Commission on the History of Science and Technology in Islamic Societies

伊斯兰社会科学技术史委员会是由世界各地的学者组成,致力于在伊斯兰的背景下理解科学的多方面历史作用。该委员会隶属于国际科技史与哲学协会(IUHPST)。协会成立于20世纪80年代,现有来自28个国家的145名成员。

二、地区学会

1. 美国

American Association for the History of Medicine(AAHM)

美国医学史学会(AAHM)成立于1925年,由历史学家、生理学家、护理学家和档案专家等专业人员组成,它致力于推动和鼓励医学及其相关领域的研究,现有成员1000余名。学会的官方出版物为《医学史通讯》(*Bulletin of the History of Medicine*)。学会每年组织年会以及其他学会活动,如工作坊、非正式兴趣组及专题讨论会等。除此之外,学会设立了一系列奖项推动和表彰医学史研究,如奥斯勒奖章(Osler Medal)、沃思·埃斯特奖(J. Worth Estes Prize)、威廉·韦尔奇奖章(William H. Welch Medal)、吉纳维夫-米勒终生成就奖(Genevieve Miller Lifetime Achievement Award)、乔治·罗森奖(George Rosen Prize)等9个奖项。

American Astronomical Society, Historical Astronomy Division(HAD)

美国天文学会天文史分部(HAD)成立于1980年,隶属于美国天文学会。天文史分部的兴趣包括传统天文学史、考古天文学,以及利用古代天文记录去解决现代天文学问题3个方面。学会每年组织年会,官方出版物为《天文史分部新闻》(*H.A.D. News*)。学会设立了相关奖项,包括天文史界最高奖多格特奖(The Doggett Prize)、唐纳德图书奖(Donald E. Osterbrock Book Prize)。

American Chemical Society, Division of the History of Chemistry

美国化学学会化学史分部成立于1922年,致力于化学史和相关学科(化学考古)的讨论和研究。它参与创建了化学史中心(现化学遗产基金会(Chemical Heritage Foundation))和美国化学学会国家化学史里程碑项目(ACS National Histrionic

Chemical Landmarks Program）。分部每年组织年会，并出版杂志《化学史通讯》（*Bulletin for the History of Chemistry*）和《HIST 通讯》。学会为推进化学史研究，设立年度奖项：卓越论文奖、化学史卓越成就奖（HIST Award for Outstanding Achievement in the History of Chemistry）等。

American Physical Society, Forum on the History of Physics（FHP）

美国物理学会物理史分部成立于 1980 年，学会成员超过 3000 人。学会致力于推进物理学史的研究，并每年召开会议。学会出版半年刊杂志《物理学史通讯》（*History of Physics Newsletter*），并设立奖项亚伯拉罕·派斯物理学史奖（Abraham Pais Prize for History of Physics）。

American Society for Environmental History（ASEH）

美国环境史学会（ASEH）是环境史领域里的专业协会，成立于 1977 年，旨在通过对环境史的研究来理解当前的环境问题。学会支持环境史方面的教学和奖励，为成员提供专业的学术支持。学会的目标还包括推进人类与自然之间交互关系的理解，支持跨学科之间的交流等。学会与森林史学会（Forest History Society）共同主办并由牛津大学出版社出版的杂志《环境史》（*Environmental History*）。学会设立了 8 项奖项和奖学金，其中最佳环境史著作奖（George Perkins Marsh Prize）、《环境史》最佳论文奖 (Leopold-Hidy Prize)、非《环境史》最佳论文奖（Alice Hamilton Prize）、环境史最佳学业论文奖（Rachel Carson Prize）4 个奖项每年颁发一次，卓越学者奖、卓越服务奖、公众拓展奖、环境史杰出职业生涯奖每两年颁发一次。

The Geological Society of America（GSA）, History and Philosophy of Geology Division.

美国地质学会地质史与地质哲学分会成立于 1976 年，有 325 名成员，致力于推进地质史与地质哲学的交流工作，其官方刊物为《通讯档案》（*Newsletter Archive*）。学会设立了众多奖项推进地质史及地质哲学的研究，其中包括学生奖项、杰出服务奖以及地质史奖。

Botanical Society of America, Historical Section（BSA）

美国植物学会成立于 1893 年，约有 3000 名成员，是全球最大的关注植物的组织之一。学会旨在推动植物学的研究、教育和交流。学会有 15 个专门的分部，历史分部隶属其中。学会发行刊物:《美国植物杂志》(*American Journal of Botany*)、《植物科学应用》(*Applications in Plant Sciences*) 和《植物科学通讯》(*Plant Science Bulletin*)。学会每年举行年会，并设立了一系列推进植物学的研究奖项。

2. 加拿大

Canadian Society for the History and Philosophy of Science

加拿大科学史与科学哲学学会成立于 1959 年，致力于为历史学家、哲学家、社会学家和科学各个学科的研究者提供对科学进行研究的平台。学会的官方刊物是《公报》(*Communiqué*)，并每年组织年会。

Canadian Science and Technology Historical Association (CSTHA)

加拿大科技史协会成立于 1980 年，是以推进加拿大科技史研究为目标的国家性学会。它致力于推广加拿大自身的科学史，并且使科学史成为加拿大编史学的重要部分。学会每两年召开一次会议，并出版杂志《加拿大科学》(*Scientia Canadensis*)。

Canadian Society for the History and Philosophy of Mathematics (CSHPM)

加拿大数学史和数学哲学学会成立于 1974 年，致力于推进数学史和数学哲学的研究。学会出版官方学术刊物《数学史》(*Historia Mathematica*) 和《数学哲学》(*Philosophia Mathematica*)。学会每年通常和加拿大人文社科联盟 (Canadian Federation for the Humanities and Social Sciences)、加拿大数学学会 (Canadian Mathematical Society) 或英国数学史学会 (British Society for the History of Mathematics) 共同举办年会。

3. 欧洲

The European Association for the Study of Science and Technology (EASST)

欧洲 SST 联合学会成立于 1981 年，位于荷兰。学会旨在推进科学技术的社会和历史研究，促进学者间的相互交流，增加科学政策的透明性，推进公众理解科学。学会每两年举办一次大会，其官方出版物为《EASST 评论》(*EASST Review*)。

European Association for the History of Medicine and Health (EAHMH)

欧洲医学卫生史学会于 1989 年在斯特拉斯堡成立。学会致力于培养和推进关于欧洲医学卫生史的相关问题研究。学会的成员包括统计学家、社会史学家、社会人类学家和医学史家。学会每两年组织一次医学卫生史会议，提供高水平的学科交叉论坛。学会出版《医学史》（*Medical History*），并设立图书奖（The EAHMH book award）。

British Society for the History of Science（BSHS）

英国科学史学会旨在促进理解科学史、技术史、医学史和他们对于科学对社会产生的影响。学会出版著名的刊物《英国科学史杂志》（*British Journal for the History of Science*），并举办年会。学会设立了一系列奖项，这些奖包括为年轻学者设立的未发表论文奖、正式的著作奖和普及读物奖，等等。

British Society for the History of Mathematics

英国数学史学会成立于1971年，致力于推动和鼓励数学史的研究、教学和推广，同时推动和强调数学教育中数学史的重要性。学会出版刊物《英国数学史通讯》（*Newsletter of the British Society for the History of Mathematics*），并设立诺伊曼奖（Neumann Prize）等奖项。

4. 东亚

International Society for the History of East Asian Science Technology and Medicine（ISHEASTM）

1990年，在剑桥举办的第六届中国科学史大会上成立了东亚科学史技术史和医学史学会。学会隶属于国际科技史与科技哲学联合会科学技术史分部（IUHPST-DHST）。学会的活动主要包括：每四年举办一次大会，为学术会议和活动提供支持，出版杂志《东亚科学、技术和医学》（*East Asian Science, Technology and Medicine*），并设立竺可桢奖。

The History of Science Society of Japan

日本科学史学会成立于1941年。以"实现科学史及技术史的研究进步与普及"为目的，广泛发表会员的研究成果，并开展各种有助于促进研究的事业。作为发表会员研究成果的平台，举办年会（一般讲演、专题研讨会等）及支部、分科会的例会等会议。同时，作为学术机关杂志，发行日文杂志《科学史研究》（每年发行4期），

西文杂志 *Historia Scientiarum*（每年发行 3 期），以及面向会员的新闻通讯《科学史通信》（双月刊）。此外，还举办广泛宣传科学史及技术史趣味的公开普及讲座"科学史学校"等，或者与日本学术会议的科学史研究联络委员会合作，努力普及国内外的科学史与技术史的研究及其成果。

5. 澳洲

Australasian Association for the History, Philosophy and Social Studies of Science（AAHPSSS）

澳大利亚科学史、科学哲学与科学的社会研究协会成立于 1967 年，协会旨在培养澳洲的历史学家、哲学家和社会学家对于科学、技术和医学的研究。学会的主要事务是推进科学史和科学社会学的研究和教学。学会每年举办年会，并出版杂志《元科学》（*Metascience*）。

6. 中国

中国科学技术史学会

中国科学技术史学会成立于 1980 年 10 月，其会员主要来自高等院校和科研机构的研究者以及在读的研究生等。下设数学史、物理学史、化学史、天文学史、地学史、生物学史、农学史、医学史、技术史、金属史、建筑史、综合史、地方科技史志、少数民族科技史、科学史教育、咨询工作委员会 16 个专业委员会和传统工艺、计时仪器史 2 个研究分会。学会为了推进科学技术史研究在中国的发展与普及，开展许多重要的学术活动。学会和下属各专业委员会举办各种学术会议，编辑出版《中国科技史杂志》（原名《中国科技史料》）和《自然科学史研究》两种学术刊物。

中华医学会医学史分会

中华医学会（Chinese Medical Association）成立于 1915 年。现有 83 个专科分会，50 万名会员，下设部门 16 个，法人实体机构 3 个，另与解放军军事医学科学院合办医学图书馆 1 个。医学史学术团体的设立始于 1936 年的中华医学会医史委员会，1940 年 12 月国际医史学会接受中华医史学会为会员。中华人民共和国成立后，于1950 年定名为中华医学会医史学会，1987 年改名为中华医史学会，1998 年又更名为中华医学会医学史分会。医史学会现挂靠于中国医史文献研究所。医史学会在推进我国的医学史研究、教学和医学史知识的普及方面发挥了重要的作用。

中国农业历史学会

中国农业历史学会于 1987 年 9 月正式成立。随着学会的发展，于 1993 年，原国家民政部正式批准农史学会为全国性群众学术团体，即国家一级学会，由原"中国农学会农业历史学会"改为"中国农业历史学会"，并登记注册。学会为促使农史研究走向世界，加强国际学术交流创造了良好的条件。

"中央研究院"科学史委员会（中国台湾）

该委员会成立于 1981 年 7 月。它的成立是台湾地区科学史学发展的大势所趋。"中央研究院科学史委员会"成立后，极大地推动了台湾地区科学史学的发展。委员会出版《科学史通讯》杂志。在 1987 年 8 月 1—5 日在德国汉堡举行的第 18 届国际科学史会议中，台湾地区科学史学界以"中央研究院科学史委员会"名义申请入会获准，此后，台湾地区科学史学界对外大都采用这一名义进行交流，对提高台湾地区科学史学界的地位有极其深远的意义。

中华科技史学会（中国台湾）

中华科技史学会成立于 1997 年，原名"中华科技史同好会"。学会是一个非政治、非盈利的纯粹学术社团，定期举办与科技史相关的演讲和活动，每年举行 10 次演讲。学会自 2000 年起发行会刊《中华科技史学会学刊》。

第五十一章 会议

于丹妮

本章涉及科技史学科的重要国际会议，分综合会议、专科史会议、专题史会议三部分。

一、综合会议

International Congress of History of Science and Technology

1929 年，首届国际科学史大会在巴黎召开，大会每三年举行一次。1937 年起，由于第二次世界大战的关系，大会整整中断了 10 年。第 5 届大会于 1947 年在瑞士洛桑召开，开启了第二次世界大战后国际科学史的事业。在 1977 年，大会改为每四年一届。国际科学史大会最早由国际科学史研究院（International Academy of History of Science, IAHS）组织，现在则是国际科学史学会（International Union of History and Philosophy of Science /Division of History of Science，IUHPS /DHS）四年一次的官方大会。从 2009 年开始，会议改称国际科技史大会（International Congress of History of Science and Technology）。2025 年将举行第 27 届会议。

以下是历届大会基本信息：

1st ICHS: Paris, France, 1929.

2nd ICHS: London, England, 1931.

3rd ICHS: Porto–Combra–Lisbon, Portugal, 1934.

4th ICHS: Prague, Czechoslovakia, 1937.

5th ICHS: Lausanne, Switzerland, 1947.

6th ICHS: Amsterdam, Netherlands, 1950.

7th ICHS: Jerusalem, Israel, 1953.

8th ICHS: Florence–Milan, Italy, 1956.

9th ICHS: Barcelona–Madrid, Spain, 1959.

10th ICHS: Ithaca, USA, 1962.

11th ICHS: Cracow, Poland, 1965.

12th ICHS: Paris, France, 1968.

13th ICHS: Moscow, USSR, 1971.

14th ICHS: Tokyo, Japan, 1974.

15th ICHS: Edinburgh, Scotland, 1977.

16th ICHS: Bucarest, Romania, 1981.

17th ICHS: Berkeley, USA, 1985.

18th ICHS: Hamburg, Germany, 1989.

19th ICHS: Zaragoza, Spain, 1993.

20th ICHS: Liège, Belgium, 1997.

21st ICHS: Mexico City, Mexico, 2001.

22nd ICHS: Beijing, China, 2005.

23rd ICHST: Budapest, Hungary, 2009.

24th ICHSTM: Manchester, England, 2013.

25th ICHST: Rio de Janeiro, Brazil, 2017.

26th ICHST: Prague, Czech Republic

History of Science Society (HSS) Annual Meeting

科学史学会年会于每年秋季举办，会议将数百名学者、学生和其他感兴趣的人聚集在一起，讨论研究、分享观点、建立和更新友谊。学会负责维护科学史和相关领域的会议数据库。科学史机构、博物馆、图书馆和其他组织定期举办会员和其他个人可能感兴趣的座谈会。

International Committee for the History of Technology (ICOHTEC) Annual Meeting

国际技术史委员会年会每四年举行一次，作为国际科技史大会（International Congresses of History of Science and Technology）的一部分。在 ICOHTEC 第一任秘书长 Maurice Daumas（法国）的倡议下，法国政府在 Pont-a-Mousson 主办了第一次独立的研讨会（1970）。几乎每年都有专题讨论会举行，许多会议的记录以不同的形式出版。

Society for the History of Technology（SHOT）Annual Meetings

技术史学会（SHOT）年会每年在北美或欧洲举办，同时也赞助小型会议。首次年会于 1958 年在华盛顿召开。至少每隔四年，SHOT 在北美以外的地区举行年会。包括伦敦、慕尼黑、乌普萨拉、阿姆斯特丹和里斯本。2016 年，SHOT 在新加坡举行了年会，这是首次在亚洲举行会议。2020 年受疫情影响，SHOT 首次举办虚拟会议，世界各地的参会者在网络会面。

British Society for the History of Science（BSHS）Conferences

英国科学史学会年会 2003 年重新召开，每年夏季举办，有来自各行各业的贡献者参加。除此之外，BSHS 还组织和支持其他会议，例如，每年上半年举办研究生会议，欢迎全世界科学、技术和医学史所有领域的研究生参加并发表论文。每次会议完全由主办机构的研究生组织，并提供一个理想的机会来认识研究人员，并获得宝贵的早期会议经验。其他会议包括各类更专业的会议活动，或与其他学会联合举办的会议，包括四年一次的三学会会议（由科学史学会、加拿大科学史与科学哲学学会和欧洲科学史学会共同举办）。

The Commission on History of Science and Technology in Islamic Societies（CHOSTIS）Annual Meeting

国际伊斯兰科技史委员会的 Scientiae 小组组织一年一度的春季会议，会议为期 3 天。会议将不按学科，而是按主题组织。第一届 Scientiae 会议于 2012 年在加拿大温哥华（西蒙弗雷泽大学）举行，未来的会议将继续在美洲、英国和欧洲大陆 3 方轮流举行。除非另有说明，会议语言为英文。

二、专科史会议

1. 数学史

International Commission on the History of Mathematics Symposium

国际数学史会议在国际科学史大会的会议中进行。国际数学史委员会（ICHM）是由国际数学学会（IMU）和隶属于国际科技史与哲学协会（IUHPST）的科学史分部（DHST）共同组成的国际联盟委员会。1981 年在布加勒斯特举行的第 16 届国际科学史大会上，国际科学史学会主办了第一个数学史讲座，纪念 19 世纪法国数学家泊松（Simeon-Denis Poisson，1781—1840）的科学工作。委员会还于 1983 年在多伦多大学主办了一个关于数学史的夏季研讨会，并于 1985 年在伯克利举行的第 17 届国际数学会中主办了一个关于"数学科学的传播"的研讨会。1985 年，ICHM 成为 IUHPS 和国际数学联盟的一个跨联盟委员会，委员会强调数学史学家与科学史学家和数学家之间享有的密切联系。

2. 物理学史

APS Forum on the History and Philosophy of Physics Meetings

物理学史会议由美国物理学会（APS）物理史分部（FHP）赞助并组织每年三月和四月的会议。会议汇集了物理学家、历史学家和其他对物理学史及对文化、教育和物理学研究本身感兴趣的 APS 成员，代表 20 多个 APS 单位和委员会。

Early-Career Conference for Historians of the Physical Sciences

物理科学史早期职业学者国际会议由美国物理联合会（American Institute of Physics, AIP）物理学史中心（Center for History of Physics）每两年举办一次。2022 年 9 月将举行第五届。会议的目标是促进初级学者之间的交流与合作，并提供一个探讨和反思当前物理科学史学问题的论坛。

3. 化学史

Society for the History of Alchemy and Chemistry（SHAC）Seminar Meetings

炼金术史与化学史学会（SHAC）会议每年举办两次，分春 / 夏季会议和秋季会议。会议由炼金术史与化学史学会主办，它保持着炼金术史和化学史研究的最高水平，在全球 28 个国家有着 250 名会员。学会网站上发布会议信息，并提供从 1999 年至今的会议档案以便查阅。此外，学会的研究生网络每年组织研究生研讨会，通常在秋季举行。学会还赞助由其他机构组织的研讨会、座谈会、会议和展览。

ACS Meetings

美国化学学会（ACS），化学史分部会议，在美国化学学会年会（ACS Meeting）中召开，每年举办一次。ACS 会议和展览是化学专业人员聚会的地方，以分享思想和推进科学、技术知识。

Science History Institute, Chemistry·Engineering·Life Sciences Conferences and Symposia

科学史研究所每年举办三次大型会议，以及小型专题讨论会。历史学家、科学研究学者、博物馆从业人员、科学家和行业专业人士参加，讨论的主题包括炼金术、环境主义、技术创新、博物学收藏等。

4. 天文学史

IAU Meeting

国际天文学联合会天文学史专业委员会隶属于国际天文学联合会（IAU）和国际科技哲学与科技史联合会，科学史分部（IUHPS/DHST）。国际天文学史会议在国际天文学联合会（IAU）所举办的国际天文学大会中召开。

HAD Meeting

美国天文学会（AAS），天文史分部（HAD）会议，在美国天文学会年会（AAS Meeting）中召开，每年举办一次。HAD 与 AAS 的其他部门不同，其成员不仅包括属于上级学会的天文学家，还包括来自科学史、人类学和考古学等领域的附属成员。

5. 地学史

International Commission on the History of Geological Sciences（INHIGEO）Symposium

国际地质史委员会论坛每年举办一次。若是在国际地质大会（International Geological Congress）召开的年份则合并在大会中进行。2021 年举办了第 46 届论坛。

History of Geology Group Meetings

伦敦地质学会（GSL），地质史分部（HOGG）会议。任何对地质学史感兴趣的人都可以参加。会员有资格免费参加在线活动，非会员则收取少量费用。HOGG 每年至少举行三次会议，会议讨论历史学家和地质学家感兴趣的广泛议题。会员可以享受减免注册费。HOGG 的计划中还会不时地加入其他会议和其他活动。HOGG 不定期出版由 HOGG 成员编辑的会议主题论文和其他与地质学历史有关的主题论文集。

International Conference of Historical Geographers

国际历史地理学家会议起源于 1975 年在加拿大安大略省金斯敦举行的英国—加拿大研讨会。每三年举办一次。欢迎对历史地理学和相关领域（包括制图史、科学史和环境史）的经验、理论和历史有贡献的学者参与。同时积极鼓励早期职业学者和研究生等研究人员的参与。会议将包括一系列学术活动、全体会议、社会活动和在不同地区的实地考察。

6. 生物学史

International Society for the History, Philosophy, and Social Studies of Biology（ISHPSSB）

国际生物学的历史、哲学和社会研究学会（ISHPSSB）每两年举行一次会议。ISHPSSB 于 1989 年 6 月 21—25 日在西安大略大学成立。其主要目的是举办会议。在奇数年进行招标，在偶数年中，一些活动可以使用 ISHPSSB 的名称，学会将帮助宣传并以其名义举办符合标准的研讨会或会议。研讨会是在轻松的气氛中进行非正式讨论，也可以是正式的会议。ISHPSSB 支持研究生参加会议并提供旅行资助。

7. 医学史

Congress of the International Society for the History of Medicine

国际医学史大会由国际医学史学会（SIHM）主办，每两年召开一次。学会是协助和支持有关医学和生物医学以及广义的所有治疗术的历史研究，法文和英文是其官方语言。学会旨在提高个人和专业团体之间的沟通，提高医学史在世界各地的研究兴趣，以及在这些学科的教学和知识传播。

AAHM Annual Meeting

美国医学史学会年会首届会议于 1925 年在华盛顿召开。参加会议的医生们将自己组织成国际医学史学会的美国分会，并决定每年举行一次会议。在 1927 年的会议上，首次提交了历史论文。次年，该分会重新组建为一个独立的协会，即美国医学史协会。目前 AAHM 举行年度会议，出席年会的人数在 400～450 人，会议提供丰富多样的论文计划、午餐研讨会、非正式的兴趣小组会议，以及有共同历史兴趣的会员之间的交流。以促进学术工作的展示、讨论和辩论，并承认和鼓励最高质量的历史研究。

8. 农学史

Agricultural History Society, Annual Meeting

农学史大会由农学史学会（AHS）主办，每年召开一次。AHS 邀请与农业和农村历史研究有关的任何主题。为了体现本学会的包容性，我们特别鼓励新兴学者和研究人员提交涵盖研究不足的地理区域或时间段的论文，而且按照惯例，我们支持不直接涉及会议主题的论文。AHS 在形式上也很灵活，鼓励各种类型的提案，包括有论文和评论的传统会议、专题小组讨论、关于近期书籍或电影的圆桌会议、研讨会、主题对话和海报展示。会议现场将有一个海报画廊和一个专门的海报会议来突出海报的贡献。海报的详细技术要求将寄给被接受的海报展示者。会议欢迎研究生参加，并有竞争性的旅行补助金来帮助在会议上发表论文的学生。

三、专题史会议

1. 科学仪器研讨会

Scientific Instrument Symposium

国际科学仪器委员会（SIC）隶属于国际科技哲学与科技史联合会科学史与技术史分部 (DHST)。每年举办一次会议。若是召开国际科学技术史大会的年份，技术史会议合并在此会议中进行，SIC 旨在鼓励对科学仪器的历史进行学术研究，保存和记录收集的仪器，以及它们在更广泛的科学史学科中的使用。为了促进人们对仪器历史的兴趣，鼓励讨论和提高学术水平，每年都会在世界不同的地方举行研讨会，这些地方通常有重要的仪器收藏或研究和教学中心。

2. 博物学史

SHNH Meetings

博物学史学会（SHNH）举办一系列的学术会议，包括短期的会议和国际会议。每年举行一次春季会议，其中包括每年的会员大会，在大会上选出本会干事，提交账目，并宣布奖章和奖项。每两年举办一次国际会议。会议旨在使国际博物学史学者之间建立联系，保持持久合作和友谊，建立所有从事博物学工作的人之间的联系，保持跨越国家和地区的持久合作和友谊。

3. 中国—东亚科技史

国际中国科学史会议

第一届"国际中国科学史会议"于 1982 年 8 月 6 日在比利时鲁汶大学举行，现今已经召开了 14 届。"国际中国科学史会议"为中国科学史学走向世界提供了一个平台。在这个平台中，中国科学史学者展示了自身的成就，密切了与国外同行的交往，拓宽了研究视野，提升了研究水平。

国际东亚科学史会议

国际东亚科学史会议是由东亚科学技术和医学史学会（ISHEASTM）举办。1990 年，在剑桥举办的第六届中国科学史大会上成立了东亚科学技术和医学史学会。学会隶属于国际科技史与科技哲学联合会科学史分部（IUHPST-DHST）。国际东亚科学史会议，亦称国际东亚科学技术和医学史会议，第一届至第六届会议与国际中国科学史会议原属同一会议。自第七届开始，"国际中国科学史会议（ICHSC）"易名为"国际东亚科学技术和医学史会议"。但"国际中国科学史会议"系列会议仍旧被保留下来，并定期举行。从此，国际东亚科学史会议与国际中国科学史会议成了两个不同系列的国际性科学史会议。国际东亚科学史会议对中国科学史研究也起了重大的推动作用。

中国科学技术史学会学术年会

中国科学技术史学会成立于 1980 年 10 月，其会员主要来自高等院校和科研机构的研究者以及在读的研究生等。自 2017 年开始，学会常务理事会决定启动学术年会制度。会议由中国科学技术史学会主办，海内外同人参与交流学术、谋划发展，共同推进中国科技史事业进步。

第五十二章　学位设置

于丹妮

本章分美国、美洲、欧洲、亚太、中国五个部分，各部分按照学校名称排序。

一、美国

Arizona State University, Center for Biology and Society

生物与社会中心的研究课题包括但不限于：胚胎计划、神经科学与伦理学、卡尔纳普编辑计划（Carnap Editing project）、环境伦理与生态学、火灾的社会与文化历史。该中心还在马萨诸塞州伍兹霍尔（Woods Hole）举办 ASU– 海洋生物实验室研讨会（ASU-Marine Biological Laboratory Seminar）。

生物学和社会学硕士和博士学位（MS and PhD）：

生物科学伦理、政策和法律；

生态学、经济学和环境伦理学（4E）；

科学史与科学哲学；

科学史与科学哲学博士（PhD）；

科学技术人文与社会博士（研究生院）（PhD）。

Auburn University, Department of History

奥本大学拥有专门研究技术史的教师，并因其在该领域的工作而得到国际认可。高级课程和研究生课程主题包括航空、交通和汽车、航空航天、南方工业化、体育史、性别和技术、古代世界的技术以及技术和环境。

目前，技术史硕士及博士生研究范围包括国际技术转移，除臭剂的社会和文化历史，汽车制造业，休闲车行业，国家公园的游客设施，南部工业化早期的英国航空和早期的战略轰炸的起源等。鼓励研究生在商业和劳动历史、物质文化、档案和博物馆研究、中国近代、美国近代、近代早期和欧洲近代，以及古代近东领域进行研究。

硕士和博士（MA and PhD）：技术史方向。

Brown University, Department of History (with access to a university-wide Graduate Certificate Program in Science, Technology, and Society)

布朗大学历史系具有广泛的研究领域，并与全世界的学者在研究和教学方面密切合作。

布朗大学历史系的研究生、本科生和教师具有共同的对历史的追求和价值观：对第一手资料进行严格的研究，建立批判性的背景，并对长期存在的问题进行分析。

博士（PhD）：科学史、技术史、环境史和医学史。

Department of Egyptology and Assyriology

2006 年，布朗大学著名的埃及系和数学史系合并成为埃及与亚述学系。它继续成为一个领先的学术中心，研究领域包括埃及学（研究古埃及的语言、历史和文化），亚述学（语言、历史和文化研究）和古代精确科学史（天文学，占星术和数学）。

博士（PhD）：古代精确科学史。

Carnegie Mellon University, Department of History

该系提供以研究为主的项目，所有学生都要参加为期一年的研究研讨会。同时也为学生提供一些机会来发展额外的技能：利用卡耐基梅隆大学在计算和技术方面的优势的数字人文方法研讨会。

本系的博士项目在成功完成 4 个学期的课程（所有课程成绩合格）并发表研究论文后授予博士学位。学生还有机会交叉注册匹兹堡大学的课程。

博士（PhD）：技术史、环境史、科学和健康。

Case Western Reserve University, Department of History

历史系提供社会历史与政策（SHP）和科学、技术、环境和医学史（STEM）两个重点博士学位。

科学、技术、环境和医学（STEM）课程提供技术的社会和文化史、技术和科学政策、环境历史和政策、自文艺复兴以来的物理科学史、技术和科学中的性别问题以及医学史等方面的优势研究领域。

硕士和博士（MA and PhD）：科学史、技术史、环境史、医学史。

City University of New York, Department of History

为少数研究生提供与多领域的教师一起工作的机会，主要机构的资源可供学生以研究为目的使用，包括博物馆、图书馆、植物园和位于纽约市的科学研究院。

博士（PhD）：科学史（数学、物理）、医学史、公共卫生史、环境史。

Columbia University, Department of History（in conjunction with the Mailman School of Public Health）

社会医学史博士是一个跨学科计划，分别属于梅尔曼公共卫生学院（MSPH）和艺术与科学研究生院社会科学系。

该计划的目的是培养研究人员和教师，使他们能够应用社会科学理论和方法，研究与健康和卫生保健、社会系统以及这些系统与其服务对象之间的关系的社会因素。

选择历史作为社会科学学科的学生将由历史系和MSPH合作培养。

博士（PhD）：社会医学史（history of socio-medical sciences）。

Cornell University, Department of Science and Technology Studies

康奈尔大学科学与技术研究系成立于1991年，其前身是两个独立的项目"科学、技术与社会"（STS）和"科学与技术历史与哲学"（HPST）。

科学与技术研究专业旨在加深学生对科技的社会和文化意义的理解。生物与社会专业是为那些希望将生物学训练与社会科学和人文科学的观点结合起来的学生设计的。该系将具有不同背景和兴趣的教师和学生聚集在一起，共同学习科学和技术，用特殊工具探索独特的问题，与传统学科的学者进行对话。

该系的方法自始至终都是描述性的（旨在理解科学和技术是如何实现的）和规范性的（例如，显示实际实践和公认的规范在哪里发生冲突）。

研究方向包括早期现代自然哲学的转变到当代环境、生物和技术的动态变化。

博士（PhD）

Duke University, Program in History and Philosophy of Science, Technology and Medicine

科学、技术和医学的历史和哲学（HPSTM）是杜克大学的一个跨学科的研究生证书项目，旨在补充和丰富研究生学习英语、历史、哲学、科学、工程、医学或其他学科的课程。

该项目隶属于历史和哲学系，涉及范围广泛，吸引了来自生物人类学和解剖学、生物学、土木和环境工程、古典研究、人类学文化、经济学、英语、日耳曼语和文学、文学、心理学和神经科学、宗教、妇女研究以及杜克大学其他院系和项目的参与者。

研究生证书（Graduate Certificate）。

Florida State University, Program in History and Philosophy of Science

历史和科学哲学项目（HPS）于 2004 年建立，该项目提供跨学科的生物和环境科学研究。HPS 的核心教员从事科学和社会的研究，致力于跨学科的方法。作为一所研究型大学，佛罗里达州立大学（和 HPS 项目）提供了学习和研究与东南地区相关的主题的机会，如种族问题、环境保护和污染问题，以及科学和宗教之间的冲突。

该项目在其他领域也有优势，包括逻辑学和形式方法、社会哲学、环境史、知识和文化史、美国南方史、古代科学和数学、生态学和进化生物学。

硕士（MA）

Georgia Institute of Technology, School of History and Sociology of Technology and Science

该研究生项目隶属于佐治亚理工学院的历史和社会学学院（HSOC）。学生可以选择两个学科领域中的一个：科学与技术史，或者科学技术社会学。有技术背景的学生将接触到科学和技术的广泛社会历史视角，而有人文和社会科学背景的学生则培养解决科学和技术问题的才能。

社会学硕士或博士（MS or PhD）：科学与技术的历史与社会（HSTS）

Harvard University, Department of the History of Science

哈佛大学科学史系是科学史领域最早成立的院系之一，具有广泛的研究范围和国际影响力，专业设置涵盖科学、技术与医学史，连接了自然科学、社会科学和人文科学。

这些项目训练学生通过课程学习来检验科学的发展，为包括自然和社会科学史、行为科学和脑科学、技术、数学、医学和相关健康科学等领域的教学和研究奠定广泛的基础。学生还可以选择哲学、政治学、文学、社会学、人类学、法律和公共政策等领域的课程。学生也可以选择从事第二个研究领域，如批判性媒体实践，女性主义研究，电影及视觉研究，科学、技术和社会。

学士、硕士或博士（MA or PhD）

Indiana University, Department of History and Philosophy of Science and Medicine

本系致力于运用广泛的历史和哲学方法来理解现代世界两个最重要的概念和文化事业——科学及其相关学科、医学。研究目标是理解科学是如何运作的。

硕士和博士（MA or PhD）

Johns Hopkins University, Department of History of Science and Technology, Department of the History of Medicine

约翰·霍普金斯大学的科学史、医学和技术史研究生课程是由克里格艺术与科学学院的科学技术史系和医学院的医学史系合作开展的。

研究方向包括科学、技术和医学史方面的专门历史研究。本项目的优势方向包括欧洲和美国的近代科学技术史（包括炼金术、化学、天文学、地理学和博物学），现代生命科学的历史，现代化学和化学技术，现代科技，科技和历史在亚洲，尤其是日本近代和现代。

其他领域包括实验室和建筑设计史、拉丁美洲科学和技术史、环境保护史、城市和高科技区域的创新。医学史系培养医学史博士，并在医学院和公共卫生学院任教。

博士（PhD）：科学史或医学史。

Massachusetts Institute of Technology

Program in History, Anthropology, and Science, Technology, and Society（HASTS）

麻省理工学院的历史、人类学、科学、技术和社会博士课程（HASTS）培养学者将科学和技术作为社会和文化背景下的活动进行研究。

来自历史、人类学、科学、技术和社会的教师共同承担教授研究生必修课程的责任，并与学生一起进行个别辅导课、阅读课程和论文研究。

HASTS 的教师和学生采用历史、民族志和社会学的方法和理论来研究广泛的主题，包括：工程文化，科学工具制造与理论，实验传统，军工企业的科学与技术，技术与经济制度，科学与法律，种族和科学，生物医学和生命科学知识生产，农业与环境史，科学教育。

博士（PhD）

Michigan State University, Department of History
博士（PhD）：科学与医学史。

Mississippi State University, Department of History
博士（PhD）：科学史与技术史。

Montana State University, Department of History and Philosophy
该项目旨在拓展学生的智力视野，并通过研讨会讨论、课堂教学、助教奖学金和实习机会，让学生接触历史学家在学术和公共生活中扮演的各种角色。

此外，我们允许学生跨学科与其他领域的教师接触，例如，研究生可以与哲学学院就环境伦理等主题进行合作。目前研究生的研究集中在美国西部，但涉及与全球相关的话题，如毒品成瘾、环境正义、历史呈现等。

硕士和博士（MA and PhD）：科学史、技术史和社会史。

Northwestern University, Science in Human Culture Program
科学研究项目（Science Studies Program）是一个成熟的跨学科领域，采用人文和社会科学的视角来考察科学、医学和技术的发展。科学研究项目欢迎关注科学、医学和技术带来的转变的学生加入。

Oregon State University, History of Science Program in Department of History
科学史和科学哲学研究生项目提供科学史、技术史和医学史交叉学科的专业培训。通过研究科学实践和发展的社会和文化背景，连接人文科学、社会科学和自然科学，理解特定历史背景下科学和技术的发展，研究者需要具备从看似完全不同的研究领域综合知识的能力。

除从事具有挑战性的学术学科的教学和研究之外，科学史家还可以通过将科学置于更广泛的背景下，阐明和解释科学过程，来帮助改革科学教学。

硕士（MA, MS）和博士（PhD）：科学史。

Princeton University, Program in History of Science

普林斯顿大学的科学史课程训练学生在历史和文化背景下分析科学、医学和技术。普林斯顿大学的科学史植根于我们分析科学知识的技术和概念层面的传统，多样化的研究兴趣，活跃的教员。研究方向包括中世纪炼金术、科学的文化和法律，以及 20 世纪生物医学的发展。

通过这种多样性，形成了一种强烈的共识，即最好的当代科学史需要一种广泛的、综合的方法，一种永远不会忽视科学、医学和技术的全球动态的方法。我们研究这些知识的细枝末节，也鼓励学生在尽可能广泛的背景下考虑科学思想和实践。

博士（PhD）

Rochester Institute of Technology, Science, Technology, and Society/Public Policy Department

该专业发挥 RIT 技术学科优势，从各个学科和课程中汲取了大量的跨学科知识，强调分析、问题解决和跨学科方法。使学生能够致力于推动新的公共政策的科学发展和技术创新。

学生在教师的指导下选择政策研究领域的选修课，如环境政策、气候变化政策、医疗保健政策、STEM 教育政策、电信政策或能源政策。

欢迎寻求在政府或商业环境中拓宽职业机会的理工科背景的学生，以及那些对科学、技术和政策问题感兴趣的文科背景（如经济学）学生。

硕士（MS）：科学、技术和公共政策。

Rensellaer Polytechnic Institute, Department of Science and Technology Studies

科学与技术研究（STS）的硕士学位基于人类学、历史、哲学、政治学和社会学的等不同的背景和兴趣之上。该专业强调科学和技术的文化、历史、经济、政治和社会层面，重点关注伦理和价值观问题。这是一个多学科的社会科学和人文学科学位，致力于对科学、技术和社会相互影响的批判性探究。

硕士和博士（MS or PhD）

Rutgers, The State University of New Jersey, Department of History

科学、技术、环境和健康研究生项目（STEH）鼓励研究生跨越传统学科边界进行思考，并将他们对 STEH 的兴趣与更广泛的历史背景联系起来。研究领域包括环境变革、社会科学和技术、健康和疾病史的社会意义、政治和社会历史以及它们的国家和跨国背景，环境发展变革、社会科学和技术、健康和疾病史方面的专题专门知识。

博士（PhD）：科学史、技术史、环境史、医学史。

Rutgers-Newark / New Jersey Institute of Technology

Federated History Department of Rutgers University-Newark and New Jersey Institute of Technology

由罗格斯大学纽瓦克分校和新泽西理工大学的历史教员联合培养。

硕士（MA and MAT）：科技史、环境史、医学 / 健康史。

Stanford University, Program in History and Philosophy of Science

斯坦福大学的历史和科学哲学项目（HPS）从概念、历史和社会等多个角度来审视科学、医学和技术。我们的学者群体包括历史、哲学和古典文学方面的核心教员和学生，以及人类学、英语、政治科学、传播学和其他学科的附属成员。利用我们学科的多种方法来研究科学的发展、功能、应用以及社会和文化参与。

2007 年，Patrick Suppes 科学史和科学哲学中心被重组为逻辑学、方法论与科学哲学和科学技术史两个部门。

博士（PhD）：

科学史、医学史和技术史（历史系）；

科学史和科学哲学（哲学系）。

SUNY Stony Brook, Department of History

硕士和博士（MA and PhD）：医学史、科学史、环境史。

University of California, Berkeley, Department of History, coordinated with Office for the History of Science and Technology

伯克利的科学史学生遍布在不同的院系，包括历史系、艺术史系、英语系和哲学系。

学生可以访问科学技术史中心（OHST）和科学、技术、医学与社会中心（CSTMS）的全部资源。

在伯克利，学生学习把科学实践与文化、知识和历史背景联系起来。

近年来，研究生们在不同的领域工作，如现代计算机的历史、柬埔寨殖民时期的医学，以及欧洲科学园艺学的创建。鼓励学生探索其他感兴趣的领域。

硕士和博士（MA and PhD）

University of California, Davis, Department of History with Designated Emphasis in STS

STS 的博士生指定重点课程（Designated Emphasis）研究科学、技术和社会之间的关系，关注科学和技术影响我们的生活和塑造世界各地的文化的方式。STS（DE）具有灵活的课程设置，在人文和社会科学方面提供专门训练。学生可以选择拓宽学术知识和提高研究技能的课程。研究主题包括科学、技术和社会之间的复杂互动。

博士（PhD）：科学技术研究。

University of California, Los Angeles, Department of History

加州大学洛杉矶分校的科学史、医学史和技术史项目为研究生提供了与该领域的顶尖学者一起工作的机会。教师的研究方向包含科学研究的各个领域：信息研究、社会学、人类学、法律、性别研究、建筑学和英语。鼓励科学史项目的学生与他们一起工作，并参加校园内许多与科学的历史和社会研究相关的跨学科活动。项目在整个学年的星期一下午定期举办一系列关于科学史、医学史和技术史的讨论会。

博士（PhD）：科学史、医学史、技术史。

University of California, San Diego, Science Studies Program

加州大学圣迭戈分校的科学研究项目成立于 1989 年。范围涉及人类学、传播学、历史学、哲学和社会学。该项目的学生和教师致力于在其完整的文化和历史背景下更深入地理解科学知识。该项目为学生提供了一个机会，整合在科学传播、科学史、科学社会学和科学哲学中发展的观点，同时接受这些学科专业水平的全面培训。

近年来的研究方向包括视觉 / 图解表征在科学中的作用，科学进步，性别与科学，以及现代医学中的哲学、伦理和社会学问题。

博士（PhD）

University of California, San Francisco

Department of Anthropology, History, and Social Medicine in School of Medicine

健康科学史（HHS）项目培养学生通过各种关键方法来考察健康科学史（广义上解释为包括所有的治疗专业和生物医学研究相关的科学）。

以现代（19 世纪末到 21 世纪）为背景，本课程的教师和学生研究医学、健康和疾病在历史上是如何被理解的，以及这些理解如何反映和塑造文化和社会。

我们的学生可以在加州大学伯克利分校、加州大学戴维斯分校和斯坦福大学学习课程，我们与加州大学伯克利分校科学、技术、医学和社会中心 (CSTMS) 密切合作。

硕士和博士（MA and PhD）

University of California, Santa Barbara, Department of History

该项目是加州大学圣迭戈分校历史系的一部分。目前核心教员的兴趣包括从科学革命到当代的生物科学和医学。

博士（PhD）：科学史。

University of Chicago, Department of History, coordinated with Fishbein Center for the History of Science and Medicine

菲什拜因中心（Fishbein Center）是由长期担任《美国医学会杂志》编辑的莫里斯·菲什拜因博士和他的妻子安娜·菲什拜因捐赠成立的，成立于 1970 年，旨在鼓励芝加哥大学对科学史和医学史的研究。科学史的研究生课程可以获得历史学博士学位。学生们不仅要学习科学史和医学史，而且还要学习其他历史领域的课程。鼓励学生选修其他院系的自然科学、社会科学和人文科学课程。

博士（PhD）：科学史、医学史。

The Committee on the Conceptual and Historical Studies of Science（CHSS）

科学概念和历史研究委员会（CHSS）是芝加哥大学的一个研究生项目，为学生提供攻读与科学的历史、哲学和社会关系相关领域的硕士和博士学位的机会。CHSS

在生物学和心理学的历史和哲学、医学和精神病学的历史、统计和概率的历史、科学的社会学和人类学、传播史和图书方面有特别的优势。CHSS 与其他科学史和科学哲学课程的不同之处在于它强调科学训练的重要性。

硕士和博士（MA and PhD）

University of Delaware, Department of History, in conjunction with the Hagley Graduate Program

自 1954 年以来，特拉华大学历史系的资本主义史、技术史和文化史课程一直在培养对工业化、资本主义、科学、技术、消费、商业、劳动和环境感兴趣的研究生，在这个项目中，学生们在不同的学科上进行研究，从交通和农业到市场营销和大众媒体。

该项目与威明顿的哈格利博物馆（Hagley Museum）和图书馆密切合作，致力于研究商业和技术的历史。

硕士和博士（MA and PhD）：资本主义史、技术史、文化史。

University of Illinois, Department of History

伊利诺伊大学历史系的科学史、技术史和医学史专业通过各种创新和跨学科方法以及比较和跨国框架来研究历史。研究方向包括：麻风病与美国、美国西部的环境与健康、节育诊所、原子弹、性病研究、南方的生物伦理和医学实验、精神病学和种族、德国的营养和卫生、印度洋世界的生态和种族、残疾儿童、性教育、19 世纪圣彼得堡的河流和人民等。

硕士和博士（MA and PhD）：科学史、技术史、医学史。

University of Maryland, Department of History

马里兰大学的技术、科学和环境史项目是中大西洋地区最强大的项目之一。对于研究生来说，技术、科学和环境的历史是一个动态的领域。历史系的教员专门研究 20 世纪美国、欧洲和亚欧大陆的技术和环境史。同时有其他院系专家专注于相关领域，如生物学、医学和公共卫生的历史。研究生可以选择技术、科学和环境作为他们的研究方向，或他们的"辅修专业"，或可以参加该领域的课程。

硕士和博士（MA and PhD）：科学史、技术史、环境史。

University of Massachusetts–Amherst, Science, Technology, and Society Initiative

马萨诸塞大学安姆斯特分校的科学、技术和社会计划（STS）是社会和行为科学学院的重点领域，隶属于公共政策和管理中心。

它的建立是为了促进自然、物理和社会科学、工程和公共政策之间的多学科合作，鼓励社会科学学院与科学和技术项目的合作。

硕士（MA）：公共政策管理学（科学、技术与社会）。

Department of History

硕士和博士（MA and PhD）：科学技术史。

University of Massachusetts–Boston, Program in Science in a Changing World

硕士和研究生证书（MA Graduate Certificate）

University of Michigan, Science, Technology, and Society Program

科学、技术和社会的研究生证书课程（STS）是为已经在密歇根大学注册研究生课程的学生设计的。它可以与硕士或博士学位结合，以实现科学和技术研究、医学历史和人类学以及相关领域的专门化。欢迎任何有良好表现的密歇根大学研究生的申请。

该课程将帮助学生理解科学、技术和医学在塑造现代社会中的相互作用，特别是在社会、政治和伦理选择方面。探索这些动态在世界各社会之间的差异，包括前现代文化和非西方文化。培养对科学、技术和医学中的性别、种族和阶级问题的敏感性。

研究生证书（Graduate Certificate）

University of Minnesota, Program in the History of Science, Technology, and Medicine

科学、技术和医学史是一个动态的、跨学科的领域，在广泛的文化背景下研究这些领域。明尼苏达大学的医学史和科学史研究生课程在超过 25 年的时间里一直在美国名列前茅。学生可以从科学史和技术史（HST）或医学史（HMed）这两个学科中选择一个。研究生课程中包括技术课程（如物理、工程或生物），同时也包括类似领域的课程，如历史、科学哲学和生命伦理学。

硕士和博士（MA and PhD）：科学史、技术史和医学史。

University of Notre Dame, Reilly Center for Science, Technology, and Values History and Philosophy of Science Program

圣母大学的科学史和科学哲学（HPS）项目提供科学史、科学哲学或神学与科学的博士学位。在物理哲学、科学与价值观、中世纪和近代早期科学、科学哲学的历史、科学与政策等方面有特别的优势。被录取的学生将学习与历史、哲学或神学相关的课程。

博士（PhD）：科学史。

University of Oklahoma, Department of the History of Science

俄克拉荷马大学科学史专业具有悠久的传统。围绕科学、技术和医学在社会中的作用，提供必要的技能。

科学史项目在以下专业领域的优势尤其突出：

近代科学，近代生物和社会科学，科学与宗教，美国科学，技术史，科学、公众和大众文化，医学、公共卫生和生物医学，新媒体与科学、技术和医学史，等等。

硕士和博士（MA and PhD）：科学史、技术史、医学史。

双学位硕士（MA-MLIS）：图书馆和信息研究硕士。

University of Pennsylvania, Department of History and Sociology of Science

宾夕法尼亚大学历史和科学社会学系提供专注于科学、医学、技术和环境的社会、历史和文化研究的博士项目。研究方向从近代早期到当代，范围遍及全球各地。该项目的独特之处在于它的研究范围和它的重点是探索学科之间的关系，包括生命科学、医学、科技、社会科学的历史，17世纪晚期欧洲和美国科学史，俄罗斯科学、技术和医学史，非洲和东亚科学史。该课程侧重于自然知识的技术、社会和文化方面的平衡。

本系也提供与医学院合作的联合医学博士课程。

学生必须被宾夕法尼亚大学医学院和历史与社会科学系录取，并且必须完成两个学位的所有要求。

硕士和博士（MA and PhD）：科学史、医学史、技术史和环境史。

University of Pittsburgh, Department of History and Philosophy of Science

历史和科学哲学研究生课程致力于科学历史和概念基础的研究和教学。研究生训练包括科学史、哲学、逻辑学和科学方面的课程。

学生也可以选修卡耐基梅隆大学哲学系提供的课程。

教师的主要研究课题是空间和时间的哲学，17 世纪的机械论哲学，爱因斯坦和相对论，伽利略，科学和哲学的历史互动，科学的逻辑推理，因果关系，哲学神经科学、心理学、认知科学、进化生物学的历史和哲学，分子生物学历史和哲学、医学哲学，中世纪和希腊的科学，科学的变化和进步，以及特殊科学中的解释。

硕士和博士（MA and PhD）

University of South Carolina, Department of History

博士（PhD）：科学史、技术史、环境史。

University of Washington, Department of History

华盛顿大学的科学史研究在一定程度上与更广泛的历史学术背景相结合。我们不提供科学史或科学研究方面的正式学位，但对这些领域的博士研究感兴趣的学生可以在历史系博士项目内攻读这些学位。

博士（PhD）：科学史方向。

Williams College, History of Science Department

威廉姆斯学院科学史系成立于 1971—1972 年，课程包括历史、美国研究、环境研究、哲学和社会学。

科学史是跨学科的，需要在科学或历史方面有一定的深度知识，学生可以选择与科学史紧密相关的学科，如科学研究或科学哲学的课程。其他院系的教授继续开设科学史或科学技术方面的课程，例如：数学史、美国医学史社会历史和科学哲学。

University of Wisconsin, History of Science, Medicine, and Technology

科学史、医学史和技术史（HSMT）是美国同类最大和最古老的学术项目之一，它汇集了历史、医学史和生物伦理学的教职人员。历史系提供历史学、科学史、医学史和技术史的硕士和博士学位。硕士学位既可以作为最终学位攻读，也可以作为博士课程的一部分。

在过去的几年里，我们的历史系学生获得了与教育政策研究相结合的联合博士学位，而科学史、医学和技术学专业的学生获得了哲学、古典文学和化学等联合博士学位。

硕士和博士（MA and PhD，MD/PhD，Joint PhD）：科学史、医学史和技术史。

Virginia Polytechnic Institute, Department of Science and Technology in Society

科学技术研究是一个不断发展的领域，它利用社会科学和人文学科来研究科学技术如何塑造我们的社会、政治和文化，以及如何被我们的社会、政治和文化所塑造。我们研究当代争议、历史转型、政策困境和广泛的哲学问题。

弗吉尼亚理工大学的科学和技术研究研究生项目培养学生成为有生产力的和公开参与的学者，推进研究和做出改变。

硕士和博士（MS and PhD）

研究生证书（Graduate Certificate）：科学技术研究。

Yale University, Program in the History of Science and Medicine（semi-autonomous track in the Department of History）

科学史和医学史课程（HSHM）是历史系内的半自主研究生课程。HSHM 项目允许学生探索涵盖科学史、医学和技术以及科学和技术研究的全部领域的主题，包括历史、自然和社会科学、表演艺术、他们在人类学、土著研究、地理、种族和民族、性别和性、物质和视觉文化、博物馆研究方面有广泛的研究。

耶鲁大学具有世界上最好的图书馆系统之一，包括医学历史图书馆，其中包含了医学史和相关科学史上的著名收藏和珍贵作品。还拥有大量的科学仪器，以及其他文物、档案、书籍、地图、政府文件和数字数据库，可以用于科学、医学和技术史的研究。

硕士和博士：（MA，PhD，MD/PhD，JD/PhD）。

二、美洲

1. 巴西

Pontifical Catholic University of São Paulo, Graduate Program in the History of Science

圣保罗天主教大学的科学史研究生课程始于 1997 年，其总部位于 1994 年成立的 Simão Mathias 科学史研究中心。该中心与巴西及国际科学史研究中心密切合作，研究领域包括：在不同文化背景下思考自然、人和技术的方式，它们与其他形式的知识和其他文化的相互关系，知识的传播及其在历史上的转变，科学概念的转变，科学概念的传播以及认识论和相关的方法论，等等。

硕士和博士（MA and PhD）

2. 加拿大

Simon Fraser University-Burnaby, Department of Mathematics

数学系的数学历史研究小组主要研究领域有数学思想和方法的起源，主要包括：对重要数学文本的编辑、翻译和评论；数学领域的历史发展，如微积分、抽象代数和拓扑学；数学研究的发展如何影响学术、宗教或科学机构或其他人文或科学方面的文化研究。

研究方向包括 17 世纪以来的数学，古代和中世纪数学。

硕士和博士（MSc and PhD）：数学史。

University of British Columbia, Department of History in conjunction with Graduate Program in Science and Technology Studies

英属哥伦比亚大学提供科学和技术研究的硕士课程，或以科学和技术研究为重点的英语、历史、哲学和社会学硕士或博士课程。

英属哥伦比亚大学的 STS 学生可以选择各种各样的课程，这些课程涉及科学和技术的概念基础、实践、机构、社会意义和价值。

英属哥伦比亚大学尤其擅长科学技术的历史和哲学，修辞与科技传播，科学、技术与价值观，以及科技政策。

硕士和博士（MA and PhD）：科学史、技术史和医学史。

University of Calgary, Department of Philosophy in cooperation with Department of History

硕士（MA）：科学史和科学哲学。

Department of History and coordinated with the History of Medicine and Health Care Program

卡尔加里大学通过各种研究生课程提供医学史及相关领域的研究生学位。所有研究生课程都有不同的要求，建议申请前与教师联系，以获得更多关于项目要求的信息。联系方式见网站信息。

卡尔加里大学和卡尔加里市有许多与医学史研究有关的资源，例如：Glenboe 博物馆、卡尔加里军事博物馆、Nickle 艺术博物馆、卡尔加里的阿尔伯塔卫生服务档案馆的收藏等。

专业领域（教师的研究方向）：

神经科学史，精神病学史，加拿大、北美和欧洲临床医学（特别是德国和法国），军事医学和卫生技术，儿科和眼科，医学、性别和生殖，优生学的历史，公共精神健康，可视化医学，生命科学史，医学认识论，古代医学史，抑郁症，精神疾病治疗。

硕士和博士（MA, MSc, and PhD）：医学史及相关领域。

University of Guelph, Department of History

硕士和博士（MA and PhD）：科学史、技术史、医学史。

University of Toronto, Institute for the History and Philosophy of Science and Technology

多伦多大学科技史与科技哲学研究所（IHPST）聚集了不同领域的人文学者、研究生、访问学者和博士后研究人员，形成了一个紧密的研究团体，围绕科学技术领域进行跨学科研究。

IHPST 有 40 名研究生教师活跃在教学和研究领域，在科技史的许多领域（生命科学史、社会科学史、现代技术、医学和工程），以及与 STEM 密切相关的哲学领域（医学哲学、人工智能哲学、概率哲学；以及科学技术与社会研究（STS）。

硕士和博士（MA and PhD）

University of Western Ontario, Department of Philosophy

多年来，西安大略大学的哲学系名列世界前 50 名，优势研究方向包括一般科学哲学、物理学哲学、决策论、数学哲学、数理逻辑、近代早期（17 世纪）、近代早期（18 世纪）、女性主义哲学。同时本系与其他几个部门合作，包括法学院、医学和牙科学院、理论和批评研究中心；其他部门：妇女研究和女权主义研究、政治科学、物理和天文学、应用数学和心理学。

硕士和博士（MA and PhD）：历史与哲学。

York University, Department of History

历史学研究生项目目前开设了科学史、医学史与环境史、东亚史等领域，并与多伦多大学研究生项目联合开设了古希腊和罗马史博士合作项目。

硕士和博士（MA and PhD）：科学史、医学史和环境史。

Science & Technology Studies

从 2021 年 9 月开始的课程包括 STS 导论，STS 研究，以及性别与技术科学和数字技术科学的选修课。在这里，学生可以与国际知名导师一起工作，他们研究的主题广泛，包括适应性设计、女性主义技术科学、土著和后殖民 STS、技术科学资本主义、健康危机、医药创新、实验史、人工智能伦理、大科技和数字平台的力量、公众对科学的理解、太空探索、技术体现等。

硕士和博士（MA and PhD）

Department of Psychology

心理学的历史、理论和批判研究项目是加拿大和国际上仅有的几个心理学研究生项目之一，供希望对心理学的历史课题、心理学理论和元理论以及批判心理学进行专门研究的学生选择。

该专业的学生采用广泛的研究方法，包括对原始文本的解读、档案资料的收集和解释、口述历史、话语分析、主题分析以及网络分析等数字历史方法。研究方向包括：种族 / 民族和性别心理学、性行为、认知心理学、行为心理学、发展心理学、临床心理学、数字历史、统计学和方法论、心理学哲学等。

申请人应具有扎实的心理学基础（通常是心理学学士或理学学士），以及一些心理学研究的经验。

硕士和博士（MA and PhD）

三、欧洲

1. 英国

Durham University, Department of Philosophy

从 2016—2017 学年开始，通过引入"科学、医学和社会"的哲学硕士课程，将 HPS 硕士课程整合到哲学硕士课程中，为硕士课程引入更多的灵活性和选择。

哲学硕士（MA）

Newcastle University, History of Medicine

医学史课程涵盖古代、中世纪、近代早期和现代。在这里可以学习从公元 500 年到现在的政治、社会、经济、文化史和医学史。历史课程在医学、死亡、历史人口、性别、妇女历史和城市文化等不同领域提供研究机会。

硕士和博士（MA, MPhil, PhD）

University College London, Department of Science and Technology Studies

伦敦大学学院科学与技术研究系（STS）是一个综合研究科学史、科学哲学、科学政策、科学传播和科学社会学的大学研究和教学中心。在历史、政策研究和科学传播方面有重大影响。

硕士（Postgraduate Diploma；Postgraduate Certificate；MSc, MPhil）：科学史与科学哲学；科学、技术与社会。

博士（PhD）：医学史；科学与技术研究。

University of Bristol, Department of Philosophy

布里斯托大学哲学系是英国顶尖的哲学和科学史机构之一。其专长是特定科学的哲学和历史相关的广泛领域，包括物理学、生物学、数学、逻辑学、医学和心理学。

该大学的硕士课程既适用于拥有哲学第一学位并希望在更高层次上专攻哲学和科学史的学生，也适用于具有纯科学背景并希望向哲学和科学史过渡或探索科学中的基础问题的学生。

硕士（MA）：科学史与科学哲学。

University of Cambridge, Department of History and Philosophy of Science

科学史、科学哲学和医学哲学硕士（MPhil）

哲学硕士课程为学生提供了一个无与伦比的机会去探索历史、科学哲学和医学的主题，为进一步的学习、工作和公众参与奠定了深厚的基础。

课程采用讲座、研讨会和指导的方式授课。

健康，医学和社会哲学硕士（MPhil）

由社会人类学系和社会学系共同开办，为健康、医学和社会的教学和研究提供了独特的跨学科方法。

科学史和科学哲学博士（PhD）

研究型学位，申请人需要在该领域有非常强的背景（通常是通过本系的哲学硕士或在另一所大学的类似课程），并有适当的重点研究计划的情况下才可以直接申请。

University of Exeter, Department of Sociology and Philosophy

社会学、哲学和人类学是一个跨越不同领域的教学和研究部门。其课程包括科学哲学、人类学、科学技术研究（STS）、应用伦理学、艺术社会学、文化社会学和社会理论。

该大学一个显著特点是致力于跨学科工作。哲学家、社会学家和人类学家共同参与本科生和研究生教学以及研究项目。其致力于将社会学和哲学拉到一起，并以包括实证哲学在内的方式，丰富这两个领域。

硕士（MA）：科学哲学与科学社会。

硕士（MRes）：科学技术研究。

硕士／博士：（MA by Research; MPhil/PhD）：医学史。

University of Leeds, School of Philosophy, Religion, and History of Science

本课程供学生深入了解技术、医学和科学的复杂历史，以及它们如何塑造我们生活的世界。学生可以从一系列的选修模块中根据自己的兴趣选择专门的研究主题领域，从中世纪的出生、死亡和疾病到现代科学交流。

在顶尖研究人员的指导下，在科学史和科学哲学中心的支持下，学生将可以参与科学、技术和医学史博物馆的发展。

硕士（MA）：科学史与科学哲学；科学史、技术史、医学史。

研究型硕士 / 博士（MRes, MPhil, PhD）：科学史、医学史、技术史。

University of Manchester, Centre for History of Science, Technology and Medicine

曼彻斯特大学科学、技术和医学史中心（CHSTM）是英国最大的研究机构之一，它不仅致力于研究科学史、技术史和医学史，而且还研究科学传播和医学人文。

通过对科学史、技术史、医学史或科学传播史的详细、清晰的案例研究，使学生获得专业知识，同时在研究、分析和展示方面获得广泛的专业技能。

曼彻斯特地区拥有丰富的图书馆、档案馆和博物馆，为研究科学、医疗、技术和产业变革的历史提供了得天独厚的资源。

硕士和博士（MSc, MPhil, PhD）：科学史、技术史、医学史。

University of Oxford, Department of History

牛津大学科学、医学和技术史中心（HSMT）成立于 2017 年。科学、医学和技术史是牛津大学一门历史悠久的学科。自 20 世纪 20 年代以来，科学史博物馆收藏了大量科学仪器，拥有精美的专业图书馆。牛津学者的专业领域涵盖了科学、医学和技术史的大部分主要领域和时期。

科学史、医学和技术史哲学硕士（MPhil）：两年制课程。

理学、医学和技术史硕士（MSc）：一年制课程。

历史学（科学史、医学史、经济史、社会史）（DPhil）：研究型学位。

2. 希腊

University of Athens, Offered jointly through the Department of Philosophy and History of Science, National and Kapodistrian University of Athens, and the National Technical University of Athens

雅典大学科学哲学和历史系成立于 1993 年。该系与希腊几所大学的其他系合作，参与提供了许多热门的研究生课程。

科学哲学和历史系的重点是所有科学（数学、物理、生命、人类、社会等）的哲学和历史研究。此外，它还在与科学哲学和科学史互动发展的领域（如技术史、认知科学、科学、技术与社会）进行教育。它在科学哲学和科学史（PHS）的研究和教学方面作为世界卓越中心的地位得到了广泛的认可。

学制为4年。该系分为3个部门：哲学与科技理论部（PTST）、科学史和技术史、认知与思维科学（SCT）。

硕士和博士（MSc and PhD）：科学技术史、科学技术哲学。

3. 荷兰

Universiteit Utrecht, Center for the History of Science

科学史和科学哲学（HPS）提供了一个独特的机会来研究科学和人文科学的基础、实践和文化。我们结合历史和哲学的观点来研究过去和现在的科学。我们研究科学与文化、社会、政治和制度因素的相互作用。我们还分析广义相对论、量子力学、进化论和遗传学等理论的基本结构。

我们的课题范围从自然科学和数学到社会科学和人文科学。我们的目标是具有全球视野，重点是过去5个世纪的西方科学。

硕士（MSc）：科学史与科学哲学。

4. 瑞典

KTH（Royal Institute of Technology），Philosophy and History of Technology

瑞典皇家技术学院的科学史和技术史的研究生研究项目创建于20世纪90年代初。吸引了来自人文科学、社会科学和技术学科的研究生。历史的视角加深了我们对当代问题的理解，并寻求跨越国家和学科边界的答案。我们具有广泛的研究领域，包括工业遗产、科学史和环境史。

博士（PhD）：科学史、技术史和环境史。

5. 葡萄牙

New University of Lisbon, Department of Applied Social Sciences

新里斯本大学应用社会科学系的科学和技术的历史、哲学和遗产学博士课程，旨在了解科技在欧洲社会的历史重要性和影响，理解葡萄牙社会技术创新的发展并将其纳入背景，确定葡萄牙科技遗产的历史并将其纳入背景，评估和传播知识，以确保科学和技术遗产的保护。

学生将加入科技历史和哲学中心（CIUHCT），这是一个在国家和国际层面上公认的研究单位。

博士（PhD）：科技史、科技哲学与技术遗产学。

University of Lisbon, Department of History and Philosophy of Sciences

里斯本大学科学史和科学哲学系（DHFC）成立于 2007 年，是一个专门致力于教学和研究与科学相关的历史和哲学问题的院系。

他们不是直接参与科学活动，而是"从外部"看待和分析科学现象，也就是说，他们的研究对象是科学本身。特别注意葡萄牙社会更感兴趣的问题，例如：科学和技术资产、国家档案中的科学遗产或与社会的交流等问题。

硕士和博士（MSc or PhD）：科学史与科学哲学。

6. 丹麦

Aarhus University, Centre for Science Studies

阿胡斯大学的科学原勘中心（CSS）于 1965 年成立。CSS 提供科学研究的硕士学位，并向科技系的本科生教授科学哲学的必修课。CSS 是欧洲科学哲学、科学传播和科技史领域的领先研究小组之一。CSS 教师所涉及的研究课题包括：科学哲学、科学传播、科学和技术史。学生将有机会从事与当前研究或实践内容相关的项目。

硕士（MSc）

7. 德国

Bielefeld University, History Department or Program in History, Economics and Philosophy of Science（HEPS）

该专业以科学研究为中心，结合科学史、经济学、社会学、科学哲学的观点，旨在阐明和明确科学的本质特征。其目的是分析科学如何产生知识，在何种经济条件下运作，以及如何在过去和现在的社会中嵌入。在中心注册的学生将被提供额外的社会学、社会人类学、政治学和科学、技术和社会研究（STS）课程。我们鼓励上述领域的学生申请。

硕士（MA）：历史、经济与科学哲学。

博士（PhD）：科学的历史研究。

Technische Universität Berlin (TU-Berlin)

Institute of Philosophy, Literature, Science and Technology History

柏林工业大学的研究型硕士学位"科学技术的历史和文化"以独特的方式结合了科学技术发展的研究领域。

研究科学的起源和发展及其在各自政治、社会和文化背景下的知识体系，使人们更好地理解科学的多种多样且不断变化的目标。它还提供了一个更好的理解，即它们当前的形式是如何被历史制约的，以及历史是如何形成/塑造科学知识的。

通过结合历史和文化的方法，我们提供综合的课程，传达广泛的专业概况，并加强在所有三个研究领域的主题、方法和理论的异同的认识。

硕士（MA）：科学技术历史与文化。

8. 西班牙

Universitat Autònoma de Barcelona, Institute of the History of Science

科学史研究机构（IHC）是科学史教学、研究和交流的基本核心，具有广泛的国际范围。IHC 的研究侧重于 19 世纪和 20 世纪的科学史，采取不同的角度：科学、政治和权力之间的关系，科学受众在知识构建中的积极作用，科学的物质、空间和城市层面，医学化进程和人类科学的历史，以及科学、健康和性别之间的关系。此外还注重科学史与哲学、人类学、社会学和科学技术研究（STS）等学科的关系。

硕士（MA）：科学、历史与社会。

探索科学、技术和医学的社会和历史层面。分析不同学科和时期的例子，从数学的起源到分子生物学。该硕士课程为学生提供了一个关于这些问题的视角，并为他们从事历史研究或科学传播工作做好准备。

博士（PhD）：科学史。

科学史博士课程旨在培养科学、技术和医学史领域的高水平研究人员。科学史研究具有跨学科的特殊地位，接受来自不同背景的学生。本学科的分析工具以历史为中心，使我们能够对科学在当今社会中的重要作用提出独到的、有根据的看法。

四、亚太

1. 日本

Department of History and Philosophy of Science, The University of Tokyo

东京大学科学史·科学哲学研究室旨在从元科学的角度分析和研究科学和技术，并培养学生在该领域的专业能力。

该系由 8 名全职教师组成：4 名科技史和科技研究专家，4 名科技哲学和科技伦理专家。研究领域包括数学史、物理学史、生物学史、技术史、科学哲学、技术哲学、古代哲学、心灵哲学和工程伦理学。

Graduate School of Letters, Faculty of Letters, Kyoto University

京都大学大学院文学研究科·文学部科学哲学与科学史系成立于 1993 年，设有研究生（文学硕士 2 年，博士 3 年）课程，旨在从历史和哲学的角度分析科学是什么，以及科学知识和活动的性质。此外还有许多额外的问题，如科学和技术之间的区别和关系，科学和技术在我们社会和文化中的作用。研究生课程分为两个阶段，为了进入博士课程，必须达到一定的成绩标准，并且必须获得硕士论文的 A 级。持有其他大学硕士学位的学生可以申请该系的博士课程。

2. 韩国

Korea University, Program in Science, Technology & Society

高丽大学科学与技术研究（KU–STS）旨在从建构主义的角度研究科学技术对社会的影响，考虑科学、技术和社会系统之间的互动关系。

硕士和博士学位（MA, MS and PhD）：科学技术史、科学技术哲学、科学技术社会学、科学技术传播、科学技术政策与管理。

Seoul National University, Program in History and Philosophy of Science

首尔大学 HPS 计划专攻自然科学及其应用领域，关注科学的发展过程、科学的本质、科学的方法及其有效性、科学概念或理论的哲学意义、科学作为一种社会文化现象的作用等问题。

该系适合对历史学、哲学、社会学等人文科学领域，以及科学这一人类创造性文化活动的理解有所兴趣，想专攻这一领域的学生；为从事科学技术相关政策、行政、媒体等工作，希望得到对科学的全面理解的学生。

3. 澳大利亚

University of Sydney, Department of History and Philosophy of Science

悉尼大学科学史与科学哲学系提供研究型学位。学生将在导师的指导下发展研究方法以及规划、执行和发表研究的高级技能。也有机会进行一些课程作业单元来支持研究计划。主要研究领域包括：生物／医学历史与哲学、科学社会学、近代早期科学、科学哲学（物理哲学）、数学史等。

五、中国（带星号者为博士学位授予单位）

* 北京大学科学技术与医学史系

北京大学科学技术与医学史系于 2018 年年底成立，隶属于北京大学前沿交叉学科研究院，为教学和科研基本单位。本系招收和培养硕士、博士研究生，以中国近现代科技史（包括学科史、社会史、制度史、科学家研究、科技政策研究、口述科技史等）、医学史（包括近现代医学史、医学技术发展的方向与医学伦理研究等）、世界科技史（包括学科史、思想史、社会史、文化史等）研究领域为基础，逐步形成科学合理的专业布局，并将建设中国现代科学史数据库，发展具有北大特色的科学史研究风格，致力于建成国际最重要的科学史研究平台之一。

* 北京科技大学科技史与文化遗产研究院

北京科技大学科学技术史学科创始于 20 世纪 50 年代，是中国最早开展科学技术史研究并将之建制化的高校之一。本学科于 1990 年和 1996 年分别获得硕士和博士学位授予权。本学科现在设有冶金与材料史、传统工艺、中外科技交流史、文化遗产保护、科学技术与社会、近现代技术史与工业遗产等研究方向，具有典型的交叉学科特点。

北京印刷学院印刷与包装工程学院

科学技术史专业隶属于印刷与包装工程学院，学院拥有科学技术史一级学科硕士学位授权点，设有中国印刷文化遗产研究中心、北京绿色印刷包装产业技术研究院印刷发展战略研究所和纸制品保护修复与科技鉴定研究所。专业方向包括印刷科技史、印刷科技政策和印刷文化遗产保护。

东华大学人文学院

学院设有纺织科技史二级交叉博士点，2012 年由人文学院与纺织学院等单位共建，2014 年开始招生。研究方向包括纺织科技与社会发展、纺织科技与文化传承和中外纺织科技交流史。

学院设有科学技术史一级学科硕士授权点，由人文学院与纺织学院、服装学院共建，是东华大学重点建设基础学科之一。研究方向包括纺织科技史、天文学史、数学史和科学思想史。

* 广西民族大学科技史与科技文化研究院

广西民族大学科技史与科技文化研究院前身为 1986 年建立的广西民族学院科技史研究室，2013 年，在科技史研究室的基础上成立科学技术史系。本学科点 2003 年获得科学技术史一级学科硕士学位授予权，2008 年被列为本校重点建设学科之一。本系下设的机构和平台有：文化遗产与科技文明重点研究基地（校级）、广西振兴传统工艺研究中心（省级）、广西传统工艺工作站（省级）、科技考古实验室、传统工艺实验室。主要研究方向包括：技术史与传统工艺、科技考古与遗产保护、科技历史文献和科学技术与社会。

哈尔滨工业大学人文社科与法学学院科学技术哲学教研室

科学技术哲学学科所依托的科学技术哲学教研室（原自然辩证法研究室）成立于 1960 年，是我国最早开展自然辩证法研究与教学活动的机构之一。目前，学科下属三个研究机构——科技史与发展战略研究所、技术创新与公共政策研究所、环境与社会研究中心，分别围绕技术思想史与社会史研究、技术认识论与技术创新研究、生态哲学与伦理学研究 3 个研究方向开展工作。近年的学术研究正在向科学哲学和网络哲学方向拓展。

哈尔滨师范大学马克思主义学院科学技术系

哈尔滨师范大学马克思主义学院成立于 2008 年。科学技术系设有科学技术史一级学科硕士点。

哈尔滨医科大学基础医学院医学史教研室

哈尔滨医科大学医史学教研室成立于 1957 年，是国内成立较早的医史学教研室之一，1984 年 1 月 13 日被国务院学位委员会批准为硕士学位授权学科，开始招收硕士研究生。

教研室有 3 个明确、稳定的研究方向：

1. 20 世纪发达国家医学发展及其历史经验的研究

2. 20 世纪中国医药卫生事业发展历程及历史经验的研究

3. 现代医药卫生事业管理史研究：包括医疗卫生体制改革、医疗保险制度、医学教育管理等方面研究。

华南农业大学人文与法学学院历史系

历史系设立一级学科"科学技术史"硕士学位点。本学科点以农史为重，立足岭南，面向世界，是一级学科学位点，研究领域分为农学史、技术史、科技与社会、科技考古与遗产保护 4 个方向。

华南师范大学科学技术与社会研究院

华南师范大学科学技术哲学学科是广东省优势重点学科，始建于 20 世纪 60 年代初，1979 年成为我国第一批硕士学位授予单位。2000 年，获科学技术哲学二级学科博士学位授予权。目前，科学技术与社会研究院具有科学技术哲学专业"硕士——博士——博士后"完整的人才培养体系。拥有广东省人文社科重点研究基地：系统科学与系统管理研究中心。研究方向：

1. 系统科学哲学与系统管理；

2. 科学哲学与技术哲学；

3. 科技创新与绿色发展；

4. 科技伦理与决策；

5. 生态学哲学与可持续发展。

* 景德镇陶瓷大学艺术文博学院

景德镇陶瓷大学艺术文博学院是一个集教学与研究于一体的研究型学院。设有科学技术史 2 个硕士点和科学技术史博士点，专业方向包括陶瓷技术史、科技考古与文化遗产保护、科学技术与社会和中外技术文化交流。

辽宁师范大学数学系

基础数学学院数学系设有科学技术史（数学史）硕士点，研究方向包括世界数学史、数学思想史等。

* 内蒙古师范大学科学技术史研究院

内蒙古师范大学科学技术史研究院成立于 2009 年，研究院现有博士后流动站、科学技术史博士、硕士学位点和科学技术哲学硕士学位点。研究院设有数学与天文学史研究室、民族文化遗产研究室、技术史与物理史研究室、科学史与科学文化研究究室、科学技术哲学研究室。建有中国教育技术史研究中心、科技考古实验中心、文献中心、科技史博物馆等。

* 南京农业大学人文与社会发展学院科学技术史系

中华农业文明研究院（又名中国农业遗产研究室）是一个以研究、传承中国农业历史文化为宗旨的专业学术机构。设有硕士和博士学位点。研究方向包括农业科技史、农业文化遗产保护、农业生态环境史、中外农业交流史、农业科技发展战略。

* 南京信息工程大学法政学院

法政学院 2011 年获科学技术史一级学科硕士学位授予权，2016 年组建科学技术史研究院，2017 年获得一级学科博士学位授予权。学科点依托全国排名第一的大气科学学科，以历史气候、地理、海洋、环境变迁与人类文明研究见长，气象科技史方向独树一帜。研究方向包括气象科技史、技术史与传统工艺、科技考古与文物保护、科学技术与社会。

* 清华大学科学史系

2003 年，清华大学获得科学技术史硕士学位授予权，2019 年获得博士学位授予权。2017 年 5 月 16 日，成立清华大学科学史系。清华大学科学史系在西方科学技术史、中国科学技术史、科学技术与社会、科学哲学与技术哲学、科学传播学与科学博物馆学五个方向推进清华科学技术史学科建设，在本科、硕士、博士 3 个层次培养科学技术史专业人才。科学史系积极参与清华本科通识教育事业，致力于培养具有跨学科视野和文理综合发展潜力的精英人才。科学史系主持清华大学科学博物馆的内容建设和日常管理，并且通过科学博物馆平台，推动清华校内学科交叉与文理融合，面向公众传播科学文化。

* 山西大学科学技术史研究所

设有硕士和博士学位点。研究方向包括

学科史研究：主要侧重于开展数学史、物理史、化学史的研究工作。

地方科技史研究：以山西科技史为主要研究方向，主要侧重开展山西古建筑中的科学技术、山西农业科技史、山西壁画中的科学技术等。

科技政策与管力：以科技发展战略、科技管理为主题，特别是紧密围绕区域发展战略展开科技促进经济社会发展等方面的研究。

陕西师范大学西北历史环境与经济社会发展研究院

西北历史环境与经济社会发展研究院内设有科学技术史一级学科硕士学位授权点。二十世纪八九十年代，本校理科各系都有一些从事科学技术史专业的教师，撰写出版了许多科技史论文和著作。2003 年，西北历史环境与经济社会发展研究中心侯甬坚教授有志申报科学技术史专业硕士学位点，并立即得到学校研究生处的大力支持，在跨院系组织的基础上，联合了本中心、学报编辑部、数学与信息科学学院、旅游与环境学院、政治经济学院的有关教师，构成了地理学史、数学史、科学思想史 3 个研究方向，共 12 名骨干教师列入表中，完成了当年该点的申报工作。年内，获得了该专业硕士学位点。目前，该专业主要研究方向有中国地理学史、环境史、水利史和农业史等，现已招收硕士生 28 名，毕业 18 名。

* 上海交通大学科学史与科学文化研究院

成立于 2012 年，现下设科学史研究中心、科学哲学研究中心、科学文化研究中心和杰出科学家研究中心。整合了本校船舶与海洋工程学院（造船史、建筑史、海洋史）、历史系（疾病史、灾害史）、农学院（农史）、医学院（医学史、生命科学史）、物理与天文系（物理学史）等相关院系以及本校钱学森图书馆、李政道图书馆、出版社、档案馆、校史馆等单位的力量。

学科方向：

1. 天文学史方向；

2. 物理与计量史方向；

3. 数学史方向；

4. 环境与灾害史方向（与本校人文学院历史系共同建设）；

5. 科学社会学方向。

本学科目前拥有 1 个一级学科硕士点和 1 个一级学科博士点。

首都师范大学物理系

物理系设有科学技术史一级学科硕士点，主要研究方向：中国近现代物理学史，西方物理学史，物理学史与物理教育。

天津师范大学数学科学学院

学院拥有科学技术史一级学科硕士点，研究方向包括中国数学史、比较数学史。

* 西北大学科学史高等研究院

西北大学科学史高等研究院成立于 2016 年 5 月。学科点致力于发展具有国际影响力的数理科学史的理论研究，同时结合西部地区经济和社会的实际需求，开展科学史的应用研究。包括数字人文、古代精密科学史和近现代数学史 3 个独具特色的研究方向。本学科点招收硕士和博士研究生，是国内重要的科学技术史人才培养基地。

西北农林科技大学人文社会发展学院

科学技术史 2 个一级硕士学位授权点，研究方向包括农业史、科技考古与文化遗产、灾害与生态环境史、科学技术与社会。

云南农业大学马克思主义学院

科学技术史学科于 2000 年获得硕士学位授予权，是目前中国西南地区该学科唯一的一级学科硕士学位授权点，研究特色和优势为中国少数民族科学技术史和少数民族科技思想与文化。3 个研究方向现调整为"科技史与科技文化传播""地方科学技术史""教育科学技术史"3 个研究方向，研究特色和优势为地方科学技术史。2012 年获教育部批准科学技术史一级学科下自主设置目录外二级学科 2 个："少数民族科学技术史"与"中国地方农业科学技术史"。

郑州大学历史学院

郑州大学科学技术史学科由著名学者荆三林教授创始于 20 世纪 50 年代，他有关中国生产工具史等方面的研究奠定了科技史学科的基础。1983 年，郑州大学开始招收科技史方向的硕士研究生，2006 年开始在中国古代史专业招收科技史方向的博士研究生，研究领域包括中原科技史、中国古代科技史、农业及生态环境史、科技考古、冶金史、纺织史等。

中国地质大学（武汉）

中国地质大学（武汉）科学技术史专业是国家一级学科，设有科学技术史硕士点。该硕士点于 1998 年开始招生，已培养毕业生近百名。本学科点设 4 个研究方向：地质学史，科学思想史，科学技术与社会，科技政策与科技战略。

* 中国科学院自然科学史研究所

中国科学院自然科学史研究所设有理科一级学科科学技术史、哲学二级学科科学技术哲学专业的硕士点和博士点。自然科学史研究所学科建设与发展方向正在从中国古代科学技术史向中外近现代科学技术史拓展，积极借鉴哲学、社会学、人类学、心理学、考古学等人文社会科学的方法和理论，鼓励社会史、思想史、文化史取向的科技史研究，开展基于科学技术史的文化遗产认知、科技哲学、科技与社会、科技战略等交叉或应用方向的研究。

* 中国科学院大学人文学院

人文学院各学科领域面向国家科技社会发展和国科大人才培养需求，充分发挥中科院和国科大科学技术学科齐全和实力雄厚的优势，重点开展科学技术史、科技哲学、科技传播和科技考古等学科方向的研究，在中国古代科学史、近现代中国科技史、西方科学史与科学文化、科学哲学、工程哲学、科技与社会、科技考古、科学传播等领域形成了优势或特色。学院拥有哲学、科学技术史 2 个博士学位点，哲学、科学技术史和新闻传播学 3 个硕士学位点，以及科学技术史、哲学 2 个博士后流动站。

* 中国科技大学科技史与科技考古系

科技史与科技考古系成立于 1999 年 3 月，是在原中国科学技术大学自然科学史研究室和科技考古研究室基础上，联合中国科学院自然科学史研究所和中国社会科学院考古所建立的。科技史与科技考古系下设科学技术史和科技考古 2 个专业，科技史专业为国家一级学科重点博士点，具有理科博士和硕士授予权；科技考古专业分设"科技考古与文化遗产科学"及"考古学与博物馆学"2个专业方向,前者为科技史重点方向之一,具理科博士和硕士学位授予权,后者具有硕士学位授予权。

国内科学技术史学科博士点一览表（括号中为获准年份）

中国科学院科学史所/大学（1981）

中国科学技术大学（1981）

南京农业大学（1986）

西北大学（1990）

北京科技大学（1996）

北京大学（2000）

山西大学（2003）

内蒙古师范大学（2006）

上海交通大学（2015）

景德镇陶瓷大学（2018）

南京信息工程大学（2018）

清华大学（2019）

广西民族大学（2021）

第五十三章 奖项

于丹妮

本章分科学史学会奖、技术史学会奖、其他学会奖和分科史奖四个部分。

一、科学史学会奖项

萨顿奖章（Sarton Medal）

萨顿奖章是科学史学会（HSS）设立的最高奖项，以乔治·萨顿为名来纪念这位科学史学科之父。1952年，在乔治·萨顿退休之际，学会的委员会为表彰他对学科的独特贡献，决定设立一个以萨顿为名的终身学术成就奖。经过两年多的筹备和设计工作，萨顿奖章在1955年面世。该奖章正面为萨顿的侧面头像，反面是女神伊西斯的全身像，在女神像的周围刻有"To Foster the Study of the History of Science"（促进科学史的发展）。萨顿奖章获得者需先由学术团体评选提名，再由科学史委员会投票得出。候选人必须是终生从事科学史事业，并在科学史的教学与研究上做出突出成就或大大促进科学史学科发展。获奖者不受国别、地区、种族、性别及年龄的限制。

萨顿奖章每年颁发一次，以下是历年获奖者名单：

1955年乔治·萨顿（George Sarton）

1956年查尔斯和多罗西娅·辛格（Charles and Dorothea Singer）

1957年林恩·桑代克（Lynn Thorndike）

1958年约翰·富尔顿（John F. Fulton）

1959年理查德·施洛克（Richard Shryock）

1960年奥西·特金（Owsei Temkin）

1961年亚历山大·科伊雷（Alexandre Koyré）

1962年迪克斯·特豪斯（E. J. Dijksterhuis）

1963年瓦西里·祖博夫（Vassili Zoubov）

1964年未颁发

1965 年帕廷顿（J. R. Partington）

1966 年安妮莉丝·迈尔（Anneliese Maier）

1967 年（未颁发）

1968 年约瑟夫·李约瑟（Joseph Needham）

1969 年库尔特·沃格尔（Kurt Vogel）

1970 年沃尔特·帕格尔（Walter Pagel）

1971 年威利·哈特纳（Willy Hartner）

1972 年清西·亚布蒂（Kiyosi Yabuuti）

1973 年亨利·格拉克（Henry Guerlac）

1974 年伯纳德·科恩（I. Bernard Cohen）

1975 年雷内·塔东（René Taton）

1976 年伯尔尼迪布纳（Bern Dibner）

1977 年德里克·怀特赛德（Derek T. Whiteside）

1978 年尤施凯维奇（A.P. Youschkevitch）

1979 年玛丽亚·路易莎·里米尼 – 博内利（Maria Luisa Righini–Bonelli）

1980 年马歇尔·克拉杰特（Marshall Clagett）

1981 年鲁珀特·霍尔和玛丽·博厄斯·霍尔（A. Rupert Hall and Marie Boas Hall）

1982 年托马斯·库恩（Thomas S. Kuhn）

1983 年乔治·坎圭勒姆（Georges Canguilhem）

1984 年查尔斯·库尔斯顿·吉利斯皮（Charles Coulston Gillispie）

1985 年共同获奖者保罗·罗西和理查德·韦斯特福尔（Co-winners: Paolo Rossi and Richard S. Westfall）

1986 年恩斯特·迈尔（Ernst Mayr）

1987 年劳埃德（G.E.R. Lloyd）

1988 年斯蒂尔曼·德雷克（Stillman Drake）

1989 年杰拉尔德·霍尔顿（Gerald Holton）

1990 年亨特·杜普里（A. Hunter Dupree）

1991 年米尔科·格尔梅克（Mirko D. Grmek）

1992 年爱德华·格兰特（Edward Grant）

1993 年约翰·海尔布隆（John L. Heilbron）

1994 年艾伦·德布斯（Allen G. Debus）

1995 年查尔斯·罗森伯格（Charles Rosenberg）

1996 年洛伦·格雷厄姆（Loren Graham）

1997 年贝蒂·乔·蒂特·多布斯（Betty Jo Teeter Dobbs）

1998 年托马斯·汉金斯（Thomas L. Hankins）

1999 年戴维·林德伯格（David C. Lindberg）

2000 年弗雷德里克·福尔摩斯（Frederick L. Holmes）

2001 年丹尼尔·凯弗莱斯（Daniel J. Kevles）

2002 年约翰·格林（John C. Greene）

2003 年南希·西赖斯（Nancy Siraisi）

2004 年罗伯特·科勒（Robert E. Kohler）

2005 年萨布拉（A.I. Sabra）

2006 年玛丽·乔·奈（Mary Jo Nye）

2007 年马丁·路德维克（Martin Rudwick）

2008 年罗纳德（Ronald L. Numbers）

2009 年约翰·默多克（John E. Murdoch）

2010 年迈克尔·麦克沃（Michael McVaugh）

2011 年罗伯特·理查德（Robert J. Richards）

2012 年洛林·达斯顿（Lorraine Daston）

2013 年西蒙·沙弗（Simon Schaffer）

2014 年史蒂文·沙平（Steven Shapin）

2015 年罗伯特·福克斯（Robert Fox）

2016 年凯瑟琳·帕克（Katharine Park）

2017 年加兰德·艾伦（Garland E. Allen）

2018 年萨利·格雷戈里·科尔施泰特（Sally Gregory Kohlstedt）

2019 年诺顿·外斯（M. Norton Wise）

2020 年吉姆·贝内特（Jim Bennett）

2021 年伯纳黛特·本索德 – 文森特（Bernadette Bensaude—Vincent）

2022 年玛格丽特·罗西特（Margaret Rossiter）

辉瑞奖（Pfizer Award）

1958 年，科学史学会在美国辉瑞公司赞助下设立辉瑞奖，以表彰上一年度出版的杰出科学史著作。该奖项由奖章和 2500 美元的奖金构成。入选书籍必须是用英文发表的，编辑的文集类书籍不在参选的范围内。历年获奖作品如下：

1959 Marie Boas Hall, *Robert Boyle and Seventeenth-Century Chemistry*. New York: Cambridge University Press, 1958.

1960 Marshall Clagett, *The Science of Mechanics in the Middle Ages*. Madison: University of Wisconsin Press, 1959.

1961 Cyril Stanley Smith, *A History of Metallography: The Development of Ideas on the Structure of Metal before 1890*. Chicago: University of Chicago Press, 1960.

1962 Henry Guerlac, Lavoisier, *The Crucial Year: The Background and Origin of His First Experiments on Combustion in 1772*. Ithaca, N.Y.: Cornell University Press, 1961.

1963 Lynn Townsend White Jr., *Medieval Technology and Social Change*. New York: Oxford University Press, 1962.

1964 Robert E. Schofield, *The Lunar Society of Birmingham: A Social History of Provincial Science and Industry in Eighteenth-Century England*. London: Oxford University Press, 1963.

1965 Charles D. O'Malley, *Andreas Vesalius of Brussels, 1514-1564*. Berkeley: University of California Press, 1964.

1966 L. Pearce Williams, *Michael Faraday: A Biography*. New York: Basic Books, 1965.

1967 Howard B. Adelmann, *Marcello Malpighi and the Evolution of Embryology*. Ithaca, N.Y.: Cornell University Press, 1966.

1968 Edward Rosen, *Kepler's Somnium*. Madison: University of Wisconsin Press, 1967.

1969 Margaret T. May, *Galen on the Usefulness of the Parts of the Body*. Ithaca. N.Y.: Cornell University Press, 1968.

1970 Michael Ghiselin, *The Triumph of the Darwinian Method*. Berkeley: University of California Press, 1969.

1971 David Joravsky, *The Lysenko Affair*. Cambridge, Massachusetts: Harvard University Press, 1970.

1972 Richard S. Westfall, *Force in Newton's Physics: The Science of Dynamics in the Seventeenth Century*. New York: American Elsevier, 1971.

1973 Joseph S. Fruton, *Molecules and Life: Historical Essays on the Interplay ofChemistry and Biology*. New York: John Wiley, 1972.

1974 Susan Schlee, *The Edge of an Unfamiliar World: A History of Oceanography*. New York: Dutton, 1973.

1975 Frederic L. Holmes, *Claude Bernard and Animal Chemistry: The Emergence of a Scientist*. Cambridge: Harvard University Press, 1974.

1976 Otto E. Neugebauer, *A History of Ancient Mathematical Astronomy* (3 vols.). New York: Springer-Verlag, 1975.

1977 Stephen G. Brush, *The Kind of Motion We Call Heat*. Amsterdam/New York: North-Holland, 1976.

1978 Allen G. Debus, *The Chemical Philosophy: Paracelsian Science and Medicine in the Sixteenth and Seventeenth Centuries*. New York: Science History Publications, 1977.

1978 Merritt Roe Smith, *Harpers Ferry Armory and the New Technology: The Challenge of Change*. Ithaca, N.Y./London: Cornell University Press, 1977.

1979 Susan Faye Cannon, *Science in Culture: The Early Victorian Period*. New York: Science History Publications, 1978.

1980 Frank J. Sulloway, Freud, *Biologist of the Mind: Beyond the Psychoanalytic Legend*. New York: Basic Books, 1979.

1981 Charles Coulston Gillispie, *Science and Polity in France at the End of the Old Regime*. Princeton, N.J.: Princeton University Press, 1980.

1982 Thomas Goldstein, *Dawn of Modern Science: From the Arabs to Leonardo da Vinci*. New York: Hougbton Mifllin, 1980.

1983 Richard S. Westfall, *Never at Rest: A Biography of Isaac Newton*. Cambridge: Cambridge University Press, 1980.

1984 Kenneth R. Manning, *Black Apollo of Science: The Life of Ernest Everett Just*. Oxford: Oxford University Press, 1983.

1985 Noel Swerdlow and Otto Neugebauer, *Mathematical Astronomy in Copernicus's De Revolutionibus*. New York: Springer-Verlag, 1984.

1986 I. Bernard Cohen, *Revolution in Science*. Cambridge, Massachusetts: Belknap Press of Harvard University Press, 1985.

1987 Christa Jungnickel and Russell McCormmach, *Intellectual Mastery of Nature: Theoretical Physics from Ohm to Einstein*. Chicago: University of Chicago Press, 1986.

1988 Robert J. Richards, *Darwin and the Emergence of Evolutionary Theories of Mind and Behavior*. Chicago: University of Chicago Press, 1987.

1989 Lorraine Daston, *Classical Probability in the Enlightenment*. Princeton, NJ.: Princeton University Press, 1988.

1990 Crosbie Smith [fr] and M. Norton Wise, *Energy and Empire: A Biographical Study of Lord Kelvin*. Cambridge: Cambridge University Press, 1989.

1991 Adrian Desmond, *The Politics of Evolution: Morphology, Medicine, and Reform in Radical London*. Chicago: University of Chicago Press, 1989.

1991 Servos, John W., *Physical chemistry from Ostwald to Pauling: the making of a science in America*. Princeton, N.J.: Princeton University Press, 1990. ISBN 0-691-08566-8.

1992 James R. Bartholomew, *The Formation of Science in Japan: Building a Research Tradition*. New Haven: Yale University Press, 1989.

1993 David C. Cassidy, *Uncertainty: The Life and Science of Werner Heisenberg*. New York: Freeman, 1992.

1994 Joan Cadden, *The Meanings of Sex Difference in the Middle Ages*. Cambridge: Cambridge University Press, 1993.

1995 Pamela H. Smith, *The Business of Alchemy: Science and Culture in the Holy Roman Empire*. Princeton, NJ: Princeton University Press, 1994.

1996 Paula Findlen, *Possessing Nature: Museums, Collecting, and Scientific Culture in Early Modern Italy* .Berkeley: University of California Press, 1995.

1997 Margaret W. Rossiter, *Women Scientists in America: Before Affirmative Action, 1940-1972*. Baltimore: Johns Hopkins University Press, 1995.

1998 Peter Galison, *Image and Logic: A Material Culture of Microphysics*. Chicago: University of Chicago Press, 1997.

1999 Lorraine Daston and Katharine Park, *Wonders and the Order of Nature, 1150-1750*. Zone Books, 1998.

2000 Crosbie Smith, *The Science of Energy: A Cultural History of Energy Physics*. University of Chicago Press, 1998.

2001 John L. Heilbron, *The Sun in the Church: Cathedrals as Solar Observatories*. Harvard University Press, 1999.

2002 James A. Secord, *Victorian Sensation: The Extraordinary Publication, Reception, and Secret Authorship of Vestiges of the Natural History of Creation*. University of Chicago Press, 2000.

2003 Mary Terrall, *The Man Who Flattened the Earth: Maupertuis and the Sciences in the Enlightenment*. University of Chicago Press, 2002.

2004 Janet Browne, *Charles Darwin: The Power of Place*. Princeton University Press, 2003.

2005 William Newman and Lawrence Principe, *Alchemy Tried in the Fire: Starkey, Boyle, and the Fate of Helmontian Chymistry*

2006 Richard W. Burkhardt Jr., *Patterns of Behavior: Konrad Lorenz, Niko Tinbergen, and the Founding of Ethology*

2007 David Kaiser, *Drawing Theories Apart: The Dispersion of Feynman Diagrams in Postwar Physics*. University of Chicago, 2005.

2008 Deborah Harkness, *The Jewel House: Elizabethan London and the Scientific Revolution*. Yale University Press, 2007.

2009 Harold J. Cook, *Matters of Exchange: Commerce, Medicine, and Science in the Dutch Golden Age*. Yale University Press, 2007.

2010 Maria Rosa Antognazza, *Leibniz: An Intellectual Biography*. Cambridge University Press, 2009.

2011 Eleanor Robson, *Mathematics in Ancient Iraq: A Social History*. Princeton University Press, 2008.

2012 Dagmar Schaefer, *The Crafting of the 10,000 Things: Knowledge and Technology in Seventeenth-Century China*. University of Chicago Press, 2011.

2013 John Tresch, *The Romantic Machine: Utopian Science and Technology after Napoleon*. University of Chicago Press, 2012.

2014 Sachiko Kusukawa, *Picturing the Book of Nature: Image, Text and Argument in Sixteenth-Century Human Anatomy and Medical Botany*. University of Chicago Press, 2012.

2015 Daniel Todes, *Ivan Pavlov: A Russian Life in Science*. Oxford University Press, 2014.

2016 Omar W. Nasim, *Observing by Hand. Sketching the Nebulae in the Nineteenth Century*. University of Chicago Press, 2013.

2017 Tiago Saraiva, *Fascist Pigs: Technoscientific Organisms and the History of Fascism*. MIT Press, 2016.

2018 Anita Guerrini, *The Courtiers' Anatomists: Animals and Humans in Louis XIV's Paris*. University of Chicago Press, 2015.

2019 Deborah R. Coen, *Climate in Motion: Science, Empire, and the Problem of Scale*. University of Chicago Press, 2018.

2020 Theodore M. Porter, *Genetics in the Madhouse: The Unknown History of Human Heredity*. Princeton University Press, 2018.

3. 普赖斯 / 韦伯斯特奖（Price/Webster Prize）

普赖斯 / 韦伯斯特奖奖励发表在《爱西斯》杂志上的杰出研究论文。该奖的前身是齐特林 – 布吕赫奖（Zeitlin–Ver Brugge Prize），于 1979 年由雅各布·齐特林和约瑟芬·布吕赫两位书商赞助设立。奖项由 250 美元和证书组成，每年评审一次。

4. 约瑟夫·哈增教育奖（Joseph H. Hazen Education Prize）

约瑟夫·H. 哈曾教育奖颁发给为科学史教育事业做出突出贡献者。奖项所认可的教育活动是广义的，包括但不限于：课堂教学（基础教育、本科教育、研究生教育、辅助教育）、指导青年学者、科技馆工作、新闻工作、教育项目的组织管理工作、教育研究、教育方法的革新等。

5. 菲利普·保利奖（Philip J. Pauly Prize）

菲利普·保利奖（原为美国科学史论坛奖）授予美洲（广义上包括北美洲、中美洲、南美洲和加勒比海）科学史最好的第一本书。书籍需以英文撰写，且在获奖前三年内出版；符合条件的候选人可以自我提名。如果获奖作品由两人及以上合著，那么这些作者将被视为联合获奖者，奖金将由合著者分享。

6. 唐纳德·雷恩杰奖（Ronald Rainger Prize）

唐纳德·雷恩杰奖由科学史学会（HSS）每年颁发。该奖项在地球与环境论坛（EEF）中设立，为纪念地质学、古生物学、生物学和海洋学历史学家唐纳德·雷恩杰在该领域的杰出贡献。

本年度奖项将授予单一的具体作品，如文章、展览或互动资源，其主题是广义的地球和环境科学的历史。已发表的和未发表的作品都有资格获奖，任何代表地球和环境科学史原创性学术研究成果的数字或其他项目也同样符合条件。

获奖提名人必须是在读的研究生，或在完成相关博士学位后不超过 3 年的时间。如果获奖作品有一个以上的合著者，这些作者将被视为共同的获奖者，奖金也将平分。

7. 玛格丽特·罗西特女性科学史奖（The Margaret W. Rossiter History of Women in Science Prize）

在 2004 年召开的科学史学会年会上，委员会一致同意设立女性科学史奖。鉴于罗西特教授在此方面做出的先驱性工作，女性科学史奖以其名冠名。奖项奖励给女性科学史主题的杰出著作。著作或文章可以是传记性的、制度性的、理论性或其他进路的女性科学史研究。

8. 沃森·戴维斯和海伦·戴维斯奖（Watson Davis and Helen Miles Davis Prize）

沃森·戴维斯和海伦·戴维斯奖成立于 1985 年，此奖是向科学服务主任沃森·戴维斯及其夫人致敬。奖项包括 1000 美元和证书。设立此奖是为了奖励面向于广大公众的科学史著作（包括对本科生的指南）。书籍必须用英文写作，在出版三年后有资格评奖。候选著作应该定位为向没有特定背景知识的一般读者的介绍性著作。主题可以是介绍整个领域、历史发展、国家传统或者卓越的个人。

9. 纳森 – 莱茵格尔德奖（Nathan Reingold Prize）

纳森–莱茵格尔德奖（前艾达和亨利·舒曼奖（Henry and Ida Schuman Prize））成立于 1955 年，是由艾达和亨利·舒曼设立的科学史研究生原创论文奖。多年以来，亨利·舒曼始终支持此奖项，至 2004 年纳森–莱茵格尔德继续支持此项奖励，故此更名为纳森–莱茵格尔德奖。纳森–莱茵格尔德奖的理想获奖文章应该是具有原创性、缜密的编史学思路、扎实的原始材料、清晰的论证和流畅的文笔。以往的优秀文章往往是学位论文的一部分或是研讨会论文。

10. 苏珊娜·J. 莱文森奖（Suzanne J. Levinson Prize）

苏珊娜·J. 莱文森奖每两年评选一次，是生命科学和博物学的最佳著作奖。著作必须在出版四年之后才有资格评选。此奖由马克·莱文森（Mark Levinson）创立，并以其妻子来命名。

11. 女性科学史奖（The History of Women in Science Prize）

女性科学史奖于 1987 年首次颁发，以表彰在前四年发表的对女性科学史做出杰出贡献的人。它带有 1000 美元的现金奖励。在奇数年授予书籍，偶数年授予文章。

二、技术史学会奖项

1. 莱昂纳多·达·芬奇奖章（Leonardo da Vinci Medal）

莱昂纳多·达·芬奇奖章（以下简称达·芬奇奖）是美国技术史学会（Society for the History of Technology）颁发的年度奖项，是该学会的最高荣誉奖项，表彰在技术史领域（包括研究、教学和出版等）做出杰出贡献的个人，惯例是颁给在世的学者，且不重复。第一届达·芬奇奖于 1962 年 12 月 29 日颁发，截至 2020 年共奖励了 57 人（其中 1982 年和 1999 年空缺，2020 年由 2 人分享），奖章由安德拉斯·贝克设计。奖章的正面是达·芬奇的自画像，背面刻有 "The basic sources of energy: water, wind, and fire."（能源的基本来源：水、风和火）。整个奖项由奖章和证书构成。

奖章每年颁发一次，以下是历年获奖者名单：

1962　R. J. Forbes

1963　Abbott Payson Usher

1964　Lynn T. White, Jr

1965　Maurice Daumas

1966　Cyril Stanley Smith

1967　Melvin Kranzberg

1968　Joseph Needham

1969　Lewis Mumford

1970　Bertrand Gille

1971　A. G. Drachmann

1972　Ladislo Reti

1973　Carl Condit

1974　Bern Dibner

1975　Friedrick Klemm

1976　Derek J. deSolla Price

1977　Eugene S. Ferguson

1978　Torsten Althin

1979　John U. Nef

1980　John B. Rae

1981　Donald S. L. Cardwell

1982　未颁发

1983　Louis C. Hunter

1984　Brooke Hindle

1985　Thomas P. Hughes

1986　Hugh G. J. Aitken

1987　Robert P. Multhauf

1988　Sidney M. Edelstein

1989　R. Angus Buchanan

1990　Edwin Layton, Jr.

1991　Carroll W. Pursell

1992　Otto Mayr

1993　W. David Lewis

1994　Merritt Roe Smith

1995　Bruce Sinclair

1996　Nathan Rosenberg

1997　Ruth Schwartz Cowan

1998　Walter G. Vincenti

1999　未颁发

2000　Silvio A. Bedini

2001　Robert C. Post

2002　Leo Marx

2003　Bart Hacker

2004　David Landes

2005　David Nye

2006 Eric H. Robinson

2007 David A. Hounshell

2008 Joel Tarr

2009 Susan J. Douglas

2010 Svante Lindqvist

2011 John M. Staudenmaier

2012 Wiebe Bijker

2013 Rosalind H. Williams

2014 Pamela O. Long

2015 Johan Schot

2016 Ronald R. Kline

2017 Arnold Pacey

2018 Joy Parr

2019 Francesca Bray

2020 Maria Paula Diogo and Arthur P. Molella

2021 Suzanne Moon

2022 Donald Mackenzie

2. 西德尼·艾德尔斯汀奖（原德克斯特奖）（The Sidney Edelstein Prize （formerly the Dexter Prize））

艾德尔斯汀奖是技术史杰出著作奖，授予前三年内出版的科技史优秀学术著作的作者。相关书籍必须在出版三年后才有资格参评，非英语的著作在英文译本出版三年后同样可以参评。艾德尔斯汀奖的前身是德克斯特奖，1968 年由西德尼·艾德尔斯汀（Sidney Edelstein）设立，他是著名的染料和染料工艺史专家，德克斯特化学公司的创始人，也是 1988 年达·芬奇奖的获得者。该奖项由露丝·埃德尔斯坦·巴里什（Ruth Edelstein Barish）及其家人捐赠，以纪念西德尼·艾德尔斯汀及其对技术史学术研究的卓越贡献。这个奖项后来改名为西德尼·艾德尔斯汀奖（The Sidney Edelstein Prize）。

3. 萨里·海克奖（The Hacker Prize）

萨里·海克奖成立于 1999 年，此奖颁发给面向一般大众的技术史著作，相关著作在出版三年后可以参选。

4. 艾伯特·佩森·乌舍尔奖（The Abbot Payson Usher Prize）

艾伯特·佩森·乌舍尔奖成立于 1961 年，此奖由乌舍尔博士赞助，奖励发表在学会刊物上的最佳研究性文章。

5. 琼·罗宾逊奖（The Joan Cahalin Robinson Prize）

琼·罗宾逊奖设立于 1980 年，由艾瑞克·罗宾逊博士设立，是技术史学会年会最佳报告奖。奖励的获得者不仅要在年会上提交高质量的论文，会议报告水平和讲演水平也是非常重要的考虑因素。

6. 莱文森奖（The Levinson Prize）

莱文森奖是独作未发表的技术史论文奖，侧重关于技术和技术设备的思想和社会史研究。设置目的是帮助年轻学者进入专业领域，已发表或即将发表的文章不能参与评选。候选文章必须是英文，并以技术与文化为主题。字数限定在 7500 字左右。获奖文章可能会发表在《技术与文化》杂志上。

7. 伯纳德电气电子工程师协会奖（The Bernard S. Finn IEEE History Prize）

伯纳德电气电子工程师协会奖是由电气电子工程师协会终身会员基金会赞助成立。本项奖励旨在评定年度电气技术史方面的最佳论文，包括电力、电信和计算机科学等。候选文章必须是英文的。

8. 狄伯纳奖（The Dibner Award）

狄伯纳奖成立于 1985 年，由伯尼尔·狄伯纳赞助成立，此奖旨在评选最佳的技术、工业博物馆展览。获奖展览必须有着良好的设计和展品，以及中肯的历史叙事。展品和图像应该充分调动公众的兴趣。展览必须在开放 24 个月之后才有资格被提名。

9. 弗格森奖（The Ferguson Prize）

弗格森奖（The Ferguson Prize）每两年颁发一次，旨在奖励卓越和原创的技术史参考书。弗格森奖的设立是为了保持由尤金·弗格森建立的学术传统，弗格森是技术史学会的创始人之一（1977—1978 年是学会主席），是先驱性的书志编纂家、博物馆馆长、编辑、注解者、大学教授和达·芬奇奖获得者。为了纪念尤金·弗格森在技术史领域的诸多成就，在以下领域做出突出贡献的学者都在奖项的覆盖范围之内：

参考书目；

传记词典；

英语原始材料的关键版本；

展览目录；

技术史领域的指南；

历史词典和百科全书；

档案库和图书馆资源的主题指南；

专题地图集；

翻译工作；

弗格森奖的范围不仅限于纸质作品，还包括 cd、网站和其他电子资源和工具等。

三、其他学会奖项

1. 柯瓦雷奖（The Koyré Medal）

由国际科学史研究院（IAHS）设立，旨在表彰对科学史事业有突出贡献的科学史家。该奖项 1968 年首次颁发，1989 年后固定为每两年颁发一次。我国学者刘钝教授 2019 年被授予柯瓦雷奖章。

2. 皮克斯通奖（Pickstone Prize）

英国科学史学会皮克斯通奖每两年颁发给科学史领域最好的学术著作。该奖项旨在表彰那些促进对科学史的学术理解和解释的开创性工作。在关注学术书籍方面，它补充了协会的休斯奖，后者奖励与更广泛的读者进行接触。

3. 休斯奖（Hughes Prize）

英国科学史学会休斯奖，原 BSHS 丁格尔奖（Dingle Prize），每两年一次，颁发给科学史领域最好的供广大非专业人士阅读的英文版书籍。获奖的书籍以通俗的方式介绍某领域的研究成果，同时使用适当的对历史的方法和历史研究的结果。奖金价值 300 英镑。获奖者也有机会就他们的书的主题，在 BSHS 的赞助下进行公开演讲。

丁格尔奖成立于 1997 年，以数学家、天文学家和科学哲学家、BSHS 创始人之一的赫伯特·丁格尔的名字命名，以纪念该协会成立 50 周年。为纪念 BSHS 前主席杰夫·休斯，该奖项于 2019 年重新命名。

4. 辛格奖（Singer Prize）

英国科学史学会辛格奖每两年颁发一次，授予在科学史、技术史或医学史任何方面的原创研究论文。这个奖项是为新近进入这一行业的人设立的。申请人必须在截止日期前五年内注册研究生学位或已授予研究生学位。国籍不限。论文字数不得超过 8000 字，必须用英文提交。

文章需要发表在《英国科学史杂志》上，由编辑自行决定。考虑在其他地方发表或出版中的文章不符合条件。

5. 艾尔顿奖（Ayrton Prize）

2015 年，英国科学史学会设立了一个新的奖项，以表彰在科学、技术和医学史中杰出的网络项目。这个奖项的名称由会员从候选名单中选出，以表彰赫塔·埃尔顿（1854—1923）在 19 世纪末和 20 世纪初对众多科学领域，尤其是电气工程和数学的重大贡献。每两年颁发一次，授予在申请前两年已经创建或重大创新的项目。

可参选项目包括：

可公开访问的网站，或者对现有基于网络项目的贡献；

在线播客和音频或视频项目；

公众对话和讨论的在线论坛；

社交媒体活动（提名应该是明确和公开组织的活动，而不是一般的参与）；

智能手机应用；

在线公众参与科学项目；

VR/AR 项目；

基于历史资料或数据的模拟和模型；

利用数字方法使更多观众更容易获得原始材料的项目（例如，历史物品的 3D 成像）；

将数字人文方法应用于 HSTM 资源或元数据的研究项目，具有公众参与元素；

数字工具和公用事业，以帮助公众参与专业工作。

6. 英国科学史学会展览大奖（Great Exhibitions Prize）

于 2012 年设立。该奖项授予在科学史、技术史或医学史等主题的公开展览中的优秀作品。展览分为两类：一类为大型展览，一类为小型展览。后者的获胜者将获得 300 英镑的奖金。BSHS 欢迎来自任何国家的机构参加，展品可以是永久的或临时的。合格的展品必须使用某种类型的人工制品或场所，包括建筑物或地点、图片、仪器、物品和书籍。

7. 竺可桢奖

竺可桢奖和竺可桢青年奖都是在中国科学院自然科学史研究所的慷慨捐助下于 2002 年设立的。由国际东亚科学、技术和医学史学会每四年颁发一次。

竺可桢奖包括 1000 美元的现金奖励。它是由国际东亚科学、技术和医学史学会授予东亚科学、技术和医学史方面原创性学术论文的最高荣誉。竺可桢青年奖，包括证书和 500 美元的现金奖励，授予东亚科学、技术和医学史方面的青年学者的论文。会员可提名自己的论文，在提名截止日期前四年内发表的英文、中文、日文、韩文或越南文的论文将被考虑。其他亚洲语言的论文如果有英文翻译，也会被考虑。竺可桢青年奖的作者应是研究生或在提名截止日期前 5 年内获得博士学位的学者。由 ISHEASTM 董事会任命的竺可桢奖委员会通过审查最近发表的论文清单和征求 ISHEASTM 成员的提名来确定获奖的候选论文。

四、分科史奖项

1. 数学史

肯尼斯·梅奖章（Kenneth O. May Prize）

纪念数学史家肯尼斯·梅对国际数学史委员会的无私贡献。每四年颁发一次，授予对数学史有杰出贡献的研究者。奖章为青铜材质，由加拿大雕刻家 Salius Jaskus 设计制作，奖章是肯尼斯·梅奖项的一部分。

蒙图拉奖——最佳青年数学史文章奖（ICHM Montucla Prize）

蒙图拉奖由国际数学史委员会执行委员会每四年颁发一次，授予在国际科学技术史大会召开前的四年内发表在《数学史》上的最佳文章的青年学者。

2. 物理学史

亚伯拉罕·派斯物理学史奖（Abraham Pais Prize for History of Physics）

由美国物理学会、物理学史分部设立。该奖项旨在表彰物理学史方面的杰出学术成就。该奖每年颁发一次，奖金为 10 000 美元，并颁发证书，说明获奖者的贡献，另外还提供参加美国物理学会会议的旅费，以领取该奖并应邀作物理学史演讲。

3. 化学史

化学史杰出贡献奖（HIST Award for Outstanding Achievement in the History of Chemistry）

化学史杰出贡献奖由埃德尔斯汀（Sidney M. Edelstein）1956 年在美国化学学会设立，以表彰在化学史方面的杰出贡献。该奖项最初被称为德克斯特奖 Dexter Awar，1956—2001），后来被称为西德尼·M. 爱德斯坦奖（Sidney M. Edelstein Award，2002—2009），2013 年更名为化学史杰出贡献奖化学史杰出贡献奖，依然由美国化学学会颁发。

4. 天文学史

多格特奖（Doggett Prize）

天文史界最高奖。多格特（Doggett Prize）奖由美国天文学会（American Astronomical Society）天文史学部门每两年颁发一次，以表彰在天文学历史领域做出重大贡献的人。该奖项设立在偶数年，提名截止日期为前一年的 3 月。天文史学部的任何成员都可以提名候选人。

唐纳德图书奖（Osterbrock Book Prize）

该奖项由美国天文学会，天文史分部于 2009 年创立，2010 年以纪念唐纳德·E. 奥斯特布罗克 (Donald E. Osterbrock) 而命名。该奖项每两年颁发一次，以奖励推动天文学历史领域或揭示天文学历史的书籍的作者。该奖项在奇数年颁发。获奖年度前五年至获奖年度前两年内受版权保护的图书将有资格获得该奖项。

5. 地质学史

弗里德曼奖章（The Sue Tyler Friedman Medal）

授予对地质历史的记录。可以授予那些没有地质学背景的学者，不限国籍，非必须是协会成员，由 HOGG 理事会确定奖项颁发的时间间隔。

6. 生物学史

大卫·L. 赫尔奖（David L. Hull Prize）

由国际生物学历史、哲学和社会研究学会于 2011 年设立的一个两年一度的奖项，以纪念大卫·L. 赫尔（1935—2010）的一生。该奖表彰对促进历史、哲学、社会研究和生物学之间的跨学科联系的学术和服务的非凡贡献。该奖可以颁发给处于职业生涯任何阶段的个人，以承认和促进他们在学术和服务方面做出的重大努力。获奖者将获得一枚奖章，以表彰他们对学术和服务的贡献。

维纳·卡勒博奖（Werner Callebaut Prize）和马乔丽·格勒内奖（Marjorie Grene Prize）

由国际生物学历史、哲学和社会研究学会设立，每两年颁发一次。该奖项旨在推动在国际生物学历史、哲学和社会研究学会所代表的各领域之间工作的年轻学者的事业发展，并颁发给在前两次国际生物学历史、哲学和社会研究学会会议上发表的利用跨学科方法的最佳文章的作者。获奖人须是研究生。该奖项包括一份证书和 500 美元，以及一块牌匾。

7. 博物学史

SHNH 主席奖（The SHNH President's Award）

认可个人或团队在促进和改善博物学研究的可及性、包容性和多样性方面的贡献和影响。获奖者将获得总统的奖章和 100 英镑，并在协会的年度大会上颁发。

SHNH 创始人奖（The SHNH Founders' Medal）

该奖项授予对博物学或目录学研究有重大贡献的人。SHNH 会员或非会员均可被提名，不限国籍。

SHNH 赞助人奖（The SHNH Patron's Review）

SHNH Patron's Review 与学会的赞助人 David Attenborough OM CH FRS 爵士合作，为杰出的年轻研究人员（或研究小组）提供了一个撰写评论的机会，以推进学会的宗旨，即"对博物学所有分支在所有时期和文化中的发展进行历史和书目研究"。

约翰·撒克里奖章（The SHNH John Thackray Medal: Natural History Book Award）

该奖项设立于 2000 年，旨在纪念杰出的科学史学者约翰·撒克里（1948—1999）的一生和工作。SHNH 约翰·撒克里奖章授予对博物学史有贡献的最佳书籍。

可由 SHNH 会员提出提名，或由出版商提交。书籍应在颁奖前的两年内出版。选择标准包括书籍的原创性、内容和贡献。

SHNH 威廉·T. 斯特恩学生论文奖（SHNH William T. Stearn Student Essay Prize）

该奖项设立于 2007 年，是为了纪念威廉·T. 斯特恩（1911—2001）的工作，他的工作对这个领域和这个社会做出了很大的贡献，该奖项颁给博物学最好的原创、未发表的文章。奖项面向全日制或非全日制本科生和研究生开放。获胜者将获得 300 英镑的奖金，获奖文章通常会发表在学会的期刊《博物学档案》（*Archives of natural history*）上。

8. 农学史

西奥多·萨鲁托斯纪念奖（Theodore Saloutos Memorial Award）

该奖项以美国农业劳工、政治和移民的历史学家 Theodore Saloutos（1910—1980）的名字命名。自 1982 年以来，农业史学会将西奥多·萨鲁托斯纪念奖颁发给美国农业史领域最好的书籍。

华莱士奖（Henry A. Wallace Award）

美国以外地区关于农业史的最佳著作奖。该奖项以亨利·华莱士（Henry A. Wallace，1888—1965）的名字命名。自 2010 年以来，农业史学会每年都会颁发这个奖项。华莱士奖颁发给美国以外最好的农业历史书籍。

爱德华兹奖（Everett E. Edwards Award）

农业史的最佳研究生论文奖。该奖项每两年颁发一次，以埃弗雷特·E. 爱德华兹（1900—1952）的名字命名，他是一位多产的农业历史学家，撰写了许多作品，爱德华兹还在 1931—1952 年编辑了《农业历史》杂志。该协会自 1953 年以来就为他颁发这个奖项。

卡斯坦森纪念奖（Vernon Carstensen Memorial Award）

奖励农业史上的最佳文章。该奖项以弗农·卡斯坦森的名字命名，他写了几本关于农业历史的书，并于 1958—1959 年担任农业历史学会会长。自 1980 年以来，农业历史学会为农业历史上发表的最佳文章颁发卡斯坦森纪念奖。

格拉迪斯·贝克奖（Gladys L. Baker Award）

农业史研究领域终身成就奖。这个奖项是以格拉迪斯·贝克命名的。她不仅整理了有关农业和农村历史的重要收藏，还是《服务的一个世纪：美国农业部的第一个 100 年》一书的资深作者。1970 年，她担任农业历史学会会长。农业历史学会于 2009 年设立了格拉迪斯·贝克奖，并于 2010 年颁发了第一个奖项。

9. 医学史

奥斯勒奖章（Osler Medal）

年度医学生论文奖。威廉·奥斯勒奖章每年颁发给在美国或加拿大医学或骨科学校注册的学生撰写的关于医学史主题的最佳未发表论文。该奖章于 1942 年首次颁发，以纪念威廉·奥斯勒爵士，他激发了医学生和医生对人文科学的兴趣。

沃斯 – 埃斯特斯奖（J. Worth Estes Prize）

药学史文章奖。该奖项是为纪念 J. Worth Estes 医学博士而设立的，以表彰他对美国医学史协会和医学史学术研究的许多宝贵贡献。该奖项每年颁发一次，奖励颁奖前两年内发表的药学史最佳论文，包括期刊和论文集。

就该奖项而言，药学史将被广义地定义为包括古代和传统的药物、民间药物、草药、近代的药物、制药学等。它应包括药物的发现、对它们的基本研究、它们的特点和特性、它们的制备和销售以及它们的治疗应用。

威廉·韦尔奇奖章（William H. Welch Medal）

医学史图书奖。威廉·H. 韦尔奇奖章授予一名或多名作者在获奖前五年内出版的医学史领域具有杰出学术价值的书籍（不包括编辑卷）。该奖章于美国医学史协会年会上颁发。已获得过韦尔奇奖章的作者不再提名该奖。

米勒终身成就奖（Genevieve Miller Lifetime Achievement Award）

美国医学史协会于 1988 年设立了终身成就奖。2014 年，该奖项被命名为 Genevieve Miller，以表彰她对医学史和协会的贡献。该奖项每年颁发给从正规机构、附属机构或执业机构退休的协会成员，多年来对医学史的支持有杰出记录，并在学术上持续做出杰出贡献。

第五十四章　科技史家小传

刘任翔、刘元慧、胡翌霖、肖尧

本章分著名科技史家（除萨顿奖、达·芬奇奖得主外）、萨顿奖得主、达·芬奇奖得主、中国科技史家四个部分。

一、著名科技史家（以生年为序）

休厄尔（William Whewell，1794—1866），英国物理学家、哲学家、神学家，毕业于剑桥大学三一学院。休厄尔是最早从事科学史研究的学者之一，正是他首先创造了 scientist（科学家）一词用来指从事科学研究的学者。休厄尔在科学史领域最为著名的著作是《归纳科学的历史》（*History of the Inductive Sciences*，1837）与《基于其历史的归纳科学的哲学》（*The Philosophy of the Inductive Sciences, Founded Upon Their History*，1840）。尽管其直接兴趣并非科学史，而是一套普遍的知识理论，但他认为，要想精确地确定科学发展的模式，就必须回到历史，这一信念成为了直至今日科学史研究的基础。在这两本著作中，休厄尔分别考察了科学的各个分支，追溯了它们自古典时期以来的进展情况。他提出成功的科学具有的两种特征，即"概念解释"和"事实综合"，从而为科学的历史研究提供了一个组织性的框架。

马赫（Ernst Mach，1838—1916），奥地利物理学家、哲学家。马赫在物理学中以其力学和声学研究而闻名，而在科学哲学领域则提出了现象主义（phenomenalism）的观点。在科学史领域的主要著作为《力学史评》（*Die Mechanik in ihrer Entwicklung*，1883）。他的哲学主张，只有通过观察而被给予的感觉与料才是确定无疑的，因此马赫认为科学的历史进展来源于不断积累观察材料。在这种实证主义的编史学中，数学的地位受到了贬低，它只是科学家做出发现之后对发现进行的形式化过程的一部分。对现代早期的科学革命，马赫持一种极端的非连续论，认为伽利略的成就是前无古人的，因为伽利略率先运用了科学发现的正确的经验主义方法，即进行了不带偏见的观察，并诉诸实验检验；但另一方面，马赫对伽利略的解释有非常强的辉格色彩。

梅耶松（Émile Meyerson，1859—1933），法国化学家、哲学家，生于波兰。早年学习化学，毕业于海德堡大学。他在科学史领域的主要著作为《同一与实在》（*Identité et réalité*，1908），该书以归纳的眼光处理了从早期原子论者到量子物理学的科学思想与理论，试图揭示与一切科学的归纳工作相伴随的心理学原则。梅耶松认为，科学说明受制于两个基本的推理原则，即合规律原则和因果性原则。因而，尽管科学的具体内容在历史中是不断变化的，但思维的形式却总是相同的。爱因斯坦在1928年的一篇文章中对梅耶松提出的心理学原则表示认可。托马斯·库恩在其《科学革命的结构》前言中提到梅耶松的工作对他的影响，这种影响促使库恩从心理和历史（而非逻辑）的方面考察科学研究事业。

迪昂（Pierre Duhem，1861—1916），法国物理学家、历史学家、哲学家。迪昂在化学热力学领域做出了卓越的贡献，在科学史领域开创了对欧洲中世纪科学史的研究，此方面的主要著作为3卷本的《达·芬奇研究》（*Études sur Léonard de Vinci*，1903—1913）。这部著作的本意是追溯达·芬奇科学思想的来源，但到后来完全转向了对中世纪晚期的巴黎唯名论者（如让·布里丹）的研究。为此，他重新发现了一批非常有价值的14世纪经院哲学手稿（这些文本自16世纪以来几乎完全被湮没）。迪昂认为，通常认为的伽利略时代才发生的科学革命，实则从中世纪晚期对亚里士多德主义的克服开始就在酝酿。巴黎唯名论者成了现代科学的先驱，从而科学革命的历史在迪昂那里是一种连续的历史，并不存在现代早期的所谓"断裂"。

瓦伊拉蒂（Giovanni Vailati，1863—1909），意大利哲学家、数学家。瓦伊拉蒂生前并未出版完整的书籍，但留下了约200篇短论。他的著作集被译成了英文：《逻辑与实用主义：乔万尼·瓦伊拉蒂文选》（*Logic and Pragmatism. Selected Essays by Giovanni Vailati*，2010）。在科学史方面，瓦伊拉蒂关注的主要是力学、逻辑学和几何学的历史，尤其是亚里士多德之后的希腊力学、伽利略的先驱者、定义在柏拉图和欧几里得著作中的概念和角色、数学对逻辑和知识论的影响等。瓦伊拉蒂认为，尽管某些问题贯穿了科学史，但在不同的时期它们以不同的方式被表述和处理，他对这种差异的兴趣超过了对问题之同一性的兴趣。在他看来，科学理论被超越并不意味着它们被摧毁了，相反，它们的重要性因此而增加。此外，瓦伊拉蒂还认为完整的历史叙述必须将相关的社会背景纳入考虑之中。

巴什拉（Gaston Bachelard，1884—1962），法国哲学家，在诗学和科学哲学领域均有所建树，生前执教于巴黎索邦学院科学史与科学哲学讲席。主要著作有《新科学精神》（*Le nouvel esprit scientifique*，1934）和《科学精神的形成》（*La formation de* *l'esprit scientifique*，1938）等。巴什拉注重从历史和心理的角度考察科学的发展，引入了知识论障碍和知识论突破的概念。在他看来，科学的进展有可能为特定的心智样式所阻碍，而知识论的任务则在于对这种阻碍的克服。由此，巴什拉批判了孔德的实证主义科学史观，认为科学的历史并不是一部连续进步的历史。许多科学理论之所以在刚提出时显得荒谬和非理性，只是因为在其中发生的心理转换太过剧烈。此外，他还提出，新的理论并不是简单地反对或抛弃旧理论，而是将其整合在新的范式中。巴什拉的思想影响了柯瓦雷、库恩等。

齐尔塞尔（Edgar Zilsel，1891—1944），奥地利历史学家、科学哲学家，与维也纳学派有所往来，却又对其持批评态度。齐尔塞尔主张从社会史尤其是马克思主义社会史的角度来考察现代科学的兴起，主要著作有《现代科学的社会起源》（*Die sozialen Ursprünge der neuzeitlichen Wissenschaft*，1976）等。他提出了著名的齐尔塞尔论题，即资本主义的兴起促成了工匠与学者的交流，而这又是现代早期科学诞生的条件。其论证是：在资本主义兴起之前，工匠基本都没有读写能力，为受教育阶层所鄙视；而学者们则对实践性的手艺活动一无所知。手艺的理论化以及手艺知识融入对自然的研究，导致了实验科学的发展。齐尔塞尔还提出，现代早期科学中自然律概念的兴起，是法学中的司法概念向自然现象领域普遍化的结果：正如国王为国家立法一样，上帝也为宇宙立下了自然的法则。

诺意格鲍尔（Otto Neugebauer，1899—1990），美籍奥地利裔数学家、科学史家。毕业于哥廷根大学，生前任教于布朗大学。1987年获美国哲学会富兰克林奖章。诺意格鲍尔致力于研究古代和中世纪包括天文学在内的精密科学（exact sciences）的历史，其研究多依靠第一手材料，富于开创性。主要著作有《古代的精密科学》（*The Exact Sciences in Antiquity*，1957）、《古代数理天文学史》（*A History of Ancient Mathematical Astronomy*，1975）、《天文学与历史：文选》（*Astronomy and History: Selected Essays*，1983）。诺意格鲍尔通过研究古巴比伦泥板文书，发现巴比伦人对数学与天文学的了解远远多于当时的估计。他同样研究了埃及人的数学和天文学成就，并集中探讨了两种古代文明对希腊世界精密科学的影响：例如，古巴比伦人在代数方面成就惊人，不仅在记数系统上有所突破，而且出现了对2的平方根的近似计算、毕达哥拉斯数概念、二元二次方程以及对数的某些特例的讨论。

耶茨（Frances Yates，1899—1981），英国历史学家，生前工作于伦敦大学瓦尔堡研究所。耶茨一生为文艺复兴的神秘主义、文学和政治史的研究做出了不朽的贡献，其主要著作包括《乔达诺·布鲁诺与赫尔墨斯传统》（*Giordano Bruno and the*

Hermetic Tradition）、《记忆之术》（The Art of Memory）、《玫瑰十字会的启蒙》（The Rosicrucian Enlightenment）、《伊丽莎白时期的隐秘哲学》（The Occult Philosophy in the Elizabethan Age）。耶茨工作的主要意义在于从新的角度审视了布鲁诺：不是如传统观点那样将其当作现代科学的先驱者、为日心说"真理"而献身的烈士，而是把他放在整个文艺复兴时期的赫尔墨斯主义神秘传统之中考察，并表明笛卡尔主义既脱胎于它又反对它，从而能够进一步说明科学革命为什么恰恰在 17 世纪发生。

霍伊卡（Reijer Hooykaas，1906—1994），荷兰科学史家。1946—1972 年任教于阿姆斯特丹自由大学，荷兰皇家艺术与科学学会成员。主要著作有《宗教与现代科学的兴起》（Religion and the Rise of Modern Science）、《人文主义与 16 世纪葡萄牙科学及文学中的航海发现》（Humanism and the Voyages of Discovery in 16th Century Portuguese Science and Letters）、《罗伯特·玻义耳：一项科学与基督教信仰的研究》（Robert Boyle: a study in science and Christian belief）。霍伊卡认为，科学革命应当主要被刻画为从有机论世界观到机械论世界观的转变，后者是指自然可以被看成一部机器。因而，实验可能使人认识事物的真实本性，正如把机器拆开有助于理解其运行。此外，霍伊卡还强调 1277 年大谴责、大航海运动对新世界的发现等"外部因素"对科学革命的作用，反对那种将帕斯卡尔、牛顿等科学家的宗教信仰视作荒谬迷信的观点。

罗森（Edward Rosen，1906—1985），美国科学史家，毕业于哥伦比亚大学，生前执教于纽约城市大学。罗森主要研究现代早期科学，尤其是哥白尼、伽利略和开普勒的工作。主要著作有《哥白尼与科学革命》（Copernicus and the Scientific Revolution）、《哥白尼及其继承人》（Copernicus and His Successors）等，并翻译了开普勒涉及月球天文学的小说《梦》（Kepler's Somnium: The Dream, or Posthumous Work on Lunar Astronomy）。罗森对哥白尼的突破做出了经典的解释，即不满于地心体系下天文学复杂度不必要的增加，希望通过将太阳放在中心来简化天文学的计算。罗森同时认为，哥白尼的这一选择开启了科学革命的进程。他通过讨论哥白尼对伽利略、开普勒等人的影响来论证这一观点。在科学与宗教的关系方面，罗森纠正了在德雷伯、怀特等著作中体现出来的冲突论。

默顿（Robert Merton，1910—2003），美国社会学家，科学社会学的奠基人，生前执教于哥伦比亚大学，1994 年获美国国家科学奖章。与科学史相关的著作有《十七世纪英格兰的科学、技术与社会》（Science, Technology and Society in 17th-Century England）、《科学社会学》（The Sociology of Science）等。默顿在科学社会学领域考察了科学家群体内部的互动关系以及规范科学家们的主要原则，即共享、普遍、无偏颇和有组织的怀疑，但他并不像后来的科学社会学家一样认为社会互动参与了科学真理自身的形成。默顿在宗教与科学的关系方面提出了著名的默顿命题，即清教主义促进了科学的职业化，从而使得科学在现代早期的欧洲（尤其是英格兰）兴起。他主要通过统计分析论证自己的观点。默顿命题虽然遭受了不少批评，却成为后来许多讨论的起始点。

席文（Nathan Sivin，1931—2022），美国汉学家、历史学家，毕业于哈佛大学，退休前任教于宾夕法尼亚大学。席文一生主要研究中国科学技术史、中国传统医学、中国哲学和中国宗教信仰。在科学史领域的主要著作有《中国炼金术：初步研究》（*Chinese Alchemy: Preliminary Studies*）、《中国科学：对一个古代传统的考察》（*Chinese Science: Explorations of an Ancient Tradition*）、《道：早期希腊与中国的科学与医学》（*The Way and the Word: Science and Medicine in Early Greece and China*）。席文认为，中国的科学不应仅仅作为西方科学的"镜子"而被研究，而是值得以其自身的价值为人们所关注；中国科学的成就揭示了科学革命以来的西方科学不是一种绝对必然的发展路线。席文还极力为中国医学正名，认为它不是对经验的简单收集，而是包含着一种与西方大相径庭的世界观，如中医中来自动物身体的药有着特殊的作用。

麦茜特（Carolyn Merchant，1936— ），美国科学史家、生态女性主义哲学家，执教于加州大学伯克利分校。著有《自然之死：妇女、生态与科学革命》（*The Death of Nature: Women, Ecology, and the Scientific Revolution*）、《生态学革命：新英格兰的自然、性别与科学》（*Ecological Revolutions: Nature, Gender, and Science in New England*）、《重新发明伊甸园：西方文化中自然的命运》（*Reinventing Eden: The Fate of Nature in Western Culture*）。麦茜特因其"自然之死"的理论而闻名。她认为现代科学的原子化、客观化肢解了自然，将其看作惰性的，从而取代了此前更具女性特征的有机宇宙论。在麦茜特看来，启蒙时代之前的科学仍然继承了早先的自然形象，提到自然有其秘密，科学的任务就在于揭开自然的面纱；而随着工业化和资本主义的发展，自然越来越变得没有秘密，可以完全地控制。

欧格尔维（Marilyn Bailey Ogilvie，1936— ），美国科学史家，退休前执教于俄克拉荷马大学。欧格尔维主要研究科学史中的女性，主要著作有《科学中的女性——从古代到十九世纪：配有注释目录的传记性辞典》（*Women in Science: Antiquity through the Nineteenth Century: A Biographical Dictionary with Annotated Bibliography*）、

《科学中的女性传记辞典：从古代到 20 世纪中叶的先驱人生》（*The Biographical Dictionary of Women in Science: Pioneering Lives from Ancient Times to the mid-20th Century*）、《玛丽·居里传》（*Marie Curie: A Biography*）。欧格尔维的主要贡献在于对许多不为人知的女性科学家或对科学有所贡献的女性的生平、思想进行了细致的梳理，并且有所节制地探讨了女性在一种男性化的科学文化中参与科学研究的特殊方式，以及她们的贡献在这种文化中被承认或拒绝的情况。

拉希德（Roshdi Rashed，1936— ），埃及数学家、科学哲学家、科学史家，退休前执教于法国国家科学研究院。他极具开拓性地探索了阿拉伯的科学传统，是率先细致考察古代和中世纪文本、它们在东方的学校与课程中流传的情况、它们对西方科学的贡献的历史学家之一。主要著作有 5 卷本《阿尔－花拉子米：代数的起源》（*Al–Khwarizmi: The Beginnings of Algebra*）、《阿拉伯科学与数学史》（*A History of Arabic Sciences and Mathematics*）、《从阿尔－花拉子米到笛卡尔的古典数学》（*Classical Mathematics from Al–Khwarizmi to Descartes*）。拉希德考察了阿拉伯科学中代数的发展、物理学的形式化、对托勒密天文学的数学化、天体动力学的发展、球面几何学的发展等，并将阿尔－花拉子米、伊本·阿尔－海塞姆等人的许多著作译成了英文。

戈尔德斯坦（Bernard Goldstein，1938— ），美国科学史家，匹兹堡大学荣休教授。戈尔德斯坦曾问学于诺意格鲍尔，其研究工作主要集中于中世纪伊斯兰、犹太文明以及现代早期的天文学史，并且翻译了托勒密、阿尔－贝特鲁吉（Al–Biṭrūjī）、列维·本·盖尔森（Levi ben Gerson）等人的天文学著作。发表的重要论文有"开普勒天文学的神学基础"（Theological Foundations of Kepler's Astronomy）、"伊比利亚半岛的天文学：亚伯拉罕·扎库特与手稿到印刷的转变"（Astronomy in the Iberian Peninsula: Abraham Zacut and the Transition from Manuscript to Print）。戈尔德斯坦认为，阿拉伯天文学家对托勒密天文学的发展做出了不容忽视的贡献，他们所发展的天文学技术甚至一直影响到现代早期天文学家（如开普勒）的思维方式。

萨利巴（George Saliba，1939— ），美国科学史家，执教于哥伦比亚大学。他主要研究从古代晚期到现代早期科学观念的发展，尤其是在伊斯兰文明中发展出来的种种行星理论及其对早期欧洲天文学的影响。主要著作有《阿拉伯天文学史：伊斯兰黄金时代的行星理论》（*A History of Arabic Astronomy: Planetary Theories During the Golden Age of Islam*）、《火的艺术：伊斯兰对意大利文艺复兴时期玻璃和陶器的影响》（*The Arts of Fire: Islamic Influences on Glass and Ceramics of the Italian Renaissance*）、

《伊斯兰科学与欧洲文艺复兴》（*Islamic Science and the Making of the European Renaissance*）。萨利巴一反通常有关中世纪是伊斯兰智识活动衰落期的印象，指出天文学在这一时期经历了黄金时代，这一时期的天文学技艺中有许多与后来哥白尼所用的相同。萨利巴还指出，这一时期的天文学有意识地区分于占星学，从而免于后者所受的谴责并取得了宗教社群的支持。

斯沃德劳（Noel Swerdlow，1941—2021），美国科学史家，退休前任教于芝加哥大学，1988 年获麦克阿瑟基金会奖金。斯沃德劳主要研究精密科学尤其是天文学和天体物理学的历史，主要著作有《哥白尼〈天球运行论〉中的数学天文学》（*Mathematical Astronomy in Copernicus' De Revolutionibus*）、《巴比伦的行星理论》（*Babylonian Theory of the Planets*）、"精密科学在古代的恢复：数学、天文学和地理学"（The Recovery of the Exact Sciences of Antiquity: Mathematics, Astronomy, Geography）、《古代天文学与天体的神圣化》（*Ancient Astronomy and Celestial Divination*）等。斯沃德劳的近期工作是研究托勒密的不太有名的文本《和声学》，他认为在这一文本中包含着对应用数学科学之方法的比较完整的表述。此外他还在研究文艺复兴时期尤其是第谷的天文学。

奥斯勒（Margaret Osler，1942—2010），科学史家，毕业于印第安纳大学（博士导师为韦斯特福尔），生前任教于卡尔加利大学，2001—2010 年任科学史学会主席。奥斯勒的工作集中于科学革命的历史及语境，以及现代早期科学与宗教的关系。主要著作有《神圣意志与机械哲学：伽桑狄与笛卡尔论受造世界中的偶然性与必然性》（*Divine Will and the Mechanical Philosophy: Gassendi and Descartes on Contingency and Necessity in the Created World*）、《重构世界：从中世纪到现代早期欧洲的自然、上帝和人类认识》（*Reconfiguring the World: Nature, God, and Human Understanding from the Middle Ages to Early Modern Europe*）等。奥斯勒注重探讨科学对更广意义上的世界图景产生的影响，并且通过对化学和博物学的关注，突出了科学的演进在不同领域的多样性特征。奥斯勒还试图论证所谓"科学革命"是后世的建构，置身其中者倒是与之前的传统保持着相当强的连续性。

鲍勒（Peter Bowler，1944— ），英国生物学史和环境科学史家。毕业于多伦多大学，现任教于贝尔法斯特女王大学，美国科学促进会会员，2004—2006 年任英国科学史学会主席。鲍勒的学术贡献集中于进化论思想的历史，相关著作主要有《达尔文主义之蚀：1900 年左右的反达尔文主义进化理论》（*The Eclipse of Darwinism: Anti-Darwinian Evolution Theories in the Decades Around 1900*）、《进化：一个观念的历史》（*Evolution: The History of an Idea*）。鲍勒认为，科学理论的诞生和确立不仅与理论本身的内容有关，同样也与当时的社会背景有关。例如，达尔文主义的进化论在世纪之交的英国遭遇的反对不仅有学理上的，而且有来自当时的社会风潮的，后者的影响不亚于前者。近年来，鲍勒的研究兴趣逐渐转向科学传播史领域，关注 20 世纪早期通俗科学作品的出版以及专业科学家在其中扮演的角色。

　　科恩（H. Floris Cohen，1946—　），荷兰科学史家，毕业于莱顿大学，现任教于乌得勒支大学，2014—2019 年任科学史著名期刊 *Isis* 主编。其代表作有《科学革命的编史学研究》（*The Scientific Revolution:. A Historiographical Inquiry*）、《世界的重新创造：现代科学是如何产生的》（*De herschepping van de wereld: Het ontstaan van de moderne natuurwetenschap verklaard*）、《现代科学如何产生：四种文明，一次 17 世纪的突破》（*How Modern Science Came Into the World: Four Civilizations, One 17th Century Breakthrough*）等。科恩认为，现代科学的诞生是理解现代世界不可绕过的关键环节，而现代科学则是"雅典传统"和"亚历山大传统"在不同文明中流转积聚，最终在现代西方结成的果实。在比较科学史方面，科恩强调倒转李约瑟问题，即不应当问科学革命为什么没有发生在中国等地，而应当问它为什么竟然在现代西方发生了。

　　格拉夫顿（Anthony Grafton，1950—　），美国历史学家，是研究现代早期欧洲史的领军人物之一，毕业于芝加哥大学，现任教于普林斯顿大学，2011—2012 年任美国历史学会会长。与科学史相关的著作主要有《文字的守护者：科学时代的学者传统，1450—1800》（*Defenders of the Text: The Traditions of Scholarship in the Age of Science, 1450-1800*）、《脚注趣史》（*The Footnote: A Curious History*）、《卡尔达诺的宇宙：一位文艺复兴占星学家的世界与著作》（*Cardano's Cosmos: The Worlds and Works of a Renaissance Astrologer*）、《列昂·巴蒂斯塔·阿尔贝蒂：意大利文艺复兴的建造大师》（*Leon Battista Alberti: Master Builder of the Italian Renaissance*）。格拉夫顿尤为关注现代早期古典学者传统与新科学的互动，强调教育在人文主义向着分科化的学术研究转变的过程中所起的作用。

　　高克罗格（Stephen Gaukroger，1950—　），英国哲学家、思想史家，毕业于剑桥大学，现执教于悉尼大学。主要著作包括《弗朗西斯·培根与现代早期哲学的转变》（*Francis Bacon and the Transformation of Early-Modern Philosophy*）、《科学文化的兴起：科学与现代性的塑造，1210—1685》（*The Emergence of a Scientific Culture: Science and the Shaping of Modernity 1210-1685*）、《机械论的崩塌与感性的上升：科学与现代性的塑造，1680—1760》（*The Collapse of Mechanism and the Rise of Sensibility:*

Science and the Shaping of Modernity, 1680-1760）。高克罗格认为科学从现代早期开始造就了一种科学文化，而这种文化则构成了现代性的基石。在科学文化中，科学成为所有认知价值的基础，科学认识的角色和目标同现代性的自我形象联系起来，而这进一步导致自然不再是神性的象征，而被视为研究的对象、探索的领域以及可供开发的资源。

哈里森（Peter Harrison，1955— ），澳大利亚历史学家，任教于昆士兰大学。哈里森主要研究宗教与现代早期科学起源的关系，主要著作有《圣经、新教与自然科学的兴起》（*The Bible, Protestantism, and the Rise of Natural Science*）、《人的堕落与科学的基础》（*The Fall of Man and the Foundations of Science*）等。哈里森认为，宗教改革改变了《圣经》的解释方式，废除了中世纪的寓意解释传统而采取直解原则，这对现代科学尤其是对自然的技术性探索的发展产生了深远的影响。他还认为，《圣经》中有关人的堕落的故事在实验科学的发展中扮演了关键角色：科学方法在一开始是为了减轻原罪所带来的认知能力的损害所采取的技艺，从而科学的任务就在于重新获得亚当曾有的知识。这种观点挑战了宗教与科学的冲突论，揭示出宗教对于科学的形成起到的积极作用。

加里森（Peter Galison，1955— ），美国科学史家，毕业并执教于哈佛大学。主要著作有《图像与逻辑：微观物理学的物质文化》（*Image and Logic: A Material Culture of Microphysics*）、《实验是如何终结的》（*How Experiments End*）、《爱因斯坦的时钟，彭加勒的地图：时间帝国》（*Einstein's Clocks, Poincaré's Maps: Empires of Time*）。加里森主要关注 20 世纪的微观物理学（包括原子物理、核物理、粒子物理）的探索历程，尤其强调物理学包含了一系列相互关联的科学亚文化，如实验者、仪器制造商和理论家的亚文化。加里森认为，正是从这些亚文化的互动中产生了有关某物是实在的还是仅仅是实验中的人工现象的定论。此外，他还区分了产生图像的仪器（如云室）和"逻辑装置"（如盖革计数器）在上述过程中扮演的不同角色。近年来，加里森的研究兴趣转向第二次世界大战后的量子场论，他认为量子场论是物理学不同领域的一个"交易区"。

纽曼（William Newman，1955— ），美国科学史家，曾在哈佛大学问学于默多克，现执教于印第安纳大学。纽曼主要研究"炼金术 – 化学"（chymistry，是 chemistry 一词的古英语形式，指现代化学在 17 世纪从中产生的那个更广的研究领域）的历史，兼及技艺—自然辩论和以原子论为代表的物质理论。主要著作有《自然的奥秘：现代早期欧洲的占星学与炼金术》（*Secrets of Nature: Astrology and Alchemy in Early*

Modern Europe)、《烈火考验的炼金术：斯达克、玻义耳与赫尔蒙特式"化学"的命运》(*Alchemy Tried in the Fire: Starkey, Boyle, and the Fate of Helmontian Chymistry*)、《普罗米修斯式的雄心：炼金术与完美自然的寻求》(*Promethean Ambitions: Alchemy and the Quest to Perfect Nature*)。纽曼和普林西比一同认为，"早期化学"和"炼金术"这样的术语不能恰切地指代像乔治·斯达克（玻义耳的老师）这样的学者在其中从事研究的领域，他们提出用古英语写法的"化学"来描述这个领域，并凸显出它对后来机械论哲学的影响。

普林西比（Lawrence Principe，1962— ），美国科学史家，毕业并执教于约翰·霍普金斯大学，曾获弗朗西斯·培根奖章。普林西比关注的领域是化学的早期历史（尤其是炼金术），以及科学与宗教的关系。他早年研究玻义耳的思想源流，后与纽曼一起，为炼金术和化学的连续性辩护。主要著作有《雄心勃勃的行家：罗伯特·玻义耳及其炼金术研究》(*The Aspiring Adept: Robert Boyle and His Alchemical Quest*)、《烈火考验的炼金术：斯达克、玻义耳与赫尔蒙特式"化学"的命运》(*Alchemy Tried in the Fire: Starkey, Boyle, and the Fate of Helmontian Chymistry*)、《炼金术的秘密》(*The Secrets of Alchemy*)。此外，普林西比还编写了《牛津极简导论》系列中的《科学革命》(*The Scientific Revolution: A Very Short Introduction*)，描述了科学革命期间世界观与人们的动机的变化，并将其放在具体的语境中考察。该书被翻译为多国语言。

二、萨顿奖得主（以获奖年为序）

1955 年

乔治·萨顿（George Sarton，1884—1956），比利时—美国化学家、历史学家，毕业于根特大学，生前执教于哈佛大学。萨顿被认为是科学史学科的奠基人，其最有影响的著作是 3 卷本共 4296 页的《科学史导论》(*Introduction to the History of Science*)，此外还著有《希腊黄金时代的古代科学》(*Ancient Science Through the Golden Age of Greece*)、《公元前最后三世纪的希腊化科学与文化》(*Hellenistic Science and Culture in the Last Three Centuries B.C.*)。萨顿认为，科学史的研究在科学与人文学科之间建起了一座桥梁，他将两者的融合称为"新人文主义"。萨顿以鸿篇巨制的方式写作从古到今的科学史，但他采取的实证主义的编史学使得其工作一方面往往沦为事实材料的堆砌；另一方面也有以今日标准衡量过去工作的辉格倾向。在建制方面，萨顿成立了科学史学会并创办了重要刊物 *Isis* 和 *Osiris*，科学史学会以他的名字命名了每年颁发给杰出科学史家的奖章。

1956 年

查尔斯·辛格（Charles Singer，1876—1960），英国科学史家、技术史家、医学史家，生前执教于伦敦大学学院，1956 年与妻子多萝西娅·辛格一同获得萨顿奖章。辛格的主要著作有《从魔法到科学：论科学的曙光》（*From Magic to Science: Essays on the Scientific Twilight*）、《医学简史》（*A Short History of Medicine*）、《19 世纪科学简史》（*A Short History of Science to the Nineteenth Century*）、《盖伦论解剖过程》（*Galen on Anatomical Procedures*）、《截至约 1900 年的生物学史》（*A History of Biology to about the Year 1900*），他还主持编写了五卷本的《技术史》（*A History of Technology*）。辛格的编史学基本是实证主义的，在他看来，科学发展的动力就是人们对世界无法遏止的好奇，以及将世界解释为合乎理性的、广泛地关联起来的物质世界的愿望。这一动力贯穿科学的整个历史，但在不同的历史时期有不同的表现。

多萝西娅·辛格（Dorothea Waley Singer，1882—1964），英国科学史家，毕业于伦敦女王学院，英国科学史学会第一任主席。她的主要研究领域是中世纪和现代早期科学史，她曾发下宏愿，要辨识和分类不列颠群岛涉及科学和医学的所有手稿，到 1918 年年末她已经发现了超过 30 000 种。1956 年与丈夫查尔斯·辛格一同获得萨顿奖。主要著作有《大不列颠及北爱尔兰拉丁及方言炼金术手稿目录》（*Catalogue of Latin and Vernacular Alchemical Manuscripts in Great Britain and Ireland*）、《乔达诺·布鲁诺：生平与思想》（*Giordano Bruno, His Life and Thought*），附有对布鲁诺的对话体著作《论无限宇宙和诸世界》（*On the Infinite Universe and Worlds*）的英文翻译等，还编纂了诺曼底的安伯斯等的著作。

1957 年

桑代克（Lynn Thorndike，1882—1965），美国科学史家，生前执教于哥伦比亚大学，1929 年任科学史学会主席，1957 年被授予萨顿奖。桑代克主要研究中世纪的科学与炼金术，主要著作有《魔法在欧洲思想史中的地位》（*The Place of Magic in the Intellectual History of Europe*）、8 卷本《魔法与实验科学史》（*History of Magic and Experimental Science*）、《十五世纪的科学与思想》（*Science and Thought in the Fifteenth Century*）。桑代克不同意布克哈特有关意大利文艺复兴是一个独立的阶段的观点，认为被当作专属于文艺复兴的政治、社会、道德和宗教现象中的多数在 12—18 世纪的意大利基本上是以相等的程度显现的。他有关中世纪和现代早期魔法与科学关系的研究包罗万象，细节之丰富至今无人超越；但他的编史学仍有很强的实证主义色彩，倾向于用后来发展起来的科学的目光去评判魔法从业者的实践。

1958 年

富尔顿（John F. Fulton，1899—1960），美国神经生理学家、科学史家，毕业于牛津大学，生前执教于耶鲁大学，1947—1950 年任科学史学会主席，1958 年获萨顿奖。主要著作有《哈维·库欣传》（*Harvey Cushing: A Biography*）、《本杰明·西里曼1779—1864：美国科学的开路人》（*Benjamin Silliman, 1779-1864*）等。富尔顿致力于将人文因素引入科学，大力提倡在通识教育中增设科学史课程，并资助建立了包括耶鲁大学科学与医学史系在内的一系列相关机构。富尔顿还对科学史学会的刊物 *Isis*的发展壮大做出了卓越的贡献。富尔顿提倡将科学史的关键文本译成英文，并自己写作了科学史上一些人物的传记。

1959 年

施赖奥克（Richard Shryock，1893—1972），美国医学史家，生前执教于宾夕法尼亚大学和杜克大学，1959 年获萨顿奖章。主要著作有《现代医学的发展：对其中涉及的社会与科学因素的解释》（*The Development of Modern Medicine: An Interpretation of the Social and Scientific Factors Involved*）、《护理的历史：对其中涉及的社会与医学因素的解释》（*The History of Nursing: An Interpretation of the Social and Medical Factors Involved*）、《经验主义对阵理性主义：美国医学 1650—1950》（*Empirism versus Rationalism in American Medicine, 1650-1950*）、《国家结核协会 1904—1954：对美国自发健康运动的研究》（*National Tuberculosis Association, 1904-1954: A Study of the Voluntary Health Movement in the United States*）。施赖奥克致力于将医学史融合在一般历史中叙述，注重研究医学发展过程中社会的和科学的因素，认为没有一般历史背景的医学史或者没有医学史视角的一般历史都是不完整的。施赖奥克还研究了医学史学史。

1960 年

特姆金（Owsei Temkin，1902—2002），美籍俄裔医学史家，毕业于莱比锡大学，执教于约翰·霍普金斯大学，1960 年获萨顿奖章。特姆金关注整个历史进程中医学与文化的互动关系，主要著作有《坠落的疾病：从希腊到现代神经学发端的癫痫的历史》（ *The Falling Sickness: A History of Epilepsy from the Greeks to the Beginnings of Modern Neurology* ）、《盖伦主义：一种医学哲学的兴起与衰落》（ *Galenism: Rise and Decline of a Medical Philosophy* ）、《异教徒和基督徒世界中的希波克拉底》（ *Hippocrates in a World of Pagans and Christians* ）。特姆金善于发掘医学理论中的宗教与文化因素，例如，希波克拉底传统与一神论的关系，从而解释了特定的医学理论在更广范围的文化环境中为何会兴盛，又为何会衰亡。另一方面，特姆金还处理了社会对医学中某些信念的拒绝和接受情况，追溯了一种医学理论被"驯服"、经由修改以便安全地纳入更广的思想体系中的过程。

1961 年

柯瓦雷（Alexandre Koyré，1892—1964），俄裔法国科学史家、科学哲学家。曾问学于胡塞尔、希尔伯特和柏格森。1961 年获萨顿奖章。主要著作有《伽利略研究》（ *Études galiléennes* ）、《从封闭世界到无限宇宙》（ *From the Closed World to the Infinite Universe* ）、《天文学革命：哥白尼、开普勒、博雷利》（ *La Révolution astronomique: Copernic, Kepler, Borelli* ）、《牛顿研究》（ *Newtonian Studies* ）、《形而上学与测量：科学革命论文集》（ *Metaphysics & Measurement: Essays in Scientific Revolution* ）。通过对伽利略、牛顿等的研究，柯瓦雷开创了科学革命编史学中的思想史传统。比起实验的证据，柯瓦雷认为对于科学史而言从事这些实验的形而上学背景是更为重要的因素；观念具有自我运动而推演的力量，这一过程在很大程度上独立于具体的历史环境。在他看来，科学革命的核心转变是一次视角转换，即亚里士多德范式下的和谐宇宙逐渐解体，而空间逐渐完成了几何化。天界与地界的区别被取消了，却引入了另一种区别，即现象世界与科学的数学世界的区别。在这一意义上，柯瓦雷是一位科学革命的断裂论者。

1962 年

戴克斯特豪斯（Eduard Jan Dijksterhuis，1892—1965），荷兰科学史家，毕业于乌得勒支大学，生前执教于莱顿大学，1962 年被授予萨顿奖章。主要著作有《下落与抛射》（ *Val en worp* ）、《世界图景的机械化》（ *Mechanisering van het wereldbeeld* ）、两卷本《科学技术史》（ *History of Science and Technology* ）、《西蒙·斯台文》（ *Simon Stevin* ）。戴克斯特豪斯认为，自然的数学化过程是现代早期科学的关键，这一过程是渐进的和持续的，中世纪晚期的唯名论者为此做出了重要贡献。他支持连续论的科学革命史观，甚至认为非连续的解释是历史学的失败。在这种信念下，他考察了自然的数学化这个主题在科学革命之前的欧洲思想中的种种迹象。尽管由此写成的作品（尤其是《世界图景的机械化》）难免带有辉格史学的色彩，但戴克斯特豪斯在其中对科学理论的形式方面的研究仍然具有无可替代的价值。但是，他所说的"机械化"实则是数学化，机械论传统在现代科学中的作用并没有被纳入其主要的研究视域。

1963 年

祖波夫（Vassili Zoubov，1899—1963），苏联哲学家、艺术史家、科学史家，1963 年被追授萨顿奖章。主要著作有《俄国自然科学的编史学》（*Историография естественных наук в России*）、《亚里士多德》（*Аристотель*）、《直至十九世纪早期原子论思想的发展》（*Развитие атомистических представлений до начала XIX в.*）等。祖波夫早年研究中世纪与文艺复兴的艺术、技术与建筑学观念，聚焦于阿尔贝蒂、达·芬奇等人，后逐渐转向科学史。祖波夫批判了迪昂有关中世纪科学的叙述，同时也研究了原子理论的历史，以及数学、物理学和力学的发展。祖波夫研究的创见在于揭示了语言与科学认识的关系，以及数学与中世纪思想的关系。

1964 年萨顿奖空缺。

1965 年

柏廷顿（J. R. Partington，1886—1965），英国化学家、化学史家，毕业于曼彻斯特大学，生前执教于伦敦玛丽女王学院（Queen Mary College, London），1937 年任炼金术和早期化学史学会第一任主席，1965 年获萨顿奖章。主要著作有《化学简史》（*A Short History of Chemistry*）、《希腊火与火药的历史》（*A History of Greek Fire and Gunpowder*）、4 卷本《化学史》（*A History of Chemistry*）。柏廷顿是系统的化学史研究的先驱者之一，其著作涵盖了化学界从文艺复兴以来的几乎所有重要人物，并且能够比较中肯地、就其自身意义地评判像范·赫尔蒙特这样地位暧昧的人的工作；但是在处理炼金术、燃素说等在后世看来完全被摒弃的学说时，他也没能进一步探究这些学说产生的具体的思想背景，而是将自己限定在化学学科的内在逻辑中。

1966 年

安娜丽泽·迈尔（Anneliese Maier，1905—1971），德国科学史家，哲学家海因里希·迈尔（Heinrich Maier）的女儿，中世纪科学史奠基人迪昂的继承者和重要批评者，托马斯·布拉德沃丁（Thomas Bradwardine）的现代阐释者，于 1966 年被授予萨顿奖。迈尔致力于中世纪自然哲学的研究，她第一份关于自然哲学史的研究成果是《17 世纪世界图景的机械化》（*Die Mechanisierung des Weltbildes im 17.Jahrhundert*），代表作是 5 卷本的《晚期经院自然哲学研究》（*Studien zur Naturphilosophie der Spätscholastik*）。迈尔通过对大量原始手稿和中世纪晚期印刷资料的研究，详细概述了现代科学思想的史前史，澄清了过去被误解或遗漏的在自然哲学早期发展中的概念关系。她凭借自己对于中世纪文本的过人理解，超越了过去历史学家对中世纪科学成就的现代理解方式，直接转向中世纪的词汇与术语。

1967 年萨顿奖空缺。

1968 年

李约瑟（Joseph Needham，1900—1995），英国生物化学家、科学史家、汉学家，英国皇家学会会员（1941）、英国科学院院士（1971），被英女王授予国家最高荣誉（1992），是历史上唯一一个同时获此 3 个荣誉的人。李约瑟毕业于剑桥大学，师从霍普金斯（Frederick Gowland Hopkins），专攻胚胎学和形态发生学。第二次世界大战期间学术旨趣转向中国科技史研究，他一生共发表科学论文 300 余篇，学术著作近 50 部，1968 年获萨顿奖。李约瑟声名显赫，荣誉加身，广泛参与政治生活，以撰写中国科技史而闻名，尤以著名的"李约瑟问题"响誉中国知识界，在中西文化交流中发挥着重要的作用。自 1948 年起，李约瑟组织编写巨著《中国的科学与文明》（中译本作《中国科学技术史》），计划共 7 卷 28 册，目前已出版 25 册。

1969 年

沃格尔（Kurt Vogel，1888—1985），德国数学史家，执教马克西米利安文理中学长达 27 年，与普朗克（Max Planck）、海森堡（Werner Heisenberg）等著名科学家共事，1969 年因其科学史贡献获得萨顿奖。沃格尔早期加入女性天才数学家艾美·诺特（Emmy Noether）父亲的数学圈，后受到哥廷根学派菲利克斯·克莱因（Felix Klein）、大卫·希尔伯特（David Hilbert）等的影响，1929 年获得了慕尼黑大学的博士学位。他分析了莱茵纸草的"2: n 表"，因此作品与维莱特纳（Heinrich Wieleitner）结缘，受维莱特纳启发将研究趣味转向巴比伦数学。1959 年出版 2 卷本《前希腊数学》（*Vorgriechische Mathematik*），是沃格尔多年来在前希腊数学领域耕耘的结晶。退休后，沃格尔致力于编辑和翻译来自不同文化传统的算术手稿，并坚持每年学习一门语言，曾将《九章算术》翻译为德文。从 1936 开始的 30 多年里，沃格尔始终不懈地为在慕尼黑建立科学和数学史研究机构努力，直到 1970 年才完成了这份机构缔造者的使命。

1970 年

佩格尔（Walter Pagel，1888—1983），德国病理学家、医学史家，出生之年，其父朱利叶斯·佩格尔（Julius Pagel）的 2 卷本著作《医学史导论》（*Einführung in die Geschichte der Medizin*）出版，预示了佩格尔一生的研究方向。佩格尔前半生困顿于政治动荡，颠沛流离，直到 1933 年才获得正式教职，在剑桥与李约瑟一起促成了剑桥科学史与科学哲学课程的发展。佩格尔早年进行病理学研究，他的博士论文在病理学领域广受好评，他的著作《肺结核：病理学、诊断、管理和预防》（*Pulmonary Tuberculosis: Pathology, Diagnosis, Management and Prevention*）堪称经典，再版多次。剑桥成为了他思想的转折点，他意识到宗教和哲学在他研究范·赫尔蒙特、帕拉塞尔苏斯和哈维等人时的重要作用，此后出版多本著作，笔耕不辍，直到去世。他将文艺复兴时期的哲学、医学和化学巧妙地联系起来，晚年广受赞誉，1970 年被授予萨顿奖章。

1971 年

哈特纳（Willy Hartner，1905—1981），德国科学家，毕业于法兰克福歌德学院，1971 年获得萨顿奖章，同年开始担任国际科学史研究院院长（1971—1978），在科学国际组织中发挥重要作用。哈特纳博士毕业以后，兴趣开始转向科学史，转向之初便受汉学家理查德·威廉（Richard Wilheml）影响，研究中文和中国科学史。哈纳特从小就展露了惊人的语言天赋，精通近 20 门古典和现代语言，据说，在他去哈佛就职前，萨顿用阿拉伯语给他写了一封信，他便用土耳其语回了一封信。哈特纳对古代和中世纪科学史、古代近东和远东的天文学史都有精深的研究，其代表作由他最杰出的学生马蒂亚斯·施拉姆（Matthias Schramm）以《东方，西方》（*Oriens,* *occidens*）为题编辑。哈特纳的作品凸显了语言和文化的广泛性，其论证善于通过多角度的分析，揭示小而孤立的事实隐秘而意想不到的联系。

1972 年

薮内清（Yabuuchi Kiyoshi，1906—2000），日本科技史家、天文学家，1972 年获萨顿奖。薮内清毕业于京都大学宇宙物理学专业，师从著名中国天文史家新城新藏（Shinzo Shinjo）、中国数学史家三上义夫（Yoshio Mikami），也跟随前辈能田中亮（Noda Churyo）学习中国科学史。1929 年和 1930 年，日本政府相继设立东方文化研究院东京研究所和京都研究所，聚焦于中国文化研究，此后两地学者就中国天文学的起源问题展开了激烈辩论。薮内清认为，中国天文学拥有独立起源和自我发展，经此一辩，他开始认真学习中文，中国天文学也成为了他最为关切的主题。薮内清被认为是中国数学史和天文学史上的先驱，他是第一位系统研究《天工开物》的现代学者。多年来，薮内清对中国科技史研究做出了突出贡献，著作等身，其代表作有《回回历解》《中国的天文历法》《中国的数学》等。

1973 年

格尔拉克（Henry Guerlac，1910—1985），美国科学史家，曾任科学史学会主席（1959—1965），1973 年被授予萨顿奖。格尔拉克早年在康奈尔大学学习化学，在哈佛攻读欧洲史博士学位时受萨顿影响，1941 年毕业后被任命为威斯康星大学新设的科学史系主任。第二次世界大战期间，他在麻省理工从事美国雷达计划官方历史的编辑工作。1947 年，他入职康奈尔大学历史系，在那里建立了一套本科和研究生教育并举的一流科学史培养计划，1964 年获得戈德温·史密斯（Goldwin Smith）科学史教席。他对化学史的发展具有突出贡献，他的作品《拉瓦锡：关键年》（*Lavoisier—the Crucial Year*）确立了他拉瓦锡研究第一人的地位，这本书也被科学史学会授予辉瑞奖。格尔拉克是科学史学科发展和科学史教育的先驱，他对化学史的贡献，影响了这一领域的后来者。

1974 年

科恩（I. Bernard Cohen，1914—2003），美国科学史家，美国第一个获得科学史博士学位的人，也是最后一个采访爱因斯坦的人，1974 年被授予萨顿奖。科恩是萨顿的学生和继承人，在哈佛大学、*Isis*、科学史学会等科学史重要阵地上都接过了萨顿的衣钵。科恩是国际公认的牛顿专家，他的作品被翻译为多国语言，其代表作《新物理学的诞生》（*The Birth of a New Physics*）、《牛顿革命》（*The Newtonian Revolution*）、《科学中的革命》（*Revolution in Science*）等都广受赞誉。他与安妮·惠特曼（Anne Whitman）历时 15 年共同翻译的牛顿《原理》（*The Principia*）被认为是他最重要的作品。科恩的职业生涯致力于普及科学史教育，他在哈佛大学参与创办和教授通识课程，帮助 IBM 举办通识展览，面向公众写作科学史通识教科书和文章，他善于突破传统认知和保持知识的新鲜感，受到年轻人的欢迎。

1975 年

塔顿（René Taton，1915—2004），法国科学史家，1975 年被授予萨顿奖。他是法国科学史领域的开拓者，接替柯瓦雷执掌科技史研究中心（Centre de Recherches en Histoire des Sciences et des Techniques，CRHST），因势利导在复杂和灵活的法国高等教育体系中成立了亚历山大·柯瓦雷中心（the Centre Alexandre Koyré，CNRS）并使其迅速走向世界，他还是《科学史》（*Revue d'Histoire des Sciences*）杂志的第一任主编，主编 4 卷本《科学史》（*Histoire générale des sciences*）并翻译成英文。塔顿一生都倾注心血于科学史行业的国际组织中，为国际科学史事业的发展做出了杰出贡献。他所执掌的 CRHST 不仅是国际科学史研究院（the Académie Internationale d'Histoire des Sciences）的阵地，1956 年成立的国际科学史与科学哲学联合会科学史分部（the Division for History of Science of the International Union for the History and Philosophy of Science）也坐落于此，塔顿都担任要职。

1976 年

迪布纳（Bern Dibner，1897—1988），美国电气工程师、实业家、技术史家，伯恩迪图书馆（Burndy Library）的创始人。伯恩迪图书馆是世界上最大的科技史书籍收藏馆之一，收集从古代至 20 世纪的重要科学文献和众多原著原稿，拥有世界上最完整的牛顿作品、手稿和私人书籍。迪布纳热衷于收集原始科学著作，拥有数千幅科学家肖像画，写作了大量科学技术史书籍，他对艺术和技术都很着迷，尤其钟情于达·芬奇研究，其代表作有《军事工程师达·芬奇》（*Leonardo da Vinci, Military Engineer*，1946）、《伽伐尼－伏特：导向有用电之发现的争论》（*Galvani-Volta, A Controversy that led to the Discovery of Useful Electricity*，1952）、《阿格里科拉论金属》（*Agricola on Metals*，1958）、《莱昂纳多·达·芬奇：机器与武器》（*Leonardo da*

Vinci，*Machines and Weaponry*，1974），1976 年获得萨顿奖。

1977 年

怀特塞德（Derek T.Whiteside，1932—2008），英国数学史家、科恩口中的牛顿大师，英国科学院院士，1977 年萨顿奖获得者，剑桥大学数学史教授霍斯金的第一个研究生，博士毕业后长期担任霍斯金的非正式研究助理。霍斯金的保护和资助使得怀特塞德的天才野心得以实现，怀特赛德整理了八大卷的牛顿数学论文（*Mathematical Papers of Isaac Newton*），包括了牛顿全部数学手稿的文字和评论，从一页页混乱的纸张中重构出了合理的可被理解的牛顿手稿。这项非凡的事业使他在第一卷出版时就名声大噪，隔年怀特赛德就获得了历史上第一枚（1968 年）由国际科学史研究院颁发的柯瓦雷奖章。欧拉著作的编辑特鲁斯德尔（Truesdell）曾惊叹，在惠更斯研究中整整三代人的工作，怀特塞德用一个人一生中的一部分就做完了。这部封神之作使怀特塞德获得了剑桥大学科学史系的教职。由于他希望自己扮演纯数学家的角色，这使得他在科学史家和数学家中都显得有些孤独。

1978 年

尤什凯维奇（A.P. Yushkevich，1906—1993），苏联犹太数学家、数学史家，毕业于莫斯科国立大学数学系，任教于鲍曼技术大学 20 余年，后在瓦维洛夫自然科学史研究所工作，1978 年获萨顿奖。他的父亲老尤什凯维奇（Pavel Yushkevich）是一位受过索邦教育的数学家和哲学家，俄国少数派党人，早年在法国参与政治运动，尤什凯维奇因此从小在巴黎生活，直到俄国革命才归国。他一生发表数学史作品 300 多篇，被公认为 20 世纪数学史上最重要的历史学家之一。尤什凯维奇的《中世纪数学史》（История математики в средние ве）被翻译成多种语言，成为研究中世纪科学的必读书。他在本国的科学史教育中做出了突出的贡献，编写中学教科书，创办数学史学院，参与到多个科学院和科学社区。

1979 年

里吉尼－博内利（Maria Luisa Righini-Bonelli，1917—1981），意大利科学史家，出身于军人家庭，天体物理学家古列尔莫·里吉尼的妻子，任教于佛罗伦萨大学政治系，曾担任佛罗伦萨科学史研究所暨伽利略博物馆馆长，于 1979 年获萨顿奖。博内利是科学史学科历史上最具活力和热情的学者之一，曾担任《医学科学与自然科学史杂志》（Rivista di Storia della Scienza，Medice e Naturale）的编辑 13 年，后创办《物理》（Physis）并担任编辑 19 年，在 1976 年又创办半年期杂志《科学史研究所暨博物馆年刊》（Annali dell'Istituto e Museo di Storia della Scienza）并担任编辑，直到去世。博内利曾担任国际科学史和科学哲学联合会的副主席，同时担任许多与她专业相关的社会职务，广泛参与社会生活。博内利第一次扬名世界是因为在 1966 年佛罗伦萨大洪水中只身穿越屋顶，救出了博物馆内大部分重要藏品，这一壮举被刊登在 1967 年的《国家地理》杂志上。

1980 年

克拉盖特（Marshall Clagett，1916—2005），美国中世纪科学史家，师从林恩·桑代克，长期任教于威斯康星大学科学史系，后加入普林斯顿高等研究院，与格尔拉克、科恩并列为美国科学史学科建设的"三巨头"，1980 年被授予萨顿奖。克拉盖特的科学史研究以数学见长，其著作《中世纪的阿基米德》（Archimedes in the Middle Ages）包含有阿基米德作品的拉丁译本、中世纪译本、文艺复兴时期译本及注释，整体描绘了拉丁中世纪数学的经院哲学化，为数学在中世纪的张目找寻证据。后期转向古埃及科学与文字的研究，出版了 3 卷本的《古埃及科学》（Ancient Egyptian Science: A Source Book），第四卷埃及医学和生物学成为未竟之作。克拉盖特宏大的作品中包含了详细的词汇索引，从零碎、分散、匿名的诸多材料中精心辨别版本、挑选文本，为后人提供了宝贵的素材和指引。

1981 年

霍尔夫妇（A. Rupert Hall，1920—2009 & Marie Boas Hall，1919—2009）中的鲁伯特·霍尔是英国科学史家、牛顿专家，曾任剑桥科学史博物馆第一任馆长；玛丽·博阿斯·霍尔是美国科学史家、波义耳专家，研究 16 世纪、17 世纪科学革命的先驱之一。两人因牛顿研究结缘，形影不离，于 1981 年共同被授予萨顿奖章，最后都于 2009 年逝世，前后只差 18 天。鲁伯特·霍尔于 1954—1958 年，与英国科学史学会第一任会长查尔斯·辛格（Charles Singer）合作编辑五卷本《技术史》；1962—1986 年期间，编辑、翻译并出版了 13 卷《亨利·奥尔登堡的书信》；其个人代表作有《科学革命，1500—1800》（The scientific revolution，1500-1800）、《从伽利略到牛顿》（From Galileo to Newton）等。玛丽·博阿斯·霍尔在康乃尔大学师从古尔拉克，于 1952 年获得博士学位，后成为伦敦帝国理工学院的第一位科学史教授，在那里培养了很多优秀年轻学者，代表作是《科学复兴，1450—1630》（*The Scientific Renaissance，1450-1630*）。

1982 年

库恩（Thomas S. Kuhn，1922—1996），美国科学哲学家，毕业于哈佛大学物理学专业，师从诺贝尔奖得主范·弗莱克（John Van Vleck），读博期间学术趣味转向科学史，并在哈佛大学校长柯南特的支持下开设科学史课程。库恩第一本重要著作《哥白尼革命》（*The Copernican Revolution*）用科学史的视角，详细分析了哥白尼提出"日心说"这一事件在力学和科学思想史上产生的变革性作用。库恩最为著名的作品《科学革命的结构》（*The Structure of Scientific Revolutions*）一经出版就带来了广泛的影响和讨论，"范式转换"一词被推广到几乎所有领域。此后出版的《必要的张力》（*The Essential Tension*）、《结构之后的路》（*The Road Since Structure*）等作品，也持续地回应《科学革命的结构》引发的争论。库恩先后在哈佛、加州伯克利、普林斯顿、麻省理工等学府任教，曾担任科学史学会会长，于 1982 年被授予萨顿奖。

1983 年

康吉莱姆（Georges Canguilhem，1904—1995），法国科学哲学家、医生，曾任斯特拉斯堡大学哲学系主任、索邦大学科学史研究所所长、法国哲学研究委员会主席，1983 年获得萨顿奖。康吉莱姆是法国当代思想的开创者，对 20 世纪后半叶的法国哲学教育产生了巨大影响，同时也影响了当时成长起来的德里达、福柯、阿尔都塞、拉康等一大批国际闻名的学者；而他本人的作品却被世界科学史界遗忘多年，从 1988 年才开始陆续被介绍到英语世界。福柯将《常态与病态》（*Le normal et le pathologique*）视为康吉莱姆最重要、影响最深远的作品，这是 1943 年发表的《关于常态与病态的几个问题》（*Essai sur quelques problèmes concernant le normal et le pathologique*）的再版。此外，康吉莱姆还出版有《生活知识》（*La connaissance de la vie*）、《17、18 世纪反射概念的形成》（*La formation du concept de réflexe aux XVIIe et XVIIIe siècles*）等诸多重要作品。

1984 年

吉利斯皮（Charles Coulston Gillispie，1918—2015），美国科学史家，毕业于哈

佛大学，曾任普林斯顿大学历史系主任、科学史学会主席等职。格莱斯皮在普林斯顿大学创设了科学史课程，领导了《科学传记词典》共计 18 卷的编辑工作，为科学史教育做出了突出的贡献，获得 1984 年的萨顿奖章。他的第一部作品《创世纪与地质学》（*Genesis and geology*）被视为现代经典，这本书使得地球科学史成为了历史学的一部分。格莱斯皮长于 18 世纪科学与社会的研究，1980 年面世的《旧政体终局的法国科学与政治》（*Science and polity in France at the end of the old regime*）获得了辉瑞奖，2004 年出版了《法国的科学与政治：大革命与拿破仑时代》（*Science and Polity in France: The Revolutionary and Napoleonic Years*），前者探讨了大革命前夕推动科学发展的文化、政治、技术因素，后者探讨了大革命和拿破仑时代是如何为政治与科学的现代化做出贡献的。

1985 年

罗希（Paolo Rossi，1923—2012），意大利哲学家、科学史家，任教于佛罗伦萨大学，20 世纪后半叶意大利哲学史和科学史最重要的学者之一，1985 年被授予萨顿奖。罗希早年跟随文艺复兴研究专家尤金尼奥·加林（Eugenio Garin）学习道德哲学，其哲学思想和伦理生活深受马丁内蒂（Piero Martinetti）的影响。罗希的著作《哲学家与机器》（*I filosofi e le machine*）探索了现代早期科学所植根的复杂的思想基础，《现代早期的哲学、技术和技艺》（*Philosophy, Technology and the Arts in the Early Modern Era*）则同时探讨了科学思想和科学实践、科学思想和技术发展之间的关系。罗希同时关注记忆技艺，他的《万能钥匙：从鲁罗到莱布尼茨的记忆术和组合逻辑》（*Clavis Universalis: arti della memoria e logica combinatoria da Lullo a Leibniz*）在科学史中具有开创性的意义，为研究记忆系统、通用语言、百科全书和泛神论思想做了奠基工作。

1985 年

韦斯特福尔（Richard S. Westfall，1924—1996），美国科学史家、科学传记作家，毕业于耶鲁大学，任职于印第安纳大学科学史和科学哲学史系，曾任科学史学会主席，于 1985 年获得萨顿奖。韦斯特福尔是 17 世纪科学革命研究的权威，最重要的牛顿学者之一，牛顿标准传记作者，他耗费 20 年写作的《永不停歇：艾萨克·牛顿传》（*Never at Rest: A Biography of Isaac Newton*）获辉瑞奖，被著名牛顿学者科恩称作最接近理想范本的牛顿传记。韦斯特福尔曾将牛顿形容为"最高级的神经病"（a neurotic of the most advanced sort），重视将牛顿作为精神分析的对象，视牛顿为西欧文明史上最重要的人。韦斯特福尔的作品《现代科学的建构：机械论与力学》（*The Construction of Modern Science: Mechanisms and Mechanics*）被认为是第一本将科学革命设想为一个有结构过程的作品。

1986 年

恩斯特·迈尔（Ernst Walter Mayr，1904—2005），德裔美国演化生物学家、鸟类学家、科学史家，1986 年萨顿奖获得者。迈尔从小就对鸟类感兴趣，家庭的影响和支持使得他对自然的兴趣得以实现，他大学时跟随英国犹太银行家、博物学家罗斯柴尔德（Walter Rothschild）到新几内亚探险。1931 年，年仅 27 岁的他就担任美国自然博物馆（(American Museum of Natural History）馆长一职，在博物馆工作期间，出版多本关于鸟类分类学的作品，并于 1942 年出版了他的第一部作品《系统学和物种起源》（*Systematics and the Origin of Species*）。1953 年，迈尔入职哈佛大学，1961—1970 年担任哈佛比较动物学博物馆馆长，1975 年退休后仍笔耕不辍，发表 200 余篇文章。1982 年出版的《生物学思想的生长》（*The Growth of Biological Thought*）奠定他在生物学史研究中的地位。迈尔的工作促进了概念革命，将孟德尔遗传学、系统学、达尔文进化论综合起来。有人认为，迈尔是现代生物哲学的创始人，将自然志重新引入了科学。迈尔一生获奖无数、尖锐敢言，以捍卫生物物种概念闻名。

1987 年

劳埃德（G.E.R. Lloyd，1933— ），英国古代科学史家，师从古典学者杰弗里·基尔克（Geoffrey Kirk），常驻于剑桥李约瑟研究所，在欧洲和亚洲超过十个国家的数十所大学中讲课，曾在北京大学和中国科学院自然科学史研究所担任客座教授，1987 年获萨顿奖。劳埃德是古希腊研究专家，代表作有《亚里士多德思想的生长与结构》（*Aristotle: The Growth and Structure of his Thought*）、《早期希腊科学：从泰勒斯到亚里士多德》（*Early Greek Science: Thales to Aristotle*）、《亚里士多德以后的希腊科学》（*Greek Science after Aristotle*）等。他的研究人类学视角和比较学视角并重，视野宽广、哲学意味浓重，他注重不同文化传统的经验素材，不避讳巫术等原始心态，能将古代希腊和中国做比较，也能将古代与现代做比较，这在他的作品《古代世界的现代思考》（*Ancient Worlds, Modern Reflections*），以及和席文合作的《道与名》（*The Way and the Word*）中都有直接的体现。

1988 年

德雷克（Stillman Drake，1910—1993），加拿大科学史家，早年毕业于加州大学伯克利分校，获 1988 年萨顿奖。德雷克是伽利略研究专家，20 世纪后半叶无出其右者，他所译的《关于两种世界体系的对话》（*Dialogue Concerning the Two Chief World Systems*）与意大利原本并驾齐驱，成为伽利略研究的标准版本；他所写的伽利略相关书籍论文等超过 130 篇，他的作品能出色展现伽利略这位伟大科学家的心性与智慧。德雷克本科毕业后，曾开发过游戏、当过金融顾问，战时担任美国政府的债券专家。1967 年，受到新成立的多伦多大学科技史与科技哲学研究所邀请，方才获得他人生第一次也是唯一一次的学术任命。德雷克凭借在伽利略研究上的杰出成就成为了学院的荣誉，他所珍藏的 2000 多本伽利略研究作品以及几乎所有伽利略著作，也成了多伦多大学托马斯费舍尔图书馆科学馆藏的核心部分。

1989 年

霍尔顿（Gerald Holton，1922— ），奥地利裔美国物理学家、科学史家、教育家，长期任教于哈佛大学，并在美国、欧洲、东亚的多所大学从事教学活动，1989 年获萨顿奖。霍尔顿出生于柏林的犹太家庭，成长于动荡的德国，辗转奥地利、英国后到美国，第二次世界大战结束时在哈佛大学就读，师从诺贝尔奖得主布里奇曼（Percy Bridgman）。霍尔顿是爱因斯坦研究专家，他曾参与爱因斯坦逝世纪念活动的后期整理工作，发现关于爱因斯坦的研究性成果几乎空白，因此全力投身爱因斯坦的研究工作中，成果颇丰，最终将爱因斯坦研究开辟为一个学术产业。霍尔顿对公共问题一直抱有热情，他关切科学职业化中的性别问题，关切移民和难民问题对美国社会的影响，推动公共教育事业的发展，并广泛参与反战、裁军、妇女与少数族裔、人体实验伦理等公共议题的讨论。

1990 年

杜普里（Anderson Dupree，1921—2019），美国科技史家，美国科技政策领域的先驱人物，1990 年萨顿奖获得者。杜普里毕业于哈佛大学，其博导老施莱辛格（Arthur Schlesinger Sr.）是最早从历史学视角研究科学技术对社会影响的学者之一。杜普里于 1956 年加入加州大学伯克利分校历史系，处在 20 世纪 60 年代美国左翼思潮爆发的中心，曾任职于美国宇航局历史咨询委员会和原子能委员会，参与编纂现代历史上最重要的科学决策。杜普里是最早一批开始研究科学与政府之间关系的学者，同时他本人也在多个政府机构和专业组织任职，一直活跃于国际社会，他于 1957 年出版的《联邦政府的科学》（*Science in the Federal Government*）堪称里程碑式的作品，他为 19 世纪美国最主要的达尔文主义倡导者阿萨·格雷（Asa Gray）所写的传记也被视为经典。

1991 年

格梅克（Mirko Grmek，1924—2000），克罗地亚和法国医学史家，毕业于萨格勒布大学，医学史领域的开拓者和奠基人之一，伯纳尔（Claude Bernard）研究专家，曾任国际科学史研究院院长（1981—1986）、国际科学史联合会（International Union of the History of Science）副主席（1997），1991 年获萨顿奖。格梅克出生于克罗地亚，青年时代奔赴法国，还曾参加地下抵抗运动。克罗地亚在 20 世纪 90 年代独立后，格梅克用他生命的最后 10 年，在他的两个故乡之间搭建桥梁。格梅克一生所捍卫的观点是，医学必须有良知，没有人文主义，科学就一无是处。在他最为著名的作品《艾滋病史》（*Histoire du sida*）中提出的病态论，即在特定时间、地点和社会中所有疾病共存的理论，顺应了"大历史"趋势，采用了流行病学的方法，成为新人文主义的基础。

1992 年

格兰特（Edward Grant，1926—2020），美国科学史家、中世纪专家，毕业于威斯康星大学科学史系，期间曾担任克拉盖特（Marshall Clagett）的助手，后在印第安纳大学执教 30 余年，并一手创办科学史与科学哲学系，曾担任科学史学会主席（1985—1986），1992 年获得萨顿奖。格兰特一生著作颇丰，《中世纪的物理科学》（*Physical Science in the Middle Ages*）、《无事生非》（*Much Ado About Nothing*）、《中世纪的上帝与理性》（*God and Reason in the Middle Ages*）都堪称经典，1996 年出版的《现代科学在中世纪的基础》（*The Foundations of Modern Science in the Middle Ages*）最负盛名。格兰特既揭示了现代科学是古代和中世纪的根苗，也勾勒了现代科学如何脱胎于基督教拉丁欧洲的宗教、制度、社会、文化等因素。格兰特的中世纪研究是对中世纪的重新发现，有为中世纪正名的意味。

1993 年

海尔布隆（John L. Heilbron，1934— ），美国物理—天文学史家、瑞典皇家科学院会员，1993 年获萨顿奖，2006 年获美国物理学会的派斯奖（Pais Prize）。海尔布隆毕业于加州大学伯克利分校，师从著名科学史家库恩，执教于加州大学伯克利分校，兼为牛津大学科学史博物馆高级研究员，曾担任加州大学伯克利分校副校长（1990—1994），主编学术期刊《物理学和生物学的历史研究》（*Historical Studies in the Physical and Biological Sciences*）长达 25 年，也就是当今著名科学史刊物《自然科学史研究》（*Historical Studies in the Natural Sciences*）的前身。海尔布隆的科学史研究具有开创性意义和广阔的视角，不仅注重科学的技术视角，也兼顾科学的社会、政治和制度背景，他的作品《教堂中的太阳：作为太阳观测站的大教堂》（*The Sun in the Church: Cathedrals as Solar Observatories*，1999）曾获 2001 年辉瑞奖。

1994 年

狄伯斯（Allen G. Debus，1926—2009），美国化学史家，1994 年萨顿奖得主，1987 年获美国化学学会的德克斯特奖（Dexter Award）。狄伯斯攻读硕士期间在默里（John J. Murray）的影响下研究英国都铎时期化学史，博士就读于哈佛大学，师从科恩，同时还在伦敦大学学院进行研究工作，受麦基（Douglas McKie）和佩格尔指导。随后在科恩的介绍下，入职芝加哥大学，1965 年基于其博士论文修订而成的《英国的帕拉塞尔苏斯信徒》（*The English Paracelsians*）一经出版，他便被迅速擢升为副教授。狄伯斯在芝加哥大学不仅推广科学史和医学史的通识课程，还推动了莫里斯·菲什拜因科学史和医学史中心的成立。狄伯斯一生著作颇丰，留下 300 余篇论文和评注，以及 20 本书籍作品，其中，1977 年出版的《化学哲学》（*The Chemical Philosophy*）获得了 1978 年辉瑞奖。

1995 年

罗森伯格（Charles E. Rosenberg，1936—　），美国医学史家、临床医生，哈佛大学首位女性传奇校长福斯特（Drew Gilpin Faust）的丈夫，在宾夕法尼亚大学执教 38 年，2001 年加入哈佛大学科学史系，1995 年获萨顿奖。罗森伯格是美国国家科学院医学研究所成员，共发表同行评议论文 1100 余篇，是当今世界上引用率最高的科学家之一。罗森伯格不仅是专业医生，开创了第一个针对晚期癌症患者的有效免疫疗法，他的医学史作品带有强烈的人文色彩，有着很强的社会学、人类学视角，对医学、科技和现代社会有着深刻的反思，代表作有《霍乱年代》（*The Cholera Years*）、《陌生人护理：美国医院系统的兴起》（*The Care of Strangers: The Rise of America's*

Hospital System)、《没有其他神：论科学与美国社会思想》(*No Other Gods. On Science and American Social Thought*)。

1996 年

格雷厄姆（Loren Graham，1933—　），美国科学史家，苏联科学史研究专家，1996 年萨顿奖获得者，哈佛大学首位女性院长帕特里夏·格雷厄姆（Patricia Albjerg Graham）的丈夫。格雷厄姆曾参与美国和苏联最早一批学术交流项目，并前往莫斯科大学学习（1960—1961），前后在印第安纳大学、哥伦比亚大学、麻省理工学院和哈佛大学任教。格雷厄姆长期担任诸多大学、机构及基金会的董事、管理委员会成员，推动教育事业的改革，为教育事业筹集款项。作为专攻苏联科学史研究的专家，格雷厄姆不仅介绍了苏联在科学理论方面做出的努力，同时也记录了大量俄罗斯和苏联科学组织的情况，包括记述苏联科学院早期历史的《苏联科学院与共产党》(*The Soviet Academy of Sciences and the Communist Party*)，以及关于苏联解体后俄罗斯科学发展的《新俄罗斯的科学：危机、援助、改革》(*Science in the New Russia: Crisis, Aid, Reform*)。格雷厄姆关于苏联科学的社会研究不仅拥有一贯性，也触及到了更为深刻的层面，这在他晚期的作品中得到了集中体现。

1997 年

多布斯（Betty Jo Teeter Dobbs，1930—1994），美国科学史家，牛顿神秘学研究专家，科学革命的重要阐释者之一，1997 年被追授萨顿奖。多布斯的研究彻底扭转了牛顿的形象，她试图恢复牛顿更完整的面貌，着力于整理和阐释牛顿耗费 35 年写作的约 100 万字的炼金术研究，从而补充和修正了只拥有现代科学特征的牛顿形象。多布斯通过对牛顿炼金术研究详尽有力的史料证据论证，以及与牛顿力学、数学思想内部勾连的宏伟解读，证明了牛顿的炼金术研究并不是边缘活动，而很有可能是牛顿职业生涯中最伟大的成就，并直接影响了万有引力定律的提出。多布斯本身就是一个传奇，在当了近 20 年家庭主妇后进入科学史研究领域并迅速崛起，在牛顿形象塑造方面的影响可谓一骑绝尘，到 20 世纪 80 年代以后，学界几乎都接受了她对牛顿的解读方式。

1998 年

汉金斯（Thomas L. Hankins，1933—　），美国科学史家、科学传记作家，先后毕业于耶鲁大学、哈佛大学、康奈尔大学，1964 年起执教于华盛顿大学直至退休，1998 年获萨顿奖。汉金斯的研究主要集中在 18 世纪、19 世纪的理论物理学方向，探索科学与启蒙之间的关系问题，并为 19 世纪爱尔兰数学—物理学家汉密尔顿爵士（Sir William Rowan Hamilton）和启蒙时期百科全书作者达朗贝尔（Jean d'Alembert）写作传记，后期对科学仪器史研究颇感兴趣。代表作有《让·达朗贝尔：科学与启蒙运动》（*Jean d'Alembert: Science and the Enlightenment*）、《科学与启蒙运动》（*Science and the Enlightenment*）、《仪器与想象》（*Instruments and the Imagination*）等。汉金斯曾是多个学术刊物的编委，是著名科学史期刊 *Isis* 和 *Osiris* 的联合编辑；他也广泛参与到各类科学史协会和组织之中，曾担任国际科学史与科学哲学联合会美国委员会主席（1983—1985）。

1999 年

林德伯格（David C. Lindberg，1935—2015），美国科学史家，中世纪和现代早期科学史研究专家，毕业于印第安纳大学，曾任威斯康星大学麦迪逊人文研究所所长、科学史学会主席，是 1999 年萨顿奖获得者。林德伯格与南博斯（Ronald L. Numbers）共同担任 8 卷本《剑桥科学史》的总主编，并与香克（Michael Shank）一道编辑《中世纪科学》一卷。林德伯格代表作众多，他写作的《西方科学的起源》（*The Beginnings of Western Science, 600 B.C.to A.D.1450*）是中世纪和现代早期科学史的权威之作。他的研究多集中于两个方面：一是物理科学，尤其是光学；一是科学与宗教的关系。代表作有《从金迪到开普勒的视觉理论》（*Theories of Vision from al-Kindi to Kepler*）、《中世纪光学史研究》（*Studies in the History of Medieval Optics*），以及与南博斯合编的《上帝与自然》（*God and Nature*）等。

2000 年

霍姆斯（Frederick L. Holmes，1932—2003），美国科学史家，毕业于哈佛大学科学史系，任教于耶鲁大学，曾任科学史学会主席（1981—1983），获 2000 年萨顿奖。霍姆斯早年在麻省理工学院学习生物学，他的科学史研究方面集中在医学、化学、生物学、生命科学领域，他的博士论文研究克劳德·伯纳尔（Claude Bernard）和内部环境的概念，他在伯纳尔实验报告的基础上重建了伯纳尔发现肝脏等人体基本生理功能的路径。他所写作的《克劳德·伯纳尔和动物化学》（*Claude Bernard and Animal Chemistry*）获得 1975 年辉瑞奖。霍姆斯在科学史学科建设方面也做出了很多贡献，他不仅参与组建了耶鲁大学科学史和医学史专业，还在耶鲁大学开设了科学史和医学史的本科生和研究生课程。霍姆斯一生笔耕不辍，在生命的最后几个月里，全力研究西摩·本泽的分子生物学，与萨莫斯（William C. Summers）合著的《重新认识基因》（*Reconceiving the gene*）于 2006 年出版。

2001 年

凯夫勒斯（Daniel J. Kevles，1939— ），美国科学史家，毕业于普林斯顿大学，先后任教于加州理工学院和耶鲁大学，2001 年获萨顿奖。凯夫勒斯的研究兴趣集中于物理学、优生学以及科技与社会的关系问题，代表作有《物理学家：现代美国科学共同体的历史》（*The Physicists: The History of a Scientific Community in Modern America*）、《以优生学为名：遗传学和人类遗传的应用》（*In the Name of Eugenics: Genetics and the Uses of Human Heredity*）等，他的著作《巴尔的摩事件：政治、科学和人格审判》（*The Baltimore Case: A Trial of Politics, Science, and Character*）对当时影响巨大的学术造假公案进行了深刻的剖析，获得科学史协会的沃森－戴维斯奖（Watson-Davis Prize）。近年来，凯夫勒斯致力于研究 18 世纪以来的生物知识产权史，并参与美国国家科学院史的编写工作。

2002 年

格林尼（John C. Greene，1917—2008），美国科学史家，达尔文和进化论思想研究专家，毕业于哈佛大学，师从老施莱辛格（Arthur M. Schlesinger Sr.），曾任科学史学会主席（1976—1977），2002 年获萨顿奖。格林尼一生所关切的问题是现代进化论是如何起源的。第二次世界大战中断了格林尼的研究进程，第二次世界大战后他辗转多个大学，最终任教于康涅狄格大学直至退休。格林尼对进化思想史研究影响很大，1959 年出版的《亚当之死》（*The Death of Adam*）成为这一领域的标准教科书，直接取代了此前科学家的历史作品。1961 年出版的讲座集《达尔文与现代世界观》（*Darwin and the Modern World View*）用通俗的散文体论证了支撑《亚当之死》的思想史编史学和自由派新教观念论。格林最后一本学术著作《激辩达尔文：一个学者的探险》（*Debating Darwin: Adventures of a Scholar*）出版于 1999 年，他将这本书送给了他多年的论敌恩斯特·迈尔。

2003 年

塞莱西（Nancy Siraisi, 1932— ），美国医学史家，毕业于牛津大学，在纽约城市大学获得博士学位并留校任教，2003 年萨顿奖获得者。塞莱西开辟了中世纪和文艺复兴历史研究新的路径。她深入分析当时医生留下的文字材料，解读医生生活的历史环境以及医学理论和实践对文艺复兴时期社会、文化、宗教的深刻影响。比如，在《塔迪奥·奥尔德罗蒂和他的弟子们》（*Taddeo Alderotti and His Pupils*）一书中，塞莱西生动描述了博洛尼亚最杰出的医生奥尔德罗蒂和他弟子们两代医生的个人生活和职业生涯，从而探讨了文艺复兴时期，医生与中世纪意大利智识生活和医学理论发展之间的相互作用。塞莱西不仅在研究中有很强的语境化意识，还非常注重将自己所处的研究领域与主流历史研究互动，是当今欧美学界中世纪和文艺复兴医学史研究的领军人物。

2004 年

科勒（Robert E. Kohler, 1937— ），美国科学史家、化学家，2004 年萨顿奖获得者。科勒本科就读于耶鲁大学化学系，后于哈佛大学博士毕业留校，先后在医学院、科学史系工作，还曾担任伯恩迪图书馆副馆长。1973 年起任教于宾夕法尼亚大学，直至退休。科勒关注当代问题，擅长案例分析，深刻精准、以小见大，在第二次世界大战后科技史、环境史、生命科学、科学元勘等方面都有突出的成果。在《从医学化学到生物化学》（*From Medical Chemistry to Biochemistry*）一书中，科勒挖掘了大量档案资料，分析了生物医学是如何一步步成为医学训练和实践的中心部分的，从而展示了学科建设者是如何在特定社会背景下找到学科发展机会的。在《自然景观和实验室景观》（*Landscapes and Labscapes*）中，科勒详细描绘了野外生物学家如何在自然景观中利用自然的特殊性来实现实验室人员只有通过简化实验才能获得的结果，用开放式的观察和充满生机的生态学来挑战实验室研究方式。

2005 年

萨布拉（A. I. Sabra, 1924—2013），埃及—美国科学史家，中世纪伊斯兰光学和科学史专家，曾任哈佛大学科学史系主任，获 2005 年萨顿奖。萨布拉出身贫寒，大学毕业后受埃及政府公派前往伦敦经济学院深造，师从卡尔·波普尔学习科学哲学，由其博士论文整理而成的《从笛卡尔到牛顿的光学理论》（*Theories of Light from*

Descartes to Newton）对物理光学起源的解读精准完整，达到了前所未有的高度，一经出版便受到了广泛赞誉，萨布拉也一举成名。博士毕业后，他辗转埃及、英国任教，于 1972 年接受哈佛大学科学史系邀请，在此任教至退休。萨布拉同时用阿拉伯语和英语写作，他对中世纪伊斯兰科学史的研究试图揭示伊斯兰学术对现代科学发展的重要影响，他将中世纪阿拉伯传统中最伟大的科学思想家伊本·海瑟姆（Ibn al-Haytham）的各方面成就介绍到西方学界。

2006 年

乔·奈（Mary Jo Nye，1944—　），美国科学史家，毕业于威斯康星大学科学史系，曾任俄克拉荷马大学科学史系主任、科学史学会主席（1988—1989）、国际科学史和科学哲学联合会科学史分部第二副主席。乔·奈广泛参与学术组织和社会活动，在物理史和化学史研究方面都做出了杰出贡献，众多荣誉加身，曾获德克斯特奖（1999）、派斯奖（2007）等，并被授予 2006 年萨顿奖章。乔·奈是她那一代科学史学者的典型代表，不仅具备国际视野，还能考察政治和科学的互动，以对科学发现与社会政治现象的相关研究著称。代表作有《省属科学：法国的科学共同体与省区领导》（*Science in the Provinces: Scientific Communities and Provincial Leadership in France*）、《大科学之前：现代化学和物理学的追求》（*Before Big Science: The Pursuit of Modern Chemistry and Physics*）、《迈克尔·波兰尼和他那代人：科学的社会建构之起源》（*Michael Polanyi and His Generation: Origins of the Social Construction of Science*）等。

2007 年

拉德维克（Martin Rudwick，1932—　），英国科学史家、地质学家，英国科学院院士，曾获包括 1988 年自然志学会颁发的创始人奖章以及 2016 年国际地质学联合会颁发的蒂霍米罗夫奖（Tikhomirov Award）在内的诸多奖项，也是 2007 年萨顿奖获得者。拉德维克的主要研究领域是地球科学史，他的工作被定义为"前达尔文主义的地球科学的权威历史"。拉德维克是为数不多的有权查阅莱尔爵士（Sir Charles Lyell）早期笔记的科学史家，在他看来，莱尔不仅应被视为达尔文的先驱，而且对后人理解 19 世纪自然科学有极为重要的意义，他的著作《地质学家莱尔和达尔文》（*Lyell and Darwin, Geologists*）出版于 2005 年。拉德维克也关注科学与宗教问题，在《亚当之前的世界》（*Worlds Before Adam*）一书中，他发现参与 18 世纪末开始的对地球历史重建工作的地质学家，许多都是虔诚的信徒。

2008 年

南博斯（Ronald L. Numbers，1942— ），美国科学史家、神创论（creationism）和神创科学史权威学者、科学与宗教史专家，毕业于加州大学伯克利分校科学史系，任教于威斯康星大学，2008 年被授予萨顿奖章。南博斯与林德伯格不仅共同担任《剑桥科学史》的总主编，还合编了两卷本的关于科学与宗教关系的散文集《上帝与自然》（*God and Nature*）。他的著作《神创论者：科学创世论的演化》（*The Creationists: The Evolution of Scientific Creationism*）凭借充分的证据，被认为是神创论兴起和发展的决定性研究，也是反进化论的决定性研究，得到了学术界和宗教界的普遍好评。南博斯纠正了科学与宗教相关的各类误解，在《伽利略入狱以及其他关于科学与宗教的神话》（*Galileo Goes to Jail and Other Myths About Science and Religion*）一书中，他用详尽的史实证据澄清了诸如中世纪基督教会压制科学、中世纪伊斯兰文化不适合科学、伽利略因鼓吹哥白尼主义而被监禁折磨等说法。

2009 年

默多克（John E. Murdoch，1927—2010），美国科学史家，毕业于威斯康星大学，同年进入哈佛大学任教直至退休，曾担任哈佛大学科学史系主任，2009 年获得萨顿奖。默多克专攻古代和中世纪的科学、医学和哲学，对早期科学中的连续性概念和无限性概念尤为感兴趣。默多克认为，学术界对前印刷术时代的科学插图研究是非常匮乏的，他的著作《科学相册：古代和中世纪》（*Album of Science: Antiquity and the Middle Ages*）正是填补了这种空白。中世纪科学知识、实践、仪器和实践者的插图在医学、药剂学和描述性天文学中最为常见，这些视觉图像为中世纪被淹没的假说和思想提供真知灼见。默多克在科学史教育和传播方面投入了大量的精力，不仅热衷于研究生的培养工作，而且在哈佛大学继续教育学院工作超过 50 年，他把科学史课程推广到了各领域、各专业，也在其中发掘了很多思想敏锐的学生。

2010 年

麦克沃（Michael McVaugh，1938— ），美国医学史家，毕业于普林斯顿大学，在北卡罗来纳大学教授科学史和医学史，2005 年被任命为美国中世纪学院院士，2010 年获得萨顿奖。麦克沃的研究集中在中世纪和现代早期医学史领域，1975 年开始整理 13 世纪巴塞罗那大学内科医生阿诺·德·维拉诺瓦（Arnau de Vilanova）的拉丁著作集《医学全知》（*Opera Medica Omnia*），现已接近完成。他还组织并完成了一系列中世纪医学文献的整理，涉及阿拉伯语、希伯来语、拉丁语和各欧洲语言之间的翻译工作，编辑出版了 14 世纪外科之父盖多（Guy de Chauliac, Guido）的《大手术手册》（*Inventarium sive Chirurgia magna*）和 12 世纪犹太医生迈蒙尼德（Moses ben Maimon, Maimonides）的医学著作。麦克沃还挖掘出了中世纪医学社会史的价值，通过对中世纪加泰罗尼亚医学和社会的档案研究，写作了《瘟疫前的医学：阿拉贡王国的医学和病人》（*Medicine before the Plague: Doctors and Patients in the Crown of Aragon*），描述了中世纪社会的医学化。

2011 年

理查兹（Robert J. Richards，1942— ），美国生物学史家，毕业于芝加哥大学，后留校任教，曾担任莫里斯·菲什拜因科学史与医学史研究中心主任，2011 年获得萨顿奖。理查兹是达尔文和进化论研究专家，但他关切的是更为深刻的人类思想和行为的发展问题，用广阔的视野、敏锐的洞察力和高度道德且诗性的笔触，通过对进化论及其发展的相关研究，勾勒了现代人类社会的思想文化演变史。他的著作《达尔文和心灵与行为的演化理论的兴起》（*Darwin and the Emergence of Evolutionary Theories of Mind and Behavior*）获得了 1988 年辉瑞奖，理查兹将达尔文的思想放入他自身的人格塑造和所处的时代语境中，认为达尔文和他的追随者试图通过进化论恢复道德生活，而非剥夺自然的道德目的。这一立场还延续到了他的畅销作品《希特勒是达尔文主义者吗》（*Was Hitler a Darwinian*）之中。

2012 年

达斯顿（Lorraine Daston，1951— ），美国科学史家，现代早期科学思想史权威，美国艺术与科学院院士、美国哲学学会成员、柏林马克斯·普朗克科学史研究所名誉院长、牛津大学首位人文思想史教授，2010 年被授予德意志联邦共和国荣誉勋章，2012 年获得萨顿奖章。达斯顿的科学史论著涉及广泛、哲学性强，包括概率统计史、科学客观性的历史、科学探究对象、自然的道德权威、现代早期科学奇事、科学模型等方面，她挖掘科学史的现代意义，讨论道德和自然秩序的关系。达斯顿的著作《启蒙运动中的经典概率》（*Classical Probability in the Enlightenment*）曾获 1989 年辉瑞奖，追问"现代理性到底是什么"这一哲学主题，构成了这部作品的内核。她与帕克合著的《奇事与自然秩序》（*Wonders and the Order of Nature*）以及独著的《科学观察史》（*Histories of Scientific Observation*）也都成为科学史经典。

2013 年

谢弗（Simon J. Schaffer，1955— ），英国科学史家，英国科学院院士，兼为英国广播公司主持人、《伦敦书评》评论员，2013 年获萨顿奖。谢弗本科于剑桥大学三一学院攻读自然科学，后以肯尼迪学者的身份进入哈佛大学学习科学史，返回剑桥大学读博后留校任教。谢弗的研究涉及 17—19 世纪的科学探究的实践、材料和组织，包括天文学、物理学、自然哲学在内的诸多方面，他与夏平合写的《利维坦与空气泵：霍布斯、波义耳与实验生活》（*Leviathan and the Air-pump: Hobbs, Boyle, and the Experimental Life*）是科学史经典之作，曾获得 2005 年的伊拉斯谟奖（Erasmus Prize）。谢弗在科学传播方面做出了突出的贡献，他不仅制作了英国广播电台播出的介绍光学发展史的《光之舞》（*Light Fantastic*，2004）纪录片，而且还与多家博物馆和画廊合作，担任伦敦科学博物馆咨询委员会成员，还是英国国家海事博物馆的凯尔德奖章获得者。

2014 年

夏平（Steven Shapin，1943— ），美国科学史家、科学社会学家，美国艺术与科学院院士，毕业于宾夕法尼亚大学，任教于哈佛大学科学史系，2014 年获萨顿奖。夏平是一位旗手性质的学者，他在《利维坦与空气泵：霍布斯、波义耳与实验生活》中揭露的 18 世纪发生在波义耳和霍布斯之间的科学史公案，尖锐地指出波义耳的胜利并不只是科学学说客观上的胜利，而是必定夹杂了社会建构的成分。这一经典案例直接挑战了科学的绝对精确性和纯粹客观性。他的独著《真理的社会史：17 世纪英国的礼仪与科学》（*A Social History of Truth: Civility and Science in Seventeenth-Century England*）在此基础上进一步延伸，试图消解科学知识的纯粹客观性，辩护真理社会性的本体论地位。他本人也广泛参与到社会公共生活中，不仅是《伦敦书评》撰稿人，也为《哈泼斯杂志》和《纽约客》撰稿。

2015 年

福克斯（Robert Fox，1938— ），英国科学史家，欧洲科学史学会创始主席，曾任英国科学史学会主席、国际科学史与科学哲学联合会主席，牛津大学科学史荣休教授，2015 年获萨顿奖。福克斯是 18 世纪以来欧洲科学技术史的权威，尤其精于大革命后的法国科学史研究，他将政治、文化、工业与科学技术的发展勾连在了一起。他的经典著作《学者与国家》(*The Savant and the State*)考察了 1814—1914 年这百年间法国的科学、文化与政治，勾勒了科学发现与实践融入法国社会的整体图景。《无国界科学：学术界的世界主义与国家利益》(*Science without Frontiers: Cosmopolitanism and National Interests in the World of Learning*)描述了 19 世纪中期随通信和交通的发展而来的国际性科学合作的蓬勃发展，以及第一次世界大战后各国政府对科学技术的管控、极权主义和民族主义的兴起对科学国际主义的冲击。

2016 年

帕克（Katharine Park，1950—　），美国科学史家，毕业于哈佛大学科学史系，后留校任教，2001 年入选美国艺术与科学院院士，2016 年被授予萨顿奖。帕克的研究侧重于中世纪与现代早期的科学史和医学史，尤其关注中世纪和文艺复兴时期的性别史、性史、女性身体史研究。她与达斯顿合著的《奇事与自然秩序》被科学史学会授予辉瑞奖，翻译成多种语言；她的独著《女性的秘密》(*Secrets of Women*)描述了如产科手术等人类解剖技术是如何从经验实践中发展出来的，获得了玛格丽特·罗茜特女性科学史奖（Margaret Rossiter Prize）。帕克的工作注重将知识和实践相联系，也突出社会、制度和文化背景的重要性，近年来，她转向对伊斯兰科学史的研究，与哈佛神学院的艾哈默德·拉加布（Ahmed Ragab）教授合作，对穆斯林和基督教世界之间的科学互动做新的综合。

2017 年

艾伦（Garland E. Allen，1936—　），美国生物学史家、科学传记作家，毕业于哈佛大学科学史系，在恩斯特·迈尔和门德尔松（Everett Mendelsohn）指导下获得博士学位，执教于华盛顿大学生物学系，曾任国际生物史、生物哲学与社会研究学会主席，2017 年获萨顿奖。艾伦是遗传学之父摩尔根标准传记的作者,《托马斯·亨特·摩尔根其人及其科学》(*Thomas Hunt Morgan: The Man and his Science*)一书对摩尔根的生活和工作进行了最为全面的介绍，描述了 20 世纪遗传学巨匠作为一个避世的实验主义者的人生轨迹，也成了美国科学诞生史的一部分。艾伦还是国际优生学史的权威，在他看来，优生学运动并不仅限于德国、英国和美国，优生学是一种由社会达尔文主义带来的国际性的意识形态转变，随着基因解码和编辑等生物学取得的新进展，优生学运动的新浪潮特别需要警惕。

2018 年

科尔塞特（Sally Gregory Kohlstedt，1943— ），美国科学史家，曾任科学史学会主席（1992—1993），执教于明尼苏达大学历史系，身兼数职并乐于提携后辈，作为女性教授和导师的工作被公认为"不折不扣的英雄"，2018 年被授予萨顿奖。科尔塞特研究科学与文化之间的关系，善于揭示过往科学史未被探索的部分，创建并推进了美国科学史、自然博物馆史和科学教育史 3 个领域的研究工作。在美国科学史领域的开山之作《美国科学共同体的形成》（*The Formation of the American Scientific Community*）中，科尔塞特惊人的攫取、整合、阐释了 82 种手稿，被认为是对最重要历史课题的决定性研究。科尔塞特关心女性参与科学的历史，她的作品《教给儿童科学》（*Teaching Children Science*）中，聚焦非正规科学教育的历史，用 30 多种档案和手稿，展示了 20 世纪早期的女性教师和进步教育工作者将自然科学教育引入公立学校的历史，因而被科学史学会授予玛格丽特·罗茜特女性科学史奖。

2019 年

怀斯（M. Norton Wise，1940— ），美国科学史家，毕业于普林斯顿大学，任教于加州大学洛杉矶分校科学史系，2019 年获得萨顿奖。怀斯是物理学史专家，研究跨度从 18 世纪末至今，尤其关注科学与工业化的关系，推动了科学文化史的发展。怀斯与史密斯（Crosbie Smith）合著的《能源与帝国：开尔文勋爵传记研究》（*Energy and Empire: A Biographical Study of Lord Kelvin*）描述了 19 世纪中叶物理学的重大变革是如何伴随着工业化而发展的。时隔一年，两人再度合作的《工作与浪费：19 世纪英国的政治经济学与自然哲学》（*Work and Waste: Political Economy and Natural Philosophy in Nineteenth Century Britain*）出版，展示了蒸汽机如何在工业利益和科学利益之间发挥积极的中介作用。在怀斯的《精确性的价值》（*The Values of Precision*）一书中，他试图将这一主题再次扩大，描绘精密测量的蓬勃发展与国家的治理要求、资本的价值追求之间的关系。

2020 年

贝内特（Jim Bennett，1947— ），英国科学史家，于剑桥大学博士毕业后留校任教，曾担任牛津大学科学史博物馆馆长、剑桥大学惠普尔科学史博物馆馆长、英国科学史学会主席、国际科学史与科学哲学联合会科学仪器委员会主席，2020年萨顿奖得主。贝内特对科学仪器史非常精通，主要关注16—19世纪的物理学和数学，尤其是天文学、航海仪器和实用数学方面。贝内特的工作极大地调动了人们对仪器的兴趣，他的著作《被分割的圆：天文学、航海和测量的仪器史》（*The Divided Circle: A History of Instruments for Astronomy, Navigation and Surveying*）图文并茂地整理了历史上用于测量物体之间角度的数学仪器，并把仪器制造的历史放在科学和经济背景下，考察了不同时期的仪器制造业发展。他曾同时在4个博物馆工作，退休后仍然致力于科学传播，不仅担任哈克卢伊特协会会长，还亲自出演纪录片。

三、达·芬奇奖得主（以获奖年为序）

莱昂纳多·达·芬奇奖（Leonardo da Vinci Medal）是美国技术史学会（Society for the History of Technology）设立的年度奖项，是该学会的最高荣誉奖项。达·芬奇奖表彰在技术史领域（包括研究、教学和出版等）做出杰出贡献的个人，惯例是颁给在世的学者，且不重复，相当于终身成就奖。第一届达·芬奇奖于1962年12月29日颁发，截至2020年共奖励了57人（其中1982年和1999年空缺，2020年由2人分享）。次年，在技术史学会的官方刊物《技术与文化》（*Technology and Culture*）中，会刊载上年获奖者的颁奖词和小传（通常是自传）。另外，获奖者去世后，《技术与文化》也经常会发表纪念文章。下面按获奖年份顺序整理历年达·芬奇奖得主小传，除了依据《技术与文化》的上述资料之外，生卒年、出生地、求学和职业经历等琐碎信息也参考了一些百科网站，以及相关大学或机构官方网站的人物简介页面，不一一注明。

1962年

福布斯（R. J. Forbes，1900—1973），1900年生于荷兰，童年在中国度过，在上海上小学，中学回到荷兰，在代尔夫特理工大学攻读化学，毕业后作为化学工程师加入荷兰壳牌集团直至1959年退休。从1932年起，福布斯开始了考古学和技术史的研究，1947年起成为阿姆斯特丹大学教授，专业方向为应用科学和技术史，1960年后改为纯粹和应用的物理学和化学史。在壳牌公司关于沥青道路铺设的工作激发了福布斯研究技术史的兴趣，他早期的研究集中于沥青与石油在古代文明中的应用，在后期工作中古代石油、古代道路的研究仍是研究重点。1955—1964年，福布斯陆续出版9卷本的《古代技术研究》（*Studies in Ancient Technology*），奠定了他在技术史学科的地位。福布斯也是查尔斯·辛格主编的五卷本《技术史》的主要撰稿人之一，他还曾和荷兰科学史戴克斯特豪斯合作撰写了 2 卷本的科学技术史。

1963 年

厄舍尔（Abbott Payson Usher，1883—1965）1883 年生于美国马萨诸塞州，在哈佛大学完成本科到博士的学业，主攻历史学和经济学，毕业后在康奈尔大学讲授经济学。在讲授欧洲经济史课程时，厄舍注意到传统的经济史往往忽略了技术，或者只是聚焦于个别发明，于是他开始研究 1750 年后的欧洲技术史，以弥补传统经济史的缺环。他在 1920 年出版的《英格兰工业史导论》（*An introduction to the industrial history of England*）标志着这一视角的开启，在 1929 年到哈佛大学后他出版了《机械发明史》（*A History of Mechanical Invention*），这本书奠定了他在技术史领域先驱者的地位。

1964 年

小林恩·怀特（Lynn White，Jr.，1907—1987）出生于美国旧金山，在斯坦福大学获文学学士学位，在马萨诸塞州联合神学院获硕士学位，1930 年在哈佛大学取得博士学位，主攻方向为中世纪史。1933 年怀特到意大利搜集中世纪修道院的历史资料时感受到欧洲时局不稳，猜想自己后续的研究条件和文献资源很难得到保证。与此同时，他受到美国文化人类学家克罗伯（Alfred Louis Kroeber）的启发，决定尝试使用文本以外的资料书写历史，从此进入了中世纪技术史的研究领域，此领域的第一部作品是在 1940 年发表的文章《中世纪的技术与发明》（*Technology and invention in the Middle Ages*），在文章他提出，"中世纪后期最值得夸耀的事情，不是大教堂，不是史诗，也不是经院哲学，而是有史以来一个复杂文明的首次建立。这一文明并非建立在辛勤劳作的奴隶或苦力的背脊上，而主要建立在非人力之上"。从 1957 年起，怀特在加州大学洛杉矶分校做了一系列演讲，最终形成了经典著作《中世纪技术与社会变革》（*Medieval Technology and Social Change*），于 1962 年出版，奠定了他在中世纪技术史领域的地位。另外，怀特 1967 年的文章《我们生态危机的历史根源》也成为环境哲学或生态思想史中的经典，并引发了持久的争论。

1965 年

多玛（Maurice Daumas，1910—1984），法国化学家，20 世纪 40 年代开始研究

化学史，1941 年出版了拉瓦锡的传记，此后在化学史和化学哲学史方面都有深入研究。从 1947 年起，他开始参与法国国立工艺博物馆的策展工作，并注意到了拉瓦锡的科学仪器。从此他把博物藏品和科学史研究结合起来，特别是在化学仪器史和工业考古学方面著述颇丰。他依托博物馆对 19 世纪起工业技术和精密机械展开研究，并参与了辛格主编的《技术史》第四卷的撰写工作。从 1960 年起，他在巴黎高等研究实践学院建立技术史文献中心，与法国国立工艺博物馆合作，每年出版技术史研究文集。

1966 年

史密斯（Cyril Stanley Smith，1903—1992）在英国伯明翰大学获得冶金学学士学位，1926 年在麻省理工学院获得博士学位，毕业后从事冶金学方面的工作。第二次世界大战期间，参与曼哈顿计划，成为冶金小组的负责人，承担了铀 –235 和钚的提纯与浇铸等工作，1946 年受到杜鲁门总统的表彰。第二次世界大战后，史密斯牵头在芝加哥大学创立金属研究所，推进包括物理学、化学、冶金学、材料科学等领域的交叉研究。他后来的技术史研究并没有取代他在冶金学领域的钻研，他毕生都同时在冶金学和冶金史领域开展教学与科研活动。1931 年，他和当时还是耶鲁大学学生的爱丽丝·马尔坎特·金博尔（Alice Marchant Kimball）结婚。爱丽丝攻读英格兰社会史，于 1936 年获得博士学位，后来也从事科学史研究。妻子的工作激发了史密斯对历史学的兴趣。除了在耶鲁大学与妻子结识之外，他还经常访问斯特林纪念图书馆（Sterling Memorial Library），在那里他对冶金学历史文献产生了浓厚兴趣。他和语言学家合作，整理了诸多冶金史经典文献，出版了带注释的英文版文献，充实了技术史研究的基础文献。在芝加哥大学期间史密斯撰写了《金属学史》（*A History of Metallography*），于 1960 年在芝加哥大学出版社出版，成为这一领域的经典，多次修订再版。1961 年起，史密斯转到麻省理工学院，继续从事冶金学和冶金史的研究，他的兴趣逐渐转向以武士刀为代表的人工制品研究。他结合技术史记载和现代工艺技术来铸造武士刀，并由此衍生出艺术与科学的联系等论题。

1967 年

克兰兹伯格（Melvin Kranzberg，1917—1995）1942 年在哈佛大学取得法国史博士学位，第二次世界大战期间被派往欧洲陆军服役并获得铜星奖章。第二次世界大战后在欧洲的海德堡大学、索邦大学等，学习心理学、政治学和历史学等。回到美国后，克兰兹伯格 1952—1971 年在凯斯理工学院（即后来的凯斯西储大学）担任历史教师，1972—1988 年则在佐治亚理工学院（Georgia Institute of Technology）教授历史。在教学过程中，他的视野逐渐转向技术史。这一方面是因为他注意到现代法国史必须要在工业化进程的背景下理解；另一方面也可能是工科背景的学生激励他更多侧重于技术史。由于教学工作出色，他加入到美国工程教育学会关于课程改革的讨论之中，他积极倡议在理工教育中加入更多关于科学技术史的课程。在进一步研究如何开设相关课程时，克兰兹伯格发现，科学史部分已经有了不少先驱，但在技术史方面还没有多少积累。于是，在他的号召和组织之下，美国技术史学会在 1958 年成立。他还创立了学会的官方期刊《技术与文化》，并长期担任主编（1959—1981）。另外，克兰兹伯格在 1968 年创立了国际技术史委员会（International Committee for the History of Technology），他特别希望在"冷战"的背景下，以技术史这样一门尚未负载过多意识形态包袱的年轻学科为桥梁，打通"铁幕"，给世界各国学者营造自由交流的舞台。来自美国、法国、波兰和苏联的学者都参加了国际技术史年会。授予克兰兹伯格达·芬奇奖主要是表彰其在技术史教育和组织方面的贡献，但克兰兹伯格也有一些有影响力的著述，例如，他提出了技术的 6 个定律，包括"技术不好也不坏，也不中立""发明是需要之母"等。

1968 年

李约瑟（Joseph Needham，1900—1995）是 1968 年萨顿奖的得主，参见萨顿奖词条。

1969 年

芒福德（Lewis Mumford，1895—1990），1895 年生于纽约，曾在纽约市立大学就读，但因肺结核而没有取得学位。1918 年曾在美国海军服役，退役后加入文学杂志 The Dial 担任编辑，经常发表文学批评，后来又加入了《纽约客》杂志，开始撰写关于建筑或城市的评论。芒福德的文学评论在美国文学界颇有影响，而城市史与城市文化的研究更是影响深远。芒福德转向技术史起源于 1931 年撰写的一篇杂志文章《机器的戏剧》（The Drama of the Machines），因为这篇文章，芒福德受邀去加州大学讲授主题为"美国机器时代"（The Machine Age in America）的课程。在备课期间，芒福德发现关于机器史的研究很难局限于美国，自己掌握的资料还远远不够。于是他在 1932 年利用古根海姆奖金（Guggenheim Fellowship），前往欧洲考察。他访问了伦敦、巴黎、维也纳和慕尼黑等地的技术博物馆，并收集了一些资料。这些经历和资料为 1934 年出版的《技术与文明》奠定了基础。《技术与文明》是芒福德的第一本技术史著作，而对于技术史学界而言也是开创性的。在达·芬奇奖的官方评论中写道，该书"可能是第一次充分地关注到技术本身的文化与美学面相的作品，也第一次把技术史看作人类历史的基本阶段"。颁发达·芬奇奖已经是《技术与文明》出版 35 年之后，但评奖者依旧认为：芒福德在该书中对学术传统做出的改变，仍然值得整个历史学界吸收。特别值得一提的是，这本书既能对成熟的学者提供启发和刺激，也适合作为入门者通俗可读的教科书。时至 21 世纪，芒福德的工作仍未过时，技术史家们仍然经常引用芒福德的文章，从他的著作中吸取灵感。芒福德以"作家"自居，毕生勤于写作，著作等身。在技术史领域最重要的著作还有在 1967 年和 1970年出版的 2 卷本《机器的神话》（*The Myth of the Machine*）。他的学术领域很难概括为"技术史"，即便只考虑与技术相关的主题，芒福德的工作也超出了一般历史学家的范围。评奖者认为，可以把芒福德的学术领域称作"人的哲学"（philosophy of man），他始终着眼于"人性"，在技术史和城市研究中饱含人文主义情怀。

1970 年

吉尔（Bertrand Gille，1920—1980），是知名的法国技术史家，生于巴黎，曾在国立文献学院（école Nationale des Chartes）就读，1943 年完成了关于法国钢铁工业的论文。1943—1957 年担任法国国家档案馆负责商务档案的馆长，同时他着手研究法国银行业，最终形成了 2 卷本巨著《罗斯柴尔德家族的历史》（*Histoire de la maison Rothschild*, 1965, 1967）。1958 年他成为克莱蒙费朗大学教授，在 1970 年成为该校校长，其间他的重心都集中在技术史的研究和教学工作上。他参与了辛格主编的《技术史》，也出版了自己的 2 卷本《技术通史》（*Histoire générale des techniques*，1962）。他对文艺复兴时期，特别是针对达·芬奇发表了独到的研究，引发学界的争议。1978 年，他出版了集大成的《技术史》（*Histoire des techniques*），虽然是合著作品，但吉勒本人写作了总共 1500 页中的 1300 页。在《技术史》中，吉勒发展了"技术系统"的概念，对技术哲学也产生了重要影响，特别体现于贝尔纳·斯蒂格勒的著作之中。

1971 年

德拉克曼（A. G. Drachmann，1891—1980），出生于丹麦哥本哈根，父亲是丹麦的著名学者，钻研希腊和拉丁语古典学术。德拉克曼追随父亲，投身古典语言学，精通古典语言和英语，后来又学习了阿拉伯语。另一方面，他也从他的舅舅（丹麦铁路总测量师）那里自学了工程制图。他长期担任图书馆馆员和馆长的工作，保持对古典学的研究热情。他 1942 年完成的博士论文题为《克特西比乌斯、菲罗和希罗：古代气动力学研究》（*Ktesibios, Philon and Heron,: A study in ancient pneumatics*）。此后他经常发表有关古代技术史，特别是阿基米德、希罗等古代机械发明家的相关研究。他的古典语言和阿拉伯语能力加上工程制图方面的知识，大大推进了他的古代技术史的研究深度。一方面，菲罗和希罗的一些文献只存阿拉伯语抄本，他的语言能力保证了他对文献资源的全面掌握；另一方面，他的研究不局限于文本本身，更试图用工程实践还原古代机械发明的具体结构。

1972 年

雷蒂（Ladislao Reti，1901—1973），出生于伊斯特拉半岛，在维也纳学习化学工程，在博洛尼亚大学获有机化学博士学位。1926 年移民阿根廷，继续从事化学相关职业，并坚持做生物化学等领域的科研活动。从 1945 年起，他开始对达·芬奇的化学研究产生兴趣，进而对达·芬奇的各种研究乃至整个文艺复兴时期的技术史都产生了兴趣。雷蒂的研究重点始终是达·芬奇的手稿，1965 年他参与发现和整理了达·芬奇的《马德里手稿》。1967 年，他应加州大学之邀，放下其他工作，专职研究达·芬奇手稿。此后他以加州大学洛杉矶分校名誉教授的身份在意大利进行研究，直至去世。

1973 年

康迪特（Carl Wilbur Condit，1914—1997），生于辛辛那提，普渡大学机械工程学学士，辛辛那提大学英语文学硕士和博士。著名的美国城市与建筑史家。据他回忆，他学术道路上的启蒙书是芒福德的《褐色时代》（*The Brown Decades*），然后他又阅读了芒福德的《技术与文明》和《城市文化》，以及希格弗莱德·吉迪恩的《空间·时间·建筑》，这些视野广阔的著作启迪他走向城市史和建筑史研究。他关于美国城市与建筑史的研究也成为该领域的权威。康迪特对技术史学科保持关注，他也是技术史学会的创始人之一，并长期担任《技术与文化》的编辑，为技术史的传播和教育做出了贡献。达·芬奇奖颁奖词中称康迪特为"万能博士"，特别赞赏其跨学科视野和敏锐的洞察力。

1974 年

迪布纳（Bern Dibner，1897—1988），是 1976 年萨顿奖得主，参见萨顿奖词条。

1975 年

克莱姆（Friedrich Klemm，1904—1983），德国人，1925—1930 年在德累斯顿工业大学（Technical University of Dresden）求学，学习了数学、物理学、物理化学和科技史等课程。当时该大学人文氛围浓厚，克莱姆回忆说，保罗·蒂利希（Paul Tillich）、理查德·克罗纳（Richard Kroner）和卡夫卡（Gustav Kafka）等的神学和哲学课程都让他印象深刻。随后他获得了慕尼黑工业大学（Technical University of Munich）的博士学位，研究方向为技术文献史（history of technological literature）。1932 年他又在莱比锡大学图书馆获得了额外的图书馆学学位。此后他在德意志博物馆的图书馆担任馆员，1956—1969 年担任图书馆馆长。在德意志博物馆，克莱姆主持整理和解读了大量古代技术史珍稀文献，特别关注技术史与社会史、经济史、科学史、艺术史之间的互动关系。

1976 年

普赖斯（Derek John de Solla Price，1922—1983），出生于英国伦敦附近的莱顿镇，1938 年起在新成立的西南埃塞克斯理工学院（South West Essex Technical College）的物理实验室做兼职助理，之后在伦敦大学学习物理学和数学，于 1942 年取得学士学位，1946 年取得实验物理学博士学位，同时还在普林斯顿大学学习过一年的理论物理学。1948 年，普赖斯来到新建立的新加坡莱佛士学院（Raffles College，后成为新加坡国立大学的一部分），讲授应用数学。当年，该学院购置了 1665—1850 年发行的全部英国皇家学会会刊（The Philosophical Transactions of the Royal Society），因为学院的图书馆大楼尚未盖好，普赖斯就把这批文献搬到自己的居所，朝夕相伴。其间，普赖斯得出了科学研究的指数增长理论。1951 年，普赖斯试图回英国求职，但没有成功。他进入剑桥大学攻读科学史博士学位，接触到李约瑟、巴特菲尔德、鲁珀特·霍尔等科学史名家。在 1954 年取得第二个博士学位后，普赖斯的求职仍不顺利，他因为出身低下（父亲是裁缝，母亲是歌手）而遭到排挤，最终他决定移居美国，在史密森学会担任顾问，然后在普林斯顿高级研究所担任研究员，从 1959 年起，普赖斯任耶鲁大学教授，并担任新成立的科学技术与医学史系主任，还担任皮博迪博物馆（Peabody Museum）的科学技术仪器史馆馆长。普赖斯在计量史学和科技文献计量学方面的工作是开拓性的，他的工作直接促成了科学引文索引（Science Citation Index，SCI）的诞生。除了计量史学方面，普赖斯对古代星盘、水钟等装置都有重要研究，特别值得一提的是他在安提凯希拉机械的研究方面扮演了关键角色。普赖斯自 1951 年起关注这一装置，在 1971 年普赖斯与希腊核物理学家合作对装置进行 X 光解析，并于 1974 年发表了长篇论文。

1977 年

弗格森（Eugene S. Ferguson，1916—2004），1937 年在卡内基理工学院（Carnegie Institute of Technology）获得机械工程学学士学位。之后在西电公司、杜邦公司等担任工程技术方面的职务。第二次世界大战期间弗格森在美国海军服役，其间听到海军军官罗伯特·科普兰（Robert W. Copeland）讲述海军史，激发了他对历史学的兴趣，随后他的第一部历史著述是为托马斯·特鲁克斯顿（Thomas Truxton，美国革命战争时期的海军军官）撰写的传记。战后，他进入爱荷华州立大学，教授机械工程，也开始机械史和技术史的研究和教学工作。1969 年成为特拉华大学（University of Delaware）教授，直至 1979 年退休。颁发达·芬奇奖时他最重要的工作是 1968 年编著的《技术史书目》（*Bibliography of the History of Technology*）。之后，他最有影响的工作是阐发了工程活动中的非语言思维（特别是视觉思维），代表作为 1992 年的《工程与心灵之眼》（*Engineering and the Mind's Eye*）。弗格森是技术史学会的创始成员之一，而且在 1977—1978 年担任学会主席。

1978 年

阿尔廷（Torsten Althin，1897—1982），是瑞典人，第一次世界大战时期接受军官训练，1919 年起参与了为哥德堡年度展览（Jubilee Exhibition in Goteborg）收集工业领域的展品的工作，1924 年起担任斯德哥尔摩技术博物馆（Tekniska Museet in Stockholm）的创馆馆长，直到 1962 年退休。技术博物馆自 1931 年起每年刊行名为《代达罗斯》（*Daedalus*）的年鉴。退休后，他为皇家理工学院等学校开设一系列技术史课程。达·芬奇奖表彰他在技术博物馆建设和技术史课程建设方面的贡献。

1979 年

内夫（John U. Nef，1899—1988），生于芝加哥，在哈佛大学获得学士学位，在布鲁金斯研究生院（Robert Brookings Graduate School）获得博士学位，1929年进入芝加哥大学，任经济学助理教授，1936年成为经济史教授。1941年，内夫牵头，一群芝加哥学者共同创办了著名的"社会思想委员会"（Committee on Social Thought），推动跨学科的精英化研究生教育。内夫的学术工作主要集中于西欧经济史，特别对英法比较和英国工业革命有深入研究，他认为英国的工业革命并非骤然发生，而是长期和连续积累的结果。内夫特别关注经济史中的技术因素，挖掘工业技术史与经济、法律、宗教等领域的关联，崇尚科技和人性而反对战争，因而被授予达·芬奇奖。

1980 年

贝尔·雷（John Bell Rae, 1911—1988），生于苏格兰格拉斯哥，12岁时移居美国罗德岛，1932年在布朗大学获得历史学学士学位，他继续攻读经济史，在1936年获得博士学位，博士论文研究铁路土地许可问题（railroad land grants）。在布朗大学担任了几年行政助理后，雷进入麻省理工学院担任历史学讲师，讲授英语写作、通史、海军史等课程。对铁路的兴趣激励雷始终关注技术对现代文明的影响。1953年，雷应哈佛大学创业史研究中心（Research Center for Entrepreneurial History at Harvard University）之邀，研究"作为企业家的工程师"。他与哈佛商学院紧密合作，发表了关于美国汽车工业的两篇论文，此后，他进一步钻研汽车工业史，成为这一领域的权威学者。代表作如1965出版的《美国汽车简史》（*The American Automobile: A Brief History*），1969年的《亨利·福特》（*Henry Ford*），1984的《美国汽车工业》（*The American automobile industry*）等。雷也是技术史学会的创始人之一。

1981 年

卡德韦尔（Donald S. L. Cardwell, 1919—1998）生于英国直布罗陀，在伦敦国王学院获得物理学博士学位。在基尔大学和利兹大学工作若干年之后，于1963年成为曼彻斯特大学科学技术研究所准教授，1974年成为教授，1984年退休。他还参与了曼彻斯特科学工业博物馆（1969年开放）的筹建工作。卡德韦尔一直从事科学史和技术史的研究，他在1957年对英格兰科学组织（The Organisation of Science in England）的研究成为经典。《从瓦特到克劳修斯》在1973年获得了德克斯特奖。

1982 年

达·芬奇奖空缺。

1983 年

亨特（Louis C.Hunter, 1898—1984），在俄亥俄河和密西西比河的河岸边长大，对轮船文化富有感情。高中毕业后做过机械师，在哈佛大学时又对历史和艺术产生兴趣，接触过阿博特·厄舍等技术史前辈，于 1928 年取得经济学博士学位。1937 年起进入美国大学教授历史学，直至 1966 年退休。让亨特获得达·芬奇奖的主要原因是他的两部经典著作：《西部河流的蒸汽船：一部经济和技术史》（*Steamboats on the Western Rivers: An Economic and Technological History*）和《蒸汽机时代的水力》。

1984 年

欣德尔（Brooke Hindle，1918—2001），生于费城，在麻省理工学院和布朗大学完成本科学业，研究生阶段于宾夕法尼亚大学追随医学史家理查德·施赖奥克（Richard H. Shryock）。第二次世界大战期间在海军服役，战后在纽约大学任教（1950—1974 年），曾任历史系主任。1974 年进入史密森国家历史与技术博物馆任馆长（1974—1978 年）和高级历史学家（1978—1985 年）。达·芬奇奖特别表彰了欣德尔作为"博物馆与学术界的桥梁"的贡献。除了在博物馆和学界各机构之间促进沟通交流之外，欣德尔也编著了不少技术史著作。他的研究主要集中在美国技术史，特别是美国早期和 19 世纪的技术史。他聚焦于汽船和电报的《仿效与发明》（*Emulation and Invention*）一书被达·芬奇奖提名。

1985 年

休斯（Thomas P. Hughes，1923—2014），本科和研究生生涯都在弗吉尼亚大学度过，本科学的是机械工程，硕士转向历史学，在欧洲现代史方向获得博士学位。博士毕业后他曾在麻省理工学院、约翰·霍普金斯大学和南卫理公会大学任职。1973 年成为宾夕法尼亚大学教授，1994 年退休后成为名誉教授。休斯是技术史学会的创始人之一，至此技术史学会的主要创始人都获得了达·芬奇奖。休斯在技术史领域最重要的贡献是他引入的社会学视野，在 1983 年出版的《权力网络：西方社会的电气化：1880—1930》（*Networks of Power: Electrification in Western Society, 1880-*

1930）就体现出休斯以"复杂系统"的视角看待技术发展的研究方法，这本书也让他第二次获得德克斯特奖。在 1987 年休斯和比克（Wiebe E. Bijker）、平奇（Trevor J. Pinch）共同编著的《技术系统的社会建构》（*The Social Construction of Technological Systems*）成为影响巨大的经典文献，在技术的社会史和技术社会学领域都是开创性的。休斯也非常重视芒福德的思想，他和阿加莎·休斯（Agatha C. Hughes）共同编著的《芒福德：公共知识分子》（*Lewis Mumford: Public Intellectual*）也颇有影响。

1986 年

艾特肯（Hugh G. J. Aitken，1922—1994），出生于英格兰，在苏格兰长大，读大学时经历第二次世界大战，入伍担任飞机机械师，之后对机械和电子技术终身保持兴趣，可以自己组装无线电和电视机。1947 年他获得圣安德鲁斯大学（University of St. Andrews）经济学和哲学硕士学位，然后前往多伦多大学读经济史，追随哈罗德·英尼斯（Harold Innes）。1951 年他获得哈佛大学经济学博士学位，随后他积极参与哈佛大学创业史研究中心（在 1980 年达·芬奇奖得主约翰·贝尔·雷部分提过）的建设，成为该中心的核心人物。1955 年，艾特肯加入加州大学河滨分校经济学系，1965 年成为阿默斯特学院（Amherst College）的经济学和美国研究教授。艾特肯以社会科学家自居，他的经济学训练和对机械的兴趣使他保持广阔的视野，突出技术史与社会和经济的关联。他关于无线电史的研究成为经典，例如，1976 年的著作《谐振与火花：无线电的起源》（*Syntony and Spark: The Origins of Radio*）和 1985 年的《连续波：技术与美国无线电：1900—1932》（*The Continuous Wave: Technology and American Radio, 1900-1932*）。

1987 年马尔特霍夫（Robert P. Multhauf，1919—2004），生于美国南达科他州，1941 年在爱荷华州立大学获得理学学士学位，1950 年在加州大学伯克利分校获得文学硕士学位，1953 年获得博士学位。自 1954 年起，马尔特霍夫受雇于史密森学会，在美国国家博物馆的工程部门任副馆长，1957 年担任新成立的历史与技术博物馆科学技术部的主任，1980 年该博物馆改名为美国国家历史博物馆，马尔特霍夫则成为该馆的"高级历史学家"。马尔特霍夫曾任科学史学会主席和其会刊的编辑，他也担任过《技术与文化》的副主编。除了博物馆工作和在科学史和技术史专业之间起沟通作用之外，马尔特霍夫的学术贡献主要集中在化学技术和化学工业史领域。例如，1966 年的《化学的起源》（*Origins of chemistry*），1978 年的《海王星的礼物：食盐的历史》（*Neptune's gift: a history of common salt*），1984 年的《化学技术史：带注释的书目》（*History of chemical technology: an annotated bibliography*）等。

1988 年

埃德尔斯坦（Sidney M. Edelstein，1912—1994），生于美国田纳西州，在麻省理工学院学习化学。他在改善棉织品的光泽和染色质量方面有所创新，进入工业界后一直以丝光处理领域的专长闻名。1945 年，他在纽约创立了得克斯特化学公司，成为卓有成就的企业家。技术史学会第一次把达·芬奇奖授予学院或博物馆出身之外的来自企业界的人士，主要是因为埃德尔斯坦长期关注化学史、染料史的研究，不但亲自发表文章和整理文献，更是以捐助的形式促进了相关学科的发展。1956 年起，他在美国化学学会设立得克斯特奖，以表彰在化学史方面的杰出贡献。1968 年起，他在技术史学会设立得克斯特奖，以表彰杰出技术史著作的作者，这个奖项后来改名为悉尼·埃德尔斯坦奖（Sidney Edelstein Prize）。另外，1976 年，埃德尔斯坦向耶路撒冷希伯来大学捐赠了约 5000 本科学技术史文献，包括珍贵的爱因斯坦档案和牛顿神学手稿，后来存放在以他名字命名的埃德尔斯坦图书馆中。1980 年，希伯来大学建立了"悉尼·埃德尔斯坦科学、技术与医学的历史与哲学中心"（Sidney M. Edelstein Center for the History and Philosophy of Science, Technology and Medicine）。

1989 年

布坎南（R. Angus Buchanan，1930—2020），在剑桥大学学习历史，以 19 世纪社会史的工作获得博士学位。1956 年起他在英国的斯特普尼担任成人教育官并加入工人教育协会，1960 年加入布里斯托尔的先进技术学院讲授社会与经济史，在这里他参与创立了布里斯托尔工业考古学会（Bristol Industrial Archaeology Society）。1966 年，该学院并入新成立的巴斯大学，之后他在该大学建立了技术史研究中心，继续倡导工业考古研究。布坎南积极推动技术史和工业考古方面的国际交流，他是国际技术史委员会的创始成员之一，也促成了英国工业考古学会和国际工业遗产保护委员会的成立。布坎南的主要著作也集中于工业考古和英国技术史，1972 年出版的《英国工业考古》（*Industrial Archaeology in Britain*）是开创性的经典。2002 年出版的《伊桑巴德·金德姆·布鲁内尔的生活与时代》（*The Life and Times of Isambard Kingdom Brunel*）也广受好评。

1990 年

小莱顿（Edwin T. Layton, Jr. 1929—2009），在洛杉矶出生并长大，同名的父亲是有名的海军军官。小莱顿在加州大学洛杉矶分校上学，最初是化学专业，后来转向历史学并辅修经济学，追随约翰·海厄姆（John Higham）和乔治·莫里（George Mowry）取得了历史学博士学位，1956 年的博士论文研究"美国工程职业与社会责任观"，这些工作最终形成了《工程师的反叛：社会责任与美国工程职业》（*The Revolt of the Engineers: Social Responsibility and the American Engineering Profession*）。（中译本 2018 年出版）一书。毕业后小莱顿先后在威斯康星大学、俄亥俄州立大学和普渡大学教授美国史，在威斯康星他与阿博特·厄舍共事，受后者的影响进一步关注技术史。1965 年，小莱顿来到凯斯理工学院（即后来的凯斯西储大学，Case Western Reserve University），创建科学技术史课程，并在梅尔文·克兰兹伯格的影响下加入技术史学会。莱顿 1974 年在《技术与文化》发表的文章《技术即知识》（Technology as Knowledge）影响深远，他主张放弃技术是"应用科学"的观点，强调技术之于科学的独立性，技术知识不同于科学知识。他还引用柯瓦雷的观点，认为技术本身就蕴含独立的思想史或知识史的维度。

1991 年

珀塞尔（Carroll Pursell，1932— ），生于加利福尼亚州，在加州大学伯克利分校获得学士学位和博士学位，研究美国历史。虽然珀塞尔比技术史学会的主要创始人年轻一代，但他也是学会早期最活跃的参与者之一，而且和其他创始者的工程学或经济学背景不同，珀塞尔的历史学背景为技术史学会的早期发展提供了重要的补充。他特别关注技术史的政治背景，另外也开创性地把性别研究引入技术史。珀塞尔的著作主要集中于美国技术史，往往带有政治史和社会史的视角。如 1972 年的《军事工业复合体》（The *military-industrial* complex），1979 年的《美国的技术：工业与思想的历史》（*Technology in America: a history of individuals and ideas*），1995 年的《美国的机器：技术的社会史》（*The machine in America: a social history of technology*）等。

1992 年

迈尔（Otto Mayr，1930— ），生于德国埃森，1956 年获得慕尼黑工业大学工学学士学位，在实验室和仪器公司工作数年后进入罗切斯特理工学院，任机械工学助理教授，并获得理学硕士学位。1965 年回到慕尼黑，在德意志博物馆的科学技术史研究所担任研究助理，1968 年以研究技术法规的早期历史的论文获得慕尼黑工业大学的博士学位。1968 年到美国史密森学会担任策展人和科学技术史部门的主任，1983 年后回到德意志博物馆，成为总馆长直到 1992 年退休。迈尔一直积极参与技术史学会的工作，在多个委员会和理事会中任职。达·芬奇奖主要奖励的是他的博物馆工作及其在博物馆和技术史学界之间的沟通工作。奥托·迈尔也编辑和撰写了许多学术著作，其中，1986 年出版的《现代早期欧洲的权威、自由和自动机器》（*Authority, liberty, & automatic machinery in early modern Europe*）最为经典。

1993 年

刘易斯（W. David Lewis，1931—2007），生于美国宾夕法尼亚州，在宾夕法尼亚州立大学获得文学学士和硕士学位，在 1961 年获得了康奈尔大学的美国史博士学位。之后在特拉华大学、纽约州立大学等学校任教，1971 年接受了奥本大学的历史与工程教授的职位，在那里他成功开设了"技术与文明"课程和技术史培养计划。1993 年在史密森学会国家航空航天博物馆任历史教授。刘易斯积极参与技术史学会的工作，达·芬奇奖主要表彰其在教学和社会活动方面的贡献。刘易斯的学术著述主要集中在航空航天史，例如 1979 年与卫斯理·牛顿（Wesley P. Newton）合著的《达美航空：一家航空公司的历史》（*Delta: the history of an airline*）。

1994 年

史密斯（Merritt Roe Smith, 1940— ），出生于美国宾夕法尼亚州，与 1993 年得主刘易斯出生于同一个镇子。他在乔治敦大学获得历史学的学士和博士学位，在宾夕法尼亚州立大学获得历史学博士学位，在俄亥俄州立大学和宾夕法尼亚大学任教之后，1978 年来到麻省理工学院，成为技术史教授。另外，他在数十年内长期参与技术史学会的工作。史密斯在 1977 年出版的《哈珀斯费里兵工厂和新技术》成为技术史研究的典范，达·芬奇奖的表彰词围绕这部著作有较大篇幅的讨论。该著作被认为是引领了技术史研究的新路径，即"语境进路"，把技术发展置入社会语境来考察，串联起劳工史、机构史、社区史和思想史。1994 年，史密斯和利奥·马克思（Leo Marx）共同编辑的文集《技术驱动历史吗？技术决定论的困境》（*Does Technology Drive History?: The Dilemma of Technological Determinism*）也成为技术编史学方面的经典文献。

1995 年

辛克莱（Bruce Sinclair, 1929— ），生于美国新墨西哥州，在加州大学伯克利分校读本科，学习美国史，是卡洛尔·珀塞尔（1991 年达·芬奇奖得主）的大学同学。1964 年在凯斯理工学院获得博士学位，受到梅尔文·克兰兹伯格的影响研究技术史并加入技术史学会，长期活跃并担任过学会主席。自 1959 年起，辛克莱牵头创立梅里马克谷纺织博物馆，该馆后来成为美国纺织史博物馆。自 1964 年起，他在堪萨斯州立大学、多伦多大学等大学任教，1974 年任加拿大科学技术史与科学技术哲学研究所所长，1988 年起在佐治亚理工学院（Georgia Institute of Technology）任教，成为该校第一任克兰兹伯格技术史教授。辛克莱的代表作是 1974 年出版的《费城的哲学家机械师：富兰克林研究所的历史：1824—1865》（*Philadelphia's Philosopher Mechanics: A History of the Franklin Institute, 1824-1865*）。

1996 年

罗森伯格（Nathan Rosenberg, 1927—2015）生于美国新泽西州，罗格斯大学学士，威斯康星大学硕士和博士，研究经济史。先后在印第安纳大学、宾夕法尼亚大学、普渡大学、哈佛大学、威斯康星大学、加利福尼亚大学、剑桥大学等任教，教授经济史。罗森伯格注意到经济史家往往把技术看作"黑匣子"，从而不加深究，而他的贡献就在于把技术史引入经济史，打开技术的"黑匣子"。相关的著作包括 1983 年的《黑匣子之内：技术与经济》（*Inside the Black Box: Technology and Economics*），1994 年的《探索黑匣子：技术、经济与历史》（*Exploring the Black Box: Technology, Economics, and History*）等。

1997 年

考恩（Ruth Schwartz Cowan, 1941— ），生于纽约布鲁克林，在巴纳德学院（Barnard College）获得动物学学士学位，在加州大学伯克利分校获得历史学硕士和博士学位，在约翰·霍普金斯大学获得科学史博士学位，追随威廉·科尔曼（William Coleman）完成了有关 19 世纪遗传学的研究。1967—2002 年一直在纽约州立大学石溪分校（The State University of New York at Stony Brook）教授历史学。考恩的研究横跨科学史、技术史与医学史，并加入了女性视角和社会学视角。她 1983 年出版的《母亲的更多工作：从炉灶到微波炉的家务技术的反讽》（*More Work for Mother: The*

Ironies of Household Technology from the Open Hearth to the Microwave）成为经典之作，不止在技术史领域独具一格，在女性史、日常生活史方面也具开拓性。考恩注意到，微波炉等家务技术并没有减轻妇女的家务重担，反而把一些原本要求男性完成的工作也转移给了女性。这部著作不止为技术史加入了性别视角，也促进了微波炉等小型生活技术（而不再只是钢铁、化工等大型产业技术）逐渐被纳入技术史家的视野。她在 1997 年出版的《美国技术的社会史》（*A Social History of American Technology*）也成为经典的教科书，在科学技术学（STS）领域也同样被认作杰作。

1998 年

温琴蒂（Walter G. Vincenti，1917—2019），生于美国马里兰州，父母是意大利移民。他从小就对飞机感兴趣，本科和硕士都在斯坦福大学学习机械工程，重点是航空学。第二次世界大战期间加入海军并继续进行飞机设计方面的研究。1956 年进入斯坦福大学新成立的航空工程系。温琴蒂在航空领域贡献卓著，他的工作奠定了超音速飞行的工程基础。在研究航空工程的同时，他也关注技术史，在《技术与文化》中发表多篇文章。他最出名的著作是 1990 年出版的《工程师知道什么以及他们是如何知道的：基于航空史的分析研究》（*What Engineers Know and How They Know It: Analytical Studies from Aeronautical History*，中译本 2015 年出版），在技术史和工程哲学等领域都影响深远。

1999 年

达·芬奇奖空缺。

2000 年

贝迪尼（Silvio Bedini，1917—2007），生于美国康涅狄格州，在哥伦比亚大学获得比较文学的学士学位，在第二次世界大战期间入伍，退役后接手父亲的公司。在购买了一部古董机械钟之后，他开始对技术史和仪器收藏产生兴趣，开始撰写水钟、机械钟等方面的技术史，并与普赖斯、克兰兹伯格等技术史家交流。从 1961 年起，贝迪尼加入史密森学会机械与土木工程部门，参与建设史密森国家历史与技术博物馆，随后担任助理馆长和副馆长，1987 年退休后成为史密森学会的名誉历史学家。达·芬奇奖主要表彰贝迪尼作为策展人的杰出工作，但他也发表了大量学术论文和著作，主要集中于计时器具和科学仪器史。如《伽利略的科学仪器的制造者》

（*The makers of Galileo's scientific instruments*, 1964），《思考者和修补匠：早期美国的科学人》（*Thinkers and tinkers: Early American men of science*），《时间的踪迹：在东亚用香测量时间》（*The Trail of Time: Time Measurement with Incense in East Asia*），《赞助人、工匠和科学仪器：1600—1750 年》（*Patrons, Artisans and Instruments of Science, 1600-1750*），《本杰明·班纳克生平：第一个非裔美国科学人》（*The Life of Benjamin Banneker: The First African-American Man of Science*, 1999）等。

2001 年

波斯特（Robert C. Post, 1937— ），生于美国加利福尼亚，本科到博士都在加州大学洛杉矶分校就读，学习美国史和现代欧洲史，以及技术史与科学史。在攻读博士期间，他在《太平洋历史评论》（*Pacific Historical Review*）任助理编辑，1971 年起在史密森学会国家历史与技术博物馆任职，在电力部、工程部、交通部、国家公园管理局等部门任研究员或策展人。波斯特在许多杂志担任编辑职务，其中最重要的是 1981 年起接替克兰兹伯格，担任《技术与文化》的第二任主编。他也参与合著和编辑了大量技术史著作和藏品目录。他在技术史学会的执行理事会任职 25 年，当过学会主席和副主席。他在多家博物馆担任过策展人或顾问。达·芬奇奖主要表彰波斯特作为学术编辑和策展人的贡献。

2002 年

利奥·马克思（Leo Marx，1919—2022），生于纽约，哈佛大学理学学士，1950年以美国文明史研究获得博士学位。他在明尼苏达大学教授英语，在阿默斯特学院教授英语与美国研究，1976—1990 年在麻省理工学院任美国文化史教授，退休后成为名誉教授，2019 年麻省理工学院为其庆祝百岁生日。利奥·马克思专注于美国史研究，特别是 19 世纪和 20 世纪美国技术与文化的关联。其代表作是 1964 年出版的《花园里的机器：美国的技术与田园理想》（*The Machine in the Garden: Technology and the Pastoral Ideal in America*）（中译本 2011 年出版），该书探讨了田园理想和进步观念在美国文化中的张力，成为文化史和技术史中的经典。另外，利奥·马克思与梅里特·罗·史密斯（1994 年达·芬奇奖得主）共同编辑的《技术驱动历史吗？》也成为经典。

2003 年

哈克（Bart Hacker，又名 Barton C. Hacker，1935— ），生于芝加哥，本科到博士都在芝加哥大学攻读历史学，毕业后在爱荷华州立大学和麻省理工学院、俄勒冈州立大学等任教。1998 年起在史密森学会担任武装史（Armed Forces history）策展人。哈克数十年里都积极参与技术史学会的工作，达·芬奇奖主要表彰其对学会的贡献和杰出的策展工作。哈克也有不少学术著作，主要集中于辐射安全史和军事技术史，例如，《争议的元素：原子能委员会与核武器测试中的辐射安全：1947—1974》（*Elements of Controversy: The Atomic Energy Commission and Radiation Safety in Nuclear Weapons Testing, 1947-1974*）、《美国军事技术：一种技术的生命故事》（*American military technology: the life story of a technology*）等。

2004 年

兰德斯（David Saul Landes，1924—2013），生于纽约，在纽约城市大学获得学士学位，1953 年在哈佛大学获得历史学博士学位，研究经济史。之后依次在哥伦比亚大学、斯坦福大学和加州大学伯克利分校任职，最后在 1964 年进入哈佛大学，教授历史学和经济学，1996 年退休后成为名誉教授。兰德斯在经济史领域是富有影响且充满争议的知名学者，他专注于工业革命前后的欧洲经济史，但特别突出技术的作用。他 1969 年出版的《解除束缚的普罗米修斯：1750 年迄今西欧的技术变革和工业发展》（*The Unbound Prometheus: Technological Change and Industrial Development in Western Europe from 1750 to the Present.*）（中译本 2007 年出版），一问世就引发了巨大的争论，技术史学会和美国历史学会在 1973 年的年会中围绕这本书组织了专场讨论。1983 年出版的《时间革命：时钟与现代世界的产生》（*Revolution in Time: Clocks and the Making of the Modern World*）则是钟表史的经典，也充分展现出兰德斯贯通技术史、经济史与文化史的开阔视野。

2005 年

奈（David E. Nye，1946— ），生于波士顿，在阿默斯特学院获得美国文学学士学位，在明尼苏达大学获得硕士和博士学位，专业均为美国研究。1974 年博士毕业后在纽约和西班牙等地任教，1981—1982 年曾在哈佛大学科学史系和麻省理工大学科学技术与社会系做访问学者。1982 年后定居丹麦，最终在南丹麦大学任教，教授美国研究。2014 年被丹麦女王封为骑士。达·芬奇奖评奖人指出，奈给技术史研究带来了全新的视野，特别是引入了德里达的符号学与解构主义的方法。奈博士论文的福特研究和 1983 年的爱迪生研究就体现出了这种视野。在《发明自我：来自爱迪生文件的反传记》（*The Invented Self: An Anti-biography, from Documents of Thomas A. Edison*）他通过符号学的方法分析"文件"，即文本、照片、文物、新闻、流程记录等，从而解构爱迪生是如何自我发明的。之后的许多著作依旧体现出奈的独特方法，例如 1985 年出版的《图像世界：通用电气的公司肖像：1890—1930》（Image Worlds: Corporate Identities at General Electric, *1890-1930*）利用了大量图像档案解构了通用公司的形象塑造。1997 年的《叙事与空间：技术与美国文化的建构》（*Narratives and Spaces: Technology and the Construction of American Culture*）、2003 年的《美国作为第二次创造：新开端的技术与叙事》（*America as Second Creation: Technology and Narratives of New Beginnings*）等，都体现出奈的独特方法。奈的经典著作还有很多，例如 1990 年出版的《电气化美国：一种新技术的社会意义》（*Electrifying America: Social Meanings of a New Technology*）获得技术史学会的得克斯特奖，2006 年出版的《技术问题：追问生活》（*Technology Matters: Questions to Live With*）获得技术史学会萨莉·哈克奖（Sally Hacker Prize）。2013 年出版的《美国流水线》（*America's Assembly Line*）已在 2017 年译成中文（中译本改名为《百年流水线》）。

2006 年

鲁宾逊（Eric H. Robinson，1924— ），生于英国威尔特郡，在剑桥大学攻读历史学，1948 年取得硕士学位，没有继续读博士，直到 1990 年获得了剑桥大学博士学位。之后在伦敦大学国王学院、布里斯托大学、曼彻斯特大学等学校担任讲师、研究员。1970 年后成为美国匹兹堡大学教授。鲁宾逊 1969 年与马森（A. E. Musson）合著的《工业革命中的科学技术》（*Science and technology in the Industrial Revolution*）成为经典。另外，他特别关注月光社研究，包括瓦特、博尔顿在内，许多月光社相关的文献都由他整理后编辑出版。鲁宾逊也是技术史学会的积极参与者和慷慨捐赠者，他以已故妻子的名义设立了琼·卡哈林·鲁宾逊奖（Joan Cahalin Robinson Prize），专门奖励在技术史年会中初露头角的学术新人。

2007 年

霍恩谢尔（David A. Hounshell，1950— ），生于美国科罗拉多州，1972 年获得

南方卫理公会大学工程学学士学位，在那里他在托马斯·休斯（1985 年达·芬奇奖得主）的影响下对技术史产生兴趣，随后他进入特拉华大学攻读硕士和博士学位，追随技术史家尤金·弗格森（1977 年达·芬奇奖得主），在读期间还担任过史密森学会的研究助理，对博物馆兴趣浓厚。1978 年获得博士学位后留在特拉华大学任教，同时也做技术博物馆的策展人。1991 年起成为卡内基梅隆大学教授。霍恩谢尔的学术道路深受老一代技术史家的影响，因此达·芬奇奖颁奖词特别强调了获奖者体现出技术史学科的"代际传承"。霍恩谢尔的代表作是 1984 年出版的《从美国体系到量产，1800—1932：美国制造技术的发展》（*From the American System to Mass Production, 1800—1932: The Development of Manufacturing Technology in the United States*）。

2008 年

塔尔（Joel A. Tarr，1934— ），出生在美国新泽西州的泽西市，从小在拥挤和脏乱的城市环境下长大，这可能影响了他之后对城市史和环境史的兴趣。塔尔在罗格斯大学完成了本科和硕士学习，主攻英美史，1963 年在西北大学获得博士学位。1967 年后进入卡内基梅隆大学，在历史系、公共政策与管理学院（School of Public Policy and Management）、工程与公共政策系等多个机构任教。塔尔的工作是跨学科的，但主要聚焦于城市史、环境史和公共政策史。他的历史考察带有现实的人文关切，特别是针对工业污染及其治理的问题。达·芬奇奖特别表彰塔尔把技术史与政策研究结合起来的努力，还特别指出塔尔的工作不限于理论写作，而且还亲身参与许多民间团体，为促进更好的城市与环境政策奔走。除技术史学会之外，塔尔也从美国环境史学会等多个学会获得过杰出荣誉奖项。例如他在 2007 年出版的《城市中的马：19 世纪的活机器》（*The Horse in the City: Living Machines in the 19th Century*）获得城市与区域规划史学会的芒福德奖。

2009 年

道格拉斯（Susan Douglas，1950— ）在埃尔米拉学院（Elmira College）获得文学学士，研究生在布朗大学攻读美国文明，1979 年获得博士学位。1981 年起她在罕布什尔学院（Hampshire College）任教，1992 年成为媒介与美国研究教授，1996 年起成为密歇根大学传播学系教授。她积极参与技术史学会的活动，也为麻省理工学院出版社的"洞察技术"系列书籍担任顾问编辑。除此之外，她也是知名的公共知识分子，她经常演讲，撰写评论文章，围绕性别议题和其他公共话题展开尖锐的讨论。她还参与过今日秀（Today Show）、奥普拉脱口秀（The Oprah Winfrey Show）、黛安娜·雷姆秀（The Diane Rehm Show）、说说国家（Talk of the Nation）等多个广播和电视脱口秀节目。道格拉斯的技术史或传播史研究独树一帜，她的 1987 年出版的处女作《发明美国广播：1899—1922》（*Inventing American Broadcasting, 1899-1922*）关注广播的发明和发展，但和传统的技术发明史不同，她的研究重点并不是发明家、企业家、机构之类，而是特别关注民间无线电爱好者和大众流行文化的角色。她在 1999 年出版的《收听：电台与美国想象》（*Listening In: Radio And The American Imagination*）继续美国广播史的研究，该书广受赞誉。道格拉斯影响最大的著作应该是 1994 年出版的《女孩在哪儿？在大众媒体中成长的女性》（*Where the Girls Are: Growing Up Female with the Mass Media*），影响力远超学术圈之外。

2010 年

林德奎斯特（Svante Lindqvist，1948—　），生于瑞典斯德哥尔摩，在瑞典的皇家理工学院获得工程物理学硕士学位，在那里他受到托尔斯滕·阿尔廷（1978 年达·芬奇奖得主）的影响，学位论文是技术史方向的。1984 年他在乌普萨拉大学获得博士学位，博士论文研究的是 18 世纪初蒸汽机引入瑞典的历史。博士论文出版后成为他的成名作。毕业后他留校成为艺术史教授，之后他成为诺贝尔博物馆（2001 年开馆）的创馆馆长。除了研究与策展，达·芬奇奖主要表彰了林德奎斯特在技术史学科国际交流方面的贡献。他连续 30 多年担任技术史学会的首席国际大使，在美国与欧陆学者之间架设桥梁。

2011 年

施陶登迈尔（John M. Staudenmaier，1939—　）生于美国威斯康星州，20 世纪 60 年代在圣路易斯大学学习哲学和神学，并成为天主教神父和耶稣会士。在此期间他和南科他州的拉科塔（Lakota）族群保持密切关系，并在 20 世纪 70 年代成为当地一所学校的教师和牧师。与原住民的深入交流让他注意到技术在跨文化交流中扮演的重要角色，意识到技术的道德维度和文化意义，从而对技术史产生了兴趣。他来到宾夕法尼亚大学追随托马斯·休斯（1985 年达·芬奇奖得主）开始博士研究，1980 年获得博士学位后来到底特律大学（University of Detroit Mercy）任教。施陶登迈尔接替克兰兹伯格和波斯特，是《技术与文化》的第三任主编（1996—2010 年），在此之前他已长期活跃于技术史学会。施陶登迈尔的成名作是基于其博士论文写成的《技术的叙事者：人类织物的重新编造》(*Technology's Storytellers: Reweaving the Human Fabric*)。在这本书中，施陶登迈尔考察了《技术与文化》中的近 300 篇论文，对技术史家的编史学模式和共识做了梳理。施陶登迈尔注意到，随着技术史学科的独立，技术作为一种独立的不断进步的领域这样一种传统观念反而逐渐动摇，技术史家越来越关注技术与思想、社会、文化等领域的关联。线索明晰的英雄主义叙事变得过时了。技术史家不再仅仅着眼于企业家、发明家的伟大成功，也开始着眼于普通市民，特别是妇女和少数族裔在日常生活中的技术实践。这本著作体现出技术史家的编史学自觉，施陶登迈尔对技术史编史学的思考不仅是对既有工作的总结，也是对学科发展趋势的把握与引领。施陶登迈尔所描述的技术史研究趋势在 20 世纪 90 年代变得更加显著。除了这本书之外，施陶登迈尔还有许多技术史方面的研究作品，以论文居多。他特别关注美国原住民和普通市民的技术行动。

2012 年

比克（Wiebe E. Bijker，1951— ），生于荷兰代尔夫特，父亲是一名工程师，在 1953 年荷兰大洪水之后参与了庞大的防洪工程——三角洲计划，父亲的工作培养了比克对工程和技术的兴趣。比克在代尔夫特理工大学学习物理工程，1974 年获得学士学位，然后在阿姆斯特丹和格罗宁根大学学习科学哲学。比克从 1975 年起在鹿特丹的一所中学教授物理，1980 年代回归学术，1990 年获得特温特大学技术史与技术社会学博士学位。1987 年起他在马斯特里赫特大学任教，1994 年成为技术与社会学正教授，2017 年成为名誉教授。在本科期间，比克被 20 世纪 70 年代兴起的各种激进社会运动所吸引，特别关注科学技术的社会风险与环境危害，他希望改善教育，推动公众更全面地理解科学技术。在他当中学老师时，发现中学的科学教科书古板而老旧，于是他开始发表有关教育改革的文章，编写新的科学教材，融入科学技术与社会的内容。他到特温特大学攻读博士学位时，与特雷弗·平奇（Trevor Pinch）合作，用建构主义方法研究自行车史的案例，这一研究后来也收录在他与平奇、休斯（1985 年达·芬奇奖得主）共同编著的《技术系统的社会建构》一书中，成为技术的社会建构论这一领域中最经典的一篇文章。比克 1992 年与约翰·劳（John Law）合著的《塑造技术/建造社会：社会技术变革研究》(*Shaping technology/building society: studies in sociotechnical change*)也颇有影响。比克积极参与美国技术史学会和科学的社会研究学会（Society for Social Studies of Science）的工作，曾经担任过科学的社会研究学会主席。

2013 年

罗莎琳德·威廉斯（Rosalind H. Williams，1944— ），生于美国纽约州，1966 年在哈佛大学获得学士学位，1967 年在加州大学伯克利分校获得硕士学位，1978 年在马萨诸塞大学阿默斯特分校获得博士学位，专业都是历史学。1980 年起在麻省理工学院科学技术与社会计划任教，之后在写作与人文研究计划任教，2002 年任科学技术与社会计划的主任。达·芬奇奖的评奖者认为，威廉斯是芒福德（1969 年达·芬奇奖得主）和利奥·马克思（2002 年达·芬奇奖得主）的后继者，她继承了他们广阔的视野和人文主义关怀。她的技术史研究引入了文学、日常生活和消费文化等视野。在她 1982 年出版的《梦想世界：19 世纪法国的大众消费》（*Dream Worlds: Mass Consumption in Late Nineteenth-Century France*）中，她提出，英国是工业革命的中心，但法国则是消费者革命的中心。她考察了技术博览会、百货商店、电影等在法国的发展，展示出消费方式和消费文化的革命。1990 年出版的《地下笔记：技术、社会与想象》（*Notes on the Underground: An Essay on Technology, Society, and the Imagination*）一书也成为技术史的经典，她从芒福德那里获得灵感，考察欧洲和美国的矿山、隧道、运河、铁路和城市基础设施等技术环境的建设，并与有关地下世界的各种文学作品相联系。威廉斯也积极参与技术史学会的工作，曾经担任学会主席。

2014 年

帕梅拉·隆（Pamela O. Long，1943— ），在马里兰大学帕克分校（University of Maryland, College Park）获得学士学位（1965 年）、硕士学位（1969 年）和博士（1979 年）学位，专业都是历史学，博士论文涉及 16 世纪的建筑思想。她曾在多个机构和基金会访问或获得资助，但她主要是作为独立学者工作的。她在 2001 年出版的《开放、保密与作者：从古代到文艺复兴的技艺与知识文化》（*Openness, Secrecy, Authorship: Technical Arts and the Culture of Knowledge from Antiquity to the Renaissance*）成为经典之作。在 2011 年的《工匠／执业者与新科学的诞生：1400—1600》（*Artisan/ Practitioners and the Rise of the New Sciences: 1400-1600*）也延续了她的视角。她着重考察技术知识在口头传统、抄本传统和印刷文本中的传播方式，提出了"交易地带"（trading zones）的概念，描述了在文艺复兴时期欧洲新兴的一系列交流空间，不同背景的人们可以在其中交换知识与技艺，其中学者与工匠的身份不再构成交流壁垒，这种新的环境促成了现代科学的诞生。帕梅拉·隆也长期参与技术史学会的工作。

2015 年

斯霍特（Johan Schot，1961— ），生于荷兰里德凯尔克，在鹿特丹伊拉斯谟大学大学学习社会史和政策史，获得硕士学位。1991 年在特温特大学获得博士学位，论文主题是"技术变革的社会控制"，毕业后留在特温特大学任教，教授"技术史与转型研究"，2014 年起在英国的萨塞克斯大学科学政策研究室教授"技术史与可持续发展"，2019 年起在荷兰乌德勒支大学教授全球史与可持续发展转型。斯霍特的学术研究涵盖演化经济学、社会治理和创新政策、可持续发展等主题，如运用演化论模型和生态位的概念来解释技术创新。斯霍特的作品主要以论文为主，论文与著作多为合著。斯霍特经常倡导跨界和跨学科的大规模协作，组织了多个交流平台，汇聚数百个来自企业、政府和各社会机构的学者和实践者。如绿色工业网络、欧洲紧迫协作等研究和交流网络。斯霍特也积极参与技术史学会的工作，主持了 2004 年在阿姆斯特丹召开的年会。

2016 年

克莱因（Ronald R. Kline，1947— ），生于美国堪萨斯州，在堪萨斯州立大学的电气工程专业获得学士学位，毕业后在通用电气公司工作了 8 年，其间参与了军事技术的开发，出于对和平的热爱和对战争的忧虑，克莱因放弃了他的职业，转向技术史研究。1977 年他进入威斯康星大学科学史系，并取得硕士学位（1979 年）和博士学位（1983 年）。毕业后留在威斯康星大学科学史系任教，1987 年进入康奈尔大学，成为历史与工程伦理学教授。克莱因的第一部著作是 1992 年出版的传记《施泰因梅茨：工程师和社会主义者》（*Steinmetz: Engineer and Socialist*）。较新的作品是 2015 年出版的《控制论时刻：为什么管我们的时代叫信息时代？》（*The Cybernetics Moment, Or Why we Call Our Age the Information Age*）。克莱因活跃在电气与电子工程师协会和技术史学会中，当过技术史学会的主席。

2017 年

佩西（Arnold Pacey，1937— ），生于中国昭通，是英国传教士与护士的儿子，1959 年获得诺丁汉大学理学学士，1973 年获得英国国立农业工程学院硕士学位。1963—1972 年在曼彻斯特大学科学技术研究所任讲师，与卡德韦尔（1981 年达·芬奇奖得主）共事，负责技术史课程的开设。1976 年到约克郡开放大学做兼职导师，直到 2001 年退休。达·芬奇奖特别表彰了佩西在技术史的关键方法中的开拓性，其中最关键的是他改变了技术史传统的西方中心论视野。佩西珍视自己在中国的经历，他认为这使得他总是愿意同时用中国人和西方人的视角看问题。佩西尤其反感以"英国的发明家"作为世界中心的叙史传统，认为"英国"和"发明家"这两个中心都是狭隘的。他强调全球视野并关注日常技术，而且也反对线性进步的历史观。在 20世纪 70 年代和 80 年代初，佩西已经向他的读者和学生介绍了日常技术的重要性和历史作用。他建议关注技术对话，从而为世界或全球技术史开辟了新的可能性。佩西寻求对历史更加人道和包容的看法，他的《世界文明技术》继续被定期用作教学课本。佩西的反西方中心论的编史方法集中体现于他 1990 年的代表作《世界文明中的技术：一千年的历史》（*Technology in World Civilization: A Thousand-Year History*），这部通史的影响范围远超学术圈，也经常被用作技术史专业的入门教材。1999 年出版的《技术中的意义》（*Meaning in Technology*）则加入了更多哲学和伦理的关切。

2018 年

帕尔（Joy Parr，1949—　），出生于加拿大多伦多，在蒙特利尔麦吉尔大学获得学士学位，1977 年在耶鲁大学获得博士学位。随后在美国和加拿大多所大学任教，如耶鲁大学、不列颠哥伦比亚大学等，在加拿大的女王大学历史系成为教授，1992年后成为西蒙弗雷泽大学历史教授。达·芬奇奖特别表彰帕尔在技术史编史方法方面的贡献，评奖语中把她的方法概括为 3 个部分：女性主义编史学、技术变革的日常维度、技术转换环境的现象学。帕尔从 1990 年出版的《养家糊口者的性别：女人、男人与两个工业镇的变革：1880—1950》（*The Gender of Breadwinners: Women, Men, and Change in Two Industrial Towns, 1880-1950*）开始了女性主义的技术史研究，同时也提出关注日常生活和消费者的独到视角，该书获得了哈罗德·英尼斯奖等许多荣誉。在更晚的作品中，帕尔的编史哲学更加成熟，特别是在 2010 年出版的《感官变化：技术、环境与日常：1953—2003》（*Sensing Changes: Technologies, Environments, and the Everyday, 1953-2003*）一书中，她融合了技术史、环境史、现象学和民族志的视角，考察了普通居民如何感受大型技术工程所塑造的新景观。帕尔还引入海德格尔的栖居概念，诠释日常生活环境遭到改变的深刻意义。

2019 年

白馥兰（Francesca Bray）是知名的海外汉学家，生于英国，1969 年、1975 年和 1985 年分别在剑桥大学获得学士、硕士和博士学位。参与了李约瑟研究所的工作，是《中国科学技术史·农业卷》的主笔。白馥兰的编史风格体现了前两届达·芬奇奖得主的特点：非西方视角、女性主义、关注日常生活技术等。她的东亚技术史研究广受瞩目，两本关于中国技术史的代表作都已经翻译成中文，包括《技术与性别：晚期帝制中国的权力经纬》（*Technology and Gender. Fabrics of Power in Late Imperial China*）（英文版 1997 年，中译版 2010 年出版）、《技术、性别、历史：重新审视帝制中国的大转型》（*Technology, Gender and History in Imperial China: Great Transformations Reconsidered*）（英文版 2013 年，中译版 2017 年出版）。白馥兰也当过技术史学会主席，她积极推动技术史领域的国际交流，特别是与东亚和东南亚地区建立了广泛的联系，她也多次来中国讲课与交流。

2020 年

莫雷拉（Arthur P. Molella，1944—），在康奈尔大学获得科学史专业的博士学位，在读期间就开始参与史密森学会的工作，后来成为全职策展人、史密森国家历史博物馆发明与创新研究中心的创始主任，也是约翰·霍普金斯大学科学技术史系的高级讲师。莫雷拉重视挖掘早期技术哲学家们的编史学遗产，包括芒福德（1969 年达·芬奇奖得主）、吉迪恩、厄舍（1963 年达·芬奇奖得主）等，他也促成了克兰兹伯格（1967 年达·芬奇奖得主）和技术史学会的创建记录被美国国家历史博物馆收藏。在发明与创新研究中心建立之后，莫雷拉积极推动现代发明家文档计划，收集当代发明家的藏品和档案，以及主动开展口述史记录。

迪奥戈（Maria Paula Diogo，1958—　），生于葡萄牙里斯本。获得历史学学士学位和历史统计学硕士学位，以技术史方面的研究获得博士学位。1986 年以来在里斯本新大学（New University of Lisbon）任教，担任应用社会科学系主任。迪奥戈用英语和葡萄牙语写作，研究重点是 17—20 世纪葡萄牙及其殖民地的技术与工程史。她也积极促进技术史学科的全球交流，她与西班牙和巴西等国家的学者合作研究，并且经常召集技术史领域的国际会议。她积极参与欧洲紧迫协作的学术网络，关注科学技术的全球化和殖民主义问题。

四、中国著名科技史家（以生年为序）

竺可桢（1890—1974），中国历史气候学的奠基人，气象学家、地理学家，在科学史研究和科学普及事业方面也有许多贡献。1918年获美国哈佛大学博士学位，1948年当选为中央研究院院士，1955年被选聘为中国科学院学部委员。代表作《中国近五千年来气候变迁的初步研究》给出了中国五千年温度变化趋势曲线和过去五千年期间四个冷暖期相间出现的重要论述，至今仍是研究全球气候变化的经典之作。从20世纪初开始，竺可桢就大力倡导科技史研究，并身体力行，在中国气象学史、天文学史、地学史等方面做出贡献。竺可桢将中国丰厚的历史文化遗产用于现代科学研究的方法，为国内科技史研究提供了示范，产生了很大的影响。

李俨（1892—1963），科学史家、铁道专家。他不仅是中国数学史学科的开拓者和奠基人，对中国天文学史亦有很大的贡献。李俨的主要科学史著作有：《中国算学小史》《中国数学大纲》《中国算学史》《中算史论丛》《中国古代数学史料》《中算家的内插法研究》《十三、十四世纪中国民间数学》《计算尺发展史》等。李俨以他自己所掌握的现代数学知识为基础，对中国古代的数学成就进行整理和研究，开创了中国数学史研究的新局面；同时他又承继了清代乾嘉学派所提倡的实事求是、严密考证的传统学风和方法。其论著以资料的翔实而著称。

钱宝琮（1892—1974），科学史家、数学教育家，中国古代数学史和中国古代天文学史研究领域的开拓者之一。撰有《古算考源》、《中国算学史》（上卷）、《中国数学史话》、《算经十书》（校点）、《中国数学史》（主编）、《宋元数学史论文集》（主编）及《算术史》（稿本）等多种著作和《增乘开方法的历史发展》《秦九韶〈数书九章〉研究》《盖天说源流考》《授时历法略论》《从春秋到明末的历法沿革》等文章。钱宝琮曾在文章中指出，第5世纪以后，大部分印度数学是中国式的，第9世纪以后，大部分阿拉伯数学是希腊式的，到第10世纪中这两派数学合流，通过非洲北部与西班牙的回教徒，传到欧洲各地。于是欧洲人一方面恢复了已经失去的希腊数学，一方面吸收了生机勃勃的中国数学，近代数学才得开始辩证的发展。

钱临照（1906—1999），物理学家。1929年毕业于上海大同大学。1934—1937年留学英国伦敦大学。1955年被选聘为中国科学院学部委员，1980年担任中国科技史学会第一届理事长。钱临照在推进和开展中国科技史研究方面做出过重要贡献，他第一次对《墨经》光学成果做了系统发掘和整理。同时他还大力倡导实验方法在科学史研究中的应用，借助复原、模拟甚至现代检测手段对古代一些重要的科技发明创造进行实验研究，以弥补文献记载的不足。在这一思想的指导下，中科大的科学史研究室在中国古代漏刻、张衡的天文仪器与地动仪、唐代浑仪、泥活字印刷、特种印刷以及宋代的性激素提炼等科学史重大问题上进行了系列性的实验研究，取得了一批重要的成果。

柯俊（1917—2017），材料物理学家、科学史家。中国金属物理、冶金史学科奠基人。1980 年当选为中国科学院学部委员，1983 年担任中国科技史学会第二届理事长。柯俊长期从事金属材料基础理论和发展的研究，创立贝茵体相变的切变理论，发展了马氏体相变动力学；开拓冶金材料发展史的新领域，促进定量考古冶金学的发展。在科技史领域，柯俊作为古代冶金现代实验方法的开拓者，创立了北京钢铁学院（北京科技大学的前身）冶金史研究所，带领研究所科研人员开展系统的冶金史和冶金考古研究，阐明了中国生铁技术的发明和发展对中国和世界文明的作用和贡献。

席泽宗（1927—2008），科学史家。1991 年当选为中国科学院学部委员。1994 年担任中国科技史学会第五届理事长。席泽宗主要研究中国古代天文学史，在古代天象纪录的现代应用、中国出土天文文献整理、天文学思想史研究、夏商周断代工程等领域都有突出贡献。席泽宗最突出的工作是对中国古新星新表的研究，其 1955 年发表的文章《古新星新表》提出从史书中鉴别新星的 7 条标准和区别新星与超新星的 2 条标准，又从中、朝、日 3 国的历史文献中找出 90 个疑似新星，其中有 12 个可能属于超新星，并讨论了这 12 个超新星和当今观测到的超新星遗迹以及射电源的关系。这篇文章一经发出就引起了全世界天文学界的轰动，通过史学的研究为现代天体物理学研究提供了巨大帮助。